生态植物保护学
——原理与实践

◎ 刘玉升　主编

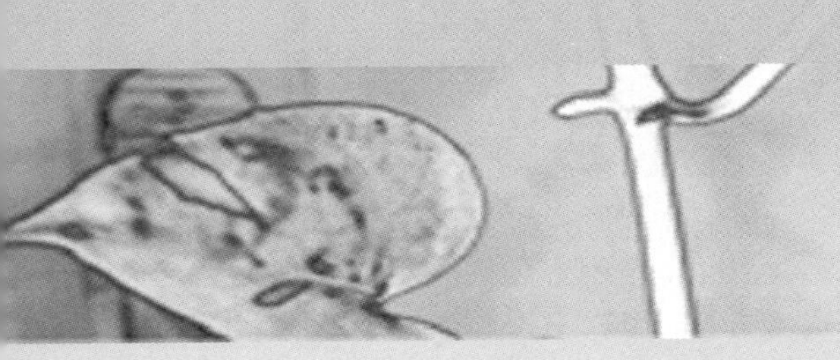

中国农业科学技术出版社

图书在版编目（CIP）数据

生态植物保护学——原理与实践 / 刘玉升主编 . —北京：中国农业科学技术出版社，2019. 1

ISBN 978-7-5116-3772-7

Ⅰ. ①生…　Ⅱ. ①刘…　Ⅲ. ①植物保护　Ⅳ. ①S4

中国版本图书馆 CIP 数据核字（2018）第 142749 号

责任编辑　闫庆健　王思文
文字加工　冯凌云
责任校对　李向荣

出 版 者　中国农业科学技术出版社
北京市中关村南大街 12 号　邮编：100081
电　　话　（010）82106632（编辑室）（010）82109702（发行部）
（010）82109709（读者服务部）
传　　真　（010）82106625
网　　址　http://www.castp.cn
经 销 者　各地新华书店
印 刷 者　北京科信印刷有限公司
开　　本　880 mm×1 230 mm　1/16
印　　张　29. 25
字　　数　853 千字
版　　次　2019 年 1 月第 1 版　2019 年 1 月第 1 次印刷
定　　价　180. 00 元

《生态植物保护学——原理与实践》

编　委　会

主　编　刘玉升（山东农业大学）

编　委

张逸凡（深圳市公园管理中心莲花山公园）
李　曼（连云港市海州区农林水利局）
王付彬（济宁市农业科学研究院）
王圣楠（山东济南祥辰科技有限公司）
杨　诚（山东农大肥业科技有限公司）
闫昱江（古交市农业技术推广中心）
王　杰（莱西市农业局）
张　倩（山东瑞达有害生物防控有限公司）
张秀波（深圳瑞德源健康科技有限公司）
高尚坤（山东农业大学）
李燕翠（秦皇岛益尔生物科技有限公司）
张大鹏（山东农业大学）
刘晓虹（山东农业大学）
齐乃平（山东农业大学）
张广杰（山东农业大学）
孙晨可（山东农业大学）
刘晓辰（山东农业大学）
王　倩（山东农业大学）
陆文利（山东农业大学）

内容提要

本书突出地阐述了在生态文明建设、农业绿色发展的新形势下，植物保护工作面临的新转折，新问题，构建了生态植保的理论技术与实践体系。

本书综合植物保护工作的有关内容和相关二级学科的新进展，将提炼的内容有机组合，分别形成理论、技术与实践体系，各部分内容构成了一个循序渐进的系统性整体性结构，便于学习和应用。系统介绍了生态植保与国家发展战略需求，生态植保与现代农业发展战略需求，生态植保的科学基础、植物保护知识与技术，基础生态植保的实践等内容。

本书可作为大农业、农学、园林、植保专业的科技推广和大学生学习之用，也可供管理人员参考之用。

序

正值深入学习宣传贯彻落实“十九大”精神之际，受邀为山东植保战线同仁们编著的《生态植物保护学——原理与实践》一书作序，感到非常欣慰，植保战线有这样一群积极思考、勤于实践、锐意进取的中坚力量，使我看到了发展的前景。

我非常乐意鼓励年轻一代进行创新性探索，我本人也不断关注科学热点问题，特别在“十九大”之后的新时代，科学发展日新月异，科技成就层出不穷，植保领域也应该积极创新，适应新时代的需求，解决新时代的问题，为新植保做出贡献。

植物保护工作内涵丰富、非常复杂，一方面，表现在人类所栽培的植物及其有害生物种类众多，而且通常在一种作物上会同时发生多种有害生物为害，有些有害生物还常常不只为害一种植物；另一方面，我国幅员辽阔，地域差异很大，不同地区的农业生态条件、栽培植物种类和种植结构等多有不同，因而其有害生物的优势类群和发生特点也存在很大差异；此外，各地的生产条件、生产水平和科技水平以及对有害生物实施综合治理的水平等，也都存在着较大的差别。该著作系统探讨了生态植物保护的理论体系，构建了技术体系，较全面地选取了粮食、经济、园艺作物的主要类别品种进行了生态植保实践的论述。

最后，我相信，该著作的出版将会受到广大读者的欢迎，并希望在经受实践检验的过程中得到不断的完善。

中国科学院院士 印象初

2018 年 1 月 10 日

前　　言

随着世界人口的增加，粮食问题越来越成为社会关注的热点。我国又是世界人口大国，在很大程度上左右着全球粮食生产与消费的局势。1994 年，美国世界观察研究所所长莱斯特·布朗在《世界观察》发表《谁来养活中国?》文章，引起了全球巨大反响，中国政府和学术界也迅速做出了反应。布朗提出上述命题的假设是，中国在 1990—2030 年将进行持续而快速的工业化。从日本、韩国和中国台湾的经历来看，人口密度很高的国家和地区，因人均占有耕地很少，工业化进程必然伴随着耕地的大量流失和粮食的大量进口。布朗根据中国和国际发布的统计数据，分析了中国未来 30~40 年人口、人均消费水平、耕地、复种指数、水资源、化肥投入、单产和生态环境的动态趋势，得出了“未来中国将面临粮食危机”的结论。

植物保护是农业生产全过程的保障技术措施，在自然经济阶段，生态系统处于自然平衡状态；在人类开发自然资源的初期，人类活动不足以干预半自然生态平衡状态；工业革命以后，人类干预自然能力大增，化学农药进入自然生态系统，化学农药的副作用逐渐显现。1962 年《寂静的春天》在美国出版，其中关于农药为害人类的描述震惊全球，引发了世人对农药为害的持续关注。农业必须从根本模式上进行改变。植物保护也应该从自然保护、化学农药应用转向生态植物保护。

在世界农业技术发展过程中，经历了以美国为首的现代农业形成了大规模、单一化的模式，随之引发化学农药、化学肥料等工业产品的大量应用，导致“三高一低”（高投入、高产出、高污染、低效益）效应。其中化学农药的使用带来了诸多副作用，已经日渐引起世人关注并抵触。

我们坚持农业生产是生态生产，生物多样性是生态生产的基础和支撑，因为第二次世界大战后，工业为解决缺粮祕方的“绿色革命”，并未能成功达成任务，反而成为全球暖化，土壤、水和生物多样性枯竭，环境大量恶化的元凶之一。

在我国人口与粮食的命题影响下，世界各国及我国各界人士更加关注全球和中国的粮食生产问题。对于中国农业发展道路选择的争论十分激烈，由于我国区域气候、人口分布、食物供给的差异化极大，应该推进综合性多元化的发展理念。

农业生产过程是一个生态生产过程，农业有害生物本身也是农业生物系统的成分之一。在化学农药主导的植物保护技术体系中，由于设计和使用化学控制时未曾全面、系统、深入考虑复杂的生物系统，化学控制方法的使用虽然理想是针对某一有害生物目标，但实际上形成了与生物系统的对抗状态。我们可以预测化学物质针对少数个别种类病虫害的效果，却无法预测化学物质袭击整个生物群落的后果，似乎过去也根本不曾这样想过。

农业生态系统是一个根据生物多样性原理构建的人为生态系统，这是一个整体、综合、协调的系统；这个系统的平衡也是动态演替的状态。化学农药控制病虫害的做法仅仅考虑单一的线性关系，未充分考虑化学农药在复杂生物系统中的行为表现。

中国的农药实际使用率仅仅只有 30%，这就是说 70% 的农药都是流失到环境中去的，已对中国农村、农业构成了巨大挑战，带来了生态环境危机，同时也威胁着公共健康和可持续发展。我国农业向“绿”转型、向“质”转变，绝不限于保护环境和生产出更多节能环保的产品，更在于把绿色发展、循环发展、低碳发展作为基本途径，把生态文明建设融入大农业生产的各个方面，把绿色农业发展置于生态文明建设的首要位置。

本书共分为五部分，分别是生态植保与生态文明建设和绿色农业发展；生态植保的理论基础；生态植保技术体系；主要作物生态植保方案和植保无人飞行器。本书编写采用了“三大基础”“三大板块”“三大层次”的结构。“三大基础”是指生态植保的国家需求基础、植物病理生态学基础和昆虫生态学基础。“三大板块”是指基础理论板块、技术理论板块和应用板块。“三大层面”是指对于各类有害生物的论述分为种类全面、主要种类突出生态防控、作物防控方案体现季节性、多病虫、源头治理、全程管理、生物防治、生态调控的综合性、系统性、整体性技术体系。内容层次分为生态植保与国家战略需求、生态植保与现代农业发展战略需求、生态植保的科学基础、植物保护基础、生态植保技术体系、主要作物生态植保方案六大板块。其中以农业绿色发展战略需求构建了生态植保技术体系；在主要作物生态植保方案内容结构方面，充分表现了种类齐全，重点突出，农业生态系统化，在作物病虫害种类部分尽可能列出该作物常见病虫害种类，力争达到信息手册的目的，在主要病虫害生态防控部分，选择当前生产上为害严重，急需解决的种类，在植保方案部分建立以作物生态系统为管理对象，以动能结构调节为手段的理念。

编　者

2018 年 5 月

目　录

绪　论

植物是人类赖以生存的基础，它为人类生存提供必需的生物质资源，而且在改善生态环境、维持生态平衡方面发挥着更重要的作用，在目前生态失衡环境恶化的形势下这种作用表现得愈来愈突出。人类从事植物生产的主要目的是获得衣、食、住、行的必需品和工农业生物原料，并实现国际贸易。近十几年来，我们还通过培育和种植特定植物，如种植防风固沙植物防止沙漠化的进程以及构建生物系统治理环境污染等。然而，无论是天然的还是人工栽培的植物，在其生长发育过程中，必然会遭受各种生物因子和非生物因子的侵害，致使农作物产量和质量下降、森林和草地被毁、园林植物失去观赏价值。因此，避免或控制这些不良因子的为害，对于人类的生存和发展以及维持生态平衡是十分重要的。植物保护学正是一门研究有害生物及其控制以获得最佳生态效益、社会效益和经济效益的科学。随着全球气候条件的异常变化，以及国际贸易的发展和对外开放的不断加强，植物保护工作在植物生产实践中的作用越来越受到广泛重视。

一、植物保护的定义和研究内容

（一）植物保护的定义

人类开始从事植物生产一万余年以来，就面对着许多有害生物的为害问题，因为栽培植物为某些有害生物提供了丰富的营养和适宜的环境条件。此外，农产品在贮藏过程中也常遭受有害生物的侵害，因而形成了人们的经济利益与有害生物为害之间的直接矛盾。20世纪60年代末之前的有害生物控制实践，除使用简单的栽培措施控制病虫外，主要依赖使用化学农药，片面追求经济效益，而忽视了生态环境的保护和社会效益问题，引发了一系列生态问题和社会问题。突出地表现在有害生物抗药性（resistance）、再猖獗（resurgence）和农药残留（residue）（即“3R”）问题，引起了世人的普遍关注。20世纪60年代末有害生物综合治理（Integrated pest management，IPM）策略的提出，强调有害生物的控制要着眼于生态保护，综合利用多种措施而非主要依赖化学防治，重视包括自然控制作用在内的生物防治，全盘考虑经济、生态和社会效益，从而使有害生物控制措施的综合性更加完善。进入90年代以后，人们把可持续发展思想融入植物保护实践，强调所实施的有害生物控制措施不仅对当年有效，而且对以后也应有效，同时不能对人类的生存环境造成损害，因而逐步形成了“可持续植物保护（Sustainable plant protection，SPP）”或“有害生物可持续治理（Sustainable pest management，SPM）”的思想。目前，人们把植物保护的定义概括为：植物保护是植物生产管理系统中的组成部分，它以生态学的理论为指导，综合运用多学科知识和各种技术措施，将有害生物持续地控制在经济允许损失水平之下或美学容许的范围之内，从而达到植物的可持续生产。因此，防治措施的多样性、有效性、无害化和可持续性是植物保护发展的显著特点。

植物生产中的有害生物是指为害栽培植物并造成经济损失或使之失去观赏价值的生物。有害生物为害是最为严重的自然灾害之一。据统计，从为害频率及损失量比较，有害生物的为害超过气候为害，位于自然灾害之首。这些有害生物包括植物病原微生物（细菌、真菌、病毒等）、植物线虫、植食性昆虫、植物螨类、软体动物、鼠、鸟、兽类和寄生性植物、杂草等。它们的为害特点主要表现在：①有些有害生物能为害多种植物。如棉铃虫为害棉花、小麦、玉米和花生等；辣椒疫霉菌能感染番茄、茄子、瓜类和豆类等多种蔬菜。②一种植物常同时遭受多种有害生物的为害。如小麦同时可遭受麦蚜、锈病、纹枯病和白粉病等的侵害；苹果可遭受多种蚜虫、叶螨、叶斑病、腐烂病和轮纹病等的为害；许多植物在果实或种子成熟时，还遭受鼠、鸟、兽类的为害，从而加剧了防治的复杂性。③有害生物的为害方式多种多样。许多病虫害以不同方式如造成机械损伤、传播病毒、分泌毒素等侵害植物的不同生长器官，影响其生长发育，最后导致减产或植株死亡；杂草则同栽培植物竞争营养和生存空间而削弱植物的生长。④在适宜条件的诱发下可异常暴发，酿成生物灾害，给人类造成严重经济损失。如在中国历史上，蝗灾肆虐上千年，成为重大自然灾害之一，人们被迫流离失所。19 世纪中叶，马铃薯晚疫病在欧洲大流行，导致爱尔兰饥馑举世闻名：25 万多人饿死，数百万人背井离乡，仅被迫迁往北美的人数就达 50 多万；1942 年，孟加拉国的水稻胡麻斑病大流行，水稻几近无收，造成 200 多万人死于饥荒；20 世纪 90 年代初，棉铃虫在我国暴发成灾，直接经济损失达上百亿元。因此，加强有害生物灾害的预警预报工作是非常重要的。有害生物的多样性及其为害的严重性和复杂性，充分反映了植物保护工作的艰巨性、综合性和重要性。

植物保护，就是保护植物（经济植物）被为害，防止植物发生病虫害或其他为害。

（二）植物保护的研究内容

植物保护工作是一项复杂的系统工程，所涉及的研究内容包括以下几个方面。

1. 有害生物的形态学和分类学

主要研究各类有害生物的形态结构和功能，以及正确鉴别有害生物的生物系统地位，是做好植物保护工作的基础。

2. 有害生物的生物学

主要研究有害生物的生殖方式、遗传变异、年生活史、生活周期、侵染循环、发育特性和行为习性等，弄清有害生物发生规律，找出其薄弱环节，以便更好地控制其为害。同时，还研究病原菌或害虫与寄主植物之间、害虫与天敌之间的互作关系，为充分发挥天敌等自然控制因素的作用提供重要理论依据。

3. 有害生物的发生规律

有害生物的发生规律是指其种群数量或侵染为害在周围环境条件的影响下，随时间或季节而变化的动态。通过研究有害生物的发生规律，可以清楚地了解影响其发生的环境因子（生物因子和非生物因子），以便预测有害生物的发生期、发生量和为害程度，从而为及时有效的控制有害生物奠定基础。

4. 有害生物的诊断、监测和预测预报

及时有效地诊断栽培植物受害的针对性生物，要根据有害生物的形态特征、为害症状和生理生化指标测定（如许多病害的诊断）来进行，同时，通过科学的抽样，利用多种方法（如通过建立数学模型）对有害生物的发生期、发生量和为害程度做出准确预测预报。目前，国内外已开始利用先进技术如信息技术中的“3S”技术（遥感 RS，地理信息系统 GIS，全球定位系统 GPS）、神经网络技术和酶联免疫技术（ELISA）等进行有害生物种群数量或为害程度的动态监测，并已取得较大进展。

5. 有害生物的控制策略和技术

有害生物的类群很多，生物学特性和遗传变异复杂，遗传变异速率较快，其发生受环境条件的影响很大。因此，对于不同的有害生物应采用不同的控制策略，如有害生物综合治理（IPM）即是目前国内外普遍采用的策略。此外，对某些害虫的控制还可采用其他策略，如大面积种群治理（Areawide population management，APM）、全部种群治理（Total population management，TPM）等。随着可持续发展思想不断向植物保护领域的渗透，有害生物可持续治理（Sustainable pest management，SPM）策略也在不断完善和推进中。

在有害生物控制的实践中，常常在某一控制策略的指导下采取多种控制技术和措施，这些技术包括植物检疫、农业防治（栽培防治）、物理防治、遗传防治、生物防治和化学防治等。近年来，

一些先进有效的植物保护技术，如植物免疫技术、病毒脱毒技术、转基因抗病虫育种等也已广泛应用于有害生物的综合治理。随着人们对自身健康水平、环境保护和食品安全意识的不断提高，有害生物控制措施的标准化和无害化必将成为今后植物保护的发展方向。

6. 有害生物控制技术的推广

有害生物控制技术的推广是植物保护工作的重要组成部分，能否将行之有效的防控技术应用到生产实践中，是关系到植物保护事业成败的关键。不同地区由于种植区划不同，耕作栽培模式各有差异，因而有害生物的种类以及发生轻重程度也不一样。因此，需要研究探讨出适合于不同地区特点的推广体系和形式，才能真正使有害生物综合治理技术变成生产者的行动。如东南亚和中美洲一些国家，在联合国粮农组织（FAO）的指导和支持下，积极创办农民田间学校，推广水稻有害生物治理技术，收到了很好的效果；1994—1995 年，我国南方稻区 10 个省创办农民田间学校，带动农民实施水稻 IPM 计划，也取得了较大进展。

目前我国由政府主导的农技推广体系十分成熟，农业科研系统推广力度也很大。大学推广体系正在探索和形成。

二、植物保护的重要性

栽培植物从播种、生根发芽、出苗成长、开花结实，到收获贮藏，甚至加工环节的全过程中，都会遭到病、虫、草、鼠等多种有害生物对种苗、根系、茎干、叶片、花器、果实及收获物的侵害，造成生长发育不良、器官被破坏、产量减少、品质降低等严重损失。据联合国粮农组织估计，世界粮食生产因虫害常年损失 14%，因病害损失 10%，因草害损失 11%；棉花因虫害损失 16%，因病害损失 16%，因草害损失 5.8%。全世界每年因有害生物所造成的经济损失达 1 200亿美元。我国是农作物生物灾害发生频繁而严重的国家之一，据《中国农作物病虫害》（第二版，1995）记载，我国主要农业病、虫、草、鼠害对象有 1 648种，其中病害 724 种、虫（螨）害 838 种、杂草 64 种、害鼠 22 种。据统计，在防治不力的情况下，平均每年由于有害生物的为害造成粮食作物减产 15%左右，棉花减产 20%以上；若遇到大发生年，损失惨重。尽管进行积极防治可挽回大部分损失，但每年仍损失粮食 1 500万 t 左右、棉花 30 多万 t。有害生物已成为制约农业生产发展的重要生物因子。再如，我国园林植物病虫害有近 700 种，古树名木和花卉常因其为害造成叶片枯焦、树体千疮百孔和树势削弱，草坪成片死亡，因而严重影响了城市景观的美化。由此可见，若不能及时有效地控制有害生物的为害，植物生产就不可能持续稳定地发展。当前，随着我国种植业结构的调整以及全球气候的异常变化，某些有害生物的发生发展也随之发生了新的变化，植物保护工作也必须适应这些新的变化，研究探索新的技术措施，确保植物生产高产、高效和优质目标的实现。

当前世界农业发展主要面临三大难题：一是食物安全，二是资源安全，三是生态环境安全。这在发展中国家表现得更为突出。以化学防治作为植物保护中的一项重要措施，导致超量使用或滥用化学农药，已经引起了生态环境的破坏和对人类健康的威胁。

人类经过长期同农业有害生物斗争的实践，越来越清醒地认识到大量、无节制地使用化学农药所带来的负面效益：一是有益生物（如天敌）被杀伤，引起害虫再猖獗，害虫发生频率增加；二是导致有害生物的抗药性越来越强，如目前已有 500 多种害虫与螨类对一种或数种化学农药产生了抗药性，20 多种植物病原菌，如小麦白粉菌、黄瓜霜霉病菌、灰霉病菌等对多种杀菌剂产生了抗药性；三是农药残留及在食物链中的积累，已成为引起中毒事故和人类许多疾病的重要因素；四是某些化学农药充当着“环境激素”的作用，诱发生物体生长发育和行为异常，如除草剂阿特拉津，可使青蛙雄性变为雌性或出现“阴阳蛙”现象……

我国是一个农业大国，也是农药使用大国，农药年使用量在 80 万~100 万 t，位居世界首位。农产品中的农药残留问题已成为影响人体健康的普遍性问题。中国加入世界贸易组织（WTO）以来，一些国家提高了农产品药残检验标准和实行严格检查等措施，致使中国大批农产品出口企业遭受严重损失。随着改革开放的不断深入，农产品出口不断扩大，出口的障碍也在不断增多，其中最主要的原因就是农产品的农药残留过高，达不到无公害农产品标准，“绿色壁垒”已成为制约中国农产品出口的主要障碍。“绿色壁垒”对贸易的影响越来越大。从2000年起，欧盟等国对农药残留颁布了更严格的标准，例如，对茶叶检测的农药品种由原来的十几项扩大到100多项，而农药的最大残留限量标准却下降了100多倍；日本也提高了检测标准和范围，检测的农药品种过去仅抽查几种，现在要查40多种。因此，在农作物的生产过程中，应从源头上禁止、限制和控制化学农药的使用，实施“从农田到餐桌”全过程质量控制，以保护生态环境和保证生产出安全、健康、优质的食品。突破“绿色壁垒”对我国农产品出口的制约，已成为摆在我们面前的当务之急。大力发展有机食品和绿色食品，不仅符合可持续发展的原则，而且对于保护农业生态环境、推动环境保护工作、提高全民族环保意识、提高我国食品质量、保障人民群众身心健康以及增强我国食品对外出口创汇能力等，均有十分重要的战略意义。

三、植物保护的发展和成就

自1万余年的农耕史形成以来，人类就一直在同为害农作物的各种有害生物进行斗争。在20世纪30年代以前，有害生物的防治方法多种多样，但由于科学技术和社会生产力水平的限制，这些方法大多都较原始，主要采用农业防治，如调整播种期、实行轮作和间套作、深耕晒茬、清洁田园和选育抗病虫品种等。在我国，早在公元前239年的《吕氏春秋》一书中已提倡适时播种减轻虫灾。在生物防治方面，在公元304年我国晋代，广东等地橘农利用黄猄蚁防治柑橘害虫，是世界上最早记载和开展生物防治的先例；国外如德国许多地方在果树和森林中设置人工鸟巢，招引鸟类消灭害虫；最著名的生物防治事例是在1888年，美国加利福尼亚州从澳大利亚引进柑橘吹绵蚧的天敌澳洲瓢虫，解决了吹绵蚧的严重为害问题，开创了传统害虫生物防治的先河。在漫长的农业发展史中，人类同有害生物的斗争从未停止过。最早的害虫防治，始于公元前2000年，当时的苏美尔人就已使用硫化物防治害虫和害螨；19世纪初，在欧洲就用石硫合剂防治果树白粉病，至今我们仍在使用；1882年，法国人就注意到硫酸铜和石灰的混合液（即波尔多液）可以防治葡萄霜霉病。在药物防治方面，先农用植物性、动物性和矿物性原料（如鱼藤、除虫菊、烟草、苦楝树叶）的浸出液防治害虫；用石灰水浸种防治种传病害；用砷化物（砒霜）和马钱子制成的毒饵防治蝗蝻、地下害虫和害鼠等。在物理防治方面，如用灯火、谷草把诱杀害虫，用鼠夹、鼠笼等诱捕害鼠，温水浸种消灭种子上的病虫等。在利用机械防治法治虫方面，我国清代就发明了黏虫车防治黏虫。历史上，上述传统的防治方法在减轻农作物有害生物的为害方面曾起了重要作用，但这些方法大都比较费工费时，特别是有时候不得不靠人工捉虫或扑打蝗蝻，效率很低，防治效果也不理想，每当有害生物大发生时，常常措手不及而酿成严重灾害和重大经济损失。

20世纪三四十年代，随着科学技术的进步和社会生产力的发展，人类防治有害生物的策略和手段也得到了进一步改进和提高，特别是有机杀真菌剂（如福美双）和有机杀虫剂（六六六、DDT）等合成农药的问世，使得病虫害防治更为简便和有效。自此之后，又有一系列有机化学合成农药相继问世，用于农林有害生物的防治，并在植物保护中发挥了巨大作用。但是，大量地使用化学农药带来的副作用也日渐突出，最终导致了像六六六、DDT、杀虫脒等高残留农药的禁用或限制使用。

为了消除化学农药带来的副作用，1967年，联合国粮农组织和国际生物防治组织（IOBC）在罗马联合召开的专家组会议上，首次提出了“有害生物综合防治（Integrated pest control，IPC）”的思想；进入20世纪70年代以后，该思想又进一步发展完善为“有害生物综合治理（IPM）”策略。IPM策略是有害生物防治历史上的一次重大变革。该策略的核心是从整个生态系统出发，通过利用多种战术的协调配合，控制有害生物的为害，而非单纯依靠化学农药；当有害生物的种群数量或为害达不到经济阈值时，就不应采取防治措施。在该策略的思想指导下，在1975年我国农业部召开的全国植物保护工作会议上，确定“预防为主，综合防治”为我国植物保护的工作方针；在1987年全国第二次农作物病虫害综合防治学术讨论会上，对有害生物综合防治做出了更科学，准确的阐述，即“综合防治是对有害生物进行科学管理的体系。它从农业生态系总体出发，根据有害生物与环境之间的相互关系，充分发挥自然控制因素的作用，因地制宜地协调运用必要的措施，将有害生物控制在经济允许损害水平以下，以获得最佳的经济、社会和生态效益”。自IPM策略提出后，世界各国致力于大田作物、蔬菜、果树、园林植物和牧草有害生物的综合防治，控制了重要有害生物的为害，降低了化学农药的使用量，取得了明显的经济、社会和生态效益。

进入20世纪90年代以来，在可持续发展战略思想指导下，农业的持续发展问题日益受到人们的普遍关注。1995年，在荷兰海牙召开的第十三届国际植物保护大会上，提出了“可持续植物保护造福于全人类”的主题，强调植物保护“要从保护农作物到保护农业生产体系”。可持续农业在技术体系上对植物保护提出了更高的要求，即植保技术不仅要保证当前的作物高产稳产，取得良好的经济、生态和社会效益，而且前一时期所采用的技术体系还必须为其后年份的植保管理打下良好基础，使植物保护真正能够兼顾当前和长远、防患于未然，从而保证植物生产的持续稳定发展。因此，未来的有害生物防治技术与实践必须按照可持续农业的要求，组建出与可持续发展相适应的有害生物管理体系和对策，设计出既能有效地控制有害生物，又能保证食物安全和保护生态环境的技术和方法，使植物保护真正造福于人类。

2006年，提出“公共植保、绿色植保”理念，农业部于2006年4月在湖北省襄樊市召开的全国植物保护工作会议上全面总结了新中国建立以来我国植物保护工作所取得的巨大成绩和存在的问题，深入分析了当前乃至今后的发展形势，明确提出了未来植物保护工作方向、目标与任务，安排布置了今后一段时期的植物保护工作。会议提出，对新时期的植保工作，要认清形势，牢固树立植保工作新理念，即公共植保理念和绿色植保理念。2008年，推进绿色防控，至2016年年底，通过减量控害，加强绿色防控：全国农药施用量保持零增长，三大粮食作物实施专业化统防统治面积达到14亿亩次，粮食、蔬菜、果树、茶叶等作物绿色防控技术应用面积超过5亿亩。

四、植物保护与其他学科的关系

植物保护在以保护植物生产为目的的同时，与环境保护、可持续发展、食品安全和农产品的国际贸易等有着密切的关系，这无疑给植物保护赋予了新的内容，并提出了更高的要求。今后的植物保护也必须向着国际化、标准化、无害化和现代化的方向发展。

植物保护作为一门由多学科知识形成的科学，从其研究内容看，它不仅涵盖了植物病理学、昆虫学、杂草学、鼠害学和农药学及其应用技术，而且与植物学、遗传学、生物化学、分子生物学、生态学、环境科学、植物育种学、栽培学、土壤肥料学、气象学、生物统计学、农业经济学和生态工程等学科领域也有着极其密切的关系，更重要的是，植物保护还为许多高新技术特别是现代生物技术和计算机信息技术等提供了一个应用的平台，从而也使得植物保护更加现代化。

五、生态植物保护学建设的时代性

党的十九大报告指出：“坚持推动构建人类命运共同体，构筑尊崇自然，绿色发展的生态体系”、“要坚持环境友好合作应对气候变化，保护好人类赖以生存的地球家园”以及“成为全球生态文明建设的重要参与者、贡献者、引领者”。人类只有一个地球家园，就全球范围来看，自1987年《我们共同的未来》发表以来，可持续发展已经被广泛认可和接受，成为世界各国普遍的发展战略；2013年，我国的生态文明理念在联合国环境规划署第27次理事会上，被正式写入决定。这表明，由中国首创，具有中国特色，中国话语的生态文明建设，越来越成为一种国际话语体系。

凝聚东方生态智慧和文化底蕴的生态文明，是中国对世界文明发展，人类命运共同体建设的历史性贡献。从现在开始到21世纪中叶，是中国跨越两个百年，实现中华民族伟大复兴中国梦的战略机遇期。中国有望加速迈进生态文明新时代，引领全球向生态文明社会整体转型。生态植物保护学正是契合生态文明建设的精义。

自2012年来，随着生产水平和人们物质消费水平的不断提高，人们对社会生活的需求正由“温饱”数量型转为“绿色环保”质量型，社会对优质生态产品、优良生态环境的需求越来越迫切。而与此相对应的是，历经30多年的快速发展，我国提供生态产品特别是优质生态产品的能力实际上刚刚起步，这也在很大程度上解释了中央大力推进供给侧结构性改革的时代背景。绿色生产方式的形成，将更好提供优质生态产品，绿色化生活方式，将倒逼绿色化生产市场的培育和壮大。

植物保护就是保护植物。其本质是调节生物与生物、生物与环境之间的关系，植物保护本身也在发生着深刻蜕变。由于现代农业生产中大量使用农药、化肥、植物生长调节剂等农用化学物质，使农业环境受到不同程度的污染，自然生态系统遭到破坏，土地持续能力下降，农业生产徘徊不前。为了消灭这些有害生物，人类从未间断寻求有效防治方法的步伐，利用的资源包括植物、动物、矿物等有毒天然物质方法，同时也积累了丰富的经验。

人类农业历史悠久。农业生产是人类繁衍生息的基础，但一直遭受有害生物的侵袭。早在公元前1200年，古人就用盐和灰除草，开启了天然的农药时代。公元前900年，中国已知道利用砒石防治农业害虫；公元前240年的《周礼》曾记载，有专门掌管治虫、除草的官职及所用的杀虫药物及其使用方法。自16~18世纪，世界各地陆续发现一些杀虫力强的植物，包括烟草、鱼藤和除虫菊等。随着近代化学工业的出现，很多化工产品被作为农药使用。1944年德国拜耳公司生产第一个有机磷农药——对硫磷，这标志着人类文明进入化石能源为主的有机合成农药时代。它的高效、经济、简便等优点得到了大家的认同。瑞士化学家Paul Hermann因发明DDT，并于1948年获得诺贝尔奖。有机磷、有机氯、氨基甲酸酯等几大类农药品种集高效、经济、广谱、便于长久贮存，便于长途运输、使用方便、效果稳定等优点，得到高速发展并在世界各国作物病虫害防控中得到广泛使用。化学农药的使用实践证明，农药使用可挽回全世界农作物总产30%~40%的损失。但是，仅仅历经一百多年的时间大量使用化学农药，尤其是不易降解的有机氯农药，使环境受到了污染、生态受到了破坏。特别是农药已使害虫抗药性能提高；天敌被大量杀死，自然控制害虫发生能力减弱，主要害虫连年暴发，一些次要害虫上升为主要害虫；农药残留引起农、副产品和环境污染等严重生态问题。另外，化学农药对农业生产的贡献率急剧减弱。以美国为例，虽然加大了农药的使用力度，在过去40~50年中使用的化学杀虫剂的数量和毒力两者均增加10倍以上，但害虫造成的损失却仍然增加了2倍；同样，植物病害（包括线虫）造成的损失从10.5%上升到12%，只有杂草造成的损失从13.8%降至12%。同时对环境造成严重污染。美国等国后来对已登记的农药品种逐渐加以审查，凡发现是潜在危险的种类，分别采取禁用、限用等系列措施。此后的几十年，先后发明拟除虫菊酯类杀虫剂、新烟碱杀虫剂、磺酰脲类除草剂、双酰胺类除草剂等高效低毒的化学农药。我国农业部对硫丹、溴甲烷2种高毒农药确定将于2019年全面禁用。同时，涕灭威、甲拌磷、水胺硫磷将于2018年退出；灭线磷、氧乐果、甲基异构柳磷、磷化铝将力争于2020年前退出；氯化苦克百威和灭多威将力争于2022年退出。为及时扭转过分依赖化学农药的局面，提高有害生物防控的生态效果、绿色效应和社会经济效益，生态植物保护学的发展具有鲜明的时代性，必将在促进传统化学防治向现代绿色防控的转变，实现有害生物可持续治理中发挥巨大作用。截止2015年底，全国农作物病虫害绿色防控技术应用面积超过10亿亩次，绿色防控技术取得明显进步，生态调控、植物免疫诱抗，“引诱”、天敌保护利用、微生物农药，植物源农药和高效低毒化学农药等系列化绿色防控技术在不同作物、不同地区普遍应用。

生态植物保护学的发展和完善适应时代要求，党的十九大报告提出生态文明建设和绿色发展理念；国务院、农业部提出农药化肥零增长，到2020年，实现化学农药使用量不超过上年水平，实现使用量增长为“零”的目标。生态植物保护满足新时代农业生产需求，保护生态环境为基本要求的农业生产，要求全面综合的病虫防治技术措施除了应急救灾外，更多地需要非化学农药技术的应用；优质、安全的农产品生产，要求使用以作物健康为核心的技术措施，作物健康中最重要的是病虫害防治问题。首选环境友好，来源安全有效的绿色防控技术。

在大农业生产领域，在植物保护工作中，紧密结合生态文明建设，以绿色发展为目标，建立生态植物保护学的理论和技术体系，并进行实践是十分必要的。生态植物保护学的发展迎来了千载难逢的历史机遇。生态植物保护正在促进将传统“保产弃绿”的功能转向“稳产保绿”的功能转变。

第一篇　生态植保与生态文明建设和绿色农业发展

1992 年，联合国环境与发展大会发布《里约宣言》和《21 世纪议程》，确立了可持续农业的重要地位。至此，建设生态农业和走可持续发展道路，成为世界各国农业的共同选择。目前，全球共有 162 个国家发展生态农业。据国际有机农业运动联盟统计，截至 2009 年，全球生态农业种植总面积达 3 200万 hm^2。预计到 2020 年，全球生态农业生产面积将占农业生产总面积的比例最高将达到 35%。生态农业，已成为 21 世纪全球农业发展的主导模式和主要潮流。生态植保作为生态农业的重要组成内容，迎来了巨大的发展机遇。

我国农业资源匮乏，人均农业耕地不足 2~3 亩（1 亩 ≈ 667m^2。全书同），相当于美国的 1/200，巴西的 1/15，加拿大的 1/14。随着工业化、城镇化和基础设施建设步伐加快，我国耕地数量减少趋势难以逆转。土地在减少，而单位面积粮食增产则依靠少数几种作物和化肥、农药、机械和动力等的投入支撑。过去 60 年间，我国化肥施用量急剧增长，有机肥施用几乎降至零点。缺少有机肥导致化肥增、产量退、地力衰、污染重。同时，我国每年农药用量约为 180 万 t，受农药污染耕地有 1 300 万~1 600万 hm^2，占全国耕地 10% 以上。化学农药过量使用，但有效利用率不足 30%，造成土壤有机污染严重，且导致食品中农药残留。

人类文明从传统农业文明转向工业文明的过程中，出现了全球性生态危机，给地球生命造成了极大为害。在这一背景下，追求人-自然-社会和谐的生态文明城市为人类文明发现的新形态。

在农业生产领域，探讨在农业生态文明与农业生产方式之间的关系是一个主要的研究领域，本论题的农林病虫害防控为具体领域，探讨生态文明理念下的生态植株理论、技术与实践。

在生态文明理念引领下发展的农业生产本质上为生物生产（个体和群体）和生态生产（生物生长与生态环境的关系）的综合体系，作为农业生产保障体系的植物保护也应该充分体现出生态植保的特征。

生态植物保护的理论体系包括：生态系统、食物链、生态平衡、生物量、一般系统论等理论。

生态植物保护的技术体系包括：预测预报技术、物理防治技术、生物质资源利用及病虫害源头治理技术；低密度条件下的常规生物防治技术；生态调控技术，即生物之间相生相克的选择、人工生态环境的营造、非单一物种最简生物多样性的构建等。生态植保的本质是调节生物与生物，生物与环境之间的关系，是一个系统性、综合性的技术体系。

第一章　生态植保与生态文明

唐代孔颖达注疏《尚书》时将“文明”解释为：“经天纬地曰文，照临四方曰明。“经天纬地”意为改造自然，属物质文明；“照临四方”意为驱走愚昧，属精神文明。在西方语言体系中，“文明”一词来源于古希腊“城邦”的代称。

文明，是人类文化发展的成果，是人类改造世界的物质和精神成果的总和，也是人类社会进步的象征。在漫长的人类历史长河中，人类文明经历了三个阶段。第一阶段是原始文明。约在石器时代，人们必须依赖集体的力量才能生存，物质生产活动主要靠简单的采集渔猎，为时上百万年。第二阶段是农业文明。铁器的出现使人改变自然的能力产生了质的飞跃，为时一万年。第三阶段是工业文明。18世纪英国工业革命开启了人类现代化生活，为时三百年。从要素上分，文明的主体是人，体现为改造自然和反省自身，如物质文明和精神文明；从时间上分，文明具有阶段性，如农业文明与工业文明；从空间上分，文明具有多元性，如非洲文明与印度文明。

20世纪七八十年代，随着各种全球性问题的加剧以及“能源危机”的冲击，在世界范围内开始了关于“增长的极限”的讨论，各种环保运动逐渐兴起。正是在这种情况下，1972年6月，联合国在斯德哥尔摩召开了有史以来第一次“人类与环境会议”，讨论并通过了著名的《人类环境宣言》，从而揭开了全人类共同保护环境的序幕，也意味着环保运动由群众性活动上升到了政府行为。伴随着人们对公平（代际公平与代内公平）作为社会发展目标认识的加深以及对一系列全球性环境问题达成共识，可持续发展的思想随之形成。1983年11月，联合国成立了世界环境与发展委员会，1987年该委员会在其长篇报告《我们共同的未来》中，正式提出了可持续发展的模式。1992年联合国环境与发展大会通过的《21世纪议程》，更是高度凝结了当代人对可持续发展理论的认识。由此可知，生态文明的提出，是人们对可持续发展问题认识深化的必然结果。

生态文明是人类文明的一种形式，人类社会衍变，从农业文明到工业文明，直至当今的生态文明，这是人类文明发展的一个新的阶段，即工业文明、后工业文明之后的文明形态。生态文明以尊重和维护生态环境为主旨，以可持续发展为根据，以未来人类的继续发展为着眼点。生态文明是人类遵循人、自然、社会和谐发展这一客观规律而取得的物质与精神成果的总和；生态文明是以人与自然、人与人、人与社会和谐共生、良性循环、全面发展、持续繁荣为基本宗旨的社会形态。生态文明是人类为保护和建设美好生态环境而取得的物质成果、精神成果和制度成果的总和，是贯穿于经济建设、政治建设、文化建设、社会建设全过程和各方面的系统工程，反映了一个社会的文明进步状态。三百年的工业文明以人类征服自然为主要特征，世界工业化的发展使征服自然的文化达到极致，一系列全球性的生态危机说明地球再也没有能力支持工业文明的继续发展，需要开创一个新的文明形态来延续人类的生存，这就是“生态文明”。

党的“十七大”把生态文明建设纳入全面建设小康社会的奋斗目标体系，“十八大”建立了将生态文明纳入“五位一体”的大格局。自此，生态文明正式进入经济和社会发展的主战场。党的十八届三中全会启动了生态文明体制改革，尽管面临环境保护与经济发展协调发展的巨大挑战，但在党的领导下，生态文明观已经建立，生态文明理论已经体系化，资源节约、环境友好等生态文明制度体系的四梁八柱基本建成，成效不断显现，生态文明新时代已经来临。

2007年党的“十七大”报告提出：“要建设生态文明（Ecological civilization）消费模式。”党的“十八大”报告指出，建设生态文明是关系人民福祉、关乎民族未来的长远大计。面对资源约束趋紧、环境污染严重、生态系统退化的严峻形势，树立尊重自然、顺应自然、保护自然的生态文明理念，把生态文明建设放在突出地位，融入经济建设、政治建设、文化建设、社会建设各方面和全过程，努力建设美丽中国，实现中华民族永续发展。2015年9月21日，中共中央、国务院印发《生态文明体制改革总体方案》，阐明了我国生态文明体制改革的指导思想、理念、原则、目标、实施保障等重要内容，提出要加快建立系统完整的生态文明制度体系，为我国生态文明领域改革做出了顶层设计。该文件是自党的“十八大”报告重点提及生态文明建设内容后，中央全面专题部署生态文明建设的第一个文件，生态文明建设的政治高度进一步凸显。

十九大报告对生态文明建设进行了多方面的深刻论述，其中将生态文明提升为“千年大计”。报告明确指出，“建设生态文明是中华民族永续发展的千年大计”。之所以将其上升为千年大计，其中一个重要原因是报告认为虽然自2012年以来，生态文明建设呈现显著；不仅国内生态环境状况得到改善，而且我国已成为全球生态文明建设的重要参与者、贡献者、引领者，但是我国“生态环境保护任重道远”。三十多年来，经济持续高速增长，带来了很大的资源环境压力，缓解这一压力非短期之功，需要进行持续不断的努力，而且资源节约和生态环境改善无止境，故提升为千年大计。

第二章　生态植保与绿色农业发展

当今世界已经成为一个全面追求绿色的世界，已经跨入生态文明时代，各行各业均需以生态文明理念为引导，以绿色发展为目标。“绿色经济”一词源自英国环境经济学家皮尔斯于1989年出版的《绿色经济蓝图》一书。时任联合国秘书长潘基文在2008年12月16日的联合国气候变化大会上再次将其提出后，“绿色经济”一词便出现在了各个国际会议的议题之中。当前，以绿色经济为核心的“经济革命”正席卷全球，绿色经济已成为世界经济发展的新趋势、新潮流。我国自2007年党的“十七大”报告中提出：“要建设生态文明消费模式”，“十九大”报告中将生态文明提升为“千年大计”，使我国抓住了这一千载难逢的“绿色”机遇，农业发展也走上了绿色轨道。生态植保正是生态文明建设、促进可持续发展的重要内容之一。

生态植保是绿色农业发展的主要内容，促进形成绿色发展方式。欧美国家在工业文明最初的一两百年里，我国改革开放初期至21世纪初，更多的走向了“先污染后治理”或者说“边污染边治理”的工业化发展道路。造成资源浪费、生态破坏、环境污染、“城市病”等严重问题。我们再也不能重蹈覆辙，要按照十九大报告的要求，将绿色发展提升到国家战略层面，走出一条“绿色生态科技含量高，经济效益好、资源消耗低、环境污染少”的新型绿色发展道路，实现经济、社会和生态三重效益的协调。

对植物保护而言，也应该抛弃农药植保的模式，跳出农药—抗性—换药、重药—再抗性的恶性循环，重构生态植保理论技术体系。农药、化肥是重要的农业生产资料，在农业生产中广泛应用，促进了粮食等作物单产水平的提高，为保障国家粮食安全和重要农产品有效供给发挥了重要作用。目前，我国主要农作物农药、化肥施用量过多，不仅增加了生产成本，也产生了环境污染。推进化肥、农药减量是实现农业绿色发展的重要举措。《创新体制机制推进农业绿色发展的意见》提出，到2020年，主要农作物化肥、农药使用量实现零增长，化肥、农药利用率达到40%以上。

农业绿色发展在生态文明建设中具有突出位置。改革开放以来，我国经济快速发展，创造了“中国奇迹”，显示了“中国智慧”的精妙和“中国方案”的威力，然而，粗放的发展方式，也使我国在资源环境方面付出了沉重的代价，积累了大量生态环境问题。推进农业绿色发展，是贯彻十九大精神、落实新发展理念的必然要求，是守住绿水青山、建设美丽中国的担当，是加快农业现代化，促进农业可持续发展的重大举措，对保障国家食品安全、资源安全和生态安全，维系当代人福祉和保障子孙后代永续发展具有重大意义。要把农业绿色发展摆在生态文明建设全局的突出位置，全面建立以绿色生态为导向的制度体系，基本形成为资源环境承载力相匹配，与生产生活生态相协调的农业发展格局，努力实现耕地数量不减少、耕地质量不降低、地下水不超采、化肥农药使用量零增长、秸秆畜禽粪污、农膜全利用，实现农业可持续发展、农民生活更加富裕、乡村更加美丽宜居。保供给、保收入、保生态是农业的主要功能，推进农业绿色发展要特别注意三者的协调统一。

农业绿色发展与人民福祉紧紧相连。在生态环境和农业资源的“红灯”面前，习近平总书记指出，推进农业绿色发展是农业发展观的一场深刻革命，也是农业供给侧结构性改革的主攻方向。

十八大以来，推进农业绿色发展，取得了可喜的成绩，为进一步强化农业绿色发展奠定了基础。

在农业资源环境保护方面初见成效。2015年，农业部印发了《关于打好农业面源污染防治攻坚战的实施意见》，提出了到2020年实现农业用水总量控制，化肥、农药使用量减少，畜禽粪污、作物秸秆、农膜基本资源化利用的“一控双减三基本”目标任务，正式打响了农业面源污染治理攻坚战。2017 年 2 月 5 日，新世纪以来，指导三农工作的第 14 个“中央 1 号文件”发布，提出要“推行绿色生产方式，增强农业可持续发展能力”。5 月，农业部启动实施了“农业绿色发展五大行动”，将畜禽粪污资源化利用行动、果菜茶有机肥替代化肥行动、东北地区秸秆处理行动、农膜回收行为和以长江为重点的水生生物保护行动作为重点进行突破。通过控量提效，大力发展节水农业，水资源利用效率明显提高，农田灌溉水利用系数已从 1998 年的 0.4 提高到 0.52。通过减量替代，推广测土配方技术，2016 年全国化肥使用量首次接近零增长，测土配方施肥技术推广应用面积近 16 亿亩（15 亩 = 1hm^2。全书同），有机肥施用面积 3.8 亿亩次，绿肥种植面积约 4 800万亩。通过减量控害，加强绿色防控，全国农药使用量保持零增长，三大粮食作物实施专业化统防统治面积达到 14 亿亩次，粮食、蔬菜、果树、茶叶等作物绿色防控技术应用面积超 5 亿亩。通过种养结合，推进畜禽粪污治理，畜禽粪污综合利用率达到 60%以上。通过五化推进，全面开展秸秆资源化利用，秸秆还田面积 8 亿万亩，秸秆资源综合利用率达到 82%。通过综合施策，修订地膜标准，加强回收利用，农膜回收率达到 60%。

预计到 2020 年，化肥、农药利用率将达 40%以上，畜禽养殖废弃物综合利用率达到 75%以上，秸秆综合利用率达到 85%以上，农膜回收率达到 80%以上。生态农业新格局初步建立。近年来农业部通过调整优化种养业结构，推进草原生态奖补、休渔禁渔、“绝户网”和涉渔“三无”船舶清理整治，逐步修复农业生态系统。但农田、草原、渔业等生态系统退化问题仍然较为突出，种养结合不紧，“转化”环节不强，循环不畅，草原超载过牧、沙化退化，水域生态恶化、渔业资源不断减少，农业生态服务功能弱化。2016 年 5 月 31 日，国务院《土壤污染防治行动计划》发布，包括了监测、评估、风险防控、治理试点等内容。2017 年 1 月，《中共中央国务院关于加强耕地保护和改进占补平衡的意见》出台，提出守住耕地的两条“底线”，一是 18.65 亿亩耕地数量的底线；二是耕地质量的红线，到 2020 年确保建成 8 亿亩，力争建成 10 亿亩高标准农田，努力达到“藏粮于地”的要求。通过实施耕地质量保护与提升行动，加强旱涝保收高产稳产高标准农田建设，“十二五”期间建成 4 亿亩之多。通过推行耕地轮作休耕制度，2016 年在北方农牧交错带等地区实施轮作休耕试点 616 万亩，2017 年扩大到 1200 万亩。通过实行草原生态保护补助奖励制度，2016 年，全国草原综合植被盖度 54.6%，天然草原鲜草总产量连续六年超过 10 亿 t。通过加强水生生物自然保护区和水产种质资源保护区建设，建成水生生物自然保护区 200 多个，总面积超过 10 万 km^2，并率先在长江流域水生生物保护区实现全面禁捕，通过减“镰刀弯”等非优势产区籽粒玉米种植面积 4 000万亩，增加优质食用大豆、薯类、杂粮杂豆等种植。建立稻谷、小麦、玉米等粮食生产功能区，优化调整生猪养殖布局，推动生猪养殖向粮食主产区和环境容量大的地区转移。

第一节　生态植保与绿色农业发展

人多地少是我国的基本国情，表现为“两超”：一是粮食需求总量“超大”，二是人均耕地占有量“超小”。我国农业人口人均占有耕地 2~3 亩，是美国的 1/200、巴西的 1/15。工业化、城镇化，基础建设快速推进，每年都要占用一部分耕地。如果没有科技的突破，单产不能提高，保供给的压力将会越来越大。中央审时度势提出新形势下国家粮食安全战略，核心目标是守住“食物基本自给、口粮绝对安全”的战略底线，端牢中国人的饭碗，“中国人要端自己的饭碗，碗里主要装自己的粮”。目前，我国粮食供求形势比较好，但是仍为“紧平衡”状态。应该看到，未来一个时期，粮食需求仍是增加趋势。主要是四个方面：一是人口增加带动粮食需求增加，二胎政策联动效益也要预估在内；二是消费升级带动粮食消费增加；三是饲料粮增加；四是食品粮深加工需要。增加供给需求科技进步，还要有植保工作的坚强支撑。农业受气候和环境的影响较大，病虫害的发生不可避免，必须通过植保科技水平提升，控制虫害遏制病害，实现“虫口夺粮”保丰收。

生态植保遵循了生态学原理、农业生态发展规律和农业生物学规律，可以对几十年来工业化农业发展对化学农药需求导致的负面影响予以矫正。生态植保可以弱化化学农药的功能，对促进农业绿色发展和可持续发展，十分必要。党的“十九大”报告在充分肯定“生态文明建设成效显著”的同时，指出“生态环境保护任重道远”。进入生态文明新时代，要坚持人与自然和谐共生，更加明确和强化生态文明建设在中国特色社会主义建设“五位一体”总体布局和“四个全面”战略布局伟大事业中的战略地位，积极应对包括“自然界出现的困难和挑战”在内的“具有很多新的历史特点的伟大斗争”，实现中华民族伟大复兴的美丽中国梦。

“十八大”以来，经过不懈努力，农业绿色发展新格局初步建立。注重生态保育，是农业绿色发展的的根本要求。农业是与自然联系最紧密的生态产业，也是受人类影响最大的生态系统。推进农业绿色发展，就是加快生态循环农业建设，培育可持续、可循环的发展模式，促进粮经饲统筹，农、林、牧、渔结合，种养加一体，第一、第二、第三产业融合发展。

求木之长者，必固其根本；欲流之远者，必浚其泉源。现代农业要实现可持续发展，要尊重自然发展的客观规律，也要遵循经济社会发展的客观需求，绿色发展理念将引领农业发展新征程。

在农业绿色发展格局进一步完善的过程中，生态植保将会发挥更大的作用，承载更多的生态功能。

第二节　生态植保与食品安全保障

到 2020 年，就要全面建成小康社会，实现第一个“百年目标”。这意味着城乡居民收入大幅度提高，进入消费需求持续增长，消费结构加快升级，消费拉动经济作用明显增强的重要阶段，以粮食为主转化的肉蛋奶消费将持续增加，以绿色安全为特征的名特优新产品消费需求持续增加，以传承农耕文明和养老养生为主的休闲旅游需求持续增加。这表明，居民消费正由吃得饱向吃得好、吃得营养、吃得健康转变提升，社会公众对“舌尖上的安全”高度关注。保障农产品安全，更加体现在农药残留的控制上，这也为生态植保的发展提供了巨大空间。山东省选择农药残留的重灾区—韭菜生产作为首选监管对象试行“双证制”管理，于 2017 年 11 月 1 日零点起生效。通过实施“双证制”管理，探索食用农产品质量安全管控的有效模式，以落实生产经营主体责任为核心，进一步转变使用农产品质量安全监管方式，创新部门协作机制，韭菜试点以后，下一步将在更多的食用农产品生产销售中实施。生态植保可以净化、保护安全食物链。生物学存在一条普遍规律，食物链中营养级别越高的生物，体内的有毒物质积累越多。生态系统中物质和能量沿着食物链和食物网流动，并逐级递减，一般为 5~6 环节或级次。有毒物质会通过食物链传递并逐渐富集积累，营养级越高，有毒物质积累的越多。

动物直接或间接地以植物为食，从而使物质和能量沿着食物链和食物网在生态系统的各营养级中流动。有毒物质会通过食物链不断积累，营养级别越高的生物，体内积累的有毒物质就越多，因为环境中有些污染物（如重金属、化学农药等）具有化学性质稳定、不易分解的特点，会在生物体内积累而不易排出；随着营养级的升高而不断积累，最终为害到人类的安全。

生物富集与食物链密切相关。污染物是否沿着食物链进行生物富集，决定于以下三个条件，即污染物在环境中必须是比较稳定的，污染物必须是生物能够吸收的，污染物是不易被生物代谢过程中所分解的。

净化食物链，将工业化农业提升为工业型农业，将投资要素支撑的增产农业提升为质量导向的健康和谐可持续农业。净化食物链，需要排除向食物链各环节中投入的有毒有害物质。净化食物链，需要生态植保等一系列相关技术的支撑。食物安全与投入到食物生产上的人工成正比，与投入的化学物质和激素等成反比。净化食物链，需要建立生物质资源全生命周期和全物质循环利用评估体系，从光合作用开始，直至餐桌之后，进入再次循环为止。

第三节　生态植保与“一控两减三基本”

针对农业面源污染的问题，主要还是要坚持把农业资源保护和农业生产发展统筹起来，同时要把外源污染和内源污染的防控结合起来。形成一种合力，协同社会各界，整合各种资源进行防控。要形成一个涉及农业面源污染源头、过程、末端全链条、全过程、全要素的整体系统的解决方案。要根据各种污染类型，采取有针对性的措施推进“一控两减三基本”。

“一控”方面，主要是在农业水的用量方面，通过采取节水农业包括农田基础设施的建设，还有节水灌溉工程建设等措施，来提高水的利用效率。现在 $1m^3$ 的灌溉水可以生产 1kg 的粮食，这个水平跟发达国家 1.2~1.4kg 的水平相比较，还有一定空间，所以这方面还有潜力可挖。另一方面，如果加强农田设施建设，包括管网建设，减少灌溉水在输运过程中的消耗，利用有效利用系数也非常重要。所以农业部提出要把农田灌溉水的有效利用系数提高到 0.55。

农业占用全国用水总量的65%~70%，其中很大一部分水量因低效灌溉而被浪费掉，在北方地区尤其如此。这里尽管是国家最干旱的地区，但却种植大量非常需水的农作物，如小麦和玉米。中国正面临越来越大的供水压力——缺乏、分配不均、被严重污染。

“两减”方面，主要是在化肥、农药的减量使用方面。中国提高粮食产量的代价，是消耗了越来越多的石化物质，是动用了全球约35%的氮肥。由于地力下降，我国粮食单产最近 8 年几乎没有显著增长，但化肥施用量却增长了 40%，每千克化肥生产的粮食不足 19kg，这一生产效率正在以每年 1kg 的速度下降。中国这几年在大力推进测土配方施肥，包括病虫害的绿色防控、综合防控措施。在施肥方面，怎么精准施肥，包括对新型肥料、绿色生产资料的研发，通过这些措施，来有效提高农药和化肥的利用效率。现在农药化肥的利用率总体来讲应该说比过去还是有比较明显的提高，现在的化肥利用率，综合利用率大概在 30%，氮磷钾不同的养分元素利用率是不一样的。总体来讲，这些养分的利用率都有所提高，而且这几年特别是在粮食作物上面利用率提高的效果是非常明显的。就是这样一个利用水平，跟发达国家或者利用水平比较高的地方相比，还有进一步提升的空间。特别是中国化肥使用这几年比较多的是果树和蔬菜，而且果树和蔬菜这几年的面积扩展比较快，果树和蔬菜现在的施肥量比较高，而且超出了安全的水平，将来在这些方面要作为重点进行削减。

中国每年使用农药 130 万 t，为世界之最。随着绿色防控理念不断深入，统防统治技术体系初步构建，药械装备水平逐步提高，种子处理、土壤处理、生物防控技术加快应用以及环保型、缓释型和低用量农药产品快速增长，可以说，实施“农药零增长”的技术和物质基础已经具备。2015 年 2 月农业部印发《到 2020 年农药使用量零增长行动方案》，提出力争到 2020 年我国农药使用总量实现零增长的宏伟目标。

实施“农药零增长”是农业现代化发展到一定阶段后国际通行做法，是我国经济进入新常态后推进农业发展“转方式、调结构”的重要标志。当前我国农业生产的组织形式、经营方式和服务模式发生着深刻变化，农药行业取得了长足发展，这些变化为传统的、低效的农药多用、滥用问题，提供了解决条件和物质基础。资料显示，欧盟发达国家早在 20 世纪 80 年代末就立法开展农药减量行动，2006 年农药减量计划成为欧盟的强制性政策。荷兰的农药使用量从 1985 年的 2 万多 t 下降到 2012 年的 5 778t；瑞典、丹麦通过实施农药税控制农药使用量增长；韩国 1999 年颁布“环境友好农业支持法案”，提出到 2010 年农药使用量减少 50%。

继续实施农作物病虫害专业化统防统治和绿色防控，推广高效低风险农药、高效现代植保机械。推广高效低毒低残留兽药，规范抗菌药使用，严厉打击养殖环节滥用兽药行为。到“十三五”末，主要农作物测土配方施肥技术推广覆盖率达到90%以上，绿色防控覆盖率达到30%以上，努力实现化肥农药零增长。

2018年会严格投入品使用监管，推进农药追溯体系建设，高毒农药已禁止使用39种，2年内再禁止使用2种，剩余10种今后5年内要逐步禁止使用。

实现“农药零增长”，主要从经济发展、政策创设、农药产品、药械装备、作物类型、植保及其他减量综合技术、“互联网+”农化服务等板块入手，系统研究农药减量因素与路径。

当前，农业投入品过量使用、利用率不高，是农业面源污染的重要原因。目前，化肥农药使用“零增长”目标已提前实现，下一步要在提高使用效率、减少施用总量上下功夫。

2018年要扩大果菜茶有机肥替代化肥试点范围，再选择100个生产大县整建制推进试点。选择150个县开展果菜茶病虫全程绿色防控试点，力争病虫绿色防控覆盖率每年提高2个百分点。

“三基本”方面，一是在畜禽粪污的处置方面，通过种养结合、农牧结合，充分布局养殖业，而且要严格进行环境评估，实施环评制度和限养制度；二是要对废弃物进行综合循环再利用，包括通过采取标准化养殖、清洁养殖，配套一些废弃物的综合处置设施，包括发展农村沼气工程、发展循环农业，使废弃物、粪便能够得到更高的有效利用。三是农作物秸秆问题也比较突出，特别是随着一些作物产量连年提高，生物量在不断地增加，整个农作物秸秆的生物量大概超过9亿t，其中可以收集的秸秆也达8亿多t。一部分现在综合利用率大概只有76%左右，如何对这些秸秆进行有效综合利用，包括发展肥料、秸秆还田，还有饲料，包括搞燃料，发展沼气等等。这些都是将来在秸秆作物利用方面需要加强的一些工作，这方面有基础，而且也有比较成功的经验和好的典型，农业部提出把秸秆的综合利用率从76%提高到85%左右。

农村土地点源、面源污染严重，农药、化肥仍在过量使用，所以农业部提出了2020年农药化肥使用零增长。

为贯彻党中央、国务院关于加强生态文明建设、推动绿色发展的决策部署，切实加强农业资源与生态环境保护，依据《全国农业现代化规划（2016—2020年）》《全国农业可持续发展规划（2015—2030年）》《农业环境突出问题治理总体规划（2014—2018年）》《全国生态保护与建设规划（2013—2020年）》等规划，农业部印发《农业资源与生态环境保护工程规划》。

第四节　生态植保与“优质生态产品”供出的重要保障技术措施

生态植保是提供更多“优质生态产品”的重要保障技术措施。“十九大”报告中提出，“我们要建设的现代化是人与自然和谐共生的现代化”，既要创造更多物质财富和精神财富以满足人民日益增长的美好生活需要，也要提供更多优质生态产品以满足人民日益增长的优美生态环境需要。“优质生态产品”这个新意概念表达了“环境就是民生”，因此，从民生角度看，我们不仅要创造更多的物质和精神产品，而且要提供更多的优质生态产品，以满足人民日益增长的对美好生活特别是美丽环境的需求。农药植保，在防治植物病虫害的同时，污染了土壤、水源和大气，造成了农产品农药残留。化学农药是重要环境污染源，2017年10月24日，致力于消除国际范围内有毒污染物的NGO（非政府组织）“Pure Earth”在知名医学期刊《柳叶刀》上发布了一项研究报告，报告指出：环境污染比战争、饥饿、自然灾害更致命。该报告将污染的影响量化，并总结出：2015年每6例过早死亡个例中就有一例和污染有关。

第三章　生态植保与创新发展

改革开放40年，自然资源几近耗尽，环境容量饱和，人力资源潜力尽失。“十八大”提出了经济发展的“新常态”，重新转型定位，不再追求高速度的量变。

在推进农药减量增效方面，要实现“四减”。即：推进统防统治，提高防治效果减量。扶持病虫防治专业化服务组织，推行植保机械与农艺配套，大规模开展统防统治，提高防治效果，推进绿色防控控制病虫为害减量。应用生物防治、物理防治等绿色防控技术，预防控制病虫发生，减少防控次数。推广高效施药机械提高利用率减量。推广自走式喷杆喷雾机、无人机等大中型施药机械，替代跑冒漏滴的落后机械。推广高效低风险农药优化结构减量。应用生物农药、高效低毒低残留农药，替代高度高残留农药。

2017年，山东省粮食再获丰收，总产量达572.32亿kg，连续6年稳定在450亿kg以上。山东农业围绕农业供给侧结构性改革主线，积极推进粮食作物结构调整，坚持有保有压，在确保粮食播种面积1.1亿亩的前提下，积极扩大优质专用小麦面积，全省强筋小麦面积发展到590多万亩。同时，全省还进一步扩大“粮改饲”试点，全省大豆、杂豆播种面积219.2万亩，比上年增加5.4万亩。甘薯播种面积306.5万亩，比上年增加4.4万亩。

生态植保要根据这些农业生产形势的新变化进行创新发展，如优质强筋小麦生态植保、豆类作物生态植保和甘薯生态植保的研究及应用示范等。

我们正处在一个传统植保向生态植保跨越的关键时期，也是生态植保技术创新发展的新时代。

第二篇　生态植保的理论基础

第一章　生态植保的概念

生态植保的内涵为以生态文明理念为指导，以预测预报为依据，广泛使用物理技术措施，采用生物质资源利用技术破坏病虫害的携带载体或潜伏场所，消灭病虫源，实施源头治理；在低密度条件下，常规管理过程中，实施生物防治；综合运用生物之间相生相克的关系，实施生态调控；实现农业绿色发展的目标。

第二章　生态系统：自然生态系统与人工生态系统

第一节　生态系统的概念及其历史演进

一、生态系统的概念

生态系统（ecosystem）简称ECO，指在自然界一定的空间内，生物与环境构成的统一整体，在这个共同体中，生物与环境之间相互影响、相互制约，并在一定时期内处于相对稳定的动态平衡状态。生态系统的范围可大可小，相互交织，太阳系就是一个生态系统，太阳就像一台发动机，源源不断给太阳系提供能量。地球最大的生态系统是生物圈；最为复杂的生态系统是热带雨林生态系统，人类主要生活在以农田、人工林和城市为主的人工生态系统中。生态系统是开放系统，为了维系自身的稳定，生态系统需要不断输入能量，否则就有崩溃的危险；许多基础物质在生态系统中不断循环；生态系统是生态学领域的一个主要结构和功能单位，属于生态学研究的最高层次。

生态系统概念的提出，使我们对生命自然界的认识提到了更高一级水平。它的研究为我们观察分析复杂的自然界提供了有力的手段，并且成为解决现代人类所面临的人口增长、环境污染和自然资源的利用与保护等重大问题的理论基础之一。

生态系统具有以下特征：①具有自我调节能力。②物质循环、能量流动和信息传递是生态系统的三大功能。③生态系统中营养级数目一般不会超过4~5个。④生态系统是一个半开放的动态系统，要经历一个从简单到复杂，从不成熟到成熟的演变过程，其早期阶段和晚期阶段具有不同特性。

二、人与生态系统关系的认知

早在古代，中国的哲学家就阐发了“天地与我并生，而万物与我为一”（《庄子·齐物论》）的重要的生态哲学思想，其中以老子和庄子为代表的道家学派对人与自然的关系进行了深入探讨。这一时期，人与生态系统的矛盾并不突出。

最早倡导人与自然和谐共处的是新英格兰作家，亨利·戴维·梭罗（Henry David Thoreau）在其1849年出版的著作《瓦尔登湖》中，梭罗对当时正在美国兴起的资本主义经济和旧日田园牧歌式生活的远去表示痛心（梭罗第1页、30~34页）。梭罗在康科德四乡的生活中，对本土生物做了详细的考察，以艺术的笔调记录在《瓦尔登湖》一书中。为此，梭罗被后人称为“生态文学批评的始祖”（梭罗第1~4页）。

1962年，美国海洋生物学家蕾切尔·卡尔逊（Rachel Carson），发表震惊世界的生态学著作《寂静的春天》，提出了农药DDT造成的生态公害与环境保护问题，唤起了公众对环保事业的关注。1964年，先驱卡逊去世，化工巨头孟山都化学公司颇有针对性地出版了《荒凉的年代》一书，对环保主义者进行攻击，书中描述了DDT等杀虫剂被禁止使用后，各种昆虫大肆传播疾病，导致大众死伤无数的“惨剧”。1970年4月22日，美国哈佛大学学生丹尼斯·海斯（Dennis Hayes）发起并组织保护环境活动，得到了环保组织的热情响应，全美各地约2000万人参加了这场声势浩大的游行集会，旨在唤起人们对环境的保护意识，促使美国政府采取了一些治理环境污染的措施。后来，这项活动得到了联合国的首肯。至此，每年4月22日便被确定为“世界地球日”。1972年，瑞典斯德哥尔摩召开了“人类环境大会”并于5月5日签订了《斯德哥尔摩人类环境宣言》，这是保护环境的一个划时代的历史文献，是世界上第一个维护和改善环境的纲领性文件，宣言中，各签署国达成了七条基本共识；此外，会议还通过了将每年的6月5日作为“世界环境日”的建议。会议把生物圈的保护列为国际法之中，成为国际谈判的基础，而且，第三世界国家成为保护世界环境的重要力量，使环境保护成为全球的一致行动，并得到各国政府的承认与支持。在会议的建议下，成立了联合国环境规划署，总部设在肯尼亚首都内罗毕。1982年5月10日至18日，为了纪念联合国人类环境会议10周年，促使世界环境的好转，国际社会成员国在规划署总部内罗毕召开了人类环境特别会议，并通过了《内罗毕宣言》。在充分肯定了《斯德哥尔摩人类环境宣言》的基础上，针对世界环境出现的新问题，提出了一些各国应共同遵守的新的原则。《内罗毕宣言》指出了进行环境管理和评价的必要性，和环境、发展、人口与资源之间紧密而复杂的相互关系。宣言指出：“只有采取一种综合的并在区域内做到统一的办法，才能使环境无害化和社会经济持续发展。”1987年，以挪威前首相格罗·布莱姆·布伦特兰夫人（Gro Harlem Brundtland）为主席的联合国环境与发展委员会（WCED）在给联合国的报告《我们共同的未来》（Our Common Future）中提出了“可持续发展（Sustainable development）”的设想。

1992年6月3日至4日，“联合国环境与发展大会”在巴西里约热内卢举行。183个国家的代表团和联合国及其下属机构70个国际组织的代表出席了会议，其中，102位国家元首或政府首脑亲自与会。这次会议中1987年提出的“可持续发展战略”得到了与会国的普遍赞同。会议通过了《里约环境与发展宣言》（rio declaration）又称《地球宪章》（Earth charter），这是一个有关环境与发展方面国家和国际行动的指导性文件。全文纲领27条确定了可持续发展的观点，第一次在承认发展中国家拥有发展权力的同时，制定了环境与发展相结合的方针。

三、生态系统的组成成分

生态系统的组成成分由非生物的物质和能量、生产者、消费者和分解者组成。其中生产者为主要成分。不同的生态系统有：森林生态系统、草原生态系统、海洋生态系统、淡水生态系统（分为湖泊生态系统、池塘生态系统、河流生态系统等）、农田生态系统、冻原生态系统、湿地生态系统、城市生态系统。其中，无机环境是一个生态系统的基础，其条件的好坏直接决定生态系统的复杂程度和其中生物群落的丰富度；生物群落反作用于无机环境，生物群落在生态系统中既在适应环境，也在改变着周边环境的面貌，各种基础物质将生物群落与无机环境紧密联系在一起，而生物群落的初生演替甚至可以把一片荒凉的裸地变为水草丰美的绿洲。生态系统各个成分的紧密联系，这使生态系统成为具有一定功能的有机整体。

无机环境是生态系统的非生物组成部分，包含阳光以及其他所有构成生态系统的基础物质：水、无机盐、空气、有机质、岩石等。阳光是绝大多数生态系统直接的能量来源，水、空气、无机盐与有机质都是生物不可或缺的物质基础。无机环境也是环境容量或环境承载力的基础。

生产者（Producer）在生物学分类上主要是各种绿色植物，也包括化能合成细菌与光合细菌，它们都是自养生物，植物与光合细菌利用太阳能进行光合作用合成有机物，化能合成细菌利用某些物质氧化还原反应释放的能量合成有机物，例如，硝化细菌通过将氨氧化为硝酸盐的方式利用化学能合成有机物。生产者在生物群落中起基础性作用，它们将无机环境中的能量同化，同化量就是输入生态系统的总能量，维系着整个生态系统的稳定，其中，各种绿色植物还能为各种生物提供栖息、繁殖的场所。生产者是生态系统的主要成分，生产者是连接无机环境和生物群落的桥梁。

分解者（Decomposer）又称“还原者”，它们是一类异养生物，以各种细菌（寄生的细菌属于消费者，腐生的细菌是分解者）和真菌为主，也包含屎壳郎、蚯蚓等腐生动物。分解者可以将生态系统中的各种无生命的复杂有机质（尸体、粪便等）分解成水、二氧化碳、铵盐等可以被生产者重新利用的物质，完成物质的循环，因此分解者、生产者与无机环境就可以构成一个简单的生态系统。分解者是生态系统的必要成分。分解者是连接生物群落和无机环境的桥梁。

消费者（Consumer）指以动植物为食的异养生物，消费者的范围非常广，包括了几乎所有动物和部分微生物（主要有真细菌），它们通过捕食和寄生关系在生态系统中传递能量，其中，以生产者为食的消费者被称为初级消费者，以初级消费者为食的被称为次级消费者，其后还有三级消费者与四级消费者，同一种消费者在一个复杂的生态系统中可能充当多个级别，杂食性动物尤为如此，它们可能既吃植物（充当初级消费者）又吃各种食草动物（充当次级消费者），有的生物所充当的消费者级别还会随季节而变化。一个生态系统只需生产者和分解者就可以维持运作，数量众多的消费者在生态系统中起加快能量流动和物质循环的作用，可以看成是一种“催化剂”。

第二节　自然生态系统与人工生态系统

生态系统类型众多，一般根据人类参与或干预的程度可分为自然生态系统和人工生态系统。自然生态系统尚未或仅仅受到人类轻度参与或干预还可进一步分为水域生态系统和陆地生态系统。人工生态系统则受到人类较重或完全参与或干预可以分为农田、人工林和城市等生态系统。

300 年来，自然生态系统遭受到人类严重干预，并已危及生物多样性；同时，单一物种栽培或养殖的脆弱性越来越显著；人类又重新审视与反思以生态系统为基础的农业技术。

人工生态系统有一些十分鲜明的特点：动植物种类稀少，人的作用十分明显，对自然生态系统存在依赖和干扰。人工生态系统也可以看成是自然生态系统与人类社会的经济系统复合而成的复杂生态系统。

2016 年 1 月 18 日，粮农组织（罗马）发布的新书详细论述了如何以保护甚至利用自然生态系统的方式生产玉米、稻米和小麦等世界主要谷物—它们共占人类摄入热量的约 42.5% 和蛋白质的 37%。这本出版物借鉴世界各地的案例研究，说明由粮农组织倡导的“节约与增长”农业方法已被成功地用于主粮生产，为未来更可持续的农业发展指明道路，而且就世界如何推动其新的可持续发展议程提供切实指导（联合国粮农组织网站 www.fao.org，2016 年 1 月 18 日）。

第三节　人工生态系统建设

人工生态系统建设的重要目标之一是实现封闭式生态系统。无需与外界进行物质交换的生态系统。从理论上讲，这种封闭式生态系统可以将废弃物转化为氧气、食物和水，以维持系统内生命体存活。

在农业中利用生物多样性本质上是要扭转工业化农业那种简单的、直线的思维方式，把传统经验与最新科技成果相结合，重新恢复农业生物多样性，让经过亿万年进化的生物在农业上完成更多功能，以达到节约资源、保护环境、提高效率、增加生产、降低成本，全面协调农业的社会效益、生态效益和经济效益，让农业转向可持续发展的生态农业道路。农业生物多样性状况直接关系着人类的温饱问题。农业领域蕴藏着取之于自然的最珍贵的生物多样性内涵，丰富多样的栽培植物和家禽家畜及鱼类，构成了农业生物多样性的基础。然而，人类却仅仅依靠 14 种哺乳动物和禽鸟获取其 90%的动物源食物供应。仅仅 4 个物种，即小麦、玉米、水稻和马铃薯，就为我们提供了一半的植物源能量，而家养及牧场获得肉食则提供了另一半热量。渔业满足了中国一半以上的蛋白质需求。

人工生态系统的构建，就是人为选择相关的物种，进行组合，形成最简生物多样性，既满足农业生产的需求，又最大限度地利用生物多样性的潜在优势，形成具有可持续发展能力的农业生态系统。

第三章　生物多样性：自然生物多样性与人为生物多样性

第一节　生物多样性概念及特征

生物多样性 Biodiversity 是指一定范围内多种多样活的有机体（动物、植物、微生物）有规律地结合所构成稳定的生态综合体。这种多样性包括动物、植物、微生物的物种多样性，物种的遗传与变异的多样性及生态系统的多样性。其中，物种的多样性是生物多样性的关键，它既体现了生物之间及环境之间的复杂关系，又体现了生物资源的丰富性。我们目前已经知道大约有 200 万种生物，这些形形色色的生物物种就构成了生物物种的多样性。生物多样性是生物及其与环境形成的生态复合体以及与此相关的各种生态过程的总和。

这样的系统已经出现了，预计 2020 年将成为园区农业的主流技术，2022 年得到普遍推广。

生物多样性 Biodiversity 虽为现代西方名词，但我们祖先已经将生物多样性理论在生产实践中进行了充分的运用，如间作即为空间序列生物多样性的运用，轮作即为时间序列生物多样性的运用。生物多样性指的是地球生物圈中所有的生物多样化程度，即动物、植物、微生物，以及它们所拥有的基因和赖以为继的生存环境。生物多样性包含三个层次：遗传多样性、物种多样性和生态系统多样性。还有以此为基础的人为景观多样性、文化多样性，这是对生物多样性含义的延伸。概括而言，生物多样性就是形形色色的生命及其构成的丰富多彩的生命世界，其保护核心是物种。物种是生物多样性最关键、最核心的成分，所谓“种瓜得瓜，种豆得豆”就是物种繁殖后代的最直白表述。而生态系统的本质为物种与其生存的外界环境构成的能够自我维持且有生命力、恢复力的系统，没有物种，生态系统就崩溃了。每一个物种都是一座天然基因库。一个物种灭绝，意味着该物种所拥有的全部基因将消失。

生物进化的过程中，物种和物种之间、物种和无机环境之间共同进化，导致物种多样性的形成，进而构成生物多样性。

一、中国生物多样性状况

中国是世界上生物多样性最丰富的 12 个国家之一，也是世界农作物 8 大起源中心和 4 大栽培植物起源中心之一。中国生态系统类型居全球国家之首。种子植物有 3 万余种，仅次于世界种子植物最丰富的巴西和哥伦比亚，居世界第 3 位，其中裸子植物 250 种，是世界上裸子植物最多的国家。中国有脊椎动物 6 300余种，其中鸟类 1 244种，占世界总数的 13. 7%；中国有鱼类 3 862种，占世界总数的 20%。不仅如此，特有类型之多，更是中国生物区系的特点。已知脊椎动物有 667 个特有种，为中国脊椎动物总种数的10.5%，种子植物有5个特有科，247个特有属，1.73万种以上的特有种。

二、中国生物多样性保护国家行动

中国于1993年加入《生物多样性公约》，随即发布《中国生物多样性保护行动计划》，成立了由24个相关部门组成的中国履行《生物多样性公约》工作协调组，在公约各谈判进程中发挥了重要作用，在生物多样性保护方面取得了令人瞩目的成就。1998年，中国政府在完成了《中国生物多样性保护行动计划》后，根据《生物多样性公约》的要求和国家生物多样性保护工作的需要，在联合国环境规划署的帮助下，着手编制了《中国生物多样性国情研究报告》。

作为《生物多样性公约》的缔约方之一，中国政府高度重视生物多样性保护。自1993年来，中国已初步建立了生物多样性保护法律法规体系，实施了退耕还林、退牧还草、退田还湖、天然林保护、野生动植物保护、外来有害入侵物种控制及自然保护区建设等重大生态工程，发布并实施了《中国水生生物养护行动计划纲要》和《全国生物物种资源保护与管理规划纲要》，85%的陆地自然生态系统类型、47%的天然湿地、20%的天然林、绝大多数自然遗迹、65%的高等植物群落类型和绝大部分国家重点保护珍稀濒危野生动植物种得到了初步保护。为响应联合国保护生物多样性号召，中国政府又制定了2010国际生物多样性年中国行动方案。

三、生物多样性的生态系统服务功能

党的“十八大”以来，习近平60多次谈生态文明。我国生态文明建设进入全面发展新阶段。新常态下，生物多样性保护作为生态文明建设目标体系的重要内容。

自然界生物多样性对于稳定地球和地区的环境起着重要的作用。在农业生态系统中，还对人类生存及农业可持续发展起着重要的作用。

自然杂志（Nature）2000年一篇综述性文章（Kevin Shear McCann，2000）指出：“近年的进展表明。一般来说，多样性会导致生态系统的稳定性。这种稳定性不是由于多样性本身引起，而是由于群落中不同种群分化成为有不同响应能力的功能群。现实的食物网由复合的能量通道构成，能够缓冲剧烈的种群波动。如果生态系统大多数联系通道由弱相互作用构成，就能够缓冲少数几个由消费者及其资源间强相互作用引起的波动。” M. Lore.，等（2001年）在Science上发表文章的结论也表明，在试点区域生物多样性对生产力的变化有稳定作用。从功能角度看，物种的性状以及它们之间的关联对保待生态系统的功能和生物地球化学循环至关重要。在稳定的环境下要生态系统发挥稳定的功能需要一个最小数量的物种数，在变化的环境下需要的物种数要更大一些。长远来说，多样的生物能够为未来生态环境的各种可能变化提供更多的机会与选择。David Tilman（2000）在Nature上的文章总结了自然界生物多样性对生态系统作用的有关研究成果，认为生物多样性导致：①高的植物生产力；②生态系统高的养分存留；③高的生态系统稳定性。

生物多样性提供的生态服务很多，折算成经济价值的数值相当大。据中国生物多样性国情研究报告编写组（1998）进行的估算表明，中国生物多样性可以提供生物资源产品的直接使用价值为1.02×10^{12}元，通过维系有机物生产、固定二氧化碳、释放氧气、实现养分循环、降解污染物、涵养水源等方式提供的间接使用价值为37.31×10^{12}元，间接使用价值是直接使用价值的35倍以上。物种保留的潜在选择价值和潜在保留价值的估计为0.22×10^{12}元，约为直接使用价值的1/5。

国家林业局核算了武夷山市生态系统服务总价值，核算结果显示2015年为2 324.4亿元，为同年全市GDP的16.7倍，人均为101.1万元。核算组根据生态系统服务价值类型，重点对森林、湿地、农田三大生态系统建立评估子指标体系，采用统计调查法、市场价值法、替代价值法等手段，量化“绿水青山”的价值，既包含林产品等实物价值，也包含固碳量、气候调节等“隐性”而又实实在在的发挥了作用价值。

四、人类对生物多样性的破坏状况

人类活动导致物种消失达到了前所未有的速度。据专家估计，由于人类活动的日益加剧和全球气候变化，目前地球上的生物种类正在以相当于正常水平1 000倍的速度消失；全球已知21%的哺乳动物、12%的鸟类、28%的爬行动物、30%的两栖动物、37%的淡水鱼类、35%的无脊椎动物，以及70%的植物处于濒危境地；2009年11月3日，国际自然保护联盟（IUCN）再次更新了《受胁物种红色名录》，在47 677个被评估物种中，17 291个物种有濒临灭绝的危险，比例约为36.3%；目前约有3.4万种植物和5 200多种动物濒临灭绝。从历史上来看，人类一直视自然界为一个可以无限开采的资源矿，直至近代才开始对濒临灭绝的物种开展保护运动。

地球上的生物不可能单独生存，在一定环境条件下，它们相互之间形成生命共同体。生物学家指出，在自然状态下，物种灭绝的种数与新物种出现的种数基本上是平衡的。随着人口的增加和经济的发展，这种平衡已经受到破坏。从1600年到1996年，世界上消失了164种鸟；从1871年到1970年，兽类灭绝了43种。地球上自有生命以来，共出现过25亿种动植物，现在，不少动物处于灭种的边缘。物种平衡的破坏，使人类生存环境恶化，人类本身将遭到巨大灾难。最近三十年，随着交通工具汽车、道路的普及完善，再加上先进的捕猎工具，尤其是投毒，电网，电瓶等工具，对野生动物的生存状态起到了严重的为害。加速了野生动物的灭绝与濒危。

五、生物多样性保护

公元前21世纪，中国当时的首领大禹就曾经下令在夏三月，川泽不入网，以成鱼鳖之长。这条人类历史上最早的有关保护野生动物的法令除了保护动物之外，还说明了一个道理：只要遵循动物的生殖繁衍规律，这个种群就不会灭绝。

而许多大农场作物单一，这满足了昆虫的营养需求，促进它们繁衍。农场可以创造营养多样的植物，因为丰富的多种类高营养将是他们的天然屏障。

但另一方面，单一的植被便于生产管理，提高产率。那么，如何在种植多植被抵抗昆虫时，也保证其产率呢？针对这个问题，我们可以使昆虫摄食的部位（如叶子、根茎）产生多种营养物质，也可以混种营养种类不同的变种或基因型。（原文链接：http：//phys.org/news/2016-10-diversity-natural- repellent-crop-pests.html）

我们的蜜蜂、菜蛾等多数授粉昆虫正在悄悄地消失，如果这个作物授粉群体继续消失下去，大部分食物也将随之消失。

第二节 生物多样性的价值及其意义

生物多样性的意义主要体现在生物多样性的价值。对于人类来说，生物多样性具有直接使用价值、间接使用价值和潜在使用价值。（1）直接价值：生物为人类提供了食物、纤维、建筑和家具材料及其他生活、生产原料。生物多样性还有美学价值，可以陶冶人们的情操，美化人们的生活。如果大千世界里没有色彩纷呈的植物和神态各异的动物，人们的旅游和休憩也就索然寡味了。正是雄伟秀丽的名山大川与五颜六色的花鸟鱼虫相配合，才构成令人赏心悦目、流连忘返的美景。另外，生物多样性还能激发人们艺术创作的灵感。（2）间接使用价值：生物多样性具有重要的生态功能。在生态系统中，野生生物之间具有相互依存和相互制约的关系，它们共同维系着生态系统的结构和功能。提供了人类生存的基本条件（如食物、水和呼吸的空气），保护人类免受自然灾害和疾病之苦（如调节气候、洪水和病虫害）。野生生物一旦减少了，生态系统的稳定性就要遭到破坏，人类的生存环境也就要受到影响。（3）潜在使用价值：野生生物种类繁多，人类对它们已经做过比较充分研究的只是极少数，大量野生生物的使用价值目前还不清楚。但是可以肯定，这些野生生物具有巨大的潜在使用价值。一种野生生物一旦从地球上消失就无法再生，它的各种潜在使用价值也就不复存在了。因此，对于目前尚不清楚其潜在使用价值的野生生物，同样应当珍惜和保护。

多样性是地球上自然界的特征，凡是生命现象蓬勃旺盛地方，一定是多样性存在的地方。相反，沙漠戈壁等缺乏多样性的地方，生命一般都很难存在或者兴旺。因此，简单来说，多样性是生命的自然特征，单一性是生命的敌人。

地球上每一种动物、植物或微生物，都有自己的独特性，这些独特性在什么时候对人类产生巨大的作用是不确定的，例如，青蒿的功能发现。自然界存储的这些独特性大多都是无法人工合成，或者即使能够人工合成，其稳定性也远不如自然物。

第三节　人为生物多样性：由单一物种生产模式到最简生物多样性应用

人为生物多样性就是通过天敌生产与释放、人工生草等技术措施，人为调控生物多样性，建立既符合经济发展需求又符合生态学原则的农业生态系统。

农业生态系统的单一性，单一性的优势是容易扩大规模效应，致命点是极其脆弱。单一性的超规模和长期存在，是造成作物病虫害发生和成灾的根本原因。多样性的优势是稳定性，单一性的优势是效率。多样性与单一性的关系并不是简单的对立关系，自然界总是在两者之间完成一个平衡。而人类社会，特别是资本推动下的商品农业生产，总是为了追求效率而经常打破这种平衡。为了可持续和绿色农业发展，我们必须人为地确定稳定和效率平衡的人为机制，这个机制就是人为构建最简生物多样性。最简生物多样性是追求一种“可控多样性状态”，这一思想源于“可控混乱”理论。据国内外学者研究认为，“可控混乱”理论原出自物理学范畴，是指在一个开放的系统中的“有序”和“混乱”两种状态之间，还存在着“秩序失衡”和“可控混乱”的中间状态。“秩序失衡”状态受到一定影响后，有可能转向“混乱”；而“可控混乱”受到一定影响后，则有可能转向“有序”，这两种可变的准确度，只有在体系内存在“混乱源”或者体系外出现引力的情况下，才有可能发生和转变。但是，由于内外力多种多样，因此，难以确定“秩序”的发展方向，主导者需要引导甚至控制这些力量使其向确定的方向变化。

农业生态系统是一个人工生态系统，是指用于人类农业栽培目的而经过改造和单一化的植物、动物、微生物及其栖息环境的生态系统。或者说，农业生态系统是人们利用生物方法固定、转化太阳能，获得一系列生活资料和生产资料的人工生态系统。在农业生态系统的能量流动和物质循环过程中，受人类活动的干预很大。人类虽有很大的主观能动性，能够设计、利用和改造生态系统，但决不能违背生态系统的客观规律。

在农业生态系统中，生产者的层次极少，第一生产者大多由一种农林作物构成，拥有巨大的种群。为了保证单一的农作物种群对水和营养的需求，人类采取了翻耕、灌溉、施肥、除草和植物保护等管理措施，排除消费者层次上形成的食物链和物种之间的竞争，使第一生产者的产量达到最高，其结果总使群落结构十分单纯。农业生态系统以特定作物的生产为目的，人为地阻碍自然发生变化，如保护地通过设施实现反季节栽培。这种生产行为往往导致了时间序列上不连贯的植被更新。农业生态系统从人类的经营观点出发，大面积栽培单一的农作物品种（系），植被绝大多数都是单层的，其境界完全不连续。我们可以把各种不同类型的农田视为由各种土地类型嵌合体包围的孤立岛屿—作物岛，这些土地类型包括未开垦荒地、飞地、休闲田、种植其他作物的土地。作物岛中的昆虫群落和相邻空间上的昆虫群落的交流是十分重要的，尤其是多食性的种类，往往需要采用“海洋式”的治理方法。农田生态系统的主要功能是实现农业生产，一方面将收获物（经济产量）剥离出系统之外；一方面又以施肥的方式，从系统外不断予以补充，以维持平衡。农作物固定的能量大部分积累在籽实中，如水稻穗部太阳能积蓄量占全株的53%，茎叶部占44%，留在根部的只占2%~3%左右，我们收获后把地上部分全部取走，如果不以施肥的形式返还这一当量的有机物，农田生态系统中的分解者由于缺乏原料而降低活性，甚至部分消亡。土壤结构变坏，土壤生物肥力下降，农田生态系统的平衡就不能维持。农业生态系统中的作物种群完全是人工选择的结果。由于农业生产对作物产量、品质方面的选择、淘汰，其遗传变异的幅度较窄，个体对环境的变化与种群间竞争等的抵抗力也较低。同时，与自然种群相比，年龄结构单纯，生长发育进度状态一致，作物营养成分的含量也高。在农业生态系统中，有时某些害虫的优势种群数量很大，为了控制其为害，于是不合理地施大量农药，这样误伤天敌和大量的中性昆虫，加重了生物群落的贫乏和不稳定性，经过长期发展、演变而形成的多数害虫和天敌的局域性平衡又被打破，结果次要害虫上升，或主要害虫再猖獗，同时，害虫抗药性水平不断上升而导致农药防效降低甚至完全丧失。

由以上分析可以看出，正是由于农业生态系统第一生产者—作物种群的单一化导致了农业生态系统的脆弱性。可是，农业生态系统的主要功能是农业生产，我们又不可能为了追求生态系统的稳定性和多样性而恢复自然生物多样性的状态，这是一个不可逆的过程。为了兼顾农业生态系统的生产性和生物多样性稳定性，尽最大限度地排除农药等外源物质的投入，我们提出构建人为最简生物多样性的思路。

最简生物多样性在生产上实际应用的成功案例为：紫藤—紫藤蚜—天敌瓢虫—有害蚜虫—保护作物系统，这个系统目标是生物防控有害蚜虫，分为两个亚系统，由5个物种组成。亚系统Ⅰ由紫藤—紫藤蚜—天敌瓢虫3个物种构成，目标是实现时间的周年比、数量的大规模、经济的低成本天敌瓢虫生产，为伏击式、淹没式、组合式释放应用提供物质基础。亚系统Ⅱ由作物—蚜虫2个物种构成，目标是防控蚜虫，保护作物。传统的作物蚜虫控制模式是将系统Ⅰ和系统Ⅱ断裂开的，没有形成一个完整的系统。在这2个亚系统得到对接、5个物种形成一个完整的系统共同体，就完全可以把化学农药这个外源元素排除在外。

间作套种是我国传统农业的精髓，由于至少两种作物同时生长在同一地块，加入农田内外杂草昆虫和蜘蛛等。同时，作物种类的多样性通过根系特征的不同，相关联的土壤微生物和动物不同，从而进一步驱动了土壤生物的多样性。因此间套作能够有效地增加农田生态系统的生物多样性。种植诱集带诱集天敌和授粉昆虫，这些都是最简生物性应用的实例。

第四节　生物多样性与功能性农业发展

如今我国粮食总产量已经高居世界第一，基本上实现了温饱水平，但“吃饱”和“吃好”、“吃健康”之间尚存在很大的距离。世界卫生组织和联合国粮农组织把膳食中缺乏维生素、矿物质称为“隐形饥饿”。隐形饥饿（Hidden Hunger）是指机体由于营养不平衡或者缺乏某种维生素及人体必需的矿物质，同时又存在其他营养成分过度摄入，从而产生隐蔽性营养需求的“饥饿状态”。一般认为是一种因为无法保证正常营养成分吸收而导致的饥饿症状，重点在于元素不平衡、不充分而不是饱腹方面的容积。

“隐形饥饿”会导致出现缺陷，免疫系统弱化以及慢性病患病率高等严重健康问题，如果不引起重视将对人体素质和经济发展带来巨大的损失和沉重的社会代价。

目前，全球约有20亿人在遭受“隐形饥饿”，我国“隐形饥饿”的人口数量达到了3亿之多。

“隐形饥饿”可以通过发展功能性农业进行解决，功能性农业则依赖于生物多样性资源的产业化利用。

中国未来农业的发展，应该让农产品有功能，走向功能化，这也符合我国“药食一体”的传统医学观，中医农业也可视为功能性农业的一个类型。功能性农业是通过生物多样性资源功能发掘，以及通过生物营养强化技术，向土壤中添加微量元素矿物质营养剂，改善土壤的矿物质水平与作物根际环境，进而作物吸收微量元素，通过食物、食用再到人体，达到功能性调理的目的。

第四章　食物链与食物网

第一节　生态系统中生物之间的食物关系

生态系统各要素之间最本质的联系是营养关系，食物链和食物网构成了物种间的营养关系形式（图 2-4-1）。

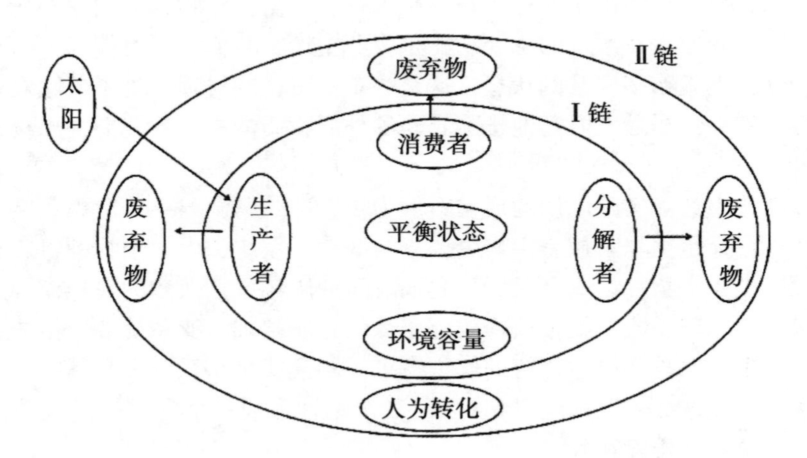

Ⅰ生食食物链（Grazing food chain）
Ⅱ腐屑食物链（Detrial food chain）

图 2-4-1　生态系统中生物之间的食物关系结构

第二节　食物链：生食食物链与腐屑食物链

食物链一词是英国动物学家埃尔顿（C. S. Eiton）于 1927 年首次提出的概念。食物链有累积和放大的效应。一个物种灭绝，就会破坏生态系统的平衡，导致其物种数量的变化，因此，食物链对环境有非常重要的影响。

生态系统中贮存于有机物中的能量在生态系统中层层传导，或者说自然界中各种生物物种之间通过一系列取食与被取食的关系彼此联系起来的序列，即称为生态学的食物链（Food chain）。在一般的自然生态系统中都存在着两种最主要的食物链，即生食食物链（Grazing food chain）和腐屑食物链（Detrital food chain），前者是以活的动植物为起点的食物链，后者是以死亡腐朽生物或腐屑为起点的食物链。生食食物链又可分为捕食食物链和寄生食物链。自然界中各种生物以其独特的方式获得生存、生长、繁殖所需的能量，生产者所固定的能量和物质通过一系列取食的关系在生物间进行传递，如食草动物取食植物，食肉动物捕食食草动物，此类不同生物物种之间通过食物而形成的链条式单向联系称为食物链。

生食食物链虽然是人们最容易看到的，也是人类传统农业生产的主渠道，但它在陆地生态系统和很多水生生态系统中并不是主要的食物链，只在某些水生生态系统中，捕食食物链才会成为能流的主要渠道。这正如物理学上证明暗物质的存在及其意义类似（图 2-4-2）。

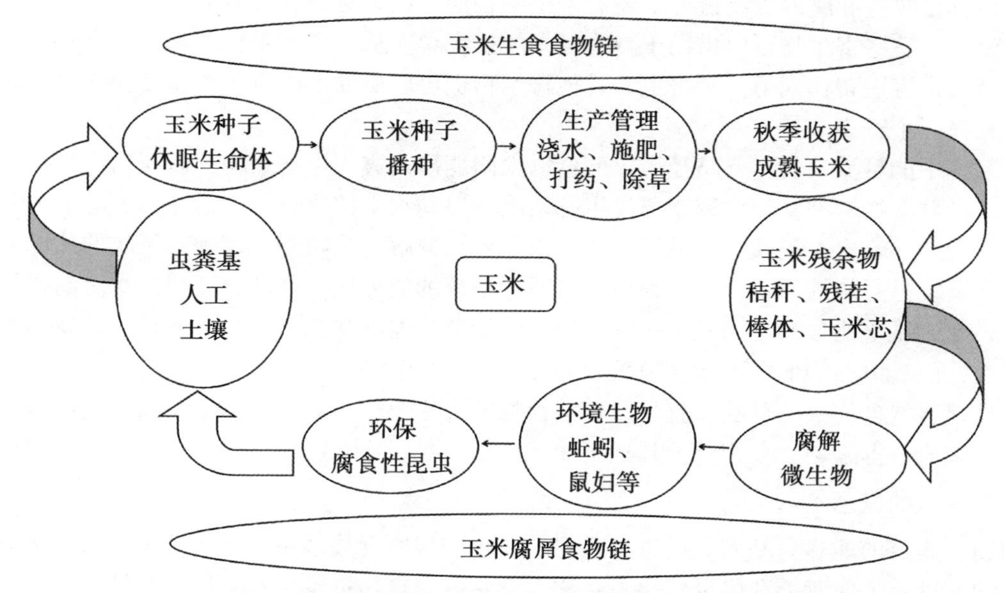

图 2-4-2　生食食物链和腐屑食物链的关系——以玉米示例

在陆地生态系统中，净初级生产量只有很少一部分通向生食食物链。例如，在一个鹅掌楸-杨树林中，净初级生产量只有 2.6%被植食动物所利用。1975 年，Andrews 等人研究过一个矮草草原的能流过程，此项研究是在未放牧、轻放牧和重放牧三个小区进行的，他们发现，即使是在重放牧区，也只有 15%的地上净初级生产量被食草动物吃掉，约占总净初级生产量的 3%。实际上，在这样的草原上，家畜可以吃掉地上净初级生产量的 30%~50%，在这种牧食压力下，矮草草原会将更多的净生产量集中到根部。轻放牧有刺激地上部分净初级生产量生产的效果。在轻放牧区和重放牧区内，被家畜消耗的能量大约有 40%~50%又以畜粪的形式经由碎屑食物链还给了生态系统。

一般说来，生态系统中的能量在沿着生食食物链的传递过程中，每从一个环节到下一个环节，能量大约要损失 90%，也就是能量转化效率大约只有 10%。因此，每 4.2×10^6J 的植物能量通过动物取食只能有 4.2×10^5J 转化为植食动物的组织或 4.2×10^5J 转化为一级肉食动物的组织或 4.2×10^3J 转化为二级肉食动物的组织。从这些事实不难看出，为什么地球上的植物要比动物多得多，植食动物要比肉食动物多得多，一级肉食动物要比二级肉食动物多得多……这不论是从个体数量、生物量或能量的角度来看都是如此。越是处在食物链顶端的动物，数量越少、生物量越小，能量也越少，而顶位肉食动物数量最少，以致使得不可能再有别的动物以它们为食，因为从它们身上所获取的能量不足以弥补为搜捕它们所消耗的能量。

一般说来，能量从太阳开始沿着生食食物链传递几次以后就所剩无几了，所以食物链一般都很短，通常只由 4~5 个环节构成，很少有超过 6 个环节的。

在大多数陆地生态系统和淡水生态系统中，生物量的大部分不是被取食，而是死亡后被环境微生物所分解，因此能流以通过碎屑食物链运行为主。例如，在潮间带的盐沼生态系统中，活植物被动物吃掉的大约只有 10%，其他 90%是在死后被腐食动物和微小分解者所利用，这里显然是以碎屑食物链为主。据研究，一个杨树林的生物量除 6% 是被动物取食外，其余 94%都是在枯死后被分解者所分解。在草原生态系统中，被家畜吃掉的牧草通常不到四分之一，其余部分也是在枯死后被分解者分解的。碎屑食物链可能有两个去向，这两个去向就是微生物或大型食碎屑动物，这些生物类群对能量的最终消散所起的作用已经引起了生态学家的重视。但这些生物又构成了许多其他动物的食物。

除了生食食物链和腐屑食物链外，还有寄生食物链。由于寄生物的生活史很复杂，所以寄生食物链也很复杂。有些寄生物可以借助于食物链中的捕食者而从一个寄主转移到另一个寄主，外寄生物也经常从一个寄主转移到另一个寄主。其他寄生物也可以借助于昆虫吸食血液和植物液而从一个寄主转移到另一个寄主。

生态系统中能量流动的主要路径为，能量以太阳能形式进入生态系统，以植物物质形式贮存起来的能量，沿着食物链和食物网流动通过生态系统，以动物、植物物质中的化学潜能形式贮存在系统中，或作为产品输出，离开生态系统，或经消费者和分解者生物有机体呼吸释放的热能自系统中丢失。生态系统是开放的系统，某些物质还可通过系统的边界输入如动物迁移，水流的携带，人为的补充等。生态系统能量的流动是单一方向的。能量以光能的状态进入生态系统后，就不能再以光的形式存在，而是以热的形式不断地逸散于环境中。

我们认识自然食物链的目的，就是以自然食物链为模板构建人为食物链，腐屑食物链就是构建黑色农业的理论依据之一。食物链及其类型如下。

一、食物链的概念

以植物所固定的能量为基础，通过一系列的取食和被取食关系在生态系统中传递，我们把生物之间存在的这种单方向营养和能量传递关系称为食物链。食物链是生态系统营养结构的具体表现形式之一。

二、食物链的类型

食物链分为两种类型：牧食食物链和腐食食物链。后者是动植物死亡后被细菌和真菌所分解，能量直接自生产者或死亡的动物残体流向分解者。在热带雨林和浅水生态系统中该类食物链占有重要地位。在牧食食物链中，包括有各种消费者动物，它是通过活的有机体以捕食与被捕食的关系建立的，能量沿着生产者到各级消费者的途径流动。

一般说来，生态系统中能量在沿着牧食食物链传递时，从一个环节到另一个环节，能量大约要损失 90%。

第三节　食物网的概念与特点

一、食物网的概念

食物网是指在生态系统中的不同生物之间存在着一种远比食物链更错综复杂的普遍联系，像一个无形的食物网把所有生物都包括在内，使它们有着直接或间接的联系，形成一个网状结构食物关系，这就是食物网。

二、食物网的特点

第四节　营养级和生态金字塔

一、营养级

指处于食物链某一环节上的全部生物种的总和，因此营养级之间的关系是指一类生物和处于不同营养层次上另一类生物之间的关系。绿色植物首先固定了太阳能和制造有机物质，供本身和其他消费者有机体利用，它们属第一营养级。第一性消费者植食动物是第二营养级，蚱蜢和牛都是植食动物，处于同一营养级。螳螂吃蚱蜢，猫头鹰吃田鼠，这两种捕食者动物都是第二性消费者，占据第三营养级。吃螳螂的鸟和吃猫头鹰的貂是第三性消费者，占第四营养级。还可以有第四性消费者和第五营养级。不同的生态系统往往具有不同数目的营养级，一般为 3~5 个营养级。在一个生态系统中，不同营养级的组合就是营养结构（图 2-4-3）。

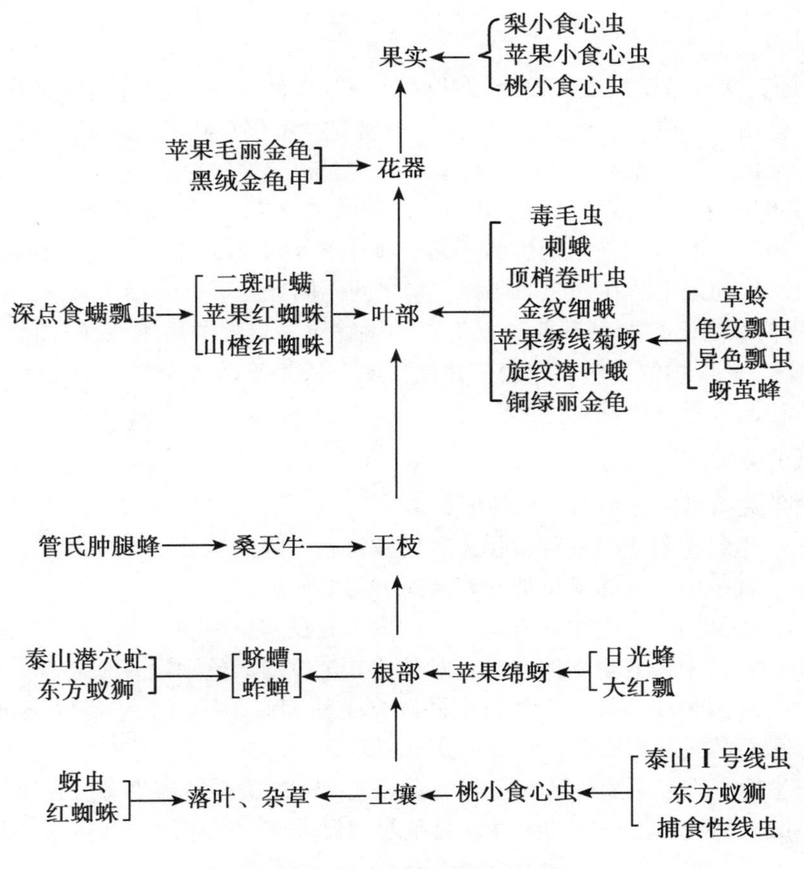

图 2-4-3　苹果园食物网结构关系

二、生态金字塔

指各个营养级之间某种数量关系，这种数量关系可采用生物量单位、能量单位或个体数量单位，采用这些单位构成的生态金字塔分别称为生物量金字塔。

人类认识自然界不同物种之间生态关系的过程，都是从直接到间接、从简单到复杂、由表及里、从单一环节到相互关联等逐步逐级进行的。而实际上，经过亿万年的自然选择、淘汰、平衡，自然界展示在人类面前的是一套极其复杂、缜密的生物系统关系。在生态系统中生物之间实际的取食和被取食关系并不像食物链所表达的那么简单，食虫鸟不仅捕食瓢虫，还捕食蝶蛾等多种无脊椎动物，而且食虫鸟本身也不仅被鹰隼捕食，而且也是猫头鹰的捕食对象，甚至鸟卵也常常成为鼠类或其他动物的食物。

我们在认识食物链和食物网关系时，应该在食物网中洞悉主体或核心食物链，然后剖析食物链的构成环节，具体开展的工作就是人为塑造各个环节，然后按照食物链的关系进行组装。

第五章　生物共生及相克关系

在自然界，各类生物之间存在广泛的相互作用，存在错综复杂的关系。

第一节　共生概念及其分类

一、共生的概念

“共生”一词的英文或希腊文含义即为“共同”和“生活”，这是两种或两种以上生物体共同生活在一起的交互作用，形成“生命共同体”。在生物界，不仅存在着环环相扣的食物链，而且也存在动物之间的相互依存，互惠互利的共生现象。

共生，《辞海》的解释为：或称“互利共生”，种间关系之一。泛指两种或两种以上有机体生活在一起的相互关系。一般指一种生物生活于另一种生物的体内或体外相互有利的关系。”“有些生态学家把共生概念作为凡生活在一起的两种生物之间不同程度厉害的相互关系，也包括共栖和寄生”。共栖：“种间关系之一。两种都能独立生存的生物以一定的关系生活在一起的现象。”寄生：“一种生物生活于另一种生物的体内或体表，并在代谢上依赖于后者而维持生命活动的现象。前者通常较小，称寄生物，后者一般较大，称宿主。”

二、共生关系的分类

生物之间的共生关系可以分为以下几种形式：

（1）寄生：一种生物寄附于另一种生物，利用被寄附生物的养分生存。

（2）互利共生：共生的生物体成员彼此都从对方得到好处。

（3）偏利共生：对其中一方生物体有益，却对另一方没有影响。

（4）偏害共生：对其中一方生物体有害，对其他共生体的成员则没有影响。

（5）专性共生：由两种或两种以上各自不能独立生活而必须结合在一起才能都得以生存下来的生物交互现象，它们之间互相依赖、各自都获得利益。

在大自然同一生境中许多生物生活在一起，它们彼此间的关系结成生态，在这种关系中它们是交互作用的，突出的表现为对另一方的生存或繁殖起到促进或抑制作用，共生就是其中的一种交互作用关系。

三、研究共生关系的意义

共生（Symbiosis）是生物科学中的一个重要的基本概念，目前，生物学中研究种间关系的学说，都要用到共生概念。生物界广义共生概念是德国 Strasbourg 大学微生物学家 Anton deBary（1831—1888）在 1879 年第一个提出的：“共生是不同生物密切生活在一起（Living together）”；1884 年他进一步论述了共生、寄生、腐生的问题，描述了生物间多样的共生方式。生态学的种间关系研究广泛使用共生概念。现代生态学把整个地球看成一个大的生态系统—生物圈。生物圈内，各种各类生物间以及与外界环境之间通过能量转换和物质循环密切联系起来，这发展成为广义的共生。狭义的共生即是生物圈内的生物之间的组合状况和利害程度的关系。从代射互补，能量流动的角度，生物界共生关系，可分为光合类与非光合类生物的共生联合类型，和非光合生物与非光合生物的共生联合类型。生物学共生方法的本质，就是一种系统描述生物种间关系和生物与环境关系的方法论。

第二节　相生相克作物关系

植物之间相互作用在自然的或人工的生态系统有重大的影响，有些植物种类能够“和平相处，共存共荣”，有些植物种类则“以强凌弱，水火不容”，应该在绿色植保中加以利用，是选择昆虫诱集植物的重要原则之一。

有些植物之间，由于种类不同，习性各异，在其生长过程中，为了争夺营养空间，从叶面或根系分泌出对其他植物有杀伤作用的有毒物质，致使其与邻近的他种植物“结怨成伤、你死我活”。如胡桃的根系能分泌出一种叫胡桃醌的物质，在土壤中水解氧化后，其具有极大的毒性，能造成松树，苹果、马铃薯、番茄、桦木及多种草木植物受害或致死。

有些植物之间，由于种类不同、习性互补，叶片或根系的分泌物可互为利用，从而使它们能“互惠互利、和谐相处”。如在葡萄园里栽种紫罗兰，结出的葡萄果实品质会更好，大豆与篦麻混栽，为害大豆的金龟子会被篦麻的气味驱走。

目前发现的生克物质，大多是次生代谢物质。一般分子量都较小，结构也比较简单。主要有简单水溶性有机酸、支链醇、脂肪族醛和酮，简单不饱和内酯，长链脂肪酸和多炔，萘醌、蒽醌和复合醌，简单酚、苯甲酸及其衍生物，肉桂酸及其衍生物，香豆素类、黄酮类，单宁，类萜和甾类化合物。氨基酸和多肽，生物碱和氰醇，硫化物和芥子油，嘌呤、核苷等。其中以酚类和类萜化合物最为常见，而乙烯又是相克相生作用的代表性化合物。

在长期生产中，往往发现有两种作物种植在一起，有的亲密无间，和睦相处，互相帮助为邻，称为“伴侣植物”（Companion plants）；有的冤家对头相互残杀，两败俱伤即具有他感作用。

古今中外，人们对“伴侣植物”关系就早有认识，并在生产实践中应用。我国早在公元 1 世纪《汜胜之书》中已有关于瓜豆间作的记载。公元 6 世纪《齐民要术》叙述了桑与绿豆或小豆间作、葱与胡荽间作的经验。明代以后麦豆间作、棉薯间作等已较普遍。在美国，最早应用伴侣植物的例子是三姐妹花园（The three sister garden）案例，他们把玉米（Core）和菜豆（Pole beans），还有南瓜（Pumpkins or Squash）种在一起，玉米为菜豆爬蔓提供支撑，菜豆根瘤固氮给玉米施肥，而南瓜大大的叶片覆盖着地面防止土壤水分蒸发及压抑杂草生长（表 2–5–1）。

表 2–5–1　相生作物组合关系

序号	相生作物组合	功能效应	备注
1	玉米×大豆	大豆通过根瘤自产氮肥，玉米分泌碳水化合物	产物自用并供给对方
2	普通蔬菜×百合科	驱虫或避虫	挥发物、刺激气味
3	小麦×洋葱	灭杀小麦黑穗病菌孢子	灭杀豌豆黑斑病
4	玫瑰、棉花×大蒜	驱避蚜虫，桃蛀螟，金龟子，根蛆	大蒜挥发物
5	大豆×蓖麻	驱避金龟甲	金龟甲
6	棉花×高粱	高粱蚜诱杀天敌	捕食棉蚜和棉铃虫
7	苹果×紫藤	紫藤蚜诱杀天敌	控制果树蚜虫
8	葡萄×悬钩子	悬钩子叶蝉寄生蜂共生	控制葡萄叶蝉
9	小麦、胡萝卜×洋葱	杀死小麦黑穗病孢子。驱赶胡萝卜蝇种蝇	田间大夫

表 2–5–2　相克作物组合关系

序号	相克作物组合	功能效应	克服方式	相克对象	备注
1	小麦×麻类	麻类分泌物	避免连作	控制后作小麦生长	
2	马铃薯×向日葵、西红柿	促进马铃薯晚疫病发生	避免间作	促生病害	
3	葡萄×松柏	葡萄不成熟	避免间作	气味作用	芥菜分泌物
4	芥菜×蓖麻	蓖麻下部叶片枯死	避免间作	苦苣菜根分泌麻醉性毒素	
5	苦苣菜×禾本科作物	禾本科作物枯黄	避免连作	根系分泌物	
6	玉米×荞麦	玉米生长弱	避免连作	根系分泌物	

由于设计和使用化学农药控制有害生物时未曾考虑到复杂的生态系统，化学控制方法已在盲目状态下破坏了或扰乱了生态系统关系。人们可以预测化学物质对付少数个别种类昆虫的效果，但却无法预测化学物质袭击整个生物群落的后果。

这是一个将各种生命联系起来的复杂、精密、高度统一的系统；自然平衡并不是一个静止固定的状态；它是一种活动的、永远变化的、不断调整的状态。人也是这个平衡中的一部分。有时这一平衡对人有利，有时它会变得对人不利。当这一平衡受人本身的活动影响过于频繁时，它总是变得对人不利。

第六章　种群与群落动态理论

第一节　物种的概念

物种是生物分类阶元的基本单元，物种是生物存在的实体表现。不同的历史阶段，人们的认识不同，对物种曾有过不同的定义。

自然分类学的创始人林奈（Linnaeus），在18世纪所下的定义是："同一种生物，其形态相同，在自然情况下能够交配，生出正常的后代来"，这个定义基本上是正确的，但他认为物种的类型是不变的，在其起源和发展上没有任何联系，这是错误的。

达尔文（Darwin）1858年发表了生物进化论学说，论证了所有生物的种类均是由较低等的共同祖先演化而来的，不同的物种是由不同的环境影响下产生的，因此生物的种与种之间都存在着血缘关系。这是正确的一面，是他在生物学上的伟大贡献。但他只把种的区别看作是环境影响下量的变化和程度的差别，而没有认识到质的不同，并且是不停地变化着的，对物种的相对稳定性强调不够，这就把人们带入了物种"不可知论"的境地。

近代无数分类学家、生态学家和农学家研究的结论，种与种之间在空间上存在着质的差别，在时间上具有相对稳定性，在连续性与间断性统一的生物发展史上它是一种基本间断形式。由此我们可以理解：物种是能够培育的自然种群的类群，这些类群与其他类似类群有质的差别，并在生殖上相互隔离着，它是生物进化过程中连续性与间断性统一的基本间断形式。

第二节　种群

种群是在一个时间一个地点上同种生物个体的集合。每个种群数量大小、分布集中度、增长形式都具有自身的特点。不同种群之间还会发生互利的影响或者抑制效应。

第三节　生物群落

昆虫群落是生物群落的一个组成部分或一个类型。生物群落的概念为：在一定区域或一定生态环境里各个生物种群相互松散结合的一种单元。这种单元虽然松散，但由于其组成的种类及一些种群的属性而表现出一些新的特征。广义的讲，生物群落是整个生态系统中有生命部分的总和。该部分包括三大类：植物（生产者）、动物（消费者，植食性昆虫为营养的消耗者，部分类群被确定为害虫）和微生物（分解者）。生物群落和生态系统一样是泛指的概念。可以用来指明各种不同的大小及不同自然特征的有生命物体的总和。小到一棵果树的生物区系，大到广阔的农田、草原和森林。根据其范围大小、物种成分、结构特点，生物群落又可分为主要群落和次要群落。将具有一定大小、结构完整，可相对独立区别于邻近群落的，只要有充分的太阳光能就可以茂盛存在的群落称为主要群落，如棉田植物群落、麦田植物群落等。主要依赖临近生物集团的生物群体称为次要群落，如果园昆虫群落、玉米田昆虫群落等。昆虫群落在农田生态系统中占有重要的位置，他直接影响作物群落的生长、发育和生物产量，是农业生产管理中主要治理对象。生物群落的种类，结构特点及演化尽管是十分繁杂的，但都具有可以描述的及研究的机理，有共同的规律。

昆虫群落具有以下特征：

群落和种群一样，也有一系列的属性，这种属性并不是组成群落的各个物种所能包括的，而是只有在群落水平上才具有的一些特征，群落的基本特性可以表现在以下 5 个方面。

（1）群落的相对丰富度，即群落中有多少个物种，这是首先要掌握的。一般认为，群落的物种数越多，群落的稳定性越好。

（2）群落中物种的均匀度，即群落中各物种种群数量的分布状况。群落的性质不但取决于各组或物种质的特征，还取决于量的特征。而量的特征就包括上述物种的数目和各物种种群数量两个方面。这两个统计量所描述的群落特点，可用多样性指数表示。

（3）群落的生长形式及其结构群落有其主要的生长形式，如果园、森林、农田、草地等，这些不同的生长形式，又决定群落的垂直分层结构、水平分布结构，以及时间结构变动。

（4）优势种。在群落如此繁多的物种中，并非所有的种类对群落特性都起同样主要的决定性作用，一般只有少数几种以其体形大、数量多或活动性强而左右着群落的发展。优势种就是那些具有成功的生态学条件，并对其群落内的其他物种具有调控作用的物种。

（5）营养结构。主要指群落内的能量转化，食物链和食物网的关系。

第七章　生态平衡、生态演替与生态修复

第一节　生态平衡与生态演替

一、生态平衡

生态系统始终处于不断变化发展状态之中，实际上它是一种动态系统。大量事实证明，只要给以足够的时间和在外部环境保持相对稳定的情况下，生态系统总是按照一定规律向着组成、结构和功能更加复杂化的方向演进的。在发展的早期阶段，系统的生物种类成分少，结构简单，食物链短，对外界干扰反应敏感，抵御能力小，所以是比较脆弱而不稳定的。当生态系统逐渐演替进入到成熟时期，生物种类多，食物链较长，结构复杂，功能效率高，对外界的干扰压力有较强的抗御能力，因而稳定程度高。这是由于系统经过长期的演化，通过自然选择和生态适应，各种生物都占据有一定的生态位，彼此间关系比较协调而依赖紧密，并与非生物环境共同形成结构较为完整、功能比较完善的自然整体，外来生物种的侵入比较困难；此时，还由于复杂的食物网结构使能量和物质通过多种途径进行流动，一个环节或途径发生了损伤或中断，可以由其他方面的调节所抵消或得到缓冲，不致使整个系统受到伤害。所以，生态系统的生物种类越多，食物网和营养结构越复杂便越稳定。即生态系统的稳定性是与系统内的多样性和复杂性相联系的。

当生态系统处于相对稳定状态时，生物之间和生物与环境之间出现高度的相互适应，种群结构与数量比例持久地没有明显的变动，生产与消费和分解之间，即能量和物质的输入与输出之间接近平衡，以及结构与功能之间相互适应并获得最优化的协调关系，这种状态就叫做生态平衡或自然界的平衡。

生态平衡是一种动态平衡，是生态系统内部长期适应的结果，即生态系统的结构和功能处于相

对稳定的状态，其特征为：能量与物质的输入和输出基本相等，保持平衡，生物群落内种类和数量保持相对稳定，生产者、消费者、分解者组成完整的营养结构，具有典型的食物链与符合规律的金字塔形营养级，生物个体数、生物量、生产力维持恒定。

1. 生态自我调节

生态系统保持自身稳定的能力被称为生态系统的自我调节能力。生态系统自我调节能力的强弱是多方因素共同作用体现的。一般地：成分多样、能量流动和物质循环途径复杂的生态系统自我调节能力强；反之，结构与成分单一的生态系统自我调节能力就相对更弱。热带雨林生态系统有着最为多样的成分和生态途径，因而也是最为稳定和复杂的生态系统，北极苔原生态系统由于仅地衣一种生产者，因而十分脆弱，被破坏后想要恢复便需花费很大代价。

（1）反馈调节（negative feedback）。当生态系统中某一成分发生变化时，它必然会引起其他成分的出现相应的变化，这种变化又会反过来影响最初发生变化的那种成分，使其变化减弱或增强，这种过程就叫反馈。

①负反馈调节是生态系统自我调节的基础，它在生态系统中普遍存在的一种抑制性调节机制，例如，在草原生态系统中，食草动物瞪羚的数量增加，会引起其天敌猎豹数量的增加和草数量的下降，两者共同作用引起瞪羚种群数量下降，维持了生态系统中瞪羚数量的稳定。负反馈能够使生态系统趋于平衡或稳态。

②正反馈调节。与负反馈调节相反，正反馈调节是一种促进性调节机制，它能打破生态系统的稳定性，通常作用小于负反馈调节，但在特定条件下，二者的主次关系也会发生转化，赤潮的爆发就是此类例子。

生态系统中的反馈现象十分复杂，既表现在生物组分与环境之间，也表现于生物各组分之间和结构与功能之间，等等。前者在第三节种群部分已有叙述。生物组分之间的反馈现象。在一个生态系统中，当被捕食者动物数量很多时，捕食者动物因获得充足食物而大量发展；捕食者数量增多后，被捕食者数量又减少；接着，捕食者动物由于得不到足够食物，数量自然减少。二者互为因果，彼此消长，维持着个体数量的大致平衡。这仅是以两个种群数量的相互制约关系的简单例子。说明在无外力干扰下，反馈机制和自我调节的作用，而实际情况要复杂得多。所以当生态系统受到外界干扰破坏时，只要不过分严重，一般都可通过自我调节使系统得到修复，维持其稳定与平衡。

2. 抵抗力稳定性（resistance stability）。生态系统抵抗外界干扰的能力即抵抗力稳定性，抵抗力稳定性与生态自我调节能力正相关。抵抗力稳定性强的生态系统有较强的自我调节能力，生态平衡不易被打破。

3. 恢复力稳定性（resilience stability）。恢复力稳定性指的是生态系统已经被破坏后，在原地恢复到原来状态的能力。恢复力稳定性与生态系统的自我调节能力的关系是微妙的，过于复杂的生态系统（如热带雨林）的恢复力稳定性并不高，原因是其复杂的结构需要很长的时间来重建，而自我调节能力过低的生态系统（比如冻原和荒漠）几乎没有恢复力稳定性，且抵抗力稳定性也很低；只有调节能力适中的生态系统有较高的恢复力稳定性，草原的恢复力稳定性就是比较高的。

生态系统的自我调节能力是有限度的。当外界压力很大，使系统的变化超过了自我调节能力的限度即“生态阈限”时，它的自我调节能力随之下降，以至消失。此时，系统结构被破坏，功能受阻，以致整个系统受到伤害甚至崩溃，此即通常所说的生态平衡失调。

二、生态演替

古人云：“观今宜鉴古，无古不成今。”已经在中国存在了几千年的农耕文明，应该能给我们一些有益的启示。

古代人对自然现象不了解，不得不敬畏自然。自从工业革命以来，人类依靠各种科学技术与发明，掌握了自然的部分演变规律，就企图改变自然，结果对自然造成了严重的破坏。

第二节　生态退化与生态修复

一、生态退化

生态系统退化有些是自然的原因，近代发生的自然生态系统退化，大多是人类过分利用自然资源造成的。

地球生态系统演化约40亿年后，为什么到如今发生大规模退化？首先要说明的是，生态系统退化有些是自然的原因。例如，在气候变化背景下，自然界中的物种要么适应，要么消失。60万年之前，北京地区尚分布有野象，当时森林非常茂盛，有大量的食物供应。大象南移显然是气候变化的结果。然而，人类的生产生活加剧了自然生态系统退化却是不争的事实。

全球共有十大类陆地生态系统，我国占其中九类，分别是热带雨林、常绿阔叶林、落叶阔叶林、针叶林、红树林、草原、高寒草甸、荒漠、苔原，我国唯一缺乏典型的非洲萨王那群落（稀树疏林草地生态系统），但是我国的四大沙地（浑善达克、科尔沁、毛乌素、呼伦贝尔）在健康状态下其结构与功能恰恰是萨王那类型。这样，我国成为世界上唯一囊括全球所有陆地生态系统类型的国度。

遗憾的是，过去半个多世纪以来，我国上述生态系统发生了不同程度的退化。生态退化与人类破坏有很大的关系。

20世纪60年代，为了备战备荒，辽阔的三江平原、新疆绿洲、内蒙古草原被开垦，虽然今天变成了“米粮仓”和“棉花垛”，可是土地荒漠化和沙尘暴却困扰了中国首都和华北地区；70年代，围湖造田、围海造田，使自然生态系统迅速碎片化、岛屿化，大量湿地消失，地球之“肾”发生萎缩；80年代初，我国生态学家从丹麦和英国引进大米草护滩，大米草在原来引进的地方并没有保住海岸（那里的大海向陆地侵入了10km），反而迅速侵占了南到福建，北到辽东湾的海岸线，国家一级保护动物丹顶鹤栖息地因为大米草蔓延而萎缩，水产养殖大受其害。由于围海造田，红树林面积由历史上的25万hm^2，下降到目前的1.5万hm^2。

近代发生的自然生态系统退化，大多是人类过分利用自然资源造成的。人们在山地大面积砍伐森林，在草原上过度放牧，在干旱区过分利用地下水、过度开发绿洲，在沿海围海造田等，造成了以森林、草原、荒漠、湿地为主的生态系统出现严重退化。

对于这些问题，已故著名植物生态学家侯学煜先生当年就奋笔疾呼，强调农、林、牧、副、渔全面发展，恢复生态平衡。

恢复生态，自然界经历了几十亿年的演化后，各种过程都达到了动态平衡。一些自然灾害是环境要素正常波动的结果，即使海啸、火山和地震也是自然发生的。

二、生态修复

利用自然力恢复是最科学的，也是最省力、最省钱的。生态恢复的物种最合理的应当是那些原本存在的物种，即利用本地物种，人类要做的是帮助消除影响物种定居的破坏因素，如减少草原牲畜的过度啃食，或提供植被建植时必要的土壤条件。

生态恢复之所以选择本地物种，是因为长期的自然演化结果，本地物种最适合当地气候和土壤。

利用自然力进行生态恢复的过程可以简单地理解为围封，多区围封，多区开放利用，就是在保证土壤不损失的前提下，保证自然分布的各类繁殖体（种子、孢子、果实、萌生根和萌生苗）等能够安家落户，并得以自然繁衍。在地球上的任何一个角落，只要存在生命生长的条件，这种自然力就能存在。

自工业革命以来，人类对生态系统进行了前所未有的破坏，而20世纪60年代后，对生态系统的重建与恢复已经成为一个重要问题，总之，人类活动深刻影响了生态系统的运转。

生态系统在遭到破坏后对其进行恢复需要运用恢复生态学原理。恢复生态学是研究生态整合性的恢复和管理过程的科学，生态整合性包括生物多样性、生态过程和结构、区域及历史情况、可持续的社会实践等广泛的范围。恢复生态学的目标是重建某一区域历史上曾有的生物群落，并将其生态功能恢复到受干扰前的状态。

对生态系统进行重建关键是恢复其自我调节能力与生物的适应性，主要依靠生态系统自身的恢复能力，辅以人工的物质与能量投入，并进行生态工程的办法进行生态恢复。

第八章　系统科学基础

钱学森院士提出，系统科学是从事物的部分与整体、局部与全局以及层次关系的角度对客观世界进行研究。生态植物保护技术体系就包含自然经济和社会的一个大系统，体现出对生物与生物、生物与环境、生物与人类的交织关系的特点。以系统论思想指导采取系统科学分析方法构建与实践生态植物保护技术体系，促使我们现代植保思维方式必须发生深刻地改变。以往研究植保问题，一般是把综合性极强的植保系统问题、植保生态问题分解成若干具体问题，一般是把综合性极强的植保系统问题、植保生态问题分解成若干具体问题，研究病虫草鼠等有害生物的单一因素，然后再以部分的性质去说明复杂的植保问题。在病虫害防控上企图采用单一技术（如化学农药的使用或单一天敌释放）解决复杂的系统性问题，根本不存在对应关系。这种分解分析方法的着眼点在局部或要素，遵循的是单项因果决定论，虽然这是几百年来在特定范围内行之有效、人们最熟悉的思维方法。但是他不能如实的说明食物的整体性，不能反映事物之间的联系和相互作用，他只适应认识较为简单的事物，而不胜任于对复杂问题的研究。新时代的生态植保表现为现代科学的整体化和高度综合化发展的趋势，是一个规模巨大、参数众多、关系复杂的综合性、系统性问题，传统植保思维方式则显得无能为力。采用系统分析方法指导生态植保体系的建立即能站在时代前列，高屋建瓴，纵观全局，创新性地为现代复杂植保问题提供有效的思维方式。所以，系统论连同控制论、信息论以及全息生物学理论等其他科学一起所提供的新思路和新方法。为人类的思维开拓新路，它们作为现代科学的新潮流，促进着植物保护及其他各门科学的发展。

第九章　生态植物保护的经济学基础

从农业生产的角度分析，生态植物保护是通过一系列的技术措施实现的经济行为，它和其他任何经济行为一样，需要进行投资。成本和收益关系的评价，不能把生态植物保护的经济效益作为一个抽象的、定性描述的概念，而是包括着这一经济行为全程可以核算的所有内容。

第一节　害虫为害程度与作物产量损失

在作物—害虫子系统中，害虫的为害与作物受害后的反应决定着作物受害损失的程度。研究害虫对作物经济产量结构的影响程度，分析作物—害虫系统与环境之间的关系是测定作物受害损失和制订经济阀限的理论基础。

一、不同口器类型或行为特性害虫的为害特征

在作物—害虫子系统中，害虫对农作物的为害，通常是通过取食活动造成的，只有少数害虫（如飞虱、叶蝉）通过其他方式（如产卵、分泌行为等）也能对作物造成直接或间接危害。不同害

虫的为害时期、部位、方式不同，造成的为害程度和表现形式也明显的不同。

（一）咀嚼式口器

如蝗虫、黏虫等种类。

这类害虫把作物的叶片取食的残缺不全，甚至全部吃光，稻纵卷叶螟、稻苞虫、苹果小卷叶蛾，瓜绢螟等把作物叶片缠缀成苞，幼虫躲藏在苞中食叶；潜叶蛾和潜叶蝇类害虫，幼虫潜入叶内取食叶肉。它们的为害都是减少了光合作用的面积，直接或间接对作物的产量和品质造成损失。

（二）刺吸式口器

如蚜虫、介壳虫、蝽类、叶蝉、粉虱、飞虱和叶螨等。

这类害虫通过刺吸寄主植物体内的汁液，造成水分和营养物质的损失，并可促进病原菌的侵入。同时，在刺吸过程中向寄主组织中分泌各种酶和有毒物质引起寄主植物的细胞坏死及新陈代谢机能失调。这类害虫造成的为害状是各种各样的，如枯叶落叶、叶片变厚畸形、虫瘿瘤等。有些刺吸式口器害虫，取食时还能传播病毒，你直接取食造成的为害更为严重。

（三）钻蛀性害虫

可以钻蛀入植物的不同组织部位中。

这类害虫钻蛀到寄主植物体内的组织中取食生活，形成孔道或毁坏组织。有的直接毁坏收获部分，如果树食心虫类害虫、棉铃虫、桃蛀螟、玉米螟等；有的破坏植物的输导组织，造成寄主部分组织枯死，如稻螟虫、高粱条螟、豆秆蝇等；或造成树势衰退，甚至死亡，如天牛、吉丁虫类。

（四）地下害虫

如蝼蛄、蛴螬、金针虫类等。

这类害虫为害的虫态生活在土壤环境中，咬断植物根部或近地面的茎部，造成寄主植物枯死或虫伤株，常引起缺苗断垅。

总之，不同类别的害虫，有其不同的为害时期，为害部位和为害方式，因而造成为害损失的程度就有明显的差异，最终集中表现在作物的品质和产量方面。

二、害虫种群密度与作物损失的关系

同一种害虫对农作物为害程度的轻重，主要取决于害虫的种群数量。即单位样方中的害虫数量。一般情况下，随着害虫种群密度的加大而作物受害损失加重。但是作物—害虫子系统并不是简单的直线相关关系。Tamines（1961）描述了害虫数量（或为害量）与作物产量关系是一般的曲线关系（图 2-9-1）。虽然该曲线并不一定完全符合所有害虫的为害特征，但它明确地指出了在一定的虫量范围内（种群密度小时），并不会引起作物的产量损失。由此可知，有很多化学农药的使用是无效且毫无必要的，而此期应该实施生物防治保持低密度控制的效应。当害虫密度增大一些时，由于作物具有一定的补偿能力，不会造成作物产量太大的损失，但当害虫数量或密度超过作物所具有的补偿能力时，随着害虫数量的上升而作物的产量才会直线下降，这是进行作物产量损失测定、确定化学农药使用、生物防治计划实施的基本依据。

三、作物的补偿能力

作物作为自组织能力极强生命力，既有单株个体的自我保护本能，也有群体的生态维护功能，作物的受害损失不仅取决于害虫的数量（种群密度），而且也取决于作物对害虫为害产生的反应。作物并非在任何受害程度下都会引起减产，因为作物本身有一定的个体和群体补偿能力。在生态植物保护理论中，不要仅把害虫看到有主动进攻性的生命，而把受害植物视为完全被动的无生命状态。作物受害虫危害后，其补偿作用的大小，又随作物种类、品种、被害时期、被害部位及受害的程度等不同而有显著的差异。

水稻、小麦、谷子是分蘖力很强的密植作物，如在幼苗期遭受害虫（地下害虫、稻螟虫、麦

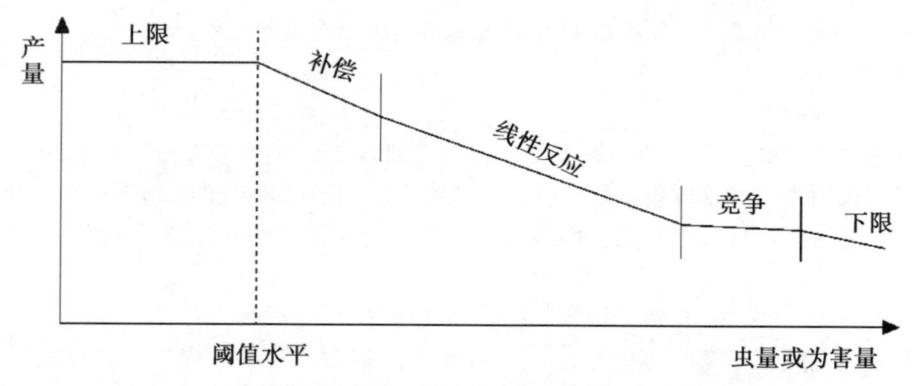

图 2-9-1　害虫数量与作物产量损失曲线图（仿 Tamines，1961）

秆虫等）为害造成枯心苗或死苗时，可通过增加分蘖数避免或减轻受害损失。

吴蔚文（1986）经过系列研究和分析，提出了水稻群体发育过程中，损失分蘖后水稻忍耐力和补偿力的动态变化；一是在水稻生长过程中，随着分蘖数的增加群体增大，失去分蘖对产量的影响逐渐减小，即耐害力和产量补偿力逐渐增加，到分蘖高峰期、幼穗分化期前达到顶点，有效分蘖和无效分蘖开始分化后，损失分蘖对产量的影响逐渐加大，即补偿力和忍耐力渐减，到拔节后几乎降到零。二是有效分蘖临界期至最高分蘖期，幼穗分化前，水稻群体补偿能力最强（如杂交水稻可忍受 15%的枯心苗）。由此可见，早分蘖有利于提高水稻的耐害能力。三是群体较大的田块对害虫造成的为害，有较强的抵抗力和产量补偿力。

棉花幼苗受蚜虫的为害造成卷叶，植株矮小，中、后期棉株生长发育具有极强的补偿能力，因而减产不明显。棉农的谚语有“棉花猴一猴，棉桃压塌楼”“棉蚜多，结的棉桃成疙瘩”这在一定程度上说明棉花的补偿能力强。其原因是棉苗处于 b 片真叶前受害时，营养物质应暂时受到阻碍的情况下，叶腋间正芽首先受到抑制，而副芽仍能继续生长发育，营养物质集中的为果枝所利用，所以在危害程度不太严重时，对蕾铃发育基本不影响。但受害过程中，副芽也会受到抑制而推迟果枝的发育造成减产。

多年生果树和树木，受害虫为害后，补偿能力更强，陈杰林（1985）指出：柑全爪螨的为害，当叶面受害在 50%以下时，对成年柑桔树的生长、果实产量和品质没有显著影响。王运兵（1987）在研究山楂害虫过程中发现：山楂遭受蛀食幼果害虫—山楂萤叶甲毁灭性为害时，山楂树能把当年？的营养贮存在树体中，形成足够的花芽，使第二年的产量比常年的产量增加 60%左右。这说明果树有年际补偿能力。

总之，作物受害后具有普遍的补偿能力，研究测定各种作物对不同害虫为害的补偿能力能更正确的评价作物受害程度。同时，可利用作物的补偿能力，尽量避免化学农药的无效防治，并为生态植物保护提供更大的空间，有利于提高经济、生态环境和社会效益。

四、环境条件对作物受害损失的影响

害虫危害造成的产量损失，主要取决于害虫的种群数量和为害程度，但也与环境条件存在密切的关系。在同一害虫密度和受害水平下，作物的不同品种、不同营养状况和保证不同的水肥条件等，其产量损失往往有显著的差异，作物品种在这方面的作用十分突出，如小麦吸浆虫为害时，3039 小麦品种减产十分严重，而豫原一号小麦品种基本不减产。

作物的播种期与受害程度存在密切关系。王运兵（1985）系统调查结果，播种早的麦田比播种晚的麦田（晚播 10d），冬前蚜量高出 5~12 倍。

棉盲蝽在植株的不同部位为害，对棉花的损害程度有明显差别，其中嫩叶、幼蕾受害损失严重，幼铃次之，而老叶及大龄则极少受害（丁若钦，1963）。

水肥条件与受害关系密切。例如，高粱蚜为害高粱时，致使高粱不能抽穗或不能成熟的种群密度：一类田数量31 500头/株；二类田为17 700头/单株；三类田为7 775头/单株。再如，麦蚜在小麦灌浆期为害时，如遇天气干旱则减产更大；如果水分供应充足，及时，则减少较少。

总而言之，影响害虫的为害（或作物受害）造成损失的原因很多，机制也很复杂。Smith（1969）曾把害虫为害影响作物减产的各种条件归纳为害虫、作物、其他条件等三个方面（表2-9-1）。

表 2-9-1　害虫为害影响作物减产的各种条件（Smith，1969）

害虫	作物	其他条件
密度	作物发育阶段	施肥量、品种、栽培管理等
为害时期	补偿能力	气候、土壤等物理条件
为害时间	对其他病虫害抗性变化的程度	
低密度为害的累积效应		
组成种群发育阶段的时间变化		
空间分布型		
为害部位		
行为		

第二节　作物受害损失估测

生态植物保护的目的是运用生态植保技术体系，保证作物的产量和品质，兼顾经济、生态环境和社会综合效益。我们只有通过估测害虫为害对作物造成的损失，才能制定出科学合理的经济阈值，建立科学技术体系，准确指导有害生物防控

一、作物受害损失的表示方法

作物的受害损失应包括作物的产量和品质两个方面。衡量损失大小的标准应以未受害虫为害的正常产量为参照。作物受害损失，通常用下列几种方式进行表示。

1. 被害株率（有虫株率）指调查统计受害株或有虫株占调查总株树的百分率。

$$P = \frac{m}{n} \times 100\%$$

式中：P——被害（有虫）株百分率

n——调查总株数

m——被害（有虫）株数

2. 损失系数

$$Q = \frac{\mathrm{a} - \mathrm{e}}{a} \times 100\%$$

式中：Q——损失系数

a——健株单株平均产量

e——被害单株平均产量

3. 产量损失百分率

$$C = \frac{QP}{100}$$

式中：C——产量损失百分率

Q——损失系数

P——受害株百分率

4. 单位面积实际损失

$$L = \frac{Mc}{100}$$

式中：L——单位面积实际损失量

a——健康单株平均产量

M——单位面积总株数

C——损失百分率

如果考虑到田间各植株的受害程度不同，可将受害株分为几个等级，各级的标准可因害虫种类、寄主作物种类、为害部位、为害方式等而定。一般可分为4~6级受害标准。然后根据分级标准，分别调查统计各级的被害百分率和损失系数，最后采用下式计算出产量损失百分率

$$C = \frac{Q_1P_1}{100} + \frac{Q_2P_2}{100} + \frac{Q_3P_3}{100} + \frac{Q_4P_4}{100} + \frac{Q_5P_5}{100}$$

式中：Q_1——Q_5 各级损失系数

P_1——P_5 各级受害百分率

二、测定作物产量损失的基本方法

测定作物产量损失的基本方法通常采用模拟试验、田间实际调查和接虫控制密度试验等方法。

1. 模拟实验法

模拟实验法是人为模仿害虫为害间接推算作物受害损失的方法。模拟技术根据作物和害虫的种类不同而异。如棉铃虫为害棉花的蕾铃，可采用人工摘蕾铃的办法。分析食叶性害虫（如黏虫）的为害，多采用去叶（剪叶）法进行模拟。模拟实验可用于田间，也可以用于室内。为避免实验误差，供试作物的长势及栽培条件应尽量保持一致。

多数学者认为，模拟方法的条件容易控制，能反应客观现状，特别是对食叶性害虫为害损失的测定，是一种有效的辅助手段。但必须指出的是，有时用人工模拟害虫为害对产量和品质的影响，在时间和空间上与害虫实际为害的差异较大，这种方法也难以模拟植株修补受伤组织和补偿损失的能力，与自然情况下害虫造成的产量损失有较大的差异。如人工去叶在很多方面都不同于害虫的实际取食，人工去叶把叶片一次性剪掉，而昆虫取食方法是在几天或几个星期内逐渐完成的，在这段时间里作物仍在生长着，并补偿着一些受损伤的组织；昆虫取食幼叶面积也是不连续的，而是呈大小不等的缺刻或孔洞，而人工去叶则是去除叶片相同部分。

为了克服人工模拟与害虫实际为害之间的差异，应在人工模拟时尽量做到如实同步及节奏。一是对害虫为害的所有器官都有模拟；二是要与害虫为害的进度一致逐步模拟；三是与害虫的为害空间基本一致。

郭予元等（1985）考虑到上述情况，在进行棉铃虫为害棉花的研究时，以每次每头幼虫的食量为准，布置每次不同虫量为害的模拟。模拟被害蕾时，将蕾除去——相当于被害脱落；模拟被害顶尖时，用小镊子将顶尖生长点破坏；模拟被害花时，用手将花芯摘除；模拟被害铃时，用镊子在铃的基部钻一个洞。并根据棉铃虫密度和在田间的分布状况，刻意在不同棉株上进行轻重不同的模拟，而整个小区的处理水平不变。

2. 田间实际调查法

用此法估测害虫为害所造成的损失，最简单的试验方法是利用害虫自然种群的侵害和使用杀虫剂保护对照区不受损害，然后根据危害状分级统计，直接推算出作物受害的损失。应用这种方法的关键是受害分级标准要恰当而正确，对受害与否要及时标记。

利用这种方法测定食叶害虫造成的损失时，为了获得作为对照的健康叶面积，常在在一地段上喷洒杀虫剂进行保护（其实杀虫剂使用也会产生一定的影响），或直接选择健株进行统计。虽然植株之间叶面积的大小有差异，但通过足够的样本量便可求得在统计学上有意义的结论，

沈彩云（1981）测定了稻纵卷叶螟在田间的为害程度与产量的关系。在收割前叶青籽？为界点，在被害田内人为挑选穗长大小一致，为害 1 叶、2 叶、3 叶、4 叶（全为害）与健株的稻穗各 2 000穗进行考种，然后求出与之相应的亩产量，并进行受害与产量损失的相并分析。

Tanskiy（1926）提出了一种田间简易测定法。这个方法在比较田间未受害区和待测区（含有未受害株和受害株）平均产量的基础上，利用下式进行测定：

$$P=100\ (A-a)\ /A$$

式中：P——损失率（%）

A：未受害作物平均产量

a：待测区作物平均产量

利用这个方法进行作物受害损失测定，其关键在于如何选择未受害作物植株。如果作物受害的外部症状可以保护到收获期，那问题就简单了。但作物成熟时不易区别健株与受害株，则必须在田间出现受害症状时就进行标记。根据在田间选择健株的方法，可以分为四个类型进行分析。

一是害虫直接为害作物的收获部分，但不引起作物植株死亡，为害症状可以保留至收获期。这种类型可以在作物收获前或作物收获时分别统计未受害植株和受害植株（即待测株）的平均产量，然后根据方式计算损失率。

二是害虫不直接为害作物的收获部分，也不引起植株枯死，为害状不能保留至收获期。这种类型应在害虫严重为害时，预先在田间标记 100 个植株。至作物收获前，统计健株样本平均产量和待测植株的平均产量。

三是害虫不直接为害作物的收获部分，不引起植株死亡，且容易把隐害植株误认为健株。这种类型的测定，由于“未受害的健株”中包含有隐害株＊，为了准确估计健株的平均产量，必须再选择具有独立性状＊＊的植株作为补充材料。根据这个独立性状，收获时直接从健株中或从一般植株中统计与产量的关系。因此，上述方式要做相应的修改。

$$P=100\ [\ (B+\beta)\ -\ (B+C)\ ]\ /\ (B+\beta)$$

式中：P——产量损失率

B——未受害株平均产量

β——补充选配的具有独立性状的植株平均产量

C——明显受害株的平均产量

四是害虫可以引起植株死亡，使作物缺苗断垅或植株部分死亡，这种类型的测定，要求在大量出现为害时就要确定缺苗的百分数，健株可在待测地边选择，也可在缺苗地外选择。如果害虫在活株上的为害特征不能保留到收获时，则要预先标记健株，并在收获时统计它们虫平均产量，在计算待测地产量的平均数时，其植株数要包括缺苗地段的死亡百分数。

田间简易测定法还可以对二种、三种以至更多种具有经济意义的害虫或病害造成损失的估计。

此法比较简单和准确，只要利用田间的调查材料，即可估算出作物的产量损失，而不需要更[①]多的条件。

3. 人为接虫控制为害的试验

在人为控制的一定时间阶段和空间范围内，接入一定数量的害虫，将其为害量进行分级，再测定各级受害程度产量的损失。对于世代周期短、繁殖力强的害虫，如蚜虫、粉虱、螨类等，其为害状难以分辨，往往以虫量或为害时间为依据进行受害损失测定。

王连泉等（1980）采用了人工接蚜控制为害的方法，测定了麦蚜混合群体为害与小麦产量损失的关系，试验采用群体接蚜控制为害（表2-9-2）和单株接蚜控制为害（表2-9-3）两种方法，得出了不同蚜量为害后，小麦千粒重的下降程度，并通过相关分析得出了小麦千粒中与蚜量的回归式。

群体：孕穗至成熟 y=41. 11-0. 19x r=-0. 9960

抽穗至成熟 y=34. 79-0. 20x r=-0. 9967

单株：孕穗至成熟 y=36. 97-0. 11x r=-0. 9909

抽穗至成熟 y=33. 82-0. 13x r=-0. 9807

人为接虫控制为害的试验，除上述方法外，利用生命表技术也可为作物损失测定提供可靠的依据，或可直接进行作物产量损失的测定。

表 2-9-2 群体控制接蚜小麦产量损失测定（修正自王连泉等*，1980）

每株平均蚜量（头） 测定项目 生育期	0	5~10头		15~20头		25~30头		35~40头		40~45头		65~70头	
	千粒重（g）	千粒重（g）	下降率（%）	千粒重（g）	下降率（%）	千粒重（g）	下降率（%）	千粒重（g）	下降率（%）	千粒重（g）	下降率（%）	千粒重（g）	下降率（%）
孕穗期	37.1	36.3	2.2	34.9	5.9	33.4	10.0	32.9	11.3	31.9	14.0	27.6	25.6
穗期	34.5	32.5	5.8	30.8	10.7	29.8	13.6	29.3	15.1	27.7	19.7	24.6	28.7

表 2-9-3 单株控制接蚜小麦产量损失测定（修订自王连泉等*，1980）

接蚜量（头/株） 测定项目 小麦生育期	0	5		15		25		35		45		65	
	千粒重（g）	千粒重（g）	下降率（%）	千粒重（g）	下降率（%）	千粒重（g）	下降率（%）	千粒重（g）	下降率（%）	千粒重（g）	下降率（%）	千粒重（g）	下降率（%）
孕穗期	40.9	39.6	3.3	38.9	4.9	36.6	10.5	34.5	15.7	32.4	20.8	28.4	30.6
穗期	35.1	33.8	3.7	32.0	8.8	29.5	16.0	27.5	21.7	25.4	27.6	22.4	36.2

三、影响作物受害损失测定的因素

尽量准确测定作物受害损失是一个十分复杂的问题，除了精确计算作物——害虫子系统中害虫的数量（或密度）或为害量外，还有其他很多因素。

（1）为害类型。一种害虫或多种害虫混合群体具有不同类型的为害。如玉米螟幼虫取食玉米心叶、钻蛀茎秆或直接为害雌穗，造成的损失程度是不同的。

（2）作物的补偿功能。影响作物补偿功能的因素很多，且被害株本身的补偿作用受作物 生育期的影响也很大，而密植作物如小麦、水稻还有很强的群体补偿能力。

① 参考王运兵，王连泉主编《农业害虫综合治理》P74-75，采用原作者数据，对表格形式及分析进行了修订。

（3）施肥影响作物产量。施肥影响作物产量相当复杂，在同一植株田即使平整的土壤条件都相同，若在不同部位施肥不均匀，也会影响实验的准确性。

（4）农药的影响。使用杀虫剂调节或确定害虫密度水平时，农药除影响害虫和天敌外，也会不同程度地影响作物的产量和品质。目前很多化学农药使用目的本末倒置了，本来是为了保证作物产量和品质而去防控有害生物，而实际操作中则仅仅为了防控有害生物而忽视了作物产量与品质。

（5）与其他病虫害的关系。一种作物可能同时或同期遭受几种病虫害的侵袭。如果测定某一种害虫的产量损失，则需防治其他病虫的为害。如果测定几种病虫为害损失，则需设计不同组合的复杂试验。

第三篇　植物保护专业基础

几十年来，中国农业依赖化肥、农药、农膜的化学化生产方式带来了食品安全、生态环境、土壤退化等诸方面的问题。这一生产方式给农业可持续发展带来的危机已经引起越来越多的关注和反思，中国农业在“化学农业”和“生态农业”之间面临着道路选择问题。

农业可持续发展牵扯到政策、科技、体制、人才、资源环境等多种自然和经济社会因素，需要多措并举和系统整体解决方案。需要以三个安全为目标，粮食和农产品有效供给数量安全、农产品质量安全和产地或者农业资源环境的安全，通过稳产量、强产能（提产能）、可持续手段尤其以综合生产力的提高和可持续发展能力作为核心，藏粮于土，解决可持续发展问题。总的来讲，要贯彻落实生态文明建设的战略部署，综合的考虑农业资源的承载力、环境容量、生态类型、经济社会发展基础以及发展阶段与可持续提高农业资源利用率是关键，通过“一控、两减、三基本”，一控就是水量和水质的控制，两减是化肥减量和农药减量，三基本就是畜禽粪污、农作物秸秆和农膜基本循环利用。

为加快转变农业发展方式，实现到2020年农药使用量零增长的目标，2015年农业部决定继续开展专业化统防统治和绿色防控融合试点，并印发《2015年农作物病虫专业化统防统治与绿色防控融合推进试点方案》（以下简称《方案》），计划在全国创建218个示范基地，组织开展农作物病虫专业化统防统治与绿色防控融合推进试点。《方案》的目标为，到2015年，继续以水稻、小麦、玉米、马铃薯、棉花、花生、蔬菜、苹果、柑橘、茶叶等作物为主，以创建的218个示范基地为重点，深入推进专业化统防统治和绿色防控融合，形成适宜不同地区、不同作物的有效组织形式和全程技术模式，示范带动大面积推广应用。在保障防治效果的同时，化学农药使用量减少20%以上，农产品质量符合食品安全国家标准，生态环境及生物多样性有所改善。其中，水稻、小麦、玉米每个基地示范面积1万亩以上，辐射带动10万亩；马铃薯、花生、棉花每个基地示范面积5 000亩以上，辐射带动5万亩；苹果、柑橘、蔬菜、茶叶每个基地示范面积2 000亩以上，辐射带动2万亩。融合推进试点主要示范推广以下三个方面的内容：①专业化统防统治。依托病虫防治专业化服务组织、新型农业经营主体等，开展专业化统防统治，重点扶持发展全程承包服务，提高病虫防控组织化程度。②全程绿色防控。熟化优化理化诱控、生物防治、生态调控等绿色防控措施，集成推广以生态区域为单元、以农作物为主线的全程绿色防控技术模式，提高病虫防控科学化水平。③科学安全用药。科学选择、轮换使用不同作用机理的高效低毒低残留农药，大力推广新型高效植保机械，普及科学安全用药知识，提高资源保护和利用水平。

植物保护作为一个具有服务性质的专业领域，必须随着服务对象发展方向的转变而转变自身的发展方向。目前，农业科技本身发展方向和重点要进行必要的调整，从过去比较偏重土地产出率向注重土地产出率和劳动生产率并重转变；从偏重粮食农业向粮饲农业及食物农业并重转变，从偏重产中研究向产地、产中和产品质量安全及产后储运加工的全过程覆盖转变，研发适合我国国情农情、能够在较大范围推广复制、切实可行的农业清洁生产技术和农业面源污染防治技术模式与体系，在全国一批生态敏感脆弱区、集约农业和设施农业区及国家重大工程开展试点示范，加强农业面源污染及农业环境问题过程机理的基础研究，为科学精准评估和有效防治提供依据。

第一章　植物病理学基础

第一节　植物病害的概念和症状

植物在适于其生活的生态环境下，一般都能正常生长发育和繁衍。但是，当植物遇到病原生物侵染或不良环境条件时，其正常的生理机能就会受到影响，从而导致一系列生理、组织和形态病变，引起植株局部或整体生长发育出现异常，甚至死亡的现象，称为植物病害（plant disease）。

植物病害的形成有一系列病理变化过程，因而有别于虫伤、雹伤、风灾、电击以及各种机械损伤等所造成的各种伤害，也不同于植物本身由于遗传原因而出现的病变（如白化苗、先天不孕等）。

引起植物病害发生的原因很多，既有不适宜的环境因素，又有生物因素，还有环境与生物相互配合的因素等。引起植物偏离正常生长发育状态而表现病变的因素统称为“病因”。植物病害的形成是寄主植物与病原在外界环境条件影响下相互作用的结果，因而植物、病原物和环境条件三者是构成植物病害及影响其发生发展的基本因素。从微观方面看，寄主和病原物在外界环境条件影响下的相互作用，似乎仅限于生物学范围内；但从宏观方面分析，寄主和病原物以外的环境因素是多方面的，还包括自然因素和社会因素等。随着社会的发展，人类的生产活动不仅仅局限于农田内，人在农田以外的各种活动与植物病害的发生和流行也有着密切的关系。人们的生产和商业活动，如培育抗病品种，改革耕作栽培制度，远距离调运带病的种苗等，都会导致或抑制病害的发生发展。因此，植物病害的发生和流行除了涉及植物、病原和环境三个因素外，还应加上“人类的干扰”因素。

绝大多数植物病害在多数情况下最终都会导致植物产量的减少和品质的降低，给人类带来一定的经济损失。然而，有些植物病害有时对人类生活也有可利用的方面。如茭草幼茎组织受黑粉病菌侵染后，嫩茎膨大而鲜嫩，称为茭白，可作为蔬菜食用；再如观赏植物郁金香感染病毒后，形成杂色花瓣，花冠色彩斑斓，极具观赏价值等。因此，人们通常将这类“病态”不作为病害来看待。

第二节　植物病害的症状

植物病害经过一系列病变过程，最终导致植物上显示出肉眼可见的某种异常状态，称为症状（symptom）。外部症状通常可区分为病状和病征两类。病状是指在植物病部可看到的异常状态，如变色、坏死、腐烂、萎蔫和畸形等；病征是指病原物在植物病部表面形成的繁殖体或营养体，如霉状物、粉状物、锈状物和菌脓等。许多真菌和细菌病害既有病状，又有明显的病征，有些病害如病毒和类菌原体病害，则只能看到病状，而无病征。各种病害大多表现有独特的症状，因此，人们认识病害首先从病害症状描述开始，症状又是田间诊断的重要依据。但是，不同的病害可表现出相似的症状，而同一病害由于发生在不同寄主部位、不同生育期、不同发病阶段和不同环境条件下，也可表现出不同的症状。

一、病状及类型

植物病害病状有很多种表现，变化很多，常见的有变色、坏死、腐烂、萎蔫和畸形等多种类型（图 3-1-1）。

（一）变色

变色是指植物患病后局部或全株失去正常的绿色或发生颜色变化的现象。变色大多出现在病害

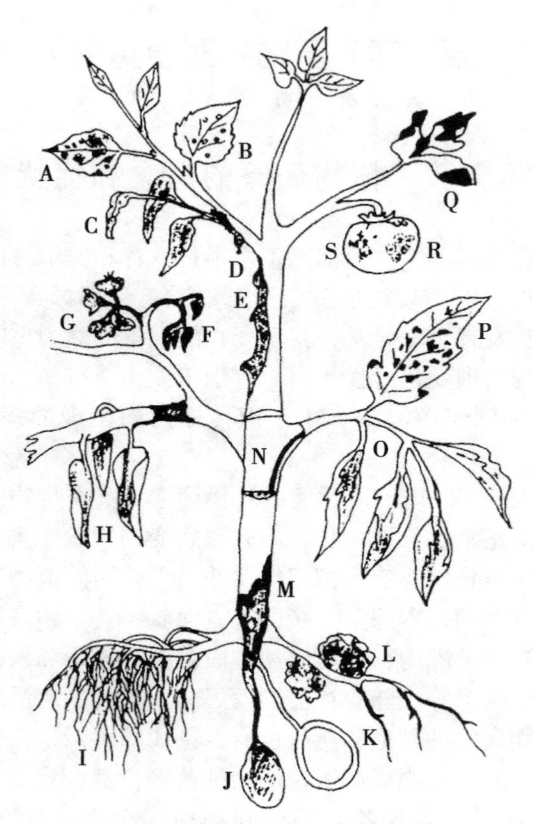

A.花叶；B.穿孔；C.梢枯；D.流胶；E.溃疡；F.芽枯；G.花腐；H.枝枯；
I.发根；J.软腐；K.根腐；L.肿瘤；M.黑脚（胫）；N.维管束变褐；
O.萎蔫；P.角斑；Q.叶枯；R.环斑；S.疮痂

图 3-1-1 植物病害症状类型

症状的初期，通常又有几种表现类型。植物绿色部分均匀变色，即叶绿素的合成受抑制，称为褪绿或黄化。植物叶片发生不均匀褪色，黄绿相间，形成不规则的杂色，称为花叶。叶绿素合成受抑制，花青素生成过盛，叶色变红或紫红，称为红叶。

（二）坏死

坏死是指植物的细胞和组织受到破坏而死亡，形成各种各样的病斑。病斑可以发生在植物的根、茎、叶、果等各个部位，其形状、大小和颜色不同。根据病斑的颜色可分为褐斑、黑斑、灰斑、白斑等，根据病斑的形状可分为圆形、椭圆形、不规则形等。此外，有的病斑受叶脉限制形成角斑；有的病斑上具有轮纹，称为轮斑或环斑；有的病斑呈长条状坏死，称为条纹或条斑；有的病斑可以脱落，形成穿孔；有的病斑还会不断扩大或多个联合，形成叶枯、枝枯、茎枯、穗枯等，有的病组织木栓化，病部表面隆起、粗糙，形成疮痂；有的茎干皮层坏死，病部开裂凹陷，边缘木栓化，形成溃疡。

（三）腐烂

腐烂是指植物细胞和组织发生较大面积的消解和破坏的现象。腐烂可以分为干腐、湿腐和软腐。若细胞消解较慢，腐烂组织中的水分能及时蒸发而消失，病部表皮干缩或干瘪，就会形成干腐，如马铃薯干腐病；若细胞消解较快，腐烂组织不能及时失水，则形成湿腐，如甘薯软腐病；若先是胞壁中胶层受到破坏，腐烂组织的细胞离析，以后再发生细胞的消解，即形成软腐，如大白菜软腐病。根据腐烂发生的部位，又可分为根腐、基腐、茎腐、花腐和果腐等。其中因幼苗的根腐或茎腐，引起地上部分迅速倒伏或死亡者，又称为立枯或猝倒，如棉苗立枯病、蔬菜苗期猝倒病等。

（四）萎蔫

萎蔫又可分为生理性萎蔫和病理性萎蔫两种类型。生理性萎蔫是由于土壤中含水量过少或高温时过强的蒸腾作用而使植物暂时缺水而引起的，此时若及时供水，植物仍可恢复正常；典型的病理性萎蔫是指植物根或茎的维管束组织受到破坏而引起的凋萎现象，如棉花黄萎病、瓜类枯萎病、茄科植物青枯病等，这种凋萎大多不能恢复，甚至导致植株死亡。有些根腐、基腐或其他根茎病害所引起的萎蔫均属于病理性萎蔫。

（五）畸形

畸形是指由于病组织或细胞生长受阻或过度增生而造成的形态异常的现象。如植物发生抑制性病变，生长发育不良而出现植株矮缩、片叶皱缩、卷叶或蕨叶等；有的病组织或细胞发生增生性病变，生长发育过度，造成病部膨大，形成瘤肿等；有的株枝或根过度分枝，产生丛枝或发根等；有的病株比健株明显高而细弱，形成徒长；有的花器变成叶片状结构，不能正常开放和结实等。

二、病征及类型

病征是指寄主在发病部位出现的病原物的子实体。由于病原物不同，植物病害病征常表现出不同的形状、颜色和特征。其中常见的有霉状物、粉状物、锈状物、粒状物和脓状物等。

霉状物是在发病部位形成的各种毛绒状的霉层，其颜色、质地和结构变化较大，常见的有霜霉、绵霉、青霉、绿霉、黑霉、灰霉和赤霉等。如真菌中的霜霉菌引起的霜霉病，病部可见大量霜霉状物。

粉状物是在寄主病部形成的白色或黑色粉层，如多种植物的白粉病和黑粉病等。

锈状物是在病部表面形成的小疱状突起，破裂后散出白色或铁锈色的粉状物，常见的如萝卜、白锈病和小麦锈病等。

粒状物是在寄主病部产生大小、形状及着生情况差异很大的颗粒状物。有的是针尖大小的黑色或褐色小粒点，不易与寄主组织分离，如真菌的子囊果或分生孢子果；有的是较大的颗粒，如真菌的菌核、线虫的胞囊等。

脓状物是在潮湿条件下在寄主病部所产生的黄褐色、胶粘状、似露珠的菌脓，干燥后常形成黄褐色的薄膜或胶粒，是许多细菌病害的病征。

第三节　侵染性病害和非侵染性病害

引起植物病害的病因可分为两大类，即生物因素和非生物因素。因此，按其性质不同可把病害分为侵染性病害和非侵染性病害。

一、非侵染性病害

由非生物因素（如不适宜的环境条件等）引起的病害称为非侵染性病害（noninfection disease）或生理性病害。按其病因不同，又可分为以下三类：一类是由于植物自身遗传因子或先天性缺陷引起的遗传性病害或生理病害；第二类是由于物理因素恶化所致的病害，如低温或高温造成的冻害或灼伤，土壤水分不足或过量引起的旱害或渍害，光照过弱或过强引起的黄化或叶烧，大气物理现象造成的风、雨、雷电、雹害等；第三类是由于化学因素恶化所致的病害，如肥料或农药使用不当引起的肥害或药害，氮、磷、钾等营养元素缺乏引起的缺素症，大气与土壤中有毒物质的污染与毒害，农事操作或耕作栽培措施不当所致的病害等。非侵染性病害由于没有病原生物的参与，因而不能在植株个体间互相传染。

二、侵染性病害

由病原生物侵染引起的植物病害称为侵染性病害（infection disease）或传染性病害。引起植物侵染性病害的病原物有真菌、细菌、病毒、病原线虫和寄生性植物等，因此，按其病原生物的类型又可分为真菌病害、细菌病害、病毒病害、线虫病害和寄生植物病害等。侵染性病害在植株间能够相互传染。

非侵染性病害和侵染性病害通常是相互联系、相互影响的，非侵染性病害常常诱发侵染性病害的发生。例如，冬小麦返青时遭受春冻后，引起麦苗陆续死亡，是非侵染性的冻害，由此又可诱发由根腐病菌引起的侵染性烂根；再如，由真菌引起的叶斑病，可造成果树早期落叶，削弱树势，降低寄主在越冬期间对低温的抵抗力，因而又使发病果树易发生冻害。

第二章　植物病害的病原

植物病害的病原物有多种，与农作物病害有关和比较重要的病原物有真菌、细菌、病毒、线虫和寄生性种子植物等。

第一节　病原物的寄生性和致病性

一、寄生性

引致植物病害的病原物都是异养型生物（即寄生生物），自身不能制造营养物质，必须寄生在其他活的生物（即寄主）上，才能获得其赖以生存的营养物质。

寄生性（parasitism）是指寄生物从寄主体内取得营养物质而生存的能力。植物病害的病原物都是病原物，但是寄生的程度不同。有的只能从活的寄主细胞和组织中获得营养物质，其营养方式为活体营养型，营这种生活方式的生物称为活体寄生物或专性寄生物，如真菌中的锈菌、白粉菌、霜霉菌及病毒、线虫、寄生性种子植物等；有的则先杀死寄主植物的细胞和组织，然后从死亡细胞和组织中吸收养分，其营养方式为死体营养型，营这种生活方式的生物称为死体营养生物或非专性寄生物，绝大多数病原真菌和细菌都属于此类，如立枯丝核菌、齐整小核菌和胡萝卜欧氏菌等；只能从死的有机体上获得营养的生物称为腐生物。

二、致病性

致病性（pathogenicity）是病原物所具有的破坏寄主并引起病害的特性。病原物对寄主植物的致病和破坏作用，一方面表现在对寄主体内养分和水分的大量消耗，另一方面还由于它们能分泌各种酶类、毒素、生长调节物质等，直接或间接地破坏寄主细胞和组织，使寄主植物发生病变。病原物的致病性和致病作用，通常是病原物较为固定的性状，但其致病力的强弱常表现有一定差异。

寄生性和致病性是病原物的两个重要属性。前者强调的是病原物从寄主体内获取养分的能力，后者是指病原物破坏寄主的能力，两者既有联系又有区别。总的来说，绝大多数病原物都是寄生物，但不是所有的寄生物都是病原物。如豆科植物的根瘤细菌和许多植物的菌根真菌都是寄生物，但不是病原物；许多荧光假单胞杆菌和草生欧氏菌可以在植物表面附生或在植物体内寄生，但对植物生理活动影响较小，一般不表现症状和明显的病变，这类寄生物虽具有寄生性，但没有或只有极微弱的致病性。此外，寄生性的强弱与致病性的强弱没有一定的相关性。例如，植物病毒都是活体营养生物，寄生性较强，但有些并不引起明显的病变或严重病害；而一些引起腐烂病的病原物虽然都是死体营养生物，有的寄生性较弱，但它们对寄主的破坏作用却很大，如大白菜软腐细菌。

第二节　植物病原真菌及其所致病害

真菌（fungus）是生物中的一个庞大类群，在自然界分布极广，种类很多，已描述的约 10 万个种，在淡水、海水、土壤以及地面的各种物体上都有真菌的存在。真菌是真核生物，无叶绿素，不能进行光合作用，是异养型生物，其营养体通常是丝状分枝的菌丝体，细胞壁的主要成分是几丁质或纤维素，典型的繁殖方式是产生各种类型的孢子。真菌大多数是腐生的，少数可寄生在植物、人和动物体上引起病害。在植物病害中约有 80% 以上是由真菌引起的。不同类群植物病原真菌的形态、生物学特性和生活史不同，因而所引起病害的发生规律和防治措施也不相同。

一、病原真菌的一般性状

（一）真菌的营养体

真菌营养生长阶段所形成的结构称为营养体。真菌典型的营养体是细小的具分枝的丝状体，单根丝状体称为菌丝，交织成团的称为菌丝体。菌丝通常呈圆管状，细胞壁无色透明，细胞内除细胞核和原生质外，还有内质网、核糖体、线粒体、类脂体、液泡和油滴等细胞器和内含物。原生质无色透明，所以菌丝多数是无色的。有些真菌的原生质内含有多种色素，致使菌丝体呈现不同颜色。各种真菌的菌丝粗细差异很大，多数直径在 5~6μm，其细胞壁主要成分除卵菌为纤维素外，大多是几丁质。低等真菌的菌丝一般没有膈膜，内含许多细胞核，称为无隔菌丝；高等真菌的菌丝有膈膜，将菌丝分隔成多个细胞，称为有隔菌丝（图 3-2-1）。菌丝一般由孢子萌发产生的芽管发展而成，它以顶端部分生长和延伸。但菌丝的每一部分都有潜在的生长能力，每一断裂的小段菌丝均可继续生长。菌丝在生长过程中还可产生繁茂的分枝，形成交织的菌丝体。

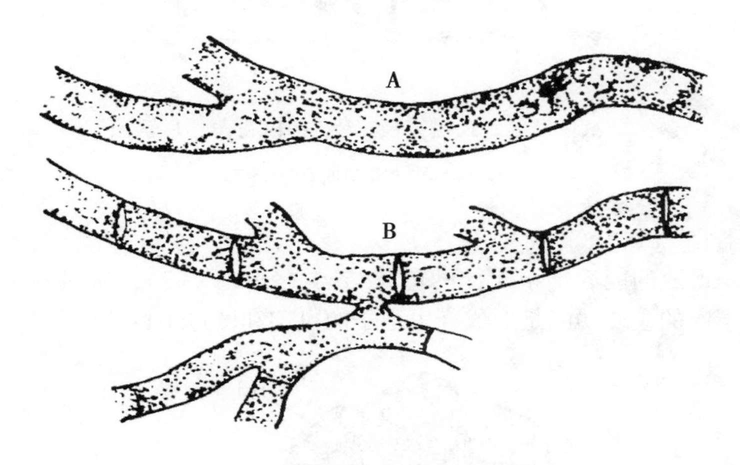

A.无隔菌丝；B.有隔菌丝

图 3-2-1　真菌营养体

菌丝体是真菌获得营养的结构，寄生真菌以菌丝体侵入寄主的细胞间或细胞内。生长在寄主细胞内的真菌，其菌丝的细胞壁与寄主细胞的原生质直接接触，营养物质和水分通过渗透作用和离子交换作用进入菌丝体内。生长在寄主细胞间的真菌，特别是专性寄生真菌，从菌丝体上形成吸收养分的特殊结构——吸器，伸入寄主细胞内吸收养分和水分。吸器的形状因真菌的种类不同而异，有掌状、丝状、囊状、指状和球状等（图 3-2-2）。

真菌的菌丝体一般是分散的，但有时也可密集形成菌组织。菌组织有两种类型：一种是由菌丝体组成比较疏松的疏丝组织；另一种是由菌丝体组成比较紧密的拟薄壁组织。有些真菌的菌组织，还可形成菌核（sclerotium）、子座（stroma）和菌索（rhizomorph）等特殊结构。

菌核是由菌丝紧密交织形成的一种休眠体，内层是疏丝组织，外层是拟薄壁组织。其形状、大小、菌丝交织的紧密程度在不同真菌中差异很大。初期为白色或浅色，成熟后呈褐色或黑色，表层细胞壁厚而色深，较坚硬。菌核具有贮藏养分和度过不良的环境的功能。当条件适宜时，菌核可萌

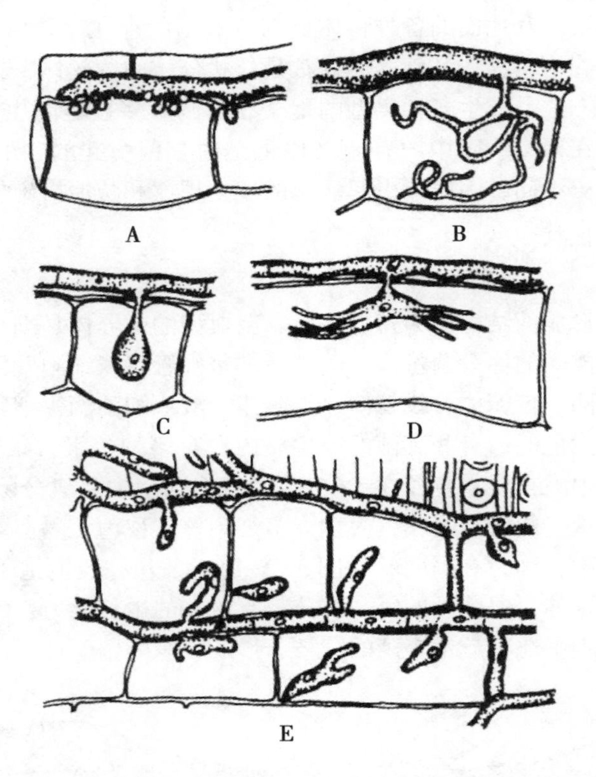

A.白锈菌；B.霜霉菌；C、D.白粉菌；E.锈菌

图 3-2-2　真菌吸器的类型

发产生菌丝或繁殖器官。

子座是由菌组织形成的能容纳子实体的垫状结构（图 3-2-3），有时其中还混有部分寄主组织，称为假子座。子座的主要功能是形成产生孢子的机构和度过不良环境。

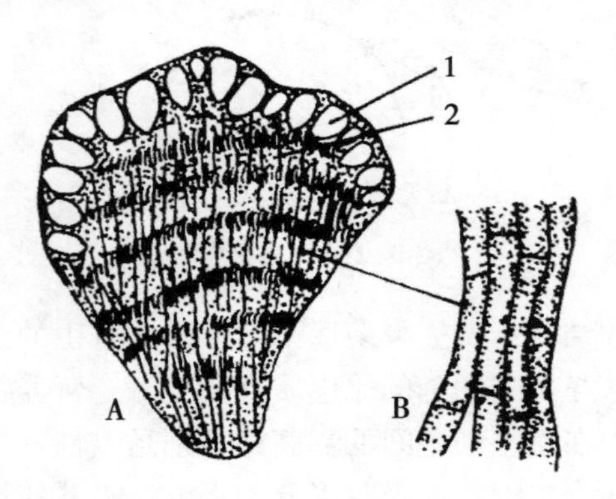

A.子座的切面：1.生殖体；2.子座组织；
B.内部的菌丝结构

图 3-2-3　子座及其结构

菌索是由菌丝体平行交织构成的长条形绳索状结构，外形与高等植物的根相似，又称为根状菌素（图 3-2-4）。菌素对不良环境有很强的抵抗力，而且还能沿寄主根部表面或地表延伸，起蔓延和侵入的作用。

有些真菌的菌丝体或孢子通过某些细胞膨大、原生质浓缩和细胞壁加厚而形成厚垣孢子

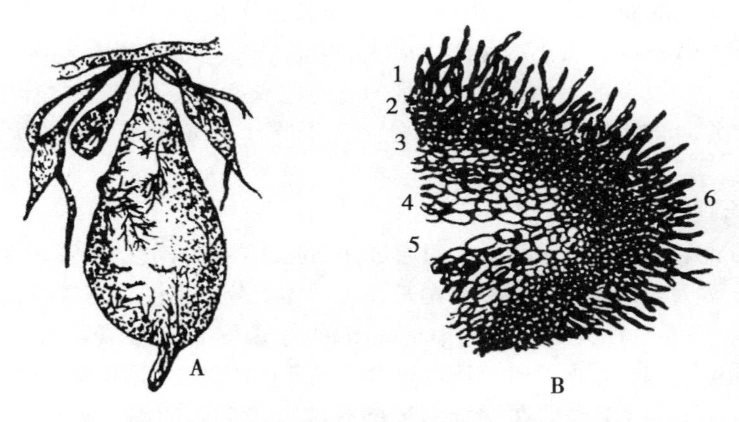

A.甘薯块上缠绕的菌索；B.菌索的结构：1.疏松的菌丝；
2.胶质的疏松菌丝；3.皮层；4.心层；5.中腔层；6.尖端的分生组织

图 3-2-4　真菌的菌索及其结构

(chlamydospore)，以抵抗不良环境，待环境条件适宜时再萌发成菌丝。

(二) 真菌的繁殖体

真菌在生长发育过程中，经过营养生长阶段后，即进入生殖阶段，形成各种繁殖体即子实体(fruiting body)。大多数真菌只以一部分营养体分化为繁殖体，其余营养体仍然进行营养生长，少数低等真菌则以整个营养体转变为繁殖体。真菌一般可通过无性繁殖和有性生殖两种繁殖形式，分别产生不同类型的无性孢子或有性孢子。

1. 无性繁殖及无性孢子类型

无性繁殖（asexual reproduction）是指不经过性细胞或性器官的结合过程而直接由菌丝分化形成孢子的繁殖方式。真菌的无性孢子常见的有游动孢子、孢囊孢子和分生孢子 3 种类型（图 3-2-5）。

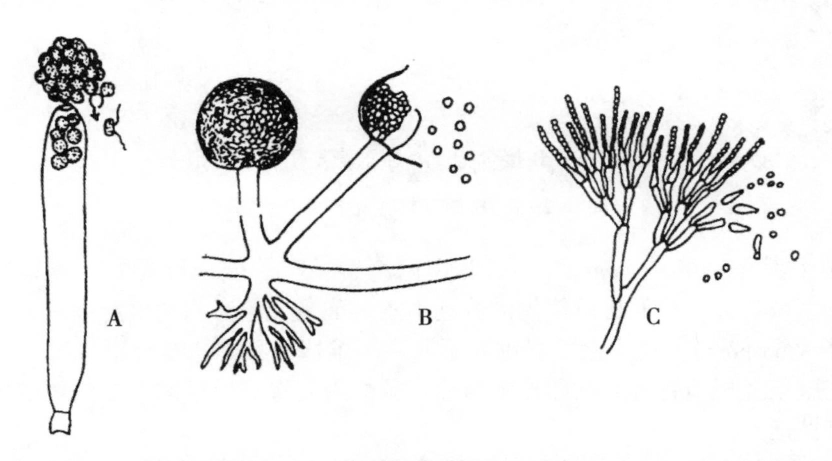

A.游孢子囊和游动孢子；B.孢子囊和孢囊孢子；C.分生孢子梗和分生孢子

图 3-2-5　真菌无性繁殖产生的孢子

(1) 游动孢子（zoospore）。是产生于游动孢子囊内的孢子。游动孢子囊由菌丝或孢囊梗顶端膨大而成。游动孢子无细胞壁，具 1~2 根鞭毛，成熟后从孢子囊内释放出来，能在水中游动。

(2) 孢囊孢子（sporangiospore）。是产生于孢子囊内的孢子。孢子囊由菌丝分化成孢囊梗的顶端膨大而成，成熟后孢子囊壁破裂释放孢囊孢子。孢囊孢子有细胞壁，无鞭毛。

（3）分生孢子（conidium）。产生于由菌丝分化而成的分生孢子梗上，成熟后从孢子梗上脱落。分生孢子的种类很多，其形状、大小、色泽、形成和着生方式等都有很大差异。不同真菌的分生孢子梗的分化程度也不一样，有散生的，也有丛生的。有些真菌的分生孢子梗着生在分生孢子果内，孢子果主要有两种类型：即近球形、具孔口的分生孢子器（pycnidium）和杯状或盘状的分生孢子盘（acervulus）。

2. 有性繁殖及有性孢子类型

有性繁殖（sexual reproduction）是指真菌通过性细胞或性器官的结合而产生孢子的繁殖方式，有性繁殖产生的孢子称为有性孢子。多数真菌是在菌丝体上分化出性器官进行交配，真菌的性细胞称为配子（gamete），性器官称为配子囊（gametangium）。真菌的有性繁殖可分为质配、核配和减数分裂3个阶段：质配，即经过两个性细胞的融合，两者的细胞质和细胞核（N）合并在同一细胞中，形成双核期（N+N）；核配，即在融合的细胞内两个单倍体的细胞核结合成一个双倍体的核（2N）；减数分裂，即双倍体的细胞核经过两次连续的分裂，形成4个单倍体的核（N），从而变成单倍体阶段。有性孢子对不良环境有较强的抵抗能力，往往1年只产生一次，数量也较少，是真菌度过不良环境的休眠体，也是各种植物病害每年初侵染的重要来源。常见的有性孢子有5种类型（图3-2-6）。

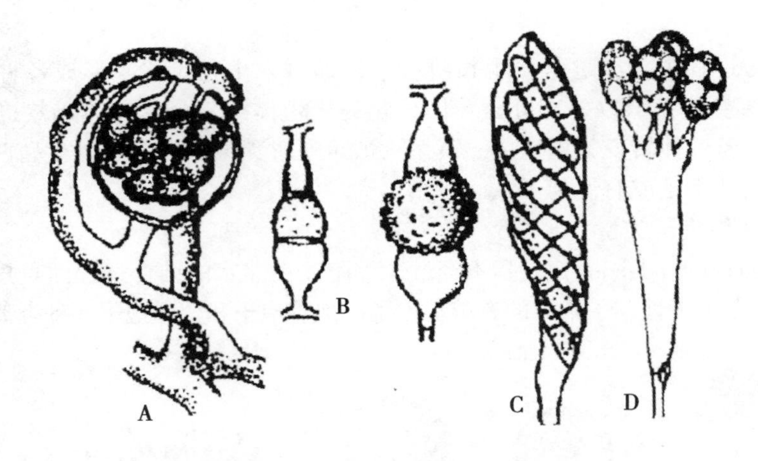

A.卵孢子；B.接合孢子；C.子囊孢子；D.担孢子

图3-2-6 真菌有性生殖产生的孢子

（1）休眠孢子囊（restmg sporangium）。是由两个游动配子配合形成的，壁厚，为双核体或二倍体，萌发时发生减数分裂释放出单倍体的游动孢子。如鞭毛菌亚门的根肿菌和壶菌的有性孢子。

（2）卵孢子（oospore）。是由两个异型配子囊——雄器和藏卵器结合形成的。两者接触后，雄器的细胞质和细胞核经授精管进入藏卵器，与卵球核配后发育成厚壁的、二倍体的卵孢子。如鞭毛菌亚门卵菌的有性孢子。

（3）接合孢子（zygospore）。是由两个同型但性别不同的配子囊结合，经过质配和核配后形成的二倍体的厚壁孢子。接合孢子是接合菌亚门真菌的有性孢子。

（4）子囊孢子（ascospore）。一般是由两个异型配子囊——雄器和产囊体相结合，经质配、核配和减数分裂后形成的单倍体孢子，是子囊菌亚门真菌的有性孢子。子囊孢子多数着生在无色透明、棒状或卵圆形的囊状结构的子囊（ascus）内。每个子囊内一般形成8个子囊孢子。子囊通常产生在有包被的子囊果内。子囊果一般有4种类型（图3-2-7）：球状而无孔口的闭囊壳；瓶状或球状且有真正壳壁和固定孔口的子囊壳；在子座中形成的、瓶状或球状、有或无孔口的子囊腔；呈盘状或杯状的子囊盘。

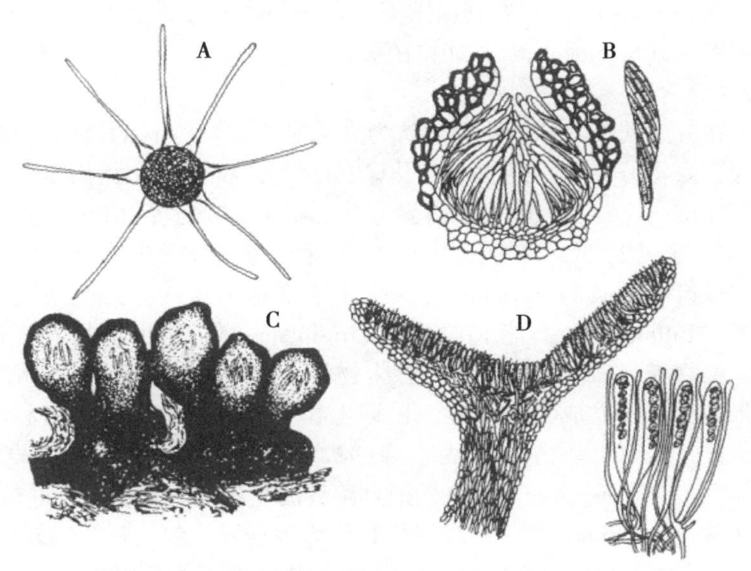

A.闭囊壳；B.子囊壳、子囊和子囊孢子；C.子囊盘；D.子囊腔

图 3-2-7　子囊果的类型

（5）担孢子（basidiospore）。是担子菌亚门真菌的有性孢子。由性别不同的两条菌丝相结合形成双核菌丝，双核菌丝的顶端细胞膨大成棒状的担子，在担子里的双核经过核配和减数分裂，最后在担子上产生外生的单倍体的担孢子（一般为 4 个）。

真菌的无性孢子和有性孢子的形状是多种多样的，有单细胞、双细胞和多细胞的，其颜色、形状、大小差异很大。孢子的形态特征是鉴定植物病原真菌和识别真菌病害的重要依据。

（三）真菌的生活史

真菌的生活史是指真菌从一种孢子萌发开始，经过一定的营养生长和繁殖阶段，最后又产生同一种孢子的过程。真菌的典型生活史包括无性和有性两个阶段。有性阶段产生的有性孢子萌发后形成菌丝体，菌丝体在适宜条件下进行无性繁殖产生无性孢子，无性孢子萌发形成新的菌丝体。菌丝体一般在植物生长或病菌侵染后期进入有性阶段，产生有性孢子，完成从有性孢子萌发开始到产生下一代有性孢子的过程。无性阶段往往在一个生长季节可以连续循环多次，产生大量的无性孢子，对病害的传播和流行起着重要作用。有性阶段一般只产生 1 次有性孢子，其作用除了繁衍后代外，主要是度过不良环境，并成为次年病害初侵染的来源。

从真菌生活史过程中细胞核的变化来看，一个完整的生活史由单倍体和二倍体两个阶段组成。两个单倍体细胞经质配、核配后，形成二倍体阶段，再经减数分裂进入单倍体阶段。有的真菌在质配后不立即进行核配，而是形成双核的单倍体细胞，这种双核细胞有的可以形成双核菌丝体并单独生活。根据单倍体、双倍体和双核阶段的有无及长短，可将真菌的生活史分为 5 种类型：无性型，只有无性阶段即单倍体时期，如半知菌；单倍体型，营养体和无性繁殖体为单倍体，有性繁殖过程中质配后立即进行核配和减数分裂，二倍体阶段很短，如壶菌、接合菌等；单倍体—双核型，有单核单倍体和双核单倍体菌丝，多数担子菌属此类型，有些子囊菌形成子囊前的产囊丝是单倍体而生活史中不能单独生活的是双核体；单倍体—二倍体型，生活史中单倍体和二倍体时期互相交替，这种现象在真菌中很少见，如异水霉等；二倍体型，单倍体仅存在于配子囊时期，整个生活史主要由二倍体阶段构成，如卵菌。

在真菌生活史中，有的真菌能产生几种不同类型的孢子，这种现象称为真菌的多型性（polymorphism），如典型的锈菌可以形成 5 种不同类型的孢子。有些真菌在一种寄主植物上就可完成生活史，称为单主寄生（autoecism）。有的真菌则需要在两种或两种以上不同的寄主植物上才能完成其生活史，称为转主寄生（heteroecism），如锈菌等。

（四）真菌的分类与命名

过去，人们将生物分为动物界和植物界，认为真菌是失去叶绿素的植物，将其放在植物界内。随着科学研究的深入，生物分界也不断发生变化。1969 年，Whittaker 提出了五界分类系统，将生物分为原核生物界（Procaryotae）、原生生物界（Protista）、植物界（Plantae）、真菌界（Fungi）和动物界（Animalia）。进入 20 世纪 80 年代后，电子显微镜、分子生物学的发展促进了生物分类系统的理论更新。1981 年，Cavaliaer-Smith 首次提出了细胞生物八界分类系统，将生物分为真菌界、动物界、胆藻界（Biliphyta）、绿色植物界（Viridiplantae）、眼虫动物界（Euglenozoa）、原生动物界（Protozoa）、藻物界（Chromista）和原核生物界（Monera）。无论是五界分类系统，还是八界分类系统，都主张将真菌独立成为一个界。根据生物八界分类系统，卵菌和丝壶菌被放入藻物界，而黏菌、根肿菌被放入原生动物界。因此，1992 年，Barr 建议把原来隶属于真菌而目前分属于三个界的生物，称为菌物（union of fungi），把真菌界的生物称为真菌（true fungi），把隶属于藻物界的卵菌称为假真菌（pseudofungi）。裘维蕃将其称为菌物界，包括真菌、假真菌和黏菌。

关于真菌的分类，学术界历来观点不一，许多学者提出了不同的分类系统，其中 Ainsworth（1973）的真菌分类系统被较多的人所接受。这个系统根据营养体的特征将真菌界分为两个门，即营养体为变形体或原质团的黏菌门（Myxomycota）和营养体主要是菌丝体的真菌门（Eumycota）。植物病原真菌几乎都属于真菌门。根据营养体、无性繁殖和有性生殖的特征，真菌门又分为 5 个亚门，即鞭毛菌亚门（Mastigomycotina）、接合菌亚门（Zygomycotina）、子囊菌亚门（Ascomycotina）、担子菌亚门（Basidiomycotina）和半知菌亚门（Deuteromycotina）。

鞭毛菌亚门的营养体是单细胞或没有膈膜的菌丝体，无性繁殖产生游动孢子，有性繁殖产生卵孢子或休眠孢子囊。

接合菌亚门的营养体是无隔菌丝体，无性繁殖产生孢囊孢子，有性繁殖形成接合孢子。

子囊菌亚门的营养体发达，多为有隔菌丝体，有性繁殖形成子囊孢子。

担子菌亚门的营养体为发达的有隔菌丝体，有性繁殖形成担孢子。

半知菌亚门的营养体是有隔菌丝体或单细胞，无有性繁殖阶段，但有可能进行准性生殖。无性繁殖产生各种类型的分生孢子。

有些病原真菌的种，没有明显的专化型，但可区分为许多生理小种。生理小种是一个群体，其中个体的遗传性并不完全相同。所以，生理小种是由一系列的生物型（biotype）组成的。生物型则是由遗传性一致的个体所组成的群体。

真菌的命名与高等动植物一样采用拉丁双名法。前一个名称是属名，后一个名称是种名。属名是名词，第一个字母要大写，种名常是形容词，第一个字母不大写。学名之后加定名人的名字（通常是姓，可以缩写），如果原学名不恰当而被更改，则将原定名人的名字放在学名后的括号内，在括号后再加上更改人的名字。如小麦散黑穗病病菌的拉丁学名为 *Ustilago tritici*（Pers.）Jens.。如果在种下还分变种或专化型时，应在种名后附加相应的变种或专化型的名称。如小麦条锈病菌可写作 *Puccinia strizforniis* West. f. sp. *tritici* El-iks.。生理小种多用编号来表示。

有些真菌有两个学名，如葡萄黑痘病菌有性阶段学名为 *Elsinoe ampelina*（de Bary）Shear，无性阶段学名为 *Sphaceloma ampelinum* de Bary。因为该菌的有性阶段很少发现，所以常用无性阶段的学名。

二、植物病原真菌的主要类群

（一）鞭毛菌亚门

鞭毛菌真菌大多数生于水中，少数具有两栖和陆生习性。它们有腐生的，也有寄生的，有些较高等的鞭毛菌是植物上的活体寄生菌。鞭毛菌的主要特征是营养体多为无隔的菌丝体，少数为原生质团或具细胞壁的单细胞，无性繁殖产生具鞭毛的游动孢子，有性生殖形成休眠孢子（囊）或卵孢子。与植物病害关系较密切的鞭毛菌主要有：

1. 根肿菌属（*Plasmodiophora*）

营养体是原生质团，休眠孢子散生在寄主细胞内，不联合成休眠孢子堆。休眠孢子囊萌发时产生前端具有两根鞭毛长短不一的游动孢子。为害植物根部，引起肿大。如为害十字花科植物的芸薹根肿菌（*P. brassicae*）。

2. 腐霉属（*Pythium*）和疫霉属（*Phytophthora*）

孢子囊在孢囊梗上形成，产生游动孢子。有性繁殖在藏卵器内形成 1 个卵孢子。两个属的主要区别是，前者孢囊梗丝状，成熟后一般不脱落，萌发时产生泡囊，原生质转入泡囊内形成游动孢子；后者孢囊梗分化由不显著至显著，孢子囊成熟后脱落，萌发时不形成泡囊，在孢子囊内产生游动孢子或直接萌发长出芽管（图 3-2-8）。腐霉菌多生于潮湿肥沃的土壤中，如引起多种植物幼苗根腐病、猝倒病及瓜果腐烂病的瓜果腐霉（*P. aphanidermatum*）等。疫霉菌的寄生性较强，多为两栖生或陆生。重要的病原菌有马铃薯晚疫病菌（*P. infestans*）、黄瓜疫病菌（*P. melonis*）、辣椒疫病菌（*P. capsici*）和芍药（牡丹）疫病菌（*P. cactorum*）等。

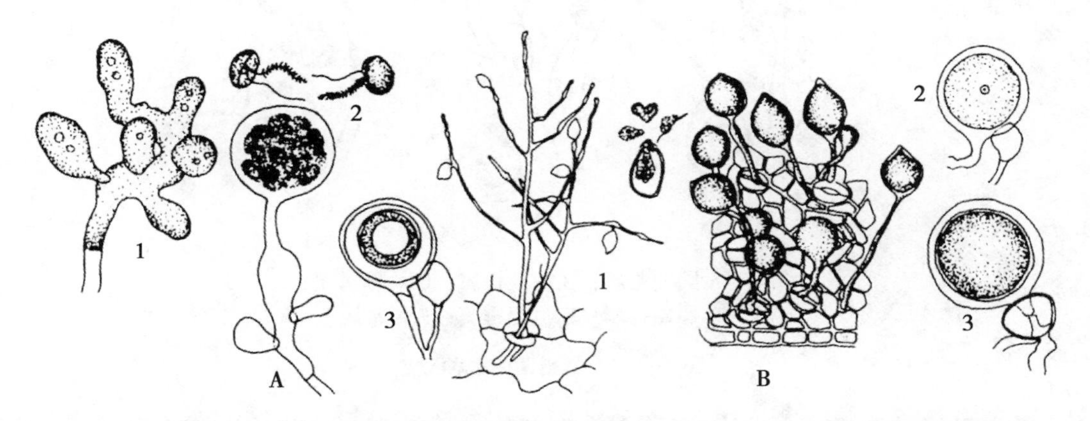

A.霉菌属：1.孢囊梗和孢子囊；2.孢子囊萌发形成泡囊；3.雄器、藏卵器和卵孢子
B.疫霉属：1.孢囊梗、孢子囊和游动孢子；2.雄器侧生；3.雄器包围在藏卵器基部

图 3-2-8　腐霉菌和疫霉菌

3. 霜霉菌类

霜霉菌是高等的鞭毛菌，寄生于植物的地上部幼嫩绿色组织叶、茎和果等。菌丝蔓延在寄主细胞间，以吸器伸入寄主细胞内吸收养分。孢囊梗有限生长，孢囊梗的分枝特点及其尖端的形态是分属的依据。孢子囊在孢囊梗上形成，孢子囊呈卵圆形，顶端有或无乳头状突起，萌发时产生游动孢子或直接产生芽管。有性繁殖在藏卵器内形成 1 个卵孢子（图 3-2-9）。霜霉菌主要包括霜霉属（*Peronospora*）、假霜霉属（*Pseudoperonospora*）、指梗霉属（*Sclerospora*）和单轴霉属（*Plasmopara*）等。引起的病害病征明显，因病部表面产生大量霜霉状物，即霜霉菌的孢囊梗和孢子囊，因此所致病害称为霜霉病。霜霉菌类引起的重要植物病害有十字花科植物霜霉病（*Peronospora parasitica*）、瓜类霜霉病（*Pseudoperonospora cubensis*）、谷子白发病（*Sclerospora graminicola*）和葡萄霜霉病（*Plasmopara viticola*）等。

（二）接合菌亚门

接合菌亚门真菌绝大多数为腐生菌，少数为弱寄生菌。多寄生于人体、动物、植物和其他真菌。营养体为无隔菌丝体，无性繁殖形成孢子囊，产生不能动的孢囊孢子，有性繁殖产生接合孢子。引起植物病害的主要是毛霉菌类的根霉菌。

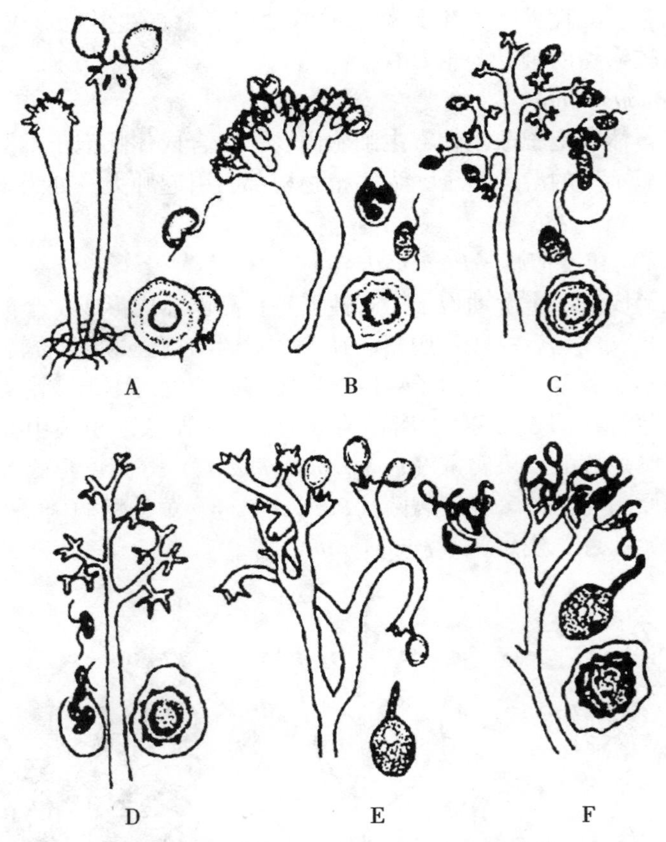

A.圆梗霉属；B.指梗霉属；C.单轴霉属；
D.假霜霉属；E.盘梗霉属；F.霜霉属

图 3-2-9　霜霉菌的各种形态

根霉属（*Rhizopus*）的菌丝发达，有分枝分布在基物上和基物内，有匍匐菌丝和假根。孢囊梗从匍匐丝上生出，与假根对生，顶端产生球形孢子囊，孢子囊内产生大量孢囊孢子。有性繁殖产生球形接合孢子，表面有瘤状突起（图 3-2-10）。主要在成熟期和贮藏期引起果、薯的软腐病和瓜类花腐病等。如桃软腐病（*R. stolonifer*）、南瓜软腐病（*R. nigricans*）和甘薯软腐病（*R. stolonifer*）等。

（三）子囊菌亚门

子囊菌亚门真菌属于高等真菌，它们的形态、生活习性和生活史差别很大，大多陆生，有的腐生在朽木、土壤、粪肥和动植物残体上，有的寄生在植物、人体和牲畜上引起病害。许多子囊菌的菌丝体可以形成子座和菌核等结构，其形态差别很大。子囊菌的营养体为有隔菌丝体，少数（如酵母菌）为单细胞。无性繁殖产生分生孢子。有性生殖产生子囊和子囊孢子。子囊大多产生在子囊果内，少数裸生。

1. 白粉菌类

白粉菌都是高等植物的活体寄生物，寄生于植物的叶片、嫩梢、花芽及果实等部位。病部表面由于寄主体外生的菌丝和分生孢子呈白色粉状，故引起的植物病害称为白粉病。菌丝表生，以吸器伸入表皮细胞中吸取养料。无性阶段由菌丝分化成直立的分生孢子梗，顶端串生分生孢子。子囊果为闭囊壳，内生 1 个或多个有规律排列的子囊，闭囊壳外部有不同形状的附属丝。闭囊壳内的子囊数目及外部附属丝的形态是分属的依据。白粉菌主要包括叉丝壳属（*Microsphaera*）、球针壳属（*Phyllactinia*）、白粉菌属（*Erysiphe*）、布氏白粉属（*Blumeria*）、钩丝壳属（*Uncinula*）、单丝壳属

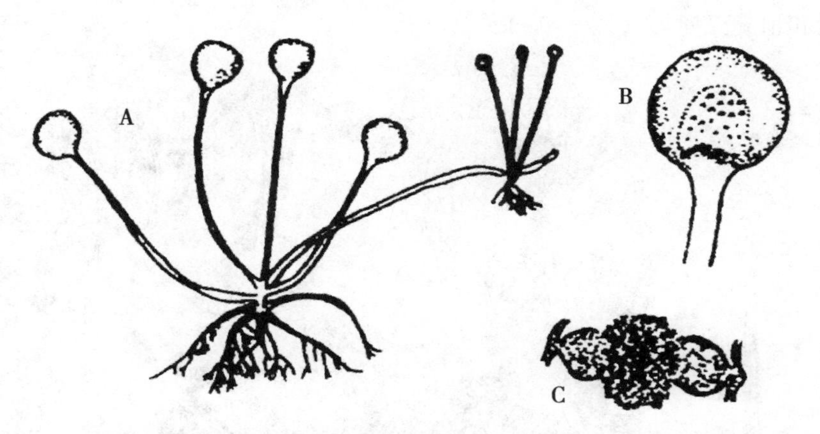

A.孢囊梗、孢子囊、假根和匍匐枝；B.放大的孢子囊；C.接合孢子

图 3-2-10　根霉属

（*Sphaerotheca*）和叉丝单囊壳属（*Podosphaera*）等（图 3-2-11）。引起的重要植物病害有禾谷类作物白粉病（*Blumeria graminis*）、瓜类白粉病（*Sphaerotheca fuliginea*）、苹果白粉病（*Podosphaera leucotricha*）、板栗白粉病（*Phyllactinia roboris*）、核桃白粉病（*Microsphaera yamadai*）和黄栌白粉病（*Uncinula verniciferae*）等。

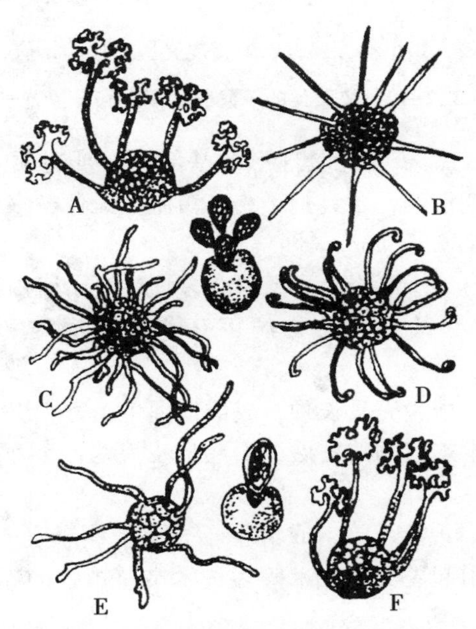

A.叉丝壳属;B.球针壳属;C.白粉菌属;D.钩丝壳属;E.单丝壳属;F.叉丝单囊壳属

图 3-2-11　白粉菌主要类型

2. 核菌类

该类真菌包括的种类较多，形态变化较大，其共同特征是子囊着生在具有孔口的子囊壳内，子囊壳散生或聚生，着生在基质表面，或半埋于寄主组织中，或埋生于子座内。子囊成束或成排地着生在子囊壳的基部。子囊内一般含有 8 个子囊孢子。子囊孢子单胞、双胞或多胞，有色或无色。子囊间大多有侧丝，也有很早就消解或没有侧丝的。无性阶段非常发达，产生大量的分生孢子，病害的发生流行主要靠无性孢子多次再侵染所致。引起植物病害的重要属有长喙壳属、小丛壳属、黑腐

皮壳属、赤霉属和顶囊壳属等（图 3-2-12）。

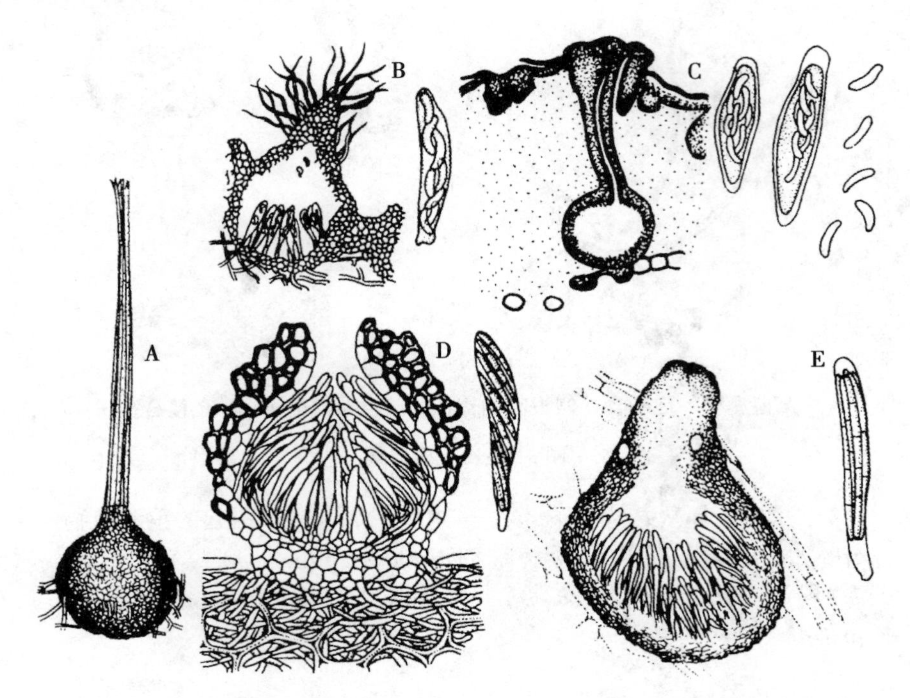

A.长喙壳属；B.小丛壳属；C.黑腐皮壳属；D.赤霉属；E.顶囊壳属

图 3-2-12　核菌类的子囊壳、子囊和子囊孢子

（1）长喙壳属（*Ceratocystis*）。子囊壳具球形的基部和细长的颈，子囊近球形或圆形，不规则地散生在子囊壳内。子囊壁早期消解，子囊孢子小、单胞、无色，多椭圆形、帽形和蚕豆形等。引起的重要病害有甘薯黑斑病（*C. fimbriata*）等。

（2）小丛壳属（*Glomerella*）。子囊壳小、壁薄，多埋生于子座内，无侧丝。子囊棍棒形，子囊孢子单胞、无色、椭圆形。引起的重要植物病害有苹果炭疽病（*G. cingulata*）和菜豆炭疽病（*G. lindemuthianum*）等。

（3）黑腐皮壳属（*Valsa*）。子囊壳具长颈，成群地埋生于寄主组织中的子座基部。子囊孢子单胞、无色、腊肠形。主要侵染木本植物的皮层，引起树皮腐烂。如苹果树腐烂病（*V. mali*）、梨树腐烂病（*V. ambiens*）等。

（4）赤霉属（*Gibberella*）。子囊壳单生或群生于子座上，子囊壳壁蓝色或紫色，子囊孢子有 2~3 个膈膜、梭形、无色。如引起麦类、玉米等多种禾本科植物的赤霉病（*G. zeae*）、水稻恶苗病（*G. fuzjikuroi*）等。

（5）顶囊壳属（*Gaeumannomyces*）。子囊壳壁厚、色深，埋生于寄主组织中或突出，单生或群生。子囊孢子线形，多分隔。多寄生于水稻、小麦、大麦等，引起禾谷类作物全蚀病。如小麦全蚀病（*G. graminis*）。

3. 腔菌类

该类真菌的子囊果为子囊座，即子囊着生在子座消解形成的腔中。子囊间无真正的侧丝，有的子囊间有子座消解形成的丝状残余物即拟侧丝。许多单个子囊散生在子座组织中，或成束地成排生在子座的子囊腔内。子囊具有双层壁。子囊孢子多为双细胞，或有纵横膈膜，仅有少数子囊孢子是单细胞的。子囊在子囊腔内的排列情况及有无拟侧丝，是分类的重要依据。腔菌的无性阶段形成各种形状的分生孢子，并主要以该阶段侵染植物引起病害。大都为害植物的叶片，有的也能为害枝条和果实。引起植物病害的重要属有黑星菌属、痂囊腔菌属、格孢腔菌属、葡萄座腔菌属等（图3-2-13）。

A.黑星菌属；B.格孢腔菌属

图 3-2-13　腔菌的子囊腔、子囊和子囊孢子

（1）黑星菌属（*Venturia*）。假囊壳大多在病残组织的表皮下形成，孔口周围有少数黑色、多隔的刚毛。子囊棍棒形，平行排列，其间有拟侧丝，易消解。子囊孢子椭圆形、双胞、大小不等，无色或淡黄褐色。主要为害果树和林木的叶片、枝条和果实。引起的植物病害常称为黑星病。如苹果黑星病（*V. inaequalis*）等。

（2）痂囊腔菌属（*Elsinoe*）。每个子囊腔中只有 1 个球形的子囊。子囊孢子大多长圆筒形、无色、有 3 个横隔。主要侵染寄主的表皮组织，引起细胞增生和组织木栓化，使病斑表面粗糙或突起，所引起的病害多称为疮痂病。如葡萄黑痘病（*E. ampelina*）等。

（3）格孢腔菌属（*Pleospora*）。子囊腔球形或瓶形，光滑无刚毛。子囊棍棒形至圆柱形，平行排列，其间有拟侧丝。子囊孢子卵圆形或长圆形、多细胞、砖格状、无色或淡黄褐色。主要为害番茄、大蒜、苹果等，造成果实腐烂、叶片枯死。如大蒜叶枯病（*P. herbarum*）等。

（4）葡萄座腔菌属（*Botryosphaeria*）。子囊座较大，呈葡萄状丛生在暗色、垫状的子座中。子囊长筒形，其间有拟侧丝。子囊孢子单胞、无色、椭圆形。主要侵染木本植物的枝干和果实，引起干腐和果实腐烂。如苹果干腐病（*B. berengeriana*）、苹果果实轮纹病（*B. berengeriana* f. sp. *piricola*，*B. berengeriana*）等。

4. 盘菌类

该类真菌的子囊果为子囊盘。子囊盘多呈盘状或杯状，有或无柄，内生子囊，许多排列整齐的子囊与不育的侧丝组成子实层（hymerium）。子囊盘的大小、色泽、结构及子囊孢子的形态差异很大。无性阶段不及子囊菌发达，多不产生分生孢子。多为腐生菌，少数寄生于植物引起病害。重要类群有核盘菌属和链核盘菌属等。

（1）核盘菌属（*Sclerotinia*）。菌丝体多在病株表面或腔隙内形成球形或鼠粪状的菌核。菌核萌发产生具长柄的褐色子囊盘。子囊与侧丝平行排列于子囊盘的开口处，形成子实层。子囊棍棒状，子囊孢子椭圆形或纺锤形、无色、单细胞。如十字花科蔬菜菌核病（*S. sclerotiorum*）等。

（2）链核盘菌属（*Monilinia*）。子囊盘盘形或漏斗形，由假菌核上产生。子囊圆筒形，子囊间有侧丝。子囊孢子单胞、无色、椭圆形。引起的重要植物病害有桃褐腐病（*M. fructicola*、*M. laxa*）、苹果和梨褐腐病（*M. fructigena*）、苹果花腐病（*M. mali*）等。

(四) 担子菌亚门

担子菌亚门真菌是最高等的真菌类群，种类较多，寄生或腐生，其中包括可供人类食用和药用的真菌，如平菇、香菇、木耳、银耳、竹荪、猴头、灵芝和茯苓等。担子菌的主要特点是菌丝发达，有膈膜。营养体菌丝的细胞一般双核，故称双核菌丝体。双核菌丝体可以形成菌核、菌索和担子果（basidiocarp）等结构。除某些锈菌和黑粉菌外，大多数担子菌不形成无性孢子。有性生殖除锈菌外，通常不形成特化的性器官，而是由双核菌丝体的细胞直接产生担子和担孢子。高等担子菌的担子上着生 4 个小梗，每个小梗上着生 1 个担孢子。担子散生或聚生在担子果上（如蘑菇、木耳等)。引起植物病害的主要有黑粉菌类、锈菌类和层菌类。

1. 黑粉菌类

黑粉菌以双核菌丝在寄主的细胞间寄生，一般有吸器伸入寄主细胞内。典型特征是形成黑色粉状的冬孢子，并由冬孢子萌发形成先菌丝和担孢子。黑粉菌都是植物寄生菌，主要寄生于禾本科植物，多引起全株性侵染。在寄主的花期、苗期和生长期均可侵入，为害部位产生黑粉。黑粉菌类的分属主要根据冬孢子的形状、大小、有无不孕细胞、萌发的方式等。为害植物的重要属有黑粉菌属（*Ustilago*)、条黑粉菌属（*Urocystis*)、腥黑粉菌属（*Tilletia*）（图 3-2-14）等。引起的重要植物病害有小麦散黑穗病（*Ustilago nuda*)、腥黑穗病（*Tilletia caries*)、秆黑穗病（*Urocystis tritici*）和玉米黑粉病（*Ustilago maydis*）等。

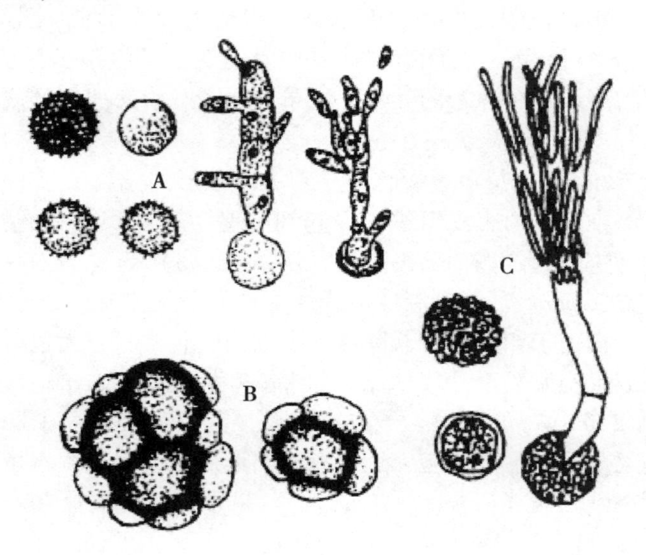

A.黑粉菌属；B.条黑粉菌属；C.腥黑粉菌属

图 3-2-14　黑粉菌的冬孢子及其萌发

2. 锈菌类

锈菌是活体寄生菌，菌丝在寄主细胞间隙中扩展，以吸器伸入寄主细胞内吸取养分。在锈菌的生活史中可产生多种类型的孢子，如性孢子（pycnospore)、锈孢子（aeciospore)、夏孢子（urediospore)、冬孢子（teli061）ore）和担孢子（basidiospore）等。锈菌主要以冬孢子越冬休眠；冬孢子萌发产生的担孢子，是病害的初侵染源；锈孢子和夏孢子是再侵染源。冬孢子在形态上变化很大，是锈菌分类的主要依据。有些锈菌有转主寄生现象。由锈菌引起的植物病害，多在病部可见铁锈状物（孢子堆)。锈菌侵染叶片时，一般产生黄色斑点；侵染枝梢时，可引起肿瘤症状。与植物病害有关的重要属有柄锈菌属、单胞锈菌属、多胞锈菌属、层锈菌属和胶锈菌属等（图 3-2-15)。

（1）柄锈菌属（*Puccinia*)。冬孢子有柄、双细胞、深褐色、单主或转主寄生，性孢子器球形，

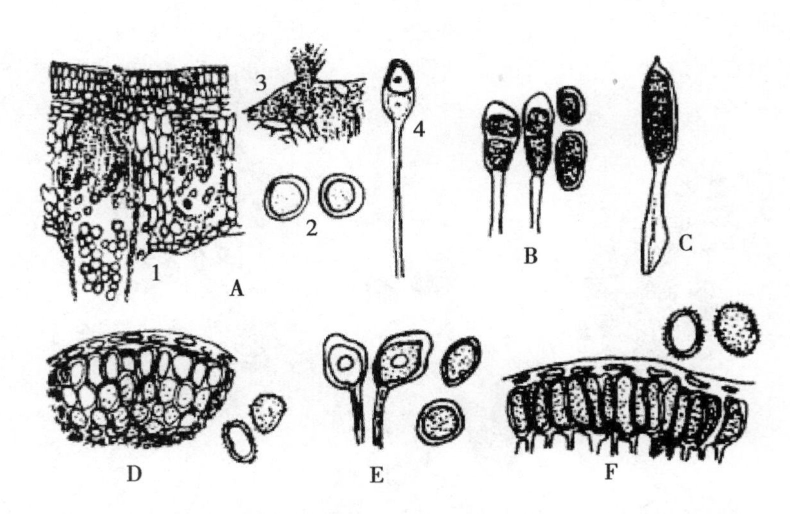

A.胶锈菌属：1.锈孢子器；2.锈孢子；3.性孢子器；4.冬孢子；B.柄锈菌属；
C.多胞锈菌属；D.层锈菌属；E.单胞锈菌属；F.栅锈菌属

图 3-2-15　锈菌的冬孢子

锈孢子器杯状或筒状，锈孢子单细胞、球形或椭圆形，夏孢子黄褐色、单细胞、近球形，壁上有小刺、单生、有柄。引起的重要病害有小麦条锈病（*P. striiformis* f. sp. *tritici*）、叶锈病（*P. recon dite* f. sp. *tritici*）、秆锈病（*P. graminis*）和葱类锈病（*P. allii*）等。

（2）单胞锈菌属（*Uromyces*）。冬孢子单细胞、有柄、顶端较厚，夏孢子单细胞、有刺或瘤状突起。引起的主要植物病害有菜豆锈病（*U. appendiculatas*）、豇豆锈病（*U. vignae*）和蚕豆锈病（*U. fabae*）等。

（3）层锈菌属（*Phakopsora*）。冬孢子无柄、椭圆形、单细胞，在寄主表皮下排列成数层，夏孢子表面有刺。引起的重要病害有枣树锈病（*P. ziziphi-vulgaris*）、葡萄锈病（*P. ampelopsides*）等。

（4）多胞锈菌属（*Phragmidium*）。冬孢子 3 至多个细胞，壁厚，表面光滑或有瘤状突起。引起的主要病害有玫瑰锈病（*P. mueronatum*）、月季锈病（*P. rosae-multiflorae*）等。

（5）胶锈菌属（*Gymnosporangiunm*）。冬孢子双细胞、具长柄、柄无色、遇水膨胀易胶化；冬孢子堆舌状或垫状，遇水常胶化膨大，近黄色至深褐色；锈孢子器长管状，锈孢子串生、近球形、黄褐色，壁表面有小的疣状突起。引起的重要植物病害有苹果锈病（*G. yamadai*）、梨锈病（*G. haeaeanum*）等。

3. 层菌类

层菌一般有发达的担子果，大多腐生，少数为植物病原菌。担子在担子果上整齐地排列成子实层，担子有隔或无隔，一般外生 4 个担孢子。层菌通常只产生有性孢子即担孢子，很少产生无性孢子。病害主要通过土壤中的菌核、菌丝或菌索进行传播和蔓延。层菌一般都是弱寄生菌，经伤口侵入植株根部或枝干的维管束，主要破坏木质部，引起根腐或木腐。常见的重要病害有苹果紫纹羽病（*Helicobasidium mompa*）、苹果银叶病（*Chonclrostetraum pur - pureum*）、桃木腐病（*Fomes julvus*）等。

（五）半知菌亚门

自然界中有许多真菌只有无性阶段或有性阶段尚未发现，因而人们把这类真菌归为半知菌亚门。但事实上有些子囊菌和少数担子菌的无性阶段也都归入了半知菌。一般半知菌与子囊菌的关系较为密切。半知菌的主要特征是营养体为分枝繁茂的有隔菌丝体，有些种类的菌丝体可形成子座或菌核，无性繁殖产生各种类型的分生孢子。无性繁殖方式是从菌丝体上形成分化程度不同的分生孢子梗，梗上产生分生孢子。有的分生孢子梗散生、束生或着生在分生孢子座（sporodochium）上，有的分生孢子梗着生在近球形、具孔口的分生孢子器（pycnidium）内或盘状的分生孢子盘（acervulus）上（图3-2-16）。

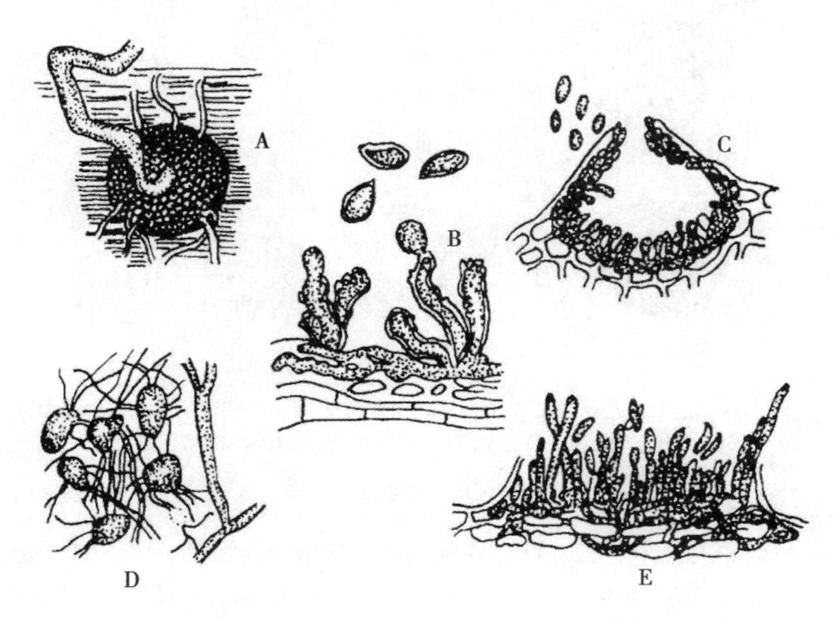

A.分生孢子器外形；B.分生孢子梗；C.分生孢子器剖面；
D.分生孢子盘；E.菌丝及菌核

图3-2-16　半知菌类的子实体及菌核

半知菌的种类繁多，分布广泛，有些是腐生菌，有些是重要的工业真菌和医药真菌，有的寄生于动、植物而引起多种疾病。植物发病后多表现为局部性坏死，常见的症状有种实霉烂、叶斑、炭疽和疮痂、枝干溃疡、根部腐烂及植株萎蔫等。分类主要依据分生孢子梗着生的方式、分生孢子的生成方式和分生孢子的形态特征等。

1. 丛梗孢菌类

分生孢子着生在松散的分生孢子梗上，也可着生在孢梗束或分生孢子座上。分生孢子有色或无色，单胞或多胞。引起植物病害的重要类群有轮枝孢属、葡萄孢属、梨孢属、尾孢属、链格孢属、内脐蠕孢属、平脐蠕孢属和突脐蠕孢属等（图3-2-17）。

（1）轮枝孢属（*Verticilium*）。分生孢子梗直立、纤细、有分枝，部分分枝呈轮枝状。分生孢子卵圆形至椭圆形、无色、单胞、单生或丛生。引起的植物病害有棉花黄萎病（*V. albo-atrum*, *V. dahliae*）、茄子黄萎病（*V. dahliae*）等。

（2）葡萄孢属（*Botrytis*）。分生孢子梗细长、灰褐色、有分枝，分枝顶端常明显膨大呈球形，丛生聚集成葡萄穗状分生孢子。分生孢子卵圆形，单胞，无色或灰色。菌核不规则，黑色。引起的植物病害有番茄、辣椒、瓜类、菜豆、葡萄、桃、梨、秋海棠等植物的灰霉病（*B. cinerea*）等。

（3）梨孢属（*Pyricularia*）。分生孢子梗无色、细长、不分枝，呈屈膝状。分生孢子梨形至椭圆形，2个或3个细胞。引起的重要植物病害是稻瘟病（*P. oryzae*）。

（4）尾孢属（*Cercospora*）。分生孢子梗黑褐色，丛生于子座组织上，不分枝，直或弯曲，有时呈屈膝状，顶端着生分生孢子。分生孢子单生，无色或深色，线形或蠕虫形，直或微弯，多胞。引起的重要植物病害有花生褐斑病（*C. arachidicola*）、柿角斑病（*C. kaki*）和瓜类白斑病（*C. citrullina*）等。

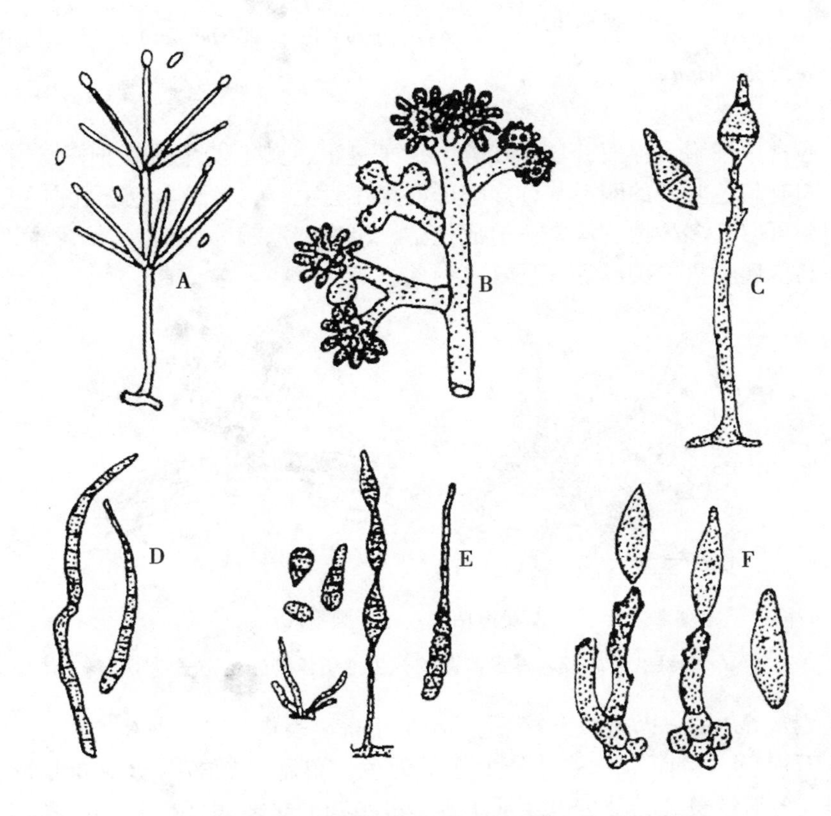

A.轮枝孢属；B.葡萄孢属；C.梨孢属；D.尾孢属；
E.链格孢属；F.黑星孢属

图 3-2-17　从梗孢菌的分生孢子梗和分生孢子

（5）链格孢属（*Alternaria*）。分生孢子梗淡褐色至褐色、不分枝，弯曲或成屈膝状。分生孢子单生或串生，褐色，卵圆形或倒棍棒形，有纵横膈膜，顶端常具喙状细胞。引起的重要植物病害有苹果斑点落叶病（*A. alternata* f. sp. *mali*）、梨黑斑病（*A. kikuchiana*）、白菜黑斑病（*A. brassicae*）和番茄早疫病（*A. solani*）等。

（6）内脐蠕孢属（*Drechslera*）。分生孢子梗圆柱状，顶部合轴式延伸。分生孢子芽殖型、圆筒状、多细胞、深褐色、脐点腔孔状，凹陷于基细胞内。分生孢子的第 1 个膈膜分隔出基细胞。引起的植物病害有大麦条斑病（*D. graminea*）和大麦网斑病（*D. teres*）等。

（7）平脐蠕孢属（*Bipolaris*）。分生孢子梗形态和产胞方式与内脐蠕孢属相似。分生孢膜出现在孢子的中部至亚中部。引起的植物病害有玉米小斑病（*B. maydis*）、水稻胡麻叶斑病（*B. oryzae*）等。

（8）突脐蠕孢属（*Exserohilum*）。分生孢子梗形态与产胞方式与内脐蠕孢属相似。分生孢子梭形至圆筒形或倒棍棒形，直或弯曲，深褐色，脐点显著突出。分生孢子的第 1 个膈膜出现在孢子的亚中部。引起的重要植物病害为玉米大斑病（*E. turcicum*）。

2. 瘤座孢菌类

分生孢子梗着生在垫状的菌丝结构（即分生孢子座）上。分生孢子梗短，分生孢子座的颜色、质地因菌类不同而异。引起病害的重要属为镰孢霉属。

镰孢霉属（*Fusarium*）的分生孢子梗聚集成垫状的分生孢子座，分生孢子梗形状大小不一。大型分生孢子多胞、无色、镰刀形。小型分生孢子单胞、无色、椭圆形。引起的主要植物病害有棉花枯萎病（*F. oxysporium* f. sp. *vasinfectum*）、小麦赤霉病（*F. graminearum*）、西瓜枯萎病

(*F. oxysporium* f. sp. *niveum*)、番茄枯萎病(*F. oxysporium* f. sp. *lycopersici*)、香石竹和大丽菊枯萎病(*F. sambucinum var. coeruleum*)等。

3. 黑盘孢菌类

分生孢子梗通常单细胞，很短，集生在分生孢子盘上，其上着生分生孢子。有的分生孢子盘，在分生孢子梗中间有暗色坚硬的刚毛。许多孢子群集在盘上时，常呈白色、乳白色、粉红色、橙色或黑色。黑盘孢菌可引起多种植物病害，造成枝枯、炭疽和疮痂等症状。与植物病害关系密切的属有炭疽菌属、痂圆孢属、盘二孢属等（图 3-2-18）。

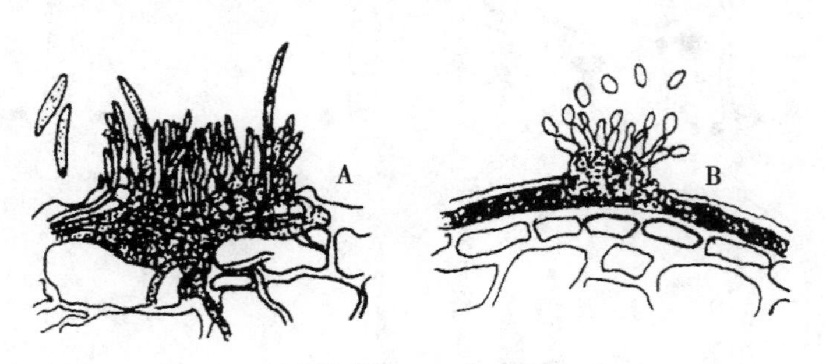

A.炭疽菌属；B.痂圆孢属

图 3-2-18 黑盘孢菌的分生孢子盘和分生孢子

(1) 炭疽菌属(*Colletotrichum*)。分生孢子盘生于寄主表皮下，有时生有褐色、具分隔的刚毛。分生孢子梗无色至褐色，短而不分枝，分生孢子无色、单胞，长椭圆形或新月形。可引起苹果、梨、棉花、葡萄、冬瓜、黄瓜、辣椒以及茄子等多种植物的炭疽病(*C. gloeosporioides*)。

(2) 痂圆孢属(*Sphaceloma*)。分生孢子梗短、不分枝，紧密排列在分生孢子盘上。分生孢子较小，单胞、无色，椭圆形。引起的重要植物病害有葡萄黑痘病(*S. ampelinum*)、大豆疮痂病(*S. glycines*)等。

(3) 盘二孢属(*Marssonina*)。分生孢子盘极小，生于寄主角质层下。分生孢子卵圆形或椭圆形，无色，双细胞大小不等，分隔处缢缩。引起的主要植物病害有苹果褐斑病(*M. coronaria*)、核桃褐斑病(*M. juglandis*)、杨树黑斑病(*M. populi*，*M. populicola*)等。

4. 球壳孢菌类

分生孢子梗着生在分生孢子器中，分生孢子器由拟薄壁细胞组成，形态多种多样，多数呈球形、瓶形，器壁颜色较深，质地较硬。分生孢子梗自孢子器内壁细胞上生出，通常极短、不分枝。多寄生于叶片上，也可侵染茎秆、枝条和果实，引起叶斑、溃疡和腐烂等症状。重要的病原类群叶点霉属、茎点霉属、大茎点霉属、拟茎点霉属、壳囊孢属和壳针孢属等（图 3-2-19）。

(1) 叶点霉属(*Phyllosticta*)。分生孢子器埋生，有孔口。分生孢子梗短，分生孢子小，单胞、无色，近卵圆形。主要寄生于植物的叶部，引起枯斑。如棉花褐斑病(*P. gossypina*)和辣椒灰星病(*P. physaleos*)等。

(2) 茎点霉属(*Phoma*)。分生孢子器埋生或半埋生。分生孢子梗短，不分枝。分生孢子小，卵形、无色、单胞。引起的重要植物病害有甘蓝黑胫病(*P. lingam*)、甜菜蛇眼病(*P. betae*)等。

(3) 大茎点霉属(*Macrophoma*)。形态与茎点霉属相似，但分生孢子较大，一般超过 15μm。引起的主要植物病害有苹果、梨轮纹病(*M. kawatsukai*)、葡萄房枯病(*M. faocida*)等。

(4) 拟茎点霉属(*Phomopsis*)。分生孢子有两种类型：一种为常见的孢子，卵圆形，单胞、无色，能萌发；另一种孢子线形，一端弯曲成钩状，单胞无色，不能萌发。引起的植物病害有茄褐纹病(*P. vexans*)、石刁柏茎枯病(*P. asparagi*)等。

(5) 壳囊孢属(*Cytospora*)。分生孢子器形状不规则，产生于子座内，分为数室，有 1 个共同

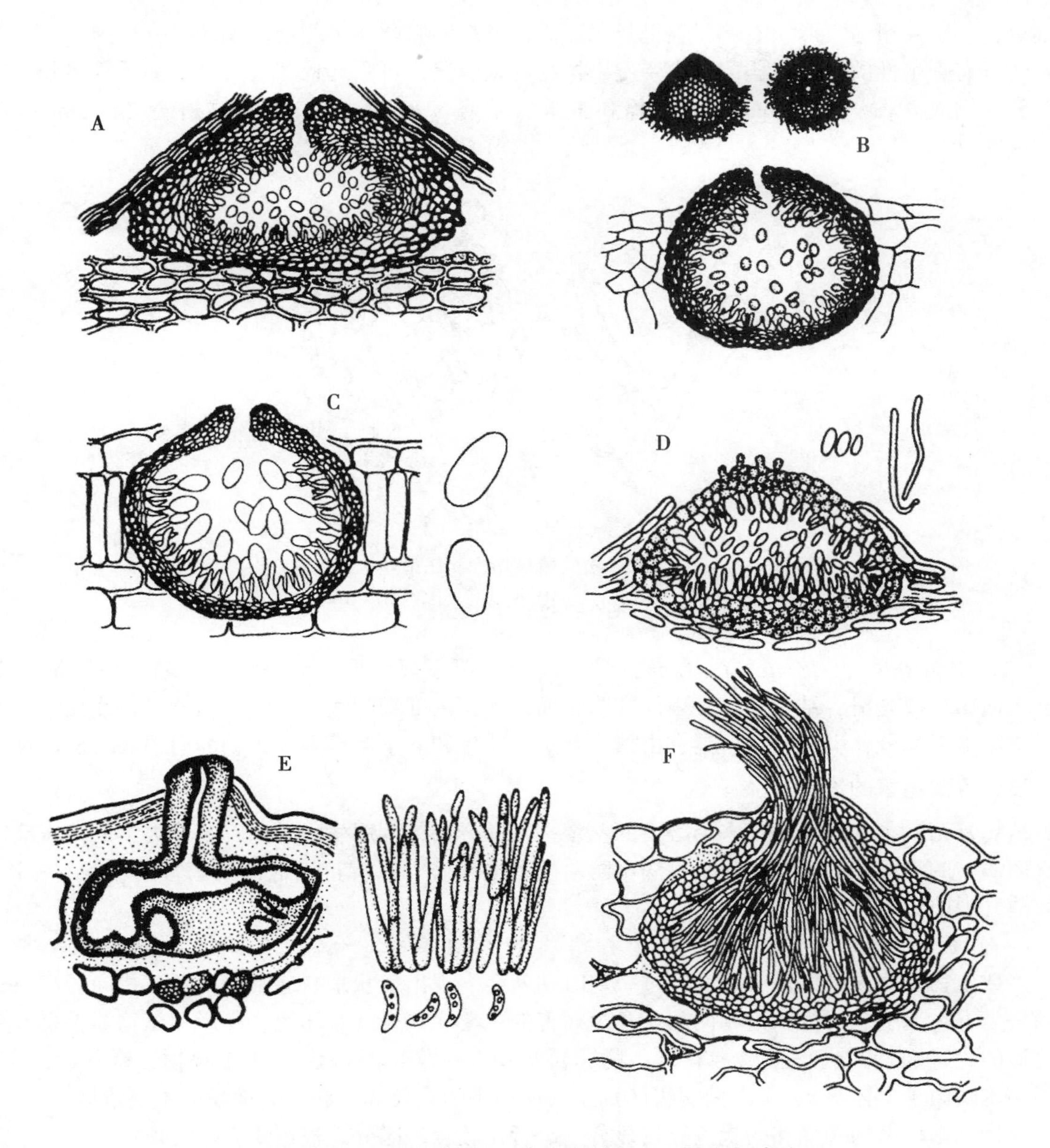

A.叶点霉属；B.茎点霉属；C.大茎点霉属；D.拟茎点霉属；
E.壳囊孢属；F.壳针孢属

图 3-2-19　球壳孢菌的分生孢子器和分生孢子

的长喙状孔口。分生孢子梗无色，分枝或不分枝。分生孢子单细胞，无色、腊肠形。主要为害树木，引起树皮腐烂。如苹果树腐烂病（*C.* sp.）、杨烂皮病（*C. chrysosperma*）等。

（6）壳针孢属（*Septoia*）。分生孢子器黑色，圆形或扁圆形。分生孢子梗短，不分枝。分生孢子细长筒形、针形或线形，直或弯曲，一端较细，有数个分隔，无色。引起的主要病害有芹菜斑枯病（*S. apii*）、小麦叶枯病（*S. tritici*）等。

5. 无孢菌类

菌丝体发达，但不产生分生孢子。有的能形成厚垣孢子，有的只能形成菌核。常引起植物的根和茎基腐烂。与植物病害关系密切的有丝核菌属、小核菌属等。

（1）丝核菌属（*Rhizoctoni*）。菌丝褐色，多为近直角分枝，分枝处有缢缩。菌核结构疏松，褐色或黑色，表面粗糙，形状不一，表里颜色相同，菌核间有丝状体相连。不产生分生孢子。是一类重要的具有寄生性的土壤习居菌，主要侵染植物的根、茎，可引起棉花、大豆、茄子等多种作物和蔬菜的猝倒或立枯病（*R. solani*）、水稻和玉米纹枯病（*R. solani*）、小麦纹枯病（*R. cerealis*）等（图 3-2-20）。

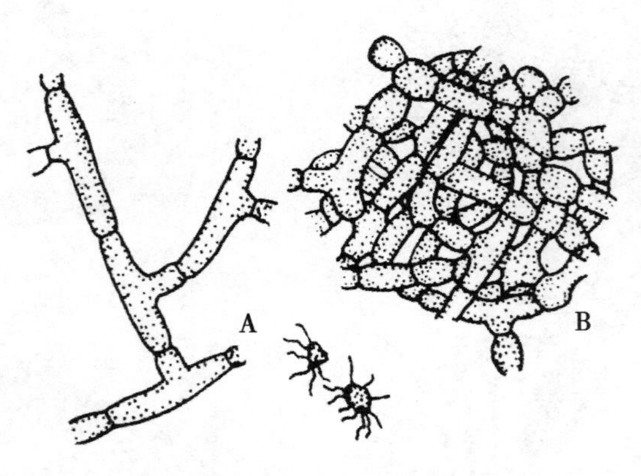

A.疏松的菌核切面；B.菌丝

图 3-2-20　丝核菌属

（2）小核菌属（*Sclerotium*）。菌核圆形、椭圆形至不规则形，初呈白色，老熟后呈褐色至黑色。表面粗糙或光滑，结构紧密，表面细胞小而色深，内部细胞大而色浅。菌丝无色或浅色。主要侵染植物地下部分，引起苹果、梨、山楂、菜豆、花生和君子兰等多种植物的白绢病（*S. rolfsii*）。

三、真菌病害的诊断

植物真菌病害的诊断是指采用必要的鉴定技术和方法，运用病理学和真菌分类学的知识确定植物真菌病害的病原和病名。这是植物病害防治的首要环节。只有正确地诊断病害，才能对症治疗，有效地开展防治工作。

（一）症状诊断

多数植物受病原真菌侵染后，经过一定时期就会表现出症状来。通常情况下，相同的病原真菌在同一类寄主上引起的症状是相同的。真菌病害的主要症状表现有坏死、腐烂和萎蔫等，也有少数为畸形的，特别是在病斑上经常有霉状物、粉状物、粒状物等病症（如霜状物、锈状物、菌核、子座和木腐菌子实体等），是真菌病害区别于其他病害的重要标志和田间诊断的主要依据。

植物真菌病害的病症和病状差异较显著，二者比较容易区分。根据病害的表现症状，联系寄主植物、发病部位和发病条件等，就可进一步明确是哪一种病害。但是，有时由于受时间和条件的限制，有些病害的症状特点表现不够明显，难以确定，这时就需要进行连续的系统观察，或人工提供必要的条件（如保温、保湿等），使之充分表现后，再进行诊断。观察症状时要进行简明准确的描述、照相或绘图，有时还需要采集一定数量的标本，供保存和进一步鉴定之用。

有些病害的症状并不是固定不变的，同一病原物在不同的寄主上，或在同一寄主的不同发育阶段，或处在不同的环境条件下，都可能表现出不同的症状。如梨胶锈菌为害梨和海棠叶片时产生叶斑，而在为害松柏时可引起小枝膨肿并形成瘤状菌瘿；立枯丝核菌侵染木质化之前的针叶树幼苗时表现为猝倒，而侵染发生在幼苗木质化以后时则表现为立枯。因此，单纯根据症状做出诊断，有时并不完全可靠，在许多具体的病例中还需要进行系统的综合比较观察，进一步分析发病的原因，才能做出准确的鉴定。

（二）显微镜检查诊断

检查真菌病害时，标本的症状要典型，感病植物上没有产生子实体时，可以用保湿培养法促使其形成。子实体裸生在植物体表的病害，通常用解剖针直接从病组织上挑取病原物制片观察。而对许多子实体长在植物组织内的病害，通常还需采用徒手切片法或石蜡切片法制片检查，以观察其完整的形态特征，并根据病菌繁殖机构和孢子的形态、大小、颜色及着生情况等，查阅有关真菌分类文献，确定病原真菌的属名和种名。对新病害的病原真菌还必须进行致病性测定。

（三）病原物致病性的测定

进行植物病害诊断时，对于新发现病害，在鉴定其病原时，仅根据病部的镜检判断是不够的。为了排除腐生生物的混淆，还应进行致病性测定。测定病原物致病性的一般步骤为：从病组织上分离病原物并进行纯培养；用纯培养的病原物接种到相同的健康植物上，给予适宜发病条件，观察其是否引起与原来相同的病害；从接种后发病的植物上，能再分离出与用来接种的相同病原物。

第三节　植物病原原核生物及其所致病害

原核生物（prokaryotes）是一类含有原核结构的生物，一般是由细胞壁和细胞膜或只有细胞膜包围细胞质所组成的单细胞微生物。原核生物没有真正细胞核，只含有小的核蛋白体（70S），遗传物质（DNA）分散在细胞质中。原核生物主要包括细菌、放线菌、蓝细菌及无细胞壁仅有一层单位膜包围的菌原体等。

植物病原原核生物是仅次于真菌和病毒的第3大类病原生物。其中能引起植物病害的主要有两类，即细菌（bacteria）和菌原体（mycoplasma）或类菌原体（mycoplasma-like orgamism，MLO）。植物病原原核生物侵染植物可引起许多重要病害，如茄科植物青枯病、十字花科植物软腐病、果树根癌病、水稻白叶枯病和枣疯病等。

一、植物病原原核生物的一般性状

细菌的形态有杆状、球形、椭圆形、螺旋形、弧形或丝状等，但植物病原细菌大多为杆状和球形。杆状细菌菌体的大小为0.5~0.8μm，球状细菌为0.5~1.3μm，多为单生，也有双生或串生。绝大多数植物病原细菌具有细长的鞭毛（flagellum），着生在菌体一端的鞭毛称为极鞭，着生菌体四周的称为周鞭（图3-2-21）。鞭毛的有无、数目和着生位置是细菌分类的重要依据。细菌的细胞壁由肽聚糖、脂类和蛋白质组成，菌体细胞壁外有厚薄不等的黏质层，但一般不形成荚膜。细菌没有固定细胞核，其遗传物质集中在细胞质中央，形成近圆形的核质区。在有些细菌中，还有独立于核质之外呈环状结构的遗传因子，称为质粒（plasmid）。细胞质中有异染粒、中心体、气泡、液泡和核糖体等（图3-2-22）。

细菌的核糖体分散在细胞质中，与真菌和菌原体相似。一些芽孢杆菌在菌体内可以形成一种称为芽孢的内生孢子。芽孢的抗逆力强。一般植物病原细菌的致死温度在48~53℃之间，有些耐高温细菌的致死温度，最高也不超过70℃，而要杀死细菌的芽孢，一般需要120℃左右的高压蒸汽处理10~20min。染色反应是细菌很重要的性状，其中最重要的是革兰氏染色。植物病原细菌革兰氏染色反应大多为阴性，少数为阳性。

原核生物多以裂殖方式繁殖。杆状植物病原细菌是以二分裂的方式进行繁殖，分裂时菌体先稍微伸长，自菌体中部向内形成新的细胞壁，最后母细胞从中间分裂为两个细胞。细胞质和遗传物质DNA在细胞分裂时，先复制后平均分配在子细胞中。因此分裂后的子细胞仍能保持原有的性状。螺原体繁殖时是芽生长出分枝，断裂而成子细胞。

细菌的繁殖速度很快，大肠杆菌在适宜的条件下每20min就可以分裂1次。在其他条件适宜时，温度对细菌的生长繁殖影响很大，植物病原细菌生长适温为26~30℃。少数细菌在高温和低温下生长较好，如茄科青枯菌需35℃，马铃薯环腐病菌需20℃。细菌生长最适宜pH为6~7，在pH4.5以下难以生长。

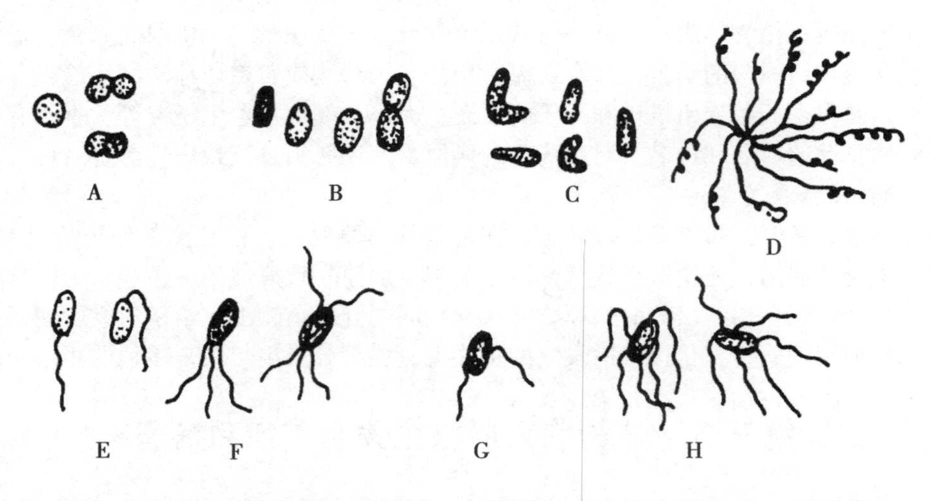

A.球菌；B.杆菌；C.棒杆菌；D.链丝菌；E.单鞭菌；F.多鞭毛极生；G.H.周生鞭毛

图 3-2-21 植物病原细菌的鞭毛

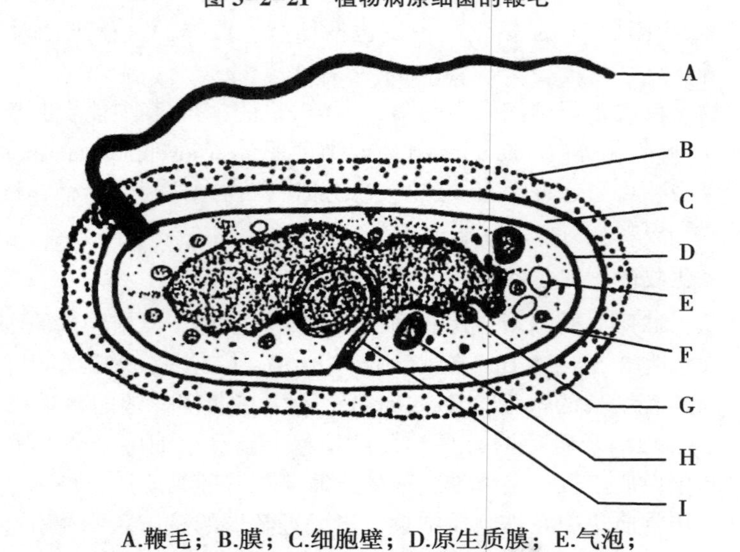

A.鞭毛；B.膜；C.细胞壁；D.原生质膜；E.气泡；
F.核糖体；G.核质；H.内含体；I.中心体

图 3-2-22 细菌内部结构示意图

大多数植物病原细菌为非专性寄生菌，对营养要求不严格，可在人工培养基上生长。在固体培养基上形成的菌落颜色多为白色、灰白色或黄色。大多数是好氧的，只有少数为兼性厌气的。但有一类寄生于植物维管束的细菌，在人工培养基上难以培养或不能培养，特称为维管束难养细菌。而植原体至今不能人工培养，螺原体在含有甾醇的培养基上才能生长，在固体培养基上形成“煎蛋形”菌落。

原核生物经常发生变异，这些变异包括形态变异、生理变异和致病性变异等。发生变异的原因目前还不完全清楚，但一般有两种不同性质的变异：一种是由细胞的突变引起的，但自然突变率很低，通常为十万分之一，但由于细菌的繁殖速度快、繁殖量大，也就增加了这种变异的可能性；另一种变异是两个性状不同的细菌菌体通过结合、转化和转导，一个细菌的遗传物质进入另一个细菌体内，使后者的 DNA 发生部分改变，在分裂繁殖时形成性状不同的后代。

二、植物病原原核生物的主要类群

由于原核生物的形态差异较小，许多生理生化性状亦较相似，加之对其遗传学性状了解尚少，所以关于原核生物界内各成员间的系统与亲缘关系不很明确，但有关属和种的性状特征已比较清楚。与植物病害有关的原核生物分属于薄壁菌门、厚壁菌门和软壁菌门。薄壁菌门和厚壁菌门的细菌有细胞壁，软壁菌门的类群也称为菌原体。

（一）薄壁菌门

薄壁菌门的细菌细胞壁薄，厚度为7~8μm，细胞壁中含肽聚糖量为8%~10%，革兰氏染色反应阴性。菌体有球形、杆状、丝状或螺旋形等。重要的植物病原类群有土壤杆菌属、黄单胞菌属、假单胞菌属、欧文氏菌属、布克氏菌属、木质部小菌属和韧皮部杆菌属等。

1. 土壤杆菌属（*Agrobacterrum*）

为土壤习居菌。菌体短杆状，大小为（0.6~1.0）μm×（1.5~3.0）μm，鞭毛1~6根，周生或侧生。好气性，代谢为呼吸型，无芽孢。营养琼脂上菌落为圆形、隆起、光滑，灰白色至白色，质地黏稠，不产生色素。氧化酶反应阴性，过氧化氢酶反应阳性。DNA中G+C含量为57%~63%。大多数植物病原菌都带有除染色体之外的遗传物质，即一种大分子的质粒，控制着细菌的致病性和抗药性等。如侵染寄主引起肿瘤症状的质粒称为“致瘤质粒”（即Ti质粒），引起寄主产生不定根症状的称为“致发根质粒”（即Ri质粒）。如果一个菌体在分裂过程中丢失了这种与致病性有关的质粒，其后代就会丧失致病性。相反，如果一个无致病力的菌体获得了这种能致病的质粒，其后代就会变成有致病性的菌系。土壤杆菌属的代表是根癌土壤杆菌（*A. tumefaciens*），又称冠瘿病菌，其寄主范围极广，可侵害90多科300多种双子叶植物，尤以蔷薇科植物为主，引起桃、苹果、葡萄和月季等的根癌病。

2. 黄单胞杆菌属（*Xanthomonas*）

菌体短杆状，大小为（0.4~0.6）μm×（1.0~2.9）μm，多单生，单鞭毛、极生。严格好气性，代谢为呼吸型。营养琼脂上的菌落圆形，隆起，米黄色，产生非水溶性黄色素。氧化酶阴性，过氧化氢酶阳性，DNA中G+C含量为63%~70%。黄单胞杆菌属的成员都是植物病原菌，可引起植物的叶斑、叶枯等症状，少数引起萎蔫症状。如引起甘蓝黑腐病的野油菜黄单胞菌（*X. campastris pv. campastris*）。

3. 假单胞杆菌属（*Pseudomonas*）

菌体短杆状或略弯，大小为（0.5~1.0）μm×（1.5~5.0）μm，单生，鞭毛1~4根或多根、极生。严格好气性，代谢为呼吸型，无芽孢。营养琼脂上的菌落圆形、隆起、灰白色，多数具有荧光反应，有的产生褐色素扩散到培养基中。氧化酶多为阴性，少数为阳性，过氧化氢酶阳性，DNA中G+C含量为58%~70%。该属中的重要病原菌是丁香疫病假单胞菌（*P. syringae*），其寄主范围很广，可侵害多种木本植物和草本植物的枝、叶、花和果，在不同寄主植物上引起各种叶斑、坏死及茎秆溃疡等。如侵害桑叶的桑疫病菌（*P. syringae* pv，*mori*）和黄瓜角斑病菌（*P. syringae* pv. *lachrymons*）。

4. 欧文氏杆菌属（*Erwinia*）

菌体短杆状，大小为（0.5~1.0）μm×（1~3）μm，绝大多数都有多根周生鞭毛。兼性好气性，代谢为呼吸型或发酵型，无芽孢。营养琼脂上菌落圆形、隆起、灰白色。氧化酶阴性，过氧化氢酶阳性。DNA中G+C含量为50%~58%。重要的植物病原菌有胡萝卜软腐欧文氏菌（*E. carotovora* subsp. *carotovora*），俗称白菜软腐病菌，寄主范围很广，可侵害十字花科、禾本科、茄科等多种果蔬和大田作物，引起肉汁或多汁组织的软腐，在厌氧条件下为害更重，如十字花科蔬菜软腐病。欧文氏菌侵害植物可引起腐烂、萎蔫、坏死、叶斑、溃疡、瘤肿等多种症状。

5. 布克氏杆菌属（*Burkholderia*）

基本特征与假单胞杆菌属相同。DNA中G+C含量为64%~68%。重要的植物病原菌是茄青枯布克氏菌（*B. solanacearum*），寄主范围广，可为害30个科100多种植物，尤其是在烟草、番茄、茄子等作物上发生严重，引起的典型症状是萎蔫。

6. 木质部小杆菌属（*Xylella*）

菌体短杆状，大小为（0.25~0.35）μm×（0.9~3.5）μm，单生，细胞壁波纹状，无鞭毛。好气性，氧化酶阴性，过氧化氢酶阳性。对营养要求严格，在一般细菌培养基上不能生长，实验条件下，可在含血清蛋白的谷氨酰胺蛋白胨培养基上生长。菌落有两种类型：一种为枕状凸起，半透明，边缘整齐；另一种为粗糙脐状凸起，边缘波纹状。DNA中G+C含量为49.5%~53.1%。目前已确认的病原菌是由叶蝉传播的难养木质部菌（*X. fastidiosa*），可引起葡萄皮尔氏病、苜蓿矮化病、桃伪果病等，侵染木质部后在导管中生存、蔓延，使全株叶片边缘焦枯、叶灼、早落、枯死，生长缓慢、植株萎蔫等，严重时导致全株死亡。

7. 韧皮部杆菌属（*Liberobacter*）

该属是一个新属，寄生在植物韧皮部内，至今尚未能人工培养。菌体多为圆形、椭圆形或短杆状，少数呈不规则形，大小为（50~100）nm×（170~600）nm，细胞壁波纹状。主要在韧皮部筛管中生长繁殖，引起柑橘黄龙病和柑橘青果病等。病害的主要症状是初期枝梢发黄，叶片呈黄绿相间的斑驳或花叶，叶脉黄白色，叶质硬化，秋季叶脉变成黄色网纹状，果实保持青绿色不成熟。

（二）厚壁菌门

薄壁菌门的细胞壁厚，厚度20~80nm，细胞壁中肽聚糖含量高，可达50%~80%，革兰氏染色反应阳性。重要植物病原类群有棒形杆菌属、链霉菌属、芽孢杆菌属等。

1. 棒形杆菌属（*Clavibacter*）

菌体短杆状至不规则杆状，大小为（0.4~0.75）μm×（0.8~2.5）μm，无鞭毛，不产生内生孢子。好气性，呼吸型代谢。营养琼脂上菌落呈圆形、光滑、凸起，不透明，多为灰白色。氧化酶阴性，过氧化氢酶阳性。DNA中G+C含量为67%~78%。如马铃薯环腐病菌（*C. michiganensis* subsp. *sepedonicum*），主要为害马铃薯的维管束组织，使维管束变褐，地上部萎蔫，发病严重时可引起维管束组织坏死，薯块沿环状的维管束内外分离，并有黄色菌脓溢出。

2. 链霉菌属（*Streptomyces*）

与放线菌关系密切，但放线菌属于厌气性的，而链霉菌则属于好气性的类群。营养琼脂上菌落圆形、紧密，多灰白色。菌体丝状，螺旋形纤细，无膈膜，直径0.4~1.0 μm，辐射状向外扩散。可形成基质内菌丝和气生菌丝，并产生不同颜色的色素。气生菌丝顶端可产生链球状或螺旋状分生孢子，孢子的形态、色泽等是分类的重要依据。DNA中G+C含量为69%~73%。链霉菌多为土壤习居菌，常产生抗菌素类次生代谢物质，对多种微生物有拮抗作用。少数链霉菌可侵害植物引起病害，如马铃薯疮痂病菌（*S. scabies*）侵染马铃薯块茎后在薯块表皮上形成瘤状疮痂。

3. 芽孢杆菌属（*Bacillus*）

菌体直杆状，大小为（0.5~7.5）μm×（1.2~10）μm，周生多根鞭毛，好气性或兼性厌气性。营养琼脂上菌落扁平，灰白色，有时淡红色或灰黑色，边缘波纹状或有缺刻，较黏稠。氧化酶阴性，过氧化氢酶阳性。DNA中G+C含量为32%~39%，少数可达69%。芽孢杆菌在许多腐烂或坏死的植物组织中均可分离到，能促进病组织的腐烂或坏死；少数也能侵染植物引起病害，如禾草巨大芽孢杆菌（*B. megaterium* pv. *cerealis*）在美国引起小麦白叶条斑病。许多芽孢杆菌能产生细菌素或毒素，对多种微生物有拮抗作用，可开发用于病害的生物防治。

（三）软壁菌门

软壁菌门又称柔壁菌门或无壁菌门。菌体无细胞壁，只有原生质膜包围在菌体四周，膜厚8~10nm，无肽聚糖成分。菌体大小为80~800nm，多为球形或椭圆形。对营养要求苛刻，对四环素类敏感。革兰氏染色阴性，DNA中G+C含量为23%~41%。引起植物病害的称为植物菌原体，主要包括植原体属和螺原体属。

1. 植原体属（*Phytoplasma*）

植原体属即原来的类菌原体。菌体的基本形态为圆球形或椭圆形，但在韧皮部筛管中或在穿过细胞壁上的胞间连丝时，可以成为变形体状，如丝状、杆状或哑铃状等。菌体大小为 80～1 000nm（图 3-2-23），目前还不能人工培养。植原体病害多由叶蝉传播。常见的植原体病害有桑萎缩病、泡桐丛枝病、枣疯病、水稻黄矮病和甘薯丛枝病等。

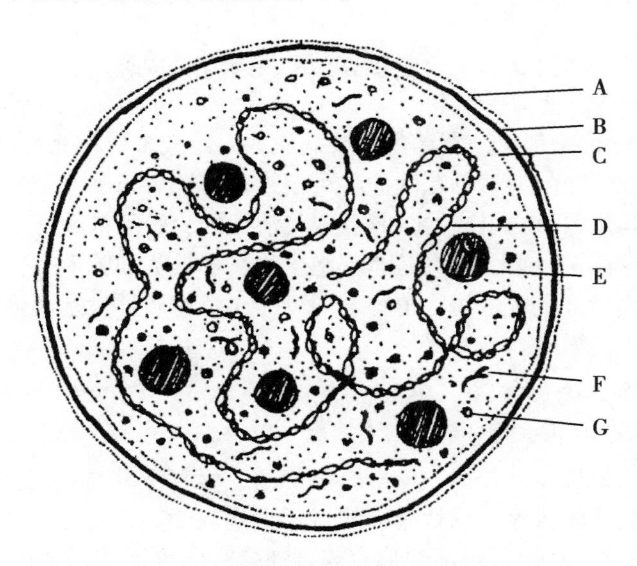

A～C.三层单位膜；D.核酸链；E.核糖体；
F.蛋白质；G.细胞质

图 3-2-23　植原体模式图

2. 螺原体属（*Spiroplasma*）

菌体的基本形态为螺旋形，繁殖时可产生分枝，分枝亦呈螺旋形。生长繁殖时需要提供甾醇，螺原体在固体培养基上的菌落很小，煎蛋状，直径 1mm 左右，常在主菌落周围形成更小的卫星菌落。菌体无鞭毛，但可在培养液中做旋转运动，属兼性厌氧菌。DNA 中 G+C 含量为 24%～31%。植物病原螺原体主要侵染双子叶植物，也由叶蝉传播。如柑橘僵化螺原体（*S. citri*）可侵染柑橘和豆科等 20 多科寄主，柑橘受害后表现为枝条直立，节间缩短，叶变小，丛枝或丛芽，树皮增厚，植株矮化，结果小而少、多畸形、易脱落。

三、植物病原原核生物病害的诊断

植物受原核生物侵害以后，在外表显示出许多特征性症状。细菌病害的症状类型主要有坏死、萎蔫、腐烂和畸形等，褪色或变色的较少，有的还有菌脓溢出。在田间，细菌病害还有如下特点：一是受害组织表面常为水渍状或油渍状；二是潮湿条件下，病部有黄褐或乳白色、胶黏、似水珠状的菌脓；三是腐烂型病害往往有恶臭味。

细菌一般通过伤口和自然孔口侵入寄主植物，侵入寄主后，先在寄主细胞间繁殖，然后在组织中进一步蔓延。菌原体可直接进入寄主细胞内繁殖，并通过胞间联丝侵入附近细胞，进入筛管组织后进一步扩散蔓延。在田间，病原细菌主要通过流水（包括雨水、灌溉水等）进行传播。当暴风雨能造成大量寄主伤口时，更有利于细菌的侵入和病害的传播。细菌病害的诊断除根据寄主表现的症状特点外，更可靠的方法是观察喷菌现象（bacteria exudation，BE）。因为由细菌侵染引起的植物病害，无论是维管束组织受害还是薄壁组织受害，病原细菌都大量存在于受病组织内，所以在显微镜下观察时，病组织内的大量细菌即会呈水雾状从病部喷出。喷菌现象既是植物细菌病害诊断的可靠方法，同时也是区别细菌病害与真菌病害和病毒病害的最简便手段之一。

植物菌原体病害的症状主要是引起寄主变色和畸形，包括病株黄化、矮化或矮缩、枝叶丛生、叶片变小和花变叶等。传播介体主要是叶蝉、飞虱、木虱和蚜虫等。植物菌原体和木质部细菌性病害，在症状表现上往往与某些病毒病害难以区别，目前诊断主要依据电子显微镜观察菌原体的形态、血清学反应以及四环素与青霉素对病害有无一定的治疗作用等。

第四节　植物病毒及其所致病害

植物病毒（plant virus）是仅次于真菌的重要病原物。绝大多数植物都受一种或几种病毒为害，而且一种病毒可侵染多种植物。如烟草花叶病毒可侵染 36 科、236 种植物。

病毒是一种由核酸和蛋白衣壳组成的、具有侵染活性的、必须依赖寄主细胞的核蛋白体及其他成分才能增殖的细胞内专性寄生物。病毒是非细胞生物，不具备细胞形态，结构简单，主要由核酸和蛋白质组成，因而又称为分子寄生物。植物病毒可引起植物病害，是活体专性寄生物，只有在适合的寄主细胞内才能完成其增殖。

一、植物病毒的一般性状

（一）植物病毒的形态及化学组成

植物病毒的基本形态为粒体（virion，virus particle），大部分病毒的粒体为球状、杆状和线状，少数为弹状、杆菌状或双联体状等。球状病毒的直径大多在 20~35nm，少数可以达 70~80nm。球状病毒是由很多（典型的有 20 个）正三角形有规则地排列组合而成的，因而又称为多面体病毒或二十面体病毒。杆状病毒多为（20~80）nm×（100~250）nm，两端平齐，少数两端钝圆，病毒粒体刚直，不易弯曲。线状病毒多为（11~13）nm×750nm，少数可达 2 000nm 以上，两端亦平齐，但粒体呈不同程度的弯曲（图 3-2-24）。

植物病毒的主要化学成分是核酸和蛋白质，核酸在内部，外部由蛋白质包被，称为外壳，合称为核蛋白或核衣壳。核酸是病毒的核心，组成了病毒的遗传信息组——基因组，决定着病毒的增殖、遗传、变异和致病性。植物病毒的核酸绝大多数是核糖核酸（RNA），少数是脱氧核糖核酸（DNA），并有单、双链两种结构。常见的引起重要植物病害的病毒都是正单链 RNA 病毒。正单链 RNA 病毒存在多分体现象，即病毒的基因组分布在不同的核酸链上，分别包装在不同的病毒粒体里。由于遗传信息被分开，所以单独一个病毒粒体不能引起侵染，而只有当一组中的几个粒体同时侵染时，才能全部表达遗传特性。这种分段的基因组称为多组分基因组，含多组分基因组的病毒称为多分体病毒。如常见的烟草花叶病毒属、马铃薯 X 病毒属和马铃薯 Y 病毒属的病毒为单分体病毒；烟草脆裂病毒属（Tobravirus）和蠕传病毒属（Nepovirus）的病毒为双分体病毒；黄瓜花叶病毒属的病毒为三分体病毒。在某些多分体病毒中还存在小分子量的 RNA，这种核酸与病毒 RNA 没有同源性，也不能单独侵染，必须依赖病毒的核酸才能侵染和增殖，特称为卫星 RNA（satellite RNA，sRNA），其依赖的病毒称为辅助病毒。卫星 RNA 和辅助病毒包被在同一衣壳内，并能抑制辅助病毒的复制，降低其浓度和改变其致病力。

植物病毒的蛋白可分为结构蛋白和非结构蛋白两种。结构蛋白是构成一个完整的病毒粒体所需要的蛋白，主要是衣壳蛋白（coat protein，CP）和囊膜蛋白。非结构蛋白是指病毒核酸编码的非结构必需的蛋白，包括病毒复制需要的酶，病毒传播、运动需要的功能蛋白等。

（二）植物病毒的生物学特性

植物病毒是专性寄生的分子寄生物，其主要生物学特性包括传播性、滤过性、增殖性、移动性及理化特性等。传播性是指病毒可以通过带病汁液与健叶摩擦，而引起健叶发病。滤过性是指病毒极其微小，可以通过阻止细菌滤过的微孔漏斗。增殖性是指病毒能在活的寄主植物体内增殖。移动性是指病毒能在细胞间作短距离移动和在维管束内作长距离移动。

物理化学特性主要表现在不同病毒对外界条件的稳定性不同，因而也是区别不同病毒的重要依据。植物病毒的理化特性包括稀释限点、钝化温度和体外存活期等。稀释限点（diluton end point，DEP）是指病毒能保持侵染力的最高稀释浓度（通常用 10^{-1}，10^{-2}，10^{-3}……表示），它反映了病毒的体外稳定性和侵染能力。钝化温度（thermal inactivation point，TIP）是指恒温处理 10min 后，使病毒丧失活性的最低温度。大多数植物病毒的钝化温度在 55～70℃。体外存活期（longevity in vitro，LIV）是指病毒汁液在离体条件下，保持侵染能力的时间。大多数病毒的体外存活期为数天至几个月。

（三）植物病毒的侵入、复制及传播

植物病毒的侵入一般都是被动的，只有通过由传播介体（如昆虫）或机械造成的微伤口才能侵入到寄主细胞内。因为病毒营活体专性寄生，所以这些微伤口必须是不至于引起寄主细胞死亡的伤口。

植物病毒的复制和增殖，一般需要经过脱衣壳、核酸复制和基因表达、病毒粒体的组装和移动等过程（图 3-2-24）。

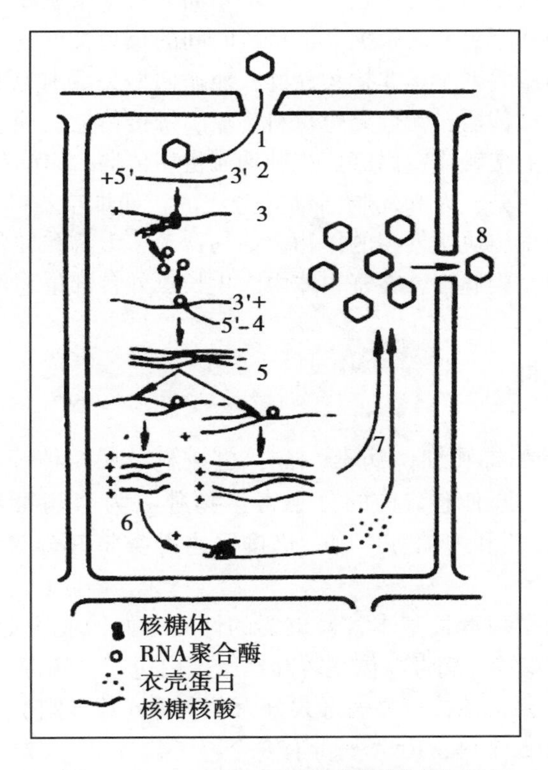

图 3-2-24　+ssRNA 植物病毒的复制过程

脱衣壳（uncoating）是指病毒侵入到寄主细胞后，病毒的核酸随后从其蛋白衣壳中释放出来。

核酸复制和基因表达，即脱壳后的病毒核酸直接作为 mRNA，利用寄主提供的核糖体、tRNA、氨基酸等物质和能量，翻译形成病毒专化的 RNA 依赖性 RNA 聚合酶，在聚合酶的作用下，以正链 RNA 为模板，复制出负链 RNA，再以负链 RNA 为模板复制出大量的子代（+）RNA（病毒 RNA 和一些亚基因组 RNA）（mRNA），亚基因组 RNA 再翻译出蛋白质（衣壳蛋白和运动蛋白等）。

病毒粒体的组装和移动，是指待寄主细胞内含有充足的衣壳蛋白亚基和新合成的病毒基因组后，病毒便自动组装成病毒粒体，子代病毒粒体可不断增殖，并通过胞间连丝在寄主体内进行局部移动。

植物病毒的传播是指病毒从某一植株转移或扩散到其他植株的过程。根据自然传播方式的不同，可把病毒的传播分为介体传播（vector transmission）和非介体传播（non-vector transmission）两类。植物病毒的近距离有效传播，主要靠活体接触摩擦引起，而远距离则依靠寄主繁殖材料和传毒介体的传带。

植物病毒的介体种类很多，主要有昆虫、螨类、线虫、真菌和菟丝子等。其中以昆虫最为重要。目前已知的昆虫介体有400多种，且绝大多数是刺吸式口器的昆虫，其中蚜虫、叶蝉和飞虱是最主要的介体。介体传毒过程可分为以下几个时期：①获毒（取食）期，即介体获得病毒所需的取食时间；②潜伏期，是指介体从获得病毒到能传播病毒的时间，在循回型相互关系中也称循回期；③接毒（取食）期，是指介体传毒所需的取食时间；④持毒期，即介体能保持传毒能力的时间。介体与所传病毒之间的关系比较复杂，主要根据病毒是否在虫体内循环和增殖以及介体持毒时间的长短来划分。病毒经口针、消化道，进入血液循环后到达唾液腺，再经口针传播的过程称为循回，这种病毒与介体的关系称为循回型关系，其中的病毒称为循回型病毒，介体称为循回型介体。在循回型相互关系中，又可根据病毒是否在介体内增殖而分为增殖型和非增殖型。病毒不在介体体内循环的相互关系称为非循回型关系。根据介体持毒时间的长短又可分为非持久性、半持久性和持久性3种相互关系。非循回型关系全是非持久性的，而循回型关系则为半持久性和持久性的。

非介体传播主要包括机械传播、无性繁殖材料传播、嫁接传播、种子和花粉传播等。机械传播也称为汁液摩擦传播，田间的接触或室内摩擦接种均属机械传播。田间传播主要是植株间接触、农事操作、农机具及修剪工具污染、人和动物活动等造成的，如烟草花叶病毒和马铃薯X病毒只有此种传播方式。以球茎、块根、块茎繁殖的作物，如马铃薯、大蒜和甘薯等可通过无性繁殖材料传播病毒。由于病毒病属系统侵染病害，在寄主体内除生长点外各部位均可带毒，所以嫁接也可以传播任何种类的病毒病。

二、植物病毒的主要类群

（一）植物病毒的分类

植物病毒的分类与动物病毒和细菌病毒一样，也按科、属、种等阶元进行分类。但近代病毒分类体系，趋向于将这类非细胞结构的分子寄生物独立为“病毒界”，下分为RNA病毒和DNA病毒两大类。但出于方便和习惯等原因，仍按寄主种类将其分为动物病毒、植物病毒和微生物病毒等。

植物病毒的分类主要依据病毒最基本、最重要的性质，如构成病毒基因组的核酸类型（DNA或RNA）、核酸是单链还是双链、病毒粒体是否存在脂蛋白包膜、病毒形态、核酸分段状况（即多分体现象）等。根据上述主要特性，植物病毒共分为9个科（或亚科），47个属，729个种或可能种。其中DNA病毒1个科，5个属；RNA病毒有8个科，42个属，624种，占病毒总数的85.6%。根据核酸的类型和链数；可将植物病毒分为5大类群：①双链DNA病毒，2属、31种；②单链DNA病毒，1科、3亚组、74种；③双链RNA病毒，2科、5属、41种；④负单链RNA病毒，2科、4属、25种；⑤正单链RNA病毒，5科、33属、558种（表3-2-1，图3-2-25）。

表3-2-1　植物病毒的科、属学名及典型种

核酸类型		属性	典型种	
dsDNA	Badnavirus	杆状DNA病毒属	Cammelia yellow mottle，C. YMoV	鸭跖草黄斑驳病毒
	Caulimovirus	花椰菜花叶病毒属	Cauliflower mosaic，CaMV	花椰菜花叶病毒

（续表）

核酸类型	属性		典型种	
ssDNA	Geminivirus	双联病毒属	Maize streak，MSV	玉米条斑病毒
			Beet curi top，BC. TV	甜菜曲顶病毒
			Bean golden mosaic，BGMV	菜豆金黄花叶病毒
	Nanavirus	矮缩病毒属	Banana bursh top，BaBTV	香蕉束顶病毒
dsRNA	CryPtovirus	潜隐病毒属	White clover latent，WCMV	白三叶草潜隐病毒
	Fijivirus	菲济病毒属	Sugarcane fiji，SFV	甘蔗菲济病毒
	Phytoreovirus	植物呼肠弧病毒属	Wound tumor，WTV	伤瘤病毒
	Oryzavirus	水稻病毒属	Rice ragged stunt，RRSV	水稻锯齿矮化病毒
- ssRNA	Cytorhabdovirus	胞质弹状病毒属	Lettuce Necrosis yellow，LNYV	莴苣坏死黄化病毒
	Nucleorhabdovirus	胞核弹状病毒属	Potato yellow dwarf，PYDV	马铃薯黄矮病毒
	Tospovirus	番茄斑萎病毒属	Tomato spotted wilt，TSWV	番茄斑萎病毒
	Tenurivirus	纤细病毒属	Rice stripe，RSV	水稻条纹病毒
十 ssRNA	Bromovirus	雀麦花叶病毒属	Brome mosaic，BMV	雀麦花叶病毒
	Cucumovirus	黄瓜花叶病毒属	Cucumber mosaic，CMV	黄瓜花叶病毒
	Ilarvirus	等轴不稳环斑病毒属	Tobacco streak，TSV	烟草线条病毒
	Alfamovirus	苜蓿花叶病毒属	Alfalfa mosaic，AMV	苜蓿花叶病毒
	Comovirus	豇豆花叶病毒属	Cowpea mosaic，CPMV	豇豆花叶病毒
	Nepovirus	蠕传病毒属	Tobacco ringspot，TRSV	烟草环斑病毒
	Fabavirus	蚕豆萎焉病毒属	Broad bean wilt，BBWV	蚕豆萎蔫病毒
	Sequivirus	伴生病毒属	Yellow spot，PYSV	防风草黄斑病毒
	Waikavirus	矮化病毒属	Rice tungro，RTV	水稻东格鲁球病毒
	Tombusvirus	番茄丛矮病毒属	Tomato bursh top，ToBTV	番茄丛矮病毒
	Carmovirus	香石竹斑驳病毒属	Carnation mosaic，CaMV	香石竹斑驳病毒
	Dianthovirus	香石竹环斑病毒属	Camation ringspot，CRSV	香石竹环斑病毒
	Machlomovirus	玉米褪绿斑驳病毒属	Maize chlorotic，MRFV	玉米褪绿斑驳病毒
	Marafivirus	玉米细线病毒属	Maize rayado fino，MRSV	玉米细线病毒
	Necrovirus	坏死病毒属	Tabacco necrosis，TNV	烟草坏死病毒
	Sobemovirus	南方菜豆花叶病毒属	Southern bean mosaic，SBMV	南方菜豆花叶病毒
	Tymovirus	芜菁黄花叶病毒属	Turnip yellow mosaic，TYMV	芜菁黄花叶病毒
	Luteovirus	黄症病毒属	Barley yellow dwarf，BYDB	大麦黄矮病毒
	Enamovirus	耳突花叶病毒属	Pea enation mosaic，PEMV	豌豆耳突花叶病毒
	Idaeovzrus	悬钩子病毒属	Raspberry brush dwarf，RYDV	悬钩子束矮病毒
+ ssRNA 杆状	Tobamovirus	烟草花叶病毒属	Tobacco mosaic，TMV	烟草花叶病毒
	Tobravirus	烟草脆裂病毒属	Tobacco rattle，TRV	烟草脆裂病毒
	Hordeivirus	大麦病毒属	Barley stripe mosaic，BSMV	大麦条纹花叶病毒
	Furovirus	真菌传杆状病毒属	Wheat Soilbome mosaic，WSbMV	土传小麦花叶病毒

（续表）

核酸类型	属性		典型种	
+ ssRNA 线状	Potexvirus	马铃薯 X 病毒属	Potato virus X，PVX	马铃薯 X 病毒
	Carlavirus	香石竹潜隐病毒属	Carnation latent，CaLV	香石竹潜隐病毒
	Capillovirus	线形病毒属	Apple stem grove，ASGV	苹果茎沟病毒
	Trichovirus	发样病毒属	Apple chlorotic spot，ACSV	苹果褪绿叶斑病毒
	Closterovirus	长线形病毒属	Beet yellow，BeYV	甜菜黄化病毒
	Potyvirus	马铃薯 Y 病毒属	Potato virus Y，PYV	马铃薯 Y 病毒
	Rymovirus	黑麦草花叶病毒属	Rye mosaic，RMV	黑麦草花叶病毒
	Bymovirus	大麦黄花叶病毒属	Barley yellow mosaic，BYMV	大麦黄花叶病毒
SsRNA	Umbravirus	黄影病毒属	Carrot mottle，CmoV	胡萝卜斑驳病毒

在植物病毒的分类系统中，多数学者认为病毒“种”的概念还不够完善，采用门、纲、目、科、属、种的等级分类方案还不成熟。所以近代植物病毒分类上的基本单位不称为“种”（species）而称为成员（member），近似于属的分类单位称为组（group）。

植物病毒的命名与真菌、细菌不同，不是采用拉丁双名法，而是用俗名法，即在寄主的英文俗名后加上症状来命名。如烟草花叶病毒命名为 tobacco mosaic virus，缩写为 TMV；黄瓜花叶病毒命名为 cucumber mosaic virus，缩写为 CMV。属名为专用国际名称，常由典型成员寄主名称（英文或拉丁文）缩写+主要特点描述（英文或拉丁文）缩写+ virus 拼组而成。如黄瓜花叶病毒属的学名为 CucuPmo-virus；烟草花叶病毒属为 Toba-mo-virus。即植物病毒属的结尾是- virus，科、属名书写时应用斜体，而种和株系的书写不采用斜体。

（二）植物病毒病害的诊断

由于植物病毒个体微小，结构简单，对寄主的依赖性强，因此植物病毒的鉴定难度大，技术性强。过去大多采用病毒间生物学特性的差异，如所致病害的症状类型、传播方式、寄主范围等进行鉴定和诊断；现在则增加了病毒核酸、蛋白质分子生物学、生物化学等技术和方法。植物病毒病害诊断的步骤主要包括田间症状观察、病毒粒体形态和大小测定、寄主范围测定、传播方式测定、细胞病理学鉴定和血清学鉴定等。

田间症状观察是当植物受病毒为害时，在田间观察其引起的表现症状，包括变色（如花叶、斑驳、脉明或黄化等）、坏死（如环斑、环纹、蚀纹等）、畸形（如矮缩、矮化、丛枝或蕨叶等）症状。

病毒粒体形态观察和大小测定必须借助于放大数万倍的电子显微镜才能进行。

寄主范围的测定主要是利用鉴别寄主谱来确定植物病毒的寄主范围。鉴别寄主是指鉴别病毒或株系具有特定反应的植物，即病毒侵染后能产生快而稳定并具有特征性症状的植物。组合使用的几种或一套鉴别寄主称为鉴别寄主谱。鉴别寄主谱中一般包括可系统侵染的寄主、局部侵染的寄主和不受侵染的寄主。鉴别寄主谱的方法简单易行，反应灵敏，只需很少的毒源材料。但工作量较大，通常需在温室内种植大量植物，且有时因气候或栽培等原因，有些症状反应难以重复。

传播方式测定主要是采用机械传播、嫁接传播、菟丝子传播和介体传播等实验方法研究病毒的传播方式。不同属的病毒通常具有不同的传播方式，了解植物病毒的传播方式不仅可以鉴别病毒种类和诊断病害，同时还可为有效防治提供重要依据。

细胞病理学鉴定的原理是，当植物受病毒侵染后，细胞会发生一系列病变，如受侵害细胞的叶绿体、线粒体及内质网膜系统的病变，特别是内含体（植物病毒基因组的某些翻译产物与病毒核

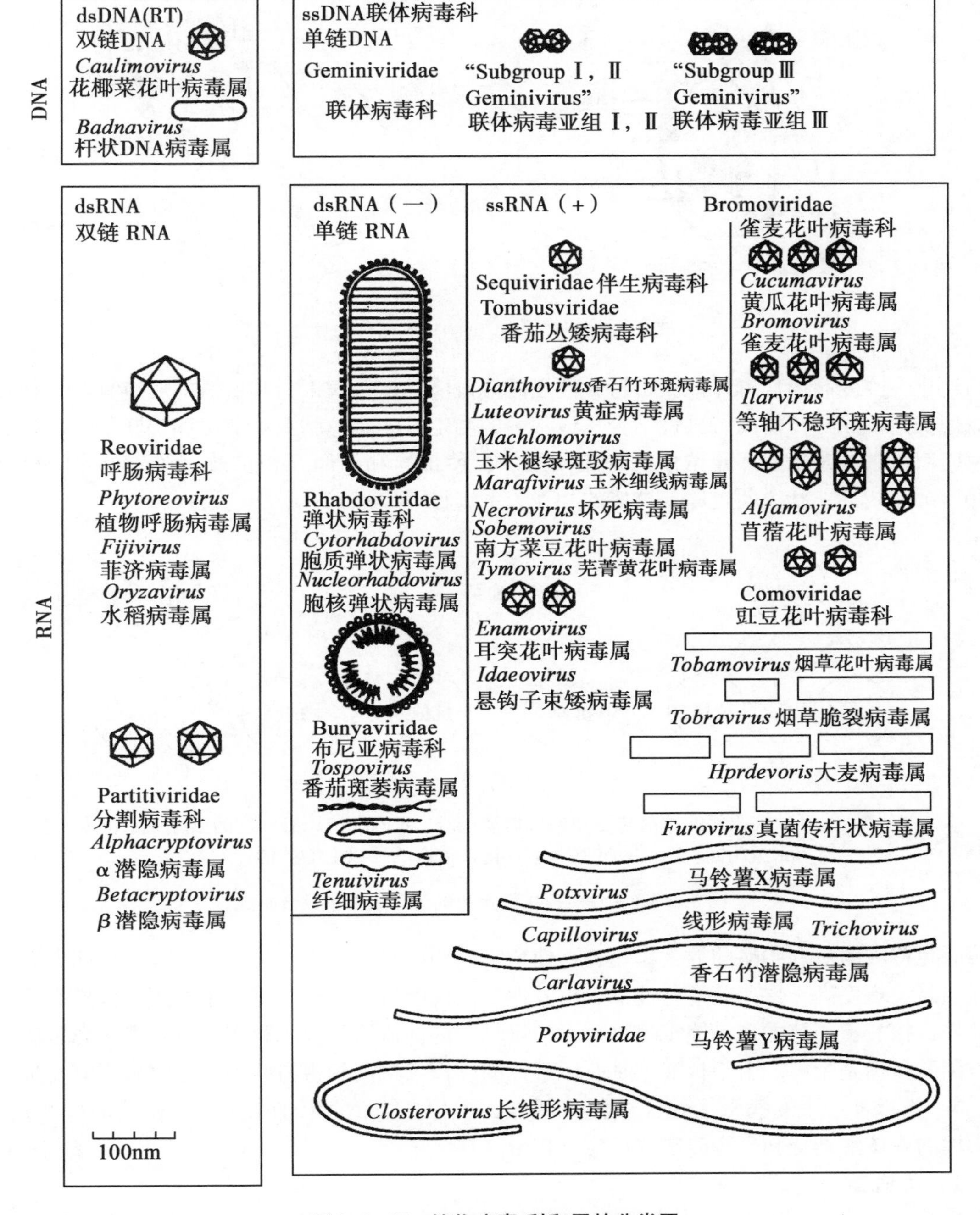

图 3-2-25　植物病毒 科和属的分类图

酸、寄主的蛋白等聚集而成的产物）的形成等，并以此作为区分病毒类别的依据。内含体有不同的形状和大小，从不定形结构到精细的晶体结构，大的可在光学显微镜下看到，小的只能在电子显微镜下观察。内含体又可分为核内含体和细胞质内含体两类。不同属的植物病毒往往产生不同类型和形状的核内含体。细胞质内含体主要包括不定形内含体、假晶体、晶体内含体和风轮状内含体（图 3-2-26）等。如风轮状内含体是马铃薯 Y 病毒属的主要特征。

血清学鉴定是利用植物病毒衣壳蛋白的抗原特性，先将纯化的植物病毒注射入小动物（兔子、小白鼠、鸡等）体内，待一定时间后取血，即可获得病毒特异性的抗血清。抗血清制备的关键是

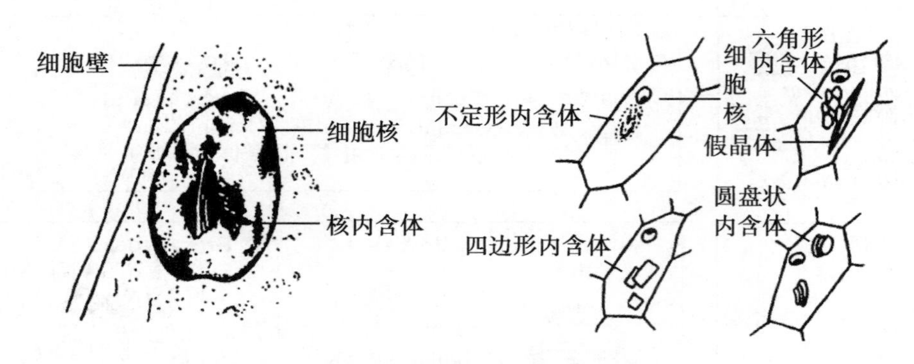

图 3-2-26　不同类型的细胞质内含体

病毒的纯化，纯度高的病毒才能获得特异性强的抗血清。植物病毒与其血清的反应有好多种，但依据的原理都是抗原与抗体的特异性结合。最常用的测定方法是琼脂双扩散法和酶联免疫吸附法。

琼脂双扩散法是指在一定浓度的琼脂凝胶中，使抗体和抗原互相扩散，在适当的位置形成沉淀，并以沉淀线的形状说明抗原与抗体的相互关系（图 3-2-27）。

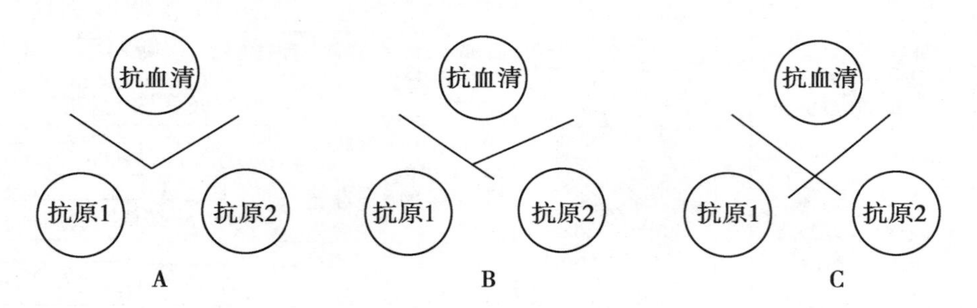

A.五种抗原相同，都与已知的抗血清反应；B.两种抗原有一定的亲缘关系，但不完全相同；C.说明抗血清不专化，含有两种以上的抗体

图 3-2-27　免疫双扩散产生的沉淀线结果及分析

酶联免疫吸附法利用酶的放大作用，可使免疫检测的灵敏度大大提高。与其他检测方法相比其突出优点是灵敏度高、快速、专化性强、重复性好、检测对象广以及适用于处理大批样品等。

此外，核酸检测技术也是鉴定植物病毒的可靠方法。血清学技术利用的是病毒衣壳蛋白的抗原性，检测的目标是蛋白。由于核酸才是有侵染性的，仅仅检测到蛋白并不能肯定病毒有无生物活性（如豆类、玉米种子中的病毒大多失去侵染活性，但保持血清学阳性反应）。在核酸检测技术中，较为常用的是核酸杂交和聚合酶链式反应（PCR）法。

（三）类病毒

类病毒（viroid）病害过去一直是作为病毒病来研究的，但由于始终不能看到病毒粒体，而不能确定病毒的归属。后来提纯得到核酸，证明了核酸的侵染性，最后才确定为一类新的病原。类病毒是指存在于植物中，无衣壳蛋白包被的低相对分子质量（1×10^5）单链环状植物致病 RNA。引起的病害症状主要有变色、坏死、畸形等类型。目前已发现的类病毒有 30 多种，其中已明确了核苷酸序列的有 23 种。典型成员是马铃薯纺锤块茎类病毒（potato spindle tuber viroid，PSTVd）。

第五节　植物病原线虫及其所致病害

线虫（nematodes）隶属于无脊椎动物中的线形动物门，在自然界种类多、分布广、数量大，通常生活于海洋、淡水和土壤中，有的是人和动物的寄生物，有的则寄生于植物体内。植物受线虫为害后所表现的症状与一般病害症状相似，称为线虫病。常见的如小麦粒线虫病、水稻干尖线虫病、花生根结线虫病、大豆胞囊线虫病和甘薯茎线虫病等。

一、线虫的形态结构

植物病原线虫体细长，圆筒状，表面光滑，头尾稍尖。虫体长一般为 0.3～1mm，宽 0.015～0.035mm。多数线虫雌、雄同形，少数雌、雄异形。雄虫蠕虫形，雌虫成熟后膨大常为梨形、柠檬形或肾形。

线虫的虫体构造较简单，虫体有体壁和体腔，体腔内有消化系统、生殖系统、神经系统和排泄系统等器官。体壁的最外面是一层平滑而有横纹或纵纹或突起不透水的表皮层，俗称角质层；其内是下皮层，再下面是使线虫运动的肌肉层。线虫的体壁几乎是透明的，所以能看到其内部结构。体腔内充满了体液，浸浴着所有内脏器官，并供给代谢所需的营养物质和氧。

线虫的消化系统和生殖系统最发达。消化系统是从口孑L连到肛门的直通管道，最前端是口腔，口腔中有一根骨化了的针刺状的口针（或称吻针）。植物线虫以口针穿刺寄主组织，分泌消化酶，消解寄主细胞中的物质，再吸入消化系。线虫成虫的生殖系统占据了体腔的很大部分，性的分化明显。雌虫有 1 个或 1 对卵巢，通过输卵管连到子宫和阴门。雌虫的阴门和肛门是分开的。雄虫有 1 个或 1 对精巢（多为 1 个），连接输精管和虫体末端的泄殖腔，泄殖腔内有 1 对交合刺，有的还有引带和交合伞等附属器官。雄虫的生殖孔和肛门是同一开口，称为泄殖孔（图 3-2-28）。

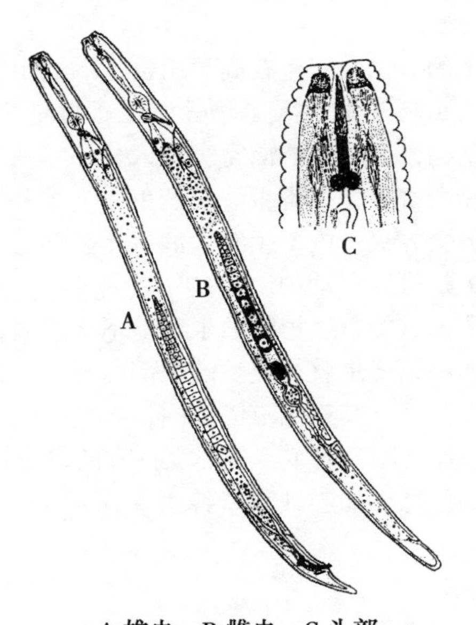

A.雄虫；B.雌虫；C.头部

图 3-2-28　植物病原线虫的形态和结构

二、植物病原线虫的生活史和生态

（一）植物病原线虫的生活史

线虫由卵孵化出幼虫，幼虫再发育为成虫，两性交配后产卵，完成一个发育循环，即线虫的生活史。植物病原线虫的生活史一般都很简单，除少数可营孤雌生殖外，绝大多数经两性交配后，雌虫才能排出成熟卵。线虫一般产卵于土壤中，有的产在植物体内，有少数留在雌虫母体内。刚孵化出的幼虫形态与成虫大致相似，幼虫发育到一定阶段就脱一次皮，增加一个龄期。线虫的幼虫一般有 4 个龄期，经过最后一次蜕化变成成虫，雌虫经交配后产卵，雄虫交配后不久即死亡。在适宜的环境条件下，线虫完成一代约需 3~4 周，因种类不同而异。少数线虫 1 年仅发生 1 代，多数线虫 1 年可发生多代。

（二）植物病原线虫的生态

线虫除了休眠状态的幼虫、卵和胞囊外，都需要在适当的水中或土壤颗粒表面有水膜时才能正常活动和存活，或寄生在寄主植物的活细胞和组织内。因此，活动状态的线虫长时间暴露在干燥的空气中，就会很快死亡。不同线虫种类的发育最适温度不同，但一般在 15~30℃之间均能发育。在 40~45℃的热水中保持 10min，大部分线虫均可被杀死。

植物病原线虫在其生活史中，有一段时期生活在土壤中；有的只是很短的时间在植物上取食，而大部分时间生活在土壤中。因此，土壤是线虫最重要的生态环境。在土壤环境中，温度和湿度（水分条件）是影响线虫的重要因素。线虫大都生活在土壤的耕作层中，从地面到地下 15cm 的土层中数量最多，特别是在根周围的土壤中更多。这主要是由于有些线虫只有在根部寄生后才能大量繁殖，同时根部的分泌物对线虫有一定的吸引力。植物线虫都是专性寄生物，只能在活的植物细胞或组织内取食和繁殖，在植物体外主要依靠其体内储存的养分生活或休眠。植物细胞和组织是许多线虫的生活环境，只有植物能正常生长和发育，才能为病原线虫提供适宜的生态环境。线虫在土中可主动作近距离爬行，但速度很慢。灌溉、耕作、人畜践踏和旋风飞沙等是线虫远距离扩散的重要因素。

三、植物病原线虫的寄生性和致病性

（一）植物病原线虫的寄生性

植物病原线虫都是专性寄生的，少数寄生在高等植物上的线虫也能寄生真菌，可以在真菌上培养。但到目前为止，植物病原线虫还不能在人工培养基上很好地生长和发育。植物病原线虫的口针，是穿刺寄主细胞和组织的结构，同时也能向寄主体内分泌唾液和酶类，并从寄主细胞内吸收养分。线虫的寄生方式有外寄生和内寄生，外寄生线虫的虫体大部分留在植物体外，仅以头部穿刺到寄主组织内吸食，类似蚜虫的吸食方式；内寄生线虫的虫体全部进入植物组织内吸食，有的固定在一处寄生，但多数在寄生过程中是可以移动的。

线虫可寄生植物的各个部位。有的寄生植物的根和地下茎、鳞茎和块茎，有的可以寄生植物地上的茎、叶、芽、花和穗等。如根结线虫就是典型的根部内寄生线虫。

植物寄生具有一定的寄生专化性，其寄主范围不同，有的只能寄生在少数几种植物上，如小麦粒线虫（*Anguina tritici*）只能为害小麦，偶尔寄生黑麦；有的寄主范围较广，如根结线虫的一个种可以寄生许多分类上很不相近的植物，如起绒草茎线虫（*D. dipsaci*），由于其寄主范围不同可分为不同的小种和生物型等。

（二）植物病原线虫的致病性

线虫对植物的致病作用，除了直接造成损伤和掠夺营养外，主要是通过食道腺分泌的各种酶或毒素，引起寄主植物的各种病变。植物地上部的症状有顶芽和花芽的坏死、茎叶的卷曲或组织坏死、形成叶瘿或种瘿等。根部受害后，有的生长点停止生长或卷曲，根上形成肿瘤或过度分枝，根部的组织坏死和腐烂等，并引起地上部生长受抑制，表现为植株矮小，色泽失常等症状，严重时整株枯死。

另外，线虫侵染造成的伤口还可引起真菌、细菌等其他病原生物的次生侵染，或作为真菌、细菌和病毒的介体造成复合侵染。如小麦蜜穗病是一种细菌病害，但病原细菌本身不能侵入寄主，只有伴随小麦粒线虫才能侵入小麦，引起发病。

四、植物病原线虫的主要类群

据估计全世界有 50 多万种线虫，在种类和数量上是仅次于昆虫的第 2 大类动物。根据侧尾腺口的有无，可把线虫分为侧尾腺口亚纲和无侧尾腺口亚纲，植物病原线虫主要分属于其中的垫刃目和矛线目内。其中的重要类群如下。

（一）粒线虫属

粒线虫属（*Anguina*）线虫大都寄生于小麦等禾本科植物的地上部，在茎、叶上形成虫瘿，或破坏子房形成虫瘿。雌虫和雄虫均为蠕虫形，虫体较长，在植物寄生线虫中是个体最大的类群。雌虫稍粗长，大小为（3~5）mm×（0.1~0.2）mm；雄虫仅（2~2.8）mm×（0.07~0.1）mm。两性均为垫刃形食道，口针较小。雌虫多呈卷曲状，单卵巢，向前伸长1或2次转折；雄虫稍弯，但不卷曲，交合伞几乎包到尾尖，交合刺粗而宽，并合。如传染小麦蜜穗病（*Clavibacter tritici*）的小麦粒线虫等。

（二）茎线虫属

茎线虫属（*Ditylenchus*）线虫主要寄生于植物茎、块茎、球茎和鳞茎，有时也为害叶片。引起寄主组织坏死、腐烂、矮化、变色和畸形。虫体细长，尾端尖细，垫刃形食道。雌虫稍粗大，大小为（0.9~1.86）mm×（0.04~0.06）mm，单卵巢，阴门在虫体后部；雄虫（0.9~1.6）mm×（0.03~0.04）mm，交合伞包至尾长的3/4，不达尾尖。雌虫和雄虫的尾端都很尖细，侧线4条。为害严重和常见的有起绒草茎线虫（甘薯茎线虫）（*D. dipsaci*）和马铃薯茎线虫（*D. destructor*）等。

（三）异皮线虫属

异皮线虫属（*Heterodera*）又称胞囊线虫属，是为害植物根部的一类重要病原线虫。成熟雌虫呈柠檬状、梨形，双卵巢，阴门和肛门位于尾端，有突出的阴门椎，阴门裂两侧双模孔，成熟后角质层变厚，变深褐色，称为胞囊（cyst）；雄虫细长，尾端无交合伞。引起植物病害的重要种类有甜菜胞囊线虫（*H. schachtii*）、燕麦胞囊线虫（*H. avenae*）和大豆胞囊线虫（*H. glycines*）等，在我国尤以大豆胞囊线虫病发生普遍而严重。

（四）根结线虫属

根结线虫属（*Meloidogyne*）线虫的性状与胞囊线虫相似，主要区别是根结线虫为害能引起植物的根部肿大，形成瘤状根结，雌虫的卵全部排出体外进入卵囊中，成熟雌虫的虫体不变厚，不变为深褐色。根结线虫属是一类为害植物最严重的线虫，可以为害单子叶和双子叶植物，广泛分布世界各地。其中最重要有南方根结线虫（*M. incognita*）、北方根结线虫（*M. hapla*）、花生根结线虫（*M. arenaria*）和爪哇根结线虫（*M. javanica*）等。

（五）滑刃线虫属

滑刃线虫属（*Aphelenchoides*）线虫可以在植物的叶片、芽、茎和磷茎上营外寄生或内寄生，引起叶片皱缩、枯斑、死芽、茎枯、茎腐和全株畸形等。虫体细长，滑刃型食道。雄虫尾端弯曲呈镰刀开形，交合刺强大，呈玫瑰刺状，无交合伞；雌虫尾端不弯曲，从阴门后逐渐变细，单卵巢。重要的植物病原线虫有水稻干尖线虫（*A. besseyi*）、草莓芽叶线虫（*A. ragariae*）、菊花叶线虫（*A. ritzembosi*）和毁芽滑刃线虫（*A. blastoph tlzorus*）等。

除上述常见类群外，在矛线目中还有一些主要营根外寄生的线虫，其中比较重要的有长针线虫属（*Longidorus*）、剑线虫属（*Xiphinema*）和毛刺线虫属（*Trichodorus*）等。这些类群在水中或潮湿的土壤中可以自由生活，活动性强。主要为害植物的根部，尤其是根尖，但不固定在根部取食，取食以后即离开寄主在土中活动。植物受害后，生长受到抑制，根尖变色或略变粗，有时还引起根部发生畸形分枝，影响正常生长发育。此外，多数种类还可传播病毒，引起植物病毒病，如剑线虫可传播葡萄扇叶病毒、烟草环斑病毒、番茄环斑病毒等，长针线虫和毛刺线虫能传播烟草环斑病毒、番茄黑环病毒和树莓环斑病毒等。

五、植物寄生线虫病害的诊断

线虫对植物的为害，除以吻针造成对寄主组织的机械损伤外，主要是穿刺寄主时分泌各种酶和毒素，引起植物的各种病变。植物受线虫为害所表现出的主要症状有生长缓慢、衰弱、矮小、色泽失常或叶片萎垂等类似营养不良现象；局部畸形，植株或叶片干枯、扭曲、畸形、组织干腐、软化及坏死，籽粒变成虫瘿等；根部肿大、须根丛生、根部腐烂等。田间症状主要有瘿瘤、变色、黄化、矮缩和萎蔫等。有的线虫病害可以在病变的部位找到线虫，如瘿瘤、坏死症状类型的线虫病。而表现黄化、矮缩、萎蔫症状类型的线虫病，只能在地下部的根或根围土壤中才能找到线虫。

不同类属的线虫引起的植物病害可以有不同的田间表现症状。如茎线虫主要为害地下的块茎、块根等；胞囊线虫主要在根部的支根或须根上外寄生；根结线虫则主要寄生在支根、侧根上引起根结；粒线虫和滑刃线虫主要为害地上部的茎秆生长点或穗部等。诊断和线虫病害的鉴定时，一般可在植物受害部位，特别是根结、种瘿内分离出线虫，然后进行镜检。

第六节　寄生性植物及其所致病害

植物大多数都是自养的。但少数植物由于根系或叶片退化，或缺少足够的叶绿素而营寄生生活，称为寄生性植物。营寄生生活的植物大都是高等植物中的双子叶植物，能开花结籽，俗称寄生性种子植物。寄生性植物的寄主大多是野生木本植物，少数是农作物或果树。从田间的草本植物、观赏植物、药用植物到果树林木和行道树等，均可受到不同种类寄生植物的为害。

一、寄生性种子植物的寄生性

寄生性种子植物按其对寄主的依赖程度可分为半寄生种子植物和全寄生性种子植物两类。有叶绿素能进行正常的光合作用，但根多退化、导管直接与寄主植物相连，只需从寄主植物吸收部分营养物质的，称为半寄生性种子植物，如寄生在林木上的桑寄生（*Loranthus parasitica*）等；没有叶片或叶片退化成鳞片状，缺乏足够的叶绿素，不能进行光合作用，其导管和筛管与寄主植物的导管和筛管相连，依靠寄主植物供给碳水化合物和其他营养物质的，称为全寄生性种子植物，如菟丝子和列当等。按其寄生部位不同，还可将寄生性种子植物分为根寄生和茎寄生两类，前者如列当，后者如菟丝子等。

寄生性种子植物对寄主植物的影响，主要是抑制其生长。草本植物受害时，主要表现为植株矮小、黄化，严重时全株枯死。木本植物受害时，生长也受到一定抑制，而引起树叶早落，次年发芽迟缓等。树木和果树受害时，有时还会引起顶枝枯死，叶片缩小，延迟开花或不开花，落果或不结实等。

二、寄生性种子植物的主要类群

（一）菟丝子

菟丝予是菟丝子科菟丝子属（*Cuscuta*）植物的通称，俗称“金线草”。是一类缠绕在木本和草本植物茎叶部营全寄生生活的草本植物。菟丝子也是传播某些植物病害的媒介或中间寄主，除本身有害外，还能传播类菌原体和病毒等，引起多种植物病害。菟丝子分布泛围很广，在我国以中国菟丝子（*C. chinensis*）和日本菟丝子（*C. japonica*）最为常见。

菟丝子为一年生的缠绕性草本植物，叶片退化成鳞片状，茎黄色、丝状，缠绕在寄主植物的茎和叶部，吸器与寄主的维管束系统相连接，不仅吸收寄主的养分和水分，还造成寄主输导组织的机械性障碍。受害作物一般减产 10%～20%，重者达 40%～50%，甚至颗粒无收。菟丝子以种子繁殖和传播，种子小而多，1 株菟丝子可产生近万粒种子。种子寿命长，可随作物种子调运而远距离传播。缠绕在寄主上的丝状体能不断伸长，蔓延繁殖。中国菟丝子寄主范围较广，可为害大豆、花生、马铃薯等，日本菟丝子主要侵害木本植物，如垂杨、银白杨等。

中国菟丝子以为害大豆最重。菟丝子种子或混于大豆种子之间或落于土壤中，是第2年发生为害的主要来源。翌年菟丝子种子萌发生出白黄色丝状幼茎，下端固定于土壤中，上端在空中旋转或伸长，遇大豆植株即缠绕其上，并在与寄主接触处形成吸盘或吸根，侵入寄主茎部（图3-2-29）。当寄生关系建立后，菟丝子就与其原来固定于土中的地下部分脱离，缠绕于寄主上的茎上生出很多分枝，向四周蔓延，缠绕侵害其他健株。

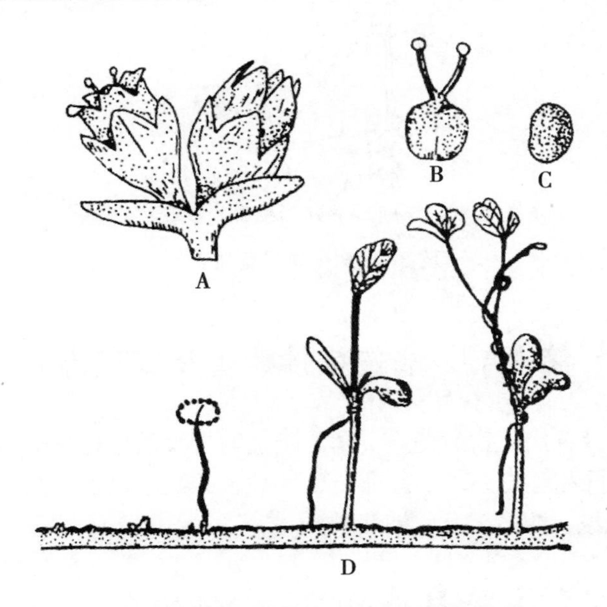

A.花；B.雌蕊；C.种子；D.种子萌发和侵害方式

图3-2-29　菟丝子种子萌发和侵害方式

控制菟丝子的为害，最基本的防治措施是采用清洁种子，严禁调运带有菟丝子种子的种苗。此外，利用寄生菟丝子的炭疽病菌制成生物制剂，在菟丝子为害初期喷洒，也可减轻为害；在以营养生长为主的菟丝子生活史的早期，进行人工拉丝防除，也能收到一定的效果。

（二）列当

列当是一类在植物根部营全寄生生活的列当科植物的总称；狭义的列当是指列当科列当属（*Orobanche*）的植物。在我国，列当科植物主要分布于新疆等较寒冷的地区，如主要寄生在瓜类、豆类、番茄、花生、马铃薯和向日葵等植物上的埃及列当（*O. aegyptica*）和向日葵列当（*O. cumana*）等。

列当为1年生根寄生草本植物（图3-2-30），无真正的根，只有吸盘吸附在寄主的根表，以短须状次生吸器与寄主根部的维管束相连，吸取根内养分；以肉质嫩茎伸出地面，偶有分枝，嫩茎上被有绒毛或腺毛，浅黄色或紫褐色；叶片退化成小鳞片状、无柄，呈螺旋状排列在茎上。大多数列当的寄生性较专化，有固定的寄主，一般不为害单子叶植物。列当种子受到寄主植物根部分泌物的刺激，在水分充足时萌发长出芽管，芽管顶端吸附在寄主的侧根上，吸收寄主的营养物质和水分。植物受害后长势差，细胞膨压降低，经常处于萎蔫状态，被害植株细弱矮小，不能开花或花小而少，瘪粒增加。

列当的蒴果球形，成熟后开裂，散出大量细小种子，散落在土中，或随风扩散传播。落入土中的种子，在深度5~10cm的土层中可存活5~10年。

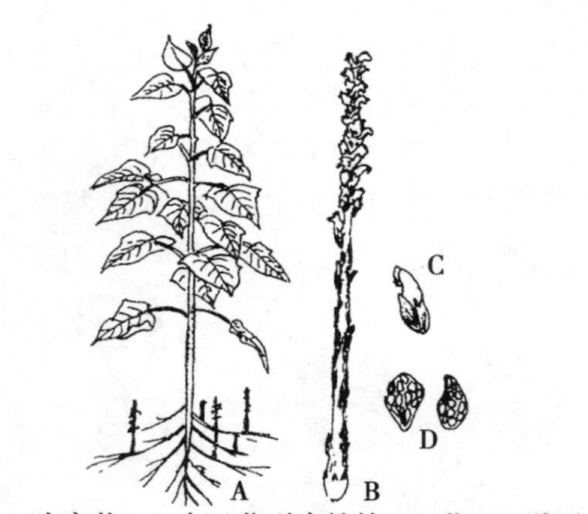

A.为害状；B.向日葵列当植株；C.花；D.种子

图 3-2-30　向日葵列当

第七节　非侵染性病害及其病因

植物的非侵染性病害没有病原物的侵染，是由于植物自身的生理缺陷或不适宜的环境因素引起的，因而也不会引起植物的相互传染。引起非传染性病害的病因很多，其中主要有营养失调，温度和湿度（水分）不适，土壤次生盐渍化，有害物质等。

一、营养失调

营养失调包括营养缺乏、各种营养间的比例失调和营养过量等，这些因素都可诱发植物的各种病态。植物由于养分不足而引起的各种缺素症是最常见的。如缺氮时表现为生长弱、叶色浅，下部叶片发黄或呈浅褐色；缺磷时叶片蓝绿或发紫色，生长缓慢；缺钾时叶色浅绿，在叶尖、叶缘及脉间叶肉上产生褐色枯斑或局部枯焦；缺铁时新叶失绿；缺硼时组织坏死，等等（表 3-2-2）。

表 3-2-2　植物缺素症简表

缺素症 所缺元素	该元素在植物体内的功能	病状要点
氮	存在于细胞的大部分物质中	生长势差，叶色浅绿，从底部叶片逐渐黄枯茎细弱
磷	存在于 DNA，RNA，磷脂，ADP，ATP 中	生长势差，叶色蓝绿甚至发紫，下部叶片有时产生紫铜色或生紫褐斑点，茎短而细
钾	为许多代谢反应的催化剂	枝、茎细弱甚至枯死，老叶褐绿，叶尖变褐，叶绿枯焦或沿叶缘有许多褐色小斑，肉质组织尖部坏死
镁	存在于叶绿素和许多酶中	先老叶后幼叶褐绿斑驳，以后变成红斑，叶缘向上卷，叶片呈勺状，有时落叶
钙	调节膜的透性，与果胶质形成盐类，作用于多种酶	心叶扭曲，叶尖下钩，叶缘卷曲，叶心形状不规则，有褐色斑块。最后顶芽死亡，根系稀弱，造成许多果实的花蒂腐烂
硼	可能影响糖分运输和胞壁形成中钙的作用	顶芽幼叶基部变浅绿，最后崩解，茎叶扭曲，植株矮化，果实，肉质茎，根等表面开裂或心腐坏，如甜菜心腐，萝卜褐心，菜花空茎等
铁	是叶绿素合成的接触剂也是一些酶的组分	新叶白化，但主脉仍绿，有时脉间叶肉褐斑，后叶片可能枯死或落叶

（续表）

缺素症所缺元素	该元素在植物体内的功能	病状要点
锰	存在于一些呼吸酶类，光合酶类及氮素利用的酶中	叶片褪绿，但细脉仍呈正常绿色，叶肉上可出现坏死小斑，严重时叶片变褐枯死新叶浅绿或淡黄不产生任何斑点，颇似缺氮。但老叶不发黄
硫	存在于某些氨基酸和辅酶中	新叶浅绿或淡黄，不产生任何斑点，颇似缺氮。但老叶不发黄

但由于不同作物对缺乏某一元素的敏感性不同，缺素症往往因作物种类或品种不同而异。如缺钾引起的颜色变化，在棉花上是紫红褐色，在马铃薯上是青黑色，而在苜蓿叶缘则是白色斑点。缺硼在几种观赏植物上表现不同的畸形症状，香石竹茎上出现侧枝增生，金鱼草幼叶变形类似于螨的为害，而在菊花上则出现明显的卷所叶。缺素症有时是由于土壤中该相应元素含量不足所致，有时则是可溶性部分或可吸收态元素太少，而后者又受土壤理化和微生物因子所控制。

土壤中某些元素特别是微量元素或有害物质含量过多，也会对植物造成毒害。如土壤中硼的含量过多时，就会抑制种子的萌发或引起幼苗死亡，叶片变黄焦枯，植株矮化等。

二、温度不适

各种植物的生长和发育都有其最低、最适宜和最高温度，超出了这个适应范围，就可能造成不同程度的损害。

在自然条件下，高温往往是与强光照相结合并与干旱同时存在的。高温常造成植株矮化、不正常早熟或其他伤害。如番茄、辣椒等作物的大量落叶和落花以及果实的日灼伤，都是高温造成的直接伤害；许多作物和林木的幼苗因高温发生的灼伤也是常见的。

低温对植物的影响主要是冷害（0℃以上的低温）和冻害（0℃以下的低温），使植物的生长受到抑制。喜温作物如黄瓜、水稻及保护地栽培的植物较易受冷害，常见的症状是变色、坏死和表面斑点等，木本植物则出现芽枯、顶枯。如小麦在孕穗至抽穗期若受冷害，以后的抽穗就会畸形，并引起顶部的小花不育。冻害的症状主要是幼茎或幼叶出现水渍状暗褐色的病斑，之后组织逐渐死亡，严重时整株植物变黑、枯干甚至死亡。早霜常使木质化的植物器官受害，而晚霜常使嫩芽、新叶甚至新梢冻死。剧烈变温对植物的为害往往比单纯的高温或低温更大。

三、水分和湿度不适

植物的光合作用及对营养元素的吸收和运输，都必须有水分才能进行，水分在调节植物体温上也起着重要作用。当植物吸水不足时，营养生长受到抑制，叶面积减小，花的发育也受到影响，一些肥嫩的器官如水果、根菜等部分薄壁细胞转变为厚壁的纤维细胞，可溶性糖转变为淀粉而降低品质。缺水严重时，植株萎蔫，蒸腾作用减弱或停止，气孔关闭，光合作用不能正常进行，生长量降低，下部叶片变黄、变红，叶缘枯焦，造成落叶、落花和落果，甚至整株凋萎枯死。如大豆和马铃薯等，因干旱而发生的叶尖或叶缘枯死的叶烧病是很常见的。土壤湿度过低，如再遇到强的高温干燥的西南风（一般称为旱风），对许多作物的影响更大。

土壤湿度过高可影响土壤中氧的供应，使根部不能得到正常的生理活动所需的氧，须根容易发生腐烂，根部的半渗透选择性也受到破坏，而使一些有害的元素或其他有害物质被吸收到根内。土壤缺氧还可促进其中的厌气性微生物的生长，产生一些对植物根部有害的物质。

四、土壤次生盐渍化

在保护地栽培条件下，常大量施用化学肥料，造成多余肥料及其副成分在土壤中积累，并与土壤中其他离子结合成各种可溶性盐。土壤可溶盐浓度过高，超过了作物正常生长的浓度范围，就会造成土壤次生盐渍化。

土壤次生盐渍化对作物的为害因土壤盐分的种类、浓度及作物种类而异。高浓度的钠、镁硫酸盐，影响土壤水分的可利用性和土壤的物理性质，使植物吸水困难，而表现萎蔫症状。过量的钠盐可引起土壤 pH 值升高，使植物表现褪绿、矮化、叶焦枯和萎蔫等症状。土壤盐分浓度在 0.3%以下时，仅少数作物表现盐害，土壤盐分浓度升高到 0.5%~1%时，多数作物均可受害，并表现明显的植株矮小，叶色浓绿，心叶叶缘黄化、萎缩，中部叶边缘出现坏死斑等症状，严重时根系发黄，不长新根，植株萎蔫、枯死。据调查，我国多数使用年限在 3 年以上的保护地，土壤表层盐分含量在 0.1%~0.5%之间，已不同程度地受到土壤次生盐渍化的为害。

此外，土壤的酸碱度还直接影响许多矿质元素的溶解度，进而影响植物对矿质元素的吸收。

第三章　寄主与病原物的相互作用

植物侵染性病害的发生，实际上是寄主植物与病原物在一定的外界环境条件影响下相互作用的结果。病原物之所以能引起植物病害，是因为其具有致病性；而与此相对应，寄主植物也具有抵抗病原物致病的能力，即具有抗病性。

第一节　寄主与病原物的识别

识别是一种普遍而重要的生物现象。在植物与微生物相互关系中，共栖、共生和寄生等都涉及到植物与有关微生物之间的识别。

一、识别的类型

寄主与病原物之间的识别，可分为多种不同的类型。若按病理过程，可分为接触识别和接触后识别。接触识别是在寄主植物表面发生的识别作用，主要是以细胞对细胞识别的形式进行的。例如，真菌孢子在植物表面的吸附、芽管的生长及对气孔的侵入都属于接触识别。植物表面分泌的化学物质如氨基酸、维生素和生物碱等对引诱真菌芽管的定向生长具有重要作用，这种作用又称为真菌的向化性生长。还有一些真菌的芽管生长受植物表面结构的影响，如菜豆单孢锈菌（*Uromyces phaseli*）芽管的生长方向受寄主表皮细胞角质层脊状突起的引导。接触后识别是指病原物在寄主植物上定殖后发生的特异性反应。例如，某些病原真菌能产生寄主专化性毒素，从而引起致病作用。

若根据寄主与病原物间相互作用的性质，可把识别分为亲和性识别和非亲和性识别两种类型。亲和性识别是指能导致有效定殖和感病反应的识别作用。例如，小麦纹枯病菌能侵染小麦，就是因为两者的互作发生了亲和性识别。非亲和性识别是指病原物引起寄主植物或非寄主植物产生抗病反应的识别作用。

二、识别的机制

寄主与病原物识别的机制，可发生在细胞—细胞识别和分子—细胞识别等层次上。细胞—细胞识别是通过分子识别对细胞生理生化功能的活化，从而实现细胞间的特异结合。受体分子分布在一方的细胞上，在另一方，配体分子或分布在细胞上，或以游离状态扩散出来，受体与配体间的分子识别导致细胞识别的发生。例如，甘薯黑斑病菌（*Ceratocystis fimbriata*）存在致病性分化，甘薯产生的孢子凝集素可以凝集非亲和菌株的孢子，但对亲和菌株无作用。孢子凝集素主要成分是聚半乳糖醛酸，孢子表面起作用的成分是糖蛋白。凝集作用受 pH 和 Ca^{2+} 的调节，只有在 pH 值 6.5 和有 Ca^{2+} 存在时，凝集作用才表现出专化性。在植物与细菌的识别中，植物外源凝集素（lectin）是一类重要的植物识别子。Lectin 是一类蛋白质或糖蛋白，结构中含有碳水化合物的结合位点。在烟草等双子叶植物与青枯假单孢菌（*Pseudomonas solanacearum*）的互作中，lectin 能使非亲和菌株凝集固定而不能侵染植物。Lectin 在豆科植物—根瘤菌的识别中，lectin 的作用导致亲和性识别，使细菌吸附到寄主细胞上。

分子—细胞识别是发生在病原物的分子与寄主细胞间的识别作用。病原物产生的分子与寄主细胞表面的受体分子发生特异性结合，从而引发一系列的细胞反应。

第二节　病原物的致病机制

一、病原物的致病作用

（一）酶的作用

病原物能产生角质酶、果胶酶、纤维素酶、半纤维素酶和蛋白质酶等多种降解酶类，这些酶类在病原物的侵入、植物组织浸离和细胞死亡中起着重要作用。植物表面最外层的角质层是由蜡质覆盖的非溶性角质多聚体组成的。一些病原真菌如镰孢在穿透植物表面时，可分泌角质酶，破坏角质层腊质分子之间的脂键，从而降解角质层，使得病原物更容易侵入。植物的细胞壁主要由纤维素、半纤维素和果胶质等多糖类物质和富含羟脯氨酸的糖蛋白所组成，植物病原真菌和细菌能分泌多种酶分解寄主细胞壁中的多糖类物质，因而使植物细胞崩溃，组织表现软腐、腐烂、茎秆软化倒伏等症状。

不同种类的病原物在致病过程中起主要作用的酶类不同。例如，大多数软腐病菌在致病过程中起主要作用的是果胶酶，大多数立枯丝核菌引起草本植物茎秆的软化倒伏，起主要作用的是纤维素酶。

（二）毒素的作用

毒素是病原物产生的除酶和生长调节物质以外的对寄主有明显损伤和致病作用的有害代谢产物。许多植物病原真菌和细菌在植物体内或人工培养条件下都能产生毒素。毒素是一种非常高效的致病物质，它能在很低的浓度下诱发植物发病。

根据毒素对寄主的影响范围，通常将毒素划分为寄主专化性毒素和非寄主专化性毒素两大类。寄主专化性毒素只对产生该毒素的病原物感病寄主表现毒性，而对抗病寄主或非寄主植物不表现毒性。目前已鉴定出的寄主专化性毒素主要是由植物病原真菌产生的，如引起玉米小斑病的玉米平脐蠕孢 T 小种产生的“T 毒素”，这种毒素只对 T 型雄性不育胞质的杂交玉米高度致病，而对其他玉米品种毒性很弱。非寄主专化性毒素不仅对寄主植物而且对一些非寄主植物也都有一定的毒性。这类毒素为多数植物病原细菌和少数病原真菌所产生，目前已在 115 种植物病原细菌和真菌中发现了 120 种非寄主专化性毒素，如烟毒素、稻瘟菌素、镰刀菌毒素等。

毒素的作用位点主要是在植物细胞的质膜、线粒体和叶绿体膜上，对植物的生理影响包括膜透性改变、氧化磷酸化解偶联、光合作用和代谢酶的活性等。膜透性的改变是许多毒素作用于植物细胞后最普遍的反应。

（三）生长调节物质及作用

植物的生长在一定程度上受植物体内生长调节物质的控制，这些生长调节物质主要有生长素、赤霉素、细胞分裂素、乙烯和脱落酸等。植物病原菌可以产生许多与植物生长调节物质相同或类似的物质，从而引起植物体内生长调节物质的不平衡，而造成植物生长的病态反应，如矮缩、丛生、畸形、过量生长或芽生长受抑制等。

1. 生长素

最重要的生长素是吲哚乙酸（IAA），其主要生物活性与细胞伸长、组织分化、根和芽的生长以及叶片、果实的脱落等有关；其病理效应是诱发肿瘤、过度生长、偏上性和形成不定根等。通常许多被真菌、细菌、病毒、类菌原体和线虫侵染的植物中，吲哚乙酸水平都有所增加，但也有一些病原物能降低寄主生长素的水平。如玉米黑粉病菌、根癌土壤杆菌、根结线虫等，不仅能够引起寄主吲哚乙酸水平增高，而且它们自身也可产生吲哚乙酸。还有一些病原菌可产生类似吲哚乙酸氧化酶作用的酶类，能快速降解吲哚乙酸，最后导致寄主组织离层而落叶。

2. 赤霉素

赤霉素的主要生理作用是引起植物节间伸长、促进开花等。很多真菌、细菌和放线菌能产生赤霉素类物质，其中最重要的是赤霉酸 GA3。如引起水稻恶苗病的藤仓赤霉菌产生的赤霉素，能使稻苗节间伸长、引起徒长。而一些病毒、类菌原体和黑粉菌侵染植物后，则引起寄主体内赤霉素含量下降，导致病株生长迟缓、矮化或腋芽受抑制。

3. 细胞分裂素

细胞分裂素具有延缓组织衰老、加速细胞分裂、抑制蛋白质和核酸降解等作用，其病理效应是引起带化、肿瘤、过度生长、形成绿岛及影响物质转移等。多种植物接种根癌土壤杆菌后，细胞分裂素含量都有显著提高。

4. 乙烯

乙烯是一种能促进成熟和衰老、抑制生长的生长调节物质，其病理效应包括抑制生长、失绿落叶、偏上性、刺激不定根产生和促进果实成熟等。植株受病原菌侵染或创伤后乙烯含量明显增加。

5. 脱落酸

脱落酸的生理作用是诱导植物休眠、抑制种子萌发和植物生长、刺激气孔关闭等，引起的主要病理效应是矮化和落叶。如棉花黄萎病菌落叶型菌株侵染棉株后脱落酸显著增加，可促进叶离层的产生，引起落叶。脱落酸也是导致染病植物矮化的重要因素之一，如烟草花叶病、黄瓜花叶病、番茄黄萎病等病株表现出不同程度的矮化，都与病株体内脱落酸含量较高有关。

二、病原物的致病性分化

不同病原物对寄主的致病性不同，同一种病原物对不同寄主的致病性也有明显差别。例如，病原物种内可分为不同的专化型和生理小种。一般来说，寄生性程度越高的病原物其致病性分化程度越高，如麦类锈病、白粉病等。寄生性程度越低的病原物其致病性分化程度也越低，如一些兼性寄生菌。同一种病原物由于致病力不同，可以分成不同的种下类群，如变种、专化型、生理小种和生物型等。

病原菌种内对不同种或属的植物致病力不同的类群，称为不同的致病变种（varity，var.）或致病专化型（forma species，f. sp.）。通常对细菌病原物称为致病变种，对真菌和线虫等病原物称为致病专化型。如为害多种禾谷类作物的禾柄锈菌（*Puccinia*），可分为为害小麦的禾柄锈菌小麦专化型（*P. graminis* f. sp. *tritici*）、为害燕麦的禾柄锈菌燕麦专化型（*P. graminis* f. sp. *avenae*）和为害黑麦的禾柄锈菌黑麦专化型（*P. graminis* f. sp. *secalis*）。

在病原物的种内，形态上相同，但在培养性状、生理、生化、致病力或其他特性上有差异的生物型或生物型群称为生理小种。生物型是指由遗传上一致的个体所组成的群体。生理小种一般用数字编号或其他形式表示。

第三节　寄主植物的抗病性

寄主的抗病性是指寄主植物抵抗病原物侵染的性能。一种病原物所能侵染的植物在植物界总是少数，多数植物是非寄主，对病原物侵染表现抗性反应。抗病性是由植物本身的遗传特性决定的，同一植物的不同品种间对某一病原物可以表现出不同程度的抗病能力，同一品种的单株间抗病性有时也不同。

一、抗病性的类型

根据抗病能力的大小，可将植物的抗病性分为免疫、抗病、感病、耐病和避病等几种类型。

免疫（immune）是指植物对病原物侵染的反应表现为完全不发病，或观察不到可见的症状。抗病（resistance）是指寄主对病原物侵染的反应表现为发病较轻，根据抗病能力的差异，又可进一步分为高抗和中抗等类型。感病（susceptible）是指寄主对病原物侵染的反应表现为发病较重，根据感病能力的差异，植物的感病性也可进一步分为高感和中感等类型。耐病是指植物忍耐病害的能力，耐病品种的发病情况类似感病品种，但对产量的影响较小。避病是指在一定条件下，植物可以避开病原物的侵染，如寄主植物的感病期与病原物的盛发期或适于发病的环境条件错开，从而避免病害的发生等。

二、垂直抗性和水平抗性

根据寄主植物的抗病性与病原物小种的致病性之间有无特异相互关系，可将植物的抗病性分为垂直抗性和水平抗性两大类。

垂直抗性（vertical resistance）又称为特异抗性或小种专化抗性，是指寄主与病原物之间有特异的相互作用，即寄主品种能抵抗某一病原物或其某些生理小种的侵害，而对其他一些病原物或其小种则没有抗性。具有这种抗性的品种多表现为免疫或高度抗病，但其抗病性往往不能持久，常因病原物小种发生变化而表现为感病。在遗传学上，垂直抗性是由个别高效基因或寡基因控制的，抗性遗传表现为质量遗传。

水平抗性（horizontal resistance）也称为非特异性抗性或非小种专化抗性，是指寄主与病原物之间没有特异的相互作用，即寄主品种对病原物所有小种的抗性反应是一致的。具有这种抗性的品种多表现为中等抗病，抗病性较为稳定持久。在遗传学上，水平抗性是由多个微效基因控制的，抗性遗传表现为数量遗传。

三、抗病性机制

植物在与病原物长期的共同演化过程中，形成了复杂的抗病机制。植物的抗病机制是多因素的，有的是先天具有的，称为固有抗性或被动抗性；有的是由于病原物的侵染或其他因素诱发产生的，即所谓诱发抗性或主动抗性。但无论是哪一种抗性，均可根据抗病因素的性质划分为形态的、机能的和组织结构的物理抗病性因素，以及生理的和生物化学的抗病性因素。

（一）固有抗性

植物的固有抗性主要是以其机械坚韧性和对病原物酶作用的稳定性而抵抗病原物的侵入和扩展。植物表皮被覆的蜡质层和角质层等，不利于病原菌孢子的萌发和侵入，因而有减轻和延缓发病的作用，植物表皮的蜡质层和角质层越厚，抗侵入的能力就越强。一般植物幼嫩组织表面的角质层较薄，而成熟器官的角质层较厚，因此后者的抗侵入能力更强。如小麦品种中的无蜡品种比有蜡品种更易感病，或发病程度严重。

对于从气孔、皮孔、水孔和蜜腺等自然孔口侵入的病原菌（特别是细菌）来说，这些孔口的结构、数量和开闭程度等，也与抗侵入有关。如中国柑橘的气孔上有角质突起，气孔下室呈狭缝状，使病原细菌不能随连续水膜进入气孔，因而比没有角质突起的葡萄柚更抗溃疡病（图3-3-1）。

植物表面某些结构和器官的形态等，也可影响病原物的侵入。如植物表面的表皮毛不仅不利于真菌的侵染，而且还由于能阻止蚜虫等传毒昆虫的刺吸，对病毒的传播也形成了屏障。此外，植物细胞的木栓化、木质化、硅质化及钙化程度等，也与抗病性密切相关。如水稻叶片组织中的硅质化程度越高，就越能抵抗多种真菌病害的侵入和扩展。

植物固有的生理生化抗性主要与其体内的某些化学物质有关。植物体内存在的某些有机酸、酚

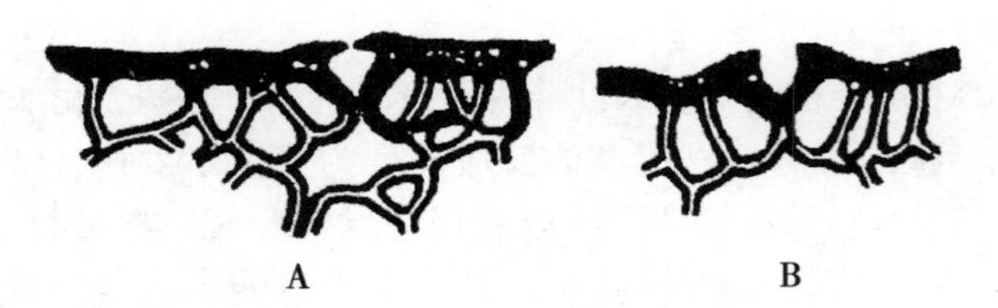

A.中国柑橘；B.葡萄柚（仿Goodman等）

图 3-3-1　中国柑橘和葡萄柚的气孔结构比较

类及其衍生物可以抑制病原物的生长和侵染。如棉花表皮毛中的棉酚和其他组织内的半棉酚是寄主体内预先合成的抑制物，它们在抵抗病菌的侵染中有一定作用。植物中常见的有毒物质还有皂角菌、芥子油、含氰和酚的葡萄酸苷等次生代谢产物。

（二）诱发抗性

病原物的侵染可引起寄主植物一系列组织结构的变化和一些生理生化物质的积累，这些变化有的与抗病性密切相关。

病原物侵入寄主植物后，往往引起寄主细胞壁的修饰，主要表现为木质化过程加强和富含羟脯氨酸的糖蛋白的积累，其作用是阻遏病原菌的扩展。抗病品种受真菌的侵染或吸器侵入时，在细胞壁内侧和原生质膜之间常形成含胼胝质的乳头状突起，以阻止病菌的侵入和扩展。植物抗维管束病害的主要保护反应是产生维管束阻塞，以防止病原物随蒸腾液流上行扩展，以及导致寄主抗菌物质积累和防止病菌酶和毒素扩散。维管束阻塞的主要原因之一是病原物侵染诱导产生了胶质和侵填体（tylose）。胶质的主要成分是果胶和半纤维素，侵填体是导管相邻的薄壁细胞在导管腔内形成的膨大球状体。如在棉花、番茄及甘薯等抗萎蔫病的品种中，当受到病原物侵染后，侵填体的产生既快又多。

在诱发生理生化抗性中，植物保卫素（phytoalexin）是最重要的一类抗菌物质。当植物受到病原物侵染或生理的、物理的刺激后，就会产生并积累这类抗菌性次生代谢产物。例如，甘薯受长喙壳菌（*Ceratocystis fimbriata*）侵染后，其体内类萜植保素含量增加，抗性强的品种比抗性弱的品种产生的既快又多，并且越接近侵染部位含量越多。植物保卫素对病原物的作用主要是抑制真菌孢子萌发、芽管和菌丝伸长以及细菌的生长等。目前已鉴定的植物保卫素中多来源于豆科和茄科植物，其中以类黄酮和类萜保卫素研究得最多。

植物受病原物侵染或经一些物理、化学因子诱导后，体内还可产生病程相关蛋白（pathogenesis-related proteins）。有些病程相关蛋白具有几丁质酶和 β-1，3-葡聚糖酶活性，可以对含几丁质和葡聚糖的真菌细胞壁进行降解。

第四节　寄主与病原物相互作用的遗传变异

植物的抗病性与病原物的致病性，是植物病害形成过程中的两个对立的概念。植物不会因病原物的致病性而灭绝，病原物也不会因植物的抗病性而消失。这种对立是由双方的遗传特性所决定的。

一、基因对基因学说

寄主植物中控制抗病性或感病性的基因与病原物中控制无毒性或毒性的基因是相对应的。（R）寄主植物中的每一个抗病基因，病原菌迟早会产生相对应的毒性基因。寄主的抗病基因（R）和病菌的无毒基因（A）是显性的，而寄主的感病基因（r）和病菌的毒性基因（v）是隐性的。只有当具有抗病基因（R）的植物品种与具有无毒基因（A）的病菌小种互作时才表现抗病，而其他情况均表现为感病，这说明基因对基因的相互作用是专化的（表 3-3-1）。

表 3-3-1　寄主和病原物单基因互作时的基因对基因图例

病原菌（pathogen）	寄主（host）	
	R	r
A	RA（抗）	rv（感）
v	Rv（感）	rv（感）

在寄主植物与病原物的协同进化过程中，两者经过长期地相互作用、相互适应，形成了共同进化和并存的关系。在寄主和病原物的相互作用中，二者都有选择作用。有时某些病原物虽然在流行中占优势，但当其对寄主产生选择压力时，寄主迟早会通过变异产生抗病性基因。当抗病性基因在寄主群体中增加，并对病原物产生选择压力时，又会引起病原物群体迟早通过变异产生能克服寄主抗病性的致病性基因。

根据基因对基因学说，寄主的抗病性基因和病原物的致病性基因的相互作用是相对应的。对于由多基因控制的抗病性，病原物必须有多基因控制的致病性才能克服，所以，这种抗病性一般表现得比较稳定和持久。因此，在培育抗病育种时，把多基因集中到一个品种中或在一种作物的群体中部署多种抗病性基因，可延缓植物抗病性的丧失，而不是只注重选择免疫和高抗品种，即单基因或寡基因控制的抗病性。目前生产上对稻瘟病的控制，采取了部署多种抗病性基因的品种，已经取得了明显效果。

二、病原物的致病性变异

引起病原物致病性变异的途径主要有有性杂交、无性重组、突变和适当性变异等。有性杂交（sexual hybridization）变异是指病原物通过有性生殖，基因进行重新组合，新产生的后代所产生的致病性变异。如真菌的有性杂交可以发生在小种间、变种间、种间甚至属间。小麦秆锈菌与黑麦秆锈菌杂交，可以产生对大麦能致病的大麦秆锈菌。

无性重组（asexual recombination）是指有些病原物可以在无性繁殖或生长阶段，通过体细胞染色体或基因的重组而发生的变异。这种变异经常出现在真菌特别是许多半知菌中。在真菌的菌丝体或孢子的每个细胞中，有的含多个细胞核，含有不同遗传性细胞核的菌丝或孢子萌发产生的芽管可通过融合，形成异核体。在异核体中，来自不同亲本的异核是经过重新组合的，因此，新形成的菌体，其致病性可与其亲本不同。如小麦秆锈菌单倍体的单孢子只能侵染小蘖而不能侵染小麦，单倍体菌丝只能在小蘖上生长；而双核体的锈孢子和夏孢子可以侵染小麦而不能侵染小蘖，双核菌丝可以在小麦和小蘖上生长。此外，还有一种类似于无性重组的准性生殖（parasexu-ality）变异途径，即真菌异核体中的不同细胞核融合形成杂合二倍体，杂合二倍体在有丝分裂过程中通过单倍体化和有丝分裂交换，最后产生新的遗传性不同于亲本的单倍体后代。

突变（mutation）是指病原物的遗传物质发生突然改变的现象。从分子水平上看，突变是基因内的遗传物质不同位点的改变。引起突变的外界因素有物理的，也有化学的，如紫外线、亚硝基胍等都能引起病原物的基因突变，从而改变病原物的致病性等。突变是可以遗传的。

适应性（adaptation）变异是指病原物在适应某种生存环境而调节自己的过程中，所发生的变异。适应性变异可分为表现型适应和遗传型适应两种不同情况，表现型适应不涉及遗传物质的改变，是非遗传性的和可逆的；遗传型适应的某些遗传性状是可遗传的和不可逆的。例如，在含有亚硝酸钙的人工培养基上培养玉米黑粉菌，开始时在 2 400mg/L 的浓度下所有菌株都生长不好，以后逐渐适应而生长较好，当逐渐加大亚硝酸钙浓度和连续转移培养 10 代后，所有菌株在 12 000mg/L 的浓度下也都能良好生长；当把这些菌株转回到没有亚硝酸钙的培养基上经 5 代或更多代培养后，又能恢复到原来的状态；若将其再转移到含有亚硝酸钙的培养基上，它们又丧失对有毒物质亚硝酸钙的适应能力，需要再逐渐地适应。

三、植物的抗病性变异

植物的抗病性变异可以由植物本身遗传物质的改变所引起（如天然杂交），也可由外界条件的改变而引起。前者在抗病育种中具有重要意义，后者在病害的发生和防治上极为重要。

首先，植物在不同的生长发育阶段，植株的不同部位或器官所表现的抗病性不同。例如，小麦有些品种在苗期表现对秆锈病感病，但在成株期则表现抗病；水稻在苗期、分蘖期和抽穗期较感稻瘟病，而在其他生育期则表现较抗；如小麦叶锈病、烟草赤星病等，往往都是下部叶片易感病，而上部叶片较抗病。

其次，病原物致病性的变异是引起植物抗病性变化的重要因素之一。一个抗病品种常常会因为出现病原物新的生理小种或优势小种而表现为不抗病。例如，在我国每次小麦条锈病菌优势小种的形成，均会导致一批小麦品种抗锈性的丧失。

此外，不适宜的环境条件也可导致植物的抗病性明显下降。影响植物抗病性的环境条件包括气候因素和栽培措施等，其中以温度和水肥条件的影响最大。在低温下，大多数植物幼苗易发生病害，如水稻烂秧病、小麦根腐病、棉花苗期轮纹病和茎枯病等，都是在低温下易发的病害；温度过高，也会引起多种植物的抗病性下降，如小麦幼苗生长需要较低的土温，温度超过 28℃时，由赤霉病菌引起的苗枯病就会发生严重；氮肥过多时，有利于多种病害的发生，如稻田氮肥过多就容易诱发稻瘟病的流行；植物受到淹水或渍害时，根系往往发育不良，植株抗性下降，病害也发生严重。

第四章　昆虫学基础

昆虫（insect 或 entoma）是具有 3 对足和 2 对翅的节肢动物，是地球上最繁盛的动物类群，在动物分类学上隶属于节肢动物门中的昆虫纲（Insecta）。昆虫在漫长的演化过程中，形成了许多独特的适应特性，成为影响地球生态和人类生活的重要因素。

第一节　昆虫纲的特征

一、昆虫纲的基本特征

科学意义上的昆虫在其成虫期具有区别于其他节肢动物的下列特征（图 3-4-1）：

体躯由若干体节组成，并明显地集合成头部、胸部和腹部 3 个体段。

头部是感觉和取食的中心，生有口器和 1 对触角，通常还有复眼及单眼。

胸部是运动的中心，生有 3 对足，一般还有 2 对翅。

腹部是代谢和生殖的中心，腹腔内含大部分内脏，腹末通常生有外生殖器官。

此外，昆虫在一生的生长发育过程中，通常需要经过一系列内部和外部形态的明显变化才能转变成性成熟的个体。

二、昆虫纲与其他节肢动物类群的区别

在节肢动物门中，除昆虫纲外，还有几个比较常见的纲，它们除缺少翅外，与昆虫纲的主要区别特征如下（图 3-4-2）：

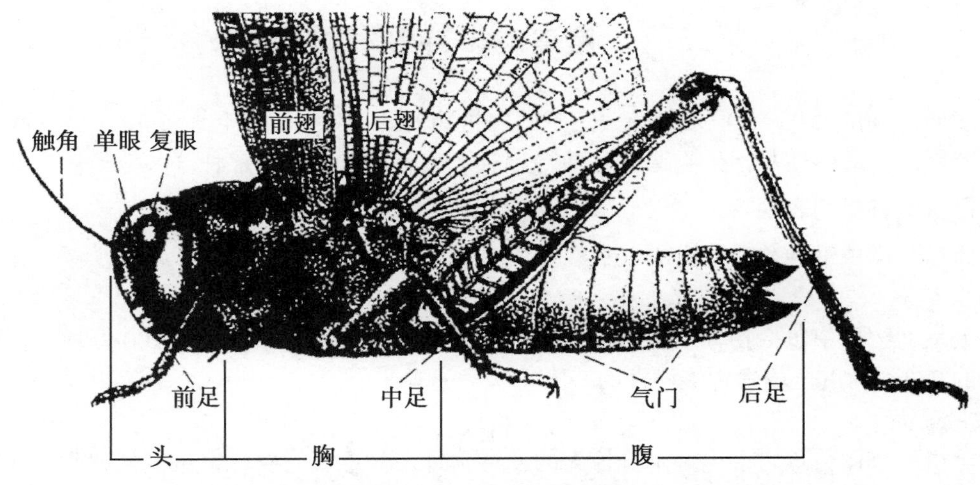

图 3-4-1　昆虫纲的特征（蝗虫体躯侧面观）（仿彩万志）

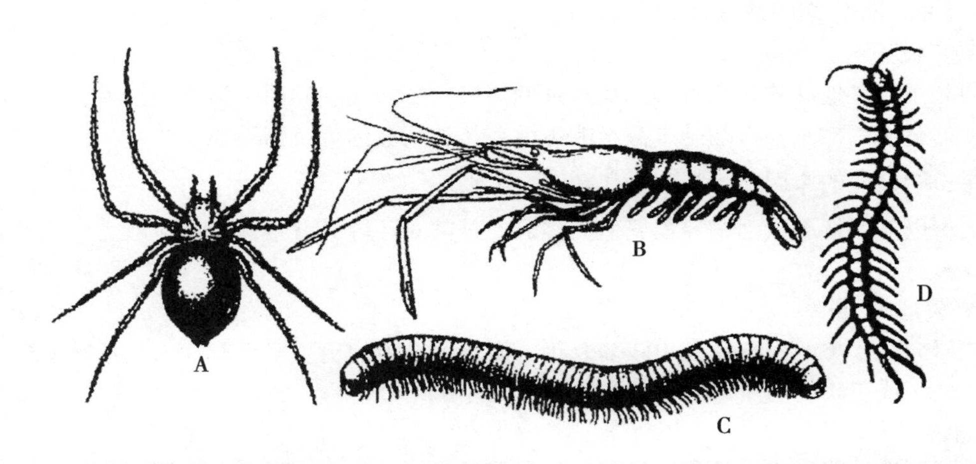

A.蛛形纲（蜘蛛）；B.甲壳纲（虾）；C.重足纲（马陆）；D.唇足纲（蜈蚣）（仿各作者）

图 3-4-2　节肢动物门其他各主要纲的代表

1. 蛛形纲（*Arachnida*）

体躯分为头胸部和腹部 2 个体段；无触角；成期有 4 对足；以书鳃、书肺或气管呼吸。如蜘蛛、蜱、螨、蝎等。

2. 甲壳纲（*Crustacea*）

体躯分为头胸部和腹部 2 个体段；有 2 对触角；成期有 5 对足。如虾、蟹等。

3. 唇足纲（*Chilopoda*）

体躯分为头部和胴部 2 个体段；有 1 对触角；胴部每一体节具 1 对足，其中第 1 对足特化成毒爪。如蜈蚣、钱串子等。

4. 重足纲（Diplopoda）

体躯分为头部和胴部 2 个体段；有 1 对触角；大多数体节具 2 对行动足。如马陆等。

5. 结合纲（*Symphyla*）

与唇足纲相似，但第 1 对足不特化成毒爪；每一体节上具 1 对刺突和 1 对能翻缩的泡，与昆虫纲的双尾目昆虫极为相似。如么蚰。

第二节　昆虫的多样性和适应性

生物多样性（biodiversity）是指在一定空间内生物的变异性，通常包括遗传、物种和生态系统多样性3个层次。适应性是指生物通过各种行为对策适应环境的以保存种群和繁衍后代的能力。

一、昆虫纲繁盛的表现特点

总体而言，昆虫纲的繁盛主要表现在以下4个方面：

1. 种类最多

昆虫纲是动物界中包括物种最多的一个类群，目前已命名的昆虫约计有100万种，占地球所有动物种数的2/3，约占全球生物多样性的一半。

2. 数量最大

同种昆虫的个体数量之多也是十分惊人的，特别是一些重要的农林害虫更是如此。如我国历史上蝗灾频发，飞蝗迁飞时可遮天蔽日；1个蚂蚁种群可多达50万个个体；蚜虫暴发时，1棵植物甚至1张叶片上的个体常多得难以计数。

3. 分布广泛

昆虫的分布遍及地球的各个角落，从赤道到两极，从海洋、湖泊、河流到沙漠，从高山之巅到深层土壤，都有昆虫栖息。有些昆虫甚至能生活在盐池、石油等特殊环境中。

二、昆虫纲繁盛的原因

昆虫之所以能够发展成动物界最繁盛的类群，是其对环境具有很强的适应能力，长期自然选择的结果。

1. 历史久远

据考古研究，人类的出现仅有100多万年，而有翅昆虫的历史至少有3.5亿年，无翅亚纲的昆虫可能有4亿年或更长的历史。

2. 有翅善飞

昆虫是无脊椎动物中唯一的，也是动物界中最早具有飞行能力的一个类群。飞行能力的获得有利于昆虫的觅食、求偶、避敌、迁移和扩大分布等。

3. 相对体小

大部分昆虫的个体较小，只需少量的食物便可满足其生长发育和繁殖对营养的需求，同时也便于其隐藏。

4. 繁殖力强

昆虫具有惊人的生殖能力，加之体小发育速度快，因而两者构成了极高的繁殖率。大多数昆虫的产卵量可达数百粒至数千粒，一年可完成数代，即使在自然死亡90%的情况下，仍能保持一定的种群数量。

5. 食性广泛

从植物到动物，从活体到死体和排泄物，甚至有机矿物等，几乎所有的天然有机物都可以是昆虫的食物。同时，昆虫还通过口器的分化适应不同的取食需要，从而避免了对食物的竞争，改善了与取食对象的关系。

6. 具有变态和发育阶段性

绝大部分昆虫为全变态，其幼虫期和成虫期个体在生境及食物上差别很大，因而避免了同种或同类昆虫在空间与食物等方面的需求矛盾。大部分昆虫还可以通过休眠或滞育来适应不良环境条件，以保持其种群的延续。

第三节　昆虫与人类的关系

昆虫在长期的进化过程中，与各种地球生物建立了密切而复杂的生存关系，特别是对人类的生产、生活方面产生着重要影响。根据人类的经济观和健康观，可把昆虫对人类的影响分为益、害两大方面。

一、有害昆虫

在人类生活中，衣、食、住、行及健康等方面都会受到昆虫的侵害，这些昆虫通过为害经济动、植物和传播疾病给人类造成了重大损失，因此通称其为害虫（insect pests）。

1. 农业害虫

为害经济植物及其产品的害虫通称为农业害虫。在人类栽培的植物中几乎没有一种不遭受害虫为害的，而且一种作物常同时受多种害虫为害。据记载，农作物害虫约计有10 000种，每种主要作物已知害虫种类多在100~400 种。经济植物由于受害虫为害常导致产量下降，品质降低，甚至造成严重的灾害。据联合国粮农组织（FAO）报道，全世界 5 种重要作物（稻、麦、棉、玉米 1/5 蔗）每 199 虫害的损失达 2 000亿美元；我国每年因害虫造成的损失至少占农作物总产值的 1/5以上；1992 年我国棉铃虫大暴发、造成棉花减产 30%以上，直接经济损失达 100 亿元。林、果、蔬、药等经济植物也受到害虫的为害，一般损失 15%~20%，有时还严重影响出口创汇。经济植物产品在贮藏、加工期间也会受到多种害虫侵害，如粮食在贮运过程中一般损失 5%~10%。

昆虫不仅直接为害经济植物及其产品，而且还能传播植物病害。蚜虫、飞虱和叶蝉等刺吸式口器昆虫是多种植物病毒病的传毒媒介，在已知的近 300 种植物病毒病中，仅蚜虫传播的就占一半以上。某些昆虫传病造成的损失远远大于直接为害所造成的损失。

2. 卫生害虫

有些昆虫能侵袭人类及经济动物身体，有的还能传播疾病，甚至引起人及动物死亡，这类害虫通称为卫生害虫。昆虫对人、畜的直接为害包括取食、螯刺、骚扰和恐吓等。一些肉食性昆虫可以通过捕食或寄生直接取食其他动物的组织或体液；家畜、家禽和人的外寄生性昆虫可吸取寄主的血液，如蚤、虱、臭虫和锥猎蝽等能反复侵害人、畜，严重时能引起寄主慢性贫血；蚊、蝇、虱、蚤等的叮、咬骚扰有时令人难以忍受；某些蜂、蚁等有毒昆虫可引起人、畜皮肤损伤或中毒。

卫生害虫对人、畜的间接为害主要是传播疾病。人类的传染病大约有 2/3 是以昆虫为媒介的蚊、蝇、蚋、蚤、虱、臭虫、蟑螂和锥猎蝽等是疾患的主要传播者。历史上，由昆虫传播的疾病曾屡次酿成人类的惨重灾难。如疟蚊传播的疟疾曾夺去无数人的生命，由跳蚤传播的鼠疫 1237 年在欧洲的一次大流行，曾夺去 2 500万人的生命，占当时欧洲人口的 1/4。当今，由昆虫传播的病疫仍然威胁着人类的健康。

二、有益昆虫

有些昆虫能直接或间接地造福于人类，对人类的生产和生活是有益的，因而通称为益虫（beneficial insects）。

1. 工业原料昆虫

不少昆虫或其产品是重要的天然工业原料，如家蚕、柞蚕是丝绸工业的主体；紫胶、虫蜡、五倍子、荧光素酶以及几丁质等虫产品是医学、化工、食品等多种工业的重要原料，有些还是出口商品，为国家换回大量外汇。

2. 传粉昆虫

显花植物中约有 85%的种类属于虫媒植物，一些取食花蜜和花粉的昆虫，如蜂类、蝇类、蝶类、蛾类和甲虫类等，通过为植物传粉，为人类创造了巨大的财富。蜜蜂因授粉促进作物增产的价值远远高于蜂产品的价值。

3. 天敌昆虫

昆虫中约有30%的种类是捕食性和寄生性的，它们多数是害虫的天敌，保护与利用这些自然天敌是害虫生物防治和综合治理的基本措施。近些年来，我国在保护利用瓢虫、草蛉和繁殖、释放赤眼蜂防治作物害虫方面，已经取得明显成效。

4. 药用昆虫

一些昆虫具有药用价值，是中国传统医药宝库的重要组成部分。在《本草纲目》中就记载了80多种药用昆虫，目前人药用昆虫已达近300种。近年来人们对虫药的化学成分、治病机制进行了深入研究，并用于临床治疗多种疾病。

5. 食用、饲用昆虫

昆虫体富含蛋白质、不饱和脂肪酸、微量元素等，可为人类提供高蛋白、高矿物质、低脂肪的理想食品，是一类值得开发的食品资源。很多昆虫可作为养殖动物的蛋白质饲料。

6. 文化昆虫

许多体型美观、体色艳丽的观赏昆虫和发声昆虫、发光昆虫、斗性昆虫、节日昆虫等，能够美化或丰富人们的精神文化生活。

此外，腐食及粪食性昆虫、仿生昆虫、生物工程昆虫、指示昆虫和法医昆虫等也都属有益昆虫。

第五章　昆虫的形态结构

昆虫种类繁多，形态各异，这是它们在长期演化过程中适应环境的结果。了解昆虫的形态构造是识别昆虫、研究昆虫的系统分类与进化以及对其进行科学管理的重要基础。

第一节　昆虫体躯的一般构造

一、昆虫的形状、大小和体向

大多数昆虫的体躯为圆筒形，直径一般不超过10mm。在描述昆虫的体形时，常以细长、长形、圆形、椭圆形、扁平和侧扁等表示，或以某种常见物体的形状来说明。

昆虫在不同种类间的大小差异悬殊。如最大的竹节虫体长和蛾蝶类翅展可达300mm以上；最小的寄生蜂类体长还不足0.2mm。描述昆虫体型的大小通常以巨型（体长100m以上）、大型（40~99mm）、中型（15~39mm）、小型（3~14mm）和微型（2mm以下）来表示。

在描述昆虫时，常以虫体重心（多为胸部）为中心确定昆虫各结构的相对位置，常用的体向有前、后，左、右，内、外，基、端，背、腹、侧等，有时也用到一些组合式的体向名称，如背侧方、腹侧方、侧前方及侧后方等。

二、昆虫的体节与体段

昆虫的体躯由18~21个体节（segment）组成，多数体节之间由节间膜相连。昆虫的体躯可分为3个明显的体段，即头部、胸部和腹部。

典型的体节（如胸节）由1块背板、1块腹板和2块侧板组成，各骨板间有时以膜相连，有时紧密结合而分界不明显。

昆虫体表常生有毛、刺、瘤、脊等突出物及沟、缝等凹陷部分，沟是骨板褶陷而在体表留下的狭槽，沟下陷入部分成脊状、板状、刺状、叉状等，构成昆虫的内骨骼，扩大了肌肉的着生面积。缝是两骨片并接所留下的界线。

三、附肢

体躯具有分节的附肢（appendage）是节肢动物共同的特点。昆虫在胚胎发育时期每一体节上均出现 1 对可以发育成附肢的突起或管状外长物，但到胚后发育阶段，一部分体节的附肢已经消失，一部分体节的附肢发育并特化成不同功能的器官。如头部的附肢特化为触角和取食器官，胸部的附肢特化为足，腹部的一部分附肢特化成外生殖器和尾须等。

第二节　昆虫的头部

头部（head）是昆虫体躯的第 1 体段，由几个体节愈合成一个坚硬的头壳，以保护脑和适应取食的强大的肌内牵引力。头壳表面着生有触角、复眼和单眼，前下方生有口器，后面有头孔，头孔有颈膜与胸部相连。

一、头部的构造

1. 头壳的分区

昆虫的头部一般为圆形或椭圆形，由于头壳的高度愈合，外观上已看不出分节的痕迹。大部分昆虫的头壳上有许多与分节无关的次生沟或缝，把头壳划分成若干区域，各区的形状和位置常随种类的不同而变化，但相对位置基本不变。如东亚飞蝗头部的分区如图 3-5-1 所示。

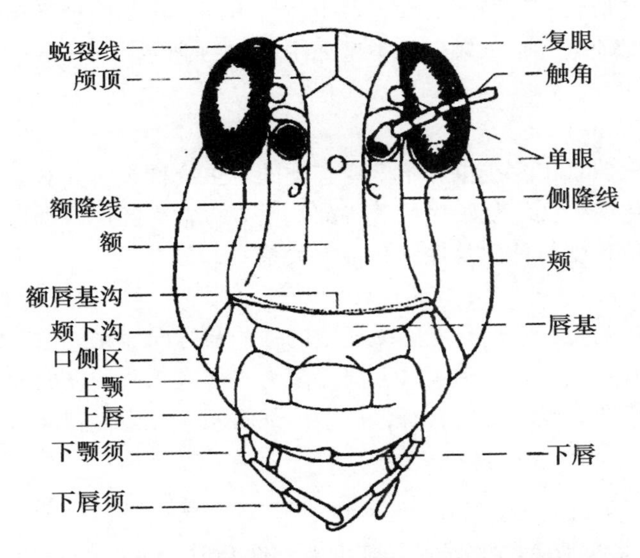

图 3-5-1　东亚飞蝗的头部正面观（仿陆近仁，虞佩玉）

2. 头式的变化与适应

昆虫由于取食方式的不同，口器的形状及着生的位置也发生了明显的变化，根据口器着生的方向，可将昆虫的头部形式分为 3 大类（图 3-5-2）。

（1）下口式。头的纵轴与虫体纵轴相垂直，口器着生于头的下方，特别适于啃食植物叶片、茎秆等。如蝗虫、蟋蟀、鳞翅目幼虫等。

（2）前口式。头的纵轴与虫体纵轴相平行或成一钝角，口器着生在头的前方。如大多数具有咀嚼式口器的捕食性昆虫、钻蛀性昆虫等。

（3）后口式。头的纵轴与虫体的纵轴成一锐角，口器着生并伸向头的腹后方。如大多数具有

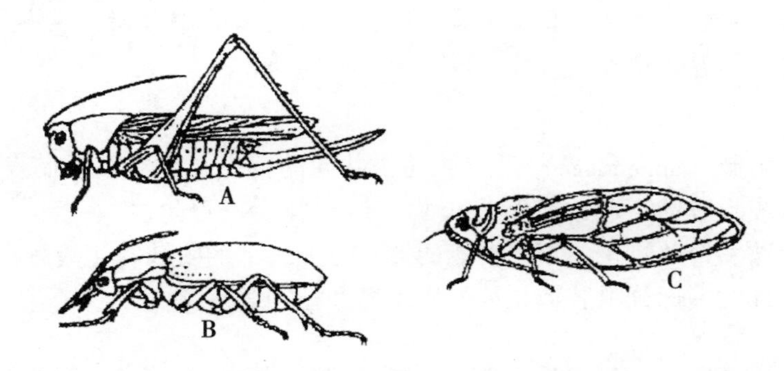

A.下口式（螽斯）；B.前口式（步行甲）；C.后口式（蝉）（仿Eidmann）

图 3-5-2　昆虫的头式

刺吸式口器的昆虫如蝉、叶蝉、蝽类等。

二、头部的感觉器官

（一）触角

触角（antenna）是1对分节附肢，由基部向端部依次为柄节、梗节和鞭节（图3-5-3，A）。触角的长度一般为虫体长的1/4~1/2，但在部分天牛和螽斯中，可长达体长的几倍，而蝉、蜻蜓、蝇类的触角则很短小。

触角的主要功能是嗅觉、触觉和听觉，在种间和种内化学通讯、声通讯及触觉通讯中起着重要作用。不同类型的触角其形状、长短、节数和着生位置不同，在不同种类和性别间变化很大，是种类鉴定和区别雌雄的重要依据。常见触角的类型如图3-5-3所示。

（二）复眼和单眼

1. 复眼（compound eyes）

是昆虫最重要的视觉器官，为成虫和不全变态类的若虫或稚虫所具有，但有些低等昆虫、穴居及寄生性昆虫的复眼退化或消失。复眼多位于头部侧上方，常为圆形或卵圆形，一般由300~5 000个小眼组成。复眼的发达程度与种类及性别有很大关系。

2. 单眼（ocellus）

包括背单眼和侧单眼两类，它们只能感受光线的强弱与方向而无成像功能。背单眼为成虫和不全变态类的若虫或稚虫所具有，着生于额区上部，多为3个或2个，极少种数只有1个。不少种类无背单眼。侧单眼仅为全变态类幼虫所其有，位于头部两侧，常为1~7对不等。

三、口器

（一）口器的构造类型

口器（mouthparts）是摄取食物的器官。昆虫因食性及取食方式的分化，形成了各种不同类型的口器。取食固体食物的昆虫口器为咀嚼式；取食液体食物的昆虫口器为吸收式，其中吸食表面液体的昆虫口器为舐吸式或虹吸式，而吸食寄主体内液体的昆虫口器为刺吸式、锉吸式或捕吸式；兼食固体和液体食物的昆虫口器为嚼吸式。在所有类型的口器中，以咀嚼式口器最为原始，其他各种类型的口器均由咀嚼式口器演变而成。

1. 咀嚼式口器（chewing mouthparts）

由上唇、上颚、下颚、下唇和舌5部分组成，主要特点是具有发达而坚硬的上颚以嚼碎固体食物。无翅亚纲、祯翅目、直翅类、大部分脉翅目、部分鞘翅目、部分膜翅目成虫及很多类群的幼虫的口器都属于咀嚼式。其中以直翅类最为典型（图3-5-4）。

鳞翅目幼虫也属咀嚼式口器，但其下颚、下唇和舌愈合成一复合体。复合体的两侧为下颚，复

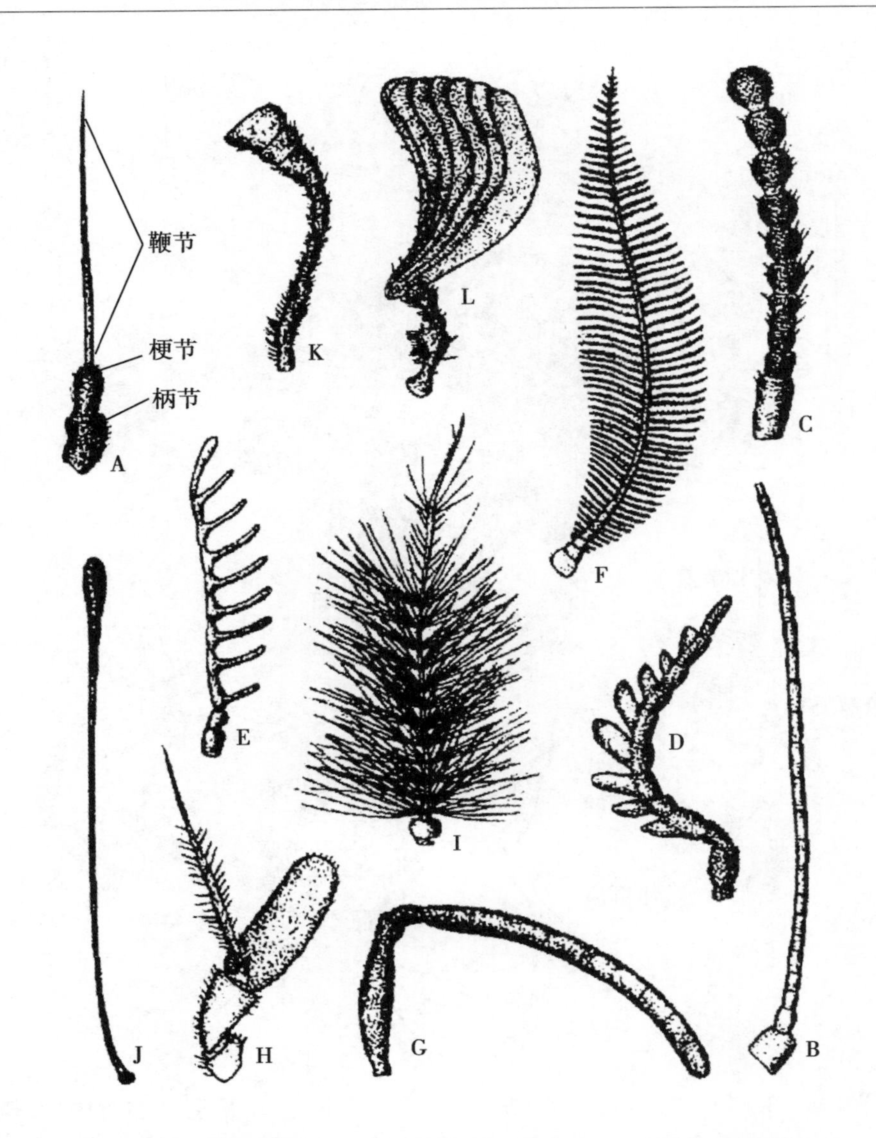

A.刚毛状（叶蝉）B.丝状（蝗虫）；C.念珠状（白蚁）；D.锯齿状（芫菁雄虫）；E.栉齿状（豆象雄虫）；F.羽状（蚕蛾）；G.膝状（蜜蜂）；H.具芒状（蝇类）；I.环毛状（蚊类雄虫）；J.球杆状（蝶类）；K.锤状（郭公甲）；L.鳃叶状（金龟甲）（仿周尧，管致和等）

图 3-5-3　昆虫触角的构造和类型

合体的中央基部为下唇，端部为由舌演变而成的吐丝器。

2. 嚼吸式口器（chewing-lapping mouthparts）

是兼有咀嚼与吸收两种功能的口器，仅为一部分高等膜翅目昆虫（如蜜蜂）成虫所具有，其主要特点是上唇和上颚与咀嚼式口器相似，下颚和下唇特化为可以临时组成吸食液体食物的喙。工蜂在取食液体食物时，下颚的外颚叶包被在中唇舌的背、侧两面形成食物道，1 对下唇须贴在中唇舌腹面形成唾液道。不取食时，下颚和下唇分开，弯折于头下。

3. 刺吸式口器（piercing-sucking mouthparts）

是取食动植物体液的昆虫既能刺入寄主体内又能吸食寄主体液的口器，为同翅目、半翅目、虱目、蚤目及部分双翅目昆虫所具有。如同翅目蝉类的口器（图 3-5-5，A～C），其上唇为一个三角

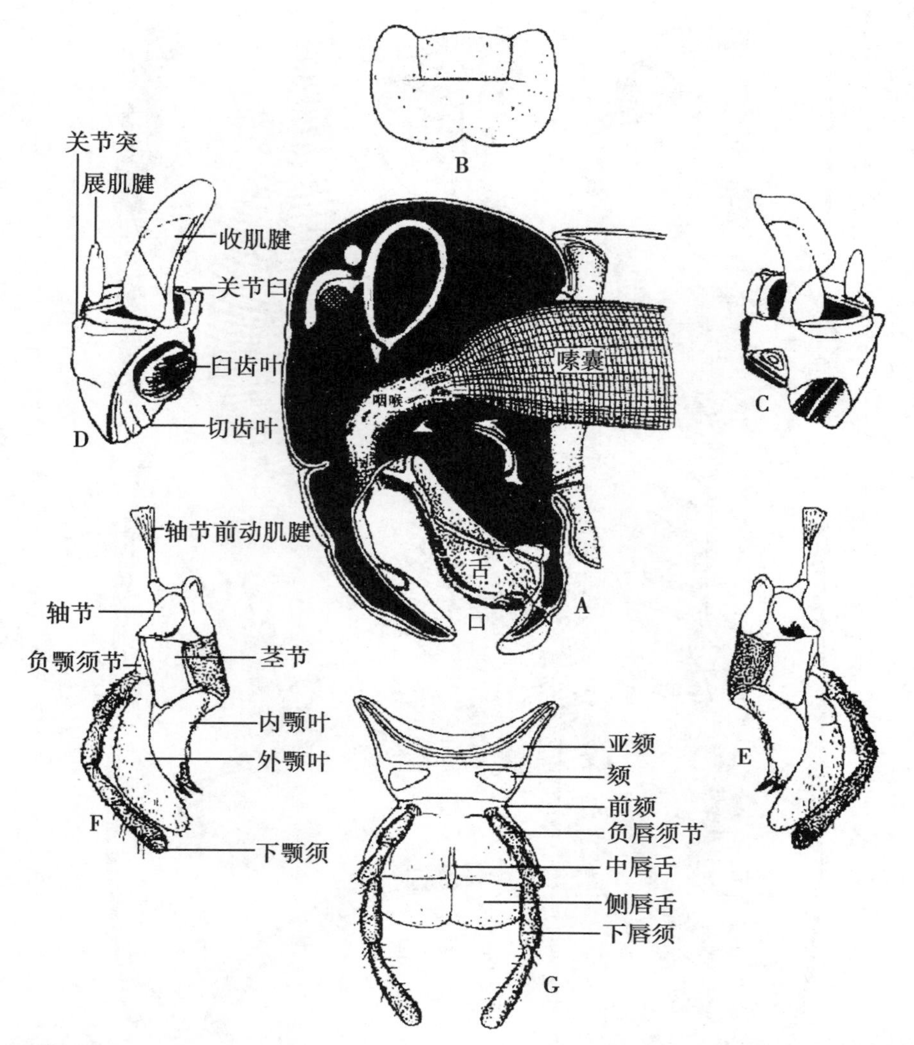

A.头部纵切面；B.上唇；C、D.左、右上颚；E、F.左、右下颚；G.下唇（仿陆近仁，虞佩玉）

图 3-5-4　东亚飞蝗的口器

形骨片；上颚与下颚内颚叶特化为 4 条口针，主要起穿刺作用；下唇延长成长喙，以容纳和保护口针。双翅目蚊类的口器（图 3-5-5，D）有 6 条口针，除 2 对上颚、下颚口针外，上唇和舌也变成了口针。昆虫取食时，靠肌肉的作用将口针交替刺入寄主组织，同时分泌含有抗凝物质、消化酶的唾液，然后借食窦唧筒的抽吸作用取食寄主的体液。

4. 锉吸式口器（rasping-sucking mouthparts）

为缨翅目蓟马所特有，其头部向下方突出成短喙状，内藏舌和由左上颚及 1 对下颚特化成的 3 条口针，而右上颚退化消失。蓟马取食时，喙贴于寄主表皮，先用上颚口针将寄主组织刮破，然后以喙端密接伤口吸取寄主流出的汁液。

5. 虹吸式口器（siphoning mouthparts）

为鳞翅目成虫所特有，其构造特点是有一条能卷曲和伸展的喙（图 3-5-6），以吸食花管底部的花蜜。其上唇为一条很狭的横片，上颚退化消失；下颚的 1 对外颚叶延长，并嵌合成喙；每个外颚叶内侧有一纵沟，两者相合即组成食物道。

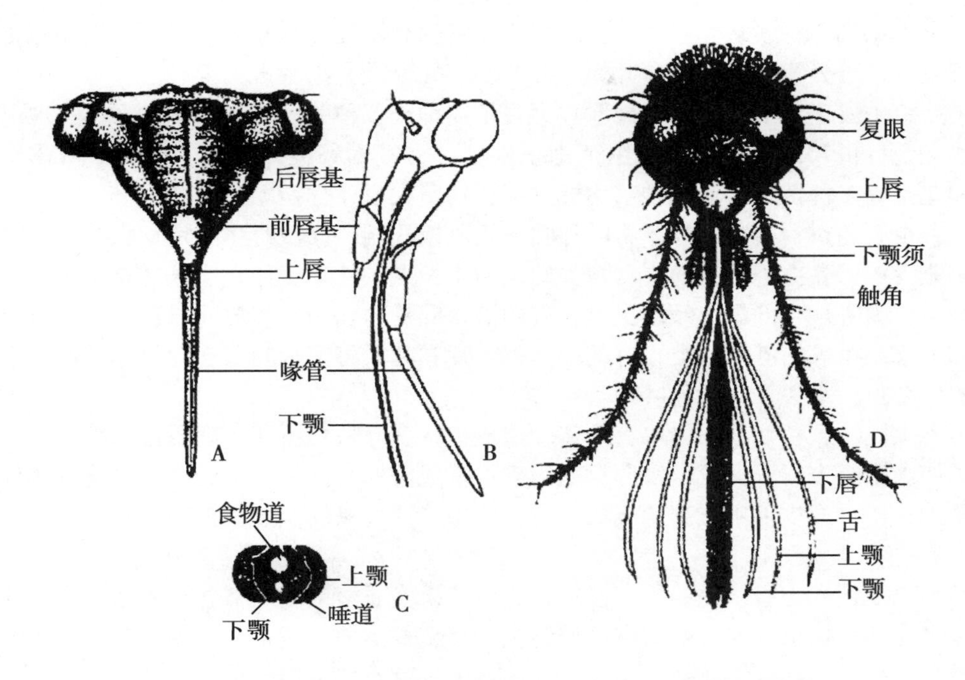

A.B.蝉的头部正、侧面；C.蝉的口针横切面；D.雌蚊的口器
（A～C仿周尧，D仿Mathesom）

图 3-5-5　刺吸式口器

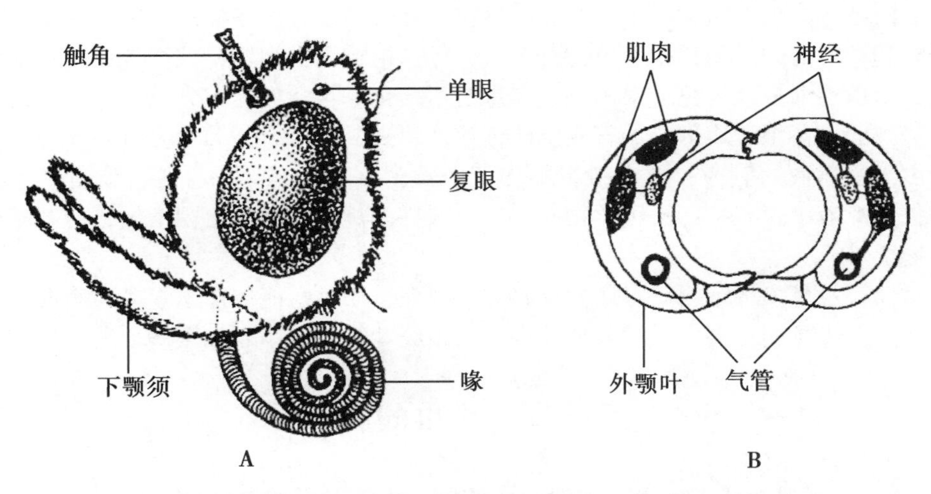

A.头部侧面观；B.喙的横切面（A仿彩万志，B仿Eidmann）

图 3-5-6　鳞翅目成虫的虹吸式口器

6. 捕吸式口器（grasping-sucking mouthparts）

为脉翅目昆虫的幼虫所特有，其特点是成对的上、下颚分别组成 1 对既能捕获猎物又能刺吸猎物体液的构造，因而又称为双刺吸式口器。脉翅目幼虫捕食时，将成对的捕吸式口器刺入猎物体内，注入消化液进行肠外消化后，再将消化好的物质吸入肠道。

（二）不同口器类型的为害特点

1. 咀嚼式口器害虫（chewing pests）

重要的植物害虫绝大多数是咀嚼式口器害虫，其为害的共同特点是造成植物明显的机械损伤，在被害部位常可见到各种残缺和破损，使组织或器官的完整性受到破坏。根据它们在植物上的取食部位和为害特点，可分为食粮类、食叶类、蛀茎类、蛀果类和贮粮害虫等。

食根类害虫主要在地下或近地表处取食为害植物种子、种芽、根或根茎，又称为地下害虫，如蝼蛄、蛴螬、金针虫和地老虎等。寄主范围很广，可为害禾谷类、薯类、豆类、棉花、蔬菜、果树、苗木和花卉等多种植物，造成种子不能发芽，幼苗大量死亡。

食叶类害虫有的蚕食植物叶片，将叶片吃成缺刻或孔洞，严重时将叶片食光，甚至将植株吃成光杆，如东亚飞蝗、黏虫等；有的喜食植物幼嫩的生长点，使顶尖停止生长或造成断头，如棉田1代棉铃虫幼虫，为害烟草的烟夜蛾幼虫等；有的潜入叶片内在两层表皮间取食叶肉，形成各种透明的虫道，如为害果树等的潜叶蛾类；有的吐丝将叶片卷起或将多片叶缀连营巢，潜伏其中为害，如为害水稻的稻苞虫，为害果树的卷叶蛾等。

蛀茎类害虫能钻入植物茎干内取食为害，造成植株茎叶枯死折断，削弱植株生长势，甚至引起全株枯死。如水稻螟虫、亚洲玉米螟等早期为害可造成植株心叶枯死，后期为害造成茎秆折断；吉丁虫、小蠹虫在树皮或皮下木质部的浅层蛀食，天牛、透翅蛾幼虫蛀食树干的木质部，分别形成不同的隧道。

蛀果类害虫专钻蛀为害植物的果实或籽粒，造成果实脱落或品质下降。如钻蛀为害棉花蕾铃的红铃虫和金刚钻类，蛀果、兼食叶为害的棉铃虫，蛀食豆荚的大豆食心虫和豆荚螟，为害多种果树的食心虫类等。

2. 吸收式口器害虫（sucking pests）

在吸收式口器的害虫中以刺吸式口器种类最多，为害最大，多集中在半翅目和同翅目。取食时，将口针刺入植物表皮，吸食植株体液，植物受害后没有明显的残缺和破损。但由于取食造成了植物生理过程的破坏，加上植物对受害的能动反应，常表现出各种各样的为害状。如引起植株体内水分、氨基酸和糖类的大量消耗，使植物营养失调等。植物受害初期，被害部位叶绿素减少，先出现黄色斑点，以后逐渐变成褐色或银白色，严重时木栓化并与活的组织分离，使植物光合作用面积减少，生长势减弱，甚至造成部分器官或整株枯死。蚜虫、蝽类、蓟马等喜欢刺吸为害植物的幼嫩部分，常常由于受唾液的刺激，被害组织不均衡生长，出现芽或叶片卷曲、皱缩、果实畸形等症状。有些害虫的唾液中含有特殊的化学物质，致使植株萎蔫或使细胞急剧增生，局部畸形生长，膨大或形成虫瘿。

刺吸式口器害虫是多种植物病毒病的重要传播媒介，如桃蚜能传播100多种病毒，麦二叉蚜传播麦类黄矮病，灰飞虱能传播水稻黑条矮缩病、稻条纹叶枯病、小麦丛矮病、玉米粗缩病等。

第三节　昆虫的胸部

胸部（thorax）是昆虫体躯的第2体段，由前胸、中胸和后胸3个体节组成，每个胸节各具1对胸足，分别称为前足、中足和后足。大多数有翅亚纲昆虫的中、后胸还各生有1对翅，分别称为前翅和后翅。有翅昆虫的中、后胸和前胸差别很大，因而特称为具翅胸节或简称翅胸。昆虫胸部的演化主要是由于运动功能的变化而发生的。

一、胸节的构造

（一）前胸

昆虫的前胸无翅而与飞行无关，构造比较简单，常不及中、后胸发达。同时，由于不受飞行机械的制约，使其更具有变异的可能性，而且这种变异多发生在背板上。

多数昆虫的前胸背板构造简单，常为一狭片；蜚蠊目、直翅目、同翅目及半翅目的前胸背板发达，可起保护作用。前足发生特化或前胸与拟态、求偶有关的种类，前胸背板常甚为发达，有的还会在形态上发生特化。如螳螂用前足捕捉猎物、蝼蛄以前足挖土，它们的前胸背板都很发达；前胸与求偶有关的犀金龟等，前胸背板上常有1至数个大突起（图3-5-7，C）；有些角蝉的前胸背板更为奇特（图3-5-7，A、B）。

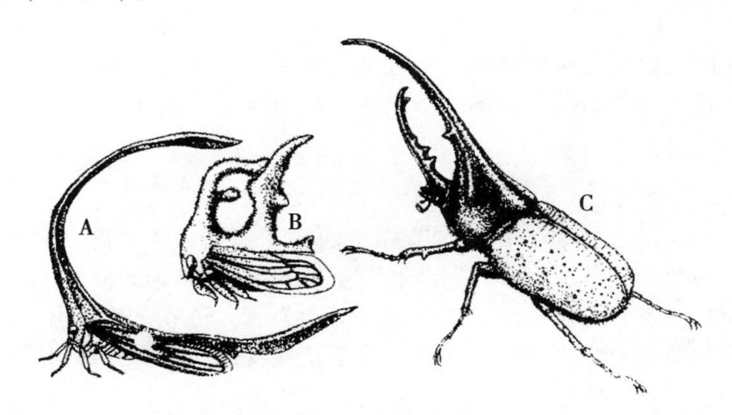

图3-5-7　几种前胸背板特化的昆虫（AC仿山崎，B仿Comstock）

前胸侧板上通常只有1条侧沟将其分为前侧片和后侧片，侧沟下端形成与前足基节顶接的侧基突。许多昆虫的后侧片退化，有些昆虫的前侧片有时亦退化，它们或与背板愈合或与腹板愈合。有些原始的类群则无真正的侧板。

多数昆虫的前胸腹板不发达，仅为一小形骨片，但有些昆虫的腹板常形成特殊的构造，如某些蝗虫的前胸腹板具一锥状突起；叩甲类前胸腹板后部中央有一后伸的楔形突，插入中胸腹板相应的凹陷中。

（二）翅胸

具翅胸节的背板、侧板和腹板都很发达（图3-5-8），并且彼此联接紧密，形成了坚强的飞行支持构造。

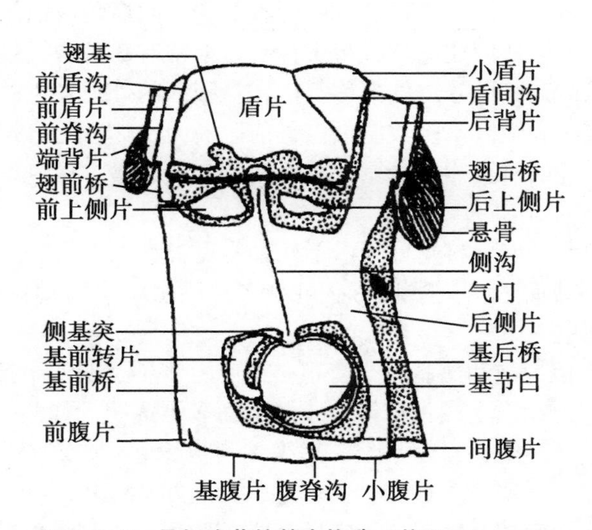

图3-5-8　具翅胸节的基本构造（仿Snodgrass）

翅胸的背板一般具有3条横沟，即前脊沟、前盾沟和盾间沟，因而将背板分为4块骨片，即端背片、前盾片、盾片和小盾片。背板侧缘的前、后两个突起即前背翅突和后背翅突，是与翅相连接的关节构造。

翅胸两侧板背方中部各有一个顶在翅下的侧翅突，而在腹方中央有一个顶在足基节上方的侧基突，它们分别是翅和足运动的支点。在侧翅突前、后的两个膜质区中的小骨片，分别称为前上侧片和后上侧片。

翅胸的腹板上通常有两条横沟，即前腹沟和腹脊沟，此外还有一些膜或缝，因而把腹板分为若干骨片。

在背板与侧板之间和侧板与腹板之间，可分别在翅和足基节前后相愈合，形成翅前桥、翅后桥和基前桥、基后桥，这些构造与加强翅胸、形成翅与足的运动机械有关。

二、胸足

（一）胸足的基本构造

昆虫的胸足（thoracic legs）着生在各胸节侧腹面的基节窝内，是昆虫重要的行动器官。成虫的胸足一般由基节、转节、腿节、胫节、跗节和前跗节6节组成（图3-5-9，A）。基节是足最基部的一节，一般较粗短，通常与侧基突相支接形成活动关节；转节一般较小，基部以前、后关节与基节相连，端部常与腿节紧密相连而不能活动；腿节是最发达的一节，其基部与转节紧密相连，端部与胫节以前后关节相接，其发达程度与胫节活动所需肌肉有关；胫节较细长，基部与腿节之间的双关节很发达，可以折叠于腿节之下，控制胫节活动的肌肉源自腿节；跗节通常由2~5个亚节组成，各亚节间以膜相连，可以活动，有些种类的跗节发生特化；前跗节是足的最末端构造，多数昆虫仅具1对侧爪。

（二）胸足的类型

大部分昆虫的足是适于行走的器官，但由于各种昆虫生活环境和生活方式的不同，足的构造与功能也发生了相应变化，因而形成了多种类型。常见胸足类型如图3-5-9所示。

三、翅

（一）翅的构造和类型

1. 翅的基本构造

昆虫的翅一般近三角形，所以在展开时有3缘3角：朝向头部的一边称前缘，朝向尾部的一边称后缘或内缘，在前缘与后缘之间的边称外缘；翅基部的角叫肩角，前缘与外缘的夹角叫顶角，外缘与内缘的夹角叫臀角。为了适应翅的折叠与飞行，翅上常有3条褶线将翅面分成4区：翅基部具有腋片的三角形区域称腋区，腋区外边的褶称基褶；自腋区的外角发生的臀褶和轭褶将翅面腋区以外的部分分为臀前区、臀区和轭区。多数昆虫以臀前区最为发达，而直翅类昆虫后翅的臀区甚为发达，轭区则仅见于某些低等的蛾类。一些昆虫在翅两端部前缘具一深色斑，称为翅痣。

2. 翅的类型

根据翅的质地、形状和功能可将翅分为以下几种常见类型。

（1）膜翅。翅膜质、薄而透明，翅脉明显可见，是昆虫中最为常见的一类翅。如蜂类、蚊类和蜻蜓类等的前后翅和蝗虫、甲虫、蝽类等的后翅。

（2）毛翅。翅膜质，但翅面和翅脉上被有很多细毛，多不透明或半透明。如毛翅目昆虫的翅。

（3）鳞翅。翅膜质，但翅面上因密被鳞片或鳞毛而多不透明。如蛾、蝶类的翅。

（4）缨翅。翅膜质，翅脉退化，翅狭长，翅缘具缨状长毛。如缨翅目蓟马的翅。

（5）覆翅。翅革质，半透明或不透明，主要起保护后翅的作用。如蝗虫等直翅类昆虫的前翅。

（6）半鞘翅。又称半翅，翅基部革质不透明，端部膜质。如蝽类的前翅。

（7）鞘翅。翅骨化而坚硬，不透明，主要用于保护后翅和体背。如甲虫的前翅。

（8）棒翅。或称平衡棒，呈棍棒状，主要起感觉和飞翔时平衡身体的作用。如双翅目昆虫和雄蚧的后翅、捻翅目昆虫的前翅。

（二）翅脉和脉序

翅脉（vein）是翅在发育过程中双层薄壁间伸入气管的分支局部加厚形成的，其主要作用是加

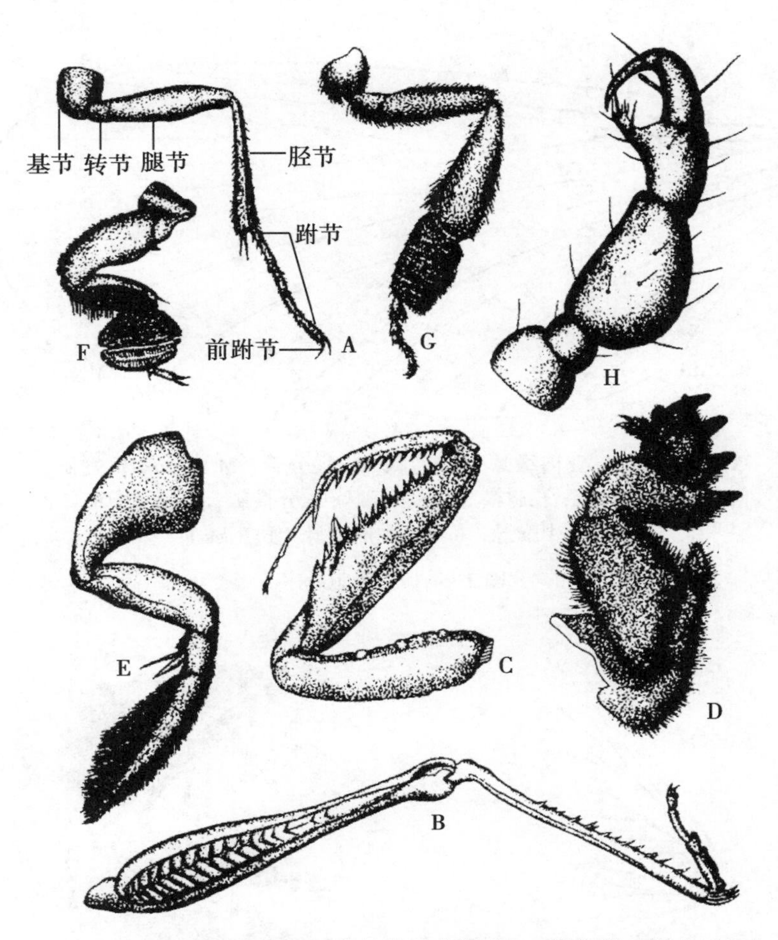

A.步行足（蛾蝶类足），示足的基本构造；B.跳跃足（蝗虫后足）
C.捕捉足（螳螂前足）；D.开掘足（蝼蛄前足）；E.游泳足（龙虱足）；F.抱握足（雄性龙虱前足）；G.携粉足（蜜蜂后足）；
H.攀悬足（虱类足）（A～G仿周尧，H仿彩万志）

图 3-5-9　昆虫胸足的构造与类型

固和支持翅膜。翅脉在翅面上的分布形式称为脉序（venation）。不同类群的昆虫的脉序有多种变化，而在同一类群中则相对稳定。

为了便于描述各类昆虫脉序的变化，人们研究归纳出了假想模式脉序，把多样化的脉序归为一个基本形式（图 3-5-10）。掌握假想翅脉对于研究不同昆虫翅脉的变化规律和识别某些昆虫类群，都具有重要意义。

（三）翅的连锁

昆虫飞行时前后翅的作用有 3 种情况。第 1 类是两对翅均用于飞行但前后翅不相关连，如蜻蜓目、等翅目、脉翅目等低等有翅亚纲昆虫；第 2 类是前翅或后翅特化，只有 1 对翅用于飞行，如直翅类、鞘翅目、双翅目昆虫等；第 3 类是两对翅都用于飞行，但以 1 对翅为主，前后翅以一定的方式相连锁，以协调飞行动作。在部分两对翅都用于飞行且前后翅之间发生连锁的昆虫中，常见的连锁方式有膨肩连锁、翅轭连锁、翅缰连锁、翅钩连锁和翅褶连锁（图 3-5-11）等。

有翅昆虫在静息时，翅或平展于体侧，或竖立于体背，或呈屋脊状斜覆于体背侧。翅可借助肌肉的控制折叠或展开。

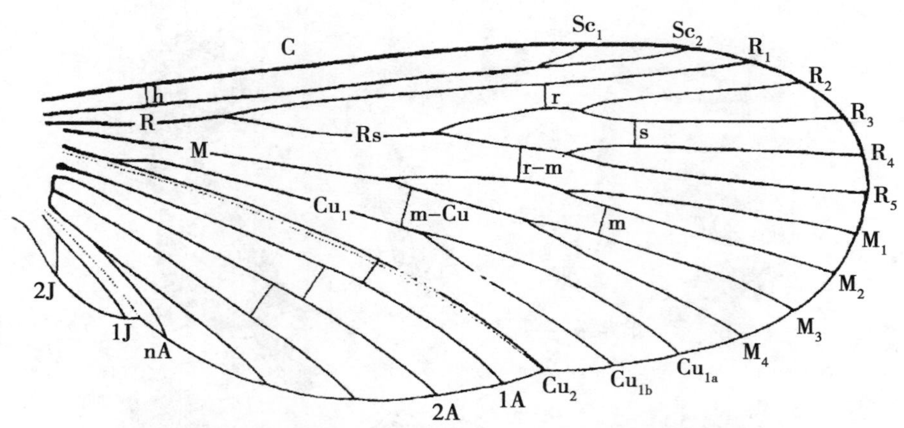

C.前缘脉；Sc.亚前缘脉；R.径脉；Rs.径分脉；M.中脉；Cu.肘脉；
A.臀脉；J.轭脉；h.肩横脉；r.径横脉；s.分横脉；r–m.径中横脉；
m.中横脉；m–Cu.中肘横脉（仿Ross）

图 3–5–10　假想脉序

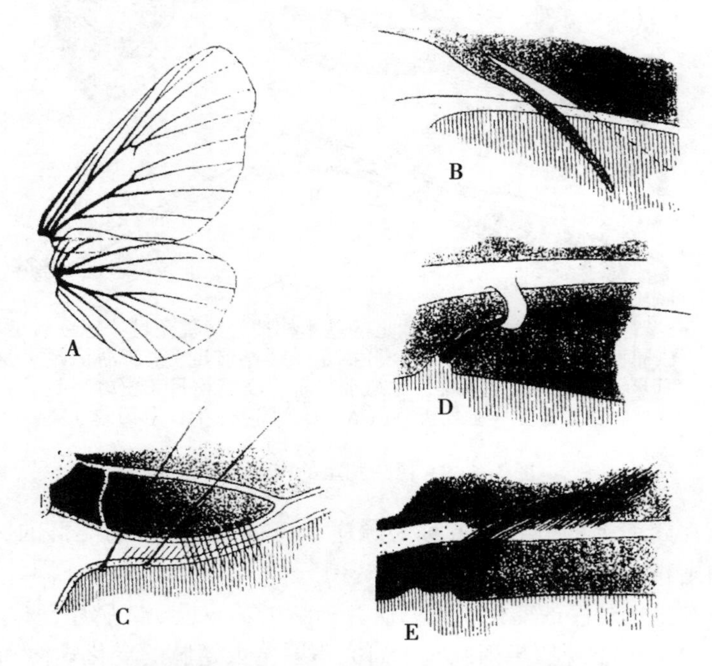

A.膨肩连锁；B.翅轭连锁；C、D、E.翅缰连锁
（仿各作者）

图 3–5–11　昆虫前、后翅的连锁

第四节　昆虫的腹部

腹部（abdomen）是昆虫体躯的第 3 个体段，前方与胸部紧密相连，各节之间分界明显。腹部内包藏着大部分内脏器官及生殖器官，其后端通常还生有由附肢演变而成的外生殖器。

一、腹部的构造

昆虫腹部的构造比较简单，一般只有背板和腹板，而无侧板，因而多为圆筒形。多数昆虫的节间膜及背板与腹板间的侧膜都较发达，因此，腹部的伸缩和弯曲都比较方便，以适于内脏的活动及交配与产卵的需要。

一般昆虫的腹节数为 9 或 10 节，而较高等的部分膜翅目和双翅目昆虫仅为 3~5 节。多数种类成虫腹部的附肢已退化消失，但雌成虫第 8、9 两节和雄成虫第 9 节上常保留由附肢等特化而成的外生殖器官，其构造与其他腹节有很大不同（图 3-5-12），特称为生殖节。

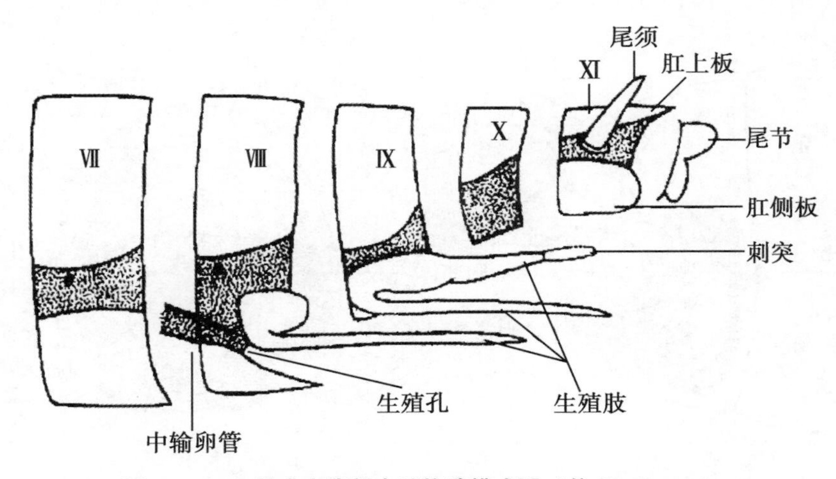

图 3-5-12　雌成虫腹部末端构造模式图（仿 Snodgrass）

二、外生殖器

昆虫的外生殖器（genitalia）主要由生殖节上的附肢特化而成。雌性外生殖器称为产卵器（ovipositor），雄性外生殖器称为交配器（copulatory organ）。

（一）产卵器

典型的产卵器是由 3 对产卵瓣组成的（图 3-5-13）。第 8 腹节上的 1 对产卵瓣为腹产卵瓣；第 9 腹节上的 1 对产卵瓣称内产卵瓣；与第 2 产卵瓣同源于第 2 载瓣片的 1 对后伸的瓣状物叫背产卵瓣。多数昆虫的生殖孔开口于第 8、9 腹节腹板之间，部分鳞翅目昆虫的雌虫有两个生殖孔，即位于第 8 节腹板后缘的交配孔和位于第 9 节后缘的产卵孔。

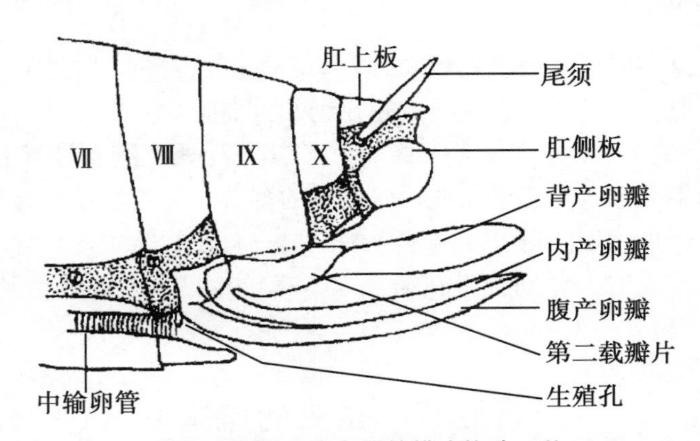

图 3-5-13　有翅亚纲昆虫产卵器的模式构造（仿 Snodgrass）

不同类群的昆虫具有不同类型的产卵器。低等昆虫多无特化的产卵器，而是由两条输卵管分别开口于第 7 腹节腹板后缘，因而具有 1 对产卵孔。高等昆虫产卵器的构造与产卵的方式和习性相适应，如产卵于土中的昆虫（如蝗虫、蟋蟀等）的产卵器常呈锥状或矛状，产卵于植物组织中的昆虫（如叶蜂、蝉、叶蝉等）的产卵器常有刺破寄主植物的构造，寄生性昆虫（如姬蜂等）的产卵器多比较细长。有些昆虫产卵器的结构与功能均十分特化，如蜜蜂、胡蜂等的产卵器演变成了自卫或攻击猎物的器官。

（二）交配器

昆虫雄性交配器的构造比较复杂，其中比较典型的是管状阳茎式的交配器，主要由阳茎和抱握器两部分组成（图 3-5-14）。

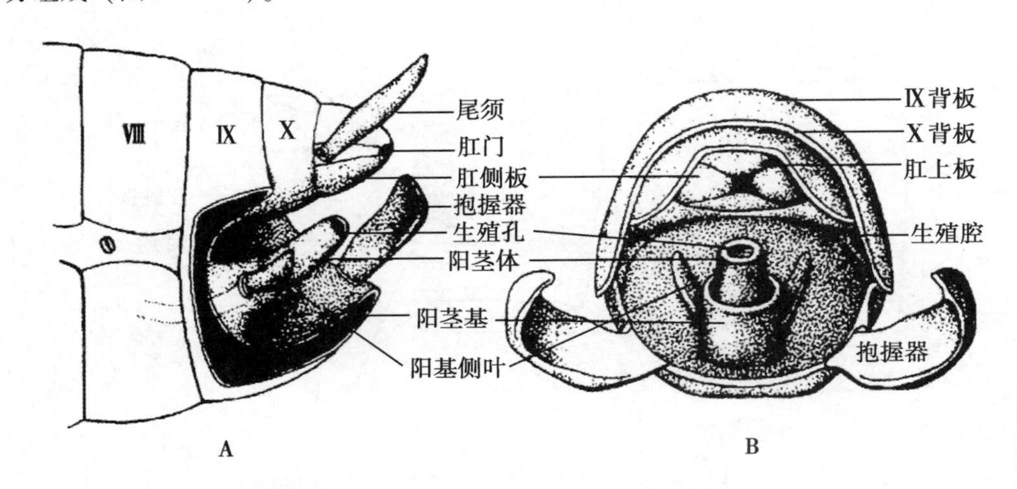

A.侧面观；B.后面观（A仿Weber,B仿Snodgrass）

图 3-5-14　昆虫雄性外生殖器的模式构造

阳茎是雄虫将精子注入雌虫体内的构造，位于由下生殖板形成的生殖腔内。阳茎多呈管状或锥状，通常可分为阳茎基和阳茎体两部分。阳茎基多为环形或三角形，两侧常形成叶状突起。阳茎体构造较复杂，表面有时形成固定或不固定的叶、钩、刺状等突起，阳茎体端部通常形成可翻缩的阳茎端。交配时，阳茎的可伸缩部分在肌肉和血液的压力下，可伸出体外并插入雌虫体内。

昆虫外生殖器的构造，反映了种间在生殖上的隔离现象，昆虫的雌、雄两性外生殖器的相应构造严格吻合，不同种间的锁钥关系明显不同。

三、腹部的非生殖性附肢

除外生殖器外，在某些类群的腹节上还生有一些非生殖性附肢，常见的如一些低等昆虫生殖后节上的尾须、无翅亚纲脏节上的附肢和一些有翅亚纲幼虫的腹足等。

尾须是第 11 腹节上的 1 对须状外长物，多存在于部分无翅亚纲和低等有翅亚纲昆虫中。尾须的形态变化较大，有的不分节，呈短锥状或棒状；有的多节、细长如丝；有的呈铗状。尾须多具有感觉作用，但铗状尾须还可用于防御等。有翅亚纲昆虫只有在幼期才具与行动有关的腹部附肢。如鳞翅目幼虫的腹足通常为 5 对，分别着生在第 3～6 和第 10 腹节上，腹足趾上还生有成排的趾钩（图 3-5-15）。

第五节　昆虫的体壁

体壁（integument）是昆虫体躯的最外层组织，是虫体内部器官和外界环境之间的保护性屏障，起着防止体内水分蒸发、保护内脏免于机械损伤和防止外来物如病原体、杀虫剂等侵入的作用。

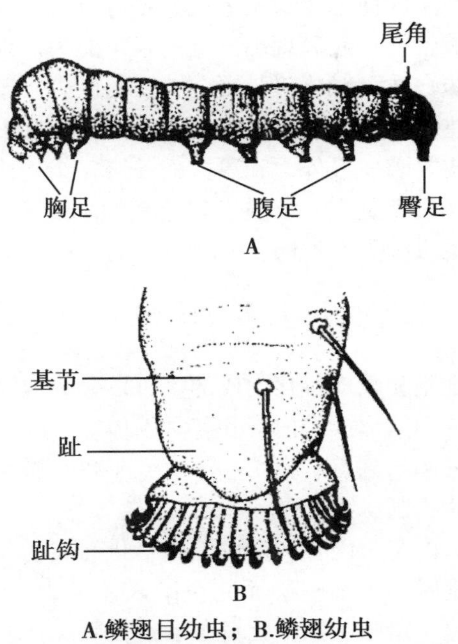

A.鳞翅目幼虫；B.鳞翅幼虫
腹足的构造（仿各作者）

图 3-5-15　鳞翅目昆虫幼期腹部的附肢

一、体壁的构造与特性

昆虫的体壁由内向外依次由底膜、皮细胞层和表皮层 3 部分组成（图 3-5-16），表皮层是皮细胞的分泌物，底膜则由血细胞分泌而成。

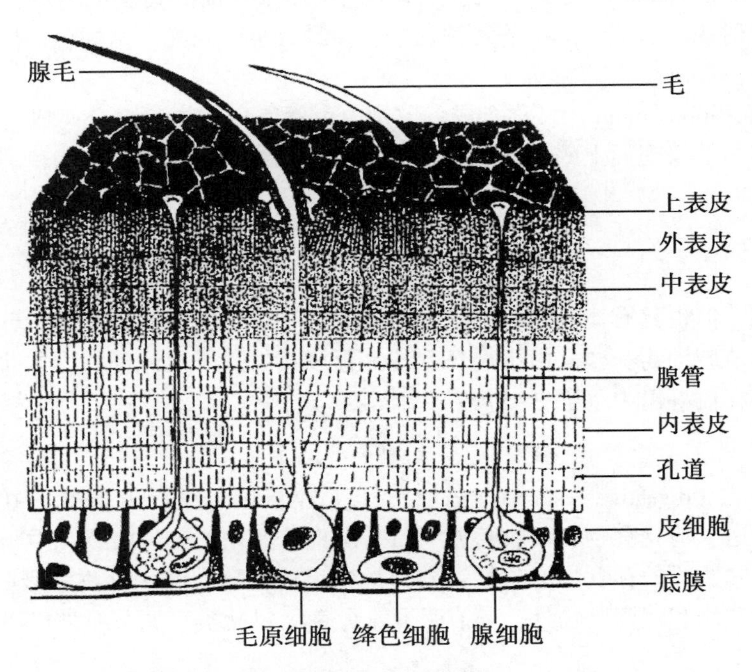

图 3-5-16　昆虫体壁的模式构造（仿 Hackman）

表皮层是体壁的最外层，结构比较复杂，由内向外又可分为内表皮、外表皮和上表皮 3 层。内表皮是表皮中最厚的一层，一般柔软而色浅，主要成分是含有几丁质和蛋白质的复合体。内表皮可使表皮层具有特殊的弯曲和伸展性能，并表现出一定的亲水能力。外表皮位于内表皮外方，主要成分也是几丁质和蛋白质，但其蛋白质已鞣化为骨蛋白，因而已失去亲水性，色深而坚硬，性质更加稳定。昆虫体壁外骨骼的作用主要是由外表皮表现出来的。昆虫在脱皮时脱下来的“蜕”，就是体壁中外表皮以外的层次。上表皮是表皮最外面和最薄的一层，结构成分和性质很复杂，是最重要的通透性屏障，昆虫体壁皮肤的作用就是由上表皮表现出来的。上表皮的主要成分是脂类和蛋白质，不含几丁质。上表皮的层次因昆虫种类而不同，一般可分为 3 层，即由内向外依次为表皮质层、蜡层和护蜡层。

二、体壁的衍生物

昆虫体壁的衍生物是由皮细胞和表皮特化而成的。可以分为两大类：一类是由体壁向外突出形成的外长物；一类是由体壁向内凹陷形成的内骨和各种腺体。

体壁的外长物包括非细胞突起如刻点、脊纹、小疣、小棘、微毛等，以及由皮细胞向外突起形成的刚毛、毒毛、感觉毛、鳞片、刺、距等。

体壁内陷物主要包括内脊、内突、内骨和由皮细胞特化而成的各种腺体。腺体有的仍与皮细胞层相连，形成外分泌腺，有的则脱离皮细胞层而完全陷入体腔内，形成内分泌腺。腺体的种类很多，依其功能可分为唾腺、丝腺、蜡腺、毒腺、臭腺、蜕皮腺和性诱腺等。

三、体壁的色彩

昆虫的体壁常具有不同的色彩和花纹，这是外界的光波与昆虫体壁相互作用的结果。根据体色的性质和形成方式可分为色素色、结构色和混合色 3 种。

色素色（pigmentary colour）又称化学色，是昆虫体色的最基本形式，是由体壁中或皮下组织内存在的某些化学色素产生的颜色，易受外界环境因素的影响而发生变化。

结构色（structural colour）又称物理色，是由昆虫体壁表面的蜡层、刻点、脊纹等细微结构对光波发生散射、衍射或干射等而产生的各种色彩，多具有金属闪光。结构色的性质比较稳定，一般不会因虫体死亡而消失。

混合色（combination colour）又称合成色，是由色素色和结构色混合而成的，通常是昆虫普遍具有的体色。如闪紫蛱蝶翅面上的黄褐色即为色素色，而紫色闪光则属结构色。

第六节　昆虫的内部器官

昆虫虽然体小，但也具有比较完善的各种内脏器官和系统，它们分别担负着与哺乳动物相似的功能。昆虫与其他节肢动物一样，由于循环系统是开放式的，所以体壁的内方即为血体腔，所有内脏器官都直接浸浴在血淋巴中（图 3-5-17）。

一、消化系统

昆虫的消化系统（digestive system）包括一条自口至肛门、纵贯于血体腔中央的消化道，其主要功能是摄取、运送、消化食物和吸收营养物质。昆虫的消化道分为前肠、中肠和后肠 3 部分：前肠具有摄食、磨碎和暂时贮存食物的功能；中肠是分泌消化酶、消化食物和吸收营养物质的场所；后肠除了排除食物残渣和代谢废物外，还有吸回水分和无机盐类、调节血淋巴渗透压和离子平衡的功能。

昆虫的消化道因种类和食性的不同，常有较大变异。取食固体食物的咀嚼式口器昆虫，其消化道一般比较粗短；取食液体食物的吸收式口器昆虫的消化道比较细长。在全变态类昆虫中，同种昆虫的不同发育阶段消化道的构造变化也很大。

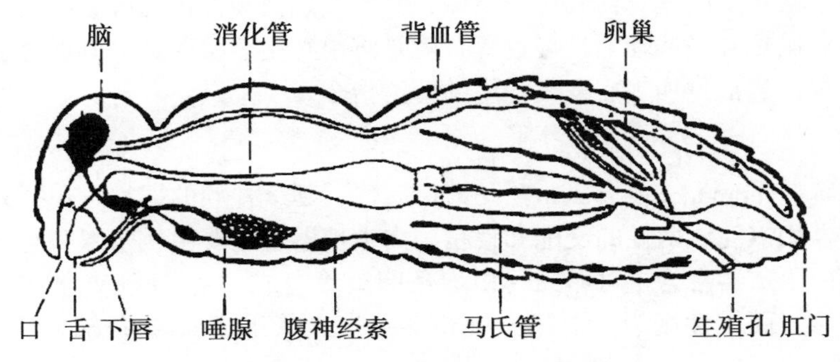

图 3-5-17　昆虫体躯纵切模式图

昆虫对食物的消化与吸收主要发生在中肠内，消化液中的各种消化酶能将食物中的糖、脂肪、蛋白质等水解成小分子物质，然后再由肠壁细胞吸收到血淋巴中。

二、排泄系统

昆虫的排泄系统（excretory system）主要是马氏管（Malpighian tubes）。马氏管是一些浸浴在血淋巴中的细长盲管，其基部开口于中、后肠交界处，与肠道相通，端部游离或与直肠结合成“隐肾”构造。马氏管的功能相当于高等动物的肾，能从血淋巴中吸收含氮代谢废物，再经肠道与食物残渣一同排出体外。多数昆虫的排泄物中主要是尿酸，以尿酸为主要排泄物失水量少，有利于维持虫体内的水分平衡。马氏管的数目在各类昆虫中差异很大，少的只有 2 条（如介壳虫），多的可达 100 多条（如蝗虫）。

三、循环系统

昆虫的循环系统（circulatory system）是属于开放式的，所有内部器官都浸浴在“血淋巴”中。循环器官的主体是背血管（dorsal vessel），位于体躯背面的下方，前端伸入并开口于头部，称为大动脉，后段由一连串的心室组成，称为心脏。每一心室有心门与体腔相通，血淋巴通过心门进入心脏，由于心脏的收缩，使血淋巴向前流动，由大动脉的开口喷出，流入头部及体腔内。

昆虫开放式循环系统的特点是血压低、血量大，其主要功能是运输养料、激素和代谢废物，维持正常生理所需的血压、渗透压和离子平衡，以及对侵染物产生免疫反应等。

四、呼吸系统

昆虫的呼吸系统（respiratory system）依其结构和功能可分为气门、气管和微气管 3 部分。气门是体壁内陷形成气管时留在体节两侧的孔口，其数目一般为 10 对，即中、后胸各 1 对，腹部第 1~8 节各 1 对，但多数昆虫的气门数目和位置常常发生变化。气管在虫体内呈现一定的排列方式，1 对气门气管分别发出 3 条主支伸向体腔背、侧方和中央，形成背气管、腹气管和内脏气管，另有几组纵向气管干把它们纵向连通，因而形成了虫体内分布发达的气管网络。气管由粗到细不断分支，最后由端细胞形成一组直径不足 1μm、末端盲状的微气管。微气管能伸入组织内或细胞间，把氧气输送到代谢组织。

昆虫的呼吸主要靠扩散作用和呼吸运动的通风作用，使空气由气门进入气管、支气管和微气管，最后到达各组织，呼吸代谢产生的二氧化碳也通过气管系统逸出体外。

五、神经系统

昆虫的神经系统（nervous system）联系着体表和体内的各种的感受器和效应器，由感受器接受外界的各种刺激，经过神经系统的协调，支配各效应器做出适当的反应。昆虫的神经系统由中枢神经系统、交感神经系统和周缘神经系统组成。

昆虫通过不同类型的感受器接受不同性质的刺激，如着生于体表附肢上的感触器，分布在口器上的味觉器，分布于触角上的嗅觉器，位于腹侧、胫节或触角等部位的鼓膜听器和着生在头部的单眼、复眼等视觉器。昆虫神经冲动的传导过程，就是将由感受器接受到的刺激，通过周缘神经系统传入中枢神经系统，经过信息加工后发出相应的行为指令。

六、生殖系统

昆虫的生殖系统（reproductive system）是繁衍后代，延续种族的器官。包括外生殖器和内生殖器两部分。外生殖器用以完成两性的交配和授精。内生殖器官主要由生殖腺和与其相连的管道、附腺等组成，如雌性内生殖器官为 1 对卵巢（由数条卵巢管组成）、2 条侧输卵管、中输卵管、生殖腔、受精囊和护卵腺，而雄性则为 1 对睾丸（由数条睾丸管组成）、2 条输精管、射精管、阳茎、贮精囊和生殖附腺。

内生殖器官的作用是产生成熟的性细胞（卵子和精子）。当雌、雄交配时，雄虫排出的精子贮存在雌虫的受精囊中，成熟的卵子在排出时，精子从卵的受精孔进入卵内，完成受精过程，受精卵一般在母体外发育成幼体。

七、昆虫的激素

昆虫的激素分为内激素（hormone）和外激素（pheromone）两类，是由虫体内的各种腺体分泌的微量化学物质，对昆虫的生长发育和行为活动起着重要的调控作用。内激素是由某些神经组织或特殊腺体分泌于血淋巴中，再由血淋巴运送给它们的靶器官的，如由脑神经分泌细胞分泌的脑激素、由咽侧体分泌的保幼激素、由前胸腺分泌的蜕皮激素等。内激素的综合作用调控着昆虫的生长、脱皮、变态、滞育、生殖等生理活动。外激素又称信息激素，是由昆虫分泌到体外，通过空气传递，能影响其他个体行为活动的化学物质，如性外激素能够引起同种异性个体的觅偶、交配行为，告警外激素能引起其他个体的警觉或逃逸，集结外激素能引起昆虫集聚活动（如取食、越冬或迁移等），标记外激素能使社会性昆虫找到食物源或返巢时循迹而归。

国内外已人工模拟合成了多种昆虫激素类似物，并应用于害虫测报和防治中。如保幼激素和蜕皮激素作为生长调节剂，能干扰昆虫体内的激素平衡，破坏其正常生理功能而发挥杀虫效力。多种害虫的性外激素也已应用于虫情测报和田间防治。

第六章　昆虫的生物学

昆虫生物学是研究昆虫个体发育特性的科学，主要包括昆虫的生殖、生长发育、生命周期、各发育阶段的习性及行为等。不同种类昆虫的生物学特性不同，这是它们在漫长的进化历史中形成的生存对策。

第一节　昆虫的生殖方式

一、两性生殖

两性生殖（sexual reproduction）是昆虫中最常见的生殖方式，其特点是必须经过雌雄两性交配，精子与卵子结合（即受精）后，由雌虫将受精卵产出体外，每粒卵发育成 1 个子代个体，因此又称为两性卵生。两性生殖与其他各种特殊生殖方式的本质区别是，卵子只有接受精子后，卵核才能进行成熟分裂（减数分裂）；而雄虫排精时，精子已经是进行过减数分裂的单倍体细胞。

二、几种特殊生殖方式

（一）孤雌生殖

孤雌生殖（parthenogenesis）也称单性生殖，是指卵不经过受精也能发育成新个体的现象。一般又可分为偶发性、经常性和周期性孤雌生殖3种类型。偶发性孤雌生殖是指在正常情况下行两性生殖，但偶尔产出的未受精卵也能发育成新个体的现象，常见的如家蚕、一些毒蛾和枯叶蛾等；经常性孤雌生殖的特点是，雌虫在正常情况下产下的卵有受精卵和未受精卵，前者发育成雌虫，后者发育成雄虫。如膜翅目的蜜蜂和小蜂总科的一些种类；周期性孤雌生殖是指两性生殖和孤雌生殖随季节变迁交替进行，即通常在进行1次或多次孤雌生殖后，再进行1次两性生殖。如许多种蚜虫从春季到秋末，没有雄蚜出现，行孤雌生殖，到秋末冬初则出现雌、雄两性个体，并交配产卵越冬。

孤雌生殖是某些昆虫对恶劣环境和扩大分布的一种有利适应。因为即使只有1个雌虫个体被偶然带到新的地区，就有可能在这个地区繁殖和蔓延起来；在遇到不适宜的环境条件而造成大量死亡时，行孤雌生殖的昆虫更容易保留其种群。

（二）多胚生殖

多胚生殖（polyembryony）是指1粒卵能发育成2个以上胚胎，每个胚胎均能发育成1个子代个体的生殖方式。多胚生殖多见于膜翅目中的部分种类。

多胎生殖是对活体寄生的一种适应，因为在通常情况下寄生性昆虫并非都能容易找到合适的寄主，而多胚生殖使得其一旦找到理想的寄主便可产生较多的后代。

（三）胎生

有些昆虫（如高等双翅目昆虫）的胚胎发育是在母体内完成的，自母体所产出的是后代的幼体，这种生殖方式称为胎生（viviparity）。

（四）幼体生殖

一些昆虫在幼虫期就能进行生殖的现象称为幼体生殖（paedogenesis）。如一些瘿蚊在老熟幼虫或蛹期时卵母细胞即可在母体的血腔中发育，在母体内完成胚胎发育而孵化的幼体取食母体组织，至母体组织消耗殆尽时，才破母体外出行自由生活。

第二节　昆虫的个体发育

昆虫的个体发育可分为3个连续的阶段，即胚前发育——生殖细胞在亲体内的发生与形成的过程；胚胎发育——从受精卵开始卵裂到发育成幼虫为止的过程；胚后发育——从幼体孵化开始发育到成虫性成熟为止的过程。

一、卵期

对于行两性生殖和卵生的绝大多数昆虫来说，卵是个体发育的第1个虫态。卵期的发育亦即胚胎发育。卵自母体产出到孵化所经历的时期叫卵期（egg stage）。

昆虫的卵（egg或ovum）是一个大型细胞，最外面是起保护作用的卵壳，表面常有特殊的花纹；卵壳内面紧贴一薄层卵黄膜，膜内方为原生质、卵黄和卵核。卵有基部和端部之分，其端部常有贯通卵壳的卵孔，是受精时精子进入卵内的通道。

卵的大小一般与虫体的大小及产卵量有关，大多数长度在1.5~2.5mm，但也有更大或更小者。昆虫卵的形状变化也很大（图3-6-1）。大部分昆虫的卵初产时呈乳白色或淡黄色，以后颜色逐渐加深，到近孵化时变得更深。

昆虫的产卵方式多种多样。有的单粒或几粒散产，有的多粒聚产在一起形成卵块，有的将卵产在植物叶片表面，有的产在植物组织中。

二、幼虫期

昆虫的幼体从卵内孵出到发育为蛹（全变态类）或成虫（不全变态类）为止的发育阶段，称为幼虫期（larval stage）或若虫期（nymph stage）。幼虫期或若虫期主要是通过大量取食，为发育

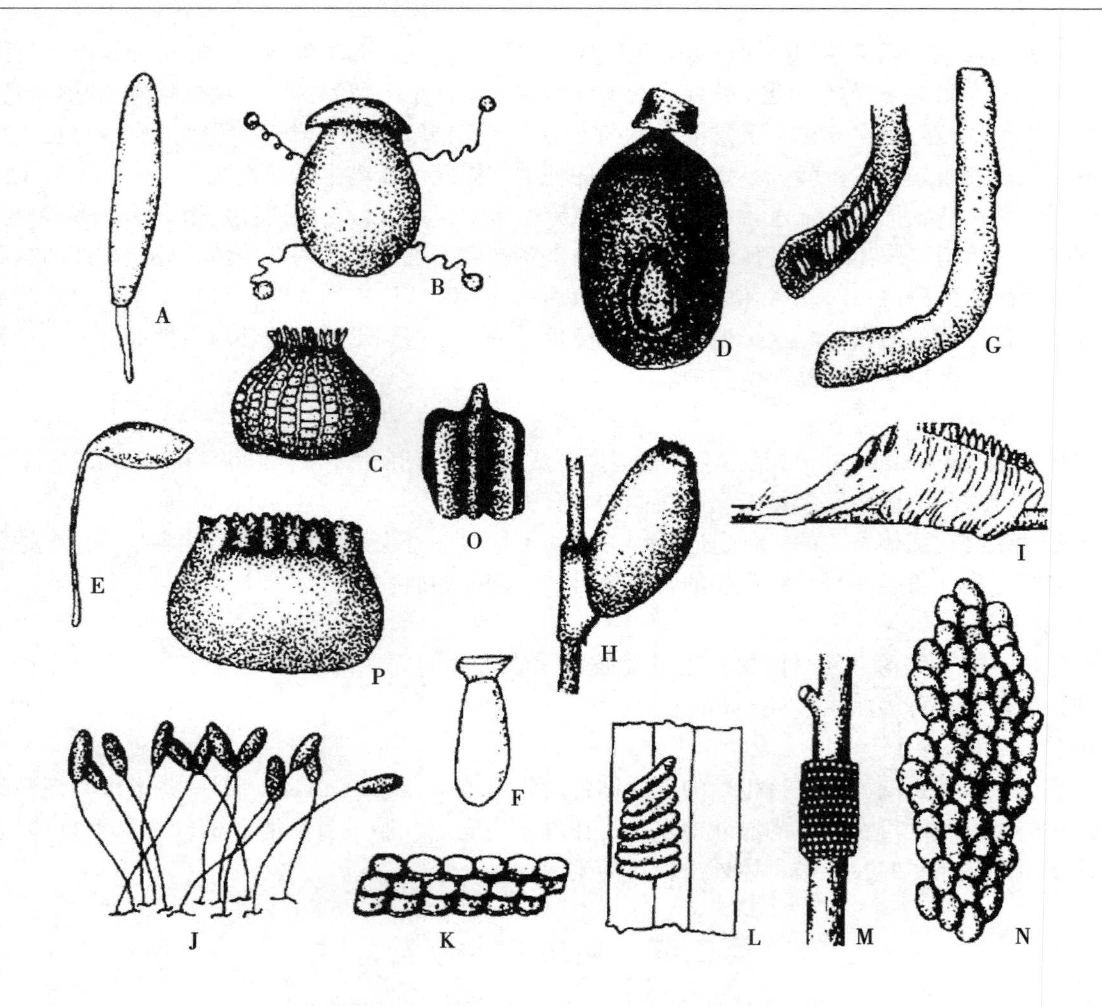

A.高粱瘿蚊；B.蜉蝣；C.鼎点金刚钻；D.一种虫脩目昆虫；E.一种小蜂；
F.米象；G.东亚飞蝗；H.头虱；I.螳螂；J.草蛉；K.一种菜蝽；L.灰飞虱；
M.天幕毛虫；N.玉米螟；O.木叶蝶；P.蜚蠊（仿各作者）

图 3-6-1　昆虫卵的类型

成性成熟、能生殖的成虫作准备，因此大多数植物害虫的为害期多在幼虫期。

（一）孵化

昆虫完成胚胎发育后，幼虫或若虫破卵壳而出的现象叫孵化（hatching）。一批卵或卵块从开始孵化到全部孵化结束，称为孵化期。昆虫孵化的方式多种多样，如鳞翅目幼虫孵化时多用上颚咬破卵壳，有些昆虫多在头部生有特殊的破卵构造，孵化时可借此顶破卵壳，蝽类的卵具有卵盖，孵化时可借头部压力顶开卵盖，某些没有破卵构造的昆虫孵化时，主要靠虫体内产生的张力撑破卵壳。

刚自卵内孵化尚未取食的幼虫称为初孵幼虫。初孵幼虫体壁柔软、色淡，抗药力差。

（二）幼虫的生长与脱皮

昆虫幼期随着虫体的生长，经过一定时间，重新形成新表皮而脱去旧表皮的过程称为脱皮（moulting）。通常情况下，幼体每生长到一定时期就要脱一次皮，虫体的大小或生长的进程可用虫龄来表示。从孵化至第 1 次脱皮以前的幼虫（或若虫）称为第 1 龄幼虫（或若虫），第 1 次脱皮后的幼虫（或若虫）称为第 2 龄幼虫（或若虫），余类推。相邻两次脱皮所经历的时间称为龄期（stadium）。昆虫的脱皮次数因种类而异。

根据昆虫脱皮的性质，可将脱皮分为3类：幼期伴随着生长的脱皮叫生长脱皮；老熟幼虫或若虫脱皮后变成蛹或成虫的脱皮叫变态脱皮；因环境条件改变而引起增加脱皮次数，叫生态脱皮。

（三）幼虫的类型

广义上的幼虫，是指所有变态类型昆虫的幼期。而狭义上的幼虫是指在体形、内部和外部构造以及习性、栖境等方面均与其成虫差异很大的全变态类昆虫的幼期。全变态昆虫的幼虫又可分为以下几种类型（图3-6-2）。

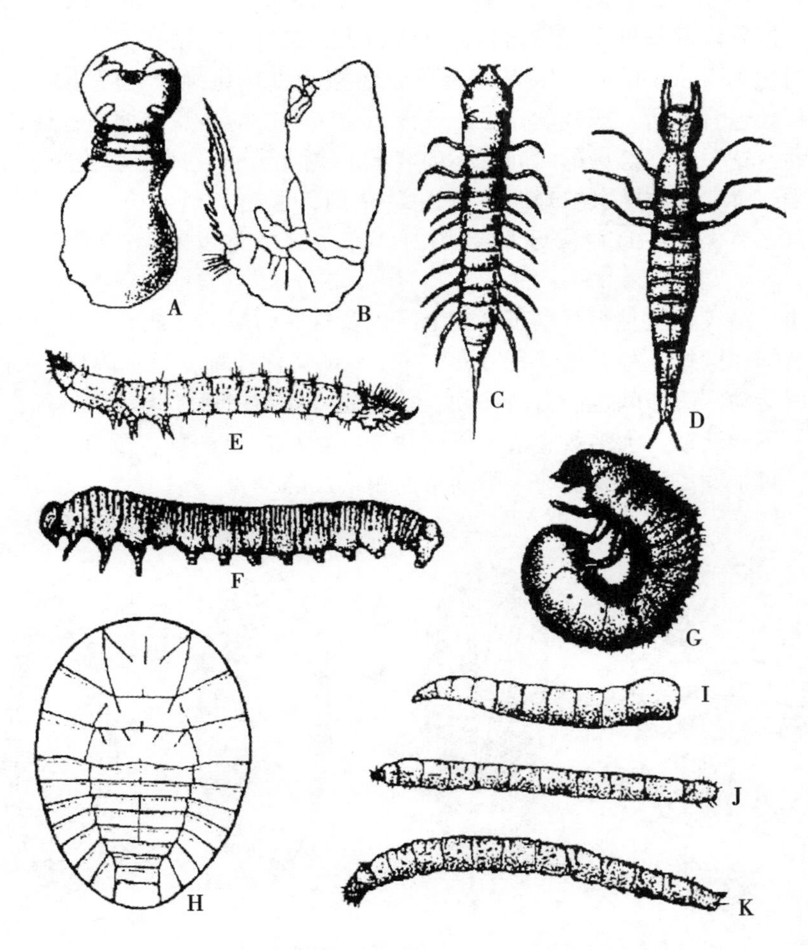

A.寡节原足型；B.多节原足型；C.蛃型；D.步甲型；E.叩甲型；F.蠋型；G.蛴螬型；H.扁型；I.无头无足型；J.半头无足型；K.全头无足型（仿各作者）

图3-6-2　异型幼虫的类型

1. 原足型幼虫（protopod larvae）

在胚胎发育的原足期孵化，腹部尚未完成分节，胸足仅为突起状芽体，行寄生性生活，浸浴在寄主体液或卵黄中，通过体壁吸收营养，如许多寄生蜂类的早龄幼虫。

2. 多足型幼虫（polypod larvae）

除胸足外，还具有数对腹足，如鳞翅目等的幼虫。根据腹部的构造，又分为蛃型和蠋型幼虫两类。

3. 寡足型幼虫（oligopod larvae）

具有发达的胸足，无腹足，如鞘翅目及部分脉翅目的幼虫。根据其体型和胸足发达程度，又分为步甲型、蛃螬型、叩甲型和扁型幼虫等。

4. 无足型幼虫（apodous larvae）

胸部和腹部都无足，如双翅目、蚤目、部分膜翅目和鞘翅目等的幼虫。根据其头部的发达程度，又分为全头无足型、半头无足型和无头无足型3类。

三、蛹期

蛹（pupa）是昆虫由幼虫转变为成虫时，必须经过的一个特有的静息虫态。蛹的生命活动虽然是相对静止的，但其内部却进行着将幼虫器官改造为成虫器官的剧烈变化。末龄幼虫脱最后一次皮变为蛹的过程叫化蛹（pupation）。通常情况下，老熟幼虫在化蛹前先停止取食，将消化道内的残留物排光，迁移到适宜场所，或吐丝作茧，或建造土室等，随后身体缩短，体色变淡或消失，活动减弱，准备化蛹，这一过程经历的时间称为前（预）蛹期。自化蛹至羽化为成虫所经历的时间，称为蛹期（pupa stage）。多数昆虫的蛹期一般为1~2周，但越冬蛹可长达数月之久。蛹的抗逆力一般都比较强，且多有保护物或隐蔽于隐蔽场所，许多昆虫常以蛹度过不良环境或季节，如越冬等。

根据翅和触角、足等附肢是否紧贴于蛹体上，以及这些附属器官能否活动及其他外形特征，可将蛹分为离蛹、被蛹和围蛹3种类型（图3-6-3）。离蛹又称裸蛹，翅和附肢与蛹体分离，而不紧贴于蛹体上，可以活动，腹节间也能自由扭动，如脉翅目、鞘翅目、膜翅目的蛹；被蛹的翅和附肢都紧贴于身体上，不能活动，大多数腹节也不能扭动，如鳞翅目的蛹；围蛹为双翅目蝇类所特有，其蛹体实为离蛹，只是在离蛹体外被有末龄幼虫的蜕形成的蛹壳。

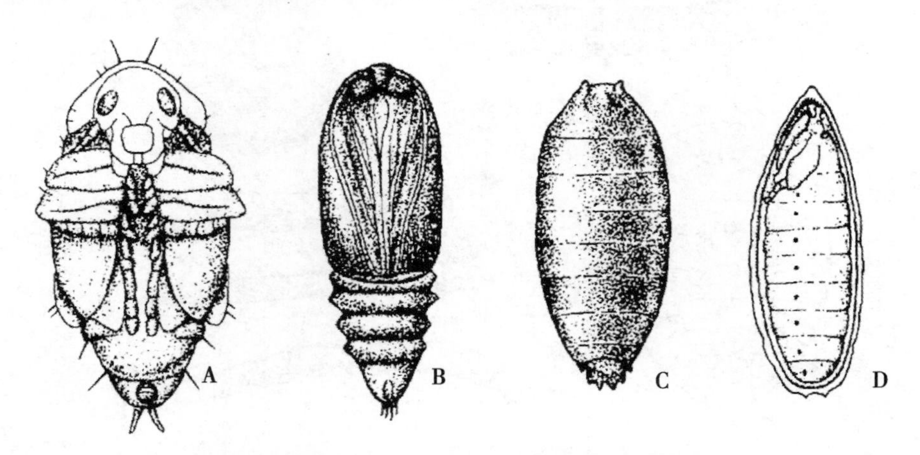

A.离蛹；B.被蛹；C.围蛹；D.围蛹的透视（仿各作者）

图3-6-3 蛹的类型

四、成虫期

成虫（adult）是昆虫个体发育的最高级阶段，具有判别系统发生和分类地位的固定特征，是完成生殖和使种群得以繁衍的阶段。成虫的一切生命活动都是围绕着生殖而展开的。

（一）羽化

成虫从它的前一虫态（蛹或末龄若虫和稚虫）脱皮而出的现象，称为羽化（emergence）。成虫自羽化到死亡所经历的时间，称为成虫期（adult stage）。

不全变态类昆虫在羽化前，其末龄若虫或稚虫先寻找适宜场所，用胸足攀附在物体上不再活动。羽化时，成虫头部自若虫胸部裂口处伸出，然后逐渐脱出全身。全变态类昆虫在近羽化时，蛹体色变深，成虫在蛹壳内不断扭动，致使蛹壳破裂。蛹外包有茧的昆虫羽化时，或用上颚将茧咬破，或用身体上坚硬的突起将茧割破，或自口内分泌一种溶解茧丝的液体，将茧一端软化溶解出孔洞，由洞口钻出。在隐蔽场所化蛹者，在羽化前还有一个离开化蛹环境的对策和过程。

（二）雌雄二型和多型现象

1. 雌雄二型

同种昆虫雌雄个体之间除生殖器官外，还在个体大小、体型、体色、构造等（第 2 性征）方面存在着性二型现象（sexual dimorphism）。如蚧类、蓑蛾、一些尺蛾雄虫有翅，雌虫无翅；多数种类的蝗虫、天牛等雌虫身体显著大于雄虫；犀金龟雄虫头部和前胸背板上有巨大的角状突起，身体也比雌虫大得多（图 3-6-4，A）；锹形甲雄虫的上颚比雌虫发达得多（图 3-6-4，B）；蟋蟀、螽斯、蝉的雄虫有发音器官；多数蛾类雄虫的后翅基部有 1 根强大的翅缰，而雌虫则有翅缰 2 根以上，通常比较细弱；许多蝶类雌虫与雄虫的翅在色泽、斑纹上多不相同，等等。

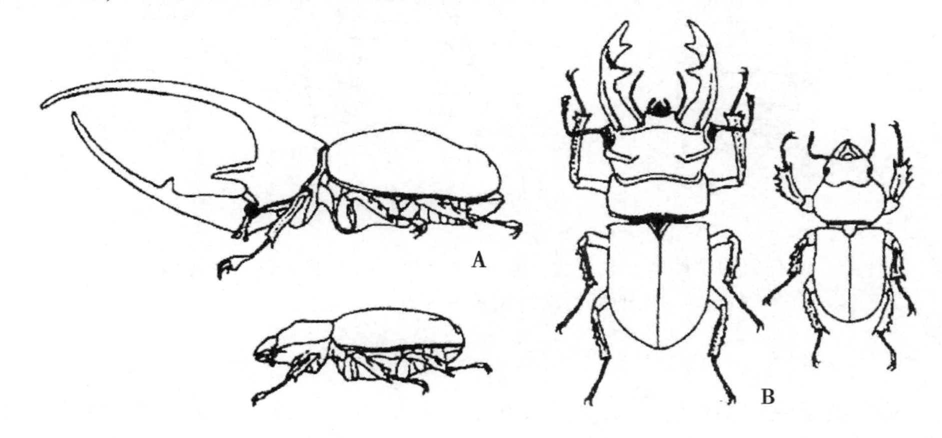

A.犀金龟；B.锹形甲（仿Eidmann）

图 3-6-4　两种昆虫的雌雄二型现象

2. 多型现象

同种昆虫同一性别的个体间在身体大小、体色、结构等方面存在明显差异的现象，称为多型现象（polymorphism）。多型现象有不同的成因，昆虫本身的遗传物质、激素动态和外部的气候条件、食物等是造成多型现象的主要原因。如鳞翅目昆虫中的色斑多型现象常随季节变化而产生，如黄蛱蝶有夏型和秋型之分，夏型色泽较深而鲜明，翅缘的缺刻较钝圆；同翅目中的蚜虫、飞虱的多型现象常与食物的质量和种群密度密切相关，如蚜虫在同一季节里，虫口密度小或食物适宜时，以产生无翅胎生雌蚜为主，而当虫口密度大或营养条件恶化时，则主要产生有翅胎生雌蚜（图 3-6-5）；稻飞虱在不利环境条件下出现长翅型个体，而在有利环境条件下则出现短翅型个体。

在社会性昆虫中，不同的类型间不仅形态有别，而且其职能与行为也有相应的分化。如在蜜蜂的种群中除生殖型的雌、雄蜂外，还有只担负采蜜、筑巢等职责的工蜂；蚂蚁的种群中则有蚁后、生殖型雌蚁、生殖型雄蚁、工蚁和兵蚁等类型。

（三）性成熟和生殖力

一般刚羽化的成虫，其性细胞尚未完全成熟，且不同种类或同种的不同性别，性成熟的早晚也有差异。多数昆虫的雄虫性成熟较雌虫为早。性成熟所需营养主要在幼虫阶段积累，所以性成熟的早晚在很大程度上取决于幼虫期的营养。如有些昆虫成虫的口器退化，不需取食，羽化时性已发育成熟便能交配产卵。而多数昆虫，如直翅目、半翅目、鞘翅目和鳞翅目夜蛾科等类群，在幼虫期积累的营养不足，成虫羽化后需要继续取食，才能达到性成熟。这种对性腺发育不可缺少的成虫期营养，称为补充营养。有些具有补充营养习性的植物害虫，在成虫期因取食造成的为害很大。

总的来说，昆虫的生殖力是相当高的，但不同种类间有很大差异。昆虫生殖力的大小既取决于

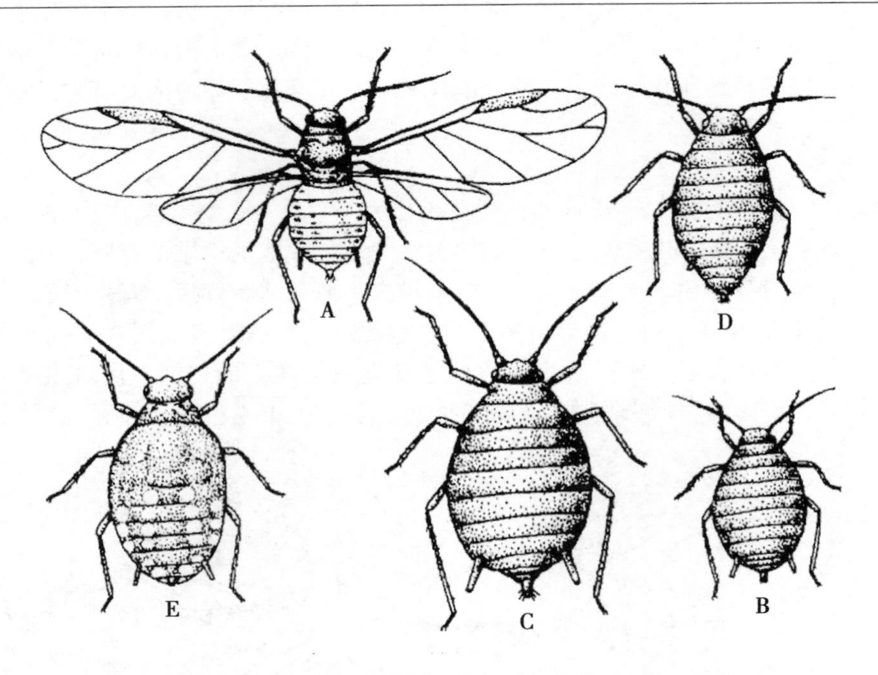

A.有翅胎生雌蚜；B.小型无翅胎生雌蚜；C.大型无翅胎生雌蚜；
D.干母；E.有翅若蚜（仿Silvestri）

图 3-6-5　棉蚜的多型性

种的遗传性，也受生态因素的影响。昆虫只有在最适宜的生态条件下，才能实现其最大的生殖力。

成虫从羽化到开始产卵所经过的历期，称为产卵前期；从开始产卵到产卵结束的历期，称为产卵期。成虫产完卵后，多数种类便会很快死亡。

第三节　昆虫的变态及其类型

昆虫在个体发育过程中，不仅随着虫体的长大而发生着量的变化，而且在外部形态和内部组织器官等方面也发生着周期性的质的改变，这种现象称为变态（metamorphosis）。昆虫在长期的演化过程中，形成了不同的变态类型，其中最常见的是不全变态和全变态。

一、不全变态

不全变态（incomplete metamorphosis）是有翅亚纲外生翅类具有的变态类型。其特点是，一生只经过卵期、幼期和成虫期 3 个发育阶段，幼期的翅在体外发育，成虫期的特征随着幼期的发育逐渐显现出来。不全变态又可分为半变态、渐变态和过渐变态 3 个亚型。半变态的幼期水生，其幼体在体型、取食器官、呼吸器官、运动器官及行为习性等方面均与成虫有明显的分化，因而特称为稚虫，如蜻蜓目等。渐变态的幼期与成虫期在体型、习性及栖境等方面都很相似，只是幼体的翅和生殖器官尚未发育完善，故称为若虫。如直翅目、半翅目、大部分同翅目（图 3-6-6）等。过渐变态为缨翅目、同翅目粉虱科和雄性介壳虫具有的变态类型。与一般渐变态不同的是，由幼期转变为成虫期需要经过一个不食和不大活动的类似蛹的虫龄，特称为“伪蛹”或“拟蛹”。

二、全变态

全变态（complete metamorphosis）是有翅亚纲内生翅类脉翅目、鞘翅目、鳞翅目、膜翅目和双翅目等所具有的变态类型。其特点是一生经过卵、幼虫、蛹和成虫 4 个虫态，幼虫期的翅在体内发育，幼虫与成虫间不仅在外部形态和内部构造上很不相同，而且在食性、栖境和生活习性等方面也

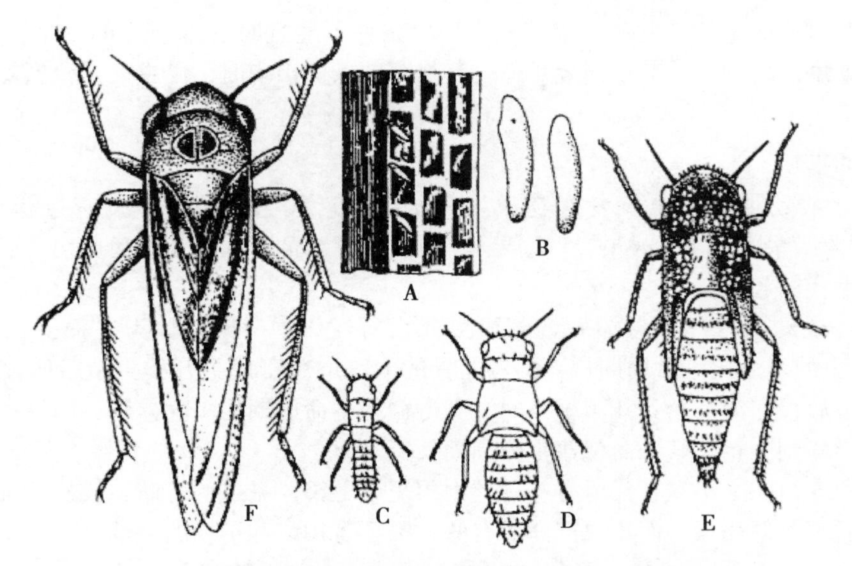

A.产在叶鞘内的卵；B.卵放大；C.第1龄若虫；D.第3龄若虫；
E.第5龄若虫；F.成虫（仿葛仲麟等）

图 3-6-6　白翅叶蝉的生活史

存在很大差异（图 3-6-7）。

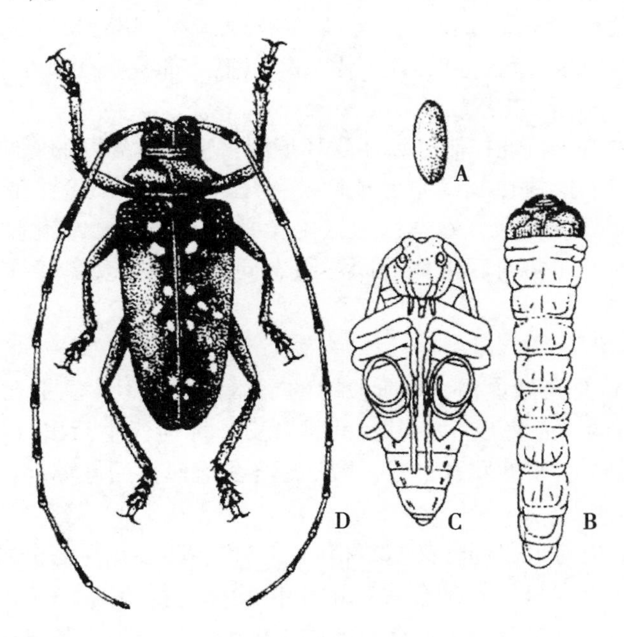

A.卵；B.幼虫；C.蛹；D.成虫
（仿北京农业大学主编）

图 3-6-7　天牛的生活史

第四节　昆虫的生活史

各种昆虫在自然界中的发生、消长都具有周期性的节律，即一种昆虫一年中总是在具备适宜的外界环境条件时，才能生长、发育和繁殖，当环境条件不适宜时（如寒冷的冬季），就停止发育，并以一定的虫期度过不利的季节。当翌年适合其发育的条件出现时，昆虫又开始恢复其生长、发育和繁殖。

一、昆虫的世代

昆虫由卵（或幼虫和若虫）发育到成虫开始产生后代为止的个体发育过程称为一个世代（generation）或生命周期（life cycle），完成一个世代所需要的时间称为世代历期。通常以卵或幼体产离母体作为世代的起点。

昆虫由卵（或幼虫）产离母体发育到成虫死亡所经历的时间，称为这种昆虫的寿命（life-span）。多数昆虫的寿命比生命周期长，两者差异的大小取决于成虫开始生殖后所存活的时间。如蜉蝣羽化为成虫后仅存活几个到几十个小时，其寿命与生命周期无多大差别；而许多甲虫的成虫性成熟后能存活半年到1年，其寿命就比生命周期长得多。

多数昆虫的寿命在1年左右，但有些种类则很短或更长。雌虫的寿命一般长于雄虫，多数昆虫的雄虫在交配后不久便死亡，而雌虫产卵后有些种类还有护卵和护幼的习性。

二、昆虫的生活史

（一）昆虫的化性

通常情况下，昆虫在1年内发生的世代数和完成1代所需要的时间是固定的，这一特性称为昆虫的化性（voltism）。1年只发生1代的昆虫称为一代性（univoltine）昆虫，如大豆食心虫等；1年发生2代的昆虫称为二化性（bivoltine）昆虫，如二化螟等；1年发生3代以上的昆虫称为多化性（polyvoltine）昆虫，如多种夜蛾和蚜虫类等；需2年以上才能完成1代的昆虫称为分化性（part-voltine）昆虫，如很多土栖性昆虫等。

有些昆虫的化性除受遗传特性控制外，还受环境因素特别是温度的影响，因而常随地理位置的变化而有所不同。如亚洲玉米螟在我国东北地区北部1年仅发生1代，在华北多数地区1年发生2~3代，在江西等地1年发生4代，在华南地区1年发生5~6代。二化性和多化性昆虫由于发生期及成虫产卵期长等原因，而使前后世代的同一虫态同时出现的现象，称为世代重叠（generation overlapping）。

（二）昆虫的年生活史

生活史（life history）是指昆虫在一定阶段内的个体发育过程。昆虫在1年中的生活史，称为年生活史（annual life history）；完成一个世代的发育史，称为代生活史（generational life history）。植物昆虫学常考虑昆虫在1年中的发育过程，即从越冬虫态越冬后复苏起，至翌年越冬复苏前的全过程。

一化性昆虫的年生活史与世代的含义基本相同；二化性和多化性昆虫的年生活史就包括几个世代；部化性昆虫的年生活史则只包括部分虫态的生长发育过程。昆虫的年生活史，可以用文字记载，也可以用图或表表示，以绘制成年生活史图或发生历。如亚洲玉米螟在山东省大部分地区的年生活史，如表3-6-1。

表3-6-1　亚洲玉米螟在山东省的年生活史

月份	1	2	3	4	5	6	7	8	9	10	11	12
越冬代（第3代）	— — —	— — —	— — —	— — —	— — — ○○○○ ++++	○○○○ ++++						

（续表）

月份	1	2	3	4	5	6	7	8	9	10	11	12
第 1 代						· · · — — —	— — — ○○○○ ++++					
第 2 代							· · ·	— — — ○○○○ ++++				
第 3 代（越冬代）								· · · — — —	— — —	— — —	— — —	— — —

注：表中 · 为卵；-为幼虫；。为蛹；+为成虫

第五节　昆虫的习性和行为

昆虫的行为和习性是其生物学特性的重要组成部分。习性（habits）是指昆虫种或种群所具有的生物学特性，亲缘关系相近的类群往往具有相似的习性，如夜蛾类昆虫一般都有昼伏夜出的习性，天牛类幼虫都有蛀干习性，蜂类昆虫都有访花习性，等等。行为（behavior）是指昆虫的感觉器官接受刺激后，通过神经系统的综合而使效应器官产生的反应。昆虫的行为可分两类：一类是与生俱有或定型的行为，如本能、反射、趋性等；一类是后天获得的学习性行为。昆虫种类繁多，所表现出的行为和习性非常复杂，这里仅列举一些常见的、研究昆虫生物学特性经常需要注意的现象。

一、休眠和滞育

在昆虫生活史的某一阶段，当遇到不良环境条件时，其生命活动即会停滞，以安全渡过不良环境阶段，这一现象常与隆冬的低温和盛夏的高温相关，即所谓的越冬和越夏。昆虫的停育可分为休眠和滞育两种状态。

休眠（dormancy）是由不良环境条件直接引起的，当不良条件消除时，昆虫便可立即恢复生长发育。因此，休眠是昆虫对不良环境条件的暂时性适应。在温带或寒温带地区，每当冬季严寒来临之前，随着气温下降，食物减少，各种昆虫都寻找适宜场所进行休眠性越冬。在干旱高温季节或热带地区，有些昆虫也会暂时停止活动，进行休眠性越夏。处于这种越冬或越夏状态的昆虫，如给予适宜的生活条件，仍可恢复活动。

滞育（diapause）是指昆虫在一定的季节或发育阶段，不论环境条件适合与否，都会出现生长发育停滞、不食不动的现象。在不良环境到来之前，这些昆虫在生理上已经有所准备，即已进入滞育状态，而且一旦进入滞育，即使给予最适宜的条件，也不能马上恢复生长发育等生命活动。滞育又可分为专性滞育和兼性滞育两类。专性滞育的昆虫为一化性昆虫，在每一世代的固定虫态都发生滞育。兼性滞育的昆虫为二化性和多化性昆虫，滞育的虫态一般固定，但由于地区或个体发育进度不同，可使滞育发生在不同世代。

引起昆虫滞育的环境因子主要是光照、温度和食物等，其中以光照的作用最大，温度次之。光照与昆虫滞育的关系实际上是由光周期决定的。在自然界中光周期的变化规律比任何其他因素都稳定。温度的变化通常是与光周期的变化相适应的，低温刺激能诱导昆虫冬季滞育的发生，高温能诱导夏季滞育的发生。

二、昼夜节律

绝大多数昆虫的活动如交配、取食和飞翔甚至孵化、羽化等，都与自然界的昼夜变化规律密切相关，即与昼夜的交替相吻合，这种现象称为昼夜节律（circadian rhythm）。根据昆虫活动的节律性通常可分为在白天活动的日出性昆虫，如蝶类、蜻蜓等；在夜间活动的夜出性昆虫，如绝大多数夜蛾类；在黄昏或黎明时活动的弱光性昆虫，如蚊子等。

昆虫的昼夜活动节律，表面上看似乎是光的影响，但实际上昼夜间还有很多变化着的其他因素，如温度、湿度的变化、食物成分以及异性释放外激素的生理条件等。

三、食性

不同种类昆虫取食食物的种类和范围不同，同种昆虫的不同虫态有时也差异很大，昆虫的这种对食物的选择性，称为食性（feeding haits）。根据所取食的食物性质，可将昆虫分为植食性、肉食性、腐食性和杂食性4类。

以活体植物为食的昆虫称为植食性昆虫，这些昆虫多是经济植物害虫。按其取食范围的广狭，又可分为单食性、寡食性和多食性3类：单食性昆虫只以某一种植物为食料，如三化螟只取食水稻，豌豆象只取食豌豆；寡食性昆虫一般以1个科或少数近缘科的若干种植物为食料，如菜粉蝶取食十字花科植物，棉大卷叶螟取食锦葵科植物；多食性昆虫能取食不同科的多种植物，如地老虎类可取食禾本科、豆科、十字花科、锦葵科等各科植物。

以小动物或其他活体昆虫为食的昆虫称为肉食性昆虫，它们多为益虫。根据其取食和生活方式又可分为捕食性和寄生性两类。捕食性昆虫以捕获其他昆虫或小动物为食，如螳螂、瓢虫等；寄生性昆虫寄生在其他昆虫或动物的体内或体外，如寄生蜂、寄生蝇类等。

以动物尸体、粪便或腐败植物为食的昆虫称为腐食性昆虫，它们在生态循环中起着重要作用。如埋葬虫、果蝇、蜣螂等。

既取食植物性食料又取食动物性食料的昆虫称为杂食性昆虫。如蜚蠊、蚂蚁、蟋蟀等。

四、趋性和假死性

趋性（taxis）是指昆虫对外界因子刺激所产生的趋向或背向行为活动。其中趋向活动称为正趋性，背向活动称为负趋性。昆虫的趋性主要有趋光性、趋化性、趋温性和趋湿性等。趋光性是指昆虫对光的刺激所产生的趋向或背向活动。如多数夜间活动的昆虫，对灯光表现为正趋性，特别是对黑光灯的趋性尤强；而蜚蠊则经常藏身于黑暗的场所，具有负趋光性。趋化性是指昆虫对一些化学物质的刺激所表现出的反应，其正、负趋化性通常与觅食、求偶、避敌、寻找产卵场所等有关。如一些夜蛾对糖醋酒混合液发出的气味有正趋性；菜粉蝶趋向含有芥子油的十字花科植物上产卵。趋温性、趋湿性是指昆虫对温度或湿度刺激所表现出的定向活动。在生产实践中，常利用害虫的趋光性和趋化性等对其进行防治，如灯光诱杀即是以趋光性为依据的，食饵诱杀是以趋化性为依据的，忌避剂是以负趋化性为依据的。

假死性（death feigning）是指昆虫受到某种突然刺激时，立刻表现为身体蜷曲，静止不动，或从原停留处跌落下来呈“死亡”状态，稍停片刻又恢复正常活动的现象。不少鞘翅目的成虫具有假死性，如猿叶虫、金龟子、象甲、叶甲等；有些鳞翅目的幼虫也具有假死性，如小地老虎、斜纹夜蛾、黏虫等。假死性是昆虫逃避敌害的一种有效方式。

五、群集、扩散和迁飞

群集（aggregation）是指同种昆虫的大量个体高密度地聚集在一起生活的习性。根据其聚集时间的长短，又可分为临时性群集和永久性群集两类。临时性群集是指昆虫仅在某一虫态或某一阶段内群集在一起，过后就分散开。如天幕毛虫等的低龄幼虫行群集生活，高龄后行分散生活。永久性群集常出现在昆虫的整个生育期，一旦形成后很久不会分散，趋向于群居型生活。如飞蝗有群居型和散居型之分，当其发生密度较大时，卵孵化出蝗蝻后，可集聚成群，集体行动或迁移，变成成虫后仍不分散，远距离迁飞造成为害，且虫口密度越大，越容易引起群集。

扩散（dispersal）是指昆虫个体在一定时间内发生空间变化的现象，通常也称为蔓延、传播或分散。昆虫的扩散主要受自身生理状况、适应环境的能力及外界环境条件的限制。对多数陆生昆虫而言，地形、生物、人类活动等都会直接或间接地影响其扩散与分布。根据引起扩散的原因，又可分为主动扩散和被动扩散两类。主动扩散是指昆虫由于觅食、求偶、避敌及趋性等而引起的小范围空间变化。如三化螟有趋向分蘖期和孕穗期稻田产卵的习性，首先向该类稻田中扩散和为害；棉红铃虫多集中在棉仓或加工厂等场所越冬，越冬代成虫羽化后，即向附近棉田扩散，凡离虫源中心近的棉田虫口密度越大。被动扩散是由于风力、水力、动物或人类活动引起的昆虫空间变化。许多鳞翅目幼虫可吐丝下垂并靠风力传播。

迁飞（migration）是指昆虫通过飞翔成群而有规律地从一个发生地长距离地转移到另一个发生地的现象。昆虫的迁飞通常是有规律的，是种在进化过程中长期适应环境的遗传特性。许多重要农业害虫具有迁飞特性，如东亚飞蝗、黏虫、小地老虎、甜菜夜蛾、稻纵卷叶螟和稻褐飞虱等。

六、拟态和伪装

拟态（mimicry）是指一种生物模拟另一种生物或环境中其他物体的姿态，得以保护自己的现象。如一些昆虫具有与其生活环境中的背景相似的颜色，以有利于躲避天敌的视线而保护自己，称为保护色（protective color）。如生活于草地上的绿色蚱蜢、栖息在树干上翅色灰暗的蛾类等。有些昆虫还常常将颜色拟态与形态拟态联系在一起，如一些尺蛾幼虫在树枝上栖息时，以臀足固定于树枝上，身体斜立酷似枯枝；多数竹节虫形似竹枝；许多枯叶蛾成虫的体色和体形与枯叶极为相似。一些鞘翅目、半翅目、双翅目、鳞翅目昆虫的体色与环境背景形成鲜明的反差或有模拟具螯刺能力的胡蜂的色斑，称为警戒色（warning color），更有利于保护自己。

伪装（camouflaging）是指一些昆虫利用环境中的物体把自己乔装掩护起来的现象。具有伪装特性的昆虫多为幼虫，多见于半翅目、脉翅目、鳞翅目等的部分类群。如主要捕食蚂蚁的淡带荆猎蝽的若虫在吸干蚂蚁的体液后，常把蚂蚁的空壳粘在体背上；毛翅目幼虫水生，多数种类都藏身于用小石粒、沙粒、叶片和枝条等结成的可移动的巢内，以保护其纤薄的体壁；袋蛾幼虫的巢由丝和叶片及小枝缀成，幼虫随身携带并生活其中。

七、社会行为

在昆虫中终生行孤独生活的种类很少，绝大多数种类的个体在其生活史中总有一段或短或长的时间生活在一起，形成所谓的“昆虫社会”。如白蚁、蚂蚁、蜜蜂等的个体间有明显的等级分化和分工，甚至同一个体的成虫在不同时期也有不同的分工。如在蜜蜂的蜂群中有蜂后、雄蜂、工蜂等，蜂后和雄蜂的主要职责是繁衍后代；工蜂是蜂群的主体，它们在不同的时期从事不同的劳作。白蚁种群中还分化出了专司保卫职能的兵蚁。

第七章　昆虫的分类

昆虫分类学（inset taxonomy）是研究昆虫的命名、鉴定、描述及系统发育和进化的科学，它不仅是昆虫学和动物分类学的一个重要分支，同时也是昆虫学其他所有分支学科的基础。

第一节　分类的基本原理和方法

一、物种的概念

物种（species）是分类的基本阶元，很多相近的种集合为属，很多相近的属集合为科，依次向上归纳为更高级的阶元，每一阶元都代表着一个类群。种是以种群的形式存在的一类昆虫，它们具有相同的形态特征，能自由交配，从而产生具有生殖能力的后代，并与其他种之间存在着生殖隔离现象。

物种是由一系列种群组成的，由于不同地区或生态条件下种群间的基因交流频率降低，各自向不同方向演化，因而会形成不同的地理亚种或生态亚种。各亚种间的形态差别不太显著，相互间仍能杂交，尚未达到种的级别，但常表现出不同的生物学特性。

二、命名法

国际动物命名法规规定，每一物种都使用一个国际上通用的科学名称，即学名（scientific name），以便于国际间的学术交流。学名用拉丁语或拉丁化的单词所构成，通常表示所命名动物的某一特征，有时也用人名、地名等命名。

种的命名通常采用双名法（binomen），即学名由两个拉丁词构成，属名在前，种名在后，有时还附上命名人的姓。如棉蚜的拉丁学名为 *Aphis gossypii* Glover。亚种的学名由属名、种名和亚种名 3 个词组成，即在种名之后再加上亚种名。如东亚飞蝗 *Locusta migratoria manilensis* Meyen。学名在印刷时多用斜体，属名的第 1 个字母必须大写，其余字母和种名、亚种名均小写；定名人用正体，第 1 个字母大写。

在发表新种时，第 1 次用于描述和记载新种所用的标本，叫做模式标本（type）。在一批同种的新种标本中，选出的其中 1 个最为典型的标本，称为正模；另选出的 1 个与正模不同性别的标本，称为配模；而同时所参考的其余同种标本，统称为副模。

一种昆虫的名称采用最早给予它的可用名称，叫优先律（priority）。命名法规定，一个物种经科学工作者第 1 次作为新种公开发表以后，后人不得随意更改其学名；一种昆虫只能有一个学名，凡后人所定的其他学名都视为异名，而不被采用；一个学名只能用于一种昆虫，如果再用于另一种昆虫或其他动物，就会造成同名，也不为科学界所承认。

三、检索表

检索表（identification key）是昆虫分类的工具，广泛用于各分类阶元的鉴定。检索表的编制是用对比分析和归纳的方法，从不同阶元（目、科、属或种）中选出比较重要、突出、明显而稳定的特征，制作成简短的条文，按一定的格式排列而成。常用的检索表有双项式、单项式和包孕式等，现以下表中的 6 目昆虫为例，说明双项式检索表的制作方法。

首先经分析比较，归纳出 6 个目的主要特征，以供制作检索表时选择使用：

目　名	口　器	翅	其他特征
弹尾目	咀嚼式	无	腹末有跳器
缨尾目	咀嚼式	无	腹末有 1 条中尾丝和 1 对尾须
直翅目	咀嚼式	前翅皮质，后翅膜质	后足跳跃式，或前足开掘式
鞘翅目	咀嚼式	前翅鞘质，后翅膜质	
半翅目	刺吸式	前翅为半鞘翅，后翅膜质	喙着生于头部前端

（续表）

目　名	口　器	翅	其他特征
同翅目	刺吸式	前后翅均膜质，或前翅略加厚	喙着生于头部腹面后端

然后根据表中所列特征，制作成双项式检索表如下：

1. 无翅 …………………………………………………………………………………………… 2
   有翅 …………………………………………………………………………………………… 3
2. 腹末有跳器 …………………………………………………………………………… 弹尾目
   腹末有 1 条中尾丝和 1 对尾须 ……………………………………………………… 缨尾目
3. 口器刺吸式 ………………………………………………………………………………… 4
   口器咀嚼式 ………………………………………………………………………………… 5
4. 前翅为半鞘翅，后翅膜质；喙着生于头部前端 ……………………………………… 半翅目
   前后翅均膜质，或前翅略加厚；喙着生于头部腹面后端 ……………………………… 同翅目
5. 前翅皮质，后翅膜质；后足跳跃式，或前足开掘式 …………………………………… 直翅目
   前翅鞘质，后翅膜质 ………………………………………………………………… 鞘翅目

在有关昆虫分类的许多著作、文献中，都包含有大量各分类阶元的检索表，使用时，必须从第 1 条开始查起，以避免误入歧途。另外，由于检索表内还有很多特征不能包括，所以在进行种类鉴定时，还需参考有关全面特征的描述。

第二节　植物昆虫中的主要类群

昆虫纲的分类主要依据翅的有无及其特征、变态类型、口器构造、触角类型以及化石昆虫等，一般将昆虫分为 34 个目。在昆虫纲的 34 个目中，有许多类群与人类的生产、生活关系密切。它们有的是重要的植物害虫，有的则能直接为人类提供生活和生产资料，或捕食、寄生其他有害生物。现就重要目中的常见类群作进一步介绍。

一、直翅目

直翅目（Orthoptera），中至大型。口器咀嚼式。触角丝状或剑状，单眼 2 或 3 个。前翅狭长、复翅、革质，后翅膜质，能作扇状折叠。后足多发达、适于跳跃，或前足为开掘足。雌虫多具发达的产卵器。腹末有尾须 1 对。雄虫大多能发音。不全变态。多数生活在地上，也有生活在土中的（如蝼蛄）。成虫多产卵于土中（如蝗虫、蝼蛄、蟋蟀）或植物组织内（如螽斯）。多为植食性，其中很多是植物的重要害虫。

1. 蝗科（Locustidae）

体粗壮，触角短，多呈丝状、剑状。前胸背板马鞍型。跗节 3 节，后足跳跃式，雄虫多以后足腿节摩擦发音，听器位于腹部第 1 节两侧。产卵器粗短、凿状，产卵于土中。如东亚飞蝗（图 3-7-1，A）、多种土蝗等。

2. 蝼蛄科（Gryllotalpidae）

触角丝状，短于身体。前足开掘足。前翅甚小，后翅由前翅下方突出于体外，呈尾状。无产卵器。以土栖为主，为重要的地下害虫。常见种类有华北蝼蛄（*Gryl -lotalpa unispina*）（图 3-7-1，C）、东方蝼蛄（*G. orientalis*）等。

3. 螽斯科（Tettigoniidae）

触角丝状，长于身体。跗节 4 节，后足跳跃式。产卵器刀状或剑状。多产卵于植物枝条组织内

或土中。如绿螽斯（*Holoclora*，*nawae*）等。

4. 蟋蟀科（Gryllidae）

触角丝状，长于身体。跗节3节，后足跳跃式。尾须长，不分节。产卵器长矛状。雄虫发音器在前翅近基部，听器在前足胫节上。有些种类雄虫斗性凶残，有互相残杀现象。如油葫芦（*Gryllus testaceus*）（图3-7-1，B）等。

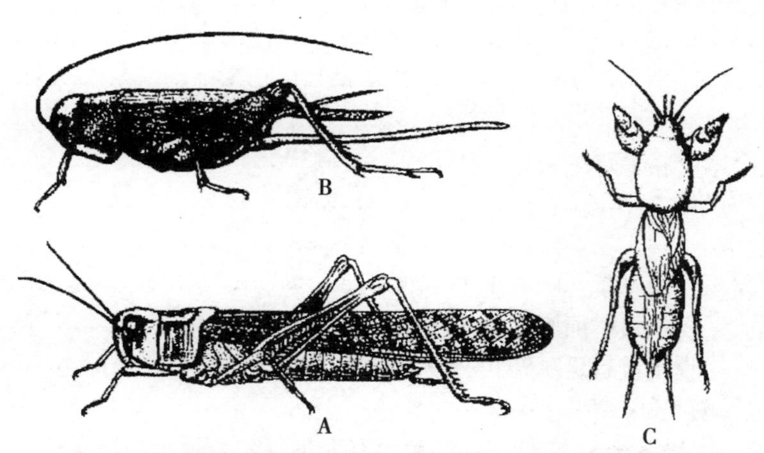

A.蝗科（东亚飞蝗）；B.蟋蟀科（油葫芦）；
C.蝼蛄科（华北蝼蛄）（仿周尧）

图3-7-1　直翅目重要科的代表

二、缨翅目

缨翅目（Thysanoptera），通称蓟马，体微小型。触角6~9节，丝状或念珠状。锉吸式口器。翅狭长，翅脉稀少，周缘具长缨毛。足末端具泡状中垫，爪退化。产卵器锯状、管状或无。过渐变态。很多种类行孤雌生殖。多数植食性，为害植物的花、叶、枝、芽等，而以花上最多；少数为肉食性，可捕食蚜虫、粉虱、螨类或其他种类的蓟马。

1. 蓟马科（Thripidae）

触角6~8节，末端1~2节形成端刺，第3、4节上有感觉器。具翅者翅狭而尖，前翅常有2条纵脉。产卵器锯状，向下弯曲。如烟蓟马（*Thrips tabaci*）（图3-7-2，A）等。

2. 纹蓟马科（Aeolothripidae）

触角9节。前翅宽，末端圆，围有缘脉，翅上常有暗色斑纹。产卵器锯状，向上弯曲。如横纹蓟马（*Aelothrips fasciatus*）（图3-7-2，B）等。

三、半翅目

半翅目（Hemiptera），通体小至中型，刺吸式口器，喙3~4节。触角丝状，3~5节。有或无单眼。前胸背板和中胸小盾片发达。跗节一般3节。前翅为半鞘翅。胸部腹面常有臭腺。渐变态。大多为植食性，刺吸植物的幼枝、嫩茎、嫩叶和果实，少数种类捕食其他害虫。

1. 蝽科（Pentatomidae）

触角多为5节，喙4节。前翅分为革片、爪片、膜片3部分，膜片上具多条纵脉，发自基部的一条横脉。中胸小盾片超过爪片。多为植食性。如菜蝽（*Eurydema pulchra*）（图3-7-3，A）等。

2. 缘蝽科（Coreidae）

体较狭长，两侧缘略平行。触角4节，喙4节。中胸小盾片短于爪片。前翅分革片、爪片及膜片3部分，从一基横脉上分出多条分叉的翅脉。植食性。如红背安缘蝽（*Anoplocenemis phasiana*）（图3-7-3，B）等。

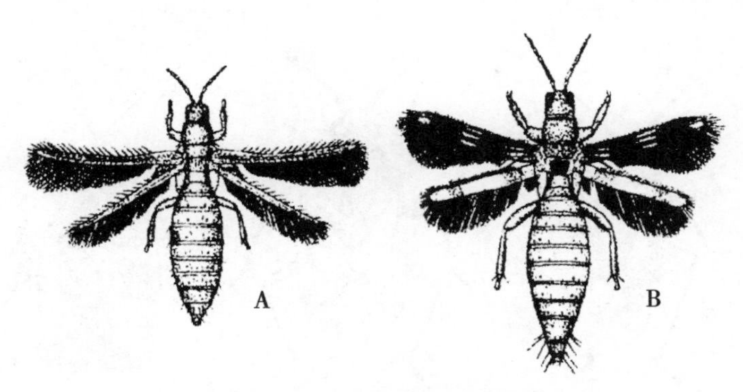

A.蓟马科；B.纹蓟马科（仿黑泽）

图 3-7-2　缨翅目重要科的代表

3. 猎蝽科（Reduviidae）

中至大型。触角 4 或 5 节。喙 3 节，基部不紧贴于头下，而弯曲成弧形。前翅分为爪片、革片和膜片 3 部分，膜片基部有 2~3 个翅室，从其上发出 2 条纵脉。多为肉食性，捕食各种昆虫等小动物，如黑红赤猎蝽（*Triatoma rubrofasciata*）（图 3-7-3，C）等。

4. 盲蝽科（Miridae）

小至中型。触角 4 节，无单眼，喙 4 节。前翅分为革片、爪片、楔片及膜片 4 部分，在膜片基部有 1~2 个小翅室，其余翅脉消失。如三点盲蝽（Adelphocoris faciaticol-lis）（图 3-7-3，D）等。

5. 花蝽科（Anthocorirdae）

体小型、扁长卵形。前翅除革片、爪片、膜片外，还有楔片，有单眼，膜片上的翅脉少。触角 4 节，喙 3 或 4 节。多为捕食性，以蚜虫、蓟马、介壳虫、粉虱及螨类等为食。如微小花蝽（*Ori-usminutus*）（图 3-7-3，E）等。

6. 网蝽科（Tingidae）

小型、体扁。无单眼。触角 4 节，第 3 节最长，第 4 节膨大。喙 4 节。前胸背板向后延伸盖住小盾片，与前翅均有网状花纹。成、若虫多在叶片背面，主脉两侧为害。如梨网蝽（*Stephanitis mashi*）（图 3-7-3，F）等。

四、同翅目

同翅目（Homoptera），小至中型。刺吸式口器，喙 3 节，其基部着生于头部的腹面后方，似出自前足基节之间。具翅种类前后翅膜质或前翅皮质。除粉虱及雄介壳虫属于过渐变态外，均为渐变态。不同类群体形变化很大，繁殖方式各样，有两性生殖和孤雌生殖，也有卵生和卵胎生。不少种类为植物的重要害虫，并能传播多种病害。

1. 蝉科（Cicadidae）

多为大型。复眼发达，单眼 3 个。触角短，刚毛状。前足腿节膨大，下方有齿。雄虫具发音器，位于腹部两侧。若虫土中生活，前足腿节及胫节特别粗大。成虫以刺吸汁液和产卵为害果树和林木枝条，若虫吸食根部汁液。常见种类如蚱蝉（*Cryptotympana atrata*）（图 3-7-4，A）等。

2. 叶蝉科（Cicadellidae）

体小至中型。单眼多为 2 个。触角刚毛状，鞭节分节较多。后足胫节下方有 2 列短刺。产卵器锯状，多产卵于植物组织内，如大青叶蝉（*Tettigoniel laviridis*）、二星叶蝉（*Erythroneura apicalis*）（图 3-7-4，B）等。

3. 蜡蝉科（Fulgoridae）

中至大型，善跳跃。触角基部 2 节明显膨大，鞭节刚毛状。前后翅端区翅脉呈网状，多分叉和

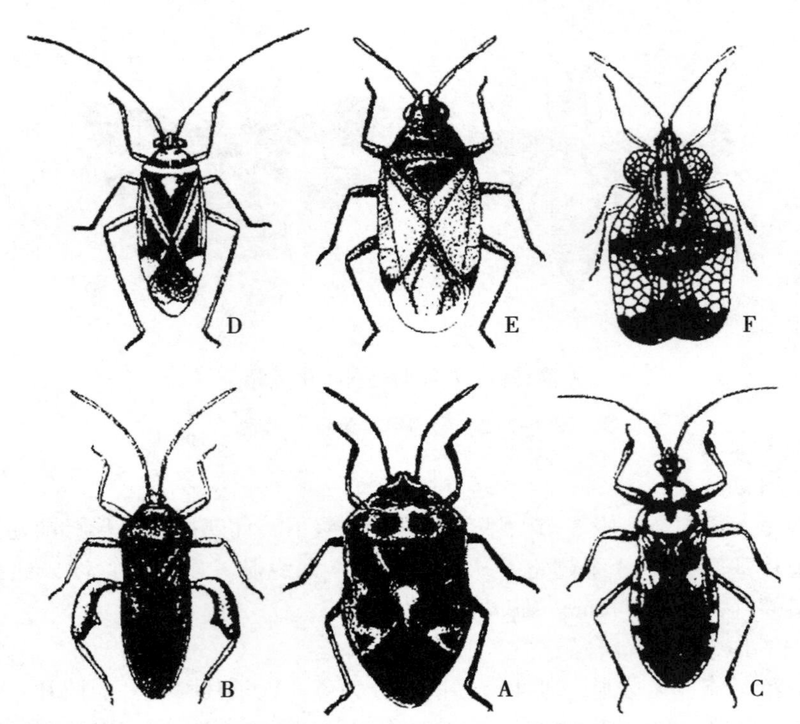

A.蝽科（菜蝽）；B.缘蝽科（红背安缘蝽）；C.猎蝽科（广锥猎）；D.盲蝽科（三点盲蝽）；E.花蝽科（微小花蝽）；F.网蝽科（梨网蝽）（仿彩万志等）

图 3-7-3　半翅目重要科的代表

横脉。有些种类额延长如象鼻，多数种类可分泌绵状的蜡质物。如斑衣蜡蝉（*Lycorma delicatula*）（图 3-7-4，C）等。

4. 飞虱科（Delphacidae）

体小型，善跳跃。后足胫节末端有 1 个大型可活动的距，是本科最显著的鉴别特征。雌虫产卵器发达，可产卵于植物组织内。多为害禾本科植物。如稻灰飞虱（*Laodel phas striatella*）（图 3-7-4，D）等。

5. 木虱科（Psyllidae）

体小型，能飞善跳。触角 10 节，末端有 2 条长短不一的刚毛。单眼 3 个。前翅无横脉，基部有 1 条由 R、M、Cu 合成的基脉。若虫常分泌蜡质盖在身体上，多为害木本植物。如梨木虱（*Psylla pyrisuga*）（图 3-7-4，E）等。

6. 粉虱科（Aleyrodidae）

体纤弱而小。体及翅上常有白色蜡粉，触角 7 节。翅脉简单，仅具 1 或 2 条纵脉。主要为害蔬菜、花卉、果树和林木。如柑橘粉虱（*Dialeurodes citri*）（图 3-7-4，F）和温室白粉虱（*Trialeurodes vapoariorum*）等。

7. 蚜科（Aphididae）

体细小，柔软。触角通常 6 节，末节中部突然变细，分为基部和鞭部两部分；第 3~6 节基部有圆形或椭圆形感觉圈。多数种类腹部第 6 节背侧方生有 1 对腹管，腹部末端有乳头状尾片。如桃蚜（*Myzus persicae*）（图 3-7-4，G）等。

8. 绵蚜科（Eriosomatidea）

与蚜科近似。但触角上的感觉孔为横条状或环状；有性蚜体小无翅，口器退化；腹管退化成盘

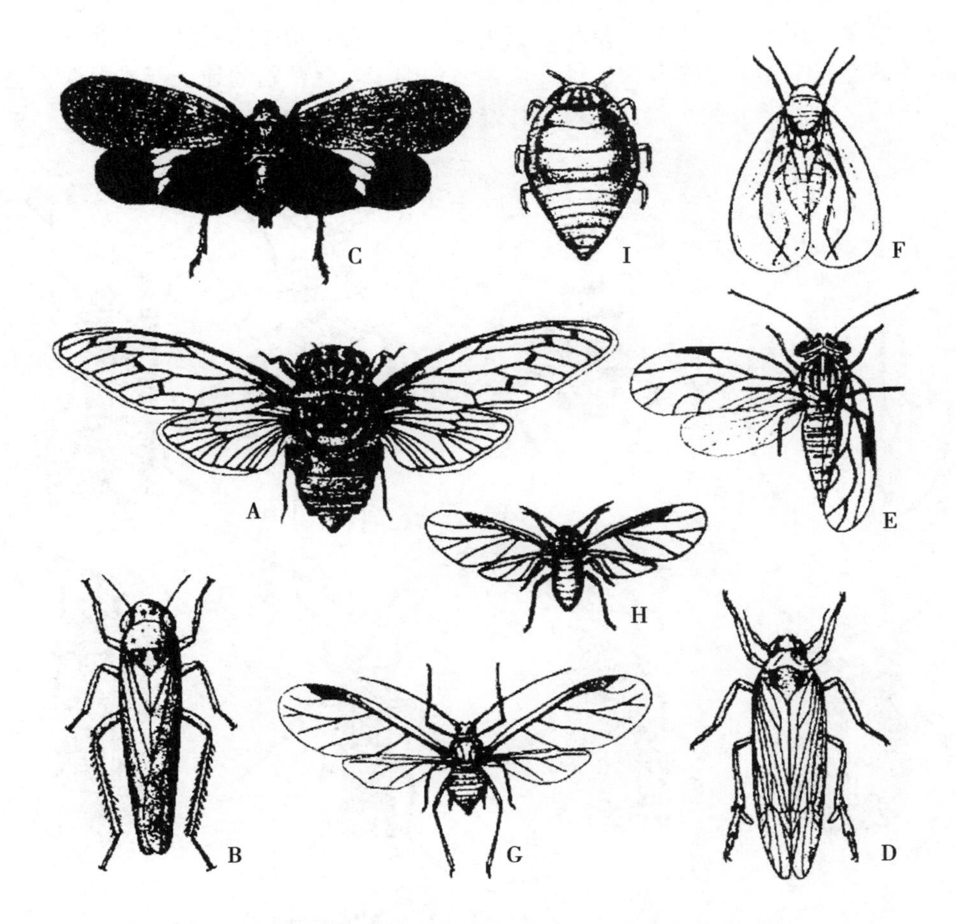

A.蝉科；B.叶蝉科；C.蜡蝉科；D.飞虱科；E.木虱科；
F.粉虱科；G.蚜科；H.绵蚜科；I.瘤蚜科（仿周尧）

图 3-7-4　同翅目重要科的代表

状或消失，尾片不发达；蜡腺发达，无翅胎生雌蚜体被白色棉絮状蜡粉。如苹果绵蚜（*Eriosoma lanigerum*）（图 3-7-4，H）等。

9. 根瘤蚜科（Phylloxeridae）

体形似蚜科。但触角短小，仅 3 节，上生环形感觉孔 2 个；无腹管和尾片；有翅个体翅脉极退化。生活史较复杂，有根瘤型及叶瘿型之分，形态因型而异。如葡萄根瘤蚜（*Phylloxera vitifoliae*）（图 3-7-4，I）等。

10. 蚧总科（Goccoidea）

形态非常特化，多为小型。大多数种类以固定不动地吸食植物汁液的方式为害，体表常盖有介壳或各种粉状、绵状等蜡质分泌物。雌、雄成虫的体形差别很大。雌虫身体没有明显头、胸、腹 3 部分的区分，无翅，大多数被各种蜡质分泌物所遮盖，属渐变态。雄虫只有 1 对前翅，具分叉的翅脉，后翅特化成平衡棒，寿命短，交配后即死去，为过渐变态。多数种类以为害木本植物为主，是果树及林木的重要害虫。如朝鲜球坚蚧（*Didesmococcus koreanus*）、康氏粉蚧（*Parlatoria pergandii*）以及吹绵蚧（*Icerya purchasi*）等。

五、鞘翅目

鞘翅目（Coleoptera），通称甲虫，体微小至大型。前胸发达，背板高度骨化。口器咀嚼式；触角形状不一，多为 10 或 11 节；无单眼。前翅鞘质，盖住中后胸和腹部，中胸小盾片多外露；后翅膜质，静止时折叠于前翅之下。跗节多为5节或4节。全变态。幼虫寡足型，头部发达，咀嚼式口器，一些钻蛀性种类完全无足。蛹多为裸蛹。植食性种类多取食植物的地上部或根部，也有的为害贮藏农产品。此外，还有肉食性、腐食性及少数寄生性种类。

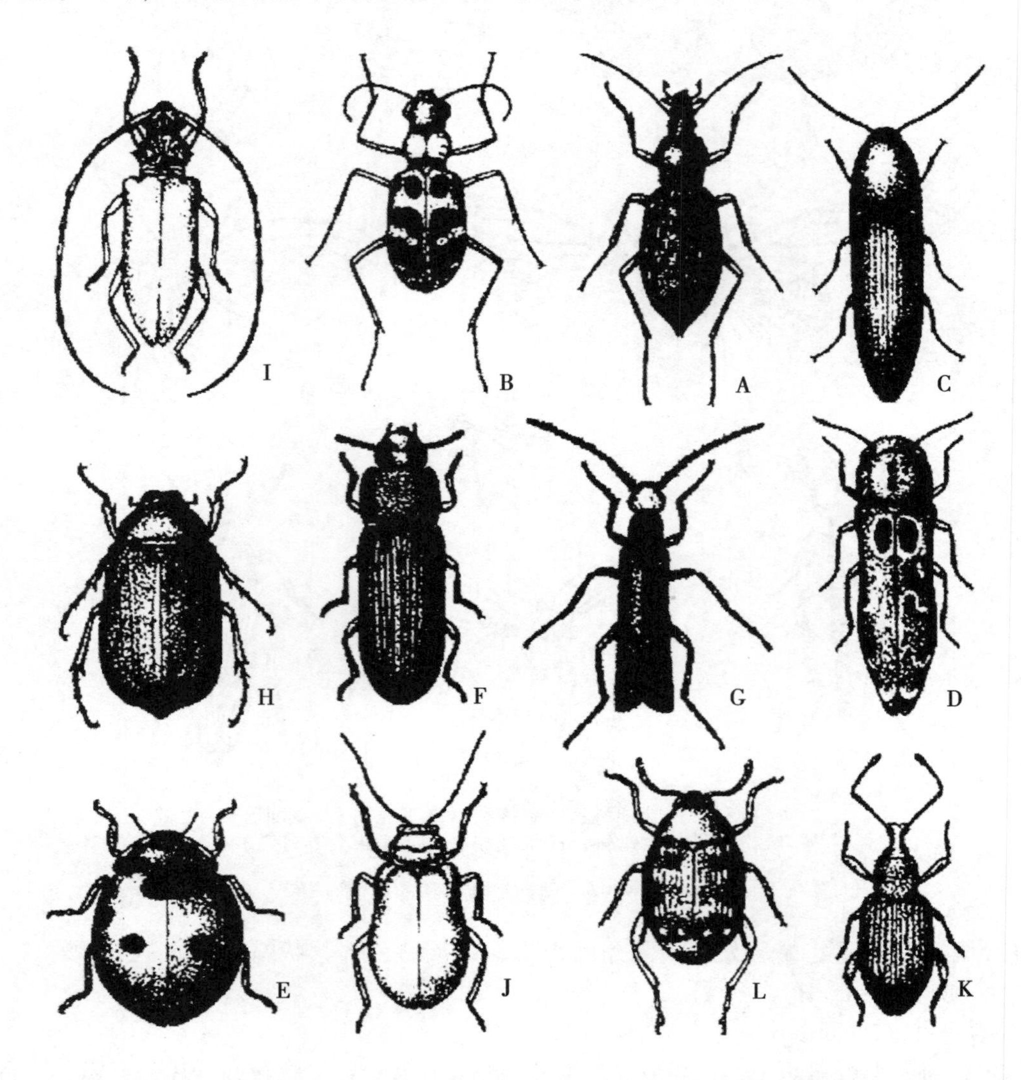

A.步甲科；B.虎甲科；C.叩甲科；D.吉丁甲科；E.瓢甲科；F.拟步甲科；G.芫菁科；H.金龟总科；I.天牛科；J.叶甲科；K.象甲科；L.豆象科（G仿彩万志，余仿周尧）

图3-7-5 鞘翅目重要科的代表

1. 步甲科（Carabidae）

小至大型，多为黑色或褐色带有金属光泽。头较前胸狭，前口式。触角长丝状，着生于上唇基部与复眼之间。跗节5节。多为捕食性，少数种类植食性。常见的捕食性种类如疤鞘步甲（*Carabus pustulifer*）（图3-7-5，A）等。

2. 虎甲科（Cicindelidae）

中等大小，体形与步甲相似。多有金属光泽，头较大，前口式。复眼大而突出。触角丝状，11节。上颚大，锐齿状。跗节5节。成虫步行迅速，捕食各种昆虫。幼虫在地下穴居，捕食蚂蚁及小虫。如中华虎甲（*Cicindela chinensis*）（图3-7-5，B）等。

3. 叩甲科（Elateridae）

小至大型。触角锯齿状。前胸发达，能上下活动，背板后角明显后突，腹板后缘中央有一突起向后延伸到中胸腹板的深凹窝中，可弹跳。跗节5节。幼虫通称金针虫，体细长，多为黄色或黄褐色，多生活于土中，以植物的地下部分为食。如细胸叩头甲（*Agr-otes fusicollis*）（图3-7-5，C）等。

4. 吉丁甲科（Buprestidae）

成虫与叩头甲体形相似，大多数有金属光泽。体长形，末端尖削。头较小，嵌在前胸上。触角锯齿状，11节。前胸腹板的大型后突，嵌于中胸腹板的凹陷内，但前胸与中胸紧密相连，不能上下活动，前胸背板的后角不向后突出。幼虫是重要的蛀干害虫。如柑橘吉丁甲（*Agrilus auriventris*）（图3-7-5，D）等。

5. 瓢甲科（Coccinellidae）

小至中型。体背隆起成半球形，鞘翅上常有红、黄、黑等斑纹。头小，一部分隐藏在前胸背板下。跗节隐4节（拟3节）。幼虫活泼，体上常有枝刺、毛瘤、毛突等或覆盖有绵状蜡质分泌物。大多数种类成、幼虫捕食蚜虫、介壳虫、粉虱等，如七星瓢虫（*Coccinellaseptem punctata*）（图3-7-5，E）；少数种类食害植物，如马铃薯瓢虫（*Henosepilachna vigzntzoc-tomaculata*）。

6. 拟步甲科（Tenebrionidae）

小至大型，黑色或赤黑色。头较小，部分嵌入前胸内。触角11节，丝状或锤状。与步行甲科相似，但跗节式为5-5-4。幼虫外形似金针虫，幼虫以植物的地下部分为食，如网目拟步甲（*Op-atrum subaratum*）。有些种类是重要的仓库害虫，如杂拟谷盗（*Tribolium confusum*）（图3-7-5，F）等。

7. 芫菁科（Meloidae）

体中型，鞘翅较柔软。下口式，头后部收缩如颈状。触角11节，丝状或锯齿状。前胸无明显的侧缘，较鞘翅狭窄。跗节式5-5-4。复变态，幼虫取食蝗卵，成虫多食害豆科植物。如毛角豆芫菁（*E. hirticornis*）（图3-7-5，G）等。

8. 金龟总科（Scarabaoidea）

中至大型。触角鳃叶状。前足能开掘，胫节变扁，外缘具数个锐齿；跗节5节。腹部末节背板常外露。幼虫为蛴螬，体白色，腹部末节向腹面弯曲成“C”形。可分为粪食性和植食性两大类，后者为重要的地下害虫，如棕色鳃金龟（*Holotrichia titanus*）（图3-7-5，H)等。

9. 天牛科（Cerambycidae）

中至大型，体狭长。触角通常与体等长或超过体长。复眼肾形，围绕于触角基部。跗节隐5节（拟4节）。主要为害木本植物，以幼虫蛀食树干、枝条和根部。幼虫多为乳白色，体柔软，胸足大都退化。如星天牛（*Anoplophora chinensis*）（图3-7-5，I）等。

10. 叶甲科（Chrysomelidae）

又称金花虫，多为卵形或长形。触角丝状或末端稍膨大，11节，长不及体长之半。跗节隐5节。幼虫身体中部或近后端处较肥大而稍隆起，成、幼虫均为植食性。如黄守瓜（*Aulacophora fen-zoralis*）（图3-7-5，J）等。

11. 象甲科（Curculionidae）

微小至大型。头部延伸成喙状，口器位于喙前端。触角多膝状，末端3节呈锤状。跗节隐5节。幼虫体柔软，肥胖而弯曲，无足。成、幼虫均植食性。如棉尖象甲（*Phytoscaplzus gossypii*）（图3-7-5，K）等。

12. 豆象科（Bruchidae）

体小、卵圆形。触角锯状、梳状或棒状。鞘翅末端截形，露出腹部末端。跗节隐5节。幼虫白色或黄色，柔软肥胖，向腹面弯曲，无足。成虫在豆类的嫩荚上产卵，幼虫孵化后钻入豆粒为害，成虫羽化后从豆粒钻出。如豌豆象（*Bruchus pisorurn*）（图 3-7-5，L）等。

六、鳞翅目

鳞翅目（Lepidoptera），包括所有的蝶类和蛾类。主要特点是：体、翅被有鳞片或鳞毛；触角有丝状、羽状、球杆状等；口器虹吸式。全变态，幼虫为多足型，蛹为被蛹。成虫一般不为害植物。幼虫口器咀嚼式，绝大多数植食性，或食害植物的叶、芽，或钻蛀茎、根、果实，或潜食叶肉，或为害储藏的粮食等。成虫的分类，主要根据翅的脉序、斑纹等特征。蝶类和蛾类的主要区别在于：蝶类触角球杆状，静止时翅直立于体背，白天活动；蛾类触角非球杆状，形状不一，静止时翅呈屋脊状或平放体侧，夜间活动。

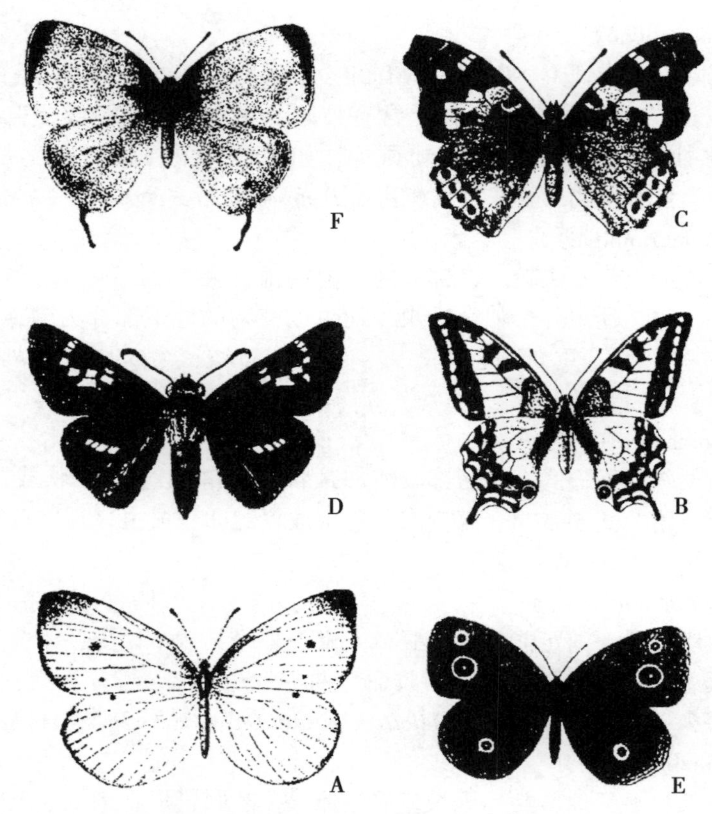

A.粉蝶科；B.凤蝶科；C.蛱蝶科；D.弄蝶科；
E.眼蝶科；F.灰蝶科（仿周尧）

图 3-7-6 鳞翅目重要科的代表（一）

1. 粉蝶科（Pieridae）

多为中型，常为白色或黄色，有黑色或红色斑点。前翅 A 脉 1 条，后翅 A 脉 2 条。幼虫体表有很多小突起及次生刚毛，每个体节常分为 4~6 个小环，食叶为害。如菜粉蝶（*Pieris rapae*）（图 3-7-6，A）等。

2. 凤蝶科（Papilionidae）

中至大型，体色鲜艳。后翅外缘波状，并常有 1 尾突。前翅 Cu 脉与 A 脉间有 1 基横脉，后翅基部有 1 钩状肩脉位于小室上，A 脉 1 条。幼虫光滑无毛，前胸背中央有“丫”形臭腺，受惊动即翻出。幼虫食叶，多为害芸香科、伞形花科等植物。如黄凤蝶（*P. machaon*）（图 3-7-6，B）等。

3. 蛱蝶科（Nymphalidae）

中至大型，翅色常极鲜明。前足退化，短小。雌蝶跗节4或5节，雄蝶跗节1节。触角锤状部分特别膨大。前翅R脉5支，中室闭式。后翅中室开式或为1条不明显的脉所封闭。幼虫头部常有突起，体上生有成列的枝刺，食叶为害。如大红蛱蝶（*Vanessa indica*）（图3-7-6，C）等。

4. 弄蝶科（Hesperiidae）

小至中型，体较粗壮。头大，触角基部远离，末端呈钩状。翅脉均分离而无共柄现象，翅多为黑褐色或茶褐色，具透明斑。幼虫纺锤形，前胸细瘦呈颈状，多在卷叶中为害。如直纹稻弄蝶（*Parnara guttata*）（图3-7-6，D）等。

5. 眼蝶科（Satyridae）

小至中型，翅面上常有眼状斑。前足退化，前翅Sc、Cu、2A脉基部特别膨大。幼虫纺锤形，前胸和末端细瘦；头比前胸大，分为2瓣状或有2个角状突起，主要食害禾本科植物。如稻黄褐眼蝶（*Mycalesis gotama*）（图3-7-6，E）等。

6. 灰蝶科（Lycaenidae）

小至中型，眼缘及触角各节有白色环纹。翅表面常为蓝色、古铜色、黑褐色或橙色，有金属闪光，翅反面常为灰色，有圆形眼斑。后翅常有纤细的尾突。雌蝶前足正常，雄蝶前足跗节常退化。幼虫体扁而短，蛞蝓形，多为植食性。如黄灰蝶（*Zephyrus luteaa*）（图3-7-6，F）等。

7. 天蛾科（Sphingidae）

体大型，粗壮，流线形。触角中部粗，末端弯成细钩。前翅狭长，外缘倾斜，后翅较小。后翅的$Sc+R_1$与Rs在靠近中室中部有1横脉相连。幼虫大而粗壮，各体节分为6~8个小环，第8腹节背面常有一尾角，食叶为害。如豆天蛾（*Clanis bilineata*）（图3-7-7，A）等。

8. 大蚕蛾科（Saturniidae）

体大型。触角双栉状。翅中央常有透明窗斑，中室较大，无翅缰。前翅R仅3或4支，一般R_2与R_3共柄，后翅仅1条A脉，有的种类有尾突。幼虫体被枝刺或突起，多食害叶片。如蓖麻蚕（*Samia cynthia*）（图3-7-7，B）等。

9. 舟蛾科（Notodontidae）

中至大型，口器不发达。雄蛾触角多为双栉状，雌蛾多为丝状。前翅R2~Rs共柄；后翅A脉2条，$Sc+R_1$与中室前缘平行或与中室前缘合并至中室中部或超过中室。幼虫臀足退化或成枝状，栖息时头尾举起似舟状，主要食叶为害木本植物。如苹果舟蛾（*Phalera flavescens*）（图3-7-7，C）等。

10. 灯蛾科（fArctiidae）

体中型，色泽较鲜明，常为白色、黄色或红色，有黑点斑。触角丝状或双栉状。后翅$Sc+R_1$与Rs在基部愈合，几乎延达中室之半。幼虫体上生有浓密而长短一致的长毛，食叶为害。如红缘灯蛾（*Amsacta lactinea*）（图3-7-7，D）等。

11. 夜蛾科（Noctuidae）

中至大型，一般暗灰色，翅上多具斑纹。口器发达。触角丝状，雄蛾有时双栉状。前翅常有副室，中室后缘有脉4支。后翅$Sc+R_1$与Rs在中室基部仅有一点接触，又复分开。幼虫通常粗壮，常具5对腹足，但有些种类第1、2对腹足退化。成虫夜间活动，趋光性强，对糖醋液有明显趋性。幼虫植食性，多数食叶或地下为害，少数钻蛀为害。如棉铃虫（*Helicoverpa armigera*）（图3-7-7，E）等。

12. 毒蛾科（Lymantriidae）

体中型，粗壮多毛，喙退化，无单眼，触角双栉状。雌虫有时无翅，腹末有毛簇，产卵时用以遮盖卵块。前翅R_2~Rs共柄，常有1副室；后翅$Sc+R_1$与Rs在中室基部约1/3处相连或有1横脉

A.天蛾科；B.大蚕蛾科；C.舟蛾科；D.灯蛾科；E.夜蛾科；
F.毒蛾科；G.尺蛾科；H.刺蛾科；I.斑蛾科（仿周尧）

图 3-7-7 鳞翅目重要科的代表（二）

相接。幼虫体被毒毛，腹部第 6、7 节背面有翻缩腺，食叶为害。如舞毒蛾（*Lymantria dispar*）（图 3-7-7，F）等。

13. 枯叶蛾科（Lasiocampidae）

中至大型，身体粗壮而多毛。口器退化，触角双栉状。前翅 R_2 与 R_3 具长柄，Rs 与 Mi 连有短柄。后翅无翅缰，肩角宽大，有肩脉。幼虫粗壮多毛，食叶为害。如松毛虫（*Dendrolimus* spp.）、杏枯叶蛾（*Odonestis pruni*）等。

14. 尺蛾科（Geometridae）

小至大型，体细弱。翅薄而宽大，静止时平展。有的雌虫翅退化。后翅 $Sc+R_1$ 与 Rs 在基部急剧弯曲或与中室有一段合并，A 脉 1 条。幼虫体细长，仅 2 对腹足，分别着生在第 6 和第 10 腹节上，多食植物叶片。如豹尺蛾（*Obeidia tigrata*）（图 3-7-7，G）等。

15. 刺蛾科（Eucleidae）

体中型，密生厚鳞毛。雌蛾触色丝状，雄蛾双栉状。喙退化。前后翅中室内有 M 脉主干。前翅 R_3、R_4、R_5 共柄；后翅 A 脉 3 条，$Sc+R_1$ 与 Rs 仅在基部愈合。幼虫短肥，蛞蝓形，体生枝刺或毒毛，头小，能缩入前胸内，食叶为害。如黄刺蛾（*Cnidocampa flavescens*）（图 3-7-7，H）等。

16. 斑蛾科（Zygaenidae）

小至中型。翅面鳞粉稀薄，半透明状。口器发达，雄蛾触角双栉状。翅中室有 M 主干，后翅 $Sc+R_1$ 与 Rs 在中室前缘中部相连。幼虫蛞蝓型，头小，能收缩于前胸内，食叶为害。如梨星毛虫（*Illiberis pruni*）（图 3-7-7，I）等。

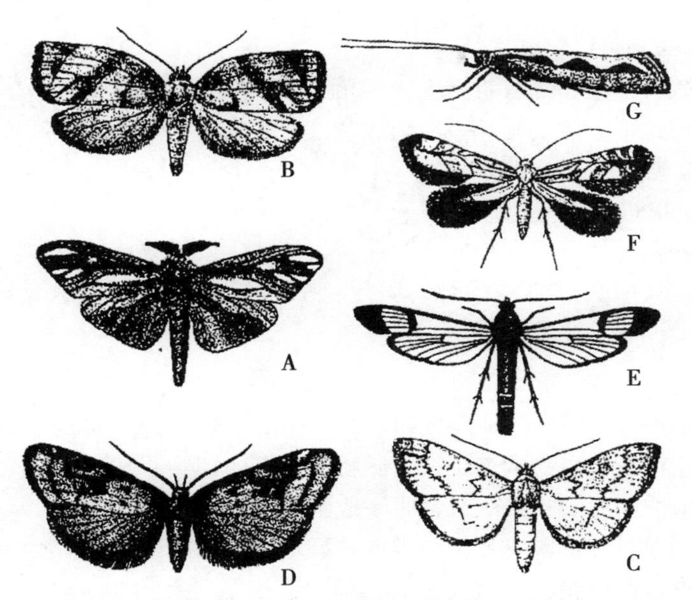

A.蓑蛾科；B.卷蛾科；C.螟蛾科；D.蛀果蛾科；E.透翅蛾科；
F.细蛾科；G.菜蛾科（D仿黄可训，余仿周尧）

图 3-7-8　鳞翅目重要科的代表（三）

17. 蓑蛾科（Psychiclae）

体中型。有性二型现象：雄蛾具翅，翅面鳞片稀少，口器退化，触角双栉状，M 脉在中室可见；雌虫无翅，幼虫型，终生生活于幼虫缀成的巢中。幼虫在囊袋内，行动或取食时将头胸伸出，老熟后在袋内化蛹，幼虫食叶为害。如大蓑蛾（*Clania variegata*）（图 3-7-8，A)等。

18. 卷蛾科（Tortricidae）

体小型，多为褐色或棕色。前翅近方形，前缘弯曲外缘较直，与后缘形成明显的角度，静止时两翅合拢呈钟罩状。前翅翅脉均从基部或中室直接伸出，Cu_2 从中室下缘近中部分出。幼虫主要卷叶为害果树等木本植物。如苹小卷蛾（*Adoxophyes orana*）（图 3-7-8. B）等。

19. 螟蛾科（Pyralidae）

小至中型，足细长。触角丝状，下颚须及下唇须发达。后翅 $Sc+R_1$ 与 Rs 接近、平行或越过中室后有一小段合并。幼虫体细长，仅具原生刚毛，腹足较短，常生活在隐蔽场所，钻蛀茎秆、果实、种子或卷叶为害。如亚洲玉米螟（*Ostrinia furnacalis*）（图 3-7-8，C）等。

20. 蛀果蛾科（Carposinidae）

体小型，与卷蛾科十分相似。但前翅 Cu_2 从中室下角或接近下角伸出，后翅无 M_1 脉，有时 M_2 也缺如。幼虫主要蛀果为害。如桃蛀果蛾（*Carposina sasakii*）（图 3-7-8，D）等。

21. 透翅蛾科（Aegeriidae）

小至中型，一般黑色或暗青色，有红或黄色等斑纹，常有金属光泽。触角略呈棍棒状，顶端生 1 毛丛。翅面透明缺少鳞片，前翅狭长，无 A 脉。腹部末端鳞片排成扇形。幼虫多为害果树及林木，蛀食枝干或树根。如苹果透翅蛾（*Synanthedon hector*）（图 3-7-8，E）等。

22. 细蛾科（Gracilariidae）

体微小，有灰褐、金黄、银白、铜色等色泽。前翅中室直长，占翅的 2/3~3/4。后翅狭长无中室，前缘近基角膨大。成虫停息时触角前伸，以前足和中足将身体前部撑起，使身体和所站物面成一角度。幼虫常潜入叶、树皮或果实内为害。如苹果金纹细蛾（*Lithocolletis ringoniella*）（图 3-7-

8，F）等。

23. 潜蛾科（Lyonetiidae）

体微小。形似细蛾科，但头部有粗鳞毛，触角第1节阔大，静止时覆盖于复眼上半部。后足胫节背面有长毛。前翅披针形，尖端延长。后翅线状，有长缘毛，无中室。幼虫多潜叶为害。如桃潜蛾（*Lyonetia clerkella*）等。

24. 菜蛾科（Plutellidae）

体小型。停息时触角前伸。下唇须向上弯曲，末端甚尖。翅狭，前翅披针形，后翅菜刀形，后翅 M_1 与 M_2 共柄。幼虫细长，通常绿色，腹足细长，行动活泼，常取食植物叶肉。如小菜蛾（*Plutella xylostella*）（图3-7-8，G）等。

七、膜翅目

膜翅目（Hymenoptera），包括各种蜂类和蚂蚁，体微小至中型，少数大型。口器咀嚼式或嚼吸式。翅膜质，后翅小于前翅，以翅钩连锁，翅脉特化，有的翅脉非常简单甚至无翅脉。腹部第1节多向前并入胸部，形成并胸腹节；第2节常收缢成细腰，形成腹柄。也有一些种类腹部与并胸腹节相连处甚宽。分为细腰亚目和广腰亚目两个类群。雌虫具发达的产卵器，常呈锯状或针状，有的变为螯刺。全变态。幼虫通常无足，体软而色淡，但也有少数种类（叶蜂类）具3对胸足及6对以上腹足。蛹为裸蛹。食性复杂，很多种类是寄生性的，也有捕食性及植食性种类，以有益种类为多。

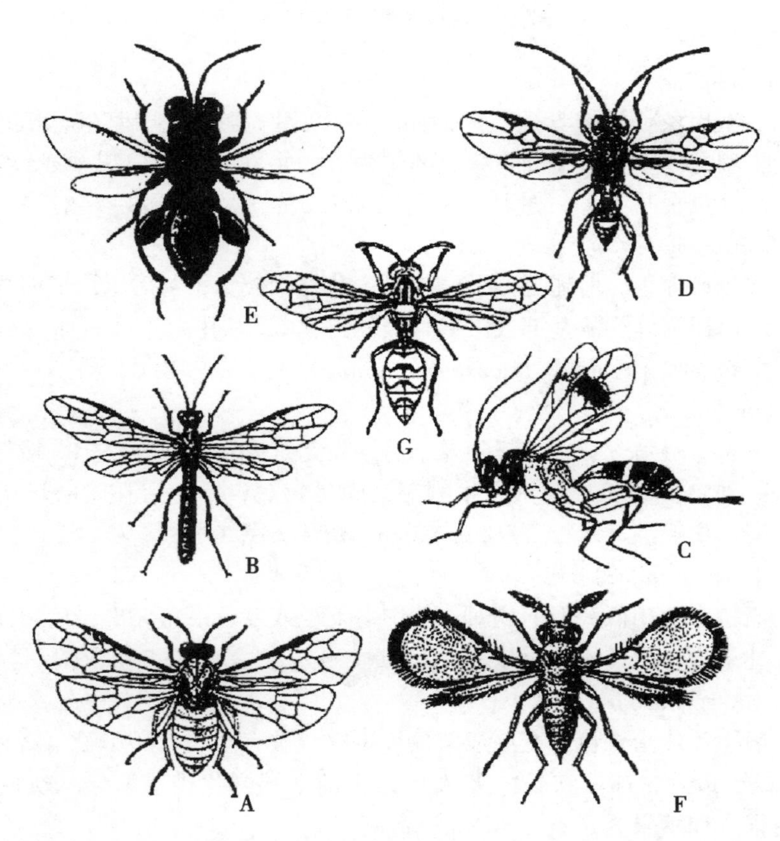

A.叶蜂科；B.茎蜂科；C.姬蜂科；D.茧蜂科；E.小蜂科；
F.赤眼蜂科；G.胡蜂科（仿各作者）

图3-7-9 膜翅目重要科的代表

1. 叶蜂科（Tenthredinidae）

体较粗短，腹部无细腰。触角丝状。前胸背板后缘深凹，前翅有粗短的翅痣，前足胫节有2端距。雌虫产卵器锯状，产卵于植物组织内。幼虫腹足6~8对，无趾钩，食叶为害。如小麦叶蜂（*Dolerus tritici*）（图3-7-9，A）等。

2. 茎蜂科（Cephidae）

体小细长，腹部无细腰。触角丝状。前胸略呈方形，翅痣狭长。前足胫节具1端距。腹部侧扁，产卵器短，能收缩。幼虫足退化，腹末有尾状突起，多钻蛀茎干为害。如麦茎蜂（*Cephus pygmaeus*）（3-7-9，B）等。

3. 姬蜂科（Ichneumonidae）

小至大型，体细长。触角长丝状。前胸背板伸达翅基片。前翅有明显的翅痣，近端部有一四角形或五角形小翅室，其下方所连的一条横脉称第2回脉。雌虫腹部末端纵裂，产卵器从末端之前伸出，多产卵于鳞翅目等幼虫和蛹的体内，幼虫营寄生生活。如横带驼姬蜂（*Goryphus basilaris*）（图3-7-9，C）等。

4. 茧蜂科（braconidae）

微小至小型。与姬蜂相似，但无第2回脉，多数无小翅室。幼虫多为内寄生，主要寄生鳞翅目及鞘翅目幼虫。如小菜蛾绒茧蜂（*Apanteles plutellae*）（图3-7-9，D）等。

5. 小蜂总科（Chalcidoidea）

体微小至小型。触角多呈膝状。前胸背板不达翅基片。足转节2节。翅脉极少，外观上仅1或2条。产卵器均发自腹端之前。本总科包括金小蜂科、赤眼蜂科、跳小蜂科、蚜小蜂科和小蜂科等，多数寄生在其他昆虫的各种虫态中。如小蜂科中的黑角洼头小蜂（*Kriechbaumerella nigricoris*）（图3-7-9，E）和赤眼蜂科中的稻螟赤眼蜂（*Trichogramma japonicum*）（图3-7-9，F）等。

6. 胡蜂科（Vespidae）

中至大型，多为黄色，有黑色或深褐色斑纹。前胸背板伸达翅基片，前翅第1盘室很长，翅在停息时纵折。中足胫节有2端距，爪简单。多数种类捕食多种鳞翅目幼虫，如普通长足胡蜂（Polistes olivaceus）（图3-7-9，G）等。

7. 蚁科（Formicidae）

通称蚂蚁。触角膝状，9或10节。腹部基部有1或2个结节。多营“社会生活”，有明显的多型现象。食性很杂，有的捕食昆虫等其他小动物，有的取食植物种子、菌类及其他物质。

八、双翅目

双翅目（Diptera），具膜质翅1对，翅脉简单，后翅退化成平衡棒。口器刺吸式或舐吸式。前、后胸小，中胸大。全变态。主要包括蚊、虻、蝇3类。幼虫均为蛆式，食性复杂，植食性种类可蛀果、潜叶或造成虫瘿；腐食性或粪食性种类取食腐败动植物体和粪便；捕食性种类可捕食蚜虫和其他小虫；寄生性种类可寄生于昆虫或家畜体内。

1. 瘿蚊科（Cecidomyiidae）

体形似蚊，体小柔弱。触角念珠状，每节具环状毛。足细长。前翅仅有3~5条纵脉。成虫一般不取食。幼虫有各种食性，捕食性的可捕食蚜虫、介壳虫等；植食性的可取食花、果、茎等，有的能造成虫瘿。如麦红吸浆虫（*Cecidoinyia mosellana*）（图3-7-10，A）、柑橘花蕾蛆（*Contarinia citri*）等。

2. 食虫虻科（Asilidae）

中至大型，体细长多毛。头顶在两复眼间向下凹陷。触角3节，末节具端刺。腹部向末端渐尖细。成、幼虫均肉食性，捕食多种昆虫，常见的如中华食虫虻（*Cophinopoda chinensis*）、盗虻（*Antipalus* sp.）（图3-7-10，B）等。

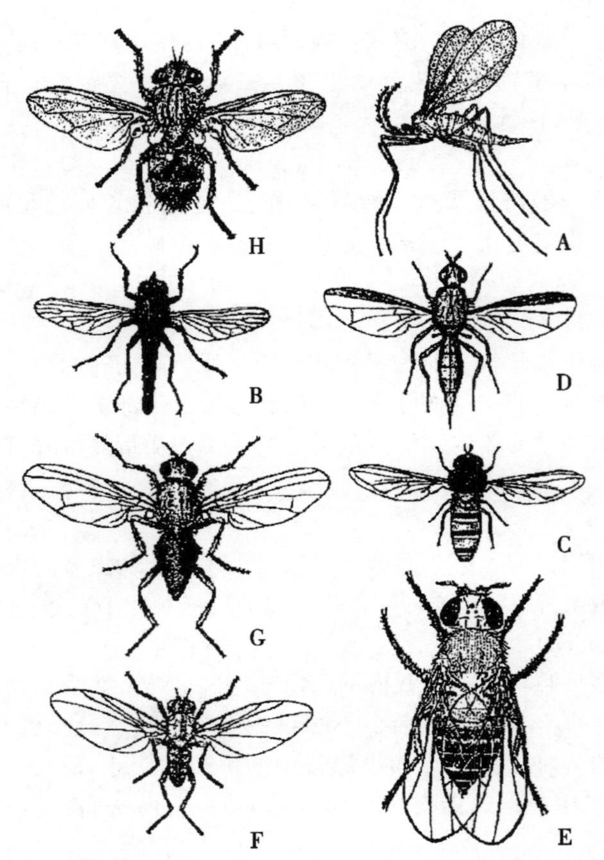

A.瘿蚊科；B.食虫虻科；C.食蚜蝇科；D.实蝇科；E.果蝇科；
F.潜蝇科；G.花蝇科；H.寄蝇科（H仿赵建铭，余仿周尧）

图 3-7-10 双翅目重要科的代表

3. 食蚜蝇科（*Syrphidae*） 体中型，外形似蜂。具黄、黑两色相间的斑纹。触角 3 节，具触角芒。主要特征是在翅上有 1 条“伪脉”位于 R 与 M 之间。成虫多取食花粉、花蜜等。幼虫多捕食蚜虫。如黑带食蚜蝇（*Episyrphus balteata*）（图 3-7-10，C）等。

4. 实蝇科（Trypetidae）

小至中型，体常杂有黄、棕、橙、黑等色。头宽，颈细，复眼大。Sc 脉末端几乎呈直角弯向前方，中室 2 个，其后面有 1 个带尖角的臀室。幼虫蛆形，植食性，生活于果实、种子、叶、芽、枝条及茎内和菊科植物的花序内，有的造成虫瘿。如柑橘大实蝇（*Tetradacuscitri*）（图 3-7-10，D）等。

5. 果蝇科（Drosophilidae）

体小型，通常淡黄色。触角芒羽状，复眼鲜红色。Sc 和 R_1 脉很短，前缘脉的边缘常有缺刻。成虫多产卵于腐败的植物（如水果），幼虫生活其中。如黄猩猩果蝇（*Drosophila melanogaster*）（图 3-7-10，E）等。

6. 潜蝇科（Agromyzidae）

体微小至小型。触角芒光裸或具细毛。翅前缘有 1 个缺刻，Sc 退化或与 R_1 愈合，有臀室。幼虫潜叶为害，造成各种形状的隧道。如美洲斑潜蝇（*Liriomyzasativae*）、豌豆潜叶蝇（*Chrornatamyia horticola*）（图 3-7-10，F）等。

7. 花蝇科（Anthomyiidae）

小至中型，与家蝇相似，通常黑色、灰色或黄色。翅 M_{1+2} 不向上弯曲。成虫常在花草间活动。幼虫多为腐食性，少数植食性。如灰地种蝇（*Dalia platura*）（图 3-7-10，G）等。

8. 寄蝇科（Tachinidae）

小至中型，外形似家蝇，体多毛，暗灰色，有褐色斑纹。触角芒光裸。胸部在小盾片下方有呈垫状隆起的后小盾片。腹末端多刚毛。M 脉第 1 支极度向前弯曲。幼虫多寄生于鳞翅目幼虫及蛹体内。如地老虎寄蝇（*Cuphocera varia*）（图 3-7-10，H）等。

第八章　昆虫与环境的关系

环境是指在一定时间内对某一特定生物体的生存、生长、发育、繁殖和分布等有直接或间接影响的空间条件的总和，它是由众多的生态因子组成的。昆虫的发生与其周围的环境有着十分密切的关系，影响昆虫的主要生态因子有气候、生物、土壤等。

第一节　气候因子对昆虫的影响

气候条件不仅直接影响昆虫本身，而且对其他环境因素也有很大影响。气候因子主要包括温度、湿度、降水、光、气流和气压等，其中以温度和湿度的影响最大。

一、温度

（一）温度对昆虫的生态学意义

昆虫是变温动物，其体温随环境温度而变化。昆虫的正常生命活动必须在一定的温度范围内才能进行，这个范围称为适宜温区或有效温区。不同昆虫的有效温区不同，一般在 8～40℃。有效温区又可分为：①最适温区。一般为 20～30℃，在此温区内，昆虫的能量消耗最小，死亡率最低，繁殖力最大，寿命适中；②高适温区。一般为 30～40℃，在此温区内，昆虫的生长发育和繁殖随温度升高而受到抑制，其上限称为最高临界温度；③低适温区。一般为 8～20℃，在此温区内，昆虫的生长发育和繁殖随温度降低而受到抑制，其下限为最低有效温度或发育起点温度。

昆虫在发育起点以下的一定温度范围内并不死亡，而是因温度降低呈昏迷状态，当温度在短时间内上升到适宜温区后，仍可恢复生长发育或繁殖等生命活动，但若持续时间过长，则有致死作用，该温区称为停育低温区。如果温度再继续下降，昆虫的体液即会析水结冰，从而引起组织或细胞内产生不可复原的变化而死亡，该温度范围称为致死低温区。同样，最高临界温度以上有一个停育低温区，在此温区内昆虫的生长发育因温度过高而停滞。如果温度继续升高，昆虫因过热而死亡，即进入致死高温区。

（二）适温区内温度与昆虫生长发育的关系

在适温区内随温度的升高昆虫的生长发育速度加快，即发育速率与温度呈正比；而昆虫完成某一发育阶段所需的时间则随温度的升高而缩短，即发育时间与温度呈反比。温度与昆虫发育速率或发育时间的关系，可以用有效积温法则来表示。

有效积温法则（law of effective temperature accumulation）是指昆虫完成一定的发育阶段（一个虫期或一个世代）需要一定的热量积累，并且完成这一阶段所需的温度积累值是一个常数。许多生物开始发育的温度（通常不是 0℃，而是 0℃以上）称为发育起点。对昆虫发育起作用的温度是发育起点以上的温度，称为有效温度，有效温度的累积值称为有效积温（以日度为单位）。用公式表示为：

$$K=N\ (T-C)\ 或\ N=K/\ (T-C)$$

式中：K 为有效积温，为一个常数；N 为发育历期（天数）；T 为平均温度（观测值）；C 为发育起点温度；（T-C）为逐日的有效温度。

发育速度（V）是发育时间（N）的倒数，如果将式中 N 改用 V，上式可写成：

$$V=\ (T-C)\ /K\ 或\ T=C+KV$$

有效积温法则可用于预测害虫的发生期、推测昆虫在不同地区可能发生的代数和地理上的可能分布界限等。各种昆虫及其虫态的发育起点（C）和有效积温（K）值，可根据其在不同实验温度下发育速度的观测值，采用统计学上的“最小二乘法”求得。

（三）温度对昆虫其他方面的影响

温度对昆虫的生殖、寿命、活动等也有重要影响。在可能生殖的温度范围内，生殖力随温度的升高而增强。温度过低常会影响成虫性腺发育或不能进行交配活动而产卵量减少；温度过高常引起不育，特别是雄性不育。一般情况下，昆虫的寿命随温度的升高而缩短。在适温范围内，昆虫的各种活动随温度的升高而增强，昆虫的飞行活动对温度的反应更为敏感。此外，温度还是影响昆虫分布和区系构成的重要因素之一。

二、湿度和降水

湿度主要通过影响虫体水分的蒸发而影响昆虫的体温和代谢速率，进而影响昆虫的成活率、生殖力和发育速度。特别是在昆虫孵化、脱皮、化蛹和羽化期间，新形成的表皮保水能力较差时，如果环境湿度偏低，就会容易引起虫体大量失水甚至死亡；干旱会影响昆虫的性腺发育，也影响雌雄交配和雌虫的产卵量。

昆虫主要从周围环境中摄取水分，而且自身具有保持体内水分平衡的能力。陆生昆虫从环境中获取水分的途径主要靠取食；此外昆虫在消化食物过程中，还可利用有机物分解时所产生的水分；昆虫的体壁或卵壳也可自环境中吸收一些水分。昆虫主要通过排泄作物散失体内水分，体壁和气门的蒸腾作用也是水分散失的重要途径。由于昆虫体形较小，与外界的接触面相对较大，也即蒸腾面较大，陆生昆虫为了保持体内水分平衡，因而在形态、生理和习性等方面产生了种种适应。

降水与空气湿度密切相关，因此某一地区的湿度情况常由该地区的降水量来确定。降水对昆虫的生态关系通常表现在：可提高空气湿度；可影响土壤含水量，从而影响土栖昆虫；大雨对某些昆虫具有直接机械杀伤作用等。

三、温、湿度的综合作用

温度和湿度的综合作用比较复杂，不同的温湿度组合对昆虫的孵化率、幼虫死亡率、蛹羽化率和成虫产卵量等影响程度不同。就某一种昆虫而言，其适宜的温度范围可因湿度条件而偏移；同样，适宜的湿度范围也可因温度条件而偏移。温度和湿度相互关联对昆虫的综合作用，在生物气候学上通常以温、湿系数来表示。公式为：

$$Q=R.H./T$$

式中：R. H. 为平均相对湿度；T 为平均温度。

温、湿系数可以作为一个指标，用以表示不同地区或同一地区不同年份（或季度、月份等）的气候特点，对分析昆虫的发生情况有一定的参考价值。

四、光

光是昆虫不可缺少的条件。光的性质、强度和光周期，主要影响昆虫的活动和行为，协调昆虫的生活周期。

光因波长不同而显示出不同的性质。昆虫的可见光范围与人的不同，昆虫能见的光在 250~700nm 之间，即可见紫外光，而不可见红光。许多昆虫的趋光性与光的波长密切相关，因而可利用昆虫对光波的选择性灯诱杀害虫。

光的强度是指光的亮度或照度，主要影响昆虫的昼夜活动节律和行为，如交配、产卵、取食、栖息等。如生活于黑暗环境的昆虫，增加光度则躲入黑暗的缝隙中，而裸露生活的许多昆虫，在光线较弱时则趋向光源或光线较强的地方。

自然界中昼夜的光、黑相互交替，形成了不变的序列关系，即为光周期的日变化。一年内每天光周期的日变化是不同的，因而又形成了光周期的年变化。昆虫的生命活动与光周期变化相适应而形成了“生物钟”。昆虫对光周期变化的适应所产生的各种反应，称为光周期反应。许多昆虫的地理分布、形态特征、年生活史、滞育特性、行为等，都与光周期的变化有密切关系。

许多昆虫对光周期年变化的反应非常明显，主要是由于光周期比温度等其他生态因子的年变化更有规律性。温度的年变化是波动性地增加或下降的，而光周期的年变化是逐日地有规律地增加或下降的。例如，许多蚜虫在短日照时才产生两性个体；光照对许多昆虫冬季滞育的关系非常密切；光周期的变化是某些昆虫滞育越冬或解除滞育的重要生态条件。

五、风

风对昆虫的生长发育没有影响，但对昆虫的迁飞扩散影响很大。有观察表明，昆虫在微风时，常逆风飞行，当超过一定风速时则顺风飞行。远距离迁飞的昆虫，常在风速最大的低空急流层中飞行。风对昆虫地理分布的影响主要表现在飞行的类群上，经常刮大风的地方（如海岛和高原），无翅型昆虫的比例比较高。

此外，风与蒸发量的关系很大，从而影响到环境湿度的变化，环境湿度的降低又会引起温度的下降。所以风对环境温、湿度都会产生影响，进而对昆虫发生作用。

研究气候因子对昆虫的影响时，应从昆虫本身的特点来综合分析，才能得到客观的判断。昆虫的实际生活环境是微气候环境。大多数昆虫是在植物上生活的，植物丛中的微气候与一般气象资料所记录的数值常有差异，一般是温度变化比较和缓、湿度增大和风速减小，而且不同植物种类、不同密度、不同植株高度等都会有所差异。

第二节　生物因子对昆虫的影响

影响昆虫的生长、发育、生存、繁殖和种群数量动态的生物因子主要是食物和天敌。与非生物因子相比，生物因子对昆虫的影响有 4 个明显的特点：①非全体性。非生物因素如温、湿度、降水等对昆虫种群中所有个体的影响基本上是一致的，而生物因素在一般情况下，常常只影响种群中的某些个体。例如，在同一生境内，昆虫种群个体间获得食料的情况是不均衡的；昆虫种群的全部个体被天敌捕食或寄生的情况也是极少见的。②密度制约性。非生物因素对昆虫的影响与昆虫种群个体数量无关，而生物因素对昆虫的影响，通常与昆虫种群个体数量密切相关。如在一定空间内的寄主愈多，昆虫愈容易找到食物；当昆虫种群密度较大时，也更有利于其天敌的繁衍。③相互性。非生物因素对昆虫的影响一般是单方面的，而生物因素与昆虫则是相互影响的。如某种昆虫的天敌数量增多时，其种群数量随之下降；昆虫数量的减少，又造成天敌食物的不足而数量随之下降，因而又导致该种昆虫种群数量的增多。④不等性。非生物因素作用于生物群落中的所有物种，而生物因素只作用于与中心生物关系密切的物种。

一、食物

食物是昆虫的营养性环境因素。食物不仅直接影响昆虫的生长发育、繁殖和寿命等，而且还影响到昆虫的种群数量。昆虫长期对食物的适应，可以引起食性分化。

各种昆虫不但食性专门化的程度不同，而且不同食物对其生长发育速度、成活率、生殖率等都会发生影响。昆虫取食嗜食的食物时，生长发育快、死亡率低、繁殖率高。一些植食性昆虫，取食植物的不同发育阶段或不同的器官时，其发育历期、成活率、性比和繁殖力等都有明显差异。

没有一种植食性昆虫能取食全部各种植物，也没有哪一种植物被全部植食性昆虫所取食。每种植食性昆虫对食料植物都有选择性，而每种植物都有抗虫性。植物抗虫性可表现为不选择性、抗生性和耐害性 3 种机制。不选择性是指植物不具备引诱昆虫产卵或刺激取食的化学物质或物理性状，或植物具有拒避昆虫产卵或抗拒取食的特殊化学物质或物理性状，使昆虫不趋于产卵、少取食或不取食，或昆虫的发育期与植物的发育期在物候上不相吻合，而使植物避免了昆虫的为害。抗生性是指植物不能满足昆虫营养的需要，或含有对昆虫有毒的物质，使昆虫取食后发育不良甚至死亡；或由于昆虫的取食刺激，使植物在受伤的部位产生化学或组织上的变化，而抗拒昆虫继续取食。耐害性是指植物受害虫为害后，具有很强的补偿能力。例如，某些禾本科植物分蘖能力很强，主蘖被害后可通过增加分蘖减轻损失。

二、天敌

在自然界中，每种昆虫都有大量的捕食者和寄生物，即昆虫天敌。天敌是抑制害虫种群数量的重要生态因子。昆虫的天敌主要包括病原生物、天敌昆虫和其他食虫动物。

昆虫的病原生物有病毒、立克次体、细菌、原生动物和线虫等，这些病原生物常会引起昆虫感病而大量死亡。昆虫病毒主要通过带有病毒的食物、接触患病昆虫、虫尸及昆虫的排泄物传播流行。昆虫致病细菌可分为无芽孢杆菌和芽孢杆菌两大类，目前研究应用较多是芽孢杆菌，如苏云金杆菌（*Bacillus thuringiensis*）已被广泛工业化生产，制成 Bt 制剂，用于防治多种植物害虫。此外，随着大量转基因工程菌被构建，人们还将 Bt 菌毒素基因转移到棉花、玉米等多种作物中，显著提高了作物的抗虫性。昆虫病原真菌主要通过体壁进入虫体，也可通过肠道侵染。当真菌的孢子或菌丝接触虫体后，在体壁上萌发而穿入虫体，在虫体内发生很多菌丝时，便贯穿入各组织而引起昆虫死亡。

天敌昆虫是害虫天敌的重要组成部分，通常可分为捕食性和寄生性天敌两大类。捕食性天敌昆虫的身体一般比猎物昆虫大，通常需捕食多头猎物才能完成其个体发育，捕食过程中可将猎物直接杀死。其中瓢虫类、草蛉类已被应用于害虫的生物防治中。寄生性天敌昆虫多以幼虫寄生于寄主体内或体外，其身体一般比寄主昆虫小，寄主因被寄生而引起各种生理损害而死亡。其中以膜翅目中的寄生蜂类和双翅目中的寄蝇等利用价值最大。

此外，还有许多动物也以昆虫为食，如蜘蛛、鸟类、两栖类、爬行类和兽类等，它们在控制害虫的种群数量方面也发挥着重要作用。

第三节　土壤因子对昆虫的影响

土壤是昆虫的特殊生态环境，绝大多数昆虫在生活史中都与土壤发生或多或少的联系，有些昆虫终生生活在土中，有些昆虫生活史的某一个阶段生活在土中。土壤的固体相、液体相和气体相 3 种状态的不同组合，构成了土壤不同的温度、湿度、通气状况、化学特性和机械组成，进而影响着生活在土壤中的昆虫。

一、土壤温度

土壤温度对昆虫的作用与气温的作用基本相同。但土温的变化与气温的变化不完全一致，而且不同土层深度的温度变化也不相同。

土温的日变化，一般是白天土表受太阳辐射的影响而温度提高，热由表层向下传导；而夜间表层冷却较快，热向表层传导而散失。所以，土表比下层温度变化幅度大，土层越深，温度的日变化越小，深达80~100cm土温的日变化基本趋于稳定。土温的年变化幅度也依土层加深而趋于稳定。

土栖昆虫在土中常随着适温层的变化而垂直迁移。一般秋季温度下降时向下迁移，气温越低潜伏越深；春季土温上升时，又逐渐向上迁移到适温的表土层；当夏季表土的温度过高时，又下潜至较深的适温土层中。如金针虫、蛴螬等地下害虫都有这种随土温变化而作垂直迁移的习性，以避免极端温度的影响。温带和寒带地区的许多昆虫在土中越冬，这些地区冬季的土温比气温高，因而有利于度过严寒。

二、土壤湿度

土壤湿度包括土壤水分和土壤空隙内的空气湿度，主要来源于降水和灌溉。土壤空气中的湿度，除表层外一般总是处于饱和状态，因此多数土壤昆虫也不会因湿度过低而死亡。许多昆虫的不活动虫期（如卵、蛹）常常以土壤作为栖息场所，以避免大气干燥的不利影响。土壤含水量对昆虫的影响较大，许多昆虫的卵和蛹在土壤内需吸收水分才能完成发育。土壤含水量因土壤的物理性状不同而不同，土壤持水量越强，可被昆虫吸收利用的水分就越少。

土壤的干湿程度影响土壤昆虫的分布和为害。如细胸金针虫主要分布在含水量较多的低洼地，沟金针虫则主要分布在旱地草原。土壤水分过高，不利于土居昆虫或部分虫态土居的昆虫的活动，甚至引起昆虫患病死亡。

三、土壤理化特性

土壤因氢离子、氢氧根离子和有机酸含量不同，表现出不同的酸碱度，因而可把土壤分为酸性土、中性土和碱性土。土壤的酸碱度影响昆虫的分布。如沟金针虫喜欢生活在酸性缺钙的土壤中，而细胸金针虫则喜欢生活在碱性土壤中；麦红吸浆虫幼虫多在pH值7~11的土壤中生活，而在pH值6以下的土壤中不能存活；葱蝇多在强酸性土壤中产卵，而在中性和碱性土壤中的产卵量很低。此外，土壤的含盐量、土壤的有机质含量和土壤肥料等，对土壤昆虫的分布、种群数量和种类组成也有很大影响。

土壤的机械组成主要影响土壤昆虫的种类组成和活动。如华北蝼蛄主要分布于淮河以北的砂壤土地区，而非洲蝼蛄则主要分布在土壤较黏重的地区；葡萄根瘤蚜在结构疏松的团粒土壤和石砾土壤中发生较重，因为这类土壤中有适于若虫活动蔓延的空隙；疏松的砂土和壤土，对较大体形的蛴螬活动更为有利。

第九章　病虫害发生（侵染）预测

植物病害流行或虫害的发生，是指在一定时期或空间内植物群体发病或害虫种群孳生蔓延的现象。植物病虫害的预测是根据病害流行和害虫发生消长规律，通过科学方法估计病虫害的发生时期和数量，以准确指导病虫害的管理或防治。防治策略即人类防治有害生物的指导思想和基本对策，人们所采用的防治各种有害生物的技术与方法，都是在基本对策指导下研究提出的理论与实践。

第一节　植物病虫害的发生（流行）规律及预测

第二节　病原物的侵染过程和病害循环

植物侵染性病害的发生与流行，是寄主植物与病原物在一定环境条件影响下相互作用的结果。植物受病原物侵染而发病，以及病害从一个生长季节发病到下一个生长季节再度发病，都需经过一定的过程。了解病害的发生与流行规律，是制定病害防治策略和方法的重要依据。

一、病原物的侵染过程

病原物的侵染过程（infection progress）是指病原物从与寄主接触、侵入寄主到引起寄主发病的过程，简称病程（pathogenisis）。一般将侵染过程分为 4 个阶段：即侵入前期、侵入期、潜育期和发病期。

（一）侵入前期

侵入前期（preinfection peiod）是指病原物与寄主植物接触，并形成某种侵入机构的时期，也称为接触期。有些病原物，特别是土壤中的病原物，在接触寄主植物前就受到寄主植物根分泌物的影响，促使病原物休眠机构的萌发，如寄生线虫及某些真菌游动孢子向根部聚集等。侵入前期病原物处于寄主体外的复杂环境中，受到各种生物竞争因素的影响，病原物必须克服各种不利因素才能实现侵入。在植物病害的生物防治中，可应用具有拮抗作用的微生物施入土壤来防治土传病害，或应用对寄主植物有益的微生物，提前占领病原物的侵染位点，使病原物不能在侵染部位立足。

病原物通常是以休眠体或繁殖体借助气流、雨水、虫媒、农事操作等达到寄主感病部位的。土壤中的植物病原线虫和真菌的游动孢子可以主动地向感病点移动。当植物表面聚集水滴时，寄主伤口或自然孔口附近的病原细菌可以向伤口或自然孔口部位游动，但这些病原物主动移动的距离是很有限的。

病原物与寄主植物接触后，并不立即侵入寄主，而是在植物表面或根围常有一生长阶段。在此阶段内，植物表面的理化性状和微生物组成对病原物影响很大。除此之外，环境条件特别是温度和湿度等，也起着重要作用。

侵入前期也是病原物与寄主相互识别的时期，尤其是在活体营养病原物中，某个生理小种的孢子与寄主通过识别，会表现出亲和与非亲和反应。亲和反应可使病原与寄主相互接触，而非亲和反应则表示寄主不能接受病原物的接触。

（二）侵入期

侵入期（infection period）是指从病原物侵入到与寄主植物建立寄生关系所经历的时期。病原物在寄主表面或周围萌发并生长到达侵入部位后，就有可能侵入寄主植物。

植物病害的病原物多数为内寄生菌，只有极少数是外寄生菌。内寄生菌与寄主接触后，在适宜的环境条件下就会侵入到植物体内；而外寄生菌，如引起煤污病的小煤炱科的真菌则是以附着枝附着在植物的表面寄生，主要以寄主或昆虫的分泌物为营养物质，而不形成典型的吸器。

1. 侵入途径和方式

病原物因种类不同，其侵入途径也不同。真菌大都是由孢子萌发形成的芽管或菌丝从自然孔口或伤口侵入，有时也可从角质层或表皮直接侵入，高等担子菌还能以侵入能力很强的根状菌索侵入；细菌主要通过自然孔口和伤口侵入寄主，一般不能从角质层或表皮细胞直接侵入；植物病毒能从寄主细胞的轻微伤口侵入；线虫和寄生性种子植物可以直接从表皮侵入寄主。

（1）直接侵入。直接侵入是指病原物直接穿透角质层和细胞壁，是病原物（如许多真菌、寄生性种子植物和寄生性线虫等）对寄主的主动侵入方式。如真菌直接侵入的典型过程如下：落在植物表面的真菌孢子，在适宜的条件下萌发产生芽管，其顶端可以膨大而形成附着胞，附着胞以其分泌的黏液将芽管固定在植物表面，然后从附着胞上产生较细的侵染丝，再通过侵染丝穿过植物的角质层。一部分真菌还可以从健全的寄主表皮直接侵入，如苹果黑星病菌的分生孢子的直接侵入；寄生性种子植物，如菟丝子可以利用吸盘突破寄主的表皮组织；线虫则以锋利的口针刺破表皮直接侵入。

（2）自然孔口侵入。植物表面的自然孔口有气孔、皮孔、水孔、柱头和蜜腺等，都可能是病原菌侵入的途径，许多真菌和细菌都是从自然孔口侵入的。如真菌中多种锈菌的夏孢子，霜霉菌的孢囊孢子以及许多引起叶斑病的细菌等，多自孔口侵入；由自然孔口侵入的病原细菌都有较强的寄生性，只要寄主孔口上有水滴和水膜，这些细菌便能在水中游动并侵入寄主；梨的火疫病细菌可以由蜜腺和柱头侵入。

（3）伤口侵入。植物表面如虫伤、机械伤、冻伤和各种外界因素造成的伤口以及叶片脱落后的叶痕和侧根穿过表皮层时所形成的伤口等，都可能成为病原物的侵入途径。许多病菌既可以从伤口侵入，又可以从自然孔口侵入，而有些病菌只能从伤口侵入。伤口侵入菌常常需在伤口表面进行短期生长（真菌）或繁殖（细菌），然后才能侵入健康组织。病毒是专性寄生物，通过伤口侵入的方式比较特殊，在植物细胞受伤而不丧失活力时，才能侵入。由介体昆虫、机械摩擦或嫁接等造成微伤口，也能将病毒引入细胞内。植物寄生线虫有外寄生和内寄生两种类型。外寄生线虫，只以吻针吸取植物汁液，线虫不进入植物体内，而内寄生线虫多从植物的伤口或裂口侵入。

2. 侵入所需时间和数量

病原物侵入所需要的时间通常是很短的。短的只需几分钟，长的也不过几小时。病原物侵入后必须与寄主植物建立寄生关系，才能引致植物发病。病原物侵入所需的数量因种类和侵入部位而不同。病原物侵入寄主后，需要获得必要的营养物质和突破寄主的防御，才能迅速生长并建立寄生关系。一般来说，病原物的侵入量大、繁殖较快，就容易突破寄主的防御并引起发病。

3. 侵入与环境条件的关系

病原物的侵入与环境条件有关，其中与湿度和温度的关系最为密切。

（1）湿度。引起病原物侵入的湿度主要是植物体表的水滴、水膜和空气湿度。病原细菌只有在水滴、水膜覆盖伤口或充润伤口时，才能侵入。如大雨过后，当气孔从外到内形成一个连续的水道时，细菌就更易侵入；绝大多数真菌孢子萌发，都需要吸收水分，雨、露、雾在植物体表形成水滴和水膜是其侵入的必要条件；土壤湿度过高，影响氧气供应，就不利于土壤中病原菌孢子的萌发；病毒的侵入对湿度要求不十分严格；土壤湿度适中有利于线虫侵入。

（2）温度。温度主要影响孢子的萌发和侵入速度。真菌、细菌和线虫特别是真菌的侵入，受温度的影响和制约最为明显。各种真菌孢子的萌发和侵入都有其最低、最高和最适温度(表 3-9-1)。

表 3-9-1　几种植物病原真菌孢子萌发和侵入与温度的关系　（单位:℃）

病原菌	孢子类型	最低	孢子萌发最适	最高	最低	侵入最适	最高
马铃薯晚疫病菌	孢子囊	1.5	12	24	4	20	24
黄瓜霜霉病菌	孢子囊	<5	15	>28	<5	20	30
葡萄霜霉病菌	孢子褒	3	22~25	29	10	25	30
大、小麦白粉病菌	分生孢子	0.5	20	30	5	15~20	30
稻瘟病菌	分生孢子	8	26	35	10	25	30
小麦条锈病菌	夏孢子	1	10	35	0.5	9~13	19
小麦叶锈病菌	夏孢子	1	22	35	5	20	32
小麦秆锈病菌	夏孢子	1	25	35	5	22	31

此外，光照对侵入也有一定的影响。光照可以影响气孔的开闭程度，进而影响某些病原真菌的侵入。如禾本科植物的气孔在黑暗条件下是完全关闭的，禾柄锈菌的夏孢子尽管在黑暗条件下萌发较好，但也不能侵入寄主。

4. 寄主的抗侵入

在病原物侵入寄主前和侵入后，寄主植物可以凭原有的或诱发产生的组织和生理生化方面的障碍，来阻止病原物的侵入或侵入后建立寄生关系。如角质层或蜡质层是植物表面最外一层，可使病原物难于侵入或不能侵入；植物分泌到体外的对微生物有毒性的物质，如酚类化合物、有机酸等，能抑制病原真菌孢子的萌发。

（三）潜育期

潜育期（incubation period）是指病原物从侵入和建立寄生关系，到植物表现明显症状所经历的时期，即病原物在寄主体内繁殖和蔓延的时期。在此过程中，寄主对病原物的侵入常表现出一定的反应。因而使得病原物并不能与寄主建立寄生关系，或即使建立了寄生关系，也必须在适宜的环境条件下，才能引起寄主发病。

病原物侵入寄主后，从寄主体内获得营养物质的方式有两种：一是病原物先杀死寄主的细胞和组织，然后从死亡的细胞中吸收营养，该类病原物都是非专性寄生物，它们产生酶或毒素的能力很强，所以对寄主的破坏性很大。这种获取营养的方式称为死体营养型。二是病原物从活的寄主细胞和组织中吸收营养，并不立即引起细胞死亡，因而称为活体营养型。

各种病原物在植物体内繁殖和蔓延的寄生部位不同，有的仅局限在侵染点附近的细胞和组织，形成局部的点发性感染，称为局部性侵染，由此引起的病害称为局部性病害。多数病害属于该类。这类病害虽然是局部发生，但往往也会对整株形成一定影响。有的病原物侵入寄主细胞和组织后，从侵染点向各个部位蔓延，甚至引起全株性感染，即系统侵染，由此所引起的病害称为系统性病害。

病原细菌侵入寄主后，先在薄壁细胞组织的细胞间繁殖，有的产生各种酶类，分解细胞间的中胶层，使细胞分离、细胞内的可溶物质外渗，进而引起寄主细胞的死亡，细菌便进入细胞内吸取营养物质。有的细菌从薄壁细胞组织进入维管束，并在其中繁殖蔓延。病毒、类病毒等病原物进入植物细胞后，在寄主细胞内增殖。有些病毒的运转仅局限在侵入点附近的细胞和组织中，有的则进入韧皮部在筛管中迅速运转，从而引起全株性感染。

不同植物病害的潜育期长短不一，一般10d左右。较短的如水稻白叶枯病的潜育期，在适宜条件下不过3d，而较长的如大、小麦散黑穗病的潜育期可达近一年。潜育期的长短受温度的影响最大（表3-9-2），有时湿度也是重要的辅助因子。一般来说，局部侵染的病害潜育期短，再侵染次数多，发生流行严重；而系统侵染的病害潜育期长，不易引起严重的发生与流行。

表3-9-2　几种植物病害潜育期和温度的关系

病害名称	不同温度下潜育期大致天数											
	33℃	30℃	27℃	24℃	21℃	18℃	15℃	12℃	9℃	6℃	3℃	0℃
小麦条锈病			—		8~9		10~12	13~15		20	>40	
稻瘟病	—	7	4	5	6	7	9	12	18	—	—	
黄瓜霜霉病	—	2		4	5		8	>10	—			
烟草黑胫病		2~3		4~8			>10	—				
梨黑星病		—		12~15			20~25	—				

有些病害有隐症现象，即植物虽已发病，但由于环境条件不适，而不表现症状，待条件适宜时又可以发病。有些病害有潜伏侵染现象，即寄主有高度的忍耐力，病原物虽然已侵染并潜伏在寄主体内，但也不引起发病。

(四) 发病期

发病期是指植物受侵染后，经过一定的潜育期，从显症出现，到生长季节结束为止所经历的时期。许多病害症状不仅表现在病原物侵入和蔓延的部位，有时还可以影响到其他部位，甚至引起整株死亡。随着症状的发展，真菌性病害往往在受害部位产生孢子，孢子的形成有早有晚，有的在潜育期终了时即产生孢子，而大多数真菌则是在发病组织上产生子实体或孢子。细菌性病害通常在寄主体外出现黏状菌脓（或称溢脓），即从病组织中溢出的细菌。病毒只在寄主体内增殖和运转，只表现病状而无病症。

二、病害循环

病害循环（disease cyclic）是指侵染性病害从寄主植物的前一个生长季节开始发病到下一个生长季节再度发病的过程。主要涉及病原物的越冬和越夏、病原物的传播以及病原物的初侵染和再侵染。如梨黑星病菌在受侵染的枯死落叶上以腐生方式越冬并产生子囊果，春季子囊果成熟，产生的子囊孢子随气流传播到生长的叶片和果实上引起初侵染；在适宜的条件下，由初侵染发病部位产生的无性孢子经过气流传播引起再侵染，再侵染可以发生多次；秋季梨落叶后，病菌又在落叶上越冬；越冬后的病菌，经传播引起梨在下一生长季节的发病。

(一) 初侵染和再侵染

越冬或越夏的病原物，在植物开始生长以后引起最初的侵染称为初侵染。受到初侵染的植物发病后，病原物在植物体外或体内产生大量繁殖体，通过传播又可侵染更多的植物，这种重复侵染称为再侵染。

根据再侵染的有无，可将侵染性病害分为多循环病害和单循环病害两类。多循环病害是指在一年或一个生长季节中，病原物有多次再侵染的病害。如小麦锈病、稻瘟病等。单循环病害是指在一年或一个生长季节中，只有初侵染而没有再侵染的病害。如禾谷类作物黑穗病等。此外，还有一些病害虽有再侵染，但再侵染的次数不多，称为少循环病害。如棉花枯萎病、花生青枯病等维管束病害。

(二) 病原物的越冬和越夏

病原物的越冬或越夏，是指其度过寄主休眠期而引起下一季节初侵染的现象。这一现象与寄主生长的季节性有密切关系。病原物越冬或越夏后，就成为初侵染的来源。

1. 越冬或越夏方式

病原物越冬或越夏有休眠、腐生和寄生 3 种方式。如病原真菌，有的只能在病株内越冬或越夏（如一些专性寄生真菌），有的可以休眠孢子或其他休眠体在寄主的体外存活，有的甚至可在病株残体或土壤中以腐生方式生活。病原细菌可在种子、块茎或块根内越冬，有些在土壤中越冬；少数细菌在土壤中不能长期存活，但如果以结成细菌团的方式或在病残体中，就能长期存活；有些病原细菌还可在昆虫体内或其他植物上越冬。病毒、类病毒、类菌原体一般只能在植物活体内存在，但由于其寄主范围较广，因而也可在寄主以外的其他植物体内越冬或越夏。

2. 主要越冬和越夏场所

引起初侵染的植物病原物的越冬或越夏场所主要有：田间病株、病残体、土壤、粪肥、种子、苗木及其他无性繁殖材料、传播媒介昆虫等。

(1) 田间病株。病原物可在一年生、二年生或多年生植物的体内越冬或越夏。如小麦叶锈病菌在冬小麦收割后，转移到田间自生麦苗上寄生越夏，秋天再转回冬苗上寄生，冬季又以菌丝体在麦叶内潜伏越冬。小麦秆锈病菌的夏孢子在春麦地区通常不能越冬，翌年发生的小麦秆锈病的菌源，是来自在南方越冬的秆锈病菌。

(2) 种子、苗木及其他无性繁殖材料。病原物可以休眠机构与种子混杂在一起，如小麦线虫的虫瘿、菟丝子的种子、麦角病的菌核等；或以休眠孢子附着在种子上，如黑粉菌的冬孢子等；有的还可潜伏在种子、苗木及其他繁殖材料内部，如大、小麦散黑穗病菌的菌丝体可潜伏在种子的种胚内。种苗和其他繁殖材料的带菌，常常是翌年初侵染最有效的来源，如在块根中越冬的甘薯黑斑病菌，在块茎中越冬的马铃薯病毒等。

（3）土壤。土壤是病原物越冬或越夏的主要场所，病原物的休眠体或休眠孢子可以在土壤中长期存活。如鞭毛菌的休眠孢子囊、卵菌的卵孢子、黑粉菌的冬孢子、线虫的卵和幼虫以及菟丝子和列当的种子等。在土壤中存活并越冬的病原物，可分为土壤寄居菌和土壤习居菌两类。土壤寄居菌在土中病株残体上存活期较长，当病残体分解腐烂后就不能在土壤中存活，大部分植物病原真菌和细菌都属于这一类；土壤习居菌对土壤的适应性强，在土壤中可长期存活并繁殖，如小麦全蚀病菌、棉花枯、黄萎病菌等。

（4）病株残体。绝大部分非专性寄生的真菌和细菌，都能在病株残体中存活或以腐生方式生活一段时间。因此，这类病原物也能在各种病株残体如根、茎、叶、穗、铃或果等潜伏或越冬。许多病原菌，如玉米大、小斑病菌、水稻白叶枯病菌等，都以病株残体作为主要越冬场所。但是，当作物残体分解后，多数病原物就会死亡。专性寄生的病毒，有的也能在残体中存活一定时期。病原物的休眠机构或休眠孢子，一般都是先存活在病株死体内，当残体腐烂分解后，再散落在土壤中。如十字花科根肿菌的休眠孢子囊产生在根部的肿大组织内，当根组织腐烂以后再散落在土壤中。温度和湿度对休眠孢子的萌发或病株残体上孢子的产生都有很大影响。

（5）粪肥。粪肥，特别是未经腐熟的带有病残体的粪肥，常带有大量的病原物，有些病原物甚至可以在其中长期存活，因而是引起多种植物病害初侵染的重要来源。如玉米黑粉菌就主要是由肥料传播的，其冬孢子可以在肥料中存活。

（6）昆虫等传播介体。某些昆虫可以传播多种持久性病毒，在寄主收割后，这些病毒可在传毒昆虫体内越冬，如水稻黄矮病毒就是在传毒昆虫黑尾叶蝉体内越冬的。

（三）病原物的传播

越冬或越夏的病原物，必须传播到植物体上才能发生初侵染，在植株之间也只能通过传播才能引起再侵染。病原物的传播方式主要有自然动力传播、主动传播和人为因素传播 3 种。

1. 自然动力传播

自然动力传播主要包括气流传播、雨水传播、昆虫和其他介体传播等。孢子是真菌的主要繁殖形式，且数量大、体积小、重量轻，很容易随气流传播。通过气流传播的病害，传播距离一般较远，有时在 10km 以上的高空和远离海岸的海洋上空都可以发现真菌的孢子。由于其传播距离远，覆盖面积大，因而常易引起病害流行。如小麦锈病菌的夏孢子，可随气流传到 1 000km 以外，造成病害的大区流行；附着在尘土或病组织碎片内的细菌、线虫的胞囊和卵囊也可随风传播。病原物的有效传播距离与其传播体的生物学特性、寄主的抗病性及环境条件等多种因素有关。病原细菌和真菌中某些种类的分生孢子都是由雨露传播的。因为这些病原体之间大多都有胶质，胶质遇水膨胀和溶化后，病原体才能从子实体或植物组织上散出，随着水滴的飞溅而传播。尤其是在风雨结合的情况下，更容易引起病原物在田间较大范围的传播。如水稻白叶枯病往往在暴风雨后田间发病面积迅速扩大。此外，存在于土壤中的病原物，如烟草黑胫病菌和其他真菌病害的菌核、孢子、病原细菌及植物病原线虫等也都能随雨水或灌溉水传播。昆虫和螨类的传播与病毒病害的关系密切。如蚜虫、叶蝉和飞虱等是多种植物病毒病害的重要媒介，不少通过伤口侵入的真菌和细菌性病害的病原物也可借昆虫传播。昆虫不仅可以携带病原物，还可造成伤口，为病原物侵入开辟途径。

2. 主动传播

病原物还可依靠自身动力进行传播。如真菌的菌丝体和根索可随其生长而扩展，线虫在土壤中能作一定范围的移动，菟丝子的茎蔓可以攀缘，某些真菌的子实体能将孢子弹射到寄主上和空气中等。病原物的主动传播，是其长期演化形成的特性，有利于病原物与寄主的接触。

3. 人为因素传播

各种病原物都能以多种方式通过人为因素传播。在人为的传播因素中，以带病种子、苗木和其他无性繁殖材料的流动最重要。人为的传播往往都是远距离的，而且不受自然条件和地理条件的限制，也不像自然传播那样有一定的规律。如水稻白叶枯病菌、棉花枯、黄萎病菌和马铃薯环腐病菌等，都是通过人类的生产活动或商业活动如调运种苗等作远距离传播的；许多病害的病原物是通过农事操作如耕地、间苗、移栽、施肥、灌溉、整枝、打杈、脱粒和使用带菌的工具等进行传播的。如烟草花叶病毒可通过移苗、打顶去芽传染，棉花枯、黄萎病等可通过耕地扩大病区，马铃薯环腐病可在播种前通过切薯从病薯传至健薯。因此，有时候人为因素更容易造成病源的传播和病区的扩大。

第三节　植物病害的流行

植物病害流行是指病害在较短时间内大面积严重发生与发展，并造成较大损失的过程或现象。病害少量发生时，一般对农业生产不会造成大的影响，但如果大量发生，就会造成严重损失，乃至灾害。

一、植物病害的流行类型

植物病害流行是指一种病害在数量上由少到多、由点到面的发展过程。病害流行需要足够的接种体数量作为基础，不同病害菌量积累过程所需时期长短有很大不同，根据病害流行的特点，可将其分为单年流行病害、积年流行病害和中间类型病害 3 种类型。

（一）单年流行病害

在一个生长季节中，只要条件适宜，就能完成菌量积累、传播、扩展的过程，并造成严重流行的病害，称为单年流行病害（monoetic disease）或多循环病害、复利病害。

单年流行病害的病原物，在一个生长季节能够连续繁殖多代，病原物传播迅速、传播距离较远、再侵染频繁、潜育期短，多通过气流、雨水传播，也有少数由媒介昆虫传播。病原物越冬率低，对不良环境抵抗力弱，故初侵染率一般也较低。病原物多侵染植物地上部分，造成局部性病害。病害的发展受环境条件影响较大，病害流行与否主要取决于其流行速率的高低。单年流行病害包括多种重要植物病害，如小麦锈病、稻瘟病、玉米小斑病和马铃薯晚疫病等。

气象因素、寄主的抗逆性、栽培措施是单年流行病害预测预报的重要因子。对于单年流行病害的防治，应采取以种植抗病品种为主，以农业措施和药剂防治为辅的综合防治策略，以降低病害流行速率。

（二）积年流行病害

需要经过连续几年的病原物积累过程，才能造成严重发生和流行的病害，称为积年流行病害（ployetic disease）或单循环病害、单利病害。

积年流行病害一般无再侵染，或虽有再侵染但侵染次数少，在病害流行中作用不大。该类病害的潜育期较长，多为种传或土传的系统性病害或地下为害的病害；病害自然传播距离较近，病原物通常以各种休眠体越冬或越夏，对不良环境抵抗力强，越冬存活率高，传播效率也高。此类病害每年的流行程度主要取决于初侵染的数量。如小麦腥黑穗病、棉花枯、黄萎病、玉米丝黑穗病、水稻恶苗病、水稻干尖线虫病以及多种果树病毒病等。

积年流行病害的防治策略，应以控制初侵染数量和初始病情为主。种植材料上和土壤中病原物的数量，常常是预测预报的主要因子。

有许多病害如玉米黑粉病、小麦丛矮病等，兼有单年流行病害和积年流行病害的某些特点，介于两类病害之间，因而列为中间型病害（mid-type disease）。中间型病害能够再侵染，但再侵染次数少或作用不大。此外，还有一些病害虽然再侵染极少发生，但病原菌有较长的腐生阶段，在腐生阶段有菌量的积累过程，如果当年气候条件合适就可以造成病害流行。

中间型病害也能造成大发生，由次要病害上升为主要病害，因此，对这类病害应加强监测和研究。

二、植物病害的流行因素

植物病害的发生是在环境条件影响下，寄主与病原物相互作用的结果。人们通常用“病害三角”来描述寄主、病原物和环境条件3者之间的关系。而病害流行是指植物群体发病的现象，即病原物群体和寄主植物群体在环境条件影响下相互作用，引起病害在植物群体中发生的现象。导致病害流行必须同时具备3个因素：即病原物致病性强，繁殖量大；大量感病寄主植物的大面积集中种植；环境条件有利于病原物的侵染、繁殖和传播等。但有时人类活动也会造成某些病害的流行。所以，近年来人们常用“病害四角”来描述这种关系，即除了寄主、病原物和环境条件以外，还加入了人为因素。

（一）病害流行的基本因素

1. 寄主植物

（1）感病寄主植物。种植感病品种是病害发生和流行的先决条件。在感病品种上病害的潜育期短，病原物繁殖量大，多循环病害循环周期短，在有利的环境条件下，病害易发生和流行。

（2）作物感病品种的栽培面积及分布。植物病害的流行和为害程度与感病品种栽培面积的大小和分布有关。特别是单一种植感病品种，就会为病原物的繁殖积累和扩展传播创造有利条件，从而导致某些病害在短期内迅速流行。感病寄主植物群体越大、分布越广，病害流行的范围就越大，为害也越严重。如1960年后，高感锈病的小麦品种“碧玛一号”在我国西北和华北地区大面积种植，1964年前后气候条件有利于条锈病的流行，仅河北等七省统计，损失小麦达10多亿kg；1970年美国大面积种植含T型雄性不育胞质的玉米杂交种，由于该品种对玉米小斑病菌T小种特别敏感，因而引起了玉米小斑病的大流行。

2. 病原物

（1）病原物的致病力。病原物致病力强弱不同，当存在致病力强的菌系时，就会造成病害流行与为害。例如，棉花黄萎病菌菌株有致病力强的落叶型和致病力弱的非落叶型之分，两者所引起的发病强度存在很大差异。再如，小麦条锈病菌、稻瘟病菌和马铃薯晚疫病菌等常常发生变异，而产生致病力不同的生理小种，小麦条锈病中的条中1号小种对碧蚂1号等品种具有毒性。

（2）病原物的大量繁殖和有效传播。病害的蔓延有赖于病原物群体的迅速增长。各种病原物的繁殖能力不同，有的具有较高的繁殖力，在短期内可以形成大量的后代，为病害的流行提供大量的病原物。例如小麦条锈菌的一个夏孢子侵入小麦后，可以产生10~100个夏孢子堆，每个夏孢子堆可以产生3 000个夏孢子。有些病原物，如引起棉苗立枯病的丝核菌，只以菌丝体在土中蔓延；油菜菌核病菌和小麦全蚀病菌只形成有性孢子而不形成无性孢子，它们的增长都较缓慢，病原物需要多年积累才能引起病害流行。在一个生长季节中，病原物繁殖的代数和每繁殖一代所需要时间的长短，与病原物数量的增长有关。如马铃薯晚疫病为多循环病害，在适宜温度下，只需2~3d就能完成一个循环；而小麦散黑穗病为单循环病害，需要一年才能完成一个循环。病原物的越冬菌量直接影响其初侵染的菌源。一般来讲，病原物越冬菌量多、初侵染发生早、再侵染次数多、环境条件适宜，病害就会提早和严重流行。

病原物的传播扩散，必须在有效的介体和动力下才能完成。气流、雨水特别是暴风雨和媒介昆虫等，与病害的流行和传播有着密切的关系。如水稻白叶枯病往往在暴风雨后暴发。风雨不仅可以传播病原细菌，同时还会引起病叶与健叶的接触与摩擦，从而造成伤口，更有利于细菌侵入。田间流水可以引起病原物在田间广泛传播，如水稻白叶枯病和烟草黑胫病等的流行，都与流水传播有关。在小麦抽穗后，如遇大风后随之降雨，常常会引起叶锈和秆锈病的流行。许多植物病毒病，当媒介昆虫大发生时，就会引起严重流行传播。如小麦黄矮病、油菜花叶病等蚜传病毒病的流行，与蚜虫的发生程度密切相关。

3. 环境条件

影响病害流行的环境条件包括气象因素（如温度、湿度、雨量、雨日、雾、露和光照等）、土壤因素、生物因素以及耕作和栽培因素等。气象条件既影响病原物的繁殖、传播和侵入，又影响寄主的抗病性。在具备致病性的病原物和感病寄主的条件下，环境条件就会成为影响病害流行的主导因素。

温度和湿度是病原物生命活动的重要生态因子。各种病原物的生长发育都有其适宜的温、湿度范围。在适宜温度下，更有利于病原物的生长、繁殖和病害的流行。温度过高或过低都会直接影响病原物的生存及越冬和越夏。高湿通常是许多病原真菌如霜霉病菌、稻瘟菌、炭疽菌等孢子萌发与侵入的重要条件，也是病原细菌传播、侵入的必要条件。频繁降雨、寄主组织上结水时间长或天气持续高湿，对多种病害的流行有利。此外，气候条件不利还会引起寄主植物的抗性下降，从而加重病害的流行。例如，棉花、水稻均为喜温作物，如遇持续低温阴雨天气，就容易诱发棉苗立枯病、黑斑病及水稻穗颈瘟病；高湿对马铃薯晚疫病流行有利；春季低温易诱发小麦根腐病。

土壤和栽培条件是影响病害局部流行的重要因素。例如，砂质土壤有利于多种线虫病的发生；十字花科植物的根肿菌在酸性土壤中发生较重；茄科青枯病在偏酸性土壤中发生较轻；施用石灰能有效地防治多种病害；等等。

（二）引起病害流行变化的主导因素

病害的流行和流行程度因时因地而异。同一种病害，在不同地区或不同年份，其流行程度可全然不同。在寄主植物、病原物、环境等多种因素中，任何一种因素的改变都可能导致病害流行的变化。通过对病害流行变化进行具体分析，就会找到其主导因素。

地区和年际之间主要流行因素及各因素之间相互作用的变动，可以引起病害流行的地区差异和年际波动。根据病害的流行程度和流行频率，可把病害流行区划分为常发区、易发区和偶发区；根据流行程度和损失情况的年度波动可划分为大流行、中度流行、轻度流行和不流行等类型。

病害大流行往往与某一流行因素的剧烈变动有关。如我国20世纪50年代大面积种植抗病小麦品种碧蚂1号，曾控制了条锈病的发生。但是由于后来条锈菌1号小种的产生和大量增殖，致使碧蚂1号品种抗性丧失，导致条锈病大流行。另外，当寄主植物与病原物都具备时，气象条件波动就会成为病害流行的主导因素。如稻瘟病、麦类赤霉病、马铃薯晚疫病以及葡萄霜霉病等多种病害，都曾由于异常气候条件引起大流行；由昆虫传播的病毒病，常常通过气象条件对传毒昆虫的影响而间接地影响着病害的流行。

耕作栽培措施的变化可以通过改变田间的生态环境和小气候，从而影响病原物的越冬、越夏、传播和侵染以及传毒昆虫的活动与繁殖。寄主抗病力的变化，可引起病害流行程度的变化。如华北地区由灰飞虱传播的小麦丛矮病，凡棉田套种小麦发病就重，这与棉田有利于虫媒繁殖和活动有关。水稻在密植和高肥条件下，纹枯病发生重；若水肥管理不当，稻瘟病发生就重；水稻生育后期氮肥不足或土壤状况不良，胡麻斑病就容易流行。苹果树腐烂病的大流行也往往是由于栽培管理不善所诱发的。当果树长期缺肥或结果负担过重而引起树势衰弱时，就会造成腐烂病大流行。温室或冬暖大棚蔬菜栽培，常因光照不足且湿度高，而造成白粉病、疫病和灰霉病等发生严重。

三、植物病害的流行动态

植物病害流行的过程是病害和病原物消长的动态变化过程。病害流行的时间动态是指病害从开始发生，随着时间的推移，使寄主群体中发病普遍率和严重度不断增加，直到病害衰退的过程。病害流行的空间动态是指病害发生后，由于病原物不断繁殖与传播，随着传播距离的延伸，发病的范围不断扩大，直到病害停止发展的过程。

（一）病害流行的时间动态

病害流行的时间动态可分为季节流行和逐年流行等。在整个生长季节中，如果对病害进行定期系统调查，以调查时间为横坐标、病害数量（普遍率或病情指数）为纵坐标，即可绘制成病害随时间推移的消长曲线，即季节流行曲线。曲线的起点为初始病情，曲线的最高点表示病害的流行程度，曲线的斜率是病害经多次再侵染后的流行速度。流行曲线因病害种类不同和环境条件的变化而有所不同，可表现为“S”形、单峰形、双峰形和多峰形等多种类型，其中以S形最为常见。病害的流行过程可分为3个阶段，即始发期、盛发期和衰退期。

上述3个阶段中，一般始发期时间较长，也最为重要，这一时期是病原微生物数量积累的关键时期，也是病害预测预报和病害防治的重要时期。由于此时期病情轻微，故往往容易被人们忽视，当病情指数发展到0.05以上时，病害流行多半已成定局。

（二）病害流行的空间动态

1. 病害在田间的扩展和分布形式

（1）中心传播。是指病原物早期侵染的植株在田间形成发病中心，病害呈聚集分布的空间格局，然后再由发病中心向外扩展的一种传播方式。中心传播的初侵染来源一般来自本地菌源。如病原物经种苗传带，或存在于土壤及病残体上。病原物初侵染后田间出现中心病株，经再侵染发展为中心病点或发病中心，继而扩及全田以至周围的田块。如稻瘟病、水稻白叶枯病等的传播。中心式传播的早期，病害往往呈现梯度分布，即发病中心的病害数量最大，随着离发病中心距离的增大，病害逐渐递降。中心式传播一般是近距离的田块内传播，也有田块间的传播。但远距离传播的小麦条锈菌和秆锈菌，当外地传来的菌量小、传播次数少时，往往会形成中心式传播。中心式传播病害在田间扩展的过程，大体上经过点片发生期、普遍发生期和严重发生期3个阶段。一点片发生期大致与季节流行曲线的始发期同步，其时间的长短取决于初菌量的大小和环境条件。菌量大、发病中心多、环境条件有利时，各发病中心就会迅速联合，从而引起全田普遍发病；菌量小、发病中心少、环境条件不适宜时，病害就会长期停滞在点片期。点片发生期是病害药剂防治的有利时机。

（2）弥散式传播。是指由病原物的初侵染即可引起病害全田普遍发病的传播方式。病害在田间形成随机分布或均匀分布，通常是由气流远距离传播且菌量大时的病害分布形式。本地区或本田的菌源在初侵染菌量大时，也会出现发病中心不明显的均匀分布，如小麦赤霉病、油菜菌核病、小麦纹枯病等。

2. 病害的传播

植物病害流行的空间动态，反映了病害数量在空间中的发展规律。病害传播的量变规律，因病原物种类及其传播方式而异。气传病害的自然传播距离相对较大，其变化主要受气流和风的影响。土传病害自然传播距离较小，主要受田间耕作、灌溉等农事活动以及线虫等生物介体活动的影响。虫传病害的传播距离和效能主要取决于传病昆虫介体的种群数量、活动能力以及病原物与介体昆虫之间的相互关系。病害的传播距离也因种类而不同，可分为近程传播、中程传播和远程传播。一次传播距离在百米以内的称为近程传播；传播距离为几百米到几公里的，称为中程传播；传播距离达到数十km乃至数百km以外的为远程传播。中、远程传播受上升气流和水平风力的影响。

第四节　植物害虫的种群动态

在自然界中，同种昆虫是以群体（种群）的形式存在和适应环境变化的。研究昆虫种群特征及其数量在时间和空间上的发展趋势及其原因，掌握昆虫种内和种间的基本特征，是预测预报、害虫防治和保护利用天敌昆虫的重要理论基础。

一、昆虫的种群及其特征

（一）种群的概念

种群（population）是种下的分类单元，是指在一定的生活环境内、占有一定空间的同种个体的总和，是种在自然界存在的基本单位，也是生物群落的基本组成单位。种群是通过种内关系组成的一个有机的统一群体，它除具有种的一般生物学特性（如相同的形态结构、生活方式、遗传特性，以及与其他种存在严格的生殖隔离）外，还具有群体自身的生物学特性，如出生率、死亡率、性比、平均寿命、年龄组成、基因频率、繁殖速率、密度及数量变动、空间分布、迁移率和滞育率等。种群是一个自动调节系统，具有群体的信息传递、行为适应、数量反馈控制的功能。在种群生态学上是一个抽象概念，而对某种害虫而言是指具体种群。同一种的不同种群在长期的地理隔离或寄主食物特化的情况下，也会在生活习性、生理以及生态特性，甚至在形态结构或遗传性上发生一定的变异。所有这些都充分反映了种群水平的生物学、生态学和遗传学特性。

同种昆虫由于长期的地理隔离而形成的种群，称为地理种群或地理亚种。不同的地理种群在形态、发生规律上发生一些变异，但仍可交配和繁殖后代。因寄主食物的不同为主而形成的不同种群，称为食物种群或食物宗。

有时需要研究两种或两种以上的种群，特称为混合种群。如在研究害虫生物防治或综合防治时，就需要考虑害虫和天敌等两种或两种以上种群的数量变动。

（二）种群的结构

种群结构（population structure）即种群的组成，是指种群内不同状况的个体所占的比例，主要包括性比和年龄组配等。

1. 性比

是指一个种群内雌雄个体的比率，通常以雌虫率表示。就大多数昆虫的自然种群而言，雌雄个体的比率常为 1∶1 左右。但环境条件的改变，如极端温度、食料不足等，有时也会引起种群性比的变化。有些昆虫一生能多次交配，即一头雄虫常可与多头雌虫进行有效的交配，此时，种群中雌性个体数量可能显著多于雄性的个体数量。许多营孤雌生殖的昆虫，在全年大部分时间只有雌性个体存在，而雄性个体只在短暂的有性生殖阶段出现。对这类昆虫，在进行种群组成分析时，可以不考虑其性比。

2. 年龄组配

是指种群内各年龄组（成虫、蛹、各龄幼虫、卵等）的个体数量比例或所占总体的百分率。种群的年龄组配随着种群的发展而变化。对于连续增长并世代重叠的种群来说，年龄组配是反映种群发育阶段并预示种群发展趋势的一个重要指标。

同样，种群中成虫的性比，滞育个体比率和处在生殖阶段的个体数量等，对于昆虫的数量动态也有重要影响。此外，对某些具有形态多型现象的昆虫，其各型个体的比例也是种群结构的一个重要指标。

二、种群的消长类型

昆虫种群的消长类型主要是指昆虫种群的季节消长类型。昆虫的种群数量是随季节变化而消长波动的，这种波动在一定空间内常有相对的稳定性。一年发生 1 代的昆虫，其季节消长型比较稳定；一年发生多代的昆虫则较复杂，而且常因地理条件和在当地一年发生代数不同，其种群数量的消长变化较大。现将一些重要的植物害虫种群数量的季节消长归纳为以下 3 个类型。

1. 单峰型

单峰型是指一年内种群数量只出现 1 次高峰，又可分为前峰型（斜坡型）和中峰型（抛物线型）两类。前者是在生长季节前期出现种群数量高峰，如麦叶蜂、稻蓟马、稻小潜蝇、豌豆潜叶蝇和桃小食心虫等；后者是在生长季节中期出现高峰，前、后期种群数量较少，如稻苞虫、高粱蚜、大豆蚜、斜纹夜蛾、银纹夜蛾和甜菜夜蛾等。

2. 双峰型

双峰型是在生长季节前、后期（春、秋季）各出现1次高峰，故又称为马鞍型。如小地老虎、麦长管蚜、菜粉蝶、萝卜蚜和桃蚜等。

3. 多峰型

多峰型是指种群数量逐季递增，出现多次峰期，故又称为阶梯上升型或波浪型。如三化螟、亚洲玉米螟、棉铃虫和棉红铃虫等。

属于上述季节消长型的昆虫，其种群数量常因分布的地区、年份以及耕作制度等不同而有所变动，应研究找出引起变动的主导因素，作为测报和防治的依据。

三、种群的生长型

种群生长型又称为"种群在时间上的分布"。它是在一定条件下，单种种群在时间序列上数量增减的变化形式。在实验条件下，它主要有两种类型："J"形生长型，即种群数量开始时增加迅速，后因环境因素抑制，数量突然下降。"S"形生长型，即种群数量开始增加缓慢，随即迅速增加，呈直线上升，然后又增加逐渐缓慢，最终达饱和状态，种群数量不再增加。但这两种生长型也常因不同物种和环境而发生改变或联合。

四、种群的数量变动

昆虫种群数量的变动主要取决于种群基数、繁殖速率、死亡率和迁移率等。种群基数是指前一世代或时期昆虫在一定空间内的平均个体数量，是估测下一世代或时期种群数量的基础数据。繁殖速率是指昆虫种群在单位时间内个体数量增长的最高理论倍数，繁殖速率的大小取决于种群的生殖力（出生率）、性比和一年发生代数。种群的死亡率和生殖力（出生率）一样，是指在一定环境条件下和时间内种群死亡个体数占群体总数的百分率；有时也用存活率（1-死亡率）表示。迁移率是指在一定时间内迁出与迁入个体数量之差所占种群总数的百分率。迁移率主要表示具翅成虫特别是迁飞性昆虫的活动对种群数量变动的影响，一般情况下，种群无明显的迁移，其迁移率可视为零。昆虫种群数量变动的基本模式为：

$$N_n = N\left[e \cdot \frac{f}{m+f}(1-d) \cdot (1-M)\right]^n$$

式中：N 为种群基数；e 为生殖力（单雌产卵量）；m 为雄虫数；f 为雌虫数；d 为死亡率；M 为迁移率；n 为世代数。

五、昆虫与生物群落

（一）群落的概念

群落（community）是在一定空间或一定生态环境中各种生物种群相互松散结合的一种单元。群落是生态系统中有生命部分的组合，包括植物、动物和微生物等各个物种的组成。每个群落都有自己的分布区，结构具有一定的完善性，可相对独立区别于邻近的群落。

在一个生物群落中，各个种群不是偶然散布在一定空间的孤立的生物，而是通过食物和能量转换的联系，形成复杂而有序的关系。因此，群落的特征绝不是其组成物种或种群的特征的简单总和，而是具有群落水平上特有的一些特征，包括物种的多样性和相对丰富度、群落的优势种、群落的生长形式及其结构、营养结构和群落的演替等。

（二）群落的结构

生物在环境中的分布状况及其与周围环境之间的相互关系，称为群落结构。群落中物种的结构和丰富度不仅是群落分类的依据，而且可借助结构的分析去认识群落与环境的关系。大多数群落都有垂直分化现象，即在不同的水平高度分布着不同的物种。物种的垂直分布主要决定于生境小气候与食物的选择。如在森林中，就昆虫种群分布来讲，为害树冠部分的大多是食叶性鳞翅目和同翅目昆虫，为害树干的为蛀茎的鞘翅目、膜翅目昆虫，而蚂蚁、跳甲、步行虫等主要栖息在地表的枯枝落叶层。在自然群落中，由于亲代的散布、环境的差异、种间相互关系等原因，也会使物种表现出明显的水平分化。此外，由于群落中物种的活动性不同，使群落在时间上也会有一定的分化。如在同一块农田中，白天的昆虫群落结构与晚上的不同，不同季节中物种的分布也不同。

由于生物影响因素的连续变化，而引起的生物生活场所的连续变化，称为生境梯度。不同植物的分布经常影响动物的分布，昆虫的分布则更易受其栖息地和食物分布的影响。一般生境生态梯度包括海拔、温度、湿度、土壤、风和光等因素。在群落中，由于生境梯度与物种的生物学特性的不同，而形成了不同类型的物种种群空间分布格局。

（三）群落的多样性和稳定性

群落多样性是衡量群落的一个重要属性，它包括群落内物种数的多少和各物种个体数的多少及它们之间的比例关系，可反映出群落内种间或种内的竞争关系和发展趋势。群落稳定性是指自然群落抑制物种种群波动或受干扰后恢复平稳状态的能力。因此，群落多样性是衡量群落稳定性的重要尺度。一个群落内如果物种数多，而且各物种间个体分布较均匀，说明该群落具有较高的多样性，群落就较稳定；反之，如果群落内物种数较少，各物种间个体分布不均匀，即优势度明显，就说明该群落的多样性低，群落就不稳定。

在自然群落内，少数物种往往表现为个体数量多、生物量或生产力大，能充分体现群落的能流或生产力，这些物种被称为优势种；而绝大多数物种的个体数量少、生物量或生产力小，被称为稀有种。稀有种占有群落物种数的比例，决定着群落多样性的高低。

群落多样性常因受环境的影响而发生变化，如过多地使用农药，可使农田内生物群落的多样性明显降低。生物群落的多样性可以反映环境的污染程度，故也被用做环境监测的一种生物学指标。

（四）群落的发展和演替

群落演替是指群落经过一定的发展历史时期及物理过程或随着环境条件的改变，从一种群落类型逐渐演变成另一种类型的顺序过程。群落的演替在时间、空间上具有定向性，因而是不可逆的，演替的顶点是顶极群落的组成。顶极群落的特点是物种数最多、结构最完善、总生物量最大、信息最为丰富和稳定性最强。

根据演替出现的起始点，可将群落演替分为初级演替和次级演替两种类型。初级演替又叫原生演替，发生在从未被生物占据过的区域，通常发展速度缓慢，所需时间漫长。次级演替又称为次生演替，发生在曾被生物占据过但已经被移走的区域，发展速度较快，所需时间较短。农业上通常所说的演替都是次级演替，如一个果园的建立等。

第五节　植物病虫害的预测

植物病虫害预测是在认识其发生和发展规律的基础上，利用已知规律展望未来的思维活动。预测的本质是将未来事件发生的可能性空间缩小到一定的程度，或者说是对某一尚不确知的病虫害事件发生的概率做出相对准确的推测。病虫害预测是实现科学管理的先决条件，在现代有害生物综合治理中具有重要地位。

一、病虫害的调查方法

面对成千上万的病虫害，要了解其发生程度，只能抽查一定的单位并计算一些统计值。而要使调查结果具有较好的代表性，探讨客观、合理、简便、经济又省时的抽样方法十分必要。

1. 病虫害空间格局

病虫害空间格局是指某一时刻在不同的单位空间内病原物或有害昆虫数量的差异及特殊性，它表明该种群选择栖境的内在特性和空间结构的异质性。受种群特性、种群栖息地内各种生物种群间的相互关系和环境因素的影响，某一种群在空间散布的格局会有所不同。调查病虫害的空间格局有助于了解其传播规律。病虫害的空间格局又称为“空间分布型”“田间分布型”，是确定取样调查方式的重要依据。

常见的用来描述病虫害空间分布格局的数学模型有 4 种，即：二项式分布（均匀分布）、泊松分布、奈曼分布（核心分布）和负二项式分布（嵌纹分布）（图 3-9-1）。

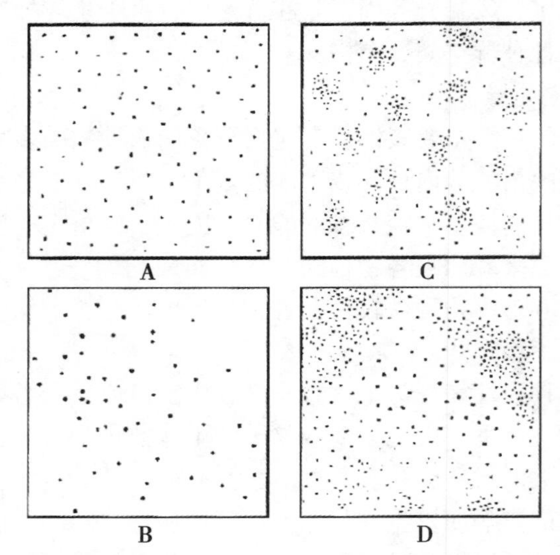

A.二项式分布；B.泊松分布；C.奈曼分布；
D.负二项式分布（仿西北农学院等）

图 3-9-1　植物病虫害常见的空间分布格局

泊松分布表示小概率随机事件，其个体都是独立的，个体间无相互作用，个体之间的距离可以很不相同；二项式分布的个体之间相互排斥，并且相互关系基本一致，空间距离相等；奈曼分布的个体之间有一定的相互吸引关系，如同亲子关系一样，世代之间亲疏程度不同可以表现为距离的远近，也就形成了一些核心或中心；负二项分布的个体间也有一定的关系，但这种相互关系可以分成两种或多种，在空间上可以分布疏密不同的区域，同一区域内的个体之间保持基本相同的关系，而不同区域内的个体之间的关系则明显不同。

形成不同空间格局的原因是多方面的，包括病虫害的增殖（生殖）方式、活动习性和传播方式、发生阶段等，也与环境的均一性有关。了解病虫害本身的生物学特性，有助于初步判断它们的分布格局。如果病虫害来自田外，传人数量较小，无论是随气流还是种子传播，初始的分布情况都可能是泊松分布；而当病虫害经过 1 至几代增殖后，每代传播范围或扩展速度较小时，即围绕初次发生的地点就可以形成一些发生中心，就会呈奈曼分布；其后，特别是随着病虫害的大量增殖，又会逐步过渡为二项式分布。当大量的小麦条锈病夏孢子传入或蝗虫大量迁入时，也可能直接呈现二项式分布。由于肥、水、土壤质地等成片、成条带的差异可能造成作物长势和抗病性的差异，进而引发病原物侵染和害虫取食、产卵的差异，也会出现负二项式分布。

判别病虫害空间分布格局的数学方法大体有两类。第一类是比较常用的判别指标法，如计算聚集度和平均拥挤度等，主要是判断病虫害聚集与否（即隶属随机分布、均匀分布和聚集分布的程度）。Moore（1954）提出的以方差（V）与平均密度（M）为基础，计算 $I=V/M-1$ 是目前较通用的判断聚集度指标方法，即当 I=0 时，判断为随机分布；当 I<0 时，判断为均匀分布；当 I>0 时，判断为聚集分布。第二类是根据实际观测的频次数据计算均数和方差，将均数和方差分别代入泊松分布、奈曼分布和负二项分布的理论公式，再对理论值与实际值的一致性进行卡方测验，再判断属于何种分布型。

2. 取样调查方法

选择取样调查方法既要以病虫害空间分布型为基础，又要符合统计学的基本要求。病虫害取样调查方法可以大体划分为典型取样、随机取样、顺序取样和分层取样等 4 大类。

典型取样在很大程度上依赖调查者的经验和判断能力，在归纳典型和选择样本时都会受到主观因素的影响，所以也称"主观取样"。由于典型取样不必进行随机取样，所以无法估计取样误差，只适用于大面积生产性调查。

随机取样数据是进行数理统计的基础。基本做法是先将总体划分成若干个相同的单位，并按次序编号，然后根据随机数抽取样本。科学试验经常采用的五点法、对角线法、棋盘式法、"Z"字形法等（图 3-9-2）均属于顺序抽样法，另外还有分层取样、两级或多级取样等等。采用分层取样法，首先要大体观察要调查的田块，按病虫害密度划分成若干层次（等级或类型），然后从每一层次中随机抽取样本，计算每层次的样本平均数，最后根据各层次的比例，用加权平均法计算总体的代表值。这样就能在获得代表值的同时，对取样误差做出估计。针对随机分布、均匀分布的病虫，采用哪种方法都可以。针对符合奈曼分布和负二项分布的病虫害则应采取分层取样法。

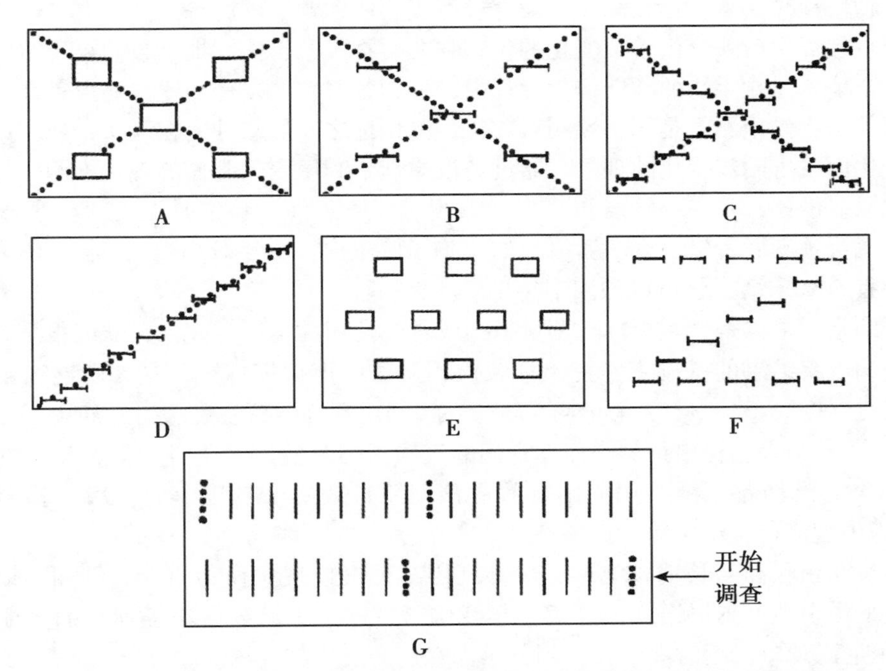

A.五点式（示面积）；B.五点式（长度）；C.双对角线式；D.单对角线式；
E.棋盘式；F."Z"字形；G.平行线式（仿西北农学院）

图 3-9-2　顺序抽样法的几种常见类型

二、病虫害的预测技术和方法

由于农作物病虫害的发生、为害受作物布局、栽培耕作制度、品种抗性、害虫的迁飞、滞育规律、病害的流行规律、农田小气候及气象条件等诸多因素的影响，所以病虫害的预测除具有其特定的复杂性外，还具有很强的时效性。植物病虫害的发生为害动态、测报防治决策以及农药、药械的供求信息等必须及时传递，否则就会造成难以挽回的损失。

病虫害的预测方法有多种。按预测期限可分为短期（1周以内，以天为单位）、中期（1个生长季内，以天或旬为单位）、长期（下1个生长季，以年为单位）和超长期（若干年）预测；按预测内容可分为发生期、发生量、损失量、防治效果和防治效益预测；按预测依据的因素可分为单因子预测和复合因子预测，前者如依据种子带菌率预测小麦腥黑穗病、依据降雨情况预测小麦赤霉病或水稻稻瘟病，后者如根据品种抗病性、越冬菌源数量和重要气象数据预测小麦条锈病等；按预报的形式可分为0~1（发生与不发生）预测、分级预测（成数预测）、数值预测和概率预测；按预测机理和主要特征可分为专家评估法、类推法、数理统计模型法和系统模拟模型法等。现主要按照后种分类方法简要说明如下：

1. 专家评估法

该方法是广泛采用的预测方法，是以专家为对象索取信息并利用专家的直观判断能力、经验和特有的思维推理方式，并采用科学的方法归纳专家意见，进行病虫害预测的一种方法。此法比较适合因素多、关系复杂，且难以取得定量数据和难以建立模拟模型的病虫害预测。

2. 类推法

该方法是长期观察到的一些现象的简单归纳，比较适用于环境相对稳定的特定地域和病虫害系统的结构比较简单或有明显的主导因素或阈值，利用与病虫害发生有相关性或同步性的某种前兆现象或明显的生物、物理现象作为指标，推测病虫害发生始期或发生程序。一般以定性的短期预测为主，常用的如物候预测法、指标预测法、发育进度预测法和预测圃法等。

物候是指自然界中反映气候季节变化的生物和非生物现象，能够提供自然界季节中的多因素和一定时段的综合信息。在生物的长期演化过程中，植物各器官的发育变化与病虫害及气候3者之间有着紧密的相关。物候预测就是利用预测对象与预测指标之间的某种内在联系，或利用二者感受到环境的某些变化而发生同步变化的现象，通过类推原理，利用变化明显的现象推测变化不明显的或将要发生的现象。例如，禾谷缢管蚜与小麦赤霉病对环境条件（特别是湿度）的要求相反，所以如果前者重，就可预测后者轻；许多谚语，如“柏子叶里白，明年好小麦”，是说乌柏树果实开裂时如果叶片尚有50%未落，就可以预测来年小麦赤霉病轻。

病害预测的指标可以是气候指标、菌量指标或寄主抗病性指标等。如在欧洲很早就在归纳大量的马铃薯晚疫病观察结果的基础上，提出标蒙氏预测法，该指标规定，春天若连续48h气温高于10℃、空气相对湿度大于75%，3个星期后将会在田间出现马铃薯晚疫病的发病中心。再如苏北地区根据12年的观察结果，提出预测小麦赤霉病的气候指标是温度和雨日，病害流行的温度在日平均温度15℃以上，当扬花至灌浆期的雨日数占该期总日数的75%以上时，病害就会大流行，占50%~70%时为中度流行，小于40%时不流行。

在病害的长期预测和超长期预测中，经常利用某种气候现象作为指标。例如，根据多年的统计，如果东太平洋出现厄尔尼诺现象，第二年我国长江中、下游麦区小麦赤霉病大流行的概率为0.7，而且厄尔尼诺现象持续时间越长，则下年赤霉病的发生越严重。

3. 数理统计模型法

该方法是将系统当作“黑盒”处理，不一定追求内部机理，只要寻找相关的调查数据之间的相关性、相似性和周期性便可进行预测。建立预测公式需要大量规范的调查数据、数理统计方法和一定的计算能力，其中最重要的是充足的和高质量的数据。此方法适用于哪些只有1个或少数几个流行主导因素、有限的地域和时期的短、中、长期定量预测。需要注意的是，数理统计方法注重共性和一般状况，预测特殊情况下病虫害的发生能力较差。

4. 系统模拟模型法

该方法是在对病虫害系统进行深入分析的基础上，将理论知识和定量模型按照客观系统的结构重新组装成能够仿真的计算机模型，并通过运行这种模型进行预测的方法。由于有计算机支撑，因而可以吸收多方面的变化因素，又由于程序体现了病虫害发生的连续过程，所以能够解析流行机制和做到多时段多方面的预测，也就更加适应病虫害的科学管理。建立系统模拟模型，需要进行一些基础的生物学实验和一些事实上的编程能力；应用时则需要输入有关的实况资料。该方法适用于流行因素多、关系复杂、相互关系中既有线性关系也有逻辑关系的病虫害预测，其缺点是建立模型比较繁难。

以上4类方法各有优缺点。专家评估法以专家为提取信息的对象，专家的头脑中蕴涵了大量的信息和丰富的思维方式，因而最能体现预测的本质，然而也不能排除预测专家的主观性；类推法最简单，但应用的局限性很大；统计模型法是目前应用最广的一种方法，但在特殊情况或极端情况下预测能力较低；系统模拟模型法解析能力强，适用范围广，但构建比较困难。因而在时间过程中，应根据具体病虫害情况、现有认识和资料、预测者的能力来选择使用。如果仅就数学模型方法和专家评估法之间进行比较，预测问题复杂而内部机理不甚明了、预测期限长、预测精度要求不高时，可以考虑采用专家评估法。反之，就应考虑数学方法。预测实践是检验预测方法的唯一标准。在遇到一种新病（虫）害、一时又找不到十分可靠的预测方法时，也可同时试用两三种方法，以便相互补充和印证，待以后经过多次检验和修正后，再确定一种最好的方法。

第六节　农业有害生物防治策略的演变

农业有害生物的防治策略与技术是植物保护研究的核心。随着科学的发展和人类对自然界认识水平的提高，在有害生物防治上不仅涌现出了一些新的高效技术措施，防治有害生物的策略也在不断地发生着变化。

农业防治（agricultural control）是通过适宜的栽培措施降低有害生物种群数量或减少其侵染可能性，培育健壮植物，增强植物抗害、耐害和自身补偿能力，或避免有害生物为害的一种植物保护措施。其最大优点是不需要过多的额外投入，且易与其他措施相配套。此外，推广有效的农业防治措施，常可在大范围内减轻有害生物的发生程度。农业防治也具有很大的局限性，一是农业防治必须服从丰产要求，不能单独从有害生物防治的角度出发考虑问题；二是农业防治措施往往在控制一些病虫害的同时，引发另外一些病虫害的为害；三是农业防治具有较强的地域性和季节性，且多为预防性措施，在病虫害已经大发生时，防治效果不大。

（一）改进耕作制度

耕作制度的改变常可使一些常发性重要有害生物变成次要有害生物，并成为大面积有害生物治理的一项有效措施。其主要内容包括调整作物布局、实施轮作倒茬和间作套种以及与之相适应的土地保护和培养制度等。

调整作物布局　作物布局是一个地区或生产单位作物构成、熟制和田间配置的生产部署，主要包括各种作物田块的设置、品种搭配和茬口安排等。合理的作物布局不仅可以充分利用土地资源，发挥作物的生产潜能，增加产量，提高农业生产效益，同时对控制有害生物的发生流行具有重要作用。

1. 作物田块的设置

主要依据不同地区或地块所处的生态环境进行设置。生态环境主要是当地的气候、田块所处位置的小气候、土壤及相邻植被状况等，它不仅影响有害生物的发生流行，同时还可能影响引进天敌生物的定居繁殖。气候直接影响有害生物的分布和发生。因此，选择适宜气候的地区种植特定的作物，不仅有利于作物的生长，同时有利于有害生物的控制。地块的选择也要考虑小气候，一般向阳坡有利于喜温型有害生物的发生，而低洼田块有利于喜湿型有害生物的发生。土壤对有害生物发生的影响比较复杂，一般来说，黏土吸水性强，容易板结，不利于害虫的发生，但对真菌性病害的发生则较有利。相邻植被主要涉及有害生物的寄主、越冬越夏场所及天敌生物的分布等。

2. 种植诱集植物

根据有害生物的习性，在作物田内种植诱集植物带，诱集害虫集中消灭，也是一项有效的农业防治措施。如在棉田种植玉米带引诱棉铃虫和玉米螟产卵，在茄子田周围种植马铃薯引诱二十八星瓢虫等，并进行集中处理，均能有效地减轻害虫对主要作物的为害。

（二）使用无害种苗

某些有害生物以种苗等繁殖材料作为主要传播途径，因此，带有病虫害的种苗是这些有害生物的侵染源。如棉花枯、黄萎病在的传播蔓延。此外，品种混杂、籽粒饱满和成熟度不一，或一些种苗被侵染后因生长势降低，播种后往往造成出苗和生育期参差不齐，给田间管理和收获造成不利影响，同时也增加了一些对作物生育期要求较严格的有害生物的侵染机会。所以，生产上使用的种苗等繁殖材料，应该是不携带有害生物的优质纯种。目前生产上利用无害种苗繁育基地或对种苗无害化处理，以及工厂化组织培养脱毒苗等，都是获得无害种苗的有效措施。

（三）调整播种方式

调整播种方式主要包括调整播种期和播种密度。由于长期的适应性进化，在特定地区往往形成害虫发生期与其寄主植物的生长发育相吻合的状况。因此在不影响复种指数以及其他增产要求的情况下，适当提前或推迟播种期，将害虫发生期与作物的易受害期错开，即可避免或减轻害虫的为害。该措施对那些播种期伸缩范围大、易受害期短的作物和食性专一、发生一致以及为害期集中的害虫具有明显效果。

种植密度主要通过影响农田作物层小气候以及作物的生长发育而影响病虫害的发生为害。一般来说，种植密度大，影响通风透光，田间郁蔽、湿度大，有利于大多数病害和喜阴好湿性害虫发生为害；而种植过稀，植物分蘖分枝多，生育期不一致，也会增加有害生物发生为害的机会。所以合理密植，不仅能充分利用土地、阳光等自然资源，提高单产，同时也有利于抑制病虫害的发生。

植保方针与有害生物的防治策略演变。防治策略是人类防治有害生物的指导思想和基本对策。现代有害生物的防治策略主要是综合治理，即综合考虑生产者、社会和环境利益，在投入/效益分析的基础上，从农田生态系统的整体性出发，协调应用农业、生物、化学、物理等多种有效防治技术，将有害生物控制在经济为害允许水平以下。

一、防治策略的演变

随着人类的进步、科技的发展、人类对自然的认识和控制能力的提高以及信仰和哲学观念的改变，在社会发展的不同时期有不同的有害生物防治策略。

（一）古代“修德减灾”防治策略

古代农业由于对自然的认识以及科技的落后，人类控制自然灾害的能力较差。尽管当时也已发现了不少防治有害生物的矿物、植物、天敌、农业措施及人工机械技术，但没有形成完整的植物保护体系。朴素唯物主义者积极采用已有的各种技术措施，对有害生物进行防治，并总结记录各种成功的经验，开拓新的防治技术。这一时期被称为多重防治或朴素的综合防治时代。在此期间，虽然有害生物防治也取得一定成效，但总体上人类对生物灾害常表现出无能为力，认为是天灾，是上天对人类劣迹的惩罚。因此，“修德减灾”是当时的主导防治策略。

（二）近代以消灭为主的防治对策

随着对自然认识水平的提高以及有害生物治理技术的发展，人类发现了自身对有害生物的控制能力和“消灭”有害生物的可能性。特别是 19 世纪引进天敌控制有害生物的成功，以及 20 世纪 40 年代有机合成农药的出现，给人类提供了前所未有的有力武器，人类控制生物灾害的能力大大加强。突飞猛进的植物保护技术，神奇的农药防治效果，加之与有害生物长期斗争的敌对心态，以及对有害生物的复杂性及其防治的艰巨性认识不足，使人类产生了消灭有害生物的强大自信心，认为完全有能力而且应该彻底消灭有害生物，从而形成了以化学防治为主的彻底消灭有害生物的防治对策。如中国1958年提出的植物保护方针就是“全面防治，土洋结合，全面消灭，重点肃清”。这一时期，人类防治有害生物的主要特点是，对农药的集中研究和过分依赖，削弱了对其他防治技术的研究与利用，在促进了化学防治技术迅猛发展的同时，也形成了几乎完全依赖化学防治思想。

（三）现代的综合防治策略

过分依赖化学防治，最终导致了农药的残留污染对生态环境造成为害，使非靶标生物尤其是有益生物和人类自身面临健康和安全的威胁，并且杀伤天敌，破坏了农田生态对有害生物的自然控制，导致了有害生物的抗药性和再猖獗等，人类开始认识到有害生物防治的复杂性和艰巨性，以及单纯化学的局限性弊端。尤其是相关学科的关注和参与，加速了人们对集约化化学防治的反思。在分析了化学防治中出现的各种矛盾和问题以后，人们逐步认识到，防治有害生物不能也没有必要以“消灭”为目标，防治有害生物不仅涉及有害生物本身，同时还涉及其他生物、环境和生态系以及农业投入收益的经济学问题，因而有害生物防治不应该固定使用某类技术。在此认识的基础上，针对用何种对策才能做到既能长期、经济、有效地控制有害生物的为害，又能避免因化学防治不当带来的不良副作用的问题，经过数年探讨和经验的总结，逐步形成了综合治理的观点。1967年联合国粮农组织在罗马召开的有害生物综合防治专家会议上，提出了有害生物综合防治的概念。随后经过补充和完善，于20世纪70年代初形成了人们普遍接受的有害生物综合治理策略。我国在1975年召开的全国植物保护工作会议上，将“预防为主，综合防治”确定为植物保护方针，从而结束了集约化化学防治时代，开创了有害生物综合治理的新纪元。综合防治策略的提出，促进了农业基础生物学的研究以及各种不同植物保护技术的发展。这一时期，人类对生态系统、人类与环境的关系有了更深刻的认识，对有害生物防治以及人类自身能力的认识也更客观、更理智。

综合防治策略突出了经济学、生态学和环境保护学的观点以及防治方法的选择和协调应用，维护了生产者、社会和环境利益。随着科学技术进步和农业现代化进程，这一策略将会在理论上得到进一步完善，并在有害生物防治中发挥更大的作用。

二、综合治理策略

实施综合治理必须了解农田生态系统的组成以及各种因素之间的相互关系，弄清不同防治措施对生态系统中各种因子的影响，确立有害生物防治的范围和目标，建立信息收集、防治决策和防治实施体系。

（一）综合防治的类型

综合治理策略在发展与实施过程中，先后出现过3个不同水平的“综合防治”，即单病虫性综合防治、单作物性综合防治和区域性综合防治。

1. 单病虫性综合防治

以某种主要病虫害为对象的综合防治是综合治理发展初期实施的一种类型。主要是针对某种作物上的1~2种重要有害生物，根据其发生和流行规律，以及不同防治措施的特点，以采用生物防治和化学防治相结合的办法，达到控制有害生物，获得最佳经济、环境和社会效益的。该策略强调尽量减少化学农药的使用量及其对环境的污染，但由于考虑的有害生物种类较少，往往因其他有害生物的为害或上升为害，而影响综合防治的效果。

2. 单作物性综合防治

以某种作物为保护对象的综合治理是为了克服单病虫综合治理的缺点发展起来的，即综合考虑一种作物上的多种有害生物，并将作物、有害生物及其天敌作为农田生态系的组成部分，利用多种防治措施的有机结合，形成有效的防治体系进行系统治理。该策略涉及的因素繁多，需要广泛的合作，采集各种必需的信息，了解各种有害生物及其发生规律、不同防治措施的性能对农田生态系统的影响，明确治理目标，筛选各个时期需要采取的具体措施，组成相互协调的防治体系，通常还需利用计算机模型协助进行管理。

3. 区域性综合防治

是以生态区内多种作物为保护对象的综合治理，因而是在单一作物有害生物综合治理的基础上更广泛的综合。由于一种作物的有害生物及其天敌受其所处生物环境的影响，作物之间常出现有害生物和天敌的相互迁移，因此，对一种作物的有害生物综合防治效果常受其他作物有害生物防治的影响。区域性综合防治通过对同一生态区内各种作物的综合考虑，进一步协调好作物布局，以及不同作物的有害生物防治，可以更好地实现综合防治的目标。

（二）综合防治体系的管理目标

如上所述，综合防治是以获得最佳经济、环境和社会效益为管理目标的。但是，怎样才是最佳的经济、环境和社会效益？综合防治首先引进经济为害允许水平和经济阈值来确保防治的经济效益。

经济为害允许水平又称经济损害水平，是农作物能够容忍有害生物为害的界限所对应的有害生物种群密度。在此种群密度下，防治收益等于防治成本。经济为害允许水平是一个动态指标，它随着受害作物的品种、补偿能力、产量、价格以及所使用防治方法的成本的变化而变动。一般可先根据防治费用和可能的防治收益确定允许经济损失率，然后再根据不同有害生物在不同密度下可能造成的损失率确定经济为害允许水平。

经济阈值又称防治指标，是有害生物种群增加到造成农作物经济损失而必须防治时的种群密度临界值。确定经济阈值除需考虑经济为害允许水平所要考虑的因素外，还需考虑防治措施的速效性和有害生物种群的动态趋势。经济阈值是由经济为害允许水平演生出来的，两者的关系取决于具体的防治情况。如采用的防治措施可以立即制止为害，经济阈值和经济为害允许水平相同；若采用的防治措施不能立即制止有害生物的为害，或防治准备需要一定的时间，而种群密度处于持续上升时，经济阈值就小于经济为害允许水平；当考虑到天敌等环境因子的控制作用，种群又处于下降趋势时，经济阈值常大于经济为害允许水平。此外，有一些为害取决于关键侵染期的有害生物，如水稻三化螟和小麦赤霉病等，一旦侵染必然会对作物的产量或品质造成严重影响。对于这类有害生物，需要根据其侵染期制定在特定时段和种群密度下需要进行防治的所谓时间经济阈值，也就是防治适期及其防治指标。显然，经济为害允许水平可以指导确定经济阈值，而经济阈值需要根据经济为害允许水平和具体防治情况而定。

利用经济为害允许水平和经济阈值指导有害生物防治是综合防治的基本原则，它不要求彻底消灭有害生物，而是将其控制在经济为害允许水平以下。因此，它不仅可以保证防治的经济效益，同时也可取得良好的生态效益和社会效益。首先，据此进行有害生物防治，不会造成防治成本上的浪费，也不会使有害生物的为害造成大量损失；其次，保留一定种群密度的有害生物，有利于保护天敌，维护农田生态系统的自然控制能力；最后，在此基本原则指导下的防治有利于充分发挥非化学防治措施的作用，减少用药量和用药次数，降低残留污染，延缓有害生物的抗药性。

生态效益和社会效益主要是通过发挥非化学防治措施的作用，减少农药用量来实现。因此，采用多种技术措施协调防治，尽量减少农药用量，是综合防治的又一基本原则。生态效益是指依据生态平衡规律实施植物保护，对人类的生产、生活和环境条件所产生的有益影响和有利效果。显然，造成环境污染、引起有害生物抗药性，并形成恶性循环，阻碍农业可持续发展的防治措施是不符合生态效益观的。从保证生态效益的角度，要求使用的防治措施既要能有效地保护作物，又对非靶标生物和生态环境影响小。但这有时与经济效益是有矛盾的。例如，用人工机械捕捉有害动物，虽然对环境和非靶标生物影响小，但由于其防治成本过高或效率过低，而对绝大多数有害生物来说是不适用的。此外，有些防治措施对生态的副效应是很难估计的，如有机氯类农药 DDT 的副作用，是在大量推广应用多年以后才发现的。因此，综合防治只能是通过充分发挥非化学防治措施，尤其是生态系统自然控制的作用，尽量减少农药用量来实现和保证生态效益。社会效益是指所采取的措施对社会发展产生的有益影响或有利效果，是社会整体的根本利益。因此，制定综合防治体系应从社会的整体角度出发，既要考虑生产者的利益，又要考虑到消费者的利益。但一般来说，有了经济效益和生态效益，也就有了社会效益。

（三）防治体系的构建

防治体系包括信息收集、防治决策和防治实施 3 个主要部分。信息收集主要包括收集农产品、农资和劳动力等市场经济信息、气象信息、农田生态系统内作物的生长发育状况、有害生物和天敌的种类、密度和发育状态信息以及环境信息等，以指导防治决策。防治决策主要是利用各种信息以及基础农业、生物、经济和环境等知识，对有害生物的种群密度变动、可能的受害程度以及不同防治措施可能产生的效果，通过计算机模拟等手段进行预测和评估，以确定何时、采取何种措施进行防治。而防治的实施，主要是由农民或专业植物保护部门根据综合防治决策建议进行。显然，构建防治体系的关键是决策系统。

组建综合防治体系，必须符合安全、有效、经济和简便的原则，即对人畜、作物、天敌和其他有益生物和环境无污染和伤害，能有效地控制有害生物，保护作物不受侵害或少受侵害，费用低，消耗性生产投入少，因地因时制宜，方法简单易行。

此外，组建综合防治体系还必须进行一系列调查研究，以弄清作物上的主要有害生物及其发生动态和演替规律，确定主要防治对象及其防治关键时期。此外，还必须了解有害生物种群动态与作物栽培、环境气候的关系，确定影响有害生物发生为害的关键因子和关键时期，制定主要有害生物种群动态的测报方法。同时，还要研究作物生长发育的特点及其对有害生物的反应，制定考虑天敌因素在内的有害生物复合防治指标等。在此基础上，从综合防治的目标出发，本着充分发挥自然控制因素作用的原则，筛选各种有效的、相容的不同防治措施，按作物生长期进行组装，形成作物多病虫害优化管理系统。

第四篇　生态植保技术体系

生态植保技术体系，以预测预报数据为依据，尽可能采用物理防治技术，强化病虫源头治理措施，大力推进生物防治，全面利用生态调控手段，实现农业绿色发展的目标。

在预测预报领域，充分利用大数据分析等先进技术和手段，提高精准率和预测性。

在物理防治技术领域，大面积试验推广，尤其在保护地环境，研发装备的多功能一体化，提升益害虫辨识水平。

在源头治理领域，建立两个概念之间的关系，一是病虫携带载体或潜伏场所的生物质资源性，二是建立生物质资源或有机废弃物的产业转化利用。突出微生物—环境昆虫组合技术，推进昆虫资源现代产业发展，通过产生经济发展的内在动力促进清洁田园、环境，实现消除病虫源的目的，压低原始病虫基数，为生物防治及其他技术措施创造条件。

在生物防治领域，突出天敌昆虫的生产繁育、释放应用、效果评价，以及生物农药、特异性杀虫剂、性诱剂、食诱剂的研发与应用。

在生态调控领域，突出人工生草、人工生态庇护所建造，为天敌昆虫培育、释放和蜘蛛自繁创造条件。将生物防治与生态调控相结合，构建生物治理技术嵌入型农业生态系统。

对有害生物的管理是建立在深入了解有害生物及与之相关的有益生物的生物学特性，以及它们在农业生态环境中的相互作用和它们生命周期中的薄弱环节等基础之上，针对不同作物种类、有害生物种类及重要性，并结合不同的生态环境条件，采取一系列科学管理的调控技术，实现农业绿色发展。在十九大后的新时代，解决复杂的农业生产问题，需要整合相关领域的先进技术成果，构建完整的技术体系，针对性解决问题。生态植物保护体系的研究与实践正是符合这一趋势。

生态植物保护涵盖的预测预报、物理技术、生物质资源利用消除病虫源、生物防治和生态调控五大领域，已有的诸多研究成果都是分离的、各自单方面存在的状态。生态植保技术体系的根本点在于将五个方面融合，互为补充、互为条件、取长补短、协同增效、一体化运行，使体系内的全部技术要素科学化和合理化的发挥作用。

第一章　病虫害预测预报技术

生态植保更加注重源头治理、全程防控，将“突击式末端治理”转变为“系统化整体治理”模式。只有预测预报，才可以实现精确治理。预测预报不是防控技术，是防控技术提高效率的基础和前提。

第一节　病虫害主要调查方法

农作物有害生物调查是预测预报的基础。调查方法是否恰当，与预测结果密切相关。因此，调查项目、调查时期、调查次数、调查方法都要因有害生物的种类不同而制定出相应的科学规范，从而达到准确预测的目的。从预测预报的实质上研究调查的重点，做好完备的系统调查，在实际工作中非常必要。

农作物有害生物的发生预报是根据有害生物因素、环境因素、农作物生长发育状况等相关的数据以及气象预报、作物品种抗病虫性等资料，通过综合分析，对有害生物发生趋势做出科学的判断。因此，仅靠少量的调查数据而做出正确的预报是非常困难的。分析、探求来自不同时期不同的有害生物种类的调查数据及相关信息，进行综合分析和判断是十分必要的。

农作物有害生物发生预测的方法，就是把能够作为预报依据的事项，气象因子、栽培因素按照年度间变化，确定与预报目标（发生程度预报、发生期预报）之间的相关关系，进行数理统计分析。也可通过实验的方法获取农作物及其有害生物的调查数据，作为预报的数据来源的必要补充。近年来，随着电子计算机的普及，对某种有害生物的发生动态，通过与之相关的生物学因子，环境因子、人为因子做成预报模型，通过计算机模拟分析方法，使病虫预测预报实用化，愈发受到瞩目。

有害生物发生预报的目的是对农作物有害生物的发生和造成的损失做出正确的预测，并对防治预案的制定和实施有害生物防治起到指导性作用。所以要充分考虑种植结构的调整，调查点片的局限性以及防治体制等问题，提高预报对整个农作物生产的贡献率。

一、害虫种群密度调查

害虫种群密度是表征种群数量及其在时间、空间上分布的一个基本统计量。害虫种群密度可分为绝对密度和相对密度，前者是指一定大面积或容量内害虫的总体数。通常人们是通过一定数量的小样本取样，如每株、每平方米、每千克等，一定面积来推算绝对密度，或一定的取样工具（如诱捕器、扫网等）的虫数，这也称为相对密度，它有的也可以用来推算绝对密度。常用的相对密度调查方法有五类，即直接观察法、诱捕或拍查法、扫网法、吸虫器法和标记—回捕法。

（一）直接观察法

取单株或一定面积、长度、部位、容量为样方，直接观察记载所调查对象的数量或行为、为害状等项目。在调查群落时先观察记载大型的移动快的种类或虫态，再查其他小型的移动慢的种类，最后查固定的种类或虫态。调查时要注意查到植株的各个部位或指定的部位，如叶的正反面、茎秆、叶柄、叶腋、花、果实等。指定的部位如查红铃虫卵时重点要注意查花萼下，查豆荚螟卵时除荚毛上外，也要重点注意花萼下。调查时要同时记载植株的生育期，查果树时还要记载所查部位及树冠、树干方位等。

单株调查适合用于植株高大的成熟期或有整齐株行距的作物，如棉花花铃期、玉米结实后等。该法尤其适合用于群落或复合种群的研究调查。同时也可用来研究种群空间分布型的调查。

一定面积或行长、部位调查则常用于作物苗期、密植作物（如直播稻田）或果树、林木取一定枝条或叶片调查观察。

换算为绝对密度：

单株调查

$$N=\left(\sum ni\right)/n\times D \quad (1)$$

式中：N——每公顷害虫个体数；

ni——第 i 株查得虫数；

n——调查总株数；

D——每公顷总植株数。

一定行长调查

$$N=\left(\sum ni\right)\times 10\,000/L\times M \quad (2)$$

式中：N——每公顷总虫数；

ni——第 i 行样的虫数；

$\sum ni$——调查得总虫数；

L——行距（m）；

M——行样总长度（m）。

式中 10 000 为每公顷 = 10 000m^2。

（二）拍打法

拍打法是用一种接虫工具如白色盆或样布，用手拍打一定株或行长植株，再用目测或吸虫管计数害虫种类及数量。

拍打法一般不适用于易飞动或跳动的昆虫，而尤其适用于调查有假死性昆虫，如稻象甲、某些叶甲或鳞翅目幼虫、半翅目盲蝽等。此法适用于植株苗期，在成长期调查时误差较大。增加一定拍打次数也可提高捕获率。

在以株为单位拍打时可换算为百株密度或每公顷密度。以一定行为单位拍打时，可按公式②换算之。

（三）诱捕法

诱捕法是利用一种诱引工具或物质通过诱引捕获来调查害虫的相对数量。通常只用来相对比较不同地点或时间下的种群密度，如用单位时间如日或世代累计诱捕数来作比较，但必要时也可通过标记回捕方法先测试出诱引的范围和效果（诱捕率），再加以粗略推算绝对密度。

诱捕法应用最广泛的是灯诱和性诱，已在很多种害虫的测报中应用，其他如杨树把诱棉铃虫，糖醋酒液诱黏虫、小地老虎、梨小食心虫等，稻草把诱黏虫卵，黄色水盆诱蚜虫，黏胶板诱美洲斑潜绳，草堆诱蝼蛄和薯片诱甘薯小象甲等。

1. 灯诱法

灯诱法是利用昆虫对一定光波光源的趋性来诱捕昆虫，它所取的单位也是相对密度单位，即以日或高峰期虫量或世代累计虫量。

2. 性诱法

昆虫雌雄交尾时的化学信息联系物质信息素或称性激素，经研究确定各种昆虫的性激素的有效成分（组分）及其配比后，人工合成标准化合物，制成一定的性诱剂和诱芯作为诱源，再将其放在诱捕器上，用以诱捕昆虫的相对数量。性信息素可有雌性激素和雄性激素，目前在生产上应用的大都为雌性激素。

性诱法除用雌性信息素作诱源外，还有雄性信息素、追踪信息素、聚集信息素、警报信息素或种间的利它素（Kairomone），或益已素（Allomone），但大都还处于研究阶段，广泛应用实例较少。

3. 扫网法

扫网法捕捉和调查害虫密度的效率高、省工、省时，适用于调查体形小、活动性大的昆虫如潜蝇类、粉虱类、盲蝽类、叶蝉类，以及寄生蜂、蝇类等。

扫网的方法可有两种，一种方法是按一定作物行长面积逐行调查，扫网时先将网口插入植株叶层中部，网口向前作“S”前进式扫网，每一网到头时，网口作 180°转向。这种扫网法有面积单位。另一种方法是按顺序每隔一定距离扫网一次，常以百网虫数计算，只作相对密度比较，无面积单位。

扫网法所得数据常以百网虫数作相对密度比较，但对上述按行长扫网时，也可按公式①换算成绝对密度。

4. 标记一回捕估计种群密度

用标记一回捕法来估计种群密度的基本原理是，先捕捉一定数量的活个体，用人工标记后，重新释放到自然中去，被标记的个体均匀地分布到自然种群中，和未标记的其他自然种群个体充分混合，然后再用各种高效率的诱捕方法进行再捕捉。根据再捕捉到的标记个体在总捕捉数中所占的比例，来估计自然种群的状况，以及评估这种捕捉方法的捕捉效率。标记一回捕方法特别适用于一些活动性大的动物或昆虫，或调查的环境特殊，用一般方法难以查清时，如大草原、森林、水域或特定的越冬场所等。在研究昆虫迁飞规律时曾用来测定黏虫、稻飞虱、稻纵卷叶螟等的迁飞特性及路径。也可用来测小范围内的迁移、扩散和种群寿命等。还可以调查食物链中天敌与寄主植物和害虫之间的捕食关系。

二、害虫监测的抽样调查方法

在样本单位、大小和数量都已确定后，如何设计将这些抽样样方合理地散布在总体之中，是最后获得合理的抽样方案的关键。按照抽取样方布局形式的不同基本可分为两大类，即随机抽样和顺序抽样（或称机械抽样），从调查的步骤上还可分为分层抽样、分级抽样、双重抽样以及几种抽样方法的配合等。

（一）随机抽样

随机抽样是指抽样单位被直接从总体中随机抽出，而不是随便或随意被抽出，也不是按规定抽样（如五点抽样、棋盘抽样等）。什么叫随机呢？是指抽样不受主观或其他因素的偏袒所影响。又称概率抽样，总体内所有个体都有同等被抽出的机会。抽样过程遵循概率法则，由于其步骤的烦琐化，除试验研究工作外，在植物保护的田间生产活动中常与其他方法配合使用。害虫监测调查一般因总体很大，常不考虑抽样不放回的影响。

随机抽样的步骤为，先将要查的样方编好序号或方位，如为田块间随机抽样，只需先将各田块编成一定序号。如在一块田中随机抽样则要先编好各样方方位，田块较大或行株距不明显的可先将田的长边与宽边分为若干步长定为 x，宽边每一步长定为 y，便将全田分为若干小样方，而且每一小样方植株或面积都有了特定的坐标（x，y）。对稀植作物如玉米、果树等也可取行株号为坐标单位。第二步为如何随机抽取一定样方，可有三种方法，即抽签法、计算器查找法和随机数字表法。

抽签法：适用于数量较少的田块间随机数字选择。只要准备 10 个标，从 0~9 编码，分次抽取，如要求抽样数超过 10，则第一次抽的是十位数，第二次抽的是个位数。

计算器查找法：可用 CASIOfx-180 或 3600 等计算器，这类计算器有 RAN 井功能可以产生 1 000个随机数。例如，以地长边 100 步为限可产生 100 个随机数字，定为坐标 x，再以宽边 80 步为限可产生 80 个随机数字，定为坐标 y. 具体做法为：INV，RAN#X100+l=x！（舍去小数），再做 INV，RAN#X80+l=y1（舍去小数）。于是便有随机样方 1 的坐标（x，y1），依此再求得第二点（x2，y2），……，（xn，yn）。将所得各点由近及远排序，便可下田按次调查。

随机数字表法：按随机数字表查找方法，查得所要求的各样方的坐标方位。

（二）顺序抽样

按照总体的大小，选好一定间隔，等距地抽取一定数量的样本。另一种理解是先将总体分为含有相等单位数量的区，区数等于拟抽出的样方数目。随机地从第一区内抽取一个样本，然后隔相应距离分别在各小区内各抽一个样本，这种抽样方法又称为机械抽样或等距抽样。病虫田间调查中常用的五点抽样、对角线取样、棋盘式取样、Z 字形取样、双直线跳跃取样等严格地讲都属于此类型。顺序取样的好处是方法简便，省时省工，样方在总体中分布均匀。缺点是从统计学原理出发认为这些样方在一块田中只能看做是一个单位群故无法计算各样方间的变异程度，也即无法计算抽样误差，从而也就无法进行差异比较，或置信区间计算。但如与其他方法配合使用则可克服，这将在下面讨论。

测报中常用的抽样方法如下。

（三）五点抽样法

适用于密集的或成行的植物、害虫分布为随机分布的种群，可按一定面积、一定长度或一定植株数量选取五个样点，如稻纵卷叶螟卵量调查。

（四）对角线抽样法

适用于密集的或成行的植物、害虫分布为随机分布的种群，有单对角线和双对角线两种。

（五）棋盘式抽样法

适用于密集的或成行的植物、害虫分布为随机或核心分布的种群。

（六）平行跳跃式取样法

适用于成行栽培的作物、害虫分布属核心分布的种群，如稻螟幼虫调查。

（七）Z 字形取样法

适用于嵌纹分布的害虫，如大螟幼虫，棉红叶螨的调查。

（八）等距抽样法

抽样时用尺或步测量田块长度和宽度，估计田块面积，根据田块面积决定取样点数。一般田块在 $2\times667m^2$ 以下抽样 7 个，（2～10）$\times667m^2$ 抽样 10 个，（11～30）$\times667m^2$ 抽样 15 个，（31～60）$\times667m^2$ 抽样 20 个，（61～100）$\times667m^2$ 抽样 25 个，$100\times667m^2$ 以上抽样 30 个。

一般取比开方后得数略小的正整数为样点距离。抽样时从田边的一角起，距离长边和短边各为样点距离一半处为第一点，以平行长边向前按样点距离抽样，若到一个样点，距另一短边的长度不够一个样点距离时，可测出这一样点距离短边多长（设为 x），然后从这一样点顺短边平行走去，再顺长边反向走，这时走到距离短边为样点距离减去 x 的长度处为一个样点。然后按原定样点距离抽样。

（九）分层抽样

当调查的总体间如乡、村或田块间有不同栽培方式、品种、生育期、长势等等，不同土质、地形，或属不同经济结构水平等明显的差异，这便需要做分层调查，通常也称为类型田。可先按差异类型分为几种类型，分别调查计算各类型田的平均数（S_1）和均方差（S_2），有的每种层次还需有几个田块重复（如田块内用顺序抽样方法时），然后可用方差分析检验其相互间的异同点。不同层次还可作统一的综合指标分析，不过分析时应以各层次在总体中所占成数（f）作为权重加以校正。

（十）两级或多级抽样

在随机抽样或顺序抽样时，都假定组成总体的小单位是可以直接抽取的，但在有的情况下，不可能将划定的抽样单位全部检查计数。例如，调查果树上的螨类、蚜虫或介壳虫、粉虱等，不可能检查整枝树上的虫数，则可将之分为两级或多级，再作抽样数虫。可先按随机法定若干树作为第一级，再按树冠的朝向（如阴、阳面；东、南、西、北面）顺序取样作为第二级，再随机选某个枝条作为第三级，最后在枝条上顺序选叶片或枝长，作为第四级，直接数虫检查。分的级数可根据调查对象的性质、要求来定，从两级到多级。

（十一）双重抽样

双重抽样是一种间接取样的方法，特别适用于调查某种不易观察，或损耗性很大的观察性状，可以用另一种易于观察的，而且与不易观察性状有密切相关性的性状来作间接的推算。先要试验或调查分析出两种性状之间的相关关系。例如，因剥秆调查豆秆蝇幼虫的损耗大、费时多，故可利用豆秆黑潜蝇的成虫数量与幼虫蛀茎率间的相关性，来作双重取样。只要调查成虫数量便可推测或预测未来幼虫的蛀茎率。双重取样法在应用时，两个性状间必须具有显著的相关关系，存在某一性状不易观察或取样的破坏性很大等问题。

几种抽样方法的配合使用。这一点在植物保护调查工作中十分重要，目前农作物有害生物测报中常用的各类抽样方法都为顺序抽样，而根据统计原理，此方法不能单独计算抽样误差。因此，必须与随机抽样配合使用。如最简单的是与分层取样结合，先确定不同类型田，同一类型中设多个重复田块，在同一类型不同田块间用抽签法随机选定若干田块，然后在选定田块中作顺序抽样调查，便可计算得田块间平均数及抽样误差，从而可以和其他类型田作差显比较。也可以用顺序—随机法如用五点抽样法，抽查25个样方。因五点为顺序取样，故可先按顺序在全田中选取5个小区，然后在每个小区中再按随机抽样取5个样方，这样便可计算抽样误差。

在果树、蔬菜、棉、茶等经济作物上的小型昆虫（如蚜、螨、蚧、虱等），不容易作全株数虫调查，可用两级或分级随机—顺序抽样。

总之，在植物保护工作实际中，通常都需进行多种方法的配合抽样。

三、病害监测的抽样调查方法

病害监测是进行病害预测的前提。监测是对观测的实际情况的表达和记录的活动。病害流行系统的监测是对病害流行系统的实际状态和变化进行全面、持续、定性和定量的观察、表达和记录。随着人类的科学思维从以实物为中心逐步过渡到以系统为中心，要根据预测和防治决策的需要对病害系统的各种组分和主要影响因素进行定量和定期的观测，其技术水平亦应该不断提高。

在制定监测的项目、方法和标准时，首先要考虑病害预测或病害管理的具体需求。如为了指导防治工作，或者为了掌握逐年发生情况需要了解生产田中病害的发生和为害，以决定是否需要进行防治。这类调查往往采用属性取样或成数取样，调查时间最好选在该种病害的防治适期或作物形成产量的关键生育期或病害发生盛期进行，调查项目往往比较单一，方法简单实用，注重大范围的普查和分类调查以获得较好的代表性，而不苛求调查的精度。为了了解病害发生动态和规律，做好预测工作，常以病害种类、病田率、病点率为代表值，坚持定时、定点、定量的病害调查，强调调查数据的规范性，以便长期积累、相互比较。

（一）病害监测的类型

在病害发生与流行的过程中，在引进植物种植过程中，为了确定该植物上是否发生病害？发生了哪几种病害？这些病害的发生发展趋势如何？是否应采取必要的防治措施来控制它？这些都需要生产者在植物生长过程中定期或不定期地进行调查与监测（Survilliance，Monitoring）。这种监测的要求视目的和条件而定，可以是定期、定点的系统调查监测，也可以是大田普查式的监测。在农作物病虫害预测中常采用按预测期限划分为短期（1周以内）、中期（一个生长季）、长期（下一个生长季）和超长期（若干年）预测；也可按预测内容分为发生期、发生量、损失量、防治效益预测；或按预测的形式分为0~1预测、分级预测、数值预测和概率预测；近年来有按农作物病虫害在一个特定地区是否定殖或为害的预测称为风险预测，以及按农作物病虫害在一个特定地区的为害将有多大的损失估计等。

1. 系统调查

系统调查是病害监测的重要方面，是监视一种病害数量或密度的动态变化，可以暂时忽略某一时刻调查数据对于全田的代表性，只要选择一些固定的调查单位，如一定面积的作物、固定的植株或叶片甚至病斑，按照一定的时间序列进行监测。由于我们并不苛求每一次调查所得数据对当时情况的代表性，注重在各次调查数据为横坐标，病情（或其他监测项目）为纵坐标的直角坐标图上，用虚线边缘这些点或用统计学方法拟合一条曲线，均能形象地说明病害流行动态。为此，在适宜的观测期内起码要进行5次调查。各次调查的方法和标准也应该一致。引种方法也广泛适用于对寄主、病原物以及各种环境因素的动态监测。

2. 大田普查

对在田间经常发生的病害，有时并不一定要作定时定点的系统调查，而是在发病始期和盛发期到易感品种和主栽品种上作1~2次普查，即可了解田间的病情。大田普查的面可以很广，可以通过随机取样的方法确定调查田块，也可以根据需要选定具有代表性的田块进行调查。大田调查的记载标准多以目测为准，也可以随机取一些样点进行病害发生率和严重度的调查。主要是了解病情发生发展的趋势，凭此普查结果估计未来发展趋势和做出损失估计，以及是否需要采取防治措施来控制等。

（二）取样调查方法

由于生物种群特性、种群栖息地内各种生物种群间的相互关系和环境因素的影响，某一种群在空间散发的状况会有或多或少的不同，即空间格局的不同。病害格局是指某一时刻在不同的单位空间内病害（或病原物）数量的差异及特殊性，它表明该种群选择栖境的内禀特性和空间结构的异质性。反之，调查病害的空间格局也有助于了解病害传播的规律。由于其单位空间内个体出现频率的变化总能找到类似的概率分布函数，分布格局也常被称作“空间分布型”。

病害空间分布格局大体有 4 种类型，即：泊松分布、二项式分布、奈曼分布和负二项式分布。病害调查的抽样的取样方法必须适合具体病害的空间格局，否则就不可能得到准确的代表值。病虫害调查取样有顺序取样、典型取样、纯随机取样、分层取样、两级或多级取样等方法。在属性取样或成数取样调查中经常采用的单（双）对角线法、大五点法、棋盘式法、“Z”字形法等都属于顺序抽样法，其取样方法简单但缺乏统计分析的理论根据（马育华，1982）。为了估计取样误差，可采用顺序取样与整群取样相结合或顺序取样与两极取样相结合的做法。前者的主要改进是在第一组内随机抽取几个样本，然后分别以它们为初始样点按同样式的规则在其他组内顺序取样，这样就获得几个随机的单位群，可以用整体取样计算取样误差的方法计算误差。后者只用随机方法确定初级单位的分配，次级单位采用顺序取样方法。从实用的角度考虑，顺序抽样法可以用于符合泊松分布和二项式分布的病害调查而不适合符合奈曼分布和负二项式分布的病害。针对奈曼分布和负二项分布的病害调查应该采用分层取样法，这样就能在获得代表的同时对取样误差做出分析。

在确定监测项目、选定监测的时间和地点（包括确定分层取样的分级和确定典型调查的典型）、识别病害症状、评估病害严重度、发病面积、极端值取舍等方面，监测者的直观判断能力都具有十分特殊的意义。为此，应该注意稳定测报队伍，不断提高监测工作者的科学素质和思维判断能力。

（三）菌量调查

在植物病原物中，接种体包括真菌的菌核、菌丝体、孢子，细菌细胞，病毒粒子，线虫的卵、幼虫和成虫，寄生植物的种子等。对依靠初侵染源为主造成流行的病害类型如种子带菌的麦类黑穗病、稻干尖线虫病等积年流行病，初侵染源的数量就成为了最关键的因子；对于单年流行的麦类锈病、稻瘟病、玉米大斑病、玉米小斑病，初侵染源的数量同样是重要的。但由于它们在适合发病的条件下，菌量增长速度快，种群数量可以在较短时间内翻番，即指数式增长。因此，调查间隔期要短，定时定点调查的次数要增加，且调查的精度要求也较高，否则由此得出的结论不可靠或误差较大。

调查菌量的方法很多，常用的有以下几种：

1. 土壤中菌量的调查方法

土壤是病原物越冬、越夏或休眠的主要场所，也是病害初次、再次侵染的主要来源地。涉及病害的菌量调查都要从土壤调查开始，例如，稻纹枯病和油菜菌核病的菌核，主要存在于土壤中。腐霉和疫霉引起的各种疫病，菌源（卵孢子、菌丝）都在土壤中；白菜软腐病，茄科植物青枯病、根癌病等病原细菌也都是土壤习居菌，可在土壤中长期存活，同时也是病害的主要来源；大多数线虫都属于土壤线虫，如根结线虫、胞囊线虫、根腐线虫，各个虫态都可以在土壤中找到。调查土壤中菌量的方法主要有淘洗过筛法和诱集法两种。

淘洗过筛法对于存在于土中的真菌菌核，线虫胞囊或根结、虫卵，寄生植物的种子都非常有效。对于棉黄萎病的发生预测，就是根据 5 月份田土中的微菌核数量（x）多少来预报 9 月份的病株率（y），相关性十分密切（Pullmann，1982）。

$$Y=1.865+2.715x-0.0204x^2\ (r=0.95)$$

诱集法是利用昆虫、线虫的趋化性，在土壤中或土表埋设有引诱剂的诱虫器，引诱昆虫进入其中，如果在田间等距离埋置一定数量的诱虫器就可以侦察出土中虫口密度。对于在土壤中存活的真菌，采用的诱集方法就是用选择性的培养基来诱集，例如，用黄瓜片或马铃薯片等距离法摆放在田间土壤中，引诱附近的菌丝在瓜片或马铃薯片上生长，从而判断在田土中有何种真菌以及菌量大小。

2. 介体（昆虫）数量的调查

有许多病害是依靠昆虫介体在田间传播的，特别是病毒病，蚜虫和飞虱是最重要的媒介昆虫。玉米枯萎病菌、蚕豆染色病毒的媒介昆虫都是甲虫。对于在土壤中或田间越冬的昆虫，包括传病媒介昆虫，主要是安装诱虫器来诱集，诱虫器有常用的黑光灯和黄色皿，装有性引诱剂的诱虫笼，盛放有食物的诱虫器等等。在英国，还专门设计安装了可从 20cm 到 1m 不同高度的空气中捕捉昆虫的吸虫器，用来调查春季和秋季在空中迁飞的蚜虫等昆虫，并将它们接种在指示植物上，以监测它们是否带菌或带有病毒，从而预测未来几个月里某种病害的发生量。例如根据秋季麦苗上空捕捉到的蚜虫数量和携带病毒的比例，如果秋苗上麦蚜带毒率在 50%以上，则明年春季的麦苗病毒就会重，应该立即在秋季治蚜。

中国稻飞虱和稻纵卷叶螟防治协作组还进行了从黄山顶上甚至在飞机上安装捕虫网来捕捉昆虫的研究，并取得了较好的结果。

3. 病斑产孢量测定

病原物发育进度，如子囊壳成熟进度可作为小麦赤霉病、梨黑星病等病害中短期预测的依据。也可以测定病斑的产孢面积和单位面积上产孢数量。产孢面积可用印有直角坐标网格的胶片来测量，也可以用直尺测量长、宽，再乘以一定的系数来计算较大病斑的面积。产孢量测定方法很多，通常采用套管法，即将产孢叶片插入开口朝上的大试管内。为防止试管内通风不良、凝结水汽也可以改用两端开口的“J”形管。每次换管前要将叶片上的孢子抖落在管中，也可以用少量 0. 3%吐温液冲洗（包括管壁）。冲洗液离心后，用血球计数器镜检孢子数目。也可以用透明胶带粘在叶片上，使孢子堆附近形成一个小的气室的方法测定单个病斑上的产孢量。

空中孢子量测定气传病害的传播体数量是病害预测预报的重要依据。空中孢子捕捉的方法很多，大体可分为有动力和无动力两种。最简单的莫过于玻片法。只要将凡士林涂在玻片上，平放在作物冠层内的不同高度，或在田间竖一木杆，在其不同高度和不同方向锯成一些缺口，再将两片涂了凡士林的玻片卡在缺口处。定时更换玻片镜检每视野孢子数或整张玻片上的孢子数量。有动力的孢子捕捉器如旋转胶棒孢子捕捉器、车载孢子捕捉器，即使在无风的天气条件下也能达到较好的捕捉效果。在 20 世纪 80 年代，全国植物保护总站与上海市测报站联合研制了新一代的电动孢子捕捉器，该捕捉器以电力驱动，在转动轴的上方可以垂直摆放 6 片载玻片，捕捉器可以任意设置转动的起始时间和持续转动的时段。但基本原理仍然是在载玻片上涂上凡士林。以粘捕空气中的孢子，每个载玻片必须经过镜检才能知道捕捉到的孢子数。这一工具在小麦赤霉病、锈病和稻瘟病的预测中曾广泛使用。

发病中心调查法。在大田普查的基础上，当看到田间出现发病中心时，就立即做出标记，以后定期调查田间的发病中心数，以及发病中心面积大小，根据发病中心的扩散情况来预测病害的流行趋势。这种方法在小麦锈病、稻白叶枯病和马铃薯晚疫病以及蔬菜病害的调查中较为常用。对林木病害、高秆作物病害（如玉米、高粱等）就不适合。

4. 种子检验

对于种传病害，检测种子的带菌量是十分重要的。种子带菌的检测技术在近 20 年来有了很大的发展。传统的检验方法是肉眼检查菌核、菌瘿以及霉变或变色（如大豆种子的种脐变色）等方法。到 20 世纪 70 年代发展应用了分离培养的方法和血清学检测的技术。近十年来又进一步发展了分子生物学检测技术。将检测的灵敏度提高到单个孢子、单条线虫甚至单个细菌的水平。

检测方法的改进和检测精度的提高，无异是要提高检测菌量的准确性。这对要求测定初始菌量的预测方法来说是极为关键的一步。有了可靠的初始菌量（X_o），再测定其生长速率（r）就更有把握，在此基础上来预测未来时段（t）内的病害数量（X）就变得更加精确了。

5. 病菌小种的监测

病菌的小种是种、变种或专化型内有致病力分化的群体。病菌小种之间在形态上无差别，主要根据他们对不同品种的毒力差异来划分。在病害流行预测中重要的是了解病原物群体中不同的小种的比例和变化。为此，需要大量采集病原菌标样，经过单孢分离（或单病斑、单孢子堆分离），然后在一套鉴别寄主上鉴定其小种。由此获得各小种出现频率（或比例）。我国自 1964 年以来先后开展了小麦条锈病菌、稻瘟病菌和稻白叶枯病菌小种的监测工作，这项监测是作物病害流行预测的重要依据。

（四）测量值、估计值和准确度

植物病害监测大多是通过肉眼观察和仪器测量获得测量值和估计值，或通过抽样调查和数理统计获得相对可靠的代表值。无论观测值、估计值还是代表值，它们与真值之间都会有一定的误差。不断改进监测技术的目的就是使这些值更加接近真值。

和误差的概念相反，准确度是指估测值或代表值接近真值的程度，也称可信度。准确度也是评价一种监测技术好坏的重要标准。严格地讲，在提供监测数据的同时亦应该说明其准确度，而目前尚未做到。病害监测准确度评估方法和预测准确度评估方法基本一致。

调查精度是指计数的最小单位。在抽样调查中，调查的单位和每样方的单位数量是影响调查精度的主要因素。如病害发生的普遍程度可以用病田率、病株率、病叶率表示，但它们所反映的精度有明显差别。如果采用同一种指标（如发病率）进行调查，每样方查 100 株，其病株率的调查只能是 1%，无论你怎样增加取样次数都不会改变这个精度。如每样方查 1000 株，精度可提高到 0.1%。另外，调查精度也和观测仪器或观测者的素质有关。

（五）病害监测与调查

1. 普遍率、严重度、病情指数

病情通常用病害的普遍率、严重度和病情指数来表示。普遍率（I）代表植物群体中病害发生的普遍程度，是将观测的单元分成病、健两类，计算发病的植物单元数占调查单元总数的百分比。植物单元可以是植株、叶片、茎、果、穗等，相应于普遍率的名词为病株率、病叶率、病果率、病穗率等。

$$DI=(D/T)\times 100$$

严重度（S）是指已发病单元发生病变的程度，通常用发病面积或体积占该单元总面积或总体积的百分比表示。如小麦条锈病严重度是以叶片上条锈菌夏孢子堆及其所占的面积与叶片总面积的相对百分率表示，设 1%，5%，10%，20%，40%，60%，80%，100%等 8 级。在此，须注意的是“夏孢子堆及其所占的面积”，100%的严重度并不一定是叶片上布满了夏孢子堆，只是说叶片上已经不能再容下更多的孢子堆了。以小麦叶锈病为例，当病害严重度达到 100%时，夏孢子堆仅占叶面积的 37%（Madden，1991）。

当我们获得若干样本的严重度数值后，可以用加权平均法计算出平均严重度（$\overline{S}$）：

$$\overline{S}=\sum_{i=1}^{n}(XI\times Si)/\sum_{i=1}^{n}Xi$$

式中，i——病级数（1~n）；

Xi——病情为 i 级的单位数；

Si——病情为 i 级的级值（如小麦条锈病各级的百分数）。病情指数（DI）是将普遍率和严重度结合起来，用一个数值全面反映植物发病程度，通常用 0~1 的小数表示，或 0~100 来表示，其计算公式为：

$$DI = I \times S / 10\ 000$$

当发病率用0~100%表示、S用0~100数值表示计算时用10 000；当S为0~10数值表示计算时用100。

病害严重度还有另一种表示方式，即用0~9的数值表示，多针对系统性侵染病害。如表4-1-1、表4-1-2所列小麦黄矮病和玉米小斑病的严重度分级标准。

表4-1-1　小麦黄矮病严重度分级标准

级别（级值）	国内标准（11级法）	国际标准（10级法）
0	健株	无病，免疫或逃避了侵染
1	部分叶尖黄化	部分叶尖轻微黄化，植株生长旺盛
2	旗叶下1片叶黄化	叶片局部黄化，变色面积比例较大，黄化叶片比1级多
3	旗叶下2片叶黄化	黄化中度，不矮化，分蘖不减少
4	旗叶黄化1/4，旗叶下1片叶黄化	黄化扩大，不矮化，植株生长正常
5	旗叶黄化1/4，旗叶下2片叶黄化	黄化更大，植株生长势差，有点矮化
6	旗叶黄化	高度黄化，植株长势差，明显矮化
7	旗叶黄化，旗叶下1片叶黄化	严重黄化，穗小，中度矮化，长势差
8	旗叶和旗叶下2片叶黄化	所有叶片全部黄化、矮化，分蘖明显减少，穗变小，穗不育
9	植株矮化，但能抽穗	显著矮化，完全黄化，很少或没有穗，可认为不育，被迫提早成熟或干枯

引自李光博等主编《小麦病虫草鼠害综合治理》（1990）

依据这种分级调查数据，则采用以下公式计算病情指数：

$$DI = \sum_{i=0}^{n} (Xi \times \mathrm{Si}) / \sum_{i=0}^{n} Xi \times S_{max}$$

式中，S_{max}为最高病级的级值。注意此处在进行累加时也是从0~n级，即对全部观测样本进行统计，相当于对全部调查单元的病级进行加权平均。

表4-1-2　玉米小斑病严重度分级标准

严重度分级	分级标准
0	叶上不产生，不发病
1	抗病，只在最下面叶片有少量分散的病斑
2	抗病，最下面叶片轻度发病，下面第二叶片上有分散的病斑
3	抗病，下面第三张叶片轻度发病，最下面叶片发病中等或较重
4	中抗，下面叶片中度到轻度发病，扩展到中点，中点下叶片轻度发病或只有分散的病斑
5	中感，下面叶片严重发病，中点下叶片轻度或中度发病，中点以上叶片不发病
6	中感，植株下面1/3部分严重发病，中点叶片中度发病，中点以上叶片有零星病斑
7	感病，中点和中点下叶片严重发病，上面病害扩展到剑叶下面的叶片，或剑叶也有少量感染
8	感病，中叶和中叶下叶片严重发病，植株上部1/3部分中度或严重发病，剑叶发病显著
9	高感，所有叶片都严重发病，穗状花序也有一定程度发病

冯锋等将小麦条锈病反应型0，1，2，3，4分别赋予0，0.01，0.16，0.51和1.00。这样，在病害预测中就能充分利用常规的抗病性鉴定资料。反应型主要依据侵染点坏死反应的强弱、病斑大小、形状、色泽和产生子实体等特征来划分的（表4-1-3）。

表4-1-3 小麦条锈病反应型的划分标准

代码	抗病性等级	特 点
0	免疫型	叶上不产生任何可见的症状
Of	近免疫塑	叶上产生小型枯死斑，不产生夏孢子堆
1	高度抗病型	叶上产生枯死条点或条斑，H孢子堆很小，数H很少
2	中度抗病型	夏孢子堆小到中等大小，较少，其周围组织枯死或显著褪绿
3	中度感病型.	夏孢子堆较大，较多，其周围组织有褪绿现象
4	高度感病型	夏孢子堆大而多，周围不褪绿

引自中华人民共和国国家标准《小麦条锈病测报调查规范》(1995)

2. 普遍率与严重度的关系（I-S）

在田间调查普遍率和严重度时，相对而言，前者较简单且较少出现人为误差，后者比较繁琐，费时费力且误差较大。如果能够建立普遍率和严重度之间的定量关系，根据普遍率推算严重度，则可以节省观测所需的人力物力。在植物病害流行学中，将普遍率（I）和严重度（S）之间的关系称作I-S关系，它们可以用这种函数表示。坎贝尔等提出了分别适用于如下三种情况的理论公式：

当普遍率很低时，病斑分布为随机分布（泊松分布），则：

$$S=-\ln(1-1)/M$$

式中，M——植物调查单元中可能发生病斑数的极大值（下同）。

当普遍率较高时，病斑很可能呈二项分布，且病斑常集团产生，则：

$$S=1-(1-I)\ b$$

式中，b——每一病斑集团的病斑数除以每植物调查单元可能发生的病斑数的极大值。

如病斑呈负二项式分布，则：

$$S=k\left[(1-I)-1/k-1\right]/M$$

式中，k——负二项式分布的聚集度参数。

上列三式中的参数M，k，b均因具体病害种类而异，需通过统计多年多点的实地调查数据来推算。也可以依据不同田块或不同发病时期的普遍率和严重度的成对数据拟合一定的关系式。但须注意：不论是用理论还是用经验的公式，当普遍率接近饱和时，即不能再从普遍率推算严重度。

霍斯福尔和巴拉系统

在病害监测中经常要用眼睛进行观测，为此有必要了解一些关于感觉的知识和理论。早在19世纪中期，德国解剖学家、生理学家韦伯（Weber，F.H.）和物理学家、哲学家费希纳（Fechner，G.T.）认为，主观感觉量不能直接测量，但不同的感觉可以相互比较。当刺激量的变化达到一定程度，即达到判别感觉阈限时，就在心理上引起一个最小觉差，其大小可以由相应的物理刺激量来表示。实验证明在刺激强度按几何级数增加时，感觉强度仅只按算术级数增加，即$E=K\log I+c$，E为感觉强度；I为刺激强度；K和c为常数。这就是韦伯-费希纳定律，医学中采用的对数视力表就是按照这一定律设计的。霍斯福尔和巴拉（Horsfall and Barrat，1945）将这一定律引入植物病理学研究，他们指出，病害严重度也应该按照韦伯-费希纳定律来划分。他们注意到在病组织尚未发展到全体的50%以前，人们注意的是病组织；一旦病组织超过50%以后，注意的往往是剩余的健康部分。因此，将50%以下的严重度划分为25%，12%，6%，3%等几级，而50%以上则划分为

75%，88%，94%，97%等几级。这种分级法后来也被称之为HB系统（HB system）。

第二节　病虫害预测方法

农作物有害生物预测就是根据某种有害生物发生发展现状、生长发育及栖息生态环境、农作物种植结构与品种抗性、未来气象条件等多种因素，应用相应的科学原理与方法，对将来一定时期这种有害生物发生时期、发生程度、发生区域、防治适期等做出科学判断，进而做出预报，向农作物生产管理者和经营者发布预报信息，为预防和控制农作物生物灾害提供服务。

一、害虫发生期预测

害虫发生期预测是农作物有害生物预测的重要内容之一，即根据害虫现在发生情况，结合其生长、发育、栖息环境条件和气象因素，参考历史资料，估计下一世代或虫态的发生时期。做出发生期预测，为科学防控害虫提供依据。

以生物学为基础的害虫发生期预测方法现在已经比较成熟，短、中期预测的准确性较高，也是目前基层病虫测报站对主要害虫发生期预测的主要任务。尤其预测某害虫短期内的发生时期，对确定防治适期，指导防治工作，起到了重要作用。目前运用的发生期预测的主要方法有：历期预测法、分龄分级预测法、卵巢分级预测法、期距预测法、有效积温预测法和物候预测法。

对害虫进行发生期预测时，必须掌握害虫发育进度。在害虫发生期预测中常将某害虫的某虫态（期）的发生数量在时间上的分布进度划分为始见期、始盛期、高峰期、盛末期和终见期。其中始见期和终见期的划分标准比较明确，而对始盛期、高峰期和盛末期划分的具体数量标准应如何掌握，存在不同的意见。通常的标准是：累计发育进度达到16%时，为始盛期；累积发育进度达到50%时，为高峰期；累计发育进度达到84%时，为盛末期。

利用历期法、分龄分级法、卵巢发育分级法进行发生期预测时首先必须准确把握害虫的发育进度，在当前发育进度的基础上对下一个虫态或虫龄的发生期进行预报。因此，这几种发生期预测法又统称为发育进度预测法。

田间虫情调查是唯一较为准确的获得害虫发育进度的方法，但其工作量较大，要求有一定的技术水平，在实际工作中往往还要结合诱虫和室内饲养（如灯诱、性诱及观察滞育发生代次及比率等）来随时补充和验证田间的调查结果。发育进度的预测预报需做好以下关键性工作。

第一，查准当前的发育进度。发育进度预测法是以当前发育进度为基线，加上某一虫龄或虫态的历期，通过曲线平移做出下一虫态或虫龄的预测发育进度曲线，从而得到发生期预测值。因此，发育基线的准确性直接关系到预测的准确性。要得到较准确的发育进度，在田间调查时，必须根据害虫的发生规律和为害特点，选择好调查日期、调查方法和系统田及类型田。调查的开始和间隔日期一般根据当地历史资料和当时温度情况，掌握不能漏查主要虫态（期）的始见期、始盛期、高峰期和盛末期为原则。抽样方法和抽样数量可因虫种不同而异。特别要注意选择某种害虫的主要虫源田。因为害虫产卵、取食等对寄主植物种类、品种、生育期和长势等有选择性，所以不同类型作物田内虫口数量和发育进度等有可能不同。查准害虫发育进度还需掌握其生物学资料，如休眠和滞育发生的虫代、虫期或比率，为下一代的发育进度的调查提供指导。

第二，获得准确的害虫历期或期距资料。发育进度预测法中除应掌握害虫基准发育进度外，还应掌握害虫的历期或期距值。害虫发育历期或期距数据因地因时因不同寄主植物而有差异，因此在预测时除参考文献上的数据外，更重要的是必须结合当地实际情况积累资料，从而确定当地害虫的历期。历期资料的获得一般有以下三个途径：

查找文献资料：从文献上搜集有关害虫的一些历期与当年温度关系的资料，分析出发育期与温度的关系。根据当地的温度变化规律，计算出害虫的历期。

实验测定：在人工控制的不同温度下，或自然变温条件下饲养害虫，观察记录各世代、虫态、虫龄和发育级别出现的时间，从而得到各历期与温度的关系。在实际运用时把当地某时段的温度值代入历期与温度的关系式中，得出相应的历期。

统计：根据当地实验观察、田间调查和诱测的多年多次资料，应用统计学方法进行统计分析，找出某种或某些重要害虫各世代、各虫态、虫龄和级别的历期。历期资料不仅可从饲养中求得，也可以从田间调查和诱集中求得。探讨田间害虫自然发育历期，往往以害虫群体来推算，采用定田、定期系统调查方法，计算得到的前一虫态（期）的始盛期或高峰期与后一虫态（期）的始盛期或高峰期之间的时间距离，即为前一虫态的历期。如化蛹50%至羽化50%之间的时间距离，可视为田间蛹的历期。

在累积多年调查资料的基础上进行统计分析，统计的历期数据有平均数、标准差和置信范围。在统计自然状况下害虫的历期时，要注意应用正确的抽样方法并分析气候异常、耕作制度突变年份，以及农药处理后对历期统计值的影响，对异常年份或季节的资料可考虑予以剔除。

（一）历期预测法

历期预测法是通过对田间某种害虫前一个虫态发生情况的系统调查，明确其发育进度，如化蛹率、羽化率、孵化率及各龄幼虫，并确定其发育百分率达始盛期、高峰期和盛末期的时间，在此基础上分别加上当时当地气温下各虫态的平均历期，推算出后一个或几个虫态、虫龄发生的相应日期。值得注意的是，在预测时只能以上一个始盛期预测下一个始盛期，以上一个高峰期或盛末期预测下一个高峰期或盛末期，绝不可进行以始盛期预测高峰期或盛末期、以高峰期预测下一个始盛期或盛末期。历期法预测害虫的发生期较为简单，目前在农作物害虫、果树害虫、花卉害虫等的发生期预测上被广泛地应用。

这种方法的预测值是否准确，首先取决于正确的抽样技术和选择好类型田，每次获得活虫和蛹至少达20头以上，还需要定期多次调查，常常费时费工。

（二）分龄分级预测法

分龄分级预测法是通过对害虫作2~3次田间发育进度调查，仔细进行卵分级、幼虫分龄、蛹分级，并分别计算其所占百分率，再从后往前累加其百分率，当累加值达到始盛期（16%）、高峰期（50%）、盛末期（84%）标准之一时，将起算日加上该虫态或虫龄至成虫羽化的历期，即可推算出下一代成虫的出现期，即始盛期、高峰期、盛末期。这种预测方法多适用于各虫态发育历期较长的昆虫，如果各虫态历期较短，则用历期预测法和分龄分级预测法的预测准确性相差不大。分龄分级预测法不但可用于始盛期和高峰期，还可以较准确地预测始见期，如查到始蛹后进行分级，则可预测出始蛾期。由于分龄分级预测法较细致地区分了虫龄、蛹级、卵级等发育进度的年龄分布，还可预测出一些发生呈多峰型害虫的各峰次出现的时间。

历期预测法只考虑害虫某一虫态或虫龄的发育进度，如卵的孵化、化蛹和羽化进度等，没有考虑种群内其他的虫态（龄），即种群整体的年龄分布进度。并且只按虫态区分，故年龄区较粗。如稻纵卷叶螟的卵期为4d，如果调查时机掌握不佳，调查时卵已发育到了第三天，并且此时又为调查的卵高峰，如用这一卵高峰加上4d来预测孵化高峰，则明显会偏迟3d，误差过大，用幼虫期进度预测时，如不分龄期则误差更大。因此，历期预测法要求调查次数多，这样才能较准确地把握各虫态的发育进度，所以花工较多，误差较大。为了减少调查工作量，又不影响预测的准确性，在20世纪60年代初期，病虫害预测预报工作者发明了分龄分级预测法，首先在三化螟预测工作中得到应用。

分龄分级预测法是根据害虫各虫态的发育与其形态或解剖特性的关系，将害虫各虫态的发育进程细分出不同虫龄和等级，通过一次综合记载和分析虫态各级别的发育进度来进行预测。如卵分成不同级别、幼虫分龄、蛹级和雌蛾卵巢分级。目前全国农作物病虫害测报站广泛应用害虫的分龄分级法做出短、中期预测，均获得良好效果，预测准确率有明显提高。

（三）卵巢发育分级预测法

卵巢发育分级预测法就是根据雌蛾卵巢发育分级特征，预测田间产卵盛期和二、三龄幼虫盛发的防治适期。应用卵巢发育分级预测法预测害虫发生时期，必须对害虫的卵巢进行解剖。解剖害虫卵巢的具体要求是：当灯下或糖醋液等方法诱到雌蛾时，即进行卵巢解剖，参照卵巢分级标准，分别记录每天解剖出的各级卵巢的雌蛾量。自蛾出现后，每天记录诱得的雌、雄蛾数量，每天或每隔1~2d解剖一次，每次抽查雌蛾20头，如诱蛾量少于20头，则全部解剖，直至发蛾末期为止。记录检查日期、取样来源、检查头数和各级卵巢出现的头数，并计算解剖各级蛾量占解剖总蛾量的百分率。

卵巢发育分级预测法预测害虫发生时期，就是各期加上当时气温下的卵历期即得孵化始盛期和高峰期，如再加一龄期即得二龄幼虫始盛期和高峰期。各地所用标准不尽一致，例如上海地区，当查到小地老虎4~5级雌蛾占剖查蛾数的15%~20%时为产卵始盛期，占45%~50%时为产卵高峰期。其他害虫如棉铃虫、黏虫也可用这种方法预测发生期，但事先必须调查确定各始盛期和高峰期所对应的卵巢级别，然后才能根据历期预测法进行预测。对迁飞性害虫的卵巢级别的分析，可判断该代成虫是否将迁出或是否为迁入虫源。因为将迁出的雌虫卵巢级别始终处于幼嫩阶段（1~2级），而迁入虫源一出现则处于2级以上。

（四）期距预测法

期距预测法是根据当地累积多年的历史资料，总结出当地某种害虫两个世代之间或同一世代各虫态之间间隔期经验值即期距，作为发生期预测的依据。再将田间害虫发育进度调查结果，加上一个虫期或世代期距，推算出下一个虫态或下一个世代发生期。

期距是指任何两种带有必然性的现象之间的时间间隔。期距与害虫的各虫态虫期的历期有关，但并不代表或等于历期。期距可以是害虫的同一世代的不同虫态出现的时间间隔，也可以是跨世代间的虫期时间间隔，还可以是害虫某一时期（如化蛹）与某一自然现象（如枯心苗出现）发生的时间间隔，因此期距的时间概念相当广泛。是否能作为期距使用，在于这一时间间隔在每一自然循环中的表现，也就是所选的两个自然现象的发生是否有期距的必然性。如一代灯下发蛾高峰与下一代或下两代发蛾高峰时间的间隔、虫期与虫期之间、两个始盛期之间、两个高峰期之间、始盛期与高峰期之间等的时间间隔，均可称为期距。

任何两种具有必然性的现象间的时间间隔往往会随年度的变化有所不同，因此期距只是变化群体中的一个统计值。通常期距是集若干年的或若干地区记录资料统计分析而得来的时间间隔。要获得这一时间间隔，必须拥有相当长时间的观察值（如10年），然后求得期距值和所对应的标准差及置信区间。期距的求算不受世代、虫期划分的限制。期距用于发生期预测时相当简单，只要观察到两种自然现象中先发生的一种时，加上期距值则是另一种现象发生的时间。这种预测风险在于期距的可靠度。

期距预测法虽已被广泛应用，但它的地区性较强，甲地的期距，未必能适用于乙地；气候、作物生长异常、耕作制度变革、作物品种更换、农药使用更新换代等，往往会导致发生期、发生期距的变动，使预测结果与实际情况有显著偏差。因此，这种预测法需辅以其他预测法进行矫正，同时分析引起偏差的原因，供以后预测参考。

（五）有效积温预测法

1. 按当地逐日气温观察值进行预测

如用有效积温法对卵孵始盛期或高峰期进行预测，即可先查得产卵始盛期或高峰期，然后从始盛期或高峰期出现日起，逐日求得每日的有效温度，再累加起来。当逐日累加值$\sum(T-C\pm Sc)$（T为发育期平均温度，C为发育起点温度，Sc为误差）达到卵的有效积温（K）的日期，就是要预测的卵孵始盛期或高峰期。这种预测方法的预测期限很短，只有 1d 左右，可作为实时预警使用。

如果产卵始盛期或高峰期已过，而孵化始盛期或高峰期尚未到来，则可将已过天数的每日有效积温逐日累加起来，再将未经过的天数按旬、候气温预告值推算，同样可找到卵孵始盛期或高峰期。按逐日气温的观察值来预测，准确性较高，但预测期限较短。

2. 按当地当时的旬、候气温预告值进行预测

将旬或候气温预报值代入发育积温公式 N=K/T-C（N 为发育历期，K 为有效积温，T 为发育期平均温度，C 为发育起点温度），得未来完成发育的历期，从调查得的始盛期或高峰期起，加上预测的 N 值，可预报下一虫态的始盛期或高峰期。

按当地常年旬、候气温推算值进行预测

按多年来同期旬、候气温的平均值及置信区间求得发育历期，然后累加，得到预报的时期。这种方法比按该年同期的气温预告值推算所预测的期限要长，并且可避免受当年气温预报值偏离度的影响。但预报值的变化幅度较大，需要统计分析得出各平均值的置信区间。

有效积温预测法虽是一种较经典的生态学预测法，但在电子计算机广泛应用和信息化时代，又有了新的应用，尤其在农作物系统或害虫种群系统的预测模型中，必须以有效积温法则为整个系统模型的驱动动力，以各虫态发育积温子模型为主干，组成整个发生期、发生量的预测的系统模型。

（六）物候预测法

物候预测法是根据自然界生物群落中两种或两种以上生物对同一地区综合的外界环境条件有同步的时间反应，参照其中一种生物生长发育阶段的出现期，预测另一种生物某一生长发育阶段的到来。生物有机体的发育周期与季节现象是长期适应其生活环境的结果，因此各生物现象之间的关系有着相对的稳定性。害虫发生的物候预测法，就是通过长期的观察，找出与害虫某一虫期发生相关的其他某一生物的表现形式，称为害虫发生的物候，如“榆钱落，幼虫多；桃花一片红，发蛾到高峰”，说的就是预测小地老虎发生期与榆树、桃树生长现象之间的关系。对以后年份的预测，则只需观察物候出现的时间，即可判断出害虫发育的情况。这种方法是长期生产经验的总结，有一定的地域限制性，即一个地方某一害虫的物候到另一地区不一定适用。物候预测法操作简单，便于农户使用。但要得出害虫发生期的物候，需通过科学的观察与检验。害虫发生期的物候关系确定方法有以下几种：

1. 与害虫生物学和生理学有直接联系的物候现象

害虫的某一虫期与其寄主植物的一定生长阶段常同时出现，就可依据寄主生育期的来估计害虫可能发生的时期。例如越冬棉蚜卵孵化后必须有食物供其取食，越冬寄主如木槿芽吐绿后，棉蚜才会孵化，因此可用“木槿吐绿棉蚜孵化”来预测棉蚜的孵化时间。又如，梨实蜂成虫盛发期与梨树开花盛期的物候相联系，因为该虫只能产卵于梨花花萼的表皮组织内，经长期适应后，二者发生期在时间上便相吻合。辽宁北镇梨树的盛花期在 4 月下旬到 5 月初，北京为 4 月中旬，这都是两地梨实蜂成虫的盛发期。这种有直接联系的物候现象是生物长期适应的结果，因此受地域条件的限制较小，且容易获得，基本可以借用。

2. 与害虫无直接关系的物候现象

这类物候与害虫发生期无直接的关系，但在发生时间上二者具有长期的相对稳定的同步性。即一种现象出现后的一定时间内，害虫某一虫期即会发生。如在吉林省，高粱蚜越冬卵孵化期约在杏花含苞时，有翅蚜第一次迁飞在榆钱成熟时；在湖南湘西花垣，观察总结水稻二化螟越冬幼虫始蛹期为“蝌蚪见，桃花开”之时，化蛹盛期为“油桐开花，燕南来”之时，越冬代蛾盛发在“小旋花抽藤”时。这些物候关系与害虫的发生不存在内在的关联性，仅因为对气候条件适应的相似性，达到物候上的吻合。

由于一种害虫的某一虫期和其他动植物的一定发育阶段同时受制于相同的自然条件，如大气温

度和湿度等，从而使生物间某些生育阶段并行发展，或按先后顺序发生。这种间接的物候关系一定要经过多年观察，找出两者的相关性后，才能应用于害虫发生期预测。

研究害虫发生的物候关系，主要是观察当地动、植物优势种的生育过程与主要害虫发生间的关系，如华北地区研究花椒与棉蚜的关系。在物候预测研究上，最好选木本植物或有季节性活动的动物，也可选害虫的寄主植物或与害虫生态亲缘关系很密切的植物，系统观察其萌芽、出生、放叶、现蕾、开花、谢花、结果、落叶等生长发育过程，或观察当地某些动物如候鸟的季节性活动规律、出现和消失情况，包括出没、鸣叫、迁飞等。

（七）统计分析法

对某一害虫发生时间的长期观测的资料进行统计分析与建模，找出发生时间与某些条件关系，然后根据条件因子值的大小，估算出发生时间，这称为发生期的统计分析预测法。

二、害虫发生量预测方法

害虫发生量预测也是害虫预测的重要内容之一，它是依照当时害虫的发生动态和环境条件，参考历史资料，估计未来发生数量。害虫发生量与农作物受害程度和损失率有直接关系。掌握害虫种群的发生基数、发育速率、存活率、繁殖率和环境因素对数量影响的大小，是害虫发生量预测的基础。害虫发生量预测的方法基本可分两大类，即以生物学指标为基础的生物学方法和数理统计预测方法。这里仅初步介绍有关生物学为基础的或指标的预测方法。

（一）有效虫口基数及增殖率预测法

有效虫口基数及增殖率预测法就是根据当时某种害虫在田间调查出的正常生长发育的数量即基数，以及多年研究总结出来的该种害虫的繁殖系数即增殖率，预测该种害虫下一个世代的发生数量。

$$N_{n+1}=N_nR_0\text{（}R_0\text{为增殖率，}N_n\text{为基数）}$$
$$N_{n+1}=N_nI\text{（I 为种群数量趋势指数）}$$

此法的计算十分简便，但其关键在于获得可靠的增殖率（或变异系数）。这需要经过多年或多点的调查统计，获得其平均数及标准差，才能有良好的预测效果。

（二）气候图预测法

每种害虫对温度、湿度都有一定的选择性和适应性，处于适宜温度、湿度，特别是最适温湿度条件下，种群数量会迅速扩大，猖獗成灾，否则即受到抑制。许多害虫在食料能得到满足的情况下，其种群数量变动主要是以气候中的温湿度为主导因素引起的。对这类害虫可以通过绘制生物气候图来探讨其发生量与温度、湿度或两种气象要素的关系，从而进行发生量预测。

气候图预测法就是以当地月或旬总降雨量或相对湿度为纵坐标，月或旬平均温度为横坐标，点汇成散点图，用线把这些点连成闭合不规则多边形图，与历史上害虫大发生年和小发生年，或多发地区和少发地区的生物气候图比较，估计其发生程度即发生量。

绘制气候图的通常方法是：以月（旬）总降雨量或相对湿度为坐标的一方，月（旬）平均温度为坐标的另一方，将各月（旬）的温度和雨量或相对湿度组合绘成二维坐标点，先把某种害虫各代发生中的适宜温湿度范围方框在图上绘出，然后将害虫实际发生期间或世代的两气候要素按月（旬）点在坐标图上，再用直线按月（旬）先后顺序将各坐标点连接成多边形不规则的封闭曲线。就可比较研究该实际发生的温湿度组合与害虫适宜气候组合范围间的关系，明确其与发生量的关系。

在气候图中可以明显地看出害虫大发生及小发生年（世代），以及多发地区和少发地区的温度、雨量或温度、湿度组合是否适宜于害虫发生的情况，用绘制生物气候图的方法可以将某种害虫同年不同世代、同代不同地区或不同年份，以及常发生年、大发生年、小发生年的各种资料进行分析。最适宜和适宜温度、湿度范围方框能规格化，即纵、横坐标刻度与气候图的相一致，画在透明纸上或计算机内，制成能移动的、可套在任何分布区域不同或世代实际发生气候图上，这样一张气候图，便可适用于多种害虫。

如果从各年或各季节、各地区的气候图中各代实际温度、湿度组合找不出很明显的规律、以及与发生量间的关系，则说明温度、湿度组合不是决定害虫种群数量消长的主导因素，就应从营养、天敌等其他条件着手进行分析，找出影响害虫种群数量变动的主导因素。

气候图也可以同害虫的发生季节结合起来绘制，成为“生物气候图”。绘制生物气候图跟绘制气候图一样，先按月在图上标出点来，连线时用不同线段符号代表害虫不同世代。

在实际应用时，要根据多年或多点的资料，制成生物气候图，从中分析找出不同发生程度的模式气候图。在具体预测时，可根据当地中长期或近期气象预报，制成气候图，并与模式气候图相比较，如果两者较为一致，则发生量将增高，否则变低。由于气象预报往往不是很准，因此也会出现预测的结果与实际存在偏差。

（三）聚点图预测法

聚点图预测法又称散点图预测法。这种预测方法与气候图预测法有相似之处。气候图法仅用于发生程度的定性分析和预报，聚点图预测法可总结和量化出与发生程度有关的气候指标，这些指标不但包含有平均数附近的常年发生情况，尤其可概括出远离平均值的异常发生的量化指标。具体方法为首先总结归纳出历年害虫各世代种群发生数量的资料，然后选择一定的气候因素，如平均温度、最高温度、最低温度及发生天数为 x，雨量、雨日、相对湿度等为 y，以 x 和 y 组合制成二维平面坐标图，并画出各因素在坐标上的平均值线条，这样就组成了四个象限，如依气温 T 与相对湿度 RH 为例，第一象限为>〒、<第二象限为>i \ \ >ih，第三象限为<t、>re，第四象限为<〒、< m0 然后标出各年各世代发生期间实际发生的对应于二因素的位点，位点量值可按全世代期间平均或按月、旬平均数值标出。最后可将害虫相同发生程度的各年份或世代的位点范围划定起来，以获得各发生程度年份或世代的二因素量化值。

（四）经验指数预测法

经验指数预测法是在分析当地害虫发生的主导因素的基础上，将历史资料中害虫发生量与主导因素进行统计分析，推算出害虫发生量趋势的经验指数值，以此用于害虫发生量趋势预测。目前这些指数较多，主要有温湿系数、气候积分指数、综合指数、天敌指数等。

1. 温湿（雨）系数

大量科学研究试验表明，某些害虫在其适生范围内要求一定的温度、湿度比例，这段时间内的平均相对湿度或降雨量与平均温度的比值，称为该时段的温湿（雨）系数。用公式表示为：

$$Q=RH/T \text{ 或 } RH/(T-C)$$

$$R=P/T \text{ 或 } P/(T-C)$$

式中：Q—温湿系数；

R—湿雨系数；

RH—月或旬的相对湿度；

T—月或旬的平均温度（℃）；

C—该虫的发育起点温度（℃）

P—月或旬的平均降雨量（mm）。

例如，在华北地区用温湿系数来分析棉蚜的消长。据北京地区 7 年资料得出月平均气温及相对湿度的比值是影响华北地区棉蚜季节性消长的主导因素的结论。当温湿系数 Q（5 日平均相对湿度日平均温度）在 2.5~3.0 时，有利于棉蚜发生，可造成猖獗为害。

2. 气候积分指数

气候积分指数不但考虑气候因子值的大小，而且把它们在不同年份间的变化差异也包含在内，如水分积分指数则把常年雨日和雨量的标准差也进行了考虑。

3. 综合猖獗指数

综合猖獗指数是将气候因素和虫口密度等进行综合分析，通过多年不同发生程度年份的气候因子与虫口密度的关系，分别计算出大发生年、偏重发生年、中等发生年、偏轻发生年、轻发生年的综合指数，最后得出预测式，应用预测式对害虫发生量进行预测。

4. 天敌指数

天敌指数是考虑天敌对害虫的控制作用，包括天敌的种类、数量、寄生率或捕食率等因素。在分析当地多年害虫数量、天敌数量及其攻击力的关系基础上，通过实验得出天敌指数。根据田间调查的害虫和天敌数量，预测未来害虫发生数量趋势。这一指数既考虑了害虫和天敌的数量，也考虑了两者数量的比值大小。

（五）形态指标预测法

形态指标预测法是利用害虫体内和体外形态的变化，预测其发生量趋势。如因不同环境条件出现害虫翅型变化、雌雄性比变化、脂肪含量和卵巢含卵量变化等，都对害虫下一代群体数量有影响。环境条件对害虫的影响都要通过害虫本身的内因而起作用。害虫对外界条件的适应也会从外部形态特征上表现出来。如虫型、生殖器官、性比、幼虫重量、蛹重及脂肪含量等都会影响下一代或下一虫态的数量和繁殖力。如蚜虫及介壳虫的多型现象，飞虱的长、短翅型等。一般在食料、气候等适宜条件下，无翅蚜多于有翅蚜，短翅型飞虱多于长翅型。当这样的现象产生时，就意味着种群数量将扩增，有猖獗成灾的可能性。因此，可以通过形态指标来预测害虫发生量的未来趋势。

1. 体重体长指标法

一般情况下，昆虫的体重、体长能反映其对环境的适应力。由体大或体长的个体组成的种群，往往表现出强的繁殖力和存活力，因此未来可能发生重，特别是越冬虫态。

2. 多态性指标法

有些昆虫种群具有多态性，例如，蚜虫存在有翅型和无翅型、飞虱具有短翅型和长翅，蝗虫具有群居型和散居型。这些不同表型的个体存在明显的繁殖力上的差异，无翅型、短翅型及群居型的个体繁殖力显著高于有翅型、长翅型及散居型。因此利用种群中不同表现型个体出现的比例可预测种群以后发生的趋势。这样的预测方法称为多态性指标法。

（六）生理生态指标预测法

生理生态指标预测法是根据害虫的生理生态特性对未来发生量趋势进行预测。害虫休眠与滞育的发生，是对不良环境条件的适应。当不良条件发生时，害虫如果不能及时地进入休眠或滞育状态，种群则可能会受到突如其来的打击而造成大量死亡，田间为轻发生趋势；反之种群可保存完好，存活虫量多，田间为大发生趋势。因此，害虫的休眠和滞育特性的发生时期和发生的比例，可用于对未来或来年发生数量进行趋势预测。

三、病害预测方法

农作物病害预测是对病害未来发展趋势或程度做出定性或定量的估计，也是预防和控制病害的先决条件，在现代农作物有害生物综合治理中占有重要地位。病害预测是人对病害发生发展趋势或未来状况的推测和判断。只有在认识病害客观动态规律的基础上，才能准确做出预测。对病害客观动态规律的认识，又是对大量病害流行事实所表露的信息资料进行加工和系统分析的过程。有关生物学、病理学、生态学等科学理论、科学思想和科学模式是预测的依据。预测是概率性的，其本质是将未来事件或者说可能性缩小到一定的程度，只是对某一个尚不确知的事件做出相对准确的表述。病害预测的目的是为了采取正确的防治技术措施。

农作物病害预测的基本原理是以病害流行规律为理论基础，以系统论和信息论为认识论和方法论。在综合植物病理学中，如寄生致病关系、侵染循环、侵染过程等基础上，把植物病害流行视为客观实在的系统，将病害发生发展动态抽象成一个信息变换过程，将信息看成病害系统乃至农作物生态系统内部建立联系的特殊形式。

农作物病害预测的基本要素是信息、信息加工方法和预测者的直觉判断力。病害流行因素的信息是预测的基础和依据。病害流行因素的信息包括：一是基础知识，如病理学、流行学、防治学、生态学等。二是历史资料信息，如当地和有关地区逐年积累的病害消长资料、与病害流行有关的气象资料、作物品种和栽培技术等资料。三是实时资料，即按一定的方法进行系统监测获得的当前病情、菌量及气象实况资料。四是未来信息，即其他渠道或部门提供的预报信息，如天气预报、外来菌源信息预报等。没有完整可靠的信息资料，就不可能做出理想的预测。及时准确地获取信息资料，在病害预测中具有十分重要的意义。信息加工包括对原始数据的整理，进行去伪存真的加工，建立描述病害动态趋势或相互关系的物理模型和数学模型，以及应用这些模型进行有用信息的提取过程。在复杂的病害现象中，计量、计算和已有的任何定量方法都无法包揽一切情况，给利用人的直觉判留下了很大空间。知觉判断是人们观察、赋值、分析问题的敏锐感觉与闪念。如在病害超长期预测中，由于未知情况较多，不得不依靠一些专家，凭他们的经验和智力做出预测。

农作物病害预测是否准确，在很大程度上取决于所选择的方法。选择预测方法时，除了考虑各种方法的优缺点外，应在充分分析预测对象及其背景的基础上，重点考虑它们的适应性。符合具体预测问题的要求，能够较好地提取现有资料的有效信息，并且简单易学，就是好的预测方法。

病害预测的方法很多，各种病害所用的预测方法也不完全相同，按照植物病害预测原理和依据的差异，将病害预测方法分为综合分析预测法、物候预测法、指标预测法、发育进度预测法和预测圃法等、数理统计模型法、计算机模拟模型法和专家评估法几大类。目前大多数病害是查报或用经验公式来预测，也就是以文字描述为主，结合一个或几个影响因子的数量指标进行预测。

（一）综合分析预测法

农作物病害综合分析预测法又称专家预测法，是植物保护专家和有关专家、有经验的实际工作者根据已有知识、信息和长期实践积累的经验，如有效积温、关键期和雨量指标等，权衡多种因素的作用效果，凭经验和逻辑推理做出的判断。综合分析预测法做出的预测属于定性的预测。应用这种方法进行病害预测，可以是单个专家完成，也可以邀请多位专家以会商的方式完成。这种方法做出的病害预测的准确性，完全取决于专家们的技术水平、信息质量、会商研讨气氛和综合各种意见的科学方法。例如，沙枣开花多的年份稻瘟病重；在浙江暖冬凉夏的年份，稻瘟病大发生等。经验来自生产实践的积累，经验包括多年生产防治的实践和对病虫害观察预测的经验，加上逻辑推理和分析，它在一定的条件下和一定的范围内是有用的和宝贵的，用来预测是可靠的，是有科学根据的，但它是有局限性的。

（二）物候预测法

物候是指自然界中反映气候季节变化的生物和非生物现象，其中包含了物理学、化学以及生物学机理。物候现象提供了自然界季节变化的综合（多因素和一定时段）信息。物候预测就是利用预测对象和预测指标之间的某种内在联系，或者是利用二者感受到环境的某些变化而发生同步变化的现象进行预测。通过类推原理，利用变化明显的现象推测变化不明显的或将要发生的事物。例如蚕豆赤斑病、小麦赤霉病对环境条件的要求有相似之处，所以前者重后者则重，而禾缢管蚜与小麦赤霉病对环境条件的要求相反，所以前者重则后者轻。在工作中需要通过长时间的观察和累积经验，寻找比较直观的、与病害发生程度有密切相关的某种现象作为病害发生程度的预测依据。

（三）指标预测法

病害预测的指标可以是气候指标、菌量指标或寄主抗病性指标等。英国西部应用气候指标预测马铃薯晚疫病发生时期，就是这种预测方法的典型事例。即只要同时满足48h内最低气温不低于10℃，空气相对湿度在75%以上，预测3周后将在田间发生马铃薯晚疫病。这种方法基本属于直观经验预测，因子和预测结果比较单一，仅适用于特定地域。

（四）发育进度预测法

苹果花腐病是利用作物易感病的生育阶段和病菌侵入期相结合进行预测的一个事例。该病不但为害花及幼果，而且可为害叶及嫩枝，因此，可根据感病品种黄太平或大秋果的萌芽状态进行叶腐防治适期预测，当花芽萌动后，幼叶分离，中脉暴露时为防治适期；花腐则是始花期至初花期为防治适期；果腐则是在盛花期至花末期防治较好。油菜菌核病、小麦赤霉病都可借鉴这种方法预测病害的侵染时期。这种方法基本属于直观经验预测，因子和预测结果比较单一，仅适用于特定地域。

（五）预测圃法

预测圃是在容易发病的地区种植感病品种，同时创造利于发病的条件，诱导作物发病，依据预测圃的发病情况直接指导大田病害防治。利用预测圃进行病害发生始期和防治时期预测是一种简便易行的预测方法，而且效果也比较理想，但在建立预测圃时一定要注意预测圃的地点选择和种植品种的代表性。长江流域各省在水稻白叶枯病的预测中，常常在病区设置预测圃，创造高肥、高湿条件，诱导病害发生，预测病害的发生始期，同时采用不同抗病性品种的组合种植，还可以预测病菌新小种的发生情况及小种的动态变化。这种方法基本属于直观经验预测，因子和预测结果比较单一，仅适用于特定地域。

（六）数理统计预测法

应用各种统计学方法对病害发生的历史资料进行统计分析，提取预报值与预报因子之间的相关关系，并建立数学公式，然后依据公式进行定量预测。这种预测方法把病害流行系统看成一个封闭整体，不究其详细过程和内部机理，所以又称整体模型预测。常用的建模方法有回归分析、逐步回归分析、逐步判别分析等。这类预测方法适用于流行主导因素比较少，而且有长期定量调查数据的病害。应用数理统计法预测病害时，可按照如下方法选择预报因子，建立相应的预测模型。

1. 根据菌量建立模型预测

适合于没有再侵染或再侵染极为次要的病害，如稻干尖线虫病、麦类黑穗病、棉枯黄萎病等。如果其侵染概率较为稳定，不受环境条件的影响，可根据越冬菌量预测病害发生量。水稻白叶枯病的发生与田间菌量密切相关，而菌量大小又可通过田水中噬菌体量的多少反映出来，当早稻田水中高达 500pfu/ml、中稻田水中>1 000pfu/ml，以后的 10~15d，田间就有中心病株出现。

2. 根据气象条件建立模型预测

再侵染频繁的病害，其流行受气象条件的影响很大，初始菌量的多少对流行程度往往是次要的。这类病害，在其分布地区种植了感病品种，就可以根据气象条件进行预测，如稻瘟病、马铃薯晚疫病、玉米大小斑病，以及多种果树、蔬菜病害。对于没有再侵染的病害，或虽有再侵染但作用不大的病害，流行程度主要取决于侵染时期的气象条件，如邻近有桧柏的果园，苹果或梨的锈病。还有一些病害如水稻秧苗绵腐病，其病原物在土壤中无所不在，病害流行轻重几乎完全取决于流行期的气象条件。这些病害都是可以据气象条件进行预测。

3. 根据菌量和气象条件建立模型预测

我国黄淮海小麦主产区的小麦条锈病，如秋苗发病普遍，冬季温暖潮湿或虽寒冷而地面长期积雪覆盖，病菌越冬存活率高，早春气温回升快，春季多雨，则将偏重流行或大流行。

4. 根据菌量、气象条件和栽培条件或寄主生育状况建立模型预测

有些病害，除菌量、气象条件外，栽培条件或寄主生长状况对流行的影响也很大，在预测中必须加以考虑。小麦赤霉病发生与 4~5 月份稻桩带菌率和始花期雨日数有关；油菜菌核病的发生，与开花期降雨量、长势、花期长短和菌量都有关。

第二章　物理防控技术

物理防治技术系指利用简单工具或各种物理因素，如光、热、电、温度、湿度和放射能、声波等物理方法进行病虫害防治的措施。包括最原始、最简单的徒手捕杀或清除，以及近代物理最新成就的运用，可算作古老而又年轻的一类防治手段。人工捕杀和清除病株、病部及使用简单工具诱杀、设障碍防除虽有费劳力、效率低、不易彻底等缺点，但在目前尚无更好防治办法的情况下，仍不失为较好的急救措施。徒手法常归在栽培防治内。也常用人为升高或降低温、湿度，是指超出病虫害的适应范围，如晒种、热水浸种或高温处理竹木及其制品等。利用昆虫趋光性灭虫自古就有。近年黑光灯和高压电网灭虫器应用广泛，用仿声学原理和超声波防治虫等均在研究、实践之中。原子能治虫主要是用放射能直接杀灭病虫，或用放射能照射导致害虫不育等。随着近代科技的发展，近代物理学防治技术将很有发展前途。

我国早在春秋时期即有物理防虫的记述，《诗经·小雅·大田》里描述“秉畀炎火”，即指用火光诱杀害虫。物理防治（physical control）是指利用各种物理因子、人工和器械防治有害生物的植物保护措施。常用方法有人工和简单机械捕杀、温度控制、诱杀、阻隔分离以及微波辐射等。物理防治见效快，常可把病虫消灭在盛发期前，也可作为害虫大量发生时的一种应急措施。但通常比较费工、效率较低，一般只作为辅助措施来使用。

目前，主推的物理防治技术包括理化诱控和驱避技术。其中理化诱控技术主要是利用害虫对光、色、性、味等的趋性而设计的诱杀或迷向技术，具体包括灯光诱杀、黄板诱杀、性信息素诱杀或迷向、气味或食物诱集等；而驱避技术则是利用害虫活动习性而设计的有针对性的防范措施，主要包括防虫网、银灰膜和种植趋避植物等。

第一节　害虫物理阻隔技术

在害虫综合治理中，害虫物理阻隔技术在害虫绿色防控体系中占有重要地位。物理阻隔技术利用简单工具及物理因素防治害虫，不污染环境，简单易行，便于掌握和推广。本文介绍了物理阻隔技术的常见形式，及其应用情况，适应于物理阻隔技术的害虫的研究和该技术的应用前景。物理阻隔技术是指依据病虫害发生规律及生活习性，设置各种障碍物，防治其为害或阻止其蔓延，或就地消灭病虫害。如使用防虫网、果实套袋、捆毒绳、涂胶环、扎塑料布等。

一、物理阻隔技术常见形式

1. 防虫网

主要在蔬菜上应用，夏天覆盖遮阳防虫网，既可遮阴降湿，又可有效阻止成虫进入产卵和幼虫进入直接为害，切断了害虫的传播途径，从而有效地控制害虫。防虫网可防止多种害虫如小菜蛾、菜青虫、夜蛾类以及蚜虫、潜叶蝇等害虫的侵入，由于网纱隔离，不用药，而露地一般要用药3~4次以上，可节省农药成本，且减轻了农药对蔬菜的污染和对天敌的杀伤。

2. 地膜覆盖

用塑料薄膜覆盖地面，可切断入土化蛹虫源，阻止羽化成虫出土，地膜覆盖只能作为一种辅助性的措施，并且对地膜铺设技术要求较高，很难隔离成虫的迁飞和移动。

3. 果实套袋

主要在水果生产上应用，就是用纸套套在果实上阻隔害虫为害，这种方法能有效防止害虫及鸟类、蜂类接触果实，提高品质。果实套袋可阻止水果食心虫类在果实上产卵，从而减轻为害。

4. 树干刷白

在树干上刷白，可防止果树害虫下树越冬或上树为害或产卵，同时兼有防冻和防日灼作用，由于李树、梨树、桃树等树干裂皮、翘皮比较多，常常成为多种病虫的越冬场所，刷白可阻止其在树干上越冬。

5. 扎防虫树裙

扎裙所用材料为塑料薄膜、塑料胶带、刮树挠。先把树干粗皮用刮树挠刮掉20多厘米宽，使得树干扎裙部位平滑，然后把塑料薄膜在树干上紧紧缠一圈，用塑料胶带把下边和竖缝粘好，再把塑料薄膜沿树干上已裹好的塑料薄膜上边缠边打折，大约五六厘米打一个折，全裹好后，用塑料胶带把下边紧紧粘住，之后把上边翻下来，树裙就做好了。

二、害虫物理阻隔技术的应用

1. 当前应用的成效、存在的弊端

目前，害虫物理阻隔技术已广泛应用于农林业害虫防治工作中，此类防治方法可减少生态环境的破坏，有利于保持农林业生态系统平衡，保持可持续发展。害虫物理阻隔技术是一种较理想的绿色防控技术，成本低廉、操作简单、持效期长、绿色无公害、防治害虫效果显著。

害虫物理阻隔技术的使用有一定的局限性，部分物理阻隔技术仍然需要与化控技术结合使用。该技术实践性要求高，相关人员对害虫物理阻隔技术防治害虫的认识不足，缺乏熟练掌握该技术的使用能手，还需要在实践中摸索经验、方法。

2. 害虫物理阻隔技术应用改进措施

害虫物理阻隔技术要形成一定的规模，必须大面积统一实施才能取得最佳防治效果，为此，要树立“生态植保，绿色植保”的理念，开展大面积的典型示范及推广，加大行政推动力度，以拓展害虫物理阻隔技术的应用范围。

三、适合于物理阻隔技术的害虫的研究

1. 害虫的特性

物理阻隔技术依据病虫害发生规律及生活习性，设置各种障碍物防治害虫。例如，害虫捕捉网利用害虫特殊的生物学习性捕捉害虫，成为一种新型的物理防治阻隔装置，是基于成虫具有上下树习性等特点而设计。

2. 害虫实施该阻隔技术研究应用

上面说到的害虫捕捉网，其网眼的大小是根据成虫的体宽大小特殊制定的，目的在于成虫上下树时被卡在捕捉网的网眼内，从而发挥防治效果，可以高效率的捕捉害虫。

通过相应的试验结果表明，对害虫实施阻隔技术防治效果显著高于化学防治方法。害虫物理阻隔技术成本低廉、操作简单、绿色无公害、防治效果显著，值得推广应用。

四、结论

1. 延伸该技术的创新应用

害虫物理阻隔技术在物理防治害虫方面能发挥其特有的作用，后期需进一步完善该技术推广体系、加强技术展示和培训工作，加大宣传力度，全力推广害虫绿色防控技术的应用。

2. 害虫物理阻隔技术的应用前景

害虫物理阻隔技术在农林业害虫防治中应用前景广阔，通过绿色防控技术的示范应用，可以减少化学农药使用量，降低农林产品和土壤中的农药残留量，提高对害虫的预测预报和防治技术水平，为害虫防治工作做出更多贡献。

第二节 诱虫灯的应用

根据有害生物的侵染和扩散行为，设置物理性障碍，也可阻止有害生物的为害或扩散。如桃小食心虫主要以幼虫在树干周围附近的土中越冬，于早春化蛹羽化前，地上培土 10cm，可有效地阻止成虫出土；梨尺蠖和枣尺蠖的雌成虫无翅，必须从地面爬到树上才能交配产卵，若在树干上涂胶、绑缠塑料薄膜等障碍，就能阻止其上树；果实套袋可以阻止多种食心虫在果实上产卵。

针对枣尺蠖、草履蚧、蚱蝉，光诱杀和监测农林害虫是物理防治的一项重要措施，也是综合防治的重要组成部分。虽然杀虫灯在诱杀靶标害虫的同时也对益虫、天敌有不良影响，但是对生态链的破坏力很小，现阶段及未来若干年仍然是保障农林生产及其产品质量安全的物理防治技术措施。

灯光诱杀如利用害虫对光的趋性，用黑光灯、双色灯或高压汞灯结合诱集箱、水坑或高压电网诱杀害虫；用蚜虫对黄色的趋性，用黄色粘胶板或黄色水皿诱杀有翅蚜等。

一、诱虫灯防治农林害虫应用技术分析

（一）诱虫灯的应用现状

杀虫灯目前国内市场上均采用宽谱诱虫光源，波长 365±100nm，这也是国家标准《植物保护机械频振杀虫灯》（GB/24689. 2-2009）所规定的，宽谱诱虫光源因其对趋光性的益虫、天敌有一定的诱杀作用，是农林应用中存在的问题，一些相关学科的专家对推广杀虫灯是持有异议的。

对昆虫趋光的机理研究已有很多，也有一些研究者和生产厂家试图找出特定昆虫趋光的光谱范围，比如利用 LED 技术来实现特定波长±10nm 的技术，但狭小范围的波长，第一是很难找出这个波长范围，即使在特定环境下（如仓库、食用菌养殖大棚、牲畜饲养场等）可行；其次大多数昆虫趋光本身就是一个宽波段感应，人为去设定或试验一个波段都难以做到臻善臻美，应用于开放式、多靶标害虫的农田和林地很难做到有的放矢；最后不同昆虫本身的趋光波段本身就有重叠，对 365nm 区间波段范围均具有趋光性。所以单纯通过一种特定波长的诱虫光源来避开杀虫灯对益虫的诱杀，理论可行，但技术目前尚未能实现。

另外，有的杀虫灯生产厂家尝试改变网丝间距（3~10mm），生产 3mm 间距的杀虫灯诱杀特定害虫，如仓储害虫，其实质是提高对小型害虫的诱捕、诱杀率，此特定环境下可行。在农田和林地，不能提高杀虫灯的益害比，因为很多寄生蜂体积都很小，这项技术反而增加对天敌、益虫的诱杀。

国家标准也规定杀虫灯夜间分时段启闭，对如何设定时间段，如何改变时间段，技术实现应该可行，相关植保领域的专家已经找到某些昆虫夜间活动的节律，理论支撑改变杀虫灯夜间的启闭时间可以避开益虫活动的时间，最大限度的减少杀虫灯对益虫的诱杀。但是，对每一个单一的杀虫灯如何改变其运行时间在生产实践中还是难以操作。

（二）杀虫灯生产厂家技术良莠不齐，销售市场无序竞争

目前，我国杀虫灯的生产厂家技术良莠不齐，销售市场呈无序竞争趋势，人们认为就是一个诱虫光源+高压网丝，这些都是限制杀虫灯在生态植保技术中应用。一些劣质假冒的杀虫灯充斥市场，没有市场监管的杀虫灯应用，限制了杀虫灯行业的发展，国家标准的滞后，严重制约了杀虫灯的发展。

二、杀虫灯如何走出误区，真正在生态植保中发挥作用

（一）国家标准需要尽快完善其杀虫灯的国家生产标准

国家标准 GB/T 24689. 2-2009 实际上存在的最大问题，不是杀虫灯叫不叫频振杀虫灯，而是

没有将制造生产技术标准和使用技术标准分开，混为一谈。是制约杀虫灯产品发展的瓶颈。

国家应尽快规范杀虫灯的制造技术规范，取缔简单粗制滥造的小企业，有人做过统计，目前我国注册生产杀虫灯的企业有1471家，相当一部分达不到国家规定的技术标准。

众所周知，杀虫灯对益虫及天敌的诱杀是负作用，只有依靠技术进步才能消减负作用，并结合物联网技术进一步提高使用效果和使用效率。

（二）国家应尽快出台杀虫灯使用技术规范

杀虫灯制造技术规范和使用技术规范应该分开，因为杀虫灯本身对生厂家来说就是一个产品，而杀虫灯如何正确使用，如何发挥在生态植保中的作用应领先制定标准。

（三）农林病虫害综合防治是一个大领域，而杀虫灯的应用只是其中措施之一

一些相关学科科学家对杀虫灯应用的误解，是夸大了杀虫灯的实际存在的负作用，实际上杀虫灯只是对减少害虫田间（林间）密度、减少农药使用有一定的作用，实践中如何正确合理使用杀虫灯，才是真正发挥杀虫灯在生态植保中作用的关键所在。专家意见及社会舆论不要求全责备，同时倡导科学合理使用，将杀虫灯的制造技术和使用技术有机结合才是解决问题的办法。

三、杀虫灯技术改进与物联网技术相结合是防治方向

（一）物联网技术可以实现杀虫灯操控的无线启闭

杀虫灯的使用必须符合生态植保的要求，未来创建技术就是建设杀虫灯运行监控平台。

物联网平台下的杀虫灯将实现网络启闭，定时启闭及运行参数监控，可以根据益虫活动的节律进行杀虫灯的关闭，也可以实现根据害虫的虫口密度实现杀虫灯启闭数量的控制，即实现杀虫灯的启闭满足：害虫活动期和害虫活动数量，实现对益害比的调节。

（二）物联网技术可以实现杀虫灯网丝电压的无线控制

欲提高杀虫灯技术性能，必须在实践中对网丝间电压实现针对不同靶标害虫的调控。对个体形态进行电压比对，实现对靶标害虫的捕杀。系统可以根据害虫个体大小自动调节网丝电压在6 000~2 150V，实现对不同个体害虫的击杀，如对小个体的稻飞虱类可以将网丝间电压调整到6 000V进行击杀，而对例如水稻二化螟类可以将网丝电压调整到2 000V进行击杀。

（三）物联网技术可以实现杀虫灯控制的自动化和智慧化

目前智能化的杀虫灯控制技术已经成熟：

第一种：自动虫情测报灯+杀虫灯技术

本技术可以根据自动虫情测报灯的诱杀昆虫数量及时间段实现对杀虫灯的开启及开启数量的控制（图4-2-1）。

本系统原理是根据自动虫情测报灯捕获昆虫的数量来控制杀虫灯的启闭数量，减少杀虫灯的使用数量，维护生物的多样性和生态平衡。

第二种：靶标害虫自动识别系统+杀虫灯技术

靶标害虫自动识别系统是对特定的害虫进行监测，同样可以根据其监测特定害虫的活动节律（时间）和扑捉的害虫数量实现对杀虫灯的开启及开启数量的控制（图4-2-2）。

本控制系统的核心是根据靶标害虫的诱集的数量，开启杀虫灯和数量控制实现对靶标害虫的杀虫灯防治。

四、昆虫夜间活动节律研究已经取得的进展

目前，国内生态学家对昆虫夜间活动节律研究已经取得很大进展，主要在以下几个方面：

（一）昆虫夜间活动的节律应用

大多为害性害虫和益虫的夜间活动时间段已经找到，顾国华等给出7种害虫的夜间活动节律（表4-2-1）。

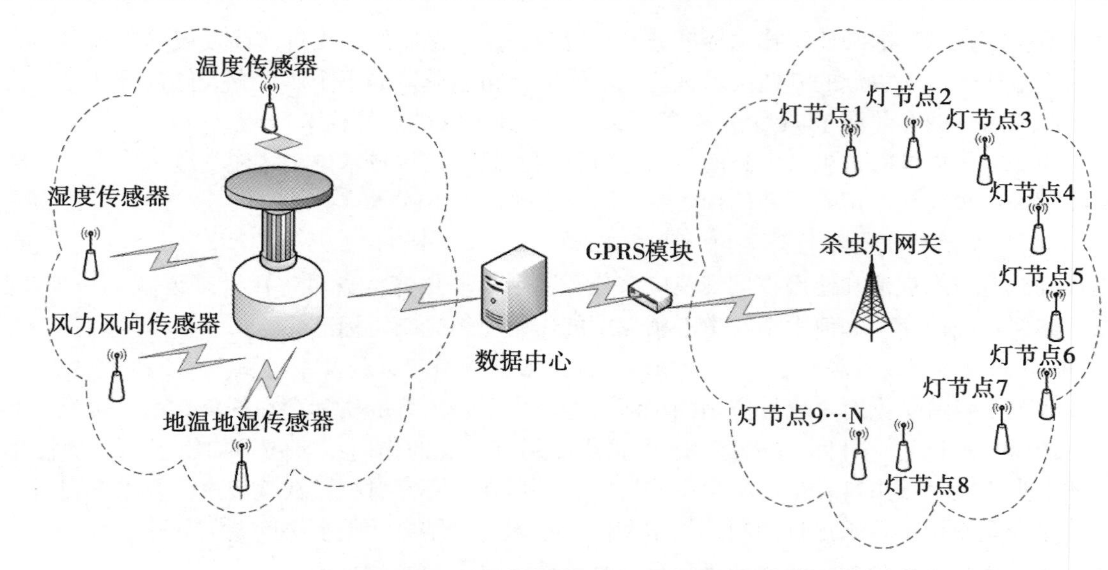

图 4-2-1 自动虫情测报灯+杀虫灯技术

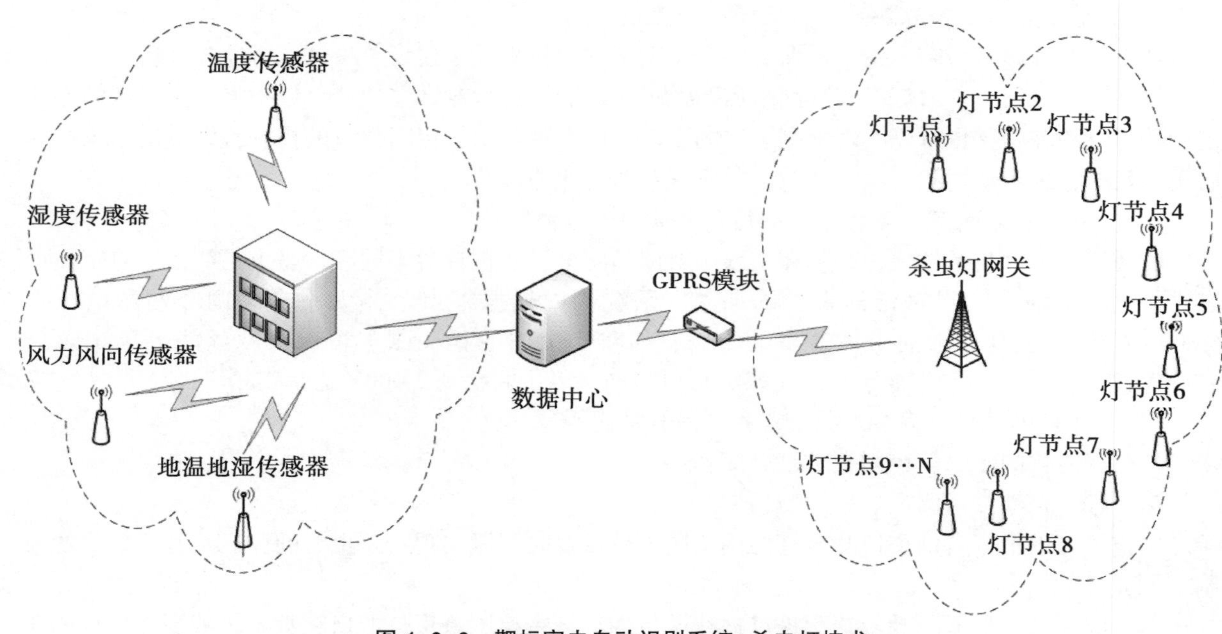

图 4-2-2 靶标害虫自动识别系统+杀虫灯技术

表 4-2-1 几种夜出性昆虫夜间扑灯节律

昆虫	时段											
	18：00—19：00	19：00—20：00	20：00—21：00	21：00—22：00	22：00—23：00	23：00—0：00	0：00—1：00	1：00—2：00	2：00—3：00	3：00—4：00	4：00—5：00	5：00—6：00
棉铃虫	26	50	26	18	9	15	16	23	26	22	8	0
暗黑金龟	0	369	186	85	24	25	13	11	6	6	12	0
非洲蝼蛄	0	3	15	17	6	3	3	0	0	0	0	0
大豆毒蛾	0	13	20	5	1	0	0	0	2	3	9	0
稻螟蛉	6	8	16	24	44	39	20	24	22	9	2	0
桃蛀螟	0	6	4	1	1	2	14	4	5	2	0	0
稻纵卷叶螟	288	117	84	87	72	40	50	43	99	104	89	7

从表中可以看出：防治暗黑金龟和非洲蝼蛄，可设定 19：00~0：00 亮灯；防治棉铃虫可以实行间歇式亮灯，时间为 18：00~22：00 和 1：00~5：00 亮灯。这样可以避开益虫活动的时间，减少对益虫的诱杀。

（二）害虫的生态学规律应用

通过植保工作人员对区域害虫的生态学研究和实践，主要害虫的发展规律已经很清楚，例如，美国白蛾在山东区域中西部一年三代，第一代一般在每年的 4 月中下旬，而二点委夜蛾在黄淮海小麦玉米连作区 1 年发生 4 代；同时根据当地的气候数据，大致可以预测其第一代的发生期。这些都给物理防治美国白蛾、二点委夜蛾提供了数据支撑，我们就可以在其成虫发生时，开启杀虫灯进行物理防治。

（三）区域植物的主要益虫的生态学应用

害虫的主要天敌生态学规律已经知道，天敌主要是通过寄生和捕杀卵、幼虫从而实现对害虫的生物防治，根据此作用机理，杀虫灯的启闭可以避开益虫的活动时间，只在害虫成虫的活动及活动的活跃期进行启闭杀虫灯以及启闭数量的控制，就可以很好地提高杀虫灯的捕杀益害比。

五、结论和讨论

（一）结论

1. 杀虫灯防治害虫性价比最优应大力推广应用

杀虫灯相比性激素诱捕防治和生物防治技术，是一个性价比最高的防治措施，按照一盏灯防治 10 亩计算，5 年的应用寿命，价值 2 000元的太阳能杀虫灯折合 40 元/亩/年。可以减少每年每亩 60 元的农药化学防治直接费用。实践证明杀虫灯值得推介和应用。

2. 物联网技术为杀虫灯防治提供成熟的支撑

生态学家对于杀虫灯防治害虫的忧虑，随着物联网技术的成熟，可以有效减少对益虫的诱杀，可以有效进行弥补，也为杀虫灯的使用提供技术保障。

3. 害虫防治是一项综合的防控技术

单一的某一项技术，应用都有其局限性，只有综合协调每一项防控技术，才能有效避免其使用的短板和局限性。

随着实践的应用，利用杀虫灯+性激素的技术结合可以实现杀虫灯对特定害虫的诱杀，减少对非靶标害虫的诱杀（图 4-2-2）。

利用自动虫情测报灯+计数+杀虫灯的技术结合可以实现杀虫灯在昆虫夜间活动高峰期启闭及启闭数量控制，从而实现调节昆虫的种群密度，维护生物的多样性和生态平衡。

（二）讨论

1. 杀虫灯应该顺应在生态植保的大环境下，提高其物联网控制技术

将物联网技术应用于杀虫灯的控制，实现杀虫灯的启闭适应生态植保和农艺的需求，将是杀虫灯发展的契机。

2. 杀虫灯的国家标准应该跟上技术的发展

杀虫灯的国家标准不要将制造技术标准和使用技术标准二者混淆，作为生产商制造的杀虫灯控制技术必须满足生态植保的要求，如光控、雨控技术满足昆虫活动规律，不要局限夜间昆虫，对白天活动的昆虫也应该实现白天的自动控制，所以在国家制定标准时应该充分考虑物联网控制技术的应用，杀虫灯的制造技术必须建立在物联网系统控制下的杀虫灯网络控制技术。

3. 杀虫灯的生态植保应用前景

为了杀虫灯使用必须满足和顺应生态植保的要求，这就给从事昆虫研究的专家提供了很多研究任务，植保专家必须对各种害虫的生态学规律进行研究并提供给杀虫灯的生产厂家。所以国家需要推介和建立省市县镇基地的五级杀虫灯物联网控制信息平台。实现对杀虫灯的应用提供政策支持和

方向引领。

第三节　色板诱控技术

该技术是利用害虫对不同色彩的敏感性，制成各种色彩的黏虫板进行诱杀。如黄曲条跳甲对黄色和白色的趋性强，桃蚜和美洲斑潜蝇对黄色最敏感，小菜蛾成虫对绿色的敏感性最强，多数蓟马对蓝色特别敏感等。该技术具有成本低、保护环境、制作方便等特点主要应用于蔬菜田或保护地。

第四节　性诱技术

昆虫羽化之后，往往寻找配偶交配，人们利用人工合成的雌性信息素来诱杀雄虫，成为近年来一种新型绿色防控技术。利用昆虫性信息素，不仅可以对害虫的发生期、发生量以及分布区域等进行监测，而且可以对害虫进行诱杀防治或通过干扰交配而降低下一世代基数，从而起到控害目的。

目前，市场上的粘蝇板、粘蚊板等已经在蝇蚊类害虫的种群监测和大量诱杀中发挥重要作用。

害虫性信息素迷向技术是通过阻断害虫交配来实现防治害虫的目的。如梨小食心虫性迷向技术，就是利用充满梨小食心虫性信息素气味的田间环境，使梨小食心虫雄虫丧失寻找雌虫的定向能力，干扰田间雌雄交配，从而使下一代虫口密度急剧下降，起到控害目的。

利用害虫性信息素迷向技术防治果树害虫，与常规防治技术比较，具有选择性强、环境友好、不杀伤天敌和益虫、无残留、不会引起害虫产生抗药性、对人畜安全、以及可持续控制效果好等优点。目前，生产上应用比较成功的案例有梨小食心虫、苹果蠹蛾、苹淡褐卷蛾、舞毒蛾等性迷向技术等。

第五节　食诱技术

不少害虫和害鼠对食物的某些气味有明显趋性，配制适当的食饵，可以诱杀它们。如配制糖醋液可以诱杀小地老虎和黏虫等夜蛾类成虫，利用新鲜马粪可以诱杀蝼蛄等。

食诱剂技术是利用昆虫对花粉、气味等的趋性而开发的一种害虫控制技术。该技术主要是针对昆虫的趋向花源或食源的习性，通过提取花粉或食源植物中的特异性气味组分，研制出引诱昆虫的食诱剂。目前，市场上开发的昆虫食诱剂种类主要有橘小食蝇食物诱剂、瓜食蝇食物诱剂、大食蝇食物诱剂、夜蛾食物诱剂、金龟子食物诱剂、棉铃虫引诱剂等。

第六节　潜所诱杀

许多害虫具有选择特殊环境潜伏的习性，据此可以诱杀它们。如田间插放杨柳枝把，可诱集棉铃虫成虫潜伏其中，次晨再用塑料袋套捕，即可大大减少田间蛾量。

第七节　温控技术

有害生物对环境温度都有一定的适应范围，温度过高或过低，都会导致其死亡或失活。温控法就是利用高温或低温来控制或杀死有害生物的物理防治技术。如播种前温水浸种、曝晒储粮或种子等，能消灭种子携带的多种病虫害；伏天高温季节，通过闷棚、覆膜晒田等，可将地温提高到60～70℃，能杀死多种有害生物；对地下病虫害严重的小面积地块，可在休闲期利用沸水浇灌进行处理。低温也可抑制种多有害生物的繁殖与为害活动，因而常被用来作为蔬菜和水果的保鲜技术；将粮食贮藏温度控制在3~10℃，可抑制大部分有害生物的为害；寒冷地区在冬季翻仓降温可防治储粮害虫；对于少量的种子，可在不影响发芽率的情况下，置于冰箱冷冻室内处理1~2周，进行低温杀虫。

第八节　辐射技术

辐射法是利用电波、γ射线、X射线、红外线、紫外线、激光以及超声波等电磁辐射对有害生物进行防治的物理技术，包括直接杀灭和辐射不育等。如用^{60}Co作为γ射线源，在25.76万伦琴的剂量下处理黑皮蠹、玉米象、谷蠹等贮粮害虫，经24h后绝大多数即行死亡，少数存活者也常表现为不育；利用适当剂量放射性同位素衰变产生的粒子或射线处理昆虫，可引起雌性或雄性不育，进而进行害虫种群治理。

第九节　驱避技术

驱避技术则是利用害虫活动习性或病菌传播途径而设计的有针对性的防范措施，主要包括设置防虫网、应用无纺布、覆盖银灰地膜和种植趋避植物带等措施。

一、设置防虫网

主要用于设施保护地蔬菜或果树。在设施上覆盖应用后，不仅可以防止棉铃虫、甜菜夜蛾、斜纹夜蛾、银纹夜蛾、甘蓝夜蛾、小菜蛾、烟青虫、菜青虫、猿叶虫、跳甲、烟粉虱、蚜虫、斑潜蝇、瓜绢螟等20多种主要害虫的为害，还能阻隔蚜虫、烟粉虱、蓟马、斑潜蝇等传毒媒介传播的数十种病毒病的发生，达到防虫直接为害、兼及控制病毒病的双重效果。

二、应用无纺布

保护地栽培中所用的作物保护布、育秧布、灌溉布以及保温幕帘等无纺布亦能起到防病治虫的目的。由于设施保护地内昼夜温差大、湿度高、易结露，常常造成病菌随露滴而传播病害。在早春与晚秋，棚内易结露时期，采取无纺布进行覆盖或铺盖，可起到降低湿度、减少结露的作用，从而预防灰霉病、菌核病、疫病等发生或降低其发病程度。同时，还起到防虫、保温和防止霜冻的作用。

三、覆盖银灰地膜

主要是利用蚜虫、烟粉虱等小型害虫对银灰色的忌避性，而用于驱避害虫，同时预防病毒病。

四、种植趋避植物带

主要是利用某些害虫对特定植物具有强烈的趋性或对特定植物具有拒避性的特点，而设计的一种种植模式。有的可以起到防虫为害的目的，也有的可以起到保护利用天敌的目的。这也属于生态调控技术的范畴。

第十节　草木灰在病菜病虫害防治中的应用

一、草木灰

草木灰是由柴草烧制而成的灰肥，是一种质地疏松的热性速效肥。主要成分是磷酸钾（K_2CO_3）。草木灰肥料肥料含有几乎植物所含的所有矿质元素。其中含量最多的是钾元素，一般含钾6%~12%，其中90%以上为水溶性，以碳酸盐的形式存在；其次是磷，一般含有1.5%~3%；还含有钙、镁、硅、硫和铁、锰、铜、锌、硼、钼等微量营养元素。不同植物的成分，其营养成分含量不同。

二、草木灰抑制病害效果

苗圃每亩撒施草木灰30~50kg，可保护种子、根系、茎秆，减少病虫为害，防止立枯病、炭疽病、白粉病、锈病等。每$1m^2$施2.5~5kg，有防治根腐病的作用。

三、草木灰抑制害虫效果

喷施3%~5%草木灰浸出液，可防治蚜虫、粉虱、红蜘蛛等有害生物。韭菜、大蒜有根蛆为害时，用草木灰撒在剪割韭菜伤流处，阻止成虫产卵，撒于根部可防治根蛆幼虫。

第三章　病菌孢子捕捉器的应用

信息素的研究起初来自于昆虫中挥发性性信息素的鉴定，但其后定义有了一定扩展。信息素与气味不同之处在于其不一定为挥发性或者有气味的物质，其作用一般为两类，一类称为“警报激素”(Signal pheromone)，使动物能够识别捕食者，引发快速的生理逃避反应；另一类被称为“性信息素”（也叫启动信息素，Primer pheromone)，使动物能够识别有生殖能力的异性，促使异性性成熟，压制同性的性发育，或者促进母亲和婴儿的联系。

以色列利用部署饥饿的“捕食军团”消灭害虫和使用性诱剂干扰害虫交配，使杀虫剂的使用减少了80%。

第四章　生物质资源化技术与病虫害“源头治理”

为了维持农业生态系统的物质循环平衡，我国大面积推行秸秆还田，重视施用农家肥，但常把未腐熟的秸秆施入农田，极易诱至一些地下害虫（如蛴螬、金针虫）等发生为害，近年还诱发了一些新害虫，如玉米田的二点委夜蛾，小麦田的白眉野草螟等。

昆虫在地球环境中生存了3.5亿~4.0亿年之久，形成了自身独特的避寒能力。昆虫的越冬状态包括越冬虫态、越冬场所、越冬期、越冬基数等几个方面。

昆虫种类不同，越冬虫态也不相同。可以分为两种类型，一种是以一种固定的虫态越冬，如美国白蛾以蛹越冬，白杨叶甲以成虫越冬；二是以不同虫态越冬，如光肩星天牛的卵、幼虫、蛹均可越冬。

冬季来临时，昆虫会寻找温暖的小环境进行越冬。有些会钻进土壤越冬；有些会进入滞育或休眠状态；还有些会迁到别的地方越冬。与此同时，昆虫体内也会发生生理生化变化。在冬季到来前，就会把体内的水分排出去；为了避免虫体结冰，昆虫会将体内一些含有诱导结冰的物质排出；虫体内的抗冻物质也会积累。

第一节　有机废弃物收集、清洁田园

田园废弃、散落有机物料本身即为多种作物病虫害的携带载体或潜伏场所，是下一年度、下一季节或下茬作物、下代病虫害发生之源。

田园卫生主要是借助于农事操作，清除农田内的病虫害携带载体及其孳生场所，改善农田生态环境，减少病虫害的发生为害。作物的间苗、打杈、摘顶、脱老叶，果树的修剪、刮老树皮，清除田间的枯枝落叶、落果、遗株等，均可将部分害虫和病残体随之带出田外，减少田间的病虫害数量。田间杂草往往是病虫害的野生过渡寄主或越冬场所，清除杂草可以减少作物病虫害的侵染源。因此，清理田园，尤其是冬季果园的清理，已成为一项有效的病虫害防控措施。

采用适当的方法、机具和后处理措施适时收获作物，对病虫害的防控也有重要作用。一些害虫在作物成熟时即离开寄主，进入越冬场所。如取食大豆的大豆食心虫和豆荚螟，在大豆成熟时幼虫脱夹入土越冬，如能及时收割、尽快干燥脱粒，即可阻止幼虫入土，减少次年越冬虫源；桃小食心虫也具有类似习性，因而适时处理果实堆放场所，也可以减少其越冬虫量；对于一些晚发害虫，如果提早收获作物，中断其食物来源就会加速其死亡；水稻螟虫在植株基部茎内越冬，采用高茬收割，可使大部分幼虫留在稻桩内，随后利用耕翻沤田而将其杀死。作物收获后的处理因作物种类不同而异，大田作物的籽实一般经干燥后即可防霉贮藏；而多汁的水果、蔬菜，收获时必须注意避免机械创伤，防止感染致病，必要时还需进行消毒和保鲜处理。

随着乡村振兴战略的实施，城乡一体化工作加快推进落实，由城乡环卫进而乡村环卫，由农村村落环卫进而扩展至“农田环卫”，借助于环保装备农机化可以大大提高清洁田园的效率。

图 4–4–1　环卫清扫收集车

图 4–4–2　环卫收集成袋的绿化行道树落叶

第二节　农作物秸秆青贮技术

一、青贮的概念

绝大多数农作物、果树、蔬菜以及其他各种植物残体均是各种病虫害的依附载体或越冬潜伏场所，如玉米螟存在于玉米秸秆髓部、玉米果穗根茬等部位越冬，防治玉米螟可采用早春封垛处理或在羽化前加工、处理秸秆的方法：茭白一代螟虫防治采取在越冬代化蛹前处理茭白桩（蔸），将茭白桩（蔸）用于烧焦泥灰，或用于沤肥，都收到较好防治效果：茶、桑、果园采用修剪、清园、摘除虫茧等方法，可减少越冬虫源。

在堆积、腐熟制作昆虫秸秆饲料的过程中，产生的高温可杀死杀伤大部分病菌和害虫，减轻病原基数，降低虫口密度，还可以产生一些有益微生物，从而减轻作物病害的发生，如小麦的根腐病、纹枯病，西瓜重茬病、马铃薯晚疫病等。同时也减轻了虫害和草害的发生，还具有解决重茬、固氮、解磷钾、改善农作物品质等多种功效。

二、青贮技术操作

第一阶段：当青贮料切碎压实后，植物细胞仍然继续呼吸，消耗碳水化合物，排出二氧化碳，此阶段伴有温度上升，在20~30℃如青贮料碾压不紧实，且水分过少，当温度高达50℃时，青贮料品质变坏。二氧化碳的产生，占据了青贮料的空隙，逐渐形成厌氧环境，同时由于丁酸梭菌等好气性细菌作用而产生丁酸等，pH值开始下降，再有酵母菌产生的糖类，给乳酸菌的繁殖创造了有利条件。

第二阶段：乳酸菌逐步形成阶段。由于青贮料此时镇压更为紧实，并逐渐排出空气，氧气被二氧化碳所替代，好氧性细菌停止活动，此时在厌氧性乳酸菌的作用下进行糖酵解产生乳酸。

第三阶段：乳酸菌迅速繁殖，形成大量乳酸。在正常情况下，酵化堆内部温度由33℃降至25℃，pH值由6降到3.4~4.0。这一阶段持续15~20d。当酸度增大，pH值下降到低于4.2时腐败细菌死亡，乳酸菌的繁殖也被自身产生的酸所抑制。

第四阶段：在第三阶段的基础上，如果产生足够的乳酸，即转入安定状态，青贮料可以长期保存而不腐败。

具体使用方法：每10g产品对水2kg并搅拌均匀。均匀喷洒于1~3t待处于青贮料中。并将青贮料压实、密封。每kg产品可制作100~300t青贮料。

第三节　有机废弃物堆腐处理及环境生物转化

一、堆腐

经过科学施用腐解菌剂，加快了有机物料的腐熟速率，打破了病原菌与其寄主载体的同步发展关系，恶化了病原菌的营养条件和环境，从而使病原菌“饥饿而死”。

腐解菌剂的主要菌种组成包括：乳酸菌群（植物乳酸菌、戊糖片球菌、嗜酸乳酸杆菌、布氏乳酸杆菌），酵母菌，细菌，促生长因子等。特效性制剂活菌总数大于1.0×10^{10}cfu/g；普通型制剂活菌总数大于5.0×10^{9}cfu/g。

菌种协同酵化机理：乳酸菌群（嫌气性）以嗜酸杆菌为主导。乳酸具有很强的杀菌能力，能有效抑制有害微生物的活动和有机物的急剧腐败分解，维持生态平衡。被称为“后抗生素”。乳酸菌在有机物酵化分解上发挥着重要作用，它能分解在常态下不易分解的木质素和纤维素，并消除未分解有机物产生的种种弊端；合成各种氨基酸、维生素、产生消化酶。

昆虫种类繁多，这同昆虫食性的分化是分不开的。据统计，在所有的昆虫中，吃植物的约占48.2%，称为植食性；吃腐烂物质的约占17.3%，称为腐食性；寄生性昆虫占2.4%；捕食性的占28%；后两项合称肉食性；其他都是杂食性的，它们既吃动物性食物，又吃植物性食物。

腐食性昆虫占昆虫总种类的17.3%。它们以生物的尸体、粪便为食，有的将尸体掩埋入土，成为地球上的最大的“清洁工”。粪食性和腐食性的蝇类幼虫同微生物一道分解各类有机废物，对净化环境、在自然的能量大循环中起着十分重要的作用。

二、环境昆虫

环境昆虫是指腐食性昆虫，如蜣螂、水虻、蝇蛆、蛴螬、埋葬甲等，腐食性昆虫占昆虫种类的17.3%，它们以动植物残体或排泄物为生，是地球上最大、最勤劳、最高效率的“清洁工”。腐食性昆虫一方面可以直接破碎、裂解有机废弃物碎屑，另一方面由于它们先期的破碎、裂解活动而大大加速了微生物对生物残骸的分解，二者相互促进加速了这些物质的再循环，发挥出巨大的环境修复作用。其中有些已经成为经典案例，如澳大利亚为了解决牛、羊等反刍动物粪便对牧草的毁坏，从我国引进神农蜣螂。

三、蚯蚓

蚯蚓，是环节动物门，寡毛纲的陆栖无脊椎动物。蚯蚓遍布世界各地，多达2 500余种，我国已发现和定名的蚯蚓有150种左右，主要养殖种类可根据地域条件和转化处理的有机废弃物类别而选择。蚯蚓为腐食性，畜禽粪便以及稻草、各种鲜、干杂草，树叶、瓜果、尾菜，甚至餐厨废弃物等经过发酵后都能食用。经过堆腐的各种田间有机物料均可通过蚯蚓转化处理。蚯蚓一天的摄食量与自身体重大致相等，其中一半作为粪便排出。生产1t鲜蚯蚓，大约要利用70～80t堆腐有机物料。

第四节　田间有机物料堆腐杀死害虫及“饿死”病原菌

很多害虫以不同虫态附着在作物病残体上，如白粉虱、潜叶蝇等，通过堆腐处理可以直接灭杀。而对于病原菌则是通过堆腐破坏其营养条件及生存环境，达到“饿死”病原菌的效果。

在亿万年的自然进化过程中，寄生菌和寄主植物之间寄生性极强的组合关系逐渐被淘汰，目前所存病原菌与寄主植物关系绝大多数表现为弱寄生性。病原菌的生长发育过程与其寄生组织的自然腐败过程是同步的，在我们人为使用促腐菌剂加速物料酵化腐烂后，病原菌则会在未完成生长发育过程中失去营养基础和生存依附，从而达到“饿死”病原菌的效果。

第五节　其他病虫害“源头治理”措施

一、种苗消毒处理

包括浸种、晒种、种子包衣、育苗嫁接等措施，使种子、苗木不带病菌等有害生物，这是培养健康种苗的重要环节。如，近年来为防止黄瓜绿斑驳花叶病毒病的发生，在播种前，无论是西瓜或葫芦的种子都必须进行种子消毒处理，将干种子放在70℃以上的高温下处理2d，可使黄瓜绿斑驳花叶病毒完全丧失活力而死亡。此法有效控制了该病的快速扩散蔓延。

二、人工机械防治

人工机械防治是利用人工和简单机械，通过汰选或捕杀防治有害生物的一类措施。如在播种前对种子进行筛选、水选或风选，可以汰除杂草种子和一些带病虫的种子，减少有害生物传播为害；拔除病株、剪除病枝病叶或刮除茎干溃疡斑等，对于控制种传单循环病害可取得很好的控制效果。对害虫防治常使用捕打、震落、网捕、摘除虫枝虫果以及刮树皮等人工机械方法。如用适当的工具对拍防治缀叶营巢为害的稻苞虫；利用夜间为害后就近入土的习性，人工捕杀小地老虎高龄幼虫；利用细钢钩勾杀树干中的天牛幼虫；利用某些害虫的假死行为，将其震落消灭等。此外，人工机械除草，利用捕鼠器捕鼠等也是有效的防治技术。

三、深耕灭茬

土壤耕翻，特别是进行深耕整地和改变环境，可使生活在土壤中和以土壤、作物根茬为越冬场所的有害生物经日晒、干燥、冷冻、深埋或被天敌捕食等而被治除。冬耕、春耕或结合灌水常是有效的防治措施。对生活史短、发生代数少、寄主专一、越冬场所集中的病虫，防治效果尤为显著。中耕则可防除田间杂草。

四、加强田间管理

田间管理需要贯穿整个植物生长的全过程，包括育苗期间和栽培生长期间的田间管理，均需加强田间水肥管理、搞好田园卫生，适时、适度整枝打杈、及时收获等。具体管理措施如清洁田园处理残枝落叶、灌溉以及增施有机肥等。清洁田园对于果园、菜园等高效经济作物田病虫防治具有重要作用。每年于冬春季节结合果树修剪，刮除树干翘皮、清理田间残枝落叶等，可有效破坏果园越冬害虫环境；菜田收获后，及时清理秧蔓，可减少下茬病害侵染源。灌溉可使害虫因缺氧而窒息死亡，采用高垄栽培模式，降低大白菜田间湿度，可减少白菜软腐病的发生。农田增施腐熟有机肥，可杀灭土壤中的病原物、虫卵，合理施用氮、磷、钾肥，可减轻病虫为害程度。收获时期及收获后的处理，也与病虫防治密切有关。如大豆食心虫、豆荚螟，均以幼虫脱荚入土越冬，若收获不及时，或收获后堆放田间，就有利于幼虫越冬繁衍。因此，作物成熟后，应及时收获，并进行田间清理。

第五章　生物防控技术及其应用

生物防治（Biological Control）是利用有益生物及其产物控制有害生物种群数量的一种防治技术。自然界中，各种生物通过食物链和生活环境等相互联系、相互制约，形成了复杂的生物群落和生态系统，其中任何一种生物或非生物因素的改变，均会导致不同生物种群数量的变化。生物防治就是根据生物之间的相互关系，人为地增加有益生物的种群数量，从而取得控制有害生物的效果。传统狭义的生物防治主要是利用有益生物活体进行有害生物的种群数量控制。随着科技的发展，人类已从直接利用生物活体防治有害生物，发展到利用生物产物，以致将生物产物进行分子改造和工厂化合成，用来防治有害生物。

生物防治是长期以来劳动人民在认识自然、改造自然的过程中逐步完善成熟起来的理论与实践体系。利用生物防治害虫，在中国有悠久的历史。公元 304 年晋代嵇含著《南方草木状》和公元 877 年唐代刘恂著《岭表录异》都记载了利用黄猄蚁防治柑橘害虫的事例。19 世纪以来，生物防治在世界许多国家有了迅速发展。我国约在 20 世纪 30 年代开始研究农业害虫生物防治问题。新中国成立以来，生防研究机构陆续在全国范围内建立，并不断充实提高。1972 年，我国最早统计生防面积为 80 000hm^2；1990 年统计，全国生物防治推广面积已经发展到 23 000 000hm^2，生物防治措施已占病虫害防治总面积的 10%~15%，成为我国病虫害防治的重要措施之一，打开了生防工作新局面。2006 年提出绿色植保。2008 年，大力提倡绿色防控技术。诺贝尔奖获得者 Noman K · Borlang 曾说过“没有农药，人类将面临饥饿的危险”。这一偏颇的论断极大的促进了化学农药的发展。实际上，生物防治技术同样可以取得理想的防效且无副作用。除化学农药、生物防控技术手段外，还有很多控制病虫害发生为害的技术途径。

第一节　生物防治的途径

生物防治的途径主要包括保护有益生物、引进有益生物、人工繁殖与释放有益生物以及生物产物的开发利用等。

一、保护有益生物

自然界有益生物种类尽管很多，但由于不同种类的生物生态学特性及受不良环境以及人为影响，常不能维持较高的种群数量。如七星瓢虫、草蛉类、蜘蛛类天敌，只适用于建立人工生态庇护所，而不适合人工生产繁育释放。要充分发挥其对有害生物的控制作用，常需要采取一定的措施加以保护。保护利用有益生物可以分为直接保护、利用农业措施保护和用药保护等。直接保护是指专门为保护有益生物而采取的措施。如人工采集水稻螟虫的卵，让寄生蜂产卵繁殖；在冬季利用窖穴、草堆、草把等为天敌提供适宜的越冬场所，使其翌年种群数量快速增长等。农业措施保护主要是结合栽培措施保护有益生物。如在果园中种植藿香蓟、紫苏、大豆或丝瓜等能为捕食螨提供食料和栖息场所；通过耕作、施肥促进作物根际拮抗微生物的繁殖等。用药保护是指在使用化学农药防治有害生物时，避免杀伤天敌等有益生物。如利用对有益生物毒性小的选择性农药；选择对有益生物较安全的时期施药；选择适当的施药剂量和生态施药方式等。

二、引进有益生物

引进有益生物防治害虫在生物防治中也是十分重要的，尤其是对异地引进作物品种上的病虫害，从其原产地引进有益生物进行防治，常可取得明显的效果。但引进有益生物应做充分的调查研究和安全评估，防止盲目引进后演化成有害生物。

三、有益生物的人工繁殖与释放

组织人工生产繁育并释放应用的有益生物种类选择是能否成功的前提，很多自然种群数量大的种类并不适合于人工生产繁育应用。同域天敌和异域天敌的选择各有自己的优缺点。寄主范围较窄的天敌生物，对有害生物常表现为跟随效应，即在有害生物大发生后才大量出现。人工繁殖与释放不仅可以增加天敌的自然种群数量，而且可以使有害生物在大发生为害之前得到有效的控制。如工厂化生产赤眼蜂，用于防治鳞翅目害虫；利用适当的有机物做培养基，发酵生产拮抗菌进行种子或土壤处理防治苗期病害等。天敌昆虫生产繁育及释放应用将很快形成新型产业态势。

四、生物产物的开发利用

生物体内产生的次生物质、信号化合物、激素和毒素等天然产物，对有害生物具有较高的活性，选择性强，对生态环境影响小，无明显的残留毒性问题，均可被开发用于有害生物的防治。例如，很早以前人们就使用含有杀虫杀菌活性的巴豆、鱼藤、烟草以及除虫菊等植物防治多种病虫害；随着生物学的发展，更多的天然化合物被开发利用。如害虫的性外激素被用于诱捕害虫或迷向干扰交配，害虫激素被用于干扰其正常生长发育，微生物的拮抗物质及内毒素被开发为生物农药等。有些生物产物不仅可以直接用于有害生物的防治，还可以作为母体化合物，进行人工模拟、改造，用于开发新农药。

第二节　生物防治的内容

昆虫在生长发育过程中，常由于其他生物的捕食或寄生而死亡，这些生物称为昆虫天敌。昆虫天敌主要包括食用动物、致病微生物和天敌昆虫，它们是影响昆虫种群数量变动的重要因素。

一、动物天敌的利用

动物天敌种类很多，从高等哺乳类到节肢动物、线虫和原生动物，都可通过捕食或寄生而成为某些有害生物的天敌。

1. 动物天敌治虫

许多鸟类如燕子、啄木鸟、灰喜鹊等，两栖类中的青蛙、蟾蜍，捕食性昆虫如瓢虫、步甲、草蛉、螳螂、食蚜蝇、食虫虻、食虫蝽、蚂蚁、胡蜂以及捕食螨等，寄生性昆虫如姬蜂、茧蜂、小蜂、小茧蜂等，都是农业害虫的天敌，通过保护、引进和人工繁殖释放，可以有效地控制农作物的虫害。原生动物中的有些微孢子虫，也是害虫的较专一的寄生物，其中有的种类已被开发用于大面积防治蝗虫等。此外，养禽治虫、稻田养鸭不仅可以防治害虫，对草害也有一定的控制作用。

2. 动物治草

20 世纪初澳大利亚从美洲原产地引进仙人掌螟蛾防治草原恶性杂草仙人掌，是以虫治草的成功先例。其后，有 100 多种昆虫被用于控制杂草的为害。此外，水田养鱼治草，在生产上也有不少成功的应用。如东欧一些国家从中国引进胖头鱼防治池塘中的水生杂草，我国利用稻田养鱼养蟹防治杂草，均获得了成功。日本用山羊除草，我国养鹅除草也有非常成功的案例。

3. 天敌治鼠

鼠类的自然天敌大都是陆生肉食性动物，如猛禽、猛兽、蛇等。如一只长耳枭一个冬季可以捕鼠 360~540 只，一只体重 700g 的艾虎一年可捕鼠兔 1 543只、鼢鼠 470 只。

二、病原微生物的利用

1. 微生物治病

目前研究较多的是利用重寄生真菌或病毒防治作物真菌和线虫病害。如土壤中的腐生木霉菌可以寄生立枯丝核菌、腐霉、小菌核菌和核盘菌等多种作物病原真菌，其中重要的生防菌种哈姿木霉、康宁木霉和绿色木霉已被开发用于大田作物病害的防治。在自然界，线虫被真菌寄生或捕食也很普遍。病毒寄生植物病原真菌后，常使其致病力降低而成为弱致病菌株。

2. 微生物治虫

昆虫病原微生物主要有细菌、真菌和病毒，一般将病原线虫、病原原生动物也归入致病微生物，此外，有些立克次体也对昆虫有致病作用。寄生真菌的寄生行为具有相当的广泛性和专一性，几乎所有昆虫都会被真菌感染，而几乎每一种昆虫都有一种特殊的真菌物种。害虫许多种类的病原微生物已被工厂化生产，制成生物农药。如细菌中用于防治鳞翅目、双翅目和鞘翅目害虫的苏云金杆菌；专杀土壤中蛴螬的乳状芽孢杆菌；真菌中用于防治鳞翅目、同翅目、直翅目和鞘翅目害虫的白僵菌、绿僵菌、拟青霉菌、多毛菌、赤座霉菌和虫霉菌等。昆虫病毒由于寄主十分专一，通常只寄生一种或亲缘关系很近的虫种，而且环境适应能力强，一些包涵体病毒在室温下 1~2 年不失活，在土壤中生存数年仍有侵染能力，所以开发利用也十分迅速。

3. 微生物治草

杂草和作物一样也受多种病原生物的侵染而发生病害，目前在生物防治中开发利用较多的是病原真菌。如山东农科院利用寄生菟丝子的炭疽菌研制成“鲁保 1 号”真菌制剂，用于大豆菟丝子的防治，获得了成功。新疆地区利用列当镰刀菌防治埃及列当，云南等地利用黑粉菌防治马唐等，也都取得了明显的成效。

三、拮抗生物的利用

颉颃生物主要通过产生抗生物质，占领侵染位点，以及通过营养和生态环境的竞争来控制有害生物，因而常被用来防治植物病害和草害。如生产上利用诱变技术处理野生型烟草花叶病毒，获得可以侵染但不表现症状的弱毒株系，并通过接种来保护烟草不受致病性野生型烟草花叶病毒的为害。在自然界还存在大量可以产生抗生素的微生物，包括放线菌、真菌和细菌，它们可以杀死和溶解病原生物，对病害具有良好的控制作用。此外，一些颉颃微生物在土壤中大量繁殖，与土壤的理化特性共同作用，形成可以控制病害发生流行的天然“抑菌土”，也被用于植物病害的生物防治。

四、生物产物的利用

可以用于有害生物防治的生物产物种类很多，主要包括植物次生化合物和信号化合物、微生物抗生素和毒素、昆虫的激素和外激素等，它们大都可以开发成生物农药或制剂，大面积用于有害生物的防治。如具有较强杀虫活性的苦皮藤、印楝的天然成分和微生物发酵产物——阿维菌素被加工成生物杀虫剂；许多微生物产生的抗生素被用于开发生产杀菌剂，在我国广泛使用的井冈霉素、内疗素、链霉素、多抗霉素、庆丰霉素和放线酮等均属于此类；害虫的性外激素经过分离鉴定后，被开发用于大田诱捕害虫或迷向干扰害虫交配；害虫激素被用于干扰其正常生长发育；一些植物和微生物信号化合物则被开发用于刺激植物启动免疫防卫系统。

五、抗害品种的应用

具有抗害特性的作物品种在同样灾害条件下，能通过抵抗灾害、耐受灾害，以及灾后补偿作用，减少灾害损失。作物品种的抗害性包括抗干旱、抗涝、抗盐碱、抗倒伏、抗虫、抗病和抗草害等等，这里特指对病虫害的抗性。

（一）植物的抗害性与抗害机制

植物的抗害性可以涉及多种不同机制，对于不同品种的抗性，可能是多基因的综合效应，也可能是个别主效基因的作用，因而所表现的抗性程度和类型也不相同。

1. 植物抗害性的类型

植物的抗害性可根据抗性的表现程度分为免疫、高抗、中抗、中感和高感等类型。免疫是指不受某些病虫害的侵害，而其他类型则是根据不同病虫害为害的症状和造成损失的程度等，经过相互比较而具体划分的。

抗性也可以根据其对病菌生理小种或害虫生物型的反应，分为垂直抗性和水平抗性。垂直抗性是指作物品种只对一种或某几种病菌生理小种或害虫生物型表现抗性，而对另一些则不表现抗性。垂直抗性常表现出较高水平的抗性，但容易因病菌生理小种或害虫生物型的变化而丧失。水平抗性是指作物品种对病菌的各种生理小种或害虫生物型均具有相似的抗性，抗性水平常较低，但不会因病菌生理小种或害虫生物型的变化而丧失。大多数抗性品种的抗性介于两者之间，即对一种或某几种病菌生理小种或害虫生物型表现较高的抗性，而对另一些则表现为较低的抗性。

2. 植物的抗害机制

植物抗害机制在昆虫学和植物病理上有多种分类，综合起来大致可以分为抗选择性、抗生性、避害性和耐害性。

（1）抗选择性。主要是由于受植物体内或表面挥发性化学物质、形态结构以及植物生长特性所造成的小生态环境的影响，不吸引甚至拒绝害虫取食产卵，不刺激或抑制病菌萌发侵染。如菜粉蝶仅在含有芥子苷甲茚的植物上产卵，蚜虫较少在叶面多绒毛的植物上定居。一些抗病品种植株表面缺少病原物的识别因子，无法刺激病菌产生必要的酶、附着胞、侵入钉及吸器，而不能被侵染。

（2）抗生性。是由于植物体内存在有害的化学物质，缺乏必要的可利用的营养物质，以及内部解剖结构的差异和植物的排斥反应，对害虫和病菌造成不利影响，使害虫大量死亡、生长受到抑制、不能完成发育或延迟发育、不能繁殖或繁殖率降低，使病原物不能定殖扩展。如含有较多有毒化合物“布丁”的玉米，可导致玉米螟幼虫大量死亡；含有高浓度棉酚的棉花，对棉铃虫具有抗性。

（3）避害性。主要包括两个方面，一是由于植物具有某种特性，害虫和病菌虽能侵染，但不能造成为害和损失。如向日葵螟和桃蛀螟在向日葵坚皮品种上产卵，幼虫孵化后取食花粉和花冠，3 龄后待其为害种子时，坚皮品种的种皮内已形成了坚硬的木栓层，幼虫无法咬破、蛀入为害。有些小麦品种气孔早晨张开迟，以致叶面结露已干，从而使只能从张开气孔侵入的小麦秆锈病夏孢子不能侵入。二是由于作物品种的生长发育特性不同，使作物的易受害期与病虫的发生期错开，一旦作物的易受害期与病虫的发生期吻合，即失去避害能力。因此，也有人称此为“假抗性”。

（4）耐害性。是指有些作物品种在病虫定殖寄生取食后，表现出较强的忍受和补偿能力，不引起明显症状或产量损失。如禾谷类耐害品种具有较强的分蘖能力，在主茎受钻蛀性害虫为害枯死后，可以迅速分蘖形成新茎，从而不致显著影响产量；小麦的耐锈品种和十字花科植物的耐肿根病品种，均具有较强的根系再生能力，用以补充体内的水分和养分消耗，从而减轻病害为害。

（二）作物抗害品种的选育

植物对病虫害的抗性是一种可遗传的生物学特性，抗性品种所受病虫为害的程度一般较非抗性品种为轻或不受病虫为害。因此，选用抗病、虫品种是作物健康栽培的基础，也是最有效的绿色防控措施之一。不同地区，针对当地作物发生的主要病虫害，筛选应用相应的抗性或耐性品种，是防止该有害生物的最直接、最经济、最有效的方法。

1. 育种目标的确定

确定抗性育种目标主要是为了提高育种的投入效益，解决生产上的重大问题，减少常规植物保护措施对环境的副作用。因此，抗性育种首先要选择重要的经济作物；二是要选择在相当大范围内持续大发生、已成为某一作物栽培生产限制因素的重要病虫害；三是选择其他植物保护措施难以控制、不能承担较昂贵的植物保护投入或使用现有植物保护措施对环境和农产品安全生产副作用较大的作物病虫害。以解决这类问题为目标育成的抗性品种作用大、效益高，易于推广应用。此外，有时还要根据有害生物的分布范围和迁移能力，确定选育垂直抗性品种或水平抗性品种。

2. 抗源材料的搜集

抗源材料主要是指转入作物体内可以遗传，并能产生抗性表现的基因或遗传物质。包括同种或近缘种植物的抗性基因，不同生物体内可以表达产生抗性物质的基因，甚至有害生物体内的遗传物质等。采用不同的育种技术可以选用不同的抗源材料。传统抗性育种大多利用同种或近缘种的抗性基因；而现代生物技术育种则可将远缘生物体内的抗性基因和有害生物体内的遗传物质，转入目标作物体内使之产生抗性。如将苏云金杆菌的毒素蛋白基因转入植物体内育成作物抗虫品种，将病毒RNA反向后或将其卫星RNA转入植物体内育成作物抗病品种等。

抗源材料的搜集应考虑如下几个方面：第一，从作物传统种植地，或有害生物大发生田挑选同种作物的抗性植株；第二，从野生同种植物或近缘种的植物中筛选分析抗性基因性状；第三，从致病性天敌体内分离抗性基因；第四，从有害生物体内分离适宜的遗传物质；第五，通过诱变筛选获得抗性种质材料。

3. 抗性育种方法

抗性育种方法包括传统方法、诱变技术、组织培养技术和分子生物学技术等。

传统抗性育种。主要是利用选种、系统选育具有抗性和优良农艺性状品种资源的杂交和回交进行选育。选种是从有害生物大发生田，选取高抗植株采种。系统选育是将田间选择的高抗作物种子，隔离繁殖，并人工接种有害生物，对其后代进一步进行筛选。杂交是以具有优良农艺性状的作物品种为母本，与抗性品种、野生植株或近缘种进行杂交选育。

诱变技术。是指在诱变源的作用下，诱导植物产生遗传变异，再从变异个体中筛选抗性个体。这种方法比较随机，但可以获得新的抗源。诱变源包括化学诱变剂和物理的诱变因素，生产上使用较多的是辐射诱变，即辐射育种。

组织培养。是在无菌条件下培养植物的离体器官、组织、细胞或原生质体，使其在人工条件下继续生长发育的一种技术。因而可以快速克隆繁殖不易经种子繁殖的抗性植物；可以与诱变技术相结合，分离抗性突变体；可以利用花粉、花药选育单倍体抗性植株，再经染色体加倍形成抗性同源植物；还可通过原生质融合技术将不同抗性品种或种的遗传性状相结合，克服杂交困难，培育高抗和多抗品种。

分子生物技术。应用分子生物技术可以将各种生物的抗性基因转入目标作物品种体内，以解决传统育种技术无法克服的远缘杂交问题。如将苏云金杆菌的毒素蛋白基因转入植物体内，形成作物抗虫品种；通过对植物基因的改造，创造新抗源等。分子生物技术大大提高了抗性育种的效率，在抗性育种领域将发挥更重要的作用。

（三）抗害品种的利用

利用作物抗害品种防治病虫害是一种经济有效的措施。其主要优点表现在：使用方便，潜在效益大；对环境影响小，与其他植物保护措施有很好的相容性；对作物病虫害具有较强的后效应等。但也有较大的局限性：一是受抗性基因资源和有害生物生物学的限制，并非所有病虫害均可利用作物抗害品种进行防治；二是有害生物具有较强的变异适应能力，可以通过变异适应，使作物抗害品种丧失抗性；三是由于有害生物种类繁多，抗性品种控制了目标病虫后，常使次要有害生物种群上升、为害加重。

因此，合理利用抗害品种，以最大限度的发挥其应有的作用，避免过早地丧失抗性是十分重要的：①把抗性品种的利用纳入综合防治体系，与其他防治措施相配套，以减缓抗性品种对有害生物的选择压力，延缓有害生物对抗性品种的适应速度；②合理利用垂直抗性和水平抗性；③采取不同抗性机制的品种轮作、镶嵌式种植或利用庇护地措施等，以减轻抗性品种对有害生物的适应选择；④培育多抗性品种，使之同时兼抗多种有害生物，以提高抗性品种在植物保护中的作用。

近日，Nature Reviews Grenetics（1F = 40.82）在线发表康奈尔大学 Rebecca Nelson 教授题为“Navigating complexity to breed disease-resistant crops”综述性文章，系统地阐述了抗病育种的流程和方法。

植物病害是影响农作物产量的重要因素之一，该文主要从以下几个方面进行了阐述。①抗病育种是减少病害造成的损失的重要策略。②植株的天然的免疫系统可识别病原菌并表现出抗性，该种抗性可以迅速攻克新的病原菌小种。③除了天然的免疫系统，植物还表现出各种的防御措施。科学家们关于这一部分的研究才刚刚开始，与质量性状抗病性相比，数量性状的抗病性更持久一些。④培育持久抗病性品种尤为重要，主要涉及多种类型基因的聚合。⑤可行的植物病害育种策略包括不同抗性位点的多个基因聚合，也包括利用植物的多样性实现空间和时间维度上的整合。⑥新的育种方法可以实现品种的改良，主要包括抗性基因利用，但在育种过程中也要考虑其持久性及抗病效果。

抗性品种是作物健康栽培的基础。“作物健康栽培”是贯彻绿色发展理念、实施农药减施增效的重要组成部分。

第三节　天敌昆虫生产及应用技术

跟随现象。天敌与害虫之间的跟随关系是一种自然现象。《害虫生物防治论》（1982），天敌跟随现象，就生态体系而言，天敌的消长，总是跟随在寄主害虫之后。所谓跟随，包含两个含义：第一，从发生的时间看，天敌侵入农田，是在害虫建立种群之后，犹如害虫之侵入农田，是在田里已经种了农作物之后一样。第二，就发生的数量来看，在天敌与害虫发生联系的初期，天敌的种群数量很少。随着害虫种群数量的逐步增加，天敌增长速度加快，害虫的种群数量大幅度下降，随之天敌种群数量也下降。

从生态系统食物链关系角度分析，现代化学农药防治害虫计划制定时缺乏两个方面的考虑：一是真正有效、长效控制农业生态系统有害生物的因子应是内源性、密切相关的元素，而非外源投入的化学农药。这些内源性元素包括生存空间、食物数量、气候和天气情况、生态位竞争生物、捕食性或寄生性天敌等。二是一旦制约性环境防御作用被削弱，或者害虫的抗药性水平达到一定程度、某些昆虫的真正惊人的繁殖潜力就会爆发出来。昆虫天敌生产并释放应用就是发掘这些内源性环境防御因素的重要方面。

同域天敌和异域天敌的概念。在经典生物防治理论中，选择有效天敌的依据基本上根据同一生态域中天敌与害虫之间的“跟随关系”，二者是限于同一生态环境中共同发生的关系；对于入侵害虫天敌资源的需求也是限于原发生地区域。实际上，在自然界中还存在一种类型的关系，就是天敌与害虫二者并不处于同一生态环境中，而恰恰由于二者的异域性被人为地整合在一起，可以达到较为明显的效果，如将草坪、林地中发生的捕食性步甲（绿步甲、黑广肩步甲）引入草原控制蝗虫发生，发挥积极的作用。

昆虫的天敌一般分为两类：一类是捕食性天敌昆虫，一类是寄生性天敌昆虫。两者的区别在于寄生性天敌在发育的过程中仅仅吃掉一个寄主，而捕食性天敌则需要吃掉几个个体才能成熟，而且两者在食性、习性和形态上也有较多的区别。

寄生性天敌有以下几种目和科：较重要的科有：膜翅科；姬蜂科、茧蜂科、蚜茧蜂科、小蜂科、金小蜂科、赤眼蜂科、瘿蜂科、细蜂科等，通称为寄生蜂。双翅目：寄蝇科、食蚜蝇科。捕食性天敌种类较多，较重要的有以下种类：半翅目：猎蝽科、花蝽科、蝽科、盲蝽科。脉翅目：草蛉科、粉蛉科、蚁蛉科。鞘翅目：步甲科、虎甲科、瓢甲科。膜翅目：针尾部；胡蜂科、土蜂科、蛛蜂科、蚁科。双翅目：食蚜蝇科，幼虫捕食蚜虫、蚧、叶蝉、蓟马、小型的鳞翅目幼虫等。

目前，国内成熟的繁育释放天敌产品主要有：龟纹瓢虫、异色瓢虫、七星瓢虫、多异瓢虫、稻螟赤眼蜂、豌豆潜蝇姬小蜂、烟蚜茧蜂、少脉蚜茧蜂、蠋蝽、大眼长蝽、烟盲蝽、大草蛉、丽草蛉、中华通草蛉、智利小植绥螨等20多种活体天敌产品。国内很多地区已在不同作物上开展多种天敌产品的示范应用和效果评价等工作。

许多害虫，虽然具有很强的生态适应性和很大的生殖潜力，但实际上并未疯狂生长或繁殖，众多天敌的存在是一个主要的原因。从一些外来入侵生物的为害成灾可以看到天敌在其中的作用。如美国加州的澳洲瓢虫历史上长期控制吹绵蚧（Caltagirone & Doutt，1989），但20世纪40年代，DDT开始在加州的一些柑橘园中应用，澳洲瓢虫被农药清除了，吹绵蚧的为害比以往更严重。不使用农药，情况才又慢慢好转。1998—1999年，昆虫生长调节剂的应用，也对澳洲瓢虫产生影响，使加州的某些地方吹绵蚧重新为害（Elizabeth，1999）。在自然中，天敌的数量是相当丰富的。例如，松毛虫有359种捕食性和寄生性天敌昆虫（陈昌洁，1990）小麦田已记录的瓢虫就有68种（虞国跃，2005）。

近20余年来，我国在天敌昆虫研究与利用领域远远落后于西方一些国家。目前很多工作仍停留在实验室或研究院所的实验区中，推进的主要资金是国家项目经费，没有推进到社会生产中、没有实现产业化、没有供应社会应用的系列产品。国际上天敌昆虫扩繁、商业化的生产成就极其显著。规模较大的天敌公司已经发展到80~100家，其中欧洲30余家、北美10家，澳洲、拉丁美洲、亚洲和俄罗斯各有5家。北美已经商品化生产的天敌昆虫有130余种，主要种类为赤眼蜂、丽蚜小蜂、草蛉、瓢虫、中华螳螂、小花蝽、捕食性螨类等，经销商143家。英国的BCP天敌公司年创汇100万英镑，1995年获女皇奖；荷兰Koppert公司生产的天敌昆虫商品已占据欧洲大部分市场，广泛应用于果园、大田、温室以及园艺作物生产。

一、捕食性天敌的研究与应用

捕食行为是生态学中一种生物互动方式，在这种方式中，捕食者会捕食其他的生物，而捕食者即为这些被捕食者的捕食性天敌。捕食性天敌指专门以其他昆虫或动物为食物的昆虫。这类天敌直接蚕食虫体的一部分或全部；或者刺入害虫体内吸食害虫体液使其死亡。一般情况下捕食性天敌昆虫较其寄主猎物都大，它们捕获吞噬其肉体或吸食其体液，在发育过程中要捕食许多猎物，而且通常情况下，一种捕食性天敌昆虫在其幼虫和成虫阶段都是肉食性，独立自由生活，都以同样的寄主为食，如螳螂目的螳螂和鞘翅目瓢虫科的绝大多数种类。也有幼虫和成虫食性不一样的，如多数食蚜蝇幼虫为捕食性，而成虫则很少捕食。目前国内广泛应用的主要有草蛉、瓢虫、步甲、蚁狮、穴虻等。

（一）异色瓢虫的人工生产繁殖与释放应用

1. 异色瓢虫生物学基础

异色瓢虫 *Harmonia axyridis*（Pallas）属鞘翅目 Coleoptera，瓢虫科 Coccinellidae。斑纹变化极大。成、幼虫以蚜虫、木虱和飞虱等为食。全国各地普遍分布。

成虫　体长 5.4~8.0mm，体宽 3.8~5.2mm。虫体卵圆形，半球形拱起，两鞘翅近端部 1/5 处各有一个横脊，翅鞘合拢时相对接明显，为该种典型特征。

卵　纺锤形，橙黄色或黄色，长度 2.1mm，宽度 0.5mm，卵粒排列整齐。

幼虫　幼虫 4 龄，长形，足明显，常常有骨化的片和刺，第 1 腹节、第 4 腹节和第 5 腹节的背突为橙黄色。

蛹　老熟幼虫尾部黏着在叶背或枝干上脱皮化蛹。长约 6mm，宽约 4mm，橘黄色，大小与成虫相似。

异色瓢虫以成虫越冬，具有群集习性，在北方地区 1 年 2~4 代。辽宁地区每年发生 3 代，第 1 代发生在 4 月下旬，第 2 代发生在 7 月下旬，第三代发生在 8 月下旬，11 月初以成虫越冬。山西地区每年 4 代，4 月下旬越冬代开始活动并交配产卵，6 月上旬第 1 代成虫产卵，7 月上旬第 2 代成虫产卵，8 月上旬第 3 代成虫产卵，11 月初第 4 代成虫越冬。

异色瓢虫属于捕食性昆虫，整个幼虫阶段和成虫均可捕食蚜虫、介壳虫、木虱、鳞翅目昆虫的卵和小幼虫。成虫寿命较长，可生活几个月，有的长达 1~2 年。大龄幼虫平均每天捕食 100 多只蚜虫，其速度与使用化学农药相当，是很好的生物防治的物种。

由于成虫寿命长、取食量大，释放后可立即发挥对目标害虫的控制作用，并且随着成虫产卵和幼虫的孵化，其控制作用越来越强。我国曾用异色瓢虫防治松树的大害虫日本松干蚧，取得了良好的效果。

2. 人工生产繁殖技术

（1）饲养条件与饲养工具。饲养条件。温度 18~30℃。光源为自然光或白炽灯，光照时间：黑暗时间=14：10。湿度为 60%~80%。

饲养工具。改制塑料矿泉水瓶为饲养工具。在塑料矿泉水瓶瓶体与上部收缢处剪分，将上部倒扣入瓶体内，瓶盖保留；在瓶体上、下部各扎一圈针孔通气。纱布、橡皮筋、镊子、毛笔等。

（2）越冬群体保持。采用两种方式保持异色瓢虫越冬群体。一种方式是利用异色瓢虫的群集越冬习性，在 10 月初设置越冬诱集场所，诱集越冬群体捕捉或自然越冬。另一种方式是将人工周年生产繁育的群体，于 11 月上旬分装于塑料矿泉瓶中，每瓶中放入 100 只，然后将其放置于泡沫箱中，最后放入 50~100cm 深的窖穴中集中越冬。根据需求，随时取出一定数量回暖饲养，备用。

（3）饵料蚜虫的培养。异色瓢虫喜食各类活体蚜虫。目前已经构建了成熟的紫藤—紫藤蚜饵料蚜虫系统，并且以蚕豆—豌豆修尾蚜为辅助饵料蚜虫系统。饵料蚜虫应保持新鲜，每天更换，每次要保证饵料蚜虫足量并稍有剩余。

（4）成虫饲养及卵卡制作方法。成虫饲养。在养虫瓶内放入 10 头异色瓢虫成虫（雌雄比例 1：1），每天投放带有新鲜蚜虫的植物枝条或叶片，并清理虫粪和残枝。异色瓢虫产卵期，每日更换养虫瓶，将成虫移入新瓶中饲养，检查并记录原瓶中卵量。

制作卵卡及保存。将同一天产的卵块用胶水或浆糊粘贴在硬纸片上，制成卵卡，并统计数量。

（5）幼虫饲养方法。将相同日期的卵卡取出，放在饲养瓶或培养皿中，当卵粒变黑时，表明小幼虫即将孵出，应立即投放蚜虫。不同龄期的幼虫分开饲养，并保持足够饵料蚜虫，随时清理容器，取出枯叶和死虫，保持容器洁净。

（6）化蛹管理。在老熟幼虫取食量明显减小，身体缩短变粗、颜色变暗时，即加入化蛹诱集物，诱使老熟幼虫进入化蛹。化蛹诱集器为内径 0.5~1.0cm 的纸筒。

（7）异色瓢虫的保存。12℃保存，成虫3个月，卵10d。

（8）异色瓢虫的质量检测。异色瓢虫卵的质量检测，观察虫卵颗粒饱满，颜色正常。异色瓢虫成虫的质量检测，大小正常，体长5.4~8.0mm，体宽3.8~5.2mm。外形正常，无缺翅，无畸形。

（9）异色瓢虫的包装、运输和贮存。包装。制作纸盒（5cm×5cm×7cm），将卵卡或成虫分装纸盒中。一般每盒可装500~1 000粒卵，50只成虫。

运输。运输时间不宜超过2d。短距离可在常温条件下，不受热，不暴晒，避免紫外线照射。

贮存。冷藏12℃，卵可保存10~20d；成虫可保存3个月。

3. 释放应用

（1）防控对象。多种蚜虫、蚧虫、木虱、蛾类的卵及小幼虫等。

（2）释放最佳时间及使用方法。在蚜虫为害初期，随着气温上升，温室内蚜虫发生为害呈上升趋势。蚜虫发生的初期起呈点片状，个别“中心植株”蚜虫数量高达1 000~1 500头/株，严重影响植物生长。

在释放异色瓢虫卵卡防控蚜虫时，以蚜虫发生“中心株”为重点。释放瓢虫的参照方案，以释放3次、释放总量100只/亩，每只控制域约为$2×3m^2$。在只有干母或干母孤雌生殖阶段，初次释放20只，在干雌成熟初孤雌生殖时释放30只，在世代重叠现象出现时，释放50只。如果错失Ⅰ、Ⅱ次释放时机，则需要将释放方案调整如下：第一次释放80只，相隔一周后再释放20只，根据实际情况需要可一周后再强化释放50只。

释放瓢虫前，先进行踏查，确定基本的释放点和释放分布布局。傍晚或清晨将瓢虫卵卡悬挂在蚜虫为害部位附近，以便幼虫孵化后，能够尽快取食到猎物，悬挂位置应避免阳光直射。将异色瓢虫卵卡、释放成虫包装盒悬挂和释放在有蚜虫为害的植株上。

（3）最佳释放量。释放异色瓢虫成虫，一般瓢蚜比在200以上。每公顷3 000~4 000头成虫可控制蚜虫。悬挂异色瓢虫卵卡，瓢蚜比应达到1：10~20。

4. 防效评估

（1）检查内容。检查虫口减退率和成灾率，以此来表示防控效果。

（2）检查时间。在释放异色瓢虫成虫3~5d后检查1次，悬挂卵卡则应在5~15d检查3次。

（3）检查方法。调查植物受害株数（受害率）和每株平均蚜簇数及每蚜簇平均蚜虫数。

（4）计算公式。虫口减退率及成灾率计算方法见公式：

$$\text{虫口减退率（\%）}=\frac{\text{防控前活虫数}-\text{防控后活虫数}}{\text{防控前活虫数}}\times 100$$

$$\text{成灾率（\%）}=\frac{\text{成灾面积}}{\text{寄主总面积}}\times 100$$

5. 注意事项

（1）成虫的释放一般以傍晚为宜，因为此时气温较低，光线较暗，比较稳定，不易迁飞。释放后两天内不宜进行灌水、中耕等大型田间活动，以免引起瓢虫迁飞或死亡。最好在释放前，进行灌水和浅耕。

（2）释放后两天内不宜进行灌水、中耕等大型田间活动。

（3）防治的最佳时间为傍晚。

（4）对释放前的成虫进行24~48h的饥饿处理或冷水浸渍处理，可降低异色瓢虫的迁飞能力。

（二）龟纹瓢虫的人工生产繁育与释放应用

1. 龟纹瓢虫生物学基础

龟纹瓢虫，属鞘翅目，瓢虫科。取食蚜虫、粉虱、叶蝉等害虫。分布于全国各地。

成虫：成虫体长圆形，体长3.4~4.5mm，体宽2.5~3.2mm。头部雄虫唇基黄色；雌虫唇基具三角形黑斑，有时黑斑扩大，以至头部全为黑色。复眼黑色，触角、口器黄褐色。前胸背板中央有一黑色大斑，基部与后缘相连，有时黑斑扩展，几乎占据整个前胸背板，仅前缘和侧缘为黄色。小盾片和鞘缝黑色，鞘翅上有黑色斑点、花纹，或几乎全为黑色；或鞘翅上无黑斑，全为黄色，足黄褐色，腹部腹板中部黑色，边缘黄褐色。

卵：纺锤形，大小为1.0mm×0.5mm。初产时乳白色，近孵化时灰黑色。

幼虫：初孵幼虫浅灰褐色，前胸浅灰白色。老熟幼虫体长6.8~7.8mm，浅灰黑色，前胸背板前缘和侧缘灰白色，中后胸中部有灰白色或橙黄色斑，侧下刺瘤灰白或橙黄色。

蛹：黄白色至灰黑色。前胸背板后缘中央有2个黑斑，有的个体黑斑外侧有1个黑点。后胸背部及腹部第2~5节背面各有2个黑斑。

以成虫越冬，早春特别多。可捕食蚜虫、叶蝉、飞虱等。常见于农田杂草，以及果园树丛，捕食多种蚜虫。耐高温，7月下旬后受高温和蚜虫凋落的影响，其他瓢虫数量骤降，而龟纹瓢虫因耐高温、喜高湿习性，在棉花、芋头、豆类等作物田数量占绝对优势（90%以上）。在棉田7、8月捕食伏蚜、棉铃虫和其他害虫的卵及低龄幼若虫。7—9月也是果园内的重要天敌，在苹果园取食蚜虫、叶蝉、飞虱等害虫。

2. 人工生产繁殖技术

（1）饲养条件与饲养工具。饲养条件。温度保持20~35℃。光源为自然光或白炽灯，光照时间：黑暗时间=14：10。湿度保持60%~80%。

饲养工具。改制的塑料矿泉水瓶为饲养工具。在塑料矿泉水瓶体与上部收缢处剪分为二部分，将上部倒扣入瓶体内，在接缘处贴加一层宽1.0~1.5cm的胶带，瓶盖保留；在瓶体上、下部距边沿1.0~2.0cm处各扎一圈针孔，用于通气。纱布、橡皮筋、镊子、毛笔、剪刀、培养皿、滤纸等。

（2）越冬群体保持。将人工周年生产繁育的群体，于10月初分装于塑料矿泉瓶中，每瓶中放入100只，集中饲养。至11月初，将越冬龟纹瓢虫瓶装，然后放置于泡沫箱中，最后放入50~100cm深的窖穴中集中，自然越冬。根据需要，随时取出一定数量回暖饲养，备用。

（3）饵料昆虫培育。龟纹瓢虫饵料昆虫可选择蚜虫和粉虱。

饲料蚜虫的培养。目前已经构建了成熟的紫藤—紫藤蚜饵料蚜虫主系统，和蚕豆—豌豆修尾蚜饵料蚜虫辅助系统，能够完成全年足量饵料蚜虫生产保障。

饵料粉虱的培育。针对粉虱类害虫的生物防控，为了培育偏好粉虱的龟纹瓢虫群体，以饵料蚜虫系统基础保障，研制了多寄主连续性三重繁育食粉虱龟纹瓢虫群体。

选择适宜的粉虱寄主植物，有西红柿、黄瓜、烟草、棉花、薄叶甘蓝、萝卜苗、向日葵、龙葵等。

培育植物幼苗，待长成4片真叶后，接入粉虱。在植株上粉虱虫态（成虫、卵、幼虫、蛹）俱全时，可以作为龟纹瓢虫饵料粉虱连同植物叶片一起剪除利用。

龙葵、萝卜苗、薄叶甘蓝对粉虱类有很强的吸引性，但由于其叶片较薄，不足以保证粉虱完成生活史，因此，既实现了获得大量粉虱卵及1、2龄若虫作为龟纹瓢虫饵料而用的目的，又可避免粉虱发育到成虫飞逸。造成扩散的风险。

（4）成虫饲养及卵卡制作。成虫饲养。在养虫瓶中放入20头龟纹瓢虫成虫（♀：♂为1：1），每日投放带新鲜蚜虫或粉虱的植物枝条或叶片，并清理虫粪和残枝叶等杂物。在成虫开始产卵后，每日更换养虫瓶，将成虫移入新瓶中饲养，检查并记录原瓶中的卵量。

制作卵卡及存放。将同一天所产的卵块用胶水或浆糊粘贴在硬纸片上，制成卵卡，并统计数量，记入生产档案。

（5）幼虫饲养方法。将相同时期的卵卡取出，放入培养皿或饲养杯、饲养瓶中，当卵粒变黑时，表明胚胎发育已经完成，小幼虫即将孵出，应立即投放蚜虫。不同龄期的幼虫分开饲养，随着龄期增大，饲养瓶中的数量逐渐减少，由 100 只，渐次过度到 60 只、40 只、20 只。幼虫饲养过程中，保持足够饵料蚜虫，达理论捕食量的 120%。随时清理容器，取出枯叶和死虫，保持容器洁净和干燥。

（6）化蛹管理。在老熟幼虫取食量明显减少，身体缩短变粗，体色变暗、体壁增厚时，将其转移到装有化蛹诱集器的饲养瓶中。化蛹诱集器为内径 0.5~1.0cm 的纸筒。

（7）龟纹瓢虫的保存。在塑料矿泉水瓶中，12℃保存，成虫 3 个月，卵 10d。

（8）龟纹瓢虫的质量检测。龟纹瓢虫卵的质量检测，观察虫卵颗粒饱满，颜色正常、均匀一致。龟纹瓢虫成虫的质量检测，大小正常，体长 3.4~4.5mm，体宽 2.5~3.2mm。外形正常，无缺翅，无畸形。

（9）龟纹瓢虫的包装、运输和贮运。包装。制作纸盒（5cm×5cm×7cm），将卵卡或成虫分装纸盒中。一般每盒可装 500~1 000粒卵，50~100 只成虫。

运输。运输时间不宜超过 3d。短距离可在常温条件下，不受热、不暴晒，避免紫外线照射。

贮存。冷藏 12℃，卵可保存 10~20d；成虫可保存 3 个月。

3. 释放应用

（1）防控对象。主要用于防控蚜虫、粉虱类害虫，也可控制叶蝉、红蜘蛛等。龟纹瓢虫是一种组合性释放较好的种类，在以蚜虫为主、兼治粉虱的情况下，可与异色瓢虫组合释放；在以红蜘蛛为主、兼治粉虱、蚜虫的情况下，可与深点食螨瓢虫组合释放。

（2）释放最佳时间及使用方法。在蚜虫为害初期，生产中发现蚜虫、粉虱、红蜘蛛为准，将龟纹瓢虫卵卡、成虫包装盒悬挂和释放在有蚜虫为害的植株上。

4. 防效评估

（1）检查内容。检查虫口减退率和成灾率，以此表示防控效果。

（2）检查时间。在释放成虫 3~5d 后检查一次，10~15d 检查第 2 次，1 个月检查第 3 次．悬挂卵卡，则分别在 10~15d、30d、35~40d 检查 3 次，分析防控效果。

（3）检查方法。调查植物受害株（受害株率）和每株平均蚜簇数及每蚜簇平均蚜虫数。

（4）计算公式。虫口减退率及成灾率计算方法见公式：

$$\text{虫口减退率（\%）} = \frac{\text{防控前活虫数} - \text{防控后活虫数}}{\text{防控前活虫数}} \times 100$$

$$\text{成灾率（\%）} = \frac{\text{成灾面积}}{\text{寄主总面积}} \times 100$$

（三）深点食螨瓢虫的人工生产繁育与释放应用

1. 深点食螨瓢虫生物学基础

深点食螨瓢虫属鞘翅目，瓢虫科。低龄幼虫捕食叶螨的卵及若螨，高龄幼虫和成虫捕食成螨。深点食螨瓢虫与叶螨在田间出现的时间较接近。深点食螨瓢虫耐低温的能力为成虫>幼虫>蛹，成虫有一定的耐饥能力。捕食叶螨的数量与叶螨密度呈负加速曲线关系。

成虫：雌虫体长 2~2.60mm。宽 1.10~1.50mm。卵圆形，中部最宽。体黑色，口器、触角黄褐色，有时唇基亦为黄褐色。步形足腿节基部黑褐色，末端或端部褐黄色；胫节及跗节褐黄色。后基线呈宽弧形，完整，后缘达腹部 1/2。头、头胸背板、鞘翅及腹面具刻点，全身密生白毛。腹部能见 6 节：以第一节最长。第六腹板后缘弧形外突。雄虫：第六腹板凹入。生殖器阳基细长，其侧叶及侧叶末端的毛突全长接近于中叶的长度，中叶细长而末端尖锐。从侧面看，自基部开始，渐次向内弯而端部稍外弯，弯管细长，自 1/2 处开始细丝状。

卵：长椭圆形。长约 0.45mm，宽约 0.21mm 左右。初产时为淡黄白色。后变为黄色，孵化前变黑色。

幼虫：共 4 龄，各龄期主要特征：一龄初孵黄白色，体长 1.61mm，宽 0.47mm。头长 0.18mm，宽 0.25mm。胸部背中线两侧各有 1 深色斑点；腹部第 1~8 节各有毛疣 6 个，其上生 1 根刚毛。二龄体长 2.29mm，宽 0.72mm；头长 0.29mm，宽 0.34mm。三龄体长 2.60mm，宽 0.81mm，头长 0.30mm，宽 0.37mm。四龄体长 3mm，宽 0.95mm，头长 0.31mm，宽 0.43mm。

蛹：离蛹，卵圆形。长 3.48mm，宽 1mm。刚化蛹时为橘黄色，几小时后变黑，蛹期时间愈长颜色愈暗。体密生长刚毛，腹部第一节背面有 2 个较大毛疣，第 2~6 节背面各有 4 个毛疣，各毛疣上有 4~5 根刚毛。

深点食螨瓢虫在 24~28℃、相对湿度 78%的条件下，完成一个世代需 20~26d，其中卵期 3~4d，一龄幼虫期 2d，二龄幼虫期 2~3d，三龄幼虫期 2d，四龄幼虫期 2d，全幼虫期 8~9d；蛹期 6~8d；成虫寿命 32~52d。越冬代成虫寿命长达 220d 左右。深点食螨瓢虫的幼虫在 20~25℃温区内可蜕皮 4 次共有 5 个龄期。在 25℃以上，大部 4 个龄期，也有 3 个龄期的个体（刘忠平，1983）。

深点食螨瓢虫在辽宁省复县于 9 月下旬开始越冬，翌年 5 月下旬，当温度上升到 12℃以上时开始活动，6 月中、下旬结束越冬，全年发生 4~5 代。在山东省泰山、河南省镇平县，10 月中、下旬当气温下降到 5℃时，成虫在树皮裂缝、墙缝、土块缝隙和枯枝落叶下越冬，翌年 3 月下旬至 4 月上旬开始活动，在梨、苹果、杂草上繁殖一代，后迁至春玉米田繁殖 2~3 代，7 月迁入棉田，在棉田内繁殖 2 代。9 月份以后迁至越冬场所进行越冬，在该地区估计全年发生 5~6 代。

深点食螨瓢虫的雌虫和雄虫均有多次交配习性。产卵前期一般 3~5d，产卵期在 22d 左右，产卵量 100 粒左右；越冬代成虫产卵期可达 90~160d，产卵量在 500~700 粒。卵散产在棉叶螨周围或棉叶螨网上。幼虫孵化后就在原处经 15min 左右时间后就开始取食。雌虫产卵量多少与食物、温度等因素有关。25℃是产卵的最适温度，产卵期最长可达 191d，产卵量平均 210.50 粒，多者可达 338 粒。深点食螨瓢虫的成虫和幼虫均可捕食各个发育阶段的棉叶螨。一龄幼虫以捕食叶螨的卵为主；二、三、四龄幼虫和成虫以捕食棉叶螨的若螨和成螨为主。一头成虫日平均捕食成螨 15 头和卵及幼螨 21 头（粒），各龄幼虫日平均捕食 25 头（粒）；四龄幼虫日食量最高，可达 30 头以上。

2. 人工生产繁殖技术

（1）饲养条件及饲养工具。饲养条件。保持 20~28℃。光源为自然光源或白炽灯，光照时间：黑暗时间＝14：10，湿度保持 60%~80%。

饲养工具。改制的塑料矿泉水瓶为饲养工具。在塑料矿泉水瓶体与上部收缢处剪分为二部分，将上部倒扣入瓶体内，在接缘处贴加一层宽 1.0~1.5cm 的胶带，瓶盖保留；在瓶体上、下部距边沿 1.0~2.0cm 处各扎一圈针孔，用于通气。纱布、橡皮筋、镊子、毛笔、剪刀、培养皿、滤纸等。

（2）越冬群体保持。将人工周年繁育的群体，于 9 月初分装于塑料矿泉水瓶中，每瓶放入 200 只，集中越冬前驯养。10 月底将越冬群体饲养瓶放置于泡沫箱中，最后放入 50~100cm 深的越冬窖穴中集中放贮，自然越冬。根据需要，随时取出一定数量回暖饲养，备用。

（3）饵料叶螨培育。培育棉花、花生、实生桃苗、山楂、樱桃等幼苗，当长至 4 片真叶时，接上山楂红蜘蛛、苹果红蜘蛛或二斑叶螨，培育群体备用。

（4）成虫饲养及卵卡制作。成虫饲养。在饲养瓶中放入 60 头深点食螨瓢虫（♀：♂为 1：1），每日投放带有活动叶螨的植物叶片，并清理杂物。在成虫开始产卵后，每日更换养虫瓶，将成虫移入新瓶中饲养，检查并记录原瓶中的卵量。

制作卵卡及保存。将同一天所产的卵块用胶水或浆糊粘贴在硬纸片上，制成卵卡，并统计数量，记入生产养殖档案。

（5）幼虫饲养方法。将相同时期的卵卡取出，放入培养皿或饲养杯、饲养瓶中，当卵粒变黑时，表明胚胎发育已经完成，小幼虫即将孵出，应立即投放蚜虫。不同龄期的幼虫分开饲养，随着龄期增大，饲养瓶中的数量逐渐减少，由 200 只，渐次过渡到 100 只。幼虫饲养过程中，保持足够饵料叶螨，达理论捕食量的 120%。随时清理容器，取出枯叶和死虫，保持容器洁净和干燥。

（6）化蛹管理。在老熟幼虫取食量明显减少，身体缩短变粗，体色变暗、体壁增厚时，将其转移到装有化蛹诱集器的饲养瓶中。化蛹诱集器为内径 0.5~1.0cm 的纸筒，压扁而成。

（7）深点食螨瓢虫的保存。在塑料矿泉水瓶中，12℃保存，成虫 3 个月，卵 10d。

（8）深点食螨瓢虫的质量检测。深点食螨瓢虫卵的质量检测，观察虫卵颗粒饱满，颜色正常、均匀一致。深点食螨瓢虫成虫的质量检测，大小正常，体长 2.0~2.6mm，体宽 1.10~1.50mm。外形正常，无畸形，善活动。

（9）深点食螨瓢虫的包装、运输和贮运。包装。制作纸盒（5cm×5cm×7cm），将卵卡或成虫分装纸盒中。一般每盒可装 1 000~2 000粒卵，100~200 只成虫。

运输。运输时间不宜超过 3d。短距离可在常温条件下，不受热、不暴晒，避免紫外线照射。

贮存。冷藏 12℃，卵可保存 10~20d；成虫可保存 3 个月。

3. 释放应用

（1）防控对象。主要用于防控各种叶螨。深点食螨瓢虫的食性比较专一，仅捕食各种叶螨，如果需要兼治蚜虫、粉虱等害虫，需要与异色瓢虫、龟纹瓢虫组合释放。

（2）释放最佳时间及使用方法。在红蜘蛛为害初期，生产中刚刚发现红蜘蛛发生为准，将深点食螨瓢虫卵卡、成虫包装盒悬挂和释放在有红蜘蛛为害的植株上。

4. 防效评估

（1）检查内容。检查虫口减退率和成灾率，以此表示防控效果。

（2）检查时间。在释放成虫 3~5d 后检查一次，10~15d 检查第 2 次，1 个月检查第 3 次。悬挂卵卡，则分别在 10~15d、30d、35~40d 检查 3 次，分析防控效果。

（3）检查方法。调查植物受害株（受害株率）和每株平均叶螨簇数及每个叶螨簇平均叶螨数量。

（4）计算公式。虫口减退率及成灾率计算方法见公式：

$$\text{虫口减退率（\%）}=\frac{\text{防控前活虫数}-\text{防控后活虫数}}{\text{防控前活虫数}}\times 100$$

$$\text{成灾率（\%）}=\frac{\text{成灾面积}}{\text{寄主总面积}}\times 100$$

（四）黑广肩步甲的人工生产繁育与释放应用

1. 黑广肩步甲生物学基础

黑广肩步甲（*Calosoma maximociczi* Morawitz），属鞘翅目，步甲科。捕食柞蚕等多种鳞翅目、鞘翅目昆虫，食量大，凶猛，地面树上均可捕食。分布于胶东半岛和辽东半岛柞蚕放养区。

成虫：全体黑色，琵琶形，体壁坚硬，有金属光泽。雄虫体长平均为 29mm，体宽为 13mm。雌虫体长平均为 30mm，体宽为 14mm。头近梯形，具横皱纹。上颚发达，呈钳形；上唇黑色，向前弯曲；下颚须和下唇须均呈黑色；触角丝状，为 11 环节组成，前 4 节无毛，后 7 节生棕褐色毛。前胸较宽，两侧外缘呈弧形，微翘；中间有纵沟 1 条，但不达到前、后缘；背面有细刻点及粗皱纹。鞘翅较宽，有 15 条纵隆线，第 4、8、12 条线上有 9~12 个绿色星点，侧缘密布数列绿色发亮小刻点。腹面黑色，体侧多生小刻点。雌雄区别：雄虫前足跗节第 1~3 节比雌虫宽大。雌虫体一般比雄虫大。

卵：乳白色，长椭圆形稍弯曲。平均长 4.9mm，宽 2.3mm。卵壳韧而软。孵化前半透明，可见蠕动的幼虫。

幼虫：老熟幼虫平均体长 36.3mm，体宽 8.3mm。体躯扁平，背面黑色，微显光泽。腹面灰色，有大小不同具毛的褐色斑纹。前胸最长，中胸次之，腹部各节较短。胸及腹部（第 9 节除外）背面中间有一条纵沟。第 9 腹节背面褐色，其末端有黑色角突（尾毛）1 对。胸足 3 对，较发达，每足尖端有爪 2 个。

蛹：初化蛹时乳白色，后为浅灰色。体躯稍弯曲，呈橄榄形。腹部背面及体侧有褐色刚毛。

在山东栖霞地区 1 年 1 代，以成虫在土壤中越冬。翌年 5 月中下旬及 6 月间有少数成虫出土活动，7 月末 8 月上中旬大量出土，捕食柞蚕，在发生盛期产卵于土中，8 月中下旬卵孵化为幼虫，9 月中下旬幼虫在土中做土室化蛹，10 月上中旬羽化为成虫，在原土室内越冬，不再出土活动。

2. 人工生产繁殖技术

（1）饲养条件及饲养工具。饲养条件。保持 25～30℃。光源为自然光源或白炽灯，光照时间：黑暗时间=14：10。湿度保持 60%～80%

饲养工具。塑料盒，底部铺一层 2～3cm 厚的细沙，再覆盖一层由 2～3 片阔叶树叶片组成的叶片层，内部混杂一些直径 0.5～1.0cm 的细枝条。

（2）越冬群体保持。将人工周年饲养的群体，于 9 月底至 10 月上旬分装于塑料矿泉水瓶或大可乐瓶中，内部放入一些花生壳，每瓶放入 10 头，集中进行越冬驯化。于 10 月底将越冬群体塑料瓶放入泡沫箱中，最后放入 50～100cm 深的窖穴中集中冬贮，自然越冬。

（3）饵料昆虫种类。黑广肩步甲食料很杂，可用于饵料的昆虫种类有黄粉虫、白星花金龟、黄粉鹿角花金龟、小青花金龟、黑水虻（幼虫）、家蚕、玉米螟、桃蛀螟等。

（4）成虫与幼虫的饲养。黑广肩步甲成虫与幼虫捕食习性相似。在每一饲养盒（30cm×40cm×8cm）中放入成虫 50 只、幼虫 100 只。每日投放混合饵料昆虫，并清理杂物。成虫开始交配后，将成对成虫分出，单独饲养于罐头瓶饲养器，每日更换饲养瓶，将成虫移入新瓶中饲养，检查并记录原瓶中的卵量。

（5）黑广肩步甲的保存。冷藏 12℃保存，成虫 6 个月，卵 3 个月。

（6）黑广肩步甲的质量检测。黑广肩步甲卵的质量检测：观察卵颗粒饱满，颜色正常、均匀、一致。黑广肩步甲成虫的质量检测：大小正常，体长 29～30mm，体宽 13～14mm，外形正常，无畸形，行动快速敏捷。

（7）黑广肩步甲的包装、运输和贮存。包装。用孔径为 1～2cm 的玻璃管，填塞一只花生壳，放入 2～3 条黄粉虫，放入 1 只黑广肩步甲成虫，如此重复，直至玻璃管装满为止。

运输。运输时间不宜超过 1 周。短距离可在常温条件下，不受热、不暴晒，避免紫外线照射。

贮存。冷藏 12℃，成虫 6 个月，卵 3 个月。

3. 释放应用

（1）防控对象。主要用于防控鳞翅目、鞘翅目等害虫。

（2）释放最佳时间及使用方法。在各种鳞翅目、鞘翅目害虫初现时，即释放黑广肩步甲成虫或幼虫。

将盛装成虫或幼虫的玻璃管塞拔除，用带钩的铁丝将玻璃管中花生壳一一掏出，同时把步甲成虫或幼虫取出释放。

4. 防效评估

（1）检查内容。检查虫口减退率和成灾率，以此表示防控效果。

（2）检查时间。在释放成虫或幼虫 3～5d 后检查一次，10～15d 检查第 2 次，1 个月检查第 3 次。

（3）检查方法。调查植物受害株（受害株率）和每株平均叶螨簇数及每个叶螨簇平均叶螨数量。

（4）计算公式。虫口减退率及成灾率计算方法见公式如下：

$$\text{虫口减退率（\%）}=\frac{\text{防控前活虫数-防控后活虫数}}{\text{防控前活虫数}}\times 100$$

$$\text{成灾率（\%）}=\frac{\text{成灾面积}}{\text{寄主总面积}}\times 100$$

（五）绿步甲的人工生产繁育与释放应用

绿步甲生物学基础

绿步甲（*Carabus smaragdinus* Fischer），属鞘翅目，步甲科。主要分布在东北、北京、河北、河南、山东等地。捕食鳞翅目昆虫幼虫及各种蜗牛、蛞蝓等软体动物。

成虫：体长雄性 33mm，雌性 37mm，体宽雄性 10mm，雌性 12mm。头、前胸背板红铜色，有金属光泽；口器、触角、小盾片及虫体腹面黑色；鞘翅绿色，个别个体红铜色，有金属光泽；鞘翅瘤突黑色。头较长，后颊长；额中部隆起；颚须和唇须端部斧状；触角第 1~4 节光滑，第 5~11 节被绒毛。眼小，稍突出。前胸背板略呈心形，两侧在中部之后略变。鞘翅长卵形，基部与前胸基部近等宽，两侧中后部渐膨大，之后变窄，端部 2 枚刺突并向上翘起；鞘翅一级行距瘤卵圆形，长稍大于宽；二级行距瘤近圆形，隆起程度稍低于一级行距瘤；三级行距瘤不明显，仅为一些不规则的小颗粒。足细长。雌、雄虫的主要区别是：雄性前足第 1~3 跗节较雌性宽大；雌性个体一般比雄性大。

卵：浅黄色，长椭圆形稍弯曲，长 7.1mm，宽 3.8mm。卵壳韧而软。孵化前半透明，里面可见蠕动的幼虫。从有胎盘迹象到孵化仅需若干个小时。

幼虫：初孵化幼虫体长 11.1~13.4mm，宽 5.2~6.0mm；老熟幼虫体长 38.3~44.2mm，宽 10.1~12.0mm。体躯扁平，背面及腹面均为黑色。略具蓝色光泽。中胸略长于前胸，腹部各节渐短，均略短于中胸，腹节末端有 2 个尾刺。胸足 3 对，后足略长于中足，中足略长于前足，每足前端有爪 2 个。

蛹：体长 24.3mm，体宽 9.7mm。初化蛹时乳白色，后为淡黄色。体躯稍弯曲，呈橄榄形。

在山东嘉祥地区 1 年 2 代，以成虫在土室中越冬。翌年 4 月下旬及 6 月间有少数成虫出土活动，7 月上中旬开始大量出土捕食害虫、交配产卵，在发生盛期产卵于土中，1 周后卵孵化为幼虫，8 月上中旬老熟幼虫在土中做土室化蛹，8 月中下旬羽化为成虫后出土。9 月中旬越冬成虫与当年成虫开始繁殖产卵，1 周后卵孵化为幼虫，10 月上中旬老熟幼虫做土室化蛹，羽化出的成虫在土室中越冬，不再出土活动。

（六）蚁狮的人工生产繁育与释放应用

蚁狮生物学基础

蚁狮，是脉翅目蚁蛉科蚁狮属种类的统称。蚁狮成虫与幼虫皆为肉食性，以其他昆虫为食，幼虫生活于干燥的地表下，在沙质土中造成漏斗状陷阱以用来诱捕猎物。中国主要分布在山东、新疆、甘肃、陕西、广西、河南、河北等省区。

成虫：蚁狮是脉翅目，蚁蛉科种类幼虫的统称，成虫后叫“蚁蛉”，通体暗灰色或暗褐色，翅透明并密布网状翅脉。头部较小，但一对复眼发达并向两侧突出，口器为咀嚼式，腹部细长。体长 23~32mm，展翅 52~67mm。静止状态时，两对翅自胸部背面向体后褶叠呈鱼脊状，覆盖体背直到腹部末端。蚁蛉多属中或大型昆虫，形似蜻蜓。蚁蛉的触角较短，呈棒状，且尖端逐渐膨大并稍稍弯曲，翅脉的翅痣下方均有一狭长的翅室。

幼虫：体近似纺锤形，头和前胸较小，中后胸较发达，腹部肥大，体表生有着生刚毛的毛瘤。头扁平，前端有一对形如钳状的强大弯管，为一对由上下颚分别形成的颚管，称双刺吸式口器。平时倒退行走。

蚁狮生活于干燥的地表下，在沙质土中造成漏斗状陷阱。居沙地，筑漏斗形凹坑（2.5~5cm深，口部2.5~7.5cm宽），用腹部为犁，用头部承受掘松的颗粒，并将其抛出坑外。然后自己埋在坑底，仅露上颚在外，捕食滑入坑底的昆虫。

幼虫成熟后，用沙土和丝作球状茧而化蛹；茧内若虫分为两个阶段，阶段一是未成熟前可发现透明柔软的翅，阶段二是半成熟，呈褐色。茧内成虫触角短棒形，翅窄而脆弱，翅脉密，一般有褐色或黑色斑纹。不取食，所以幼虫须贮备足够食物以维持成体的生命。成虫于夏末羽化。

（七）蠋敌的人工生产繁育与释放应用

蠋敌生物学基础

蠋敌［*Arma custos*（Fabricius）］，属半翅目，蝽科。捕食棉蚜、棉铃虫、棉小造桥虫、卷叶虫、象鼻虫。分布在黑龙江、内蒙古、河北、山西、陕西、新疆、江苏、浙江、江西、湖北、贵州、甘肃、安徽等。

成虫：雄虫体长10~13mm，宽5~6.50mm；雌虫体长11.50~14.50mm，宽6~7mm。全体上下由黄褐、黑褐至灰黑色，多少有点浅红色，体下黄色，满布刻点。一列小点在腹下两侧，近于第3~6节的前缘。前、中足基部各有1小点。触角红黄色，第三、四节黑色。足浅褐色，腿节有细黑点。

卵：圆筒形，略小于小米粒。初产时乳白色，孵化前米黄色。

若虫：初孵化时米黄色，十几分钟后胸部逐渐变为深黑色，腹部背板呈现出4~5条黑色横纹，四龄后显现翅芽。

蠋敌在山东省定陶县以成虫越冬。5月中旬在春玉米、小麦田活动，7月下旬转移到棉田，在棉花上大量产卵，卵多产在叶片正面，常十几粒到几十粒排列一起。在8月下旬至9月中旬达到高峰。10月又转移到麦田等越冬场所进行越冬。

蠋敌为广谱捕食性天敌昆虫，在棉田内主要捕食棉蚜、棉铃虫、棉小造桥虫、卷叶虫和象鼻虫。捕食象鼻虫时，喙多从腹面刺入，经2~3min即可将猎物致死。各龄期若虫对象鼻虫的日平均捕食量是：二龄3.50头，三龄5.10头，四龄6.20头，五龄7.80头，成虫10.50头。

（八）叉角厉蝽的人工生产繁育与释放应用

1. 叉角厉蝽生物学基础

叉角厉蝽［*Cantheconidae furcellata*（Walff）］，属于半翅目，猎蝽科。主要分布于四川、广西、海南。善于捕食食叶害虫，是农林业应用上一种重要的捕食性天敌。

成虫：雌虫体长14.66~15.96mm，体宽6.32~6.51mm，雄虫体长11.54~13.22mm，体宽4.89~5.70mm。体色黄褐与黑褐混杂，密布刻点。头黑色，中线黄褐色，触角第1节短，不超过头的前端，第2~5节基部浅黄色；喙粗壮，共4节，浅黄，端部黑；前胸背板前端两侧角黑色、分2支，前支长、尖锐、略弯向上前方，后支极短、圆钝、略弯向后方；小盾片大，三角形，长超过前翅爪片，端部钝圆，基部黑褐，基角各有一大黄斑；前翅革质片后部有一黑色斑，膜翅纵脉多，中央有一灰黑纵带；雌虫腹部卵圆形，雄虫腹部近三角形；前足胫节外侧叶状扩展，宽与胫节相等，胫节端部黑，基部白，跗足3节。

卵：圆桶形，灰黑色，有金属光泽。高1.1mm，宽0.9mm，假卵盖圆形，直径约为卵宽75%，边缘有10~12根刺状精孔突。

若虫：末龄若虫卵圆形，黄色表皮与黑褐色革质片相间，头部中叶与侧叶分界明显，中叶前端弧形，略长于侧叶，前胸背板侧角弯向后方，黑色；小盾片明显，三角形，部分革质化；翅芽明显，革质化，长达第3腹节；腹背中线有4对对称黑斑，背侧也有对应的4块黑斑，以第2、3对黑斑为大；前足胫节外侧叶状扩展。

叉角厉蝽在福建省长泰县一年发生多代，世代重叠。林间调查6月中、下旬有卵和成虫，7—

11月可见各种虫态。6月底至7月初从初孵若虫开始饲养为不完整3代，第二代成虫在枯落叶下越冬，越冬成虫翌年3—4月天气晴好时开始活动。饲养第一代7月中旬成虫羽化。第二代卵出现于7月下旬，若虫出现于8月上旬，成虫出现于8月下旬。第三代卵始见于9月初，若虫见于9月下旬。但第三代若虫未能完成发育，后期卵不孵化。

2. 人工生产繁育技术

叉角厉蝽是目前国内规模化饲养量较大的捕食性天敌种类之一。饲养场地设施、器具各种规格的塑料盒/瓶、种源、饲料、人工饲养胶囊（赤眼蜂卵卡）、黄粉虫蛹。室内观察，表明叉角厉蝽捕食范围广，捕食能力强，捕食量大。一头叉角厉蝽能捕食斜纹夜蛾低龄幼虫8~10头/天，高龄幼虫4~5头/天；菜青虫10~15头/天；小菜蛾幼虫20~30头/天。

3. 产品及应用

（1）产品规格。400头/天。

（2）亩释放量。800~1 200（1 000）头。

（3）应用领域。农林业鳞翅目害虫。

（4）防治对象。斜纹夜蛾、甜菜夜蛾、菜青虫、小菜蛾、玉米螟等。其捕食范围涉及鳞翅目、膜翅目、鞘翅目、半翅目等40种以上的幼虫，其中尤喜鳞翅目幼虫，是农林业应用上生物防治鳞翅目害虫的理想天敌产品。

二、寄生性天敌的研究与应用

昆虫寄生性天敌昆虫的寄生习性是多种多样的。寄生性天敌按其寄生部位来说，可分为内寄生和外寄生。内寄生昆虫的幼虫生活于寄主体内，并形成适应于寄主体内生活的特有形态（如表皮构造、呼吸方式、取食及养分吸收的特点等）。外寄生昆虫生活于寄主体外，或附着于寄主体上，或在寄主所造成的披盖物内取食，同样也形成适应于体外寄生的特有形态。

寄生性天敌按被寄生的寄主的发育期来说，可分为卵寄生、幼虫寄生、蛹寄生和成虫寄生。卵寄生昆虫的成虫把卵产入寄主卵内，其幼虫在卵内取食、发育、化蛹，至成虫咬破寄主卵壳外出自由生活。例如，赤眼蜂科、缘腹卵蜂科（黑卵蜂）、平腹蜂科、缨小蜂科的大多数种类等。幼虫寄生的昆虫的成虫把卵产入寄主幼虫体内或寄主体外，其幼虫在寄主幼虫体内或体外取食、发育，成熟幼虫在寄主幼虫的体外或体内化蛹，羽化为成虫后自由生活。例如小蜂总科的许多种类，姬蜂总科的许多种类，寄蝇、麻蝇的许多种类等。蛹寄生昆虫的成虫把卵产于寄主蛹内或蛹外，其幼虫在寄主蛹内或蛹外取食，在寄主蛹内或蛹外化蛹，成虫期自由生活。例如小蜂总科、姬蜂总科、寄蝇、麻蝇的许多种类等属于这个类群。成虫寄生昆虫的成虫把卵产于寄主的成虫体上或体内，其幼虫在寄主体内或附在寄主体上取食、发育，在寄主体内或离开寄主化蛹。在小蜂总科、姬蜂总科、寄蝇、麻蝇等中的一些种属于这个类群。

除此以外，还有一些比较特殊的寄生现象。例如，广黑点瘤姬蜂 *Xanthopimpla punctata* Fabricius产卵于老龄的寄主幼虫体内，寄主化蛹后仍在蛹内大量取食，在寄主蛹内结茧化蛹，成虫破寄主蛹壳而外出自由生活。具有这样生活习性的可称为“幼虫-蛹寄生”。又如，一些甲腹茧蜂 *Chelonus* spp. 产卵于寄主卵内，蜂卵或初孵幼虫落入寄主胚体之中，至寄主孵化后发育至一定时期才大量取食、迅速发育、化蛹羽化。其发育过程跨越卵、幼虫两个虫态。具有这样寄生习性的可称为“卵-幼虫寄生”。还有一些“卵-蛹寄生”或“若虫-成虫”寄生的类群。这些寄生现象也称为跨期寄生。

寄生性天敌按其寄生型式来说，还可分为下面的类群。

1. 单寄生

一个寄主体内只有一个寄生物。例如，在卵寄生中，平腹小蜂在一个寄主卵内只能寄生一头幼虫；在幼虫或蛹寄生中，姬蜂在一个寄主体内或体外只寄生一头幼虫。这都属于单寄生。

2. 多寄生

一个寄主体内可寄生两个或两个以上同种的寄生物。例如，在赤眼蜂属中，在较大的寄主卵内可同时寄生十多个至成百个幼虫，育出十多个至成百个成虫；一些绒茧蜂 *Apanteles* spp。寄生于大型的鳞翅目幼虫体内，一条寄主幼虫可育出数十个至数百个个体。这些都属于多寄生。

3. 共寄生

一个寄主体内有两种或两种以上的寄生物同时寄生。例如，欧洲玉米螟 *Ostrinia nubilalis*（Hubner）幼虫体内有时可以发现寄生在脂肪组织内的寄蝇 *Zenillia roseanae*、寄生在气管系统的寄蝇 *Paraphoracerasenilie* 和寄生于体内的姬蜂 *Angitiapunctoria* 三种寄生物同时寄生。共寄生现象常会引起种间竞争，最后只留下一个优势种。例如，稻瘿蚊 *Orseoia oryzae*（Wood-Mason）幼虫被黄柄黑蜂 *Platygaster* sp，寄生后，也会被斑腹金小蜂 *Obtusicava oryzae* Rao 所寄生（外寄生），最后，只有斑腹金小蜂能正常发育。

4. 重寄生

也是在寄主体内寄生两种以上的寄生物，但它们是食物链式地寄生，即第一种寄生物寄生于寄主体内，第二种寄生物又在第一种寄生物上寄生。这样，第一种寄生物称为寄生物或原寄生物，第二种寄生物称为重寄生物；如果重寄生物上还有寄生物则为二重寄生物。这种现象称重寄生现象。重寄生现象是常见的。例如，次生大腿小蜂 *Brachymeriasecundaria* 及同属的不少种常重寄生于其他膜翅目或寄蝇的幼虫中。

重寄生物因寄生于害虫寄生性天敌而带来害处。在引进外地天敌时要求隔离饲养数个世代，原因之一在于防止重寄生物的引入。如果重寄生物寄生于有害的寄生物上则带来益处。例如，广东大陆在紫胶的生产上曾经利用重寄生的白虫茧蜂 *Bracon greeni* Ashmead，白虫茧蜂寄生于白虫 *Eublemma amabilis* 体内。白虫是紫胶虫 *Lacciferlacca* 的捕食性昆虫，对紫胶的生产带来威胁。利用白虫茧蜂防治紫胶白虫，解决了紫胶生产上的一个问题，恢复了紫胶在广东的生产。

（1）赤眼蜂的人工繁殖与应用。赤眼蜂（*Trichogramma*）是膜翅目（Hymenoptera）纹翅卵蜂科（Trichogrammatidae）中的一个属。赤眼蜂属（*Trichogramma*）与近缘属拟赤眼蜂属（*Trichogrammatoidea*）的区别为：赤眼蜂属前翅具径横毛列，雄性触角棒节不分节。拟赤眼蜂属的前翅无径横毛列，雄性触角棒节分为 3 节，痣脉延长。我国已知 24 种赤眼蜂，以松毛虫赤眼蜂为列进行介绍。

①松毛虫赤眼蜂生物学基础：松毛虫赤眼蜂（*Trichogramma dendrolimi* Matsumura）属于膜翅目，纹翅卵蜂科，赤眼蜂属。赤眼蜂的成虫体小，体长 0.2~1.0mm。体色黄或黄褐色，复眼和单眼均呈红色；触角鞭状，雌雄异形。雄性触角具长毛，触角由柄节、鞭节和梗节组成；雌性触角在鞭节基部又分化成二微小的环状节、两节索节和端部的棒状节；赤眼蜂前胸短宽，中胸发达，后胸和第一腹节紧密连接成并胸腹节；具有前后两对翅和三对胸足。松毛虫赤眼蜂与其他赤眼蜂的区别在于其阳基背突有明显的近半圆形的侧叶，且该侧叶与中叶的区分不明显，检测形成弧形内凹的侧缘，阳基背突末端伸达 D 的 3/4 以上，侧叶宽圆，腹中突长大，其长度相当于 D 的 3/5~3/4。

松毛虫赤眼蜂的个体发育需经卵、幼虫、预蛹、蛹和成虫 5 个发育阶段，除羽化出蜂后，均在寄主卵内完成。其发育期的长短与温度密切相关。在 25℃条件下，以蓖麻蚕卵作为寄主卵，松毛虫赤眼蜂全发育期 10~12d，其中卵期约 1d，幼虫期 2d，预蛹期 3.5d，蛹期 4d；温度为 30℃时，8d 即可完成一个世代。赤眼蜂在人工繁殖情况下，只要室内控制适宜的温度、湿度，全年可连续繁殖 50 代。在自然条件下，赤眼蜂的年发生代数及世代历期的长短因地区而异。广西南宁终年都繁殖；广东一年 30 代；湖南长沙为 23 代；山东济南玉米地可发生 14 代；内蒙古自治区（以下简称内蒙古）的呼和浩特为 10 代。

松毛虫赤眼蜂可以防治落叶松毛虫、马尾松毛虫、西伯利亚松毛虫、苹果小卷叶蛾、桑毒蛾、拟小黄卷蛾甘蓝夜蛾、玉米螟、二化螟、二点螟、银杏大蚕蛾等害虫。松毛虫赤眼蜂雌蜂可将自己的卵产在寄主卵中，松毛虫赤眼蜂的卵在寄主卵内很快孵化成幼虫，吸食寄主卵内的物质，以供给自身生长发育，被寄生的寄主卵液被吸干后，便不能再孵化成幼虫出来为害，以此达到防治寄主害虫的目的。据调查，在辽宁省松毛虫赤眼蜂于9月中、下旬在野核桃树的银杏大蚕蛾卵、榆树的榆毒蛾卵、杨柳树的柳毒蛾卵、山荆子和海棠树的天幕毛虫卵内产卵越冬。5月上、中旬，松毛虫赤眼蜂从越冬卵内羽化出蜂。

②人工生产繁殖技术：

ⅰ 蜂种准备

种蜂采集。采集对目标害虫寄生率高、适应性强的寄主卵内的松毛虫赤眼蜂。

种蜂鉴定提纯。种蜂采回后，用试管分装、编号、自然温或加温，待羽化后投入饲料喂养，接入寄主卵，出蜂后经鉴定提纯选优，去除杂蜂、弱蜂，得出优质蜂种。

扩繁条件与方法。中间寄主卵：未经冷藏处理的新鲜柞蚕卵。繁蜂温度和湿度：25℃、80%。蜂卵比：2：1。接蜂时间：10~12h。扩繁代数：不超过7代。种蜂扩繁：提纯后的种蜂，用玻璃筒扩繁2~3代，幼虫后冷藏。翌年2—3月，按种蜂寄生卵和寄主卵比1：20再扩繁。

复壮。种蜂繁育5代后，采取更换寄主卵或中间寄主卵等方法进行复壮。

冷藏。在1~4℃、相对湿度60%~70%的条件下冷藏，时间不超过30d。

加温。加温时温度为25℃、相对湿度80%。

ⅱ 中间寄主卵的筹集

选茧与储存。自东北地区采选二化性、无病柞蚕卵，雌茧率80%以上，50只雌茧约重500克。将柞蚕茧包装好，放置于2~5℃、50%~60%RH的冷库中保存。注意冷库中禁止存放农药、化肥等有毒和刺激气味的物品，并做好防潮工作。

中间寄主卵的制备。在18~25℃、70%RH条件下将储存的柞蚕茧加温。待蛾羽化率达90%时，每天收蛾1~2次，同时将雌雄蛾分开。将活蛾存于0~5℃冷库，储存时间不多于7d。剖蛾腹部取卵。去除不成熟的柞蚕卵，清洗，漂净杂物。将洗净的寄主卵（柞蚕卵）晾干，收集备用。忌在阳光下暴晒。

ⅲ 商品蜂的生产

生产前准备工作。根据当年放蜂面积、时间、需蜂量、分期、分批详细制定繁蜂计划。准备接蜂室。对接蜂室、繁蜂用具进行常规消毒。对寄生有松毛虫赤眼蜂的寄主卵用新洁尔灭50倍液浸后捞起晾干以消毒。

繁殖方式：以散卵繁蜂为主。

蜂卵比：1.5~2：1。

中间寄主卵厚度：1~1.5粒卵厚度。

育蜂温、湿度：25℃、80%RH。

接蜂时间：10~12h。

接蜂方法：当种蜂发育到蛹后期，将种蜂卡装入容器中，待羽化蜂达10%时再接蜂，接蜂前将寄主卵按比例装入浅盘铺平，然后将提前羽化的种蜂和蜂卡一起投入浅盘，在暗室条件下，10~12h结束接蜂后，取出已经羽化种蜂卡，筛去残留的成蜂，编号注明日期，置于25℃条件下让其发育至老熟幼虫虫态，然后统一储存。

精选：去除未寄生卵、种蜂的寄主卵壳和杂质，以待制卡。

制蜂卡：采用16开、质量为70~80g的书写纸为蜂卡卡体，用排笔将优质乳白胶刷于卡上，将寄主卵撒粘其上，粘成3条×21.5cm×3cm，共195cm^2，晾干制成蜂卡。

按80~85cm^2/千粒卵测算，蜂卡蜂量测算公式为：

卵粒寄生率×卵粒羽化率×单卵出蜂×195cm^2×1 000/（80~85）cm^2

ⅳ 松毛虫赤眼蜂蜂卡的包装、运输和贮存

包装和贮存。将蜂卡每 10 张用旧报纸包成一包，注明批次、日期，置于 3~5℃条件下储藏待用，冷藏时间不超过 40d。

运输。在放蜂前计算好出蜂期，从冷库中取出冷藏蜂卡。经过 25℃、70%相对湿度的加温保湿后，蜂卡大部分蜂体进入中蛹期，可向放蜂地发放。

蜂卡每 10 张用旧报纸包成一包，立式放置于包装箱内，运输时不与有毒、有异味货物混装；要求通风，严禁重压、日晒和雨淋。

③释放应用：

ⅰ 防治对象

松毛虫、玉米螟等。

ⅱ 防治最佳时间

在田间诱测到越冬害虫成虫（始见期）开始，为第一次放蜂适期，选择气象条件合适时放蜂。

ⅲ 防治最佳剂量

常规放蜂量为每亩 1 万~1.5 万头，如为害严重，可加大放蜂量。每代卵期放蜂 4 次，间隔期 3~4d。也可逐株放蜂，每株放 1 000 头。

ⅳ 使用方法

进行防治工作前，应选择害虫卵初期开始放蜂，常规放蜂量为每亩 1 万~1.5 万头，如为害严重，可加大放蜂量。每代卵期放蜂 4 次，间隔期 3~4d。也可逐株放蜂，每株放 1 000头。在晴朗天气的上午 10 时或下午 16 时左右，将卵卡用大头针别在树叶的背面，也可将卵卡折起挂在树枝下面。禁止大风天、雨天放蜂。

ⅴ 效果调查

放蜂后 8~10d 在放蜂区检查寄主害虫卵粒寄生率，并与不放蜂区对比作物生长状况。

（2）白蛾周氏啮小蜂的人工繁殖与应用。

①白蛾周氏啮小蜂生物学基础：

白蛾周氏啮小蜂［*Chouioia cunea*（Yang）］，膜翅目 Hymenoptera，小蜂总科 Chalcidoidea，姬小蜂科 Eulophidae，啮小蜂亚科 Tetrastichinae，周氏啮小蜂属 *Chouioia*，内寄生在美国白蛾 *Hyphantria cunea*（Druy）等鳞翅目害虫的蛹中。

成虫，雌虫体长 1.1mm~1.5mm，红褐色稍带光泽，但头部、前胸及腹部色深；雄虫体长 1.4mm，近黑色略带光泽，并胸腹节色较淡，腹柄节，腹部第一节基部为淡黄色；卵，初产时白色，半透明，牡蛎形，长 0.054~0.065mm，大的一端宽 0.021~0.033mm，1h 后即吸水膨大，长度达 0.196~0.217mm，大的一端宽度增至 0.054~0.072mm，经 2~3d 即孵化；幼虫蛆形，无头无足，生活在寄主蛹内；蛹为裸蛹，群集化在寄主空蛹壳内，以尾部附着于寄主蛹内壁，头部均向内直伸，与寄主蛹体壁垂直，排列非常整齐。

对白蛾周氏啮小蜂成虫的解剖研究，发现雌蜂最高怀卵量可达 680 粒，平均为 270.5 粒，为人工繁蜂时接蜂量及防治时放蜂量的确定提供了依据。则算出了其发育期点温度为 6.14℃，有效积温为 365.12℃。据此，做出了白蛾周氏啮小蜂发育历期与温度的函数关系曲线图，极大地方便了人工繁蜂时温度值的确定。

通过利用不同的寄主进行繁蜂试验，找到了适宜的繁蜂替代寄主—柞蚕蛹，其出蜂量大（每头蛹出蜂最高达 11 256头，平均 7 856头），而且繁殖出的小蜂个体大小正常，寄生力强，取材方便，成本低廉，是理想的繁蜂替代寄主。试验明确替代寄主的常年保存技术，保存的柞蚕蛹 300d 后仍能繁殖出健壮的小蜂。为防止恒温条件下人工饲养的白蛾周氏啮小蜂生活力和控制力退化，在人工繁殖 8~10 代后需进行蜂种复壮。经过复壮的小蜂，繁殖和寄生能力均有显著提高。

杨忠岐研究了白蛾周氏啮小蜂在林间的发生世代及转主寄主的种类及其生物学。结果表明，小蜂年发生 7 代，而美国白蛾年发生 2~3 代。有 7 种其他食叶害虫是小蜂的转主寄主，而且这些寄主的蛹期互相衔接。因此，小蜂在释放后，可以转移寄生其他寄主，特别是在两代美国白蛾蛹期之间。因而白蛾周氏啮小蜂可以在自然界保持较高的种群数量。

在美国白蛾老熟幼虫期和化蛹初期分别放蜂 1 次，放蜂量为美国白蛾幼虫数量的 5 倍，连续放蜂防治两代，就可将其种群数量有效控制，使有虫株率降到 1.25%，天敌的总寄生率达到 92.67%。对美国白蛾生命表的研究表明，小蜂释放后具有有效地控制下一代美国白蛾种群数量的能力。放蜂防治后连续 5 年，共追踪调查 10 代美国白蛾的发生情况，发现美国白蛾在防治后第 2 年至第 5 年有虫株率保持在 0.1%以下的低水平，天敌的寄生率仍高达 92%，持续控制作用十分显著。几年来防治面积达 3.74 万 hm^2，占全国美国白蛾发生面积的 1/3，取得了良好的防治效果。

②人工生产繁殖技术：

ⅰ 繁殖室条件

温度应控制在 21~24℃，相对湿度控制在 40%~70%，避光。

ⅱ 寄主

新鲜、健康的柞蚕茧蛹。

ⅲ 饲养工具

接蜂工具宜选用 11 号或 12 号手术刀和宽 5mm 的透明胶条。辅助工具有直径 1cm 的指形管、毛笔、毛刷、漏斗等。

ⅳ 繁殖方法

缓温。经冷藏保存的柞蚕茧，从冰箱或冷库中取出后，不能直接接蜂，必须先在 8℃下缓温 12h 后，再移至 15℃缓温 12h，经两次缓温后，移至室温（20~25℃）下接蜂。

削茧。接蜂时先用手术刀将茧带有“系绳”的一端（为自然界中柞蚕茧附着于柞树枝条的一端）斜切一刀，形成一个孔径 1.5cm 左右的圆孔，注意不要完全削断，使削下的茧皮与茧体还能相互连接，以便接蜂后密封。

健康蛹体的要求。选择蛹体饱满、有光泽、活性好，颅顶板透明，发育程度低的蛹。削茧时，剔除油烂茧蛹、感病蛹和蛹体软弱、干硬、节间收缩的弱蛹。

收集蜂种。用毛笔或毛刷将蜂种扫入漏斗内，收集到漏斗下端接直径为 1cm 的指型管里。

接蜂。将收集的蜂种按每蛹 65~75 头蜂的比例接入柞蚕茧内（注：周氏啮小蜂成虫雌雄性比为 45~96：1，故雄蜂的数量可忽略不记）。

密封。接蜂后，将茧皮覆盖回茧体上，尽量保持原状，然后用透明胶条封实，不能留有缝隙。

管理。将接好蜂的茧蛹置于有散射光的繁蜂室里 24h，然后移到调整好温、湿度并遮光的繁蜂室，第 5d 时，去除包扎柞蚕茧的透明胶条，并及时检查柞蚕蛹体，有腐烂流水的应及时挑出，避免相互感染。10d 左右，小蜂将发育至老熟幼虫，此时是最佳保存时机。

ⅴ 周氏啮小蜂的保存

从繁蜂室取出培育 10d 孕蜂茧蛹，先在 15℃冰箱或冷库中缓温 12h，然后保存在 1~5℃的冰箱或冷库中，保存时间最长不应超过 60d。周氏啮小蜂成虫自羽化之日起，在 5℃之下可保存 10d。

ⅵ 周氏啮小蜂的质量检测

贮存前，挑选蛹体饱满、有光泽、弹性好的孕蜂蛹；剔除腐烂蛹、流水的感病蛹和蛹体软弱、干硬、节间收缩的弱蛹。

用随机抽样的方法，取适量孕蜂蚕蛹，用刀剖开蛹，观察蛹内是否布满小蜂，以及小蜂是否处于老熟幼虫或蛹的阶段。一般，一个柞蚕蛹可繁殖 6 000~8 000只周氏啮小蜂。

当周氏啮小蜂出蜂后，可在双目解剖镜下检查其大小是否达到 1.1~1.5mm。

ⅶ 周氏啮小蜂的包装、运输

包装。将孕蜂茧蛹放入纸箱中，密封，每箱放入 1 000 只茧蛹。

运输。常温条件下，不受热，不暴晒，最好不过夜。

③释放应用：

ⅰ 防治对象

美国白蛾蛹。

ⅱ 防治最佳时间

第一代美国白蛾化蛹高峰期防治为最佳。

每年物候差异较大，以当年各代虫情预测预报为准。在北京地区，正常年份，第一代幼虫发生期为 5 月下旬至 7 月上旬，放蜂最佳时间应为 7 月初。

ⅲ 放蜂量

一个孕蜂蛹对应一个美国白蛾网幕。

④防效评估：

ⅰ 检查内容

检查虫口减退率和成灾率，以此来表示防治效果。

ⅱ 检查时间

当年可检查下一代幼虫发生情况，第二年可检查第一代幼虫发生情况。

ⅲ 检查方法

在幼虫发生期，针对美国白蛾为害林木的树冠处进行调查。每个调查区以林班、行政村或自然村为单位，划定标准地。按每 50hm^{2}不少于 2 块、每 100hm^{2}不少于 5 块、每 500hm^{2}不少于 15 块设置标准地，调查防治前后的活虫数。标准地内随机选取 20 株作为标准株，逐一进行详查。

计算公式

$$\text{虫口减退率（\%）}=\frac{\text{防控前活虫数}-\text{防控后活虫数}}{\text{防控前活虫数}}\times 100$$

$$\text{成灾率（\%）}=\frac{\text{成灾面积}}{\text{寄主总面积}}\times 100$$

ⅳ 注意事项

放蜂时避开下雨天。

防治的最佳时间为早晨和傍晚。

准确的预测预报十分重要。

（3）管氏肿腿蜂的人工繁殖与应用。

①管氏肿腿蜂的生物学基础：管氏肿腿蜂（*Scleroderma guani* Xiao et Wu），属膜翅目 Hymenoptera、肿腿蜂科 Bethylidae。

雌蜂体长 3~4mm，分无翅和有翅两型。头、中胸、腹部及腿节膨大部分为黑色，后胸为深黄褐色；触角、胫节末端及跗节为黄褐色；头扁平，长椭圆形，前口式；触角 13 节，基部两节及末节较长；前胸比头部稍长，后胸逐渐收狭；前足腿节膨大呈纺锤形，足胫节末端有 2 个大刺；跗节 5 节，第 5 节较长，末端有 2 爪。有翅型前、中、后胸均为黑色，翅比腹部短 1/3，前翅亚前缘室与中室等长，无肘室，径室及翅痣中室后方之脉与基脉相重叠，前缘室虽关闭但其顶端下面有一开口，这些特征是肿腿蜂属所具有的特征。雄蜂体长 2~3mm，亦分有翅和无翅两型，但 97.2%的雄蜂为有翅型。体色黑，腹部长椭圆形，腹末钝圆，有翅型的翅与腹末等长或伸出腹末之外。

肿腿蜂一年的发生代数随其种类及所在地区的气候不同而异。在山东、河北一年发生 5 代，在粤北山区一年 5~6 代，在广州一年可完成 7~8 代。肿腿蜂以受精雌虫在天牛虫道内群居越冬，翌年4月上中旬出蛰活动，寻找寄主。肿腿蜂广泛应用于防治松褐天牛（*Monochamus alternatus* Hope）、青杨天牛（*Saperda populnea* Linnaeus）、双条杉天牛（*Semanotus bifasciatus* Motschulsky）等，其钻蛀能力极强，能穿过充满虫粪的虫道寻找到寄主。雌蜂爬行迅速，1min 可爬行 0.5m 左右。用天敌防治蛀干害虫是迄今为止最有效的办法。

肿腿蜂为体外寄生蜂，其寄生活动可分为5个步骤：（1）麻痹寄主；（2）取食发育；（3）清理寄主周围环境；（4）产卵；（5）育幼。肿腿蜂用尾刺蛰刺寄主注入蜂毒，将寄主麻痹后，拖到隐蔽场所，然后守卫警戒。肿腿蜂通过取食寄主体液补充营养，为产卵作准备。有些小型昆虫，在肿腿蜂蛰刺取食过程中就已死亡；而一些体型过大的寄主，不能被其麻痹产卵。

肿腿蜂的产卵量在几粒至几十粒不等。在青杨天牛幼虫上一次最多能产76粒，若寄主营养足够，其都能正常发育成子代蜂。一头雌蜂一生能产卵29~290粒，平均136粒。肿腿蜂产卵后，能将掉离寄主的卵或幼虫移到寄主体表，搬开发霉有病的寄主体，将老熟幼虫从寄主残体处移至干净的地方集中吐丝做茧化蛹，始终守护后代。有学者推测母蜂有与子代蜂交尾，继续寻找寄主繁殖后代的习性。一头雌蜂一生最多能寄生5头青杨天牛幼虫，可繁子蜂247头。育出的子代蜂若超过100头，则25%为雄蜂。雄蜂羽化早于雌蜂1~2d，常咬破蜂茧与茧内雌蜂交尾。雌蜂寿命长于雄蜂，野外自然发生的越冬代雌蜂可存活210d左右，当年各代在找到寄主的条件下能存活60~90d，否则20d左右即死亡。雄蜂寿命一般6~9d。雌蜂在2~5℃下平均寿命283d，可较长期冷藏，仍不失去生命力。由于管氏肿腿蜂是寄生性天敌，对树木无害，对环境无任何影响。

②人工生产繁育技术：

ⅰ 设施条件

基础设施。繁育管氏肿腿蜂需配备面积比为2：6：1的接蜂室、培养室和贮存室。生产能力为每批2 000万头的单位应至少配备接蜂室、培养室和贮存室各20m^2、60m^2、10m^2。

接蜂室，需配备超净台和座椅。

培养室，需配备风淋室、换气扇、培养架（90cm×35cm×200cm，共8层）、加湿器、冷暖空调、紫外灯和干湿温度计。

贮存室，需配备保鲜柜和冰柜。

繁蜂工具。指形管（10mm×50mm）、接蜂笔（1号平头毛笔）、饲养筐（30cm×20cm×8cm，塑料网筐）、棉塞等。

ⅱ 繁蜂寄主选择与贮存

繁蜂寄主选择。繁蜂寄主应选择虫体体壁完整、有弹性、有光泽、未感病的健康活体。可选择青杨楔天牛 *Saperda populnea*（L.）老熟幼虫、双条杉天牛 *Semanotus bifasciatus*（Motschulsky）老熟幼虫。大蜡螟 *Galleria mellonella*（L.）老熟幼虫、亚洲玉米螟 *Ostrinia furnacalis*（Guenee）老熟幼虫、桃蛀螟 *Conogethes punctiferalis*（Guenée）老熟幼虫、黄粉甲 *Tenebrio molitor*（L.）蛹（初蛹期）或大麦虫 *Zophobas morio*（Fabricius）蛹（初蛹期）、人工大规模生产繁育的曲牙锯天牛（*Dorysthenes hydropicus*）幼虫。

繁蜂寄主贮存。青杨楔天牛老熟幼虫和双条杉天牛老熟幼虫存放于-10℃的冰柜中，贮存时间不超过180d。大蜡螟老熟幼虫和玉米螟老熟幼虫存放于3 ℃保鲜箱中，贮存时间不超过45d。黄粉甲蛹和大麦虫蛹存放于-4℃的冰柜中，贮存时间为20~30d。曲牙锯天牛幼虫自然存放于原生产场所，根据需求挖取，备用。

ⅲ 种蜂准备

种蜂要求。种蜂应是健壮、交配过的无翅雌蜂，体色黑亮，体长3.5mm以上，反应灵敏。

种蜂来源。野外采集，在双条杉天牛幼虫期，剖木采集幼虫上寄生的管氏肿腿蜂幼虫或茧，然后在温度为25 ℃、相对湿度为70%的培养室中饲养至成虫，选择个体健壮、适应性和繁殖力强的成虫作为种蜂。

种蜂引进。从其他单位引进个体健壮、适应性和繁殖力强的管氏肿腿蜂种蜂。

种蜂扩繁。将野外采集饲养出的或引进的管氏肿腿蜂成虫用青杨楔天牛、双条杉天牛老熟幼虫等进行种蜂扩繁，扩繁不超过 11 代。

种蜂贮存。种蜂于 5℃ 保鲜柜中低温保存，保存时间不应超过 90d。

种蜂复壮。复壮频次，种蜂应至少两年复壮 1 次，繁殖代数不超过 11 代。

复壮方法：于 6—7 月份，在野外选取被双条杉天牛幼虫为害的侧柏 *Platycladus orientalis*（L.）Franco 或桧柏 *Sabina chinensis*（L.）Ant.，释放无翅雌蜂，1 个月后，解剖上述原木，采集管氏肿腿蜂的幼虫或茧，饲养至成虫，选择无翅雌蜂做为种蜂。

ⅳ 繁育方法

消毒。玻璃指形管于烘干箱内 121℃ 高温消毒 1h；塑料指形管用 10% NaClO 溶液浸泡消毒 1h；接蜂笔用 75%的酒精浸泡消毒 30min；培养室用紫外灯光照消毒 30min。

接蜂。在超净台中，混合 3 支以上不同的种蜂管的种蜂，用接蜂笔将其扫入盛有繁蜂寄主的指形管。接蜂的单管虫蜂比见表 4-5-1。

表 4-5-1　人工繁育管氏肿腿蜂所用的单管虫蜂比

寄　主	寄主虫态	单管虫蜂比	备注
青杨楔天牛	老熟幼虫	6：06	获取难
双条杉天牛	老熟幼虫	1：04	获取难
大蜡螟	老熟幼虫	1：02	规模饲养
亚洲玉米螟	老熟幼虫	1：02	规模饲养
桃蛀螟	老熟幼虫	试验中	规模饲养
黄粉甲	蛹	4：04	规模饲养
大麦虫	蛹	1：03	规模饲养
曲牙锯天牛	幼虫	试验中	规模饲养

注：单管虫蜂比中的数值分别代表接蜂时一支指形管中繁蜂寄主数和管氏肿腿蜂数。如以青杨楔天牛老熟幼虫为繁蜂寄主时，应在指形管中接入 6 头青杨楔天牛老熟幼虫和 6 头管氏肿腿蜂

培养。每 300 支接蜂后的指形管放入 1 个饲养筐中，并置于消毒过的培养室中进行培养，培养温度为 24~28℃、相对湿度为 60%~75%。每日检查并及时清除发霉的寄主。培养过程中每日早、午、晚各强制通风 30min。培养 35~45d 后，管氏肿腿蜂开始羽化。

ⅴ 质量检验

检验指标。繁育出的管氏肿腿蜂中，健康管氏肿腿蜂的数量达 90%以上、有翅雌蜂的比例小于 5%者方为合格。健康管氏肿腿蜂应具备以下特征：体色黑亮、体长 3.5mm 以上、反应灵敏。

检验方法。产量小于每批 1 万管时，随机抽取 1%的指形管；产量大于每批 1 万管时，随机抽取的指形管数不少于 100 管。将随机抽取的指形管中的管氏肿腿蜂倒在桌面上，目测其体色、体长；用手指敲击桌面，观察管氏肿腿蜂反应是否灵敏。

ⅵ 包装、贮存、运输

包装。直接采用繁育管氏肿腿蜂的指形管为基本包装，选择规格为 240mm×270mm×180mm 的瓦楞纸箱为外包装。每个纸箱内无规则盛放 1000 支指形管。包装内附有管氏肿腿蜂的使用说明书。包装外应标有防雨、易碎及低温图标，并标明管氏肿腿蜂数量、出蜂日期、保质期、保存条件和注意事项等信息。

贮存。管氏肿腿蜂宜在 4~8℃ 低温保存，时间不超过 180d。

运输。可在4~25℃下进行运输，运输时间不超过7d。

③释放应用：

ⅰ 主要防治对象

可用于防治为害林木枝干的鞘翅目害虫的幼虫和蛹：青杨天牛、双条杉天牛 *Semanotus bifasciatus*（Motschulsky）、松褐天牛、光肩星天牛 *Anoplophora glabripennis*（Motsch）、栗山天牛 *Massicus raddei*（Blessig）、云斑天牛 *Batocera horsfieldi*（Hope）、星天牛 *Anoplophora chinensis* Forster 等。

ⅱ 林间释放技术

虫情调查

生活史调查。查清拟防治天牛的生活史、发生地点和面积。及时掌握天牛幼虫的发生时期和发育进度，以便决定放蜂的最佳时期。

虫口密度和有虫株率调查。放蜂前，在天牛发生区设立标准地，在标准地内选取样树20株，调查天牛平均虫口密度和有虫株率，为确定放蜂量提供依据。

放蜂

放蜂适期。虫体小的幼虫期即可，一般在7—8月为好。体形较大的天牛宜在以2~3龄幼虫期或蛹期放蜂较好。

放蜂时间。放蜂时间应选择气温20℃以上，最佳温度为25~28℃、晴朗无风的天气，上午9：00~11：00或下午15：00~18：00。具体放蜂时间应根据各地气候和天牛发育进度确定。

放蜂量。防治体形较小的天牛，一般放蜂量按蜂与天牛虫口数之比2：1~3：1；防治体形较大的天牛，比例可加大到3：1~7：1。

释放地点。选择有天牛蛀孔树，集中连片林分，不宜药剂防治或其他措施防治困难的天牛发生区。

释放方法。采用逐株释放法或隔株释放法，将指形管中的棉球拔出，把指形管套在细树枝上或卡在树叉上，让管内肿腿蜂爬出。也可用毛笔帮助肿腿蜂扩散到树干上。应注意防雨、防晒。放蜂4. h后，即可将空管收回。

放蜂注意事项。应避开阴雨天、大风天放蜂。若放蜂后遇上大风、阴雨天应补放；在有蚂蚁为害的林地放蜂时，蜂管应远离地面，不应放在树基部；放蜂林地内，禁止使用化学农药。

④防效评估：

ⅰ 检查内容

检查天牛的有虫株率和虫口密度。防治效果用管氏肿腿蜂寄生率的提高和天牛虫口密度及有虫株率的降低来表示。

ⅱ 调查时间

防治效果的调查分阶段进行，初次效果调查在放蜂后20~30d进行。以后每隔1个月调查一次，1年内进行2~3次防治效果调查，以一年内防治结果来评价总的防治效果。

ⅲ 检查方法

1）选择有代表性的放蜂林分，设立标准地。一般片林每20hm^{2}左右设一块标准地；林网每60hm^{2}左右设一块标准地，每个标准地内的树木不少于200株。

2）标准地内随机抽取标准树20株。对四旁绿化及防护林带每隔100~300株选1株进行调查。调查天牛排粪孔的变化，计算死亡率。

3）在标准地内，随机抽取有天牛为害的样树5株或100个以上虫瘿，剖木或剪开虫瘿。调查天牛幼虫被肿腿蜂寄生情况，计算寄生率。

4）在未放肿腿蜂的天牛发生区选择与放蜂区状况接近的林分设立对照区，在对照区随机抽取有天牛为害的样树5株100个以上虫瘿，剖木或剪开虫瘿，调查天牛死亡率。

5）计算公式

防治效果（%）=［（放蜂区虫口死亡率－对照区虫口死亡率）/（1－对照区虫口死亡率）］×100　（1）

寄生率（%）=（被寄生天牛幼虫数/调查天牛总幼虫数）×100　（2）

ⅳ 肿腿蜂在林间定殖情况调查

在林间释放管氏肿腿蜂后，经过一个或几个繁殖世代后或经过一个越冬期后，调查肿腿蜂的存在情况。调查内容主要有：寄生情况、数量、林间的扩散范围、越冬情况、翌年是否有存活等。调查树皮内、虫道内、树体上是否有肿腿蜂踪迹。

（4）平腹小蜂的人工繁殖与应用。

①平腹小蜂生物学基础：

平腹小蜂（*Anastatus japonicus*），又名荔蝽卵平腹小蜂、日本平腹小蜂。属膜翅目、旋小蜂科、平腹小蜂属。平腹小蜂在我国主要分布于福建、广东和广西等省区。

成虫：虫体呈古铜色，雌蜂体长3～3.5mm，雄蜂体长2～2.5mm；复眼发达，背面3个单眼排列成于等边三角形；触角13节，被有短毛，略短于胸部；中胸背板前中部有舌状隆起，古铜色；后部铜蓝色、微陷，略短于舌状部、被毛；雌蜂中胸背板小盾片和三角片有顶针状刻点。前翅淡褐色，有短毛，基部透明，中央有一透明弯形横条斑；雄蜂触角比雌蜂粗长，中胸背板及三角片无顶针状刻点，翅全部透明。

平腹小蜂可寄生荔蝽、松毛虫、茶翅蝽、黄斑蝽等害虫的卵期，其卵、幼虫、蛹均在寄主卵内度过，成虫羽化后咬破卵壳飞出。从而抑制寄主卵的数量，达到防治害虫的目的。2000年在广西北流潮塘、荔宝、花果山等果场进行了平腹小蜂防治荔枝蝽象试验，总面积约20hm^2，8～10年生龙眼、荔枝树约4 000株。结果为：在放蜂区和对照区内，荔枝蝽象卵寄生天敌平腹小蜂、跳小蜂的总寄生率分别为94.3%和18.9%，相比效果明显，同时，果园中若虫数量显著降低，控制在经济为害阈值之下。

②人工生产繁殖技术：

ⅰ 平腹小蜂的种蜂采集和扩繁

种蜂采集。采集对目标害虫寄生率高、适应性强的寄主卵内的平腹小蜂。

种蜂鉴定提纯。种蜂采回后，用试管分装、编号、自然温或加温，待羽化后投入饲料喂养，接入寄主卵，出蜂后经鉴定提纯选优，去除杂蜂、弱蜂，得出优质蜂种。

种蜂扩繁。提纯后的种蜂，用玻璃筒在25℃、80%RH的条件下扩繁2～3代，幼虫期冷藏。

冷藏。在0～5℃、相对湿度60%～70%的条件下冷藏，时间不超过30d。

ⅱ 中间寄主卵的筹集

选茧与储存。采选二化性、无病柞蚕卵，雌茧率80%以上，50只雌茧约重500g。将柞蚕茧包装好，放置于2～5℃、50%～60%RH的冷库中保存。注意冷库中禁止存放农药、化肥等有毒和刺激气味的物品，并做好防潮工作。

中间寄主卵的制备。在18～25℃、70%RH条件下将储存的柞蚕茧加温。待蛾羽化率达90%时，每天收蛾1～2次，同时将雌雄蛾分开。将活蛾存于0～5℃冷库，储存时间不多于7d。剖蛾腹部取卵。去除不成熟的柞蚕卵，清洗，漂净杂物。将洗净的寄主卵（柞蚕卵）晾干，收集备用。忌在阳光下暴晒。

ⅲ 商品蜂的生产

设备。繁蜂室：需消毒灭菌。需光线充足，温度保持26～28℃，相对湿度70%～80%。繁蜂箱：用紫外线消毒，次氯酸钠清洁。

繁殖技术。备好种蜂。首先，把发育至将近羽化的蛹期平腹小蜂放进繁蜂箱内，待蜂种羽化充分交尾后，取出蜂种卵卡。放进够蜂种寄生2d的新鲜柞蚕卵供其寄生。每两天后要把已寄生的柞蚕卵倒出，重新放入未寄生的蚕卵。连续繁殖 20d 后，产卵量显著减少，需更换蜂种。

在繁蜂期间，每天必须供给平腹小蜂新鲜的蜂蜜水。

寄生后的寄生卵放在繁蜂室发育至老熟幼虫后，放在 0~5℃的温度下保存，制成蜂卡。

制蜂卡。采用 16 开、质量为 70~80g 的书写纸为蜂卡卡体，用排笔将优质乳白胶刷于卡上，将寄主卵撒粘其上晾干制成蜂卡。

ⅳ 包装、贮存和运输

包装和贮存。将蜂卡每 10 张用旧报纸包成一包，注明批次、日期，置于 3~5℃条件下储藏待用，冷藏时间不超过 40d。

运输。在放蜂前计算好出蜂期，从冷库中取出冷藏蜂卡。经过 25℃、70%相对湿度的加温保湿后，蜂卡大部分蜂体进入中蛹期，可向放蜂地发放。

蜂卡每 10 张用旧报纸包成一包，立式放置于包装箱内，运输时不与有毒、有异味货物混装；要求通风，严禁重压、日晒和雨淋。

③释放应用：

防控对象。茶翅蝽、黄斑蝽、荔枝蝽和斑衣蜡蝉等农林害虫。

防控最佳时间。在害虫产卵始盛期释放平腹小蜂。

最佳释放量。放蜂量参照以下数据：每株桃树（树高 3~4m，树冠直径 5~6m）每批三次共放蜂 500 头；每株 4 年生国槐（高 2.5~4m，树冠直径 2~3m）放蜂 500 头；泡桐树每棵放蜂 800~1 000头，每批放蜂分 3 次，比例为 2：2：1，分别在茶翅蝽卵的初发期、盛发期和末发期。

使用方法。释放时将蜂卡撕成小片逐棵钉于树叶上。

④防效评估：

放蜂后 8~10d 在放蜂区检查寄主害虫卵粒寄生率，并与不放蜂区对比作物生长状况。

（5）花绒寄甲的人工繁殖与应用。

①花绒寄甲生物学基础：

花绒寄甲 *Dastarcus helophoroides*（Fairmaire），属鞘翅目 Coleoptera、寄甲科 Bothrideridae，是迄今发现的寄生天牛类害虫最主要的寄生性天敌昆虫。花绒寄甲在我国分布北起吉林的梅河口，南至广东的深圳，西从宁夏中宁。广泛分布在广东、江苏、安徽、河北、河南、山西、山东、宁夏、陕西、北京、吉林、辽宁等地。

成虫：体长 3.2~11.0mm，宽 1.1~4.1mm；深褐色，或铁锈色；体壁坚硬。头大部分藏入前胸背板下；复眼黑色，卵圆形。触角短小，11 节，端部几节膨大呈扁球形。雌雄从外表很难辨认。

卵：乳白色，近孵化时黄褐色，长 0.8~1.0mm，宽 0.2mm，中央稍弯曲。

幼虫：初孵幼虫为蛃型幼虫，头、胸和腹部分区明显，胸足 3 对，腹部 10 节。2 龄幼虫至老熟幼虫为蛆形幼虫，头部很小，缩入胸内，胸部和腹部分区不明显，胸足退化。

茧和蛹：茧长卵形；长 2.1~12.1mm，宽 2.1~4.9mm；灰白色至深褐色；丝质。蛹为裸蛹，蛹体黄白色。

花绒寄甲可寄生松褐天牛 *Monochamus alternatus*，光肩星天牛 *Anoplophora glabripennis*，锈色粒肩天牛 *Apriona swainsoni*，云斑天牛 *Batocera horsfieldi* 等蛀干害虫。花绒寄甲的初孵幼虫体小，胸足发达，到处爬动，寻找寄主。找到寄主后，脱皮第 2 龄幼虫并开始在天牛幼虫的体节间将头部插入寄主体壁内取食，营寄生生活。花绒寄甲的成虫能捕食天牛的幼虫、预蛹和蛹。在有食物的条件下，花绒寄甲成虫寿命为 105~368d，平均为 200.5d。

②人工生产繁殖技术：

ⅰ 准备材料

塑料盒、纱网、饲料盒、镊子、勺子、牛皮纸片、载玻片、水瓶、产卵木块、消毒酒精、试管盒、M型纸片、棉塞、勾线笔、消毒水（配方保密）、黑色橡胶板、卫生纸、小号镊子。

ⅱ 成虫饲养

在干净的塑料盒中铺好纱网，用小勺挖取一勺饲料放入饲料盒中，放在塑料盒的一角，然后将已经产卵的花绒寄甲的塑料盒打开，检查供水的试管内水如果低于1/2，则将试管的海绵塞打开，用水瓶注水至1/2，然后将注好水的试管放入新塑料盒内与饲料盒同一边的另一角。如果供水试管外表脏了，就另换一组新的供水试管。

然后揭开产卵木块的皮筋，轻轻取下玻璃片和卵片，把粘连在一起的三片卵片轻轻撕开，放入卵片盒。如果玻璃片和产卵木块上也有卵块，用小毛笔蘸取水将卵块轻轻取下。观察产卵木块中的幼虫是否变黑，如果变黑，就另放入一条新虫子。如果没有变黑，则不用换。放好新虫子之后，取大、中、小三片卵卡纸，把最大的纸片放在最下面，其次是中、小，盖在木块刻槽里的虫子上方，然后用盖玻片压好，再用皮筋固定好。放入塑料盒的另一端。把花绒寄甲休息的纸片移到新塑料盒里，然后将花绒寄甲也轻轻移入，一般产卵期每盒放虫60头，性比1∶1。把盖子盖好，换饲料、水及卵卡的工作就完成了。

ⅲ 幼虫接虫

将已经孵化的花绒寄甲幼虫轻轻从卵卡上抖落在黑色橡胶板上，用勾线笔蘸取消毒水后揩之半干，然后轻轻沾取8头花绒寄甲幼虫，接在寄主的腹部第三、四节上。用小镊子夹住接好虫的寄主放入试管盒的塑料试管中，接着放入M型纸片，塞好棉塞。接好一盒后，用记号笔标好日期和操作人员姓名。然后放入培养室，温度24±2℃，湿度50%。

花绒寄甲幼虫寄生1星期左右后会化蛹，然后经过30d的蛹期，成虫羽化。成虫羽化后会啃食蛹壳，吃完蛹壳后，需要将花绒寄甲成虫从塑料试管中倒出。从塑料试管中倒出成虫后，可以冷藏或者正常续代饲养。

1.4 工艺流程图

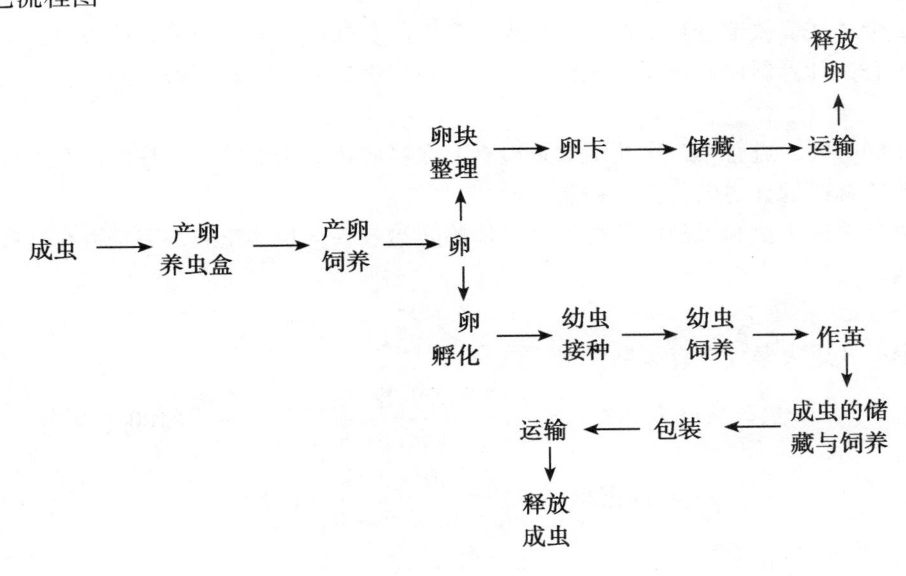

ⅴ 花绒寄甲的成品标准

产品有两种形态，卵卡规格为每盒80粒新鲜卵粒，卵期1~3d，孵化率90%以上。成虫规格为每管或每盒30头，雌雄比1∶1，虫体活力强，健壮。体长3.2~11.0mm，宽1.1~4.1mm。

ⅵ 花绒寄甲的包装和运输

花绒寄甲包装于纸盒或者指形管（用棉花塞口，保证透气），运输环境需保证低温（不超过25℃）。

③释放应用：

ⅰ 防治对象

松褐天牛 *Monochamus alternatus*，光肩星天牛 *Anoplophora glabripennis*，锈色粒肩天牛 *Apriona swainsoni*，云斑天牛 *Batocera horsfieldi*。

ⅱ 释放时期

释放之前，应提前调查林间天牛幼虫发生情况。一般在每年的4月至7月上旬天牛的大龄幼虫期和7月下旬至9月天牛的低龄幼虫期释放花绒寄甲比较好。大龄幼虫期应增加50%的花绒寄甲卵或成虫的释放量。

ⅲ 天敌释放量

释放前，应提前调查虫害率，（1）当光肩星天牛的为害株率在50%以下时，每15~20棵树上释放1盒成虫或每棵树释放一盒卵卡；（2）当光肩星天牛的为害株率在50%以上时，每5~10棵树上释放1盒成虫或每个虫孔释放一盒卵卡。

ⅳ 释放方法

释放成虫时，片林可采取点状释放，以释放点为半径，面积内有15~20棵树放一盒成虫。如果逐棵释放，每棵释放一盒卵卡。用大头钉将装有花绒寄甲成虫或卵的纸盒钉于树高2米以上的天牛排粪孔旁即可。

④防效评估：

ⅰ 检查内容

检查虫口减退率和成灾率，以此来表示防治效果。

ⅱ 检查时间

释放后2个月和第二年相同时间各检查一次。

ⅲ 检查方法

释放后2个月在释放地进行防治效果检查，剖查所有标记坑道，记载其中害虫、天敌数量，害虫、天敌的虫态，计算新侵入坑道有虫株率、有花绒寄甲株率；同时剖查对照地，采集同样的数据进行比较。

第二年相同时间，进行第二次防治效果检查，在释放花绒寄甲的试验林内没有发现天牛的新侵入孔，则表明该林区的天牛已得到了控制。

连续监测释放区害虫和天敌的种群数量以检验防治效果，观察花绒寄甲是否在这些林区安全越冬和立足定居。

ⅳ计算公式

虫口减退率及成灾率计算方法见公式

$$\text{虫口减退率（\%）}=\frac{\text{防控前活虫数}-\text{防控后活虫数}}{\text{防控前活虫数}}\times 100$$

$$\text{成灾率（\%）}=\frac{\text{成灾面积}}{\text{寄主总面积}}\times 100$$

ⅴ 注意事项

禁止雨天释放；释放天敌昆虫前后一个月内禁止使用化学农药。

（6）丽蚜小蜂的人工繁殖与应用。

①丽蚜小蜂生物学基础：

丽蚜小蜂（*Encarsia formosa* Gahan），属膜翅目、蚜小蜂科、恩蚜小蜂属。是一种世界广泛商业化的用于控制温室作物粉虱的寄生蜂。*Encarsia formosa* Gahan 最初是1924年从天竺葵上一种未知名粉虱标本上饲养获得并描述。形态特征由 Speyer1927 描述。

成虫：雌成虫体型微小（约 0.6mm 长），头胸黑色，腹部黄色，雄性罕见，体呈黑色。至少寄生于 8 属 15 种粉虱。人们主要研究 *E. formosa* 对温室白粉虱、烟粉虱为害控制和能否成功地在温室繁殖，*E. formosa* 必须寻找潜在的寄主，估计寄主的性质并且利用若虫进行取食或寄生。在寄主栖息地释放后，*E. formosa* 使用视觉和味觉寻找被害作物。在寻找新叶片时，该蜂并不区分叶的上下表面，也不偏好叶中或叶边缘。其碰到寄主的机率取决于蚜小蜂的行走速度、粉虱大小、一片叶上的寄主多少。爬行速度会由于下列因素而减慢：叶脉、叶片刺毛多、过多的蜜露、遇到合适的若虫（取食或产卵了就不走了）、温度下降、低气压和体内卵少。

卵：卵呈乳白色半透明，初产卵为长卵圆形，一端较圆，一端稍尖。卵长 0.136mm，最宽 0.04mm，最窄 0.026mm。随着胚胎的发育，卵的形状逐渐变为卵圆形，孵化前一天的卵长 0.102mm，最宽 0.044mm，最窄 0.032mm。

幼虫：自初孵到老熟幼虫，虫体均为乳白色半透明，没有附肢，身体分节明显，体节 12 节。初孵幼虫虫体前端较膨胀，后端较尖细，体长 0.32mm，体最宽 0.08mm。随着幼虫的生长和发育，其虫体逐渐膨大延长，并明显地弯曲成“C”字形。老熟幼虫虫体粗壮，长 1.06mm，最宽 0.26mm，占寄主体腔的 2/3。

预蛹：幼虫停止取食后即进入预蛹期。预蛹的虫体前端较后端宽，形成头胸宽而尾尖的蜂蛹体型，且头部与胸部分界明显。预蛹体不弯曲，体长 0.66mm，胸宽 0.28mm。

蛹：当翅芽、足芽及外生殖器芽等翻出体外以后，丽蚜小蜂即发育为蛹。初形成的蛹，头部及胸部为淡灰色，复眼为淡灰黄色，触角及胸足均粘附于蛹体腹面。随着蛹体的发育其头部与胸部的颜色逐渐加深，成虫羽化前一天的蛹，其头部棕色，复眼和 3 个单眼为棕红色，胸部黑色，雌性腹部为黄色、雄性为棕黑色。蛹体长 0.64mm，宽 0.25mm。

E. formosa 是单寄生、内寄生，每天有 8~10 个卵成熟。蜂龄大时卵量和产卵量下降。成虫靠取食蜜露或用产卵器穿破虫体取食血淋巴，穿刺取食时并不产卵。*E. formosa* 在白粉虱成虫和卵期以外的各个虫期都可取食，但更喜欢二龄若虫和蛹期，对烟粉虱的若虫期和蛹期取食嗜好性相同。*E. formosa* 取食时用产卵器穿刺蛹或若虫 6min 以上，用它们的下颚扩大伤口进行取食。如此穿刺并取食将杀死寄主。已取食过的若虫将不会再被产卵，而已被寄生过的粉虱也不会被取食。

E. formosa 产卵于白粉虱的未成熟期（除卵和 1 龄期）的各个虫态，偏好产卵于两种粉虱的 3、4 龄和预蛹期，在这些虫态的寄生率最高。

用白粉虱饲养 *E. formosa* 每天可产 5 粒卵（死亡前其产 59 粒卵），每天取食 3 个若虫，在其 12d 的预期寿命中平均可杀死 95 个若虫。雌成虫在羽化前会在第 4 龄若虫的背面咬一个圆形的出口。在 21℃寄生于 3 龄白粉虱，产卵至成虫历期 25d。

Encarsia formosa 的产雌单性生殖是由于细菌 *Wolbachia* 感染引起的。将雌性放置于抗菌剂或高温（31℃）下保持 2 代以上，抑制细菌活性，则雌性可成功地产出雄性后代。但共生体被消灭后生殖力下降。雄性是卵经内寄生发育的。交配现象曾有描述，不过不能成功受孕。

②人工生产繁殖技术：

饲养繁殖方法。根据各地设施条件及生产规模的不同，小蜂的生产有下列若干类型。

（ⅰ）罩笼繁蜂法

1）培育清洁苗在 75cm×75cm×90cm 的方形罩笼（木框，50 目尼龙纱）内盆栽培育清洁番茄苗。

2）接粉虱虫卵　当盆栽番茄苗长至 25~30cm 高时，移入另一罩笼内，然后接入适量的白粉虱成虫，接虫时间可随接入虫数的增加而缩短。以每平方厘米叶面积上有 30~40 粒卵为宜。得到合适的卵量后，可将粉虱成虫用敌敌畏熏死。

熏蒸方法：将盆栽植株搬出，集中在一个较背阴的地方，每盆插一根长约 20cm 上端带钩的铁丝，在钩上挂一条长约9~10cm、宽1.5cm的滤纸条，每条纸条上用橡皮头滴管滴上敌敌畏原液2~3滴（约0.1~0.2ml），严防药液接触叶片而造成药害。这时用铁丝架支撑起来，盖严塑料薄膜，从傍晚6点到次日早晨，即可杀死全部粉虱成虫，而卵仍能正常孵化。切勿在炎热的中午和太阳暴晒的条件下熏蒸，以防植株受害。

3）培育粉虱若虫　将只带有白粉虱卵的植株移入另一罩笼内培育，加强水肥管理，约15d，当粉虱若虫发育到2~3龄时即可接入丽蚜小蜂。

4）接蜂接蜂量可根据实际的若虫数量而定，一般接蜂比例为1：20~30，即20~30头白粉虱若虫接1头丽蚜小蜂，如果每平方厘米叶面积上若虫密度为20~30头时，则最少要有1头成蜂。接入的方法是，将带有小蜂黑蛹的叶片装进尼龙网袋，挂在罩笼内，成虫羽化后即可寻找寄主寄生。但要求小蜂羽化期要与白粉虱若虫2~3龄期相吻合，否则寄生率会大为下降。笼内适当光照，可提高寄生率。

5）收获接蜂后8~9d，被寄生的粉虱若虫即变黑蛹，待未被寄生的白粉虱羽化为成虫后，再采下带有黑蛹的叶片，这样，可避免把粉虱成虫带进作物生产温室。但采摘时间不宜过迟，因为在27℃的恒温条件下黑蛹从变黑到羽化出成蜂仅需6~7d，通常在变温的温室内为8~9d，所以一定要在成蜂尚未羽化之前5~6d采摘、冷藏。

（ⅱ）单室繁蜂法

将育好的番茄苗（或烟苗）定植在温室内的地里或花盆内，当番茄苗长至25~30cm高时，接入适量的白粉虱成虫，约两个星期后，当大部分粉虱若虫发育到2~3龄时，在尼龙网袋内装入一定量带有黑蛹的叶片，挂在竹竿上，黑蛹量约为接入粉虱成虫的两倍。也可释放成蜂，至少平均每平方厘米叶面有蜂1头，这样随着植株的生长，粉虱和寄生蜂也随之层层上升，可以分期分批采收带有黑蛹的叶片，采摘后可放在10~12℃的低温下贮存备用或直接用于田间防治（图4-5-1）。

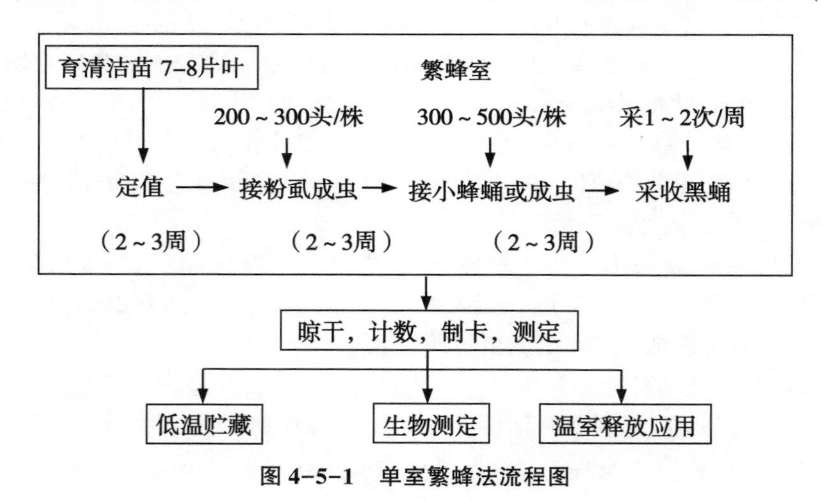

图4-5-1　单室繁蜂法流程图

为了保持温室内有足够的寄生蜂，采摘时要保留少部分带有黑蛹的叶片，不要摘得过分干净，留的部分可羽化出蜂；如果蜂量仍然不足，应及时补充小蜂。另外，温室内温度应保持在20~30℃之间。这种繁蜂方法一般每3~4个月，需要重新种植1次寄主植物。

单室繁蜂需要及时发现问题，适时采取措施，才能维持白粉虱与寄生蜂之间的平衡。如果粉虱量太大，则可用人工捕捉或黄板诱杀等方法减少其种群数量。如果粉虱量不足，则应随时补充寄主。

（ⅲ）四室繁蜂法

此方法生产需要4间温室，即清洁苗生产室、粉虱饲养及接种室、粉虱若虫培育室、接蜂室，均需设在温室内，要求白天温度为21~35℃，夜间温度15~28℃，相对湿度40%~50%，光照自然。

1）清洁苗生产室　此间温室保持无病虫污染，专门用于培育清洁的寄主植物（番茄、黄瓜、矮生四季豆等）。当苗长至约 10cm 高时，移植到直径 25~30cm 的花盆内，加强水肥管理，培育壮苗。每隔 20d 左右育一批苗，供循环繁蜂之用。

2）粉虱饲养及接种室　此间温室种植寄主植物，饲养大量粉虱，作为接虫的来源。当植株因严重受害或衰老而营养条件不好时，应随时更换或补充寄主植物。如果粉虱成虫数量不足，可随时引进粉虱成虫，使室内保持足够的粉虱数量。

接种粉虱：将培育出的清洁而健壮的番茄苗（高约 30cm）移入粉虱饲养室，此时将会有大量粉虱飞上产卵，在接虫过程中要轻轻摇动植株数次，以保证粉虱能较均匀地在叶片上产卵。接虫时间一般夏季 10~12h，粉虱卵就足够了，而在冬季特别是阴天，要延长到 24~28h。为了避免以后粉虱若虫过多，分泌大量蜜露，影响小蜂活动产卵，应适当控制粉虱卵量，一般以每平方厘米的叶面上不超过 40 粒卵为宜。然后轻轻摇动植株，赶走大多数粉虱成虫，将盆栽植株搬出，并用敌敌畏熏蒸杀死滞留在植株上的粉虱成虫。

3）粉虱若虫培育室　将熏蒸后只带有粉虱卵的植株移入粉虱若虫培育室进行培育。摘去生长点，使叶面积扩大，注意水肥管理，约两个星期以后，当若虫发育到 2~3 龄时，即可接蜂。

4）接蜂与培养室　将带有合适龄期粉虱若虫的植株移入接蜂室，把当天羽化的丽蚜小蜂成虫轻轻抖落在植株上，为了保证得到较高的寄生率，每平方厘米的叶面上应不少于 1 头成蜂。放蜂后 8~9d，黑蛹普遍出现，即可采摘发育进度整齐的黑蛹，贮藏备用或直接用于田间防治害虫。

（ⅳ）五室繁蜂法

丽蚜小蜂五室繁蜂法生产流程见图 4-5-2。

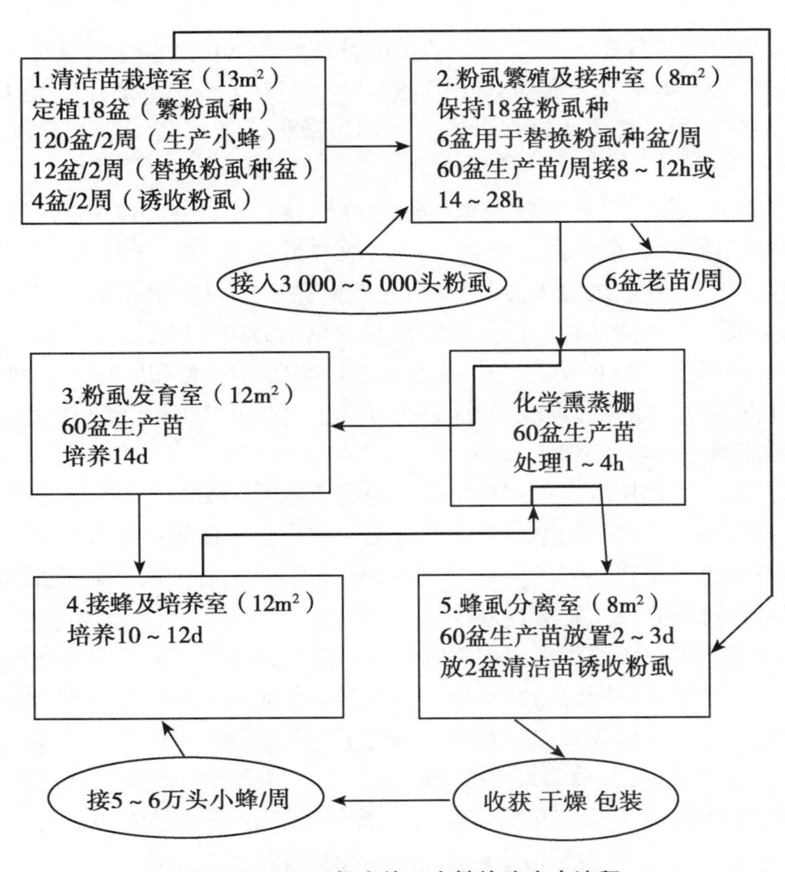

图 4-5-2　丽蚜小蜂五室繁蜂法生产流程

采用此法生产可在一面坡温室中进行，占地 50 余 m^2，分成 5 间隔离室，分别为清洁苗培育室 $13m^2$，粉虱繁殖和接种室 $8m^2$，粉虱若虫发育室 $12m^2$，接蜂及培养室 $12m^2$，蜂虱分离室 $8m^2$。温室温度为日平均 21～27℃，相对湿度 60%～85%。

1）清洁苗的培育　在清洁苗室，将番茄种子放入 50℃温水中浸泡 10min 后，播在育苗盘中。每两周播一批，每批播种 250 粒，两片真叶时分苗 1 次。苗高 10～15cm，5 片真叶时，按两周用苗的需要量，选出 136 株壮苗，定植在直径 20～25cm 的花盆内，每盆 1 株。加强肥水管理，植株约经 3 周，长至 7～8 片真叶时，即可接粉虱。

2）繁殖和接种粉虱　在粉虱繁殖和接种室大量繁殖粉虱，为大量繁殖丽蚜小蜂准备寄主，在开始繁蜂前 3 周着手准备一些粉虱成虫作为种虫。将 7～8 片真叶的清洁番茄苗 18 株搬入繁殖室，接上粉虱成虫 3 000～5 000头，当下代粉虱成虫大量羽化时，搬进 66 盆清洁番茄苗，进行接种。夏季一般接种 8～12h，阴天及冬季接种 24～28h，接种期间，要常摇动已有大量粉虱的 18 棵番茄植株，使粉虱成虫飞到清洁苗上产卵，同时也要轻轻摇动新苗 4～5 次，使粉虱均匀地在叶片上产卵，一般在叶背面每平方厘米有卵 35 粒以上时，即可结束接种。摇动植株，赶走大量粉虱成虫后，将其中 60 盆搬出室外进行敌敌畏处理：将已产有粉虱卵的番茄植株盖上塑料罩，用敌敌畏药条（每隔 1 株挂 1 条）熏蒸 4h，杀死滞留在植株上的粉虱成虫。另外留下的 6 盆番茄苗，用于更换繁殖粉虱成虫的老植株，每周换 6 盆，3 周换完全部老植株。将老植株拔下来，挂在原室内，待粉虱全部羽化后再清理出室。

3）粉虱若虫生长发育　将熏蒸处理后的 60 盆盆栽番茄搬入粉虱若虫发育室。剪去植株的生长点，并加强肥水管理，以促进植株叶片的增长，2 周后粉虱若虫发育到 2～3 龄时即可用于接种小蜂。

4）接种小蜂及培养　将带有 2～3 龄粉虱若虫的番茄苗，从粉虱发育室搬到接种小蜂室，同时引入小蜂黑蛹或成蜂 5 万～6 万头，保证每平方厘米叶片上有 1 头小蜂成虫。经 10～12d 培养，当有小蜂黑蛹零星出现时，即可移出小蜂接种室。并用敌敌畏药条熏蒸 1h，以杀死滞留在叶片上的丽蚜小蜂成虫。

5）分离小蜂和粉虱　将带黑蛹的番茄植株搬入蜂虱分离室，停留 2～3d，使未被寄生的粉虱大量羽化，然后把番茄苗（60 盆）搬出分离室，用敌敌畏熏蒸 4h，杀死滞留在植株上的粉虱成虫。然后采收黑蛹叶片，并在室内晾 1～2d，即可包装贮藏或田间应用。在未被寄生的粉虱大量羽化的同时，在分离室放入 2 盆清洁苗，以接收滞留在分离室的粉虱成虫，每周换 1 次。如小蜂寄生率达 90%以上时，则不需分离，可在运入分离室后直接采收、包装和贮存。一般情况下，每批可收有小蜂黑蛹 35 万头以上，以每公顷放蜂 15 万头计算，可供 2. 33hm^2 温室或大棚应用 1 次。

（Ⅴ）各种传统繁蜂法的特点比较

利用罩笼繁蜂，虽不需占用较大面积的温室，但光照度受到影响，苗子容易徒长，丽蚜小蜂的寄生率也会受到一定影响。采用 1 间温室繁蜂的方法，占用温室面积小，投资少，设备简单，操作要求也不严格。但不易得到发育整齐的黑蛹，更换寄主植物时也有困难。如果此方法在两间温室间交替进行，这一问题则可得到一定程度的解决。

在有条件的情况下，采用 4 间隔离温室繁蜂有一定的优越性，可有计划地得到发育进度整齐的黑蛹，而且繁蜂量大，可供几公顷温室防治用。但我国多数农户应用此法尚有一定困难。

五室繁蜂法的特点是：①繁蜂量多。在同样条件下，单室法用 $38m^2$，五室法用 $35m^2$ 繁蜂，从 3 月 20 日至 6 月 29 日（13 周），单室可繁蜂 190 余万头，平均每周繁蜂约 15 万头；五室法可繁蜂 210 万头，平均每周繁蜂约 16 万头。单室全年可繁蜂两茬，年繁蜂量为 590 余万头，五室法可繁蜂 840 余万头，五室比单室繁蜂量增加约 40%。②小蜂发育整齐，出蜂时间集中。小蜂发育的整齐度可从羽化期长短反映出来，它直接影响小蜂的商品生产、贮存和运输。五室法繁蜂比单室法繁的小蜂发育整齐，出蜂时间集中，开始羽化的头两天羽化率可接近 50%，第四天全部结束；而单室繁蜂从开始到羽化基本结束历时 9d。这主要由于单室繁蜂寄主龄期不整齐，被寄生的时间先后不一致，因此在较长时间的贮存和运输中有的小蜂很快羽化为成蜂而早期死亡。五室繁蜂集中在 8~12h 或 24~28h 内接粉虱，粉虱若虫龄期整齐，因此小蜂羽化相对集中。③蜂种质量规格化。单室繁蜂一般采叶后不经加工直接应用，小蜂数量有多有少，发育有早有晚，产品没有一定规格指标要求。五室繁蜂各生产环节、工艺流程指标明确，产品有一定的包装要求，无霉变、无空壳，每张蛹卡（见蛹卡的制作、保存和运输）黑蛹数量一定，小蜂发育一致，有利于掌握田间释放时机。④便于计划生产。五室繁蜂由于规格化批量生产，生产间隔时间短，便于依照市场需要进行计划性生产。

影响繁蜂效果的因素：①白粉虱若虫密度对丽蚜小蜂寄生率的影响。在繁蜂中，如粉虱密度过大，分泌蜜露多，则会造成植株叶片煤污病严重，光合作用降低，过早衰老。因而，适宜的粉虱密度是提高丽蚜小蜂寄生率的基础。②不同寄主植物的繁蜂效果。在番茄、芸豆、茄子、串红和黄瓜 5 种植物上进行的繁蜂试验表明，繁蜂最好的寄主植物是番茄。番茄叶片较其他 4 种植物不易衰老，而且在大量采摘中下部黑蛹叶片后，对其生长影响不大。③番茄栽培密度与繁蜂的关系。在边行番茄植株上，单叶片上可有黑蛹 500 粒，而较郁闭的植株内部单叶片上仅有 30 粒。株行距 0.6m×0.6m，黑蛹量、寄生率也较高。

（ⅵ）改良型多寄主连续性三室繁蜂法

该方法生产需要三间温室，即清洁苗生产室，粉虱接种及全虫态培育室、丽蚜小蜂接蜂培育及黑蛹采收室。

清洁生产室。第一间温室保持无病虫污染。专门用于粉虱类的原生寄主、载体植物、保护作物的育苗，培育植物种类有番茄、黄瓜、矮生四季豆、大白菜、小油菜、甘蓝、龙葵、向日葵、茄子等。当苗高达到 10cm 以上时，移植到直径 25~30cm 的花盆中，加强肥水管理，增施叶面肥，培育壮苗，并按大小一致性分区放置。相隔 15~20d 培育一批新苗，供循环繁蜂之用。

粉虱接种及全虫态培育室。第二间温室培养由第一间温室挑选植株健壮、长势一致的洁净苗，作为接种粉虱的基础寄主材料。接种粉虱时引进粉虱成虫，在接种过程中轻轻摇动已有粉虱成虫着落的植株数次，以保证粉虱能比较均匀地散布在植物叶片上产卵，接种时间一般夏季保持 10~12h，冬季或阴天天气，要延长至 24~48h，以保证粉虱成虫产下足量的卵，一般保持每叶片每平方厘米不超过 40 粒卵为宜。然后将目标植株上的粉虱成虫驱赶干净，套上尼龙网罩，让粉虱卵发育。在粉虱若虫发育过程中，摘除植物生长点，促使叶面积扩大，约 15d 后，若虫发育至 2~3 龄备用。

丽蚜小蜂接蜂与培养室。第三间温室为丽蚜小蜂接蜂及培养室，选择待接蜂的载有粉虱 2~3 龄若虫的植株移入该室，把当天羽化的丽蚜小蜂成虫轻轻抖落在植株上，每平方厘米应保持 1 头成蜂之上。放蜂后 8~9d，黑蛹普遍出现，即可采摘发育进度整齐的黑蛹，贮藏备用或直接应用于田间防治。

改良型多寄主连续性三室繁蜂法的特点：①改进了多寄主植物培育：分为原生寄主、载体植物、保护作物三种类型。②保持三室，既克服了一、二室繁蜂法功能不清、效率不高的缺点，又解决了四、五室繁蜂法功能分散、投资大、管理繁琐的问题。③增加了粉虱和丽蚜小蜂培育罩笼设施，保证了整齐度。这个繁蜂方法应是今后推广的主要方式。

ⅱ 蛹卡的制作、保存和运输

小蜂商品包装销售的形式一般为卡片式、纸本式和纸袋式。

卡片式蛹卡的制作。用搪瓷盘一个，上面放一块木板或平面玻璃，将采来的新鲜带黑蛹的叶片，叶背向上平铺在板上，然后用毛刷把黑蛹刷下来，刷下的黑蛹羽化率约为 70%~80%，比自然对照的（84%）稍低。

在卡片纸上，在准备粘蛹的位置（约五分硬币大小），涂上一层加水一倍稀释的普通胶水，然后均匀撒上刷下的黑蛹，抖去多余黑蛹即成卡片蛹卡，稍晾干后即可贮存或包装邮寄。一般每卡1 000头黑蛹，可供30~50m^2 温室释放。

本卡和袋卡的制作。将黑蛹叶片采下来，在室内展平、晾干，按一定数量将叶片直接粘贴在纸本内的纸页上即成本卡；若将上述黑蛹叶片，直接放在带有小孔的纸袋内，则成袋卡。纸本卡和袋卡一般装黑蛹叶片4~6片，含黑蛹2 000头。可供80~100m^2 的温室释放。释放时，将上述蛹卡挂在温室作物的植株上，小蜂羽化后，即飞出去寻找粉虱产卵寄生。

ⅲ 产品的贮藏

暂时不用的蛹卡，可在低温中贮存，在12±1℃的低温箱内贮存20d，其羽化率为70%~75%，接近自然对照（77%），经贮存的蛹卡在常温下2~3d即开始羽化。需邮寄时以木盒包装为好，落蛹率平均约为4%。

贮存以黑蛹为宜，将培育好的黑蛹叶片剪下来，置于一般室温的屋内，平铺在纸上，使叶片稍干后，随即放入木盒（35cm×28cm×5cm），置于低温（10~12℃）贮存。通常，在10℃时可贮存41~50d，其羽化率为30%；在12~13℃时，贮存36~43d后，羽化率为50%~60%；在13℃条件下，贮存20d，再置于22℃中，羽化率为68%。贮存时应注意每放一层叶片夹一层吸水纸，贮存初期要勤检查，勤换纸，以免叶片湿度过大而霉烂。另外，在需要放蜂前，必须提前2d，将黑蛹取出，在恒温室中加温，检查其羽化率。

③释放应用：

ⅰ 田间释放方法

国外的应用方法。国外最初报道应用“害虫预先引入法”，即在放蜂前使植株上有少量人工释放到温室中去的粉虱，这种方法要人为地把害虫引入温室，所以农民不易接受。其后，有人提出“多次少量放蜂法”，即当温室内有少量粉虱发生时，将蜂多次引入，或不管有无粉虱发生，在定植之后，就将蜂多次引入。再后来，英国又提出“引入虫源植物法”，即植物上既有被丽蚜小蜂寄生的粉虱（黑蛹），又有少量未被寄生的白粉虱蛹，将这种盆栽虫源植物，按一定比例移入温室。这样，即可从一开始就使寄生蜂和粉虱之间在数量上保持一定的平衡关系。从小蜂成虫的成活和产卵上看，采用“害虫预先引入”和“引入虫源植物”的方法，有着明显的优势，可保证提供成蜂的寄主，但如放蜂迟了，就会导致防治失败，作物受害。

目前，在欧洲采用较为普遍的是多次引入的方法，如从发现番茄上有粉虱，至上部叶片平均有粉虱成虫0.08头/叶时，每公顷放蜂3万头，每2周放1次，放2~3次，可以有效控制虫害。

采用不同虫龄组配的“黑蛹”，防治效果可能会好一些，这是因为在田间的粉虱，年龄也不会非常一致的。美国（Helgesen R. G.）在一品红上采用多次释放法，效果较好，蜂虫比以1∶3为宜。

放蜂应用关键要在粉虱发生初期，虫量极少时释放一定数量的成蜂，使随后粉虱和寄生蜂种群之间一直能保持适当的平衡状态。放蜂时应有适宜虫龄的粉虱若虫，且放蜂点要均匀分布。要保证温室内的一定条件，如温度、湿度、光照、作物品种等，以有利于丽蚜小蜂的活动。如放蜂时粉虱密度很大，寄生蜂难以控制时，可先用农药压低害虫基数，然后再放蜂。

我国的应用方法。放蜂前，首先把白粉虱基数压低到0.5头/株以下，温室内温度控制在20~35℃之间，夜间不低于15℃，放蜂量一般以每株5~20头为宜，放蜂3~4次，隔7~10d放蜂1次。放蜂后，调查白粉虱成虫的消长及黑蛹量、寄生率的变化。

温室应用的关键：①温度：温度是决定防治效果好坏的关键。早春、秋冬温室中常因温度偏低，粉虱量过大而造成防治失败。在粉虱基数和放蜂量相同的情况下，日平均温度25℃比19℃寄生率明显提高，因此，可以用提高温度的方法来控制白粉虱数量，使两者种群数量能保持一定的平衡，达到较好的防治结果。②培育清洁苗：培育清洁苗是压低粉虱基数的有效措施。在放蜂量和其他措施基本相同的情况下，粉虱基数 0.2 头/株比 7 头/株的寄生率提高 57%左右。因此，温室在定植前要清除杂草，尽量定植清洁苗。放蜂前一定要把粉虱基数压低到 0.5 头/株以下。这是保证防治效果的基础。③综合防治，黄板诱虫：白粉虱成虫对黄色有趋性，在温室中用黄板诱杀白粉虱成虫效果很好，而且对黑蛹和寄生蜂比较安全。

ⅱ 丽蚜小蜂与龟纹瓢虫的组合应用与化学农药的协调应用

国外提出，选用的农药不仅对丽蚜小蜂无害，同时也对粉虱无害。这样可避免农药干扰天敌与粉虱之间已建立起来的数量平衡关系，如防治蚜虫用的抗蚜威，对天敌、粉虱均无害。

在粉虱密度很高时，采用的农药应对小蜂无害，如灭螨锰，或灭虫菊和除虫菊酯的混合剂，对蜂蛹无害，但对粉虱除蛹态以外的虫态均有效。日本于 1976 年采用这种混合剂，在每叶有成虫 80 头的情况下，也能控制粉虱的为害。又如加拿大，利用低浓度的灭螨锰，效果很好，对蜂安全，对粉虱卵杀伤力大。

不同化学农药对丽蚜小蜂黑蛹的影响差异较大，用 7 种常用农药配成常用浓度，喷洒黑蛹叶片（每平方厘米 1 头），观察其安全性及羽化率。结果表明，没有一种农药对黑蛹绝对安全，但一般杀菌剂、杀螨剂对黑蛹影响较小，羽化率在 44.2%~80.9%，可以考虑使用。速灭杀丁、溴氰菊酯的影响较大，羽化率仅 10%~14%。氧化乐果、敌敌畏的影响最大，小蜂完全被杀死。

ⅲ 防治应用实例

单项应用。北京地区小型温室试验（任惠芳等，1981），白天室温 21~35℃，夜间为 15~28℃，相对湿度为 40%~50%。第一个试验用番茄苗 86 株，共放蜂 4 次，首次放蜂在引入粉虱后 20d（5 月 5 日）放蜂，每株放 3 头，以后隔 10d 放蜂 1 次，每株放蜂 5 头，4 次合计每株放蜂 18 头。第二个实验用番茄苗 65 株，共放蜂 3 次，首次放蜂于 5 月 17 日进行，每株放蜂 5 头；以后隔 10d 放蜂 1 次，连续 2 次，分别每株放 5 头和 7.6 头，3 次合计每株放蜂 17.6 头。放蜂后 11d 开始调查，每隔 7d 取样调查放蜂区和对照区全株番茄上白粉虱成虫、若虫、蛹及黑蛹的数量，直至收获为止（最后一次调查上部 4 片复叶上的成虫数量）。

结果显示，在番茄粉虱成虫平均每株 0.5 头、1 头的情况下，在整个作物生长过程中，对照区的粉虱成虫和若虫数量不断增长，放蜂区则被控制在一定范围内，作物收获结束时，上述两个试验的对照区若虫数量分别达到每株 8044 头和 3431 头，而放蜂区仅为 118 头和 11 头，对照区比放蜂区若虫多 67 倍和 311 倍。在收获前 1 周，对照区每株成虫达 710 头和 271 头，而放蜂区仅 77 头和 10 头。收获时，对照区植株上部 4 片叶每叶平均有成虫 195 头和 34 头，而放蜂区仅 13 头和 1.5 头，对照区比放蜂区分别高 14 倍和 21 倍。黑蛹数和寄生率也随着时间而不断增加，至收获时放蜂区的寄生率达 83.4%和 87.9%。试验证明，在我国加热升温的温室条件下，释放丽蚜小蜂，可以有效控制白粉虱为害。

蔬菜塑料大棚。北京海淀上庄乡塑料温室试验（田毓起，1983）。供试温室为生产温室，面积为 334m^2，室内用火砖砌成地炉，安装陶土烟筒作火道，以煤火供暖。温室内日平均温度为 12.5~26.5℃，昼夜温差大，白天最高温度可达 46℃，而夜间最低可降至 8.5℃，日平均相对湿度为 72%~97%，光照为自然光。

放蜂区番茄苗于 2 月 10 日定植，3 月 3 日开始放蜂，当时平均每株番茄有 0.57 头粉虱成虫，平均每株放 3 头成蜂。方法是在放蜂的前一天将存在低温箱内的黑蛹取出置于 27℃的恒温室内，以促使小蜂快速羽化，第二天计数后，将小蜂轻轻抖到植株上。3 月 17 日和 4 月 14 日分别释放两次，每次每株各放 6 头。3 次合计每株放蜂 15 头。

对照区设置在另二栋生产番茄的温室，为化学防治对照，作物于 1 月 23 日定植，3 月 3 日粉虱成虫基数为平均每株 28.8 头。3 月 15 日开始使用杀虫剂，先后共用药 6 次，其中用 2.5%溴氰菊酯2 000倍液喷雾4次，80%敌敌畏熏烟和喷雾各1次。

结果表明，放蜂区白粉虱成虫数一直被控制得很低，最高只有11头/株，而对照区最高数达62头/株，相当于放蜂区的5~6倍。至拉秧前夕，放蜂区的粉虱成虫数只有11头/株，对照区为53头/株，化学防治比放蜂区高4~5倍。从单次效果来看，化学防治区比放蜂区的同期效果好，但从持续后的效果来看，放蜂区明显优于化学防治区。试验表明，丽蚜小蜂对白粉虱的寄生能力较强，寄生率始终维持在90%左右。此外，寄生的普遍率也很高，黑蛹株率为100%，说明小蜂搜索寄主的能力很强。小蜂的种群总是随粉虱的种群变动而紧密跟随，当粉虱伪蛹总数增加时，小蜂种群数也随即上升，当它下降时，小蜂种群数也随即下降。

河北邯郸1982—1984年在2hm^{2}多的温室及1 534m^{2}的露地上应用小蜂防治白粉虱，也收到好的效果，粉虱的寄生率为70%~90%，优于化学防治。1982年，河北邯郸市郊区农业局在四季青乡繁蜂，1间温室繁殖的黑蛹可供0.59hm^{2}温室防治应用，每667m^{2}的防治成本为1.57元。使用化学农药速灭杀丁，每千克售价10.25元，使用浓度2 000倍，每667m^{2}每次用稀释液100升，每公顷每次药费30.75元。整个生长期喷药4~6次，每公顷治虫费用123~184.5元。生防比化防每公顷可节约成本99.45~160.95元。此外，化防煤污病严重，对产量有一定影响，经济效益也受到一些损失，而放蜂防治费用低，经济效益高，同时还减少农药对蔬菜的污染。

花卉温室。冬春季节在80m^{2}的温室内，进行释放丽蚜小蜂防治温室白粉虱的试验（王恩荣等，1984）。当粉虱成虫基数为每叶0.45头时，开始放蜂。分别于11月底、翌年1月中旬和3月初，释放3次丽蚜小蜂，共计放蜂5.2万头，平均每盆花卉放蜂58头。结果，至5月5日，花卉倒挂金钟上每叶有白粉虱成虫0.36头；被小蜂寄生后变黑死亡的白粉虱伪蛹（简称黑蛹）的数量每叶有12头，每盆平均约有黑蛹2 000余头，其中最多者黑蛹量达9 500余头，寄生率在90%以上，株普及率为100%。在半年时间内，没有用过任何化学农药，白粉虱的数量比上年11月花卉移入温室时，减少了20%，主要是丽蚜小蜂持续控制的结果。冬季12月份至翌年2月份温室内的温度偏低（白天15℃，夜间10℃），在此期间的第一、二次放蜂，寄生率均较低，均在50%以下；在3月中旬第三次释放小蜂（1.8万头），作用明显，最后调查寄生率达到90%。说明温度对放蜂成败的影响很大。

丽蚜小蜂与黄板诱杀配合应用。大型温室：北京海淀区四季青乡玻璃钢温室试验（朱国仁等，1983）。温室内设暖气加温，面积为1 000m^2，1981年2月初在前茬芹菜收获后（室内基本无虫），定植约4 100株番茄，所带的虫量较低，至2月17日放蜂时，单株总虫量为7.44头（成虫0.52头、卵1.82粒、若虫5.1头），以清洁温室定植“无虫苗”作为白粉虱综合防治的基础。

措施及方法：按丽蚜小蜂与白粉虱成虫约2∶1的比例，每2周释放1次丽蚜小蜂寄生的黑蛹，共3次，分别为2 000头、4 000头和8 000头，隔行均匀施放在株间。因4月底温室管理中打掉番茄基部老叶，消灭了一些白粉虱，也损失了一定数量的小蜂—黑蛹（当即回收了一些），所以在5月份又补放2次成蜂，共3 800头。黄板（橙皮黄色）诱杀法是挂设小黄板（1m×0.17m）42块、大黄板（1m×0.5m）4块，均匀挂在番茄行间，黄板中部高度与番茄顶叶高度平。计数黄板上诱集的成虫数量后再将黄板擦净，两面涂10号机油（加少许凡士林）继续使用。温室的栽培管理均按生产要求进行，曾喷洒杀菌剂及叶面追肥各1次。

防控结果：从每4d白粉虱成虫的实测数量曲线分析，除4月28日和5月1日两次调查外，成虫的数量均低于经济界限；而且此时番茄已全部“打顶”，植株对白粉虱为害的耐受能力增强，直至拉秧长势良好，约1.2%植株因白粉虱发生较多，出现个别煤污叶和煤污果。与1980年同茬番茄上白粉虱用80%敌敌畏烟熏4次，每次用药3kg（因温室高大增大用量）相比，其经济效果也很明显。2月中旬至4月中旬，由于白粉虱虫口基数较低、温室温度（平均为15.8℃）不高及释放丽蚜小蜂等综合原因，白粉虱种群数量发展缓慢，成虫数量很低。据4月15日至16日随机取样162

株中下部1 052片复叶的调查结果，丽蚜小蜂对白粉虱的寄生株率达92%，对四龄若虫的寄生率为49. 2%，说明寄生蜂在温室番茄上已建立了种群，对控制白粉虱的种群数量起了一定的作用。在较低的温度下，白粉虱比寄生蜂种群增长速度快，从4月下旬开始白粉虱成虫数量呈明显的上升趋势。随着成虫数量的增长，黄板诱杀成虫的作用也随着成虫数量增长，黄板诱集量相应增加。当成虫数量达到防治指标时，5月28日至30日曾采取人工辅助诱杀的措施，即手持黄板在行间边走边轻轻抖动植株叶片，以提高诱杀效果。4月18日至6月13日黄板累积诱杀成虫约为3百万头，平均单株733余头，成为中后期控制白粉虱种群数量的主要方法。通气温室平均温度16. 8℃，6月10日对四龄若虫的寄生率为52. 70%，小蜂起了一定的作用。

④防效评估：

中国农业科学院生物防治研究所1986—1988年共生产小蜂2 747万头，应用面积18. 6万m^2，其中在黑龙江大庆温室共放蜂示范16万m^2，粉虱平均寄生达95%以上；1987年在1. 5万m^2示范田共放蜂2次，放蜂前单株粉虱成虫56. 1头，历时4个月，粉虱连续下降，直至番茄拉秧时平均单株有粉虱成虫0. 6头，减退率为98. 9%；化防区0. 4万m^2，连续喷农药5次，4个月后粉虱成虫由喷药前的单株平均6. 25头，上升为525头。化防区的粉虱量相当于放蜂区的875倍，放蜂效果十分明显。在北京地区蔬菜温室，示范放蜂应用：1987年，在0. 44万m^2的番茄田，全季放蜂1次，至12月份拉秧前平均单株有粉虱成虫6. 7头；而喷14次化学农药的对照区，至拉秧前平均单株有粉虱成虫556. 7头，差异显著。1988年，放蜂1. 54万m^2番茄田，拉秧前调查，粉虱成虫平均单株为9. 6头，防效也十分明显。

第四节　捕食螨的研究与应用

捕食螨是一种以常见植物叶螨为主要猎物的一种杂食性益螨，用捕食螨防控害螨，成为绿色农林生产发展柑橘的重要技术之一。捕食螨是许多益螨的总称，其范围很广，包括赤螨科、大赤螨科、绒螨科、长须螨科和植绥螨总科等。目前研究较多且已用于生产中防治害螨的捕食螨，还局限于植绥螨科中的如下种类：胡瓜钝绥螨、智利小植绥螨、瑞氏钝绥螨、长毛钝绥螨、巴氏钝绥螨、加州钝绥螨、尼氏钝绥螨、纽氏钩绥螨、德氏钝绥螨和拟长毛钝绥螨等。

一、胡瓜钝绥螨的人工繁殖技术

胡瓜钝绥螨［*Amblyseius cucumeris*（Oudemans）］，属于植绥螨科，钝绥螨属。广泛分布于世界各地，在害虫的生物防治上发挥着重要的作用，利用胡瓜钝绥螨有效控制蓟马和叶螨等害虫有20多年的历史。引入我国后成功地控制了多种作物上的害螨。

1. 饲养器具与条件

（1）室内饲养器具。为直径约15cm、深3cm的培养皿或类似的器皿，内铺一块比器皿小1cm，厚1cm的泡沫塑料，泡沫塑料上加一块略小些的黑布与聚乙烯薄膜。加水入泡沫塑料中以防止捕食螨外逃。薄膜边内放两小堆花粉和一小块浸有30%糖水的棉球作饲料，三者呈“品”字型排列。中间放一小束棉丝供捕食螨产卵和栖息，然后用小毛笔将捕食螨成螨移入薄膜上。每天更换作饲料的花粉和添加糖水，同时更换棉丝，使卵块集中在一起待孵，尽可能使龄期一致，以减少互相残杀。

养虫室条件：温度25~30℃，相对湿度80%。

（2）粉螨饵料。利用麦麸饲养粉螨，再以粉螨为饵料饲养捕食螨。

2. 释放应用

（1）防治对象。柑橘全爪螨、柑橘锈壁虱、柑橘始叶螨、二斑叶螨、截形叶螨、土耳其斯坦叶螨、山楂叶螨、苹果全爪螨、侧多食跗线螨、茶橙瘿螨、咖啡小爪螨、南京裂爪螨、竹裂螨、竹缺爪螨等害螨，柑橘锈壁虱，瓜蓟马、葱蓟马、稻蓟马、西花蓟马等蓟马。

（2）应用方法。清园。释放捕食螨前20~40d，要对全园进行1~2次全面彻底的清洁田园，清理所有落叶、枯枝、杂草等。

释放捕食螨的果园应当留草。释放前，果园草长的要进行一次刈割。果园不得使用除草剂。

释放捕食螨的最高防治指标为每叶害螨虫（卵）2头（粒）。

晴天宜在下午17：00后释放捕食螨，阴天可全天释放，雨天不宜释放。不宜将装有捕食螨的纸袋放在阳光下暴晒。

释放时，将装有捕食螨的纸袋，剪除纸袋侧面上方一尖角（约1~2cm）后，用图钉等固定在不被阳光直射、树冠中下部枝杈处，并与枝干充分接触，不可吊在空中。

释放捕食螨后一般1~2个月达到最高防治效果。此时，捕食螨虫口增多，体呈红色，不要误认为是红蜘蛛而喷药消灭。

捕食螨出厂后应尽早释放，一般不超过7d。如遇到不宜释放情况，应在15℃条件下贮存。

二、智利小植绥螨的人工繁殖与应用

智利小植绥螨（*Phytoseiulus persimilis*）属植绥螨总科、植绥螨科、小植绥螨属。

1. 饲养器具与条件

将小塑料托盘放入稍大的大塑料托盘内，托盘间注水形成水栅，阻止智利小植绥螨向外逃散。置于温度为（26±1）℃、光照L：D=16：8、相对湿度80%的饲养室内培养。

2. 饵料叶螨繁殖技术

选用菜豆（Lima bean）作为叶螨寄主植物，菜豆苗展开第一对真叶时，接入朱砂叶螨。叶螨接入后置于温度为（26±1）℃、光照L：D =16：8、相对湿度60%~70%的温室内培养。当朱砂叶螨布满菜豆植株但还没结网时，接入朱砂叶螨，2周左右，引入智利小植绥螨，接种量视朱砂叶螨在菜豆苗上的侵染严重程度而定，一般接入的智利小植绥螨与朱砂叶螨比例为1：50为宜。可将带有智利小植绥螨的叶片直接放入饲养朱砂叶螨植株的间隙内，智利小植绥螨在植株间自由扩散、繁殖。饲养期间及时给营养钵加水保湿，继续对植株进行修剪管理。当朱砂叶螨数量显著降低、智利小植绥螨因食物短缺大量向外逃逸前对捕食螨进行收集包装。

3. 释放应用

（1）防治对象。此螨为狭食性，以叶螨为食。主要防治二斑叶螨和朱砂叶螨。

（2）应用方法。释放方式和释放量因作物种类、叶螨发生严重程度而异，一般推荐应用益害比例为1：10~20，如叶呈聚集分布发生，需集中释放捕食螨才能达到很好的控制效果。释放时可将包装袋剪开悬挂于植株中下部，或者将袋内蛭石与捕食螨轻柔地倒出，散放置在植物叶片上。因为智利小植绥螨控害能力很强，释放后叶螨会被迅速吃光，食螨也会随之死亡。因此推荐初次释放后的一般频度为每周5头/m^2，可视螨发生严重程度和作物种类酌情增减。

第五节　天敌昆虫功能团（IGP）的研究与应用

天敌昆虫功能团（IGP）是研究天敌昆虫组合种类间相互作用的协同/竞争机制，研究捕食性天敌功能团之间以及捕食性与寄生性天敌功能团的协同/增效/竞争抑制效应，揭示了天敌的不同时空生态位与天敌功能团内稳定性机制的关系。

天敌昆虫与微生物制剂的组合利用技术。加拿大最新研究表明，捕食螨和微生物制剂联合可有效控制蓟马种群。西花蓟马是花卉作物的主要害虫，在花卉叶片为害的蓟马高龄虫态，98%的种群需要在土壤中化蛹。加拿大科学家针对蓟马蛹的防治，通过将两种商业化的捕食螨（捕食蓟马蛹的品种）、微生物颗粒剂（白僵菌GHA和绿僵菌F52）以及昆虫病原线虫，联合应用于盆栽菊花土壤表面，结果表明，该方法相对于单独使用任何一种生防产品的效果都好，蓟马蛹的致死率达到90%以上。该结果同时证明了土壤中生活的捕食螨种类和微生物颗粒剂具有兼容性，其联合应用对蓟马防控具有增效作用。

在零星分散的蔬菜田中，菜田的昆虫群落与周围其他作物田进行着广泛的交流，特别是在一定季节里，多食性害虫和天敌，将会在菜田集中，形成蔬菜害虫群落的旺盛阶段。

在9月中下旬至10月上旬之间，玉米、谷子田里95%的多食性害虫会转移到十字花科蔬菜田为害，棉花田70%的害虫转移到各类蔬菜田，甚至还有一部分果树和林木的多食性害虫在蔬菜田为害，构成了这一时期菜田独特的害虫群落。

首先利用亲缘关系较远的蔬菜品种轮作换茬，对控制一些单食性、寡食性害虫作用显著，如葱蒜类与十字花科蔬菜间作，减轻了菜蚜、菜青虫、小菜蛾的为害；玉米和番茄、青椒间作减轻了棉铃虫和烟青虫的为害，施用腐熟的有机肥不利于种蝇产卵，以此降低虫口密度已成为葱蒜类生产最基本的技术。根据害虫对寄主及生育阶段的强依存性和强选择性，应用调节播期或移栽期，在较大程度上减轻了菜蚜、菜螟、跳甲等的为害。大面积应用“拆桥断代，集中扫残”，已从根本上控制了菜青虫的为害。

第六节　蜘蛛的捕养与利用

一、蜘蛛的概述

蜘蛛属于节肢动物门，蛛形纲，蜘蛛目，中小型。

据科学文献记载，世界上的蜘蛛估计有3 000余种，分属于66个科。我国的蜘蛛资源有39种，约3 000种左右。最大的蜘蛛体长达9cm，最小的仅有1mm。

在我国古籍中，记载蜘蛛的异名甚多，如网虫，扁蛛，圆蛛等。在李时珍著的《本草纲目》中记载：“蜘蛛即尔雅土蜘蛛也，土中有网”。

蜘蛛与人类的关系非常复杂，但主要是对人类有益。例如，农田，果园，菜地中蜘蛛捕食各种大量的农作物害虫；同时，许多中医药书典中，都有用蜘蛛入药的记载。因此，保护和利用蜘蛛具有重要的意义，特别是农林生态系统中保护蜘蛛有三大益处：一是有效地稳定了生物种群的平衡；二是减少了化学农药的使用；三是降低了生产成本，可促进增产增收。所以，在生态植物保护中，应高度重视蜘蛛类资源的发掘，保护和利用。蜘蛛的种类繁多，分布较广，适应性强，它能生活或结网在土表、土中、树上、草间、石下、洞穴、水边、低洼地、灌木丛、苔藓中、房屋内外，或栖息在淡水中（如水蛛），海岸湖泊带（如潮蛛）。总之，水，陆，空环境中都有蜘蛛的踪迹。

二、蜘蛛的生物学特征及习性

蜘蛛体外被几丁质外骨骼，身体明显地分为头胸部及腹部，二者之间往往有腹部第一腹节变成的细柄相连接，无尾节或尾鞭。蜘蛛无复眼，头胸部有附肢6对，第一、二对属头部附肢，其中第一对为螯肢多为2节，基部膨大部分为螯节，端部尖细部分为螯牙，牙为管状，螯节内或头胸部内有毒腺，其分泌的毒液即由此导出。第二对附肢称为脚须，形如步足，但只具6节，基节近口部形成颚状突起，可助摄食，雌蛛末节无大变化，而雄蛛脚须末节则特化为生殖辅助器官，具有储精、传精结构，称触肢器。第三至六对附肢为步足，由7节组成，末端有爪，爪下还有硬毛一丛，故适于在光滑的物体上爬行。

蜘蛛大部分都有毒腺，螯肢和螯爪的活动方式有两种类型，穴居蜘蛛大多都是上下活动，在地面游猎和空中结网的蜘蛛，则如钳子一般的横扫。

无触角，无翅，无复眼，只有单眼，一般有8个眼，但亦有6、4、2眼者，个别属甚至没有眼，就眼的色泽和功能而言，又分夜和昼两种。

蜘蛛的口器，由螯肢、触肢茎节的颚叶，上唇、下唇所组成，具有毒杀、捕捉、压碎食物，吮吸液汁的功能。

有些蜘蛛的跗节爪下，有由黏毛组成的毛簇，毛簇有使蜘蛛在垂直的光滑物体上爬行的能力。结网的蜘蛛，跗节近顶端有几根爪状的刺，称为副爪。

大多数蜘蛛的腹部不分节。有无外雌器（称生殖厣）是鉴定雌体种的重要特征。在腹部腹面中间或腹面后端具有特殊的纺绩器，三对纺绩器按其着生位置，称为前、中、后纺绩器，纺绩器的顶端有膜质的纺管，周围被毛，不同蜘蛛的纺管数目不同，不同形状的纺管，纺出不同的蛛丝，纺管的筛器，也是纺丝器官，像隆头蛛科的线纹帽头蛛的筛器上有 9 600个纺管，可见其纺出的丝是极其纤细的。经由纺管引出体外的丝腺有 8 种，丝腺的大小及数目随蜘蛛的成长和逐次蜕皮而增加。蜘蛛丝是一种骨蛋白，十分黏细坚韧而具弹性，吐出后遇空气而变硬。

雌雄异体，雄体小于雌体，雄体触肢跗节发育成为触肢器，雌体于最后一次蜕皮后具有外雌器。

蜘蛛卵生，卵一般包于丝质的卵袋内，雌体保护和携带卵袋的方式不一，或置网上、石下、树枝上，或用口衔卵袋，胸抱卵袋等。为不完全变态，营结网或不结网生活。网有圆网、皿网、漏斗网、三角网，不规则网等。

蜘蛛在内部构造上较特殊的是呼吸器官的书肺，书肺内部为一囊状，每一囊的囊壁向内突入许多叶状褶皱，如同书页一样。蜘蛛毒腺为圆筒形，腺壁由一层细胞构成，毒腺的前方有导管，在螯爪的前端附近开口，毒腺分泌出毒液，对小动物有致死效果，有的对人也能危机生命，如被红斑毒蛛或穴居狼蛛螯咬后，必须及时治疗，以防危及生命。

蜘蛛为肉食性动物，其食物大多数为昆虫或其他节肢动物，但口无上颚，不直接蚕食固定食物。当用网捕获食饵后，先以螯肢内的毒腺分泌毒液注入捕获物体内将其杀死，有中肠分泌的消化酶灌注在被螯肢撕碎的捕获物组织中，很快将其分解为汁液，然后吸进消化道内。

蜘蛛消化道名为前肠、中肠及后肠三部分。前肠包括口、咽、食道及吸吮胃，管状的咽及吸吮胃可把液体食物吸进消化道并运送至中肠。中肠包括中央的肠管及两侧的盲囊。中肠之后为后肠，是排泄物汇集的场所。

排泄器官具一对起源于内胚层的马氏管。除马氏管外，幼蛛还有一对茎节腺进行排泄，但成蛛的茎节腺则多退化，没有排泄作用。

蜘蛛的生活方式两大类型，即游猎型和定居型。游猎型者，到处游猎、捕食、居无定所，完全不结网、不挖洞、不造巢的蜘蛛，有鳞毛蛛科，拟熊蛛科和大多数的狼蛛科等。定居型种类，有的结网，有的挖穴，有的筑巢，作为固定场所。如壁钱、类石蛛等。蜘蛛均有一定的捕猎域，凡营独立生活者，个体之间都保持一定的间隔距离，维持一定的空间，互不侵犯。

蜘蛛不但雌雄异形，雄小于雌，而且有的种类还表现雌雄异色，如跳蛛科的雄性个体体色明亮，雌性个体晦暗，巨蟹蛛科的雄性背面有红色斑纹，雌性则全为绿色。

雄性蛛比雌性蛛的性成熟时间早，雄性蛛出现的时间短，一般采集到的大多数是雌性。蜘蛛的交配方式独特，如交尾后，雄性不被雌性杀死而能逃脱者则能再次交尾。

雌性蛛产卵前，光用丝做“产褥”，产卵其上，然后又用丝覆盖。并将卵袋编成固定形式。一个雌性蛛，一般只产一个卵袋，也有产多个卵袋的，如圆蛛产 5~6 个，红斑毒蛛产 13 个。一个雌性蛛的产卵数可由几个到几百个，如红斑毒蛛可产 60~720 个，圆蛛科的某些种类可产 1 000 个。

从卵壳孵出的幼蛛仍旧停留在卵袋内，要在卵袋内经 1 次蜕皮后，才离开卵袋。由于蜘蛛不仅带卵袋游猎，而且当幼蛛孵化后，还有携幼的习性，故称狼蛛为褓姆蛛。有的种类雌性蛛在编成卵袋后即死亡；有的种类在幼蛛脱离卵袋后，继续生活一段时间才死亡；有的种类被自己孵出的幼蛛活活咬死为食。

蜘蛛至成熟期以前，随着生长，须经多次蜕皮，蜕皮次数和间隔时间，很不一致，一般而言，小型蛛一生蜕皮4~5次；中型蛛约7~8次，大型蜘蛛约11~13次，如红斑毒蛛雄蛛蜕皮5次，雌蛛7次。

与一般昆虫相比，蜘蛛是长寿命者。大多数蜘蛛完成一个生活史，一般为8个月至2年。雄蛛是短命的，交尾后不久即死亡。其他如水蛛和狡蛛能活18个月，穴居狼蛛能活2年，巨蟹蛛能活2年以上，还有捕鸟蛛的寿命可长达20~30年。

所有的蜘蛛生活，都善于利用丝，丝中丝腺细胞分泌，在腺腔中为黏稠的液体，经纺管导出后，遇到空气时很快凝结成丝状，丝的比重为1.28，强韧而富有弹性。

网穴蜘蛛，白天在网内，夜晚守在洞口，伺机猎食或外出觅食。熊蛛在土块下挖一个浅坑，穴居狼蛛在地下挖一垂直的深洞，舞蛛在洞口还加编了活动穴盖。这种活盖是由多个丝层构成的。庞蛛的洞深达1m，该蛛体小，毒性强，一旦咬伤穴兔后，4min即可致死。

幼蛛在开始结网生活时，蛛丝如附着不到任何物体时，恰好有上升的气流，则腾空而起，在空中顺风漂飞，如圆蛛科、狼蛛科、盗蛛科、跳蛛科等都有“飞行”本领。对避免自相残杀，疏散密度过大，发挥巨大的作用。

蜘蛛为肉食性，食性杂，食谱广，但主要是捕食昆虫，有时能捕食到比其本身大几倍的动物，如南美的捕鸟蛛，有时捕食小鸟、鼠类等。

蜘蛛的天敌很多。蛙类、蟾蜍、蚊、蜥蜴、蜈蚣和鸟类都捕食蜘蛛，有的寄生蜂寄生于蜘蛛卵内，有的寄生蝇的幼虫在蜘蛛卵袋中发育。小头蚊虻昆虫几乎全部都是以幼虫的形式寄生到蜘蛛体内。蜘蛛常用多种方式方法御敌，如排出毒液、隐匿、伪装、拟态、保护色、振动等。当逃脱不掉时，而自己的附肢被敌害夹持时，蜘蛛可以自断其肢一走了之，自断的步足在蜕皮时还可再生。

三、蜘蛛的生产繁育技术

由于蜘蛛性情凶残，均为肉食性，自相残杀剧烈，故单独饲养容易成功，群养较难。又由于蜘蛛的肉食性杂，耐饥饿，生活力强，只要保证食物、水分及庇护所3个基本条件，即可成功。

（一）蜘蛛饲养设施及器具

改建普通的养虫室，要求具有一定的面积，门窗齐整、密封。保温、保湿、供光条件完善。水管良好，水源充足。

各种小型玻璃、塑料、器皿、小毛刷等。毛笔、记录本、胶带、剪刀等。酒精：75%~85%，最好在酒精中加入0.5%~1%的甘油，能使虫体软化。镊子、铲子、扩大镜、培养皿、试管、昆虫针、棉花、纱布、采集袋，捕蛛网：用白色光滑而结实的绢或布，裁成20cm宽，60cm长的梯形布4块，缝制成网袋，并用8cm的白棉布做成袋口。网格可由2~3节缝合。

（二）蜘蛛种源采集

蜘蛛的生态不同，采集方法不一样。采集动作要稳、快、准。采集的目的不同，处理方法也不一样，要尽可能采集到成熟的个体，保护肢体完整，要尽可能不用手直接捕捉，以免被毒蜘蛛伤及。最后及时做好各项记录，如采集时间、地点、种类、色彩、斑纹等。要先进行环境观察，然后再进行采集。蜘蛛不受惊扰不会逃跑。若遇到雌雄蜘蛛在一起活动，要尽力同时采集到，并合装在一个玻璃管内。

采集游猎型蜘蛛时，可采用击落法和扫捕法。将捕蛛网、白棉布或塑料盒、盘，放在枝条下方，用竹木棍敲振枝叶，蜘蛛受到剧烈振动，自行坠落，用玻管扣捕即可。或在草丛枝叶间，用捕蜘网横扫、直扫，如狼蛛科、猫蛛科、壁蛛科、跳蛛科即是。

采集结网型蜘蛛时，要区别对待，织造圆网的圆蛛科，夜晚喜蹲守在网心捕食，白天或烈日下，常躲在网的一角，叶的背面，隐蔽起来，可轻拨蛛网，诱蛛上网，利用蜘蛛受惊扰沿丝下降的习性，可用玻管从下方承接。造漏斗网的漏斗蛛科，动作敏捷，较难捕捉，要将网轻轻拨动，将蛛诱出，迅速将漏斗口堵塞，用培养皿或玻管扣捕。对造褛网的褛网蛛科，同样诱捕，对不规则网的蜘蛛，要看准其在网上的位置，若以假死动作跌落在草丛中，可拨开草丛扣捕。对常在墙根，地表挡洞穴的蜘蛛，要首先寻找，撒开洞口周围的新鲜湿土粒，据此找到洞口位置，先用小草轻拨活动盖，诱使蜘蛛爬到洞口，再用铲子从洞旁斜铲入土中，使其洞穴隔截，堵死退路，扣捕。

圆网蛛科的大腹圆蛛为我国最常见的蜘蛛，全国各地均有分布，多栖于屋檐下和树间，张结大型车轮网，多在黄昏时结网，网丝坚韧，富黏性，以兜捕各种昆虫为食，也捕食其他蜘蛛。一般在3、4月至10月间活动，在夏、秋季捕捉。

采到蜘蛛以后，或用于制作标本，或用于人工饲养，如要做种类鉴定时，则要对蜘蛛的螯肢，雌蛛的外雌器，雄蛛的触肢器作进一步的观察。

（三）蜘蛛人工饲养的饵料

目前，蜘蛛人工饲养的饵料均无实现大规模生产，为蜘蛛的人工饲养提供了条件。

主要种类有：黄粉虫、大麦虫、白星花金龟、小麦花金龟、黄粉鹿角花金龟、东方蚁狮、泰山潜穴虻、桃蛀螟、玉米螟、大蜡螟等，蜘蛛对不同饵料取食量有很大差别，蜘蛛的人工饲料。由于蜘蛛的种类多，食性杂，研制成有效的人工饲料，并非易事，下面一例为饲养红螯蛛、狼蛛的人工饲料配方：蛋黄 4 份，咋料 1 份混合饲料，6 周，生长发育正常。在汽灯罩内饲养，观察，体长1cm 左右的拟环纹狼蛛，每日捕食飞虱、叶蝉、家蝇 7~12 头。拟环纹狼蛛，在供水不供食的情况下，可耐饥 34~112d，蜘蛛耐饥力强，与其食量大有关。一般温度越高，耐饥力越弱。

（四）蜘蛛人工饲养管理

对于单体饲养管理方式，①游猎型蜘蛛：由于不结网，使用的饲料器皿，容器可以较小，像玻璃瓶、管、灯罩，均可。②捕纹狼蛛的单蛛饲养，玻璃管口配装带有小玻管的软木塞，小玻管内下端塞的小棉球，可通过小玻管顶端注入清水，或注入 10%蜜糖液（饲养幼蛛用）供给水源，捕纹玻管的另一端，为突入管内的圆形底，底中央有一个小孔，塞的棉花，防止蜘蛛外逃。也可利用此孔投入飞虱、叶蝉、蚜虫、家蝇、黑水虻等活体饵料虫，或投入蛋黄、肉末的人工饲料，供给食源。③灯罩饲养：适于中型不结网蜘蛛。灯罩上方用纱布扎口，纱布上开一小口，装一玻管，作为供水和食物的通道。灯罩上方座于较灯罩大的白色瓷盘上，盘（盆）内可铺肥土，种下与该蛛生活条件相适应的植物。可饲养成蛛和幼蛛。④木箱饲养：适合于结网型蜘蛛，如圆蛛，肖蛸等，木箱高度以 1m 左右为宜，木板只要求外面光滑，内面可粗糙，适于蜘蛛爬行，箱内两侧下方，各设一活门，便于箱内操作，箱顶的四侧均用尼龙网围住，以便通风透光。箱内可模拟自然生活条件布置，便于张网，栖息和捕食，可放一盛水培养皿（用棉球储水，又不致淹死蜘蛛），另放一皿盛装人工饲料。

对于群体饲养管理的方式。可设计较大的木箱，可增加蛛种和蛛量，箱内布置要模拟蜘蛛的自然生态条件。另有一种用铁窗纱作笼壁的饲养箱，可直接罩入稻草，笼顶装一漏斗状的收虫器，利用灯光幼虫，群体饲养的方法，难以达到理想的效果，很多技术还应深入探索和完善。

（五）蜘蛛的应用

蜘蛛是一类非常优良的农林害虫天敌，是生态植物保护的重要技术支撑之一，是构建人工生态庇护所天敌生物系统的最佳选择。在农业生态系统中，选择隐蔽场所，开挖 40cm 宽、30cm 深的槽沟，里面铺垫 20cm 厚的稻草、小麦秸秆、玉米秸秆，同时掺杂马唐，牛筋草等杂草，树叶，然后撒入黄粉虫等饵料昆虫，建造好人工生态，庇护所。最后，将人工饲养的蜘蛛放入其中或自然诱集蜘蛛群体，进行生长发育和繁殖，用于贮备扩大蜘蛛数量。此外，蜘蛛还具有重要的药物价值。

构建人工生态庇护所蜘蛛系统，对于防控以成虫越冬的害虫效果优良，如茶园茶小绿叶蝉、桃园桃一点叶蝉、樱桃园的大青叶蝉等。

第七节　昆虫病原体的研究与应用

昆虫病原体种类很多，已发现的有 2 000 多种，按照微生物的分类可分为细菌、真菌、病毒、原生动物和线虫等。目前，国内研究开发应用并形成商品化产品的主要有线虫杀虫剂、细菌类杀虫剂、真菌类杀虫剂、病毒类杀虫剂等。

一、昆虫病原线虫的人工繁殖与应用

昆虫病原线虫是一类重要的新型杀虫剂，其体内带有共生细菌，随线虫进入昆虫体内，造成昆虫败血症而死亡，对隐蔽性害虫的防治表现出独特优势和良好的防治效果。

（一）小卷蛾斯氏线虫

小卷蛾斯氏线虫（*Steinernema carpocapsae*）隶属于尾感器纲小杆目斯氏线虫科，是害虫生物防治中应用最广泛、最具潜力的昆虫病原线虫之一。

1. 人工培养

（1）NBTA 培养基（共生菌鉴别培养基）。成分：营养琼脂 18g；溴百里酚兰 0.01g；氯化三苯基四氮唑 0.016g；蒸馏水 400ml。

（2）NA 培养基（营养琼脂培养基）。营养琼脂 45g；蒸馏水 1 000ml。

（3）LB 培养液（蛋白胨牛肉浸膏培养液）。牛肉膏 3g；蛋白胨 3g；氯化钠 10g；蒸馏水 1 000 ml（pH 值=7.4~7.6）。

（4）线虫固体培养基（海绵营养培养基或 NS 培养基）。

成分	比例（%）	重量（总量 1 600g）
黄豆粉	15	240g
面 粉	5	80g
蛋黄粉	1	16g
蛋白胨	0.50	8g
酵母膏	1.50	24g
熟猪油	5	80g
海 绵	10	160g
水	63	1 000ml

2. 灭菌

普通材料的灭菌：在高压蒸汽灭菌锅中 121℃下灭菌 20~30min。

线虫固体培养基灭菌：在高压蒸汽灭菌锅中 121℃下灭菌 40~45min。

3. 共生菌的保存

将共生菌在 NBTA 固体平板培养基上划线活化，置于 25℃培养至菌落颜色可清晰辨析为宜，挑取蓝色单菌落在 NA 斜面上呈“之”字型划线后，置于 25℃培养 48h 后，以石蜡油法保存。

4. 共生菌的培养

将活化的共生菌接入 LB 培养液中，并于 28℃160rpm 下振荡培养 1d，待用。

5. 线虫种管制作

取凝固的 NA 斜面，每管加入灭菌的大蜡螟 2~3 头，灭菌的 NS 培养基 3~4 块。接入适量的共

生菌液于25℃培养2～3d后，接入线虫培养3～4周后，以“划线法”确定未受污染的种管置于4℃保存。共生菌液的接入量以海绵上未见明水为宜。

6. 线虫种瓶制作

在灭菌的NS培养基中以5ml/80g接入适量共生菌液，25℃培养3d后，接入线虫种管中的线虫培养3～4周后，以“划线法”确定未受污染的种瓶置于4℃保存。

7. 线虫的大量培养

在灭菌的NS培养基中以5ml/80g接入适量共生菌液（振动使均匀），25℃培养2～3d后，以10万IJs/80g的量接入线虫培养3周后清洗收获。

注意事项：昆虫病原线虫培养的操作均需严格进行无菌操作，受杂菌污染产量严重降低。

8. 线虫质量测定方法

采用沙埋法将0.101～0.150g重的大蜡螟幼虫单头放入直径4.2cm，高5.6cm的塑料盒中，每盒放入含水7%的消毒细沙80g，滴入1ml含100条侵染期线虫的悬液，盖盒，置于25℃培养室中，24h后取出，用清水冲洗去体附细沙，置于25℃恒温室，1d后解剖大蜡螟死虫用解剖镜检查进入虫体内的线虫数量，计算侵入率。

$$侵入率（\%）=\frac{侵入大蜡螟的线虫数}{侵染试验所施线虫数}\times 100$$

当线虫的侵入率在7%～10%，可认为线虫的质量较好。

（二）野外应用

1. 寄主范围

小卷蛾斯氏线虫寄主范围较广，对木蠹蛾类（主要为害白蜡、国槐、元宝枫、悬铃木等行道树；苹果、梨、桃、核桃等仁果类、核果类等果树）、天牛类蛀干害虫、桃小食心虫（*Carposina niponensis*），玉米螟等多种林业害虫防治效果明显，防效可达80%。

2. 剂型包装

休眠状态三龄幼虫，海绵吸附，每袋约含线虫1亿头。

3. 使用技术

（1）将线虫从海绵中洗出，每袋线虫加水100kg稀释，充分摇匀后用洗瓶盛取线虫液，查找蛀孔，注入虫道，以线虫液从树干较高蛀孔注入，从较低处虫道流出为宜。

（2）防治地下害虫使用以上浓度的线虫悬浮液喷施于地面，每袋可防治一亩地，土壤含水量应不低于5%，施用前灌溉地面可增加使用效果。

注意事项：线虫悬浮液使用前应摇匀。线虫最佳侵染温度为25～28℃，环境温度低于20℃或高于30℃时不利于线虫寄生。

4. 储存条件与保质期

冷藏保存（4～8℃），保质期为6个月。

二、昆虫病毒的人工繁殖与应用

昆虫病毒是引起昆虫致病和死亡的重要病原体。最早关于昆虫病毒的记载是中国，在1149年出版的《农书》中，有关于家蚕的“高节”“脚肿”病，这就是现在所称的核型多角体病毒。我国真正开展昆虫病毒的研究始于20世纪50年代。70年代在提倡害虫生物防治的带动下，科学工作者开始重视昆虫病毒资源的开发，大力开展应用于农林害虫的防治。

应用昆虫病毒具有以下优点：对寄主昆虫有高度的毒性和致病性，害虫极少或不产生抗性；能形成保护性的包涵体，病毒粒子被包埋在蛋白基质中，对环境因子稳定，不易丧失活性；寄主范围仅限于无脊椎动物，不会破坏生态平衡，有利于环境保护，对人、畜、植物安全，无药害；在自然条件下容易引起害虫种群病毒病流行，控制当代和子代种群数量。

（一）美国白蛾核型多角体病毒

美国白蛾 *Hyphantria cunea*（Drury）属鳞翅目 Lepidopera 灯蛾科 Arctiidae，又名网幕毛虫、美国白灯蛾、秋幕毛虫、秋毛虫、秋幕蛾，是我国进出境检疫性有害生物和林业检疫性有害生物，为害多种林木、果树、花卉、农作物、蔬菜及野生植物。幼虫孵出即吐丝做网幕并在其内群集取食为害树叶。老熟幼虫寻觅树皮裂缝、树洞、树下、土块、瓦砾、枯枝落叶、包装物及建筑物缝隙等隐蔽处化蛹越冬或越夏。成虫有一定飞翔能力和趋光性。卵多产于寄主树冠周缘叶片背面。

美国白蛾核型多角体病毒 Hyphantria cunea Nuclear Polyhedrosis virus，简称 HcNPV，由包涵体蛋白、囊膜和核壳体组成，对环境因子稳定、不宜丧失活性。美国白蛾核型多角体病毒是一种具有较高宿主特异性的昆虫病毒，害虫不产生抗性，且只对美国白蛾产生高效的致病杀死效果，对人、畜、植物安全，无药害，有利于保护环境和生态平衡。该病毒感染寄主细胞后，幼虫病症表现为食欲减少，行动迟缓，腹部肿胀，刚死幼虫头部下垂，口腔内向外吐出黏稠液体，体色变浅。在自然条件下容易引起害虫群体病毒流行，控制当代和子代种群数量。

1. HcNPV 的室内增殖

（1）增殖室条件。温度 25℃，光照时间：黑暗时间＝14：10，光源为白炽灯。

（2）饲料。人工饲料配方。

（3）饲养工具。透明塑料养虫杯，底直径 3.5cm，顶直径 5.0cm，杯高 5cm。

（4）增殖方法。在养虫杯内放入 1 片消毒的即将孵化的美国白蛾卵片，每 3d 更换一次新鲜饲料和养虫杯，并将幼虫分至 40 头/杯，待幼虫发育至 3 龄末时，开始喂饲带毒饲料（将 1ml 浓度为 1.0×10^{6}PIB/ml的 HcNPV 液体倒入养虫杯内的人工饲料表面，阴干后喂饲），让其取食，5d 后更换带毒饲料，及时清理养虫杯内的虫粪，防止虫体感染杂菌。待 80%幼虫死亡时，收集所有幼虫，-10℃长期贮存。

2. HcNPV 的提纯

（1）HcNPV 的提取。将收集的幼虫加 2 倍无菌水稀释，在高速组织捣碎机上，粉碎 3min 后取出，先用 3 层纱布初步过滤，然后再用 80 目筛子进一步过滤，滤液用 16 000r/min离心机离心，滤液分为 3 层，上层清液为水，弃之；中间浅褐色沉淀为病毒粗提物，保留；底部黑色沉淀为杂质，弃之。

（2）粗提物的测定。取 1g 病毒粗提物稀释至 1 000倍，然后取 1ml 稀释液滴于血球计数板上，盖盖玻片，在显微镜 15×40 倍状态下计数，对角线取样，共取 80 小格，颗粒边缘不在同一小格内的不计，并按公式（1）计算病毒内 PIB 含量。如果粗提物含量低于 1.0×10^{11}PIB/ml，表明病毒粗提物中杂质含量过高，应加 2 倍无菌水混匀，重新离心提纯，除杂质，直至含量合格。

$$\text{每克 PIB 含量}=\text{平均每格颗粒体数}\times400\text{ 万}\times1\,000 \tag{1}$$

注：1 000 为稀释倍数。

3. HcNPV 制剂的配制和保存

（1）配制。将含量合格的 HcNPV 加 7%的盐水，与 50%中性甘油混合，三者重量比为 1：49：50，制成甘油病毒悬液。

（2）保存。4℃保存，有效期为 2 年。

4. HcNPV 制剂的质量检测

用多点抽样的方法，取 1ml 保存的甘油病毒悬液，按粗提物的测定方法测定，HcNPV 制剂含量在 1.0×10^{9}PIB/ml 以上，为合格。

5. HcNPV 制剂的包装、运输和贮存

（1）包装。将上述甘油病毒悬液加无菌水调节浓度至 1.0×10^{9}PIB/ml（出厂浓度），分装在 5kg 塑料桶中，密封。

（2）运输。常温条件下，不受热，不暴晒，避免紫外线照射。

（3）贮存。避光、避紫外线照射。4℃，可保存2年；常温，可保存6个月。

6. HcNPV 制剂的应用

（1）防治对象。美国白蛾幼虫。

（2）防治最佳时间。低龄幼虫期（1~3龄）防治为最佳。

每年物候差异较大，以当年各代虫情预测预报为准。在北京地区，正常年份，第一代低龄幼虫在5月上旬至5月中下旬；第2代低龄幼虫在7月中下旬；第3代低龄幼虫在9月上中旬。

（3）防治最佳剂量。防治低龄幼虫，每亩用 1.0×10^{11} PIB；防治其他龄期幼虫，用量加倍，即每亩用 2.0×10^{11} PIB。

（4）使用方法。具体使用方法见表4-5-2。

表 4-5-2 美国白蛾病毒制剂使用方法

喷雾类型	地面喷雾防治/飞机喷雾防治	稀释倍数
常量喷雾	地面喷雾防治	1 000
	飞机喷雾防治	30
低量喷雾	地面喷雾防治	100
	飞机喷雾防治	10
超低容量喷雾	地面喷雾防治	4

（5）效果调查。

①检查内容：检查虫口减退率和成灾率，以此来表示防治效果。

②检查时间：制剂喷洒后第10d和第15d各检查一次。

③检查方法：在幼虫发生期，针对美国白蛾为害的阔叶树的树冠处进行调查。每个调查区以林班、行政村或自然村为单位，划定标准地。按每 $50hm^2$ 不少于2块、每 $100hm^2$ 不少于5块、每 $500hm^2$ 不少于15块设置标准地，调查防治前后的活虫数。标准地内随机选取20株作为标准株，逐一进行详查。

④计算公式：虫口减退率及成灾率计算方法见公式：

$$\text{虫口减退率（\%）}\ \frac{\text{防控前活虫数}-\text{防控后活虫数}}{\text{防控前活虫数}}\times100$$

$$\text{成灾率（‰）}=\frac{\text{成灾面积}}{\text{寄主总面积}}\times100$$

（6）注意事项

①该制剂为胃毒剂，为达到良好防治效果，应将制剂均匀喷洒到树叶上。

②防治的最佳时间为傍晚。

③本病毒制剂一般在防治6~8d后美国白蛾幼虫开始死亡，10~12d达到死亡高峰。

④准确的预测预报十分重要，如果防治时机把握不好，病毒制剂用量加倍，否则会影响防治效果。

（二）舞毒蛾核型多角体病毒

舞毒蛾 *Lymantria dispar Linnaeus*。属鳞翅目 Lepidopera 毒蛾科 Lymantriidae，又名秋千毛虫、柿毛虫、杨树毛虫、松针黄毒蛾，是一种杂食性、暴食性食叶害虫。1年发生1代，幼虫2龄以后白天潜伏在枯叶、落叶或树皮缝内休息，黄昏后取食叶片；老熟幼虫有较强的爬行转移为害能力。成虫有一定飞翔能力和趋光性。卵多产于涵洞、电线杆、石块、墙壁和树干上。

舞毒蛾核型多角体病毒 Lymantria dispar Nuclear Polyhedrosis virus，简称 LdNPV，由包涵体蛋白、囊膜和核壳体组成，对环境因子稳定、不宜丧失活性。舞毒蛾核型多角体病毒是一种具有较高宿主特异性的昆虫病毒，害虫不产生抗性，且只对舞毒蛾产生高效的致病杀死效果，对人、畜、植物安全，无药害，有利于保护环境和生态平衡。该病毒感染寄主细胞后，幼虫病症表现为食欲减少，行动迟缓，腹部肿胀，刚死幼虫头部下垂，口腔内向外吐出黏稠液体，体色变浅。在自然条件下容易引起害虫群体病毒流行，控制当代和子代种群数量。

1. LdNPV 的室内增殖

（1）室内条件。温度 25℃，光照时间与黑暗时间比例为 14∶10，光源为白炽灯。

（2）饲料。为人工饲料。

（3）饲养工具。透明塑料养虫杯，底直径 3.5cm，顶直径 5.0cm，杯高 5cm。

（4）增殖方法。在养虫杯内放入约 200 粒已消毒即将孵化的舞毒蛾卵粒，每 3d 更换一次新鲜饲料和养虫杯，并将幼虫分至 40 头/杯，待幼虫发育至 3 龄末时，开始喂饲带毒饲料，将 1ml 浓度为 1.0×10^{7}PIB/ml 的 LdNPV 液体倒入养虫杯内的人工饲料表面，阴干后待其取食，5d 后更换带毒饲料，及时清理养虫杯内虫粪，防止虫体感染杂菌。待 80%幼虫死亡时，收集所有幼虫，-10℃长期贮存。

（5）LdNPV 的提纯。

①LdNPV 的提取：将（4）中收集的幼虫加 2 倍无菌水稀释，在高速组织捣碎机上，粉碎 3min 后取出，先用 3 层纱布初步过滤，然后再用 80 目筛子进一步过滤，滤液用 16 000r/min 离心机离心 15min，滤液分为 3 层，上层清液为水，弃之；中间浅褐色沉淀为病毒粗提物，保留；底部黑色沉淀为杂质，弃之。

②粗提物的测定：取 1g 病毒粗提物稀释至 1 000 倍，然后取 1ml 稀释液滴于血球计数板上，盖盖玻片，在显微镜 15×40 倍状态下计数，对角线取样，共取 80 小格，颗粒边缘不在同一小格内的不计，按公式 1 计算粗提物内 PIB 含量。如果粗提物含量低于 1.0×10^{11}PIB/ml，表明病毒粗提物中杂质含量过高，应加 2 倍无菌水混匀，重新离心提纯，除杂质，直至含量合格。

每克 PIB 含量 = 平均每格颗粒体数×4 000 000×1 000………（1）

注：1 000 为稀释倍数。

（6）LdNPV 制剂的配制。

①配制：将（5）-①中含量合格的 LdNPV 加 7%的盐水，与 50%中性甘油混合，三者重量比为 1∶49∶50，制成甘油病毒悬浮液。

②LdNPV 制剂的质量检测：用多点抽样的方法，取 1ml 甘油病毒悬浮液，按粗提物的测定，LdNPV 制剂中 PIB 含量在 1.0×10^{9}PIB/ml 以上，为合格。

③LdNPV 制剂的调制：将上述甘油病毒悬浮液加无菌水调节浓度至 1.0×10^{9}PIB/ml。

（7）LdNPV 制剂的运输和贮存。

①运输：25℃以下，避免受热、暴晒，避免紫外线照射。

②贮存：密封、避光、避紫外线照射。0~4℃条件下保质期 2 年；25℃以下保质期 6 个月。

2. 野外应用

（1）防治对象。舞毒蛾亚洲亚种幼虫。

（2）防治适期。最佳防治龄期为 1~3 龄幼虫。在正常年份，3 月中旬舞毒蛾亚洲亚种幼虫陆续孵化，3 月中旬至 4 月中旬为最佳防治时期；也可依据常见植物的物候期预测最佳防治时期。

（3）使用剂量。防治 1~3 龄期幼虫，每公顷用 1.5×10^{12} PIB，即 1 500mlLdNPV 制剂；防治 4 龄以上幼虫，用量加倍，每公顷用 3.0×10^{12}PIB，即 3 000mlLdNPV 制剂。

（4）施用方法。使用时，用水稀释制剂，均匀喷洒到树叶上。具体施用方法见表 4-5-3。

表 4-5-3　舞毒蛾亚洲亚种核型多角体病毒制剂施用方式及施用浓度

喷雾类型	地面喷雾/飞机喷雾	防治 1~3 龄幼虫稀释倍数	防治 4 龄以上幼虫稀释倍数
常量喷雾	地面喷雾	1 000	500
	飞机喷雾	30	15
低量喷雾	地面喷雾	100	50
	飞机喷雾	10	4
超低容量喷雾	地面喷雾	4	1.5

（5）防治效果调查。

①调查指标：检查校正虫口减退率表示防治效果。校正虫口减退率越高，表示防治效果越好。

②调查时间：制剂喷施前调查一次，喷施后第 20d 再调查一次。

③调查方法：在幼虫发生期，针对舞毒蛾为害的树木进行调查。选择有代表性的地块设立标准地。标准地面积一般为 0.2hm²。人工林每 100hm² 设立标准地 1 块，天然林每 300hm² 设立标准地 1 块。在标准地内随机选取 20 株树为标准株，采用标准枝法和阻隔法调查防治前后的幼虫数量。

④计算公式：虫口减退率、校正虫口减退率计算方法分别见公式（1）、（2）：

$$\text{虫口减退率（\%）} = \frac{\text{防治前活虫数} - \text{防治后活虫数}}{\text{防治前活虫数}} \times 100 \qquad (1)$$

$$\text{校正虫口减退率（\%）} = \frac{\text{防治区虫减退率} - \text{对照区虫口减退率}}{100 - \text{对照区虫口减退率}} \times 100 \qquad (2)$$

（三）杨扇舟蛾颗粒体病毒

杨扇舟蛾 *Clostera anachoreta*（Denis & Schiffermüller），异名：*Pygaera anachoreta pallida* Staudinger，*Pygaera mahatma* Bryk。别名：白杨天社蛾、白杨灰天社蛾、杨树天社蛾、小叶杨天社蛾。属鳞翅目 Lepidopera 舟蛾科 Notodontidae。为害杨属 *Polulus* 和柳属 *Salix* 植物，在海南省还为害母生 *Homalium hainanense*。在我国除广东、广西、贵州省外，其他各省市均有分布。此外，在日本、朝鲜、欧洲、印度、斯里兰卡、越南、印度尼西亚也有分布。

杨扇舟蛾颗粒体病毒 *Clostera anachoreta*（Denis & Schiffermüller）Granulosis Virus（CaGV）是一种具有较高宿主特异性的昆虫病毒。颗粒体病毒主要侵染寄主脂肪体、表皮细胞、中肠上皮细胞、气管、血细胞、马氏管、肌肉、丝腺等组织。由包涵体蛋白、囊膜和核壳体组成，对环境因子稳定、不宜丧失活性。害虫不产生抗性，且只对杨扇舟蛾产生高效的致病杀死效果，对人、畜、植物安全，无药害，有利于保护环境和生态平衡。该病毒感染寄主细胞后，幼虫病症表现为食欲减少，行动迟缓，腹部肿胀，刚死幼虫头部下垂，口腔内向外吐出黏稠液体，体色变浅。在自然条件下容易引起害虫群体病毒流行，控制当代和子代种群数量。

1. CaGV 制剂准备

（1）CaGV 的室内增殖。

①增殖室条件：温度 25℃，光照 L：D＝14：10，光源为白炽灯。

②饲养植物：新鲜黑杨派杨树叶片。

③饲养工具：透明塑料养虫杯，底直径 3.5cm，顶直径 5.0cm，杯高 5.0cm。

④增殖方法：在养虫杯内放入 15 头杨扇舟蛾初孵幼虫，每天喂饲新鲜杨树叶片。待幼虫发育至 3 龄末时，开始喂饲带毒叶片（将新鲜叶片浸于浓度为 1.0×10^6PIB/ml 的 CaGV 液体中 5s，取出后阴干），每天更换带毒叶片。饲喂期间及时清理养虫杯内的虫粪，防止虫体感染杂菌。待 80%幼虫死亡时，收集所有幼虫，-10℃长期贮存。

（2）CaGV 的提纯。

①CaGV 的提取：将收集的幼虫加 2 倍无菌水稀释，在高速组织捣碎机上，粉碎 3min 后取出，先用 3 层纱布初步过滤，再用 80 目筛子进一步过滤，滤液用 16 000r/min 离心机离心，滤液分为 3 层，上层清液为水，弃之；中间浅褐色沉淀为病毒粗提物，保留；底部黑色沉淀为杂质，弃之。

②粗提物的测定：取 1g 病毒粗提物稀释至 1 000 倍，然后取 1ml 稀释液滴于血球计数板上，盖盖玻片，在显微镜 15×40 倍状态下计数，对角线取样，共取 80 小格，颗粒边缘不在同一小格内的不计，并按公式（1）计算病毒内 PIB 含量。如果粗提物含量低于 1.25×10^{11} PIB/ml，表明病毒粗提物中杂质含量过高，应加 2 倍无菌水混匀，重新离心提纯，除杂质，直至含量合格。

$$每克PIB含量=平均每格颗粒体数\times400万\times1\,000 \qquad (1)$$

注：1 000 为稀释倍数。

（3）CaGV 制剂的配制和保存。

①配制：将含量合格的 CaGV 加 7%的盐水，与 50%中性甘油混合，三者重量比为 1∶49∶50，制成甘油病毒悬液。

②保存：避光、避紫外线照射。4℃，可保存 2 年；常温，可保存 6 个月。

（4）CaGV 制剂的质量检测。用多点抽样的方法，取 1ml 保存的甘油病毒悬液，按粗提物的测定，CaGV 制剂含量在 1.25×10^{9} PIB/ml 以上，为合格。

2. CaGV 制剂的应用

（1）防治适期。1～2 龄低龄幼虫期防治为最佳。

每年物候差异较大，以当年各代虫情预测预报为准。在北京地区，正常年份，第 1 代低龄幼虫在 5 月上中旬；第 2 代低龄幼虫在 6 月中下旬；第 3 代低龄幼虫在 7 月末至 8 月上旬；第 4 代低龄幼虫在 8 月末至 9 月上旬。

（2）使用剂量。防治低龄幼虫，每公顷用 3.75×10^{11} 多角体（PIB）；防治其他龄期幼虫，用量加倍，即每公顷用 7.5×10^{11} PIB。

（3）施用方式。杨扇舟蛾颗粒体病毒为胃毒剂，使用时应均匀喷洒到树叶上。具体使用方法见表 4-5-4。

表 4-5-4　杨扇舟蛾颗粒体病毒制剂施用方式

喷雾类型	地面喷雾/飞机喷雾	低龄幼虫稀释倍数	其他龄期幼虫稀释倍数
常量喷雾	地面喷雾	1 000	500
	飞机喷雾	30	15
低量喷雾	地面喷雾	100	50
	飞机喷雾	10	4
超低容量喷雾	地面喷雾	4	1.5

（4）效果调查。

①调查内容：检查虫口减退率和成灾率，以此来表示防治效果。

②调查时间：制剂喷洒后第 15d 调查一次。

③调查方法：在幼虫发生期，针对杨扇舟蛾为害的杨属和柳属树木的树冠处进行调查。每个调查区以林班、行政村或自然村为单位，划定标准地。按每 $50hm^2$ 不少于 2 块、每 $100hm^2$ 不少于 5 块、每 $500hm^2$ 不少于 15 块设置标准地，调查防治前后的活虫数。标准地内随机选取 20 株作为标准株，逐一进行详查。

④计算公式：虫口减退率及成灾率计算方法见公式（1）、（2）：

$$虫口减退率（\%）=\frac{防治前活虫数-防治后活虫数}{防治前活虫数}\times100 \quad (1)$$

$$成灾率（\%）=\frac{成灾面积}{寄主总面积}\times100 \quad (2)$$

（四）松毛虫质多角体病毒

1. CPV 人工增殖

范民生等采用林间采老熟幼虫，室内饲养感染，一般幼虫发病率可达 90%以上。若固定一名工人，包括采虫、接种、收集死虫等工作，共 43 个劳动日，收集病死虫 16 995头，提取多角体 76 413亿，平均每劳动日可复制多角体 1 777亿。刘清浪等用马尾松毛虫复制日本赤松毛虫 CPV 的研究中，在林间用塑料薄膜围栏饲养 5~6 龄马尾松毛虫复制病毒，平均每虫的复制量为 1.6~3.8 亿多角体；在林间套笼饲养 6 龄幼虫复制病毒，平均每虫产多角体 4.24 亿；在室内饲养 5~6 龄幼虫复制病毒，平均每虫产多角体 4.22 亿。以 5 龄幼虫为试虫，接 10^4、10^5、10^6PIB/ml 三种浓度，26d 平均每虫产多角体分别为 0.09 亿、0.28 亿、2.54 亿。叶林柏、梁东瑞在林间利用薄膜罩围法增殖病毒。每围投放 5 000~6 000头 3~5 龄幼虫，接种浓度为 2.0×10^6PIB/ml，接毒 3 次，感染后 18~20d 收集病死虫，平均每虫可收多角体 2 亿。王志贤、陈昌洁等在室内 28~30℃条件下，以 1×10^7PIB/ml 水悬液处理 5~6 龄幼虫，经 15d 后，解剖所有的感病幼虫，按中肠病变程度将其划分为 4 类：Ⅰ类，中肠呈黄白色，完全病变；Ⅱ类，白色，部分或大部分病变；Ⅲ类，青黄色，病变不明显；Ⅳ类，青色，与正常中肠相似。其中Ⅰ、Ⅱ类的感病死亡率占合计比例的 85.1%，PIB 单虫平均产量可达 3.2 亿，PIB 的投入产出比为 1：98. 这一试验结果为林间松毛虫 CPV 大量增殖、产量预测和采收标准提供了科学依据。陈昌洁报道，广东茂名林科所利用林间高虫口区大规模增殖松毛虫 CPV，取得了很好的效果。第一代马尾松毛虫单虫 PIB 平均产量为 3.72 亿，第二代为 2.23 亿，第三代为 3.24 亿，越冬代为 5.93 亿。陈昌洁等以棉铃虫为宿主增殖松毛虫病毒，在棉铃虫平均每虫体重为 0.41g 的条件下，平均每虫可产多角体 2.84 亿。沈中键、乐云仙等用马尾松毛虫质型多角体病毒感染棉铃虫卵巢细胞系和粉纹夜蛾细胞系，其感染率 20%~30%，每个感染细胞可产 50~100 个多角体。

综上所述，目前我国松毛虫 CPV 的增殖方式大概有 4 种：①采用塑料薄膜围栏或套笼集虫、集卵增殖病毒。②利用林间高虫口区接毒增殖或结合防治采收病死虫。③以人工饲料饲养替代寄主增殖病毒。④离体细胞增殖病毒。

2. 松毛虫 CPV 制剂的生产

范民生等在江苏制备松毛虫 CPV 制剂的过程中，首先是将病虫捣碎加适量水，用 32 目铁纱过滤，滤液经双层纱布、180 目铜筛过滤，滤液以 25 000~30 000r/mim 的速度离心 15min，即得多角体粗提物。用电动微量喷雾器将粗提物液均匀地喷洒在 1cm 厚的白陶土上，病毒粉含水量为 3%。每公顷用量 3 000亿多角体，防治 4 龄松毛虫，当代死亡率达 60%以上。叶林柏、梁东瑞等在松毛虫 CPV 杀虫剂的小试生产过程中，先在称重的虫尸中，加入 3 倍重的 0.7%氯化钠液和 0.1%~0.2%家用洗洁精，置电动磨浆机中磨成匀浆，经 30~80 目尼龙纱过滤三次，滤渣再用少量上述溶液洗一次，过滤后将滤液合并，500r/min 离心 3min 去渣，再经 2 000r/min 离心 10min 去上清，沉淀再用 5 倍体积的上述溶液悬浮并搅拌 20~30min，重复上述差速离心程序，获得粗制多角体。经真空干燥 48~56h，即得干燥的病毒原粉。再经磨碎机磨细，过 80 目筛，测定含量，加上其他辅助剂拌和均匀，即成可湿性粉剂。吴若光等在研究可湿性粉剂的加工工艺及填料的过程中，选择了 5 种配方，4 种工艺流程，配成了 21 种制剂进行毒力测定比较，结果筛选出最佳工艺为：病毒液经 3 000r/min 离心 15min 弃上清，沉淀加填料抽滤 12min，真空干燥，加入湿润剂研磨、拌和均匀，即得可湿性粉剂。最佳配方为：黄泥粉（载体）+病毒液。陈昌洁报道松毛虫 CPV 柴油乳剂，在

4℃下保存197d，活性无明显影响。林间防治第一代3龄幼虫，当代平均死亡率为70.5%，有良好的防治效果。

3. 松毛虫CPV的应用

陈昌洁报道，松毛虫CPV在我国使用面积已超过20 000hm^2，取得了很好的防治效果。在广东省，不仅使用面积最大，且使用效果突出。蒲蛰龙等1978年在广东斗门县，利用马尾松毛虫CPV的粗提液防治4~5龄马尾松毛虫，面积约133hm^2，防效达92%。刘清浪等在广东10余个县（市）、20多个试验点，应用马尾松毛虫CPV防治不同世代的马尾松毛虫，面积达2 670hm^2，杀虫率达70%以上，持效作用达5~6年。以2.5×10^6PIB/ml的剂量，在阴天或15时后喷病毒液，防治4~5龄幼虫，防效较好，对第一代和越冬代的防治尤为突出。在病毒液中加入0.06%硫酸铜、1%的活性碳和0.1亿~0.5亿孢子/ml白僵菌，可提高杀虫率20%左右。吴若光等在广东各地区的不同年份，利用日本赤松毛虫CPV防治不同世代的马尾松毛虫，累计面积约200hm^2。以每公顷750亿~1 050亿PIB的剂量防治4~6龄幼虫，15~20d后统计，其中4~5龄幼虫死亡率为89.1%，5~6龄幼虫为2%。从对第一、二代和越冬代的防治效果比较，第二、三代的防治效果稳定，死亡率也较高。应用松毛虫CPV防治马尾松毛虫，除了在统计时间内死亡的以外，在残存的活幼虫中，仍有81.8%受CPV感染。次代幼虫感染率可达46.4%，并能控制多代虫害，后效作用明显。章宁等用低剂量的松毛虫CPV防治第三代1~3龄幼虫，防治面积92hm^2，每公顷喷施360亿PIB，20d虫口减退率达90.17%。陈世雄等报道云南省于1987—1988年间，利用松毛虫CPV防治文山松毛虫和云南松毛虫约930hm^2，当代防效70.4%~91.5%。陈昌洁1987年在安徽进行了病毒油乳剂超低容量喷洒试验，以每公顷3 000亿多角体的剂量防治120hm^2林地。据对标准株的统计，当年10月3~9日1周内幼虫感病死亡率占次年总虫口下降率的38.3%，次年4月上旬，试验地标准株虫口减退率63.5%~100%，平均91.6%，取得了很好的防治效果。梁东瑞等研究出一种松毛虫菌毒复合杀虫剂，1989—1990年春于河南信阳地区南湾白僵菌厂以每克菌粉含分生孢子100亿，加入混合野生型毒株DgCPV-W291病毒原粉200亿PIB，以白陶土为填充剂复合成粉剂，制剂含2×10^7PIB/g和2×10^7分生孢子/g。在林地试验，防治效果最高达81.2%~89.9%。1991年以8×10^6PIB/g和1×10^7分生孢子/g与填充剂配成复合粉剂，在187hm^2林地试验，防治效果最高为81.6%。1991—1992年云南省永定林场与玉溪白僵菌厂联合生产松毛虫菌毒复合剂，以5×10^4PIB/g和1×10^7分生孢子/g的粉剂含量喷施林间，24d和27d统计，防治效果为79.5%和91.1%。至今在四川和河南省的一些林场推广应用约830hm^2，均取得了良好的防治效果。

二、昆虫病原细菌的人工繁殖与应用

细菌类杀虫剂是国内研究开发较早的生产量最大、应用最广的微生物杀虫剂。目前，研究应用的品种有苏云金杆菌、青虫菌、日本金龟子芽孢杆菌和球形芽孢杆菌，其中苏云金杆菌是最具有代表性的品种。

（一）苏云金芽孢杆菌

苏云金杆菌（*Bacillus thuringiensis*，简称Bt），是一种包括许多变种的产晶体芽孢杆菌，可做微生物源低毒杀虫剂，以胃毒作用为主。该菌可产生两大类毒素，即内毒素（伴胞晶体）和外毒素，使害虫停止取食，最后害虫因饥饿和死亡，而外毒素作用缓慢，在蜕皮和变态时作用明显，这两个时期是RNA合成的高峰期，外毒素能抑制依赖于DNA的RNA聚合酶。该药作用缓慢，害虫取食后2d左右才能见效，持效期约1d，因此使用时应比常规化学药剂提前2~3d，且在害虫低龄期使用效果较好。对鱼类、蜜蜂安全，但对家蚕高毒。

它的主要活性成分是一种或数种杀虫晶体蛋白（insecticidal crystal proteins，ICPs），又称δ-内毒素，对鳞翅目、鞘翅目、双翅目、膜翅目、同翅目等昆虫，以及动植物线虫、蜱螨等节肢动物都有特异性的毒杀活性，而对非目标生物安全。因此，Bt杀虫剂具有专一、高效和对人畜安全等优点目前苏云金杆菌商品制剂已达100多种，是世界上应用最为广泛、用量最大、效果最好的微生物杀虫剂，因而倍受人们关注。但是，商品Bt制剂在生产防治中也显示出某些局限性，如速效性差、对高龄幼虫不敏感、田间持效期短以及重组工程菌株遗传性状不稳定等都已成为影响Bt进一步成功推广使用的制约因素。因此，为了提高Bt制剂的杀虫效果，对其增效途径的研究已成为世界性的研究热点，主要包括：筛选增效菌株；利用化学添加剂、植物它感素、几丁质酶作为增效物质；昆虫病原微生物间的互作增效等。

1. 人工繁殖

Bt的生产过程包括菌种制备、发酵、后处理（浓缩、干燥）、产品质量和安全检测五道工序。

（1）菌种。我国现有菌种有H_1的CT-43菌株、H_3的库斯塔克亚种HD-1菌株，苏云金杆菌蜡螟亚种、苏云金杆菌武汉亚种、苏云金杆菌库斯塔克亚种7216菌株、Mp-341菌株等。

（2）发酵。发酵培养基可因地制宜选用各种农副产品为主要原料，以合适的配备组成，常用的有黄豆饼、花生饼、棉籽饼以及玉米浆、玉米粉、淀粉、酵母粉等。发酵单位含菌量达到70~80亿孢子/ml，后处理工艺采用离心富集、或刮板浓缩、薄膜浓缩、发酵液收得率可达50%以上。

（3）质量检测。检测内容包括：含水率、悬浮率、细度、pH值、湿润时间、毒力效价等。除毒力效价外，其余各项内容的检测方法皆参照化学农药方法进行。国际上采用毒力效价作为检测Bt制剂主要质量指标，以国际单位/毫克（IU/mg）来表示。

2. 野外应用

（1）防治对象。最常用具特效的防治对象有：菜青虫、小菜蛾、斜纹夜蛾、玉米螟、稻苞虫、稻纵卷叶螟、二化螟、三化螟、棉铃虫、棉小造桥虫、茶毛虫、茶尺蠖、松毛虫、天幕毛虫、毒蛾、刺蛾等鳞翅目害虫有很好的防治效果，且有杀卵作用。此外，对膜翅目、双翅目、鞘翅目等害虫和大豆拌种防治地下线虫也有特效。

（2）应用方法。杀虫剂苏云金杆菌制剂可用于喷雾、撒施、灌心、制成颗粒剂或毒饵等，也可进行大面积飞机喷洒，也可与低剂量的化学杀虫剂混用以提高防治效果。

此外，死虫还可再利用，将被苏云金杆菌毒死发黑变烂的虫体，在水中揉搓，每50g虫尸洗液加水50~100kg喷雾，对多种害虫均有较好的防治效果。

①防治草坪害虫：对水稀释2 000倍液喷洒，或用乳剂1 500~3 000g/hm^2与52. 5~75kg的细沙充分拌匀，制成颗粒剂撒人草坪草根部，防治为害根部的害虫。

②防治玉米螟：每亩用可湿性粉剂150~200g，拌细沙土3~5kg，拌匀撒于心叶内。

③防治菜青虫、小菜蛾、甜菜夜蛾、烟草、烟青虫：每亩用可湿性粉剂100~150g，对水50kg喷雾。

④防治棉铃虫、造桥虫、稻纵卷叶螟、螟虫：每亩用可湿性粉剂100~200g，对水50~70kg喷雾。

⑤防治果树、林木、松毛虫、食心虫、尺蠖、茶毛虫、茶尺蠖：每亩用可湿性粉剂150~200g/亩，对水50kg喷雾。

（3）注意事项。

①施用期一般比使用化学农药提前2~3d，对害虫的低龄幼虫效果好。

②使用Bt需在气温18℃以上，宜傍晚施药，可发挥其杀虫最佳效果。30℃以上施药效果最好。

③不能与内吸性有机磷杀虫剂或杀菌剂混合使用及碱性农药等物质混合使用；随配随用，从稀释到使用，一般不要超过2h，使用间隔10~15d。

④建议与其他作用机制不同的杀虫剂轮换使用，以延缓抗性产生。

（二）昆虫病原真菌的人工繁殖与应用

真菌杀虫剂是一类寄生谱较广的昆虫病原真菌，是一种触杀性微生物杀虫剂。目前，研究利用的主要种类有：白僵菌、绿僵菌、拟青霉、座壳孢菌和轮枝菌。

1. 白僵菌

（1）液固两相快速产孢工艺。液固两相快速产孢生产白僵菌工艺的原理是，在发酵罐中生产菌丝体，于固体载料上直接，快速地形成分生孢子，使两相生产连为一体，突破了过去分级生产的传统方法。其优点是生产量大，极少杂菌污染，成品率高，载体无需灭菌，同时培养时间可比传统方法缩短一半左右，大幅度地降低了生产成本。

液固两相快速产孢工艺生产流程图：

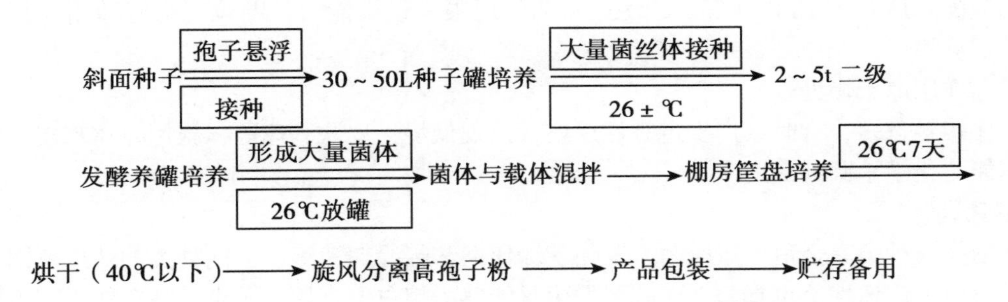

①生产步骤及培养基：

a. 斜面菌种培养基 马铃薯 20%、蔗糖 2%、蛋白胨 0.3%、琼脂 2%、水 100%。

b. 种子罐培养基 淀粉 3%、蔗糖 2%、豆饼粉 0.5%、酵母粉 0.5%、KH_2PO_4 0.1%，消沫剂 0.05%。

c. 发酵罐培养基 选用 NB_4、NBb 或 NDA-10 培养基，培养基原料除部分化学产品外，大部分为农副产品。

②发酵设备及发酵培养条件：种子罐 30～50L，装量 22～40L，接种量 2%，26±1℃培养 24h，罐压为 0.5kg/cm^2，搅拌速度 180r/min，加 0.5%消沫剂。

载体培养：将培养好的菌液与 C-4 载体按重量 3.5～4：1 拌匀，以 5～6cm 厚度平铺于约 0.5cm^{2}面积的尼龙纱网柜上，柜距 5～6cm，间隔叠放于 22～29℃的培养房内。培养 6d 后移入 37℃左右的烘房内，干燥 32～48h，最后通过旋风分离设备收集高孢子粉。

质量标准：高孢粉 1000 亿/g，粉剂为平均活孢子 80 亿/g，幅度 50～120 亿/g，孢子萌发率 90%以上，水分 5%以下。颗粒剂，含活孢子 50 亿/g。油悬浮剂 100 亿/ml。

主要剂型：可湿性粉剂、粉剂、油悬浮剂、颗粒剂。

（2）野外应用。

①防治对象：可防治蛴螬、蝗虫、马铃薯甲虫、蚜虫、叶蝉、飞虱、多种鳞翅目幼虫如玉米螟、松毛虫、桃小食心虫、二化螟等。

②使用方法：

a. 防治森林害虫，目前在生产防治上，主要采取地面或飞机喷洒白僵菌制剂的方式进行施药。也可在雨季从林间采集森林叶部害虫活幼虫集中撒上白僵菌原菌粉，或配成含量为 5 亿孢子/ml 的菌液，采活虫在菌液中沾一下再放回树上任其自由爬行。这些带菌虫死后，长出很多分生孢子，即形成许多白僵菌流行点，逐步促成林间害虫白僵病流行。

b. 菌粉用水溶液稀释配成菌液，每毫升菌液含孢子 1 亿以上。用菌液在蔬菜上喷雾。

c. 菌粉与 2.5%敌百虫粉均匀混合，每克混合粉含活孢子 1 亿以上，在蔬菜上喷粉。

d. 将病死的昆虫尸体收集研磨，配成每毫升含活孢子 1 亿以上（每 100 个虫尸加工后，对水 80～100kg）即可在蔬菜上喷雾。

e. 松毛虫：用孢子 150 万～180 万亿个，可直接对水喷雾。也可将菌粉与防治松毛虫的化学杀虫剂的粉剂如敌百虫混合，使含孢 1 亿/g，用混合粉 22.5～30kg/hm^2。也可采集发病死亡虫尸，放到松林中，扩大染病面积。

f. 防治玉米螟可向喇叭口撒颗粒剂（按 1∶10 与煤渣混合），每株约 2g，或灌菌液。

g. 油悬浮剂可用超低量喷雾。

（3）注意事项。

①养蚕区不宜使用。

②菌液配好后要于 2h 内用完，以免过早萌发而失去侵染能力，颗粒剂也应随用随拌。不能与化学杀菌剂混用。

③贮存在阴凉干燥处。

④人体接触过多，有时会产生过敏性反应，出现低烧，皮肤刺痒等，施用时注意皮肤的防护。

⑤不能与化学杀菌剂混用。

2. 绿僵菌

绿僵菌代表种类有金龟子绿僵菌、罗伯茨绿僵菌和蝗绿僵菌等，不同种类的杀虫范围不同，如金龟子绿僵菌为广谱性杀虫真菌，而蝗绿僵菌只能感染蝗虫等直翅目昆虫。在自然界，不同绿僵菌种类主要进行无性繁殖，其有性生殖阶段被鉴定为 Metacordycpes，属于广义虫草菌。我国利用蝗绿僵菌防治草原蝗虫，以及北美利用蝗虫绿僵菌防治蚱蜢均达到了成功的应用。由蝗绿僵菌孢子加工的商业制剂 Green Muscle 在澳洲、非洲成功用于飞蝗的大面积防治。

（1）人工增殖。其真菌形态接近青霉素，菌落绒毛状或棉絮状，最初白色，产孢子时呈绿色，制剂为孢子浓缩经吸附剂吸收后制成，其外观颜色因吸附剂种类不同而异。制剂含水率小于 5%，分生孢子萌发率 90%以上。具体生产工艺类似白僵菌。

（2）野外应用。

①防治对象：绿僵菌寄主范围广，主要用于防治飞蝗、地下害虫、蛀干害虫、桃小食心虫、小菜蛾、菜青虫、蚜虫等。

蝗虫：对飞蝗、土蝗、稻蝗、竹蝗等多种蝗虫有效。尤其对滩涂、非耕地的飞蝗，亩用 100 亿孢子/g 可湿性粉剂 20～30g，对水喷雾，或亩用 100 亿孢子/ml 油悬浮剂 250～500ml，或 60 亿孢子/ml油悬浮剂 200～250ml，用植物油稀释 2～4 倍，进行超低容量喷雾。飞机喷雾时有效喷幅可达 150m。也可将相同用量的菌剂喷洒在 2～2.5kg 饵剂上，拌匀后田间撒施。一般于蝗蝻 3 龄盛期施药，由于该药速效性差，着药后 3～7d 蝗蝻表现出食欲减退，取食困难，行动迟缓等中毒症状，7～10d 集中大量死亡。由于速效性差，不宜在蝗虫大发生的年份或地区使用。

蛴螬：防治蛴螬包括东北大黑鳃金龟子、暗黑金龟子、铜绿金龟子等多种幼虫，可在花生、大豆耕种时，采用菌土或菌肥方式撒施。亩用 23 亿～28 亿孢子/g 菌粉 2kg，分与细土 50kg 或有机肥 100kg 混匀后使用。

小菜蛾和菜青虫：将菌粉加水稀释成每毫升含孢子 0.05 亿～0.1 亿个的菌液喷雾。

蛀干害虫：防治柑橘吉丁虫，在害虫为害柑橘的“吐沫”和“流胶”期在“吐沫”处用刀刻几刀，深达形成层，再用毛笔或毛刷涂刷菌液（2 亿孢子/ml）或菌药混合液（2 亿孢子/ml 加 45%杀螟硫磷乳油 200 倍液）。防治青杨天牛可喷洒 2 亿孢子/ml 菌液。防治云斑天牛可用 2 亿孢子/ml菌液与 40%乐果乳油 500 倍液的混合液注射虫孔。

②注意事项：应用绿僵菌防治农林害虫应与虫情测报、气象预报紧密结合，掌握好施药时期，提高防治效率。

绿僵菌加水配成菌液，应随用随配，不应超过 2h，以免孢子萌发，降低感染力。

部分农药与少量化学农药混合施用有增效作用，掺和 3%敌百虫有增效作用。

家蚕区禁用。

部分化学杀虫剂对绿僵菌分生孢子的萌发有抑制作用，且药液浓度越高，抑制作用越强，混用前须查阅有关资料或先行试验。

第八节　生防相关技术的研究与应用

一、信息素

昆虫信息素是由昆虫特有的腺体所分泌的极其微量的化学物质，是昆虫化学通讯的媒介物。昆虫信息素在个体间起到信息传递的作用，影响到昆虫的行为和某些生理功能。人工合成的昆虫信息素，又被称作昆虫行为调节剂。一般这类药剂并不直接杀死害虫，而是通过干扰昆虫的正常行为，如交配行为、产卵行为、取食行为、集结行为、自卫行为等，达到控制和防治害虫的目的。目前研究最多的是性信息素、集结信息素、产卵引诱激素、利它素等。

我国自20世纪70年代初开始昆虫信息素的系统研究。主要研究方向是昆虫性信息素的结构鉴定、合成、行为、生理、生化等，同时开展了应用试验。迄今已有50多种昆虫性信息素被研究。

昆虫信息素研究需多学科的综合协同配合，包括昆虫学、化学、生态学、生理学、生物化学、行为学等学科，需要配备各种高精密的化学分析仪器和比较强的化学合成手段，需要化学家和生物学家的密切合作。在应用方面，昆虫信息素已经广泛用于害虫的监测和防治。

（一）昆虫信息素的生物学基础研究

包括昆虫信息素的生物学、行为学、生理学和生物化学等基础研究。例如，在昆虫的求偶、交配行为、昆虫信息素分泌腺体部位、形态、超微结构、释放节律、飞行定向行为以及嗅觉化学感受电生理学、性信息素的生物合成和内分泌调控等方面均开展了一些研究。

在昆虫性信息素分泌腺体的部位和形态结构研究方面，有玉米螟、二化螟、红尾白螟和二点螟、桃蛀螟。雄虫触角扫描电镜观察有棉红铃虫、大袋蛾、亚洲玉米螟、茶尺蠖。求偶行为研究有三化螟虫。昆虫性信息素释放节律研究有大袋蛾、桃蛀螟。昆虫性信息素的单细胞感受研究有棉铃虫。性信息素的生物合成途径有亚洲玉米螟。

（二）昆虫信息素的化学研究

昆虫信息素的化学研究始终是该项研究的一个重要方面。当人们了解了昆虫与昆虫之间，昆虫与其他生物间存在的化学联系之后，首要的问题就是弄清这些化学物的结构和组成。由于这些物质含量甚微，组分又比较复杂，要弄清其结构和组分并非易事。初期需要取材自几十万头昆虫。但是由于高灵敏度的分析仪器的引进，使结构分析所用虫源已锐减到几百头、几十头，并能做单腺体内昆虫信息素的全组分分析。回头再看过去鉴定的单组分的昆虫性信息素，经高效毛细管柱气相色谱仪和质谱仪检验，往往是多组分的。为了提高昆虫信息素的活性，有必要进行再研究。

我国已鉴定的昆虫性信息素有马尾松毛虫、白杨透翅蛾、杨干透翅蛾、葡萄透翅蛾、蒙古蠹蛾、槐尺蠖、松干蚧、枣黏虫、梨大食心虫、亚洲玉米螟、甘蔗二点螟、甘蔗条螟、甘蔗红尾白螟、水稻三化螟、茄黄斑螟、黏虫、桑毛虫、烟青虫、大豆食心虫等。对国外已鉴定结构，又用中国昆虫材料进行分析，发现新的组分或不同比例的昆虫有棉红铃虫、桃蛀螟等。通过田间筛选发现的性诱剂的有红微梢斑螟、大螟、油松毛虫、核桃举肢蛾、棘草禾螟等。昆虫信息素的生态型问题也受到重视。

为了完成昆虫信息素的结构鉴定和活性试验，也合成了一批昆虫性信息素，包括梨小食心虫、桃小食心虫、桃蛀螟、金纹细蛾、桃潜蛾、马尾松毛虫、舞毒蛾、油松毛虫、苹果蠹蛾、杨树透翅蛾、棉褐带叶蛾、棉红铃虫、亚洲玉米螟、甘蔗二点螟、甘蔗条螟、小菜蛾、棉铃虫、二化螟、槐尺蠖等鳞翅目昆虫性信息素。合成的其他种类昆虫信息素的人工合成为田间应用试验提供了物质基础。在合成方法上力求结合我国原料情况，提出改进的合成路线，以便降低成本并有利于批量生产。

（三）昆虫信息素的剂型研究

为使昆虫信息素在田间使用时能正确发挥作用，使昆虫信息素能以一定的速率释放到空间，并能稳定地保持相当时间，这就要有各种缓释剂型。最常用的是以天然橡胶或塑料为载体的剂型。例如用于测报的各种性信息素诱芯。为了用于交配干扰法，研究了塑料夹片剂型和微胶囊剂型。

（四）昆虫信息素的应用

20年来，我国昆虫信息素的研究与应用紧密相结合。初期我国鉴定结构或合成的多数为重大害虫的性信息素，目的是探讨害虫防治的新途径。昆虫性信息素主要用于害虫监测和直接防治两个方面。用于害虫监测的昆虫性信息素，具有灵敏度高、特异性强、方法简便、成本低廉的优点，指导防治可以提高防治质量，减少施药次数。国外已经有100多种昆虫性诱剂商品用于测报，国内也有30多种，如桃小食心虫、梨小食心虫、金纹细蛾、桃蛀螟、棉红铃虫、甘蔗螟虫、杨树透翅蛾、棉铃虫等。一般每个测报点挂3~5个诱捕器，逐日记载诱蛾数量，根据测报监测到的成虫发生高峰期和发生数量，结合卵量幼虫量调查及其他防治阈值，决定是否喷药和喷药时期。

昆虫性信息素用于防治主要分为两种方法。①诱捕防治技术：大量设置诱捕器，将大部分雄蛾捕获，压低虫口密度，使雌蛾没有交配的机会，以减少为害。一般需要将85%~90%的雄蛾都诱到，诱捕器达到一定数目才能有效。如果虫口密度太大，诱捕法很难奏效，需要先用其他方法压低虫口密度，再采用诱捕法防治。如果这种害虫一生只交配一次，诱捕法防治比较有效。但多数昆虫一生交配不只一次。昆虫性诱剂诱捕防治对于保护天敌很有好处。诱捕法防治与其他方法相结合可以获得综合防治效果。②交配干扰或迷向防治：大量设置散发器（特制的塑料管或橡皮头），或喷洒性诱剂微胶囊缓释剂型，使气味散发到空间，到处都有气味，使虫子分辨不出真假，失去交配的机会，从而压低虫口密度。迷向法用性诱剂量比较大，每公顷设置1 500~7 500个散发器，或30~75g/hm^2 药剂。因此成本较高，但操作简单。迷向防治法国内外都进行了研究，国外已经有几种商品出售，如棉红铃虫、葡萄小卷蛾、梨小食心虫等。国内在防治棉红铃虫、梨小食心虫、桃小食心虫、甘蔗条螟等进行了一些试验，取得较好的结果。

1. 果树害虫

我国研究开发的果树害虫的性信息素，有梨小食心虫、桃小食心虫、苹小卷叶蛾、金纹细蛾、枣黏虫、苹果蠹蛾、桃潜蛾的性信息素。由于果品生产的经济价值大，农药使用频繁，准确测报是指导防治的重要措施。上述昆虫性信息素在测报上获得广泛的应用。由于准确及时，防治质量提高，一般可节省药费一半。同时好果率提高，经济效益非常明显。

①梨小食心虫（*Grapholitha molesta*）梨小食心虫是北方果树的主要害虫之一。梨小食心虫性信息素除用于测报外，还直接用于防治。1983—1985年又连续进行用性信息素迷向法防治梨小食心虫的试验，也取得了成功。在果园每666.7m^2（即1亩）挂1个诱捕器，平均可诱到30~40头雄蛾，新梢无一被害。对照为害率为100%，虫果率由50%~100%降到10%以下。

②桃小食心虫（*Carposina niponensis*）中国科学院动物研究所1978年研制了桃小食心虫性信息素。首先在测报上获得了广泛的应用。以放500g桃小食心虫性信息素的诱芯的水碗作为诱捕器，逐日统计诱蛾量，以田间最早见蛾期作为地面防治适期，用以地面喷洒农药。树上防治期预测要配合田间定期查卵，在诱蛾高峰期，卵果率达到1%时，即开始喷药防治。正确应用桃小食心虫性信息素测报技术可以提高防治效果，减少喷药次数（1~2）次。

在用性信息素直接防治桃小食心虫方面，也进行了试验。1983—1985年中国科学院动物研究所与辽宁省绥中县协作，开展用性信息素诱捕法防治梨树上的桃小食心虫的试验。采取的措施是，地面喷洒杀虫剂杀死出土幼虫，树上挂桃小诱捕器（15个/hm^2）诱杀雄蛾。试验结果证明，诱捕区基本不用在树上喷药，就能达到防治目的。虫果率比对照区（化防区）低48%，成本也有所下降。

2. 森林害虫

国内开发的森林害虫信息素有马尾松毛虫、白杨透翅蛾、舞毒蛾、桑毛虫、斑螟油松毛虫、槐尺蠖等信息素。种类比较多，但实际应用还有些问题。

①马尾松毛虫（*Dendrolimus punctatus*）马尾松毛虫性信息素是国内研究最早的昆虫信息素，用于测报，效果不够稳定，尚有待提高。近来，赵成华等发现，马尾松毛虫性信息素除去原来鉴定的3种组分外，还有另外两种成分。说明昆虫性信息素的复杂性。

②白杨透翅蛾（*Paranthrene tabaniformis*）林业昆虫性信息素在防治应用上，最成功的是用诱捕法防治白杨透翅蛾。由于此虫一年发生一代，一生交配一次，一般虫口密度比较低，最容易用诱捕法防治成功，使得这一重要害虫得到有效的防治并优于其他防治。用性信息素粘胶涂干法防治白杨透翅蛾既经济又有效。

3. 蔬菜害虫

蔬菜害虫中小菜蛾和烟青虫性信息素的研究和应用受到重视。

（1）小菜蛾（*Plutella xylostella*）。是为害十字花科植物的世界性大害虫。中国科学院动物研究所系统地开展了此虫性信息素合成和应用研究。合成方法改进、最佳配比、测报和防治应用研究。特别是在国际上首次研制了醛类化合物的光敏衍生物。用这种光敏衍生物配制的诱芯持效期比常规诱芯高3~5倍。此项发明开创了研制高效、长效诱芯的新途径。小菜蛾性信息素用于测报已在全国十几个省（区）推广，经济效益非常明显。王维专报道了用性信息素对小菜蛾种群控制的研究结果，指出在低的种群密度下，性信息素诱捕法对种群有很好的控制作用，14d后效果达56.6%；在中等或高密度下，效果则不理想。迷向法可以提高防治效果18%，定向抑制率为68.6%。

（2）烟夜蛾（烟青虫 *Heliothis assulta*）。烟青虫性信息素已经被鉴定田间诱蛾活性很高，腺体提取物分析含有6种组分。田间试验表明，Z_9-十六碳烯醛与Z_{11-16}-十六碳烯醛两组分（93：7）诱芯效果最佳。

4. 大田作物害虫

包括棉红铃虫、棉铃虫、亚洲玉米螟、黏虫、茄黄斑螟、大螟、二化螟、三化螟、甘蔗二点螟、甘蔗条螟和甘蔗红尾白螟等，有许多是大害虫。其性信息素的研究受到重视。在测报和防治上也很有成绩。

（1）棉红铃虫（*Pectinophora gossypiella*）。棉红铃虫性信息素是推广时间最久、面积最大、效果最显著的一种。杨樟法等总结1975—1987年用性信息素测报的经验，指出性信息素诱捕器在3种类型的棉田作测报，比室养虫、田间查虫花、查羽化孔等常规方法更符合田间棉红铃虫发生情况，是一种可靠的测报工具。

棉红铃虫性信息素在国内和国际上都是最早应用于防治。上海昆虫研究所进行了棉红铃虫性信息素迷向法防治试验，所用剂型为该所开发的塑料夹层剂型，防治效果十分理想。该所还用美国阿尔巴尼公司的开口纤维管剂型（NoMatePBW）进行大面积防治试验。第一次施放在棉株刚现蕾前进行，整个植棉季节，共放7次。NoMatePBW总用量为$200g/hm^2$，含棉红铃虫性信息素活性成分$15.2g/hm^2$，可以控制棉红铃虫的为害。

（2）亚洲玉米螟（*Ostrinia furnacalis*）。亚洲玉米螟性信息素是我国鉴定比较早的昆虫性信息素之一。作为测报和对我国玉米螟种类分布的鉴别的研究受到重视。张家口农业专科学校曾进行了交配干扰防治。防治在亚洲玉米螟产卵场所（小麦地或大蒜地）进行。每$100m^2$用性信息素散发器675~900个（相当于性信息素$450\sim750mg/hm^2$），对越冬代亚洲玉米螟可起到有效防治。王永贵等报道，在小麦、水田、马铃薯田、田头等设置玉米螟性信息素诱捕器防治玉米螟，$429hm^2$总面积，放 400 个诱盆（25g/芯），非玉米地诱捕到的雄蛾最多，玉米地最少，玉米地落卵量减少 59%，蛀孔率减少 58%，一、二代玉米螟防治效果为 52.7%。由于防治不在玉米地进行，防治面积缩小，工本降低。

昆虫性信息素的研究取得了较大的进展，但离人们的期望还有很大距离。从化学生态学角度来看，昆虫性信息素只不过是生物信息化合物的一部分。这一领域的工作刚刚起步，一些基础理论问题有待深入探讨。目前国际上对于昆虫的化学感受机理、生物合成途径，内分泌激素、神经肽对鳞翅目昆虫性信息素的生物合成的调控等很注意。对昆虫性信息素的组分应结合行为反应进行研究。对行为学、行为生理学应给予更大的重视。在应用方面，昆虫性信息素应与综合防治的其他措施相结合，如杀虫剂、病毒或其他生物制剂等相结合。应区别不同对象，分别制定防治策略。有的害虫可以昆虫性信息素防治为主，有的昆虫性信息素只能作为辅助手段。在化学合成方面，应努力降低成本。针对同时发生几种害虫的情况，应开发复合昆虫性信息素制剂。由于昆虫性信息素是天然产物，用量较小，容易分解，特异性强，可以预期，昆虫性信息素的应用在害虫综合治理中将会发挥更大的作用。

二、生长调节剂

昆虫生长调节剂是一类特异性杀虫剂，在使用时不直接杀死昆虫，而是在昆虫个体发育时期阻碍或干扰昆虫正常发育，使昆虫个体生活能力降低、死亡，进而使种群灭绝。这类杀虫剂包括保幼激素、抗保幼激素、蜕皮激素和几丁质合成抑制剂等。

防治卫生害虫的主要药剂有保幼激素类似物和几丁质合成抑制剂。常见的农药品种有除虫脲、灭幼脲、氟虫脲、米满等。

（一）保幼激素

亦称“返幼激素”。昆虫在发育过程中由咽侧体所分泌一种激素。在幼虫期，能抑制成虫特征的出现，使幼虫蜕皮后仍保持幼虫状态；在成虫期，有控制性的发育、产生性引诱、促进卵子成熟等作用。已知天蚕类昆虫体内有保幼激素Ⅰ与保幼激素Ⅱ两种，现已能人工合成。喷洒在昆虫幼虫上，可使幼虫增加蜕皮次数；喷洒在成虫上，则产生不孕现象；喷洒在卵上，能阻止胚胎发育，引起昆虫各期的反常现象，故可作为防治害虫之用。

保幼激素为 V. B. Wigglesworth 对吸血蝽蟓开始使用的名称。用环氧-倍半萜烯类在虫体及咽侧体的组织培养液中，发现有构造稍微不同的 3 种活性物质，分别称为 JHⅠ、JHⅡ、JHⅢ。是由 B. J. Bergot 等于 1980 年发现的，其中最常见的是 JHⅢ。它的主要作用是：（1）保持幼虫的特征；（2）维持前胸腺；（3）提高卵巢的成熟作用。在幼虫期，保幼激素分泌以后，分泌前胸腺激素时，会引起幼虫脱皮。到末龄也许是因为昆虫体内保幼激素的分泌减少，或激素很快失去活性，而引起化蛹（不完全变态的昆虫，则变为成虫）。因此被认为是具有维持幼虫特征作用的激素，但对吸血椿蟓（*Rhodnius prolixus*）等的成虫，若给予保幼激素和脱皮激素，则在脱皮后的表皮上，发生部分的幼虫特征，因此认为具有积极进行幼生代的作用。在幼虫末期，若给予保幼激素，有时可产生残留幼虫特征的蛹（后成现象，Metathetely）。认为是破坏了前胸腺激素平衡的缘故。如将保幼激素供给蛹，则脱皮后也有再次化为蛹（第二次蛹 Second pupa）的。此外，保幼激素能引起成虫期生殖腺的成熟。蜚蠊和猎蝽的雌体，在卵巢发育时的脂肪体中，卵黄形成蛋白的合成和放出，由卵母细胞进行吸收，受着保幼激素的支配。蝗虫的雌体具有促进由滤泡细胞形成卵黄和卵壳以及促进卵管基部卵囊形成的作用。吸血蝽蟓的雄体有维持精珠附腺活性的作用。另外具有导致产生性外激素和促使蝗虫类体色绿化的作用。据说还有维持二化螟等幼虫滞育的作用。

一些保幼激素的类似物能由体表渗入体内，同样发挥生理作用。在中国南方一些蚕区，养蚕后期如桑叶比较富裕，将微小剂量的高效保幼激素类似物喷洒到末龄蚕体表，可以适当延长老熟蚕的生长期，从而增加蚕丝的产量。

七星瓢虫是中国有效的控制早春棉苗蚜虫的天敌，点滴保幼激素类似物到七星瓢虫体表或拌入人工饲料中，可以促使越冬的成虫提前产卵，这将有利于天敌昆虫的繁殖。

国外保幼激素主要用于蚊幼虫、仓库害虫的防治。国内应用的情况如下：

1. 防治森林害虫

国内曾对越冬代落叶松毛虫（*Dendrolimus superans*）进行了试验，ZR-515（10%微胶囊剂）1000mg/L效果最好，ZR-515、734-III、ZR-619等效果也很好。对蛹的杀伤力，以ZR-515、ZR-619为最好。使用ZR-515、ZR-777浓度1 000mg/L杀卵率为100%；ZR-512、734-II、734-III浓度1 000mg/L杀卵率达80%以上。浙江农业大学林学系使用ZR-512浓度1 000mg/L和100mg/L对越冬代马尾松毛虫（*Dpunctatus*）老熟幼虫的药效，分别达到80%和44%，并产生畸形幼虫或畸形蛹、幼虫-蛹中间型，影响成虫的羽化和卵的孵化。

2. 防治蚜虫

昆虫保幼激素的某些品种对于蚜虫有高度的生物活性，不仅可以直接杀死害虫，而且能引起间接不育，控制害虫种群的繁殖。1974年以来，国内应用保幼激素类似物对几种蚜虫进行防治试验，取得初步结果。包括菜缢管蚜（*Rhopalosiphum pseudobrassicae*）、小麦长管蚜（*Macrosiphum granarium*）（赵善、仇序佳，1983）、棉蚜（*Aphis gossypii*）、落叶松球蚜（*Adelgeslaricis*）等。所用保幼激素有ZR系列，国内研制的738、734-Ⅱ、734-Ⅲ等。这些保幼激素类似物对于所试蚜虫均表现有控制作用，尤以ZR-777、738、沪农20效果突出。例如0.2%ZR-777防治菜蚜可控制17d，0.1%的ZR-777及738对于小麦长管蚜具有相当高的防治效果，药效在喷药后10d与乐果（40% 1：1 000）接近。还见到蚜虫形态畸变，幼蚜和成蚜不育。

3. 防治大田作物害虫

三化螟（*Tryporyza incertulas*）昆虫保幼激素类似物ZR-515、J002、738对化螟卵块有一定的杀卵效果。用25mg/L的浓度喷雾，J002使三化螟卵减低孵化率达96.7%，ZR-515为61%。用10.25μg/mm2ZR-515，让三化螟接触1min，可以引起不育。

亚洲玉米螟（*Ostrinia furnacalis*）陈霈等曾经将ZR-515、ZR-512、ZR-777、734-II等5种昆虫保幼激素类似物分别加入玉米螟人工饲料，5龄幼虫取食后可产生没有生命力的各种异常变态。应用保幼激素对虫卵进行处理，可以降低卵的孵化率，并有一定的杀卵活性。

甘蔗黄螟（*Argyroploce schistaceana*）广东农林学院植物保护教研组，曾经用15～30μg/mm^2保幼激素类似物738，使甘蔗黄螟雄蛾接触20s，所产生的卵几乎都不孵化，达到绝育的目的。ZR-512、ZR-515亦可引起不育。

4. 其他害虫

国内在20世纪70年代中期还进行了昆虫保幼激素类似物防治卫生害虫、仓储害虫的试验，获得一定的结果。

综上所述，20世纪70年代以来，国内对于昆虫保幼激素类似物应用试验是很有价值的。无论在蚕丝增产上，还是在防治害虫方面均进行了非常有益的探索。保幼激素类似物具有很高的多种生物活性，既可调控益虫繁育，亦可控制害虫种群数量。这类化合物具有突出的生物活性，易于分解，残毒小，较少污染环境，对害虫天敌比较安全。但是，杀虫作用慢，要选择昆虫不育的一定阶段施用才有效，同时还存在稳定性差、成本较高等不足。到目前为止，国内外还没有出现一个较为成熟的品种用于农业害虫防治，因此，还要作深入的研究。

（二）灭幼脲

灭幼脲属苯甲酰脲类昆虫几丁质合成抑制剂，为昆虫激素类农药。通过抑制昆虫表皮几丁质合成酶和尿核苷辅酶的活性，来抑制昆虫几丁质合成从而导致昆虫不能正常蜕皮而死亡。影响卵的呼吸代谢及胚胎发育过程中的DNA和蛋白质代谢，使卵内幼虫缺乏几丁质而不能孵化或孵化后随即死亡；在幼虫期施用，使害虫新表皮形成受阻，延缓发育，或缺乏硬度，不能正常蜕皮而导致死亡或形成畸形蛹死亡。对变态昆虫，特别是鳞翅目幼虫表现为很好的杀虫活性。

1. 防治对象

该类药剂被大面积用于防治桃树潜叶蛾、茶黑毒蛾、茶尺蠖、菜青虫、甘蓝夜蛾、小麦黏虫、玉米螟及毒蛾类、夜蛾类等鳞翅目害虫。同时，还发现用灭幼脲Ⅲ号 1 000倍液浇灌葱、蒜类蔬菜根部，可有效地杀死地蛆；对防治厕所蝇蛆、死水湾的蚊子幼虫也有特效。主要表现为胃毒作用。对益虫和蜜蜂等膜翅目昆虫和森林鸟类几乎无害。但对赤眼蜂有影响。

2. 常用制剂

25%灭幼脲悬浮剂，25%阿维·灭幼脲悬浮剂，25%甲维盐·灭幼脲悬浮剂。

3. 应用方法

防治森林松毛虫、舞毒蛾、舟蛾、天幕毛虫、美国白蛾等食叶类害虫用 25%悬浮剂 2 000~4 000倍液均匀喷雾，飞机超低容量喷雾每公顷 450~600ml，在其中加入 450ml 的脲素效果会更好。

防治农作物黏虫、螟虫、菜青虫、小菜蛾、甘蓝夜蛾等害虫，用 25%悬浮剂 2 000~2 500倍液均匀喷雾。

防治桃小食心虫、茶尺蠖、枣步曲等害虫用 25%悬浮剂 2 000~3 000倍液均匀喷雾。

4. 注意事项

此药在 2 龄前幼虫期进行防治效果最好，虫龄越大，防效越差。

本药于施药 3~5d 后药效才明显，7d 左右出现死亡高峰。忌与速效性杀虫剂混配，使灭幼脲类药剂失去了应有的绿色、安全、环保作用和意义。

灭幼脲悬浮剂有沉淀现象，使用时要先摇匀后加少量水稀释，再加水至合适的浓度，搅匀后喷用。在喷药时一定要均匀。

灭幼脲类药剂不能与碱性物质混用，以免降低药效，和一般酸性或中性的药剂混用药效不会降低。

不宜在桑园附近使用。

（三）氟虫脲

20 世纪 80 年代出现的苯甲酰脲类昆虫生长调节剂，可由异氰酸-2，6-二氟苯甲酰酯与相应的邻氟对苯氧基苯胺反应制取，属苯甲酰脲类杀虫剂，是几丁质合成抑制剂，其杀虫活性、杀虫谱和作用速度均具特色，并有很好的叶面滞留性，尤其对未成熟阶段的螨和害虫有高的活性。

1. 防治对象

用于果树、蔬菜、棉花等作物，防治刺瘿螨、短须螨、全爪螨、锈螨、红叶螨等叶螨、苹果越冬代卷叶虫、苹果小卷叶蛾、果树尺蠖、梨木虱、柑橘叶螨、柑橘木虱、柑橘潜叶蛾、蔬菜小菜蛾、菜青虫、豆荚螟、茄子叶螨、棉花叶螨、棉铃虫、棉红铃虫等。

2. 防治方法

平均使用剂量为 5~10g（a. i.）/hm^2 或 20~40g（a. i.）/hm^2。田间防治苹果树上的苹果全爪螨和梨潜叶蛾、柑橘树上的橘全爪螨，剂量为 10~30g（a. i.）/hm^2。

（四）除虫脲

除虫脲属灭幼脲类杀虫剂，是 20 世纪 70 年代发现的昆虫生长调节剂。适用植物很广，可广泛使用于苹果、梨、桃、柑橘等果树，玉米、小麦、水稻、棉花、花生等粮棉油作物，十字花科蔬菜、茄果类蔬菜、瓜类等蔬菜，及茶树、森林等多种植物。

除虫脲为苯甲酸基苯基脲类除虫剂，与灭幼脲Ⅲ号为同类除虫剂，杀虫机理也是通过抑制昆虫的几丁质合成酶的合成，从而抑制幼虫、卵、蛹表皮几丁质的合成，使昆虫不能正常蜕皮虫体畸形而死亡。害虫取食后造成积累性中毒，由于缺乏几丁质，幼虫不能形成新表皮，蜕皮困难，化蛹受阻；成虫难以羽化、产卵；卵不能正常发育、孵化的幼虫表皮缺乏硬度而死亡，从而影响害虫整个世代，这就是除虫脲的优点之所在。主要作用方式是胃毒和触杀。

1. 防治对象

主要用于防治鳞翅目害虫，如菜青虫、小菜蛾、甜菜夜蛾、斜纹夜蛾、金纹细蛾、桃线潜叶蛾、柑橘潜叶蛾、黏虫、茶尺蠖、棉铃虫、美国白蛾、松毛虫、卷叶蛾、卷叶螟等。

2. 主要剂型

20%悬浮剂；5%、25%可湿性粉剂；75%可湿性粉剂；5%乳油。

3. 应用方法

20%除虫脲悬浮剂适合于常规喷雾和低容量喷雾，也可采用飞机作业，使用时将药液摇匀后对水稀释至使用浓度，配制成乳状悬浮液即可使用。

（五）米满

米满，又名虫酰肼，为蜕皮激素类杀虫剂，是一类作用机理比较独特的杀虫剂，属于昆虫生长调节剂类。该药模拟一种蜕皮激素作用，使“早熟的”蜕皮开始后却不能完成。

该药能引起昆虫，特别是鳞翅目幼虫早熟，使其提早蜕皮死亡。同时可控制昆虫繁殖过程中的基本功能，具有较强的化学绝育作用。具有杀虫谱广，高效低毒，持效期长的特点，广泛应用于稻、棉花、果树、蔬菜等作物及森林上，防治各种鳞翅目、鞘翅目、双翅目等害虫。对其他杀虫剂无交互抗性，是对付抗性昆虫的有效药剂。对人无致畸、致癌作用，对有益的肉食昆虫、哺乳动物及环境和作物十分安全，是理想的害虫综合防治药物之一。

每亩用量8~10g（有效成分），可有效防治水稻上的螟虫，蔬菜上的甜菜夜蛾、叶蛾、小菜蛾、黏虫等。用60~110mg/kg可有效防治苹果树的苹果卷叶蛾等害虫以及森林中的马尾松毛虫。该药持效期长，蔬菜生长过程中只需施药一次即可。

三、昆虫不育技术

昆虫不育技术是利用遗传学的方法防治害虫，其优点是不污染环境，害虫不易产生抗性，而且对有害生物的防控效果迅速，甚至可在几个世代内导致害虫种群的下降、基本消灭或更替。

其做法是将1种不育的昆虫，释放到虫的野生种群中去，不育昆虫与野生昆虫交配后，产生不育卵，从而使害虫野生种群减少、基本消灭或被取代的一种方法。目前不育技术防治包括辐射不育、化学不育、杂交不育、胞质不亲和性及染色体易位、转基因不育等，研究较多的是辐射不育。

（一）辐射不育

辐射不育是利用辐射源对害虫进行照射处理，其结果主要是在昆虫体内产生显性致死突变，即染色体断裂导致配核分裂反常，产生不育并有交配竞争能力的昆虫。而后因地制宜的将大量不育雄性昆虫投放到该种的野外种群中去，造成野外昆虫产的卵不能孵化或即使能孵化但因胚胎发育不良造成死亡。最终可达到彻底根除该种害虫的目的。

辐射源主要有α射线、β射线、γ射线、微波、红外线、可见光、紫外线和中子等。由于γ射线有强的穿透力且研究较多，通常采用具^{60}Co和^{137}Cs。照射时间一般在雄虫精子成熟时进行。照射的剂量，以不影响其交配竞争力和寿命，又能在后代中表现高的显性致死率为标准。

20世纪50年代初，美国在库拉可岛就利用不育蝇消灭重大畜牧业害虫新大陆螺旋锥蝇（*Cochliomyia hominivorax*），是人类历史上第1次在自然界成功灭绝1个害虫种群，美国在1982年宣布不再发现有螺旋锥蝇为害，随后美国与墨西哥合作实施根除螺旋锥蝇项目，在1992年宣布实现了螺旋锥蝇的根治。日本采用辐射技术于1978年彻底根除了瓜实蝇（*Bactrocera cucurbitae*）。美国从1967年开始一直在加州圣金华流域的重要棉产区采用辐射不育技术，成功地防治了从南方扩散来的棉红铃虫（*Pectinophora gossypiella*）建立种群。现在已开始在加州南部的Impearl棉产区开展消灭棉红铃虫项目。加拿大已在 British Columbia 的 8 000hm^2 果园消灭了苹果蠹蛾（*Cydiapomonella*），建立的人工饲养苹果蠹蛾能周产 1 400万头。危地马拉于 1984 年开始实施不育蝇释放项目，对地中海果蝇（*Ceratitis capitata*）进行了根绝。

在国内，马怀云等开展了^{60}Co-γ 射线对桑天牛（*Apirona germari*）雄成虫的辐射不育试验，可育率降低 9%，且子代幼虫无一成活，雌虫对辐照敏感。唐桦等采用^{60}Co-γ 射线辐射光肩星天牛（*Anoplophora glabripennis*）雌成虫，对其产卵行为产生了显著影响。杨长举等对绿豆象（*Callosobruchus chinensis*）的卵、幼虫、蛹、成虫进行辐射处理，对雌雄虫均产生了不育效果。李咏军等利用^{60}Co-γ 辐射羽化前 12~24h 的烟青虫（*Helicoverpa assulta*）蛹，研究了羽化后成虫的飞行能力和生殖能力。结果表明烟青虫成虫的平均飞行距离和平均飞行速度无明显的降低趋势，烟青虫成虫寿命差异不显著，烟青虫雌虫经过辐射处理后，雌产卵量显著低于未辐射雌虫，辐射处理雌虫与正常雄虫杂交后代，受精卵的孵化率明显下降，辐射剂量达到 300Gy 时，受精卵的孵化率降为 1.23%。何丽华等对人工饲养的马尾松毛虫（*Dendrolimus punctatus*）老熟蛹经 10~80Gy 剂量的^{60}Co-γ 射线辐射后，调查辐射对松毛虫繁殖力的影响。结果表明，辐射老熟蛹对成虫寿命和产卵量影响不明显，辐射后的雌性成虫与对照雄虫交尾所产卵的孵化率随着辐射剂量的加大而明显降低。周永淑等采用^{60}Co-γ 辐射谷象（*Sitophilus granarius*），结果表明处理剂量与寿命成负相关，经辐射处理和未经处理的谷象成虫，雌虫寿命比雄虫稍短。辐射雄虫与正常雌虫的交尾率比辐射雌虫与正常雄虫的交尾率低。

从防治方面来看，释放不育雌虫的作用较大，两性不育虫都有防治作用。陈云堂等用^{60}Co-γ 辐射对烟草中黑粉虫（*Tenebrio obscurus*）进行生物学效应研究，结果表明，^{50}Gy 的^{60}Co-γ 射线就可以完全阻止烟草中的黑粉虫幼虫产生下一代，100Gy 及以上剂量的^{60}Co-γ 射线辐射可以有效控制黑粉虫幼虫的取食和生长，并最终导致其死亡。用 γ 射线辐射处理刺桐姬小蜂（*Quadrastichus erythrinae*），刺桐姬小蜂幼虫化蛹率和蛹的羽化率均显著降低，成虫活动减弱、寿命缩短，交配次数、怀卵量和产卵量随处理剂量增高而降低。王胜利等利用辐射技术确定了舞毒蛾（*Lymantria dispar*）的成虫、幼虫、卵的灭杀辐射剂量。陈小帆等用不同剂量的^{60}Co-γ 射线处理纵坑切梢小蠹（*Tomicus piniperda*）成虫，不同处理量致死所用时间不同，确定了纵坑切梢小蠹存活和繁殖能力与辐射剂量之间符合剂量效应关系，7d 理论致死剂量 LD99.99 为 228.7Gy。牟建军等对松墨天牛（*Monochamus alternatus*）辐射不育效应进行研究，结果表明通过释放辐射松墨天牛不育虫来降低林间松墨天牛种群数量，达到防止松材线虫病扩散和蔓延是切实可行的。

（二）转基因不育

将转基因昆虫应用于农林害虫的防治，不但是对传统害虫防治方法的改进，而且开拓了害虫防治的新方向。

《自然·生物技术》杂志在线讨论了转基因蚊子的首次释放试验：2009 年发生在加勒比开曼群岛的试验确实让国际科学界感到吃惊，而牛津技术公司随后又在马来西亚和巴西释放了这种转基因蚊子。这种技术的原理是：在野外释放成百万的不育昆虫，使其与野生种交配，从而不能产生后代。利用这种办法，可以抑制甚至根除害虫。2009 年，在一个月内，他们在开曼群岛一个 25 英亩的区域内，大约投放了 19 000只转基因蚊子。根据从捕虫网上采集的数据，转基因雄蚊在实验区雄蚊总群落中占 16%，在大约 10%的幼虫中发现了致死基因。这些数据表明，转基因雄蚊有半数成功地与野生蚊子交配，这一比例足以抑制蚊子的种群。该公司已表示，他们 2010 年在开曼群岛所做的更大规模的试验中，在 3 个月中减低了 80%的目标蚊子种群数量。

第九节　植物病害的生物防治

植物病害生物防治是利用有益微生物和微生物代谢产物对农作物病害进行有效防治的技术与方

法。目前，用于植物病害生物防治的生防因子很多，括拮抗微生物、抗生素和植物诱导子等。微生物种类繁多，要有细菌、真菌、放线菌和病毒。这些生防菌控制植物病害的机制主要有：①与病原菌竞争生态位和营养物质；②分泌抗菌物质；③寄生于病原菌；④多种生防机制对病原菌的协同拮抗作用；⑤诱导寄主植物产生对病原菌的系统抗性（ISR）；⑥促进植物生长，高植物的健康水平，增强其对病害的抵御能力；⑦对寄主植物微生态系进行微生态调控，实现对植物病害的防治。目前在生产上广泛应用的真菌有木霉、毛壳菌、酵母菌、淡紫拟青霉、厚壁孢子轮枝菌及菌根真菌等。细菌主要有芽胞杆菌、假单胞杆菌等促进植物生长菌（PGPR）和巴氏杆菌等。放线菌主要有链霉菌及其变种产生的农用抗生素。其他还包括病毒的弱毒株系，原菌的无致病力的突变菌株等。近年来，研究利用植物免疫诱导药物如壳寡糖和微生物蛋白激发子控制植物病害也取得了一定的进展。

（一）AE206 根癌生防菌

根癌病是由根癌农杆菌（*Agrobacterium tumefaciens*）引起的一种世界范围的细菌性病害，病原菌寄主范围广，可侵染 93 科 331 属 643 种高等植物，除侵染桃、李、杏、樱桃、梨、苹果等主要果树外，还能为害葡萄、枣、木瓜、板栗、核桃等多种果树。病树树势衰弱，生长迟缓，产量降低，寿命缩短，严重者绝产甚至死亡。葡萄土壤杆菌菌株 AE206（Agrobacteriun vitis AE206）为细菌生物制剂，该菌属于土壤杆菌，能在葡萄等苗木根部定殖，保护伤口、产生抗菌素抑制根癌病菌，对根癌病有良好的预防作用。

1. 人工繁殖

（1）种名及菌落特征。该菌为葡萄土壤杆菌菌株 AE206（*Agrobacteriun vitis* AE206），该菌在平板培养基上培养菌落圆形，灰白色，突起，表面湿润、有光泽、边缘整齐，不产生色素。

（2）培养基配方及培养条件。平板培养基（牛肉膏 5g/L，蛋白胨 10g/L，NaCl 5g/L，琼脂 15g/L，pH 值 7.0~7.2），25~33℃，48h。

（3）菌种保存。长期保存方法：冷冻干燥保存。

短期保存方法：试管斜面液体石蜡封存 2~4℃低温保存。

（4）菌种的制备。平板及试管菌种的制备。将低温保存的菌种在平板培养基上划线 25~33℃活化，挑取单菌落在斜面培养基上扩繁备用。

摇瓶菌种的制备。

摇瓶培养基配方。蔗糖 5g，蛋白胨 5.0g，牛肉膏 5g，酵母（抽提）粉 1.0g，$MgSO_4 \cdot 7H_2O$ 0.5g，蒸馏水 1 000ml，消前的 pH 值 7.0~7.2。

摇瓶培养条件。摇瓶装量 1/3，28±1℃下，24~36h，摇床转速为 180rpm。

接种。用无菌水将试管斜面菌种配制成菌悬液，按 2%~5%体积比接种。

合格菌种的标准。显微镜下菌体为短杆状，单细胞，革兰氏染色，为阴性；摇瓶菌种微黄色，无臭味，活菌量在 109cfu/ml 以上。在显微镜下观察菌体形态，与纯菌种一致，菌体为短杆状，单细胞。

（5）种子罐发酵技术。种子罐培养基。蔗糖 20g，谷氨酸钠 5g，酵母膏 5g，$(NH_4)_2SO_4$ 2g，K_2HPO_4 3g，NaH_2PO_4 1g，$MgSO_4 \cdot 7H_2O$ 0.3g，KCl 0.15g，$CaCl_2$ 0.01g，$FeSO_4 \cdot 7H_2O$ 2.5mg，水 1 000ml，pH 值 7.0~7.5；

种子罐灭菌、接种量和接种温度。灭菌 121℃，1h。接种量 5%体积比，接种温度 28±1℃。

发酵控制及发酵时间。装罐系数 0.6~0.7，28±1℃，通气量为 0.6~0.8V/Vmin（每分钟体积比），消沫剂用植物油 1%或消沫剂 0.04%，搅拌速度为 200~300rpm，取样间隔时间为 4h。发酵时间为 18~24h。

合格种子液的标准。微黄色，无臭味，活菌量在 109cfu/ml 以上。在显微镜下观察菌体形态，与纯菌种一致，菌体为短杆状，单细胞。

（6）生产罐发酵技术。生产罐培养基。绵白糖 20g，味精 5g，玉米浆膏 15g，$(NH_4)_2SO_4$ 2g，KCl 0.15g，$CaCl_2$ 0.01g，$FeSO_4 \cdot 7H_2O$ 2.5mg，水 1 000ml，消前 pH 值 7.0~7.2，消后不需调节。

生产罐灭菌、接种量和接种温度。灭菌 121℃，1h。接种量 2%体积比，接种温度 28±1℃。

发酵控制及发酵周期。装罐系数 0.6~0.7，温度 28±1℃，通气量为 0.6~0.8 V/Vmin（每分钟体积比），消沫剂用植物油 1%或消沫剂 0.04%，搅拌速度为 200~300rpm，不需调节 pH 值。取样间隔时间为 3h，发酵周期为 24~30h。

合格菌液的标准。微黄色，无臭味，活菌量在 109cfu/ml 以上。在显微镜下观察菌体形态，与纯菌种一致，菌体为短杆状，单细胞。

（7）制剂及储存。制剂原料的配方和比例（表 4-5-5）。

表 4-5-5　AE206 根癌生防菌制剂配方

成分	含量	作用
含菌量	5×10^8cfu/g	有效杀菌成分
草炭	60%~80%	载体、营养
甲基纤维素	0.1%~0.5%	脱水防护剂、紫外线防护剂、稳定剂
黄原胶	0.1%~0.5%	脱水防护剂、紫外线防护剂、稳定剂
玉米粉	4%~8%	营养、分散剂

成品制备技术。草炭灭菌后，将黄原胶和甲基纤维素按上述重量百分比混入，形成固体填充物。将 AE206 发酵液直接与固体填充物按照重量份数比 1：（3~5）的比例混合，搅拌均匀，然后遮荫风干。使其成为含水量为 10%~30%的粉状制剂，分装即可。

成品的质量标准（表 4-5-6）。

表 4-5-6　AE206 根癌生防菌制剂质量标准

性能项目	数值指标
AE206 活菌（cfu/g）	≥2×108
水分含量（W/W）	15%~30%
pH	6.5~7.5

产品的储存。常温（18~25℃）避光保存，防止日晒，保质期为 100~120d，避免与强酸、强碱等接触，避免与挥发性农药共同存放。

2. 野外应用

（1）原理。为细菌生物制剂，内含活菌（$\geq2\times10^8$cfu/g）。该菌属于土壤杆菌，能在葡萄等苗木根部定殖，保护伤口、产生抗菌素抑制根癌病菌，对根癌病有良好的预防作用。

（2）防治对象。主要防治葡萄、桃和樱桃等果树的根癌病，对葡萄根癌病效果最好，最高防效可达 80%；对核果类（桃、樱桃、李、杏等）、仁果类（梨、海棠等）和一些林木、花卉根癌病也有较好的效果。

（3）剂型包装。湿粉剂，塑料袋密封，1kg/袋。

（4）施用技术。拌种催芽：将菌剂加 1 倍水调匀拌（浸）种后覆沙催芽，或直接用菌剂与沙混合覆盖种子催芽。

蘸根：将菌剂加 1 倍水后调匀蘸根 15~30min 再定植，有瘤子的植株要先剪掉瘤子及附近组织然后蘸根。

刮瘤涂抹：已定植的植株如果发现有瘤，要先刮掉瘤子及附近组织，然后涂抹菌剂保护伤口。

葡萄下架埋土之前用菌剂涂抹保护修剪伤口。

建议一年生苗木蘸根时每千克菌剂处理 50 棵左右；拌种或催芽要根据种子大小酌情用量，以每粒种子都能沾上菌剂为宜。

（5）注意事项。常温（16~24℃）避光保存，防止日晒，储存期不要超过 100d。

拌种或沾根后立即覆土，防止干燥。

避免与强酸、强碱等接触。

避免与挥发性农药共同存放。

（二）淡紫拟青霉

淡紫拟青霉菌（*Paecilomyces lilacinus*）属真菌门半知菌纲丛梗孢目，可寄生许多植物病原线虫的卵及雌虫，包括为害最为严重的根结线虫（*Meloidogyne* spp.）和胞囊线虫（*Heterodera* spp.）。淡紫拟青霉菌株可在植物根际定殖，抵抗根际有害线虫侵染，对植物根际土壤微生物菌群产生一定影响，利于植物生长发育，减少化学农药的使用。

1. 室内繁殖

（1）种名及菌落特征。淡紫拟青霉（*Paecilomyces lilacinus*）菌株具有以下特征：菌落毡状，表面初为白色，产孢时变为葡萄酒红色，并且产孢量越多，颜色越深，背面呈白色或酒红色。

（2）常用培养基配方。马铃薯琼脂培养基（PDA）：马铃薯去皮后切成块，200g 煮沸 20min，纱布过滤后，向滤液中加葡萄糖 20g，琼脂粉 15g，用蒸馏水定容至 1 000ml，分装，高压蒸汽灭菌 20min 后备用。

液体培养基：蔗糖 30g，酵母 6. 12g，K_2HPO_4 1g，$MgSO_4$ 0. 5g，KCl 0. 5g，$FeSO_4$ 0. 01g，$ZnSO_4 \cdot 7H_2O$ 10mg，蒸馏水 1 000ml，pH=6. 5。

（3）菌株培养条件。该菌株生长的温度范围为 8~38℃，最佳为 25~30℃。该菌株在 pH2~11 均可以生长，适宜 pH 值为 5~9。光照对其生长和产孢也有一定抑制，完全黑暗培养生长、产孢效果最好。

（4）菌种保存。可采用普通试管 PDA 培养基块法（切取生长在 PDA 培养基上生长良好的菌块放置在 1ml 无菌离心管中），低温下（4℃）至少保存 1 年并具有较高的活力。

（5）菌种的制备。

菌种活化

将低温保存的菌种转接至 PDA 培养基斜面上，28~30℃条件下培养 3~4d，充分活化培养后，便可接种摇瓶进行种子培养。

摇瓶菌种的制备

液体培养基：蔗糖 30g，酵母 6. 12g，K_2HPO_4 1g，$MgSO_4$ 0. 5g，KCl 0. 5g，$FeSO_4$ 0. 01g，$ZnSO_4 \cdot 7H_2O$ 10mg，蒸馏水 1 000ml，pH 值=6. 5。

控制摇瓶装量≤150ml/500ml 瓶，摇床转速为 150rpm，培养温度 29~30℃，时间约 72h。

接种。采用培养基块直接接种摇瓶即可，由于该菌可以产生大量分生孢子，因此接入直径 0. 5mm 培养基块 4 块到一个摇瓶即可。

合格菌种的标准

在 PDA 培养基上颜色正常，镜检无其他杂菌孢子存在，无细菌菌脓等杂质，无酸性气味存在。

（6）种子罐发酵技术。种子罐培养基。液体培养基：蔗糖 30g，酵母 6.12g，K_2HPO_4 1g，$MgSO_4$ 0.5g，KCl 0.5g，$FeSO_4$ 0.01g，$ZnSO_4 \cdot 7H_2O$ 10mg，蒸馏水 1 000ml，pH 值=6.5。

种子罐灭菌、接种量和接种温度。121℃灭菌 30min，此时 pH 范围在 6.0~6.5。发酵液按一级种子罐装量的 4%接种，接种温度为 30℃以下。

发酵控制及发酵时间。装罐系数 0.6~0.7，28±1℃，通气量为 0.6~0.8 V/Vmin（每分钟体积比），消沫剂用植物油 1%或消沫剂 0.04%，搅拌速度为 200~300rpm，取样间隔时间为 4h。发酵时间为 18~24h。发酵周期 45~54h。

合格种子液的标准。合格菌液呈土黄色至深褐色，较为黏稠，孢子含量达到 8×10^7/ml。

（7）生产罐发酵技术。生产罐培养基。液体培养基：蔗糖 30g，酵母 6.12g，K_2HPO_4 1g，$MgSO_4$ 0.5g，KCl 0.5g，$FeSO_4$ 0.01g，$ZnSO_4 \cdot 7H_2O$ 10mg，蒸馏水 1 000ml，pH 值=6.5。

生产罐灭菌、接种量和接种温度。培养液经 121℃灭菌 30min，接种量 4%体积比，接种温度为 30℃以下。

发酵控制及发酵周期。装罐系数 0.6~0.7，温度 28±1℃，通气量为 0.6~0.8V/Vmin（每分钟体积比），消沫剂用植物油 1%或消沫剂 0.04%，搅拌速度为 200~300rpm，不需调节 pH 值。取样间隔时间为 3h，发酵周期为 42~50h。

合格菌液的标准

菌液呈土黄色至深褐色，较为黏稠，发酵液中液生孢子含量在 4×10^8/ml 以上，菌体干重在 1.5%以上。

（8）制剂及储存。发酵液的后处理。淡紫拟青霉菌在大罐发酵完成后，在发酵罐中经过充分搅拌，分散菌丝以及孢子，制备为菌悬液备用。

物料混合。将已经充分溶解好的 4%浓度的海藻酸钠溶液与罐内菌悬液按照 1∶1 比例在搅拌罐中彻底搅拌混匀，随即加入 10%（重量/体积）的无菌硅藻土，混合均匀成为矿土溶液。将该溶液加入制备好的微球发生器内，液滴自小孔滴出，微球发生器下方为 0.2M 氯化钙溶液，液滴与氯化钙接触后，立即形成海藻酸钠微球。

成品制备技术。淬水 1h 后，捞出微球，用无菌水冲洗 3 遍，平铺在干净水泥地板，室温条件下阴干，需时大约 5~7d，干燥后至微球制剂含水量降至 2%以下后包装使用。

成品的质量标准。每克微球制剂中有效成分含量应≥10^7cfu/g 制剂菌落数为宜，微球制剂颗粒大小范围为 4±1mm，千粒微球重量范围为 10~15g。

产品的储存。采用塑料袋抽真空保存，本制剂在室温条件下存放 6 个月后，制剂有效成分仍然保持活力。

2. 野外应用

（1）原理。淡紫拟青霉菌（*Paecilomyces lilacinus*）可寄生许多植物病原线虫的卵及雌虫，包括为害最为严重的根结线虫（*Meloidogyne* spp.）和胞囊线虫（*Heterodera* spp.）。淡紫拟青霉菌株可在植物根际定殖，抵抗根际有害线虫侵染，对植物根际土壤微生物菌群产生一定影响，利于植物生长发育。

（2）防治对象。各种土传植物病原线虫，包括单子叶植物，双子叶植物，草本植物和木本植物，对大多数的粮食作物、油料作物、纤维作物、烟草、茶叶、果树、蔬菜、药材和花卉等的根结线虫及胞囊线虫有良好效果。

（3）剂型包装。颗粒剂，塑料袋密封，1kg/袋。

（4）质量标准。用柠檬酸钠法将一定质量微球放置在柠檬酸钠溶液中，振荡破碎后涂布 PDA 平板，计算每克微球制剂所含有制剂活性成分，含量应以≥10^7cfu/g 制剂菌落数为宜。微球制剂颗粒大小范围为 4±1mm，千粒微球重量范围为 10~15g。

（5）施用技术。淡紫拟青霉菌微球制剂在苗木定植前或生长期内施于土壤中，苗木生长期内可多次重复使用，适宜用量为4kg/亩以上用量。

（6）储存条件与保质期。常温（18~25℃）避光保存，保质期为6个月。

第十节　杂草的生物防治

杂草生物防治是指利用寄主范围较为专一的植食性动物或植物病原菌，将影响人类经济活动的杂草种群控制在经济上、生态上或从生态环境角度考虑可以允许的水平。“成功的”杂草生物防治一般是指：①十分成功，在天敌建立种群的地方无须使用其他防治方法；②比较成功，以应用天敌为主，目标杂草种群仍然需要用其他方法配合，但可以明显减少，如减少除草剂用量或使用频率；③部分成功，尽管天敌存在，但控制目标杂草仍需其他方法。在100多年的传统杂草生防史中，41种杂草利用引进昆虫和真菌、3种利用本地真菌的生物防治获得十分成功。生物防治杂草项目成功率达1/3，达到满意的成功率大约为1/6。

（一）紫茎泽兰的生物防治

1845年美国从墨西哥引泽兰实蝇到夏威夷，取得较好的效果。1984年，中国科学院昆明生态研究所从西藏聂拉木县樟木区找到泽兰实蝇，对63种植物进行了食性安全性测定、大量繁殖和控制效果的研究。1985年、1988年从美国、澳大利亚引进泽兰尾孢菌，但未取得良好进展。此外云南微生物所在当地分离6种寄生在紫茎泽兰的病原菌，其中发现了飞机草菌绒孢菌 *Mycovellosiella upatoriio-odorati* 对紫茎泽兰致病力较强，但未形成田间实际应用；目前，南京农业大学正研究链格孢菌对紫茎泽兰的致病力。

1. 泽兰实蝇人工繁殖

大量繁殖泽兰实蝇可在网室内进行，先将盆栽的紫茎泽兰实生苗置于网室内，然后接入实蝇成虫，使其交配产卵于盆栽的泽兰上，产生虫瘿。

2. 泽兰实蝇野外应用

泽兰实蝇在紫茎泽兰上繁殖一代后，能显著地抑制泽兰的生长高度、节数、光合叶面和光合量。泽兰实蝇对紫茎泽兰的控制作用：一是在形成虫瘿时，截获泽兰植株的大量营养源；二是使根系发育不良，影响根系矿质营养及水分的吸收，导致营养不足。由此形成被寄生植株生长的恶性循环。

泽兰实蝇释放方法：多点顺风释放，以每虫占有10个枝条为宜。

（二）空心莲子草生物防治

1964年，美国昆虫学家Vogt在阿根廷发现莲草直胸跳甲，引入美国防治水生型的空心莲子草，取得良好效果。1986年中国农科院生防所从美国引进莲草直胸跳甲，1987年对我国具有重要经济价值的21个科39种植物进行了食性专一性测定，详细研究了生物学特性和生态学特性，认为其可在我国安全利用，随后进行了大量饲养与释放以及控制效果评价，已在湖南、四川、福建、云南、江西、广西等地建立种群，在水域上取得显著成效。1999—2000年，调查研究了空心莲子草至少在我国南方18个省市自治区自然发生，莲草直胸跳甲已分布扩散于我国14个省市自治区；通过对低温适应性以及对寄主植物化蛹的适应性，提出了莲草直胸跳甲在我国的应用范围，指出旱生型和高纬度地区的空心莲子草仍是生物防治的难点。空心莲子草的生物防治是我国首次利用国外引进的天敌昆虫防治外来杂草，也是目前我国最成功的杂草生物防治项目。

该跳甲成虫和幼虫均能取食空心莲子草叶片及茎秆。幼虫食尽叶片后，钻入茎秆内继续取食、化蛹，能有效地阻碍茎节生长，同时叶甲能分泌有毒物质，抑制植株生长，被害的伤口常引起病原微生物感染，使其生活力下降，加速死亡过程。控制每平方米 345 株的空心莲子草，释放 50 头成虫，45d 可毁灭所有植株。

（三）豚草的生物防治

美国、加拿大和前苏联 20 世纪 60 年代开始研究豚草的生物防治，在原产地找到 400 多种天敌，并筛选出优势种：豚草条纹叶甲和豚草卷蛾。中国农业科学院生物防治研究所 1987 年自国外引进 6 种天敌，引进并释放了这两种天敌，系统研究了豚草条纹叶甲的生物学、生态学、食性专一性及控制效果，取得了一定的效果。湖南省农业科学院调查了豚草上的几种病原菌，但致病性测验结果都不理想。目前我国的豚草生防还不能达到立竿见影的效果，需进一步进行田间生态评价或引进新的天敌。

1. 豚草条纹叶甲

属鞘翅目叶甲科，原产北美。成幼虫只取食普通豚草，属单食性昆虫。

大量饲养叶甲必先在室内栽培豚草。豚草种子需先在 4～6℃低温下储存 2 个月以上，加 1%赤霉酸促进发芽，栽植土中，光照 14h 以上，温度 22～28℃为宜，施复合肥。豚草株高 25cm 时即可饲养叶甲，单对饲养成虫可获卵 300 粒。相对湿度 70%～90%，25cm 的植株可饲养幼虫 15 头。入土化蛹的土质宜疏松，干湿适宜。饲养成虫以 60%～70%叶片被食为止。成虫可通过冷藏，在翌年异地释放。室内贮存于 3～8℃时，用沙埋法。室内饲养不宜超过三代，以防种群退化。

豚草幼苗期是叶甲有效控制期。4 叶期豚草每释放 2 头 1 龄幼虫，幼虫成熟期控制效果可达 95. 7%。10 叶的营养生长期，每株放 5. 4 头成虫，24d 控制效果为 87. 2%，次年豚草株数减少 89. 1%。叶甲成虫有群集取食性。

2. 豚草卷蛾

属鳞翅目，卷蛾科，分布于北美洲。成虫只在豚草、三裂叶豚草、银胶菊和苍耳上产卵。幼虫偏嗜豚草，可完成发育，形成虫瘿、化蛹和羽化。

人工饲养豚草卷蛾可在温室内进行，25～29℃，光照 14h，相对湿度 70%～90%，豚草营养盛期饲养最好。释放方法可用释放成虫、虫瘿、越冬茎秆、初龄幼虫和排卵等方法。

（四）水葫芦生物防治

中国农业科学院生物防治研究所 1994 年引进两种象甲，2000 年引进一种盲蝽，进行生物防治。主要研究了象甲的生物生态学特性和食性安全性、饲养、释放技术，监测了田间种群扩散和控制效果。生物防治和综合治理在浙江、福建进行了小范围实验，取得较好效果，但应用面积和力度仍然不够。通过研究象甲与水葫芦及其他生物和非生物因子的互作关系，提出了以生防为主，辅以化学、机械和物理等其他措施的综合治理技术体系。

每只象甲每年繁殖数量可达 100 多头，成群的象甲聚集在水葫芦叶片、根茎等部位，蚕食它的血脉，在根部打洞、结茧、产卵、繁殖，使植株腐烂、枯萎。象甲成为了水葫芦的头号敌人。

第十一节　生物多样性与生物防治的关系

（一）生物方法的使用

首先必须评价有害生物种群在当地生态系统中的相互作用和对有害生物的控制作用，以及采取各种有效地措施保护和利用有益的生物类群。目前，国外广泛使用的技术有周期性释放赤眼蜂控制鳞翅目害虫，保护生境，提高瓢虫、草蛉、蜘蛛及一些捕食性甲虫的种类数量，达到控制害虫的目的。Pywell 等（2005）报道，在植物生境中，甲虫和蜘蛛的丰富度提高，成熟的植株篱笆能很好地保护禾谷类蚜虫和作物害虫的重要捕食性天敌。

在棉花生产中，许多捕食蝽、草蛉、蜘蛛、寄生蝇和寄生蜂、昆虫病毒、寄生性真菌和细菌等多种害虫（棉铃虫、烟青虫、甜菜夜蛾、蚜虫和蓟马等）具有较强的控制能力（Guerena 和 Sullivan，2003）。

（二）天敌作用的发挥需要生物多样性

对于多数天敌来说，充分发挥它们的作用是要有基础的，如优越的环境条件，其中物种多样性是最重要的一个方面。实际上，我们生物防治研究的重点是创造有利于天敌栖息繁殖的场所，保护利用自然天敌控制有害生物。研究表明，在田间保留杂草带且不清除枯草，春夏秋冬都有利于天敌生存、繁殖，冬季有利于其安全越冬。天敌要生活、生存，就需要良好的环境条件。如果没有良好的生存环境，那么生物防治的效果不可能体现，其作用就不可能持久。如红环瓢虫是控制草履蚧的最重要的天敌，但如果破坏了瓢虫的生存（越冬越夏）环境，草履蚧可以年复一年的大发生。

有些农作物的害虫比较单一，如玉米，它的主要害虫是玉米螟，通常只要解决了玉米螟的问题，再加上老天（雨量等）帮忙，那么玉米就可以丰收。由于玉米螟可以用赤眼蜂防治，而且在我国赤眼蜂的繁殖技术（自然卵和人工卵）基本成熟，释放等防治技术过关，目前利用赤眼蜂防治玉米螟的面积也最大。单在吉林公主岭，每年生物防治面积在 100 万亩以上，公主岭市生物防治中心从 1987 年至 2003 年的 17 年中，累计放蜂 1 923万亩，达到满意的防治效果（玉米穗为害率低于 5%）和生态效果（整个生长期不需防治，仅用一些化学农药作为种衣剂防治地下的害虫）（臧连生，私人通信，2003）。

但对于不少作物而言，可以造成为害的有害生物往往不是一种，或者说控制了这一种害虫，另一种又起来了。在这样的情况下，生物多样性就显得特别重要。或者由于破坏了生物多样性，本来是天敌的昆虫变成了害虫，而需要进行防治。如异色瓢虫、七星瓢虫啃食枣花，成为红枣生产上的害虫（李宽胜等，1992）。

北京平谷桃园进行以生物多样性保护为主要内容的有害生物生态控制技术试验，主要措施有桃园内留草、释放赤眼蜂防治卷叶蛾、释放捕食螨防治红蜘蛛，取得了很好的效果，与除草桃园相比，留草果园的各种昆虫数量明显丰富，天敌的数量也相当多，虽有一部分害虫，但没有造成大的为害，使用化学农药的次数大大下降，比对照少用了 5 次，用量少了 60%。

在广西横县茉莉花有害生物防治上，开展了增加田内生物多样性、释放赤眼蜂防治花蕾螟试验，基本上控制了花蕾螟的为害。

第六章　生态调控技术及其应用

生态调控技术是从生态学观点出发，通过实施不同种植模式、不同耕作制度、农田景观多样性、生草保护自然天敌等措施，提高田间生物群落多样性指数，确保农田有益、有害物种丰富度，进而实现植物有害生物的可持续治理。是随着人们对农业发展的可持续性问题的思考以及化学农药防治弊端的显现而提出的，是基于生态学理论的可持续治理技术。

该技术不只从单个农田的害虫控制入手，而是从农田景观角度，通过整个农田生态环境管理，以合理调节整个农田生境中的植物、有害生物以及天敌等不同食物层级保持动态平衡，从而控制有害生物的目的。生态调控技术主要是针对不同农田状况、主要有害生物发生为害情况等，结合生产实际而采取的有针对性的调控措施。如近年提倡的果园生草技术、保护地蔬菜温湿度调控技术、生态治蝗技术、小麦条锈病源头治理技术以及生态工程控制水稻害虫技术等，都是生态调控技术在生产上的具体应用。

第一节　创建农田生物多样性全面持续控制有害生物的基本方法

一、人工构建农田生态系统多样性、物种多样性和物种内遗传多样性

利用生物多样性持续控制农业有害生物，是项系统工程。国际水稻所已开创了利用生物多样性稳定控制水稻病虫害的国际合作研究先河，提出了建立绿色走廊，建立天敌繁殖区，抗性品种混合种植或交叉种植等方法。冯忠民等提出了陪植植物方法，即在农作物周围，或与农作物以一定比例相间隔，有意种植一些对害虫具有毒杀或忌避、引诱作用，对天敌具有补充营养作用的蜜源植物或可以“以害繁益、以益灭害”的植物。

在综合及实践基础上认为，利用生物多样性全面持续控制农业有害生物，最基本的方法应是仿照大自然，使生产农田中尽可能具备3个多样性，即准生态系统多样性、准物种多样性和物种内准遗传多样性。

第一准生态系统多样性，要求旱作中具有微水生生态，微湿地生态；水作中有微陆生生态；田头地尾有不进行耕作的微自然生态。如我们在旱地条件下，通过简单的挖塘贮水，结果被称为庄稼保护者的蛙类成倍增加，进而有效控制了害虫暴发。

第二准物种多样性，即全面改变目前的作物单一种植模式，实行超常规带状间套轮作。要求大片农田内，所有可互惠互利的作物，包括粮食作物、经济作物、饲料作物、蔬菜类、药用植物及果树、经济林木、还有培肥用的绿肥、具特定作用的陪植植物等等，均以条带状相间套轮种植。间套轮作物不是几种，而是十几种到几十种直至上百种，不再有棉田、麦地、茶园等单一种植概念。根据“一种植物周围往往相伴着一定的其他生物”的规律，就可生成在一定程度上的物种多样性(即准物种多样性)。多样性种植控制有害生物的效果是明显的。如资料显示，198种植食性昆虫，在多样化作物系统中有53%的种类，数量比单一种植的少，只有18%种类增多。就食性分类，专性植食性昆虫在多样化系统中有61%种类下降，只有10%上升；广谱植食性昆虫也有27%种类下降，但也有44%上升。又如纯针叶林松毛虫严重，但通过间种阔叶树木，就基本得到控制。

第三，物种内部准遗传多样性，即一种作物内尽可能做到基因多样，包括多品种混合种植或相间种植；育种时最好不进行单株系统选育。如云南近年研究，不同水稻品种间种明显减轻了感病品种稻瘟病的发生。

二、利用生物多样性控制有害生物暴发流行的机制

病虫害的暴发与流行必须具备3个基本条件：一积累有大量致病力强的病原物或大量高为害的虫源；二有大面积连片种植的感病或感虫品种，且处于感病或感虫状态；三有该病或虫暴发流行的气候条件。通过创建农田准生态系统多样性、准物种多样性和物种内准遗传多样性，首先就破坏了第一个基本条件，并能在一定程度上破坏第二个条件。从而实现对病虫害暴发与流行的控制。

现有两种假说具体解释多样化种植使害虫减少。一是“天敌假说”，认为多样性种植拥有更多的害虫捕食者和寄生者。因为与单一种植相比较，多样化种植能为天敌提供更好的生存条件，能在多个时段提供多种多样的花粉和蜜源吸引天敌并增加它们的繁殖能力；可增加昆虫多样性，以使主要害虫减少时，有替代食物源而使天敌继续保留在本系统内。二是“资源密度假说”，认为专性害虫减少的原因是多样化种植同时包含有寄主与非寄主作物，以致寄主作物空间分布上不像单作那样密集，且各种作物具有不同的颜色、气味，使得害虫很难在寄主作物上着落、停留与繁育后代。两假说同样适用解释病害的减轻。

多样性种植对杂草的抑制可能主要源于空间竞争。因多样化种植一般不存在单一种植那周期性存在的播种前后及作物幼苗期大地大面积裸露以致有利杂草暴发的环境条件。

第二节　农耕措施破坏病虫害越冬生态环境

农业生产中常用的手段，如翻耕、灌水、修剪、轮作、间套种、覆盖等均可达到消灭病虫源的目的。如防治越冬代水稻螟虫可采用冬翻、灌水杀蛹，降低越冬基数。国外目前较好的间作方式有小麦—大豆模式（Sullivan，2003），玉米—大豆模式（Eilers，1999），在免耕条件下能控制杂草的为害。作物轮作也是控制杂草为害的有效方法，与间作一样，轮作作物同样要精心设计作物品种、播种时间和轮作顺序等。例如，与连作小麦田比较，冬小麦—黍—免耕或冬小麦—向日葵—免耕轮换，两年后杂草数量分别减少 99.7%或 99.8%（Sullivan，2003）。

第三节　服务于生态调控的栽培制度

以生态学原理为基础，人为构建合适的作物时空组合，强化农业生态系统服务功能，最大程度的促进生态循环农业发展。

合理的栽培制度，包括合理轮作、正确间套作、合理作物布局等。通过这些措施，可以造成病虫年生活史或侵染循环中某一段时间的食料或寄主匮乏，从而显著减少害虫的发生量，降低病虫害的发生程度；做好健身栽培，加强肥水管理。通过适当的田间管理措施，改变农田环境，改善作物的营养条件，提高对病虫的抵抗力和耐害性，形成不利于病虫发生的环境条件。主要方法有：

一是调整播期。可以使作物易受损害敏感期与病虫的发生期错开，从而减轻甚至避免为害。如推迟单季稻播种期，从而错开传毒媒介灰飞虱成虫发生高峰而极大减轻田间黑条矮缩病发生；一代稻秆潜蝇防治，采用推迟播种期或用塑料薄膜育秧，避开了稻秆潜蝇的产卵期，减少为害。二是合理密植。适当降低作物群体密度，增强田间通风透光，降低湿度，使作物群体健壮、整齐，提高对病虫的抵抗力，也可以直接抑制某些病虫的发生。三是清理病虫衰老叶片。如玉米底部叶片的适时采收利用。四是科学管理肥水，不偏施氮肥，控制田间湿度，防止作物生长过嫩过绿、后期贪青迟熟，减少多重病虫的发生。五是轮作和间作。在作物品种搭配和茬口安排方面，主要是依据有害生物对寄主和生态环境的要求，采用合理的间作和轮作，切断有害生物的寄主供应，利用作物间天敌的相互转移或土壤生物的竞争关系，恶化发生环境，减少田间有害生物的积累。间套作实际上是间作和套种的总称。间作是指在同一地块上，同一生长期内，分行或分节相同种植两种或者两种以上作物的种植方式。套种是指在前作物生长后期的株行间，播种或者移栽后季作物的种植方式。两种种植方式都有两作物的共生期，所不同的是共生期的长短不同。一般来说，适于某种有害生物的作物或几种作物的连作和间作均是不利的。如棉花连作有利于枯、黄萎病的发生和蔓延；玉米和大豆间作有利于蛴螬的发生为害；棉花和大豆间作有利于叶螨的发生。而小麦和棉花的间、套作，可以较好地控制棉花苗期蚜虫的为害；稻麦、稻棉等水旱轮作可以明显减少多种有害生物的为害。此外，对于迁飞性有害生物，迁出地和迁入地种植相似的敏感作物有利于其大发生；大面积单一种植同一品种的作物，对于病害的暴发流行有利。

一、实行轮作

轮作是利用不同习性或不同类别的植物进行轮换种植的一种耕作制度。对于食性单一、寡食性或寄主范围狭窄的有害生物，轮作可恶化其营养条件和生存环境，或切断其生命活动过程的某一环节，有效控制其发生。如大豆食心虫仅为害大豆，采用大豆与禾谷类作物轮作，就能防治其为害。再如，实行稻、麦或稻、棉水旱轮作，可有效防治小麦红吸浆虫和棉花枯萎病，对于不耐旱或不耐水的杂草等有害生物的防治效果更佳。

二、间、套作

合理选择不同植物实行间作、套作或插播，也是防治病虫害的有效途径。目前，很多地区的生态调控措施，也是利用不同植物对病虫害的趋避习性，进行间作或插播。如麦、棉间作可使棉蚜的天敌如瓢虫等顺利转移到棉田，从而抑制棉蚜的发展，并可由于小麦的屏障作用而阻碍有翅棉蚜的迁飞扩展。高矮秆作物的配合也不利于喜温湿和郁闭条件的有害生物发育繁殖。但如间、套作不合理或田间管理不好，则反会促进病、虫、杂草等有害生物的为害。

三、间作与轮作的一些案例

薄荷：驱除菜蛾、蚂蚁、鼠类、跳甲、跳蚤、蚜虫、金针虫、驱除老鼠、蚊蚋。吸引蜜蜂、食蚜蝇和捕食蜂等益虫。还能吸引蚯蚓。是十字花科植物的良友。尤其增进甘蓝和西红柿健康。

芫荽：驱除蚜虫、蜘蛛螨、马铃薯叶甲。可以吸引多种益虫。是八角茴香的好伙伴。芫荽茶可以用来做驱虫剂。

莳萝：吸引食蚜蝇、寄生蜂等多种益虫。驱除蚜虫、蜘蛛螨、南瓜蝽蟓。招引番茄天蛾及其幼虫，因此能为西红柿分忧。是葱科植物、甘蓝、玉米和黄瓜的好伙伴。可促进甘蓝的生长和健康。但不要和胡萝卜科蔬菜和葛缕子种在一起。

香菜：驱除芦笋甲虫。开花时，可吸引寄生蜂和食蚜蝇。是西红柿、芦笋的好伙伴。和玫瑰种在一起，可以使玫瑰更加芳香。

菊花：杀死线虫。吸引多种益虫。白菊花可以驱除铜绿丽金龟。

大丽花：能驱除线虫。

万寿菊：可驱除豆甲、线虫、粉蝶和其他害虫。应在菜园中多多栽种。对茄科、十字花科和豆科蔬菜尤其有益。可以灭杀根线虫

除虫菊：驱蚊，还能驱除多种害虫。

青蒿：驱除菜蛾。是甘蓝的良友。

茵陈：菊科。是一种有毒的植物。干的枝叶可以用来驱除蛾类、蜗牛、鼻涕虫、跳蚤。当篱笆树栽种，可以驱除动物。不过，会抑制附近植物的生长。

韭菜：驱除铜绿丽金龟、胡萝卜锈蝇。很招蚜虫。促进胡萝卜和西红柿的生长和风味。防止苹果痂病。防止玫瑰黑斑病。给黄瓜、南瓜、西葫芦和猕猴桃喷洒韭菜茶可以预防白粉病和霜霉病。

大蒜：驱除铜绿丽金龟、蚜虫、根蛆、蜗牛、胡萝卜种蝇、苹果蠹蛾、白蝇、菌蚊。是玫瑰、覆盆子和果树的好伙伴。

大葱：驱除胡萝卜种蝇。促进胡萝卜、芹菜、葱科其他植物生长。但不要和豆类种在一起。

洋葱：驱除胡萝卜种蝇。能增强草莓抗病能力。是胡萝卜、甜菜、十字花科蔬菜、生菜、西红柿和草莓的良友。但不要和夏香薄荷、豆类种在一起。

苋菜：苋科。可吸引步行虫、寄蝇等益虫。是玉米的好伙伴。

荞麦：蓼科。极好的绿肥植物。含钙量高。能吸引食蚜蝇、寄蝇、草蛉、七星瓢虫、小花蝽等益虫。

蓖麻：大戟科。防治地下害虫地老虎和根结线虫，驱除老鼠。

三叶草：豆科绿肥植物。可以吸引蚜虫的天敌以及其他益虫。是苹果的好伙伴。

辣根：十字花科。驱除马铃薯瓢虫、地胆等多种害虫。用根榨汁对水，是极有效的驱虫剂，有非常强的杀菌作用。是茄科蔬菜的好伙伴。美国宾州州立大学多年研究表明，辣根还有净化被污染的水和土壤的作用。方法是：在遭受污染的土壤里种植辣根，然后翻耕入土，再施用过氧化氢。

黑麦草：禾本科。是很好的绿肥植物。用来做覆盖，可以有效的杀死野草，却不会影响蔬菜生长。可以吸引七星瓢虫和隐翅虫等益虫。

紫菀属*Aster*菊科。多年生草本植物高不超过30cm枝叶繁密，矮生，草甸状，有的单株自然生长圆球状。秋季开花，花有紫色、蓝色、红色、白色等。北方山野路边也有大量分布，是优良的野生地被植物。北京地区已育出不少花色丰富的新品种可播种扦插繁殖。

紫花地丁*Viola philippica* Car. 堇菜科堇菜属。多年生草本，紫花地丁，堇菜科，多年生草本。根系发达且深长，叶肥大，绿色期长；花紫色。紫花地丁抗性极强。能抗烟尘、抗污染、抗有毒有害气体。在高污染的工厂、矿区均可正常生长；它再生能力强。

山东省金乡县推广"大蒜棉花辣椒三元间套作和轮作种植制度"，得到农业部棉花绿色高产创建、山东省棉花耕作制度创新示范等项目的支持，形成了两种典型的种植模式。一是年度内蒜棉椒间套作种植模式。该模式在传统蒜棉套种的基础上，在棉花行间条带状间作辣椒，头年10月种植大蒜，第二年4月套种棉花和辣椒，蒜棉椒共生1个月左右，大蒜6月收获，棉椒间作共生至10月初收获。该模式可有效分解辣椒单一种植的市场风险和涝灾绝产风险。第二种模式是年际间蒜棉套作与蒜椒套作轮作的种植方式。该种植方式第一年采用大蒜套种辣椒，第二年采用大蒜套种棉花的倒茬种植方式。这一模式可有效解决辣椒连作重茬种植病害重、品质下降的问题。

第四节　土壤耕作和土地培肥

土壤是许多有害生物的栖息和活动场所，土壤中的水、气、温、肥和生物环境不仅影响作物的生长发育，同时也影响有害生物的生存繁衍。

一、土壤耕作

土壤耕作通常包括收获后和播种前的耕翻，以及生长季的中耕。土壤耕作对有害生物的影响主要表现在3个方面：一是可以改善土壤中的水、气、温、肥和生物环境，有利于培养健壮的作物，提高作物对有害生物的抵抗和耐受能力；二是可以使土壤表层的有害生物深埋，使土壤深处的有害生物暴露在地表，破坏其适生条件；三是还会因机械作用，直接杀伤害虫，或破坏害虫的巢室而使其致死。

二、土地培肥

土地培肥措施，如农田休闲、轮作绿肥等，也可以改变有害生物的生存环境，大幅度地降低有害生物的种群数量，尤其对那些寄主范围较窄、活动能力较差的有害生物更为有效。如菜田在夏季病虫高发期休闲晒垡，稻田冬耕冻垡及沤田都是土地培肥兼控制病虫害的有效措施；选择适当的绿肥植物品种进行轮作，可以诱发真菌孢子和线虫卵萌发和孵化，随后因找不到适宜的寄主而死亡消解，从而降低这些有害生物在土壤中的种群数量。

第五节　作物和品种布局

合理的作物布局，如有计划地集中种植某些品种，使其易于受害的生育阶段与病虫发生侵染的盛期相配合，可诱集歼灭有害生物，减轻大面积为害。在一定范围内采用一熟或多熟种植，调整春、夏播面积的比例，均可控制有害生物的发生消长。如适当压缩春播玉米面积，可使玉米螟食料和栖息条件恶化，从而减低早期虫源基数等。但如作物和品种的布局不合理，则会为多种有害生物提供各自需要的寄主植物，从而形成全年的食物链或侵染循环条件，使寄主范围广的有害生物获得更充分的食料。如桃、梨混栽，有利于梨小食心虫转移为害；不同成熟期的水稻品种混种于邻近田块，有利于水稻病虫害的侵染或转移；两种具有共同病原的作物连作，有利于病害的传播蔓延等。此外，种植制度或品种布局的改变还会影响有害生物的生活史、发生代数、侵染循环的过程和流行。如单季稻改为双季稻，或一熟制改为多熟制，不仅可增加稻螟虫的年世代数，还会影响螟虫优势种的变化，必须特别重视。

第六节　调节播种时期和方式

结合种苗精选和药剂处理，适当调整播种时期、深度、密度等，一方面可使苗齐苗壮，减少苗期病虫为害，另一方面可使作物易受害的生长阶段避开主要病虫发生侵染高峰期，从而减轻病虫为害。如，适当推迟冬小麦的播种期，可减少丛矮病的发生。

第七节　害虫防控的推—拉系统

何谓推—拉系统？它是通过对害虫及其天敌进行行为调控，改变害虫或有益昆虫的分布或丰富度（目标主要针对害虫），从而达到防虫目的。它使被保护的作物变得对害虫无吸引力或不适宜害虫取食（推系统），同时将害虫引诱到另一个吸引源上去（拉系统），这样就形成了害虫的迁移，使害虫远离主要作物，作物就避免了受害。

英国洛桑研究所的 Samantha M. Cook 等阐述了推—拉系统的原理，列举了几种推—拉系统的构成并总结了近年来推—拉系统的发展及运用现状。Cook 指出推—拉系统中很重要的一个方法是生态多样性，即通过间套作技术（将主栽作物与趋避植物间套作）和种植诱集植物来引导害虫到达一个集中区域加以扑灭。那么何谓趋避植物和诱集植物呢？所谓趋避植物是指会散发出害虫讨厌的浓香或毒性物质的植物，从而阻碍有害生物的接近。诱集植物则相反，它会散发出吸引害虫的物质，从而引诱害虫的取食，将害虫从主栽作物上吸引过来，使害虫集中，以便于集体消灭。

趋避植物和诱集植物之所以有这种神奇的高效得益于它们产生的挥发性物质，正是这些物质对害虫产生了趋避或吸引作用，例如，趋避植物产生的扰乱物质、驱散信息物、警报信息物、产卵抑制物质和拒食剂等让害虫望而却步，而诱集植物产生的聚集信息物、性信息素、产卵刺激物和味觉刺激物等令害虫心驰神往。但值得注意的是，趋避物质和诱集物质的概念都是相对的，它们在一定程度上可以相互转化，一些趋避物质在趋避害虫的同时还可以吸引自然天敌，对于天敌而言，这些趋避物质就变成了吸引物质，如蚜虫的警报信息物（E）-β-金合欢烯。

Samantha M. Cook 提出，推—拉系统有优势但也有不足，推拉系统相对于传统杀虫剂很大的优势是害虫难以产生抗性，因为它基于植物自然的驱虫特性，防效持久，同时也可以减少化学农药的输入，保护了土壤、作物及环境的安全。但推—拉系统也有弊端，主要在于推—拉系统的合理利用需要大量的知识储备（如行为学、寄主-害虫互作的化学生态学等）及足够的科研成果和理论支持。对于大型农场来说，推—拉系统的使用方法就会比较复杂，包含决策和监控系统，花费的成本稍高。但从总体的生态和社会效益来讲，推—拉系统的优势远远大于其弊端。

目前，推—拉系统运用较为成功的案例是非洲撒哈拉沙漠以南的地区。以谷物为主要作物的非洲小农户所采用的方法。

Samantha M. Cook 提出，当前的推—拉系统更多关注的是害虫而非天敌，因此调节自然天敌的行为以提高生防效果的推—拉系统或许能在将来得到更广泛的应用。

基于生态多样性的推—拉系统即能达到持久的防虫效果，还能减少化学农药的输入，是一种环境友好可持续的生物防虫措施，在有机农业中应该大力推广运用。

“推—拉”策略（“Push—Pull” Strategy）是害虫生态控制的经典模式，是通过昆虫行为调控刺激物组合操纵靶标害虫及其天敌的分布和丰富度治理害虫。“推”刺激物干扰靶标害虫的寄主定位、取食、产卵等行为或直接驱避害虫；“拉”刺激物引诱害虫使其集中于诱集植物。

“推—拉”策略是害虫生态控制的经典模式，是通过昆虫行为调控刺激物组合操纵靶标害虫及其天敌的分布和丰富度治理害虫。“推”刺激物干扰靶标害虫的寄主定位、取食、产卵等行为或直接驱避害虫，“拉”刺激物引诱害虫使其集中于诱集植物或诱捕器上，并能引诱天敌（Pvke 等，1987）。昆虫行为调控刺激物涉及昆虫寄主定位所依靠的视觉线索和化学线索，其中化学线索主要是一些对靶标害虫有行为调控功能的植物挥发物。“推—拉”策略的核心为靶标害虫行为调控，因此，通常辅助降低害虫种群数量的其他措施，如生物防治和物理防治等（Cook 等，2007）。目前，最成功的“推—拉”策略是非洲东南部地区用于调控玉米和高粱上螟虫的“推—拉”技术，融合了间作和植物挥发物的调控作用（Kfir 等，2002；Khan 和 Pickett，2004）。该策略由趋避植物（糖蜜草（*Melinisminutiflora*）、山蚂蝗（desmodium）和诱集植物象草（*Pennisetum purpureum*）、苏丹草（*Sorghum vulgare sudanense*）组成，对靶标害虫及天敌进行种群调控。糖蜜草与玉米间作能干扰螟蛾产卵，糖蜜草花期释放的挥发物提高大螟盘绒茧蜂（*Cotesia sesamiae*）对螟虫的寄生率（Khan 等，1997a；1997b）。糖蜜草释放的活性化合物为（E）-β-罗勒烯（E）-β-ocimene）、α-萜品油烯（a-terpinolene）、β-石竹烯-caryophyllene）、葎萜草烯（humulene）和（E）-4，8-甲基-1，3，7。壬三烯（（E）-4，8-dimethyl-l，3，7-nonatriene，DMNT）（Kimani 等，2000；Khan 等，2000）。另种趋避植物山蚂蝗同样也释放（E）-β-罗勒烯和 DMNT，并伴随大量其他倍半萜，如 α-柏木烯（a-cedrene） （Khan 等，2000）。同时，象草和苏丹草释放的壬醛（nonanal）、萘（napthelene）、4-烯丙基苯甲醚（4-allylanisole）、丁香酚（eugenol）和（R，S）-芳樟醇［（R，S）-linalool］等活性化合物能诱集靶标害虫（Khan 等，2000）。整体策略通过植物的上行调控作用和天敌的下行调控作用直接、间接地调控靶标害虫（Pare 和 Tumlinson，1997）。以大量的茶树害虫化学生态学研究工作为基础，依照“推—拉”策略的调控原理和基本构成元素，也可设想利用有行为调控功能的植物挥发物来构建针对不同茶树害虫的“推—拉”栖境管理策略（“push-pull” habitat management strategy）模型（表 4-6-1）。另外，茶园中稳健可靠的“推—拉”策略的建立和应用还必须进行大量工作：（1）继续全面深入地进行茶树—植食性昆虫—天敌互作关系的行为和化学生态学相关研究；（2）健全茶园害虫的监测预警系统；（3）开发茶树害虫行为调控剂的相关应用技术等。要实现茶园害虫生态调控，“推—拉”栖境管理策略研究和开发应用将是未来的发展方向，并可望取得重大突破（Zhang 等，2013）。

表 4-6-1 防治茶树害虫的“推一拉”栖境管理策略模型

靶标害虫	“推”单元刺激物*	“拉”单元刺激物*	降低种群措施*	参考文献
假眼小绿叶蝉	决明子挥发物 SC 及信息化合物：对伞花烃，柠檬烯和 1，8-桉叶素 NT	（E—2—己烯醛、（E）—罗勒烯和芳樟醇 SC	捕食性天敌，蜘蛛、瓢虫和草蛉和寄生性天敌：缨小蜂 Stethymium empoascaeNT	Mu 等，2012；赵冬香等，2002；穆丹，2011；赵冬香等，2002
茶尺蠖	迷迭香挥发物 SC 及信息化合物：β 月桂烯，y-萜品烯，芳樟醇，马鞭草烯醇，薄荷醇和马鞭草烯酮 NT	茶尺蠖幼虫取食诱导产生的 HIPVsNT	黏虫板 SC 单白绵绒茧蜂 *Apanieles* sp. NT	张正群，2013；黄毅等，2009
茶蚜	茶蚜取食诱导茶树挥发物 N	顺-3-己烯醇 SC	黄色粘板 SC，捕食性和寄生性天敌 N	韩宝瑜和陈宗懋，1999；Han 等，2012
茶丽纹象甲	植物精油：大蒜油、芸香油…	（E/Z）-β—罗勒烯和（Z-3-已烯醋酸酯 SC	诱捕器 SC	Sun 等，2010；Sun 等，2012；边文波等，2012

注：*不同字母表示策略中各构成单元的应用成功水平。SC：田间应用成功的调控单元；NT：没有田间测试的调控单元

第八节 “陪植植物”及其生态调控功能

陪植植物“治虫”是指用能够毒杀、驱除、引诱害虫或诱集、繁殖天敌的植物种植在作物的四周、行间，以防治作物的害虫。这在国内外均有研究和利用，有的称“间作治虫”，有的称为“害虫生态控制“或称”补充寄生植物助长天敌”等等。

陪植植物治虫主要有以下五方面作用：

一、利用“陪植植物”毒杀害虫

用有毒而又是某些害虫嗜食的作物作为陪植植物，诱杀害虫。在自然界具有这种特性的植物不多，因而应用有限。已知日本丽金龟能取食实际上对它有毒害的七叶树和天竺葵的花而致死。大黑金龟子、黑皱金龟子等嗜食篦麻叶，食后不久即麻痹，大都不能复活。

二、利用“陪植植物”引诱害虫

一些植物对害虫有引诱作用，利用这个特性可将害虫诱集，聚而歼之。棉田中适当栽种一些玉米，高粱，有诱集棉铃虫产卵的作用，玉米喇叭心内，也常诱到大量棉铃虫成虫隐藏。棉花和玉米经 10∶1 间作，对二代棉铃虫诱卵效果为 45. 3%~69. 8%。陪植玉米的棉田。棉铃虫卵量与对照比较下降 70. 7%，这样就改变了棉铃虫卵量分布，减少棉花害虫为害，也便于集中杀灭。

三、“陪植植物”促进天敌种群自建立

1. 蜜源诱集作用

许多天敌昆虫需补充营养，特别是一些大型寄生性天敌，如姬蜂，若缺少补充营养，就会影响卵巢发育，甚至失去寄生功能：小型寄生蜂，如有补充营养，也能延长寿命，增加产卵量；一些捕食性天敌如瓢虫和螨类，在缺少捕食对象时，花粉和花蜜是一种过渡食物。因此，大田边适当种一些蜜源植物，能够诱引一些天敌。

2. “诱集伴生植物”繁殖天敌（以害繁益）作用

许多寄生蜂早期因找不到寄主而死亡，至害虫发生时，由于天敌的基数低而不能充分发挥作用。一些捕食性天敌在早期也有滞后繁益可使作物上天敌得到大量补充，起到与害虫同步发展“以益灭害”的作用。山东省聊城利用冬油菜春种，陪植在棉田内，其上繁殖了大量的蚜虫、菜青虫等，诱集和繁殖了大批捕食性和寄生性天敌，如蜘蛛、草蛉、蚜茧蜂、小花蝽等，使早期棉田益害比在 1∶15 以内，有时甚至天敌超过棉蚜，不仅对整个苗期蚜虫起到防治作用，而且对“伏蚜”也有推迟和减轻作用。江苏省邳县占城果园，多年来坚持在苹果园内陪植苕子，利用苕蚜大量繁殖天敌，控制苹果树上的蚜虫和螨类，取得理想防治效果。

四、利用某些“伴生植物”的忌避作用驱除害虫

有些伴生植物的作用不一定是诱集，也可以发挥其忌避作用。

有些植物因含有发挥性油、生物碱和其他一些化学物质，害虫不但不取食，反而远而避之，这就是忌避作用。如香茅油可以驱除柑橘吸果夜蛾，除虫菊、烟草、薄荷、大蒜等对蚜虫都有较强的忌避作用。棉田套种绿肥胡卢巴，由于它的香豆素气味，能减少棉蚜的迁入量，同时也不利于蚜虫的繁殖。辽宁省义县农科所曾作过试验，当棉花和胡卢巴 2∶1 间作时，平均可使棉蚜减少 72. 4%，棉卷叶率下降 74. 4%，可以少用药 3~4 次。

五、利用“陪植植物”构建“嵌入式生态植保”农业生态系统

以最苟生物多样性为理论指导，将相关“陪植植物”纳入农业生态系统构建中，使其功能嵌入农业生态系统中发挥作用。

第七章　生态植保理念与有害生物绿色防控

第一节　有害生物绿色防控概念

一、有害生物绿色防控概念

有害生物绿色防控是植物保护工作的一个技术性概念。2011年，农业部办公厅印发《关于推进农作物病虫害绿色防控的意见》（农办农［2011］54号）文件指出，“农作物病虫害绿色防控，是指采取生态调控、生物防治、物理防治和科学用药等环境友好型措施控制农作物病虫为害的植物保护措施。推进绿色防控是贯彻“预防为主、综合防治”植保方针，实施绿色植保战略的重要举措。”生态植物保护与绿色防控完全吻合。

由于目前我国防治农作物病虫害主要依赖化学防治措施，在控制病虫为害损失的同时，也带来了病虫抗药性上升和病虫暴发几率增加等问题。绿色防控不仅是持续控制病虫灾害，保障农业生产安全的重要手段；而且是促进标准化生产，提升农产品质量安全水平的必然要求，亦是降低农药使用风险，保护生态环境的有效途径。因此，可以说，有害生物绿色防控，系指优先考虑采用农业的、物理的、生物的以及生态调控等环境友好措施以控制有害生物的为害，科学合理使用农药，最大限度减少化学农药的使用量，以确保农业生产供给、农产品质量安全和农业生态环境安全为目标的植物保护行为。

有害生物绿色防控属于公共植保的范畴，是绿色植保的体现。它不仅是“预防为主，综合防治”植保方针的深化和发展，而且是建设现代植保的内在要求。其采取的措施不是单纯的技术行为，而是一项持久的植物保护系统工程；其目的不是简单地追求单纯的经济效益，而是追求可持续的治理，并达到经济、社会和生态等综合效益的最大化，具有社会公益性。

二、有害生物绿色防控理念的起源与发展

有害生物防治工作的历史性演变

回顾分析我国建国来的有害生物防治工作，植物保护战略和植保工作方针不断演进，大体经历了5个阶段：第一是以人工扑打为主、化学防治为辅的阶段，第二是以化学防治为主的阶段，第三是有害生物综合治理的探索及实施阶段，第四是以生态调控为主的有害生物治理阶段，第五是科学绿色的现代植保阶段。

（1）以人工扑打为主、化学防治为辅的阶段。新中国成立之初至1955年。当时我国植保工作方针为“防重于治”，植物病虫防治工作突出“防”字。在此阶段，主要是广泛组织发动群众，开展田间清洁活动，推行“除草防虫”，注重田间卫生，清除害虫越冬场所，减少病虫害传播，推广温汤浸种等农业防治技术，并组织植物性和矿物性农药的生产应用，在此时期收到了很好的防治效果。

（2）以化学防治为主的阶段。1956—1975年。自1955年国家制定“积极扩大病虫害防治面积，充分利用药械，结合农业措施及早彻底防治；积极开展植物检疫工作，严禁危险病虫传入保护区，封锁疫区，并迅速肃清局部发生的危险病虫”的植物保护工作方针后，化学防治成了控制植物病虫害的重要手段，人们错误地认为利用化学药剂就可以彻底解决病虫害问题。该阶段的典型特征就是依赖化学杀虫剂防治害虫，崇尚高效、快捷。大量有机农药被广泛用于有害生物防治，导致农药用量迅速增加，农药工业迅速发展，化学防治面积迅猛扩大。由于长达近20年的不合理使用农药，凸现出一系列严重问题，如农药残留、生物抗药性和有害生物再猖獗等。

（3）有害生物综合治理的探索及实施阶段。1976—1990 年。此阶段也是化学防治与生物防治并行的阶段。由于农药毒副作用的出现，打破了化学防治的“神话”，人们从 70 年代初重新注意了生物防治技术的引进、研究与应用。国家开始贯彻”预防为主，综合防治”的植保工作方针，将精力集中于开展大规模的赤眼蜂、瓢虫、草蛉的繁殖与释放工作，发动群众性生产应用微生物药剂，以防治各种病虫害。但由于当时受长期实行化学防治和一度生物防治热的影响，有害生物综合治理仅作了理论性探索，忽视了农业、物理及生态措施的应用。同时，由于生物防治基础研究薄弱，群众性生产的微生物药剂在活性和药效质量方面缺乏保证，加之不切实际的强调生物防治的作用，实际生产中仍是以化学防治为主的策略。

（4）以生态调控为主的有害生物治理阶段。1990—2005 年。随着农业可持续发展战略的提出，人们开始对农业发展的可持续性进行认真思考，逐步改变过去专门针对某些有害生物作为植保管理单位的观点，开始着手调查研究生态系统中各组成成分的功能、反应以及生物与环境之间的相互关系等，探索从生态学观点出发，通过实施不同种植模式、不同耕作制度、农田景观多样性、生草保护自然天敌等生态调控技术措施，确保田间益、害物种丰富度，促使田间生物群落多样性指数提高，实现有害生物的可持续治理。同时，随着国内人民生活水平的提高，人民对农副产品的要求不再停留在能否解决温饱问题，而是要求优质、安全、可信，也对有害生物治理提出了更高的要求，开始在棉田、稻田、菜园、果园等生态系统中探索有害生物治理的生态调控措施。

第二节　有害生物绿色防控理念的起源与发展

对农林业生产安全和生态环境来说，单纯的化学防治措施可能是一把双刃剑，而全面系统的植物保护则不然。科学绿色的现代植保技术不仅是国家农林业生产和粮食安全的保障，更是生态环境安全的保障。

1. 有害生物绿色防控理念的起源

2002 年，联合国开发计划署在《2002 年中国人类发展报告：让绿色发展成为一种选择》中首先提出绿色发展的理念。2006 年，在第二次全国植保工作会议上，农业部正式提出“公共植保、绿色植保”理念，并根据“预防为主、综合防治”的植保工作方针，结合现阶段植物保护的现实需要和可采用的技术措施，形成了“绿色防控”这一技术性概念。随着现代农业的发展，人们逐步认识到，植物保护不仅是确保农林业生产安全的重要措施，而且是生态环境安全、农业可持续发展和社会主义新农村建设的重要保障，系事关社会民生的公共事业。为此，国家在坚持“预防为主，综合防治”植保方针的前提下，提出了“科学、公共和绿色”的现代植保理念，开启了科学绿色的现代植保新篇章。

2. 有害生物绿色防控理念的发展

现代植保以现代科技、装备、人才和政策为支撑，通过转变病虫害防控方式（由一家一户分散式防治向专业化统防统治转变）、建立重大病虫防控机制（政府主导、部门联动的、区域间联防联控机制）、强调协调运用农业措施、生物防治、物理措施、生态调控和环保型农药等绿色防控集成技术，弱化化学防治措施，在持续、有效治理植物病虫害的基础上，逐步实现化学农药的减量增效。

为贯彻落实“预防为主，综合防治”植保方针和践行“公共植保、绿色植保”理念，农业部先后开展多项与绿色防控有关的重大举措。

2007 年，农业部在全国范围内开展了农作物病虫害绿色防控技术的集成、示范与展示，并研发推广相关技术产品。2010 年，在第三次全国植保工作会议上，进一步明确了植保工作的病虫害防治要由“传统防治”向“绿色防控”转变，不仅实现控害、保产，而且实现控残留、保质量，提高农产品国际竞争力。2010年和2012年的中央1号文件明确提出“大力推进农作物病虫害专业化统防统治”，作为践行绿色植保理念的重要抓手。2011年，农业部办公厅印发《推进农作物病虫害绿色防控的意见》，正式定义并全国推进有害生物绿色防控工作。

2012—2016年，农业部相继开展“全国蜜蜂授粉与病虫害绿色防控技术集成示范项目”，提出“到2020年农药使用量零增长行动”，先后组织开展不同农作物全程绿色防控技术。2017年，农业部在全国150个果菜茶重点县（市、区）组织开展病虫全程绿色防控试点，以集成一批绿色防控技术模式，打造一批绿色品牌基地，逐步探索不同作物全程绿色防控技术模式和工作机制等。

推进绿色防控的指导思想和基本原则

推进绿色防控的指导思想

推进有害生物绿色防控，必须坚持以科学发展观为指导，贯彻“预防为主、综合防治”植保方针和“公共植保、绿色植保”的植保理念，分区域、分作物优化集成农作物病虫害绿色防控配套技术。通过加大政策扶持和宣传发动等措施，大力示范推广绿色防控关键技术，为农业生产安全、农产品质量安全及生态环境安全提供支撑作用。

推进绿色防控的基本原则

1. 预防为主原则

“绿色防控”这一技术性概念，是国家根据“预防为主、综合防治”的植保工作方针，结合现阶段植物保护的现实需要和可采用的技术措施提炼形成的。其采取的各项措施，无论是单项的技术，还是集成的模式，都应遵循“预防为主”这一前提，否则绿色防控就难以实现。

2. 健身栽培原则

培育健康植物，保持植物健壮生长，从而增强植物抵御病虫害发生为害的能力，是绿色防控的重要原则。健身栽培主要通过以下途径来实现：一是选用抗性或耐性品种，这是健康栽培的基础；二是进行种苗消毒处理，包括浸种、晒种、包衣、嫁接等措施，使种子、苗木不带病菌等有害生物，这是培养健康种苗的重要环节；三是培育健壮苗木、加强田间管理，包括育苗期间和栽培生长期间的田间管理、平衡施肥以及合理使用植物免疫诱抗剂等，这需要贯穿整个植物生长的全过程。

3. 保护生态原则

保护生态环境是实现绿色防控的重要原则之一。实施有害生物绿色防控中的保护生态原则包括两个方面：一方面，是从生产管理来说，通过合理的水肥管理和生态调控等措施，以保持或创造有利于植物生长的良好土壤生态环境，目的是促进植物根系发育，保障植物健康生长，保护生物多样性和自然天敌，发挥生态调控功能，减少或抑制植物病虫害暴发为害；另一方面，是从有害生物的防控来说，通过推广应用绿色防控技术、科学使用农药等措施，减少化学农药使用量，降低农药对生态环境带来的负面效应，进而保护农田生态环境，减少农产品农药残留以及环境污染等。

4. 发挥天敌控害原则

实施有害生物绿色防控，必须遵循保护利用自然天敌和人工繁育补充天敌，以充分发挥天敌控害作用的原则。

（1）保护利用自然天敌。生态环境中的有益生物，包括捕食性、寄生性天敌、昆虫病原线虫、土壤微生物等，一般情况下均可有效抑制有害生物的发生，将病虫害控制在经济损失允许水平以下。因此，应采取适当措施，保护和应用有益生物来控制有害生物。一般可采取保护或提供栖息场所、越冬场所，种植天敌食源植物，采用选择性诱杀技术控制害虫，采用局部或保护性施药技术防止杀伤有益生物种群等措施，以达到保护自然天敌；同时，通过加强植被管理、应用功能景观以及优化田间理化环境关系等，可有效提升生物防治应用效率，以充分发挥自然天敌控害的目的。

（2）人工繁育补充天敌。由于长期依赖传统化学防治技术和传统方式来防控病虫害，农田生态环境严重恶化，田间自然天敌种群难以达到自然控害的数量，必须采取人工饲养繁育等方式，通过规模化生产、科学释放等方法进行补充，才能达到有效控害的目的。近年来，天敌昆虫资源的开发与利用成为了生物防治技术领域的研究热点。然而，天敌资源的筛选、规模化生产以及田间利用技术等仍是制约天敌昆虫资源控害应用的重要瓶颈。目前，比较成熟的技术有人工繁殖和释放赤眼蜂防治玉米螟，人工繁殖丽蚜小蜂防治温室白粉虱，人工繁殖食蚜瘿蚊、蚜茧蜂、瓢虫等防治蚜虫，人工繁育东亚小花蝽、胡氏钝绥螨防治蓟马以及以螨治螨、以螨治虫、以螨带菌治虫等技术，正在生产中实践应用。

第三节　有害生物绿色防控技术模式与集成

自2007年以来，为贯彻落实“公共植保、绿色植保”理念，农业部在全国范围内建立绿色防控示范区，开展了多种农业植物病虫害绿色防控技术模式的试验示范与模式集成等工作，通过不断创新绿色防控技术的推广模式，先后组建形成了以作物、靶标有害生物、防控技术产品和生产基地为主线的一系列技术模式，涵盖东北、黄淮海、西南、西北以及华南等地区，涉及粮棉油、果菜茶以及油料等作物。全国农业技术推广服务中心于2014年汇编了《农作物病虫害绿色防控技术模式》，共介绍了82个成功的实例。其中，包括水稻病虫害绿色防控技术模式16个，小麦病虫害绿色防控技术模式7个，玉米病虫害绿色防控技术模式5个，马铃薯晚疫病绿色防控技术模式2个，蔬菜病虫害绿色防控技术模式23个，果树病虫害绿色防控技术模式19个，茶树病虫害绿色防控技术模式7个，棉花病虫害绿色防控技术模式2个，油菜和花生病虫害绿色防控技术模式各1个。

一、以作物为主线的绿色防控技术模式

以作物为主线的绿色防控技术模式，系针对作物生长发育全过程所发生的病虫害防控，将各项技术措施与多种植保产品进行集成，实施全过程绿色防控，保障绿色产品的生产和供应。有的地区根据作物不同生育时期将分别采取的主要绿色防控技术进行集成，有的地区根据不同主要病虫害将分别采取的主要绿色防控技术进行集成，最终均形成全程绿色防控技术模式。

如上海市金山区根据当地水稻发生的主要病虫害有纹枯病、纵卷叶螟、褐飞虱、恶苗病、螟虫（二化螟、三化螟、大螟）等，其水稻病虫害绿色防控技术模式，基本是以水稻生育期来实施的，包括六部分：一是苗前以农业防治为主（精选种子+翻耕灌水+种子处理），提高幼苗抗逆能力，压低病虫基数；二是苗期以物理防治为主，诱杀螟虫和飞虱，隔离灰飞虱的传毒为害；三是移栽前，打起身药，带药移栽，加强前期的防控；四是分蘖至拔节期，综合应用灯光诱杀、性诱剂诱杀和生物及高效环保化学农药；五是穗期以药剂防治为主，主要防控穗期病害，兼治虫害；六是全生育期应用太阳能杀虫灯和螟虫性诱剂诱杀害虫。

而辽宁省盘锦市盘山县根据当地水稻主要发生水稻二化螟、纹枯病和稻瘟病三种，其水稻病虫害绿色防控技术模式，则主要是以病虫害防治措施来集成的，其关键技术包括三部分：

一是针对二化螟防治，采取设置频振式杀虫灯诱杀+水稻本田施用100亿孢子/g苏云金杆菌50g；二是针对水稻纹枯病防治，采取春季水耙地后将田中菌核同漂浮草及稻根等捞出掩埋或烧掉，发病初期使用井冈霉素喷雾防治；三是针对水稻稻瘟病防治，根据生育期，用枯草芽孢杆菌+春雷霉素防治。

二、以靶标有害生物为主线的绿色防控技术模式

以靶标有害生物为主线的绿色防控技术模式，系针对重点有害生物，组织、集成各种绿色防控技术措施进行有效防控。如黑龙江省针对玉米螟将“杀虫灯+赤眼蜂+白僵菌”进行集成，有效控制玉米螟的发生为害。

三、以防控技术产品为主线的绿色防控技术模式

以防控技术产品为主线的绿色防控技术模式，系指围绕绿色防控产品为主，辅助其他绿色防控

技术措施，实施全程绿色防控。如以杀虫灯为核心的绿色防控技术模式，在水稻产区，采用杀虫灯+鸭/鱼等技术；在玉米产区，采用杀虫灯+赤眼蜂/白僵菌；在蔬菜产区，采用杀虫灯+色板/紫外线；在果树上，采用杀虫灯+性诱剂/色板。再如，针对昆虫性诱剂组装的绿色防控技术模式，在水稻上，采用性诱剂+天敌、性诱剂+生物农药等；在蔬菜上用性诱剂+色板、性诱剂+微生物农药等多种技术模式。

四、以生产基地为主线的绿色防控技术模式

以生产基地为主线的绿色防控技术模式，系指以绿色农产品生产基地为依托，按照目标产品的生产标准，制定农药、化肥等农资产品的使用技术规范，生产绿色农产品。

第四节　有害生物绿色防控技术展望

发展现代农业，呼吁现代植保。而现代植保应以绿色防控为引领。随着我国全面建设小康社会的推进，社会越来越关注生态与安全问题，对农产品和食品的要求不断提高；国际上亦把生态环境与食品安全作为农产品和食品进出口贸易的基本条件。党的十七届三中全会和十八届五中全会相继提出生态农业和绿色、协调发展等理念，着重强调绿色和协调对现代农业发展的作用。绿色防控是指以保护农作物、减少化学农药使用为目标，协调采取生态控制、生物防治、物理防治和化学调控等环境友好型防控技术措施来控制有害生物的行为。

为满足绿色消费，服务绿色农业，提供绿色产品，自 2006 年开始，全国农业技术推广服务中心在全国范围内开展了绿色防控技术的示范与推广工作。示范围绕水稻、玉米、蔬菜、茶叶和水果等优势农作物产区，创新集成多种绿色防控技术模式，并大力开展示范与推广。然而，我国绿色防控技术示范推广工作尚处在起步阶段，仍然任重道远。主要表现在 4 个方面的不足：一是当前绿色防控技术体系单一，集成程度不高，系统性不强；二是示范展示区点多面小，不成规模，引不起政府和社会的足够重视；三是推广方式不适应，推广工作中存在着不同程度的上层热下层凉、业内热业外凉的现象；四是技术储备不够，实用性强的绿色防控关键技术还不多，绿色防控工作发展后劲不足。

绿色防控技术示范与推广工作是一项持久的植保系统工程，不是单纯的技术行为。绿色防控属于公共植保的范畴，是“绿色植保”的体现，是食品安全的依托，具有社会公益性，其推广应用前景广阔。

第八章　有害生物防控的经济阈值

建立了完善的生态植保技术体系，还应有度、有序、有节奏地利用。经济阈值则是技术应用控“度”的理论指标之一。经济阈值（Economic Threshold）的概念是由 Stern（1959）引入害虫治理领域的，随着害虫综合治理的研究和发展，经济阈值的概念得到了不断完善并在生产上广泛应用。

第一节　经济受害水平

作为害虫综合治理的一个基本概念，“经济受害水平”是建立在技术与经济利益平衡关系上的，其含意的解释为，由于作物存在着耐害性和补偿能力，因而存在受害允许密度。这种受害允许密度表达不能见虫就打或以除虫务尽为原则。病虫生物的发育有一个过程，种群数量积累也需要一个过程，病虫发生与造成危害之间还存在一个距离。除虫务尽在生态学上是不现实的，更需要从经济效益角度进行分析。作物受害允许密度可视为作物本身的一种自然适应的生物学特性，为了明确描述害虫，作物受害和防控技术经济效益三者之间的关系，应厘清受害允许密度、受害允许水平，经济受害允许密度，经济受害允许水平等术语。

所谓受害允许密度，是指作物所能忍受的害虫密度。在这个密度下，并不引起产量损失和品质下降。它的大小完全由作物自身的耐害性和补偿能力所决定。如果害虫直接为害作物收获部分，而且只要有一个害虫为害，就势必引起产量和品质下降，那么该作物的受害允许密度为零。如果害虫只为害非收获部分，这样的危害与最终产品或品质的关系较为复杂。大多数作物具有耐害性和补偿能力，可以忍受一定数量害虫的为害而不致于影响产量或品质，那么该作物的受害允许密度不为零，与受害允许密度相对应的作物受害水平，称为受害允许水平（图 4-8-1）

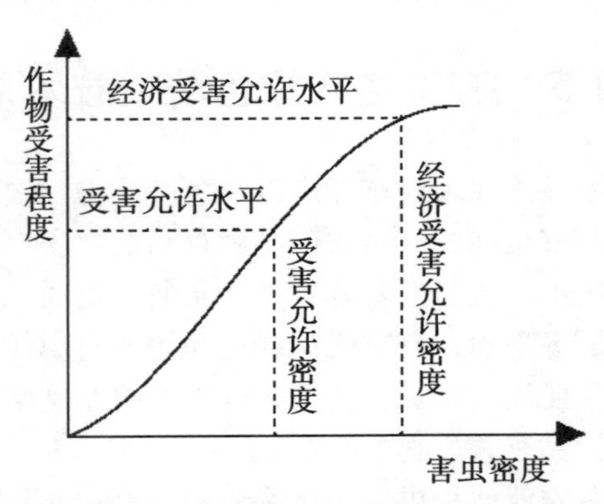

图 4-8-1　作物受害程度和害虫密度的关系（仿陈杰林，1991）

有关技术防控害虫的效果是随着害虫数量的增加而增加的。而当害虫密度减少时，技术费用则逐步上升。而当害虫密度减少时，技术费用则逐步上升。当产量的增长与技术费用的升高相当时，与之相应的害虫密度则为经济受害允许密度。低于此点，技术费用大于产量的增长，但产量将遭到损失。同时，如果从生态环境角度，技术费用应把防治措施引起的生态平衡破坏（如生物多样性破坏和杀伤天敌）以及环境问题（污染及农药残留等）综合考虑进去。经济受害允许水平是指经济受害允许密度下的作物受害水平。这样理解便于把作物受害中的耐害性或补偿力、害虫密度和技术经济效益三方面的意义区别开来，有利于进行作物受害过程分析及防控阈值的研究。

第二节　经济阈值

自 Stern（1959）提出经济阈值概念之后，国内外学者进行了大量研究，提出了许多不同的解释和推理，至今也没有得到完全统一。但在实践中，采用 Stern（1959）等和 Headley（1972）的较多。

Stern 等（1959）的定义为：经济阈值（或称防控阈值）是指害虫的某一密度。在此密度下应采取防控措施以防止害虫达到经济受害水平，即引起经济损害的害虫最低密度。这个定义是针对增长性害虫种群而言的认为作为指导害虫防控的经济阈值必须在害虫达到经济为害水平之前，即经济阈值应低于经济受害水平，因而必须预先确定害虫的经济受害水平，然后根据害虫的种群增长曲线（预测性的），求出需要提前进行控制的防控适期的害虫密度，这个密度就是“经济阈值”（图 4-8-2）

这种意义下的经济阈值，在害虫种群数量尚未达到经济受害允许水平之前就能使所采取的防控措施发挥作用，从而为使用杀虫剂或其他技术提供了安全的时间幅度。二者之间差多少，应根据具体情况确定。

在生产实践中，往往存在着害虫的主要为害期与最佳防控期的不一致性。例如，一般认为防治

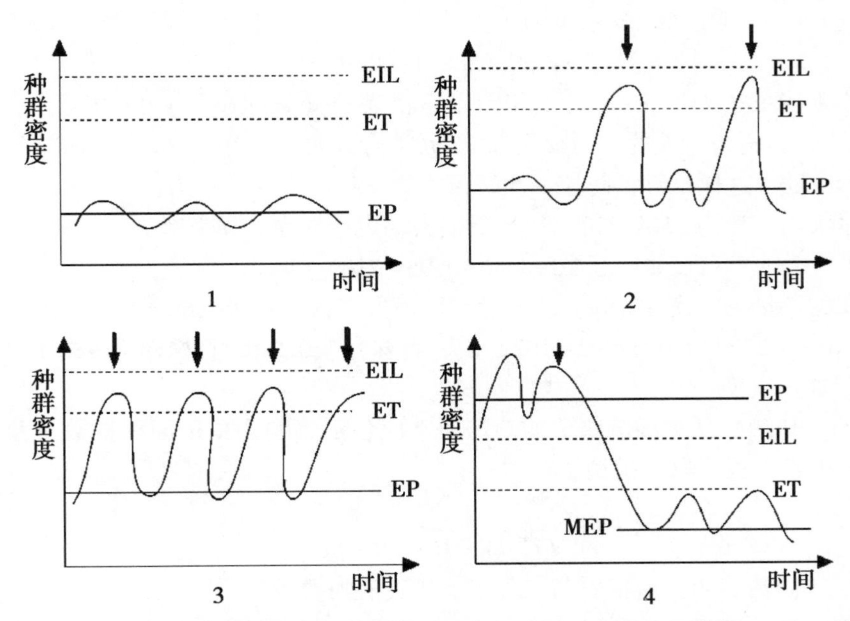

EIL：经济受害水平　ET：经济阈值　EP：种群平衡位置 MEP：改善后的平衡位置　↓：控制害虫的投资
1. 黄腹灯蛾（玉米）2. 苜蓿绿夜蛾（黄豆）3. 马铃薯甲虫（马铃薯）4. 苹果蠹蛾（苹果）

图 4-8-2　几种典型情况下害虫的经济为害水平和经济阈值

稻褐飞虱，以大力压低主害代的前一代的种群数量，从而控制主害代的种群数量为较好的策略，甚至更加提前 1 代进行源头治理，这称之为策略性防控。鳞翅目害虫对作物造成的为害主要是高龄的虫期，由于高龄幼虫的食量大、抗药性强，最佳防治期应在低龄期甚至应实施全虫态防控。因此，用于确定经济受害水平的害虫虫态（或时期）不一致，后者往往需要提前。

Headley（1972）对经济阈值的定义为：使产品价值增量等于控制代价增量的种群密度。

第三节　经济阈值模型

在有关经济阈值理论研究的基础上，国内外学者经过深入的研究，提出了各种形式经济阈值的计算模型。

1. 固定经济阈值模型

害虫的经济阈值常常因作物种类、害虫种类、天敌因素、气候因素、防控技术及防控费用等因素而不同，把这些因素特定此时的经济阈值称为固定经济阈值，其模型为：

$$T=\frac{C}{P\cdot D\cdot F}$$

式中：T——经济阈值

C——防控成本

P——产品市场价格

D——单位虫量所造成的损失

F——防控效果

一般要在求出单位虫量所造成的损失后，代入产品价格、防控效果和防控成本的固定值，便得到固定经济阈值，无需了解其他信息，即把经济阈值只看成是害虫种群数量的函数。

2. 建立害虫种群数量

为害量或为害程度与为害之间关系的数学模型，这类数学模型是通过反函数关系来确定经济阈值的。王连兵（1987）测定了麦蚜数量为小麦千粒重下降的关系，建立了直线相关回归式。

$$y=29.6288-0.0269992x$$

一般防治小麦蚜虫在4月底~5月上旬，以每亩需药（氧化乐果）1.00元，耗工费1.50元，机具损耗费0.35元，施药造成的人为损失0.25元，合计每亩费用3.10元。防控效果为95%，小麦价格为0.46元/kg，这样推算出防控一次每亩需要支付的小麦产量为：

小麦的产量大田一般为350kg/亩，故产量损失率表达的允许损失率为：

$$3.10 \div 0.46 \div 0.95 = 7.09\ (kg)$$

小麦大面积的产量为每亩350Kg，故产量允许损失率为：7.09÷350=2.03%，y=2.03，求反函数x为：x=29.6288-2.03/0.0269992=1022（头/百株），1022头/百株即为麦蚜的经济阈值。

3. chiang氏通用模型

Chiang. H. C（1979）认为经济阈值的确定通常应包括影响害虫田间种群数量及作物受害形成过程的若干有关因素，提出以下模型：

$$ET = \frac{CC}{EC \cdot Y \cdot P \cdot YR \cdot SC} \times CF$$

式中：CC——防治费用，包括农药、人工、机具磨损费等

EC——防治效果

Y——产量，因作物品种、密度、栽培技术等而异

P——产品价值（单价），常受市场因素影响而波动

YR——害虫为害所造成的产量损失%

SC——生存率

CF——临界因子，通过校正防控费用进一步确定经济阈值的因子

在这个模型中，防治费用（CC）和产品价值（P）为影响经济阈值的主要因素，应首先加以研究。至于其他因素的影响，公式中只反映出外界条件对害虫种群密度的影响，并且包含预测预报的内容。显然这个模型对于为害期（确定经济受害水平时）与防控时期不一致且距离较长或年份间有变化的害虫更有意义。

王运兵等（1987）曾用这个模型研究麦蚜的经济阈值。根据试验结果，未受害小麦亩产496.8kg，小麦当时的单价为0.46元/kg，防治费用为每亩3.07563元（包括药费1.57563元，人工费用和机具损耗费1.5元），防治效果为99%，平均每头蚜虫造成的损失为0.000013787kg，为害期的存活率为0.92%，临界因子确定为1，将数据代入上述公式：

$$ET = \frac{3.07563 \times 1}{99\% \times 496.8 \times 0.46 \times 0.92\% \times 0.000013787} = 107\ 177.068$$

经换算，防治指标为：107 177.068×787×0.000013787=1 163（头）

这样，麦蚜的防治阈值为每百株1163头，与上种方法测定的阈值相接近。

4. 生物防治的经济阈值

陈常铭（1984）在研究稻纵卷叶螟的经济阈值时，先求出无天敌时的经济阈值为每百丛54头幼虫，然后求出主要天敌稻纵卷叶螟绒茧蜂寄生功能反应的Holling模型：

$$n = \frac{0.4023 \times t}{1 + 0.0677x}$$

式中：n=被寄生的幼虫数

x=寄生密度

t=间隔时间

若每百丛水稻有绒茧蜂1头，4d后则可以寄生的稻纵卷叶螟幼虫头数为：

$$n=\frac{0.4023\times t}{1+0.0677x}=\frac{0.4023\times 54\times 4}{1+0.0677\times 54}=18.66$$

因此，考虑到天敌因素时，稻纵卷叶螟幼虫的经济阈值可放宽到 54+18.66=72.66 头。此研究对探讨天敌对经济阈值的影响提供了方法。

两种天敌昆虫组合或两个生防因素的叠加效应也可以用这个方法进行推算。

5. 复合经济阈值

生态植物保护防控害虫有两种主要类型，即种群治理和群落治理。种群治理为孤立的单一天敌利用，群落治理是嵌入式生物防控或生态调控。由于这要涉及到两个及更多的害虫种类，切不可能采取一项防治措施取得兼治效果，因此研究起来比较复杂。目前多研究两种或三种害虫为害损失的复合经济阈值，采用的方法可以分为以下两类：

（1）混合为害损失指标法。用这种方法的要领是建立混合种群为害损失模型。章首北（1985）建立了褐飞虱和白背飞虱混合为害的损失模型：

$$y=-0.1612+0.2879x_1+0.7252x_2\pm 2.2229$$

式中：y——产量损失率

x_1——白背飞虱每百丛虫量

x_2——褐飞虱每百丛虫量

如果稻飞虱混合种群药剂防治一次约需成本 2.5 元/亩，水稻产量水平按 400kg/亩，虫害损失量为 3%计算，喷药可换回损失 2.6 元/亩，收支近平衡。因此，经济受害水平应在 3%以上，初步认为 3%~5%较适宜（章首北，1985），这样可以根据上述模型进行决策。把田间实际调查的 X_1、X_2 数据代入上式，如果 y 大于 3%~5%，说明已得到混合种群的经济阈值，必须立即进行防治，反之则否。

（2）标准害虫经济阈值法。对于为害方式相似或相同的有害生物，如吸汁、食叶、蛀茎等可采用为害损失当量法，例如，已知禾缢管蚜的经济阈值为 1 200头/百株，麦长管蚜的防治指标为 799 头/百株，设麦长管蚜的当量系数为 1，则禾缢管蚜的当量系数为 799÷1200=0.6658。如果田间调查麦长管蚜为百株 500 头，禾缢管蚜为百株 800 头，则标准化头数（危害当量数）= 麦长管蚜头数×麦长管蚜当量系数+禾缢管蚜头数×禾缢管蚜当量系数 = 500×1+800×0.6658 = 1 033头，说明已达到 799 头的麦长管蚜的经济阈值，应及时开展防控。

第五篇　主要作物生态植保方案

自十九大以来，绿色农业发展摆在了生态文明建设全局的突出位置。主要作物生态植保方案应突出植保的生态性、综合性、整体性、系统性。每一类、每一种作物生态植保方案结构分为3个层次，第一层面为病虫害种类，尽可能全面覆盖，达到全面了解和认识的目的；第二层面选择目前生产中突出的、突发的、具有特殊性的病虫害进行生态防控措施介绍，以快速高效控制为害；第三层面以作物系统为对象，根据物候期病虫害发生规律和特点，设计周年全程生态植保方案。

作物生态植保方案不是简单的产品加技术，它需要对作物及病虫害有充分了解，还需要解决因地制宜、产品整合等问题。作物生态植保方案肯定不是一成不变的，需要根据区域特色和种植习惯，不断地更新、完善、总结和提高。特别是在中国，对于农作物来讲，一个方案很难解决所有的问题，同种作物北方种和南方种从品种到病虫害都有差异性，区域的自然环境用药水平都有很大的不同，病虫害气候也是在不断的变化中。只有与区域实际密切结合，并对区域环境等针对性强、反应更快的作物生态植保方案，才能满足市场需求。

2001年，跨国企业先正达公司率先提出了“作物解决方案”的理念和雏形，刚开始提出的是从种子到餐桌全产业链的服务理念，然后再不断延伸，力图通过给农民提供套餐服务和一揽子植保解决方案，减轻农户的劳动强度和经济负担。先正达公司在水稻、玉米等多种作物上都出了详细的方案，获得了市场认可。

2007年，拜耳作物科学（中国）有限公司建立了“更多水稻”项目，为水稻农户提供的一种“与众不同”的作物解决方案及服务。随后巴斯夫也成立了功能性作物保护部门，专门负责开发传统作物保护产品以外的解决方案。

陕西农心、江苏龙灯、中化农化等少数企业是较早行动的国内企业，目前在陕西地区的苹果病害解决方案已经取得非常显著的成绩，并且在全国其他地区的其他作物全面展开。

生态植物保护方案县域实践也有了成功的案例。山东省邹城市秉承创协调、绿色、开放、共享的理念。以全国绿色防控示范区建设项目为带动，以“政府引导、财政扶持、多元化投入、专业化管理”为推动措施，以专业化统防统治组织为依托，大力推进生态植物保护理念，实施农作物病虫害绿色防控，着力打造绿色生态高地。全市农作物病虫害绿色防控技术覆盖率达到65.4%，突破性实现925万亩花生、20万亩蔬菜、15万亩果树全覆盖。①强化政策扶持、着力推动绿色防控深入开展。绿色防控技术的发展和推广离不开各级政府的投入和项目带动。早在2008年邹城市政府就将“万灯杀虫工程”列入生态邹城建设的重要内容，选取花生为重点作物，以蛴螬为靶标害虫，本着整体布局、科学规划、积累推进的原则，重点打造以杀虫灯为主推技术的绿色防控全覆盖。政府共计补贴杀虫灯1.2万盏，累计投入400余万元。通过农产品质量提升工程，生态农业示范县建设、粮食绿色生产技术示范等项目，带动全市绿色防控技术的应用，使得全市杀虫灯保有量1.7万盏，性诱捕器3.6万套，成功打造了3个以集中展示绿色防控技术的大型示范区，彻底终结了当地单纯依靠化学农药防治害虫的历史。②培育实施主体，推进统防统治与绿色防控融合发展。邹城市积极探索统防统治与绿色防控有机融合，以统防统治组织和专业合作为主体，以特色种植大户、家庭农场为基地，创新形成了专业合作社+种植基地，专业合作社+家庭农场等多种推广服务模式。将绿色防控植保产品的安装管护权、收益权全部交付植保专业合作社，成立村缴服务站，以植保机械，土地等入股的方式，联合多家种植合作社，风险共担，收益共享，形成了技术推广的联盟，从而解决了后续管护问题。同时，通过实施“山东省农业重大有害生物防控体系建设项目”、“山东省农业病虫害专业化统防统治能力建设示范项目”、“山东省玉米一防双减补助项目”等购置大虫型植保器械477台，重点扶持了12个统防统治服务组织，并定期开展对统防统治专业技术人员培训，提升了全市植保机械装备水平，作业效率和服务能力，促进了统防统治服务组织快速发展。目前，全市已建立各种类型的专业化服务组织36个，从业人员4 000余人，拥有大中型植保器械3 568台，日作业能力2 000亩以上的服务组织5个。③探索技术模式，注重作物病虫全程绿色治理。

第一章 粮食作物生态植保方案

栽培植物在生长发育过程中，经常遭受多种病虫的为害，致使生长发育受阻、产量和品质下降或失去观赏价值。防治病虫害，必须在弄清植物病原或害虫形态特征、生物学特性、生态条件需求及其发生规律的基础上，才能制定出切实可行的防控措施。

第一节 小麦生态植保

小麦是我国特别是北方地区最重要的粮食作物，有着悠久的种植历史。在小麦生产过程中常因多种病虫害的为害造成严重损失，直接影响小麦的高产和优质。据统计，发生在小麦上的病害有50余种，常发并造成为害的有30种左右，其中以锈病、白粉病、赤霉病、全蚀病和纹枯病等对小麦生产威胁最大；虫害有230余种，其中具有重要经济意义的有30多种，包括地下害虫、麦蚜和吸浆虫等，此外麦秆蝇、麦叶蜂等在局部地区也为害较重，近年，麦田新发生白眉野草螟。

一、小麦病虫害种类

1. 小麦病害

（1）小麦锈病。俗称麦疸、黄疸等，包括条锈病、叶锈病和秆锈病，其中以条锈病、叶锈病为害最重。3种锈病的病原均属于真菌担子菌中的柄锈菌属，分别为小麦条锈菌（*Puccinia striiformi*）、小麦叶锈菌（*P. recondita*）和小麦秆锈菌（*P. graminas*）。

小麦感染3种锈病后共同的症状特点是在叶片、叶鞘或茎秆上产生鲜黄色或红褐色铁锈状粉疱，即锈菌的夏孢子堆，粉疱破裂后散出的粉状物是锈菌的夏孢子；小麦生长后期，病部长出黑褐色的疱斑，即冬孢子堆，其中的黑褐色粉状物是冬孢子。3种锈病的症状可根据夏孢子堆和冬孢子堆的形状、大小、颜色、着生部位及排列方式等区分，人们将3种锈病概括为“条锈成行叶锈乱，秆锈是个大红斑”。条锈病发生部位以叶片为主，叶鞘和穗次之，夏孢子堆小，椭圆形，鲜黄色，排列成行，表皮开裂不明显；冬孢子堆黑色，狭长，排列成行，不破裂。叶锈病发病以叶片为主，叶鞘和茎秆次之，夏孢子堆红褐色，中等大小，近圆形，散乱，表皮开裂一周；冬孢子黑色，圆形至长椭圆形，散生，不破裂。秆锈病发病以茎秆和叶鞘为主，夏孢子堆锈褐色，大，长椭圆形，排列散乱，大片开裂且反卷；冬孢子堆黑色，椭圆形，排列散乱，表皮破裂，卷起（图5-1-1）。

3种锈菌都属活体营养寄生，即在自然条件下只能依赖活的寄主生长发育，都是通过夏孢子传播为害。小麦锈病的侵染循环可分为锈菌的越夏、秋苗侵染、越冬和春季流行4个阶段。3种锈菌的萌发和侵入均要求与水滴或水膜接触，而对环境温度的要求有很大差异。夏孢子萌发侵入的最适温度，条锈为9~13℃、叶锈为15~20℃、秆锈为18~22℃。条锈菌越夏的最高旬平均气温为22~23℃，我国北方地区常年夏季最热月份旬平均气温在25.8℃以上，因而不能越夏。小麦收获后，夏孢子随气流传播到我国高海拔地区，侵染为害晚熟冬小麦、春小麦，秋季再经气流传播到华北地

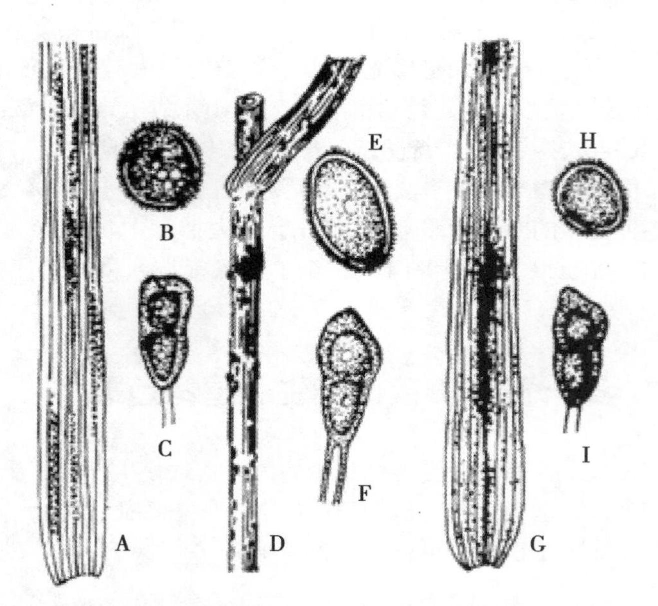

A.条锈病症状；B.条锈菌夏孢子；C.条锈菌冬孢子；D.秆锈病症状；
E.秆锈菌夏孢子；F.秆锈菌冬孢子；G.叶锈病症状；H.叶锈菌夏孢子；
I.叶锈菌冬孢子（仿张满良）

图 5-1-1 小麦锈病

区秋苗上侵染为害，以菌丝体的形式潜伏在小麦叶片组织内越冬，由于冬季温度低，有些菌丝体随叶片一起死亡。春季随气温回升和降雨增多，锈菌扩展蔓延，引起春季流行。叶锈菌对温度适应范围较广，在华北地区能在自生麦苗上越夏，也可以菌丝潜伏在小麦叶片组织内越冬。秆锈菌耐高温不耐低温，夏孢子在华北地区越冬率较低，流行主要受南方春季传来的菌源影响。在华北地区以条锈病为害最重，叶锈病次之，秆锈病最轻。但近年来，叶锈病有逐年加重趋势。

北方冬麦区，小麦孕穗至抽穗期，经常受到锈病的侵袭。小麦被锈菌侵染后，叶绿素被破坏，进行光合作用制造养分的叶面积减少，后期叶片表面破裂，水分从裂口处大量散失，最终导致株高、穗长、穗粒数、千粒重显著降低。

由于春季干旱少雨，孢子不能侵入叶片。因此小麦孕穗前，北方冬麦区条锈病一般不能严重发生。到了小麦孕穗至抽穗时，条锈病发生的轻重取决于外来菌量：当南部地区条锈病发生严重时，大量夏孢子会随气流向北方传播，如果北方地区 4、5 月雨水充沛，雨水又滋润了夏孢子，就有利于锈菌的侵入，条锈病在北方会突然大发生。

小麦条锈病是一种通过空气传播的低温真菌病害，是世界小麦生产的主要为害因素之一，在一般流行年份，这种病害可使小麦减产 10%~20%，在特大流行年份，可使小麦减产 60%以上，严重时甚至绝收。康振生院士在国际上首次发现自然条件下小麦条锈病在小麦和野生灌木小檗上转主寄主完成生活史和病害循环，更新了真菌基础生物学知识体系和小麦条锈病病害循环理论体系；揭示了小檗在条锈病毒性变异中的重要作用及其变异规律，破解了我国西北“越夏易变区”成为条锈病菌小种策源地的谜团；提出了不同生态区条锈病分区治理策略。3 月份是西南麦区小麦条锈病流行期，更是该病由冬繁区向春季流行区扩展的关键时期。此期应加强监测，密切关注和掌握病害发生动态，及时发布趋势预报，指导科学防控。3 月份，我国东部麦区大部气温偏高或常年稳定，降水正常。随着气温快速回升，加之前期多地多雪雨天气，田间湿度大，有利于小麦条锈病繁殖和扩散。

在北方大部分地区，小麦叶锈病菌既能忍受酷暑，又能度过严寒。小麦收获后，越夏的叶锈病菌在麦田内外的自生麦苗上安了家。秋天自生麦苗上产生的夏孢子又感染秋苗，因此小麦出苗越早，秋苗受叶锈病的为害也越重。随着小麦的返青，叶锈病的为害也在逐渐加重，但4月底雨水到来之前，叶锈病不能猖獗。到小麦孕穗至抽穗时，大量的雨水为叶锈病菌夏孢子的侵入提供了条件，在本地叶锈病菌和南来叶锈病菌的强大攻势下，小麦就会得叶锈病了。

小麦秆锈病在冬麦区的发生情况与条锈病、叶锈病非常相似。在我国主要发生在华东沿海、长江流域、南方冬麦区及春麦区。主要发生在叶鞘和茎秆上，也为害叶片和穗部。真菌病原Ug99（1999年因其在乌干达的鉴定而得名）。在全世界范围内影响着小麦产量，严重时甚至可以导致绝产，并且目前没有明显抗病性基因被发掘利用。

现在我们已知道小麦条锈病、叶锈病和秆锈病是由气流传播的突发性病害。这3种锈病发生的程度受3个因素的共同影响：一是小麦孕穗至抽穗期外来菌量的多少；二是适宜发病期雨水的多少；三是栽培品种的抗性。在这3个因素中，能够人为控制的只有品种。在雨水多，外来菌量又多的年份，品种抗病性是决定锈病发生程度的基本条件。如果栽培的是抗性品种，小麦受锈病为害也轻。

条锈病菌耐低温但不耐高温。华北地区冬小麦收获后，当气温升到23℃以上时，大量的条锈病菌死亡，剩余部分则随气流传到西北高原，侵染当地的春小麦。当春小麦收获后，夏孢子再通过气流传回华北地区，侵染秋播的冬小麦。

叶锈病菌可在华北地区越冬，但越冬的冬孢子大量死亡，因而早春叶锈病在田间很少见到。随着温度的升高，叶锈病越来越严重，3月下旬后逐渐成灾。

秆锈病菌喜温但不耐寒，只能在南方冬麦区越冬。来年早春通过气流传到华北地区，侵染当地的冬小麦。

（2）小麦全蚀病。由禾顶囊壳菌（*Gaeumannomyces graminis*）引起，在我国麦区普遍发生。

病菌主要侵染根部和茎基部1~2茎节及叶鞘，初期种子根、地下茎和根颈部变黑褐色，引起根系腐烂，造成苗黄、衰弱甚至死苗；拔节后茎基部叶鞘内侧和茎秆表面在潮湿时形成黑色菌丝层，呈"黑膏药"或"黑脚"状，叶鞘内侧有许多黑色颗粒状物，为病菌的子囊壳，灌浆至成熟期病株形成白穗并枯死（图5-1-2）。

田间土壤中的病根茬、用病残体沤积的粪肥及混有病株残屑的种子是翌年病害的主要初侵染来源。病菌侵染适温为12~18℃，发育适温为15~24℃，致死温度为52~53℃。病地连作、土壤肥力差尤其缺磷，常引起病害加重。

（3）小麦纹枯病。主要由禾谷丝核菌（*Rhizoctonia cerealis*）引起，近年来各主产麦区发生普遍，为害逐年加重，已成为小麦高产、稳产的重要限制因素。小麦各生育期都可以受害。

小麦发芽感病后，芽鞘变褐色，严重时烂芽枯死。秋苗至返青期感病，叶鞘上出现中部灰色、边缘褐色病斑，叶片渐呈暗绿色水渍状，以后失水枯黄，严重者死亡。拔节后植株基部叶鞘出现椭圆形水渍状病斑，后发展为中部灰色、边缘褐色的云纹状病斑，病斑扩大相连成花秆烂茎，主茎和大分蘖常不能抽穗而形成枯孕穗，或虽能抽穗但形成枯白穗。

病菌以菌核在土壤中或以菌丝在土壤中的病残体内越冬。其季节流行过程，包括冬前始病期、越冬静止期、返青病株率上升期、病位上移和发病高峰期。纹枯病在10~30℃均可发病，发病适温为15~20℃。一般土壤湿度大、小麦品种感病性强、播种早，苗期侵染多；氮肥水平高、田间杂草多，有利于病害的发生流行。

（4）小麦白粉病。由禾布氏白粉菌（*Blumeriag graminis*）引起，是一种因麦田水肥条件的改善和种植密度的增加而严重发生的病害，近年来，在我国麦区呈加重趋势。麦株从幼苗到成株期均可被侵染。

病菌主要为害叶片，严重时也可为害叶鞘、茎秆和穗部。病部最初出现白色霉点，以后扩大成

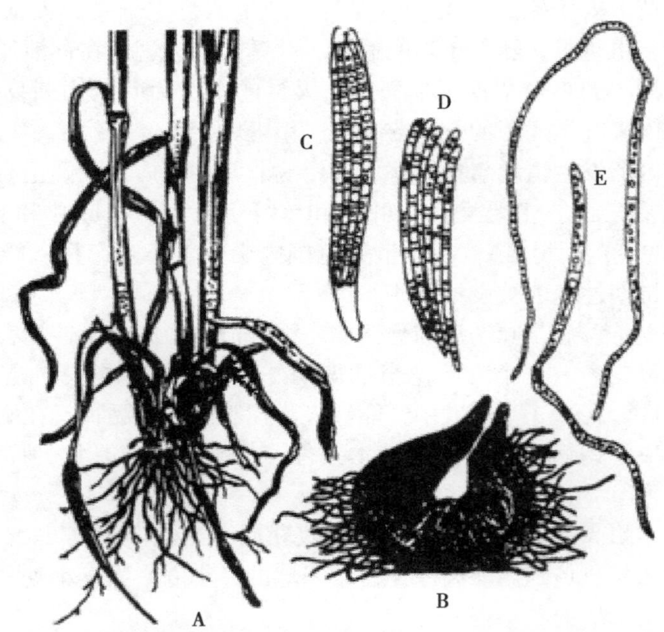

A.症状；B.子囊壳；C.子囊；D.子囊孢子；E.子囊孢子萌发
（仿方中达）

图 5-1-2　小麦全蚀病

白色霉斑，严重时霉斑连成一片，甚至整个叶片或全株均为霉层覆盖。霉层初为白色，以后逐渐变为灰白色至淡褐色，霉斑上出现许多小黑点（病菌的闭囊壳）。霉层下的叶片组织初期无明显变化，随后褪绿、发黄以至枯死。发病严重时，小麦植株弱小，不抽穗或抽出的穗短小。

闭囊壳内的子囊孢子是秋苗发病的主要初侵染源，一般以菌丝体在麦苗上越冬，春季产生分生孢子，分生孢子借气流传播在田间反复多次再侵染，引起病害流行。白粉病在 0~25℃均可以发展，但 0℃以下和 28℃以上一般不发病。施用氮肥过多，种植密度过大，田间湿度大，有利于该病的发生流行。

（5）小麦黑穗病。俗称“乌麦”，主要包括散黑穗病、腥黑穗病和秆黑粉病。腥黑穗病又分为网腥黑穗病和光腥黑穗病。分别由小麦散黑穗病菌（*Ustilago tritici*）、网腥黑穗病菌（*Tilletia caries*）、光腥黑穗病菌（*T. foetida*）和秆黑粉菌（*Urocystis tritici*）引起。

散黑穗病菌在小麦扬花期侵入，潜伏在种胚内，随种子越冬。播种后随种子萌动形成系统侵染，但在茎叶上不表现症状，至孕穗期，菌丝体在小穗内迅速发展，破坏花器，在麦穗上产生大量的黑粉（即冬孢子）。病菌在 1 年内只侵染 1 次，种子带菌是发病的唯一来源。腥黑穗病主要以病菌冬孢子附着在种子表面和混入土壤与肥料为主要侵染源，病菌自小麦幼苗侵入，形成系统侵染，最后在穗部表现症状。病株一般稍矮且分蘖多；病穗短直，颜色较健穗深；颖片略开裂，病粒短胖，初为暗绿色，后变灰黑色，易破碎，并有鱼腥味。病菌侵入麦苗的最适温度是 9~12℃，任何不利于小麦出苗的因素，都会加重该病的发生。秆黑粉病主要以带菌土壤、肥料和种子为主要侵染源，病菌从幼苗芽鞘侵入至生长点。自下而上依次在叶片、叶鞘及茎秆上出现黄白色至银灰色条斑，内里充满黑粉；病株矮化、叶畸形卷缩；重病株提早枯死，轻病株穗小、多不结实。病菌侵入的最适温度为 14~21℃，播种期及影响出苗的因素与病害发生有较密切关系。

（6）小麦病毒病。小麦病毒病种类较多，我国北方麦区比较重要的有黄矮病、丛矮病和土传花叶病 3 种，分别由大麦黄矮病毒（BYDV）、北方禾谷花叶病毒（NCMV）和小麦土传花叶病毒（SBWMV）侵染引起。黄矮病主要由麦蚜传播，其中麦二叉蚜为主要传毒媒介；丛矮病的传毒媒介为灰飞虱；土传花叶病主要由土壤中的禾谷多黏菌（*Polymuxa graminis*）传播。

小麦感染黄矮病后，从新叶叶尖开始逐渐向叶身扩展发黄，有时病部出现与叶平行但不受叶脉限制的黄绿相间的条纹，黄化部分占全叶面积的1/3~1/2，病叶质地光滑。感病植株生长不良，分蘖减少，植株矮化。小麦感染丛矮病后分蘖明显增加，植株矮缩。最初基部叶片浓绿，在心叶上有黄白色断续的细线条，尔后发展成不均匀的黄绿色条纹。冬前显病的植株大部分不能越冬而死亡，轻病株在返青后分蘖继续增多，生长细弱，病株严重矮化，一般不能拔节抽穗而提早枯死。土传花叶病在秋苗期感染，翌年返青后开始显症，麦苗发黄，至拔节期症状明显，植株矮化，新叶出现花叶，有纵向不规则的短线状条斑，穗短小，籽粒秕瘦，易贪青晚熟。轻病株至抽穗期症状逐渐隐退。一般感病性强的品种，早播的田块以及传毒昆虫发生重的年份，有利于病毒病的发生流行。

2. 小麦害虫

根据中国农业科学院植保所报道（1980），我国小麦害虫达200余种，应列为防治对象有60余种。

（1）地下害虫。为害小麦根系和茎基部的害虫，主要有蛴螬、金针虫和蝼蛄等，是小麦播种期和苗期的常发性害虫，主要取食萌发的种子、根、茎部，造成缺苗断垄。

①蛴螬：蛴螬是金龟甲幼虫的统称。在我国北方麦区主要有华北大黑鳃金龟（*Hlotrichia oblita*）、暗黑鳃金龟（*Holotrichia parallela*）和铜绿丽金龟（*Anomala corpulenta*）等。属鞘翅目、金龟甲科。成虫取食植物叶片，蛴螬（幼虫）则在地下为害多种植物的根、块根、块茎、果实及萌芽的种子。

华北大黑鳃金龟成虫体长17~22mm，黑褐色至黑色，有光泽，鞘翅各有明显的3条纵肋，臀板向体下前方弯折，故腹部末端钝圆；幼虫3龄，老熟时体长约40mm，头部橘黄色，前顶刚毛每侧3根，臀节腹板覆毛区仅有钩状刚毛，肛门三裂形（图5-1-3）。暗黑鳃金龟成虫体长16~22mm，黑褐色至黑色，无光泽，鞘翅有不明显的4条纵肋，臀板与腹板会合于体末端，臀板不向腹面包卷，故腹末端具棱边；幼虫与大黑鳃金龟相似，主要区别是头部前顶刚毛每侧1根。铜绿金龟甲成虫体长16~22mm，背面为铜绿色，前胸背板色深，两侧有黄褐色饰边，雄虫腹面多为黄褐色，雌虫为黄白色；老熟幼虫体长30~33mm，污白色，头部前顶刚毛每侧6~8根，臀节腹板覆毛区中央有2列长针状刚毛组成的刺毛列，每列11~20根，肛门横裂型。

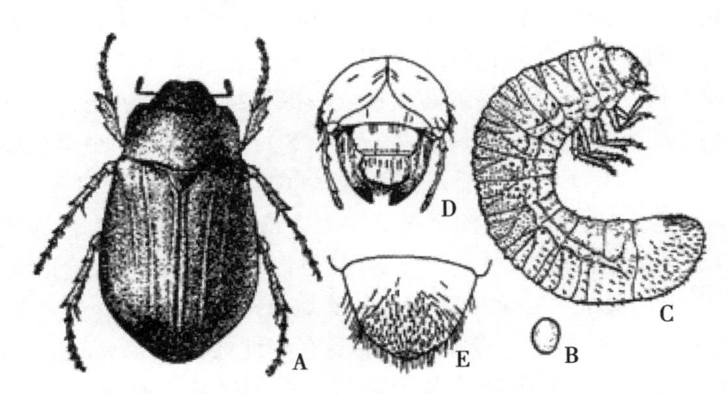

A.成虫；B.卵；C.幼虫；D.幼虫头部正面观；
E.幼虫臀节腹面观（仿各作者）

图5-1-3　华北大黑鳃金龟

大黑鳃金龟在我国北方1~2年1代，以成虫和幼虫在土中隔年交替越冬。越冬成虫于4月底至5月上旬进入出土盛期，产卵盛期在5月下旬至7月上旬，幼虫孵化盛期在6月中旬至7月中旬，7月下旬至8月份大部分进入2龄幼虫期，主要为害小麦等作物的根系。8月下旬以后，多数幼虫开始陆续脱皮进入3龄，为害秋作物严重，11月份向深土层移动并越冬。次年春天4月上旬移至土表为害，4月中旬至5月份小麦和各种春播作物受害严重。在华北地区奇数年份，幼虫越冬比例较成虫大，当年春季作物地下部分受害重，秋季轻；偶数年份则冬季成虫较幼虫多，春季幼虫为害轻，而成虫为害地上作物重，秋季幼虫为害地下部分重，即形成“单春双秋”为害严重的规律。暗黑鳃金龟在黄淮地区每年发生1代，以老熟幼虫在土中作土室越冬。4月下旬至5月初越冬幼虫开始化蛹，6月中旬至7月上中旬为出土高峰，同时大量产卵，7月上中旬前后为孵化盛期，7月下旬至8月上旬为2龄盛发期，8月中下旬后进入3龄盛期，为害秋作物严重，小麦播种出苗后严重为害麦苗。铜绿丽金龟每年发生1代，以2、3龄幼虫在土中越冬。北方一般在3月底至4月上旬上移活动为害，4月下旬至5月下旬为为害盛期。成虫出土盛期在6月中旬至8月上旬，并为害多种林木果树叶片。成虫交配后3d产卵，6月下旬幼虫大量孵化，开始为害多种农作物、林木和花卉，10月下旬下移至土壤深处越冬。3种金龟甲昼伏夜出，其中大黑鳃金龟有隔年出土、暗黑鳃金龟有隔日出土的习性。金龟甲的卵分批散产于作物根际周围土中。成虫具趋光性，铜绿丽金龟趋黑光灯最强，暗黑鳃金龟趋光性次之，大黑鳃金龟趋光性最弱。大黑鳃金龟成虫喜食花生、大豆叶片，暗黑鳃金龟和铜绿丽金龟喜食杨、柳、榆、槐、桑、梨和苹果等乔木和豆科作物叶片，严重时常将树木叶片食尽。金龟子成虫昼伏夜出，产卵于土中，每头雌虫一般产40~80粒卵。

②金针虫：是叩头甲幼虫的统称。属鞘翅目、叩头甲科。主要有沟金针虫（*Pleonomus canaliculatas*）和细胸金针虫（*Agriotes subvittatus*）两种。沟金针虫分布广泛，以黄河、辽河流域发生较重，多发生在有机质含量较少的沙土和沙壤土旱田。细胸金针虫分布于华北、东北和西北地区，以有机质丰富的黏土地、淤地、水浇地和低湿地发生较重。近些年来，随着地力的培养、土壤有机质含量增加，水浇地面积扩大，发生为害呈上升趋势。金针虫主要为害禾谷类、薯类、豆类、棉、烟、麻和蔬菜等。以幼虫蛀害发芽的种子，取食胚乳，咬断幼苗，造成缺苗断垄；根茎受害时，断口呈不整齐的丝状。

沟金针虫成虫体长14~18mm，棕红至栗褐色，密被细毛，雄成虫体瘦狭，鞘翅长约为前胸的5倍；雌成虫触角短锯齿状，鞘翅长约为前胸的4倍，后翅退化。老熟幼虫体长20~30mm，金黄色，略扁平；体背中央有1条细纵沟，臀节背面斜截形，末端叉状，外侧具小齿突3对，内侧1对。细胸金针虫成虫体长8~9mm，暗褐色，密被黄茸毛；前胸背板略呈圆形，后角尖锐略向上翘；鞘翅每侧有9条纵列点刻。老熟幼虫体长约23mm，圆筒状，细长，淡黄色；臀节圆锥形，背面近基部有1对圆形褐色斑，斑下有4条褐色纵线（图5-1-4）。

沟金针虫3年完成1代，以成虫和各龄幼虫在土壤深处越冬。在北方一般3月上旬越冬成虫开始出土，3月中旬开始产卵，卵散产于土下3~7cm处。5月上中旬为幼虫孵化盛期，开始为害小麦等农作物，至6月下旬下移越夏。9月中下旬上移继续为害，至11月中旬下潜越冬。第2年3月初开始上移为害，3月下旬至5月上旬返青期至拔节期为害最重，至秋季上移为害麦苗。第2年春季为害至夏初后越夏，9月份羽化为成虫并越冬。幼虫为害受土壤湿度影响很大，最适土壤湿度为15%~18%。成虫昼伏夜出，交配后在途中产卵，每头雌虫产卵100多粒。

③蝼蛄：俗称拉拉蛄，属直翅目、蝼蛄科。主要有华北蝼蛄（*Gryllotalpa unispina*）和东方蝼蛄（*Gryllotalpa orientalis*）。前者主要分布于我国长江以北地区，以盐碱地和河泛冲积平原发生为多。后者全国各地均有分布，但以南方发生为害较重，多发生在水浇、低湿的壤土和轻黏土田中。成、若虫喜食禾谷类、烟、麻、蔬菜等作物，也为害棉花、油料作物和果林幼苗。咬食播下的种子，咬断作物的嫩茎和幼根，在土表层开掘隧道，将发芽种子架空，引起植株枯死或发育不良。

华北蝼蛄成虫体长36~56mm，黄褐色至黑褐色，前足腿节外下方有一缺刻，后足胫节背面内缘有棘1~2个；若虫体色和形态与成虫相似，共13龄。东方蝼蛄成虫体长30~35mm，灰褐色，前足腿节外下方平直无缺刻，后足胫节背面内缘有棘3~4个。

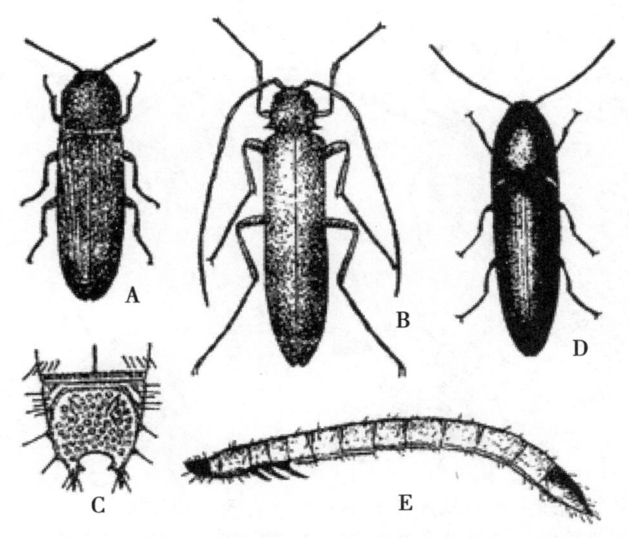

A.沟金针虫雌虫；B.沟金针虫雄虫；C.沟金针虫臀节背面观；
D.细胸金针虫成虫；E.细胸金针虫幼虫（仿西北农学院等）

图 5-1-4　金针虫

华北蝼蛄3年发生1代，以成虫和若虫在土下60～70cm深处越冬。在北方一般3月上、中旬开始逐渐向地表层活动。4月份正值小麦返青拔节期和春播期，达为害高峰。9月中下旬严重为害小麦秋苗。东方蝼蛄在长江以南地区每年发生1代，东北和西北约2年完成1代，黄淮地区1～2年1代，以成虫和若虫在土下30～70cm处越冬。在北方一般3月上中旬越冬成虫和若虫开始上升活动为害，4月份进入为害盛期。两种蝼蛄均具趋光性、趋湿性、趋鲜马粪和香、甜物质习性。

（2）麦蚜。俗称腻虫、蜜虫。属同翅目、蚜总科，是麦田常发性害虫，主要有麦二叉蚜［*Schizaphis graminum*（Rondani）］、禾谷缢管蚜（*Rhopalosiphum padi*）和荻草谷网蚜（*Sitobion avenae*）。麦蚜分布极广，我国西北春麦区以麦二叉蚜为主，其他地区以荻草谷网蚜和禾谷缢管蚜为主。麦蚜除为害麦类外，还为害玉米、高粱、鹅冠草、看麦娘以及狗尾草等禾本科植物，禾谷缢管蚜也为害稠李、李子、榆叶梅等李属植物。麦蚜常群集于植株的叶、茎、穗部刺吸组织汁液，还是小麦黄矮病的传播媒介，对小麦为害很大。

麦二叉蚜有翅胎生雌蚜体长1.8～2.3mm，体绿色，腹背中央有深绿色纵纹，前翅中脉分二叉，腹管有瓦纹；无翅胎生雌蚜体淡黄绿至绿色，触角为体长的一半或稍长，腹背中央有深绿色纵线。荻草谷网蚜有翅胎生雌蚜体长2.4～2.8mm，体黄绿至浓绿色或橘红色，背腹面两侧有褐斑4～5个，触角比体长，前翅中脉分三叉，腹管长，末端具网纹；无翅胎生雌蚜体淡绿色、黄绿色或橘红色，背侧有褐色斑点，触角与体等长或超过体长。禾谷缢管蚜有翅胎生雌蚜体长约1.6mm，体暗绿带紫褐色，腹背后方具红色晕斑2个，触角比体短，前翅中脉分三叉，腹管近圆筒形，黑色，近端部缢缩如瓶颈状；无翅胎生雌蚜浓绿色或紫褐色，触角仅为体长的一半，腹部后方有红色晕斑（图5-1-5）。

麦二叉蚜在我国北方地区每年发生20～34代，一般以无翅胎生雌成蚜和若蚜在麦叶、根茎部和土缝中越冬，翌年3月上中旬开始恢复活动，4月下旬小麦孕穗期，蚜量急增，至小麦乳熟期大量有翅蚜迁向附近的禾本科植物继续繁殖。10月上、中旬秋苗出土后再迁入麦田为害，11月份陆续越冬。荻草谷网蚜在淮河以南地区年发生20～30代，以无翅胎生雌成蚜和若蚜在麦田中越冬，在华南地区冬季可继续繁殖；北方年发生16～20代，虫源由南方的有翅蚜迁飞而来，4月上中旬为迁入高峰。5月上旬小麦抽穗期，蚜量急增，并由中下部叶片向上部叶片和穗上转移，进入为害盛

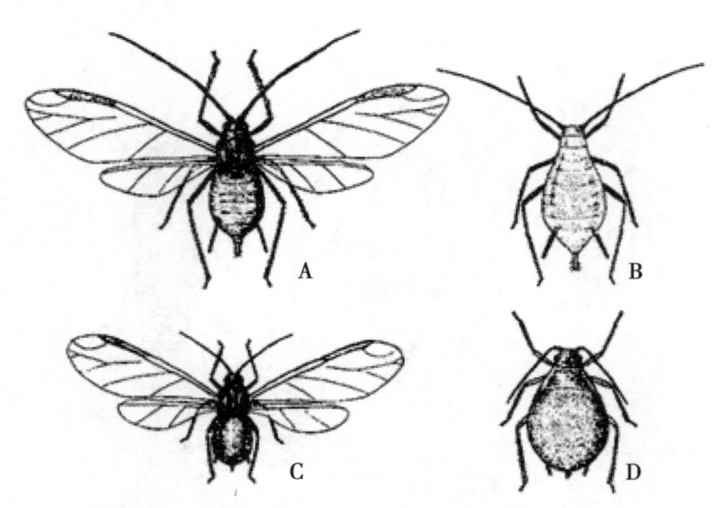

获草谷网蚜：A.有翅胎生雌蚜；B.无有翅胎生雌蚜；
禾谷缢管蚜：C.有翅胎生雌蚜；D.无有翅胎生雌蚜（仿各作者）

图 5-1-5 麦蚜

期。5 月中下旬小麦灌浆期，蚜量达高峰，多集中于穗部为害。5 月底至 6 月上旬小麦陆续黄熟，以有翅蚜大量迁出麦田，转移到凉爽的山上和北方春麦区的小麦、水稻及禾本科杂草上繁殖为害，至 9 月下旬又以有翅蚜回迁到小麦秋苗上繁殖为害。但由于北方冬季低温而不能越冬。禾谷缢管蚜每年发生 30 代左右，在北方一般于翌年 3 月下旬小麦返青期，有翅蚜开始由越冬寄主迁入麦田，4 月上、中旬为迁入盛期，5 月上旬至 6 月上旬进入为害盛期。小麦黄熟期产生大量有翅蚜迁向玉米、高粱、自生麦苗及杂草上繁殖为害。秋季麦苗出土后迁回麦田繁殖为害，11 月中旬小麦盘墩后蚜量达高峰。

麦蚜天敌种类很多，主要有七星瓢虫、异色瓢虫、龟纹瓢虫、草蛉、食蚜蝇、蚜茧蜂、姬猎蝽和蜘蛛等，对蚜虫控制作用很大，应注意保护利用。

（3）小麦吸浆虫。俗称麦蛆。属双翅目、瘿蚊科。有麦红吸浆虫（*Sitodiplosis mosellana*）和麦黄吸浆虫（*Contarinia tritici*）两种，前者分布广泛，尤以沿河流域的低洼地和平原地区水浇地发生为害严重，后者多发生于山区高原地区。小麦吸浆虫以幼虫刺吸小麦嫩粒浆液，造成秕粒，是一类毁灭性害虫。麦红吸浆虫在 20 世纪 60 年代曾得到控制，20 年代回升，80 年代大面积严重发生。

麦红吸浆虫成虫体长 2. 0~2. 5mm，橘红色，触角念珠状，鞭节具两圈刚毛。雌虫腹部末短细长，形成伪产卵器；雄虫体略小，腹末端略向上弯曲，抱握器基部和末端均有齿。老熟幼虫体长 2. 0~2. 5mm，橙色或金黄色，蛆形，前胸腹面具“丫”形剑骨片，前端分叉较深，腹部末端有 2 对突起。

麦红吸浆虫年发生 1 代，以老熟幼虫在土中结圆茧（休眠体）滞育越夏、越冬，翌春 3 月份小麦拔节时，越冬幼虫破茧上升至土表 3~8cm 处，3 月底至 4 月上旬开始破茧上移至表土，数量基本稳定。4 周底至 5 月成虫羽化，羽化盛期一般在 5 月上中旬。卵产在麦穗护颖和外颖间隙，有时产在颖壳外、小穗间或穗抽上。幼虫孵化后，正值小麦扬花盛期和灌浆初期，即可从内外颖间隙钻入，贴附于子房或正在灌浆的嫩粒上吸食。小麦渐近黄熟期，老熟幼虫从颖壳内脱皮而出，弹跳到土中，钻入土中结茧越夏、越冬。

小麦吸浆虫的寄生性天敌较多，主要有宽腹姬小蜂和尖腹黑蜂发生普遍，寄生率最高达 75%。此外吸浆虫常被蚂蚁、蜘蛛与虻虫捕食。

（4）白眉野草螟。幼虫在小麦返青期开始为害，昼伏夜出，白天吐丝结网藏于根茎处或土缝间，夜晚出来取食，咬食小麦苗茎基部及叶片，形成孔洞，受害严重的麦苗被齐根咬断，造成麦茎折断或叶片圆缺，致使麦苗萎蔫枯死，发生严重地造成缺苗断垅现象。具有转株为害习性，顺垅为害，喜阴暗。高龄幼虫活泼，无假死现象，受惊后后退爬行。有夏滞育习性，滞育时间长。成虫趋光，卵单粒散产，有聚集趋势。其为害症状与二点委夜蛾、地老虎等常见地下害虫相似，易混淆。

调查发现，2 月下旬田间已经出现受害症状，发生地块呈点片状分布，发生程度还较轻。3 月中旬后，随气温的回升，幼虫开始恢复生长发育，取食量增加，为害程度开始加重，此时田间主要为 2~3 龄幼虫。4 月后，小麦进入返青期，田间幼虫大多发育为 4 龄幼虫，部分严重地块已出现被食尽或因被咬断茎基部而枯死，出现缺苗断垄现象。4 月中下旬，田间主要以 4、5 龄幼虫为主，受害严重地块已成荒地。

将麦田主要害虫的发生时期与二十四节气和小麦物候相联系，整理制作成图 5-1-6，便于对麦田害虫发生情况进行系统性、整体性把握。

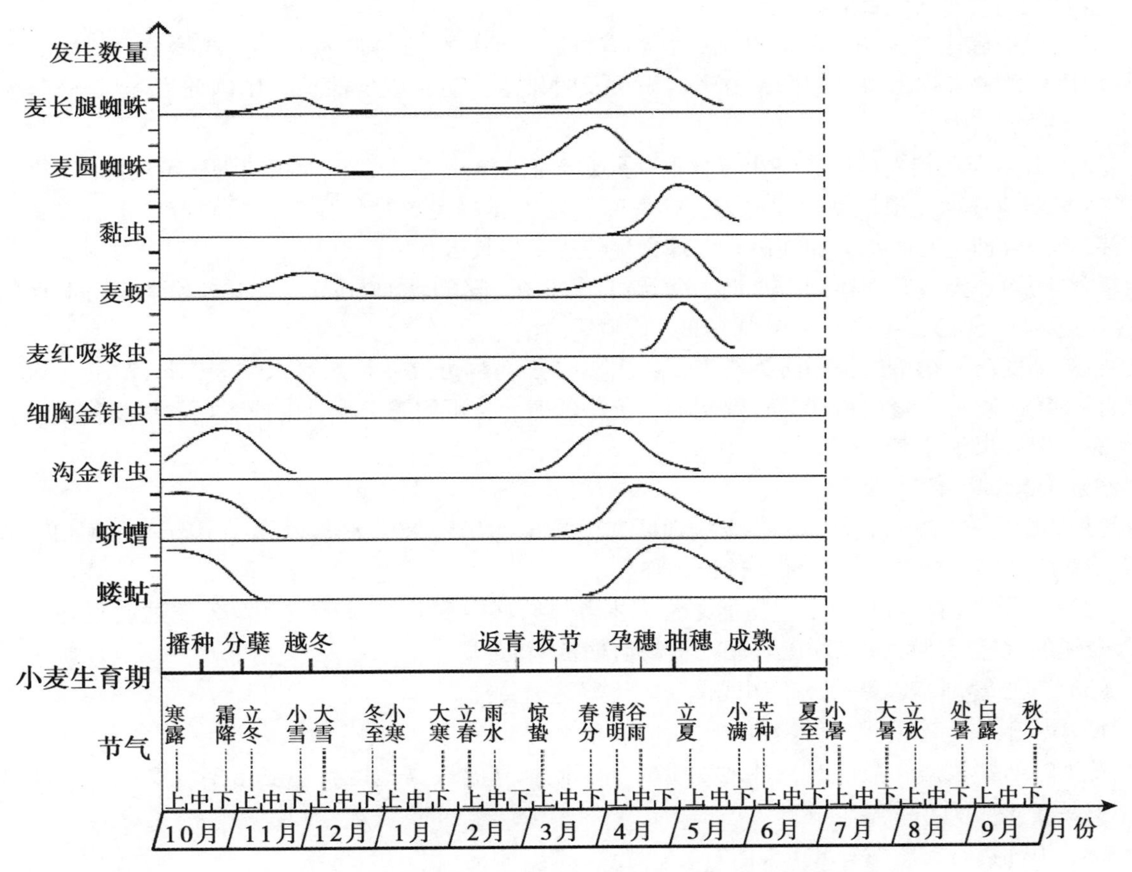

图 5-1-6　麦田主要害虫发生时期与二十四节气和小麦物候关系

二、小麦主要病虫害生态防控

1. 小麦锈病生态防控

（1）小麦条锈病源头治理技术是根据自然条件下，小麦条锈病菌在小麦和野生灌木小檗上转主寄生完成生活史和病害循环这一规律，在破解我国西北“越夏易变区”是条锈病菌小种策源地的基础上，围绕“越夏菌源控制、秋苗病情控制、早春应急防治”三道防线，提出的不同生态区条锈病分区治理的策略。主要技术就是做好“源头治理与农民脱贫致富、生态治理与综合防治、产业开发与市场引导”三个结合，采取“作物多样性、品种多样性和防治技术多样性”，以达到持久控制小麦条锈病流行为害的目的。该技术共包括退麦改种、结构调整、抗性品种合理布局、自生麦苗铲除、秋播药剂拌种、适期晚播、秋苗及早春专业化统防统治等7项技术。该技术适用于西北、华北、西南等冬小麦种植区。

（2）选种。小麦品种的抗病性。因地制宜种植抗病品种，这是防治小麦锈病的基本措施。做好大区抗病品种合理布局，切断菌源传播路线。

（3）铲除杂草，施足底肥，早施追肥，增施磷、钾肥，在分蘖到拔节期追施草木灰、钾肥，在拔节到抽穗期喷施磷肥，增加植株抗病能力。

（4）小麦收获后，部分自生菌可诱捕锈病菌，适时清除可减轻秋季叶锈病发生。

（5）加强栽培管理对锈病也有一定的控制作用。适当晚播，秋苗受锈菌侵染的机会减少，条锈病、叶锈病的发生明显减轻。

2. 小麦白粉病生态防控

（1）选用种植抗病品种。

（2）提倡施用酵素菌沤制的堆肥或腐熟有机肥，采用配方施肥技术，适当增施磷钾肥，根据品种特性和地力合理密植。中国南方麦区雨后及时排水，防止湿气滞留。中国北方麦区适时浇水，使寄主增强抗病力。

（3）自生麦苗越夏地区，冬小麦秋播前要及时清除掉自生麦，可大大减少秋苗菌源。

（4）调节播期。根据品种和地力，播种时合理安排播量，推迟播期，控制群体不宜过大，增施磷钾肥，合理施肥浇水，加强田间管理，促使小麦生长健壮。

药剂防治。当病叶率达到15%时，每亩可用20%三唑酮乳油50ml，或15%粉锈宁可湿性粉剂75g，对水40~50kg，主要对小麦中下部进行喷雾防治。

防治小麦白粉病最经济的防治措施是：用20%三唑酮可湿性粉剂对水喷雾，每隔7d一次。三唑酮是传统的防治小麦白粉病的有效制剂，价格低廉。也可用腈菌唑乳油或者可湿性粉剂防治，成本稍高，但效果很好。

3. 小麦病毒病生态防控

（1）选用抗、耐病品种。常年发病地区选用繁6、8165、80、86、西凤、宁丰、济南13、堰师9号、陕农7895、西育8号等优良抗病品种。

（2）轮作倒茬。与非寄主作物油菜、大麦等进行多年轮作可减轻发病。冬麦适时迟播，避开传毒介体的最适侵染时期。增施基肥，提高苗期抗病能力。

（3）加强管理。避免通过带病残体、病土等途径传播。

4. 小麦蚜虫生态防控

发生时期：根据气温情况，各地发生时期不同，气温较高地区，小麦苗期（4月初）即可发生，主要在4~5月份发生。

防治指标：百穗蚜量≥500头

（1）合理布局作物，冬、春麦混种区尽量使其单一化，秋季作物尽可能为玉米和谷子等。

（2）选择一些抗虫耐病的小麦品种，造成不良的食物条件。播种前用种衣剂加新高脂膜拌种，可驱避地下病虫，隔离病毒感染，不影响萌发吸胀功能，加强呼吸强度，提高种子发芽率。

（3）冬麦适当晚播，实行冬灌，早春耙磨镇压。作物生长期间，要根据作物需求施肥、给水，保证NPK和墒情匹配合理，以促进植株健壮生长。雨后应及时排水，防止湿气滞留。在孕穗期要喷施壮穗灵，强化作物生理机能，提高授粉、灌浆质量，增加千粒重，提高产量。

5. 小麦吸浆虫生态防控

（1）选用抗虫品种。吸浆虫耐低温而不耐高温，因此越冬死亡率低于越夏死亡率。土壤湿度条件是越冬幼虫开始活动的重要因素，是吸浆虫化蛹和羽化的必要条件。不同小麦品种，小麦吸浆虫的为害程度不同，一般芒长多刺，口紧小穗密集，扬花期短而整齐，果皮厚的品种，对吸浆虫成虫的产卵、幼虫入侵和为害均不利。因此要选用穗形紧密，内外颖毛长而密，麦粒皮厚，浆液不易外流的小麦品种。

（2）轮作倒茬。麦田连年深翻，小麦与油菜、豆类、棉花和水稻等作物轮作，对压低虫口数量有明显的作用。在小麦吸浆虫严重田及其周围，可实行棉麦间作或改种油菜、大蒜等作物，待翌年后再种小麦，就会减轻为害。

6. 白眉野草螟生态防控

（1）小麦及玉米收获后及时清除田间秸秆、麦糠和杂草等覆盖物，可在麦田施用秸秆腐熟剂，及早去除麦茬，减少地表覆盖物，恶化害虫生存环境。

（2）由于该虫有夏滞育习性，老熟幼虫结土茧在地表 2～3cm 处滞育，因此，可以在收割小麦，换种玉米时实施机耕深翻、耙耱镇压等农田管理措施，使土茧裸露于地表，经调查验证，裸露于地表的土茧无法抵御夏季中午的极端高温，裸露于地表的土茧内滞育幼虫大多都会死亡。

（3）人工释放黑广肩步甲、东方蚁狮、泰山潜穴虻。

三、小麦生态植保整体解决方案

建国以来，我国在小麦害虫的研究防治方面取得了显著的成绩。通过系统普查，查明了我国主要小麦害虫和天敌的种类分布和发生情况，建立了重要害虫的测报系统；通过改造害虫发生基地、改革耕作制度、提高栽培技术水平、选用抗虫品种和化学农药防治等一系列技术，在很长一段时间内控制了东亚飞蝗、小麦吸浆虫的为害。合理密植、施肥、灌溉等措施，对喜光的麦秆蝇、麦长腿红蜘蛛等的发生有明显的抑制作用，同时也增强了对地下害虫为害后的补偿作用。选用抗虫品种对控制小麦吸浆虫、麦秆蝇等的发生起到了巨大的作用。20 世纪 90 年代以后，农药的使用在小麦病虫害防治上取得了很大效益，但目前负面效益日益显现，在由增产导向转向质量导向、绿色导向的新形势下，急需研发生态植保替代化学农药的技术方案。进入 21 世纪，随着土地制度的改革，生产水平的提高，高产品种的大面积推广、施肥、灌溉、耕耙等条件的变化，给小麦病虫害群落的演变带来了很大的影响。小麦吸浆虫自 20 世纪 70 年代后又有回升，已回到甚至局部的密度超过 50 年代水平，1985 年暴发成灾，仅河南省即损失小麦 3×10^{8}kg；东亚飞蝗自 20 世纪 80 年代以来也在回升和蔓延；麦长管蚜、禾谷缢管蚜已经由次要害虫上升为主要害虫；麦圆红蜘蛛自 80 年代以来为害逐年加重；地下害虫的主要种类为害程度也在逐年加重。总体水平，小麦病虫害的为害比以前加重了。目前的趋势是，根据小麦病虫害发生的新特点，抓好源头治理、全面推进生物防治技术，构建小麦生态植保方案，保证小麦大面积高产、稳产、优质、绿色可持续生产。

小麦病虫害的综合防治应根据不同生态区域病虫害的发生特点，综合协调应用源头治理、生物防治和生态调控等措施，充分发挥自然控制作用，将主要病虫害控制在经济允许损失水平以下。早春，麦田是多种天敌昆虫的繁殖基地，是棉花等秋季作物害虫天敌的库源，在防治麦田害虫时，要充分考虑麦田在整个农业生态系统中的特殊作用，提倡使用选择性杀虫剂和生物杀虫剂，强化保护天敌、人工释放天敌，促进农田生态系统的良性循环。

1. 掌握病虫源状况，实施源头治理

小麦的越冬特性使麦田成为一些病虫害的越冬场所（表 5-1-1 和表 5-1-2）。小麦一般于 10 月份播种，出苗后要经过 1～2 月的生长时期，然后才匍匐越冬。这一时期其他作物都已收获或接近收获，害虫要寻找越冬场所进行越冬。因此，此期有些害虫主要迁向麦田活动为害，然后在麦田或田边杂草上进行越冬，另外还有一些害虫的天敌也迁向麦田进行越冬。这样，麦田就成为昆虫的一个重要越冬场所。并且有些耐寒性强的昆虫，在麦田环境中并没有真正越冬，晴天中午温度高时尚能活动为害。第二年小麦返青后，为害小麦的害虫就在麦田活动，其他杂食性昆虫则迁到其他环境活动，发生为害。

表 5-1-1　常见小麦病害病源状况

序号	名称	越冬	夏季	发生过程	备注
1	小麦锈病（三种）	冬孢子堆（冬孢子）	夏孢子堆（夏孢子）	活体营养寄生	
2	小麦全蚀病	田间土壤中的病残渣、用病残体沤积的有机肥及混杂病株残屑的种子	菌丝体	活体营养寄生	发病地块连作，土壤肥力差、尤其缺磷，发病加重
3	小麦纹枯病	以菌核在土壤中或以菌丝体在土壤中的病残体内越冬	菌丝体	活体营养寄生	发育适温为15~24℃
4	小麦白粉病	一般以菌丝体在麦苗上越冬	菌丝体	活体营养寄生	发育温度范围为0~25℃
5	小麦黑穗病（四种）	病菌潜伏在种胚内，随种子越冬	菌丝体	活体营养寄生	
6	小麦病毒病	带毒植株种子	带毒植株	由蚜虫/飞虱/禾谷多黏菌传播	

表 5-1-2　常见小麦害虫源状况

序号	名称	越冬	夏季	发生过程	备注
1	金针虫（2 种）	以成虫和各龄幼虫越冬	以各龄幼虫越夏。	5 月上中旬为幼虫孵化盛期	3 年完成一代
2	麦蚜（三种）	雌成蚜或若蚜	若蚜、成虫	3、4 月份迁入为害	
3	小麦吸浆虫	以老熟幼虫在土中结圆茧越冬	以老熟幼虫在土中结圆茧越夏。	5 月上中旬为成虫羽化盛期	一年发生一代
4	华北大黑金龟子	大多数幼虫，少数成虫	幼虫、成虫	3 月份出土，7 月份 1 代成虫，10 月下旬越冬	大多数 1 代/1 年，少数 1 代/2 年
5	暗黑金龟子	3 龄幼虫	成虫	3 月份活动，7 月份成虫，10 月下旬越冬	1 代/年
6	铜绿丽金龟	2~3 龄幼虫	成虫	3 月份活动，7 月份成虫，10 月下旬越冬	1 代/年

2. 掌握生物防治资源，全面推进生物防治

据天敌昆虫名录，山东、河南等省麦田天敌达 218 种，隶属 4 纲 10 目 47 科。在黄淮平原地区，常见的麦田天敌有 15 科 27 种。主要种类有螟蛉悬茧姬蜂、黑足凹眼姬蜂、螟蛉绒茧蜂、黏虫绒茧蜂、黏虫缺须寄蝇、螟蛉裹尸姬小蜂、燕麦蚜茧蜂、菜蚜茧蜂、黑带食蚜蝇、斜斑鼓额食蚜蝇、梯斑黑食蚜蝇、大灰食蚜蝇、短翅细腹食蚜蝇、七星瓢虫、异色瓢虫、龟纹瓢虫、中华草蛉、丽草蛉、大草蛉、中华金星步甲、青翅蚁形隐翅虫、华野姬蝽、黄足蠼螋、草间小黑蛛、黄褐新圆蛛、茶色新圆蛛、三突花蟹蛛、鞍型花蟹蛛、T 纹狼蛛、中华卵索线虫、蛴螬乳状菌等。

麦田害虫天敌的数量随害虫种群数量的变化而变化，表现出典型的“跟随现象”。据中国农业科学院植保所在河南调查，小麦整个生长季节天敌种类和数量的变化为：一般小麦秋苗害虫和天敌的数量都较少，天敌只有少量的瓢虫和蜘蛛及乳状菌。第二年 3 月份小麦返青拔节后，麦红蜘蛛、

麦叶蜂和麦蚜相继发生，天敌也陆续活动、繁殖，种群数量开始上升，天敌密度为1.4~11.4头/m^2。这一时期的主要天敌有瓢虫、蜘蛛，其次为食蚜蝇、草蛉、姬猎蜂等。小麦扬花到灌浆期，天敌进入盛发期，可达17.3~43.5头/m^2，主要有瓢虫、蜘蛛、食蚜蝇、蚜茧蜂、中华卵索线虫，其次是草蛉、步甲和隐翅虫。虽然这一时期天敌的种类和数量均大幅增加，但仍属典型的“跟随现象，并未能“超车”害虫的种类和数量。小麦灌浆期以后，一代黏虫进入高龄期，麦蚜混合种群也处于高水平状态；步甲数量迅速上升，食蚜蝇和蚜茧蜂数量达到高峰。小麦乳熟期以后，由于害虫数量急剧下降，天敌食料缺乏，且小麦植株叶片开始干枯，气温干热，生态条件发生剧烈变化，天敌开始向附近春播作物田转移，麦田天敌数量锐减，而相邻的春玉米、春棉花和烟草等田块的害虫天敌数量则迅速上升，其中龟纹瓢虫、草间小黑蛛和隐翅虫等数量成倍增加。由此可见在保护利用麦田天敌的基础上，增加释放数量和种类，不仅可提高对小麦害虫的控制能力，而且对邻近春作物及后茬作物田的害虫也起到了一定的控制作用。

在麦田实施自然天敌保护利用，释放应用天敌相结合，天敌群落在麦田和春作物田之间的迁移尚需细致的研究与评估。

在掌握天敌种类的基础上，明确主要天敌捕食（或寄生）能力、天敌与害虫的数量关系和天敌捕食害虫的功能反应，将有利于天敌的保护利用和人工释放应用。麦蚜与天敌之间的数量关系（图5-1-6）表明，春季4月份，当麦蚜混合种群数量逐渐多时，麦蚜的各类自然天敌才逐渐形成低密度的群落，随着蚜量的增加，天敌因食物的增多、气温上升的适宜而数量随之增多，因此，人为释放瓢虫的时间应掌握在4月上中旬。经过一个短期的“相持阶段”，当天敌数量达到一个水平时，当天敌的捕食量等于或略大于麦蚜种群增长量时，麦蚜的总体数量开始下降，我们一般将这个时期称为麦蚜混合种群的“数量转换期”，这个时期的天敌数量水平称为“有效控制数量水平”（每百株8.15个天敌单位），这个时期天敌与麦蚜的数量比例为“天敌控制阈限制”（天敌单位），益蚜比为1：147.8~155.5。人工大规模、低成本、周年生产繁育成功瓢虫，并进行释放应用，一是要在4月上中旬进行初次释放，改变天敌—蚜虫“跟随现象”的节奏，实现防控时间“伏击式”效应；二是促进麦蚜混合群体自然“数量转换期”人为地提前10d左右。麦蚜转换期以后，在麦蚜数量逐渐下降的同时，由于天敌的生育潜能和生存潜能均处于最佳状态，因此数量还会继续增加。当天敌增加到一个数量水平时，蚜量呈断崖式陡然剧减，导致天敌食料条件不足，营养条件恶化，天敌数量开始下降，这个时期则为“天敌数量转换期”，这个时期的麦蚜密度为麦蚜对天敌的“反馈密度”，此期的天敌与麦蚜的数量比为“天敌饥饿阈限制”，益蚜比1：16.5~18.8。以后时期，麦蚜和天敌均呈下降趋势并处于低密度状态，这个完成一个“自然跟随和人为释放胁迫周期”。但是，要随时监控麦蚜发生动态，条件适宜，出现反弹苗头时，及时释放第二次瓢虫，“淹没式”压抑蚜虫混合种群恢复，直至5月底6月初，小麦几近成熟期，小麦—蚜虫—天敌共同体也趋向于破散。

天敌与麦蚜的“跟随现象”，用相位图的形式表现构成一个不规则的圆环，为此，可以把麦蚜与天敌密度的相互制约关系周期分为4个阶段：①蚜虫优先发生期；②共同增长期。天敌与麦蚜的数量均呈持续增长趋势；③天敌有效控制期。麦蚜的数量开始下降，天敌的数量仍持续上升，这一时期可不采取任何防治措施；④共同下降期。天敌和麦蚜的数量均呈下降趋势，这一趋势直至小麦—麦蚜—天敌共同体破散。

天敌的捕食量也是控制作用的重要指标之一，麦田蜘蛛的日捕食量具有参考价值（表5-1-3）。

综合国内研究资料，几种麦田天敌的日捕食量为：七星瓢虫4龄幼虫和成虫单头日补蚜量为72.9头/日和66.7头/日；大灰食蚜蝇3龄幼虫单头捕食量为72.8头/日；黑带食蚜蝇1~3龄幼虫单头补蚜量分别为7.0头/目、30.3头/目、72.3头/目；蚜茧蜂平均每头雌蜂寄生蚜虫52.6头。

表 5-1-3 八种蜘蛛的日捕食量

蜘蛛种类	捕食量			备注
	最多	最少	平均	
草间小黑蛛	8	3	5.4	饲养观察期间，日平均温度为 18.9~21.5℃
卷叶刺蛛	15	5	7.8	
拟环纹狼蛛	13	3	7.9	
T 纹狼蛛	14	3	8.8	
沟渠豹蛛	16	6	9.4	
黑腹狼蛛	13	0	8.0	
浙江豹蛛	11	0	7.4	
真水狼蛛	11	2	6.4	

（王连泉、王运兵，1980）

人为释放天敌瓢虫防控小麦蚜虫（以麦二叉蚜为例）方案：全年释放瓢虫 3 次；释放种类以异色瓢虫为主；释放虫态为低龄（幼虫）或卵；释放数量以 100 头/亩为基本参数，释放前进行调查，根据实际发生程度予以调整；释放手段分为人工释放和无人机释放两种方式。在 3 月中下旬，越冬个体早春活动初期，部分个体已在旗叶表面出现，尚未开始孤雌胎生或刚刚开始孤雌胎生时，释放第一次；4 月上中旬，小麦孕穗前期，先采收第一代瓢虫蛹，回采率达第一次释放量的 80%，同时第二次释放瓢虫幼虫发育而成的蛹，回收率达到第二次释放量的 60%~80%，同时释放第三次释放瓢虫低龄幼虫（或卵），释放数量根据蚜虫发生程度予以调整。

几种天敌对黏虫卵的捕食量为：大灰食蚜蝇幼虫 6.5 头/日；七星瓢虫幼虫 2.625 头/日；青翅蚁形隐翅虫 4.80 头/日；侧纹褐蟹蛛 3.65 头/日；T 纹豹蛛 2.8 头/日；三突花蛛 0.625 头/日。上述天敌日取食量 1~2 龄幼虫的量分别为：2.83 头、2.67 头、3.83 头、2.0 头、1.83 头和 1.67 头。取食 3 龄幼虫的日食量分别为：1.25、1.25、1.67、2.83、2.17 和 0.83，对 4 龄以后的幼虫几乎不捕食。中华金星步甲是高龄黏虫和蛹的主要天敌，其幼虫和成虫平均单头日捕食黏虫幼虫 1.32~6.7 头、中华卵索线虫是寄生黏虫的优势种天敌。

小麦地下害虫的天敌种类很多，如已发现的金龟子乳状菌，利用价值较大；金龟子长喙寄蝇能寄生多种蛴螬；土蜂是蛴螬的外寄生天敌；短鞘步甲喜食蝼蛄及卵；黄褐蠼螋捕食非洲蝼蛄；捕食性线虫可寄生蛴螬；另外，鸟类、蛙类等都能大量捕食地下害虫。山东农业大学开展利用蚁狮和穴虻进行地下害虫防控和研究。我国莱阳曾人工助迁大黑臀钩土蜂，每亩放蜂 1 000头左右，效果 60%~70%，基本上控制为害。

3. 播种出苗期

主要防治对象是种传病害（如小麦腥黑穗病、秆黑粉病等）、土传病害（如纹枯病、全蚀病等）、苗期感染病害（如条锈病、白粉病等）和地下害虫。

（1）选用抗性品种。目前生产上推广的抗性品种多表现为对单一病虫的抗性，因此，可根据当地重要病虫种类选择适宜的抗性品种。如地下害虫为害严重的地区，可选用分蘖强的品种，以增强补偿能力；小麦吸浆虫发生严重的地区，应选用护颖坚硬有刺、内外颖扣合紧密的品种。鲁麦系列的大多数品种都较抗（耐）小麦锈病，鲁麦 14、烟农 15 等品种能兼抗条锈病、叶锈病、白粉病和纹枯病，且农艺性状较好，可优先选择种植。

（2）合理轮作和实行间作套种。小麦与水稻轮作可以控制地下害虫和吸浆虫的为害；小麦与蔬菜、大豆、花生、甘薯等轮作可以减轻全蚀病的发生；小麦与油菜间作可增加麦蚜天敌数量，能有效地控制麦蚜；小麦与棉花、玉米、花生、烟草等套种，可以充分利用光热资源和地力，但要注意丛矮病和赤霉病的防治。

（3）改善麦田环境，实施健身栽培。搞好田间排灌系统，以利于在多雨年份及时排水，降低田间湿度，减轻喜湿性病虫如赤霉病、纹枯病、小麦吸浆虫和麦圆叶爪螨的发生为害；在干旱年份可适时浇水，减轻小麦害螨、金针虫、麦蚜和病毒病的发生与为害；适度深翻和精耕细作，可破坏地下害虫的生存环境和通过机械作用杀死部分害虫。合理密植防止小麦群体过大，可减轻白粉病、锈病、纹枯病和黏虫的发生；适当晚播可减轻黄矮病、锈病、白粉病和麦蚜的发生；合理施肥，如多施基肥和充分腐熟的有机肥，合理安排氮、磷、钾的比例，能促使小麦生长健壮，增强对多种病虫害的抗耐能力。

4. 秋苗阶段

防治对象主要有锈病、白粉病、地下害虫和麦蚜等，同时也要注意丛矮病、黄矮病、秋残蝗以及土蝗等的防治。

在小麦与棉花、玉米等秋作物间作、套种的地区或早播麦田，应及时清除田间、地边杂草，以减少传毒媒介蚜虫、灰飞虱虫源；对丛矮病、黄矮病发生重的地区，在传毒昆虫初发期，消灭传毒媒介昆虫。

对土蝗多发地区，应于播种后、出苗前释放黑广肩步甲幼虫于地面捕杀蝗虫，并可携带绿僵菌提高效果。

5. 返青拔节期

小麦拔节后，锈病、白粉病、纹枯病、病毒病和麦蚜等开始点片发生；小麦红蜘蛛的种群数量也迅速增加，并开始造成明显为害；麦秆蝇和麦叶蜂等害虫开始产卵，并逐渐达到为害高峰；麦田天敌也随之发生。这一时期的重点是做好病虫监测和早发病虫害的防治。

对小麦害螨发生严重的地块，可结合浇水振落淹没杀死，虫口数量大的麦田，当 0. 33 m 行长有螨 200 头以上时，或小麦上部叶片 20%的面积有白斑时，提前释放捕食螨或深点食螨瓢虫。

对于麦蚜、锈病、白粉病等发生较早的田块，应及时采取防治措施，将其控制在点片发生阶段。

6. 孕穗至灌浆期（4 月中旬至 5 月下旬）

此时期是多种重要病虫害的发生与流行期，赤霉病、吸浆虫容易在小麦抽穗期侵入为害，锈病、白粉病、纹枯病、麦蚜等也在麦田迅速蔓延。由于该时期天敌种群数量急剧上升，因此，在控制害虫的同时，要注意保护利用天敌。

当百穗蚜量达 500 头以上，且天敌与麦蚜的比例低于 1：150 时，当每平方米有黏虫 3 龄幼虫 25~30 头时，用 25%灭幼脲 3 号胶悬剂 1 500~2 000倍液或 20%除虫脲（灭幼脲 1 号）悬浮剂 75~150g/hm^{2}喷雾防治。在小麦抽穗阶段，当麦叶蜂、棉铃虫等发生为害时，于低龄幼虫期可用 20%除虫脲悬浮剂或 25%灭幼脲Ⅲ号悬浮剂喷雾防治。

天敌与麦蚜比在 1：150 以下、天敌与黏虫比在 1：20~30 以下时，具有自然控制力。

第二节　玉米生态植保

玉米是我国仅次于水稻和小麦的第三大粮食作物，玉米病虫害成为生产的主要障碍之一。国内报道的玉米病害约 40 余种，其中主要有大斑病、小斑病、瘤黑粉病、纹枯病、青枯病和粗缩病等。玉米虫害有 50 余种，常发性害虫有 10 多种，玉米苗期普遍受蛴螬、金针虫、蝼蛄和地老虎等地下害虫为害，生长季节还常遭受玉米蚜虫、蓟马、亚洲玉米螟和多种穗期害虫等严重为害。

一、玉米病虫害种类

1. 玉米病害

（1）玉米大斑病。由玉米大斑突脐蠕孢菌（*Exserohilum turcicum*）引起，是我国玉米产区普遍发生的重要病害之一，主要分布于东北、西北和南方春玉米产区以及华北夏玉米产区。

自然条件下，玉米大斑病在苗期很少发病，抽穗后病情逐渐加重，以抽穗至灌浆期最易感病。主要为害叶片，严重时也能为害苞叶和叶鞘。在水平抗性的品种上，病斑表现为萎蔫型，叶片受害后，病斑初为水渍状或灰绿色小点。在感病品种上，病斑沿叶脉迅速扩大，形成梭形大斑（图 5-1-7）。病斑的大小、颜色及形状常因品种不同而异。病斑一般长 5～10cm，宽 1～2cm，有的可长达 15～20cm 以上。后期病斑干枯，多个病斑连接，使叶片提早枯死。田间湿度大时，病斑反面密生一层黑色霉状物，即病菌的分生孢子梗和分子孢子。在垂直抗性的玉米品种上，病斑表现为褪绿斑，通常较小，周围有褪绿晕圈，在病斑上很少产生霉状物。

A.玉米大斑病；B.玉米小斑病
（仿中国农业科学院植物保护研究所）

图 5-1-7　玉米大斑病和玉米小斑病

大斑病菌以菌丝体或分生孢子在病残体内外越冬，成为翌年的初侵染源。在玉米生长季节，病残组织中的菌丝体产生新的分生孢子或越冬分生孢子，随雨水的飞溅或气流传播到玉米叶片上进行再侵染。病菌可直接侵入或从气孔侵入叶片表皮细胞内。玉米品种对大斑病的抗性有明显差异，种植感病品种是引起大流行的主要原因。玉米大斑病多发生于温度较低、气候冷凉、湿度较大的地区，温度 20～25℃，相对湿度 90%以上有利于孢子萌发和侵染。

（2）玉米小斑病。由玉蜀黍平脐蠕孢（*Bipolaris maydis*）引起，是世界各玉米产区普遍发生的一种重要病害。以夏玉米受害最重，从苗期到成株期都可发生，但以抽雄穗前后发病为重。

小斑病菌主要侵染叶片，也可为害叶鞘、苞叶、果穗和籽粒。叶片上的症状因品种抗病性不同而异，通常表现为 3 种类型：①病斑椭圆形，中间黄褐色，具明显的深褐色边缘，病斑扩展受叶脉限制。②病斑椭圆形或纺锤形，扩展不受叶脉限制，灰褐色，一般无明显的深褐色边缘，病斑上有时有纹轮（图 5-1-7）。上述两种类型在高温高湿条件下病斑表面均有灰黑色霉层（分生孢子梗和分生孢子），病斑数量多或连片时叶片提早干枯。③在高抗品种上，病斑为黄褐色坏死小点，一般不扩大，周围有明显的黄绿色晕圈。

病菌主要以菌丝体或分生孢子在病残体内外越冬。在地面病残体上的病菌至少可以存活 1 年以上，土中的病残体腐烂后病菌死亡。翌年温湿度比较适宜时，在病残体中越冬的病菌即产生大量的分生孢子。分生孢子通过气流或雨水传播到玉米植株上，当叶面具有水滴时，分生孢子经 4～8h 即可萌发，并由气孔或直接侵入叶内。病菌有生理小种分化现象，玉米自交系和杂交种之间的抗病性差异显著。月平均温度在 25℃以上，雨日、雨量、露日、露量较多，病害就容易流行。

（3）玉米黑粉病。又称瘤黑粉病，由玉蜀黍黑粉菌（*Ustilago maydis*）侵染引起的，广泛分布于世界各玉米产区，局部地区为害严重，是玉米生产上的重要病害之一。

玉米黑粉病是局部侵染病害，植株的气生根、茎、叶、叶鞘、腋芽、雄花及果穗等的幼嫩组织都可被害。被侵染的部位细胞强烈增生，体积增大，发育成肿瘤。病瘤生长很快，大小与形状变化较大。幼嫩病瘤肉质白色，软而多汁，外面被有寄主表皮形成的薄膜。随着病瘤的增大和瘤内冬孢子的形成，颜色由浅变深，质地由软变硬，最后薄膜破裂，散出大量黑色粉末状的冬孢子。

玉米收获后，病菌以冬孢子在土壤和病株残体或残留在秸秆上的病瘤内越冬，并成为来年的主要侵染来源。越冬的冬孢子产生担孢子和次生担孢子，随风、雨、昆虫等传播到植株上，再随叶旋内的水移至叶片和叶鞘的基部缝隙中，并侵染叶片基部、茎秆、节部、腋芽和雌雄穗等幼嫩分生组织，从而引起发病。玉米自交系和杂交种间抗病性有明显差异，玉米连作，田间菌量积累越多，发病就越重。

（4）玉米青枯病。由鞭毛菌亚门腐霉菌（*Pythium* spp.）和半知菌亚门禾谷镰孢菌（*Fusarium graminearum*）混合侵染引起，是玉米产区普遍发生的一种重要的土传病害。

玉米青枯病多在成株期发病，从玉米灌浆期开始侵染，自乳熟末期至蜡熟期为显症高峰。寄主受害后出现明显根腐，整个根系呈褐色腐烂状，根髓呈紫红色，病株极易拔起；茎基节间产生纵向扩展的不规则状褐斑，病部与健康组织界限不明显，病部松软，茎内变棕褐色略带紫红色，维管束呈丝状游离；病株叶片由叶尖向叶柄、由叶缘向中脉表现局部失水或呈水烫状，并由下而上出现青枯，引起整叶乃至全株迅速青枯凋萎；果穗发病，从苞叶开始初为局部水烫状褪色，后逐渐变黄，穗柄柔韧，果穗下垂，籽粒干瘪。

玉米青枯病菌主要在土壤和病残体或混有病残体的土杂肥中越冬，并作为翌年发病的主要侵染来源。腐霉菌可以卵孢子、厚垣孢子或菌丝体越冬，翌年玉米生长季节开始萌发，产生菌丝体或游动孢子，借雨水传播，主要侵染玉米根系。禾谷镰孢菌主要以菌丝体越冬，翌年释放出子囊孢子，借气流传播，主要侵染玉米地上部分。8月份降雨量是影响青枯病发生的重要因素，玉米散粉期至乳熟初期如遇大雨、雨后暴晴，就会引起严重发病。在播种期相同的条件下，一般早熟品种发病最重，中熟品种次之，晚熟品种发病最轻。

（5）玉米粗缩病。俗称“万年青”，由玉米粗缩病毒（*maize rough dwarf virus*，*MRDV*）侵染引起。近年来在我国北方地区呈明显上升趋势，为害严重。

玉米整个生育期都可发病，以苗期发病最重。玉米出苗后即可感病，至5~6叶时开始表现症状。病株先在心叶中脉两侧的细脉间出现透明的褪绿虚线小点，以后透明线点增多，叶背、叶鞘和雌穗苞叶的叶脉上产生许多蜡白色条点状突起。病株叶片浓绿、节间缩短、植株明显矮化。轻病株雄穗发育不良、散粉少，雌穗短、花丝少、结实少。重病株不能抽雄或无花粉，雌穗畸形不实或籽粒很少。病株根系少而短，不足健株的1/2。一般感染越早发病越重，后期感染的植株发病较轻。

玉米粗缩病毒主要由灰飞虱传播，病毒可在冬小麦、多年生禾本科杂草及传毒介体中越冬。因此，凡是毒源植物多或在适宜灰飞虱发生的条件下，也都有利于该病发病。

2. 玉米虫害

据统计，玉米害虫有227种，为害较重的种类只有十几种。按为害方式不同可以分为以下几类：①钻蛀性害虫，有玉米螟、桃蛀螟、棉铃虫、高粱条螟、栗灰螟等。这些害虫钻蛀茎干、雌穗，为害方式隐蔽，造成产量损失最大。②刺吸汁液性害虫，有玉米蚜、高粱蚜、斑须蝽、红蜘蛛等。③食叶性害虫，有黏虫、蟋蟀、蝗虫、红腹灯蛾等。④地下害虫有蝼蛄、蛴螬、地老虎等。

（1）亚洲玉米螟（*Ostrinia furnacalis*）。俗称玉米钻心虫。属鳞翅目、螟蛾科。广泛分布于各玉米产区。主要为害玉米、高粱、谷子、小麦和棉花等。主要以幼虫蛀食玉米心叶、茎秆和穗部，而造成为害。

成虫体长12~15mm，雄蛾前翅黄褐色，有2条褐色长波状横线，两线间有2个暗色短纹，近外缘有一褐色横带；后翅淡黄色，中部也有2条横线与前翅的内、外横线相接。雌蛾前翅淡黄褐色，暗纹较横线色深，后翅黄白色，线纹常不明显。卵在卵块中呈鱼鳞状排列。老熟幼虫体长25mm，背面黄白色或灰褐色，体背有3条暗褐色纵线，腹足趾钩3序缺环（图5-1-8）。

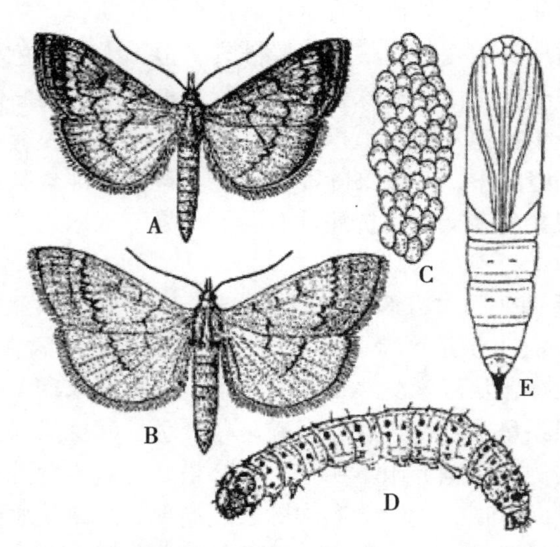

A.雄成虫；B.雌成虫；C.卵块；D.幼虫；E.蛹
（仿陈其瑚等）

图5-1-8 亚洲玉米螟

玉米螟发生世代随地理纬度、海拔高度不同，在我国自北至南年发生1~6代。北方大部分地区年发生2~3代，以老熟幼虫在寄主茎秆、穗轴或根茬内越冬。越冬幼虫翌年5月上旬化蛹，5月下旬至6月上中旬为越冬代成虫羽化盛期。越冬代成虫自5月底开始产卵，6月中下旬第1代幼虫开始为害春玉米心叶，有时也转移到小麦、棉花上为害。第1代成虫羽化盛期为7月中旬，第2代幼虫为害盛期在7月中下旬，8月上中旬为第2代成虫盛发期。8月中下旬为第3代幼虫为害盛期，持续为害到9月下旬。第1代卵主要产于春玉米、春高粱的心叶和小麦叶片背面；第2代卵主要产于夏玉米心叶末期，产卵部位比较分散；第3代卵主要集中于夏玉米穗期，多产在叶片背面中脉附近。初孵幼虫先取食心叶的叶肉，仅保留下表皮，被害叶长出喇叭口后，呈现不规则的半透明孔洞，称为“花叶”；蛀穿心叶待叶展开后，呈现“排孔”。在孕穗期，幼虫主要集中到植株上部为害未抽出的雄穗；玉米抽穗后，开始蛀食穗柄和雌穗以上茎秆；雌穗抽出花丝后，幼虫多集中在果穗顶部啃食花丝，龄期稍大后，又多集中在果穗顶部啃食玉米籽粒，并钻蛀穗轴或茎秆。

（2）地老虎。俗称土蚕、切根虫等。属鳞翅目、夜蛾科。主要有小地老虎（*Agrotis ypsilon*）和黄地老虎（*A. segetum*）两种，前者在我国普遍发生，后者在北方分布普遍。主要为害玉米、小麦、谷子、高粱、棉花、蔬菜和烟草等。低龄幼虫取食作物的子叶、嫩叶和嫩茎，3龄后从齐地面处咬断幼茎，造成缺苗断垄。

小地老虎成虫体长16~23mm，前翅暗褐色，内横线和外横线为双线，中横线单线，环形纹、楔形纹和肾形纹明显，肾形纹外侧有1个黑色楔形纹，与亚外缘线内侧的2个黑色楔形纹相对；幼虫体长37~50mm，黄褐色至黑褐色，表皮具小颗粒，臀板黄褐色，有两条深褐色纵带；蛹红褐色至暗褐色，腹部第4~7节基部有1圈刻点，大而明显。黄地老虎成虫体长14-19mm，前翅黄褐色，内横线、中横线和外横线为双线，但多不明显，环形纹、楔形纹和肾形纹明显；幼虫体长33~43mm，黄褐色，体表具皱纹，臀板暗褐色，有1条黄色纵带（图5-1-9）。

小地老虎是一种迁飞性害虫，我国北方地区虫源均由南方迁飞而来。发生世代自北至南2~7代。北方地区多发生3~4代，一般2月下旬始见成虫，3月中旬至4月中旬为盛发期，4月中旬幼

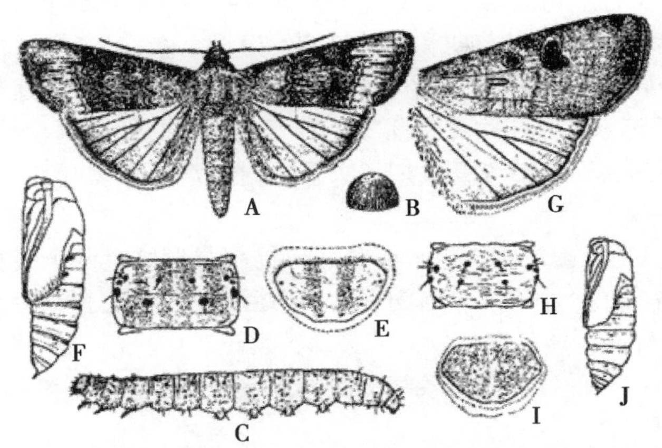

A.小地老虎成虫；B.卵；C.幼虫；D.幼虫腹部体节毛片特征；E.臀板；F.蛹；G.黄地老虎成虫前后翅；H.幼虫腹部体节毛片特征；I.臀板；J.蛹（仿陈其瑚，杨集昆）

图 5–1–9　地老虎

虫大量孵化并为害春播作物和小麦，是全年为害最严重时期。其余各代发生量较小。黄地老虎在北方年发生 2~4 代。山东年发生 4 代，以 3~6 龄幼虫和少量蛹在麦田、菜田等的土中越冬。越冬代成虫盛发期在 5 月上中旬，第 1 代幼虫于 5 月下旬至 6 月上旬为害玉米、棉花、烟草、大豆、蔬菜较重。其余各代发生量较少。小地老虎成虫具趋光性和趋化性，对酸甜味和半干的杨柳枝把趋性较强，喜食花蜜；卵多产于土块和地面缝隙中，幼虫对泡桐叶有一定趋性。黄地老虎趋化性弱，卵多产于草棒和须根上。

（3）玉米蚜（*Rhopalosiphum maidis*）。属同翅目、蚜科。除主要为害玉米外，还为害小麦、谷子、高粱和水稻等。成蚜和若蚜在心叶上群聚为害，抽穗后主要为害穗部，吸食植株汁液并传播多种禾谷类病毒病。

无翅孤雌蚜体长 1.3~2.0mm，灰绿至蓝绿色，腹管周围略带红褐色，触角短，长度约为体长 1/3，腹管暗褐色、端部稍缢缩，尾片短、中部稍收缢。有翅孤雌蚜体长 1.5~2.5mm，头胸部黑色，腹部灰绿色，腹管前各体节有暗色侧斑。

玉米蚜在我国北方年发生 20 余代，以成、若蚜在小麦及禾本科杂草的心叶、根际处越冬。翌年 3 月中下旬开始活动，4 月中旬至 5 月初，产生大量有翅蚜，迁往春玉米、高粱、谷子及禾本科杂草上繁殖为害，形成春季第 1 次迁移扩散高峰。5 月下旬至 6 月上旬，自麦田内向麦套玉米上转移，至 7 月中下旬，产生有翅蚜向套种玉米和夏播玉米田迁移，形成第 2 次迁飞高峰。8 月上、中旬玉米抽雄授粉期，繁殖速度加快，蚜量激增，进入为害盛期。

（4）玉米蓟马。我国北方为害玉米的蓟马常见种为玉米黄呆蓟马（*Anaphothrips obscurus*）和禾蓟马（*Frankliniella tenuicornis*），属于缨翅目、蓟马科，前者为优势种。玉米蓟马以成、若虫多集中在叶片反面刺吸为害，被害叶片背面出现断续的银白色条斑，正面则呈现黄色条斑，受害严重时，叶片正反面均出现成片的银灰色斑并伴有微小黑点。受害严重的植株，心叶卷曲或叶片端半部枯干。

雌成虫体暗黄色，前翅灰黄色，触角 8 节，雌成虫有长翅型、半长翅型和短翅型。若虫体纺锤形，2 龄为乳黄色或乳青色，有灰色斑纹。

玉米黄呆蓟马在北方玉米上可能发生 2 代，以成虫越冬。开春后，越冬代成虫主要为害小麦，其中一部分迁至春玉米及杂草上为害。自 5 月下旬开始为害加重，6 月中旬出现第 1 代成虫高峰，严重为害春玉米和套种夏玉米。第 2 代若虫孵化盛期为 6 月下旬初，6 月下旬为第 2 代若虫高峰期，严重为害套种玉米，7 月上旬为第 2 代成虫高峰期，主要为害套种玉米，并转移到夏玉米上为害。全年以 6 月中下旬为害最重，以苗期和喇叭口期发生量大。

（5）东方黏虫（*Mythimna separata*）。俗称行军虫、五色虫等。属鳞翅目、夜蛾科。主要为害麦类、谷子、玉米、水稻等禾本科作物和甘蔗、芦苇等。1~2 龄幼虫剥食叶肉，将叶片食成小孔，3 龄后残食叶片，形成缺刻，5~6 龄为暴食期。大发生时，常将作物叶片全部吃光，将穗茎咬断，造成严重减产甚至绝收。

成虫体长 15~17mm，体灰褐或暗褐色。前翅环形纹和肾形纹呈两个淡黄色圆斑，肾形纹后端有 1 个小白点，其两侧各有 1 个小黑点，自翅顶角斜向后缘有 1 条暗黑色短斜纹；后翅暗褐色，基部色淡。老熟幼虫体长 38mm，体色变化较大，头部黄褐色，中央沿蜕裂线有 1 “八” 字形黑褐色纹。体背有 5 条纵纹，背中央的背线白色较细，两侧各有 2 条黄褐色至黑色镶有灰白色细线的宽纵带。腹足外侧有黑褐色斑（图 5-1-10）。

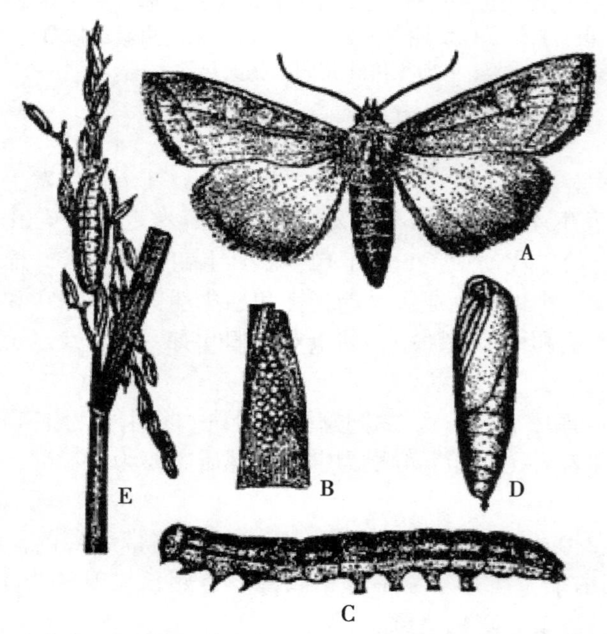

A.成虫；B.卵；C.幼虫；D.蛹；E.被害状（仿华南农学院）

图 5-1-10　东方黏虫

黏虫为迁飞性害虫，在我国东部北纬 33°以北地区不能越冬，每年初发生的虫源均由南方迁飞而来。南方地区年发生 5~8 代，北方多数地区年发生 3~4 代。山东省年发生 4~5 代，2 月中下旬可见成虫，盛期为 4 月上、中旬，第 1 代幼虫于 5 月上中旬发生，主要为害小麦，第 1 代成虫盛发期为 6 月上、中旬。第 2 代幼虫盛发期为 6 月下旬，主要为害麦套玉米，成虫盛期为 7 月底至 8 月初。第 3 代幼虫盛期为 8 月上旬，主要为害夏玉米、谷子等，成虫盛期为 9 月上、中旬。9 月下旬发生第 4 代幼虫，10 月下旬至 11 月上旬成虫羽化，南迁。成虫昼伏夜出，趋光性强，以桃、李、杏、苹果、刺槐、大葱、油菜、小蓟和苜蓿等植物的花蜜为补充营养，对糖酒醋混合液有强烈趋性。雌虫产卵选择性强，在小麦上多产在上部 3、4 片叶尖端或枯叶及叶鞘内，在谷子上多产在枯心苗和中、下部干叶的卷缝或上部的干叶尖上，在水稻上则多产于叶尖部位，尤其喜欢产于枯黄叶上。高温、低湿可明显降低产卵量和孵化率，一般雨水多的年份黏虫发生重。

（6）东亚飞蝗（*Locusta migratoria manilensis*）。属直翅目、蝗科。分布广泛，嗜食禾本科和莎草科作物及杂草，其中以芦苇、稗草和荻草最为喜食，作物以小麦、玉米、水稻、谷子和甘蔗等受害最重。成虫和若虫取食植物叶片和嫩茎，大发生时可将作物食成光秆或全部食光，造成颗粒无收。

雌虫 38~52mm，雄虫体长 32~48mm，体绿色或黄褐色。口器的上颚青蓝色。前胸背板中隆线发达，散居型略呈弧状隆起，群居型则较平直，中隆线两侧常具棕色纵纹。前翅褐色，具许多暗色斑点。后足腿节内侧基半部黑色，近端部具黑环，胫节红色，外缘具刺 10~11 个（图 5-1-11）。

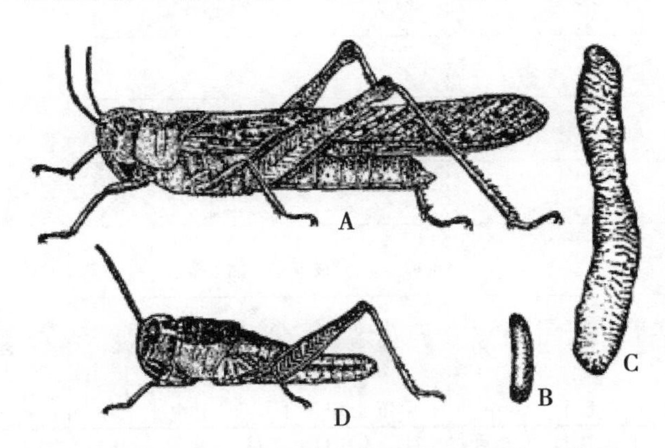

A.成虫；B.卵；C.卵囊；D.若虫（仿夏凯龄等）

图 5-1-11　东亚飞蝗

东亚飞蝗在黄淮流域和长江流域年发生 2 代，以卵在土下 4~6cm 处越冬。江苏、安徽、山东 2 代区，4 月底至 5 月中旬越冬卵孵化，5 月上中旬为孵化盛期。夏蝻期 40d 左右，于 6 月中旬至 7 月上旬羽化为夏蝗，夏蝗产卵前期 15~20d，7 月上中旬为产卵盛期。卵期约 20d，7 月中旬至 8 月上旬孵化为秋蝻，秋蝻期约 30d，8 月中旬至 9 月上旬羽化为秋蝗。东亚飞蝗于干旱季节食量大、为害重。成虫产卵多选择植被覆盖度 25%~50%、土壤含水量 10%~22%、含盐量 0.2%~1.2%且结构较坚固的向阳地带。群居型蝗蝻在 2 龄以前多集中于植物上部，2 龄以后喜群居于绿地或稀草地，并逐渐聚集成群，进行迁移活动。当群居型蝗蝻发育为成虫时，便可进行远距离迁飞。东亚飞蝗的发生与气候、水文、土壤、植被及天敌等因素有密切关系。在水旱交替的低海拔地区，由于旱涝明显，往往雨季汛期水位上升，汛期过后又随着水位下降出现大面积裸滩，特别适合于东亚飞蝗的发生。

（7）二点委夜蛾。二点委夜蛾属鳞翅目夜蛾科，*Proxenus lepigone*（Moschler）（异名 *Thetis lepigone*），体长 10~12mm，灰褐色，前翅黑灰色，上有白点、黑点各 1 个。后翅银灰色，有光泽。老熟幼虫体长 14~18mm，最长达 20mm，黄黑色到黑褐色；头部褐色，额深褐色，额侧片黄色，额侧缝黄褐色；腹部背面有两条褐色背侧线，到胸节消失，各体节背面前缘具有一个倒三角形的深褐色斑纹；气门黑色，气门上线黑褐色，气门下线白色；体表光滑。有假死性，受惊后蜷缩成 C 字形。

幼虫主要从玉米幼苗茎基部钻蛀到茎心后向上取食，形成圆形或椭圆形孔洞，钻蛀较深切断生长点时，心叶失水萎蔫，形成枯心苗；严重时直接蛀断，整株死亡；或取食玉米气生根系，造成玉米苗倾斜或侧倒。成虫昼伏夜出，白天隐藏在麦秸、枯草下，或玉米叶背，或土缝间，夜间活动。成虫喜于麦秸较多的玉米田活动，将卵散产于麦秸上、麦秸下土表、玉米苗基部和附近土壤，卵期 3~5d，孵化后的幼虫躲在玉米根际还田的碎麦秸下或 2~3cm 的土缝中为害玉米苗，1 株少则有虫 1~5 头，多则 20 头以上。麦秆较厚的玉米田发生较重。

此外，在玉米上发生较重的还有其他一些害虫，如穗期害虫桃蛀螟、棉铃虫和高粱条螟等，均以幼虫啃食果穗籽粒，严重影响玉米产量与品质（图 5-1-12）。

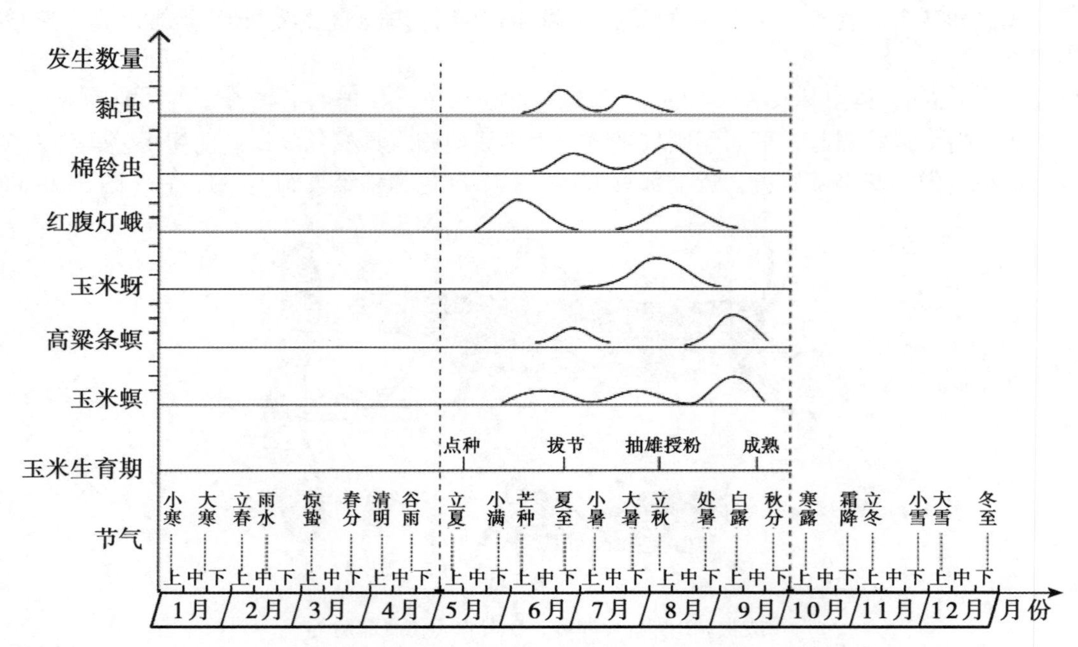

图 5-1-12　玉米田主要害虫发生与二十四节气和玉米物候关系

二、玉米主要病虫害生态防控

1. 玉米大斑病生态防控

玉米大斑病的防治应以种植抗病品种为主，加强农业防治，辅以必要的药剂防治。

（1）选种抗病品种根据当地优势小种选择抗病品种，注意防止其他小种的变化和扩散，选用不同抗性品种及兼抗品种。具体品种选择可根据当地气候与具体情况综合分析，不可一概而论。

（2）适期早播，避开病害发生高峰。施足基肥，增施磷钾肥。做好中耕除草培土工作，摘除底部 2~3 片叶，降低田间相对湿度，使植株健壮，提高抗病力。

（3）玉米收获后，清洁田园，将秸秆集中处理，经高温发酵用作堆肥。

（4）实行轮作。

2. 玉米小斑病生态防控

（1）因地制宜选种抗病杂交种或品种。

（2）清洁田园，深翻土地，控制菌源。

（3）摘除下部老叶、病叶，减少再侵染菌源。降低田间湿度。

（4）增施磷、钾肥，加强田间管理，增强植株抗病力。

3. 玉米黑粉病生态防控

防治此病采用控制减少菌源为主导的技术措施。①减少菌源彻底清除田间的病残株，带出田外集中深度堆腐或做堆肥或作腐蚀性昆虫饲料，进行洁净转化，以减少菌源，防止再侵染。②实行秋翻地、深翻土地，把散落在地表上的菌源，深埋地下，减少初侵染源。③轮作、倒茬，重病地段实行三年以上轮作，可与大豆等其他作物倒茬种植。④加强栽培管理，合理密植，避免偏施氮肥，灌溉要及时，特别在抽雄前后易感病阶段必须保证水分供应足，以及彻底防治玉米螟等均可减轻发病（图 5-1-13）。

4. 玉米青枯病生态防控

（1）加强栽培管理，提高防病能力。如及时中耕及摘除下部叶片，使土壤湿度低，通风透光好。

图 5-1-13　玉米黑粉病

（2）合理密植，不宜高度密植，造成植株郁闭。

（3）前期增施磷、钾肥，以提高植株抗性。

（4）提倡轮作，以减少土壤中的病原菌，如玉米与棉花的轮作或套种等。重病地块与大豆、甘薯、花生等作物轮作，减少重茬。

（5）及时消除病残体，并集中深度堆腐或作堆肥或作腐蚀性昆虫饲料。

（6）收获后深翻土壤，也可减少和控制侵染源。

（7）玉米生长后期结合中耕、培土，增强根系吸收能力和通透性，及时排出田间积水。

（8）增施肥料：每亩施用优质农家肥 3 000~4 000kg，纯氮 13~15kg，硫酸钾 8~10kg，加强营养以提高植株的抗病力。

5. 玉米粗缩病生态防控

在玉米粗缩病的防治上，要坚持以控制毒源为基础，以灰飞虱防控为主，消除传播媒介、减少虫源为核心的综合防控措施。

（1）加强监测和预报。在病害常发地区有重点地定点、定期调查小麦、田间杂草和玉米的粗缩病病株率和严重度，同时调查灰飞虱发生密度和带毒率。在秋末和晚春及玉米播种前，根据灰飞虱越冬基数和带毒率、小麦和杂草的病株率，结合玉米种植模式，对玉米粗缩病发生趋势做出及时准确的预测预报，指导防治。

（2）要根据本地条件，选用抗性相对较好的品种，同时要注意合理布局，避免单一抗源品种的大面积种植。在山东省曲阜市，玉米杂交种鲁单 50、鲁原单 14 等对粗缩病的抗性较好。

（3）调整播期。根据玉米粗缩病的发生规律，在病害重发地区，应调整播期，使玉米对病害最为敏感的生育时期避开灰飞虱成虫盛发期，降低发病率。春播玉米应适当提早播种，一般在 4 月下旬 5 月上旬；麦田套种玉米适当推迟，一般在麦收前 5d，尽量缩短小麦、玉米共生期，做到适当晚播。在山东省曲阜市，玉米杂交种鲁单 50、鲁原单 14 等对粗缩病的抗性较好。曲阜市玉米种植模式主要有麦套玉米、抢茬玉米和晚播玉米 3 种，其中以麦套玉米发病最重，其次为抢茬玉米，再次为晚播玉米。春播玉米应当提前到 4 月中旬以前播种；夏播玉米则应在 6 月上旬为宜。

（4）路边、田间杂草是玉米粗缩病传毒介体灰飞虱的越冬越夏自然寄主。玉米粗缩病病毒主要在小麦、禾本科杂草和灰飞虱体内越冬。应在玉米粗缩病重发区，适当人为播种牧草，诱集灰飞虱迁离玉米田，并同时设置生态庇护所，半人工养殖蜘蛛捕食灰飞虱。

（5）加强田间管理。结合定苗，拔除田间病株，集中深埋或烧毁，减少粗缩病侵染源。

（6）合理施肥、浇水，加强田间管理，促进玉米生长，缩短感病期，减少传毒机会，并增强玉米抗耐病能力。

6. 玉米螟生态防控

玉米螟是玉米最重要的害虫之一。20 世纪 50 年代初，人们就开始注重处理越冬载体、破坏越冬场所而消灭越冬虫态，随后用药液灌心和撒毒土防治玉米螟。50年代末，中国农科院植保所研究推广了应用颗粒剂治螟，简单易行，效果良好。60年代一些地区已基本控制了螟害。70年代以后，随着农业的发展，耕作制度改变，玉米螟的白僵菌封垛、释放赤眼蜂、应用黑光灯和性诱剂等。80年代，由于麦垅点种玉米的普遍出现玉米螟、桃蛀螟混生的情况。但在“预防为主，综合防治”植保方针指导下，玉米螟的防治发生也表现出新特点，防治技术措施趋向了多元化，诸如越冬期推行高产杂交玉米的推广等。玉米害虫发生出现新特点，如苗期虫害严重，穗期螟虫逐步向综合治理方向发展。90年代至今，由于市场经济和生产方式改变，化学农药使用成为主导措施，其他切实可行的措施则被逐渐淡化。

玉米螟生态防控是构建以越冬虫源源头治理为基础、以赤眼蜂释放为主导措施的技术体系。玉米螟的天敌主要有寄生卵的赤眼蜂、黑卵蜂，寄生幼虫的寄生蝇、白僵菌、细菌、病毒等。捕食性天敌有瓢虫、步行虫、蜻蜓等，都有一定的抑制作用。

①赤眼蜂灭卵：在玉米螟产卵始、初盛和盛期放玉米螟赤眼蜂或松毛虫赤眼蜂3次，每次放蜂15万~30万头/hm^2，设放蜂点75~150个/hm^2。放蜂时蜂卡经变温训练后，夹在玉米植株下部第五或第六叶的叶腋处。

②利用白僵菌治螟：在心叶期，将每克含分生孢子50亿~100亿的白僵菌拌炉渣颗粒10~20倍，撒入心叶丛中，每株2g。也可在春季越冬幼虫复苏后化蛹前，将剩余玉米秸秆堆放好，用土法生产的白僵菌粉按100~150g/m^3，分层喷洒在秸秆垛内进行封垛。

③利用苏云金杆菌治螟：苏云金杆菌变种、蜡螟变种、库尔斯塔克变种对玉米螟致病力很强，工业产品拌颗粒成每克含芽孢1亿~2亿的颗粒剂，心叶末端撒入心叶丛中，每株2g，或用BT菌粉750/hm^2稀释2 000倍液灌心，穗期防治可在雌穗花丝上滴灌Bt200~300倍液。

7. 玉米蚜生态防控

（1）采用麦棵套种玉米栽培法比麦后播种的玉米提早10~15d，能避开蚜虫繁殖的盛期，可减轻为害。

（2）在预测预报基础上，根据蚜量，查天敌单位占蚜量的百分比及气候条件及该蚜发生情况，确定用药种类和时期。

8. 东方黏虫生态防控

（1）诱杀成虫。在田间数量开始上升时，田间设置糖醋酒诱杀盆15个/hm^2，或设置杨树枝把或谷草把30~45个/hm^2，逐日诱杀成虫，可压低田间落卵量和幼虫密度。

（2）诱卵和采卵。自田间成虫产卵初期开始，麦田插小谷草把150把/hm^2诱卵，每两天换一次，将谷草把带离田间烧毁。谷田在卵盛期，可顺垄采卵，连续进行3~4次，可显著减轻田间虫口密度。

9. 东亚飞蝗生态防控

（1）兴修水利，稳定湖河水位，大面积垦荒种植，减少蝗虫发生基地。

（2）植树造林，改善蝗区小气候，消灭飞蝗产卵繁殖场所。

（3）因地制宜种植飞蝗不食的作物，如甘薯、马铃薯、麻类等，断绝飞蝗的食物来源。

10. 二点委夜蛾生态防控

二点委夜蛾是典型的环境变化诱导发生的新害虫，主要在小麦秸秆还田的玉米根际发生为害。

（1）麦收后播前使用灭茬机或浅旋耕灭茬后再播种玉米，即可有效减轻二点委夜蛾为害，也可提高玉米的播种质量，苗齐苗壮。

（2）及时人工除草和化学除草，清除麦茬和麦秆残留物，减少害虫滋生环境条件；提高播种质量，培育壮苗，提高抗病虫能力。

（3）人工释放黑广肩步甲、东方蚁狮、泰山潜穴虻。

三、玉米生态植保整体解决方案

玉米病虫害种类繁多，不同生育阶段的种类也各有差异，在防治时，要在明确主要病虫害发生规律的基础上，因地制宜地协调应用各种必要措施，才能有效地控制其为害（表5-1-4、表5-1-5）。

1. 掌握病虫源状况，实施源头治理

表5-1-4　常见玉米病害病源状况

序号	名称	越冬	夏季	发生过程	备注
1	玉米大斑病	菌丝体或分生孢子在病残体内外越冬	秋季作物病害	初侵染靠雨水或气流，再侵染直接或气孔	温度20~25℃
2	玉米小斑病	菌丝体或分生孢子在病残体内外越冬	秋季作物病害	初侵染靠雨水或气流，再侵染直接或气孔	月平均气温25℃以上
3	玉米黑粉病	以冬孢子在土壤和病株残体或残留在秸秆上的病瘤内越冬	秋季作物病害	担孢子随风、雨、昆虫传播	玉米连作，田间菌量积累越多，发病就越重。
4	玉米青枯病	在土壤和病残体或混有病残体的土杂肥中越冬	秋季作物病害	菌丝体或游动孢子借雨水传播	8月份降雨量是影响青枯病发生的重要因素
5	玉米粗缩病	病毒可在冬小麦、多年生禾本科杂草及传毒介体中越冬	秋季作物病害	由灰飞虱传播	凡是毒源植物多或在适宜灰飞虱发生的条件下，有利于发病

表5-1-5　常见玉米虫害虫源状况

序号	名称	越冬	夏季	发生过程	备注
1	亚洲玉米螟	以老熟幼虫越冬	幼虫、成虫	越冬幼虫翌年5月上旬化蛹	自北向南年发生1~6代
2	小地老虎	迁飞性	成虫	2月下旬始见成虫	发生世代自北向南2~7代
3	黄地老虎	3~6龄幼虫和少量蛹越冬	幼虫、成虫	越冬代成虫盛发期5月上中旬	北方发生2~4代
4	玉米蚜	以成、若蚜越冬	成虫	翌年3月中下旬开始活动	北方年发生20余代
5	玉米蓟马	成虫越冬	若虫、成虫	5月下旬开始为害加重	北方玉米上可能发生2代
6	东方黏虫	迁飞性	幼虫、成虫	2月中下旬可见成虫	北方年发生3~4代
7	东亚飞蝗	以卵越冬	夏蝗	4月底至5月中旬越冬卵孵化	2代

2. 掌握生物防治资源，全面推进生物防治

综合有关资料，黄淮海地区玉米田的的天敌在150种以上，其中以螟虫类的天敌为多，玉米田

主要的寄生性天敌种类有：玉米螟赤眼蜂、松毛虫黑卵蜂、大螟瘦姬蜂、高缝姬蜂、棱柄姬蜂、玉米螟长距茧蜂、小茧蜂（*Bracon* sp.）、黄金小蜂、广大腮小蜂、玉米螟历寄蝇、螟黑纹茧蜂、各种蚜茧蜂等。在螟虫卵寄生蜂中，玉米螟赤眼蜂占总寄生率的97.3%。在幼虫和蛹寄生蜂中，越冬期间以玉米螟长距茧蜂占绝对优势，寄生率在30%左右；生长季节的大螟瘦姬蜂的数量最多，占幼虫总寄生率的85%以上。蚜茧蜂多在8月份对玉米蚜的寄生率高。

捕食性天敌主要有瓢虫类、草蛉类、步甲类、食虫蝽类、食虻类、蜘蛛类。据调查，七星瓢虫、龟纹瓢虫在5月下旬至6月上旬能大量捕食玉米螟的卵和初孵幼虫。其次是蜘蛛的捕食作用强，其他天敌对各种不同螟虫均有不同程度的控制作用。对于蚜虫类的捕食作用以瓢虫、草蛉、蜘蛛的控制作用强。

害虫致病菌有：白僵菌、苏云金杆菌、绿僵菌、微孢子虫、蚜霉菌、寄生螨类等。其中白僵菌对玉米螟等各种螟虫越冬代的寄生率较高，苏云金杆菌在湿度大的年份寄生率高，蚜霉菌在8月中下旬极易流行，导致蚜虫数量下降。

细菌性杀虫剂有苏云金杆菌系列品种，常制成颗粒剂防治玉米螟，用1kg菌粉（100亿孢子/g）加10kg颗粒剂制成细菌性颗粒剂使用。

（1）播种前防治。

①选用抗、耐病虫品种：根据当地发生的病虫害种类，选用优良的抗、耐病虫高产品种，并合理安排品种布局和品种轮换。

②深耕灭茬和冬耕冬灌：玉米收获后，彻底深翻土壤或实行冬耕冬灌，将病株残体翻入土中，加速腐烂分解，可有效地消灭地下害虫、棉铃虫越冬蛹及减少纹枯病、黑粉病的侵染来源。

③秸秆处理：于春季玉米螟化蛹前，采用烧、轧、封等方法彻底处理玉米、高粱秸秆、玉米穗轴和棉柴等，可消灭大部分越冬玉米螟、高粱条螟和桃蛀螟幼虫，压低虫源基数。

④清洁田园：清除田间、地边与沟边杂草，切断病虫发生的桥梁寄主植物，能有效地预防玉米粗缩病、玉米蓟马和红蜘蛛的发生。

（2）播种期防治。

①种子包衣：“因地制宜使用包衣种子，或使用玉米专用种衣剂进行种子包衣，既可防治多种地下害虫，又能兼治苗期蚜虫、蓟马及灰飞虱等害虫，同时还可减轻玉米粗缩病等病害的发生。

②药剂拌种：未采用包衣种子或种衣剂处理的，应针对当地的主要病虫选择使用相应的药剂进行拌种。如在防治地下害虫时，可用50%辛硫磷乳油拌种；防治玉米青枯病时，可选用粉锈宁可湿性粉剂拌种，也可用生防菌哈氏木霉、绿色木霉菌拌种或穴施，都有明显的防治效果。

③提早播期：适期早播可以缩短玉米生长后期处于低温多雨和高湿阶段的时间，能减轻多种病虫的发生与为害。

④实行轮作和间套作：因地制宜地实行玉米和棉花、蔬菜、花生、甘薯等轮作，可抑制某些病害的发生。如对青枯病发病严重的地块与甘薯等作物实行2~3年轮作，有明显控制效果；玉米与矮秆作物大豆、花生、马铃薯等间作套种，可增强田间通风透光能力，对控制玉米大、小斑病有重要作用。

（3）苗期防治。苗期防治对象主要有地下害虫（如地老虎、金针虫）、玉米蚜、蓟马、黏虫和玉米粗缩病等。

①加强肥水管理，采用配方施肥，避免偏施氮肥，培育壮苗，增强植株抗病虫能力。低洼地应注意排水，降低田间湿度，以减轻多种病害的发生；干旱时应适时浇水，以促进玉米植株早发快长，增强植株的抗病虫能力。

②铲除除草，清除毒原寄主和切断媒介昆虫（如飞虱、蚜虫）的桥梁寄主，以预防多种虫传病害的发生。

③结合定、间苗，拔除粗缩病、矮花叶病株和虫株，带出田外沤肥，可减少病虫的再侵染和传播蔓延。对粗缩病发生轻的地块可尽早喷施抗病毒剂。

④于玉米蓟马、玉米蚜、灰飞虱发生始盛期，逐日诱杀成虫，以降低田间落卵量。

（4）心叶期至穗期防治。主要防治对象有纹枯病、大斑病、小斑病、黑粉病、锈病、玉米螟、红蜘蛛、玉米穗虫、黏虫和蝗虫等。

①清洁田园。及时摘除病叶、摘除黑粉病菌瘤，铲除青枯病、粗缩病等病株残体并销毁，消灭病菌的再侵染来源。

②于多种病害的发病初期及时用多菌灵、粉锈宁等防治。对黑粉病，可在病瘤未出现前，喷洒硫酸铜或氨基苯磺酸进行防治。

③心叶末期和穗期玉米螟的防治。可选用的药剂有：1.5%辛硫磷颗粒剂毒砂撒施于心叶喇叭口内；晶体敌百虫稀释后灌心叶；于幼虫盛孵期，用苏云金杆菌（Bt）稀释后喷于心叶丛中或穗上，或滴灌雌穗顶部。此外，还可田间释放松毛虫赤眼蜂或玉米螟赤眼蜂进行生物防治。

（5）生态治蝗技术。生态治蝗技术是通过垦荒铲除芦苇、白茅、马绊草等蝗虫适宜的植被，而改为种植小麦、玉米、棉花、水稻、苜蓿、牧草等东亚飞蝗不喜食植物，从而改造东亚飞蝗滋生地，创造不利于蝗虫生长发育的生态环境，压低蝗虫发生密度，以确保东亚飞蝗不造成大的为害损失。

该技术主要适用于山东、河南、河北、天津等省（直辖市）的沿海、滨湖、黄河滩涂地、撂荒地和农田夹荒地等。

第三节　水稻生态植保

中国人最早于9 000年前种植水稻，并发明了复杂的灌溉系统。水稻是我国特别是南方以及世界上一半国家的主要粮食作物。在其整个生育期中，均会遭受多种病虫害的为害，一般引起稻谷损失20%~30%。我国记载的水稻病害有60多种，其中重要的约20余种，主要包括稻瘟病、纹枯病、白叶枯病、胡麻斑病、恶苗病和病毒病等；水稻害虫近80种，其中常年造成为害的有10余种，如稻飞虱、稻纵卷叶螟、二化螟、稻苞虫、稻瘿蚊、稻蓟马和中华稻蝗等。

一、水稻病虫害种类

1. 水稻病害

（1）稻瘟病。由稻瘟菌（*Magnaporthe oryzae*）侵染引起，是水稻上发生广泛、为害严重的病害之一，俗称水稻“癌症”。

稻瘟病在水稻整个生育期中都可发生，根据发病部位的不同，可分为苗瘟、叶瘟、节瘟、穗颈瘟和谷粒瘟等，其中以节瘟、穗颈瘟为害较重。叶瘟的典型病斑通常呈纺锤形，少数为圆形或长条形；病斑最外层为黄色的中毒部，内层为褐色的坏死部，中央为灰白色的崩溃部，两端常有延伸的褐色坏死线。在阴雨、高湿气候条件下，感病品种上常出现暗绿色、水渍状、近圆形或椭圆形，产生大量灰色霉层的急性型病斑。在不适宜的环境条件下，病斑常为白点型。在抗病品种及老叶上多为褐点型（图5-1-14）。

病菌以菌丝体和分生孢子在病稻草和病谷上越冬，其中病稻草是翌年病害初侵染的主要来源。发病期间，病菌可产生大量分生孢子，以气流传播不断进行再侵染。由于病菌生理分化明显，品种抗病性差异很大。通常适温（25~28℃）、高湿（RH>90%）有利病害的发生和流行。

深入研究水稻—稻瘟病互作机制，对提出新的病害防控策略和培育抗稻瘟病的水稻新品种具有重要意义。

（2）水稻纹枯病。由立枯丝核菌（*Rhizoctonia solani*）引起，是稻区普遍发生的重要病害。随

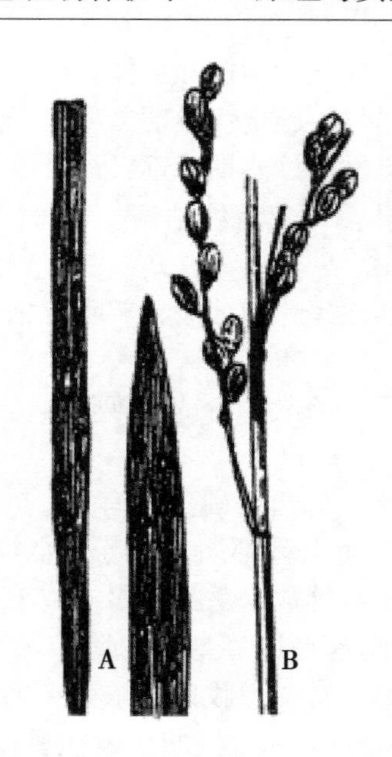

A.叶瘟；B.穗茎瘟（仿方中达）

图 5-1-14　稻瘟病

着矮秆品种的推广种植和施肥水平的提高，纹枯病发生日趋严重，尤以高产稻区最为突出。

水稻纹枯病以分蘖后期至抽穗期发生为盛，主要侵害叶鞘及叶片，严重时可为害穗部和茎秆内部。通常病斑边缘褐色，中央灰绿色或灰白色，呈不规则云纹状（图 5-1-15）。

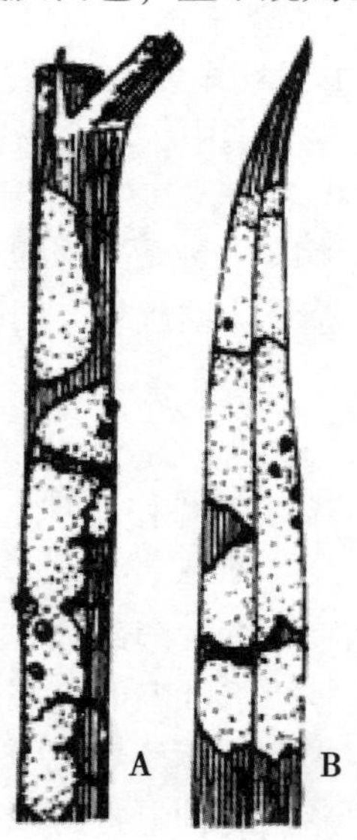

A.枯鞘；B.枯叶（仿张满良）

图 5-1-15　水稻纹枯病

病菌主要以菌核在土壤中越冬，成为次年或下季的主要初侵染来源。该病是一种典型的高温高湿病害，在 28~32℃和相对湿度 97%以上时病情发展最快。

（3）水稻白叶枯病。由黄单胞菌稻致病变种（*Xanthomonas campenstris* pv. *oryzae*）引起，以华东、华中、华南稻区发生较重。

该病多在分蘖期后发生，主要侵染水稻叶片，沿叶尖、叶缘或中脉形成长条状病斑，初为黄褐色，后为枯白色。在感病品种上，或多肥栽培、温湿度极有利于病害发展时，病叶常为灰绿色，向内卷曲呈青枯状。在南方稻区有时可见凋萎型或枯心型症状。在高湿或晨露未干时，各种症状的病部表面常有蜜黄色黏性菌脓，干燥后呈鱼籽状小胶粒，易脱落。

水稻白叶枯病的初侵染来源以病种和病稻草为主。病菌一般经伤口和水孔侵染叶片，形成中心病株，病株上的病菌随雨水飞溅或灌水传播，不断进行再侵染。不同品种的抗感性差异很大。在适温（25~30℃）下，决定病害流行的气候因素是雨湿，特别是大风暴雨或洪涝的侵袭，不仅造成高湿环境，而且使大量稻叶受伤，更有利于病菌的传播、侵入和扩展。

（4）水稻恶苗病。由串珠镰孢菌（*Fusarium moniliforme*）引起。自20世纪90年代以来，由于肥床旱育技术的推广和种子处理工作的放松，恶苗病发生较为普遍，特别是在江苏、浙江、山东和东北等粳稻区为害较重。

该病从苗期至抽穗期都有发生。秧田病苗通常表现徒长，比健苗高而细弱，叶片淡黄绿色，根部发育不良。本田一般分蘖期始现病株。症状与苗期相似，同时分蘖减少，下部茎节生有许多倒生的不定根，叶鞘和茎秆上有淡红至灰白色粉霉，严重时病株枯死。

恶苗病是水稻上重要的种传病害，带菌种子是主要的初侵染来源。在水稻浸种过程中，若不进行种子处理或种子处理的质量不好，病种上的病菌就会污染无病种子，因而使带菌种子大量增加，引起病害蔓延。

（5）稻胡麻斑病。由稻平脐蠕孢菌（*Bipolaris oryzae*）引起，是水稻病害中分布较广的一种病害。

主要为害叶片、叶鞘，也可发生在谷粒、穗颈和枝梗上。叶片上病斑椭圆形，典型病斑中央黄褐色，外缘褐色，周围有黄色晕圈。发生严重时，叶片上病斑密生，多达数十个至数百个，使叶片提早枯死。谷粒、穗颈发病，湿度大时，病部表面产生大量黑色绒毛状霉层，即病原菌的分生孢子梗和分生孢子。

病稻种和稻草是胡麻斑病的主要初侵染来源，病原菌经气流、风力和雨水传播，适宜条件下可进行多次再侵染，短期内就会引起病害流行。

（6）稻曲病。由绿核菌（*Ustilaginodea virens*）引起，是我国常见的水稻穗部病害。

病菌侵入谷粒后，形成膨大的孢子球包裹颖壳，呈黄绿色至墨绿色。孢子球最后龟裂，表面散布墨绿色粉末，即病菌的厚壁孢子。有的病粒可产生少量黑色菌核。

病菌主要以落入土中的菌核和附在种子上或土中的厚壁孢子越冬。翌年，菌核产生子座，子座内形成子囊壳和子囊孢子，厚壁孢子萌发产生分生孢子。子囊孢子和分生孢子随风雨传播，主要在孕穗末期至抽穗期侵染稻穗。一般穗大粒多、密穗形及晚熟品种发病重。氮肥用量大和抽穗前后低温、多雨有利于发病。

（7）稻细菌性条斑病。由水稻黄单胞菌（*Xanthomonas oryzae*）稻生致病变种引起，是我国南方稻区的重要检疫性病害，山东稻区尚未见报道。

该病整个生育期都有发生，典型症状是在叶片上形成短条状、暗绿色至黄褐色病斑。严重时，短条斑增多而联合，呈不规则、黄褐色至枯白色斑块。病斑上常有大量小露珠状蜜黄色菌脓，干燥后不易脱落。

病稻谷和病稻草是病害的主要初侵染来源。带菌种子的调运是病害远距离传播的主要途径。病菌主要通过灌溉水、雨水接触秧苗，从气孔或伤口侵入。病斑上溢出的菌脓可借风雨、露滴、水流及叶片接触等传播，进行再侵染。病害的发生流行要求高温、高湿条件，偏施过量氮肥常是病害流行的诱因。

（8）稻病毒病。水稻病毒病种类较多，我国发生的有11种，以南方稻区发生较为普遍，为害较严重的有条纹叶枯病和普通矮缩病等。

条纹叶枯病由水稻条纹病毒引起，多在苗期至分蘖期发生，典型症状为心叶沿叶脉呈现断续的黄绿色或黄白色短条纹，后扩展愈合成不规则黄白色条纹。通常高秆品种发病后心叶黄白色、细长柔软、卷曲下垂，呈枯心状。病毒粒体丝状，主要由灰飞虱传播。普通矮缩病由水稻矮缩病毒引致，病株矮缩，分蘖增多，叶片浓绿而僵直，叶片和叶鞘上出现与叶脉平行的黄白色虚线状条点。病毒粒体球状，主要通过黑尾叶蝉传播。

2. 水稻虫害

（1）稻飞虱。俗称稻虱。属同翅目、飞虱科。在我国有 3 种：即褐飞虱（*Nilaparvata lugens*）、白背飞虱（*Sogatella furcifera*）和灰飞虱（*Laodelphax striatellus*），全国各稻区都有发生。前两种为偏南方种类，主要为害水稻；灰飞虱属偏北方种类，除为害水稻外，还为害小麦、玉米等。稻飞虱的为害主要表现在 3 个方面：一是以成、若虫群聚于稻丛下部刺吸植株汁液，影响养分运输，严重发生时，稻株下部变黑、腐烂、倒伏，造成严重减产；二是成虫除刺吸为害外，雌虫产卵时刺伤茎秆组织或将卵产在叶主脉内，使稻株水分散失，伤口处易感染菌核病或纹枯病；三是传播水稻病毒病，灰飞虱除传播水稻病毒病外，还传播小麦丛矮病和玉米粗缩病，这种传毒为害造成的间接损失更大。

褐飞虱成虫有长翅型和短翅型，长翅型体长 3. 6~4. 8mm，体淡褐至黑褐色，有油状光泽，小盾片褐色至暗褐色，3 条隆线明显；成长若虫灰白至黄褐色，腹部第 4、5 节，背面有 1 对清楚的三角形白色斑纹。白背飞虱成虫也有长翅型和短翅型之分，长翅型体长 3. 8~4. 5mm，体淡黄至黄色，头顶显著突出，小盾片中央黄白色，两侧黑褐色；成长若虫灰褐至灰黑色，第 3、4 腹节背面各有 1 对清楚的乳白色三角形斑纹。灰飞虱体长 3. 5~4. 0mm，体黄褐至黑褐色，头顶略突出，雌虫小盾片中央淡黄色，两侧暗褐色，雄虫小盾片全部黑褐色；成长若虫灰黄至黄褐色，第 3、4 腹节背面各有 1 对浅色“八”字形斑纹（图 5-1-16）。

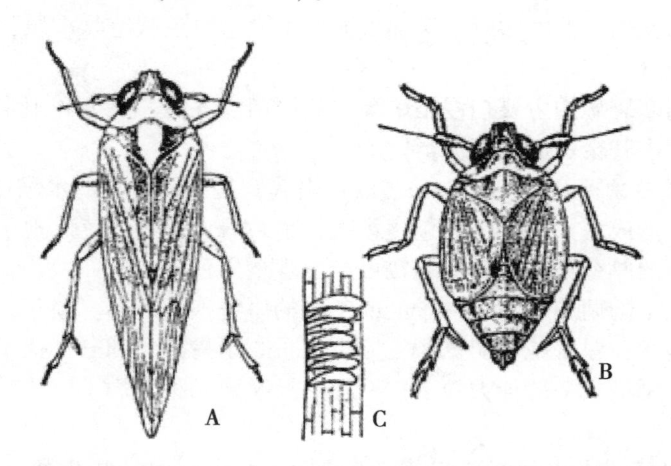

A.长翅型成虫；B.短翅型成虫；C.稻组织中的卵（仿江苏农学院等）

图 5-1-16　白背飞虱

褐飞虱属长距离迁飞性害虫，我国的最初虫源来自东南亚国家，在北方不能以任何虫态越冬，其虫源是从南方迁飞而来。自北向南，年发生 1~11 代不等，北方稻区常发生 2~3 代，7 月中下旬为长翅型成虫迁入始期，7 月下旬开始发生第 1 代若虫，8 月上中旬发生第 1 代成虫，同时也有大量外来成虫迁入，此时进入初盛期。至 9 月上中旬为全年第 2 代成虫盛期，也是全年的为害盛期。褐飞虱的长翅型为迁飞型，田间长翅型增多，预示大量虫源迁入或迁出；短翅型为居留型，其数量增多，标志着为害严重。褐飞虱生长发育适温为 20~30℃，相对湿度为 80%以上。田间氮肥施用过多，有利于其发生。白背飞虱也属迁飞性害虫，随纬度高低 1 年发生 2~8 代。在北方年发生 4 代，长翅型成虫始见期在 6 月初，主要迁入期在 7 月中旬至 8 月上旬，田间主害期在 8 月上中旬，一般在主迁期迁入后10~20d，即第2龄若虫为害高峰期，此时正值水稻孕穗期。其发生喜温暖潮湿，适宜温度为22~28℃，相对湿度为80%~90%。产卵明显表现为“趋稗性”，喜将卵产在稗草上。在水稻各生育期中，以分蘖盛期至孕穗期最适宜其取食。灰飞虱无长距离迁飞习性，在我国北方能安全越冬，南方稻区1年发生7~8代，北方稻区1年发生4~5代。在北方稻区以3~4龄若虫在麦田及杂草丛中越冬。3月份越冬若虫在麦田、杂草上活动取食，4月份成、若虫为害小麦，5月中下旬第1代成虫羽化，迁入秧田和旱栽本田为害，5月下旬至6月中旬第2代若虫为害苗期水稻。7月上旬第3代若虫开始为害本田水稻，8月上旬为第4代若虫盛发期，此时正值水稻拔节孕穗期。8月中下旬为第4代成虫羽化、产卵，为害盛期，9月上中旬为第5代若虫为害期，此时正值抽穗至乳熟期。至10月份转移至麦田为害，10月下旬以3~4龄若虫越冬。

稻飞虱的天敌种类很多。卵期主要有寄生蜂和黑肩绿盲蝽。常见的寄生蜂有稻虱缨小蜂、褐腰赤眼蜂等，田间寄生率一般为5%~16%。黑肩绿盲蝽一头成虫日均取食7.1粒卵；一头高龄若虫日均取食5.3粒卵，一生可取食200多粒卵，且能随着飞虱的迁飞而迁飞。成虫和若虫期的天敌有稻虱红螯蜂、稻虱线虫、稻虱跗煽、白僵菌等。一般总的寄生率在20%~40%。捕食成虫和若虫的天敌有蜘蛛隐翅虫、宽黾蝽、步甲和瓢虫等，其中以蜘蛛的种类和数量多，控制作用强。

（2）稻纵卷叶螟（*Cnaphalocrocis medinalis*）。俗称白叶虫、小苞虫。属鳞翅目、螟蛾科。在我国稻区广泛分布。除主要为害水稻外，也为害小麦、谷子等作物及稗草、马唐、芦苇等杂草。幼虫卷叶结苞为害，剥食稻叶上表皮和叶肉，仅留下表皮，形成白色条斑，大发生时，田间虫苞累累，白叶连片。

成虫体长7~9mm，体和翅均为黄褐色；前翅前缘暗褐色，外缘有1条暗褐色宽带，内、外横线暗褐色，两横线间近前缘有暗褐色短横线；后翅有黑褐色横线2条。雄蛾较小，前翅短纹前有1黑色毛簇组成的眼状斑纹。幼虫细长，体长14~19mm，黄绿至绿色，老熟时呈橘红色；中、后胸背部各有8个毛片（图5-1-17）。

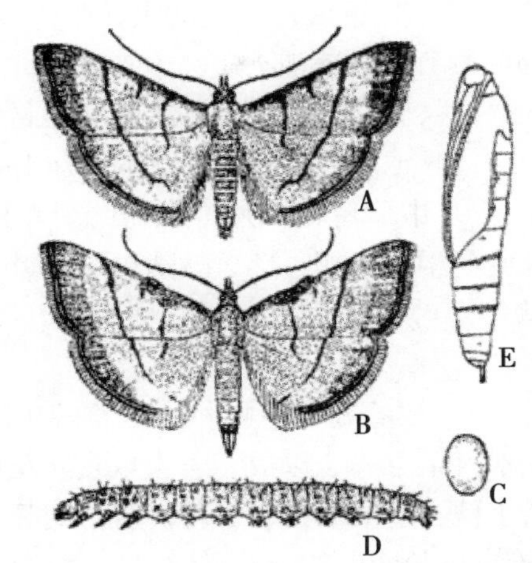

A.雌成虫；B.雄成虫；C.卵；D.幼虫；E.蛹
（仿屈天祥等）

图5-1-17　稻纵卷叶螟

稻纵卷叶螟具有远距离迁飞习性，在我国北方不能以任何虫态越冬，越冬北界为北纬30°左右，虫源是由南方迁飞而来。长江以南稻区1年发生5~11代不等，长江以北地区发生5代以下。山东稻区年发生4代，5月下旬末始见越冬代成虫，成为第1代蛾源。第2代蛾源于6月底至7月中旬迁入，蛾峰在7月上、中旬，第2代幼虫盛发期在7月中、下旬，成为当地的主害代，主要为害春稻及早夏稻。第3代蛾源于7月底至8月中、下旬迁入，是全年发生盛期，第3代幼虫以为害夏稻最严重。成虫趋向生长嫩绿、茂密的稻田产卵，卵多散产于叶片近中脉处。稻纵卷叶螟的发生喜中温高湿，温度在22~28℃、相对湿度在80%以上时，有利于成虫产卵、孵化和幼虫存活。

稻纵卷叶螟天敌很多，已知有50种以上。卵期有稻螟赤眼蜂、拟澳赤眼蜂，寄生率一般在20%~50%，幼虫和蛹期的天敌较多，有寄生蜂、寄生蝇、步甲、隐翅虫、蜘蛛等，其中以稻纵卷叶螟绒茧蜂、青翅蚁形隐翅虫、各种蜘蛛对1~2龄的幼虫控制作用强。

（3）二化螟（*Chilo suppressalis*）。属鳞翅目、螟蛾科。全国稻区都有分布，以幼虫钻蛀稻株为害。除主要为害水稻外，还为害茭白、甘蔗、小麦、玉米等作物和稗草。

成虫雄蛾体长10~12mm，前翅褐色或灰褐色，翅面散布褐色小点，外缘有7个小黑点；雌蛾体长12~15mm，前翅黄褐色，前翅仅外缘有7个小黑点。卵扁平，椭圆形，呈鱼鳞状排列。老熟幼虫腹背有5条暗褐色纵线。

二化螟在我国不同地区1年发生1~5代不等。山东稻区年发生2代，主要以幼虫在稻桩和稻草中越冬。翌春，土温达到7℃以上时，越冬幼虫在茎秆中化蛹。越冬代成虫盛期和第1代卵盛期在5月下旬，幼虫孵化盛期为6月上旬，并开始为害水稻苗期和孕穗期，分蘖期受害，造成“枯心苗”。7月下旬为第1代成虫蛾盛期，8月上旬为第2代卵盛期，8月上、中旬为幼虫孵化盛期，开始为害穗期稻株，造成“虫伤株”和“白穗”。雌虫喜选择叶色深绿、生长旺盛的稻株产卵。初孵幼虫群聚于叶鞘内为害，2龄后分散蛀茎，幼虫在茎秆内化蛹。

二化螟的天敌种类较多，已知的有50多种。如寄生性天敌稻螟赤眼蜂、螟卵啮小蜂、二化螟绒茧蜂、寄生蝇、寄生线虫等。捕食性天敌有蜘蛛、隐翅虫、步甲、蜻蜓等。

（4）直纹稻苞虫（*Parnara guttata*）。又称稻弄蝶。属鳞翅目、弄蝶科。在我国稻区为害水稻的稻苞虫有10余种，其中以直纹稻苞虫分布广、发生量大、为害最重。除主要为害水稻外，还为害玉米、高粱、谷子等作物和芦苇、狗尾草、稗草等杂草。

成虫体长16~20mm，黑褐色，有金黄色光泽，前翅有7~8个近四边形半透明斑，排列成半环状；后翅有4个半透明白斑，排成“一”字形。老熟幼虫体长19~35mm，纺锤形，灰绿色，头正面中央有“W”形褐色纹，腹部两侧有白色蜡块。

直纹稻苞虫在我国年发生3~8代，黄河以南至长江以北地区年发生4~5代，黄河以北2~3代。以幼虫在背风向阳的田边、沟边、池塘边的杂草丛中越冬。1~4代幼虫发生为害盛期分别在6月中下旬、7月中旬至8月上旬、8月中下旬和9月中下旬，全年以第2代发生为害最为严重。雌虫喜在叶色嫩绿、生长旺盛的分蘖期稻田产卵，1~2龄幼虫纵卷叶尖成小虫苞，3龄幼虫纵卷或横卷单叶上中部成苞，4、5龄后缀多个叶片成大虫苞于其中为害。温度在20~30℃、湿度在75%以上且时晴时雨，有利于该虫发生。

（5）中华稻蝗（*Oxya chinensis*）。属直翅目、蝗科，是稻蝗中的优势种。除为害水稻外，还为害玉米、谷子、高粱、麦类及禾本科杂草等。以成、若虫取食水稻叶片，轻者形成缺刻，重者将叶片全部吃光。水稻抽穗后可咬断小穗，造成断穗、白穗。乳熟时还可直接咬食谷粒。

成虫雌虫体长36~44mm，雄虫体长30~33mm，体绿色、黄绿色或褐绿色，前翅绿色，头部在复眼后沿前胸背板两侧具褐色纵条纹。若虫与成虫体形相似，翅发育尚未完全，自2龄后头胸两侧黑纹逐渐明显。

中华稻蝗在我国1年发生1代，以卵在卵囊中于地边、田埂等环境的土中越冬。越冬卵自4月下旬开始孵化，孵化盛期在5月上旬；1~2龄若虫盛期为5月下旬至6月上旬，并转移到秧田为害；3~4龄若虫盛期在6月中、下旬，逐渐转移到本田为害；5~6龄若虫盛期为7月中、下旬，进入暴食期。成虫于8月上、中旬羽化，9月下旬水稻近收获时为害。

将水稻主要害虫的发生时期与二十四节气和水稻物候相联系，整理制作成图5-1-18，便于对水稻害虫发生情况进行系统性、整体性把握。

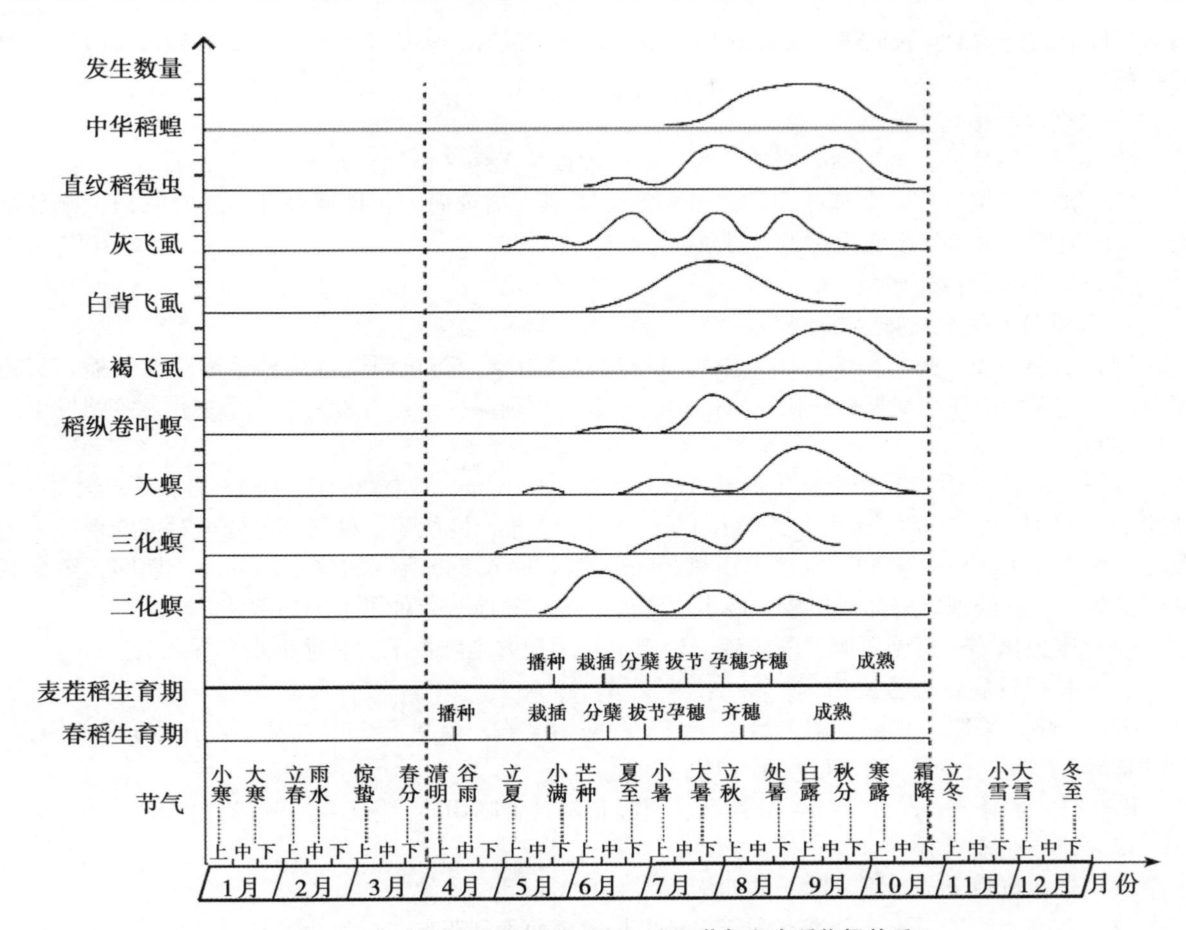

图 5-1-18 稻田主要害虫发生与二十四节气和水稻物候关系

二、水稻主要病虫害生态防控

1. 稻瘟病生态防控

（1）资源化利用水稻秧，妥善处理田间遗留病株，尽量减少初侵染源。根据当地预报及时检查田间症状。合理施肥管水，底肥足，追肥早，巧补穗肥，多施农家肥，节氮增施磷钾肥，防止偏施迟施氮肥，以增强植株抗病力，减轻发病。

（2）选用排灌方便的田块，不用带菌稻草作苗床的覆盖物和扎秧草。种植感病品种，选用抗病、无病、包衣的种子，如未包衣则用拌种剂或浸种剂灭菌；因地制宜选用 2~3 个适合当地抗病品种。

（3）肥料管理。提倡施用酵素菌沤制的或充分腐熟的农家肥，采取“测土配方”技术，和“早促、中控、晚保”的方针，重施基肥，科学施用氮肥，增施磷、钾肥。加强田间管理，培育壮苗，增强植株抗病力，有利于减轻病害。水分管理：浅水勤灌，防止串灌；烤田适中。

（4）加强栽培管理，催芽不宜过长，拔秧要尽可能避免损根。做到“五不插”：即不插隔夜秧，不插老龄秧，不插深泥秧，不插烈日秧，不插冷水浸的秧。发现病株，及时拔除烧毁或高温沤肥。

（5）2%春雷霉素水剂 500~700 倍液或展着剂效果更好。

叶瘟要连防 2~3 次，穗瘟要着重在抽穗期进行保护，特别是在孕穗期（破肚期）和齐穗期是防治适期。

大田分蘖期开始每隔 3d 调查一次，主要查看植株上部三片叶，如发现发病中心或叶上急性型病斑，即应施药防治；预防穗瘟根据病情预报，以感病品种，多肥田为对象，掌握破口期分别抽穗时打药。

2. 水稻白叶枯病生态防控

（1）用抗病品种，选用适合当地抗病丰产品种或从无病区留种，并做好种子消毒。

（2）加强栽培管理。合理施肥和浅水勤灌，增强水稻抗病力，排灌分开，适时晒田；施足基肥，早施追肥，避免氮肥施用过迟、过量。

（3）防止人为传播病菌。

3. 水稻细菌性条斑病生态防控

（1）加强检疫，把水稻细菌性条斑病菌列入检疫对象，防止调运带菌种子远距离传播。实施产地检疫对制种田在孕穗期做一次认真的田间检查，可确保种子是否带菌。严格禁止从疫情发生区调种、换种。

（2）选用抗（耐）病杂交稻，如桂 31901，青华矮 6 号，双桂 36，宁粳 15 号，珍桂矮 1 号，秋桂 11，双朝 25，广优，梅优，三培占 1 号，冀粳 15 号，博优等。种子消毒处理对可疑稻种采用温汤浸种的办法，稻种在 50℃温水中预热 3min，然后放入 55℃温水中浸泡 10min，期间，至少翻动或搅拌 3 次。处理后立即取出放入冷水中降温，可有效地杀死种子上的病菌。

（3）避免偏施、迟施氮肥，配合磷、钾肥，采用配方施肥技术。忌灌串水和深水。

4. 水稻病毒病生态防控

防治策略：采取“切断毒源，治虫控病”的防治策略，控制条纹叶枯病、黑条矮缩病的为害，同时兼治大螟、二化螟，为夺取水稻丰收打基础。

用药时间：移（机）栽后 3~5d 用药；直播稻随现青随用药，隔 5~7d 用第二次药。

5. 稻飞虱生态防控

（1）选育抗虫丰产水稻品种。如汕优 10、汕优 64 等。

（2）栽培和管理措施，创造有利于水稻生长发育而不利于稻飞虱发生的环境条件。

对水稻种植要合理布局，实行连片种植，防止稻飞虱来回迁移，辗转为害。

在水稻生育期，要实行科学管理肥水：施肥要做到控氮、增钾、补磷；灌水要浅水勤灌，适时烤田，使田间通风透光，降低田间湿度，防止水稻贪青徒长。灰飞虱可结合冬季积肥，清除杂草，消灭越冬虫源。

（3）生物防治。保护利用自然天敌，调整用药时间，改进施药方法，减少施药次数，用药量要合理，以减少对天敌的伤害，达到保护天敌的目的。其次，可采用草把助迁蜘蛛等措施，对防治飞虱有较好效果。放鸭啄食。

6. 稻纵卷叶螟生态防控

（1）合理施肥，加强田间管理促进水稻生长健壮，以减轻受害。

（2）人工释放赤眼蜂。在稻纵卷叶螟产卵始盛期至高峰期，分期分批放蜂，每 667m^2 每次放 3 万~4 万头，隔 3d 1 次，连续放蜂 3 次。

（3）喷洒杀螟杆菌、青虫菌，每 667m^2 喷每克菌粉含活孢子量 100 亿的菌粉 150~200g，对水 60~75kg，配成 300~400 倍液喷雾。为了提高生物防治效果，可加入药液量 0.1%的洗衣粉作湿润剂。此外如能加入药液量 1/5 的杀螟松效果更好。

7. 二化螟生态防控

（1）合理施肥，加强田间管理促进水稻生长健壮，以减轻受害。

（2）生物防治。人工释放赤眼蜂。在稻纵卷叶螟产卵始盛期至高峰期，分期分批放蜂，每 667m^2 每次放 3 万~4 万头，隔 3d 1 次，连续放蜂 3 次。喷洒杀螟杆菌、青虫菌，每 667m^2 喷每克菌粉含活孢子量 100 亿的菌粉 150~200g，对水 60~75kg，配成 300~400 倍液喷雾。为了提高生物防治效果，可加入药液量 0.1%的洗衣粉作湿润剂。此外如能加入药液量 1/5 的杀螟松效果更好。

8. 中华稻蝗生态防控

（1）稻蝗喜在田埂、地头、渠旁产卵并越冬。发生重的地区组织人力铲埂、翻埂杀灭蝗卵，具明显效果。

（2）抓住 3 龄前稻蝗群集在田埂、地边、渠旁取食杂草嫩叶特点，突击防治。

（3）保护青蛙、蟾除，可有效抑制该虫发生。

（4）大面积发生时应使用飞机投放饥饿待放的黑广肩步甲。

三、水稻生态植保整体解决方案

水稻在生长发育过程中，常常受多种病虫为害，如历史上记载的“北蝗南螟”害虫，数量多，为害重，给水稻生产带来很大影响。建国以来，水稻害虫的防治在华中、华东等地已基本控制了稻螟虫的为害；尤其是 80 年代以后，对稻纵卷叶螟、稻飞虱害虫天敌资源保护与利用技术也进行了广泛的研究。今后的趋势是从生态系统角度分析中的螟虫，指的就是水稻螟虫。近年来稻纵卷叶螟、稻飞虱、稻蝗等取得了很大的进展。20 世纪 50 年代就控制了稻负泥虫、稻铁甲虫等严重为害；70 年代的种群生态学、生物学、迁飞规律，水稻抗虫性和综合防治等进行了深入的研究，对水稻病虫害演变规律，以病虫害源头治理为基础，以生物防治为主导，构建生态植保方案。

水稻病虫害种类繁多，对于主要病虫害的防治，应从稻田生态系统出发，明确水稻各种植环节和各生育阶段的主要防治对象，以农业防治为基础，充分发挥自然控制因素，因地制宜地应用关键防治技术，将病虫害控制在经济允许水平之下。在水稻害虫中，褐飞虱、白背飞虱和稻纵卷叶螟是重要迁飞性害虫，其发生常具有突发性，因此，做好异地测报工作尤为重要。

生态工程控制水稻害虫技术主要是通过调整化学农药的使用、田间合理布局增加稻田生物多样性、增加重点天敌以及采取稻鸭共育等措施，以调节恢复稻田生态系统的平衡，使水稻害虫种群处于相对较低的水平。该技术适用于全国所有水稻产区（表 5-1-6、5-1-7）。

1. 掌握病虫源状况，实施源头治理

表 5-1-6 常见水稻病害病源状况

序号	名称	越冬	夏季	发生过程	备注
1	稻瘟病	菌丝体和分生孢子	秋季作物病害	分生孢子在空气中传播	发育最适温度为 25~28℃
2	水稻纹枯病	以菌核在土壤中越冬	秋季作物病害	主要侵染叶鞘及叶片	发育最适温度为 28~32℃
3	水稻白叶枯病	细菌在种子内越冬	秋季作物病害	高温高湿、多露、台风、暴雨是病害流行条件	气温在 26~30℃，相对湿度在 90%
4	水稻恶苗病	带菌种子	秋季作物病害	带菌种子传播	土温 30~35℃时易发病
5	稻胡麻斑病	病菌以分生孢子附着在稻种或病稻草上或菌丝体潜伏于病稻草内越冬	秋季作物病害	病稻草上的病菌产生大量分生孢子，随气流传播，引起秧田和本田的侵染	

（续表）

序号	名称	越冬	夏季	发生过程	备注
6	稻曲病	病菌以落入土中菌核或附于种子上的厚垣孢子越冬	秋季作物病害	子囊孢子和分生孢子随风雨传播	气温24~32℃病菌发育良好，26~28℃最适，低于12℃或高于36℃不能生长
7	稻细菌性条斑病	带菌种子	秋季作物病害	干燥后成小的黄色珠状物，可借风、雨、露水、泌水叶片接触和昆虫等蔓延传播，也可通过灌溉水和雨水传到其他田块。	生长适温28~30℃

表 5-1-7　常见水稻虫害虫源状况

序号	名称	越冬	夏季	发生过程	备注
1	稻飞虱	3种虫态	若虫、成虫	5月中下旬第一代成虫羽化	北方一年发生4~5代
2	稻纵卷叶螟	成虫	幼虫	5月下旬末始见越冬代成虫	北方一年5代以下
3	二化螟	幼虫在稻桩和稻草中越冬	幼虫	5月下旬为越冬代成虫和第一代卵盛期	1~5代
4	直纹稻苞虫	幼虫在背风向阳的杂草丛中越冬	幼虫	7月中旬至8月上旬第二代为害最重	3~8代
5	中华稻蝗	以卵在卵囊中于地边、田埂的土中越冬	成虫	越冬卵自4月下旬开始孵化	一年1代

2. 掌握稻田生物防治资源，全面推进生物防治

稻田天敌资源相当丰富，有关资料表明，我国水稻害虫天敌有1 303种，《水稻害虫天敌图说》（何俊华等，1986）中列出天敌昆虫225种，天敌蜘蛛44种，这仅属常见的主要种类。其中膜翅目昆虫133种，寄生蝇41种，捻翅虫4种、捕食性天敌昆虫26种。

膜翅目寄生型天敌在稻田种类多、数量大、控制作用强。大多数寄生蜂属单期寄生，分别寄生卵、幼虫、蛹和成虫。例如，赤眼蜂科、缨小蜂科、缘腹细蜂（黑卵蜂）科的种类，只寄生在昆虫的卵期。大多的姬蜂科和茧蜂科的天敌，寄生于害虫的幼虫和蛹期。但也有一些跨期寄生者，例如，广黑点瘤姬蜂，成虫产卵于幼虫体内，寄主化蛹后才完成发育。在膜翅目天敌中，控制作用较强的种类有稻螟赤眼蜂、拟澳赤眼蜂、螟卵啮小蜂、黄眶离缘姬蜂、二化螟绒茧蜂、稻纵卷叶螟绒茧蜂、螟蛉悬茧姬蜂、广黑点瘤姬蜂、稻苞虫凹眼姬蜂、蝶蛹金小蜂、稻虱缨小蜂、稻虱红螯蜂、黑尾叶蝉缨小蜂等。

稻田常见的寄生蝇类主要是寄蝇科种类，常寄生鳞翅目昆虫，如稻苞虫、大螟、稻纵卷叶螟、二化螟、稻螟蛉等。头蝇科的种类主要寄生叶蝉，如黑尾叶蝉、电光叶蝉等。稻田常见的寄生蝇类有稻苞虫管狭颊寄蝇、日本追寄蝇、稻苞虫寄生蝇、黑尾叶蝉头蝇等。

捻翅目天敌昆虫在稻田常见的种类有二点栉蝙、白翅叶蝉栉蝙、透斑栉蝙、稻虱跗蝙等，常寄生叶蝉、飞虱等同翅目害虫。

稻田常见的捕食性鞘翅目天敌昆虫有步甲、瓢虫、隐翅虫、芫菁等。芫菁科的昆虫成虫为植食性，幼虫取食蝗科昆虫的卵，成为稻蝗等卵期的重要天敌。隐翅目科的种类可捕食飞虱、叶蝉和鳞翅目昆虫的卵，常见种类为青翅蚁型隐翅虫。瓢虫科的稻红瓢虫、八斑瓢虫、狭臀瓢虫、龟纹瓢虫等种类捕食蚜虫，压抑稻蚜至罕见为害的水平。步甲类天敌多捕食鳞翅目昆虫的幼虫等。

在稻田内，捕食性半翅目常见类群有龟蝽、花蝽、盲蝽、姬蝽、猎蝽等。龟蝽属水面生活的种类，对飞虱、叶蝉若虫的捕食量大。淡翅小花蝽常捕食蓟马，黄褐刺花蝽捕食虫卵。黑肩绿盲蝽捕食飞虱、叶蝉的卵，控制作用十分强。赤须盲蝽常捕食各种虫卵。猎蝽科的不少种类的鳞翅目昆虫的幼虫为食。华野姬猎蝽等以蚜虫、叶蝉、飞虱、蓟马等为食。

稻田蜘蛛对蜘蛛害虫的捕食控制作用，愈来愈受到人们的重视。在稻田蜘蛛中，有织结不规则小网于蜘蛛基部捕食小型昆虫的微蛛；有不结网游猎性捕食的狼蛛、猫蛛等。管巢蛛还经常进入卷叶内捕食稻苞虫、稻纵卷叶螟等。蜘蛛每天的捕食量相当于自身体重的害虫达 2~10 头。蜘蛛在稻田内的数量常占捕食性天敌总量的 60%~70%，是一个非常重要的自然控制因素。

在进行稻田天敌资源普查及效能评价的基础上，近年来许多学者深入研究了天敌的种群增长和对害虫控制的功能，建立了数学模型。这些研究为天敌对害虫的控制作用的定量描述提供了依据，并据此结合其他方面的因素，以制订生物防治的经济阈值。

（1）保护稻田天敌。稻田生态系统中，天敌种类多、发生量大、自然控制能力强，因此，要科学地使用化学农药，协调化学防治与生物防治的矛盾，以保护稻田中的自然天敌。主要措施有：一是避免使用广谱性杀虫剂；二是避开天敌高峰期用药，当害虫和天敌同时大发生时，可使用选择性杀虫剂如吡虫啉、扑虱灵、杀虫双和巴丹等；三是改进用药方式，如撒施颗粒剂防治害虫，减少药剂与天敌接触。当田间蜘蛛与飞虱数量比为 1：（5~6）时，可不必采用化学防治，依靠蜘蛛等天敌控制飞虱为害；水稻分蘖期应尽量减少用药，以利于天敌建立种群联合控制孕穗和抽穗期飞虱等害虫的为害。

（2）创造天敌的适生环境。稻田田埂或田边保留一定数量的杂草，可招引某些种类的天敌，如蜘蛛、寄生蜂等，或为天敌提供取食、繁殖、隐蔽及越冬场所，以增加天敌数量。待稻田中害虫大量发生时，这些天敌即可转移到稻田中，控制其为害。

（3）释放赤眼蜂。在鳞翅目害虫产卵始盛期、产卵盛期和盛末期释放赤眼蜂，每隔 3~4d 释放 1 次，视害虫卵量的多少每次每 667m^2 放蜂 1 万~3 万头，连放 3~4 次，有很好的控制作用。

（4）稻田放鸭。可根据当地情况，在稻田放鸭，啄食稻飞虱或稻蝗等害虫。一般以放养 0.25~0.4kg 重的小鸭为好，以便吃虫不伤苗。

（5）使用生物农药。在稻纵卷叶螟等鳞翅目害虫幼虫孵化盛期、未钻蛀或卷叶之前，用苏云金杆菌（Bt）可湿性粉剂每 667m^2 150~200g，对水 30~40kg 喷雾；防治水稻纹枯病、稻曲病时，可用 5%井冈霉素每 667m^2 100mL 对水 50kg 喷雾。

3. 本田期病虫害防控

选用抗病品种、提倡浅水勤灌和适时搁田；二化螟重发区，在越冬代二化螟化蛹高峰期全面实施翻耕灌水杀蛹，减少越冬虫源。黑条矮缩病重发区，提倡适期统一栽，减少水稻感染率；稻瘟病重发区，应将抗病品种应用作为重要防病措施。

（1）种植抗病虫品种。各稻区应根据本地病虫害发生的具体情况，有针对性地选育和推广抗稻飞虱、稻瘟病、白叶枯病等主要病虫或病虫兼抗的优良品种。

（2）苗期。秧苗移栽返青后的主要病虫害种类和防治方法基本与秧苗期相同。

（3）分蘖、孕穗期。此期是纹枯病、稻瘟病（叶瘟）、白叶枯病、稻飞虱、二化螟以及稻纵卷叶螟等多种病虫害的上升时期，是防治的关键时期，同时又是多种天敌发挥自然控制作用的时期。因此，必须在加强肥水管理，恶化病虫发生环境的基础上，充分发挥水稻的补偿能力，适时防治。

（4）抽穗结实期。此期是多种病虫害发生为害达到高峰时期，主要的病虫害有穗颈瘟、白叶枯病、稻飞虱和稻纵卷叶螟等。当稻飞虱达到防治指标（抽穗期平均每丛10头左右，乳熟期每丛15~20头）时应立即防治。

对于稻蝗，要进行联防。狠抓3龄若虫前及虫口密度较高的稻田的防治。

对调运或引进的种子或稻草，应严格进行检疫，防止危险性病虫传入，如细菌性条斑病、稻水象甲等，都是重要的检疫对象，要采取切实可行的措施，杜绝其传播蔓延。

4. 合理轮作

实行水旱轮作对水稻病虫害有很好的控制作用。

加强肥水管理　偏施氮肥能诱发多种病虫害如稻飞虱、稻瘟病、纹枯病及白叶枯病等的发生，要根据水稻不同生育期的长势及生理需要适时合理使用氮、磷、钾肥，避免氮肥施入过多过迟。此外，浅水勤灌，适时晒田，降低植株间的湿度，也可提高水稻的抗病虫能力。

5. 结合农事操作防治病虫

人工摘除二化螟卵块和稻纵卷叶螟、稻苞虫的虫苞并拔除病虫株；冬季耕翻灭茬，消灭越冬二化螟幼虫及减少纹枯病的越冬菌核数量；春季插秧前，坚持打涝“浪渣”，可减少纹枯病菌核数量和消灭漂浮在水面上的稻蝗卵囊；拔除吸引白背飞虱或灰飞虱产卵的稗草；合理密植，防止稻田郁蔽，达到田间通风透光等，都可起到恶化病虫害发生环境的作用。

6. 稻—菜轮作、水陆交替的水稻生态植保技术体系

山东省以“两迁”害虫和水稻病毒病为主的重大病虫连年发生，防控形势十分严峻。在水稻病虫全程生态防控中坚持“抓牢苗期穗期，重视生长期”的策略。一是认真做好种子处理，减轻种传病害的发生。培育无病虫壮苗入田。二是加强孕穗后期至齐穗期的预防，实现保穗保丰收。三是分蘖期至孕穗期中期，根据病虫发生特点，因地制宜，分类指导，针对性防治。四是加大生防力度，实施生态植保整体方案。

在临沂和历城区进行稻—菜轮作、水—陆交替的技术体系示范，取得良好效果。

水旱轮作不仅能减少土壤和地上害虫为害，而且可以减轻土传病害发生。

7. 水稻田生态系统调节

（1）水旱田块交叉水稻与其他旱田作物间插种植，使水旱田的天敌能够互相交流，实践证明能够增加水稻田的天敌种类和数量。

（2）田埂上种植豆类作物，田埂上种黄豆，具有招引、保护繁殖、引渡天敌的作用，其中对蜘蛛的保护，效果尤为显著。

（3）适当增加稻田小麦、油菜的种植面积，有利于黄淮水稻病虫害发生为害。表现共同特征为：为害期比较集中在秧苗期和抽穗期前后，尤以抽穗期前后为害最重，病虫源复杂和主要病虫发生与水稻生育敏感状况关系密切等。因此，水稻生态植保策略为清洁，消除病虫源为基础，抓好秧田期防治和着重抽穗期前后防治，精准监测，提前预防迁入虫源。

第四节　马铃薯生态植保

马铃薯的病虫害较多，目前比较普遍的病害有晚疫病、早疫病、环腐病、黑胫病、病毒病等；主要虫害有马铃薯瓢虫、蚜虫、蛴螬、金针虫、地老虎等。其中以马铃薯病毒病最为严重，是影响马铃薯产量的主要因素。

一、马铃薯病虫害种类

1. 马铃薯病害

（1）马铃薯晚疫病。叶片上面多从叶尖或叶缘开始，先发生不规则的小斑点，随着病斑的扩

大愈合而变成暗褐色，感病的叶面全部或大部被病斑覆盖。气候潮湿时，病叶呈水浸状软化腐败，蔓延极快，在叶背面健康与患病部位的交界处出现一层状似绒毛的白色霉层；有时叶面和叶背的整个病斑上，也可形成此种霉轮（孢囊梗和孢囊）。这是晚疫症状最显著的特征。茎和叶柄上常表现纵向发展的褐斑。气候潮湿或重露之后，也可在病斑上产生白色霉轮。病害严重时，干旱条件下表现全株枯死，多雨条件下整株腐败而变黑。块茎感病时形成大小不等、形状不规则、微凹陷的褐斑。病薯的切面可见到皮下组织呈红褐色；变色区域大小和厚薄，依发病程度而定。

（2）马铃薯早疫病。在叶片上，有明显同心轮纹的病斑，叶片上的病斑，多从植株下部的叶片上先发生，渐次向上蔓延。空气潮湿时，病斑表面上可形成黑褐色或黑色霉层；严重时叶片干枯凋萎。在块茎上，产生微凹陷的圆形或不规则的黑褐色病斑，大小不等，有的病斑，直径可达2cm。健康与患病组织的边缘明显，有时略微突起。病斑之下的块茎组织变褐，呈木栓化干腐。

（3）马铃薯癌肿病。被害块茎或匍匐茎由于病菌刺激寄主细胞不断分裂，形成大大小小花菜头状的瘤，表皮常龟裂，癌肿组织前期呈黄白色，后期变黑褐色，松软，易腐烂并产生恶臭。病薯在窖藏期仍能继续扩展为害，甚者造成烂窖，病薯变黑，发出恶臭。地上部，田间病株初期与健株无明显区别，后期病株较健株高，叶色浓绿，分枝多。重病田块部分病株的花、茎、叶均可被害而产生癌肿病变。

（4）马铃薯粉痂病。主要为害块茎及根部，有时茎也可染病。块茎染病初在表皮上现针头大的褐色小斑，外围有半透明的晕环，后小斑逐渐隆起、膨大，成为直径3~5mm不等的“疱斑”，其表皮尚未破裂，为粉痂的“封闭疱”阶段。后随病情的发展，“疱斑”表皮破裂、反卷，皮下组织现橘红色，散出大量深褐色粉状物（孢子囊球），“疱斑”下陷呈火山口状，外围有木栓质晕环，为粉痂的“开放疱”阶段。根部染病于根的一侧长出豆粒大小单生或聚生的瘤状物。

（5）马铃薯干腐病。茄病镰孢侵染块茎。发病初期仅局部变褐稍凹陷，扩大后病部出现很多皱褶，呈同心轮纹状，其上有时长出灰白色的绒状颗粒，即病菌子实体。开始时薯块表皮局部颜色发暗、变褐色，以后发病部略微凹陷，逐渐形成褶叠，呈同心环文状皱缩；后期薯块内部变褐色，常呈空心，空腔内长满菌丝；最后薯肉变为灰褐色或深褐色、僵缩、干腐、变轻、变硬。剖开病薯可见空心，空腔内长满菌丝，薯内则变为深褐色或灰褐色，终致整个块茎僵缩或干腐，不堪食用。

（6）马铃薯病毒病。病毒病主要有卷叶类型和花叶类型。

①花叶类型：引起花叶症状的病毒很多，如PVX、PVY、PVA、PVM、PVS等。这些病毒可单独或两种以上病毒复合感染引起花叶症状。根据花叶感染程度可分为轻花叶、重花叶、皱缩花叶、黄斑花叶。甘肃省花叶病毒主要是有PVX、PVY引起的。

②卷叶类型：甘肃省马铃薯卷叶病毒病主要是由卷叶病毒引起的，卷叶症状表现为叶片向上卷曲，叶片变厚、变脆，一般基部叶片卷曲严重，初感染时顶端叶片首先卷曲，有的品种并伴随有茎部和块茎维管束坏死。

③丛生矮化类型：一是丛矮，植株分枝多丛生，叶片变小，感病块茎产生纤细芽，可能是由类菌原体引起的；二是黄矮，顶端叶片黄化，植株矮缩，块茎内有坏死斑。可能是由PRDV（马铃薯黄矮病毒）引起的。

④束顶类型：植株顶部叶片小，变黄，微卷卷曲；有的表现出顶端叶片成锐角，向上直立。可能是PSTVd（马铃薯纺锤块茎类病毒）引起的。

（7）马铃薯环腐病。叶片初期症状为叶脉间退绿，呈斑驳状，以后逐渐变黄、变枯。叶片边缘也可变黄变枯，并向上卷曲。发病一般先从植株下部叶片开始逐渐向上发展到全株。茎和块茎横切面出现棕色维管束，一旦挤压可能会有细菌性脓液渗出。块茎维管束大部分腐烂并变成红色、黄色、黑色或红棕色。

（8）马铃薯黑胫病。又称黑脚病，这是以茎基部变黑的症状而命名的。此病也可引起块茎腐烂，故有些著作将此病与其他细菌引起的块茎腐烂一起统称为软腐病。

此病的典型症状是植株茎基部呈墨黑色腐烂。病害发展往往是从块茎开始，经由匍匐茎传至茎基部，继而可发展到茎上部。匍匐茎和茎部除表皮变色外维管束亦变浅褐色，病株呈矮化、僵直，叶片变黄色，小叶边缘向上卷。发病后期，茎基部呈黑色腐烂，整个植株变黄，呈萎蔫状，直至倒伏、死亡。当块茎表面潮湿时，软腐细菌可能感染皮孔，引起环形凹陷区，在块茎运输和贮存时，腐烂可能迅速从这里传播开来。

（9）马铃薯软腐病。有的地区又称腐烂病，是以块茎的发病症状而命名的。

此病主要发生在块茎上，有时也发生在地上部分。病菌只能经由皮孔和伤口侵入块茎组织。块茎皮孔受侵染后形成轻微凹陷的病斑，淡褐色至褐色，呈圆形水浸状。在潮湿温暖条件下，无论是从皮孔还是从伤口侵入形成的病斑，都可能很快扩大呈湿腐状变软，髓部组织腐烂，呈灰色或浅黄色，病组织与健组织界限分明，通常在病区边缘呈褐色或黑色。腐烂组织一般在发病初期无明显臭味，但到后期受腐生菌二次侵染后恶臭难闻。在干燥条件下病斑的发展受到抑制，皮孔处的病斑可变成发硬的干斑。

（10）马铃薯疮痂病。这种病一般发生在碱性土壤上，严重影响块茎质量，使块茎失去了商品价值，对产量影响不大。

它可能是肤浅的或网状的（右），深的或小坑状的（左），或者凸起状，好象薯块上长的疮疤，所以称之为疮痂病。

（11）马铃薯青枯病。病株稍矮缩，叶片浅绿或苍绿，下部叶片先萎蔫后全株下垂，开始早晚恢复，持续 4~5d 后，全株茎叶全部萎蔫死亡，但仍保持青绿色，叶片不凋落，叶脉褐变，茎出现褐色条纹，横剖可见维管束变褐，湿度大时，切面有菌液溢出。块茎染病后，轻的不明显，重的脐部呈灰褐色水浸状，切开薯块，维管束圈变褐，挤压时溢出白色黏液，但皮肉不从维管束处分离，严重时外皮龟裂，髓部溃烂如泥，区别于枯萎病。

2. 马铃薯害虫

（1）马铃薯瓢虫。成虫为红褐色甲虫，鞘翅上有 28 个黑色斑点，排列整齐，幼虫中部肥大，两端稍细，身上有黑色刺毛，排列规则。每年可繁殖 2~3 代，以成虫躲在山崖石缝或在树皮、墙缝、房檐下等处越冬。

（2）马铃薯其他害虫。马铃薯其他害虫，如蚜虫、蛴螬、蝼蛄、金针虫和地老虎等，在蔬菜生态植保部分都有论述。

二、马铃薯主要病虫害生态防控

1. 马铃薯晚疫病

（1）栽培抗病品种。这是防治晚疫病最经济、最有效、最简便的方法，也是国内外历史上最成功的措施。

（2）适时早播。晚疫的流行多发生在 8 月份，如能适当提早播种，并选用早熟品种，使马铃薯在晚疫病流行之前接近成熟，从而避免马铃薯的严重减产。

（3）加厚培土层，勿使块茎露出土面。加厚培土层可以阻止植株上的孢子落到地面而侵染块茎。

（4）提早割秧。在晚疫病流行之年，要提早割秧，防止大量的病菌孢子扩散。割下的秧要运出田外。

（5）做好窖藏。在下窖之前必须放在通风处脱水，把烂薯、划伤薯挑出。

2. 病毒病

（1）选用抗病耐病优良品种。

（2）选用脱毒种薯，确保无毒种薯种植。

（3）现蕾前要及时发现和拔除病毒感染的花叶、卷叶、叶片皱缩、植株矮化等症状的病株。

（4）改变栽培措施。进行轮作或轮休，中断侵染循环；改变播种期，根据蚜虫迁飞高峰时间，决定播期，早迁飞可适当晚播，以避开蚜虫迁飞高峰期，晚迁飞可适当早播，以使植株在蚜虫迁飞期已具有成龄抗性；马铃薯田远离毒源植物如茄科蔬菜、感病马铃薯等，以减少传染，还要远离油菜等开黄花的作物，从而减少蚜虫的趋黄降落；收获前提早杀灭并清除地上部分，以减少病毒运转到种薯的机会。

3. 环腐病

（1）实行检疫。首先要实行种薯产地检疫，即在生长季节对种薯田进行严格调查，全部消除有病植株和薯块，严禁用感病土壤中收获的块茎作种。其次则是要采用准确可靠的检验技术，对种薯实行严格检查，禁止有病种薯外运。

（2）建立无病留种基地，繁育无病种薯。从脱毒试管苗及原原种繁殖开始直到各级种薯的生产，每个环节严格控制环腐病的侵染，确保种薯无病。

（3）不用切块播种，提倡小整薯播种：切刀传病已为生产实践所证实，应尽量避免用切块播种。

（4）播种前晒种催芽，淘汰病薯。

（5）装盛种薯容器的清洗和消毒。

（6）种植抗病品种。

4. 黑胫病

（1）播种前适当晾晒种薯，一则可汰除病烂薯块，二则可使受伤薯块充分木栓化，从而减少镰刀菌和其他病菌的侵染，并杜绝黑胫病侵入途径。

（2）采用整薯播种，尽量不用切块播，避免切刀传病。

（3）马铃薯生长期间注意排水，避免过量浇水，以免土壤湿度太大而加重发病。

（4）不要施用带有病残体的堆肥和厩肥，减少侵染来源。

（5）及时拔除田间病株并彻底销毁，以减少病害扩大传播。

（6）在晴而温暖天气和土壤较干燥的时期收获，并使种薯晾干后入窖，减少薯块受病菌沾染和侵入的机会。

（7）注意农具和容器的清洁，必要时可用次氯酸钠、漂白粉水等进行消毒处理，以消灭沾染的病菌，防止传染。

（8）种植抗病或耐病的品种。

5. 软腐病

防治软腐病的基本策略应是预防发病。首先是尽量减少病菌侵染源，其次是最大限度地减少病害传播的机会，最后则是避免造成块茎和植株受伤。此外还应提倡筛选和培育抗（耐）病品种。具体防治要点如下：

（1）收获期防治。a. 应在块茎完全成熟时收获。b. 应在土温低于20℃以下和土壤较干燥时收获。c. 防止块茎在太阳光直射下曝晒造成损伤。d. 尽量避免和减少在收获和运输过程中造成块茎破伤。

（2）贮藏期防治。a. 薯堆温度凉到10℃以下再入窖。b. 保持窖内冷凉并通风良好，避免块茎表面潮湿和窖内缺氧。

（3）播种期防治。a. 播种前晾晒种薯，汰除有病薯块。b. 避免在土壤湿度太大时播种，以防发生烂种死芽。c. 用小整薯作种。

（4）环境卫生。不要随意扔丢病薯病株和其他病植物残体，造成环境污染，清除窖旁田边的烂菜堆、垃圾堆等以减少传染来源。

（5）选育和种植抗病或耐病品种。

6. 疮痂病

（1）栽培抗病品种。这是防治普通疮痂病最重要的方法。据报道，国外有很多抗疮痂病的品种。

（2）加强植物检疫。从国内外引种或调种时，必须防患于未然，加强检疫工作，杜绝引进或调入带病种薯。

（3）实行合理轮作。大量事实表明，连作或轮作周期较短，会使疮痂病发病率迅速增加。相反地，在疮痂病严重的地块上，实行马铃薯和其他谷类作物4~5年的轮作，而使疮痂病发生减少。

（4）其他的防治措施。如在无病的土壤上种植无病种薯，或实行种薯消毒；通过施用硫磺粉，以增加土壤的酸度；避免施入太多的石灰或草木灰；选用酸性肥料；病害特别严重时用适当的药剂消毒土壤。

7. 马铃薯瓢虫

（1）防治重点区域。有暖冬、石质山较多的深山区和半山区，距荒山坡较近的马铃薯田。

（2）防治指标。调查100棵马铃薯，有30头成虫，或每100棵有卵100粒，就必须采取防控措施。

（3）马铃薯瓢虫的天敌，除了常见捕食性天敌外，还可利用2种幼虫寄生蝇（*Dorgphorophaga* sp.、*D. coberans*）和1种卵寄生蜂（*Edovum puttleri*）（Kuepper，2003）。

三、马铃薯生态植保整体解决方案

1. 掌握病虫源状况，实施源头治理

2. 掌握生物防治资源，全面推进生物防治

3. 选用脱毒抗病优良品种

马铃薯不同品种对晚疫病的抗病性有很大差异，生产上应因地制宜推广种植抗（耐）病性较强的品种，如晋薯系列（11号、13号、14号、15号）和冀张薯8号等品种。病害发生区要注意选用脱毒种薯，建立无病留种田。留种田要与大田相距2.5km以上，采取严格的管理措施，单打单收。

4. 种薯处理技术

选切薯种剔除病薯，选用无病种薯，提倡小整薯播种。切种应在播种前2~3d进行，切块大小以30~50g为宜，每个切块至少要带一二个芽眼。切薯时准备二三把切刀，置于质量分数为0.1%的高锰酸钾溶液或质量分数为75%的酒精中浸泡消毒，每隔一段时间换一把，将病薯、烂薯剔除，同时更换切刀，以防止病菌传染。

5. 栽培技术应用

（1）高垄栽培技术。通过起垄栽培、多层结薯，达到马铃薯高产优质的目的，同时避免或减少田间积水，降低薯块带菌率。

（2）栽培防病技术。适时播种，合理轮作，尽量避免与茄科类、十字花科类作物连作或套种。合理密植，及时中耕除草，控制现蕾期徒长，保持通风透光，降低田间小气候湿度，减少发病。

6. 人工捕捉成虫

利用28星瓢虫假死性敲打植株使其坠落，收集灭虫。人工摘除28星瓢虫卵块，集中处理，减少害虫数量。

7. 收获与贮藏期病害预防技术

马铃薯收获前1周要进行杀秧，把茎叶清理出地块外集中处理。选择晴天收获，避免其表皮受伤。入窖前，剔除病薯和有伤口的薯块，在阴凉通风处堆放3d。贮藏前，用硫磺熏蒸消毒贮窖。贮藏期间加强通风，温度不低于4℃，湿度不高于75%。

第五节　杂粮作物生态植保

一、杂粮作物病虫害种类

1. 杂粮作物主要病害

（1）谷子叶斑病。主要为害叶片。叶斑椭圆形，大小 2~3cm，中部灰褐色，边缘褐色至红褐色。后期病斑上生出小黑粒点，即病菌分生孢子器。

（2）谷子白发病。幼苗被害后叶表变黄，叶背有灰白色霉状物，称为灰背。旗叶期为害株顶端三、四片叶，叶变黄，并有灰白色霉状物，称为白尖。此后叶组织坏死，只剩下叶脉，呈头发状，故叫白发病。病株穗呈畸形，粒变成针状，称刺猬头。

（3）锈病。幼苗期即可出现病征，产生夏孢子堆。孢子堆边缘呈紫红色，多生于叶背上，夏孢子借气流传播，可再次侵染植株，初期呈现淡黄色小点，以后逐渐形成椭圆、稍隆起的小斑，破裂后散发出铁锈般的赤褐色和黑褐色的粉末，即夏孢子和冬孢子。冬孢子在田间病株残体上越冬，植株过密、排水不良、偏施氮肥等都会加重该病的发生。

（4）谷瘟病。叶片典型病斑为梭形，中央灰白或灰褐色，叶缘深褐色。潮湿时叶背面发生灰霉状物，穗茎为害严重时变成死穗。

（5）丝黑穗病。主要发生在穗上，俗称“乌米”。一般被害植株矮小。病征在挑旗期表现明显，旗叶紧包病穗，病穗中间鼓突，初期剥开叶片为白皮包着的丝状物，抽穗后，上部白皮略带微红色，破裂后散出黑粉，随后露出一团残留的丝状维管束组织。冬孢子通过土壤、种子传播。甜高粱种子从露白尖到幼芽长度为 1~1.5cm 时，为病菌最适宜侵染的生育时期。

（6）叶炭疽病。从苗期到抽穗期均可发生。初期叶尖上出现褐色小点，随后扩大成椭圆形或合并成不规则的病斑，边缘紫红色或紫黑色，中央淡褐色，叶片两面的小黑点为分生孢子，在土壤湿度和大气湿度大时发病严重。病害发生时，叶片功能降低，影响茎秆和籽粒的产量。

（7）散黑穗病。在抽穗后显症，被害植株较健株抽穗晚、较矮、较细、节数减少；病穗上每个小穗的花蕊和内外颖都因受害而变成黑粉，外面有一层灰白色的薄膜，变成卵形的灰包，从颖壳伸出，外膜破裂后，散出黑褐色粉状的厚垣孢子，露出长形中轴，此轴是由寄主组织形成的，病穗的护颖也较健穗稍长。本病以种子传染为主，带病种子播种后，病菌与种子同时发芽，侵入寄主组织，向生长点发展，最后侵入穗部，形成病穗。药剂处理同丝黑穗病，带菌病穗和秕粒等应集中销毁，减少菌源。

（8）高粱大斑病。叶片病斑长梭形，中央淡褐色，边缘紫红色，早期常有不规则的轮纹，病斑大，一般约 20~60mm×4~10mm，病斑的两面生黑色霉状物，即病菌的子实体。通常自植株下部逐渐向上发展，潮湿情况下，病斑发展迅速，互相融合，引起叶片干枯。该病发生较早，7 月为害严重，是常温、多雨年份引起高粱大片翻秸的主要原因。

2. 杂粮作物主要虫害

（1）蝼蛄。我国发生的主要有非洲蝼蛄和华北蝼蛄，华北蝼蛄主要分布在我国北部，非洲蝼蛄则分布全国各地。生活史较长，1 年或多年 1 代。昼伏夜出，趋光性很强，嗜好香甜物质，为害甜高粱的根部，造成幼苗死亡。

（2）蛴螬（金龟子）。主要有朝鲜金龟子和东方金龟子。其生活史较长，以成虫或幼虫在土中越冬，成虫日出或昼伏夜出，以后者居多。夜出的种类往往具有趋光性，通常有假死习性。为害幼苗根部，造成缺苗断条。

（3）高粱长椿象。集中在幼苗茎部，刺吸幼苗汁液，影响苗期生育，严重发生时造成幼苗死亡。

（4）蚜虫。为害甜高粱的蚜虫很多，但以甘蔗蚜为害最为严重。高温、干旱少雨时可大量发生。该虫发生世代短，繁殖快，以卵在草上越冬，春季温度达到10℃后孵化，在草根部取食，后上移至嫩茎取食。第2代以后产生的有翅孤雌蚜及无翅孤雌蚜，当6月高粱出苗后迁至高粱上，寄生在叶背取食营养，初发期多在下部叶片为害，逐渐向植株上部叶片扩散，使叶背布满虫体，并分泌大量蜜露，滴落在下部叶片和茎上，油亮发光，故称为“起油株”，影响植株光合作用及正常生长，造成叶片变红、“秃脖”、“瞎尖”、穗小粒少、籽粒单宁含量增加、米质涩，严重影响其产量与品质。

（5）舟蛾。在华北1年发生1代，以蛹在土中6~10cm深处越冬，翌年6月下旬羽化，7月中旬成虫盛发，交配后在高粱叶背面产卵，卵单粒散产。幼虫孵化后，取食叶片，为害期1个月左右，以蛹越冬。成虫昼伏夜出，有趋光性，喜潮湿、阴暗，常在叶背面。7月间如果阴雨连绵、气候凉爽，则易大发生。黏性土壤较沙质土壤发生重。

（6）黏虫。在生长发育过程中没有滞育现象，条件适合时终年可以繁殖；因此，在我国各地发生世代因地区纬度而异，纬度越高，发生世代越少。昼伏夜出，对黑光灯有强趋性。是禾本科作物共同的害虫，幼虫啮食叶片，甚至啃咬穗子。

（7）玉米螟。玉米螟在我国西北、华北、东北和华东的高粱产区均有为害。玉米螟发生代数因各地气候条件不同而异，每年可发生1~6代。

（8）条螟。在华北、河南、江苏等省1年发生2代，低龄幼虫在心叶内蛀食叶肉，只剩表皮，呈窗户纸状，龄期增大则咬成不规则小孔或蛀入茎内取食为害，有的则咬伤生长点，使高粱形成枯心状，茎秆易折。老熟幼虫在高粱茎秆内越冬，主要为害夏播甜高粱或其晚熟品种。

（9）桃蛀螟。该虫在青米期为害，幼虫蛀食籽粒，3龄后爬出结网缀合小穗，在内穿行，食害籽粒，严重时可将整穗吃光，幼虫蛀孔处排满粪便，易引起发霉，使高粱品质降低。在华北地区1年发生2~3代，长江流域4~5代，以末代老熟幼虫在高粱、玉米、蓖麻残株及向日葵花盘和仓贮库缝隙中越冬。成虫趋化性较强，羽化后的成虫必需取食补充营养才能产卵。

（10）粟灰螟。1年发生2~3代，以老熟幼虫在谷茬内越冬，东北及西北地区越冬幼虫约在5月下旬化蛹，为害期为6—9月，田间世代重叠，以1~2代幼虫为害幼苗，造成枯心，以老熟幼虫或蛹越冬。

二、杂粮作物主要病虫害生态防控

（1）锈病。适时追施氮肥，生育期注意排水防涝，加强田间管理；发病初期，田间用药剂防治；选用抗病品种。

（2）谷子褐条病。发病时，可用72%农用链霉素。病害较重的地块，要剥除老叶，除去无效茎以及过密和生长不良植株，通风透气，降低温度。

（3）丝黑穗病。在无病田或发病很少的田块穗选留种；选用抗病品种；发现病株及时砍倒，并掌握在灰包破裂之前将病株砍掉，拉到地外销毁。如果用病穗喂牲畜或沤粪，必须使粪肥腐熟才能使用，以减少菌源；种子经筛选、风选扬净杂质和秕粒后，用药剂处理；在种植结构上实行3年以上轮作，以减少土壤病菌、减轻其为害。

（4）叶炭疽病。清除病株残体，烧毁或深埋；用适宜的杀菌药剂浸种消毒，冲洗后播种；发病初期用杀菌药剂防治；选用抗病品种。

（5）散黑穗病。药剂处理同丝黑穗病，带菌病穗和秕粒等应集中销毁，减少菌源。

（6）高粱大斑病。选用抗病品种；及时秋耕，将病株残体深埋土中，要特别注意高粱生育后期不可缺肥，以减轻发病。

（7）蝼蛄。播种前或播种时在种植沟中条施杀虫剂；药剂拌种；在高粱田中，每隔20m左右挖一个小坑，然后将马粪或带水的鲜草放入坑内，将虫诱入后，白天集中捕杀。或在坑内放毒饵；

春季可以挖窝灭虫，夏季挖窝灭卵。

（8）蛴螬（金龟子）。沿种植沟每亩条施适量杀虫剂；人工捕杀或灯光诱杀成虫；施肥时必须用充分腐熟的厩肥，否则易孳生蛴螬；可以间作蓖麻，对多种金龟子有诱食、毒杀作用；羽化期采用人工灯光诱杀；利用细菌杀虫剂防治蛴螬也有一定效果，主要用日本金龟芽孢杆菌。

（9）高粱长椿象。在成虫群集越冬时，掀石块、搜草丛，捕捉越冬幼虫；在湿度较大时可用白僵菌防治。

（10）蚜虫。在开始发生时，将带有蚜虫的叶片轻轻打下，带出田间深埋，对控制蚜虫的蔓延有一定作用；可以用药剂防治，但需要注意有些品种对有机磷杀虫剂过敏，切忌使用；还可以采用大豆间作的方法，改善田间的小气候；在大发生年，可用杀虫剂低容量喷雾。

（11）舟蛾。人工捕捉幼虫。该蛾幼虫体肥大，不活泼，容易捉拿，可根据被害状捕捉并杀死；越冬期间挖蛹，或在卵期摘除卵块；灯光诱杀。

（12）黏虫。自成虫产卵初期开始，麦田每公顷插小谷草把150把诱其产卵，每2d换1次，将谷草把烧毁，也可在产卵时在田间采卵；在成虫发生时，每0.13~0.20hm^2设置1个糖醋酒诱杀盆或每公顷设置30~45个杨枝或谷草把，逐日诱杀，可明显降低田间落卵量和幼虫密度；施用灭幼脲等对天敌杀伤力小的药剂进行药剂防治。

（13）玉米螟。玉米螟为害心叶时，喷施杀虫剂（有机磷过敏品种慎用）；卵孵化盛期，用杀虫剂进行心叶防治。

（14）条螟。与玉米螟相类似，如与玉米螟同时发生，可同时防治，如相差一段时间（10d以上），须多喷1次药；条螟越冬幼虫在秆上部较多，在收割时可采取长掐穗的方法减少越冬幼虫量。

（15）桃蛀螟。清除越冬场所内的越冬虫，脱粒时将秸秆、穗子等上面的越冬虫集中消灭。仓库缝隙和果园树皮的越冬幼虫也要杀灭；在高粱抽穗始期要进行卵与幼虫数量调查，当有虫（卵）株率达到20%以上时即需药剂防治。

（16）粟灰螟秋季翻耙田地，将根茬暴露在地面，在低温、干燥条件下将越冬幼虫杀死；人工摘除枯心苗，集中烧毁；掌握虫情，必要时进行化学防治；灯光诱杀。

三、杂粮作物生态植保整体解决方案

（1）掌握病虫源，强化源头治理。清除地埂和庄前屋后的植物残体，消灭传染源。

（2）掌握生物防治资源，全面推进生物防治。

①利用害虫天敌：如用赤眼蜂防治鳞翅目害虫，利用草蛉、瓢虫、食蚜蝇、猎蝽等捕食蚜虫等。

②微生物防治：如用苏云金杆菌、白僵菌、绿僵菌防治鳞翅目害虫。

（3）在适合本地种植的品种中，选择种植丰产、优质、抗病虫、抗逆性强的品种。同时注意品种的抗性表现和变化，一旦抗性丧失，应及时更新品种。选生态条件良好，无工矿企业污染源、远离医院和垃圾、空气清净、灌溉水清洁并符合土壤环境质量规定的区域作为种植田块。要合理安排茬口，尽量不要重茬，轮作倒茬间隔期一般以3年以上为宜。

播前种子处理：①晒种。播前晒种既可提高种子的生活力，又可通过太阳照射杀死粘附在种子表面的病菌；方法是：选晴天，把种子摊开翻晒2~3d，厚度以2~3cm为宜，注意不要在水泥地和柏油路上晒。②选种。播前采取温汤浸种能杀死黏附在种子表面的线虫等。方法是：将种子放于55℃的温水中浸泡10min，捞出飘浮的秕谷及杂质，将沉下的籽粒取出晒干即可。

（4）精耕细作，合理密植，加强水肥管理，采用配方施肥技术，增施腐熟有机肥，注意微量元素的使用，以增强谷子的整体抗性。结合中耕除草拔除病虫植株，及时清理农田。

（5）物理防治（诱杀）。

①诱杀害虫：将糖、醋、酒、水按照3：4：1：2的比例调匀后，再按1%的比例加入50%敌百虫可湿性粉剂，搅匀后放盆内，保持液深3.3cm左右，傍晚放在田间，杀灭成虫。也可在麦田、谷田每1hm^{2}用75个大谷草把，分别吊在离地1~1.5m高的木棍上，每隔20~30cm插一个，每日清晨抖草把，把落在地上的蛾子踩死。成虫盛发期，可在田内插小谷草把，诱集成虫产卵，每1hm^{2}地可散插150~225个小谷草把，草把应高出作物30~70cm。大、小草把都应5d换一次，换下后烧掉。

②黄板诱杀：在谷子田内悬挂黄色黏虫板或黄色机油板诱杀蚜虫等效果显著。方法是：每15~1hm^{2}悬挂50cm×50cm或50cm×70cm的自制黄板20~25个。

第二章　经济作物生态植保方案

棉花、花生、大豆和烟草是重要的经济作物，在我国国民经济中占有重要地位。随着农林产业结构的调整，经济作物生产在农业和整个国民经济中的地位愈来愈重要。它们从种到收，各个生育期和植株各部位均可遭受多种病虫的侵袭。由于经济作物种类不同，同种作物的种植区域和种植制度不同，其主要的病虫种类、发生为害特点和综合防治策略也不相同。

第一节　棉花生态植保

植棉业在我国国民经济中占有十分重要的地位。我国有记载的棉花病害有40余种，其中较重要的有苗期病害如立枯病、炭疽病、红腐病、茎枯病以及角斑病等，系统侵染病害如枯萎病和黄萎病等，铃部病害如疫病、炭疽病、红腐病、红粉病和黑果病等。常见的棉花害虫约30种，但各棉区常年发生的种类仅为少数几种，如棉蚜、棉铃虫和棉蓟马等。棉花因病虫为害每年平均造成产量损失15%~20%，严重为害年份达50%以上。另外，棉花是大田作物中使用农药最多、病虫为害最重及抗药性害虫最猖獗的作物。因此，持续有效地控制病虫的为害，是棉花生产上的重大课题。

一、棉花病虫害种类

1. 棉花病害

（1）棉枯萎病。由尖镰孢菌（*Fusarium oxysporium* f. sp. *vasinfectium*）引起。我国于1931年在华北首次发现，现已遍及各主要产棉区。病菌寄主范围很窄，一般只侵染棉花和秋葵。棉花苗期感病可引起大量死苗，中后期感染，叶片及蕾铃大量脱落，导致枯死。为我国植物检疫对象之一。

棉花枯萎病为系统性维管束病害，在整个生育期均可发病，以现蕾前后为发病高峰，严重时造成植株成片死亡。发病受气候条件和棉花发育阶段的影响，可表现多种症状类型，常见的有黄色网纹型、青枯型和矮缩型。黄色网纹型子叶或真叶叶脉变黄，叶肉仍保持绿色，形成黄色网纹状；青枯型叶色不变，全株或植株一侧的叶片萎蔫下垂，最后枯死；矮缩型主要发生在成株期，病株表现为节间缩短，株型矮小，叶片深绿变厚，皱缩不平，叶片和蕾铃大量脱落，直至整株枯死。同一病株有时会表现多种症状，但无论哪种症状，刨开茎部均可见维管束变为深褐色。潮湿条件下，枯死植株基部茎秆表面产生大量粉红色霉层（图5-2-1）。

病菌可在土壤中营腐生生活达8~10年之久，因此带菌土壤是主要的初侵染来源，其次为带菌棉籽、棉籽饼、棉籽壳和带有病残体的土杂肥，在棉田还可通过人、畜、农具和流水等途径传播，使病情加重。异地调运带菌种子可造成远距离传播，将病害从疫区传到保护区。病菌主要从根鞘直接侵入，但从伤口侵入发病率更高。侵入后的病菌在维管束组织中繁殖并扩展到茎、枝、叶、果及种子等器官，同时分泌毒素破坏植株正常生理活动，引起各种症状，甚至使植株枯死。

（2）棉黄萎病。由大丽轮枝孢（*Verticillium dahloiae*）和黑白轮枝孢（*V. albo-atrum*）引起。

分布遍及全国各主要产棉区，但以北方棉区发生重而普遍。病菌寄主范围极广，不仅能侵染棉花，还能为害马铃薯、茄子、辣椒、番茄、烟草、芝麻、蚕豆和向日葵等。是我国棉花上为害最重的病害之一，被列为植物检疫对象。棉花染病后，叶片变黄干枯，结铃少而小，纤维品质明显下降。

植株发病先由下部叶片开始，并逐渐向上扩展，发病植株初在叶缘和叶脉间出现不规则形淡黄色斑块，而主脉附近保持正常绿色，叶片呈现褐色掌状斑驳，病斑最后变褐枯死。夏季久旱遇雨或灌溉后，常出现急性黄萎，叶片呈水烫状萎蔫；也可引起急性萎蔫落叶症状，叶片突然垂萎，呈水渍状，短时间内可致蕾铃全部脱落。刨开茎部，可见维管束变成浅褐色，由此可与枯萎病相区别（图 5-2-1）。但当黄萎病与枯萎病同株混生时，常会表现出兼有两种病害的特征。

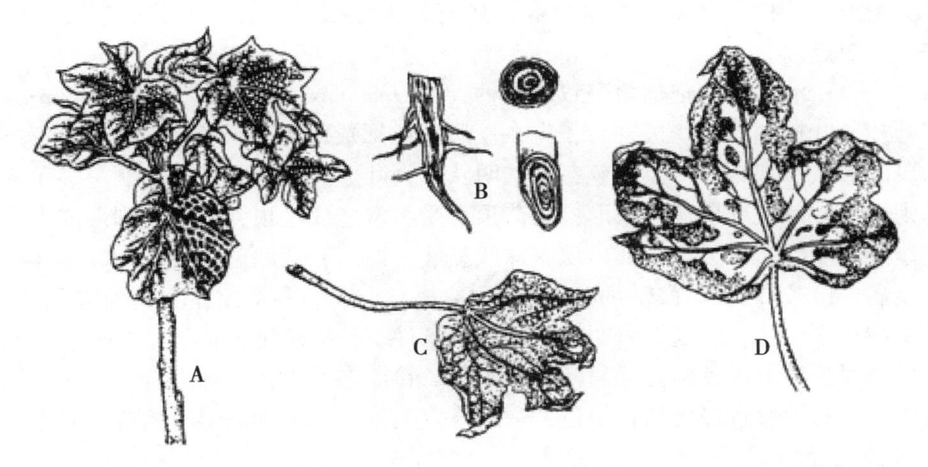

A.枯萎病病株；B.枯萎病病茎（根）剖面；C.枯萎病病叶；D.黄萎病病叶

图 5-2-1　棉花枯萎病和黄萎病

黄萎病也是一种典型的维管束病害，其侵染循环规律与枯萎病基本相同。但该病发生较枯萎病稍迟，一般现蕾后开始表现症状，开花结铃期达发病高峰。

（3）棉花苗期病害。棉花苗期，特别是出苗 20d 左右极易遭受多种病菌侵袭，造成烂种、病苗和死苗，出现缺苗断垄和生长发育迟缓等现象。按其发生部位可分为两大类：一是棉苗根病，主要有立枯病、红腐病、炭疽病；二是棉苗叶病，主要有黑斑病、角斑病、疫病和茎枯病。

①棉立枯病：由立枯丝核菌（*Rhizoctonia solani*）引起。主要为害棉花幼苗，初在幼苗茎基部形成黄褐色病斑，后逐渐扩展环绕幼茎，形成黑褐色缢缩，造成棉苗枯死。若种子染病，则引起烂种、烂芽。拔起病苗时，茎基部以下皮层因与木质部分离而留在土壤中，仅存鼠尾状木质部。潮湿条件下，病部常产生白色菌丝体。子叶受害可产生不规则黄褐色病斑，病组织易脱落而成穿孔。

②棉红腐病：由串珠镰孢（*Fusarium moniliforme*）和禾谷镰孢菌（*F. graminerum*）引起。以根茎发病为主，一般在棉苗出土前受害，常引起烂根、烂芽。幼苗发病根尖首先变黄褐色，后逐渐扩展至整个根部变褐腐烂，有时病部略肿大，并产生纵向褐色短条纹。受害子叶多在叶缘产生黄褐色斑点，后扩大成圆形或不规则形病斑。病部组织易破碎。棉铃发病时，病斑多从铃尖、铃壳裂缝和铃基部发生，初呈绿黑色水渍状，常迅速扩及全铃而呈黑褐色腐烂。潮湿条件下，病部表面产生白色或粉红色霉层。

③棉炭疽病：由棉炭疽菌（*Colletotrichum gossypii*）引起，主要为害茎部和子叶，棉铃亦可受害。棉苗出土前发病，易造成烂根、烂芽。苗出土后感病，在近地面的茎部出现红褐色梭形条斑，病斑略凹陷，并沿病斑出现纵裂。严重时病部变黑，棉苗干枯死亡。子叶发病多在边缘产生圆形或半圆形褐色病斑，边缘暗红色，稍隆起，后期病斑干枯脱落，子叶边缘表现不同程度的缺刻，天气

潮湿时病部表面散生黑色小点。成株期叶片的感病部位呈棕色斑点，茎病部位初为红色纵斑，后颜色变黑。锦铃发病时，初期在铃尖上产生许多小紫红色斑点，后逐渐扩大合并为暗褐色或墨绿色圆形凹陷斑。天气潮湿时，病斑中央产生红褐色黏液。

④棉黑斑病：由细链格孢菌（*Alternaria tenuis*）引起。被害子叶或真叶病斑初为褐色，近圆形，后扩大为不规则形，暗褐色，具有同心轮纹。病情严重时，叶片上可出现多个病斑连片，造成叶片脱落。若遇阴雨潮湿，病部表面有黑色霉层。

⑤棉茎枯病：由棉壳二孢菌（*Ascochyta gossypii*）引起，主要发生在苗期，棉铃亦可受害。子叶和真叶上初产生紫红色小点，后扩大成边缘紫红色、中间淡褐色的近圆形病斑。病斑上有同心轮纹，并散生小黑点。叶柄和茎基部亦可发病，病斑初为红褐色，后扩大成褐色梭形病斑，中间凹陷，上生许多小黑点。

⑥棉角斑病：由油菜黄单孢棉角斑致病变种（*Xantomonas compestris* pv. *malvacearum*）引起。主要为害棉花叶片、叶柄和幼芽。被害后，先在发病部位形成深绿色油渍状病斑，后病斑变黑褐色。子叶上的病斑圆形或不规则形，黑褐色，半透明状；真叶上病斑因受叶脉限制呈多角形，若病斑扩展至叶脉，则可沿叶脉扩展形成长条形；幼苗顶芽受害常造成烂顶；棉铃上则形成深褐色油浸状凹陷圆斑。夏季天气潮湿时，可在病部出现露珠状黏液，即病原菌的菌脓。

⑦棉铃疫病：由苎麻疫霉（*Phytophthora boeheriae*）引起。在苗期，主要为害子叶及幼嫩真叶。初期病斑呈灰绿色水渍状，病健界限明显。在高湿条件下，病斑迅速扩展呈墨绿色水渍状大斑，最后引起全叶呈青褐色至黑褐色凋萎，病叶容易脱落。铃期多发生在下部大铃，一般从棉铃基部、铃尖或铃缝开始，发病棉铃青绿色至青褐色，一般不发生软腐。天气潮湿时病铃表面生一层稀薄的白色至黄白色霉层。

棉花苗期病害的初侵染源大致可分为两类：一类是以土壤带菌传播为主，如立枯病、疫病和茎枯病。这类病菌可以寄居在土壤中，或随病残体在土壤中越冬，当棉花播种后，病菌萌发进行侵染，并通过农事操作，随人、畜、农具及流水等进行传播。另一类是以种子带菌为主，如炭疽病、黑斑病、角斑病和红腐病等。这类病菌粘附于种子外部或潜伏于种子内部越冬，成为第 2 年的初侵染来源，并借气流、雨水和昆虫的活动等传播进行再侵染。

（4）棉铃病害。棉铃病害约有 20 余种，一旦发生，轻者形成大量僵瓣，重者全铃烂毁，尤其在地膜覆盖、育苗移栽、施肥较多的早发旺长棉田，烂铃现象更加突出。常见的有疫病、炭疽病、角斑病、红腐病、黑果病、红粉病和灰霉病等。

①棉红粉病：由玫红复端孢菌（*Cephalothecium roseum*）引起。主要为害棉铃，受害棉铃腐烂，在铃缝处产生粉红色松散的霉层。开始时霉层稀薄，后期整个发病的铃壳布满橘红色厚而坚实的霉层。病铃不能开裂，棉絮成褐色僵瓣。

②棉黑果病：由棉色二孢菌（*Diplodia gossypina*）引起。主要为害中上部棉铃，发病的棉铃黑色僵硬、不易开裂，棉絮僵硬变黑，铃表面密生许多突起的小黑点，后期表面布满烟煤状物。

③灰霉病：由灰霉病菌（*Botrytis cinerea*）引起。多发生在疫病或炭疽病为害的棉铃上，病铃表面产生灰绒状霉层，引起棉铃干腐。

引起烂铃的病菌，从致病力及侵染方式来看，可分为两类：一类致病力较强，能直接侵入棉铃，如棉铃疫病菌、炭疽病菌等；另一类致病力弱，只能从伤口及棉铃裂缝处侵入，如红腐病菌、红粉病菌和黑果病菌等。前一类不仅对寄主造成直接伤害，而且其形成的病斑又为后一类病菌侵入提供了途径。棉铃病害的病原都具有较强的腐生性，普遍存在于土壤和病残体中，侵染来源广泛。

2. 棉花虫害

（1）棉蚜（*Aphis gossypii*）。又称腻虫、蜜虫等。属同翅目、蚜科。除我国西藏外，各棉区均有发生，尤以黄河流域、辽河流域和西北棉区发生重。棉蚜是多食性害虫，寄主植物广泛，主要越冬寄主有花椒、石榴、木槿、鼠李和夏至草等；侨居寄主有棉花、洋麻等锦葵科植物和西瓜、南瓜等葫芦科及豆科、菊科等植物，其中以棉花和瓜类为最重要的寄主。棉蚜聚集在叶背面或嫩尖上，以口针刺吸植物汁液，受害后的棉株形成“龙头”和叶片卷缩、导致根系发育不良、生长停滞，并推迟现蕾、开花和吐絮时间。此外，棉蚜分泌的蜜露能引发煤污病，从而阻碍棉花的光合作用。

成蚜体长 1.2~1.9mm，春秋两季体深绿色、蓝黑或棕色，夏季多为黄色至黄绿色。腹管黑色、圆筒形，尾片乳头状、每侧有刚毛 3 根（图 5-2-2）。

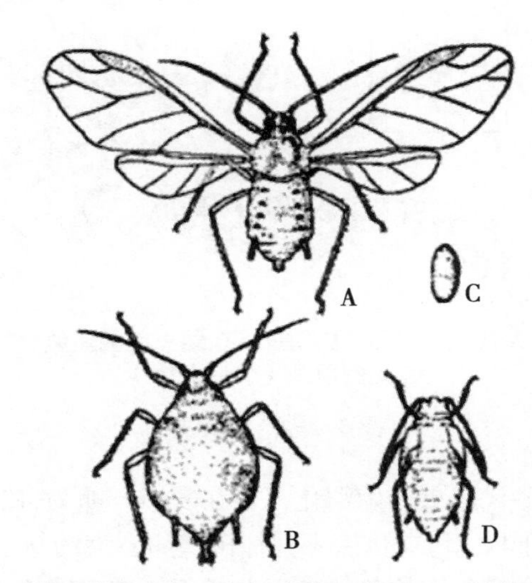

A.有翅胎生雌蚜；B.无翅胎生雌蚜；C.越冬卵；
D.若蚜（仿各作者）

图 5-2-2 棉蚜

棉蚜 1 年发生代数从北向南逐渐增多，约 10 余代至 20 余代。以卵在石榴、木槿、花椒树的枝条或夏至草等杂草的根际越冬，每年 3 月上旬开始孵化，4 月下旬至 5 月上旬棉苗出土时，产生大量有翅蚜迁飞到棉田为害。棉田在出苗后到现蕾前发生的棉蚜称为苗蚜，一般 10 多天繁殖 1 代，气温超过 28℃时，苗蚜的种群数量会自然下降，而且多分散在棉株的中下部。7 月份进入伏天以后发生的棉蚜叫伏蚜，繁殖速度很快，4~5d 就能繁殖 1 代，7 月中旬进入伏天以后，如遇到时晴时雨的天气，气温降到 28℃以下、相对湿度低于 90%时，种群又会突然剧增，并转移到棉株上部为害。

棉蚜的天敌种类、数量较多，常见的如蜘蛛、瓢虫、草蛉、食蚜蝇、蚜茧蜂、捕食螨和体外寄生的绒螨等。这些天敌和致病菌在自然状态下，对蚜虫种群数量的消长起着重要的控制作用。

（2）棉铃虫（*Helicoverpa armigera*）。属鳞翅目、夜蛾科。是世界性大害虫，在我国各棉区普遍发生，尤以黄河流域棉区、辽河流域和西北内陆棉区发生为害重。主要寄主有棉花、玉米、小麦、高粱、番茄、豆类、向日葵和苹果等。棉铃虫发生在棉花生长的中、后期，以幼虫啃食或蛀食为害棉花的顶心、蕾、花、铃和嫩叶，造成蕾、铃、花的大量脱落和烂铃，严重发生时，蕾铃脱落率达 50%以上。

成虫体长 15~20mm，前翅雌虫浅红褐色，雄虫浅青灰色；内横线、中横线和外横线不甚明显，环纹褐色，肾纹褐色，中央有一深褐色肾形斑；亚缘线和外横线间为褐色宽带，带内有 7 个小点，小点外侧白内侧黑；后翅黄白色或淡黄褐色，端区褐色或黑色，内有两个相连的半月形白色斑纹。幼虫体色多变，有黄绿色、绿色、黄褐色等，并有明显体线，主要特征是体表密布尖锐的小刺（图 5-2-3）。

棉铃虫在黄河流域棉区年发生 3~4 代，长江流域棉区年发生 4~5 代，以滞育蛹在土中越冬。

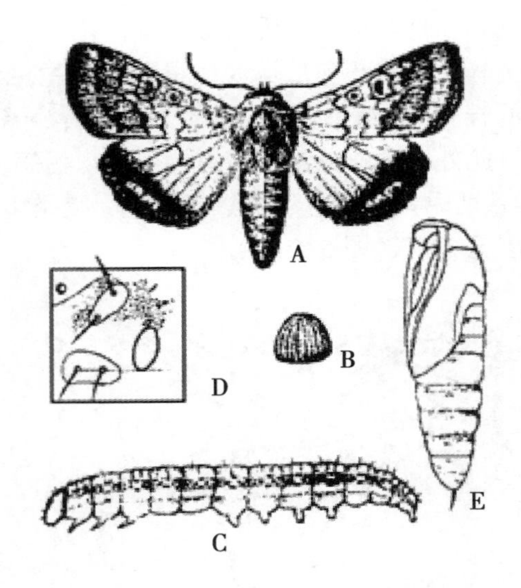

A.成虫；B.卵；C.幼虫；D.幼虫前胸左侧；
E.蛹侧面观（仿周尧等）

图 5-2-3　棉铃虫

在4代区，翌年4月中下旬越冬代成虫开始羽化，多在麦田产卵为害，幼虫在小麦收割前钻入松土中化蛹，一般不为害棉花。6月上中旬羽化后飞到棉田产卵，大约90%的卵集中产在棉花顶尖的心叶上，孵化后的第2代幼虫，主要为害棉花顶尖，造成无头棉和“公棉花”，严重影响棉花的正常生长。7月中下旬为第3代发生为害盛期，8月中下旬是第4代发生为害盛期。第3、4代幼虫主要为害棉花的蕾、花、铃，造成蕾、花、铃的大量脱落，对棉花产量影响很大。

在气候条件适宜和棉花贪青晚熟或种植晚熟品种的年份和地区，还可发生不完整的第5代。第4、5代幼虫除为害棉花外，有时还会成为玉米、花生、豆类、蔬菜和果树等作物上的主要害虫。9月份以后，随着气温的下降，老熟幼虫开始入土化蛹越冬。

（3）棉花蓟马。属缨翅目、蓟马科。为害棉花的主要有棉蓟马（*Thrips tabaci*）和花蓟马（*Frankliniella intonsa*）等。各棉区均有分布，但以北方发生为害较重。寄主植物主要有棉花、烟草、葱、洋葱、蒜、韭、瓜类和甘蓝等。以口器锉吸棉叶和生长点的汁液，棉苗子叶期受害后，生长点枯死，常形成“公棉花”、“破头棉”。棉叶受害后变厚变脆，叶背沿叶脉出现银白色斑点，为害重时成银白色条带，叶正面出现黄褐色斑，叶面皱褶不平，严重的全叶变成黄白色，干枯破碎。棉蕾受害后，苞叶展开，脱落。

棉蓟马成虫体长1.0~1.3mm，背面黑褐色，腹面淡黄色；前翅淡黄褐色，上脉端鬃4~6根，下脉鬃14~17根。花蓟马雌成虫浅褐至褐色，雄虫乳白或黄白色；前胸背板前缘有4根长鬃；前翅上脉鬃19~22根，下脉鬃14~16根。

棉蓟马在北方年发生6~10代，以成、若虫或伪蛹在棉田土壤里、葱蒜叶窝内或枯枝落叶中越冬。早春先在越冬寄主上繁殖，棉苗出土后飞往棉田为害，5月中旬至6月中旬进入为害盛期。棉蓟马成虫活泼，能飞善跳，飞翔力强，借助风力传播速度很快。一般在春季干旱温暖的年份发生为害较重。花蓟马对蓝色和白色光具有强烈的趋性，所以在地膜覆盖棉田发生较重。

（4）烟粉虱（*Bemisia tabaci*）。又称棉粉虱、甘薯粉虱。属同翅目、粉虱科。是热带、亚热带地区的主要害虫之一，近年来呈上升趋势。主要为害棉花、烟草、瓜类、番茄、茄子、甘蓝、莴苣等作物和一串红等多种花卉。刺吸寄主植物汁液，分泌蜜露，传播病毒，严重影响作物的产量和质量。

雌虫体长 0.91±0.04mm，翅展 2.13±0.06mm；雄虫体长 0.85±0.05 mrn，翅展 1.81±0.06mm。虫体淡黄白色，前翅仅 1 条翅脉、不分叉，左右翅合拢呈屋脊状。

（5）棉盲蝽。为害棉花的盲蝽有绿盲蝽（*Lygus lucorum*）、中黑盲蝽（*Adelphocoris sutu-raris*）、苜蓿盲蝽（*A. lineolatus*）、牧草盲蝽（*Lygus pratensis*）和三点盲蝽（*A. fasciaticollis*）等，均属半翅目、盲蝽科（表 5-2-1）。

表 5-2-1　5 种棉盲蝽成虫的形态特征

比较特征	绿盲蝽	苜蓿盲蝽	牧草盲蝽	三点盲蝽	中黑盲蝽
体长	5mm	7.5mm	5.5~6mm	7mm	6~7mm
触角	比体短	比体长	比体短	与体等长	比体长
体色	绿色	黄褐色	黄绿色	黄褐色	褐色
前胸背板	无黑色圆斑，有黑色小刻点	后缘有 2 个黑色圆斑	有橘皮状刻点，后缘有两条黑纹，中部有 4 条纵纹	前缘有 2 黑斑，后缘由 1 黑横纹	中央有 2 黑圆斑
中胸小盾片	绿色	中央有“］［”形纹	黄色，中央黑褐色下陷	与两翅楔片成 3 个绿斑色	黑色与两侧黑色呈一黑带

绿盲蝽在全国各地普遍发生，中黑盲蝽以长江流域发生较多，苜蓿盲蝽以华北、西北棉区，尤其在种植苜蓿较多的地区为害较重，三点盲蝽是黄河流域棉区的重要种类，牧草盲蝽是新疆等西北内陆棉区的优势种。5 种盲蝽都是多食性害虫，其重要的寄主范围较广。以口针刺入植物体内取食汁液，主要为害棉花顶芽、边心、花蕾和幼铃。棉花子叶期被害，形成无头棉。真叶出现后，顶芽被刺枯死，不定芽丛生而成多头棉；生长点处嫩叶受害时，形成“破叶疯”。幼蕾受害后，变黑脱落；大蕾受害后发育成黑心花。幼铃受害，易脱落。

盲蝽成虫昼夜均可活动，飞翔力强，有趋光性，喜在较阴湿处活动取食。产卵部位随寄主而异，在苜蓿上多产在蕾间隙内，在棉花上多产在幼叶主脉、叶柄、幼蕾和苞叶的表皮下。各种盲蝽都以第 1 代产卵最多。6~8 月份多雨，温暖高湿有利于其发生。

为害棉花的次要害虫还有很多，常见的如棉红铃虫、地老虎、玉米螟、棉大卷叶螟、棉小造桥虫、棉大造桥虫和棉叶蝉等，它们在不同棉区的发生为害程度不同。

将棉田主要害虫的发生时期与二十四节气和棉花物候相联系，整理制作成图 5-2-4，便于对棉田害虫发生情况进行系统性、整体性把握。

二、棉花主要病虫害生态防控

1. 棉花枯萎病生态防控

棉花枯萎病黄萎病在防治上应采用保护无病区，消灭零星病区，控制轻病区，改造重病区的策略，贯彻以“预防为主，综合防治”的方针，有效地控制病害的为害。

种植管理：

（1）选用抗、耐病品种。抗病品种有陕 401，陕 5245，川 73-27，鲁抗 1 号，86-1 号，晋棉 7 号，盐棉 48 号，陕 3563，川 414，湘棉 10 号，苏棉 1 号，冀棉 7 号，辽棉 10 号，鲁棉 11 号，中棉 99 号，临 6661，冀无 2031，鲁 343，晋棉 12 号、21 号等。耐品种有辽棉 7 号，晋棉 16 号，中棉 18 号，冀无 252 等。枯萎病、黄萎病混合发生的地区，提倡选用兼抗枯萎病、黄萎病或耐病品种，如陕 1155，辽棉 7 号，豫棉 4 号，中棉 12 号等。

（2）加强田间管理、实行大面积轮作。最好与禾本科作物轮作，提倡与水稻轮作，防病效果明显。加强田间管理目的有两个，即减少病菌传播和提高植株抗性。具体做法：一是冬闲时期及时

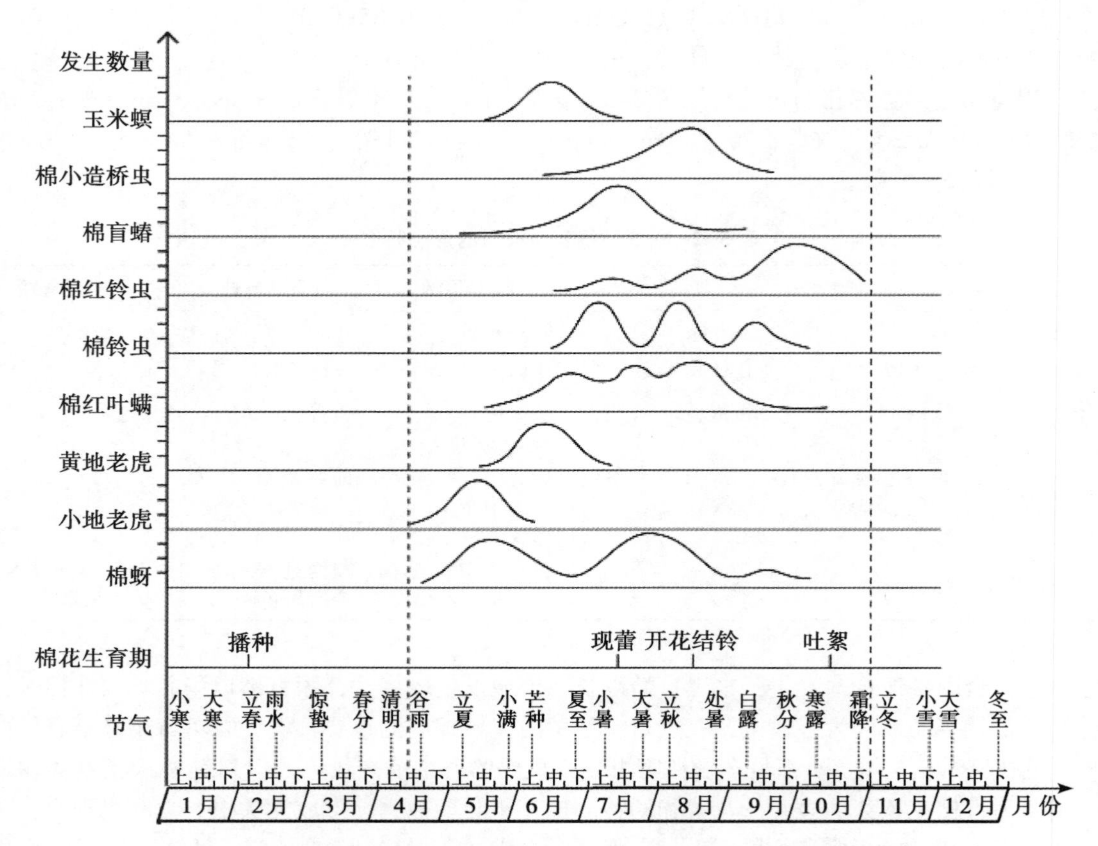

图 5-2-4 棉田主要害虫发生与二十四节气和棉花物候关系

清除棉花地的棉柴、杂草及地面的剩余棉花残枝叶，防止病菌传播；二是秋耕深翻，把表层病菌翻到深层，病残体深埋地下，发酵分解，减轻发病。三是加强中耕，提高土壤通透性，尤其雨后及时中耕松土，散墒降湿，可降低病害发生。四是科学施肥，增施有机肥，实行氮磷钾配方施肥，增强棉花抗病能力，减轻为害。同时根据棉花长势，进行叶面肥喷施过程，尤其避免后期出现脱肥现象；五是合理密植，严格防止棉株过密，影响通风透光，并及时整枝、化控，提高棉株抗逆性；六是拔除病株清除病株残体，带到田外烧掉，不要作积肥材料。

（3）认真检疫保护无病区。目前中国 2/3 左右的棉区尚无该病，因此要千方百计保护好无病区。无病区的棉种绝对不能从病区引调，严禁使用病区未经热榨的棉饼，防止枯萎病及黄萎病传入。提倡施用酵素菌沤制的堆肥或腐熟有机肥。

（4）铲除土壤中菌源，及时定苗、拔除病苗，并在棉田外深埋或烧毁。发病株率 0.1%以下的病田定为零星病田。发现病株时在棉花生育期或收花后拔棉秆以前，把病株周围的病残株捡净。在苗期发病高峰前及时深中耕、勤中耕，及时追肥。在病田定苗、整枝时，将病株枝叶及时清除，施用热榨处理过的饼肥，重病田不进行秸秆还田等均有减轻发病的作用。

（5）用无病土育苗移栽。

（6）连续清洁棉田。连年坚持清除病田的枯枝落叶和病残体，就地烧毁，可减少菌源。

2. 棉花黄萎病生态防控

（1）选抗病品种。这是防治黄萎病、提高棉花产量最为经济、有效的措施。

（2）轮作倒茬。在棉田种植 3~5 年的田块或病株较多的田块采取轮作方式。以多年种植禾本科作物的田块轮换倒茬。

（3）加强棉田管理。清洁棉田，减少土壤菌源，及时清沟排水，降低棉田湿度，使其不利于病菌滋生和侵染。平衡施肥，氮、磷、钾合理配比使用，切忌过量使用氮肥，重施有机肥，侧重施氮、钾肥，以利棉株健壮生长，增强自身的抗逆能力。整个生长期喷施黄腐酸钾 3~4 次可减少黄萎病的发病几率。

根据黄萎病株显现明显这一特点，为了降低成本，可采取零星病点治疗法。严重者拔除棉田病株，连同枯枝落叶，集中作燃料使用或在病田地边及时烧毁，拔除病株的同时及时灌根，以防当年或第二年侵染循环。

3. 棉花立枯病生态防控

（1）合理轮作。与禾本科作物：轮作 2~3 年以上。

（2）合理施肥。精细整地，增施腐熟有机肥或 5406 菌肥。

（3）提高播种质量。春棉以 5cm 深土温达 14℃时为适宜播期，一般播种 4~5cm 深为宜。

（4）加强苗期管理。适当早间苗、勤中耕，降低土壤湿度，提高土温，培育壮苗。

4. 棉花炭疽病生态防控

（1）选用无病种子和种子消毒是防治该病的关键。

（2）播种前种子处理。温汤浸种用 3 份开水加 1 份凉水，按水量与棉籽重量比为 2.5：1 的比例放入棉种，水温保持在 55~60℃浸泡 0.5h，捞出后晾干即可播种。该法只能杀死种子上的病菌，防治炭疽病、红腐病效果较好，防治立枯病等土传病害还要用药剂拌种。

（3）合理轮作，精细整地，改善土壤环境，提高播种质量。

5. 棉花角斑病

（1）采摘完毕后及时清除棉田病株残体，集中沤肥或烧毁。

（2）精选棉种，合理密植，雨后及时排水，防止湿气滞留，结合间苗、定苗发现病株及时拔除。

（3）采用配方施肥技术，提倡施用酵素菌沤制的堆肥，避免偏施、过施氮肥。

（4）提倡采用垄作或高畦，科学灌溉，严禁大水漫灌、串灌。及时中耕放墒。

（5）种子处理。采取浓硫酸脱绒可消灭棉种短绒带菌，具体方法参见棉花黄萎病。也可沿用“三开一凉”温水（55~60℃）浸种半小时。

（6）选用抗病品种。陆地棉中岱字棉系统抗性强，中棉也较抗病。

（7）加强田间管理，在台风、大雨过后，及时追肥，并喷洒 1：1：120~200 倍式波尔多液或 72%农用硫酸链霉素 4 000倍液。

6. 棉蚜生态防控

冬春两季铲除田边、地头杂草，早春往越冬寄主上喷洒氧化乐果，消灭越冬寄主上的蚜虫。实行棉麦套种，棉田中播种或地边点种春玉米、高粱、油菜等，招引天敌控制棉田蚜虫。

7. 棉铃虫生态防控

强化农业防治措施，压低越冬基数坚持系统调查和监测，控制一代发生量；保护利用天敌，科学合理用药，控制二、三代密度。

技术措施：

棉铃虫秋耕冬灌，压低越冬虫口基数。秋季棉铃虫为害重的棉花、玉米、番茄等农田，进行秋耕冬灌和破除田埂，破坏越冬场所，提高越冬死亡率，减少第一代发生量。

优化作物布局，避免邻作棉铃虫的迁移和繁殖在棉田田边、渠埂点种玉米诱集带，选用早熟玉米品种，每 667$m^2$2 200株左右。利用棉铃虫成虫喜欢在玉米喇叭口栖息和产卵的习性，每天清晨专人抽打心叶，消灭成虫，减少虫源。可减少化学农药的使用，保护天敌，有利于棉田生态的改善（图 5-2-5）。

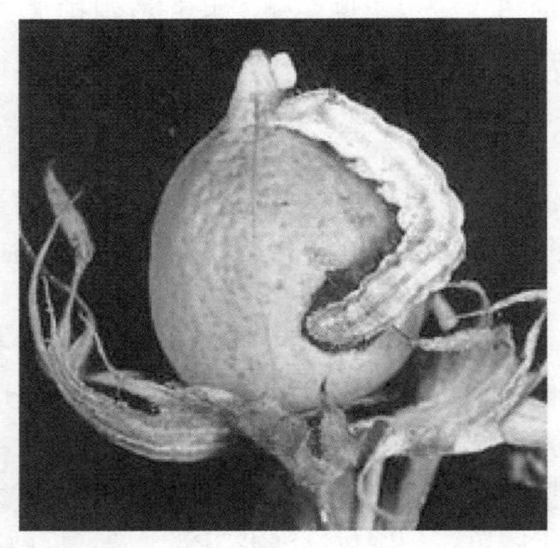

图 5-2-5　棉铃虫

加强田间管理适当控制棉田后期灌水，控制氮肥用量，防止棉花徒长，可降低棉铃虫为害。在棉铃虫成虫产卵期使用2%过磷酸钙浸出液叶面喷施，既有叶面施肥的功效，又可降低棉铃虫在棉田的产卵量。适时打顶整枝，并将枝叶带出田外销毁，可将棉铃虫卵和幼虫消灭，压低棉铃虫在棉田的发生量。

诱杀棉铃虫：利用棉铃虫成虫对杨树叶挥发物具有趋性和白天在杨枝把内隐藏的特点，在成虫羽化、产卵时，在棉田摆放杨枝把诱蛾，是行之有效的方法。每 $667m^2$ 放 6～8 把，日出前捉蛾捏死。

高压汞灯及频振式杀虫灯诱蛾具有诱杀棉铃虫数量大，对天敌杀伤小的特点，宜在棉铃虫重发区和羽化高峰期使用。

防治方法：当棉田棉铃虫百株虫率一代为 5～10 头、二代为 15～20 头、三代 25 头时可以挑治为主，严禁盲目全面施药。

棉铃虫卵孵化盛期到幼虫二龄前，防治效果最好。二代卵多在顶部嫩叶上，宜采用滴心挑治或仅喷棉株顶部，三、四代卵较分散，可喷棉株四周。

棉铃虫的防治应以生物性农药或对天敌杀伤小的农药为主。

8. 棉盲蝽生态防控

3 月份以棉盲蝽为害前结合积肥除去田埂、路边和坟地的杂草，消灭越冬卵，减少早春虫口基数，收割绿肥不留残茬，翻耕绿肥时全部埋入地下，减少向棉田转移的虫量。科学合理施肥，控制棉花旺长，减轻盲蝽的为害（图 5-2-6）。

图 5-2-6　中黑盲蝽

绿盲蝽。冬春防治，3 月份以前结合积肥，去除田边、路埂杂草；收割苜蓿时齐地留低茬，清洁田园。

9. 棉蓟马生态防控

（1）越冬期棉蓟马的防治。在完成棉花采收工作以后，利用棉田休季的时节，要立即将棉秆全部粉碎，再进行秋翻和冬灌，将棉田周边的枯枝落叶完全铲除，防止棉蓟马在此越冬。

（2）早春棉蓟马的防治。在第 2 年春天播种以前，要将棉田内部及周围的杂草全部焚烧，这样做主要是为了将已经“搬迁”到杂草，及时清除棉田及四周的杂草和残株落叶，进行集中处理和烧毁，压低越冬虫口密度，减少虫源，是防治棉蓟马发生的根本措施。

（3）棉花生长期间棉蓟马的防治。加强田间管理，合理灌水，做好中耕，勤除杂草，清除棉田间及四周、路边、渠沟边、田埂等处杂草，可有效减轻和抑制棉蓟马的为害。

物理防治措施：由于棉蓟马喜爱蓝色和白色，因此可以在田中架设杀虫灯对成虫进行诱杀，也可以在棉田放置蓝色黏虫板，杀死棉蓟马成虫。此外，还可以对棉蓟马的天敌进行保护，如小花蝽，营造利于小花蝽生存与繁衍的环境，做到以虫治虫。这两种措施也是无害化防治措施。

（4）结合棉田间苗、定苗，当发现棉苗受棉蓟马为害后，结合定苗拔除无头棉；定苗后发现有“多头棉”时，应去掉青嫩粗壮的蘖枝，留下较细的带褐色的枝条，使其最后结铃数接近正常棉株。

此外，在防治棉蚜的同时，也可以防治棉蓟马。

三、棉花生态植保整体解决方案

自 20 世纪 50 年代以来，棉花病虫害防治已有很大的进展。初期围绕解决当时为害严重的棉蚜、红铃虫、棉盲蝽等突出问题，采取边研究边推广的方法，发动群众人人参与、土法上马，采取以人工防治和农业防治为主的措施，收到了一定的效果。50 年代末 60 年代初，随着化学农药的生产应用，棉田进入了农药治虫阶段，并在生产上发挥了巨大的作用，但后期或目前副作用越来越明显。如棉蚜、棉铃虫抗性的产生，误杀大量天敌，棉田生态系统的恶性循环，次要害虫逐年加重，主要害虫再猖獗等，使棉花害虫的防治陷入被动局面。在总结了经验教训的基础上，1970 年以来，加强了棉花害虫的基础研究，搞清了各棉区害虫的群落和区系，基本查明了各棉区的天敌资源及对害虫的控制作用，研究了主要害虫的生物学和生态学习性，为棉花病虫害的防治提供了理论依据。

在防治策略上，人们逐步接受了害虫综合治理的思想；在防治方法上，除继运用化学防治外，加强了对其他技术的研究利用，初步形成了棉花病虫害防治的技术体系，提高了防治效果，改善了棉田生态系统。自 90 年代之后，随着全国棉花生产布局变化、棉花栽培制度的演变，生产水平的提高，生态条件的恶化，棉花害虫种群也在不断发生着演替和动态变化。目前急需根据生态文明、绿色农业发展新要求，深入研究害虫发生的新特点，采取病虫害源头治理为基础，全面推进生物防治，保障棉花的高产稳产优质（表 5-2-2，5-2-3）。

1. 掌握棉田病虫源状况，实施源头治理

表 5-2-2　常见棉花病害病源状况

序号	名称	越冬	夏季	发生过程	备注
1	棉枯萎病	带菌土壤/种子	秋季作物病害	流水、灌溉水、地下害虫以及耕作活动而传播蔓延	
2	棉黄萎病		秋季作物病害	夏季久旱遇雨或灌溉后，常出现急性青萎	适宜发病温度为 25～28℃，高于 30℃、低于 22℃ 发病缓慢，高于 35℃ 出现隐症

（续表）

序号	名称	越冬	夏季	发生过程	备注
3	棉花苗期病害		秋季作物病害	出苗20d左右极易遭受多种病菌侵袭	
4	棉铃病害		秋季作物病害		

表 5-2-3　常见棉花虫害虫源状况

序号	名称	越冬	夏季	发生过程	备注
1	棉蚜	以卵越冬	伏蚜	3月上旬开始孵化	约10余代至20余代
2	棉铃虫	滞育蛹越冬	幼虫	翌年4月中下旬越冬代成虫开始羽化	年发生3~4代
3	棉花蓟马	以成、若虫或伪蛹越冬	成虫	5月中旬至6月中旬进入为害盛期	北方年发生6~10代
4	烟粉虱	在温暖地区的野外杂草和花卉上越冬	成虫	刺吸寄主植物汁液，分泌蜜露，传播病毒。	一年发生的世代数为11~15代
5	棉盲蝽	以卵越冬	成虫	棉盲蝽以成虫、若虫刺吸棉株汁液，造成蕾铃大量脱落、破头叶和枝叶丛生	6—8月多雨，温暖高湿有利于其发生

棉花病虫害综合防治应根据棉田生态系统的具体特点，协调应用各种有效技术措施，将病虫害控制在经济为害允许水平以下，以获得最佳的经济、生态和社会效益。现主要以黄河流域棉区为例综述如下。

清洁田园，秋耕冬灌，消灭越冬病虫。棉花收获后及时将病叶、枯枝、落叶和烂铃等集中烧毁或深埋，可减少越冬菌源；铲除田边地角杂草可消灭越冬蚜虫、蓟马、盲蝽等害虫；通过秋耕翻，可把棉铃虫蛹、地老虎等越冬幼虫从浅土层翻入20cm以下土层中，再经过冬灌使其致死。

2. 掌握棉田生防资源，全面推进生物防治

棉田天敌资源种类丰富，据叶正楚（1992）报道，我国棉田害虫天敌有417种。黄淮棉区的天敌在250种以上，这些天敌对棉花害虫发挥着巨大的自然控制作用。在众多的棉田天敌中，不同棉花生长时期，其天敌的优势种群和数量不同，基本情况如下：

（1）棉花苗期（4月中旬至6月中旬）。主要天敌有七星瓢虫、异色瓢虫、蚜茧蜂、食蚜蝇、绒螨、大草蛉、塔六点蓟马、T纹狼蛛、草间小黑蛛等10余种。

（2）棉花蕾铃期（6月中旬至8月中下旬）。主要天敌有棉铃虫齿唇姬蜂、侧沟绿茧蜂、螟蛉悬茧姬蜂、拟澳赤眼蜂、塔六点蓟马、龟纹瓢虫、黑襟毛瓢虫、异色瓢虫、黑背小毛瓢虫、小花蝽、大草蛉、中华草蛉、丽草蛉、蚜茧蜂、华野姬蝽、草间小黑蛛、三实花蛛、日本水狼蛛、蚜霉菌等。

（3）棉花吐絮收花期（8月下旬以后）。主要天敌有小花蝽、华野姬猎蝽、叶色草蛉、中华草蛉、食蚜蝇、塔六点蓟马、棉铃虫齿唇姬蜂、黑胸茧蜂、草间小黑蛛、三突花蛛、日本水狼蛛等。此外，在整个棉花生育期，各种螳螂、胡蜂、青蛙、鸟类也对棉花害虫存在较强的控制作用。

在掌握天敌资源种类和优势种的基础上，研究主要天敌对害虫的捕食功能反应，将会更好地了解天敌的效能，对天敌保护利用（表5-2-4~5-2-7）。

表 5-2-4　小花蝽捕食功能参数估计　　崔淑贞（1990）

猎物名称	雌成虫（♀）		雄成虫（♂）		备注
	A'	T（h）	A'	T（h）	
棉铃虫初孵幼虫	1.04009	0.03856	0.51525	0.06882	A' 为天敌瞬间攻击率；T（h）为有效寻找时间
棉铃虫卵	0.83094	0.12846			
棉蚜	0.119734	0.08034			
棉蓟马	0.662149	0.06623			

根据表 5-2-4 中的参数，求得小花蝽一昼夜的最大捕食量分别为棉铃虫初孵幼虫 2.8 头，棉铃虫卵 7.8 粒，棉蚜 12.4 头，蓟马 7.7 头。

表 5-2-5　四种瓢虫日食蚜量　　（头）

种类虫态	幼虫				成虫
	1 龄	2 龄	3 龄	4 龄	
七星瓢虫	11	16	18.5	75	154
异色瓢虫	10.5	12	23.5	67.6	145.2
龟纹瓢虫	5.7	9.2	13	45	137.4
二星瓢虫	4	8.3	11.5	38	82.3

表 5-2-6　两种草蛉幼虫期食量　　（头）

天敌种类 害虫种类	棉叶螨	棉蚜	棉铃虫			棉小造桥虫 1 龄幼虫
			卵	1 龄幼虫	2 龄幼虫	
中华草蛉	1368.3	513.7	319.9	522.7	51.9	339.1
大草蛉	361.8	990.4	570.9	375.5	195.8	749.0

表 5-2-7　四种天敌日捕食量　　（头）

天 敌害虫	棉蚜	棉铃虫		棉小造桥虫 1~2 龄幼虫	蓟马	叶螨
		卵	1~2 龄幼虫			
草间小黑蛛	28		9~12	5~9		
三突花蛛	11~26	17~23		2~5		
华姬猎蝽	78.2	24.1	30.2			
小花蝽（3~4 龄若虫）	9~10	10			6	50~70

其他几种捕食性天敌的捕食量分别为，大灰食蚜蝇和黑带食蚜蝇高龄幼虫平均每天捕食棉蚜 120 头，整个幼虫期每头可捕食蚜虫 840~1 500头。普通长脚胡蜂每头胡蜂每天可取食 3~4 龄棉铃虫幼虫 5.5 头。广腹螳螂 2~4 龄若虫的日食蚜量分别为 66 头、218 头、721 头，日食棉铃虫幼虫量分别为 2.4 头、3.2 头、3.4 头。塔六点蓟马 1~3 龄若虫每日平均捕食叶螨分别为 13.5 头、15.2 头和 15.7 头。

寄生性天敌的控害作用是，棉铃虫齿唇姬蜂对棉铃虫 2~3 龄幼虫寄生率最高，一般年份寄生率为 23.7%；螟蛉悬茧姬蜂的寄生率为 15%~25%；侧沟绿茧蜂对棉铃虫的寄生率为 55%左右；黑麦小蜂在越冬期间对棉红铃虫的寄生率为 12.1%~46.3%。

3. 合理间作、套种和轮作等，控制棉花害虫的发生

根据当地农业生态系统的特点及主要病虫害发生情况，合理作物布局，选择适当作物与棉花轮作或间作套种，可控制多种病虫的发生与为害。如黄河流域棉区推行小麦与棉花间套作栽培制度，因小麦的屏障作用可阻止部分棉蚜有翅蚜迁至棉苗，而小麦上的天敌又易于转移到棉苗上，使苗蚜受到较好地控制，麦收前一般不需施药治蚜；在棉田间作或插种绿豆、油菜、高粱或大蒜等作物，提高棉田生物多样性，保护和利用天敌，因而可以增强棉田的自控能力，特别是与大蒜间作，基本可以控制苗蚜的发生为害；种植玉米诱集带，可明显减少棉田棉铃虫的落卵量。在长江中下游棉区，推行小麦留高茬收割，可明显增加棉田天敌数量；实行稻棉轮作对于控制棉花枯、黄萎病、棉蚜等的为害作用明显，对盲蝽类也有一定的防治效果；实行 3 年水稻 1 年棉花轮作制度，能基本控制枯、黄萎病的发生；采用营养钵育苗移栽及地膜覆盖技术，可明显减轻苗期病虫的发生。

4. 选用抗性品种与种子处理

枯、黄萎病多发地区，可推广种植 52-128、陕 401、86-1 以及中棉 12 等抗耐病品种。

硫酸脱绒一定要干净，不留短绒，以控制角斑病、黄萎病和枯萎病的发生蔓延。种子处理针对苗期害虫时，可选用如下药剂：3%呋喃丹微粒剂，药量与干种子重量比为 1∶4；35%呋喃丹种子处理剂，用药量为干种子量的 2.9%，棉花先用硫酸脱绒后进行包衣；5%神农丹（涕灭威）颗粒剂 1.5kg/667m^2，拌 10 倍细土，棉苗移栽时拌土穴施，或随棉籽一起播入土中，施后 3d 浇水；70%快胜（噻虫嗪）干种衣剂药种比 1∶370，每 100kg 种子用水 1~1.5L，将药剂倒入水中，溶后搅匀，倒在种子上混匀。防治烂种和苗期病害时，可用种子量的 0.3%敌克松或 0.3%~0.4%五氯硝基苯或卫福（萎莠灵+福美双）种衣剂拌种。

5. 苗期挑治

在越冬期和播种期预防的前提下，应尽量保护利用天敌，开展生物防治，以控制蚜虫、蓟马等苗期害虫。棉铃虫重发生年份可用高压汞灯诱杀成虫。地老虎发生严重时，可用糖醋酒液或毒饵诱杀成虫。当蚜虫数量大而天敌较少时，可在 4~6 片真叶期采用点片淹没式释放天敌的方法。

6. 中后期病虫防治

棉花中后期病虫防治的中心是保蕾、保花、保铃，在充分发挥天敌等自然控制因素作用的同时，应密切注意病虫发展趋势，及时采取药剂防治。①及时整枝、去边心、抹赘芽，并带出田间销毁。②防治棉铃虫，烟粉虱。③主治棉蚜，兼治盲蝽等。

7. 棉田生态系统与周边作物生态系统的交换

对一个大的棉花生产区域而言，棉田不是一个孤立的生态单元，而是多因子相互作用着的复合生态单元。棉区除了棉田外，还有其他多种农作物。果林、杂草荒地、河流、畜禽和昆虫、人为活动等因子，它们与棉田之间存在着直接或间接的物质和能量循环，害虫和天敌也会相互转移。一般情况下，单作棉区比棉花与多种作物混种区域的棉花病虫害为害严重，大面积棉花连片种植，常为多种棉花病虫害提供良好的生态环境或丰富的食料，而很多天敌却缺乏季节性食料而难以生活，害虫一旦暴发就难以控制。在棉花和多种作物（如小麦、油菜、豆类及各种蔬菜等）混作区，春秋两季都有不同种类的蚜虫发生，这些蚜虫绝大多数都不为害棉花，却是棉蚜天敌的季节性食料。

同样，高粱、玉米、烟草上的蚜虫为棉蚜天敌提供了夏季食料，绿肥、果林和杂草等除有类似作用外，其花粉、花蜜则是食蚜蝇和寄生蜂类的饲料或补充营养；有些植物则是一些天敌的隐蔽场所或适宜的小生境。因此，大区域的复合生态系统，增加了棉田生态系统的多样性，可以丰富棉田天敌资源，是农业生态调控防御体系构建的理论依据。

为害棉花的主要害虫都是多食性害虫，他们在棉田等其他作物田生态系统之间转辗为害。因此，作物布局和棉花种植方式、复种类型都会影响害虫在棉田的发生。在长期的实践中已经明确麦棉套种、棉油间作可增加天敌的数量，减轻或控制棉蚜的为害。棉油间作还可减轻地老

虎的为害，其原因之一是油菜增加了天敌的数量，增强了控制作用；其二是地老虎更喜食油菜，被诱集栖息于油菜行下，从而避免棉苗受害。但是，棉花与豆类、芝麻等间作能加重棉红蜘蛛、棉铃虫的为害，原因是给害虫提供了适宜的生态条件和食料条件。这可通过增施深点食螨瓢虫和赤眼蜂加以调控。

不同类型复种模式中昆虫群落结构和演替十分复杂，又具有内在规律性。随着现代科技发展，生态植保运用生态学原理和系统科学相结合的方法，研究棉田生态调控对大区域生物群落的作用机制，以便在更深更高层次上维持各生物类群的生态平衡，提高棉田的自然保益控害能力。

第二节　花生生态植保

我国花生病害有20多种，常见的有细菌引起的青枯病，真菌引起的茎腐病、褐斑病、黑斑病、锈病、纹枯病、网斑病、根腐病、冠腐病、菌核病和白绢病，病毒引起的病毒病，线虫引起的根结线虫病等。花生害虫种类虽然较多，但除根颈部蚜虫、叶部蛴螬等外，绝大多数种类的种群数量处于经济为害水平之下，一般无需单独防治。

一、花生病虫害种类

1. 花生病害

（1）花生茎腐病。又称倒秧病、枯萎病。由棉色二孢菌（*Diplodiagos sypina*）引起。以江苏、山东、河南、河北和安徽等地发生最重，其他花生产区也有发生。病菌除为害花生外，还能为害大豆、棉花、甘薯、绿豆、甜瓜、田菁、甘薯和马齿苋等。

从花生出苗到成熟期都可发病，主要为害花生的子叶、根和茎，以根颈部和茎基部受害最重。重病田块，花生种仁发芽后、出苗前就可感病，造成烂种。病菌从子叶或幼根侵入，受害子叶变黑褐色干腐状，并可沿子叶柄侵入根颈部，产生褐色水渍状的不规则形病斑，然后病斑向四周扩展，包围茎基部，使茎基部呈黑褐色腐烂。地上部叶色发黄，叶片下垂，整个植株枯萎死亡。在潮湿情况下，病部产生许多黑色小颗粒。干燥情况下，病部表皮下陷，呈褐色中空状。若成株期发病，主茎和侧枝的基部变黑褐色，组织腐烂，使病部以上部分枯死，用手拨时，病部易断，部分荚果腐烂，或提早发芽。

病菌在土壤、粪肥中的病残体内和种子上越冬，主要靠种子带菌进行初次侵染。病菌主要从伤口侵入，也可直接侵入。5—6月土壤含水量50%左右时，就会造成大发生。病菌在田间靠流水、风及人、畜、农具的农事活动传播，进行再侵染。最适合病菌侵染的花生生育期为种子萌发至苗期，其次为结果期。

（2）花生青枯病。由青枯假单胞杆菌（*Pseudomonas solanacerum*）引起。分布范围较广，广东、广西、福建等沿海地区、苏北和山东中南部山区以及河南等地是青枯病的重病区。寄主主要有花生、烟草、番茄、辣椒、菜豆、马铃薯和芝麻等。

花生青枯病是典型的维管束病害，主要自花生根茎部开始发生，感病初期通常表现为主茎顶梢叶片失水萎蔫，早上开叶晚，午后提早合叶，但夜间仍能恢复。随病势发展全株叶片自上而下急剧凋萎，整个植株青枯死亡。拨起病株，主根尖端变褐湿腐，纵切根茎可见维管束变黑褐色，用手挤压切口处，有白色的细菌液流出。

青枯病菌属土壤带菌，从根部伤口或自然孔口侵入，通过皮层组织进入维管束，致使寄主组织分解腐烂，病菌从腐烂的组织里重新散布到土壤中，借流水、田间管理活动等传播到其他植株根部，进行再侵染。花生青枯病的发病高峰期多在开花至结荚初期。

（3）花生叶斑病。包括黑斑病、褐斑病和网斑病，分别由球座尾孢菌（*Cercospora personata*）、花生尾孢菌（*C. arachidlicola*）和花生茎点霉菌（*Phoma arachidlicola*）引起。黑、褐斑病在各花生产区普遍发生网斑病主要发生于山东、辽宁、陕西和河南等省。3 种病菌寄主范围窄，只侵染花生。花生感病后，叶片光合作用下降，重者引起大量落叶。

叶斑病主要为害叶片，多发生于花生生长中后期。黑斑病和褐斑病是山东花生产区的常发性病害。黑斑病病斑圆形、黑褐色，反面生轮状排列小黑点。褐斑病病斑比黑斑病稍大，淡褐色至暗褐色，边缘有明显的黄色晕圈，病斑常连接成不规则形大斑，正面生灰褐色霉层。网斑病可导致花生中后期大量落叶，叶片上有两种症状类型：一种为污斑型，呈圆形深褐色污斑，周围有明显的褪绿圈；另一种为网斑型，边缘不清晰，呈网状大型不规则黑褐色病斑，两种病斑上均生有不明显的褐色小粒点（图 5-2-7）。

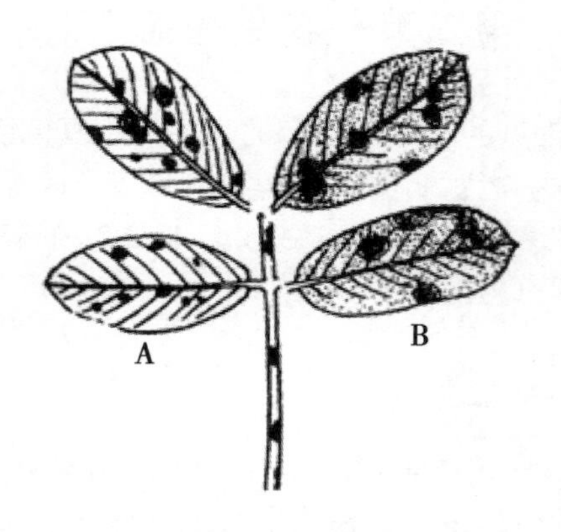

A.黑斑病；B.褐斑病

图 5-2-7　花生叶斑病

叶斑病菌主要在病残体内越冬，随风、雨、昆虫等传播，由寄主表皮或气孔侵入而引起发病。黑斑病在北方多于 6 月下旬开始发生，褐斑病多于 5 月中下旬开始发病。

（4）花生锈病。由花生柄锈菌（*Puccinia arachidis*）引起。国内各花生产区都有发生，尤以广东、福建等省为害最重。发病愈早，为害愈重，一般轻病年减产约 15%，大流行年份可减产 50% 以上。

花生锈病主要为害花生叶片，严重时也为害茎、叶柄、果柄和托叶。叶片受害后，在背面产生针尖大小的淡黄色斑点，后扩大为淡红色圆形突起斑，最后变红褐色而破露出红褐色粉状夏孢子堆。植株下部叶片发病早，由下部叶片逐步向上部叶片发展。重病年份的重病田块，植株叶片全部枯死。

在我国东南沿海，病菌可以在秋花生病株残体上及收获后长出的自生苗上越冬，作为下一年发病的初侵染源。但在北方花生产区，最初侵染源可能来自南方。花生锈病在南方自花生苗期至收获前都可发生，但以中后期发病最重。北方花生产区只发生在生长后期。某一地区初侵染发生后，只要环境条件适宜，便可进行多次再侵染，导致病害的流行。

（5）花生病毒病。包括花生条纹病毒病（PStV）、矮化病毒病（PSV）和黄花叶病毒病（CMV）等。在花生主产区普遍发生。PStV 在自然条件下，可侵染花生、大豆、芝麻等作物。CMV 寄主范围广，系统侵染千日红、甜菜、菠菜、刀豆、绛三叶草、豇豆、克氏烟、心叶烟、黄瓜和番茄等，局部侵染苋色藜、灰藜和曼陀罗等。PSV 在自然条件下可侵染花生、菜豆、大豆、烟草、苜蓿、三叶草和刺槐等。近 20 多年来，病害流行频繁，结果量减少，大果率下降，给花生生产造成很大损失。

花生条纹病毒病最初在嫩叶上出现褪绿斑，渐发展成浅绿与绿色相间的斑驳，后沿叶脉发展呈断续绿色条纹或橡树叶状花叶，或一直呈系统性的斑驳症状，感病早的植株稍有矮化。矮化病毒病初期在顶端嫩叶上叶脉褪绿呈淡绿色，后沿侧脉出现辐射状绿色小条纹和小斑点，叶片变窄，叶缘波状扭曲，重病株仅有健株的1/2高。黄瓜花叶病毒病初期在顶端嫩叶上叶脉褪绿，后出现黄绿相间的黄花叶，有的表现为网状明脉和绿色条纹等症状，主茎高度一般仅为健株的1/2～1/3。

3种花生病毒均于种子内随贮藏越冬，带毒种子是主要的初侵染源，早播田的带毒苗成为田间病害扩展的主要毒源寄主。病毒的传播主要靠豆蚜、棉蚜、桃蚜，还可通过植株接触和嫁接传染，调运带毒种子可进行远距离传播。

2. 花生虫害

（1）蛴螬。俗称白土蚕、地漏子等，是鞘翅目、金龟甲类幼虫的通称。我国以黄淮海花生产区受害最重。蛴螬食性杂，主要为害大田作物和蔬菜、果树、林木的种子、幼苗及根茎，轻则缺苗断垄，重则毁种绝收。为害花生的蛴螬有40多种，其中以大黑鳃金龟、暗黑鳃金龟和铜绿丽金龟为优势虫种。

（2）花生蚜（*Aphis craccivora*）。又称豆蚜、苜蓿蚜等。属同翅目、蚜科。在我国花生产区均有分布，以山东、河北、河南等省发生最重。除为害花生外，还为害苜蓿、苕子、豌豆、豇豆等。以成、若蚜刺吸花生的嫩叶、嫩梢、花柄及果针，使叶片变黄卷缩，生长停滞，甚至枯死，并可传播花生病毒病。

花生蚜1年发生20～30代，主要以无翅胎生雌蚜和若蚜在背风向阳的蚕豆、豌豆等作物以及芥菜、地丁等杂草的基部和心叶内越冬。部分地区以卵在寄主作物和杂草上越冬。翌年3—4月在越冬寄主上繁殖、为害，花生出苗后，迁向花生田繁殖为害。苏北、鲁南、河南等地在5月中下旬，鲁北、河北等地在6月上中旬出现第2次扩散高峰。7—8月高温季节，又产生大量有翅蚜飞向菜豆、刺槐、紫穗槐等阴凉处繁殖为害。秋季在菜豆、扁豆、紫穗槐的嫩芽、花生田的自生苗等寄主上繁殖，待越冬寄主出苗后又产生有翅蚜飞向越冬寄主繁殖并越冬。

二、花生主要病虫害生态防控

1. 花生茎腐病

（1）防止种子发霉，保证种子质量。

适时收获，避免种子受潮湿、防止发霉；晒干种子，保证含水量不超过10%；安全贮藏，注意通风防潮；不能使用霉种子、变质种子播种；麦套花生早播的花生发病轻；选用抗病品种。

（2）合理轮作，最好和小麦、高粱、玉米等禾本科作物轮作。

（3）施用腐熟肥料，加强田间管理。

田间发现病株，应立即拔除，将其带出田外深埋，并喷施新高脂膜600～800倍液喷雾土壤表面，可保墒防水分蒸发、防晒抗旱、保温防冻、防土层板结，窒息和隔离病虫源，提高出苗率。

2. 花生叶斑病

（1）清除病残体。收花生时，尽可能将病残体或落叶收集起来，作牲畜粗饲料。播种前及时处理堆放的花生秧垛，以消灭病害初次侵染源。

（2）轮作换茬。花生叶斑病的寄主单一，只侵染花生，因此与甘薯、小麦作物隔年轮作或与水稻进行水旱轮作，都有很好的预防效果。

3. 花生蚜生态防控

覆膜栽培花生，苗期具有明显的反光驱蚜作用，特别是使用银灰膜覆盖，可以有效减轻花生苗期蚜虫的发生与为害。

保护和利用天敌。花生蚜虫的天敌种类多，控制效果比较明显，在使用药剂防治蚜虫时应避免在天敌高峰期使用（表5-2-8，5-2-9）。

三、花生植保整体解决方案

表 5-2-8 常见花生病害病源状况

序号	名称	越冬	夏季	发生过程	备注
1	花生根结线虫病	卵和幼虫越冬	秋季作物病害	11~12℃时，卵开始孵化并侵染花生	北方发生 2~3 代
2	花生茎腐病	在病残体内和种子上越冬	秋季作物病害	5—6 月土壤含水量 50%左右时，造成大发生	最适合病菌侵染的花生生育期为种子萌发至苗期
3	花生青枯病	在土壤中、病残体及未充分腐熟的堆肥中越冬	秋季作物病害	在田间主要靠土壤、流水及农具、人畜和昆虫等传播	发病高峰期多在开花至结荚初期
4	花生叶斑病	病残体内越冬	秋季作物病害	由寄主表皮或气孔侵入	
5	花生锈病	在秋花生病株残体上及收获后长出的自生苗上越冬	秋季作物病害	叶片受害后，在背面产生针尖大小的淡黄色斑点，后扩大为淡红色圆形突起斑，最后变红褐色而破露出红褐色粉状夏孢子堆	条件适宜，便可多次再侵染
6	花生病毒病	种子内贮藏越冬	秋季作物病害	在嫩叶出现褪绿斑	

表 5-2-9 常见花生虫害虫源状况

序号	名称	越冬	夏季	发生过程	备注
1	花生蚜	无翅胎生雌蚜和若蚜越冬	若蚜、成蚜	翌年 3—4 月在越冬寄主上繁殖	一年发生 20~30 代

播种至出苗期是花生齐苗、全苗的关键时期。影响花生齐苗、全苗的主要因素是地下虫害；苗期是蚜虫、病毒病、倒秧病、根结线虫病、地老虎及越冬大黑鳃金龟成虫和幼虫为害的高峰期，也是培育壮苗、搭好丰产架子的重要时期；开花下针至结荚期是蛴螬、伏蚜、棉铃虫、青枯病及根结线虫病为害的高峰期；荚果成熟期是花生叶斑病、锈病等叶部病害为害的高峰期。

1. 掌握病虫源，强化源头治理

结合收获及时清除根结线虫病、茎腐病、青枯病的病株，全部带到田外集中烧毁，对后期发病的茎腐病病株也要单独收获，不得留种。花生纹枯病、叶斑病主要靠脱落于田间的病叶引起下一年的侵染，及时清除田间病叶，对控制来年病害的发生有重要作用。花生收获时，结合复收可杀死大量地下害虫。

2. 掌握花生病虫害天敌资源，全面推进生物防治

3. 细化播种前管理

（1）选用高产、优质、抗病品种。目前北方花生主产区推广的高产优质抗病品种有鲁花 3 号、鲁花 9 号、鲁花 11 号、鲁花 14 号和花育 16 号等。

（2）提倡夏花生留种。夏花生留种生活力强，耐贮性好，增产显著，是花生品种复壮、防止退化、保持稳产的重要措施。

（3）推广四级选种。四级选种即块选（选长势好、品种纯、病虫害轻、产量高的田块留种）、株选（摘果时选结果多而整齐的单株留种）、果选（在株选的基础上选双饱果）、仁选（播种前 2~3d 剥壳时，将小粒、破皮、变色、有紫斑的种仁剔除）是防治花生病害的重要措施，也是花生提

纯复壮、高产稳产的重要技术。

（4）科学整地、施肥、除草。精细整地，开好丰产沟、腰沟、田边沟，保证沟沟相通、雨过田干，采取竖畦横垄、畦宽，便于排水降渍，促进通风，改善田间小气候，可以减轻多种病害的发生，提高花生的产量。施用有机肥改良土壤、培肥地力，提高花生产量品质，每 $667m^2$ 施肥不得低于 1 000~2 000kg，但有机肥中混有大量的草种和病株残体，必须充分腐熟后才能施用。早春除草，可减少地老虎的落卵量、清除蚜虫越冬寄主及大黑金龟子的食物来源。

4. 合理轮作

有条件的地区推行稻茬种花生，实行水旱轮作，是防治花生病虫害最有效、最经济的无公害措施。通过水旱轮作，不但可以控制蛴螬、金针虫、根结线虫病及青枯病的发生，而且还可大大减轻叶斑病的发生程度。无水旱轮作条件的山区、岭地，实行花生与山芋、西瓜、小麦、玉米及谷子等旱旱轮作 1~2 年，青枯病、根结线虫病易发地区轮作 3~5 年，对花生病害也有明显的防治效果。

5. 地膜覆盖

春花生随播种随喷施除草剂、随覆盖地膜，夏花生齐苗后覆盖地膜，是预防多种病虫和花生高产的重要措施，应大力推广。

6. 合理使用农药

播种前选用辛硫磷或多菌灵药剂拌种，可防治花生苗期的部分病虫。

7. 注重生长期管理

花生齐苗后，当花生蚜大发生时，可选用高效大功臣、扑虱蚜、抗蚜威等叶面喷雾防治。花生基本封行时，可选用多效唑或矮壮素叶面喷雾，以控制花生旺长，促进营养生长与生殖生长的协调，增强植株抗病能力。花生进入荚果成熟期，也是叶斑病、锈病等多种叶面病害的发生期，应采取药肥结合（尿素+硝酸二氢钾+粉锈宁+农抗 120+代森锰锌或百菌清）的管理措施，以防止花生早衰、控制花生叶病、提高花生产量和品质。

第三节　大豆及杂豆类作物生态植保

大豆病虫害种类很多，其中为害性较大的病害有大豆孢囊线虫病、病毒病、苗期根腐病、霜霉病、灰斑病、紫斑病、锈病和细菌性叶斑病等；常年发生的虫害有地下害虫、蚜虫、造桥虫、豆荚螟、食心虫、豆芫菁、豆天蛾和卷叶螟等。

一、大豆病虫害种类

1. 大豆病害

（1）大豆孢囊线虫病。又称黄萎病、火龙秧子等。由大豆孢囊线虫（*Heterodera glycines*）引起。是我国东北 3 省大豆主产区的主要病害之一，在安徽、山西、河北、山东及内蒙古等地也有不同程度的发生。孢囊线虫除侵染大豆外，还为害小豆和菜豆等。

大豆感染线虫后，植株明显矮化，叶片变黄，生长瘦弱，与缺氮肥或缺水症状相似。病株根系侧根少，须根增多，根瘤稀少，须根上附有许多细小的黄白色颗粒，即孢囊线虫的雌成虫。病株叶片常早落，结荚少或不结荚，籽粒小、质量差。根部的表皮因被雌虫胀破后常被腐生菌侵染而引起腐烂，使植株提早枯死（图 5-2-8）。

大豆孢囊线虫主要以孢囊在土中越冬，带有孢囊的土块夹杂在种子中也可越冬。孢囊对不良环境的抵抗力很强，在贮藏条件下可保持生活力 3~5 年。翌年天气转暖后，线虫开始孵化，以 2 龄幼虫侵入寄主根部皮层取食发育。大豆收获前，孢囊脱落于土中，成为下年的初侵染源。1 年大致可完成 3 代，在田间主要通过农事操作传播，也可通过灌溉水及未腐熟的有机肥扩散。调运夹带孢囊的种子是造成远距离传播的主要途径。

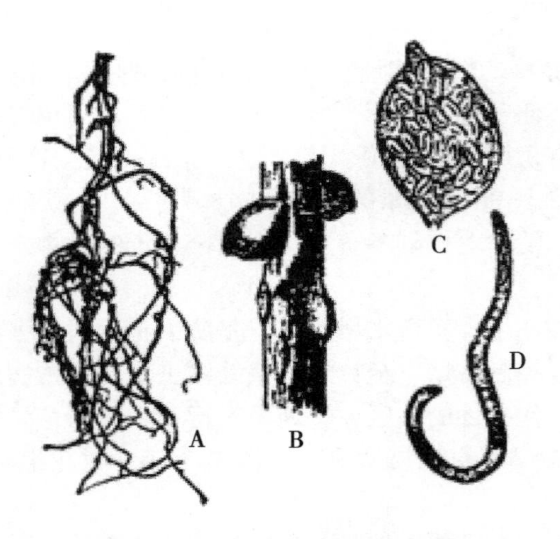

A.病株；B.孢囊；C.雌成虫；D.雄成虫

图 5-2-8 大豆孢囊线虫

（2）大豆病毒病。目前已鉴定出的毒原种类有 7 个，其中以大豆花叶病毒（soybean mosaic virus，SMV）最为主要。SMV 寄主范围窄，只能侵染豆科植物。以南方大豆产区发生重，北方发病较轻。大豆发病后可引起种皮斑驳，影响大豆的等级和商品价值。

大豆花叶病典型症状为植株显著矮化，叶片皱缩并呈现褪绿花叶，叶缘向下卷曲，有的沿叶脉两侧有许多深绿色的泡状突起。病株种子上常出现斑驳纹，俗称“花脸豆”。病毒由汁液接触传染或蚜虫传染，也可由种子传播。在自然条件下可与其他病毒复合侵染，引起更严重的症状。在东北地区初侵染来源为带毒种子形成的病苗，在田间由蚜虫传播引起多次再侵染，高温干旱条件下发病重。

（3）大豆灰斑病。又称蛙眼病。是由半知菌亚门真菌尾孢菌（*Cercospora solani*）引起的一种世界性病害，主要分布于东北 3 省以及河北、山东、安徽、江苏、福建、四川、广西和云南等省。病菌只侵染大豆和野生大豆，植株感病后不仅影响产量和发芽率，还可使蛋白质和含油量大大降低。

病菌主要为害叶片，也可侵染茎、荚和种子。带病种子长出的子叶上可出现半圆形或圆形深褐色、稍下陷的病斑。在成株叶片上发生最重，病斑初呈红褐色小点，后逐渐扩展成为圆形，边缘褐色，中部灰色或灰褐色。当天气潮湿时，病斑表面密生灰色霉层。发病严重时，叶片上布满斑点而且相互连合，病叶干枯早落。种子上的病斑明显，为灰褐色圆形，边缘深褐色。轻病粒仅产生褐色不规则形小点。

病菌主要在病残体上越冬，翌年遇适宜环境条件进行初侵染。大气湿度高时，发病重。

（4）大豆霜霉病。由鞭毛菌亚门东北霜霉菌（*Peronospora manshurick*）引起。在我国普遍发生，以东北、华北地区发生较重。只为害大豆和野生大豆，整个生育期皆可发病，引起叶片早期枯黄、脱落。

幼苗、叶片和种子均可受害。带病种子可引起幼苗系统感病，从第 1 对真叶的基部开始，沿脉形成褪绿大斑，以后各复叶相继出现同样症状。褪绿部分逐渐扩大至全叶后，引起叶片变黄枯死。天气潮湿时，病斑背面密生灰白色霉层。病株常矮化，叶皱缩，严重时在封垄后死亡。成株叶片受害时，叶片正面产生淡黄绿色斑点，叶背形成灰白色霉层，后期病斑变黄干枯。豆荚受害外部无明显症状，但籽粒色白而无光泽，轻而小。

病菌在种子、病荚和病叶上越冬，由胚芽侵入引起系统侵染，借气流传播引起再侵染。

（5）大豆细菌性病害。包括由丁香假单胞杆菌大豆致病变种（*Pseudomonas syringae* pv. *glycinea*）引起的细菌性疫病和由大豆黄单胞菌大豆变种（*Xanthomonas phaseoli* var. *sojenes*）引起的细菌性斑疹病。斑疹病菌除侵染大豆外还能侵染菜豆和爬豆。两种病害主要为害叶片，使病叶提早枯死脱落，影响籽粒的成熟度和粒重。

细菌性疫病在叶片上初形成水渍状的小斑，边缘有黄绿色晕环，病叶易脱落；茎及叶柄受害产生黑褐色条斑；豆荚受害多在豆荚和缝处产生小型红褐色斑；种子受害后产生不规则形褐色斑，并在病斑上出现菌脓。细菌性斑疹病在叶片上初生淡褐色小点，后扩大成多角形的褐色小斑点，寄主叶肉细胞由于受细菌分泌物的刺激，分裂加速，体积增大而隆起，细胞木栓化呈疹状，许多病斑愈合可使叶片枯死早落。

两种病菌主要在种子上及未腐烂的病残体上越冬，翌年病苗出土后，病菌借风雨传播扩大再侵染。

2. 大豆虫害

（1）豆荚螟（*Etiella zinckenella*）。幼虫俗称蛀虫、红虫和豆瓣虫。属鳞翅目、螟蛾科。广泛分布于我国各大豆产区，尤以华南、华中、华东等地受害最重，是我国南方大豆产区的主要害虫之一。

成虫体长 10~12mm，翅展 20~24mm，全体灰褐色。前翅狭长，靠近前缘自肩角至翅尖处有 1 条明显的白色纵带，近翅基 1/3 处有 1 条金黄色宽横带。后翅黄白色，沿外缘有一褐波纹。雄蛾腹部末端钝圆，且有长鳞毛丛；雌成虫腹部圆锥形，鳞毛较少。老熟幼虫体长 14mm 左右，背面紫红色，腹面绿色，前胸背板中央有“人”字形黑纹，两侧各有黑斑 1 个，近后缘中央有黑斑 2 个。

发生代数因地而异，山东等地年发生 3~4 代，陕西、辽宁南部发生 2~3 代。多以老熟幼虫在寄主附近土表下 5~6cm 处结茧越冬，少数以蛹越冬。越冬幼虫 4 月中旬开始化蛹，5 月上旬第 1 代成虫陆续羽化出土。3 代区，第 1 代幼虫发生在 6 月上旬，主要为害刺槐和柽麻；第 2 代幼虫于 7 月下旬至 8 月上旬为害春大豆、豇豆、菜豆等；第 3 代幼虫 8 月中旬至 9 月中旬为害夏大豆，9 月下旬开始脱荚入土结茧越冬。

成虫白天多栖息在豆株叶背、茎上或杂草上，羽化当日傍晚即交尾，隔日产卵。在大豆未结荚时，多产卵于幼嫩的叶柄、花柄、嫩叶背面。雌虫产卵有选择性，喜产卵于豆荚有毛的品种上。幼虫蛀荚前，先吐丝作长约 1mm 的白色小薄囊，藏身其中，逐渐咬破豆荚表皮钻入荚内，茧囊留于荚外。幼虫除为害豆荚外，有时也蛀入豆株茎内为害。幼虫老熟后，在荚上咬孔爬出落至地面，潜入植株附近土下结茧。越冬幼虫在秋大豆成熟前即脱荚入土。

（2）大豆食心虫（*Meguminivora glycinivorella*）。俗称小红虫。属鳞翅目、小卷蛾科。国内以东北及山东部分地区为害严重。主要为害大豆及野生大豆等。以幼虫蛀荚咬食豆粒。

成虫体长 5~6mm，翅展 13~14mm。深茶褐色，前翅斑纹不明显，沿翅的前缘有黑紫色斜纹 10 条左右，外缘内侧中央部分色淡，有 3 个小黑点纵列；后翅色稍淡。成熟幼虫体长 8~9mm，头部褐色，胸腹部红色，前胸硬皮板淡褐色，第 3~5 腹节较粗大，胸足及腹足短小，腹足趾钩单序全环（图 5-2-9）。

二、大豆主要病虫害生态防控

1. 大豆孢囊线虫病

（1）种子检验。大豆种子上粘附有线虫如泥花脸豆、种子间混杂有线虫土粒、农机具上残留有含线虫的泥土以及种子调运是造成远距离传播的主要途径。所以，要搞好种子的检验，杜绝带线虫的种子进入无病区。

（2）选用抗病品种。如嫩丰 15 号、抗线虫 4 号、抗线虫 5 号。抗病育种工作今后应选择多种抗性基因品种的轮换种植，以及抗病与耐病品种、普通品种的轮换种植，可有效避免强毒力生理小

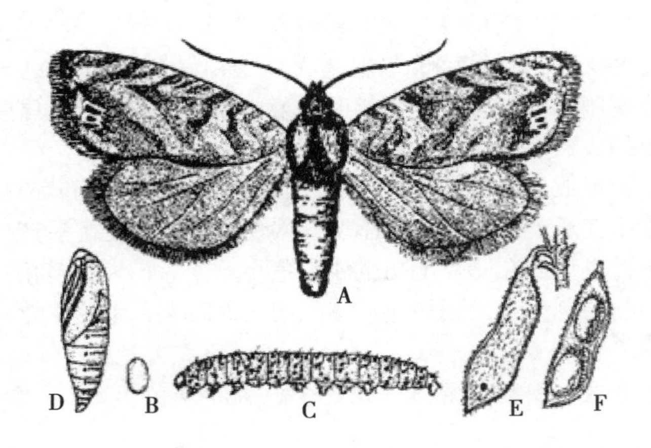

A.成虫；B.卵；C.幼虫；D.蛹；E.幼虫脱出孔；F.为害状（仿袁峰等）

图 5-2-9　大豆食心虫

种的出现。

（3）进行合理的轮作制度。避免连作、重茬 与高粱、玉米等禾谷类作物实行 3~5 年轮作，病田种玉米或水稻后，孢囊量下降 30%以上，是行之有效的农业防治措施。

（4）适时灌水。土壤干旱有利大豆孢囊线虫的为害，因而适时灌水，增加土壤湿度，可减轻为害。

（5）进行测土配方施肥。土壤有机质在 3%以内不能种大豆，土壤有机质在 3%以上地块提倡测土配方施肥，调节好 N、K、P 比例，改善土壤环境，增加大豆所需养分、肥料，特别是提倡增施优质农肥 2~3t，促进根系发达，增强抗逆能力。

（6）药剂防治。采用壮根宝水剂拌种，菌肥用量为种子量的 1.5%~2.0%进行拌种，然后堆闷、阴干后即可播种。并且二铵、尿素、硫酸钾按当地常规施用量施用，效果明显；其次甲基异柳磷水溶性颗粒剂，每 667m^2施 300~400g 有效成分，于播种时撒在沟内，湿土效果好于干土，中性土比碱性土效果好，要求用器械施用不可用手施，更不准溶于水后手沾药施；此外也可用 3%克线磷 5kg 拌土后穴施，效果明显；虫量较大地块用 3%呋喃丹（克百威）颗粒剂每 667m^2 施 2~4kg，颗粒剂与种子分层施用即可。

（7）生物防治。生物防治是利用大豆胞囊线虫的天敌来控制虫口数量和限制线虫引起的损失。其中包括昆虫防线虫、细菌防线虫和真菌防线虫。

2. 大豆病毒病

（1）选用抗病品种，建立无病留种田，选用无褐斑、饱满的豆粒作种子。

（2）加强肥水管理，培育健壮植株，增强抗病能力。

（3）及早防治蚜虫，从小苗期开始就要进行蚜虫的防治，防止和减少病毒的侵染。

（4）使用化学药剂防治。春大豆病毒病应从苗期开始，这样才能提高防效。可结合苗期蚜虫的防治施药。药剂可选用 20%病毒 A500 倍液或 1.5%植病灵乳油 1 000倍液，或者 5%菌毒清 400 倍液，连续使用 2~3 次，隔 10d 1 次。

3. 大豆食心虫

（1）成虫发生盛期防治。掌握成虫盛发期首先要做好预测预报，从 8 月初开始每天午后日落之前调查成虫蛾量，当田间蛾量突然增多，出现打团现象即是成虫盛发期（多数年份在 8 月 12—18 日）。

（2）幼虫入荚前防治。大豆食心虫幼虫孵化后，在豆荚上爬行的时间一般不超过 8h。这个时间很难掌握。所以防治幼虫须经过田间调查，当大豆荚上初见卵时及时采取措施。

（3）大豆收获后防治。大豆一般进入9月份收获，此时还有部分食心虫未脱荚，如果不及时脱粒，食心虫在荚内还可继续为害，并陆续脱荚入土。在大豆收获期进入场院前，用灭杀毙乳油1 500倍液或其他杀虫剂浇湿大豆垛底土，湿土层深3cm左右，然后用木磙压实，再将收回的大豆垛在上面，这样可将后期脱荚的食心虫杀死在垛底的药土层中。

大豆收获后一般采用的防治方法：一是边收边脱粒，这样可以防止食心虫收获后在荚内继续为害。二是收后垛前在大豆垛底施药，减少明年的虫源。三是豆田进行秋翻秋耙，破坏收割前脱荚入土的食心虫的越冬场所，增加死亡率。

4. 豆天蛾

（1）选种抗虫品种，在种植大豆时，选用成熟晚、秆硬、皮厚、抗涝性强的品种，可以减轻豆天蛾的为害。

（2）及时秋耕、冬灌，降低越冬基数。

（3）水旱轮作，尽量避免连作豆科植物，可以减轻为害。

（4）物理防治。利用成虫较强的趋光性，设置黑光灯诱杀成虫，可以减少豆田的落卵量。

（5）生物防治 用杀螟杆菌或青虫菌（每克含孢子量80亿~100亿）稀释500~700倍液，每亩用菌液50kg。

三、大豆生态植保整体解决方案（表5-2-10，5-2-11）

表5-2-10　常见大豆病害病源状况

序号	名称	越冬	夏季	发生过程	备注
1	大豆孢囊线虫病	以孢囊在土中越冬	秋季作物病害	孢囊脱落入土中	调运夹带孢囊的种子是造成远距离传播的主要途径
2	大豆病毒病	病残体越冬	秋季作物病害	由汁液接触传染	
3	大豆灰斑病	病残体上越冬	秋季作物病害	为害叶片	大气湿度高时，发病重
4	大豆霜霉病	病菌在种子、病荚和病叶上越冬	秋季作物病害	气流传播	
5	大豆细菌性病害	在种子上及未腐烂的病残体上越冬	秋季作物病害	风雨传播	病菌借风雨传播

表5-2-11　常见大豆虫害虫源状况

序号	名称	越冬	夏季	发生过程	备注
1	豆荚螟	老熟幼虫越冬	幼虫	越冬幼虫4月中旬开始化蛹	年发生3~4代
2	大豆食心虫	老熟幼虫在豆田、晒场及附近土内做茧越冬	成虫	以幼虫蛀入豆荚咬食豆粒	

（一）播种前预防

1. 选育、选用抗性品种

一般豆荚多毛品种受豆荚螟和大豆食心虫为害重；不同品种对土中线虫数量影响也很大。选用结荚期短、豆荚少毛或无毛的品种，可有效降低豆荚螟和大豆食心虫的落卵量。

2. 改善耕作栽培技术

大豆重茬、迎茬易使病虫害严重发生，与非寄主作物尤其是禾本科作物水旱轮作3~5年可显著降低大豆病虫害的发生程度；适当调整播期使作物敏感期避开病虫发生盛期，能明显减轻病虫的为害；秋季大豆收获后进行深翻和冬灌，也会消灭一部分病虫；在为害严重地区，于豆科绿肥结荚前收割，可减少豆荚螟第1代成虫的产卵机会。

（二）生长期防治

在大豆生长期，防治叶斑病等常发性病害时，可选用波尔多液或铜制剂进行叶面喷雾处理；防治花生蚜、棉铃虫、豆荚螟和大豆食心虫等多发性害虫时，可选用异色瓢虫、龟纹瓢虫、赤眼蜂、捕食性线虫制剂等。

第四节　烟草生态植保

我国各主要烟区发生为害较重的病害有病毒病、黑胫病、赤星病和根结线虫病等；重要害虫有烟蚜、烟青虫、斑须蝽、葱蓟马、烟盲蝽和烟粉虱等，局部地区有的年份还遭受斜纹夜蛾、灯蛾、蝗虫、潜叶蛾、蛀茎蛾、大蟋蟀和野蛞蝓的严重为害。

一、烟草病虫害种类

1. 烟草病害

（1）烟草黑胫病。俗称烂腰病、黑根病等，由寄生疫霉烟草变种（*Phytophthora parasitica* var. *nicotianae*）引起。在我国分布范围很广，发生普遍而严重。平均发病率10%左右，严重田块发病率高达75%，甚至造成绝收。

黑胫病是烟草生产上的毁灭性病害，在苗床期发生相对较轻，大田发病较重。发病部位以茎基部为主，根部和叶片也可受害。成株期发病，先在茎基部出现黑斑，病斑沿茎向上扩展，有时可扩展至病株的1/3~1/2，病株叶片自下而上逐渐变黄，若遇大雨后天晴高温，即可引起全株叶片突然凋萎、枯死。纵剖病茎，可见髓部呈褐色，干缩成碟片状，碟片间有稀疏的白色霉状物。雨季，中下部叶片也可表现症状，病斑初呈水渍状，圆形，并有浓淡相间的轮纹。气候干燥时，病斑处穿孔（图5-2-10）。

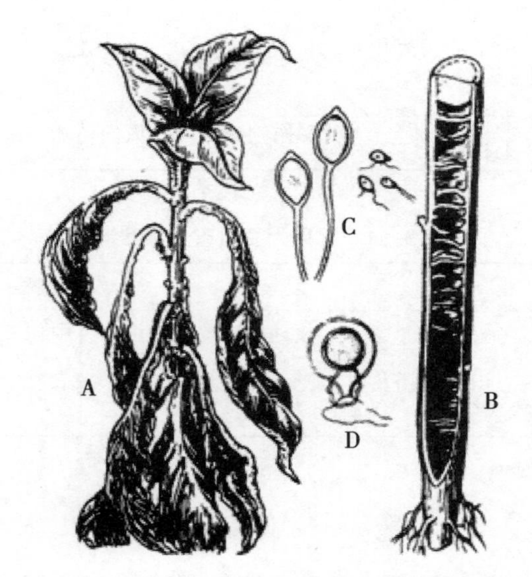

A.病株；B.病茎剖面；C.孢子囊；D.雄器即藏卵器

图5-2-10　烟草黑胫病

病菌以卵孢子、厚坦孢子和菌丝体随病残体在土壤中越冬，初侵染主要来自病土和带菌肥料；

田间发病后，病菌靠风雨、灌溉水等进行传播。高温多雨、湿度大，尤以雨后乍晴，有利于病害的发生与流行；地势低洼、排水不良、土壤过湿、种植密度过大，极易诱发为害。

（2）烟草赤星病。俗称红斑病、火炮斑病等，由细链格孢（*Alternaria alternata*）引起。我国各烟区都有发生，主要为害大田生长期，特别是打顶后更易感病。病菌除为害烟草外，还可侵染棉花、花生、大豆和番茄等多种植物。

病菌主要为害叶片，也可侵染茎、叶柄、花梗和蒴果。叶片染病时，多从下部开始，并逐渐向上扩展。病斑初为黄褐色圆形小斑点，后扩大为褐色圆形或近圆形斑，并有赤褐色同心轮纹。病斑边缘明显，易破碎，外有黄色晕圈，湿度大时上生黑色霉层。病情严重时，多个病斑融合，叶片大面积枯焦，破碎。

赤星病菌多以菌丝在病残体中越冬，病原若遇适宜温、湿度，并有足够的水分即可产生分生孢子侵染叶片。初侵染多发生在低位叶片，田间通过风、雨传播为害。在适宜环境条件下，可发生多次再侵染，降雨多、空气湿度大常引起病害的暴发流行。

（3）烟草病毒病。烟草病毒病种类很多，国内已发现有 16 种，其中发生较为普遍的有烟草花叶病毒病（TMV）、黄瓜花叶病毒病（CMV）、马铃薯 Y 病毒病（PVY）和烟草蚀纹病毒病（TEV）等。我国大部分烟区以黄瓜花叶病毒病为主，贵州、吉林、辽宁和黑龙江等地以烟草花叶病毒病最多，山东、河南等省以马铃薯 Y 病毒病为害最重，烟草蚀纹病毒病在陕西、云南、辽宁等地也呈上升趋势。

烟草花叶病毒病与黄瓜花叶病毒病引起的症状比较接近，发病初期，新叶叶脉颜色变浅，呈半透明状，随后叶脉两侧褪绿，形成黄绿相间的斑驳或花叶。田间症状因气候条件、病毒株系不同而异，可分为两种类型：一是轻型花叶，仅表现为叶片褪绿，形成黄绿相间的花叶或驳斑，植株高度及叶片形状、大小均无明显变化，一般成株期感病，易表现此类症状。另一种为重型花叶，叶片上部分叶肉组织增大或增多，叶片厚薄不匀，形成很多泡状突起，叶片皱缩，扭曲畸形，叶尖细长，若苗期感病，整个植株节间缩短，严重矮化。黄瓜花叶病毒病除表现上述症状外，有时还伴有叶片狭窄，叶基呈拉紧状，叶片上茸毛稀少，叶色发暗，无光泽等。马铃薯 Y 病毒病因病毒株系不同而表现不同症状，常见有脉带型和脉斑型。

近年来，烟草病毒病的为害有逐年加重的趋势，局部地区甚至造成毁产绝收。其主要原因与气候变化、种植结构及烟草生产本身有关。全球气候的变化直接影响到毒源植物、虫媒、病毒和烟草本身；烟区种植结构的变化造成了毒源植物和传毒昆虫的大量发生，且使得轮作制度难以实施；烟草生产本身要求种植优质的烟草品种，而品种的抗病性特别是对病毒病的抗性与品质性状又往往不能协同。

（4）烟草根结线虫病。由根结线虫（*Meloidogyme* sp.）引起，在我国的山东、安徽、河南、四川、云南、福建、广东以及台湾等地均有发生。烟草根结线虫除对烟草造成直接为害外，还可传染烟草镰刀菌萎蔫病、黑胫病和青枯病等土传病害，形成复合侵染，从而造成更大的为害。

烟草根结线虫病从苗期到成株期均可发病。苗床后期感病重的烟苗叶色黄萎、生长缓慢，根上布满大小根结，须根极少。成株期发病时，在根部形成大小不等的根结，严重时形成鸡爪状畸形根。剖开根结，内有一至数个黄白色或乳白色粒状物，即病原线虫的雌虫。地上部主要表现为植株矮化，叶片变黄，形如缺肥或缺水。叶片变黄先从中、下部叶片开始，下部叶尖和叶缘先出现褪绿斑，后整株叶片由下而上逐渐变黄，植株生长缓慢，在干旱条件下更加明显。重病株根部变短，后期土壤湿度大时根系腐烂仅留表皮和木质部，整个植株萎蔫枯死。

病原线虫以含卵的卵囊在病根残体、土壤和未腐熟的肥料中越冬，翌年条件适宜时，以 2 龄幼虫侵染为害。黄淮烟区每年发生 3~4 代，云南烟区每年发生 3 代。随农事操作、排灌水等进行传播，连作田、干旱以及保水、保肥力差的砂土或砂壤土发生较重。

（5）烟草野火病和角斑病。分别由丁香单细胞杆菌烟草致病变种（*Pseudomonas syringae* pv. *tabaci*）和丁香假单胞杆菌角斑致病变种（*P. syringae* pv. *angulata*）引起的细菌性病害。野火病在我国东北3省、山东、云南及四川等地分布较广、为害严重。病菌除侵染烟草外，还能为害多种豆科和茄科作物，其自然寄主还有荠菜、龙葵、稗、蓼等。两种细菌病在苗床期很少发生，主要在大田期为害叶片、花、果及茎秆。

野火病初在叶片上形成圆形褪绿斑，随后在病斑中央出现褐色坏死区，病斑逐渐扩大，或多个病斑连成不规则形大斑。其典型症状是在褐色病斑周围形成黄色晕圈。植株感病后如遇暴雨，发病迅速，严重时全部叶片变褐，如同火烧状。天气潮湿或有水滴存在时，病部溢出菌脓，干燥后病斑破裂。角斑病在叶片上产生多角形或不规则形黑褐色斑，病斑边缘明显，周围无黄色晕圈。湿度大时，病部也溢有菌脓，干燥条件下病斑破裂或脱落。

野火病和角斑病都属暴发性细菌病害，病原细菌主要借风雨传播，从伤口和自然孔口侵入。野火病的初侵染来源主要是田间越冬的病残体及带菌种子。

2. 烟草虫害

（1）烟蚜（*Myzus persicae*）。又名桃蚜、菜蚜。属同翅目、蚜科。国内外广泛分布。主要寄主植物有烟草、桃、杏、李、萝卜、白菜、辣椒、马铃薯、麦蒿及荠菜等。以成蚜和若蚜群集烟株上部幼嫩叶片背面刺吸汁液，受害植株生长迟缓，叶片卷缩变黄变薄，烤后变黑，并传播病毒（CMV）病，严重影响烟草的产量和品质。

在我国自东北至华南，年发生10~30代不等，黄淮烟区年发生20余代。营全周期生活者，以卵在桃树芽腋、枝杈等处越冬。翌春3月上旬桃芽开绽时，越冬卵孵化为干母，为害桃树幼叶。4、5月间迅速繁殖，严重为害桃树，并不断产生有翅蚜迁向烟草等夏季寄主繁殖为害。在烟草上繁殖15代左右，以6、7月份受害最重。7月下旬至8月，因春烟老熟而产生有翅蚜，迁向十字花科等蔬菜及杂草上为害，约繁殖8~9代。10月中旬至11月上旬，一部分个体产生有翅性母和雄蚜，性母飞回桃树孤雌胎生无翅产卵雌蚜，与迁来的雄蚜交配，并产卵越冬。一部分营不全周期生活的个体，可继续留在原处孤雌生殖，并以最后一代无翅孤雌胎生成、若蚜在风障冬菜、杂草或菜窖内越冬。还有部分个体能在保护地黄瓜、茄子、辣椒及莴苣等蔬菜上终年繁殖为害。

（2）烟青虫（*Helicoverpa assulta*）。又名烟夜蛾。属鳞翅目、夜蛾科。分布遍及国内各烟区，以黄淮地区受害较重。寄主植物主要有烟草、辣椒、番茄、棉花、玉米、高粱和豌豆等。烟草旺长期，幼虫多集中在烟草心芽和嫩叶为害，将叶片咬成孔洞、缺刻或造成无头苗。留种株现蕾后，也蛀食蕾、花和果实等。

成虫体长15~18mm，翅展27~35mm。雌虫黄褐至灰褐色，雄蛾黄绿色。前翅斑纹清晰，基线短，内横线和外横线为双波线，中横线上端分叉，外横线与亚外缘线之间色暗，该色带下端稍向内倾斜，但不达肾形纹下方；环纹内有1褐点，肾纹中央有1新月形褐纹。后翅端区有黑棕色宽带，带内侧有1条棕黑色线。老熟幼虫体长31~41mm，体表密生短而钝的圆锥形小刺。头部黄褐色，胴部颜色随食料和气候不同而变化，一般夏季多呈绿色或黄绿色，秋季呈红褐、黄褐、绿褐或黑褐色（图5-2-11）。

烟青虫年发生世代数随地理纬度不同而异，在东北烟区年发生1代、京津地区2~3代、黄淮地区4代、长江中下游地区和云贵烟区4~5代、华南地区5~6代，各地均以蛹在土中滞育越冬。在黄淮烟区，第1~4代幼虫发生盛期分别为5月下旬至6月中旬、6月下旬至7月中旬、7月下旬至8月下旬和9月上旬至10月中旬。第1代为害春烟，第2代为害春烟和夏烟，第3代为害春烟花、果和夏烟，第4代为害夏烟花、果及辣椒等，其中尤以第2、3代发生为害严重。

（3）斑须蝽和烟盲蝽。斑须蝽（*Dolycoris baccarum*）又名细毛蝽，属半翅目、蝽科，各烟区均有分布。以成、若虫刺吸为害烟草、麻类、小麦、玉米、水稻、棉花、花生、大豆、蔬菜、果树、

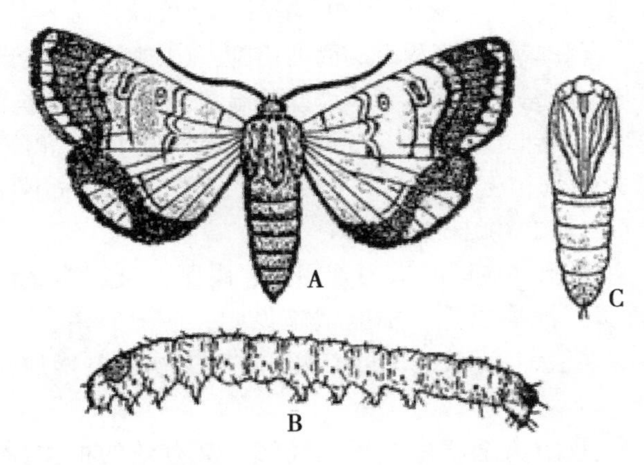

A.成虫；B.幼虫；C.蛹（仿陈其瑚等）

图 5-2-11　烟青虫

林木及杂草等。在黄淮烟区年发生 3 代，以成虫在麦苗、冬菜和杂草根际及树皮下等处越冬，3 月下旬至 6 月上旬越冬成虫活动、为害和产卵。第 1~3 代卵分别发生在 4 月中旬至 6 月上旬、6 月上旬至 7 月中旬、7 月中旬至 9 月中旬。第 1 代主要为害小麦及春播作物，第 2、3 代除为害烟草外，还为害麻类、豆类、玉米、蔬菜和果树等。卵多产在植株中上部叶片和花果上，在烟草上发生严重时，单株可达 10 余头。

烟盲蝽（*Cyrtopeltis tenuis*）属半翅目、盲蝽科，主要分布于黄淮、海南和云南等烟区。以成、若虫刺吸为害烟草、芝麻、大豆、蒲瓜和泡桐等。年发生 3~4 代，以成虫越冬。5 月中、下旬越冬成虫迁入烟田为害烟草，6 月至 8 月上旬第 1、2 代为害旺长期烟草和二茬烟，第 3 代主要为害夏烟和留种烟株等。成虫善飞，卵散产于嫩茎、嫩叶柄和叶背主脉两侧的组织内，产卵处凹陷。以烟草中、后期虫口数量多，为害重。

二、主要烟草病虫害生态防控

1. 烟草黑茎病

（1）选种抗病品种。如牛津 1 号、牛津 4 号、中烟 90、富字 64 号、抵字 101、G28、G52、G70、G140、G80、金星、偏金星、安选 4 号、安选 6 号、许金 1 号、许金 2 号、柯克 48、烟草黑胫病柯克 86、柯克 139、柯克 258、柯克 298、柯克 411、Nc13、Nc82、Nc89、Nc95、K326、Va770、Va8611、夏烟 1 号、夏烟 3 号、台烟及白肋烟中的粤白 3 号、建白 80、8701、Va509、B77 等。

（2）与禾本科作物及甘薯轮作 3 年以上或水旱轮作。

（3）推广高垄栽培育苗，垄高 30~40cm。适时早栽避开雨季。及时中耕除草、注意排灌结合，降低田间湿度。

（4）及时拔除病茎、病叶烧掉或深埋。

2. 烟草赤星病

采用综合防治措施，以选择抗病品种、栽培措施的防治方法为主，以药剂防治为辅。

（1）清洁田园。收烟后彻底收集田间枯枝落叶及病残体，集中烧毁，以减少下年的初侵染来源。

（2）种植抗病品种。选种抗（耐）病品种 如 G80、G28、柯克 176、柯克 86、Nc95、净叶黄、中烟 90、益延一号、辽烟 l0、中卫 1 号、春雷 3 号、铁杆烟等。

（3）加强栽培管理。改进栽培制度，错开烟草感病阶段与高温多雨季节。

适时采烤，及时采收成熟烟片，既可减少侵染的场所，又可减少菌量的累积，并降低株行间温、湿度，这是降低赤星病侵染为害和减轻为害程度的简便措施。中国多数省份改种春烟，这样就可以早成熟、早采烤，到8月中旬基本烤完，使烟草有效地躲过温暖多雨的发病季节而大大减少损失。云南多在雨水节令播种、如能适当提早到立春播种，就可避开赤星病发生的高峰而减少经济损失。

合理密植和科学用肥，避免种植密度过大，造成封行郁蔽，通透气不良，容易发病。云南一般田烟每亩种1 100株，地烟每亩种1 300株左右较好。

合理施肥，重施基肥。除氮肥外应同时适当施用钾、磷肥，最好能在移栽时一次施下，要控制化肥（氮素）用量，及时落黄，提早成熟。不能偏施氮肥，应氮、磷、钾肥合理配合。生长中后期叶面可喷0. 1%~0. 2%磷酸二氢钾液，15~20d 1次，连喷2次，既增加营养又提高抗病能力。

3. 烟草病毒病

（1）栽种抗耐病品种。这是防治烟草病毒病既经济、又有效的根本途径。选用无病株上的种子，从无病株上采种，单收、单藏，并进行细致汰选，防止混入病株残屑。

（2）加强苗床管理，培育无病壮苗。首先要注意苗床选地，苗床要尽可能远离菜地、烤房、晾棚等场所。其次床土及肥料不可混入病株残屑，注意清除苗床附近杂草。及时间苗、定苗，合理施肥浇水、有效地控温控湿。操作时要用肥皂水洗手，严禁吸烟，尽量减少操作工具、手、衣服与烟株接触。

（3）适当提早播种、提早移栽。移栽时要剔除病苗。注意烟田不与茄科和十字花科作物间作或轮作，重病地至少要二年内不栽种烟草。

（4）加强田期管理，提高烟草的自然抗病能力。烟田要在冬前进行深翻晒土，翌年翻浆时反复细致耙地，熟化耕作层，减少侵染毒源。

（5）田间操作时，事先要用肥皂水洗手，工具要消毒，并禁止吸烟。打顶抹杈要在雨露干后进行，并注意病株打顶、抹杈要最后进行。

（6）注意驱避蚜虫、防其传毒。育苗床和烟田，铺设银灰色地膜、或张挂银灰色反光膜条，可有效地驱避蚜虫向烟田内迁飞。

4. 烟蚜

烟蚜繁殖蔓延速度很快，为此应采用农业、物理、生物和化防技术进行综合防治。

蔬菜收获后要及时清理前茬病残体，铲除田间、畦埂、地边杂草。

采用黄板诱杀或银灰色反光塑料薄膜忌避。

用25%种衣剂2号1份与50份烟草种子拌裹或卫福1份与100份烟草种子拌裹控制蚜虫有效期30d，且可减轻苗期病毒病，增产7%左右。

在蚜虫点片发生阶段开始释放瓢虫、蚜茧蜂。

5. 斑须蝽

（1）6月中旬成虫盛发时进行人工捕杀和摘除卵块，集中杀灭初孵化尚未分散的若虫。

（2）注意保护或释放斑须熔卵寄生蜂和稻熔小黑卵蜂进行生物防治。

（3）加强烟田管理，第一代成虫为害盛期及时打顶，减少其为害场所，虫口数量迅速下降。

三、烟草生态植保方案（表5-2-12，5-2-13）

表5-2-12　常见烟草病害病源状况

序号	名称	越冬	夏季	发生过程	备注
1	烟草黑胫病	卵孢子和菌丝体越冬	菌丝体	初侵染主要来自病土和带菌肥料	病菌靠风雨、灌溉水等进行传播
2	烟草赤星病	多以菌丝在病残体中越冬	菌丝体	主要为害叶片	

（续表）

序号	名称	越冬	夏季	发生过程	备注
3	烟草病毒病	植株	植物病毒	发病初期，新叶叶脉颜色变浅，呈半透明状，随后叶脉两侧褪绿，形成黄绿相间的斑驳或花叶	
4	烟草根结线虫病	以含卵的卵囊越冬	幼虫	成株期发病时，在根部形成大小不等的根结，严重时形成鸡爪状畸形根	每年发生3~4代
5	烟草野火病和角斑病	在病残体越冬	菌丝体	在叶片上形成圆形褪绿斑	

表5-2-13　常见烟草虫害虫源状况

序号	名称	越冬	越夏	发生过程	备注
1	烟蚜	以卵越冬	若蚜、成蚜	越冬卵孵化为干母，为害桃树幼叶	年发生10~30代
2	烟青虫	以蛹在土中滞育越冬	幼虫	将叶片咬成孔洞、缺刻或造成无头苗	黄淮地区4代
3	斑须蝽	成虫越冬	若虫、成虫	3月下旬至6月上旬越冬成虫活动	年发生3代
4	烟盲蝽	成虫越冬	若虫、成虫	5月中、下旬越冬成虫迁入烟田为害烟草	年发生3~4代

根据烟叶生产的特殊性和烟田生态系的特点，应采取“抓前控中，注意后期”的策略，及时有效地控制烟草病虫害的发生与为害。其综合防治技术主要包括选用抗耐病优良品种，严格苗床和种子消毒，培育无病虫壮苗，合理轮作，加强苗床及大田管理，推行配方施肥和科学合理的药剂防治等。

1. 幼苗期防治

近年来，烟草的苗期病虫害呈上升趋势，有的甚至造成严重缺苗。因此搞好苗期病虫害的综合防治，是培育壮苗、提高烟叶产量与质量的重要基础。我国烟区分布范围广，不同烟区之间气候差异较大，因而苗期病虫害种类及发生为害程度也各不相同。目前发生普遍、为害较重的病害主要有炭疽病、猝倒病、立枯病、黑胫病、根黑腐病、白粉病、根结线虫病及野火病等；苗期虫害主要有地下害虫（蝼蛄、地老虎、金针虫及蛴螬等）和蚜虫，南方烟区还有斑潜蝇等。

（1）苗床地的选择。选择地势较高、背风向阳、排水条件好，且远离烤房、村庄的地块作苗床，严禁在原烟草种植地、菜园地和相邻的田块上育苗或做大棚、小拱棚进行育苗。

（2）苗床土、肥的选用与消毒苗床土最好选用山坡生土或未栽种过烟和菜的大田土，配制营养土的农家肥应使用腐熟的、未经烟草和蔬菜残体污染的农家肥。苗床土和营养土必须经过消毒，杀灭病原菌、线虫、地下害虫及杂草后方可使用。消毒药剂主要为溴甲烷和威百亩。溴甲烷消毒的操作方法是：于播种前10~15d，先将土壤锄松、整平（苗床翻松厚度和营养土堆放高度为15cm，土壤含水量约60%），然后支架用塑料薄膜盖严密封，在膜内以98%的溴甲烷40~50g/m^2投药熏蒸。熏蒸时土壤温度应在10℃以上，15℃以上时熏蒸24~48 h即可，15℃以下时可延长至48~72h。熏蒸后揭去薄膜，耙松土面，通风散毒24h后即可播种。用威百亩消毒的方法是：于播种前一个月，施药前先将土壤锄松、整平，并保持一定湿度。

（3）选用无病种子。选用抗、耐病虫品种；或采用包衣种子；裸种可用1%硫酸铜浸种10min，用清水洗净后播种。

（4）确保苗期卫生，隔离防虫。不用可能受病原污染的水育苗；每次掐、剪叶前 1d 喷防病毒剂处理，使用的工具应进行消毒；及时清除苗床周围植物残体和杂草，减少病虫害的孳生场所。育苗棚的门窗和通风口用40 目尼龙网覆盖，以防止蚜虫及斑潜蝇的为害和苗期传染病毒。

（5）培育壮苗。幼苗 3 叶期前少浇水，尤其在遇阴雨、低温天气时要及时排水，加强苗床的通风排湿。膜下或棚内要保温、防寒和防高温，遇高温时应及时揭膜。于移栽前 7~10d 开始锻苗，苗床不浇水，白天揭膜、晚上盖膜；移栽前 5~7d，不再盖膜。整个苗期掐、剪叶 2~3 次。

2. 移栽至团棵期防治

烟苗移栽到大田后，病虫害种类逐渐增多，主要病害有黄瓜花叶病毒病、黑胫病和根结线虫病等，主要虫害有烟蚜、烟青虫及斑须蝽等。

（1）合理轮作。轮作是防治烟草病害特别是黑胫病、青枯病等土传病害最基本的措施之一。实践证明，实行隔年 1 烟、3 年 1 烟或水旱轮作等耕作措施，都能有效地预防和控制烟草土传病害等多种病害的发生蔓延。

（2）加强土肥管理。移栽前深耕深翻土壤，适时早栽，增施有机肥和磷、钾肥，实行科学施肥，可促进烟株健壮生长，提高抗病虫能力；冬春及时翻耕土地，可恶化多种在土中越冬病虫的生存环境，减少越冬虫、菌源。烟苗移栽后，定期田间检查，如发现早期病株、病叶，应及时铲除或用药防治，以防止病害的流行。

（3）黑胫病的防治。黑胫病菌主要以游动孢子在表土层活动，侵染烟株根或茎基部。对于该病流行的地区和田块，应及时进行药剂防治，目前常采用的药剂和方法有：甲霜灵或瑞毒霉—锰锌药液喷雾；敌克松药土撒施于烟株周围，并用土覆盖；烟田培土后，用敌克松药液喷洒或浇灌茎基部。

（4）根结线虫病的防治。易遭受根结线虫病为害的烟区或地块，必要时可单独采取防治措施。移栽时可选用铁灭克或克线磷、甲基异柳磷等杀线虫剂，拌细土或细砂进行穴施。

3. 旺长至采收期防治

烟草旺长至采收期是多种病虫并发和为害时期。烟草进入旺长期后，如前期防治不力，根部病害（如黑胫病、根结线虫病等）就会开始流行，其他大田期病害也随烟株的生长和气候因子的影响而发展蔓延，烟蚜、烟青虫、斜纹夜蛾、斑须蝽及绿盲蝽等多种害虫也开始上升为害。因此，协调好化学防治与其他防治措施的关系，开展多种病虫的综合防治，是这一时期的中心任务。

（1）加强田间管理。加强田间管理，增强烟草的抗性，抓住多种病虫的关键预防时期，切断其传播途径，及时有效地控治主要病虫害的扩散和流行。

（2）病害的防治。烟草茎、叶部各种病害发生时。

（3）虫害的防治。在烟草打顶前，当蚜量达到防治指标时，进行防治。

第五节　牧草生态植保

一、牧草病虫害种类

1. 常见牧草病害

（1）牧草锈病。有叶锈、秆锈、条锈、冠锈、脉锈等类型，一般为害牧草的茎、叶产生褐绿色斑点，逐渐变成褐色的外缘、有黄色或淡黄色的晕圈水小斑，后期变为深褐色，病斑上有锈色粉状物。发病后及时割草、减少下茬草的病源、割草后可用粉锈宁、羟锈宁、代森锌、百菌清喷雾。

（2）牧草褐斑病。是黑麦草，红三叶的常见病，红三叶发病后在叶片的两面形成褐色或赤褐色病斑，温度高时呈黑褐色，病斑边缘无晕圈，后期病部表皮破裂，露出小盘子状子实体。黑麦草褐斑病，在整个生长期都可发病，为害根、茎、叶、叶鞘及穗。发病后及时刈割，发病盛期在每年的 4 月下旬至 5 月上旬，严重时可用多菌灵，甲基托布津，羟锈宁等。

（3）白粉病。主要为害豆科和禾本科牧草，红三叶白粉病是全球性的病害。发病的植株在叶片、茎秆、荚果上出现白色的霉层。感染后期这些部位会出现黑褐色的闭囊壳。在昼夜温差大、湿度大的情况下发病严重，可造成产草量下降 50%、种子产量下降 30%以上。

（4）黑麦草苗枯病。发病普遍，种子感病后，当幼苗长到 4 叶时，开始黑根、软腐、立枯、萎蔫。

（5）三叶草菌核病。主要发生在春季 4—5 月，菌核病主要发生在豆科牧草上，以苜蓿、沙打旺、白三叶等发病较多。侵害的主要部位是根茎和根系，造成根茎下根系变成褐色、水渍状并腐烂死亡。发病部位在春季会产生白色絮状菌丝体，随后产生小瘤状黑色的菌核。该病常常造成牧草缺苗断垄或者成片死亡，草地牧草生长不良。

（6）牧草田菟丝子。菟丝子是一种寄生植物，种子很小，易混杂在牧草的种子和土壤中，播种牧草时会随牧草种子一起入地生长，有时会在种植牧草地块的土壤里直接萌发生长，形成丝黄，寄生在牧草的茎枝上，每株菟丝子缠绕牧草 3~5 株，吸取牧草的养分和水分，导致牧草因养分缺乏而生长受阻，严重时会造成牧草死亡。发生此病害比较普遍的牧草主要有苜蓿、沙打旺、白三叶、野大豆、小冠花等，且随着草地种植栽培面积的扩大，该病害的发生范围越来越大，对草业造成的为害越来越严重。

2. 牧草虫害

（1）牧草蚜虫。蚜虫对几乎所有科属的牧草都有为害，侵害的主要部位是牧草比较细嫩的部分，由于蚜虫咬噬和吸取牧草的营养，造成植株的嫩茎、幼叶卷缩，严重的导致叶片发黄甚至脱落，从而影响牧草的光合作用，抑制牧草的生长，降低牧草的生长，降低牧草的产草量。

（2）牧草盲蝽蟓。主要为害豆科牧草，以苜蓿受害为重。盲蝽蟓主要为害牧草的花蕾，常造成花蕾凋萎枯零，使牧草种子的结实率降低，不仅造成种子产量下降，而且会影响种子的质量。

（3）蝗虫。咀嚼牧草叶片和嫩叶，多在 5—9 月发生，在蝗虫侵入时可用恶虫威、毒死蜱、敌百虫等喷洒。

（4）地老虎。夜间为害，专食嫩茎嫩叶。

（5）蝼蛄。夜间觅食、嚼断近地的茎秆基部。

（6）蛴螬。嚼食牧草根部。

（7）草地螟。蛀食草根及茎部。

（8）黏虫。吃食嫩茎叶、成虫夜间行

二、牧草主要病虫害生态防控

1. 白粉病

（1）选择抗病品种。

（2）及时清理田间病株并堆腐处理。

（3）发病严重时喷洒石灰硫磺合剂或撒施石灰粉即可控制。

2. 菌核病

（1）对准备种植牧草的地进行深翻，以阻止菌核的萌发。

（2）对牧草种子在播前用比重 1.03~1.10 的盐水选种，清除种子内混杂的菌核，然后再播种牧草。

（3）对发病严重的地块应进行倒茬轮作。

3. 菟丝子

（1）加强检疫，防止菟丝子随牧草种子传播。

（2）选用无菟丝子侵染的牧草种子进行种植，为达到这一目标，应建立无菟丝子为害的牧草种子田。

（3）刈割和拔除染病植株，在菟丝子结实之前拔除或者进行刈割，是防止菟丝子蔓延的有效方法。

4. 牧草蚜虫

（1）利用生物多样性种植模式避蚜。

（2）人工生产繁育释放瓢虫控蚜。

5. 牧草盲蝽蟓

（1）对发生虫灾的大田牧草可以采取及时收割的办法，收获后调制干草或直接饲喂畜禽。

（2）对种子田为害不太严重时，诱集释放蜘蛛。

三、牧草生态植保方案

牧草播种以后，即进入田间管理阶段，人工草地田间管理，最主要的是去杂、追肥、病虫害防治、补播、围栏等措施，是一项长期的工作。

1. 去杂

播种出苗后的去杂，主要是清除有毒有害、侵占性强的杂草，比如，蕨类、苍耳、毒芹、曼陀罗、毛茛、野棉花、水花生、草乌、蒿枝、多种悬钩子等，去杂的主要方法，人工拔除、结合割草清除等。

2. 追肥壮苗

当出苗 10~15d 时应追肥一次，一般用农家稀粪或尿素，每亩施 30 担稀粪或 7. 5kg 尿素，以后每割草一次施肥一次，施尿素最好在下雨之前或下午 17：00—18：00 时进行。另外每年要求施肥保温肥一次，也就是在每年将进入冬季。牧草基本停止生长之前、用磷、钾肥农家肥拌入有机质含量较高的细土、充分发酵后均匀的撒在草地上。

①悬挂粘虫板；

②安装诱虫灯；

③释放瓢虫；

④间种田地诱集带。

第六节　中草药生态植保

一、中草药病虫害种类

1. 中草药病害种类

（1）根腐病。发病初期先由须根、支根变褐腐烂，逐渐向主根蔓延，最后导致全根腐烂，直至地上茎叶自下向上枯萎、全株枯死。该病常与地下线虫、根螨为害有关。另外，在土壤黏重，田间积水过多时发病严重。其中黄芩、丹参、板蓝根、黄芪、太子参、芍药和党参等中药材易感染此病。

（2）根结线虫病。由于根结线虫的寄生，在根部长出许多瘤状物，致使植株生长缓慢，叶片发黄，最后全株枯死。受此病为害的药材主有丹参、桔梗、黄芪、人参和北沙参等。防治时最好与禾本科作物轮作或水旱轮作，播前用甲基异柳磷等处理土壤进行消毒。

（3）白绢病。常发生在近地面的根处或茎基部，出现一层白色绢丝状物，严重时腐烂成乱麻状，最终导致叶片枯萎、全株枯死。常在高温湿季节或土壤渍水条件下发病重。主要有黄芪、桔梗、白术、太子参和北沙参等药材感染该病。

（4）立枯病。主要发生在幼苗期，最初是幼苗茎基部出现褐斑，扩展成绕茎病斑，病斑处失水干缩，致使幼苗枯萎成片枯死。被害药材主要有黄芪、杜仲、人参、三七、白术、北沙参、防风和菊花等。

（5）枯萎病。发病初期，下部叶片失绿，继而变黄枯死；重茬地、排水不良的黏土地发病严重。黄芪、桔梗和荆芥等药材常感染此病。

（6）菌核病。发病时幼苗茎基部产生褐色水渍状病斑，幼茎很快腐烂，造成倒苗死亡。病部后期出现黑褐色颗粒即为菌核。

2. 中草药害虫

（1）蚜虫、介壳虫等刺吸式口器害虫。蚜虫是中草药的重要害虫类群，为害十分普遍。介壳虫主要为害一些南方生长的中草药。这类害虫吸食中草药汁液，造成黄叶、皱缩，叶、花、果脱落，严重影响中草药生长和产量、质量。有些种类还是传播病毒病的媒介，造成病毒病蔓延。

（2）地下害虫。地老虎、蛴螬等中草药中根部入药者居多，地下害虫直接为害药用部位，致使商品规格下降，影响产量和质量，因此一定要加强防治。

（3）若螨、成螨群聚于叶背吸取汁液，使叶片呈灰白色或枯黄色细斑，严重时叶片干枯脱落，并在叶上吐丝结网，严重的影响植物生长发育。

二、主要中草药病虫害生态防控

1. 黄芪根腐病

在土壤中长期腐生，病菌借水流、耕作传播，通过根部伤口或直接从叉根分枝裂缝及老化幼苗茎基部裂口处侵入。线虫为害造成伤虫口利于病菌侵入。连阴雨后转晴，气温突然升高易发病，植株常成片死亡。中心病株一般在5月上旬出现，以后逐渐蔓延，发病盛期为7月至8月中旬，发病率为30%~50%。

（1）早期注意防治地下线虫。

（2）“三清”措施：清除虫源，移栽前清除田内及周围所有野生甘草地下30cm的根茎；种苗药剂处理；发生初期清除田内胭脂蚧已为害的甘草并设置隔离带。

（3）选择合适的种植地，避开甘草胭脂蚧适生区。

（4）移栽苗适度深栽，芦头位于地表20cm以下为宜。

（5）采用专用设备拉断甘草根状茎。

（6）有灌溉条件的田块4、7月份灌水1~2次。

2. 黄芪白粉病

以子囊果在病残体上越冬。气温达到20℃以上时，病菌孢子萌发。借风传播，并迅速向邻株蔓延。8、9月份病情严重，9月下旬至10月上旬形成子囊果落入土壤越冬。田间先出现发病中心，然后向四周蔓延发病，是该病发生的特点。

3. 黄芪枯萎病

带菌的土壤和种苗是主要初次侵染来源。病害常于5月下旬至6月初开始发病。7月以后严重发生，常导致植株成片枯死。

整地时进行土壤消毒，对带病种苗进行消毒后再播种，可用恶霉灵进行防治。

4. 黄芪枯蛴螬为害

产卵在松软湿润的土壤内，一年1代。

土壤处理：用50%辛硫磷乳油拌细土制成毒土，顺垄条施，随即浅锄，或将该毒土撒于种沟。成虫期用杀虫灯诱杀。

5. 柴胡斑枯病

由柴胡壳针孢引起，病菌以分生孢子器或菌丝体在病残体上越冬，翌年春天分生孢子借助风雨传播，形成初侵染和再侵染，高温高湿利于发病，常常在 8 月为发病高峰期。

发病前或发病初期用 50%退菌特 1 000倍液喷雾防治。每 5~7d 喷 1 次，连续喷 2~3 次，也可于发病前用 70%甲基托布津 600 倍液预防，以后每半个月喷 1 次。

6. 大黄轮纹病

叶斑近圆形，红褐色，具有同心轮纹，后期病斑内生黑褐色小点。大黄壳二孢引起，以菌丝体在病叶或子芽上越冬，春季分生孢子借风雨传播造成侵染，潮湿多雨利于病害发生，7—9 月为发病盛期。

可选用 1：2：300 波尔多液，代森锰锌或多菌灵喷雾处理。

7. 板蓝根菜粉蝶

年一般发生 3~4 代，以蛹在被害植株上或附近的屋檐、篱笆、土缝和枯枝、落叶中越冬，而且有滞育特性。成虫只在白天活动，取食花蜜。老熟幼虫在植株等附着物上化蛹，蛹可耐 −50~−32℃的低温。6 月份起幼虫为害叶片，7—9 月份为害严重。10 月中、下旬以后老幼虫陆续化蛹越冬。

套种甘蓝或花椰菜等十字花科植物，引诱成虫产卵，再集中杀灭幼虫；用虫菌粉（每克含芽孢 100 亿个）500~600 倍液，生物农药 Bt 乳剂喷雾。

8. 板蓝根霜霉病

霜霉病菌以菌丝体在寄主病残组织中越冬。翌年春季天气转暖后从病部抽生孢囊梗及孢子囊，主要通过气流传播，引起再次侵染，在适宜的环境条件（主要是温、湿度）下，造成重复侵染。常常在地表部叶片出现为害。

（1）避免与十字花科等易感染霜霉病的作物连作或轮作。

（2）病害流行期用 1：1：200~300 的波尔多液或用 65%代森锌 600 倍液喷雾+新高脂膜防治。

9. 板蓝根蚜虫

以成虫或卵在残枝落叶中越冬，和降水关系密切，年发生近 20 代。

（1）合理规划种植板蓝根，选择远离十字花科作物，以及桃、李等果树，以减少蚜虫迁入。

（2）药剂防治选用如吡蚜酮等高效农药。

10. 黄芩白粉病

闭囊壳在病残体越冬，水分利于侵染，干旱利于暴发，宁夏常常秋后发生，采用在白粉病发病初期每隔 10~14d 连续喷洒 2 次的氟硅唑防治效果最好。

11. 黄芩根腐病

发生规律及防治措施参考黄芩根腐病

12. 党参霜冻为害

熏烟法：即燃烧柴草等发烟物体，在作物上面形成烟幕，使降温慢，并能增加株间温度。一般熏烟能达到增温 0. 5~2. 0℃的效果。也可用化学药剂造成烟幕，提高空气温度。据测定，燃烧 1kg 红磷可为 5 亩地防霜，提高温度 1~2℃。

13. 银柴胡霜霉病

以卵孢子随病残体在土壤中休眠越冬，卵孢子和孢子囊主要靠气流和雨水传播，孢子或孢子囊萌发后从气孔或表皮直接侵入。发病部位不断产生孢子囊，进行再侵染，使病害逐步蔓延。植株生长后期，病组织内菌丝分化成藏卵器和雄器，有性结合后发育成卵孢子。

14. 银柴胡生理性病害

保护性休眠机制，水分、乙烯等激素打破休眠。

15. 银柴胡生巨膜长蝽为害

巨膜长蝽是半翅目荒漠昆虫，食性杂，喜食菊科、旋花科、禾本科等多种杂草，年只发生 1

代，为害盛期在5月上中旬，虫源来自周边荒漠草原区，为害途径是荒漠草原向瓜田迁飞，定殖扩散为害，有滞育现象。

50%辛硫磷乳油1 500倍液、50%杀螟松乳油1 000倍液。

16. 苦参霜霉病

种子上附着的卵孢子是最主要的初侵染源，孢子囊萌芽形成芽管，从寄主气孔或细胞间侵入，并在细胞间蔓延，伸出吸器吸收寄主养分。孢子囊寿命短促如及时借风、雨和水滴传播，可引起再侵染。

病害流行条件出现时，及早用百菌清、多菌灵、退菌特等喷施防治。

17. 苦参夜蛾

发生规律不清。

（1）灯光诱杀。

（2）啶虫脒1 500~2 000倍液喷杀幼虫，可连用1~2次，间隔7~10d。可轮换用药，以延缓抗性的产生。

18. 丹参叶斑病

以分生孢子器、菌丝体在土中的病残体上越冬，翌春气温回升，病菌开始生长发育，孢子器内分生孢子逐渐成熟，借助风和雨水传播；病菌孢子由寄主气孔侵入，在细胞间蔓延，成为田间再侵染传播病源。

70%甲基托布津1 000倍液或75%百菌清600倍液每隔10d喷1次，连喷2~3次。

三、中草药生态植保方案

1. 农业防治

农业防治是通过调整栽培技术措施减少或防治病虫害的方法。这些措施大多数是预防性的，体现了预防为主的精神。农业措施一般不增加额外开支，安全有效，简单易行，容易被群众所接受。

（1）合理轮作和间作。一种中草药在同一块地上连作，就会使其病虫源在土中积累加重。进行合理轮作和间作对防治病虫害和充分利用土壤肥力都是十分重要的。特别对那些病虫在土中寄居或休眠的中草药，实行轮作更为重要。如土传发生病害多的人参、西洋参绝不能连作，老参地不能再种参，否则病害严重。如人参与水稻轮作数年，浙贝母与水稻隔年轮作，分别可大大减轻根腐病和灰霉病的为害。大黄与川芎或黄芪轮作可减轻大黄拟守瓜（*Callerucida* sp.）的为害。合理选择轮作物对象很重要，同科、属植物或同为某些严重病虫害寄主的植物不能选为轮作物，这些原则对选择间作物也适用。但间作物同栽种在一块地里，互相影响更大。如植物根系分泌物对相邻作物病虫害的影响；某些作物根系作用，改善土壤通气性，不利于根腐病发生等。

（2）耕作。很多病原菌和害虫在土内越冬。因此，冬耕晒垡可以直接破坏害虫的越冬巢穴或改变栖息环境，减少越冬病虫源。例如，对土传病害发生严重的人参、西洋参等，播前除必须休闲地外，还要耕翻晒土几次，以改善土壤物理性状，减少土中病原菌数量，达到防病的目的。

（3）除草、修剪和清洁田园。田间杂草和中草药收获后的残枝落叶常是病虫隐蔽及越冬场所和来年的重要病虫来源。因此，除草、修剪病虫枝叶和收获后清洁田园将病虫残枝和枯枝落叶进行烧毁或深埋处理，可大大减少病虫越冬基数，是防治病虫害的重要农业技术措施。

（4）其他农业措施。调节中草药播种期，使其病虫的某个发育阶段错过病虫大量侵染为害的危险期，可避开病虫为害达到防治目的。其他还有合理施肥，选育抗病虫品种等都是重要的农业防治技术。

2. 生物防治

（1）生物防治的含义。广义地讲，生物防治的含义是应用某些有益生物（天敌）或其产品或生物源活性物质消灭或抑制病虫害的方法。在防治害虫中的不孕昆虫的利用，昆虫信息素等的应用及防治病害中的类似免疫作用，即交叉保护作用的应用等，都属于生物防治的范畴。

（2）主要生物防治的方法。

①以虫治虫：利用天敌昆虫防治害虫包括利用捕食性和寄生性两类天敌昆虫。捕食性昆虫主要有螳螂、蚜狮（草蛉幼虫）、步行虫、食虫蝽蟓（猎蝽等）、食蚜虻、食蚜蝇等。寄生性昆虫主要有各种卵寄生蜂、幼虫和蛹的寄生蜂。例如寄生在马兜铃凤蝶蛹中的凤蝶金小蜂、寄生在板蓝菜青虫幼虫中的茧蜂、寄生在金银花咖啡虎天牛中的肿腿蜂、寄生木通枯叶蛾卵的赤眼蜂等。这些天敌昆虫在自然界里存在于一些害虫群体中，对抑制这些害虫虫口密度起到不可忽视的作用。大量繁殖天敌昆虫释放到田间可以有效地抑制害虫。但更重要的是注意保护田间的益虫，使其自身在田间繁衍生息。代代相传，达到控制害虫的目的。

②以微生物治虫：以微生物治虫主要包括利用细菌、真菌、病毒等昆虫病原微生物防治害虫。病原细菌主要是苏芸金杆菌类，它可使昆虫得败血病死亡。罹病昆虫表现食欲不振、停食、下痢、呕吐，1~3d 后死亡。虫尸软腐，有臭味。现在已有苏芸金杆菌（Bt）各种制剂，有较广的杀虫谱。病原真菌主要有白僵菌、绿僵菌、虫霉菌等。目前应用较多的是白僵菌。罹病昆虫表现运动呆滞，食欲减退，皮色无光，有些身体有褐斑，吐黄水，3~15d 后虫体死亡僵硬。昆虫的病原病毒有核多角体病毒和细胞质多角体病毒。罹病昆虫食欲不振，横向肿大，皮肤易破并流出白色或其他颜色液体。感病 1 周后死亡。虫尸常倒挂在枝头。一般一种病毒只能寄生一种昆虫，专化性较强。

③抗生素和交叉保护作用在防治病害上的应用：颉颃微生物的代谢产物称抗菌素。用抗菌素或抗生菌防治植物病害已获得显著成绩。如哈茨木霉防治甜菊白绢病，用 5406 菌肥防治荆芥茎枯病有良好效果。

用非病原微生物有机体或不亲和的病原小种首先接种植物，可导致这些植物对以后接种的亲和性病原物的不感染性，即类似诱发的抵抗性，这称为交叉保护。应用此法防治枸杞黑果病获初步成功。

3. 物理防治

用温度、光、电磁波、超声波、核辐射等物理方法防治病虫害为物理防治。温度和光应用较多。用温汤浸种可防治薏苡黑粉病和地黄胞囊线虫病。用此法要注意使用合适的温度范围和处理时间。具体对象要做具体的试验来确定，以保证安全有效。昆虫对不同波长的光或颜色有趋性，因此可利用此习性进行灯光诱杀某些鳞翅目成虫和金龟子，用黄板诱蚜等。

第三章　果菜茶作物生态植保方案

第一节　果园生态植保

随着果树产业对国民经济的贡献、对精准扶贫的贡献，各类果树生产都得到大发展。近几年，全国苹果种植面积超过 4 000万亩，产量超过 3 000万 t。

果园作为一种特殊类型的人工农业生态系统，具有周期长、生物相复杂、人为管理精细、经济效益高等特点，是实施生态植保的良好场所。目前我国果品产业已经到了提质增效的关键时期，在果树生产技术中，融入并强化生态植保环节，是促进供给侧结构性改革的关键技术支撑。

由于果树种类及品种复杂，分布区域生态条件各异，因而其病虫种类比其他农作物上更为繁多。此外，由于果树为多年生乔木，果园环境比较稳定，随着果树的发育，病虫害的类别交替也比较明显。

一、果园病虫害种类

果树病虫害的种类很多，如苹果上的重要病虫害有苹果树腐烂病、苹果与梨轮纹病、苹果斑点落叶病、苹果霉心病，绣线菊蚜、顶梢卷叶虫、桃小食心虫、桑天牛等；梨树上有梨黑星病、梨锈病，梨木虱、梨二叉蚜、梨茎蜂等；桃树上有桃李杏褐腐病、桃树流胶病、桃树穿孔病，桃蚜、桃蛀螟、梨小食心虫、桃红颈天牛等。其他果树病虫害还有葡萄白腐病、葡萄黑痘病、葡萄霜霉病、果树根癌病，葡萄虎天牛、金龟甲类、叶蝉类等。

1. 果园病害

（1）苹果树腐烂病。俗称烂皮病，由苹果黑腐皮壳菌（*Valsa mali*）引起，是我国北方苹果产区为害中老龄果树的一种毁灭性病害。发病严重的果园，树体病疤累累，枝干残缺不全，甚至造成死树和毁园。除为害苹果树外，还可为害沙果、海棠、山定子等。腐烂病主要为害主干、主枝和较大的侧枝，尤以主干分杈处最易发病，引起皮层腐烂。症状表现有溃疡和枝枯两种类型，以溃疡型为主。溃疡型病斑是冬春发病盛期和夏季在极度衰弱的树上发生的典型症状。发病初期病部表面红褐色，呈水渍状，稍隆起，边缘不清晰，组织逐渐松软，手指按压病部下陷，常有黄褐色汁液流出，以后皮层湿腐状，有酒糟气味，病皮易剥离，内部组织呈红褐色；后期病部失水干缩、下陷、硬化、黑褐色，病部与健部裂开，病部表面产生许多小突起，顶部表皮露出黑色小粒点即病菌的子座，内有分生孢子器；雨后或天气潮湿时，从小黑点顶端涌出橘黄色、胶质卷须状的孢子角，内含大量分生孢子，遇水稀释消散；秋末，病部产生较大、颜色略深的黑色粒点，内有病菌的子囊壳。溃疡型病斑在早春扩展迅速，在短期内常发展成大型病斑，环绕枝干一周，使上部枝干枯死。枝枯型病斑多发生在2~4年生的小枝条及剪锯口、果苔、干枯桩和果柄痕等部位，以剪锯口处发生最多。病斑形状不规则，红褐色，扩展迅速，很快环绕一周，造成全枝枯死。在生长衰弱的树上，枝枯型病斑尤为明显，可使主枝或整株发病枯死（图5-3-1）。

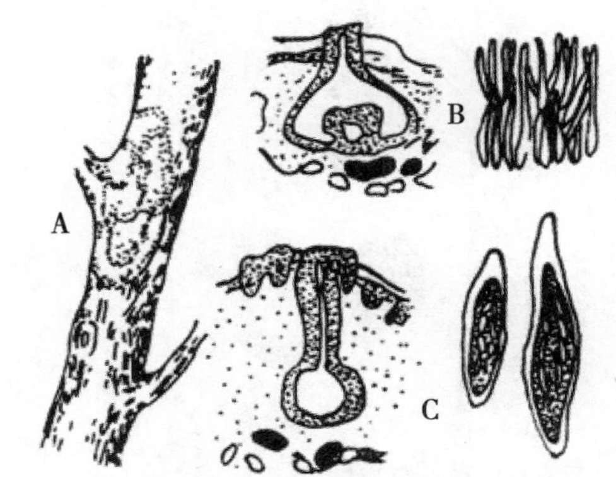

A.被害状；B.分生孢子器和分生孢子梗及分生孢子；
C.子囊壳和子囊及子囊孢子

图5-3-1　苹果树腐烂病

病原菌主要以菌丝体、分生孢子器、子囊壳在田间病树组织内越冬，也能在修剪下的病残枝干上越冬。越冬后，在雨后或高湿条件下，分生孢子器及子囊壳可排出大量孢子。孢子通过雨水冲溅分散后随风雨进行大范围传播扩散。腐烂病菌的寄生性较弱，一般只能从伤口侵入接近死亡的皮层组织，有时也可从叶痕、果柄痕、果苔和皮孔侵入。侵入伤口包括冻伤、修剪伤、机械伤、日灼伤、虫伤、环剥口、桥接口等，其中以冻伤最有利于病菌侵入，带有死树皮的伤口最易被侵染。

腐烂病在我国北方，分别在春季和秋季有两次发病高峰。春季发病高峰，一般出现在3—4月份。随气温上升，病斑扩展加快，新病斑数量增多，为害加重。5—6月份，枝干的抗扩展能力处于全年最强的时期，病斑停止扩展。7—9 月，新病斑开始少量出现，旧病斑又有一次扩展，形成秋季发病高峰。树势强弱是影响苹果树腐烂病发生和流行的关键因素。各种导致树势衰弱的因素，如立地条件差，管理不善，施肥不足，干旱缺水，红蜘蛛、落叶病和烂根病为害严重等，均会造成营养不良，削弱树势，降低对病菌的抵抗力，诱发腐烂病的发生。坐果大小年现象严重的果园或植株，由于树体负载量过大，也会使树体营养不良，导致严重发病。北方果区常发生的树体冻伤，也有利于病菌的入侵。剪锯口伤、蛀干害虫造成的伤口、枝干向阳面发生的日灼伤等，均会诱发腐烂病。此外，病斑刮治不及时，病枯枝和修剪下的树枝处理不善，使果园内的病菌大量积累，病害发生也重。

（2）苹果、梨轮纹病。又称粗皮病、瘤皮病或轮纹褐腐病等，由贝伦格葡萄座腔菌梨生转化型（*Botryosphaeria berengeriana* f. sp. *piricola*）和贝伦格葡萄座腔菌（*B. berengeriana*）引起，在我国苹果、梨产区为害普遍而严重。

枝干发病导致树势衰弱，果实发病引起大量腐烂，并可在贮藏期继续发展。除为害苹果和梨树外，还可为害海棠、桃、李、杏、山楂、枣及核桃等多种果树。枝干受害，初期以皮孔为中心产生褐色突起斑点，逐渐扩大形成直径约 1cm、近圆形或不规则形、红褐色至暗褐色的病斑。病斑中心呈瘤状隆起，质地坚硬，边缘多开裂呈一环状沟。次年病部周围隆起，病健部裂纹加深，病组织翘起如“马鞍”状，病斑表面产生很多黑色小粒点（病菌的分生孢子器和子囊壳），病组织常可剥离脱落。病斑多限于皮层，有时可深达形成层。果实受害，症状主要在近成熟期或贮藏期出现。初期以皮孔为中心生成水渍状褐色小斑点，病斑扩展后逐渐呈淡褐色至红褐色，并有明显的同心轮纹，很快使全果腐烂。病斑不凹陷，烂果不变形，病组织呈软腐状，常发出酸臭气味，并有茶褐色汁液流出。病部表面产生很多黑色小粒点，散生，不突破表皮。有的病果失水后可呈黑褐色僵果(图 5-3-2)。

A.枝干被害状；B.果实和叶部症状；C.分生孢子器和分生孢子；
D.子囊和子囊孢子

图 5-3-2　苹果轮纹病

病原菌主要以菌丝体、分生孢子器和子囊壳在枝干病斑上越冬。翌年，越冬部位的病菌释放分生孢子或子囊孢子，经风雨传播，由皮孔或伤口侵染，引起枝干和果实发病。刚落花的幼果和生长期的果实都可遭受病菌侵染。当年被侵染的果实，有些可在采收前发病，多数在采收后发病，发病高峰在采收后 10~20d。病菌具有潜伏侵染的特点，侵入后可长期潜伏在果实皮孔内，待条件适宜时扩展致病。贮藏期是重要的发病时期，但发病果实均为田间侵染所致。病害的发生和流行与气候条件特别是侵染期的降雨有密切关系。果树生长前期，降雨次数多、雨量大，侵染就严重，若果实成熟期再遇上高温干旱，受害更重。

（3）苹果斑点落叶病。又称褐色斑点病、大星病等，由苹果链格孢菌（*Alternaria mali*）引起。此病自20世纪80年代以来，已成为我国各苹果产区的主要病害。7—8月间新梢叶片大量染病，可引起果树提早落叶，严重影响树势和次年产量。

病菌主要为害叶片，尤其是展叶后不久的嫩叶，也能为害1年生枝条和果实。叶片感病初期出现直径约2~3mm的褐色圆点，其后病斑逐渐扩大5~6mm，变为红褐色，边缘紫褐色，中央常具深色小点或同心轮纹。潮湿时，病部正反面均可长出墨绿色至黑色霉状物，即病菌的分生孢子梗和分生孢子。发病中后期，有的病斑继续扩大为不整形，有的破裂成穿孔。高温多雨季节，病斑扩展迅速为长达几十毫米的不整形大斑，叶片的大部分变褐，如药害状，其后焦枯脱落。幼叶发病严重时，常扭曲变形，全叶干枯。枝条染病，在徒长或1年生枝条上产生褐色病斑，芽周变黑，凹陷坏死，边缘开裂。果实染病，产生斑点型、黑点型、疮痂型和褐变型病斑（图5-3-3）。

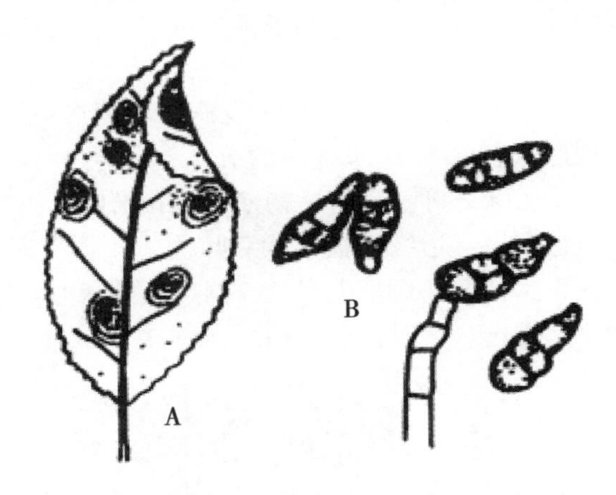

A.叶部症状；B.病菌分生孢子梗和分生孢子

图5-3-3　苹果斑点落叶病

病原菌以菌丝在受害叶、枝条或芽鳞中越冬，翌春产生分生孢子，随气流风雨传播，从气孔侵入进行初侵染。分生孢子1年有两个活动高峰。第1高峰在5月上旬至6月中旬，孢子量迅速增加，引起春秋梢和叶片大量染病，严重时造成落叶；第2高峰在9月份，再次加重秋梢发病的严重度，造成大量落叶。病害的发生和流行与气候、品种密切相关。高温多雨病害易发生，夏季降雨量多发病重。病害流行取决于当年降雨量，特别是春、秋梢抽生期间的雨量和湿度，而受温度影响较小。苹果各栽培品种中，红星、红元帅、印度、玫瑰红、青香蕉和北斗易感病；富士系、金帅系、鸡冠、祝光、嘎纳、乔纳金发病较轻。树势衰弱，通风透光不良，地势低洼，地下水位高，枝细叶嫩等易发病。

（4）苹果霉心病。又称心腐病、果腐病等，由粉红单端孢（*Trichothecium roseum*）、链格孢（*Alternaria alternata*）和串珠镰刀菌（*Fusarium moniliforme*）等多种真菌侵染所致。在各苹果产区均有发生，其中以北斗、富士、元帅系品种发病较重。

病菌主要侵染果实，引起果心腐烂和提早脱落。果实染病后外观常表现正常，偶尔发黄、果形不正或着色较早，有的重病果实较小，明显畸形，在果柄和萼洼处有腐烂痕迹。剖开病果，可见心室坏死变褐，逐渐向外扩展腐烂，果心充满粉红或灰绿、黑褐、白色霉状物。病菌突破心室壁向外扩展后，引起果肉腐烂。苹果霉心病可表现霉心和心腐两种症状。霉心症状为果心发霉，而果肉不腐烂；心腐症状不仅果心发霉，而且果肉也由里向外腐烂。在贮藏期，当果心腐烂发展严重时，果实外部可见水渍状、不规则的湿腐状褐色斑块，斑块彼此相连成片，最后全果腐烂。烂果果形通常保持完整，但受压极易破碎。病果肉有苦味。

病原菌除以菌丝体潜存在苹果树体中以及残留在树上或土壤等处的病僵果内之外，还可以孢子潜藏在芽的鳞片间越冬，次年以孢子传播侵染。关于病菌的侵染途径，有的认为是从果实萼筒侵染到果心，病菌在花期侵染，也有的认为苹果暴芽期是病菌从芽鳞片侵入花器的重要时期。病菌侵入后，在果心内呈潜伏侵染状态，随着果实发育而逐渐发病，至贮藏期终使果实腐烂。病害的发生与品种的抗病性密切相关。凡果实萼口开放，萼筒长并与果心相连的品种，如红星、红冠等元帅系等均易感病；半开萼的金冠、国光等发病较轻；祝光为闭萼且萼筒较短，表现抗病。此外，树势弱、低湿、郁密的果园发病较重。

除上述常见病害外，在局部地区或有的年份对苹果造成严重为害的病害还有炭疽病、干腐病、白粉病、花腐病和锈果病等。

（5）梨黑星病。又称疮痂病，由梨黑星病菌（*Venturia pirina*）引起。在梨产区普遍发生，严重时引起花和叶芽枯死，或使叶片、果实早落。幼果被害后常发生畸形，不能正常膨大。病树往往第 2 年结果减少、产量低。

黑星病菌可侵染果实、叶片、叶柄和新梢。果实发病，初期形成淡黄色圆形病斑，后逐渐扩大，病部稍凹陷，病斑上出现黑绿色霉层（即病菌的分生孢子层）。严重时病斑木栓化，坚硬龟裂，病斑附近的果肉变硬，并带苦味。叶片受害，初期在叶背沿叶脉出现圆形或不规则形淡黄色斑块，不久病斑上沿主脉长出黑色霉层，边缘呈辐射状。叶柄、叶脉受害严重时，常导致早期落叶，有时梨果也随即脱落。新梢受害，初期病斑呈黑褐色，圆形或椭圆形，后逐渐凹陷，表面生黑色霉层，最后病斑开裂呈疮痂状。芽受害严重时，全芽枯死（图 5-3-4）。

A.病叶；B.病果；C.叶柄症状；D.分生孢子梗；E.分生孢子；
F.子囊壳；G.子囊及子囊孢子

图 5-3-4　梨黑星病

病害的发生和流行与气候因素关系密切。春季如遇多雨、天气阴湿、气温偏低，发病早而重，特别是 5—7 月雨量偏多、日照不足、空气湿度大，容易引起病害流行。此外，地势低洼、树冠茂密、通风不良、湿度大的梨园以及衰弱的树株也易发病。

（6）梨锈病。又称赤星病、羊胡子，由梨胶锈菌（*Gymnosporangium haraeanum*）引起。我国梨产区均有分布，以梨园附近有桧柏栽培的地区发病重。

梨锈病菌主要侵染叶片和幼果。叶片受害形成病斑，严重时引起叶片早枯和脱落。病斑早期为有光泽的橙黄色斑点，后逐渐扩大，并产生淡黄色黏液。叶片常向背面隆起，并产生黄色羊胡子状毛状物。幼果被害，病部凹陷，产生灰黄色丛生或束生的毛发状物，常引起畸形和早落。

病原菌以多年生菌丝体在转主寄主桧柏上的菌瘿中越冬，春雨后产生担孢子，随风雨传播，自表皮细胞或气孔侵入寄主。病害的发生和流行与转主寄主、气候条件、品种的抗性等密切相关。在担孢子传播的有效距离（1.5~3.5km）内，一般患病桧柏越多，梨锈病发生就越重。当梨芽萌发、幼叶初展时，如遇天气多雨，温度又适合冬孢子萌发，风向和风力均有利于担孢子的传播，病害的发生也严重。

（7）桃、杏、李褐腐病。又称菌核病、果腐病、实腐病等，由果生核盘菌（*Sclerotnia fructicola*）、桃褐腐核盘菌（*S. lara*）和核果核盘菌（*S. fructigena*）引起。可寄生在桃、杏、李、樱桃及梅等核果类果树上，引起果腐、花腐和叶枯，其中以桃树受害最重，北方桃园多在多雨年份发生和流行。春季开花展叶期如遇低温多雨，常引起严重的花腐和叶枯，生长后期如遇多雨潮湿天气，则多引起果腐。

病原菌可侵染果实、花器、叶片、枝梢等，以果实上的症状最为明显。果实自幼果期到成熟期均可受害，但尤以成熟期受害最重。病果初期出现圆形褐色病斑，病斑蔓延迅速，病部果肉腐烂。随病斑的扩大，在中央逐渐产生乳白或灰白色稍隆起的粉霉，即病菌的孢子堆，起初呈同心轮纹状排列，后逐渐布满全果。全果腐烂后，易失水干缩成僵果。僵果常悬挂于枝头，不易脱落，有时几个僵果粘结在一起，最后变成黑褐色。

开花期及幼果期如遇低温多雨，容易引起花腐；果实成熟期温暖、多雨、多雾，易引起果腐。树势衰弱、管理不善和地势低洼或枝叶过于茂密、通风透光较差的果园发病较重。

（8）桃树流胶病。桃树流胶病可分为侵染性和非侵染性流胶病两种。侵染性流胶病由茶藨子葡萄座腔菌（*Botryosplzaeria ribis*）引起，主要为害枝干和果实。1年生嫩枝染病，初产生以皮孔为中心的疣状小突起，以后逐渐扩大，形成瘤状突起物，其上散生针头状小黑点（即病菌的分生孢子器），当年不发生流胶现象。翌年5月上旬瘤状物进一步扩大，瘤皮开裂，溢出树胶，吸水后膨胀成为胨状胶体。被害枝条表面粗糙变黑，并以瘤为中心逐渐下陷，形成圆形或不规则形病斑，严重时枝条凋萎枯死。多年生枝干受害产生水泡状隆起，并有树胶流出。病菌在枝干表皮内为害或深达木质部，受害处变褐，坏死，枝干上病斑多者可引起大量流胶，致使枝干枯死，树体早衰。果实染病，初为褐色腐烂状，后逐渐密生粒点状物，湿度大时发生流胶现象，严重影响桃果品质和产量。

病原菌以菌丝体和分生孢子器在被害枝条里越冬，翌年3月下旬至4月中旬散放出分生孢子，通过风雨传播，从皮孔、伤口及侧芽侵入。潜伏病菌的活动与温度有关。当气温达15℃左右时，病部即可渗出胶液，随气温上升树体流胶点增多，病情逐渐加重。土壤瘠薄，肥水不足，负载量大，均可诱发流胶病。

桃树非侵染性流胶病又称生理性流胶病。主要为害主干和主枝桠杈处，小枝条、果实也可受害。主干和主枝受害初期，病部稍肿胀，早春树液流动时，从病部流出树胶，如遇雨水流胶现象更重。病部易被腐生菌侵染，引起皮层和木质部变褐腐烂，致使树势衰弱，叶片变黄、变小，严重时枝干或全株枯死。果实发病，由果核内分泌黄色胶质，溢出果面，病部硬化，严重时龟裂，不能生长发育。

生理性流胶病主要由霜害、冻害、病虫害、雹害及机械伤害等引起，也可因栽培管理不当引起。一般4—10月间，特别是长期干旱后偶降暴雨，发病严重；树龄大的比幼龄树发病严重；果实流胶的主要诱因是蝽类等的刺吸为害。冰核细菌的存在加强化冻害，进而加重生理性流胶病。

（9）葡萄白腐病。俗称水烂或穗烂，由葡萄白腐病菌（*Coniothyrium diplodiella*）引起，北方产区一般年份果实损失率在15%~20%，严重年份可达60%以上。

病菌可侵害葡萄果实、穗轴、叶片和新梢。常在果梗上先发病，初生水渍状浅褐色不规则病斑，逐渐向果粒蔓延。果粒先在基部变为淡褐色、软腐，后全粒变褐腐烂，果梗干枯缢缩。果粒发病后约一周，渐变深褐色，果皮下密生灰白色小粒点（即病菌的分生孢子器），渐失水干缩成深褐色僵果。发病严重时常全穗腐烂。蔓上病斑初呈水渍状淡红褐色，边缘深褐色。病斑向两端扩展迅速，后期变暗褐色、凹陷，表面密生灰白色小粒点。当病斑环绕枝蔓一周时，上部叶片萎黄逐渐枯死。后期病皮呈丝状纵裂与木质部分离。叶片受害，多从叶尖、叶缘开始，先自叶缘发生黄褐色病斑，边缘水渍状，逐渐向叶片中部扩展，形成大型近圆形的淡褐色病斑，有不明显的同心轮纹。后在病叶上也产生灰白色小粒点，病组织干枯后很易破裂。

病原菌主要以分生孢子器、菌丝体在病残体和土壤中越冬。分生孢子靠雨水溅散传播，通过伤口侵入。高温高湿是病害发生和流行的主要因素。多雨年份发病重，特别在发病季节遇暴风雨或雹害，果梗、果穗受伤，常导致病害流行。此外，土质黏重、排水不良、地下水位高或地势低洼、杂草丛生的果园，发病也重。

（10）葡萄霜霉病。由葡萄生单轴霉（*Plannopara viticola*）引起，在我国各葡萄产区发生普遍而严重，为葡萄上的重要病害。

病菌主要侵害叶片，也为害新梢和幼果。开始在叶正面出现不规则水渍状斑块，边缘不清晰，浅绿至浅黄色，病斑互相融合后，形成多角形大斑，叶背面出现白色霜状霉层（病菌的孢囊梗和孢子囊）。发病后期，病斑变褐，边缘界限明显，病叶常干枯早落。幼嫩新梢、穗轴、叶柄感病，初期出现水渍状斑点，逐渐变为黄绿至褐色微凹陷的病斑，表面生霜状霉层，病梢生长停滞、扭曲，严重时枯死。果实多在初期染病，幼果染病后，病部褪色变成褐色，表面生白色霉层，萎缩脱落。较大果粒感病时，呈现红褐色病斑，内部软腐，最后僵化开裂。

病原菌以卵孢子在病组织中或随病叶在土壤中越冬，翌年在适宜条件下，萌发产生芽孢子囊，再由芽孢子囊产生游动孢子，借风雨传播，通过气孔侵入。病菌侵入寄主后，经过7~12d潜育期，即产生孢子囊，进行再侵染。只要环境条件适宜，病菌在葡萄生长期内能不断产生孢子囊，进行重复侵染。病害的发生和流行与温、湿度和降雨密切相关。孢囊梗和孢子囊的产生，孢子囊和游动孢子的萌发、侵入，均需雨露存在。因此秋季低温多雨易引起病害流行。果园地势低洼，通风不良，也有利于病害发生。

此外，在葡萄上为害较重的病害还有黑痘病、炭疽病、房枯病、褐斑病、白粉病和扇叶病等。

（11）果树根癌病。果树根癌病（*Crown gall of fruit trees*）又称冠瘿病，由根癌土壤杆菌（*Agrobacterium tumefaciens*）引起，是为害多种果树的一种重要的根部病害，可为害93科331属643种植物，常给生产造成重大损失。受害严重的果树、林木和花卉有樱桃、桃树、李子、杏树、葡萄、苹果、梨树、海棠、山楂、核桃、毛白杨、啤酒花、樱花和玫瑰等。可引起树势衰弱、生长迟缓、寿命缩短甚至死亡，严重影响苗木的质量和果品的产量与品质。重茬苗圃、果园发病率为20%~100%。

根癌病主要发生在根颈部，也可发生于侧根和支根上，以嫁接处最常见，有时也发生在茎部（如葡萄蔓上）。主要症状是在为害部位形成大小不一的癌瘤，初期幼嫩，后期木质化，严重时整个主根形成大癌瘤。癌瘤的大小差异很大，通常为球形或扁球形，也可互相愈合成不规则形。木本寄主上的癌瘤大而硬，常木质化；草本植物上的癌瘤小而软，多为肉质。癌瘤的数目少则1~2个，多的可达十多个不等。苗木上的癌瘤多发生在接穗与砧木的愈合部分。初生癌瘤乳白色或略带红色，光滑、柔软，后逐渐变褐至深褐色，木质化而坚硬，表面粗糙或凹凸不平。

病原细菌在癌瘤组织的皮层内越冬，或在癌瘤破裂脱皮时进入土壤中越冬。细菌在土壤中能存活10年以上。雨水和灌溉水是病害传播的主要媒介，地下害虫如蛴螬、蝼蛄、线虫等在病害传播上也起一定作用。嫁接或管理造成的伤口，是病菌侵入的主要通道。苗木带菌是远距离传播的重要途径。病害的发生与土壤温度、湿度及酸碱度密切相关。土壤温度22℃、湿度60%左右时，最适合病菌的侵入和癌瘤的形成。中性至碱性土壤有利于病害的发生，pH 值<5 的土壤，即使病菌存在也不发生侵染。各种创伤有利于发病，断根处是病菌集结的主要部位。苗木切接、枝接的嫁接方式比芽接发病重。土壤黏重，排水不良的园圃发病重。

除上述常发性重要落叶果树病害外，枣树上的枣疯病、板栗上的栗疫病、草莓上的褐色轮斑病等，在局部地区呈上升为害趋势，有的已发展成为主要病害。

2. 果园虫害

（1）绣线菊蚜（*Aphis citricola*）。又称苹果蚜，属同翅目、蚜虫科，分布广泛，主要寄主为苹果及其砧木，也为害海棠类、木瓜、山楂和梨等。以若蚜和成蚜群聚在寄主的嫩梢及叶片背面刺吸为害，受害叶片初期表现斑剥失绿的症状，以后逐渐皱缩不平而向背面拳曲。在苗木、未结果幼树和管理粗放的杂果树上发生严重。

无翅孤雌胎生蚜体长 1.7mm，宽 0.94mm。体黄色、黄绿或绿色，腹管和尾片黑色，足和触角黄黑相间。有翅孤雌胎生蚜体长 1.7mm，宽 0.75 rmm。头、胸部黑色，腹部黄色、黄绿或绿色，

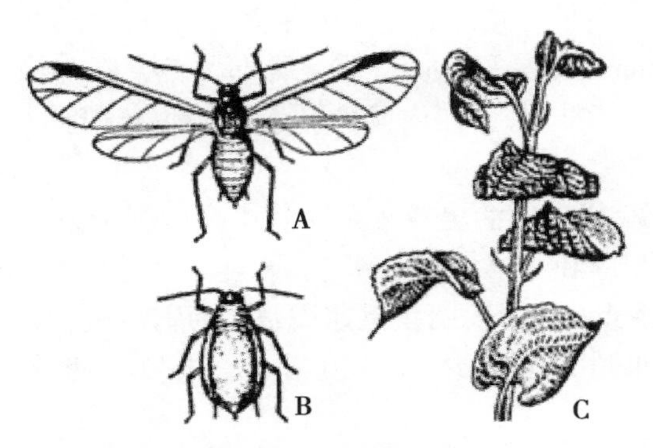

A.有翅胎生雌蚜；B.无翅胎生雌蚜；C.被害状
（仿中国农业科学院植物保护研究所）

图 5-3-5　绣线菊蚜

两侧有黑斑，腹管和尾片黑色（图 5-3-5）。绣线菊蚜属留守型蚜虫，其生活史在苹果及其近缘寄主上完成，无转移寄主现象。年发生 10 代以上，以卵在寄主的芽侧、芽腋间和树体裂缝内越冬。4 月中下旬，越冬卵孵化成干母，取食为害并繁殖，至 5 月上旬孵化结束。初孵若蚜群集于芽或叶上为害，经 10d 左右，即产生无翅胎生雌蚜，6—7 月间繁殖速度最快，并大量出现有翅蚜扩散为害，8—9 月发生数量逐渐减少，10—11 月产生雌、雄两性蚜，交配产卵越冬。

（2）苹果瘤蚜（*Myzus malisuctus*）。同翅目、蚜虫科，分布普遍，寄主以苹果、海棠、木瓜为主。以若蚜或成蚜群聚在新芽、嫩叶或幼果上吸取汁液，初期被害嫩叶不能正常展开，表面密布黄色斑点，后期被害叶皱缩，叶缘向背面纵卷，且往往增生，使叶片加厚变脆，叶片上常出现红斑，随后变黑褐色而干枯死亡。树株受害严重时，枝条细弱，节间缩短，梢端叶片或整个枝条的叶片皱缩成长筒状，即使冬季也不脱落。不同品种间受害程度有明显差异，苹果以元帅、青香蕉、金冠等受害较重，国光、红玉、倭锦等受害较轻。

无翅孤雌胎生蚜体长 1.5mm，宽 0.75mm。纺锤形，绿褐、赤褐或黄绿色。额瘤显著。有翅孤雌胎生蚜体长 1.6mm，宽 0.7mm。头、胸部黑色，腹部红褐色，有明显的黑色斑纹。

苹果瘤蚜属留守型蚜虫，年发生 10 代以上。以卵在寄主 1~2 年生枝梢、芽腋或剪锯口等处越冬。4 月上旬越冬卵开始孵化，6 月中、下旬为在苹果上为害最重的时期。6 月下旬后，可在卷叶中发现大量被菌类寄生的僵蚜，8 月间，在卷叶中很难找到活虫体。10—11 月出现雌、雄两性蚜，交配产卵越冬。

（3）苹果绵蚜（*Eriosoma lanigerum*）。属同翅目、绵蚜科，是对内和对外检疫对象。国内主要分布于胶东、辽东半岛和昆明等地。主要为害苹果及其近缘寄主。

无翅胎生雌蚜体长 1.8~2.2mm，椭圆形，暗赤褐色。有翅胎生雌蚜体长 2mm，翅展 5.5mm 左右，体暗褐色，头部、胸部黑色。初孵化若蚜体扁平圆筒形，黄褐至赤褐色，口喙细长，露出腹端，体上绵状物较少。

苹果绵蚜无转移寄主现象，年生活史依地域不同而异，年发生 15~20 代。一般以第 1、2 龄若虫隐蔽在树皮裂缝或瘤状虫瘿下特别是腐烂病刮口边缘等处越冬，4 月初越冬若蚜开始活动，生长发育和繁殖，一直为害至 11 月下旬。由于苹果绵蚜的蜡腺十分发达，大发生时常可见在寄主上分布有许多絮状物。

（4）桃蚜（*Myzus persicae*）。又称为烟蚜，属于同翅目、蚜虫科，国内发生普遍而严重。主要寄主有桃、杏、李、樱桃、烟草以及十字花科蔬菜等多种果树、农作物和蔬菜。以若蚜和成蚜群集于寄主的嫩梢和叶片背刺吸为害，引起叶片反卷或扭卷成螺旋形，并造成落叶。为害十字花科蔬菜和烟草叶片时，受害叶片皱缩不平，并传播各种病毒病。

有翅胎生雌蚜体长 1.9mm，翅展 6.6mm。头、胸部黑色，腹部绿、黄绿或赤褐色，在不同寄主上发生的体色略有差异。额瘤显著，向内倾斜。无翅胎生雌蚜体长 2.0mm，绿、黄绿或褐色，体侧有较显著的乳突。

在黄淮地区年发生 10~30 代，生活史较复杂，其中在桃树上发生的个体为典型的侨迁蚜。在桃树上，以卵在枝条芽腋、裂缝和小枝杈等处越冬。翌年 3 月中、下旬越冬卵开始孵化，4 月下旬虫量增多，并开始造成寄主卷叶。5 月份蚜量迅速增殖，为害最重，并产生有翅蚜迁至烟草或十字花科蔬菜上为害，桃树上的虫量大大减少。8—10 月份，又以有翅蚜迁回桃树，不久即产生有性蚜，交配产卵越冬。

人工释放异色瓢虫的三次时机为：3 月中旬、4 月下旬和 8 月上旬。

（5）桃粉蚜（*Hyalopterus pruni*）。属同翅目、蚜虫科，主要为害桃、杏、李、樱、桃、梅等核果类果树，春夏期间经常与桃蚜在桃树上混合发生。受害叶片背面布满白色蜡粉。

有翅胎生雌蚜体长 2mm，翅展 6.6mm 左右，头、胸部暗黄至黑色，腹部黄绿色，体被白蜡粉。无翅胎生雌蚜体长 2.4mm，体绿色，被白蜡粉。

年发生 10~20 代，以卵在桃、杏、李等树上枝梢和芽鳞片缝中越冬。翌年 3 月越冬卵开始孵化，若蚜聚集在蚜和叶背为害。5—6 月先在越冬寄主上数量最多，发生为害最重，5、6 月间向桃树上扩散蔓延。5 月份以后，也有大量个体转移到芦苇和茅根草上，10 月份又迁回杏、李树上产生有性蚜，交配产越冬卵。部分个体可终年在杏、李上为害。

（6）桃瘤蚜。在黄淮地区每年发生 10 多代，以卵在桃和樱桃的枝梢和芽腋处越冬。翌年 3 月份卵开始孵化，若蚜群集在叶背为害，以 5—6 月份繁殖最快，为害严重，并产生大量有翅蚜，陆续迁移到艾蒿及禾本科植物上为害。10 月下旬又迁回到果树上，产生性蚜，交配产卵，以卵越冬。

（7）梨二叉蚜（*Toxoprera pircola*）。又称梨蚜、梨卷叶蚜，属同翅目、蚜虫科。国内分布较普遍，目前只发现为害梨树，以春季为害较重。可造成梨树卷叶、落叶和落果。

有翅胎生雌蚜体长 1.5mm，翅展约 6mm，头、胸部黑色，复眼暗红色，其余部分绿色。无翅胎生雌蚜体长 2mm，长椭圆形，绿或暗绿色，复眼红褐色。

年发生约 20 代，属侨迁型蚜虫，既有越冬寄主又有越夏寄主。以卵在梨树的芽鳞间、叶痕外、树体裂缝中越冬。3 月中下旬，正值梨花芽萌动时，越冬卵孵化为干母，先在芽的外面露绿的地方叮吸汁液，花芽绽裂后，钻入芽内为害花蕾和嫩叶，展叶后，即在叶面上为害和繁殖，以 5 月份为害最重。5 月末梨叶开始老化时，出现有翅蚜，先后迁移到狗尾草等夏季寄主。9—10 月间又产生有翅蚜迁回梨树，11 月两性蚜交配产卵越冬。

（8）苹果小卷叶蛾（*Adoxophyes orana*）。属鳞翅目、卷蛾科，在我国北方发生普遍，主要为害苹果和桃，也为害梨树。在其他地区还为害花生、桑树、棉花、柑橘以及荔枝等。

成虫体长6~8mm，黄褐色。前翅前缘向后缘和外缘角有两条深褐色斜纹，其中一条达翅中部时明显加宽。卵扁平椭圆形，数十粒排成鱼鳞状卵块。幼虫身体细长，头较小，淡黄色（图5-3-6）。

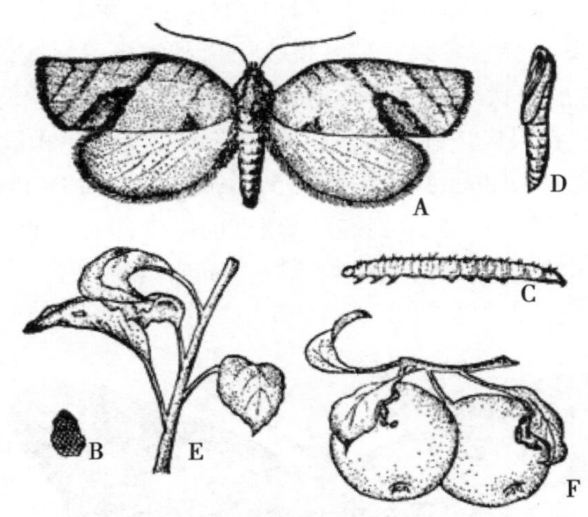

A.成虫；B.卵；C.幼虫；D.蛹；E.被害叶；
F.被害果（仿北京农业大学）

图5-3-6　苹果小卷叶蛾

在北方地区年发生3代，以末代第2龄幼虫潜藏于树体各种缝隙中结茧越冬，其中以剪锯口内的越冬虫量最多，约占总数的40%左右。翌年4月中旬，越冬幼虫陆续出蛰，4月下旬为出蛰盛期，6月上旬前后老熟化蛹熟。越冬代、第1代和第2代成虫分别于6月中旬、7月末至8月上旬、9月上中旬发生。各代世代间的重叠现象严重。

（9）顶梢卷叶虫（*Spiloizota lechriaspis*）。又称顶芽卷叶虫、拟白卷叶虫、白伪卷叶虫等，属鳞翅目、卷蛾科，国内分布广泛。主要为害蔷薇科苹果属和梨属中的果树。在北方的苹果产区，发生较为普遍而严重，果苗及幼树受害重于结果树。幼虫为害顶芽和嫩叶，有时食去生长点，阻碍和延缓新梢的正常生长，对快速育苗、幼树提前结果、早期丰产都有很大影响。

成虫体小型、灰褐色。前翅近长方形、暗灰色，前缘有数条并列向外斜伸的白色短线，后缘外侧1/3处有一块三角形暗色斑纹，静息时并成菱形。幼虫体形较粗壮，头、前胸背板及胸足漆黑色，越冬幼虫淡黄色。

北方地区年发生2代，以2~3龄幼虫在寄主枝梢顶端为害处的叶丛内结茧越冬。4月中下旬随寄主的发芽生长，越冬幼虫开始活动，5月末至6月上旬老熟，并在原为害处化蛹，6月中下旬为越冬代成虫羽化盛期。第1代幼虫于7月份发生，7月下旬至8月中旬发生第1代成虫。第2代幼虫9—10月先后进入越冬状态。

（10）金纹细蛾（*Lithocolletis ringoniella*）。又称苹果细蛾，属鳞翅目、细蛾科，国内分布广泛，近年来发生呈上升趋势。除主要为害苹果外，还为害梨、李、桃、樱桃、海棠等。幼虫从寄主叶片的下表皮潜入为害，取食皮下及叶脉之间的绿色叶肉组织，所造成的潜痕症状明显，使叶片背面被害部位仅剩下表皮，干缩而鼓起，外观呈泡囊状，幼虫潜伏其中。整个叶片向叶背面缩卷成瓦筒状。

成虫体长2.5mm，翅展6.5mm。体金黄色，头部银白色、顶端有两丛金色鳞毛。前翅近基半部中间有1条银白色条纹，前半部有6条银白色放射状条纹。幼虫体长6mm，体稍扁、黄色。胸足及尾足较发达。

在北方地区年发生5代，以蛹在被害落叶中越冬。翌年苹果发芽时，出现越冬代成虫。成虫卵多产于嫩叶背面，单粒散产。前几代发生较整齐，后几代重叠现象严重。末代幼虫一般在11月份化蛹越冬。

（11）桃小食心虫（*Carposina niponensis*）。又称桃小实虫，苹果食心虫等，属鳞翅目、蛀果蛾科，国内分布普遍，主要以幼虫蛀食苹果、梨、桃、山楂和大枣等果实。为害苹果时，幼虫蛀果后1~2d，在果面上流出透明的水珠状果胶。早期幼果受害，不能正常生长，引起果面凹凸不平，形成“猴头果”。幼虫蛀果后，在果肉内纵横穿食，在中空的果实内，积满虫粪，形成“豆沙馅”。

雌虫体长7~8mm，翅展16~18mm；雄蛾体长5~6mm，翅展13~15mm。体灰色或黄褐色，复眼深褐或红褐色。雌虫下唇须很长，雄蛾的较短。翅近前缘中部有一蓝黑色三角形斑纹，基部及中央具8簇黄褐或蓝褐色斜立鳞片。成长幼虫体长13~16mm，桃红色，头部黄褐色，前胸硬皮板黄褐或深褐色，末节硬皮板褐色，无臀栉（图5-3-7）。

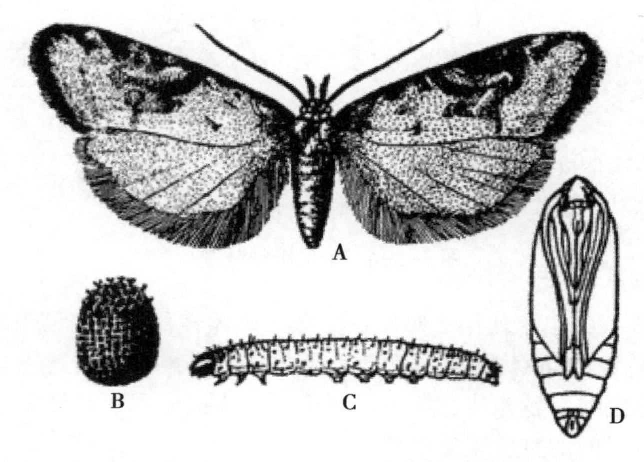

A.成虫；B.卵；C.幼虫；D.蛹（仿北京农业大学）

图5-3-7　桃小食心虫

年发生1~2代，以老熟幼虫作冬茧在根颈、树冠下、地梗边、堆果场所1~7cm的浅土层中越冬。5月下旬至6月上旬，越冬幼虫破茧而出，寻找适宜场所（地表、土石块、杂草）作一“蛹化茧”化蛹。7—8月为第1代幼虫为害期，幼虫老熟后陆续脱果，多集中于树干四周入土结蛹化茧化蛹。年发生1代的个体，此时可直接作越冬茧进入越冬状态。8—10月为第2代幼虫为害期。9月至10上旬，幼虫先后脱果入土越冬。

（12）苹果小食心虫（*Grapholitha inopinata*）。属鳞翅目、小卷蛾科，主要为害苹果、梨、海棠、沙果和山楂等。初孵幼虫蛀入果实胴部的皮下为害浅层果肉，蛀果孔呈红色小圈。随幼虫长大，被害处向四周扩大，形成漏斗状褐色虫疤，有时蛀孔上留有少许虫粪。

成虫体暗褐，略带紫灰色光泽，体长约5mrn，翅展约11mrn。前翅前缘具7~9组白色斜纹，翅面上杂有很多白色鳞片形成的斑点，外缘斑点排列整齐。末龄幼虫体长6~9mm，淡红色，头、前胸硬皮板黄褐色，臀板色浅。

年发生2代，在晚熟梨品种上只发生1代。以老熟幼虫在枝干上作茧潜藏越冬。翌年5月下旬至6月上旬为越冬代成虫发生期。成虫多产卵于光滑果面上。幼虫老熟后沿枝干下行脱落，在粗皮裂缝处结茧化蛹。7月下旬至8月下旬为第1代成虫发生期。第1代幼虫脱果期在8月下旬至9月下旬，幼虫脱落后结茧越冬。

（13）梨木虱（*Psylla pyrisuga*）。属同翅目、木虱科，分布普遍，食性专一，为我国北方地区的重要梨树害虫。以成、若虫刺吸寄主汁液，影响树势。

成虫有冬型和夏型两种之分。冬型体较大，灰褐色，前翅后缘臀区有明显的褐斑；夏型体较小，黄绿色，翅上无斑纹。两型在胸背面均有4条红黄色纵条纹，静息时，翅呈屋脊状叠于体背（图5-3-8）。

图5-3-8　梨木虱（雌成虫）（仿周光）

北方地区年发生4~5代，以成虫在枝干裂皮缝中、园内杂草、落叶及土石块缝隙中越冬。越冬代成虫3月上旬开始活动，多迁往1年生新梢上产卵。第1代卵高峰期在4月中旬。第1~4代成虫盛发期分别在5月上旬、6月上旬、7月上旬和8月中旬。第4代成虫多数进入越冬状态，但发生早的仍可产卵，至9月中旬出现第5代成虫后，也随之进入越冬状态。

（14）梨茎蜂（*Janus piri*）。又称梨梢茎蜂，属膜翅目、茎蜂科，全国各地梨产区均有分布，是梨树春梢的重要害虫。寄主以梨为主，偶尔也为害沙果等。以幼虫蛀害春梢。

成虫体长约10mm，体黑色具光泽，足黄色。幼虫体长10~12mm，弯曲成“s”形，乳白或黄白色，胸足退化成小乳突状，无腹足，尾端具1对褐色刺突。

（15）梨大食心虫（*Myelois pirivorella*）。属鳞翅目、螟蛾科。只为害梨，取食梨花芽、果实。为害芽时，从基部鳞片钻入，咬食花轴。蛀害幼果时，果实生长受阻，干硬变黑，蛀孔处留有虫粪，并常吐丝缠连果柄，使果实落叶后仍吊在树上，不能脱落。

成虫体长约11mm，翅展约25mm，暗灰褐色。距前翅基部2/5和1/4处，各有1条灰色横线，翅中室上方有1白色月状纹。幼虫体长2mm，紫褐或绿褐色，前胸背板黑色。气门圆形，最后一对特别大，并稍向尾端突出。

年发生2代，以小幼虫在梨花芽内结白色小茧越冬。翌年3月下旬至4月上旬，幼虫自越冬芽内出蛰，从花簇基部蛀入新芽为害，5月上旬蛀入果内为害。每头幼虫能蛀食2~3粒果。6月中下旬，发生越冬代成虫，6月下旬至7月上旬，第1代幼虫孵出后，一般先蛀食芽，稍大后即转果为害，7月中下旬为为害盛期。第1代成虫发生于8月中下旬，卵多产于芽附近。幼虫孵出后，蛀食当年的新芽。

（16）桃一点叶蝉（*Erythroneura sudra*）。又称桃一点斑叶蝉、桃小绿叶蝉、桃浮尘子等，属同翅目、叶蝉科，发生普遍而严重。主要为害桃、杏，以成虫、若虫吸食寄主汁液。

成虫体长3.2mm，体绿色，初羽化时略有光泽，几天后全身被一薄层白色蜡质。头顶短而宽，与额交界中央有1圆形黑色斑点，其外围有1白色晕环。

各地发生世代数不一，北方地区年发生5~6代，以成虫多在桃园附近的常绿树木及杂草丛中越冬。3月上中旬，先在早期发芽的杂草和蔬菜上生活，桃树现蕾萌芽时，开始迁往桃树为害。自第2代起，世代重叠现象严重。全年以7—9月虫口密度最高，为害最重。

（17）桃潜叶蛾（*Lyonetia clerkella*）。属鳞翅目、潜蛾科，除主要为害桃、杏外，还可为害樱桃、苹果和梨等。以幼虫潜入叶内蛀食肉，形成多条弯曲的潜道，并将虫粪充塞其中，叶片受害后，易枯死脱落。

成虫翅展8mm左右，体银白色，触角长于身体，眼罩银白挟带褐色，前翅白色，有长缘毛，中室端部有1黄褐色椭圆形斑。

年发生约7代，以蛹在被害叶片背面结一白绿色茧越冬。翌年4月，桃树展叶后，成虫开始羽化。5月上中旬发生第1代成虫，以后大约每月发生1代，末代发生于11月上旬。成虫夜间活动，卵多产于叶片表皮内，幼虫孵化后即可潜蛀。

（18）桃蛀螟（*Dichocrocis punctiferalis*）。属鳞翅目、螟蛾科，分布广泛，可为害桃、板栗、梨及苹果等多种果树和玉米、向日葵、麻等多种大田作物。以幼虫蛀食果实，使果实不能发育、变色脱落，果内充满虫粪。

成虫体长约12mm，翅展约25mm，橙黄色，体背散生许多黑斑和豹纹。成长幼虫体长20~25mm，体淡红色，头部和前胸背板褐色，中、后胸及第1~8腹节各有8个灰褐色毛片。

年发生4代，多以老熟幼虫或少数以蛹越冬，越冬场所复杂，主要有果树翘皮裂缝、树洞、梯田边、堆果处、向日葵花盘、高粱穗和玉米秸秆等。翌年4月份越冬幼虫化蛹。5月上旬越冬代成虫羽化，6月上中旬为第1代幼虫为害盛期，第1代成虫于6月下旬至7月上旬发生，继续在桃树上产卵繁殖和为害。第2、3代成虫转移到其他寄主上产卵繁殖和为害。第4代卵发生在9月份，无明显的盛期，分散在各种果树和作物上，一般对玉米造成为害。桃蛀螟成虫昼伏夜出，有趋光性和趋化性。天敌主要有甲腹茧蜂、赤眼蜂等。

（19）红颈天牛（*Aromia bungii*）。也称桃红颈天牛，属鞘翅目、天牛科，分布广泛，尤以山区丘陵地带发生严重。主要食害桃、杏、李、樱和梅等核果类。

成虫体长28~37mm，漆黑色，有光泽，前胸多为棕红色，两侧各有1个刺突，背面具瘤状突起。

在北方地区一般2~3年发生1代，以不同龄期的幼虫在树体根茎部原为害处越冬。4月上中旬，越冬幼虫开始活动为害，5月后为害逐渐加重，严重时可引起寄主树体死亡，此时部分幼虫老熟化蛹。6中下旬至8月中旬，为成虫发生期，羽化后的成虫在蛀道中停留3~5d后外出活动，再经2~3d后开始交配，于7月上开始产卵，卵多产在树干距地面35cm的树皮缝隙中及树干基部，7月中旬出现当年孵化幼虫。

（20）柿绒蚧（*Eriococus kaki*）。又称柿绵蚧、柿毛毡蚧，属同翅目、绒蚧科，在北方各柿产区都有分布，是柿树上发生普遍而严重的害虫。仅为害柿子，刺吸枝、叶汁液。

雌成虫椭圆形，长约1.5mm，宽约1mm，紫红色，腹部边缘泌有细白色、弯曲的蜡毛状物，成熟时体背分泌出绒状白色蜡囊。肛环发达，有成列孔及环毛8根。雄虫长约1.2mm，翅展2mm左右，体紫红色，翅污白色，腹末具性刺和1对长蜡丝。

年发生4代，以2龄若虫分散于寄主枝条的裂缝中越冬，越冬时形成半透明的蜡壳。翌年4月，柿树发芽抽梢时，越冬若虫先后离开越冬场所，爬到枝梢基部的鳞片下、叶腋外、叶柄、叶背等部位固着为害，以后逐渐发育长大，并分化出雌、雄两性个体，在虫体的背面形成绒质介壳。越冬代成虫5月下旬成熟并产卵，第1~3代成虫分别于7月上旬、8月上旬和9月上旬产卵，第1~4代若虫孵化盛期分别为6月上旬、7月上中旬、8月中旬和9月中下旬。全年以7、8月份发生的第2、3代为害最重。

（21）枣黏虫（*Ancylis sativa*）。属鳞翅目、卷蛾科，是北方枣产区的重要害虫。主要寄主为大枣和酸枣，有时也为害枣林间其他作物。以幼虫为害枣树叶片，将叶片粘连在一起，幼虫隐居其中为害，发生严重时可将叶片食光。

成虫体长约 7mm，翅展约 14mm，黄褐色。前翅顶角锐突，前缘具 10 余条黑褐色短斜纹，中部有 2 条深褐色纵纹。成长幼虫体长 12~15mm，头和前胸背板红褐色，胸、腹部黄白或黄绿色，前胸背板分为 2 片，腹部末节背面具“山”字形红褐色斑。

年发生 4 代，以蛹在枣树裂皮缝中越冬。越冬代成虫 4 月初羽化，第 1~3 代成虫分别发生于 6 月、7 月和 8 月中下旬。幼虫自 4 月开始发生并为害，全年以 7 月间发生数量最大，为害最重。

（22）枣尺蠖（*Chihuo zao*）。又称枣步曲，属鳞翅目、尺蛾科，国内枣产区发生普遍。主要寄主为大枣和野生酸枣。以幼虫在枣树芽萌发时为害嫩芽，严重时可将枣芽全部食光。

雌虫体长约 15mm，无翅，鼠灰色，触角丝状。雄虫体长 13mm，翅展 34mm，灰褐色，触角羽状，翅内、外横线波状、暗褐色，中横线不清晰。

年发生 1 代，以蛹在树冠下 3~15cm 浅土层中越冬，但以靠近树干基部处的数量较多。3 月中旬，越冬蛹开始羽化，至 4 月中旬为羽化盛期。4 月中旬卵开始孵化，4 月下旬至 5 月上旬为幼虫孵化盛期，幼虫以 5 月间为害最重。5 月中下旬开始，老熟幼虫陆续入土化蛹越冬。

除上述常发性害虫外，在果树上发生为害较重的还有旋纹潜叶蛾、黄斑卷叶蛾、黑星麦蛾、柿蒂虫、梨网蝽和茶翅蝽以及多种地下害虫等。

朝鲜球坚蚧（*Didesmococcus koreanus* Borchsenius）属同翅目，坚蚧科。此虫在黄淮地域发生普遍，主要为害桃、杏、李、樱桃等。以若虫寄生在果树的枝条上，终生刺吸枝叶。果树受害后，一般生长不良；严重为害时，枝条上蚧壳累累；树势极度衰弱，甚至全株死亡。朝鲜球坚蚧在黄淮地区每年发生一代，以 2 龄若虫固着在枝条上越冬。翌年 3 月上中旬开始活动，在枝条上寻找固着点为害，4 月中旬成虫开始羽化，4 月下旬至 5 月上旬交配，5 月上旬开始产卵。卵产于母体下面，单雌平均产卵量达 1 000粒左右。5 月中旬为若虫孵化盛期，初孵若虫爬出母体后，在寄主上爬行 1~2d，多选择 2 年生枝条，寻找适宜地点固着，以枝条裂缝和枝条基部叶痕处居多。固定后两侧分泌白色丝状蜡质物，覆盖在虫体背面，6 月中旬以后蜡丝又逐渐熔化为白色蜡层，包在虫体四周，以后蜕一次皮，10 月份进入越冬状态。

朝鲜球坚蚧的天敌很多，主要有食蚧瓢虫和寄生性小蜂，如黑缘红瓢虫、红点唇瓢虫、红环瓢虫、蚜小蜂、金小蜂、跳小蜂等。其中黑缘红瓢虫的控制作用最大，一生可捕食 2 000多头球坚蚧，能结合其他天敌应用更好。

二、果园主要病虫害生态防控

1. 苹果树腐烂病

（1）加强栽培管理，增强树势。根据树龄、树势、肥水条件等合理调节负载量，克服大小年现象。科学施肥，多施有机肥，避免偏施氮肥。合理灌水，春灌秋控，防止春季干旱秋季积水。冬前和早春树干涂白，防止冻害和日灼。

（2）清除菌源。结合冬剪，清除枯死树、枯枝、残桩等，集中深度腐解作为有机肥或作腐蚀性昆虫或蚯蚓的饲料，进行过腹转化处理。在 5—7 月树体营养充足、愈伤能力强时重刮皮。用刮皮刀将主干、主枝、大的辅养枝及侧枝的粗皮刮净，露出新鲜组织，促进愈合。

2. 苹果、梨轮纹病

（1）秋冬季清园，清扫、收集落叶、落果。分别装入麻袋中，移出园外，运往环境昆虫饲养场制成昆虫饲料或集中堆腐，加入腐解菌剂，深度发酵，制成堆肥。

（2）刮除枝干老皮、病斑，用 50 倍液 402 抗菌素消毒伤口；剪除病梢，集中混入落叶，杂草，深度堆腐处理。

（3）加强栽培管理，增强树势，提高树体抗病能力。

（4）合理修剪，园地通风透光良好。

（5）芽萌动前喷布波美 5 度石硫合剂。

（6）生长期喷药防治。4 月下旬至 5 月上旬、6 月中下旬、7 月中旬至 8 月上旬，每间隔 10～15d 喷一次 30%绿得保杀菌剂（碱式硫酸铜胶悬剂）400～500 倍液，或 1：（2～3）：200 式波尔多液。

（7）果实套袋，保护果实。

3. 苹果斑点落叶病

（1）秋末冬初，剪除病枝，清除落叶，切不可在园内焚烧或挖坑填埋，集中深度腐解作为有机肥或作腐蚀性昆虫或蚯蚓的饲料，进行过腹转化处理。以减少初侵染源，加强栽培管理：夏季剪除徒长枝，减少后期侵染源，改善果园通透性，低洼地、水位高的果园要注意排水。合理施肥，增强树势，提高抗病力；封锁疫区，禁止采集带病接穗和购买带病苗木。

（2）在发病前（5 月中旬左右落花后）开始喷 1：2：200 倍式波尔多液。10%多氧霉素可湿性粉剂 1 000倍液、3%多氧清（新多氧霉素）水剂 800 倍液。

4. 苹果霉心病

（1）加强栽培管理。随时摘除病果，搜集落果，秋季翻耕土壤，冬季剪去树上各种僵果、枯枝等，均有利于减少菌源。

（2）生物防治。从苹果树萌动后开始，喷苹果益微 1 000倍液，15～20d 1 次，喷 4～5 次。

（3）加强贮藏期管理。对田间发病较重的果实，应单存单贮。采收后 24h 内放入贮藏窖中，窖温最好保持在 1～2℃。一般 10℃以下，发病明显减轻。

（4）发芽前喷射 5 波美度石硫合剂铲除树体上的病菌。在初花期和盛花期喷药 1～2 次。可有效降低采收期的心腐果率。另外，生长期喷 0. 4%硝酸钙+0. 3%硼砂 2～3 次，也能降低采收期的心腐果率。

5. 梨锈病

（1）清除转主寄主。清除梨园周围 5 千米以内的桧柏、龙柏等转主寄主，是防治梨锈病最彻底有效的措施。在新建梨园时，应考虑附近有无桧柏、龙柏等转主寄主存在，如有应全部清除，若数量较多，且不能清除，则不宜作梨园。

（2）增湿抗旱。每年 5 月中旬至 6 月下旬，如遇连续高温，干旱气候，应及时进行增湿抗旱，有灌溉条件的果园要进行全园灌水，无灌溉条件的可以早晚对每株果树进行清水喷雾，增加果园湿度，喷雾后全面喷施新高脂膜，利用成膜物质保护土壤和树体自身营养水分不易蒸发，同时防止外界气候、农药对果实的侵害，降低梨锈病的病果率。

（3）果实套袋。在花后 40～50d 内，对果实进行全园套袋。这项措施一方面可以提高果实的外观品质，降低农药和有害粉尘对果实的污染，另一方面，能有效防止梨锈病的发生。

6. 桃褐腐病

（1）消灭越冬菌源。结合修剪做好清园工作，彻底清除僵果、病枝，集中烧毁，同时进行深翻，将地面病残体深埋地下。

（2）及时防治害虫。如桃象虫、桃食心虫、桃蛀螟、桃蝽象等，应及时喷药防治。有条件套袋的果园，可在 5 月上中旬进行套袋。

7. 桃树流胶病

（1）加强肥水管理，增强树势，提高抗病性能。

（2）科学修剪，注意生长季节及时疏枝回缩，冬季修剪少疏枝，减少枝干伤口，注意疏花疏果，减少负载量。

（3）刮除病斑，后用放线菌发酵培养物涂抹病斑消毒。

8. 葡萄霜霉病

（1）选用抗病品种。尽可能选用美洲种系列品种，因美洲种葡萄较欧亚种抗病。

（2）越冬期防治。结合冬季修剪进行彻底的清园，剪除瘦弱枝梢，清扫枯枝落叶，集中收集，运出果园，堆肥或制作昆虫饲料。切不可挖坑填埋或焚烧；秋冬季深翻耕，减少次年的初侵染。

（3）加强栽培管理。选择地势高，土壤肥沃，通风透光好且有良好的排灌系统的地方建园。合理施肥：施足底肥，追肥应施含氮、磷、钾和微量元素的复合肥。及时绑蔓、修枝、清除病残叶及行间杂草，加强排水工作。

（4）在其发病初期施药，喷雾时要周到，以叶背为主。

在发病重的地区，于葡萄发病前喷布 1：0.7：200 的波尔多液 2~3 次，进行叶面保护，对防治葡萄霜霉病有特效。

9. 果树蚜虫类生态防控

（1）选用抗病虫品种，既减轻蚜虫为害又可节省药物费用。

（2）消灭蚜虫，要从越冬期开始，可收事半功倍之效，如单纯依靠在蚜虫为害最严重的春、秋季进行，防治效果并不显著。

（3）结合修剪，将蚜虫栖居或虫卵潜伏过的残花、病枯枝叶，彻底清除，集中烧毁。

（4）发现少量蚜虫时，即开始释放人工生产繁育的商品性瓢虫、草蛉进行防治。

（5）发现大量蚜虫时，采用淹没式释放瓢虫、蚜茧蜂，并结合用 1：15 的比例配制烟叶水，泡制 4h 后喷洒。用 1：4：400 的比例，配制洗衣粉、尿素、水的溶液喷洒。

根据蚜虫对作物品种间为害的差异或在蚜虫发生初期的点片或树冠上部位置，局域性或定点释放天敌瓢虫，可以获得事半功倍的效果。

10. 苹果小卷叶蛾

（1）冬春刮除老翘皮，清除部分越冬幼虫。

（2）果树萌芽初期，幼虫尚未出蛰时用 30 石硫合剂涂抹锯剪口、伤口、老翘皮可杀死大量的幼虫越冬。

（3）人工摘除“虫包”集中销毁。

（4）花芽分离期至盛花期是越冬幼虫出蛰盛期，6 月上、中旬是苹果小卷叶蛾第一代虫卵、幼虫发生期，这两个时期是全年防控重点时期，及时清除虫卵和刚孵化的幼虫。

（5）释放六斑异瓢虫、蠋敌、黑广肩步甲。

（6）在各代成虫发生期，采用“迷向法”在果园树上东南西北各挂上性诱芯，干扰雄性成虫找到雌蛾进行交配，雌性成虫得不到交配，便不能繁育后代进行为害。

11. 金纹细蛾

（1）清洁田园。主要以蛹在落叶虫斑内越冬，春季苹果树花芽萌动时成虫开始羽化并产卵，因此果树落叶后要彻底清除落叶，集中堆腐制作堆肥，或制作成昆虫饲料。消灭越冬蛹，并结合春季修剪剪除萌蘖。

（2）诱杀成虫。利用害虫性信息素诱杀，从 4 月上旬开始，每 667m^2；悬挂 3~5 个性诱捕器，可大量诱杀雄虫，干扰正常交尾，降低田间落卵量。

（3）抓关键时期。4 月中下旬是金纹细蛾越冬代成虫羽化盛末期，也是药剂防治的有利时期。5 月下旬到 6 月上旬是第 1 代成虫羽化盛末期，这一时期虫量少，发生较为整齐，为防治最佳时期。以后由于当年虫量不断积累，且世代重叠，发生紊乱，后期防治很难彻底控制。因此，防治一定要抓住两个时期：一是落花后，防治第 1 代初孵幼虫；二是麦收前，防治第 2 代初孵幼虫。

（4）生物防治。金纹细蛾的寄生性天敌很多，以跳小蜂和姬小蜂为主。秋季寄生率可达 50% 以上，其中以跳小蜂数量最多，其发生代数和发生时期与金纹细蛾相吻合，应加以保护利用。化学防治时注意农药的选择，以防杀伤天敌。有条件的，还可以将部分落叶保存在细纱网中，把金纹细蛾封闭于网内，让天敌羽化飞出，以增加天敌数量。

12. 桃小食心虫

（1）减少越冬虫源基数。在越冬幼虫连续出土后，在树干 1 米内压 3~5cm 新土，并拍实可压死夏茧中的幼虫和蛹；在幼虫出土和脱果前，清除树盘内的杂草及其他覆盖物，整平地面，堆放草堆诱集幼虫；在第一代幼虫脱果前，及时摘除虫果，并带出果园集中处理。在越冬幼虫出土前，用宽幅地膜覆盖在树盘地面上，防止越冬代成虫飞出产卵。

（2）生物防治。桃小食心虫的寄生蜂有好几种，尤以桃小甲腹茧蜂和中国齿腿姬蜂的寄生率较高。桃小甲腹茧蜂产卵在桃小卵内，以幼虫寄生在桃小幼虫体内，当桃小越冬幼虫出土做茧后被食尽。因此可在越代成虫发生盛期，释放桃小寄生蜂。在幼虫初孵期，喷施细菌性农药（BT 乳剂），使桃小罹病死亡。也可使用桃小性诱剂在越冬代成虫发生期进行诱杀。

（3）地面释放蚁狮或潜穴虻。

13. 梨木虱

（1）彻底清除树的枯枝落叶杂草，刮老树皮、严冬浇冻水，消灭越冬成虫。

（2）在 3 月中旬越冬成虫出蛰盛期，释放六斑异瓢虫。

14. 桃一点叶蝉

（1）秋后彻底清除落叶和杂草，以减少虫源。

（2）掌握 3 个关键时期。一是 3 月间越冬成虫迁入期，二是在 5 月中下旬的第 1 代若虫孵化盛期，三是在 7 月中、下旬果实采收后的第 2 代若虫孵化盛期。

15. 桃蛀螟

（1）清除越冬幼虫。在每年 4 月中旬，越冬幼虫化蛹前，清除玉米、向日葵等寄主植物的残体，并刮除苹果、梨、桃等果树翘皮，达到杀灭效果，减少虫源。

（2）果实套袋。在套袋前结合防治其他病虫害喷 1 次，消灭早期桃蛀螟所产的卵。

（3）诱杀成虫。在桃园内点黑光灯或用糖、醋液诱杀成虫，可结合诱杀梨小食心虫进行。

（4）拾毁落果和摘除虫果，消灭果内幼虫。

（5）生物防治。喷洒苏云金杆菌 75~150 倍液或青虫菌液 100~200 倍液。或释放赤眼蜂。

16. 枣尺蠖

（1）阻止雌成虫、幼虫上树，成虫羽化前在树干基部绑 15~20cm 宽的塑料薄膜带，环绕树干一周，下缘用土压实，接口处钉牢、上缘涂上黏虫药带，既可阻止雌蛾上树产卵，又可防止树下幼虫孵化后爬行上树。

（2）杀卵，在环绕树干的塑料薄膜带下方绑一圈草环，引诱雌蛾产卵其中。自成虫羽化之日起每半月换 1 次草环，换下后堆肥或昆虫饲料化，如此更换草环 3~4 次即可。

（3）敲树振虫，利用 1、2 龄幼虫的假死性，可振落幼虫及时消灭。

（4）保护天敌，肿跗姬蜂、家蚕追寄蝇和彩艳宽额寄蝇，以枣尺蠖幼虫为寄主，老熟幼虫的寄生率可以达到 30%~50%。

三、果园生态植保方案

果树病虫害的发生和为害特点与大田、蔬菜等作物明显不同。一方面，果树大多为多年生木本植物，种类和品种繁多，为病虫害的携带、潜伏、栖息、越冬等提供了更适宜的生态环境。另一方面，果园作为一个相对稳定的农业生态系统，更有利于多种病虫害高密度的长期积累。此外，由于果树的生长发育具有更明显的阶段性，因而病虫害的类别也常随之发生明显的交替。因此，对果树病虫害的防控应根据不同果树品种及生育期，在重点控制优势种类的同时，注意兼治次要病虫。

北方落叶果树分为四类，仁果类：如苹果、梨、山楂等；核果类：如桃、杏、李、樱桃等，其中桃产业发展最为迅速，樱桃产业作为特色项目发展也很快；浆果类：如葡萄、蓝莓等；干果类：如核桃，板栗、大枣、柿子等。苹果是我国果品产业中第一大优势产业，种植面积2 800万亩，约占全世界苹果种植面积的36%；总产量2 600万 t，约占世界苹果总产量的41%，鲜果和加工品国际贸易量均居世界首位。山东省是苹果栽培技术的发源地。

我国已经做了大量果树植保的研究工作。20世纪50年代前期，对果树病虫害及其天敌昆虫进行了初步的研究，但由于药剂和器械的匮乏，人们主要用农业措施和人工捕捉的方法来防治食叶类害虫，如梨星毛虫、苹小卷叶蛾、黑星麦蛾等，然而这些方法在病虫害大发生时则无能为力。50年代末期到60年代，对果树病虫害防治发生了巨大变化，人们大量使用有机氯和有机磷、多菌灵等农药来防治病虫害，最初使用六六六和DDT等，之后又使用内吸磷、对硫磷、乐果、氧化乐果、敌百虫、敌敌畏等杀虫剂。这些药剂迅速而有效地控制了几乎所有的主要害虫，但由于天敌被大量误杀，生态平衡遭到破坏，使原来居于次要位置的害虫数量猛增，上升成为主要害虫。此外，大量使用农药还诱使一些害虫产生了抗性。70年代初期，在吸取上述教训的基础上，使用了选择性杀螨剂如三氯杀螨砜、三氯杀螨醇等，控制了叶螨类的为害。70年代中期在我国确定了“预防为主，综合防治”的植保方针后，果园生物防治及生态调控等非化学防治技术普遍得到重视和研究，奠定了果树病虫害综合防治的基础。70年代后半期，禁止高残毒农药如六六六、DDT等在果园使用后，替代的新农药无论在品种上或是数量上均不能满足生产的需求，在一定程度上影响了对害虫的防治。80年代，果树病虫害综合防治的理论和应用技术研究又有了很大的发展，释放赤眼蜂、喷施微生物制剂、性诱剂应用等都大大促进了果园生物防治工作的发展。在化学防治方面，菊酯类农药的大量应用很好地解决了食心虫和食叶性鳞翅目害虫的问题，但它和有机氯农药使用的某些情况相似，引起食心虫抗性的产生和叶螨类的增殖，加之农村种植结构的不断调整，果园承包者的不断更替，在管理粗放的果园里某些次要害虫又严重发生，如金纹细蛾、蚜虫等。给果树害虫的综合防治提出了新问题。90年代是果树害虫综合治理的一个重要时期。进入21世纪，应对清洁果园，果园实现“三全”利用为基础，以生物防治技术为主导，以生态调控为生态环境恢复与维持手段，构建生态植物保护体系。

1. 休眠期至萌芽期（1月至3月中旬），清洁田园，消除病虫源，强化源头治理

果树休眠期至萌芽期的防治，主要对象是在浅土层、树体、枯枝落叶、杂草及其他病残组织内越冬的各种病、虫源，如隐附于树体的腐烂病、轮纹病、干腐病和白粉病等的病原物；隐藏于主干糙皮、裂翘皮缝、树洞等处的卷叶虫类、蚜虫类、叶螨类的越冬虫态等（表5-3-1和表5-3-2）。因此，此期的主要防治策略是以治本为目的，清理和消灭越冬病虫源，降低发生基数，减轻生长期防治的压力。主要技术措施有全面刮除树体粗老翘皮，清除枯枝落叶，剪除病虫枝梢及病虫僵果，并即时烧毁或深埋处理。

表5-3-1　常见果园病害病源状况

序号	名称	越冬	夏季	发生过程	备注
1	苹果树腐烂病	以菌丝体、分生孢子器、子囊壳在田间病树组织内越冬	原发病部	孢子通过雨水冲溅分散后随风雨进行大范围扩散传播	
2	苹果、梨轮纹病	以菌丝体、分生孢子器和子囊壳在枝干病斑上越冬	原发病部	分生孢子或子囊孢子，经风雨传播，由皮孔或伤口侵染	
3	苹果斑点落叶病	以菌丝在受害叶、枝条或芽鳞中越冬	发病叶片或落叶	随气流风雨传播	

（续表）

序号	名称	越冬	夏季	发生过程	备注
4	苹果霉心病	以菌丝体或孢子越冬	发病果实	侵染果实	
5	梨黑星病	以菌丝体越冬	原发病部	侵染果实、叶片、叶柄和新梢	
6	梨锈病	以菌丝体越冬	原发病部	侵染叶片和幼果	
7	桃、杏、李褐腐病	以菌丝体越冬	原发病部	侵染果实、花、叶、枝梢	
8	桃树流胶病	以菌丝体和分生孢子器越冬	原发枝干部位	通过风雨传播，从皮孔、伤口以及侧芽侵入	
9	葡萄白腐病	以分生孢子器、菌丝体越冬	原发病果实及果穗	分生孢子靠雨水溅撒传播，通过伤口侵入	
10	葡萄霜霉病	以卵孢子越冬	发病叶片	借风雨传播，通过气孔侵入	
11	果树根癌病	病原细菌在癌瘤组织的皮层内越冬	发病根瘤	雨水和灌溉水传播	土壤温度 22℃、湿度 60%左右

表 5-3-2　常见果园虫害虫源状况

序号	名称	越冬	夏季	发生过程	备注
1	果树蚜虫	以卵或若虫越冬	若蚜、成蚜	4 月中下旬，越冬卵孵化成干母，取食为害并繁殖	
2	苹果小卷叶蛾	末代第 2 龄幼虫越冬	幼虫、成虫	翌年 4 月中旬，越冬幼虫陆续出蛰	北方发生 3 代
3	顶梢卷叶虫	以 2~3 龄幼虫结茧越冬	幼虫、成虫	4 月中下旬随寄主发芽生长	北方发生 2 代
4	金纹细蛾	以蛹越冬	幼虫、成虫	翌年苹果发芽时，出现越冬代成虫	北方发生 5 代
5	桃小食心虫	以老熟幼虫做冬茧越冬	幼虫	5 月下旬至 6 月上旬，越冬幼虫破茧而出	年发生 1~2 代
6	苹果小食心虫	以老熟幼虫做茧越冬	成虫	翌年 5 月下旬至 6 月上旬为越冬代成虫发生期	年发生 2 代
7	梨木虱	以成虫越冬	成虫	越冬代成虫 3 月上旬开始活动	北方年发生 4~5 代
8	梨茎蜂	老熟幼虫越冬	幼虫	4 月上中旬开始产卵	
9	梨大食心虫	以小幼虫结白色小茧越冬	成虫	翌年 3 月下旬至 4 月上旬，幼虫自越冬芽内出蛰	年发生 2 代
10	桃一点叶蝉	以成虫越冬	成虫	3 月中上旬，先在早期发芽的杂草和蔬菜上生活	各地发生时代数不一
11	桃潜叶蛾	以蛹在叶片背面结一白绿色茧越冬	成虫	翌年 4 月，成虫羽化	年发生约 7 代
12	桃蛀螟	多以老熟幼虫和少数蛹越冬	成虫	5 月中下旬越冬代成虫羽化	年发生 2~3 代

（续表）

序号	名称	越冬	夏季	发生过程	备注
13	红颈天牛	以不同龄期的幼虫越冬	幼虫	4月上中旬，越冬幼虫开始活动为害	2～3年发生一代
14	柿绒蚧	以2龄若虫越冬	成虫	翌年4月，越冬若虫为害	年发生4代
15	枣黏虫	以蛹越冬	成虫	越冬代成虫4月初羽化	年发生4代
16	枣尺蠖	以蛹越冬	老熟幼虫	3月中旬，越冬蛹开始羽化	年发生1代

果树休眠期病虫害也同步地处于越冬休眠状态，是果树病虫害周年发生生命周期中的薄弱环节。冬季修剪，可剪除病虫枝梢，清除园内枯枝落叶可消灭在树冠上和落叶中越冬的卷叶蛾、叶斑病菌等。果园冬季耕灌可消灭一部分在土中越冬的害虫，如桃小食心虫、舟形毛虫等。刮树皮可在早春天敌出蛰后（3月上旬）进行，能大量消灭梨小食心虫、山楂叶螨等。对堆果场和果仓在早春进行彻底处理，清仓处理残次果、烂果、病虫果，可消灭大量的桃小食心虫和梨小食心虫的越冬茧。可在果树发芽前喷布3～5B°石硫合剂，含油量5%的油乳剂或松脂合剂40～60倍液。秋末冬初在树干上涂白，可直接消灭部分枝干越冬病虫害。时间适当提前可阻止大青叶蝉等在树干上产卵。在草履蚧严重的山地果园，可于卵孵化开始上树时，在树干上涂黏虫胶带。黏虫胶配方：松香10份、蓖麻油8份、石蜡0.5份，3种原料加热至熔化均匀即可，将虫胶均匀涂布在树干平滑的环带区，可维持15～20d的防效。

2. 掌握果园生防资源，全面推进生物防治

北方果园天敌资源丰富。苹果、梨害虫天敌有250多种，山楂害虫天敌120多种，桃、杏等害虫的天敌200多种。分为以下几种类型：

（1）寄生性天敌。卵寄生蜂有旋小蜂科的白带平腹小蜂、舞毒蛾平腹小蜂，赤眼蜂科的松毛虫赤眼蜂、毒蛾赤眼蜂、舟蛾赤眼蜂，黑卵蜂科的毒蛾黑卵蜂、蝽蟓黑卵蜂、梨星毛虫赤眼蜂等。幼虫、蛹及成虫寄生蜂，种类很多，数量很大，按其寄主又可分为几类：鳞翅目幼虫蛹寄生蜂，主要有刺蛾紫姬蜂、卷叶蛾瘤姬蜂、黄眶离缘姬蜂、桃小甲腹茧蜂、食心虫白茧蜂、螟蛉黄茧蜂、卷叶蛾姬小蜂、上海五齿青蜂、卷叶蛾肿腿蜂等。苹果绣绒菊蚜茧蜂、蚜虫金小蜂、苹果瘤蚜小蜂、蚜虫环腹蜂等。介壳虫的寄生蜂，主要有夏威夷软蚧蚜小蜂、粉蚧长索跳小蜂、球蚧蓝绿跳小蜂、球蚧盾纹跳小蜂、粉蚧短脚跳小蜂等。寄生蝇类天敌主要寄生鳞翅目的高龄幼虫和蛹。主要种类有金光小寄蝇、蚕饰腹寄蝇、毛虫追寄蝇、日本追寄蝇、卷叶蛾塞寄蝇、双斑撒寄蝇等。

（2）捕食性天敌。蚜虫的捕食性天敌，瓢虫类：异色瓢虫、龟纹瓢虫、多异瓢虫、八斑显盾瓢虫、菱斑和瓢虫、七星瓢虫等；食蚜蝇类主要有黑带食蚜蝇、短翅细腹食蚜蝇、狭带食蚜蝇、六斑食蚜蝇、大灰食蚜蝇等；草蛉类主要种类有叶色草蛉、晋草蛉、大草蛉、中华通草蛉等；其他类天敌，有些杂食性天敌也可以捕食蚜虫，如部分食虫蝽类，蜘蛛类。叶螨类的捕食性天敌：食螨瓢虫的种类有深点食螨瓢虫、黑背毛瓢虫、黑襟毛瓢虫、四斑毛瓢虫、连斑毛瓢虫等；捕食性天敌螨类有普通盲走螨、拟长毛钝绥螨、苹果巨须螨、东方钝绥螨、中华植绥螨等；其他食螨天敌有小花蝽、塔六点蓟马等。蚧类的捕食性天敌主要为瓢虫类，有黑缘红瓢虫、红点唇瓢虫、红环瓢虫、中华显盾瓢虫、圆斑弯叶毛瓢虫，另外有盾蚧小方头甲等。其他多食性的天敌资源种类多，捕食范围广，可同时捕食蚧、螨及鳞翅目害虫的卵和小幼虫等，是一类重要的天敌，可分为以下几类：食虫蝽类，种类有蠋蝽、窄姬猎蝽、华姬猎蝽、白带猎蝽、黄足猎蝽、东亚小花蝽、赤须盲蝽等；食虫虻类有虎斑食虫虻、大食虫虻、白头小食虫虻等；蜘蛛类有T纹狼蛛、白纹午蛛、短刺红鳌蛛、三突花蛛、草间小黑蛛、草地逍遥蛛、八斑球腹蛛、鞍型花蛛、黑亮腹蛛等；螳螂类有薄翅螳螂、拒斧螳螂、华北大刀螳螂等。

（3）天敌的控制作用。在果园害虫天敌中，无论是寄生性还是捕食性，都有一些重要的种类。它们对害虫有很强的控制作用，主要寄生蜂种类有：赤毛虫赤眼蜂为果园卷叶蛾类、螟蛾类等害虫的重要天敌，尤其对苹小卷叶蛾、梨小食心虫的控制作用强。王运兵等（1987—1988）在豫北山区调查，以7-8月份对梨小食心虫的寄生率最高，平均达到70%~90%。该天敌一年可发生18~20代，适宜的温度为20~30℃，适宜的相对湿度为60%~80%，很适合果园生态环境，利用潜力极大。松毛虫赤眼蜂和其他寄生蜂是维持果园生态平衡的重要因素之一。它们占寄生性天敌的91.9%，占整个果园天敌的37.9%。不仅对主要害虫控制作用强，可以作为防治的手段，而且是次要害虫的限制因素，维持着果园昆虫群落的稳定，具有重要的生态功能。例如，黄眶离缘姬蜂一般控制着梨大食心虫的为害，上海五齿青蜂常年把黄刺蛾的种群数量控制在低水平状态，梨小食心虫白茧蜂在山区果园寄生率高达70%以上等，这些足以说明寄生蜂的重要作用。

东亚小花蝽，该天敌的生态适应范围广，常见于作物田、菜园和果园中。捕食各种蚜虫、叶螨、蛾类的卵和小幼虫等，但最嗜食苹果瘤蚜和叶螨。在黄淮海地区每年发生8~10代，越冬雌成虫3月份开始活动，一直延续到11月份。若虫和成虫日均捕食苹果叶螨（成螨和若螨）分别为40.8头和40.4~43.8头；捕食山楂叶螨（成螨和若螨）分别为40.4头和44头。一生可消灭害螨2 000头以上。总之，小花蝽活动性强，繁殖力高、捕食量大，是一种优良的天敌，特别适合利用蚕豆为主体构建蚕豆—豆蚜—小花蝽载体植物生物系统，进行保护、促繁、利用。

深点食螨瓢虫，分布很广，黄淮海地区每年发生5~6代，4月份越冬成虫开始活动，一直延续到11月份。该天敌食性专一，幼虫、成虫都可以取食叶螨各个虫态，而幼虫更喜欢取食叶螨的卵和若螨。成虫每天捕食苹果叶螨36~90头；整个幼虫期约捕食成若螨100余头。田间以7月份数量最多，控制作用最强。

捕食螨类，这是目前被认为前景较广的一类天敌。它们除了生活周期短、捕食量大、繁殖力强等特点之外，还具有独特的优点，就是当果树上害螨的密度低，而食料不足时，其他天敌昆虫往往很快离去或死亡，而捕食螨仍能居留在果树上取食瘿螨、菌丝体、花粉和昆虫分泌物等，进行正常生长发育并维持群体，当害螨数量再度回升时，又能继续起到控制害螨的作用。黄淮海地区捕食螨的优势种为拟长毛钝绥螨、东方钝绥螨。它们每年发生10代左右，4月份开始活动，一直到10月份，田间以6—8月份数量最多，控制作用最强。

草蛉类，果园最常见的种类为大草蛉、中华通草蛉和丽草蛉。在黄淮海地区果园，一般4月份就有草蛉活动，6—8月份数量多。草蛉成、幼虫均喜食蚜虫和叶螨，日捕食量可达100头。1头草蛉一生能捕食蚜虫或叶螨1200多头，是叶螨和蚜虫的重要天敌。

异色瓢虫是果园食蚜瓢虫的优势种，一年发生5~6代，一般3月份出蛰活动，先在作物田活动一段时间，以后陆续向果园迁移，在果园以5—8月份数量多，控制作用强。该天敌成、幼虫均能捕食蚜虫，一头成虫日均捕食苹果绣线菊蚜120多头，捕食桃蚜110多头；一头老龄幼虫日均捕食蚜虫90~100头。该天敌分布极为普遍，为果树蚜虫的主要天敌之一。山东农业大学刘玉升教授科研团队历经二十年（1997—2017）构建了紫藤-紫藤蚜+蚕豆-豌豆修尾蚜饵料蚜虫体系、越冬群体诱集和人工窖穴集中越冬技术，早春（2—3月份）繁育技术、饲料器具改制、工厂化规模生产繁育工艺、化蛹诱集、保藏运输、人工释放技术等完善的技术系统，实现了大规模、低成本、周年生产繁育，为伏击式、淹没式、组合式释放应用提供了商品化物质基础。

（4）人工生态诱集与保护天敌。在果园中增添天敌食料或设置天敌隐蔽越冬场所，能把果园周围的天敌招引进来，以增强它们的自然控制作用。例如，利用果园边角余地、撂荒地、水塘附地或看护房、办公室、贮室及厕所周边空地，针对性选择种植一些花期较长的植物，以招引寄生蜂、寄生蝇、食蚜蝇和草蛉等，迁移至果园中取食、繁殖。秋天，于树干上绑草或包裹废纸、布条等，能将果园周围作物玉米、高粱、大豆等上的天敌，如小花蝽、各种瓢虫、蜘蛛等，诱集到果园中越冬，增加天敌昆虫越冬基数。对天敌的保护措施很多，主要是保护在树干上越冬的天敌。据调查，在成龄苹果树的主干树皮内、缝隙中、根颈等部位越冬的天敌数量占益害虫总量的 40.5%～86.6%，害虫数量仅占总虫量的 8.2%～33.4%，而主枝以上各部位天敌数量占总虫量的 49.5%～13.4%，害虫则占 91.8%～66.6%，因此，对于冬季主干的刮皮落屑应集中保存，保护利用其中的天敌资源。不能一烧了之。

（5）释放赤眼蜂、捕食螨等。赤眼蜂、捕食螨均具有良好的生防控制效果，目前均已具有成熟的生产繁育技术，并且形成了商品化推广模式。

（6）捕食性线虫制剂与微生物农药。泰山Ⅰ号线虫防治桃小食心虫，致死率达 85%以上。果园中利用最多的苏云金杆菌制剂，如青虫菌、Bt 乳剂等。防治对象为鳞翅目害虫，如桃小食心虫，舟形毛虫、金纹细蛾、舞毒蛾的幼虫。青虫菌 600～1 000倍液对舟形毛虫的室内药效达 95%～100%。

3. 新建果园的生态植保规划

在新建果园时，应选择立地条件好的场地和抗性品种，确定合理的种植方式和果树布局。园内可间作或套种一些能招引天敌的作物等，促进和保护自然天敌的定殖和繁育，以增加果园生物群落的多样性，提高果园生态系统的自然调节和控制能力，抑制多种果树病虫害的发生与蔓延，从而为果树各生育期的综合防治奠定基础。

4. 仁果类果树生态植保整体解决方案

仁果类果树主要包括苹果、梨、山楂等，其主要害虫年度发生与二十四节气、果树物候期和年生活史关系见图 5-3-9，该图以一周年 12 个月份为基础，对应二十四节气与果树物候期，表述了主要害虫的年生活史，可为生态植保整体规划方案研制与制定采取措施行动计划作重要参考。

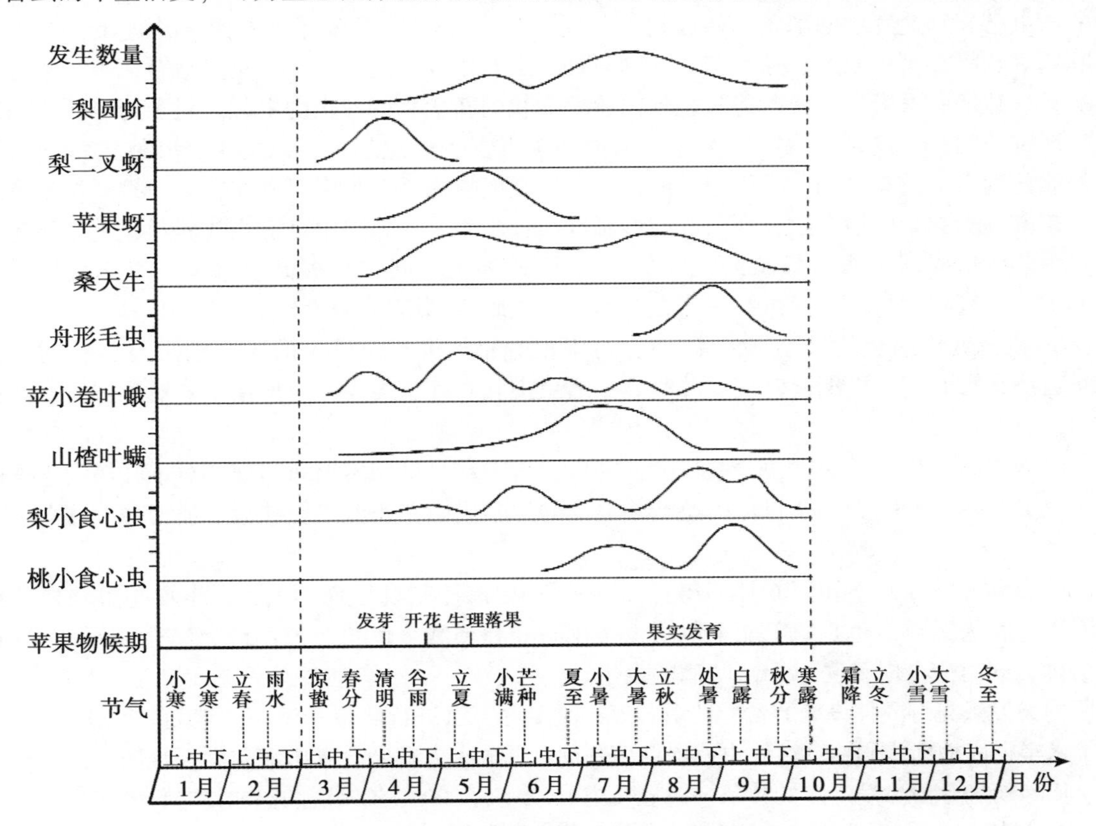

图 5-3-9　仁果类主要害虫发生为害时期图

休眠期至萌芽期（1～3 月中旬）以苹果 3 大枝干病害为主，坚持“一刮、二涂、三喷”：

“刮”即刮除病斑，对树干上的腐烂病病斑从周围正常组织入刀，刮净病斑和粗皮；“涂”即药剂刷涂病斑，对割刮后的病斑用毛刷涂抹生防制剂。树体涂抹配方为石灰：水：食盐比例3：10：0.5，可适当加入豆浆、琼脂等粘合剂；“喷”即对全树体进行喷布石硫合剂，以防治潜伏于树体各部位的多种越冬病、虫源。腐烂病、轮纹病、干腐病、白粉病及其他各类潜藏、附着于树体的病原物；山楂红蜘蛛、苹果红蜘蛛、顶梢卷叶虫、苹小卷叶虫、蚜虫类及其他于主干糙皮处、裂翘皮缝、树洞或支撑棍棒、拉绳缝隙中的越冬虫态；枯枝落叶、病虫僵果及其他病残组织内的越冬病虫源：炭疽病、霉心病、潜叶蛾等；浅土层内的越冬病虫源：各种病叶病果飘散的病原物、山楂红蜘蛛、苹果绵蚜、蚱蝉、褐斑蝉等。

熬制石硫合剂，坚持“精选料、细加工、巧使用”原则。配比硫磺：石灰：水为1：2：30熬出27~30B°原液，稀释为3~5B°喷施；由于常年连续使用，导致防效降低，可换用或轮用3：2：10式松脂合剂20~40倍液。

对于表现各种缺素症（Zn、Fe、B、Mn等）的树株应在3月份喷施1%~3%的硫酸锌、硫酸亚铁或硼砂，可加入0.1%~0.3%尿素或适量食醋。

（1）萌芽期至发芽期（3月下旬至4月上旬），树体进入萌芽期，各种越冬病虫也开始出蛰活动，但此时对药剂的抵抗力都较差，抓好此期的防治是全年果园病虫害综合防控的关键。继续进行树体、地面等病虫潜伏场所及携带载体的处理。

（2）对蚜虫发生严重的园片，尚处于点、株发生阶段，以1、2年生枝条、芽腋侧、枝杈处及粗老翘皮缝为重点定点释放当年第一批异色瓢虫幼虫，释放比例为1：50~100。

（3）花初盛期（4月上旬至5月初），果树进入开花初盛期，随着果树发芽和叶花展开，早期活动的病虫已有迅速发展的基础，如白粉病、腐烂病及霉心病等多种病原菌开始侵染；蚜虫、叶蝉、叶螨等刺吸类害虫以及食芽、花、叶的各种甲虫开始取食为害，重点是黑绒金龟甲、苹毛丽金龟和取食量猛增的桑天牛。及时剪除表现白粉病症状的新梢和卷叶虫的虫苞。对于历年叶螨和蚜虫类发生严重的园片，及时释放第二次异色瓢虫和深点食螨瓢虫幼虫，以蚜虫、叶螨聚集处为释放点，释放比例为1：50~100。采用糖醋液诱杀、早晚振树捕杀金龟甲等食花害虫。果园释放黑广肩步甲、东方蚁狮和泰山潜穴虻，并与白僵菌制剂组合施用。在果园中可适当放养鸡、鸭、鹅等进行啄食。由缺硼造成缩果病的果园，可喷布0.3%硼砂溶液，同时可提高坐果率。对草履蚧、枣尺蠖、蚱蝉等具有爬树特性的昆虫，采用在树干上涂虫胶或绑缚塑料薄膜的措施。

（4）春梢生长期至幼果期（5月份），自果树春梢期开始，发生的主要病虫有白粉病、轮纹病、炭疽病、霉心病、早期落叶病、叶螨类、蚜虫类和卷叶虫类等，应抓住主要对象进行全面预防和兼治。

此时期田间新梢生长速度快、数量大，害虫食料丰富，早期落果病初现。对于叶螨发生重的果园，以杀灭第一代幼螨为主要目标，兼治晚活动的越冬成螨和压低二代基数。加大释放深点食螨瓢虫的力度。

（5）幼果期（5月下旬至6月下旬）。幼果期主要以控制桃小食心虫、梨小食心虫和金纹细蛾等的发生为害为重点，也是苹毛丽金龟幼虫孵化高峰和黑绒金龟甲产卵高峰，结合桃小地面防控，全面治理。同时应及时预防早期落叶病的发生。

园内架设黑光灯或挂设糖醋盆、性诱芯等，对多种害虫进行测报和诱杀。地面防治桃小食心虫，树盘1米半径内地面施用捕食性线虫或绿僵菌制剂，释放东方蚁狮、泰山潜穴虻天敌防治。清洁果园落叶、摘除初病叶剪除病叶多的枝条。树冠喷施1：2~3：200波尔多液防治初发各种叶斑病。

（6）果期（6月中下旬至8月上中旬，麦收后至幼果形成至膨大期），主要防治桃小食心虫、金纹细蛾、叶螨类及各种叶部和果实病害。各种叶果病害随降雨而迅速扩展、再侵染、流行。对于叶螨的生防指标：6月份之前，平均每叶有活动态螨3~5头；7月份以后，平均每叶有7~8头；释放天敌指标：天敌与害螨比为1：50。

使用昆虫生长调节剂，国内的制品有苏脲Ⅰ号和除虫脲Ⅲ号以及灭幼脲Ⅰ、Ⅲ号，用这些药剂防治桃小食心虫、金纹细蛾、舟形毛虫、舞毒蛾等，都有很好效果，且对天敌基本无害。

防治金纹细蛾，20%灭幼脲Ⅲ号2 000倍液。防治叶果病害，喷施1~2次1：2~3：200波尔多液，施用时加入总液量的0.2%~0.5%的骨胶、褐藻胶等粘着剂，起防雨、持效等作用。

（7）果实成熟、采摘期（8月至9月中旬），主要防治对象为叶果病害、腐烂病和越冬前多种病虫。

桑天牛秋季为害高峰，释放管氏肿腿蜂。对于预备储藏的果实应于采前30~40d开始，相隔10~15d，喷施2~3次波尔多液。

（8）树势恢复期（9月至10月），主要防治对象为各类越冬病虫。主要措施包括检查刮治腐烂病、树干缚草诱杀越冬害虫、树干涂白、清理园中病虫残体等。进一步强化消除病虫源的理念并实践。

5. 核果类果树生态植保整体解决方案

北方核果类果树主要包括桃、杏、李、樱桃等，其主要害虫年度发生与二十四节气、果树物候期和年生活史关系见图5-3-10。

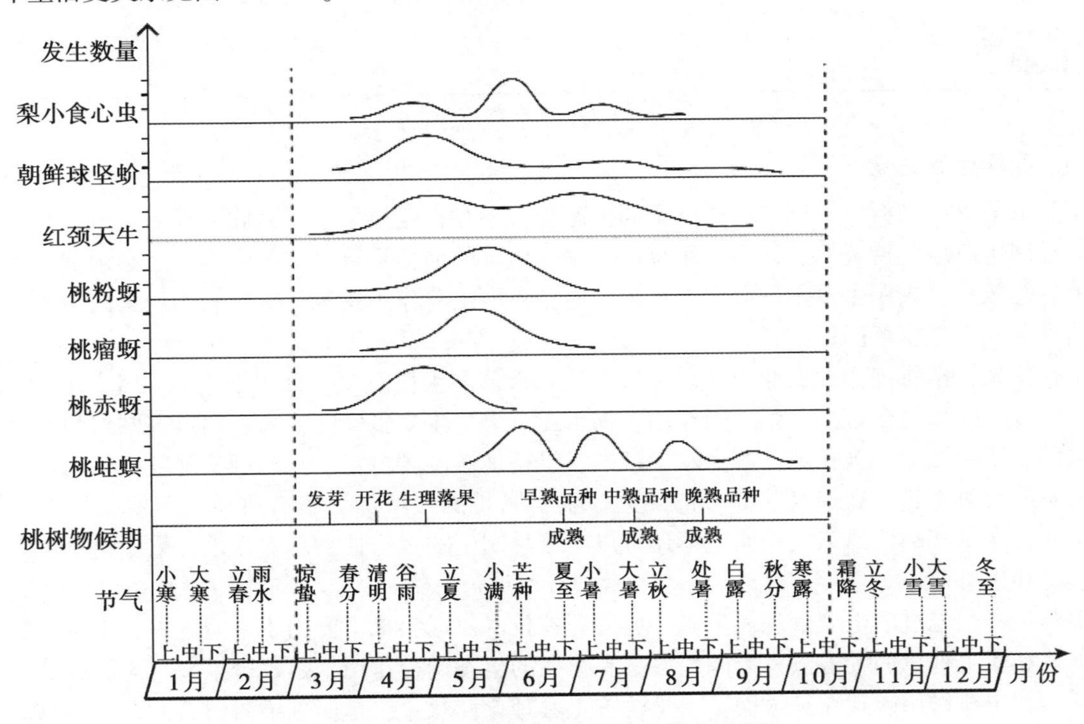

图5-3-10　核果类主要害虫发生为害时期图

核果类果树生态植保整体解决方案如表5-3-3。

表5-3-3　核果类果树生态植保整体解决方案

时期（物候）	防控对象	主要治理技术措施	备注
11月初至翌年2月（休眠期）	桃枝干病害，桃流胶病、桃细菌性穿孔病、桃蛀螟、梨小食心虫、桃（桑）白蚧、桃一点叶蝉、大青叶蝉、斑衣蜡蝉、潜叶蛾类	清除果园枯枝落叶；剪除有虫枝条；人工涂白树体刷抹介壳虫；早春刮树皮；冬耕冬灌，消灭土层中越冬害虫 将越冬天敌瓢虫从越冬窖穴中取出，置入室内进行破眠饲养，建立早春群体	清洁生产，源头治理，循环经济

（续表）

时期（物候）	防控对象	主要治理技术措施	备注
3月中下旬（萌芽期）	桃（桑）白蚧、桃一点叶蝉、三种桃树蚜虫卵、山楂红蜘蛛越冬雌成虫	喷洒3~5B°石硫合剂，释放第一批异色瓢虫，深点食螨瓢虫幼虫	
4月上中旬（始花期）	桃蚜、桃瘤蚜、桃粉蚜、桃一点叶蝉、梨小食心虫	释放第二批异色瓢虫、深点食螨瓢虫幼虫；停止往人工庇护所中投放饵料黄粉虫，迫使蜘蛛活动捕食	蚜虫为重点防控对象
5月至6月上旬（幼果期）	桃蛀螟、桃蚜、叶蝉、红蜘蛛、梨小食心虫	释放松毛虫赤眼蜂、黑广肩步甲、异色瓢虫、深点食螨瓢虫	
7月至9月份（秋叶、果期）	叶蝉、桃（桑）白蚧、红蜘蛛、桃红颈天牛、杏仁蜂、桃蛀螟、黑星麦蛾、桃天蛾	释放管氏肿腿蜂、天蛾绒茧蜂。喷布2~3遍波尔多液。桃粉蚜上一种蚜小蜂，在6—7月份寄生率高达90%	
10月至翌年1月（越冬休眠期）			

四、果园生草方案

草和草争，树和树斗，草和树处于不同生态位，不存在竞争关系。因此，果园生草存在生态合理性。果园生草应坚持选草、管草、用草的原则，生草的前提是选草，果园生草后必须细加管理才会获得理想效果，果园生草是一种生产行为，应把果园生草作为资源，科学利用。果园生草的方式有自然生草和人工生草两种方式。

千百年来，精耕细作的农业模式误导果农认为杂草与果树竞争，而没有考虑共生的协作关系。果园连续多年除草将会带来一系列副作用，如水土流失、生物多样性下降、病虫害剧烈频发。实际上，果园生草会增加土壤孔隙，减少水土流失、维持地表温度恒定、自动调节湿度，从而可以加速果树根系的健康生长，增强吸收养分的能力；生草腐烂能够增加土壤有机质、截留土壤中的矿物质，从而提升果实甜度风味。果园生草还可以丰富果园生物多样性。总而言之，果园生草可以同时兼顾经济和生态效应。

生草是一种先进的土壤管理和生态环境的调控技术。近年来主要用于果园之中。生草主要包括自然生草和人工种草两种方法。果园生草具有很强的生态调控作用，是改善果园生态的有效技术措施之一。其主要作用表现在三方面：一是改善土壤理化性状；二是促进果树根系发育；三是创造适宜天敌种群繁衍的有利环境。具体操作方法是：果园生草一般于4月上中旬在果园内种植白三叶草、紫花苜蓿等作为绿肥，同时根据果园实际情况，对果园杂草进行刈除。而果园覆草则是在春季果树发芽前和雨季到来前，利用小麦、玉米等作物秸秆，覆盖到果树树盘和行间。

果园生草恰似修复了果园土地的皮肤，良好的草-树结构，从生草到果树，由浅而深的根系形成绵密完整的“立体多层根系筛”，将雨水或灌溉水分吸附涵养在根系-土壤综合体中，在枯水期则再慢慢释放，达到涵养保水调节水分的作用。“养草肥田”的观念自古即有记载，只待今人重新向传统智慧和自然法则学习。杂草被人类误会了几千年，在生态文明建设进程中，到了解除这一误会的时候了。

1. 果园生草的历史演变

在人类大部分的农耕社会中，土壤肥力的培育或延续是通过休耕来实现的，如欧洲早起实行的是耕—休制。通过休耕长草，再行烧荒和翻耕来提高土壤肥力水平，这些休耕期生长的草也就成为一种培育地力的肥料，这就是绿肥的最初来源。后来人类发现豆科植物能固氮，从而更能有效地补充土壤的氮元素；而且当草的生长量越大，对土壤的肥力提升效果越好。进入现代，化肥的出现使大量元素补充容易，因此绿肥的角色更多的以改善土壤的理化性质上，从这个角度上，我们看到现代绿肥的种类在扩展，所有植物枝叶或生长物在广义上都可以作为绿肥，只要在果园里生长的所有植被能进行光合同化作用并固定太阳能量，并被土壤中的微生物分解利用，都对果园的整体生态系统有利。果园生草既是技术，更是理念。千万年来，农民耕地除草是天经地义的事情，果园管理和农田管理的很多理念是不同的。

果园生草栽培就是在果园株行间选留原生杂草，或种植非原生草类、绿肥作物等，并加以管理，使草类与果树协调共生的一种果树栽培方式，也是仿生栽培的一种形式。

果园生草是一种较为先进的果园土壤管理方法，19 世纪中叶始于美国，到了 20 世纪 40 年代中期，由于开沟旋耕割草机问世，解决了割草问题，以及果园喷灌系统的发展，这种土壤管理模式在美国才得到大面积推广，随后，世界果品生产发达国家新西兰、日本、意大利、法国等国果园土壤管理大多采用生草模式，并取得了良好的生态及经济效益。果园生草是果园土壤管理制度一次重大变革，我国于 20 世纪 90 年代开始将果园生草制作为绿色果品生产技术体系在全国推广建立了许多典型示范样板，取得了一定成效，但实践中清耕果园面积占果园总面积 90%以上，果园生草尚处于试验与小面积应用阶段。

2. 果园生草的作用

果园生草法是一项先进、实用、高效的土壤管理方法，在欧美、日本等国已实施多年，应用十分普遍，其主要功能有：

改善果园小气候　果园生草后，由于活地被物下垫面的存在，导致土壤容积热容量增大，而在夜间长波辐射减少，生草区的夜间能量净支出小于清耕区，缩小果园土壤的年温差和日温差，有利于果树根系生长发育及对水肥的吸收利用。果园空间相对湿度增加，空间水气压与果树叶片气孔下腔水气压差值缩小，降低果树蒸腾。近地层光、热、水、气等生态因子发生明显变化，形成了有利于果树生长发育的微域小气候环境。

改善果园土壤环境土壤是果园的载体，土壤质量状况在很大程度上决定着果园生产的性质、植株寿命、果实产量和品质。果园生草栽培，降低了土壤容重、增加土壤渗水性和持水能力。活地被物残体、半腐解层在微生物的作用下，形成有机质及有效态矿质元素，不断补充土壤营养，土壤有机质积累随之增加，有效提高土壤酶活性，激活土壤微生物活动，使土壤 N、P、K 移动性增加，减缓土壤水分蒸发，团粒结构形成，有效孔隙和土壤容水能力提高。

有利于果树病虫害的综合治理。果园生草增加了植被多样化，为天敌提供了丰富的食物、良好的栖息场所，克服了天敌与害虫在发生时间上的脱节现象，使昆虫种类的多样性，富集性及自控作用得到提高，在一定程度上也增加了果园生态系统对农药的耐受性，扩大了生态容量，果园生草后优势天敌东亚小花椿、中华草蛉及肉食性螨类等数量明显增加，天敌发生量大，种群稳定，果园土壤及果园空间富含寄生菌，制约着害虫的蔓延，形成果园相对较为持久的生态系统。据测定，果园生草可使树上天敌总量增加 60%，地面天敌增加 20 倍。

促进果树生长发育，提高果实品质和产量。在果园生草栽培中，树体微系统与地表牧草微系统在物质循环，能量转化方面相互联接，生草直接影响果树生长发育。试验表明，生草栽培果树叶片中全 N、全 P、全 K 含量比清耕对照增加，树体营养的改善，生草后花芽比清耕对照可提高 22. 5%，单果重和一级果率增加，可溶性固体物和 Vc 含量明显提高，贮藏性增强，贮藏过程中病害减轻。

3. 生草栽培对果园小气候及生物多样性的影响

（1）对果园小气候的影响。果园生草改变了传统清耕果园“土壤-果树-大气”系统水热传递的模式，形成了“土壤-果树+草-大气”系统，引起了果园环境水热传递规律的变化。由于草对光的截取，近地表草域光照度、日最高温度较清耕区明显下降；生草同时降低了地表的风速，从而减少了土壤的蒸发量；另外，由于草域根系的呼吸和凋落物的分解作用，引起地表二氧化碳浓度上升，增强了果树的光合作用。因此，生草可使果园温湿环境相对稳定，有利于减轻枝干和果实的日烧、特别是在套袋栽培体系中对于改善果实外观品质具有重要作用，但不同草种之间有明显差异。

（2）对果园生物多样性的影响。果园生草丰富了果园生物多样性，从果园土壤微生物、地表植被多样化、树体昆虫种类多样性各个方面都有显现，尤其是近地表的生物多样性。特别是为天敌昆虫提供了丰富的食物，良好的栖息场所，有利于提高果园虫害自控能力。生草区植绥螨一般具较高的多样性，其密度随季节变化呈单峰曲线；种植爪哇大豆可以作为植绥螨的库，维持全年丰富多样的群体；土牛膝、红苋和离药金腰箭等一些自然草种也可以作为植绥螨的寄主植物。梨园间作芳香植物后害虫数量减少，天敌数量增加；间作区显著增加主要害虫（梨木虱、康氏粉蚧、蚜虫、金龟子和梨网蝽）及天敌（瓢虫、食蚜蝇、草蛉、蜘蛛和寄生蜂）的生态位宽度，且天敌的生态位宽度明显大于害虫生态位宽度，同时增加主要天敌如瓢虫、食蚜蝇与害虫的生态位重叠指数，呈现出对害虫明显的跟随效应和控制作用。另外，生草后猕猴桃园有机物料的输入增加引起了土壤线虫群落较高的多样性，羊茅草处理0~5cm 土层多样性指数为2.8，较清耕提高了0.48。可见，果园生草为天敌繁衍、栖息提供了必要的场所，增加天敌的数量，利于生物防治，减少虫害的发生，从而减少了农药使用量，减少了经济投入。

通过生草措施实现生物多样性的关键需要解决三个方面的问题：ⅰ生草，对于害虫和天敌均是“诱而集中”，天敌和害虫之间的“跟随”关系没有得到调整。应该通过天敌的生产与释放加以调节。ⅱ对生草措施本身，缺乏产业化利用和科学管理。在生物防治状态下的杂草也是绿色产品，甚或有机产品，应该通过产业化利用，带动科学的管理。用于生产昆虫（也可以饲养其他草食动物），形成新产业，推行“重-轻-重”的修剪、收获管理方式。对于杂草应该作为一类特殊的资源对待，是草食动物的饲料基，更是目前快速发展兴起的昆虫生产养殖业的物质基础，可以依托杂草资源型形成一个新型产业。ⅲ人工生草要与自然生产相结合，人工生草要经过选草、组合、生草栽培、产业利用的过程。

4. 人工生草管理方式

采取“重-轻-重”的修剪管理方式，在春秋夏初（5月底至6月初）修剪、收获杂草的1/3高度以上的部分，促使其顶端优势取出后促成的腋芽剧烈增生，保持大量的幼嫩部位，诱集近于扩散的害虫；夏季中后期（7月中下旬），进行一次轻度修剪，即修剪、收获1/2高度以上的部分，促进腋芽再生：夏末秋初（8月中下旬至秋季），掌握各类不同杂草开花或种籽未成熟期，最后一次进行重度修剪、收获，即修剪、收获杂草的4/5高度以上的部分，破坏杂草种籽的生成及获取最大杂草生物质资源量，同时保持其根系组织能够诱集越冬的病虫害。

5. 果园间作栽培

果园行间种植绿肥作物，是一项很好的措施，它能为天敌提供良好的取食、活动和繁殖场所，从而增加对果树害虫的控制作用，例如，在果园间作光叶紫花苕子，天敌数量比非间作区显著增加，草蛉数量增加2~6倍，小花蝽数量增加近10倍。北京市一农场在苹果园间作白香草木樨后，天敌数量明显增加，控制作用显著增强，致使间作区果园7月份山楂叶螨数量下降了71.1%。另外，在果园周围环境种植其他林木，既增加了果园的湿度、调节风力，又增加了大环境的生物多样性，成为果园天敌的“库源”，对果园病虫害防控作用十分明显。

6. 果园秸秆覆盖

果园秸秆覆盖是针对丘陵山区果园土层薄、肥力低、水分条件差、土壤裸露面积大而采取的一项综合管理技术。经过山东省土肥站多年的深入研究，已经形成了比较成熟的技术模式，在生产上广泛推广应用。

该技术就是将适量的作物秸秆等，覆盖在果树周围裸露的土壤上。它具有培肥、保水、保温、灭草、免耕、省工和防止水土流失等多重效应，能改善土壤生态环境，养根壮树，促进树体生长发育，进而提高产量和改善品质。在生态植物保护方面，主要体现出诱集、繁育捕食性蜘蛛和交换生态系统、阻断病虫害食物链的效应。规则的进行田间秸秆覆草，可以诱集、栖居蜘蛛，并能促成其种群自建立。通过实现不同生态系统的交换，作物秸秆携带的病虫源不会在果园中发生，而农田的病虫源则源源不断地被排除到原生态系统之外，达到消除作物病虫源目的。

该技术适用于半湿润、半干旱、干旱地区，不适于透气性差的黏土质果园和排水不良的低洼地果园。覆盖时间最好在春季土壤温度上升后的5月上旬前后，或者在麦收后的秋季。切勿在春季土壤湿度上升期覆盖。根干周围40~50cm范围内不要覆草。

果园秸秆覆盖后，由于生态环境的变化，病虫害及其天敌种类、种群数量及其发生规律也将相应的发生变化。因此，应对覆盖秸秆果园进行系统的病虫预测预报，为制定相应的生态植保技术体系方案提供依据。

五、果园烂果、落叶、杂草的处理

近几年来，水果滞销造成烂果满园或倾倒路边、沟渠的状况时有发生，造成水果滞销的原因是多方面的，与植保相关的方面有：①市场波动大，供给大于需求。②水果品质不好，处于低端市场。破解水果滞销怪圈的途径：①选择独特、稀少、珍贵的品种。②实施生态植保技术，生产高品质的高端果品，并塑造品牌。

第二节　蔬菜生态植保

随着“菜篮子工程”和“精准扶贫”项目的实施和市场经济的推进，我国蔬菜生产发展迅速，特别是保护地栽培面积的扩大和复种指数的提高，增加了切断病虫害周年传播蔓延的难度，蔬菜病虫害的为害也呈加重趋势，蔬菜废弃物大量积存腐烂，给生产和生活造成极大影响。蔬菜病虫害种类较多，不同科别的蔬菜上病虫害种类和发生情况也不相同。据统计，我国常年各种蔬菜因病虫为害损失率高达30%左右。因此，及时有效地控制蔬菜病虫为害，清除蔬菜废弃物，洁净蔬菜生产环境，是保障蔬菜优质、高产，保证人们身体健康和发展国际贸易的重要措施。

一、蔬菜病虫害种类

1. 蔬菜病害

（1）猝倒病。由瓜果腐霉（*Pythium aphanidermatum*）（图5-3-11）等多种腐霉菌引起，是蔬菜苗期主要病害之一。除主要为害茄科和葫芦科蔬菜外，还可为害十字花科蔬菜和其他多种杂菜。在冬春季苗床（尤其是多年苗床）上发生普遍，轻者引起死苗缺株，发病严重时可造成大量死苗。

幼苗出土前或出土后均能受害。幼苗出土后发病时，茎基部初呈水渍状，后病部变黄褐色，缢缩成线状。病情发展迅速，常在子叶尚未凋萎幼苗即折倒贴伏地面，但幼苗仍呈青绿色，故称之为“猝倒”。在苗床上，开始时单株幼苗发病，几天后即以此为中心向周围蔓延扩展，引起成片幼苗猝倒。茄子、番茄、辣椒和黄瓜等果实受害，常引起腐烂。

病原菌主要以卵孢子形式在土中越冬，也可以菌丝体在土中的病残体上越冬或在腐殖质中营腐生生活。病菌的腐生性很强，可在土壤中长期存活。条件适宜时，卵孢子萌发产生游动孢子或直接萌发产生芽管侵入寄主。病菌主要借雨水、灌溉水、带菌的堆肥和农具传播。可不断产生孢子囊，进行重复侵染，后期在病组织内产生卵孢子越冬。

（2）立枯病。由立枯丝核菌（*Rhizoctonia solani*）侵染引起，主要寄主有茄子、番茄、辣椒、马铃薯、黄瓜、菜豆、甘蓝、白菜及棉花等。刚出土的幼苗和大苗均可受害，但一般多发生于育苗

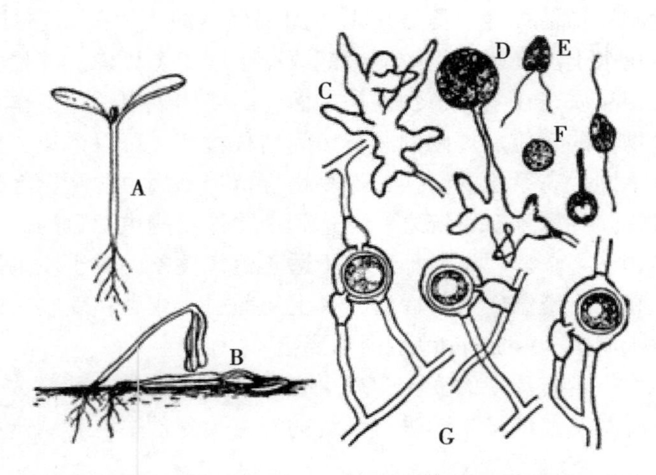

A～B.症状；C.孢子囊；D～F.孢子囊萌发产生游动孢子及休止孢子；G.卵孢子及其形成过程

图 5-3-11 茄科蔬菜幼苗猝倒病

的中后期。

患病幼苗茎基部产生暗褐色病斑，早期病苗中午萎蔫，早晚恢复。病部逐渐凹陷、扩大绕茎一周，最后病部缢缩，植株枯死。由于病苗大多直立而枯死，故称之为“立枯”。发病轻的幼苗，仅在茎基部形成褐色病斑，幼苗生长不良，但不枯死。在湿潮条件下，病部常有淡褐色、稀疏的蛛丝网状霉。

病菌的腐生性较强，可以菌丝体和菌核在土壤或病残体中越冬，一般在土壤中可存活 2～3 年。在适宜的环境条件下，菌丝直接侵入寄主为害。病菌可通过雨水、灌溉水、农具转移以及使用带菌堆肥等传播蔓延。

（3）霜霉病。黄瓜霜霉病由古巴假霜霉菌（*Pseudoperonospora cubensis*）引起，白菜霜霉病由寄生霜霉菌（*Peronospora parastica*）引起，是黄瓜和十字花科蔬菜生产上的重要病害，幼苗和成株均可发病。

在黄瓜上主要为害叶片，病斑多呈黄绿色，渐变为黄褐色，受叶脉限制病斑呈多角形，不穿孔；湿度大时病斑背面产生灰黑色至紫黑色霉层（孢囊梗和孢子囊），病重时常多个病斑连片使叶片变黄枯干。十字花科蔬菜受害，病斑黄色或黄褐色，呈多角形或不规则形，潮湿时在相应的叶背面布满白色至灰白色霜状霉层。花轴受害后弯曲肿胀呈“龙头”状，花器受害后呈畸形，不能结实，种荚受害后瘦小，淡黄色，结实不良，空气潮湿时表面可产生比较茂密的白色至灰白色霉层。

霜霉病菌都可以菌丝体潜伏于秋季发病的植株体内或随病残体在土壤中越冬，也可以菌丝体随寄主窖贮或在保护地生长期越冬。越冬后，病株体内的菌丝体可形成孢囊梗和孢子囊。病菌的生长发育需要凉爽高湿的环境条件。一般黄瓜早熟品种和多数品质好品种抗病性差，白帮白菜品种比青帮品种抗病性差。卵孢子和孢子囊主要靠气流和雨水传播，萌发后从气孔或表皮直接侵入，引起多次再侵染，导致病害流行蔓延。

（4）疫病。是指由疫霉属真菌引起的病害，蔬菜上常见的疫病有番茄晚疫病、瓜类疫病、茄子绵疫病等。番茄疫病由致病疫霉菌（*Phytophthora infestans*）引起，瓜类疫病由德氏疫霉菌（*Phytophthora drechslwei*）引起。

番茄晚疫病以叶和青果受害为重。叶片受害多从叶尖、叶缘开始发病，初呈暗绿色水浸状不规则病斑，扩大后转为褐色，高湿时叶背病健交界处长出白霉，整叶腐烂；茎秆染病产生暗褐色凹陷条斑，引起植株萎蔫；果实染病主要发生在青果上，病斑初呈油浸状暗绿色，后变成暗褐色，稍凹陷，有不规则云纹，一般不变软，湿度大时长少量白霉。

瓜类成株期发病主要在茎蔓基部和嫩茎节部产生暗绿色水浸状病斑，病部发软并显著缢缩，病部以上茎叶迅速凋萎或全株枯死，呈青枯状；瓜果受害多从接触地面处发病，病部初为暗绿色水渍状，之后缢缩凹陷，变软腐烂。

瓜类疫病病菌以卵孢子随病残体在土壤或粪肥中越冬，番茄晚疫病病菌还可以菌丝体在染病的马铃薯块茎上越冬。翌年春、夏季，卵孢子经雨水、灌溉水传播到寄主上，再形成发病中心。条件适宜时，病菌经3~4d就可在中心植株上产生菌丝和孢子囊，借风雨、气流向周围传播引起多次再侵染，导致病害流行。雨季来临早、雨量大、雨日多的年份发病早，再侵染频繁，发病重。浇水和氮肥过多，排水不良，种植过密和连作发病重。

（5）白粉病。白粉病是十字花科、葫芦科、豆科及茄科蔬菜的重要病害，尤以瓜类上发生普遍而严重。瓜类白粉病由瓜白粉菌（*Erysiphe cucurbitacearum*）和瓜单囊壳菌（*Sphaerotheca cucurbitae*）引起，两种病菌均营专性寄生，只能在活的寄主体内吸取营养，主要为害葫芦科植物。

白粉病自苗期至收获期都可发生，主要为害叶片，间或为害茎部和叶柄，但一般不为害果实。发病初期，叶片上产生白色近圆形小粉斑，以后逐渐扩大成边缘不明显的连片白粉斑，随后许多病斑连在一起布满整个叶面，白色粉状物（病菌的菌丝体、分生孢子梗及分生孢子）渐变成灰白色或红褐色，叶片也随之枯黄变脆，但一般不脱落。

病菌以菌丝体主要在保护地被害寄主植物上越冬。次年5—6月份当气温达20~25℃时，越冬后的闭囊壳释放出子囊孢子或由菌丝体产生分生孢子侵入寄主，造成初侵染。子囊孢子及分生孢子主要借气流、雨水传播，当条件适宜时，在当年初发病的部位上，又能产生大量分生孢子进行再次侵染引起流行。当田间湿度较大、温度在16~24℃时，有利于病害的流行；高温干旱可抑制病情的发展。

（6）灰霉病。由灰葡萄孢菌（*Botrytis cinera*）侵染引起，寄主范围很广，几乎可以侵染所有主栽蔬菜品种，其中以茄科蔬菜受害最重。

病菌可为害寄主叶片、茎、枝条、花和果实。田间发病首先在靠近地面的衰老叶片、花瓣和果实上，然后再侵染其他部位。苗期多为害幼茎，亦可为害叶片。幼茎被害部缢缩变细，幼苗倒折；叶片被害初为水渍状不规则形病斑，后表现湿腐症状。成株期主要为害花器和未成熟果实，造成落果、烂果。花器被害，多从开败的花及花托侵入，造成褐色腐烂，最后蔓延至果实；果实被害，病部变软、萎缩，最后腐烂。在发病部位产生灰褐色霉状物（分生孢子梗和分生孢子）。

病菌主要以分生孢子、菌丝体或菌核在病残体和土壤中越冬，翌年早春条件适宜时，萌发为分生孢子和分生孢子梗。分生孢子借气流和雨水传播，菌核可通过带有病残体的粪肥传播。分生孢子通过伤口侵入寄主植物，引起初侵染；发病部位产生的分生孢子，进行再侵染。灰霉病菌的寄生性较弱，生长健壮的植株不易被侵染感病。分生孢子的萌发对温度要求不严，但对湿度要求很高，相对湿度低于95%时不能萌发。因此，在潮湿条件下及多雨季节，发病重；保护地栽培蔬菜，尤其是遇低温多雨天气，发病重。

（7）炭疽病。蔬菜上的炭疽病很多，常见的如辣椒炭疽病、瓜类炭疽病、葱炭疽病、菜豆炭疽病和白菜炭疽病等，其中以瓜类炭疽病和辣椒炭疽病发生普遍而严重。瓜类炭疽病以瓜类炭疽菌（*Colletortrichum lagenarium*）侵染引起。

瓜类植物成株期发病，叶片上初为水浸状圆形小斑点，扩大后呈黄褐至红褐色近圆形病斑，病斑上有不明显的小黑点状轮纹，潮湿时产生粉红色黏稠状物质（分生孢子堆），干燥时病部龟裂、脱落，多个病斑相连后，导致叶片焦枯死亡。茎蔓和叶柄上病斑梭形或椭圆形，灰白至黄褐色，凹陷或纵裂，有时表面生有粉红色小点。茎蔓和叶柄被侵染环蚀后，叶片萎垂，茎蔓枯死。瓜条受害，初为淡绿色水浸状斑点，扩大后呈褐色、稍凹陷，后期病部表面生有小黑点或粉红色黏稠物，瓜条变形。

病菌主要以菌丝体及拟菌核（未成熟的分生孢子盘）随病残体在土壤中或以菌丝体潜伏于种皮内越冬。翌春条件适宜时，菌丝体和拟菌核发育成分生孢子盘，产生分生孢子，形成初侵染源。发病后在病部形成分生孢子盘产生分生孢子，借风雨、灌溉水、农事操作等进行传播，形成多次再侵染。种子带菌是远距离传播的主要途径。炭疽病的发生和流行与温湿度关系密切。在适温（22~24℃）条件下，相对湿度95%以上时发病最重。

（8）细菌性病害。蔬菜细菌性病害主要有白菜、辣椒软腐病、茄科青枯病、黄瓜角斑病及菜豆疫病等，其中以白菜软腐病发生普遍而严重。白菜软腐病由胡萝卜软腐欧文氏菌胡萝卜变种（*Erwinia carotovora* subsp. *carotovora*）引起。蔬菜细菌性病害多从柔嫩多汁的组织开始发病，初呈浸润半透明状，后变褐色，随即变为黏滑软腐状。比较坚实少汁的组织受侵染后，先呈水浸状，后逐渐腐烂，患部水分蒸发，组织干缩。

白菜软腐病多从包心期开始发病，起初外围叶片表现萎垂，早晚仍能恢复。病情发展严重时，植株结球小，叶柄基部和根茎处心髓组织完全腐烂，充满灰黄色黏稠物，有臭味。在晴暖、干燥环境下，病部常失水干枯变成薄纸状。

软腐病菌主要在病株和病残体组织中越冬。田间发病的植株、土壤中、堆肥里、春天带病的采种株以及菜窖附近的病残体上都有大量病菌，是重要的侵染来源。病菌主要通过昆虫、雨水和灌溉水传播，从伤口侵入寄主。病菌的寄主范围广泛，能从春到秋在田间各种蔬菜上传播繁殖，最后传到白菜、甘蓝、萝卜等秋菜上。白菜不同生育期的发病程度不同，苗期伤口愈合能力强发病轻，莲座期后愈伤能力差发病重。田间害虫数量多，造成的伤口多，发病重。包心后如遇多雨，发病也重。

（9）蔬菜病毒病。各种蔬菜上都有1种以上病毒病，其中以瓜类、番茄和十字花科蔬菜病毒病较为严重。蔬菜上的病毒病常见的有花叶病、条纹病和蕨叶病3种类型，其中以花叶病发生最为普遍。花叶病由烟草花叶病毒（*Tobacco mosaic virus*，*TMV*）引起，条纹病主要由番茄花叶病毒（*Tomato mosaic virus*，*ToMV*）所致，蕨叶病由黄瓜花叶病毒（*Cucumber mosaic virus*，*CMV*）侵染造成。

花叶病田间常见的症状有两种，一种是引起轻微花叶或微显斑驳，植株不矮化，叶片不变小、不变形，对产量影响不大；另一种表现为明显的花叶、新叶变小，叶脉变紫，叶细长狭窄，扭曲畸形，植株矮小，下部多卷叶，并大量落花落蕾，基部已坐果的果小质劣，多呈花脸状，对产量影响较大。条纹病也称条斑病，病株上部叶片呈花叶症状，植株茎秆上中部初生暗绿色下陷的短条纹，后变为深褐色下陷的油渍状坏死条斑，果面散布不规则形褐色下陷的油渍状坏死斑。蕨叶病初期症状是顶芽幼叶细长，展开比健叶慢或螺旋形下卷，叶片十分狭小，叶肉组织退化，仅存主脉，似蕨类植物叶片。

烟草花叶病毒传染性强，极易通过接触传染。番茄花叶病毒主要通过田间农事操作（如分苗、定植、绑蔓、整枝、打杈及蘸花授粉等）传播。黄瓜花叶病毒能通过桃蚜和棉蚜等多种蚜虫传播，但以桃蚜为主。

（10）根部病害。蔬菜根部病害主要有枯萎病、根腐病和黄萎病等。其中瓜类枯萎病仍是目前生产上的难题，根腐病发生较普遍，黄萎病仅侵染茄子。

瓜类枯萎病主要由尖镰孢菌（*Fusarium oxysporum*）引起，典型症状是萎蔫。幼苗发病，子叶萎蔫或全株枯萎，茎基部变褐缢缩，导致猝倒。大田一般在植株开花后开始出现病株，发病初期，叶片由下向上逐渐萎蔫，似缺水状，数日后整株叶片枯萎下垂，茎蔓上出现纵裂，裂口处流出黄褐色胶状物，病株根部褐色腐烂，纵切病茎检查，可见维管束呈褐色。病菌为土壤习居菌，可以厚垣孢子或菌核在土中或病残体中存活5~6年，菌丝和分生孢子也可在病残体中越冬，并可营腐生生活。越冬病菌为翌年的初侵染源。分生孢子在幼根表面萌发，主要通过根部伤口和侧根枝处、茎基部裂口处侵入，先在薄壁细胞间或细胞内生长扩展，然后进入维管束。病菌在田间主要靠农事操作、雨水、地下害虫和线虫等传播，发生程度取决于初侵染菌量，一般当年不进行再侵染。连作地块土壤中病菌积累多，病害往往严重。根系生长发育不良，或地下害虫和线虫多，易造成伤口，有利病菌侵入。

根腐病主要由腐皮镰孢菌（*Fusarium solani*）和串珠镰孢菌（*Fusarium moniliforme*）等镰刀菌侵染引起，是园艺植物上最重要的病害之一。镰刀菌根腐病可为害大豆、菜豆、豌豆、蚕豆、番茄、辣椒、茄子、黄瓜、甜瓜、莴苣、冬寒菜及马铃薯等蔬菜。镰刀菌根腐病的共同症状特点为根的皮层细胞机能失调或死亡，根的外表呈现褐色至黑色腐烂，一般不再发新根，地上部分矮化、变色、萎蔫甚至死亡：潮湿时在病部产生粉红色的霉状物；病部维管束变褐，但不向上扩展，以此可与枯萎病区别。

2. 蔬菜虫害

（1）根蛆类。韭菜迟眼蕈蚊、葱蝇、种蝇、萝卜蝇和小萝卜蝇等以幼虫为害蔬菜根颈部，统称为根蛆类，其中以前3种发生普遍并严重为害。

①韭菜迟眼蕈蚊（*Bradysia odoriphaga*）：幼虫又称“韭蛆”，属双翅目、眼蕈蚊科。在我国北方菜区普遍发生，主要为害韭菜、葱、蒜、莴苣和十字花科等蔬菜，其中以韭菜受害最重。以幼虫群集于韭菜的鳞茎和柔嫩茎部为害，引起地下部腐烂，叶片瘦弱、枯黄或萎蔫，重者整株或成墩死亡。

成虫体小，灰黑色，触角长丝状，足胫节端部有距。幼虫乳白色，细长，头部明显、黑色，上颚有3个大齿和1个小齿，下颚有许多小齿。

黄淮地区年约发生6代，以各龄幼虫在假茎基部或鳞茎上越冬。露地环境翌春3月份开始为害，以4—6月和9月下旬至10月受害最重。保护地环境12月至翌年2月为严重为害期。成虫喜在阴湿弱光环境下活动，趋向腐殖质多的地块产卵，卵主要产在韭株基部与土壤间的缝隙、叶鞘缝隙及土块下。幼虫半腐生，老熟后多在浅层土内做薄茧化蛹。各虫态均喜湿润、有机肥多的地块。

②葱蝇（*Delia antiqua*）：幼虫又称“蒜蛆”，属双翅目、花蝇科。国内主要分布在北方和中部地区。寡食性，仅为害百合科具辣味的大蒜、葱、圆葱和韭菜，其中以大蒜、圆葱受害最重。以幼虫蛀食大蒜的鳞茎引起腐烂，严重时引起整株枯死。

成虫体灰黄色，足黑色。幼虫体长5~7mm，乳白色，蛆状。口钩下缘无齿，腹末周缘有5对三角形片状突起，第5对明显大于第4对。

年发生2~3代，以蛹及少数幼虫在寄主根际越冬。4月中旬末为越冬代成虫产卵高峰，4月下旬至5月下旬为春季为害盛期。5月下旬以蛹在土中越夏，9月下旬至10月为秋季幼虫为害盛期。成虫白天活动，以花蜜为食，趋向于具破伤的植株和较干燥的蒜地产卵，卵多产在植株根部附近的马粪堆、地块、土缝及植株枯萎叶片基部叶鞘内。幼虫孵化后直接钻入土内，蛀食寄主。

（2）潜叶蝇类。属双翅目、潜蝇科，以幼虫潜入寄主叶片的上下表皮之间穿行取食绿色叶肉组织，致使被害叶片上呈现灰白色弯曲的线状蛀道或上下表皮分离的泡状斑块。在蔬菜上发生的主要有美洲斑潜蝇、南（拉）美斑潜蝇、豌豆潜叶蝇、菠菜潜叶蝇和大葱潜叶蝇等，其中美洲斑潜蝇和豌豆斑潜蝇的为害普遍而严重。

①美洲斑潜蝇（*Liriomyza sativae*）：是近几年传入我国的检疫性害虫，并在国内迅速传播蔓延，目前已分布于25个省、市、自治区，并造成了严重为害。寄主植物主要有豆科、葫芦科、茄科、十字花科蔬菜以及锦葵科和菊科的多种植物。幼虫潜叶蛀道在叶片正面呈灰白色弯曲的线状，以中、下部叶片受害较重，严重影响光合作用，导致寄主植物早衰、落花、落果，丧失商品或观赏价值，甚至绝收。

成虫体长 1.3~2.0mm，浅灰黑色，触角第 3 节黄色，中胸背板亮黑色，中胸小盾片及体腹面和侧板黄色。幼虫蛆状，初孵化时半透明，后变为橙黄色，后气门呈圆锥状突起，末端具 3 孔。

在广东年发生 16~20 代，周年发生。在华北年发生 6~14 代，田间自然条件下不能越冬，但在保护地中可越冬并继续为害。在山东等地露地为害盛期为 8—9 月，保护地为 11 月和来年 4—6 月。成虫白天活动，羽化高峰为 8~11 时，喜在已伸展开的叶片上产卵，卵多散产在叶片表皮下。老熟幼虫在蛀道端部咬破叶片表皮爬出，在叶面上或落到土中化蛹。在发生区内主要通过成虫的迁移或随气流的扩散，远距离传播主要靠寄主植物或产品的调运和携带。

②豌豆潜叶蝇（*Chromatomyia horticola*）：国内广泛分布，是北方地区的常发性害虫。主要为害十字花科蔬菜留种株、豌豆、蚕豆、莴苣、茼蒿及多种草本花卉和杂草。受幼虫潜食的叶片正反面均呈现灰白色迂回曲折的蛇形蛀道，内有细小的颗粒状虫粪，蛀道端部可见椭圆形、淡黄白色的蛹。

成虫体长 1.8~2.5mm，灰黑色，多鬃毛。老熟幼虫体长约 3mm，黄白色，体透明，头咽骨上臂较长，分两叉，向后方略弯成弧形，咽骨下臂较短，左右合并成 1 片。

华北地区年发生 5 代，以蛹在被害叶片内越冬。从早春起虫口数量逐渐上升，春末夏初进入为害盛期。在山东等地 4、5 月集中为害蜜源植物十字花科蔬菜留种株和莴苣。成虫白天活动，喜食花蜜和嫩叶汁液作为补充营养，喜产卵于嫩叶的叶尖和叶缘。老熟幼虫在蛀道端部化蛹。豌豆潜叶蝇不耐高温，幼虫在略高于 20℃时发育最快。

（3）蚜虫类。属同翅目、蚜虫科，通称为菜蚜。发生在蔬菜上的蚜虫种类较多，常见的主要有桃蚜、萝卜蚜（*Lipaphis erysimi*）、菜豆蚜（*Aphis craccivora*）、瓜蚜（*Aphis gossypii*）和芹菜蚜等，但不同蔬菜品种上发生的蚜虫种类有所不同。均以成、若蚜群集在寄主幼嫩部分及叶背刺吸汁液，受害部位常表现为叶片皱缩卷曲，外叶枯黄塌邦，留种株籽粒不实等。此外，还可导致煤烟病，传播多种蔬菜病毒病。各种菜蚜均在春末夏初和秋季形成两次为害高峰。关于蚜虫的形态特征和发生规律可参见本篇中的有关章节。

（4）菜粉蝶（*Pieris rapae*）。幼虫又称菜青虫，属鳞翅目、粉蝶科，全国各地均有分布，但以北方地区发生普遍而严重。主要为害十字花科蔬菜，喜食厚叶片的甘蓝、花椰菜等。以幼虫蚕食寄主叶片，形成孔洞和缺刻，严重时仅剩叶柄和叶脉，甚至引起软腐病。

成虫前、后翅均粉白色，前翅基部灰黑色，顶角有黑色三角形斑纹。前翅中部偏外方有 2 个黑色圆斑，后翅前缘也有 1 个黑色圆斑。幼虫圆筒形、青绿色，每一体节具 4~5 条横皱纹，体表密生黑色小毛瘤和短毛，体两侧各有 1 条黄色的气门线（图 5-3-12）。

年发生世代数由北向南逐渐增加，山东等地约 4~6 代，均以蛹在墙壁、篱笆、树干、土缝、土块、杂草或残株落叶上越冬。3 月中旬前后出现越冬代成虫，以后各代世代重叠严重。5 月下旬至 7 月和 9 月至 10 月甘蓝等十字花科蔬菜生长旺季，为害最重。成虫白天活动，吸食花蜜作为补充营养，产卵对含有芥子油糖苷的十字花科蔬菜趋性很强，以甘蓝、花椰菜等和离蜜源植物近的地块寄主落卵量最多。幼虫 3 龄前喜在寄主叶背为害，3 龄后转到叶表蚕食，老熟后在老叶背面、植株底部化蛹，越冬代多远离菜地化蛹。

（5）小菜蛾（*Plutella xylostella*）。幼虫俗称小青虫，属鳞翅目、菜蛾科。我国各省菜区都有分布，以南方地区发生较重，北方近年来有上升的趋势。主要为害十字花科蔬菜。以幼虫取食寄主叶片，初龄幼虫可钻入叶内取食叶肉形成透明斑点，1 龄末、2 龄初从蛀道中钻出，3~4 龄将寄主叶片咬成孔洞或缺刻。苗期多集中于心叶为害，也可为害留种株的嫩茎和幼荚。

成虫小形，灰褐色，前后翅狭长，有缘毛，前翅近后缘有 1 条呈三度曲折的黄白色带状纹，两前翅合垄后，体背呈现 3 个斜方形斑纹。幼虫细小，淡青绿色，体表有较长的黑色刚毛，臀足细长，伸向后方（图 5-3-13）。

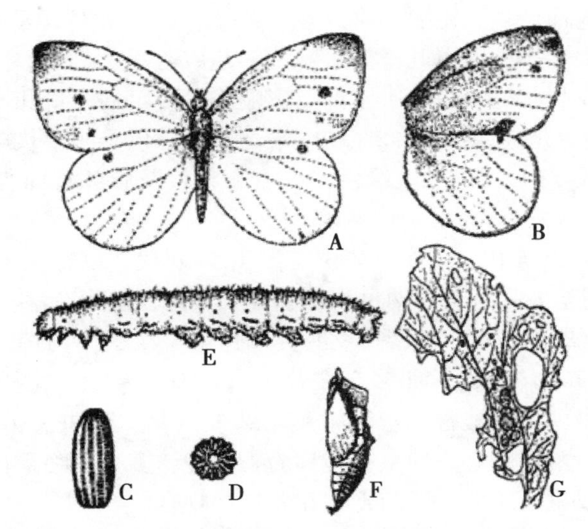

A.雄成虫；B.雌成虫前后翅；C.卵侧面观；D.卵顶面观；
E.幼虫；F.蛹；G.为害状（仿各作者）

图 5-3-12　菜粉蝶

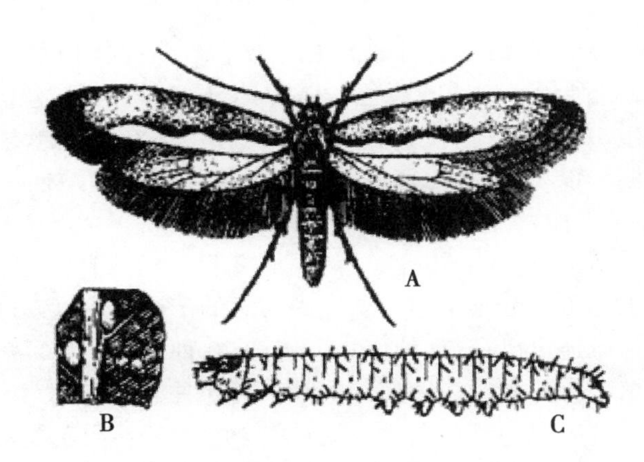

A.成虫；B.卵；C.幼虫（仿徐杏生）

图 5-3-13　小菜蛾

在北方地区年发生 3~4 代，以蛹在枯枝落叶上越冬，4—6 月发生较重，主要为害春甘蓝和十字花科蔬菜留种株。成虫昼伏夜出，具趋光性，卵多产于叶片上。幼虫苗期集中为害心叶，结球期为害叶球表层和外层老叶，老熟后在原为害处化蛹。

（6）菜螟（*Hellula undalis*）。幼虫俗称钻心虫、剜心虫，属鳞翅目、螟蛾科，国内分布广泛。仅为害十字花科蔬菜，以薄叶类的萝卜、白菜受害较重。以幼虫蛀食寄主幼苗和生长期的心叶、叶柄，取食叶片，常造成苗期缺苗缺垄，成株期多头生长，或仅剩 3~4 片较大的外围叶片。

成虫体灰褐或黄褐色，前翅具灰白色双重波状的内、外横线，肾形纹明显。幼虫头胸黑褐色，胴部淡黄或暗白色，体线清晰，腹部第 3~6 节气门后上方各有一与气门同大的黑色斑点。

山东等地年发生 3~4 代，以多数老熟幼虫和少数蛹在土内越冬。各地均以 8、9 月份发生最重。成虫昼伏夜出，趋光性不强，多产卵于寄主心叶附近。幼虫 3 龄后蛀入菜心，吐丝缠绕心叶。成虫盛发期一般与寄主 2~4 真叶期相吻合。

（7）豆蛀螟（*Maruca testulalis*）。又称豆荚螟、豆荚野螟等，属鳞翅目、螟蛾科。国内各地均有分布，北方地区发生普遍而严重。主要为害豇豆、菜豆、扁豆及大豆等豆类蔬菜。幼虫主要蛀食豆荚，也蛀害蕾、花瓣、嫩茎等，并可吐丝卷食叶片，造成落荚、落蕾、落花和枯梢。蛀食后期果荚种子被食，蛀孔处堆有腐烂状的绿色虫类，严重影响豆科蔬菜的产量和质量。

成虫体中小形，灰褐色，前翅黄褐色，在中室端部有1白色透明带状斑，中室内及中室下方各有白色透明小斑。幼虫体长18~23mm，黄绿色，中后胸背板及腹部背面各有6个黑褐色毛片，前列4个/后列2个。

西北、华北地区年发生3~4代，华东、华中年发生5~6代，以蛹在土中越冬。越冬代成虫出现于5月上中旬，6月中旬至8月下旬为幼虫为害盛期，9月后集中在扁豆上发生。山东等地成虫不能越冬，6月份在豇豆上出现幼虫，7月豇豆盛荚期达第1次田间高峰，8月以后迁到菜豆、扁豆上为害。成虫昼伏夜出，有趋光性，卵多产在花蕾、花瓣、苞叶、花托上。初孵幼虫多蛀入花器，取食雌雄蕊，少数蛀食内荚，被害花蕾和嫩荚不久便脱落。幼虫3龄后多蛀入果荚内食害豆粒，蛀孔圆形，被害荚雨后常致腐烂。幼虫有转移为害习性，多在傍晚爬行转移。老熟幼虫多钻入土缝内做土室结茧化蛹。成虫盛发期一般与寄主花蕾期相吻合。

（8）温室白粉虱（*Trialeurodes vaporariorum*）。属同翅目、粉虱科，分布广泛，主要为害蔬菜、花卉、烟草、中草药等，以北方保护地蔬菜受害较重，在蔬菜上偏嗜嫩绿和叶背多毛的寄主，以黄瓜、茄子、番茄、辣椒、豆类、莴苣受害最重。以成、若虫群集于叶背刺吸寄主汁液，受害叶片褪绿变黄、萎蔫，甚至枯死。

成虫体长1.0~1.5mm，复眼暗红色，体被白色蜡粉，外观全体白色。若虫椭圆形、扁平，2、3龄后触角和足退化。伪蛹椭圆形，白或淡黄色，体背具5~8对针状蜡丝。

北方地区温室中年发生10余代，世代重叠严重，以各虫态在温室越冬或继续繁殖为害。露地春季虫源均来自温室、大棚，以8、9月为害最重。成虫具强烈的趋嫩性，多集中于嫩叶背取食和产卵。

（9）烟粉虱［*Bemisia tabaci*（Gennadius）］。属同翅目，粉虱科。烟粉虱直接刺吸植物汁液，导致植株衰弱，若虫和成虫还可以分泌蜜露，诱发煤污病的产生，密度高时，叶片呈现黑色，严重影响光合作用。另外，烟粉虱还可以在30种作物上传播70种以上的病毒病，不同生物型传播不同的病毒。烟粉虱对不同的植物有不同的为害症状：叶菜类如甘蓝、花椰菜受害表现为叶片萎缩、黄化、枯萎；根茎类如萝卜受害表现为颜色白化、无味、重量减轻；果菜类如番茄被害表现为果实成熟不均匀，西葫芦表现为银叶；在花卉上，可以导致一品红白茎、叶片黄化、落叶；在棉花上，使叶正面出现褐色斑，虫口密度高时有成片黄斑出现，严重时导致蕾铃脱落，影响棉花产量和纤维质量。

二、蔬菜主要病虫害生态防控

1. 蔬菜猝倒病

（1）选地。露地育苗应选择地势较高、能排能灌、不黏重、无病地或轻病地作苗圃，不用旧苗床土。保护地育苗盘播种。地温低时，在电热温床上播种。

（2）适期播种。在可能条件下，应尽量避开低温时期，同时最好能够使幼苗出芽后1个月避开梅雨季节。

2. 蔬菜立枯病

土壤处理主要包括农业措施。可以采用深耕高起的方法，把苗定植在高的畦上，有效的避免积水，从而减少病害。多施一些有机肥，尽量多施一些追肥，也可以有效防止病害扩展。

3. 黄瓜霜霉病

黄瓜霜霉病防控应该以预防为主，预防的时期根据温湿度条件而定。一般在阴雨天到来之前及连续阴雨的情况下，进行预防。另外要注意选用对霜霉病抗病良种；加强栽培管理，适当稀植，采用高畦栽培；浇小水，严禁大水漫灌，雨天注意防漏，大力推广滴灌技术可较好地控制病害；收获后彻底清除病残落叶，并带至棚、室外妥善处理。

（1）发病初期适当控制浇水，保护地栽培注意增强通风，降低空气湿度。创造一个高温、低湿的生态环境条件，控制霜霉病的发生与发展。

温室内，夜间空气相对湿度多高于 90%，清晨拉苫后，要随即开启通风口，通风排湿，降低室内湿度，并以较低温度控制病害发展。9：00 时后室内温度上升加速时，关闭通风口，使室内温度快速提升至 34℃，并要尽力维持在 33~34℃，以高温降低室内空气湿度和控制该病发生。下午 15：00时后逐渐加大通风口，加速排湿。覆盖草苫前，只要室温不低于 16℃要尽量加大风口，若温度低于 16℃，须及时关闭风口进行保温。放苫后，可于 22：00时前后，再次从草苫的下面开启风口（通风口开启的大小，以清晨室内温度不低于 10℃为限），通风排湿，降低室内空气湿度，使环境条件不利于黄瓜霜霉病孢子囊的形成和萌发侵染。

如果黄瓜霜霉病已经发生并蔓延开了，可进行高温灭菌处理：在晴天的清晨先通风浇水、落秧，使黄瓜瓜秧生长点处于同一高度，10：00 时，关闭风口，封闭温室，进行提温。注意观察温度（从顶风口均匀分散吊放 2~3 个温度计，吊放高度与生长点同）当温度达到 42℃时，开始记录时间，维持 42~44℃达 2h，后逐渐通风，缓慢降温至 30℃。可比较彻底的杀灭黄瓜霜霉病菌与孢子囊。

总之，用控制温湿度使其不利于病菌生长发育的措施，降低病情的发展，是有效防治黄瓜霜霉病的生态防控技术

（2）培育无病壮苗，增施基肥，注意氮、磷、钾肥合理搭配。

（3）注意实行轮作，增施有机肥料，合理肥水，调控平衡营养生长与生殖生长的关系，促进瓜秧健壮；提高黄瓜植株的抗病能力。只要能坚持始终，不但黄瓜霜霉病很少发生或不发生，其他病害也会很少发生。

（4）生态防治。改革耕作方法，改善生态环境，实行地膜覆盖，减少土壤水分蒸发，降低空气湿度，并提高地温。进行膜下暗灌，在晴天上午浇水，严禁阴雨天浇水，防止湿度过大，叶片结露。浇水后及时排除湿气，防止夜间叶面结露。加强温度管理，上午将棚室温度控制在 28~32℃，最高 35℃，空气相对湿度 60%~70%，每天不要过早地放风。

（5）科学施肥。施足基肥，生长期不要过多地追施氮肥，以提高植株的抗病性。70~100ml 加大蒜油 15ml 加沃丰素 25ml 加有机硅对水 15kg 连喷 2~3 次，控制后改为预防。植株发病常与其体内“碳氮比”失调有关，碳元素含量相对较低时易发病。根据这一原理，通过叶面喷肥，提高碳元素比例，可提高黄瓜的抗病力。

4. 番茄晚疫病

（1）选用抗病品种 如百利、L-402、中蔬 4 号、中蔬 5 号、中杂 4 号、圆红、渝红 2 号、强丰、佳粉 15 号、佳粉 17 号等品种。

（2）条件许可时可与非茄科蔬菜实行 3~4 年轮作。选择地势高燥、排灌方便的地块种植，合理密植。合理施用氮肥，增施钾肥。切忌大水漫灌，雨后及时排水。加强通风透光，保护地栽培时要及时放风，避免植株叶面结露或出现水膜，以减轻发病程度。

（3）培育无病壮苗。病菌主要在土壤或病残体中越冬，因此，育苗土必须严格选用没有种植过茄科作物的土壤，提倡用营养钵、营养袋、穴盘等培育无病壮苗。

（4）清洁田园。番茄、黄瓜、辣椒、芹菜等作物收获后，彻底清除病株、病果，减少初侵染源。经常检查植株下部靠近地面的叶片，一旦发现中心病株，立即除去病叶、病枝、病果或整个病株，在远离田块的地方深埋或烧毁，防止病害蔓延。

（5）避免在有番茄晚疫病的棚内育苗，定植前仔细检查剔除病株，并喷 1 次药。雨季及时排

涝，降低田间湿度。

5. 蔬菜白粉病

生态防治上要注意调节好室内温湿度，白天室内温度要维持在30℃以上，夜晚尽量使室内温度降至作物适宜温度的下限，最大限度地降低室内湿度，以高温低湿和低温低湿抑制分生孢子萌发，减少发病。如果栽培西葫芦，可把夜温降的更低些，只要清晨室内温度不低于6℃，可有效地防止分生孢子的萌发，而不会影响西葫芦的生长结瓜。

6. 蔬菜灰霉病

（1）选择抗病品种。利用品种自身对灰霉病的抗性可有效减少施药次数，降低生产成本，从而提高作物产量和经济效益。

（2）合理施肥。增施腐熟的有机肥，做好配方施肥，重施磷钾肥，可有效提高植株抗病能力。

（3）通风透光。具体方法有：保持棚膜表面清洁，增强透光性；合理密植，减少荫蔽，改善透光条件；适时通风，降低棚内湿度，上午要保持较高的温度，使棚顶露水雾化，下午延长放风时间，夜间（特别在后半夜）应适当增温，避免植株结露。

（4）合理浇水。浇水应选择晴天上午进行，避开阴雨天浇水，同时应控制浇水量。

（5）及时清除残枝、落叶。对病叶、病果等要及时摘除。并带出棚外集中处理，防止病菌再次侵染。

7. 蔬菜炭疽病

（1）注意轮作，收获后清洁好田园，深翻土壤。

（2）种子播种前用55℃温水浸种5min。

8. 蔬菜细菌性病害

（1）种子处理。

（2）土壤消毒处理。播种前，清除棚内病株残体，然后结合整地，每亩撒匀50kg生石灰，50kg草木灰、1kg硫磺粉，晒土两天后，再播种；或整地时，用50%敌克松原粉1 000倍液，喷洒土壤，进行土壤消毒处理。

（3）搞好棚内管理。棚内管理主要是湿度管理，合理密植；采用半高垅地膜栽培；应用无滴膜作棚模；灌溉时，采用滴灌，避免浸灌；早晨露水大和棚内田间湿度大时，不进行田间农事操作等措施，都能有效防止细菌病害的发生。

（4）合理轮作。进行作物不同种类轮作，仍是防治细菌病害的有效方法。

（5）及时治虫和防止人为伤害植株，从而减少病原细菌的侵染机会。

9. 蔬菜病毒病

增强植株抗性，选择抗病品种。对于蔬菜病毒病来说，增强植株抗性应该放在第一位置，这一举措可以在根本上解决问题。例如，叶面喷施增强抗性的调理剂，甲壳素、芸苔素类。

注意补充微量元素。在病毒病防治中，有些类型的病毒病发生与植株营养元素的缺乏有关。如黄化病毒、蕨叶病毒类与铁锌等微量元素缺乏有关，所以在防治中要增施对应的微量元素。

减少人为制造伤口。蔬菜的病毒病大多通过伤口侵入，故田间农事操作是造成温室病毒病大发生的一个重要方面。如吊绳、摘果、摘叶等。

收获时彻底清除病株根系。在蔬菜采收时，要将植株拔出干净，不要让大量根系留在土壤中。在拔园之前要先将土壤浇水，2~3d后再将植株拔出，否则会有大量根系残留在土壤中。

10. 蔬菜根部病害

沤根的预防是减少浇水量或次数，天旱温高，必须浇水时，切记不要大水漫灌。沤根的防治是浇水后，待土壤稍干，可划锄松土，增加透气，避免根系长时间处在缺氧状态下。温度低时，少浇水，浇小水。最有效的手段是采用滴灌。

根腐病的防治宗旨是“预防为主”。

枯萎病目前西红柿发病较多，而茄子、黄瓜较少，原因就是后两种蔬菜采取了嫁接。一旦发病，防治困难。预防成了这种病的最重要措施。所用药剂和方法和根腐病一样，突出一个“早”字是关键。定植缓苗后就进行预防。为了配合预防，减少缓苗的时间同样重要，定植水可掺入促进生根的物质如甲壳素，能明显增加根量，提前缓苗 2d 左右。根贝贝是甲壳素的升级产品，效果更佳。

11. 蔬菜田蝼蛄类害虫

（1）灯光诱杀。利用蝼蛄的趋光性诱杀，在降雨之前或天气闷热时效果更佳。

（2）粪坑诱杀。利用新鲜的牛马粪诱杀，间隔 3~5m，挖掘直径 30cm，深度 50cm 的诱集坑，于傍晚时分放入 1~1.5kg，上面覆盖青草，即可诱杀蝼蛄。

12. 根蛆类害虫防治技术

根蛆的防治应以农业防治为基础，药剂防治为重点。药剂防治以成虫为主，如成虫防治不力、错失最佳时期时，应抓紧防治幼虫。

（1）栽培防治。实行轮作倒茬，深翻改土，施用充分腐熟的农家肥料。

（2）选种。大蒜播前要选择无虫、无病、无霉、无损，形状周正的健康蒜瓣栽种，栽前剥皮，以缩短发芽时间，减轻受害。不栽霉烂蒜瓣，防止腐烂发臭，招引成虫产卵。

（3）糖醋液诱杀成虫。在成虫发生期，可将糖、醋、水按 1∶1∶2.5 的比例混合，盛入小容器中，按 30~50m 间隔距离摆放在田间，诱杀成虫。

13. 潜叶蝇类害虫

（1）低温冷冻晒垄即在冬季 1 月份育苗之前，将棚室敞开暴露在低温环境中 7~10d，自然冷冻，消灭越冬虫源。

（2）高温闷棚即在夏季高温换茬时将棚室密闭 7~10d，具体方法是在上茬作物收获后，先不清除遗留残株，即将棚室全部封闭，昼夜不开缝，使在晴天温度达 60~70℃，杀死大量病虫源。待处理完毕时再清除棚内残株，既省工、省力，又防止虫源扩散到露地。

（3）覆盖防虫网在秋季和春季的保护地的通风口处设置防虫网，防止露地和棚内的虫源交换。

（4）悬挂黄板诱杀成虫即在保护地内架设黄板诱杀保护地中的斑潜蝇成虫，如能保持黄板的悬挂高度始终在作物生长点上方 20cm 并保持黄板的黏着性，可收到很好的效果。

14. 菜粉蝶

菜粉蝶的防治应以农业防治措施为主，以培育无虫壮苗、健身栽培为重点，协调化学防治和生物防治，适当采用物理防治；保护利用天敌，有选择地使用生物农药和化学农药。

合理布局，尽量避免十字花科蔬菜周年连作。在一定时间、空间内，切断其食物源。十字花科蔬菜收获后，清除田间残株，消灭田间残留的幼虫和蛹。早春可通过覆盖地膜，提早春甘蓝的定植期，避过第 2 代菜青虫的为害。

生物防治。保护利用天敌。在天敌大量发生期间，应注意尽量少使用化学药品，尤其是广谱性和残效期长的农药。释放蝶蛹金小蜂、赤眼蜂等天敌。使用 Bt 乳油喷雾，或菜粉蝶颗粒体病毒和寄生性线虫等。

现今用于防治菜青虫的真菌性农药主要是金龟子绿僵菌和球孢白僵菌。其中金龟子绿僵菌具有致病力强、对人畜无毒、无残毒、容易生产、持效期长等优点；球孢白僵菌具有容易大量生产、防效好、防治成本较低、不伤害天敌等特点。

15. 蔬菜蚜虫类生态防控

（1）利用银灰色塑料薄膜避蚜蚜虫对不同的颜色的趋性差异很大，银灰色对传毒蚜虫有较好的忌避作用。收集一些银灰色食品袋或奶粉袋。使用时将这种塑料袋翻转过去，使银灰色朝外，有彩色的画面朝里，用小木棍插到菜田或苗床上，可起到驱避菜蚜、减轻病毒对多种十字花科蔬菜为害的作用。

（2）黄板诱蚜黄色对蚜虫有很强的引诱作用，生产中可制作大小 15cm×20cm 的黄色纸板，最好在纸板上涂一层 10 号机油或治蚜常用的农药，插或挂于蔬菜行间与蔬菜持平。有翅蚜一见到黄色纸板，便纷纷降落其上，机油黄板诱满蚜后要及时更换，药物黄板使蚜虫触药即死。大大减少了有翅蚜既向菜田传播病毒又直接食用蔬菜汁液的双重为害。

（3）利用天敌防蚜。蚜虫的天敌有七星瓢星、异色瓢虫、食蚜蝇及蚜霉菌等。目前已经实现异色瓢虫周年化，大规模、低成本生产繁育技术，可根据发生情况，即时人工释放进行防控。

16. 豆蛀螟

蛀食豆荚的螟虫主要有两种，一是为害豇豆、菜豆、扁豆为主的豆野螟（又名豇豆荚螟、豆荚野螟），另一种是以为害大豆（毛豆）为主，兼为害菜豆、扁豆的豆荚螟。它们均以幼虫在荚内取食，从外面喷药不会触及虫体，因此难于防治。如用药防治，必须抓住发蛾盛期、产卵盛期，以幼虫孵化后、蛀入豆荚之前把它们杀灭，即在豇豆、菜豆现蕾期和花期每 7~10d 喷药一次，连喷 2~3 次，要做到“治花不治荚”。

17. 粉虱类害虫

白粉虱类蔬菜害虫生态防控是以清洁田园、消除白粉虱各个虫态的依附载体培育“无虫壮苗”为基础，大力推进生物防治和物理防治措施。

（1）培育“无虫壮苗”。育苗时把苗床和生产温室分开，育苗前对苗房进行熏蒸消毒，消灭残余虫口；通风口增设尼龙纱或防虫网等，以防外来虫源侵入。

（2）清除杂草、残株，保证蔬菜生产场所洁净。

（3）合理种植、避免混栽。避免混栽黄瓜、番茄、菜豆等白粉虱喜食的蔬菜，提倡第一茬种植芹菜、甜椒、油菜等白粉虱不喜食、为害较轻的蔬菜；二茬再种黄瓜、番茄，这样的轮作安排可以切断白粉虱的食物链。

（4）生物防治技术。人工释放丽蚜小蜂、中华通草蛉和龟纹瓢虫等天敌防治白粉虱类害虫。当番茄平均每株白粉虱成虫在 1. 0~4. 0 头时，每隔 2 周连续 3 次释放龟纹瓢虫各 10 头/株；白粉虱成虫达 8~10 头时，释放丽蚜小蜂每株共 30~50 头，可控制白粉虱的发生为害。

人工生产繁育龟纹瓢虫和丽蚜小蜂技术已经成熟并形成商品化。筛选了野生苘麻、龙葵，薄叶萝卜、厚叶甘蓝、多头向日葵等白粉虱寄主植物，完善了栽培技术。在泰山栓皮栎栎链蚧中分离到轮枝菌，并已制成菌剂。应进一步完善虫—虫、虫—菌组合应用技术。

（5）物理防治技术。利用白粉虱强烈的趋黄习性，在发生初期，挂放黄板于蔬菜植株行间，诱杀成虫。与诱虫灯组合使用，效果更佳。

三、蔬菜生态植保整体解决方案

蔬菜植保大致可以分为 4 个历史时期：一是 20 世纪 50 年代前后，蔬菜品种少，面积小，种植分散，病虫害种类少，防治手段较原始，甚至可以说根本没有防治的概念，基本以人工防治为主，辅以土法生产的植物性农药，施用土杂肥、沤绿肥、草木灰为主。二是 20 世纪 60—70 年代，化学农药开始使用，以有机氯、有机磷农药为主，用药量不断加大，大量杀伤天敌，除草剂清理干净杂草，严重破坏了菜田生态平衡，害虫种类不断增多，菜蚜、小菜蛾、菜青虫、棉铃虫、白粉虱等逐渐成为主要害虫，防治难度也越来越大。三是 70 年代到 80 年代中期，综合防治概念逐步建立并对相应技术进行开发试验，开始推广应用微生物农药，逐渐采用农业栽培等非农药防治技术，这一时期，仍以化学防治为主，农药品种、用药量有增无减，害虫抗药性水平愈加增强，农药残留与环境污染、生态破坏问题已引起社会关注。第四阶段进入 80 年代中期以后，我国推进“菜篮子”工程促进了蔬菜产业的蓬勃发展，有机生产、绿色生产也不断涌现，多元化治理技术得到了大面积推广应用。目前进入第五个时期，即以清洁菜园为基础，大力推进生物防治技术，最大程度限制化学农药施用，进入全面推进蔬菜生态植保新时代。

蔬菜是一类生长周期短、换茬快、食用和加工过程简单的作物，所以蔬菜产品更容易受农药污染，对人类的健康影响很大。近年来，随着蔬菜种植面积的不断扩大、品种增多、种植方式多样，以及大量使用化学农药，导致了多种病虫为害加重。因此，在蔬菜病虫害的防治上，更应强调协调运用以农业和生物措施为主的多种综合技术措施，严格控制化学农药特别是高毒、高残留农药的使用和安全间隔期，大力提倡无公害生产，以确保蔬菜生产的安全、优质、高产、高效。

1. 实施清洁菜园，实现病虫害源头治理（表 5-3-4，5-3-5）

表 5-3-4　常见蔬菜病害病源状况

序号	名称	越冬	夏季	发生过程	备注
1	猝倒病	以卵孢子或菌丝体越冬	秋季作物病害	借雨水、灌溉水、带菌的堆肥和农具传播	
2	立枯病	以菌丝体和菌核越冬	秋季作物病害	通过雨水、灌溉水、农具转移	
3	霜霉病	以菌丝体越冬	秋季作物病害	卵孢子和孢子囊靠气流和雨水传播	
4	疫病	以卵孢子越冬	秋季作物病害	卵孢子经雨水、灌溉水传播到寄主	浇水和氮肥过多，排水不良，种植过密和连作发病重
5	根结线虫病	以卵、卵囊或 2 龄幼虫随病残体越冬	秋季作物病害	条件适宜，越冬卵孵化的幼虫或越冬幼虫即侵染寄主幼根	棚内一年发生 10 代左右
6	白粉病	以菌丝体越冬	秋季作物病害	子囊孢子和分生孢子侵入寄主	20~25℃适宜
7	灰霉病	以分生孢子、菌丝体或菌核越冬	秋季作物病害	分生孢子借气流和雨水传播	低温多雨天气，发病重
8	炭疽病	以菌丝体及拟菌核越冬	秋季作物病害	分生孢子借风雨、灌溉水、农事操作等进行传播	22~24℃，相对湿度 95%以上发病最重
9	细菌性病害	在病株和病残体组织中越冬	秋季作物病害	通过昆虫、雨水和灌溉水传播，从伤口侵入寄主	

表 5-3-5　常见蔬菜虫害虫源状况

序号	名称	越冬	夏季	发生过程	备注
1	根蛆类	以幼虫或蛹越冬	成虫	露地环境翌春 3 月份开始为害	
2	潜叶蝇类	以蛹越冬	成虫	幼虫潜叶蛀道在叶片正面呈灰白色弯曲的线状	
3	蚜虫类	若蚜、成蚜	若蚜、成蚜	均以成、若蚜群集在寄主幼嫩部分及叶背刺吸汁液	
4	菜粉蝶	以蛹越冬	幼虫、成虫	3 月中旬前后出现越冬代成虫	山东等地约 4~6 代
5	小菜蛾	以蛹越冬	幼虫	4—6 月发生较重	年发生 3~4 代

（续表）

序号	名称	越冬	夏季	发生过程	备注
6	菜螟	以老熟幼虫和蛹越冬	幼虫	8、9月份发生最重	年发生3~4代
7	豆蛀螟	以蛹越冬	幼虫	5月上中旬出现越冬代成虫	西北华北地区年发生3~4代
8	温室白粉虱	各虫态越冬	成蚜、若蚜	以成、若蚜群集于叶背刺吸寄主汁液	年发生10余代

深耕翻土，冬季灌水　于蔬菜收获后的秋冬季节，及时深耕翻土或冬灌，可将多种在土中越冬的害虫（如甜菜夜蛾、根蛆等）和病原菌等翻至地面，并破坏其越冬场所，利用冬季严寒冷冻和机械杀伤，减少越冬虫、菌源。

清洁田园，铲除杂草　秋季蔬菜采收后，及时清除田间残株落叶。早春及时铲除田中及周围杂草，以消灭附着其上的害虫和病菌，减少害虫的产卵寄主和食料及病菌的侵染来源。

2. 掌握生物防治资源，大力推进生物防治技术

生物防治的主要途径是，在蔬菜上大力提倡使用生物制剂和保护天敌控制病虫的为害。如利用微生物杀虫剂Bt乳剂、青虫菌、HD-1和7216等防治菜粉蝶、小菜蛾等鳞翅目害虫，采用井冈霉素、农用链霉素、新植霉素等防治细菌性病害，选用核型多角体病毒制剂防治病毒病，以抗生素类阿维菌素防治美洲斑潜蝇、螨类、温室白粉虱、鳞翅目幼虫等，用浏阳霉素防治豆类、瓜类、茄子叶螨等。在保护利用天敌方面，如在菜田释放广赤眼蜂控制菜粉蝶、甘蓝夜蛾，用丽蚜小蜂防治温室白粉虱等。

据叶飞楚等（1992）报道，全国蔬菜害虫的天敌共有781种。除棉铃虫、蚜虫、红蜘蛛、一些地下害虫的天敌资源分散于其他内容中有所介绍，其他主要蔬菜害虫的天敌如下：

（1）寄生性天敌。主要有广赤眼蜂、拟澳赤眼蜂、松毛虫赤眼蜂、菜蝽黑卵蜂、粉蝶绒茧蜂、粉蝶金小蜂、广大腿小蜂、次生大腮小蜂、粉蝶黑瘤姬蜂、菜蛾绒茧蜂、菜蛾啮小蜂、跳甲茧蜂、丽蚜小蜂、多种寄生蝇等。其中广赤眼蜂、粉蝶金小蜂对菜粉蝶的控制作用强；拟澳赤眼蜂、绒茧蜂对斜纹夜蛾的控制作用强；菜蝽黑卵蜂是菜蝽的主要控制因子；各种寄生蜂对为害蔬菜的多种夜蛾有很强的控制作用，使他们一直处于次要害虫的地位。

（2）捕食性天敌。主要有瓢虫类、草蛉类、食蚜蝇类、蚜茧蜂类、食虫蝽类、蜘蛛类、捕食螨类等。这些天敌食性杂，迁移性强，其控制作用有明显的季节性。它们对菜蚜类、鳞翅目害虫的卵和小幼虫、螨类等的控制作用都比较强。

（3）蔬菜害虫致病微生物。主要有病毒类，如菜白蝶颗粒体病毒、斜纹夜蛾核多角体病毒、小菜蛾病毒等。细菌类，如苏云金芽孢杆菌、卵青虫菌、HD-1、7216等。真菌类，如白僵菌、蚜霉菌、赤座孢菌等。这类天敌不但有很强的控制作用，而且为微生物农药的开发利用提供了基础。

由上所述，在菜园生态系统特定的环境条件下，蔬菜害虫天敌有4个特点：一是从群落中种类来说，寄生性天敌、致病性天敌占多数；在捕食性天敌中，中小型天敌数量多。二是R类天敌多于K类生态对策天敌。三是许多天敌在菜园和其他作物田之间进行频繁地转移和交换。四是就天敌的季节性变化而言，春季较少，夏季常常转移到其他作物生态系统，秋季数量最多，控制作用最强。所以，人工生产繁育释放应用天敌的关键时期应放在早春季节，助增天敌数量，逆转害虫-天敌跟随关系，重构蔬菜-天敌-害虫生态结构关系。

3. 保护地蔬菜温湿度调控与病虫害防控

近年来，保护地蔬菜病虫害问题严重。影响保护地作物病害发生的主要因素则是保护地内的温度和湿度。不同病害发生的适宜温湿度不同，应依据不同温室内的具体情况，科学管理，通过温湿

度调控来减少或减轻病害的发生。具体措施包括合理通风、适时浇水、合理的调理土壤、合理的科学施肥、改善光照条件等，有条件的，还可安装专业的温湿度调控智能机。目的是尽量保持较低的空气湿度，避免出现高温高湿及低温高湿的环境条件。

保护地作物上发生的虫害，尤其是早春（2 月中下旬）气温迅速回升期，设施内部温度提高更快，为早春害虫发生创造了极为有利的条件。保护地作物蚜虫应控制在第一代、第二代发生期，以后时代重叠，防治难度极大，甚至会失控。保护地作物粉虱类害虫生长的适宜温度在 18~20℃，2 月中下旬是进行生物防控技术的关键时期。保护地作物叶螨（红蜘蛛、白蜘蛛）繁殖的最适温度为 29~31℃，相对湿度为 35%~55%，高温低湿干燥的条件适于发生。保护地作物蚜虫类、粉虱类、红蜘蛛类有害生物繁殖速度快，一年能繁殖几代甚至十几代，因此抗药性产生极快且水平提升迅速，很多农药连续使用几次以后效果骤减甚至失效。

保护地作物病虫害的防治除了温湿度调控整体环境之外，应该构建物理防治技术压低虫源基数，大力推进生物防治的生态植保技术体系：ⅰ放风口及时设置遮虫网。遮虫网具有双重功能，对外阻隔粉虱等通过飞行传播的害虫具有良好防效，对内保护人工释放的授粉蜜蜂、雄蜂和天敌瓢虫等不逃逸失散。ⅱ悬挂黏虫板诱杀，黏虫板不但可以诱杀粉虱、有翅蚜虫、蓟马等害虫，还可以据此预测预报虫情，估算虫口密度，为天敌昆虫释放提供理论依据。ⅲ高温灭杀。针对蚜虫、粉虱、蓟马和红蜘蛛等对环境温度敏感的特点，高于 35℃活动力降低、后代孵化率低甚至死亡，如果种植作物为黄瓜、苦瓜、丝瓜、西瓜等耐高温的蔬菜，可以利用晴好天气，关闭通风口使棚内温度达到 35~38℃，连续维持 2h 左右，可杀死大部分害虫，抑制其进一步的快速繁殖。ⅳ保护地作物上蚜虫、粉虱、蓟马和红蜘蛛等，成虫、卵、幼虫（若虫）、蛹等不同虫态同时存在，要保证防控效果，应实施天敌昆虫组合释放、捕食性天敌瓢虫、丽蚜小蜂和捕食螨等生物防治技术已经成熟并进入实用推广阶段。生物防治技术具有化学农药不可比拟的优势。

4. 播种期防治

（1）选用抗病虫品种。栽培抗病虫的蔬菜品种，是有效控制病虫为害的最有效措施，可避免或减轻某些病虫的为害，如番茄毛粉 802 品种的多毛性状就可抗蚜虫和温室白粉虱的为害。

（2）合理安排种植布局。尽量避免小范围内十字花科蔬菜的周年连作或单一品种的大面积种植，可减轻多种病虫害；轮作不仅有利于蔬菜生长，还可减少土壤中积年流行病害病原的积累和单食性、寡食性害虫的食源。如甘蓝与薄荷或番茄间作或套种，可驱避菜粉蝶产卵。

（3）适当调整播期或选用早熟品种。在可能的范围内适当调整蔬菜的播种期或选用早熟品种，可以避开某些害虫的发生高峰期或传毒昆虫的迁飞期，从而减轻这些病虫的为害。如十字花科蔬菜适期晚播，即可减轻病毒病的发生；种植甘蓝时，采用早春地膜或小拱棚保护地栽培可免受菜青虫的为害，并可减少根部病害的发生；春播蒜适期早播，可使烂母期避开蒜蛆成虫的产卵高峰，从而减轻受害。

（4）培育无病虫苗。培育无病虫壮苗是冬季保护地栽培的关键措施之一，同时也可预防多种病虫的发生，对在北方露地栽培条件下不能越冬的害虫如温室白粉虱、茶黄螨和美洲斑潜蝇，以及西葫芦病毒病、姜腐烂病等的防治，培育无病虫壮苗尤为重要。

（5）种子和土壤药剂处理。播种时用高效低毒的药剂处理种子或土壤，可以防治各种地下害虫和根结线虫病、枯萎病、苗期立枯、猝倒病等土传病害的发生为害。对于各种细菌性病害，病穴土壤的药剂处理是减轻其传播蔓延的重要措施。控制细菌性病害时，还可采用甲醛浸种进行种子消毒；预防真菌性病害时，可用福美双或多菌灵等杀菌剂拌种。种子消毒的药剂剂量和处理时间视蔬菜品种而定。

5. 生长期防治

（1）农业防治。主要是加强栽培管理和合理浇水施肥。可采用的主要措施有：定植前喷药，带药移栽，防止苗期将病虫带入大田；移栽前深耕，减少虫、菌源；定植后至生长前期适当控制浇水，及时追肥、小水勤浇，防止大水漫灌；及时摘除病叶、老叶、病果，收获后彻底清除病虫残体，防止其传播蔓延；覆盖地膜，阻止病虫侵入和扩散等。保护地盖有地膜的应膜下浇水，以避免棚室湿度过大而有利发病；发病田深翻土壤后灌水，再密闭棚室提升温度，促使病原在土壤中腐烂死亡。

（2）物理生态控制。目前可采用的主要措施有：利用遮阳网、防虫网等既防虫，又有利于作物生长，还可减轻蚜传病毒病的发生；利用蚜虫、温室白粉虱喜黄色，蚜虫忌避银灰色的特性，田间铺银灰膜或悬挂银灰膜条避蚜，采用黄板或黄皿诱杀蚜虫和温室白粉虱；利用灯光诱杀一些趋光性害虫；人为调控保护地小生境的温、湿度，抑制某些病菌的生长等。

6. 保护地蔬菜害虫生态防控

保护地（小拱棚、日光温室、塑料大棚等）蔬菜害虫主要有粉虱类、蚜虫类、叶螨类。由于保护地的独立性、封闭性特点，非常适合采取生物防治技术。

在人工生产繁育释放天敌昆虫时，要考虑到不同有益生物类群生存的时间长短不同，对于只有几天生活周期的天敌（如寄生性天敌或微生物制剂），通常 2 周内释放 1 次；而另一些能生活几周的天敌（如捕食性天敌）可以减少释放频率（Greer & Diver，1999）。温室中白粉虱类害虫控制多使用寄生蜂，如丽蚜小蜂（*Encarsia formosa*）寄生若虫和蛹。另外，小黑瓢虫（*Delphastus pusillus*）主要捕食粉虱的卵和若虫，瓢虫的成虫 1d 可取食 160 粒卵和 120 头高龄若虫，1 头瓢虫幼虫在其发育阶段可取食 1 000粒粉虱卵（Greer，2000b）。温室控制蚜虫的天敌类群主要有瓢虫、草蛉、寄生蜂，瓢虫适合于适宜的温度，草蛉适合于较高的温度，寄生蜂则适合于所有温度范围（Greer，2000a）。

7. 菜园蜘蛛资源的利用

在果园边界外或菜园中选择偏僻隐蔽处，清挖一条宽 40cm、深 30cm 的槽沟，长度根据菜园具体情形确定。沟槽内放置农作物秸秆或杂草，内部撒放低龄黄粉虫或白星花金龟幼虫，吸引蜘蛛自行前来。蜘蛛喜欢湿度大、中等温度、且可以躲藏的场所。只要人为创造膨松的覆盖物，能够保持湿润及凉爽，即可为蜘蛛优选栖息地。蜘蛛迁移的高峰期在每年的 4—5 月份，此时菜园还没有大面积种植。如果在蔬菜播种或移栽前及早使用，甚至在每年 10 月中下旬，最迟 11 月初使用蜘蛛诱集庇护所，为蜘蛛提供良好的居住环境，可以诱集更多的蜘蛛定居繁殖。我们在山东省泰安市有机蔬菜基地经过两年连续研究，比较了使用覆盖庇护所和不使用的菜园，有覆盖物生态庇护所的菜园损失减少了 60%~80%，蜘蛛数量则增加了 10~30 倍之多。在移除蜘蛛以后，则蔬菜所遭受的损失很快又回升到同没有设置覆盖物生态庇护所（Spider mulch）的菜园相近的状态。

第三节　茶园生态植保

一、茶园病虫害种类

1. 茶园病害

（1）茶白星病。

①症状：主要危害嫩叶和新梢。初生针头大的褐色小点，后渐扩大成圆形小病斑，直径小于 2 毫米，中央凹陷，呈灰白色，周围有褐色隆起线。后期病斑散生黑色小粒点，一张嫩叶上多达百多个病斑。②发病规律：该病属低温高湿型病害。以菌丝体在病枝叶上越冬，次年春季，当气温升至 10℃以上时，在高湿条件下，病斑上形成分生孢子，借风雨传播，侵害幼嫩芽梢。低温多雨春茶季节，最适于孢子形成，引起病害流行。高山及幼龄茶园容易发病。土壤瘠薄，偏施 N 肥，管理不当都易发病。

（2）茶饼病又名茶叶肿病，常发生在高海拔茶区，为害嫩叶、嫩梢、叶柄，病叶制成茶味苦易碎。

①症状：初期叶上出现淡黄色水渍状小斑，后渐扩大成淡黄褐色斑，边缘明显，正面凹陷，背面突起成饼状，上生灰白色粉状物，后转为暗褐色溃疡状斑。②发病规律：以菌丝体在病叶中越冬或越夏。温度 15～20℃，相对湿度 85%以上环境容易发病。一般 3—5 月和 9—10 月间危害严重。坡地茶园阴面较阳面易发病，管理粗放、杂草丛生、施肥不当、遮荫茶园也易发病。

（3）茶炭疽病。

①症状：主要危害成叶或老叶，病斑多从叶缘或叶尖产生，初为水渍状；暗绿色圆形，后渐扩大或呈不规则形大病斑，色泽黄褐色或淡褐色，最后变灰白色，上面散生黑色小粒点。病斑上无轮纹，边缘有黄褐色隆起线，与健部分界明显。②发病规律：以菌丝体在病叶中越冬，次年当气温升至 20℃，相对湿度 80%以上时形成孢子，借雨水传播。湿度 25～27℃，高湿条件下最有利于发病。全年以梅雨季节和秋雨季节发生最盛。扦插茶园、台刈茶园，叶片幼嫩，水分含量高，有利于发病。偏施 N 肥茶园发病也重。

（4）茶云纹叶枯病。主要危害老叶，嫩叶、果实、枝条上也可发生。病斑多发生在叶尖、叶缘，呈半圆形或不规则形，初为黄褐色，水渍状，后转褐色，其上有波状轮纹，形似云纹状。最后病斑由中央向外变灰白色，上生灰黑色小粒点：沿轮纹排列。该病在高温（20℃以上）高湿（相对湿度 80%以上）条件下发病最盛。树势衰弱、管理不善，遭受冻害、虫害的茶园发病也重。

（5）茶轮斑病。以成叶和老叶上发生较多，先从叶尖、叶缘产生黄绿色小点，以后逐渐扩大呈圆形、半圆形或不规则形病斑。病斑褐色，有明显的同心圆状轮纹，后期中央变灰白色，上生浓黑色较粗的小粒点，沿轮纹排成环状，病斑边缘常有褐色隆起线，该病菌从伤口侵入茶树组织产生新病斑，高温高湿的夏秋季发病较多。修剪或机采茶园，虫害多发茶园发病较重。树势衰弱、排水不良茶园发病也重。

2. 茶园虫害

（1）茶小绿叶蝉。主要以成虫、若虫刺吸茶树嫩梢汁液，雌成虫产卵于嫩梢茎内，致使茶树生长受阻，被害芽叶卷曲、硬化，叶尖、叶缘红褐焦枯。在低山茶区该虫年发生 12～13 代，危害盛期 5—6 月及 9—10 月；高山茶区该虫年发生 8～9 代，危害盛期 7—9 月。以成虫在茶树、豆科植物及杂草上越冬。成虫多产卵于新梢第二、三叶间嫩茎内。

（2）茶蚜。茶蚜多聚于新梢叶背且常以芽下一、二叶最多，以口针刺进嫩叶组织内不时尽力吸食危害，致芽叶萎缩，伸长停止，甚至芽梢枯死，其排泄物“蜜露”不仅污染嫩梢且能诱发煤病。一年发生 20 代以上，全部以卵或无翅蚜在叶背越冬，早春虫口多在茶丛中下部嫩叶上，春暖后渐向中上部芽梢转移，炎夏虫口较少，且以下部为多，秋季又以上中部芽梢为多。

（3）黑刺粉虱。以幼虫聚集叶背，固定吸食汁液，并排泄“蜜露”，诱发煤烟病发生。被害枝叶发黑，严重时大量落叶，致使树势衰弱，影响茶叶产质量。该虫年发生四代，以老熟幼虫在叶背越冬，次年 3 月化蛹，4 月上、中旬羽化。各代幼虫发生期分别为 4 月下旬至 6 月下旬、6 月下旬至 7 月上旬、7 月中旬至 8 月上旬和 10 月上旬至 12 月。成虫产卵于叶背，初孵若虫爬后，即固定吸汁危害。

（4）茶丽纹象甲。又名茶小黑象鼻虫。

幼虫在土中食须根，主要以成虫咬食叶片，致使叶片边缘呈弧形缺刻。严重时全园残叶秃脉，对茶叶产量和品质影响很大。一年发生一代，以幼虫在茶丛树冠下土中越冬，次年 3 月下旬陆续化蛹，4 月上旬开始陆续羽化、出土，5～6 月间为成虫为害盛期。成虫有假死性，遇惊动即缩足落地。

（5）茶卷叶蛾。群众俗称“包叶虫”“卷心虫”，幼虫卷结嫩梢新叶或将数张叶片粘结成苞，多达4~10叶，幼虫潜伏其中取食危害。严重时大大降低茶叶品质和产量。该虫年发生6代，以老熟幼虫在虫苞中越冬。各代幼虫始见期常在3月下旬、5月下旬、7月下旬、8月上旬、9月上旬、11月上旬，世代重叠发生，幼虫共六龄。成虫有趋光性，卵呈块多产在叶面。

（6）茶枝镰蛾。又名蛀梗虫。幼虫蛀食枝条常蛀枝干，初期枝上芽叶停止伸长，后蛀枝中空部位以上枝叶全部枯死。该虫年发生一代，以幼虫在蛀枝中越冬。次年3月下旬开始化蛹，4月下旬化蛹盛期，5月中下旬为成虫盛期。成虫产卵于嫩梢二、三叶节间。幼虫蛀人嫩梢数天后，上方芽叶枯萎，三龄后至入枝干内，终蛀近地处。蛀道较直，每隔一定距离向荫面咬穿近圆形排泄孔，孔内下方积絮状残屑，附近叶或地面散积暗黄色短柱形粪粒。

二、主要茶园病虫害生态防控

1. 茶饼病。

（1）茶饼病可通过茶苗调运时传播，应加强检疫。

（2）勤除杂草，茶园间适当修剪，促进通风透光，可减轻发病。

（3）增施磷钾肥，提高抗病力，冬季或早春结合茶园管理摘除病叶，可有效减少病菌基数。

2. 茶炭疽病

加强茶园管理，增施P、K肥，提高茶树抗病力。

3. 茶小绿叶蝉

加强茶园管理，清除园间杂草，及时分批多次采摘，可减少虫卵并恶化营养和繁殖条件，减轻为害。

4. 黑刺粉虱

（1）加强茶园管理：结合修剪、台刈、中耕除草，改善茶园通风透光条件，抑制其发生。

（2）生物防治：应用韦伯虫座孢菌菌粉0.5~1.0公斤/亩喷施或用挂菌枝法即用韦伯虫座孢菌枝分别挂放茶丛四周，每平方米5~10技。

（3）龟纹瓢虫与丽蚜小蜂组合释放。

5. 茶丽纹象甲

（1）耕翻松土，可杀除幼虫和蛹。

（2）利用成虫假死性，地面铺塑料薄膜，然后用力振落集中消灭。

（3）于成虫出土前撒施白僵菌871菌粉，亩用菌粉1~2千克拌细土施土上面。

6. 茶卷叶蛾

（1）随手摘除卵块、虫苞，并注意保护寄生蜂。

（2）灯光诱杀成虫。

7. 茶枝镰蛾

（1）在成虫羽化盛期，灯光诱杀成虫。

（2）秋茶结束后，从最下一个排泄孔下方5寸处，剪除虫枝并杀死枝内幼虫。

三、茶园生态植保整体解决方案

1. 茶园病虫害源头治理

（1）清洁茶园。清除茶园与修剪茶树。于冬季时节，对茶树进行轻修剪，剪除茶树冠面上的鸡爪枝、干枯枝、病虫枝及未成熟的新梢，同时清除园内的落叶、枯枝、杂草等。可将土表层和落叶层中越冬的害虫，如角胸叶甲、金龟子、茶尺蠖、扁刺蛾蛹等害虫的蛹、幼虫和卵及多种病原物清理。此外，对丽纹象甲发生严重的田块，在春茶开采前可深翻1次，能大量减少害虫的发生量。须作封园处理，通过喷洒石硫合剂清除越冬病虫源，以减少第2年病虫害的发生。

（2）中耕翻土。中耕翻土可扰乱或打破土壤害虫自然生活史。也可将深土层中越冬的害虫如象甲类幼虫暴露于地面，使之因环境不适或天敌捕食而致死，翻土时结合适当镇压，可造成机械死亡或虫蛹翌年无法羽化出土。中耕可促进通风透气，促进根系生长和土壤微生物活动，破坏害虫的地下栖息场所，一般夏秋季节翻土 1~2 次为宜。

2. 生态调控

（1）适度修剪。适度进行茶树修剪，剪去病虫为害过的枝叶，清除枯死病枝，对清除的病虫枝叶进行深埋或火烧处理，早春进行轻修剪 1 次，在秋茶期再进行 1 次重修剪，剪去被害枝干，控制茶树高度低于 80cm，可减少茶蚜、茶毛虫和茶黑毒蛾等越冬虫卵块，减少茶小卷叶蛾、螨类、蚧类的残留基数，减少轮斑病、茶饼病的越冬菌源。

（2）适时采摘。适时分批多次按标准采摘芽叶可提高茶叶品质，恶化病虫的营养条件，避免茶丛郁蔽，有利于减少这些病虫的危害。采摘茶叶时要做到及时、分批、留叶采摘，可除去新枝上茶小卷叶蛾、茶小绿叶蝉等害虫的低龄若虫和卵块，还可减少茶树叶枯病、芽枯病、茶饼病、茶白星病的危害。

（3）构建人为生物多样性茶园。合理布局种植防护林、遮荫树，实行茶果、茶林间作套种等。夏季与冬季时节，为保护茶树，在茶树与茶树行之间种草。一般来说，春、夏茶之前是浅锄杂草的最佳时间，频次为 1 次。秋季时节，除杂草应采用深挖的方式，次数也宜为 1 次。为丰富茶园生物群落，可采取建立复合生态系统（人工）的措施，复合生态系统对调节茶园小气候，保护及引导天敌（具备捕食性与寄生性特点）颇有益处。

3. 物理防治

（1）频振式杀虫灯诱杀技术。根据茶树害虫的趋光习性，在茶园内按每 $2hm^2$ 悬挂频振式杀虫灯 1 盏诱杀茶树害虫，可大大降低茶园害虫的种群数量。

（2）黄板诱杀技术。根据茶树害虫的趋黄习性，在茶园中悬挂黄色黏虫板诱杀茶树害虫，可减轻茶小绿叶蝉等害虫的为害。根据试验，每 $667m^2$ 挂黄（蓝）板 15~ 20 片，平均 1 片黄板（蓝）板 1d 可诱杀黑刺粉虱 33~40 头，诱杀小绿叶蝉 13~37 头。

4. 生物防治

（1）保护茶园的生态环境和生物种群的多样性。在茶园周围植树造林，为有益生物种群提供良好的栖息场所，并充分利用茶园中捕食性天敌如草蛉、瓢虫、蜘蛛、捕食螨和寄生性昆虫如赤眼蜂、绒茧蜂等有益生物，禁用限用广谱杀虫剂，保护天敌，减少人为因素对天敌的伤害，提高茶园自身的控害能力。如三突花蛛日均捕食假眼小绿叶蝉成虫 17.3 头，日捕食假眼小绿叶蝉成虫 18.3 头。

（2）人工繁育释放天敌。当天敌的自然控制力量不足时，尤其是在害虫发生初期，通过人工室内饲养繁殖天敌，释放于茶园捕食或寄生茶园害虫，可取得良好的防治效果。目前在实际生产上推广应用的茶园害虫天敌主要有螯蜂、绒茧蜂、赤眼蜂、捕食螨、草蛉、食虫瓢虫以及家禽等，如广西中华螯蜂、茶栖螯蜂和炎黄螯蜂对茶小绿叶蝉的寄生率达 10.5%~25.0%，最高达 35.0%；湖南缨小蜂对假眼茶小绿叶蝉卵的寄生率达 41.96%。

（3）推广使用生物农药防治病虫害。在病虫防治中使用生物农药，具有对人畜无毒，无污染，不杀伤天敌，病虫不易产生抗药性，残效期长等特点，如鱼藤酮、苦参碱、BT、阿维菌素、核多角体病毒（如茶毛虫 NPV）、宁南霉素、新植霉素等，可降低化学农药的残留量。生物农药的发展被列为继无机化学农药和有机合成农药的第 3 个时代，称为第 3 代农药，随着人们对无公害农产品需求的日益增多，生物农药将得到广泛应用，成为发展绿色植保的新方向。

（4）性外激素诱杀。昆虫性诱技术是利用雄性成虫对雌性信息的趋向性，通过诱芯释放人工合成的性信息化合物，引诱雄虫至诱捕器内进行诱杀，从而破坏昆虫的正常交配，减少雌虫产卵量，达到防治目的。目前人工合成的诱芯主要有茶毛虫、茶卷叶蛾、茶细蛾等少数几种茶园专用诱芯。在实际生产中也可将未交配的活体雌虫如茶尺蠖、黑毒蛾放在诱捕器内，利用其释放的性外激素诱捕雄虫。

第四章　保护地作物生态植保整体解决方案

保护地作物栽培是相对于露地作物栽培的技术，是实现作物反季节栽培生产的最重要的技术，保护地蔬菜生产形式主要为大拱棚和各种档次的冬暖式日光温室，此外还有小拱棚等多种形式。

大拱棚是当前保护地蔬菜栽培的主要措施之一，总面积远远超过冬暖式日光温室。大拱棚虽然不能进行周年生产，但是除了一年中最寒冷的12月到次年2月之外，其余的时间皆可以进行蔬菜种植生产。另外，拱棚建造成本低，土地利用率高，蔬菜病虫害发生少，只要大拱棚合理安排衔接茬口，可以取得良好的经济效益，应为各地新发展菜区的首选。

大拱棚适宜生产的蔬菜种类有：马铃薯、番茄、甘蓝、黄瓜、芫荽、白菜，以及荠菜等野生特菜。

1. 清理病残株，清除病虫源

在每次蔬菜换茬时，彻底清理植株残体、落叶、落果，进行酵腐，环境昆虫转化处理。

2. 充分利用拱棚空闲时间，进行病虫害闷棚杀灭

拱棚蔬菜生产一般采收到6月份，7月份进入高温多雨季节，也是大棚的空闲期。可以利用这段时间，进行棚内土壤高温消毒，进行土壤翻耕后洒施土壤消毒剂，然后全部密封棚室，进行闷棚处理。闷棚结束后施入生物菌肥或虫粪基人工土壤，以待定植夏季延迟蔬菜。在定植前增肥有机肥，降低土传病害的发生。

3. 释放异色瓢虫龟纹瓢虫，深点食螨瓢虫、六斑异虫和丽蚜小蜂、蚜茧蜂等天敌昆虫，控制蚜虫、粉虱、叶螨等有害生物。

4. 在生产全过程中，不仅每天记录蔬菜的长势及其病虫害发生情况，而且要记录病虫害同发生程度时棚内温度情况，掌握病虫害发生与环境的关系，以便为改善种植条件提供依据，减少病虫害的发生。

第五章　入侵生物与植物检疫

第一节　植物检疫的概念

植物检疫（Plant quarantine）是国家或地方政府，为防止危险性有害生物随植物及其产品的人为引入和传播，以法律手段和行政措施强制实施的植物保护措施，通过阻止危险性有害生物的传入和扩散，达到避免植物遭受有害生物为害的目的。

第二节　植物检疫的实施内容

植物检疫依据进出境的性质，又分为对国家间货物流动实施的外检（口岸检疫）和对国内地区间实施的内检。虽然两者的偏重有所不同，但实施内容基本一致，主要包括危险性有害生物的风险评估与检疫对象的确定、疫区和非疫区的划分、转运植物及植物产品的检验与检测、疫情的处理和相关法规的制定与实施。

一、有害生物的风险评估与检疫对象的确定

自然界由于地理因素，气候因素和寄主分布不同所造成的隔离，使地区间有害生物的分布存在明显差异。而这种隔离差异很容易被人为破坏，使有害生物扩散蔓延。一般来说，有害生物经人为传播至新地区后，会出现3种结果：一是传入的有害生物不能适应当地的气候和生物环境，无法生存定居，而不造成为害，如小麦腥黑穗病在气候较冷的地区发生严重，而在年平均气温20℃以上的地区病菌不能生存；二是当地生态环境与原分布区相近，或因有害生物适应能力较强，在传入区可以生存定居，并造成为害；三是传入地区的生态环境更适宜有害生物，一旦传入，便迅速蔓延，为害成灾。因此，了解有害生物的分布、生物学习性和适生环境，了解其在传入区的危险性，确定危险性检疫有害生物，是植物检疫的首要任务。

根据国际植物保护公约（1979）的定义，检疫性有害生物（quarantine pests）是指一个受威胁国家目前尚未分布，或虽有分布但分布未广，对该国具有潜在经济重要性的有害生物。由于自然界有害生物种类很多，且不少国家又有利用植物检疫设置技术壁垒的趋向，为了保证植物检疫的有效实施和公平贸易，各国在确定检疫对象时，必须对有害生物进行风险评估，并提供足够的科学依据，以增加透明度。

有害生物风险评估的内容主要包括传入可能性、定殖及扩散可能性和危险程度等。一般来说，传入可能性的评估主要考虑有害生物感染流动商品及运输工具的机会、运输环境条件下的存活情况、入境时被检测到的难易程度以及可能被感染的物品入境的量及频率。定殖及扩散可能性评估主要考虑气候和寄主等生态环境的适宜性、有害生物的适应性、自然扩散能力及被感染商品的流动性与用途。危险程度评估包括有害生物的为害程度，寄主植物的重要性，防治或根除的难易程度，防治费用及可能对经济、社会和环境造成的恶劣影响。

经风险评估后，凡符合局部地区发生，能随植物或植物产品人为传播，且传入后危险性大的有害生物均可列为检疫对象。

二、疫区和非疫区的划分

疫区是指由官方划定、发现有检疫性有害生物为害并由官方控制的地区。而非疫区则是指有科学证据证明未发现某种有害生物，并由官方维持的地区。疫区和非疫区主要根据调查和信息资料，依据有害生物的分布和适生区进行划分，并经官方认定，由政府宣布。一经宣布，就必须采取相应的植物检疫措施加以控制，以阻止检疫性有害生物从疫区向非疫区传播。

随着现代贸易的发展和风险管理水平的提高，商品携带检疫性有害生物的零允许量已被突破，疫区和非疫区也被进一步细化，进而出现了有害生物低度流行区和受威胁地区的概念。低度流行区是指经主管当局认定的，某种检疫性有害生物发生水平低，并已采取了有效的监控或根除措施的地区。受威胁地区是指适合某种检疫性有害生物定殖，且定殖后可能造成重大为害的地区，因而是植物检疫和严加保护的地区。

三、植物及植物产品的检验与检测

植物检疫通过对植物及植物产品的检验来检测、鉴定有害生物，确定其中是否携带检疫性有害生物及其种类和数量，以便出证放行或采取相应的检疫措施。植物检疫检验一般包括产地检验、关卡检验和隔离场圃检验等，要求使用的方法必须准确可靠、灵敏度高；快速、简便、易行；有标准化操作规程、重复性好；安全且保证有害生物不会扩散。由于有害生物及被检的植物、植物产品和包装运输器具种类繁多，适用于不同种类的检测方法不同，在不少情况下，需要几种方法的配合使用。

产地检验是指在调运农产品的生产基地实施的检验。对于关卡检验较难检测或检测灵敏度不高的检疫对象常采用此法。产地检验一般是在有害生物高发流行期前往生产基地，实地调查应检有害

生物及其为害情况，考查其发生历史和防治状况，通过综合分析做出决定。对于田间现场检测未发现检疫对象的，即可签发产地检疫证书；对于发现检疫对象的则必须经过有效的消毒处理后，方可签发产地检疫证书；而对于难以进行消毒处理的，则应停止调运并控制使用。

关卡检验是指货物进出境或过境时对调运或携带物品实施的检验，包括货物进出国境和国内地区间货物调运时的检验。关卡检验的实施通常包括现场直接检测和取样后的实验室检测。

四、疫情处理

疫情是指某一单位范围内，植物和植物产品被有害生物感染或污染的情况。植物检疫检验发现有检疫性有害生物感染或污染的植物和植物产品时，必须采取适当的措施进行处理，以阻止有害生物的传播蔓延。疫情处理所采取的措施依情况而定。一般在产地或隔离场圃发现有检疫性有害生物，常由官方划定疫区，实施隔离和根除扑灭等控制措施。关卡检验发现检疫性有害生物时，则通常采用退回或销毁货物、除害处理和异地转运等检疫措施。正常调运货物被查出有禁止或限制入境的有害生物，经隔离除害处理后，达到入境标准的也可出证放行。

除害处理是植物检疫处理常用的方法，主要有机械处理、温热处理、微波或射线处理等物理方法和药物熏蒸、浸泡或喷洒处理等化学方法。所采取的处理措施必须能彻底消灭有害生物和完全阻止有害生物的传播和扩展，且安全可靠、不造成中毒事故、无残留、不污染环境等。

五、植物检疫法的制定与实施

植物检疫法是有关植物检疫的法律、法令、条例、规则和章程等所有法律规范的总称，是实施植物检疫的法律依据。如我国制订的《中华人民共和国进出境动植物检疫法》和《植物检疫条例》等。根据法规涉及的范围，可将植物检疫法规分为国际性法规、区域性法规、国家级法规等。国际性植物检疫法规是国际组织制定的、需要各国共同遵守的行为准则，包括有关公约、协定和协议等。如联合国粮农组织制定的《国际植物保护公约》和世界贸易组织制定的《动植物检疫与卫生措施协议》等。区域性法规是由相近生物地理区域内的不同国家，根据其相互经济往来情况，自愿组成的区域性植物保护专业组织所制定的有关章程和规定，如《亚洲和太平洋区域植物保护协定》等。

植物检疫法规的实施通常有法律授权的特定部门负责。目前，各国一般均设有专门的植物检疫机构，具体负责有关法规的制定和实施。我国有关植物检疫法规的立法和管理由农业部负责，口岸植物检疫（外检）由国家出入境检疫检验局负责，国内检疫（内检）由农业部植物检疫处和地方检疫部门负责。口岸植物检疫主要负责与动植物检疫有关的国际交往活动，制定国际贸易双边或多边协定中有关植物检疫的条款，处理贸易中出现的检疫问题。国内检疫主要是根据《植物检疫条例》，制定植物检疫对象和应检物名单，实施产地、调运、邮件及旅行物品检验，签发植物检疫有关证书等。

第三节 植物检疫的特点

植物检疫以法律为依据，以先进技术为手段，实施强制性检疫检验，通过对人类农产品经营活动的限制来控制危险性有害生物的传播，因而与其他有害生物防治技术措施具有明显不同。首先，植物检疫具有法律的强制性，植物检疫法不可侵犯，任何集体和个人不得违反。其次，植物检疫具有宏观战略性，不计局部地区当时的利益得失，而主要考虑全局的长远利益。第三，植物检疫的防治策略是对有害生物进行全种群控制，即采取一切必要手段，将危险性有害生物控制在局部地区，并力争彻底消灭。植物检疫是一项根本性的预防措施，是植物保护的主要手段。

第六篇　几类有害生物生态防控

第一章　植物螨害生态防控

第一节　植物螨类概述

一、螨类的分类地位和形态特征

螨类，俗称红蜘蛛、黄蜘蛛、壁虱等，属于节肢动物门、蛛形纲（Arachnida）、蜱螨亚纲（Acari）中的真螨目（Acariformes）和寄螨目（Parasitoformes）。其中真螨目叶螨总科（Tetranychoidea）中的叶螨科（Tetranychidae）、细须螨科（Tenuipalpidae），瘿螨总科（Eriophyodea）中的瘿螨科（Eriophyidae），跗线螨总科（Tarsonemoidea）中的跗线螨科（Tarsonemidae），肉食螨总科（Cheyletoidea）中的肉食螨科（Cheyletidae）以及寄螨目植绥螨总科（Phyt seioidea）中的植绥螨科（Phytoseiidae）与农林关系最为密切。

螨类体型微小，体长多在2mm以下，体躯柔软，多为红、绿、黄等色，足4对，无触角和翅，体躯分为颚体、躯体、前足体、后足体、末体、前半体和后半体等（图6-1-1）。

颚体是分类的重要特征，由螯肢、须肢、气门沟等组成。螨类身体背面常有许多刚毛，根据其功能可分为触毛、感毛和黏毛等，其数目和排列形式是分类的依据。

二、螨类的生物学特性

螨类的生长发育过程一般经过卵、幼螨、若螨、成螨4个阶段。以叶螨总科为例，其生长发育过程为：卵—幼螨—第1若螨—第2若螨—成螨。雌、雄螨发育过程相同，但雄螨较雌螨发育历期偏短。雌螨羽化为成螨后随即交尾，交尾后1~3d开始产卵，产卵期和寿命较长，产卵量因种类不同而有较大差异；雄螨寿命较短，交尾后1~2d即死亡。在一定温度范围内，发育历期随温度增高而缩短。

螨类的生殖方式有两性生殖和产雄孤雌生殖两类，两性生殖繁殖的后代有雌雄两性个体，未经交配受精所繁殖的后代全为雄性。

螨类的滞育多为兼性滞育，即同一世代的个体中部分进入滞育而另一部分继续发育，光周期、温度、营养是引起滞育的主要因素。滞育螨态多为雌成螨或卵（如叶螨），以雌成螨滞育种类的滞育越冬场所多在树皮裂缝、虫孔、杂草及枯枝落叶下；以卵滞育的种类多在枝条粗糙处、芽腋、轮痕等处。

螨类的食性复杂，有植食性的，如叶螨和瘿螨；有捕食性的，如植绥螨和肉食螨；也有腐食性的，如甲螨；还有寄生性的，如皮刺螨、疥螨和痒螨等。其中以叶螨类对植物的为害最重且种类多、分布广。寄主叶片受害后，表面多呈现灰白色小点，引起失绿和失水，影响光合作用，导致植株生长缓慢甚至停滞，严重时落叶枯死。

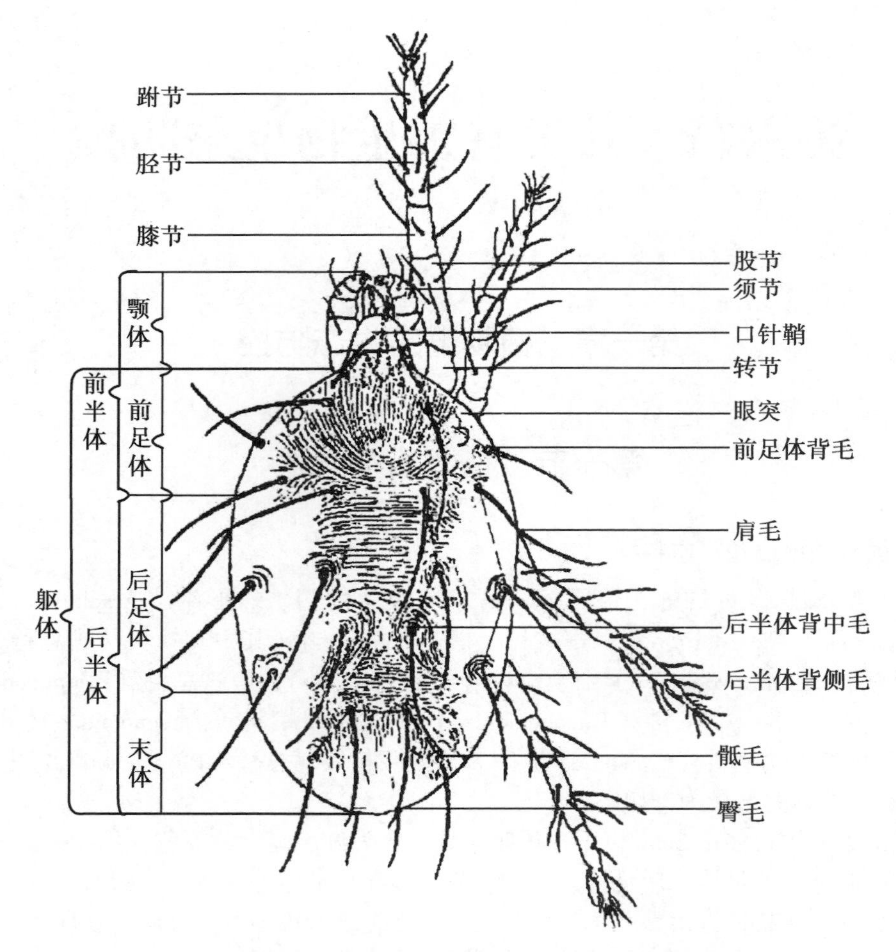

图 6-1-1　朱砂叶螨的体躯（仿王慧芙）

第二节　重要农业害螨种类

农林植物上发生的螨类主要有真螨目叶螨科中的麦岩螨、朱砂叶螨、二斑叶螨、山楂叶螨、截形叶螨、神泽叶螨、柑橘全爪螨、苹果全爪螨、柑橘始叶螨、构始叶螨、针叶小爪螨、柏小爪螨、云杉小爪螨、东方真叶螨、竹裂爪螨和竹缺爪螨，细须螨科的刘氏短须螨，跗线螨科的侧多食跗线螨、刺足根螨等。这些种类在我国不同地区的分布与为害差异较大，发生状况不一。现将发生为害较为普遍和常见的重要种类介绍如下。

一、小麦红蜘蛛

1. 黄淮地区发生的小麦红蜘蛛主要有两种

一种是麦岩螨（即麦长腿红蜘蛛），属真螨目叶螨科；另一种是麦圆蜘蛛，属真螨目叶爪螨科。麦岩螨发生在地势较高、干旱、干燥，小麦长势差的丘陵坡地。麦圆蜘蛛多发生在水浇地或地势低洼、地下水位高、土壤黏重，植株生长过密的麦田。两种麦蜘蛛均以成、若螨在小麦茎叶上吸食汁液，叶面出现由白变黄的斑点，严重时全叶枯黄，叶端枯焦，生长萎缩，甚至全株枯死，对产量影响较大，麦岩螨对小麦产量的影响最大。小麦蜘蛛除为害小麦外，还为害大麦、豌豆、棉花等作物。

2. 形态特征

麦岩螨雌螨　体长0.57mm，宽0.34mm。体椭圆形，绿褐色。须肢跗节长柱形，具7根刚毛，其中一根粗而长，刺状；另一根呈小枝状，壁薄；其他几根多呈刚毛状。端感器和背感器不易区分。口针鞘前端圆钝，中央无凹陷。气门沟末端似牛角状，表面具有纵条纹。背毛26根，细短，近于等长，顶端圆钝，具微茸毛，不着生于突起上。雄螨体略小于雌螨，梨形，其余特征类似雌螨。

麦圆蜘蛛　成虫体长0.6~0.98mm，宽0.43~0.65mm，卵圆形，黑褐色。4对足，第1对长，第4对居二，2、3对等长。具背肛。足、肛门周围红色。卵长0.2mm左右，椭圆形，初暗褐色，后变浅红色。若螨共4龄。一龄称幼螨，3对足，初浅红色，后变草绿色至黑褐色。2、3、4龄若螨4对足，体似成螨。

麦圆蜘蛛年生2~3代，即春季繁殖1代，秋季1~2代，完成1个世代46~80d，以成虫或卵及若虫越冬。冬季几乎不休眠，耐寒力强，翌春2、3月越冬螨陆续孵化为害。3月中下旬至4月上旬虫口数量大，4月下旬大部分死亡，成虫把卵产在麦茬或土块上，10月越夏卵孵化，为害秋播麦苗。多行孤雌生殖，每雌产卵20多粒；春季多把卵产在小麦分蘖丛或土块上，秋季多产在须根或土块上，多聚集成堆，每堆数十粒，卵期20~90d，越夏卵期4~5个月。生长发育适温8~15℃，相对湿度高于70%，水浇地易发生。江苏早春降雨是影响该蜘蛛年度间发生程度的关键因素。

3. 发生规律

麦岩螨1年发生3~4代，以成螨或卵在麦田及田边杂草上越冬。翌年2~3月间越冬成螨开始活动，3月中、下旬平均气温达到8℃左右时，越冬成螨开始产卵，越冬卵也相继孵化。4月中、下旬为第1代发生盛期；5月上、中旬发生第2代，此时气温升高，地表高温干燥，常造成大量繁殖为害。5月下旬至6月上旬为第3代发生期。6月上旬以后，当平均气温高于20℃时，即产生滞育越夏卵，成螨和若螨数量也随之下降。当年10月份，部分夏卵孵化，在秋播麦田造成为害。卵散产，多产于麦株附近的土块、干粪等硬物上，以距离麦根越近的覆盖物与地面接触的部位滞育卵产卵越多。麦岩螨在麦株上的活动与时间有关，日间10：00时和18：00时左右是上升至茎叶部为害的两个高峰时间，亦为药剂防治的适宜时间。麦岩螨的发生密度及为害程度与雨量、土壤及栽培条件等密切相关。雨量少的年份或干旱地块发生猖獗；黏质土壤发生重；砂质土壤发生少；叶片直立或茸毛短硬的小麦品种发生较轻，反之则重。

麦圆蜘蛛在黄淮地区年发生2~3代，以成螨或卵在麦田或田边杂草上越冬。成螨抗寒力强，无真正的休眠越冬现象，如遇晴日中午温度较高时，仍可爬至麦苗上活动繁殖为害，并能产卵繁殖。第二年小麦返青时种群数量开始上升，3月中下旬至4月中下旬为发生为害盛期，在郁闭度大的麦田，为害期可延长至5月上旬。之后数量锐减。麦圆蜘蛛在此期间繁殖1代后，在根际的土块、枯叶及麦苗、杂草的须根上产出滞育的越夏卵，滞育期可达110~140d，经夏季到10月上中旬越冬卵开始孵化，在麦苗和杂草上为害，11月上旬出现，第二代成螨，形成一个数量小高峰。此代成螨在麦苗或杂草上产卵，早产的卵可以孵化发生第三代，晚产的卵则直接进入越冬状态。

4. 小麦红蜘蛛生活习性

两种小麦红蜘蛛的生活习性差别较大。麦岩螨（麦长腮红蜘蛛）的孤雌生殖为主，多产卵于麦田的硬物上，如土块、石块、干粪块、根茬或干枯的枝叶上等。滞育卵有多年滞育的习性，有些卵可以在土中存活两年。麦岩螨具有群集的习性，遇惊扰下坠土缝躲藏。一天中的活动规律为：一般在9：00时以后开始爬至麦株上活动为害，以11：00~15：00时活动最盛，16：00时以后活动减弱并向下转移，但在5月中旬以后，由于温度较高，麦岩螨也分上午和下午两个活动高峰。

二、朱砂叶螨

1. 分布与为害

朱砂叶螨（*Tetranychus cinnabarinus*）属真螨目、叶螨科。在我国华北、华东、西北、华南和华中等地都有分布，是园林树木、花卉、果树、桑树及农作物等多种植物上的重要害螨。以幼、若、成螨在叶片表面吸食汁液，造成叶片失绿，呈现灰白色或黄褐色斑点，严重时造成叶片枯黄脱落。

2. 形态特征

雌螨　体长 0. 45~0. 5mm，宽 0. 3~0. 32mm。体椭圆形，锈红色或深红色。须肢端感器长约为宽的 2 倍。背感器梭形，与端感器近于等长。口针鞘前端圆钝，中央无凹陷。气门沟末端呈"U"形弯曲。后半体背表皮纹构成菱形图形。肤纹突呈三角形。背毛 13 对。各足爪间突裂开为 3 对针状毛。足工胫节和跗节的毛数常有变异。

雄螨　体长 0. 3~0. 35mm，宽 0. 25mm。须肢端感器长约 3 倍于宽。背感器略短于端感器。足 I 跗节爪间突呈 1 对粗爪状，其背面具粗壮的背距。足 I 跗节双毛近基侧有 3 根触毛和 1 根感毛，另一根触毛在双毛近旁；胫节有 7 根触毛。

3. 发生规律

朱砂叶螨在我国北方 1 年发生 12~15 代。以雌成螨在树皮裂缝、虫孔内、杂草落叶下、根际土缝等处越冬。翌年 3 月中、下旬平均气温达 7℃以上时，开始出蛰活动，并取食产卵。先在附近的寄主上繁殖，4 月下旬后转移至叶片上为害。该螨世代重叠现象严重，各代的发生无明显的时间界限。10 月中下旬，雌成螨交配后寻找场所越冬。

朱砂叶螨在不同温度下，个体发育阶段的历期随温度升高而缩短。雄螨常较雌螨提早 0. 5~1. 0d 发育为成螨。雌螨一经羽化随即与雄螨交尾，且多次交尾多次产卵；雌螨不交尾也能产卵，但孵化后均为雄性。完成一个世代的历期，在 20℃、25℃和 30℃下分为 20d、13d 和 9d。温度和湿度对其种群密度影响较大，高温干旱有利于繁殖，常造成严重为害；降雨特别是暴雨的机械冲刷作用，可使其密度降低。

三、二斑叶螨

1. 分布与为害

二斑叶螨（*Tetranychus urticae*）又称二点叶螨，属真螨目、叶螨科。在我国分布极为广泛。形态特征和发生为害规律与朱砂叶螨相似。主要为害棉花、玉米、豆类、瓜类、烟草、茄子及苹果、梨、桃等果树和月季、蔷薇、玫瑰、牡丹、锦葵、腊梅、海棠、木槿和木芙蓉等多种观赏植物。常自植株下部向上部叶片扩展为害，并吐丝结网，受害叶片初呈灰白色小点，严重时引起叶片早落。

2. 形态特征

雌螨　体长 0. 4~0. 5mm，宽 0. 3~0. 35mm。体椭圆形，淡黄或黄绿色。体躯两侧各有 1 块黑斑，其外侧 3 裂形。须肢端感器长约为宽的 2 倍，背感器较端感器短。气门沟呈"U"形分支。背表皮纹在第 3 对背中毛和内骶毛之间纵向，形成明显的菱形。肤纹突呈半圆形。背毛 26 根，其长度超过横列间距。

雄螨　体长 0. 37mm，宽 0. 19mm。须肢端感器长约为宽的 3 倍，背感器较端感器短。阳具端锤弯向背面，微小，两侧突起尖利。

3. 发生规律

二斑叶螨在我国南方地区 1 年发生 20 余代，滞育现象不明显。在北方地区发生 12 代以上，多以雌成螨在寄主枝干表层缝隙间、土缝中及田间杂草根际滞育越冬。翌春 3 月下旬至 4 月上旬开始活动，5—10 月，种群密度变化起伏很大。高温干旱，适于该螨的发育和扩散为害。雌螨在长日照条件下，不发生滞育；而在短日照条件下大部分个体进入滞育状态。滞育个体的抗寒性、抗水性和抗药性显著增强。

四、山楂叶螨

1. 分布与为害

山楂叶螨（*T. vzennensis*）属真螨目、叶螨科。广泛分布于东北、华北、西北、华东和华中等地。主要寄主有山楂、苹果、杏、桃、李、梨、樱桃、月季、玫瑰以及草莓、茄子、栎、核桃、刺槐等，其中以苹果、桃、樱桃和梨等受害严重。早春在刚萌发的芽、小叶和根蘖处为害，随着叶片生长，逐渐蔓延全树。叶片被害后，表面呈现灰白色失绿斑点，严重时叶片提早脱落，常造成二次开花，造成树体营养大量消耗。

2. 形态特征

雌螨　体长0.45~0.5mm，宽0.25mm。体椭圆形、深红色，足及颚体部呈橘黄色，越冬雌成螨橘红色。须肢端感器短锥形，其长度与基部宽度略等；背感器小枝状，其长略短于端感器。口针鞘前端略呈方形，中央无凹陷。气门沟末端具分支，且彼此缠结。背毛正常，肛侧毛1对。

雄螨　体长0.35~0.43mm，宽0.2mm，橘黄色。须肢端感器短锥形，但较雌螨细小；背感器略长于端感器。足I跗节爪间突呈1对粗壮的刺毛；足I跗节双毛近基侧有4根触毛和3根感毛，其中1根感毛与基侧双毛位于同一水平。

3. 发生规律

山楂叶螨在山东、山西、河北及河南等地年发生9~11代，南方可达10代以上。以受精雌成螨在树皮裂缝、虫孔、枯枝落叶杂草内或根茎周围的土缝等处越冬。越冬雌成螨多在3月下旬苹果花芽萌动时开始出蛰，4月中旬为出蛰盛期。在根茎处越冬的个体出蛰略早，出蛰后先在附近早萌发的根蘖芽、杂草等的叶片上吸食，随着气温升高，逐渐转移至刚萌发的新叶、花柄、花萼上吸食为害。常造成嫩芽枯黄，不能开花展叶。日平均气温达15℃以上时开始产卵，梨树盛花期第1代幼螨开始孵化，发生盛期在盛花期后一个月左右。此后，世代重叠严重。种群数量消长与春季气温和7—8月份的雨量有关。一般6月上旬前种群数量增长缓慢，中旬开始数量激增；进入雨季后，种群密度骤降；8月下旬至9月中旬出现第2个小高峰；自9月下旬开始以雌成螨逐渐进入越冬状态。

五、针叶小爪螨

1. 分布与为害

针叶小爪螨（*Oligonychus ununguis*）又称板栗红蜘蛛，属真螨目、叶螨科。国内主要分布于华东和华北地区。主要为害松科、柏科、杉科、壳斗科及蔷薇科植物，以北方板栗产区受害最重。针叶小爪螨有为害针叶树的和为害阔叶树的两个不同种群。在阔叶树上发生时，常在叶片上形成大小不等的群落，叶脉两侧较其他部位受害严重。受害叶轻者呈现灰白色小点，重者全叶变为红褐色、硬化，甚至焦枯，宛如火烧状，严重影响栗树生长和果实产量。

2. 形态特征

雌螨　体长0.4~0.49mm，宽0.31~0.35mm。体椭圆形、红褐色，足及颚体部橘红色。须肢端感器顶端略呈方形，其长度约为宽的1.5倍；背感器小枝状，较细，短于端感器。口针鞘顶端圆钝，中央有一凹陷。气门沟末端膨大。背表皮纹在前足体为纵向，在后半体第1、2对背毛之间横向；第3对背中毛之间基本呈横向，但不规则。背毛共26根，末端尖细、具茸毛，不着生于突起上，其长均超过横列间距。足Ⅰ跗节爪间突的腹基侧具5对针状毛，前双毛的腹面仅具1根触毛。

雄螨　体长0.28~33mm，宽0.12mm。须肢端感器短锥形，其长度与基部的宽度相等；背感器小枝状，与端感器等长。

3. 发生规律

针叶小爪螨的年发生代数在不同地区间差异较大。一般1年发生6~12代，均以滞育卵在1~4

年生枝条上越冬。山东、河北等地翌年4月中旬越冬卵开始孵化，4月下旬至5月上旬为孵化盛期，幼螨孵化后即爬到新叶上吸食为害。种群消长因地区、年份而异。一般以6月上旬至8月上旬的种群数量最大。发育历期随温度升高而缩短，在平均气温20℃左右时完成1代需20d左右，7—8月高温季节完成1代需10~13d。夏卵多产于叶片正面的叶脉两侧。滞育卵的出现受温度、光照、食物、降雨等多种因子的影响，产滞育卵的盛期一般在7月上旬至8月上旬。

六、柏小爪螨

1. 分布与为害

柏小爪螨（*Oligonychus perditus*）属真螨目、叶螨科。国内主要分布于华北、华东、华南和西南等地。主要为害多种柏树。树木受害后，先是鳞叶基部出现枯黄，严重时整个树冠也显现黄色，鳞叶之间有丝网。

2. 形态特征

雌螨　体长0.35~0.4mm，宽0.25~0.35mm。体椭圆形，绿褐或红褐色，足及颚体部橘黄色。须肢跗节端感器柱形，其长度约为宽的2倍；背感器小枝状，短于端感器。气门沟末端膨大。前足体背表皮纹纵向，后半体基本为横向，生殖盖及生殖盖前区表皮纹横向。

雄螨　体长0.3~0.35mm，宽0.20mm。近菱形。须肢端感器短小，背感器小枝状。

3. 发生规律

柏小爪螨年发生7~9代。以卵在枝条、针叶基部、树干缝隙等处越冬。越冬卵翌年3月下旬至4月上旬开始孵化，4月底、5月上旬发育为第1代成螨，并开始产卵。5月至7月上旬为该螨的发生盛期，种群密度逐渐增大，并出现世代重叠。7月中旬至8月下旬，因气温高、雨水多，种群密度较低。9—10月种群数量又再度回升。10月中旬后，雌成螨开始产卵越冬。柏小爪螨的发生与温度和降雨密切相关，夏季高温多雨是抑制其种群数量的关键因子。

七、柑橘全爪螨

1. 分布与为害

柑橘全爪螨（*Panonychus citri*）属真螨目、叶螨科。主要分布于华东、华南、西南及湖南、湖北、陕西等地。主要寄主植物有柑橘类、桂花、蔷薇等花木，在山东部分地区主要为害枸橘。叶片受害后，在正面出现许多灰白色小点，失去光泽，严重时一片苍白，造成大量落叶，使花木失去观赏价值。

2. 形态特征

雌螨　体长0.4~0.45mm，宽0.27~0.35mm。体圆形，深红色。背毛26根，白色，着生于粗大的红色毛瘤上，其长度超过横列间距。足橘黄色。须肢端感器顶端略呈方形，背感器小枝状。气门沟末端膨大。

雄螨体长0.3~0.35mm，宽0.27~0.3mm。体鲜红色，后端较狭，呈楔形。

3. 发生规律

发生代数因地区而异。在四川等地1年可发生16~17代，以卵和成螨在枝条裂缝及叶背越冬。发育历期随温度的升高而缩短，20~30℃为发育和繁殖的适温范围。雌螨一生可交配多次，交配后2~4d开始产卵，卵多产在当年生枝条和叶背主脉两侧。

八、苹果全爪螨

1. 分布与为害

苹果全爪螨（*Panonychus ulmi*）又称榆全爪螨、苹果红蜘蛛等，属真螨目、叶螨科。广泛分布于华北、华东、华中和西北等地，尤以北方沿海苹果产区发生严重。寄主植物主要有苹果、梨、沙果、桃、杏、樱桃、海棠、李、山楂、樱花、月季和紫藤等。多在叶片背面为害，叶片后正面出现许多灰白色小点，发生严重时造成落叶。

2. 形态特征

雌螨　体长 0.38mm，宽 0.29mm。体圆形，侧面观呈半球形，体色深红。背毛白色，着生于黄白色的毛瘤上。须肢端感器长度略大于宽，顶端稍膨大；背感器小枝状，与端感器等长。刺状毛较长，约为端感器的 2 倍。口针鞘前端圆形，中央微凹。气门沟末端膨大，呈球形。背表皮纹纤细。背毛 26 根，粗壮，具粗茸毛，着生于粗大的突起上。除前足体第 1 对背毛、肩毛、骶毛和臀毛外，其他背毛均较长。

雄螨　体长 0.25mm。须肢端感器柱形，长宽略相等。背感器小枝状，长于端感器，刺状毛长度约为端感器的 2 倍。

3. 发生规律

苹果全爪螨在山东、河北、河南、山西、陕西等地年发生 9~12 代。以卵在果苔、芽鳞、芽腋、枝条轮痕、1~2 年生枝条基部等处越冬。翌年苹果花序伸展时，越冬卵开始孵化，国光品种初花期前后达孵化盛期。第 1 代成螨于 5 月中旬盛发，此后出现世代重叠。6—8 月间进入全年的发生高峰期，尤以 6 月下旬到 7 月上旬为害最重。6—8 月间，完成 1 代需 15d 左右。9 月下旬，雌成螨开始产越冬卵，10 月中下旬绝大部分个体产完越冬卵，并以卵进入越冬状态。

第三节　农业害螨生态防控方案

植物害螨的发生和为害与植物害虫有着许多相似之处。首先，表现在生物学特性上，螨类也具有脱皮变态的特点，只是不像昆虫的变态那样显著。其次是表现在寄主植物的范围上，无论是大田作物、蔬菜，还是果树、花卉、林木等，几乎凡是有虫害的植物上，也都有螨类的为害。其三是表现在对环境条件的适应上，螨类的发生、种群数量变动、越冬和越夏等，也受环境因子特别是温度、湿度等气候因子和寄主植物、天敌等生物因子的影响，因而表现出与昆虫相似的周期性节律，并常常与某些害虫在同一寄主上混合发生。其四是表现在为害特点上，螨类的为害与刺吸式口器害虫极为相似，也是主要吸食寄主汁液，引起寄主植物营养不良、受害部位失绿和形成斑点、严重时造成叶片提早脱落甚至整株枯死。因此，对于植物害螨的防治，也应采取与防治害虫一样的策略和措施，有时可以在防治害虫的同时进行兼治。但是，应当注意的是，由于螨类在某些内部解剖和生理特点上与昆虫存在着较大差异，因而有些杀虫剂对其无效或防效甚差，所以，在进行化学防治时，应优先选择专用的杀螨剂。

一、因地制宜，保护利用自然天敌

螨类的天敌种类较多，常见的有中华草蛉、大草蛉、深点食螨瓢虫、塔六点蓟马、小花蝽等天敌昆虫和捕食螨等，在自然状态下，这些天敌对害螨起着重要的控制作用，应注意加以保护和利用，如对水浇条件较好的果园，在树冠下种植矮秆作物或作绿肥用的草本植物，就能起到增加园内生物多样性，从而为天敌提供栖息、繁殖场所的作用。

二、合理施肥

氮肥施用过多，营养比例失调，不仅会造成植物徒长，而且还会引起叶螨特别是山楂叶螨等繁殖能力增强。因此，尽量增施圈肥、绿肥等有机肥，不施高氮、纯氮化肥，可以有效地减轻多种叶螨的为害。

三、加强栽培管理

及时施肥、灌水、合理修剪等栽培管理措施，不仅可以起到增强作物长势和抗耐螨害的作用，同时还能直接杀死大量叶螨和多种其他病虫害。

四、树干绑草，诱杀害螨

对于常年害螨发生严重的果园，可于每年8月下旬至9月上旬期间，将杂草绑缚在树干主枝分叉或树皮粗糙处，待秋后清理果园时一同清除干净，可以大大压低以雌成螨越冬种类来年的螨口基数。

五、秋季无果期防治

苹果、桃、梨、山楂等果园，果实采收后，仍有部分发育较晚的叶螨个体在叶片上为害，尚未进入滞育状态。此期应及时全面细致地喷布一遍杀螨剂或杀虫剂，对减少越冬螨口基数作用很大。

六、冬季全面清理田园

作物收获或果树落叶后，对田园进行全面彻底清理，如清除杂草、枯枝、落叶，刮除粗皮、翘皮，用石硫合剂废渣堵塞枝干上的虫孔等，不仅对叶螨类具有较好的防治效果，而且对多种病虫如落叶病类、枝干病害、果实病害以及食心虫类、卷叶虫类、潜叶蛾类、毒蛾类、蚧类等也具有很好的防治作用。

第二章　作物根结线虫生态防控

第一节　作物根结线虫的概念

根结线虫是一类植物寄生性线虫，引起植物根系形成根结，并更容易感染其他真菌和细菌性病害。1855 年 Berkeley MJ 首次报道温室中黄瓜根结病的病原是由线虫引起的。

根结线虫寄生于2000多种植物上并可快速繁殖，再加上相对短的生活史等特点，造成极大的为害。

蔬菜根结线虫病。由根结线虫属（*Meloidogyne* spp.）的南方根结线虫（*M. incognita*）、花生根结线虫（*M. arenaria*）、北方根结线虫（*M. hapla*）和爪哇根结线虫（*M. javanica*）等侵染引起，其中南方根结线虫（图6-2-1）为优势种群。

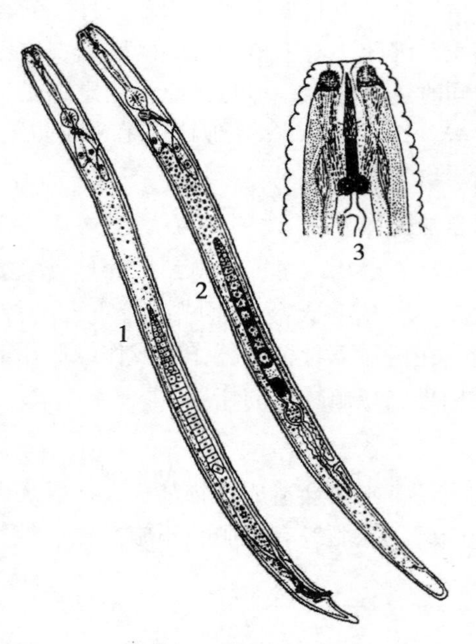

1. 成虫；2. 雌虫；3.头部

图6-2-1　根结线虫

第二节　根结线虫的形态特征

根结线虫在棚室环境一年发生 10 代左右，每个雌虫产卵 300 粒左右。

卵：形如蚕状，半透明，外壳坚韧，长约 0. 01mm，宽约 0. 05mm。

幼虫：1 龄幼虫孵化后蜷缩在卵内；2 龄幼虫进入侵染期，侵入寄主后，其虫体逐渐膨大，由线状变成豆荚状；3 龄幼虫呈茄子状，并开始雌雄分化；4 龄幼虫已完成雌雄分化；雌性呈茄子状或梨状，雄性呈卷曲线状。

成虫：雌成虫呈洋梨形成柠檬形，乳白色，多埋藏在寄主组织内。雄成虫呈线状，尾端稍远，体色较透明，体细小。

第三节　生活习性

根结线虫主要以卵和 2 龄幼虫随根瘤在土壤中，或直接在土壤中越冬，在土壤无寄主植物的情况下可存活三年之久。

2 龄幼虫为根结线虫的侵染龄，通常由根尖侵入。线虫在寄主根结或根瘤内生长发育至 4 龄，雄虫与雌虫交尾，交尾后雌虫在根结内产卵，雄虫钻出寄主组织进入土中自然死亡。根结内的卵孵化成 2 龄幼虫，离开寄主进入土中，生活一段时间重新侵入寄主或留在土壤中越冬（图 6-2-2）。

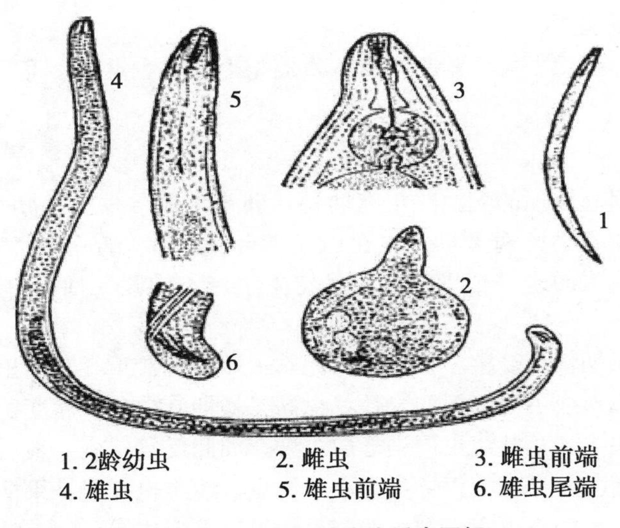

图 6-2-2　根结线虫生活史图解

第四节　生物学特性

土壤温度达 10℃以上时，卵可孵化，幼虫多在土层 1～20cm 处活动。土壤温度高于 40℃或低于 10℃很少活动，温度 55℃，10min 致死。

适宜土壤相对湿度 40%～70%。在干燥或过湿土壤中，其活动受到抑制。适宜土壤 pH 值 7～8，土壤质地疏松、盐分低的条件适宜线虫活动，有利发病，一般砂土较黏土发病重，连作地发病重。

根结线虫在保护地环境一年发生 10 代左右，每个雌虫产卵 300 粒左右。幼虫为移动性内寄虫，雌虫固定内寄生。2 龄幼虫穿刺侵入寄主植物根部，在维管束附近形成取食位点，其头区周围细胞融合形成巨型细胞。

保护地土壤中线虫分布普遍随着大棚前边缘向内里的距离加大，呈现先明显增加而后逐渐减小的趋势。

第五节　根结线虫为害性

根结线虫常为害瓜类、茄果类、豆类及萝卜、胡萝卜、莴苣、白菜等30多种蔬菜，对葡萄、柑橘、香蕉、火龙果也造成严重为害。

一、蔬菜受害

根结线虫直接为害蔬菜根部，受害蔬菜根部瘤状突起、生长不良、沤根腐烂。由于根系受到影响，大多数受害植株初期地上部分迟缓，叶片变小、变黄、呈点片缺肥状，不结实或结实不良，严重时，生长停滞，节间缩短，植株矮小甚至萎蔫。根结线虫破坏了根组织的正常分化和生理活动，水分和养料的运输受到阻碍，光合作用下降，果实常发生畸形或着色不均匀，造成产量下降，品质降低。

不同蔬菜根部为害症状存在一定的差异。

番茄、茄子。侧根形成绿豆或小米大小串球状瘤状物及小根结，根结上不再产生小侧根，严重时多个根结连在一起，形成直径大小不一的肿瘤。

苦瓜和黄瓜。侧根或须根上形成大小不一不等的根瘤或根肿大，多个根结相连，呈不规则形，表面有分裂，晚期粗糙易腐烂。

芹菜、辣椒和豇豆。侧根、支根最易受害，发瘤根上形成大量大小不一近球形根结，像珠状相互联结。

二、花生受害

花生根结线虫病。引起该病的病原线虫有两种：即花生根结线虫（*Meloidogy naria*）和北方根结线虫（*Meloidogy nehapla*）。此病最早发生在山东烟台，以后大部分花生产区都有发生，以山东省发病最重。花生根结线虫的寄主范围很广，是花生生产上的毁灭性病害，被列为对内植物检疫对象。

花生的根、荚果、果柄都可受害，但以根部尤其根端受害最重。花生出苗前后线虫就侵入主根尖端，使根尖膨大成纺锤形或不规则形的米粒状虫瘤，初期乳白色，后变黄褐色，以后在虫瘤上长出许多细小的须根，须根尖端又被线虫侵染形成虫瘤。如此反复侵染，最后使病株根部变成乱丝状的须根虫瘤团。刨开虫瘤，可见乳白色针尖大小的线虫。线虫也可侵染果柄、果壳、根茎，并形成虫瘤。幼果被害形成乳白色的小虫瘤，在成熟荚果的果壳上形成褐色突起的较大虫瘤，根茎和果柄上形成像葡萄果穗一样的虫瘤。病株根系受到线虫的为害，吸收能力大大降低，引起地上部生长不良。一般在花生始花前后地上部开始表现症状，病株生长缓慢；始花后，植株基部叶片变黄，叶焦枯，提前脱落，而且花少，开放迟；至盛花期，整个病株萎黄不长，在雨季，病株虽能转绿继续生长，但仍较健株矮，田间常常出现一片片的病窝，但很少死亡。轻病株结果少，且大都为瘪果，重病株很少结果（图6-2-3）。

花生根结线虫主要以卵和幼虫在土壤、病残体及粪肥中越冬，翌年平均气温稳定上升到11~12℃时，卵开始孵化并侵染花生。在1年内发生的世代数主要取决于温度。一般年份，南方年发生4~5代，北方发生2~3代。根结线虫在田间传播，除线虫自身扩散外，主要靠人、畜、农具等农事活动的携带及雨水冲刷进行传播。另外，施用带虫的土杂肥以及感病的野生寄主植物也能传病。远距离传播主要靠带虫种子及荚果的运输。

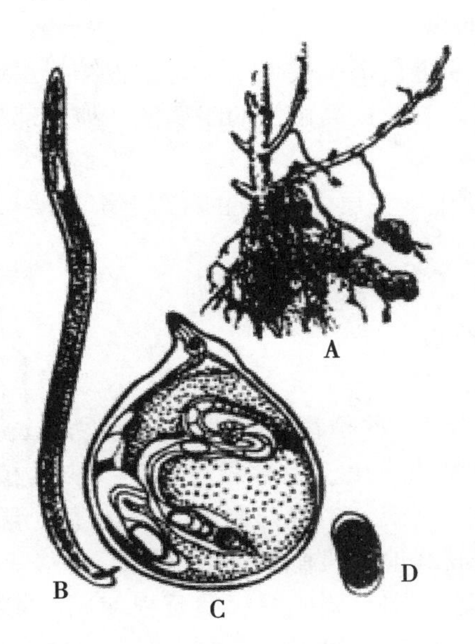

A.病株；B.雄成虫；C.雌成虫；D.卵

图 6-2-3　花生根结线虫病

三、果树受害

主要为害根部，使根组织过度生长，结果形成大小不等的根瘤。根部呈根瘤状肿大，为该病的主要症状。

根瘤大多数发生在细根上，感染严重时，可出现次生根瘤，并发生大量小根，使根系盘结成团，形成须根团。

由于根系受到破坏，影响正常机能，使水分和养分难于输送，加上老熟根瘤腐烂，最后使病根坏死。

在一般发病情况下，病株的地上部无明显症状，但随着根系受害逐步变得严重，树冠才出现枝短梢弱，叶片变小、长势衰退等症状。受害严重时，叶片发黄，叶脉肿胀，无光泽，叶缘卷曲，呈缺水状。

（1）柑橘受害。其幼嫩根组织过度生长，形成大小不一的根瘤，以细根和小支根受害最严重，根尖上形成大小不等的根瘤。纺锤形成不规则形，近芝麻粒至绿豆粒大小，初呈乳白色，后转呈黄褐色至黑褐色，根毛稀小。

严重时还可出现次生根瘤，使整个根系形成盘结带瘤的须根团，老根瘤腐烂，根系坏死。病株初期地上部无明显症状，随着病情的加重，树冠表现枝梢短弱，叶片黄化，卷曲，脱落，甚至小枝枯死。

（2）葡萄受害。根结线虫在土壤里通过头部敏感组织寻找葡萄根系。主要侵入根系幼嫩部位，它可以刺穿根部细胞壁，并将食道分泌的有毒物质注入，从而引起葡萄根系的变化，继而影响葡萄上部组织生长。

第六节　根结线虫生态防控整体解决方案

一、蔬菜根结线虫生态防控整体解决方案

1. 及时清除病残体，重病地嫁接栽培。集中的蔬菜残体，经过堆腐，或作为有机肥，或经过环境昆虫“过腹转化”处理。

2. 对在棚内使用过的农具也要进行擦拭或消毒，防止根结线虫病传播蔓延。

3. 在重病地嫁接的方法，可以有效提高植株的耐病性，地上部症状明显减轻效果较好。

4. 深翻土壤，倒茬轮作

要求翻耕深度25cm以上，使土壤深层中的线虫翻到土壤表层，且使表层土壤疏松，日晒后土壤含水量降低，不利于残虫存活。

5. 高温闷棚，土壤处理

利用夏季高热，杀死大部分线虫。

6. 使用淡紫拟青霉制剂

淡紫拟青霉属于内寄生真菌，是一些植物寄生线虫的重要天敌，可寄生于线虫卵，也能侵染幼虫和雌虫，可明显减轻多种作物根结线虫、胞囊线虫、茎线虫等植物线虫病的为害。使用方法：①育苗时使用，每平方米用20~40克淡紫拟青霉制剂与育苗茎质混匀后施用。②播种时使用，每亩用量200~400克，与适量细土或其他有机肥混匀后施用。③移栽时使用，移栽前，将淡紫拟青霉制剂与物料（玉米芯粉、细土等）用水调成稀糊状蘸根使用。④定植后使用，每亩用淡紫拟青霉制剂200~400克，兑适量水浇灌作物，如滴灌可提前半小时加入1%浓度的红糖水。

二、花生根结线虫生态防控整体解决方案

1. 加强检疫工作

加强检疫，不从病区调运花生种子，如确需调种时，应剥去果壳，只调果仁，并在调种前将其干燥到含水量10%以下，在调运其他寄主植物时，也应实施检疫。

2. 轮作倒茬

与非寄主作物或不良寄主作物轮作2~3年。

3. 清洁田园

清洁田园，深刨病根，集中烧毁。增肥改土，增施腐熟有机肥。

4. 加强田间管理

加强田间管理，铲除杂草，重病田可改为夏播。修建排水沟。忌串灌，防止水流传播。

5. 生物防治

应用淡紫拟青霉和厚垣孢子轮枝菌能明显起到降低线虫群体和消解其卵的作用。

三、果树根结线虫生态防控整体解决方案

严禁从病区调运苗木，移栽前对苗木消毒。可在移栽前用48℃热水浸根15min。

选栽线虫嗜好草本植物诱集线虫。

增施有机肥，加强栽培管理，养根活根。

适当增施有机肥，增强树势，减轻为害。此外，如土壤砂质较重时，逐年改土，也能有效地减轻为害。

及时养根，保根促根，恢复根系活力。

第三章　农田杂草生态防控

随着农业现代化的兴起，作物的种植结构、栽培方式发生了相应变化，特别是“一控双减三基本”发展策略的确定和推进，人们对杂草的认识，杂草科学也已成为一门重要的独立学科，其主要研究内容包括杂草的分类、杂草的生物学、生态学以及有害杂草防除与杂草资源利用等。

第一节　杂草概述

地球上自从有了人类农耕活动以后，植物在人类的不断选择和驯化下，分化成了野生植物、作物和杂草。广义地说，杂草是指农田中人们非有意识栽培的“长错了地方”的植物。

一、杂草的作用

杂草既不同于作物，也不同于野生植物，对农业生产和人类活动具有多重影响。首先，杂草既然是在各种选择压力下演化而来的植物，就难以被轻易“除尽”，而且即使除尽杂草也不一定有益；其次，由于杂草介于野生植物与栽培植物之间，因而是引种和育种的良好原始材料；第三，杂草在生态系中具有多重作用，应当避其害而促其利。

1. 杂草的有害方面

杂草的有害作用表现在许多方面，其中最主要的是与作物争夺养分、水分和阳光，影响作物生长，降低作物产量与品质。杂草与作物一样都需要从土壤中吸收大量的营养物质，并能迅速形成地上组织，因而很快地抢占着地盘。许多杂草比小麦消耗的氮多4~32倍，每平方米有1年生阔叶杂草100~200株时，可使作物减产50~100kg/667m^2，即每667m^{2}田中的杂草将夺去氮4~9kg、磷1.2~2kg、钾6.5~9kg。具有发达根系的杂草还掠夺了土壤中的大量水分。在作物幼苗期，一些早出土的杂草严重遮挡着阳光，使作物幼苗黄化、矮小。

此外，许多杂草还是多种病虫害的栖息、越冬场所和寄主。如夏枯草、通泉草和紫花地丁是蚜虫等的越冬寄主；鹅冠草、狗牙根等禾本科杂草是麦类赤霉病、锈病的越冬寄主。许多杂草是作物病虫害的传播媒介。如棉蚜先在夏枯草、小蓟、紫花地丁上栖息越冬，待春天棉花出苗后，再转移到棉花上为害。黏虫发生初期先是取食杂草，然后再转移到禾本科作物上为害。禾本科杂草感染麦角病、大麦黄矮病毒和小麦丛矮病毒，再通过昆虫传播给麦类作物使其发病。玉米田中大量生长的葎草，小麦田生长的猪殃殃，花生田生长的狗牙根、马唐，大豆田生长的菟丝子等，都严重影响作物的管理和收获。有些杂草的根、茎、叶能够分泌某些化合物影响作物的生长发育甚至出苗，如匍匐冰草根系的分泌物能抑制小麦的发芽和生长；母菊根系分泌物能抑制大麦生长等。一些杂草植株和种子被人畜误食后还会引起中毒或死亡。如莨菪是菜地常见杂草，若混在蔬菜中被人畜食用后，就会发生中毒；毒麦种子若混入小麦中，人吃了含有4%毒麦的面粉就有中毒甚至致死的危险；豚草花粉可引起人的“花粉过敏症”。

2. 杂草的有益方面

杂草和作物对人类的影响，有的已变换了位置。如早期人类种植的苋菜、藜和田白芥，后来却被淘汰了，这些“作物”就变成了杂草。同样，人们又把早期的杂草燕麦、冬黑麦草、大豆驯化成了今天的作物。向日葵在其故乡北美洲原是一种野生植物，西班牙人1510年把它带到欧洲后，培育了200多年，才形成了今天含油率高的大颗粒种子作物……因此，人类在关注杂草有害性的同时，也不能忽视它的益处。

杂草对人类的益处还表现在其他许多方面，如防止水土流失或沙漠化、肥田养土等。如合萌的固氮能力是大豆的2.8~5.8倍，是良好的绿肥；每5t浮萍绿肥可提高稻谷产量52%、稻草产量50%，与尿素效果相同；大量杂草通过沤制后可作为重要有机肥用于农田，提高作物产量。一些杂草体内含有防病治虫的物质。如菖蒲根茎浸出液对棉蚜的防治效果可达50%~60%，其粉碎根茎后可用来防治仓储害虫绿豆象和米螟等。某些杂草产生的他感化合物可以抑制其他植物的生长发育与繁殖。如水葫芦是一种水生恶性杂草，在其生长的环境中加入水车前以后，其生长发育就会受到抑制。许多野生杂草可以作为人类的食品，如荠菜、苋菜、独行菜的幼苗是营养极好而味美的蔬菜；稗草种子可以作为食物，亦可酿酒；一些杂草经过驯化可转变成作物；许多杂草可作为牲畜的饲料；还有一些杂草可作为中草药材。此外，许多杂草还具有消除污染和美化环境的作用，如一些水生杂草可吸收水中的重金属，脱去过量的 N、P、K，净化灌溉水；一些杂草如虞美人、凤眼莲、石竹等已培育成观赏性花草。

二、农田杂草的分类

农田杂草的分类方法很多，除根据植物系统学分类外，在生产实践中多根据其生态学或生物学特性进行分类。

根据植物生物学特性，可将杂草分为一年生、二年生、多年生和寄生性杂草 4 大类。一年生杂草是指在 1 年内完成从出苗、生长、开花结实到死亡的杂草，如反枝苋、藜、稗、金狗尾草、苘麻及苍耳等；二年生杂草是指在两个生长季节内或跨两个日历年度完成从出苗、生长到开花结实生活史杂草，这类通常是在冬季出苗，翌年春末夏初开花结实、死亡，如荠菜、播娘蒿、看麦娘等；多年生杂草是指在多个生长季节生长并开花结实的杂草，以种子与营养器官繁殖，冬季地上部死亡，营养器官存活，次年萌发新株，如白茅、芦苇、香附子、慈姑等；寄生性杂草是指不能独立进行光合作用和制造养分，必须寄生在其他植物上，靠特殊的器官吸取寄主的养分而生活的杂草，如菟丝子、向日葵、列当等。

根据杂草的形态特征，可将其分为禾本科杂草、阔叶杂草和莎草类杂草 3 大类。该分类方法对于化学除草具有重要实践意义，因为许多除草剂是通过杂草的形态结构获得选择性的。禾本科杂草茎圆或略扁，节间明显，茎中空，叶鞘开张，常有叶舌，胚具 1 个子叶，叶片狭窄而长，叶脉平行，叶无柄；阔叶杂草包括所有双子叶植物杂草及部分单子叶植物杂草，茎圆形或四棱形，叶片宽阔，具网状叶脉，叶有柄，胚常具 2 子叶；莎草类主要为莎草科杂草，茎三棱形或扁三棱形，无节与节间的区别，茎常实心，叶鞘不开张，无叶舌，胚具 1 子叶，叶片狭窄而长，平行叶脉，叶无柄。

根据杂草的生态学特性即所生长环境中水分含量的不同，可将农田杂草分为旱田杂草和水田杂草两类。旱田杂草绝大多数属中生类型，而水田杂草又可分为湿生型、沼生型、沉水型和浮水型 4 类。湿生型杂草喜充分湿润的土壤，也能在旱田中生长，水层保持 15cm 就会抑制其生长，幼苗长期淹水便死亡，该类杂草在稻田分布广泛，为害严重，如稗草等；沼生型杂草的根生于土中，茎叶部分在水中，部分露出水面，无水层时发育不良或死亡，但水层深浅对其生育影响不大，如雨久花、鸭舌草等；浮水型杂草植株或叶飘浮于水面或部分沉没于水中，根不入土或入土，如浮萍等；沉水型杂草植株体全部沉没于水中，根生于土中或仅有不定根生长于水中，如菹草、小茨藻等。

第二节　农田杂草种类

一、麦田杂草

我国麦田杂草种类较多，主要禾本科杂草有野燕麦、看麦娘、马唐、牛筋草、狗尾草、硬草、罔草、棒头草及双穗雀稗等；主要阔叶杂草有荠菜、播娘蒿、繁缕、猪殃殃、麦瓶草、大巢菜、刺儿菜、田旋花、麦家公、泽漆和小藜等。在冬麦区，越年生杂草发生严重，大量杂草在上年 10—11 月出土，以根芽或幼苗越冬，第 2 年随小麦返青时长出新芽。麦田杂草区域分布性较强，长江流域及以南稻麦轮作区，禾本科杂草与阔叶杂草混合发生，主要杂草为看麦娘、硬草、早熟禾、牛繁缕和猪殃殃等；山东、河南、河北一带以阔叶杂草为主，主要有荠菜、播娘蒿、猪殃殃、泽漆、麦家公和麦瓶草等；西北地区以野燕麦为主；北方春小麦种植区主要以藜、小藜、卷茎蓼、刺儿菜、鸭跖草、野燕麦和狗尾草等为主。

二、稻田杂草

我国水稻种植区域范围广，杂草发生种类和群落结构复杂。

三、玉米田杂草

玉米田杂草主要有禾本科杂草马唐、牛筋草、稗草、狗尾草和千金子等，阔叶杂草反枝苋、皱果苋、凹头苋、藜、小藜、铁苋菜、苘麻、苍耳、刺儿菜及田旋花等，莎草科杂草香附子等。

四、棉田杂草

棉田的禾本科杂草主要有马唐、牛筋草、稗草、狗尾草和千金子等，阔叶杂草主要有反枝苋、凹头苋、马齿苋、藜、田旋花、刺儿菜等，莎草科杂草主要为香附子。

五、花生田杂草

花生田杂草主要有马唐、牛筋草、狗尾草、稗草、狗牙根、千金子等禾本科杂草和反枝苋、皱果苋、凹头苋、马齿苋、铁苋菜、鳢肠、田旋花、鸭跖草、刺儿菜、紫花地丁等阔叶杂草。

六、大豆田杂草

大豆田常见的主要禾本科杂草有马唐、牛筋草、狗尾草、稗草和野燕麦等，阔叶杂草有反枝苋、皱果苋、铁苋菜、龙葵、马齿苋、苍耳、鸭跖草、苘麻、藜及刺儿菜等。

七、蔬菜田杂草

蔬菜品种繁多，种植方式多种多样，倒茬时期交错不一，杂草种类多，发生规律复杂。蔬菜田常见的杂草有马唐、牛筋草、狗尾草、稗、画眉草、看麦娘等禾本科杂草和苋、藜、马齿苋、鳢肠、繁缕、牛繁缕、铁苋菜、通泉草、荠菜、凤花菜、婆婆纳等阔叶杂草以及香附子、三棱草等莎草科杂草。

八、果园杂草

果园中常见杂草有马唐、牛筋草、稗草、狗尾草、狗牙根、芦苇、白茅、狐尾草、野燕麦、看麦娘、苋、藜、小藜、繁缕、牛繁缕、龙葵、铁苋菜、马齿苋、苍耳及香附子等。因为成年果树根系较深，利用位差选择性保留杂草，实现果园自然生草。

第三节　杂草的生物学特性

一、多实性、连续结实性和落粒性

在杂草的生活环境中，种子所起的作用很大。多实性是杂草的重要生物学特性之一，也是造成其传播、蔓延和为害的基本途径。大多数杂草的结实数高于作物数十倍乃至数百倍，如藜、苋、香薷等的每株结实粒数可达10 000粒以上，酸模叶蓼、绿狗尾草、稗等的结实数在1 000粒以上。

一年生杂草的营养生长和繁殖生长往往是同时进行的，其结实期可从其伴生作物的生育中期一直持续到生长季节末期，如麦田杂草荠菜和玉米田杂草反枝苋、马唐、稗草等。杂草种子成熟后，经风吹草动即脱落入土中，或随风、水流传播到其他地方，而不会因收获作物被清除田外。

二、杂草种子的长寿性

杂草种子的寿命一般都很长，具有关考古资料证明，藜和大爪草的种子可在土壤中存活1 700年之久，繁缕和匍枝毛茛的种子寿命可达600年左右，狗尾草和野燕麦的种子寿命在土壤中可分别维持9年和3年以上。一般情况下，草籽的种皮越硬、透水性越差，其寿命就越长。由于杂草种子能够长期保持其生命力而不丧失发芽能力，因而也就能长期滞留在土壤中，成为农田草害的源源不断的再感染源。

三、种子的多途径传播

不同地区同种农作物的田间恶性杂草常大同小异，如稻田中的稗草，豆田中的马唐、狗尾草、反枝苋、苍耳，麦田中的播娘蒿、看麦娘等。但这些杂草并非分别起源于上述各地，而是通过作物的引种从一地传播到另一地。杂草的传播途径多种多样，其中人类的活动在杂草的远距离传播方面起着重要作用。如引种、播种、灌水、施肥、耕作、整地、移土和包装运输等，都有可能直接或间接地将杂草传播到其他地区。杂草种子本身也具有多种传播方式，而且大部分杂草或其果实都具有特殊的传播种子的结构。如列当种子质量仅6~10g，易被风吹走；蒲公英、苣荬菜、黄鹌菜等的果实有冠毛，可借风力传播数十乃至数百米以外；酸模及遏兰菜的果实上有气囊，便于随风传播；猪毛菜等成熟后，全株与根部脱离，被风吹得很远，称为“风卷球”；泽泻、慈姑等种子有贮气装置，可漂浮水面，借水流传播；苍耳、鬼针草、狼把草、鹤虱等果实有刺、倒钩刺或锚状刺，可附着于人、畜体上带到远处；牻牛儿苗、猫眼草等果实成熟时，果荚开裂或果皮干时收缩，能将种子弹出；稗、荠、碎米荠等可借助自身重力散落到地面；马唐和莕属杂草的种子长有稃毛，易随水传播；荠菜、车前、早熟禾、繁缕的种子经动物消化后仍有发芽能力，可通过动物的粪便传播蔓延。

四、杂草的多途径授粉

杂草一般既能异花授粉，又能自花授粉，且对传粉媒介要求不严格，其花粉均可通过风、水、动物或人从一株传到另一株上。杂草多具有远缘亲合性和自交亲合性，如旱雀麦、紫羊茅、粘泽兰等自交可育，而栽培泽兰则自交败育。异花授粉有利于为杂草种群创造新的变异和生命力更强的变种，自花授粉则可保证某株杂草在其单独存在时仍可正常受精结实，保持种的世代延续。

五、出苗时间持续不一

作物种子出苗多整齐一致，杂草则不然，其出苗期可自作物播种期一直持续到作物的成熟收获期。这主要是由于不同草籽的休眠度不一致，因而在适宜的萌发条件下，随着各草籽休眠的陆续解除而使田间不断出现新的杂草；不同草籽对萌发条件的要求和反应不同，对发芽条件要求不严格的草籽一般萌发出土较早；受土壤耕作的干扰，许多作物苗期需要中耕，中耕在铲除已出苗的杂草的同时，又常把处于土壤深层的草籽翻至表层，为其萌发出苗创造了条件，致使田间多次出现杂草出苗高峰。

六、杂草的可塑性

可塑性是指植物在不同时期生境下对其大小、个数和生长量的自我调节能力，多数杂草都具有不同程度的可塑性。如藜和苋的株高最低的仅有1cm，最高的可达300cm，结实数最少的仅有5粒，而多的可达百万粒以上。可塑性使得杂草能在多变的农田生态条件下，自我调节其群体结构，尤其是在其密度较低的情况下能通过其个体结实量的提高来生产出可观数量的种子。如稗草的群体生长量起初随密度的增大而增大，而其个体分蘖数和干物重随着密度的增大而减少。稗草密度为1株/盆时，其分蘖数为3.3个/株，单株干重为13.3g；而当密度增加到20株时，其分蘖数为零，单株干重降低到1.2g，群体重增加到23.4g/盆。此外，杂草种子的发芽率也有可塑性，当土壤中草籽密度很大时，草籽的发芽率大大下降，从而防止了由于其群体过大而引起个体死亡率的增加。

七、杂草多具C4光合途径

许多重要杂草都属于C4植物。C4植物净光合速率、光合/呼吸比率、对水分和氮的利用率等都较高，因而在田间具有较强的竞争优势，尤其是在高光强和高温条件下更为明显。例如，稗草和水稻在同样的稻田生态环境中，由于稗草是C4植物，其净光合速率高，生长迅速，因而严重抑制了作为C3植物水稻的正常生长。

八、杂草对作物的拟态性

几乎凡是有作物的地方就有杂草，某些杂草总是与作物形影不离。如稗草与水稻，谷子与狗尾草，亚麻与亚麻荠等，它们在形态、生育规律以及对环境条件的要求上都有很多相似之处。杂草对作物的这种拟态使其在农田中经常鱼目混珠，给除草特别是人工除草，带来了极大困难。例如，印度有一种野稻，遍布全国稻田，花前其幼苗形态与当地推广的水稻品种极为相似，以致无法将其与水稻分开，花后虽易区分，但除草已为时太晚，致使给水稻生产造成了巨大损失；在我国，狗尾草经常混杂在谷子中，被一起播种、管理和收获，甚至在脱壳后的小米中仍可找到许多草籽。

第四节　农田杂草生态防除方案

杂草的防除方法很多，常采用的有农业措施防除、物理防除、生物防除及化学防除等。其中农业措施包括轮作、精选种子、施用腐熟的肥料、清除田边、路旁和沟边杂草以及合理密植等；物理防除包括人工拔草、人工或动力锄草、焚烧杂草等；生物防除包括以昆虫、病原菌和养殖动物灭草等。化学除草是目前最为有效的方法之一，具有见效快、持效期长等优点。

1. 控制杂草种源

掌握在杂草初蕾期之前刈割收集杂草，使杂草不能形成种子。

2. 以草治草

如人工播种有肥效作用的一年生豆科草本植物，占据“杂草”的生态位，或者种植具有匍匐生长、且密度很大的岩垂草或蛇莓，这种方式在果园中非常有效。

3. 堆腐的秸秆杂草覆盖

依据交换生态系统的原理，将上茬作物的秸秆粉碎、集中堆腐，然后还田，利用秸秆中的生化物质对“杂草”实施抑制。

4. 坚持作物轮作，不让杂草适应人类的生产种植规律

5. 人工拔除杂草，饲喂牛、驴、羊、兔、鹅

6. 人工拔除杂草

生产“微家畜”，目前已经成功的种类有东亚飞蝗、白星花金龟、黄粉鹿角金龟、小青花金龟和蚯蚓等。

（1）控制杂草种子来源。掌握在杂草初蕾期之前刈割，此时正值营养生长阶段向生殖生长的转折期，生物量最多。此时快速刈割利用使杂草不能形成种子。

（2）以草治草。如人工播种有肥效作用的一年生豆科草本植物，占据“杂草”的生态位，或者种植具有匍匐行、且密度很大的岩垂草或蛇莓，这在苹果园、桃园、梨园和葡萄园里非常有效。

（3）秸秆或杂草堆腐。依据生态系统交换的原理，将上茬作物的秸秆粉碎、集中堆腐，然后还田，利用秸秆中的生化物质对“杂草”实施抑制。

（4）坚持作物轮作，不让杂草适应人类的生产种植规律。

第五节　杂草资源化利用

1. 果园自然留草，丰富果园生物多样性，维持果园良好生态

2. 利用杂草资源配置呈现

3. 杂草的“野菜化”开发

4. 杂草的药用保健功能开发

5. 杂草饲料化

饲养牛驴羊兔鹅。禾本科杂草可用于生产养殖东亚飞蝗和蟋蟀。堆腐杂草可用于饲养白星花金龟、小青花金龟、黄粉鹿角金龟。

第四章　有害软体动物生态防控

第一节　蜗牛概述

蜗牛属于软体动物门、腹足纲，是蔬菜上的重要害虫，我国最为常见的是同型巴蜗牛、灰巴蜗牛，蜗牛食性杂，能取食多种蔬菜的不同组织部位，以叶片为主。既取食新鲜的菜株，又能取食蔬菜残体，如腐烂的菜叶、菜根、未腐熟的有机肥等。近年来，蜗牛在我国蔬菜上发生普遍。蔬菜受害后，叶片严重受损，并留下污痕，对蔬菜产量、品质和经济效益均具有严重的影响。

发生特点：同型巴蜗牛的食性杂寄主种类很多，主要有：十字花科的大白菜、小白菜、甘蓝、油菜等，藜科的菠菜、甜菜，伞形科的胡萝卜、芫荽，豆科的豌豆、豇豆、大豆、菜豆，葫芦科的黄瓜、南瓜等，茄科的辣椒、番茄、茄子，百合科的葱、蒜，旋花科的蕹菜，菊科的莴苣、结球生菜等。一年中蜗牛取食为害有二个明显高峰：3—6月和9—12月，其中4—6月和9—10月发生量大，为害最重。在早春，3月上中旬越冬成贝在塑料大棚中开始活动，直接为害蔬菜幼苗，其中叶菜类、黄瓜苗受害最重，可将菜苗和瓜苗的叶片、叶柄吃光，导致植株死亡，番茄、辣椒、茄子等很少受害。4月上中旬，为害露地栽培的豆科、叶菜类蔬菜，7-8月进入土壤中或草丛中避夏。秋天天气转凉时避夏成贝出来活动，大量取食各类秋播蔬菜，尤其嗜食大白菜、小白菜、菠菜、胡萝卜等刚出土的幼苗及定植后的大白菜、小白菜等，常将幼苗咬断，叶片、叶柄吃光，10—11月以后则大量取食豌豆苗，严重时将豌豆苗吃光，导致重播。萝卜、胡萝卜、菠菜等植株长大以后则受害很轻。

生活隐蔽，药剂防治困难：蜗牛夏天越夏和冬天越冬时均躲在土缝里，春、秋季为害时，白天多潜伏不动，或潜伏土中，或潜伏在植株蔸部的菜叶背面，或潜伏在大白菜、小白菜、莴苣、甘蓝等的叶片之间，只有夜间才出来取食，如遇阴雨天气，昼夜均可取食，由于蜗牛属于软动物，杀虫剂对它没有防治效果。

种群数量多，边吃边排泄，暴发成灾：蜗牛雌雄同体，既可异体受精，也可自体受精繁殖，任何一个个体均能产卵，一个成贝一次可产卵50~60粒，一生可产卵300~2 000粒，而且产卵集中，成堆产卵于一处，幼贝孵化时也比较整齐。因此，常集中在蔬菜植株上取食。

第二节　蛞蝓概述

蛞蝓（*Agriolimax agrestis* Linnaeus）是一类软体动物，属软体动物门，腹足纲。为害农作物的蛞蝓，国内报道有野蛞蝓和黄蛞蝓（*Limax fiavus* Linnaeus）两种，山东省及北方地区为害蔬菜的仅有野蛞蝓1种。

野蛞蝓在国内为害蔬菜、瓜果、花生等寄主的叶片和幼苗；还常在室内阴湿的环境里发生，有时厨房里也会发生，污染食物，器皿等，还是家畜、家禽某些寄生虫的中间寄主。野蛞蝓群栖在大白菜叶片上咬食组织，使寄主叶片形成若干孔洞，附近还残留着若干黑绿色虫粪。定植不久的大白菜苗就开始受其为害，随着白菜的生长和虫量的增加、体积的增长，寄主被害逐渐严重，不但大白菜的外叶受害，还能钻进中帮层为害，中帮受害后还能引起菌类入侵而形成腐烂发臭，直接影响食用。不但在田间发生，随白菜收获被带入贮藏环境里，仍继续为害而形成严重烂菜。随着保护地蔬菜面积的快速扩展，蛞蝓除为害秋种大白菜外，在温室及塑料大棚中发生日渐严重。

一、成体的形态鉴别

体长 20~25mm，爬行时伸长达 30~36mm，体宽 4~6mm，灰褐色。体壁柔软，被一层黏液因而黏滑，爬行后黏液干燥呈现薄层液迹。体背有蚌壳状、色较深的外套膜，距离头部 3~4mm。前触角，长约 1mm，具感触作用，后触角，长约 4mm，其顶端着生眼。在右后触角后方约 2mm 处，是生殖孔（亦是交配孔）。两前触角中间凹陷处是口，口内有一定数目的齿状物排列，用以咀嚼食物。腹足部背面呈现树皮纹状花纹。

二、发生规律

野蛞蝓每年 9—11 月田间发生。以成体和幼体在大、小麦和草籽等春花作物的根茎部越冬，并没有真正冬眠。越冬虫体，3 月份日平均气温 10℃以上时，又开始大量活动。4 月份后，越冬幼体逐渐变为成体，进入交配、产卵阶段。7—9 月由于气温高、干旱，野蛞蝓潜入植株根际、麦草堆下、石块下等处越夏。但遇阴雨、露水多的天气，仍能活动为害，所以也不是真正的夏眠观象。9 月中旬起，日平均气温逐步下降至 26℃以下，再度活动为害夏、秋蔬菜，10 月中旬起，又为害草籽幼苗、春花作物等。11 月中旬起，逐渐转入越冬状态。

野蛞蝓都在夜间活动为害，自黄昏后陆续从土下或根际爬出为害寄主叶片，甚至将全株咬断。潜伏在大白菜中帮内的蛞蝓日间也活动为害，4—5 月间为交配繁殖季节。野蛞蝓是一种雌雄同体，异体受精的软体动物，交配时头部相对以右侧相互靠拢，各自生殖孔伸出阴茎插入交配孔内。交配后 2~3d 即行产卵，将卵产入土中 1.5cm 深处。每次产 1 个卵堆，隔 1~2d 后再产第二个卵堆，一般每条能产 3~4 个卵堆。10 月份为秋季繁殖季节。卵怕干燥，卵堆若暴露在外，或日光暴晒后，会自行爆裂。幼体孵出后，在土下 1~2d 内不太活动，约 3d 后才爬出觅食，逐渐长大，半年后才变为成体。

第三节　蜗牛、蛞蝓生态防控整体解决方案

一、蜗牛生态防控整体解决方案

利用地膜覆盖可明显抑制蜗牛的活动和为害。经常清洁田园，及时中耕，破坏它们的栖息地和产卵场所，减少虫源。秋冬深翻地，可把卵和越冬成虫翻至地表，晒死或被天敌吃掉。在蜗牛发生较严重的地方，在冬春季和秋季翻耕土地时留一小块杂草地，引诱蜗牛，然后集中消灭。春、秋耕翻土地后及时清除畦面杂草和作物残体，可利用树叶、杂草、菜叶在菜地做成诱集堆，洒水造成阴湿环境引诱蜗牛，天亮后集中捕捉加以消灭。蔬菜收获后，及时清除菜地的杂草及作物残渣。不施用未腐熟的有机肥。

生石灰封锁防治：在大白菜、小白菜等蔬菜定植后，及时在植株的周围撒一层生石灰，但不要撒在菜叶正面，以免影响光合作用。蜗牛晚间出来取食时碰到生石灰就会死亡。或把生石灰撒在农田沟边、垄间，形成封锁带。每 667m^2用生石灰 5~7kg 可短期防治蜗牛和蛞蝓进入菜田为害。

鸡鸭捕捉：晴天的夜晚，一般在傍晚 19：00 时以后，蜗牛开始活动时即可进行捕捉，捕捉的最佳时间为 16：00—17：00 时，连续 3~4 个晚上，基本上可控制蜗牛的为害。也可在雨后、阴天或晴天清晨捕捉，但效果较差。

二、蛞蝓生态防控整体解决方案

早春在温室春茬作物定植以后，蛞蝓即可为害下部嫩叶，造成叶片孔洞和缺刻，一些贴近地面的果实，也会出现被咬噬的情况。由于保护地环境长期保持高湿的状态，为蛞蝓提供了良好的生存空间，因此每年入春以后棚内的高温高湿尤其是大棚前侧高温高湿杂草丛生的区域，非常有利于蛞蝓的生长繁殖，在具有高温高湿环境且种植叶菜类，尤其是薄叶片类的生菜、菠菜、小白菜等，为

害更为严重。蛞蝓惧光，强光照下 2～3h 即可死亡，因此，均为夜间活动，从傍晚开始出动晚上 22：00—23：00 时达到了高峰，清晨之前又陆续潜入土中或杂草多的隐蔽环境。

蛞蝓生态防控整体方案内容包括：①阻挡隔离。由于蛞蝓身体表面被黏一层黏液，这些黏液可维持蛞蝓的生理活动，因此在蛞蝓爬过或为害后会留下黏液痕迹。一旦蛞蝓身体表面试水则很快死亡。我们可以在蛞蝓经常出没活动区域或为害场所撒施草木灰、生石灰、食盐等来阻挡破坏蛞蝓的活动。石灰的用量为大约 7kg/亩，根据蛞蝓发生为害程度和分布区域大小调节。②诱饵灭杀。蛞蝓对于一些叶菜类蔬菜更加喜爱，因此可以采取利用莴苣、甘蓝、白菜叶作为诱饵进行捕杀。将叶片放在蛞蝓出没的区域，在叶片周围撒施生石灰等，撒施时要形成环状留有缺口。③撒施黑广肩步甲、绿步甲成虫或幼虫，保持 20 只/亩的释放量即可达到理想的效果。

第七篇　农业航空植保

在 2015 年 5 月的第六届中国国际现代农业博览会上，植保无人机生产企业占据了博览会半壁江山。他们不仅带来了先进的飞控技术，更将超前的现代农业服务理念带给观众。

从飞行表演到田间实践，2016 年成为整个植保无人机产业在应用市场的拐点，植保无人机进入田间施药阶段。

根据预计，2017 年国内植保无人机将突破 10 000台，按照每台飞机每年平均作业 10 000亩次，每亩平均投入 50 元的药剂核算，也会有 50 亿的无人机用药额度。而未来的 2~5 年植保无人机会有一个井喷式的发展，飞防用药的市场会成倍增加，市场潜力极大。

以下几点支撑让航空植保迎来发展良机：

第一，政府专项资金支持。目前，部分省市已经将农用无人机纳入农机补贴范围。以河南省为例，农民或农民专业合作组织购置农用无人机将享受 1/3 省财政补贴和 1/3 农机购置补贴，购买者只需支付 1/3 的市场价即可买到，价格降到了农户可接受的范围。

第二，农药用量零增长支撑。农业部提出到 2020 年实现化肥、农药用量零增长。一架载重 17kg 的植保无人机一个架次作业 20~30 亩仅需 15min。其能耗成本仅 0. 75 元，能节省农药 30%~50%，在农药减量的过程中有着十分重要的作用。

第三，土地流转和农业人口老龄化需要规模作业。农业人口老龄化问题已经显现，土地流转规模逐年加大，省时、省力、连片施药作业为航空植保提供了大显身手的平台。

第四，统防统治需要高效植保。植保无人机多采用超微量喷雾技术，雾滴直径为 15~75μm，适用于干旱少水地区、山区及坡地，常用来防治小麦、谷子、棉花及油菜等大田作物的病虫害，在用药量降低的前提下，植保无人机能让药效大幅提高。

第五，飞防药剂登记获重大进展。目前，以广西田园、江苏克胜、河南田秀才为首的多家高工效植保企业已经在飞防专用药剂的研发及登记方面取得突破性进展，这在一定程度上保障了航空植保的顺利起航。

第六，无人机专用险为植保无人机护航。植保无人机由于技术含量高，价格昂贵，一旦损坏将造成巨大的经济损失。2017 年 2 月 11 日，太平洋保险公司推出了无人驾驶飞机专用保险产品。

纵有天时地利相助，航空植保在发展过程中仍有缺陷，需引起重视：第一，农用无人机目前还缺乏统一的 3C 认证标准，因此出现行业乱象；第二，无人机施药尚处于起步阶段，售后服务还不完善；第三，无人机施药将在一定程度上触动农药生产企业的利益，双方合作模式仍在摸索阶段。

第一章　飞防现状与无人机植保优势

第一节　国内外飞防现状

航空植保就是利用飞机施药进行农林业病虫草害防治或相关的作业，也可称为空中植保、飞行植保或飞机植保技术，国内也简称为飞防。在飞防领域，美国、日本、韩国等发达国家走在前列，我国近5年是飞防的快速发展期。美国是应用航空喷雾最发达的国家，农用飞机以作业效率较高的有人驾驶固定翼飞机为主，农用航空作业项目除了飞机播种、施肥、施农药外，还包括人工降雨、森林灭火、空气清洁、杀灭病菌等。日本无人机喷洒农药已经将近30年历史，大部分的水稻田采用飞防。发达国家在器械设备研制、药剂研制、智能化装备及植保技术应用等方面为我国提供了可借鉴的经验。

发达国家对航空喷雾技术的研究热点主要集中在以下两个方面：一是可控雾滴技术的应用与雾滴飘移控制的研究。通过按作业要求选择适宜的喷头和喷雾参数，控制雾滴粒径、飘移率等以取得最佳喷雾效果；通过建立飞机喷雾的雾滴分布仿真数学模型，运用模型分析雾滴沉降规律，研究航高、航速、风速、雾滴粒径、不同机型对雾滴飘移的影响。二是全球卫星定位系统（GPS）及精准施药技术的使用。航空喷雾作业时，通过扫描软件计算不同区域（较小的面积单元）所需的农药制剂、肥料用量，进行变量喷施；随着可视化技术的发展，远程控制平台也开始得到应用，即当飞机到达作业区域时，GPS能实时将作业区域的信息图像传送到控制平台（电脑），达到作业位置精确定位与自动导航，最终实现精确施药及喷幅精确的对接。

我国开展飞机施药防治农业林业有害生物和卫生防疫工作已有50余年历史，对突发性、暴发性有害生物的控制取得很好的效果。近5年来，随着我国土地流转和集中、农民防控意识的转变，植保无人机异军突起，迅速发展。自2012年到2015年，植保无人机的关注度一年比一年升温，尤其是2015年开始出现大量关于植保无人机田间试验和田间作业的报道。2014年、2015年中央一号文件明确提出“要加强农用航空建设”，为航空植保的发展指明了方向。我国大田作物约15亿亩，按平均每亩施药3次计算，共需45亿亩次施药作业，有人估计无人机植保市场是600亿，有人估计高达1 000亿左右，可见市场需求量很大。但无人机植保作为一个快速发展的新生事物，实际应用中也发现许多亟待改进的问题，如无人机的质量不过关，坠机事件时有发生；熟练的专业飞手不足；电池续航时间太短，成本高；飞机的保养和售后服务跟不上；防治效果不稳定、药害或环境污染事故时有发生以及适合飞防的专用药剂和助剂较少等。

飞防注重的是专业化服务和统防统治，以防为主，以治为辅，减轻病虫害的发生，改变了农民“见虫打药，见病防治”的习惯，也有利于生物农药和低毒农药的推广应用，从源头上减少了农药的使用，实现农药使用量的“零增长”，保证农产品的品质。

第二节　无人机植保优势

相对于常规人工喷洒，无人机植保具有以下优势：

1. 适应性更强

不受山地、水田等地形因素，垄作、平作等种植方式，高秆、矮秆、林果以及作物生长周期的限制，有效解决作业难问题。

2. 安全高效

试验证明无人机喷洒农药效果会高于人工喷洒，喷洒均匀，农药对植物的穿透性好，可以喷到植物根部；更重要的是与传统喷洒作业比较，实现了人机分离，农药在喷洒过程中几乎对作业者没有为害，提高了农药喷洒的安全性。

3. 节水

无人机喷洒技术可以节约90%用水，很大程度降低资源成本。

第二章　飞防技术特点及专用药剂

第一节　飞防的技术特点

飞机喷雾和常规喷雾在喷液量及作业高度等方面有的很大的区别（表 7-2-1）。飞机喷雾具有以下技术特点：

1. 超低量喷雾

每亩喷液量一般在 0.5～1L，药液浓度高，而且一般 2 种以上不同农药制剂同时配制。

2. 较强穿透性

旋翼旋转时产生风场，药液对植被穿透性好。

3. 作业高度高

一般 2～8m。

4. 气象因素影响大

温度、湿度、风速、风向等影响较大，容易造成雾滴的飘失和蒸发。另外，飞机类型、喷嘴类型、药液性质、操作方式（喷液压力、飞行速度、飞手熟练程度、重喷、漏喷等）等都会对最后的防效及周围环境产生影响。

表 7-2-1　飞机喷雾与常规喷雾的区别（氯虫苯甲酰胺 200g/L 悬浮剂）

喷雾方式	亩喷液量（L）	稀释倍数	作业高度（m）	飘移距离
常规喷雾	30～50	3 000～5 000	≤0.3	与喷头类型、作业高度、风速、温度、药剂性质等有关
飞机喷洒	0.5～1.0	30～100	2～8	

第二节　飞防对专用药剂的要求

针对飞防的技术特点，飞防对专用药剂或额外添加助剂的药液要求如下：

1. 安全高效

由于飞防使用的药液浓度大，要求高浓度药剂不仅对作物安全和高效，而且还需要充分考虑其毒性（急性毒性、亚慢性毒性、慢性毒性）以及环境安全性（蜂、鸟、鱼、蚕、水生生物、家畜、天敌昆虫、蚯蚓、土壤微生物以及暴露人群如生产工人、施药人员、附近居民以及对大气、水源、非靶植物的安全性），充分评估其施药安全性和风险，做好风险防范紧急预案。

2. 剂型合理

由于飞防用药液浓度高，需要选择能够高浓度稀释而不容易堵塞喷头的制剂，并且在一定时间内不发生分层、析出和沉淀。对于含有有机溶剂的制剂，则要求有机溶剂低毒和密度较大。另外，对于 2 种以上不同制剂混合时，相容性要好，事先做好配伍性试验并在使用时进行 2 次稀释。如果使用过程中加入专用的飞防助剂，也有助于解决稀释问题。

3. 抗挥发和抗飘失

由于飞机喷洒有一定高度，在风的作用下 80～400μm 的雾滴容易飘失，不仅造成防效低而且会造成药害和污染，所以要求专用药剂具有抗挥发和飘失的性能。如果药剂抗飘失性能差，可以加入专用的飞防助剂或设置不施药缓冲区。

4. 沉积性能好

滴在植物表面是点状分布，要求雾滴在植物表面粘附性能好，从而提高农药利用率。

第三节　飞防专用药剂产品和剂型

国内目前在飞防上应用过的农药产品涵盖杀虫杀螨剂、杀菌剂、除草剂以及植物生长调节剂等各类产品，如氯虫苯甲酰胺、溴氰虫酰胺、氟虫双酰胺、溴虫腈、氟啶虫胺腈、螺虫乙酯、螺螨酯、吡虫啉、吡蚜酮、啶虫脒、虫酰肼、噻虫嗪、噻虫啉、阿维菌素、多杀菌素、苦参碱、楝素、白僵菌、绿僵菌、蝗虫微孢子虫、浏阳霉素、井冈霉素、吡唑醚菌酯、氰氟草酯、五氟磺草胺、芸苔素内酯等，涉及剂型有水分散粒剂、悬浮剂、悬乳剂、水乳剂、微乳剂、可分散油悬浮剂、超低容量液剂等。另外，还使用氨基酸等肥料。

最早开发的适应于飞机作业的农药专用剂型是超低容量液剂（UltralowVolume Concentrate，ULV 或 UL），它是一种直接喷施到靶标无需稀释的特制油剂，具有低黏度和高稳定性，适合于飞机喷洒成 60~100μm 的细小雾滴，均匀分布于作物茎叶表面，有效发挥防治病虫草害作用。超低容量液剂制备关键在于溶剂的选择，在选择溶剂时需要考虑溶解性、挥发性、药害以及黏度、闪点、表面张力和密度等。一般选择使用闪点大于 40℃、沸点 200℃以上的溶剂油，近年多用植物油或改性植物油。国内参与飞防的企业开发飞防专用超低容量液剂的热情较高，但由于最新修订的农药剂型代码标准可能取消超低容量液剂的剂型，将其归为油剂，可能会对该类产品登记产生一些影响。据中国农药信息网查询，目前我国已取得登记的超低容量液剂（表 7-2-2）所示。

表 7-2-2　我国已经取得登记的超低容量液剂

登记名称	防治对象	生产企业
阿维菌素 1.5%　UL	稻纵卷叶螟	广西田园生化股份有限公司
氯菊酯 5%　UL	蚊	广东省广州市花都区花山日用化工厂
氟虫腈 4g/L　UL	杀虫	安徽华星化工有限公司
甲氨基阿维菌素苯甲酸盐 1%　UL	稻纵卷叶螟	广西田园生化股份有限公司
嘧菌酯 5%　UL	纹枯病	广西田园生化股份有限公司
胺菊酯·富右旋反式苯醚菊酯 2%　UL	蚊蝇	江苏省南京荣诚化工有限公司
氟虫腈 4g/L　UL	杀虫	拜耳作物科学（中国）有限公司

纳米制剂也是目前飞防专用药剂研究的重点。据报道暨南大学教授张子勇在 2016 年世界精准农业航空大会上指出水性化纳米农药是解决航空植保适用性、提高药效和降低污染的最佳路径。纳米农药在喷洒后，不会随着液滴中水分的蒸发形成农药的结晶聚集体，而会均匀分散为纳米微粒，而且由于加入了抗漂移剂，增大药液黏度，喷洒时一般可抵抗漂移的发生。

由于市场上用于飞防的制剂较少，所以实际中大部分还是应用常规制剂。主要是选择粒径相对较小的制剂，比如悬浮剂、乳油、水乳剂和微乳剂等。若使用水分散粒剂和可湿性粉剂，则在制备过程中尽可能的减少制剂粒径和使用能溶于水的填料。

第三章　飞防喷雾助剂

由于在制剂配方中加入抗蒸发、抗飘失的成分局限于配方的组成，或者不能添加太多，或者造成配方体系不稳定，此时，添加飞防专用喷雾助剂能很好的解决这个问题，而且降低农药的使用量。据报道，在不适宜作业条件下，在药液中加入1%的植物油型助剂，可减少20%~30%的用药量，并获得稳定的药效。在飞防上用的喷雾助剂主要为高分子聚合物、油类助剂、有机硅等。

1. 国内外大量研究和田间试验结果表明，添加合适的喷雾助剂，能起到以下作用

（1）影响雾滴大小。加入合适的喷雾助剂后，药液的动态表面张力、黏度等性质发生变化，因此在相同的喷头和压力下，喷出的液滴大小发生变化。一般来说，油类助剂能够适当增加雾滴粒径。

（2）抗飘失。加入喷雾助剂后能够改变雾滴粒径分布，减少飘失。国外报道，在相同条件下，水的飘失量为21%，加入油类飞防助剂后飘失量变为13%。

（3）抗蒸发。试验表明，在相同条件下25%嘧菌酯悬浮剂的蒸发速度为4.28μL/（cm^2·s），而加入植物油型飞防助剂的蒸发速度为3.95μL/（cm^2·s）。

（4）促沉积。加入飞防助剂后，助剂能够帮助药液很好的在植物体表润湿渗透，提高了农药沉积。

2. 使用喷雾助剂有时会出现使用效果差或出现问题，一般是以下原因

（1）助剂选择性问题。非离子表面活性剂、矿物油、液体肥型喷雾助剂，在干旱条件下效果受影响，所以在干旱条件下避免选择这些助剂。

（2）加入助剂量不够。高温干旱条件下必须加入植物油型喷雾助剂量为喷液量的1%~2%才能取得很好的效果。

（3）操作问题。重喷、漏喷、悬停时未关闭喷头都会造成影响。

（4）气候问题。在气温13~27℃，空气相对湿度大于65%，风速小于4m/s时施药较好，其他不适宜气候尽量减少喷药。

第四章　飞防药剂和助剂的未来发展趋势

在飞防专用药剂和剂型方面，需要开发更加高效安全，适合飞防低量和超低量喷雾作业的农药产品，超低容量剂的研制值得关注，尤其是抗蒸发、抗飘移、增效减量的助剂和制剂产品。另外，油悬浮剂、可分散油悬浮剂由于具有高效、安全、抗蒸发的特性值得关注，但此类产品的稳定性问题必须解决；悬浮剂、微囊悬浮剂、可溶性液剂、水分散粒剂等都可以用于飞防，但对于不同产品的稀释稳定性以及与其他产品和喷雾助剂的配伍性需要通过大量试验，明确其配伍可行性与有效性，以防因其物理稳定性或分散稳定性而影响喷洒效果。

安全、高效、省工、节能、环保适合不同农业作业和植保要求的专业化航空植保快速发展，未来飞防药剂应以注重使用方便、不用稀释或稀释与配伍简易化、大包装或可便携易替换的可重复使用包装、液体剂型或颗粒纳米化、抗蒸发、抗飘移、沉积渗透和润湿吸收快、广谱高效多功能的制剂或制剂组合会成为未来飞防药剂与助剂的发展方向。

由于飞防用药愈来愈趋向于专业化和采用统防统治的形式有组织的实施，大多数情况下，都是由专业人员根据作物实际情况和病虫草害发生情况，选用药剂或多种药剂配伍，以达到一次施药，防治多种有害生物的目的，所以现混现用（桶混）的情况会更适应药剂选择的灵活性，农药单剂和大包装产品与喷雾助剂配伍使用会更加频繁。

第五章　航空植保的发展

第一节　农业航空的优势

农业航空（agricultural aviation）是指使用民用航空器从事农业、林业、牧业、渔业生产及抢险救灾的作业飞行。农业航空植保是农业航空的重要组成部分，与传统的人工施药和地面机械施药方法相比，农业航空植保作业具有以下几方面优势：

一是农业航空植保作业效率高，有利于抢农时。农业航空植保作业效率是地面机具作业的10~15倍，是人工作业的200~250倍，特别是对大面积突发性病虫害的防治具有不可替代性。

二是农业航空植保不受地理因素的制约，不受地面状况限制，不会使地面作物受到机械损伤，可到达地面机械不能到达的地方，可有效解决高秆作物、水田和丘陵山地人工和地面机械作业难的问题。

三是农业航空作业应用广泛，不仅用于植物防治病虫害，还可用于施肥、除草、棉花催熟、水稻播种等30余项生产作业。

四是农业航空植保作业可提高农药利用率，可节省农药15%~20%，减小农田环境污染，提高农产品质量安全。

五是农业航空植保可有效缓解由于城镇化发展带来的农村劳动力不足的问题，减少地面人工植保作业对操作人员的伤害。

第二节　航空植保发展概况

1903年，莱特兄弟发明了世界上的第一架载人动力飞机。美国在1918年就第一次用飞机喷撒农药杀灭棉虫，开创了农业航空的历史。随后，加拿大、前苏联、德国和新西兰等国也将飞机用于农业。第二次世界大战以后，化学杀虫剂、除草剂等农药相继出现，同时战后大量小型飞机过剩，纷纷转用到农业上，农业航空得到迅速发展。20世纪50年代以后，为农业而设计的专用和多用途农业飞机相继出现，到50年代末直升机也加入农业航空行列。在农业航空的发展中曾少量使用过热气球和飞艇，后已很少采用。目前，全世界有农林用飞机大约3万架，年作业面积1亿hm^2，作业面积占总耕地面积的17%。美国以农用飞机为主，每年农业航空植保作业面积占总耕地面积的50%；日本以小型无人直升机为主，每年防治面积约250万~300万hm^2，60%水田的农药喷施由无人机完成；发达国家的农业航空产业从机型设计、加工制造、关键部件、喷施液剂型到运维服务已形成了一个重要的产业链。

我国从1951年开始用飞机参加防治东亚飞蝗、护林防火和播种造林等工作。1956年中国民用航空局设立专业航空机构，开展多种农业航空业务。我国农用航空的应用水平与我国农业的发展需要不适应，与国外相比差距较大。1983年新疆通航公司成立，1985年北大荒通用航空公司成立，在垦区主要使用国产的“农林5”、“Y5B”、“Y11”等机型进行农业航空作业。到20世纪90年代出现了专门为轻型飞机如海燕等配套设计的农药喷洒设备，可广泛用于小麦、棉花等大田农作物的病虫害防治，化学除草、草原灭蝗、森林害虫防治以及喷洒植物生长调节剂、叶面施肥、棉花落叶剂等。

2010年以来，无人机航空植保作业在我国逐渐兴起、发展迅猛，无人直升机用于航空植保作业正逐渐兴起，但仍处起步阶段。

经过几十年的发展，我国农业航空作业量逐年增加，到 2015 年底，我国通用机场（含临时起降点）已经有 300 多个；通航公司 281 家，通用飞机 2186 架，飞行小时 73.5 万 h，五年复合增长率分别为 20.4%、15.9%和 14.9%；通用航空从业人员达到 14 500多人，比 2011 年增长了 6.2 倍。

第三节　我国航空植保的发展前景

我国地域辽阔，地理及气象条件多样，农业人口众多，截至 2007 年底我国农村人口 7.275 亿，占总人口的比例为 55%，耕地面积约 121.78Mhm^2，农作物病虫害发生面积每年约 449 Mhm^{2}次。据农业部门统计数据显示，我国手动植保机具约 35 个品种、社会保有量约 5807.99 万架，担负着全国农作物病、虫、草害防治面积的 70%以上；机动植保机械有背负式机动喷雾机及背负式机动喷雾喷粉机约 8 个品种，社会保有量约 261.73 万台：担架式机动喷雾机社会保有量约 16.82 万台：小型机动及电动喷雾机社会保有量 25.35 万台：拖拉机悬挂式或牵引的喷杆式喷雾机及风送式喷雾机的社会保有量 4.16 万台：航空植保作业装备保有量仅 1 000多架。

地面植保机具防治效率低，对于迁飞性害虫暴发和大区域流行性病害发生，不能实现大面积的统防统治。根据新疆地区的使用记录显示，飞机的作业效率是目前地面植保机具防治效率最高的高架喷雾器作业效率的 8.38 倍。飞机作业不仅作业效率高、能节省大量人力和农药，且完成同样作业面积的耗油量也比拖拉机等农业机械少。在我国大量农业劳动力向第二、三产业转移的情况下，为满足我国农业生产发展和环境保护的需要，航空植保的发展前景广阔，市场潜力巨大。

第六章　航空植保常用机型及喷洒技术

第一节　航空植保常用机型

一、有人机

用于农林航空喷施作业飞行的通用航空器主要是一些小型固定翼飞机、小型直升机和轻型直升机。按照通用飞机和通用直升机的分类系统，我国用于农林航空喷施作业飞行的通用航空器主要包括小型固定翼飞机 8 种（AT-504、AT-402、M-18、Y-5、Y-11、N-5、650c、M-4），小型直升机 5 种（S－300c、R44、Enstrom TH－28、Bell 206BⅢ、EC－120），轻型直升机 1 种（小松鼠 AS350B3），共 14 种（表 7-6-1）。

表 7-6-1　常用农用飞机技术参数

机 型	发动机功率（千瓦）	最大起飞重量（kg）	载药量（kg）	巡航速度（km/h）	航程（km）	喷洒高度（m）	雾滴粘附面	地面运输转场	起飞距离（m）
AT-504	560	4 354	1 836	243	978	10~20	单面	不能	1 500
AT-402B	504	4 159	1 600	261	1 062	10~20	单面	不能	1 500
M-18B	725	4 700	1 500	256	600	10~20	单面	不能	1 000
Y-5B	735	5 250	800	256	845	10~20	单面	不能	400
Y-11	2×210	3 500	800	220	965	10~20	单面	不能	510
N-5B	571	3 600	600	220	800	10~20	单面	不能	600
650c	59	715	100	110	360	10~20	单面	能	300

（续表）

机 型	发动机功率（千瓦）	最大起飞重量（kg）	载药量（kg）	巡航速度（km/h）	航程（km）	喷洒高度（m）	雾滴粘附面	地面运输转场	起飞距离（m）
蜜蜂 M-4	31.3	330	80	107	140	10~20	单面	能	100
AS350B3	632	2 251	700	230	665	5~10	双面	能	
EC120	376	1 680	450	229	750	5~10	双面	能	
贝尔 206	236	1 452	400	218	675	5~10	双面	能	
恩斯特龙	310	1 293	350	196	600	5~10	双面	能	
R44	191	1 090	200	209	645	5~10	双面	能	
S-300C	141	930	180	159	387	5~10	双面	能	

在固定翼飞机中，空中拖拉机 AT-504 载药量最大，空中拖拉机 AT-402B、单峰骆驼 M-18A、单峰骆驼 M-18B 次之，载药量最小的是蜜蜂 M-4；在直升机中，AS350B3 载药量最大，EC120、贝尔 206BⅢ、恩斯特龙 TH-28 次之，载药量最小的是罗宾逊 R44 Raven-Ⅱ和施瓦泽 S-300c。

二、无人机

现有的农用无人植保机以农用小型无人直升机较多，而农用固定翼无人机研发的较少，主要机型有单旋翼直升机和多旋翼直升机两种。无人机动力系统分为油动力、电池动力和油电混合动力 3 种，油动力的又有风冷和水冷两种，目前已基本定型的农业植保系列无人机型任务载荷在 10kg、15kg、20kg、30kg。

无人直升机不受地形和高度限制，只要在无人直升机的飞行高度内，在田间地头起飞对农作物实施作业，无人直升机采用远距离遥控操作和 GPS 自主作业功能，完全做到了自主作业，只需在喷洒作业前，将农田里农作物的 GPS 信息采集到，并把航线规划好，输入到地面站的内部控制系统中，地面站对飞机下达指令，飞机就可以载着喷洒装置，自主将喷洒作业完成，完成之后自动飞回到起飞点。而在飞机喷洒作业的同时，还可通过地面站的显示界面做到实时观察喷洒作业的进展情况（表7-6-2）。

表 7-6-2 常用农用无人机性能比较

<table>
<tr><th>类型</th><th>作用</th><th>分类</th><th>动力</th><th colspan="2">优点</th><th colspan="3">缺点</th></tr>
<tr><td>固定翼</td><td>信息采集遥感</td><td></td><td>燃料</td><td>载量大、速度快、作业效率高，采用超低空飞行，距冠层 5~7m</td><td></td><td colspan="3">地形要求高，易受周边障碍物影响引起飞行安全问题</td></tr>
<tr><td rowspan="4">直升机</td><td rowspan="4">植保作业</td><td rowspan="3">单旋翼</td><td>燃料</td><td>可载重 30kg，续航达 1.5h，适合较大地块</td><td rowspan="4">垂直起降，速度调节灵活，适用地形复杂地区，装载 5~30kg，3~6m 喷洒效果好</td><td>耗油稍大，噪音大，维护相对复杂</td><td rowspan="3">价格较贵，维护成本略高，培训周期长</td><td rowspan="4">载量小，时间短，抗风力稍弱</td></tr>
<tr><td>电池</td><td>整机轻</td><td>续航时间短、电池价高寿命短、充电时间长，抗风能力差</td></tr>
<tr><td>混合</td><td>续航超过 60min，有些载重达 35kg 以上</td><td>能耗大</td></tr>
<tr><td>多旋翼</td><td>电池</td><td>价格适中，操作灵活，培训周期短</td><td colspan="2">作业覆盖半径<300m，作业时间<30min，适合小地块（<6.7hm²）</td></tr>
</table>

第二节　航空植保喷洒系统

航空喷洒主要包括喷雾和喷粉。飞机喷雾设备主要由药箱、高压泵、喷杆、喷头、加药设备（过滤器、胶管及支架）等部分组成。喷粉设备结构比较简单，由粉量调节装置、进风口、延长管、喷粉管和粉箱组成。目前航空超低量喷雾机有两种：一种是双翼式运输机喷雾器械。另一种是直升飞机配带喷雾器械。由于直升飞机升降灵活，受地面障碍物和地形的影响小，便于进行超低空作业，而且螺旋桨还能造成一股向下的下压气流，使植物的叶子背面也能较好地附着上药剂，从而大大改善了喷洒质量，提高了防治效果。直升飞机能适应复杂的林区地形，作业质量较高，但造价及作业费均高出一般飞机。

1. 喷头

大多数飞机喷药都用液力式喷头，在喷杆上安装 40~100 个喷头。可选的喷头类型有空心锥雾喷头、扇形雾喷头、折射喷头等。带有一个附加孔的锥雾喷头可以产生很大的雾滴，可用于那些对漂移要求很严格的场合。对漂移要求严格的地方，也常选用一种有多个小喷孔、向后折射的喷头，一般用于喷洒除草剂。对这两种情况，飞机的飞行速度应低于 90km/h，否则会因风的剪力作用使产生的雾滴径谱太大。转子喷头主要用于那些需要小雾滴的场合，一般不太适用于喷洒除草剂。

2. 药箱

在飞机上，药箱一般被安装在靠近飞机重心的地方，这样当喷雾过程中药量减少时，引起飞机失衡的可能性就会减小。在药箱的下面有一个排放阀，当飞机遇到紧急情况时，打开此阀，要求药箱中的药液必须在 5s 内放完。不论飞机在天空还在地面，这都是必须要保证的。

药箱一般都是用工程塑料或不锈钢制成，药箱上必须有通气阀，以免因药箱中药液的压力变化而影响流量。药箱的容量表和系统压力表应安装在飞行员前面的控制板上。

3. 喷雾泵

飞机上的液泵可以用液力来驱动，也可以由电力驱动，但大多数液泵是由风力来驱动的。电力或液力驱动的液泵优点是能够在地面进行校验。风力驱动的液泵，其所带的螺旋叶片的角度是能够调整的，这样可以在喷雾之前根据风速调整好流量。

4. 过滤器

在飞机喷雾系统中安装过滤器是非常必要的，因为在喷雾过程中，飞行员是无法把堵塞的喷头输通的。药箱的喷头最少要设置 4 级过滤器，过滤器的网孔越来越细。最后一级喷头处的滤网孔要小于喷头的孔径。

5. 喷杆

液力式喷雾装置的喷杆就是一些管件，上面装有喷头座，喷头座装在机翼下面。一般采用特殊设计的符合空气动力学原理的喷杆，喷杆长度只到机翼末端 70%的位置。喷杆应设计成可调整的，特别是当飞行的方向影响雾滴大小的时候，调整喷头的位置非常重要。

第三节　航空植保喷洒技术

当前，航空喷雾技术主要解决以下三个方面的问题：非靶标区的飘移、提高防治效率和农药利用率、提高作业的可靠性。

1. 飘移控制

飞机喷雾有自身的特殊性，由于飞行速度快，药液释放位点距作物冠层较高，受风力影响大等因素，其飘移损失较大，造成用药浪费和对环境的污染，如体积中径为 48~80μm 的细小雾滴在地面仅可回收4%~10%。常规的航空喷洒作业多数采用传统的液压喷头，其在飞行喷雾作业时，雾滴向地面的降落形式主要为自由落体运动，由于受飞机飞行时的气流影响和雾滴触及植物表面后的自由滑落，使得雾滴在靶标植物表面的沉积很难达到理想的效果，实际上所有现有的机械喷雾无论是飞机喷雾或是地面机械喷雾过程中，仅有很少部分药物能到达病虫为害的植物部位，特别是植物的隐蔽部位如植物冠体内部叶片和叶片的背面是很难接触到药物的，这些部位恰恰是病原菌和害虫最集中的地方。将静电喷雾技术与航空喷雾技术结合，能较好地解决前述问题，是因为航空静电喷雾具有独特的优点：一方面飞机喷洒作业时产生的雾滴借助于静电场的作用，增强了喷雾粒子对预定目标的吸附；另一方面，飞喷作业时的雾滴是由上向下运动，在重力和静电场力的双重作用下加速了雾滴向下运动，减少了雾滴飘移损失。此外，飞机飞行时产生较大的气流，提高了雾滴在植株中的穿透性，提高了药液的利用率。因此，根据我国国情，研发航空静电喷雾装置特别是适用于我国运五、运十一、蜜蜂、蜻蜓等飞机挂载的各种静电喷雾装置，是我国航空喷洒设备发展的重要方面。

除了航空喷洒设备外，航空喷施技术对控制雾滴飘移也具有重要作用。美国十分重视农药喷洒作业中雾滴飘移引起的环境污染问题，20世纪70年代末到80年代初，美国林业局开始用计算机模型来分析和预测航空施药中雾滴飘移、沉积情况，最早的模型是FSCBG模型（forestservicecramerbarry grim），在Teske等研究人员努力下，FSCBG模型发展成为AGDISP（agriculturaldispersion）模型，用户通过该模型可以输入喷嘴、药液、飞机类型、天气因素等，通过对内部数据库调用，以此来预测雾滴沉积和飘移，估测雾滴粒径参数，来调整喷洒设备性能，增强控制喷雾飘移的效果。

2. 提高喷洒效率

药液的雾化、沉降及其分布的质量，是由气象条件、喷洒设备和喷液性质这3个主要因素的综合影响所决定的。据相关测试表明：在以水作稀释剂进行航空喷雾作业时，约占总喷施量60%的药液在沉降过程中被挥发掉或飘移到作业区域以外的地方，只有25%左右的药液沉积到作物植株上。通过在航空喷液中加入某种助剂的方法，可改变喷液的黏度、表面张力、挥发度等性质，有利于药液雾化的均匀性和雾滴沉降，减少飘移，改善药液在作物植株表面的展着性、提高附着率和渗透性。

我国航空喷雾常用的助剂有液体肥料、矿物油、人工合成的非离子表面活性剂、植物油等。黑龙江省农垦总局植保站经多年研究，得出高温干旱条件下飞机作业加植物油型喷雾助剂的新技术，具体做法是：将飞机作业气候条件分两类，一类是适宜作业气候条件，温度13~27℃，空气相对湿度大于65%，风速4m/s以下，药液中加入喷液量0.5%植物油型喷雾助剂，可减少30%~50%用药量；另一类是不适宜作业气候条件，温度大于27℃，空气相对小于65%，风速4m/s以下，药液中加入喷液量1%植物油型喷雾助剂，可减少20%~30%用药量，此技术在新疆应用仍然可获得稳定的药效。

由于航空喷雾助剂有利于降低挥发，增加药液的沉降量、减少雾滴飘移；有利于降低药液的表面张力，提高雾化性能增强雾滴分布均匀性；有利于改善沉降雾滴在植株表面的黏着性，提高抗雨水冲刷力、延长滞留时间。因此，航空喷雾助剂具有一定的增效作用，从而能减少用药量和喷液量，提高喷洒效率和农药利用率，所以今后应加强新型航空喷雾助剂的研发，促进喷雾助剂在航空喷施技术中的应用。

3. 设备测试验证

我国目前航空喷雾作业设备，由于长期使用、维护保养不到位等，造成设备稳定性和保持性的下降，导致作业均匀性降低、作业喷施物的飘移严重等，因此，根据有关技术标准对设备的流量、作业幅度、雾化性能、耐腐抗渗性等进行验证测试，是提高航空喷雾作业效率和可靠性的重要措施。特别是随着我国航空喷雾作业保持10%以上的年增长率，在作业机型不断增多，机载作业设备的使用越来越复杂化、多样化和高科技化的情况，对设备检测验证工作的需求会更加迫切。

对航空喷雾作业进行相关测试验证，在国际上是较为通常的做法。在美国，FAA 审定中心和认证审定办公室、美国农业航空协会（NAAA）、各州农业航空协会、航空喷施协会、有关大学和科研机构，对航空喷洒作业设备、作业质量、作业物料分别按有关法规和标准进行检测；德国政府从 1993 年开始，对喷洒设备喷施农药的效果和对生物作用与影响实行强制性试验，联邦生物局负责对符合要求的喷洒设备进行注册认可；比利时主要由国家机械、劳动、环境部和国家农业工程学院农药管理实验室负责管理，其中对大田植保机械（包括飞机喷洒设备）实行强制性检测管理；在丹麦，由农业部和国家农业科学院施药系实施管理，从 1993 年开始，政府对在用航空植保机械实行强制性检测，机具使用性能低于标准要求，必须更换部件或停止使用。在日本、英国和挪威，对航空植保机械都有强制性的国家管理标准，国家标准中，对出厂和在用机具都实行强制性管理，由检测服务站代表政府受理和批准，并受政府财政支持，产品通过市场竞争优胜劣汰。此外，一些国际组织，如联合国粮食与农业组织（FAO）、国际标准化组织（ISO）、欧洲标准化委员会（CEN）、国际植保联盟（GCPF）、世界卫生组织（WHO）等都对航空植保机械的使用管理、性能检测有强制性的和推荐性的执行标准。

为此，我们应完善有关的标准体系，建立健全航空喷雾设备检测验证的机构机制、技术平台和实施办法，以保证航空喷雾作业的健康发展。

第七章　航空植保天敌或生物生防产品选择

第一节　航空植保生防产品选择的原则

航空植保技术是伴随农药技术发展而兴起的，航空植保发展的初期目标是航空植保机械与高效、超高效、低毒、环境友好型农药新品种的结合，在当今重视环保的环境下，化学农药飞防优点和缺点都快速显现。

在生态植物保护学理论技术与实践体系中，飞防发展的趋势是航空植保机械与生防产品的结合，如白僵菌、绿僵菌、害虫病毒制剂、赤眼蜂、天敌瓢虫、天敌步甲等。

第二节　生防产品安全使用技术要点

1. 确定防控对象，对症下药

当田间出现病、虫、草、鼠为害时，首先要根据其特征和为害症状进行确诊，特别是作物病害，常见的病害可根据病症和病状进行判断，一些在当地新出现的病害，一定要咨询植保技术部门，通过试验或仪器进行诊断清楚后，再选用防治药剂。

2. 选用针对性生防产品，掌握适宜的防控时期，提高防控效果

不同生防产品对不同的病虫害控制力有差异。

3. 科学使用生防产品

4. 采用正确的使用方法

如对天敌昆虫产品的使用，存在单独释放、或多种组合释放、嵌入式生物防治技术等方式，应根据实际情况科学选择。例如，天敌昆虫产品的点簇释放或均匀释放方式等。

5. 掌握合理的用药量和用药次数

用药量应根据药剂的性能、不同的作物、不同的生育期、不同的施药方法确定。如作物苗期用

药量比生长中后期少。施药次数要根据病虫害发生时期的长短、药剂的持效期及上次施药后的防治效果来确定。

6. 注重轮换用药

对一种防治对象长期反复使用一种农药，很容易使这种防治对象对这种农药产生抗性，久而久之，施用这种农药就无法控制这种防治对象的为害。因此，要注重轮换、交替施用对防治对象作用不同的农药

7. 严格遵守安全间隔期规定

农药安全间隔期是指为保证农产品的农药残留量低于规定的容许量，是最后一次至收获、使用、消耗作物前的时期，即自喷药后到残留量降到最大允许残留量所需的时间。安全间隔期的长短，取决于农药的品种、作物口径、施药方法、施药量及气象条件等。各种药因其分解消失的速度不同，具有不同的安全间隔期。在实际生产中，最后一次喷药到作物收获的时间应比标签上规定的安全间隔期长。为保证农产品残留不超标，在安全间隔期内不能采收。喷药后的作物应立警戒标识，尤其是瓜、果、菜应插警戒红牌，禁止人、畜入内。

第三节　主要农、林业病虫害防治用药简介

1. 防治玉米螟的赤眼蜂

赤眼蜂是一种卵寄生蜂，一般在玉米螟成虫产卵始期向田间投放，赤眼蜂将卵产生在玉米螟卵内，使玉米螟卵不能正常孵化成幼虫，从而达到防治玉米螟的目的。利用无人机投放赤眼蜂，省时、省力、省工，产品无残毒，具有显著的生态效益和社会效益。

2. 针对不同地区的美国白蛾区别用药

（1）防治常规地区的美国白蛾常用的药剂。25%灭幼脲悬浮剂35~40g/亩，30%阿维灭幼脲悬浮剂30~40g/亩；根据虫情发展及实际情况增加5.7%甲维盐3g/亩或1%苦参碱5~10g/亩，随时相应减少灭幼脲、阿维灭幼脲的药量。

（2）虾蟹养殖区。20%氯虫苯甲酰胺悬浮剂（康宽）10g/亩、6.0×10^5 PIB/ml美国白蛾核型多角体病毒（HcNPV）100g/亩、BT（16 000 Iu/ml）60~100g/亩。

（3）桑蚕养殖区。HcNPV（或错时飞防）。

3. 防治松扁叶蜂常用药剂

30%阿维灭幼脲悬浮剂30~40g/亩。

4. 防治春尺蠖常用药剂

1%苦参碱乳油40g/亩，BT 80~100g/亩。

5. 防治松材线虫病（松墨天牛）常用药剂

在成虫期喷洒绿色威雷或者噻虫啉微胶囊剂。

6. 防治水稻螟虫常用药剂（单独用药）

20%氯虫苯甲酰胺悬浮剂（康宽）10g/亩、40%氯虫噻虫嗪水分散粒剂（福戈）8g/亩、20%氯虫双酰胺水分散粒剂（垄歌）8g/亩。

7. 防治水稻飞虱常用药剂

50%吡蚜酮可湿性粉剂（顶峰）10g/亩、50%烯啶虫胺可溶粒剂（喜定）30g/亩，25%噻嗪酮悬浮剂20~40g/亩，10%哌虫啶悬浮剂20g/亩。

8. 防治水稻纹枯病、稻瘟病常用药剂

30%苯甲丙环唑乳油（爱苗）10g/亩。

9. 防治小麦、棉花蚜虫（单独用药）

22%噻虫高氟氯微囊悬浮-悬浮剂（阿立卡）4~10g/亩；10%吡虫啉可湿性粉剂10g/亩

10. 防治小麦锈病、纹枯病、白粉病

爱苗10g/亩。小麦赤霉病：25%丙环唑乳油（秀特）25g/亩。

第八章　航空植保作业设计

第一节　航空植保作业设计原则

根据“预防为主，科学防控，依法监管，强化责任”的工作方针，按照“科学、安全、有效、经济”的原则进行科学规划；认真研究防治对象的发生规律和发生特点，研究发生区的地形、气象等情况，科学制定防治方案；组织实施作业飞行时，应当采取有效措施，保障飞行安全，保护环境和生态平衡，防止对环境、居民作物或者畜禽等造成损害；选择合适的药剂、机型和先进的喷洒技术，掌握最佳的防治时机，达到更好的防控效果；选择合适的飞机机型，科学制定飞防作业规划，调整喷洒系统，精心做好防前准备，提高飞机防治的作业效率，缩短飞行作业时间，提高经济效益。

第二节　航空植保作业设计基本方法

一、飞防作业图绘制

防治之前，要对起降点和飞防区边界进行定位，同时对飞防区内的养鱼池、养虾池、饲养场、高大建筑物进行定位，在1：50 000的平面图上标出上述定位点，绘制出飞防作业图。在作业图上，要特别标明高压线的位置及走向。

二、飞防面积和架次的计算

确定防治任务和防治时期之后，要尽快准确计算出防治作业面积，便于主管部门及时向上级和地方政府申请落实防治经费，发布招标公告。并根据飞机机型、载药量、亩均施药量、飞防作业面积、每架次作业面积、距作业区距离、每架次飞行时间计算飞防架次。

（1）传统计算方法。地图构绘，小班累计。

（2）软件计算方法。片林、村庄面积的计算。先将通过GPS实测的坐标，或者从Google Earth获取的坐标，以及从地形图上获取的坐标，经过格式转换之后输入MapSource软件，然后在工具栏的图标处单击鼠标左键，如连接图形的方式依次将所选围内的坐标点链接，在桌面下方即可显示所选区域的面积。通道林（路段、河流）面积的计算。直接在Google Earth上测出其长度，然后乘以航带的宽度就是面积。

三、机型选择

根据作业区地形地貌特点和面积大小选定飞机机型。一般说来，山区作业应以轻型直升机为主；在平原地区，作业区距标准机场距离较近，作业面积较大而且集中连片时，可以选用载药量较大的固定翼飞机和直升机。

四、飞行日程安排

完成航线设计和飞行架次计算之后，还要安排好作业日程，并提前申报空域使用计划，做好航油、航材准备，地面安全保障等前期准备工作，确保整个飞防工程按计划实施。在现场飞行作业时，还要根据风向的变化及其他突发性因素的出现，进行适当调整，避免造成次生灾害。

五、药剂和防治时机

（1）选择合适的飞防用药。为确保飞机防治作业效果和质量，必须选择合适的飞防用药，采取先进的用药技术。主要包括药剂的种类、剂型、用药量、施药时间等。

（2）最佳防治时机。美国白蛾的防治以产卵盛期和初孵幼虫期为防治起始时间，以5龄幼虫大量下树为防治截止时间。同时，作业时应避开中午的高温时间段。

杨尺蠖飞防最佳喷洒时机是：以幼虫2、3龄合计达到50%时（4月10日）为防治起始时间，以幼虫3、4龄合计达到50%时（4月20日）为防治截止时间。

广东省松褐天牛4月上旬开始羽化，羽化盛期在5月上旬至6月上旬，再加上当地5月份之后进人雨季，因此最佳的飞防时间是4月下旬至5月中旬。

六、喷洒技术

（1）控制飞行高度和喷幅。在平原地区作业（防治美国白蛾、杨树食叶害虫、春尺蠖），要求飞行高度在5~7m；在山区作业（防治松毛虫、松褐天牛），要求飞行高度在15~20m。使用的机型不同，喷幅的宽度不一样。同一机型，在不同的作业区域不同，喷幅的宽度也不一样。

（2）控制喷洒流量和喷洒时间。在飞防作业实施过程中，要严格控制每架次的装药量和喷洒时间，必须达到规定的指标。每架次都要根据起降点距作业区的距离，计算总的飞行时间，看是否合理。如果小于规定时间，说明该架次喷洒面积不够；大于规定时间，可能喷头堵塞，雾滴数量不够，也达不到防治要求。

（3）雾滴大小和密度的调整。农业航空是一项多学科的技术，就喷雾技术而言，雾滴大小是一个核心问题，选择和控制雾滴大小是农业航空喷施技术的关键。

（4）防止药剂挥发和飘逸。森林灭虫使用小雾滴喷洒技术为主，要特别注意防止药剂雾滴挥发和小雾滴飘逸。采用的措施是在以水为介质的药剂中加入适量的植物油喷雾助剂和尿素、食盐等适量的沉降剂。

第九章　航空植保作业组织准备工作

第一节　航空植保作业指挥系统

农业（林业）有害生物航空防治工作的技术性较高，涉及部门广，必须要有完善的领导和严密的组织。为保证航空防治的顺利进行，各级人民政府要成立航空防治指挥部。指挥部下设现场指挥组、技术指导组、后勤保障组、安全保卫组、宣传教育组五个小组。

航空防治指挥部：航空防治指挥部应由作业区所在地人民政府牵头，各有关部门的领导和专家参加，指挥部日常工作由指挥部办公室负责。

现场指挥组：负责飞防现场的指挥、协调和调度等工作。

技术指导组：负责协调农业局、林业局、气象局，为飞行作业提供技术指导。

后勤保障组：负责安排飞防期间的车辆调配、用水调度和现场服务等事宜，并指导和监督飞防用药的运输、配制和装载等工作，为航空防治工作提供有力的后勤保障。

安全保卫组：负责协调当地公安局等相关部门，安排专人参加飞行作业，并负责制定和实施飞防期间安全应急预案，疏导现场围观群众，做好各项保卫工作，作业期间机场昼夜安排保卫人员，负责安全工作，禁止无关人员进入机场，靠近油库、药库等地，非执行人员不得靠近飞机或上机，保证防治工作顺利进行。

宣传教育组：负责协调县区农业（林业）局和个乡镇领导及相关单位负责人，发布飞防通告，负责飞行作业期间的安全教育和宣传指导等工作。飞行作业前请当地居民事先做好防毒准备，水井加盖、蜂箱转移等，需要保护和禁飞的地点，应事先告知，并在飞行计划中标识清楚。

第二节 制定实施方案

航空防治工作涉及到多个相关部门，是关系到人民的安全生产和生活的大事，要认真筹划，详细规划布置，制订切实可行的航空防治实施方案，不能出现任何纰漏。实施方案应包括飞防区概况、作业区划、航线设计、喷药适期、防治经费预算等方面。

1. 基本情况

各级农业（林业）主管部门要根据当地农业（林业）有害生物发生和为害的实际情况，制定本地区防治总体规划和年度实施计划。各地以乡镇行政区划为施工设计的基本单位，将防治区划分不同类型，分类施策，分区治理，把治理面积、防治措施落实到小班，绘制施工作业图，编制施工作业说明。

2. 作业区划

作业前要认真研究、仔细规划作业区，采用经济合理的飞行路线和作业方法。对各飞防区四周边界进行定位（四点定位），根据地形、地势、山脉走向、病虫害的发生情况、飞机装载量以及每公顷的喷洒（撒）量等进行地面航线规划，绘制作业图（以 1：10000 为宜）。作业图上应标出：各防治区的方位，村庄、高大建筑物、忌避植物区、鱼塘、蚕、蜂、场等。在作业图上，要特别标明高压线的位置及走向。

3. 航线设计

飞行作业前根据地形地貌、林分特点、作业能力，与当地农业（林业）主管部门商议具体飞防顺序，考虑太阳和山、路、林带走势等因素。同时，为避免次生灾害的发生，每天早晨根据风向、雾及山地小气候来决定具体飞防区域。

地形相对高度差在 200m 以下的地区，采用穿梭法双程飞行，作业区内高度相差较大且地形复杂的地区，采用单程下滑法，由高向低作业，用 180°转弯进入下一作业线，也可采用盘旋上升法，绕山体飞行，或自由飞行。

直升机飞防作业选用距离作业区较近的临时起降点作为起降场地，这样既减少飞机空飞距离，又可以有效提高作业速度，及时控制虫灾扩散蔓延。

沿海水产品养殖区附近的美国白蛾的飞防，飞防时最佳风向为东风或无风，飞行方向为从西向东与风向垂直方向飞行，确保和养殖区的绝对安全距离，确保不产生次生影响。

4. 喷药适期

喷药适期一般应选在害虫幼龄期、活动盛期或病虫害发生初期。若害虫龄期过大，不仅增强了抗药性，而且增加用药量。当害虫已大部分老熟甚至结茧化蛹时，应停止喷药。害虫天敌的寄生率达 50%以上时，不能应用化学防治。

注意事项：避开桑蚕采食期及其他特种养殖。飞防有可能导致次生灾害，采取错时防治需要解决好桑蚕的同步性和提前性问题。同时，也要告知周边县市，及时和他们做好沟通。

5. 防治经费预算

在经过政府招标和签订防治合同之后，农业（林业）主管部门必须尽快向当地政府申请防治经费，争取上级的支持，落实防治经费，为防控工作提供财力物资保障。防治经费主要包括药剂费、飞行费、人工费、运输费、油料费、劳保费等。

6. 效益评估

飞机大面积喷洒生物制剂防治农业和林业有害生物，具有作业速度快、效率高、效果好、效益优、节省劳动力、防治成本低的优势，能够迅速将为害控制在灾害允许水平之下，保障生态安全。要对航空防治的直接防治效果，和经济效益、生态效益、社会效益进行分析测算。

第三节　空管协调

1. 空管协调

航空管制，亦称飞行管制，指有关部门根据国家颁布的飞行规则，对空中飞行的航空器实施监督控制和强制性管理的统称。航空管制的主要目的是维持飞行秩序，防止航空器相撞和航空器与地面障碍物相撞。在空中飞行，就要遵守空中的交通规则，要听从空中交警的指挥。

《通用航空飞行管制条例》第六条：从事通用航空飞行活动的单位、个人使用机场飞行空域、航路、航线，应当按照国家有关规定向飞行管制部门提出申请，经批准后方可实施。

2. 临时起降场和临时空域申报

《通用航空飞行管制条例》第七条：从事通用航空飞行活动的单位、个人，根据飞行活动要求，需要划设临时飞行空域的，应当向有关飞行管制部门提出划设临时飞行空域的申请。

航空植保飞行中，作业半径对农用飞机作业效率有较大的影响。随着作业半径的增加，各种农用飞机的作业效率（每天的作业面积）都有不同程度的下降，飞机的载药量越小，受作业半径的影响越大。

对于空中拖拉机 AT-504、AT-402B、单峰骆驼 M-18A 等载药量较大的机型来说，飞行距离越远，越能够发挥其单架次作业效率的优势。

对于直升机和海燕 650c 飞机、蜜蜂 M-4 飞机而言，在 0~5km、5~10km、10~20km 的作业半径内，每小时飞行分别是 4 个架次、3. 5 个架次、3 个架次。如果作业半径大于 20km，每小时飞行仅 1~2 个架次，既不能发挥直升机机动灵活的优势，又会增加飞行成本，延长飞行时间，降低防治效率，还增加了产生次生灾害的几率，必须重新选择起降场地，以 5~10km 选择一个起降场为宜。直升机临时起降场的选择，可在作业地就近起降，如公路、堤坝、打谷场等均可作为起降场地。

第四节　地面准备

1. 飞机的调配

防治公司在承接防治任务之后，要根据防治任务的大小和飞机的飞行作业能力，计算所需的飞机数量，按照林业局确定的防治时间，将飞机调配到位。

2. 掌握飞机喷药的最适宜气象条件。

要及时了解防治区历年的气象资料，掌握防治作业期间的天气变化，制定应急预案。

3. 药效试验及药剂调配

飞机作业任务决定后，要根据防治对象确定防治作业所需药剂的种类、剂型、数量，随后调集足够的优质药剂（总需药量=每公顷用药量×总防治面积），并于作业前运到机场或临时起降场。

（1）明确飞防项目使用的药剂的品种，根据施药方案计算该项目所需药剂的数量，总体用量一般在计划用量的总额基础上做合理上浮；

（2）对配制的药剂一定要在事前经过分析鉴定，要求其有效成分含量准备、质量好，防止喷洒已经失效的药剂，造成浪费。

(3) 为了避免害虫产生抗药性，保护天敌和提高防治效果，可以考虑几种药剂的混用和撒药时间，以及化学和生物防治的结合问题。

了解现有药剂储存情况，包括地点和品种数量，是否能够满足要求；

4. 加药加水人员设备

一般每架飞机加药人数需 3～5 人。

加药机械：电动或机械动力均可，水泵可用潜水泵、排污泵等，功率不小于 2.5kW，流量每小时 $20m^3$以上，动力可用 12～20 匹马力的柴油机或 3～5kW 的电动机，加药皮胶管内直径不小于 4.5cm，长 25m 左右。

加药用的水池大小可根据水源情况，要求存水量 $5m^3$以上。如有条件，亦可利用消防车或洒水车加药或运水。

5. 航油和航材保障

飞防实施之前，必须要做好航油和航材保障工作，保证飞机按时加油，以及机组人员的生活后勤服务工作。同时备有 1 辆洒水车及必要的地面工勤人员，保持跑道的平整。

6. 做好防护工作

飞机大面积喷洒（撒）农药涉及范围较广，所以防止人畜中毒问题，更应引起注意。准备喷药的地区，应向当地群众做好宣传和防毒工作，通知附近居民先做好防毒准备，即水井加盖、迁走蜂箱等。喷药后一定时间内要停止放牧和挖野菜等活动。需要保护的地区应设立明显的禁喷标志。

对地勤人员，特别是配药、加药员，信号员等需要加强安全教育，解除麻痹思想。工作时这些人员一定要戴手套（液剂需要胶皮手套）、风镜、口罩等保护用品，工作完后要用肥皂水清洗手、脸，并嗽口、换衣、以免中毒事故发生。

第五节　设备调试

为保证航空防治的顺利实施，有必要在防治实施前进行药效试验、视察飞行和试喷工作。应配备 1～2 名熟悉作业区地形的人员作向导，负责介绍防治区的位置、面积、方向、障碍物情况及忌药地区位置。防治实施前对飞机和喷洒设备进行调试，准确记录喷洒时间和载药量，校正喷洒量。

根据装药量、有效作业时间、飞行速度和所采用的喷幅宽度，按下式计算喷洒量。实测喷洒量与设计喷洒量的相对偏差不应大于 10%。如果试喷后，发现喷洒（撒）量与规定不符，应将喷药装置加以调节，完全符合后方可开始作业。一般情况下，试喷 1－2 次，即可保证准确的喷洒（撒）量。

$$W = \frac{\sum L}{T_0} \times \frac{10\ 000}{V \times B}$$

式中：W——每公顷喷洒量（kg/hm^2）

$\sum L$——各喷头总流量（kg）

T_0——测定时间（s）

V——飞行速度（m/s）

B——喷幅宽度（m）

第十章　航空植保作业实施

第一节　航空植保作业基本条件

航空植保飞行作业受气象因子（风、雨、湿度、温度）和地理条件的影响很大，作业时必须选择晴好天气和熟悉作业地的地形情况。

1. 风

超低量喷雾产生的雾滴很细微，风速过大可造成药液散失，加之飞机作业本身就产生巨大的气流，雾滴的沉降速度很慢，雾滴很可能会在落到树叶之前就蒸发掉。因此，要求的作业条件应为：喷粉时最大风速平原不超过4m/s，丘陵区不超过3m/s；喷雾时最大风速不超过5m/s（3级风）。

2. 雨雾

大雨或雾会影响飞机起降，不利于飞防作业，同时能冲刷叶面粘着的药液，影响药效。为了避免药效降低，保证飞行安全，雨雾天气要暂时停止作业。根据药剂种类确定作业时间：喷洒化学药剂时，要求24h之内不能降雨；仿生制剂48h，生物制剂则为72h。

3. 温度

飞防作业时气温应保证在30℃以内，当大气温度超过35℃时，飞机发动机温度过高，会影响飞机性能。同时，由于气温过高，因地面辐射强而产生上升气流，药液下沉慢，难以到达叶面，造成药液飘失。

4. 湿度

湿度也会影响防治效果。相对湿度超过90%时，药液会悬浮在空中，不易沉降，林木受药很少；相对湿度低于40%时，药液颗粒会因水分蒸发过快而飘失。因此要求，喷粉作业时，相对湿度为40%~85%；喷雾作业时为30%~90%。

5. 地形

出于对飞行安全的考虑，地形复杂的林区不适宜开展飞防。作业时，飞机飞行速度快，高度低，适合于丘陵、坡度不超过45°的低山地区、平原作业；对作业区林地的要求是集中连片，面积至少在500hm^2（7 500亩）以上，林分郁闭度在0.3以上。如采用超轻型飞机作业，林地面积应在20hm^2（300亩）以上，相对高差小于50米的丘陵山地。

第二节　飞行防治作业

1. 观察天气

项目经理要掌握飞行作业期间的天气预报，于开飞当天日出前至少一个半小时观察当时的天气情况，如能见度、云底高、风力风向、阴雨等，并和机组通报情况，商定能否按时开飞。如正常开飞，则通知机组、甲方主管负责人，组织进场。否则推迟或取消当日计划并及时通报甲方。

2. 组织进退场

（1）项目经理组织进场，并通知机组、甲方现场负责人、水车药车司机和加药工。

（2）组织进场的通知应当提前发出，保证甲方及机组人员有比较充分的准备时间。第二天进场通知应当在当日晚饭前发出，下午的进场通知应当在午饭前发出。如有变化及时补充通知。

（3）进场后开飞前应检查各方人员、车辆到位情况，督促缺位者到场。

（4）退场时应带走所有物品，对决定留在现场的飞机、货物、器材派要有专人看护，保证安全，杜绝遗失。

3. 做好地面保障

（1）组织现场管理，检查水车载水量并合理放置，保证用水的连续性。

（2）指导和监督加药工按比例、定量加药，防止错加、漏加。

（3）组织机组、甲方现场负责人商定首飞地域及其坐标点，以后逐次展开。对禁飞区、避让区和危险障碍物地点坐标在飞机起飞前重点提示，确保飞行安全，避免产生次生灾害。

（4）对需要进行交通管制的作业起降点要求甲方商请公安进行交通管制，确保飞机、人员安全。

（5）协调安排好现场工作人员餐饮。

4. 坚持工作检查、报告和记录制度

（1）飞行作业开始后，项目组要把每天的飞防情况如机型及编号、飞行架次、飞防亩数等数据在当日 20 点之前以短信方式报公司办公室。

（2）记好每天的工作日志，主要内容为当日天气实况、飞行架次、用药情况、经费开支、未飞或少飞原因，物品的调入调出等，主要工作情况应电话报部门主管。因特殊情况未能当日上报的次日应当补报。

（3）核对机组 GPS 航迹，在作业图上标明当日飞行位置和面积，并与机组商定第二天的飞行计划。

（4）做好考勤登记，填写《考勤表》。

（5）飞防施工任务结束后，即进入统计总结阶段。

第三节　做好防护工作

飞机大面积喷洒（撒）农药涉及范围较广，所以防止人畜中毒问题，更应引起注意。准备喷药的地区，应向当地群众做好宣传和防毒工作，通知附近居民先做好防毒准备，即水井加盖、迁走蜂箱等。喷药后一定时间内要停止放牧和挖野菜等活动。需要保护的地区应设立明显的禁喷标志。

对地勤人员，特别是配药、加药员，信号号等需要加强安全教育，解除麻痹思想。工作时这些人员一定要戴手套（液剂需要胶皮手套）、风镜、口罩等保护用品，工作完后要用肥皂水清洗手、脸，并嗽口、换衣、以免中毒事故发生。

第十一章　航空植保效果监测

第一节　喷洒质量测定

1. 喷洒量测定方法

首次作业前调试喷洒设备，准确记录喷洒时间和载药量，校正喷洒量。根据装药量、有效作业时间、飞行速度和所采用的喷幅宽度，按下式计算喷洒量。实测喷洒量与设计喷洒量的相对偏差不应大于 10%。

$$W = \frac{\sum L}{T_0} \times \frac{10\ 000}{V \times B}$$

式中：W——每公顷喷洒量（kg/hm^2）

$\sum L$——各喷头总流量（kg）

T_0——测定时间（s）

V——飞行速度（m/s）

B——喷幅宽度（m）

2. 有效喷幅宽度测定方法

在与飞行垂直方向（飞行方向应与风向平行或与风向成20°以内的夹角），由中心向两侧每隔5m在林间空旷地上设1采样点，按顺序放1排（约100m）熏氧化镁载玻片或深红色打印纸为采样片。若有障碍物时，采样片应置于高出障碍物的支架上。飞行作业30min后，收集采样片，用10×4或10×3的放大镜检查雾滴数。一般≥5个/cm^2雾滴为有效喷幅宽度。

3. 雾滴覆盖密度测定方法

与有效喷幅宽度测定同时进行。用10×4或10×3的放大镜，每个采样片观测1~3cm^2面积上的雾滴数，计算每个样片及每次检测的平均覆盖密度。根据最高雾滴密度、最低雾滴密度和平均雾滴数，计算雾滴密度分布变异系数百分率，如果最高雾粒密度与最低雾滴密度的分布变异率差别越少，反映雾滴分布愈均匀，喷洒质量愈好。覆盖密度一般要求，常量喷雾30~50个/cm^2，低容量喷雾30~40个/cm^2，超低容量喷雾5~20个/cm^2。

4. 雾滴分布均匀度测定方法

雾滴分布均匀度用雾滴覆盖密度的变异系数表示。变异系数由各个采样点的雾滴覆盖密度按下式计算。变异系数愈小，雾滴分布愈均匀。一般要求不大于70%。

$$Cv = (SD/X) \times 100\%$$

式中：Cv——变异系数（%）

SD——标准差

X——雾滴平均覆盖密度（个/cm^2）

第二节　飞防效果检查

采用标准树调查，在飞防区，选择数块标准地，每块标准地面积100亩以上，同时在附近非飞防区设CK（其余条件与标准地相同或相似）作好标记和看护。调查虫口密度、松材线虫病发病率，与空白对照横向对比求出实际防效。也可将标准地调查结果与上年度纵向对比求出实际防效，将调查统计数据填入表中。

虫口减退率计算公式

$$P_p = \frac{N_b - N_a}{N_b} \times 100$$

式中：P_p——虫口减退率（%）

N_b——防治前活虫数（头/株）

N_a——防治后活虫数（头/株）

校正虫口减退率计算公式

$$\hat{P}_p = \frac{\overline{P}_p - \overline{P}_{CK}}{100 - \overline{P}_{CK}} \times 100$$

式中：$\hat{P}_p$——校正虫口减退率（%）

$\overline{P}_p$——防治区虫口减退率（%）

$\overline{P}_{CK}$ ——对照区虫口减退率（%）

第三节　飞防总结

飞防工作全部结束后，根据飞防工作开展情况以及防治效果调查结果，写出飞防总结报告，上报上级林业厅主管部门飞防当地政府。

总结内容包括：防治对象、时间、地点、面积、虫情、林分因子、防治方法、使用的农药剂量和防治效果、成本计算及经济效益、经济效益、经验、存在的问题、改进措施等。

第十二章　航空植保安全

第一节　飞行安全

中华人民共和国民用航空法相关规定：飞机的安全实行机长负责制，飞机必须按照空中交通管制部门指定的航路和飞行高度飞行，除按照国家规定经特别批准外，不得飞入禁区和限制区。飞行时要特别注意高压线。

第二节　人畜安全

飞防实施之前，各地都要以县市区人民政府的名义发布飞机防治通告，其主要内容：飞防时间、飞防区域、飞防用药、注意事项。飞防作业时，飞机离树梢最低高度 5~7m，通告要求沿线群众不要放风筝、燃放烟花爆竹，以免对飞防造成影响。同时，不要在沿线放蜂、养蚕和室外放置食品，以确保人畜安全。

第三节　非靶标生物安全

飞机防治的药剂对虾、蟹等甲壳类动物、蚕和蜂的生长发育有害，飞防时务必做好相关的防护措施，切实解决好飞防与养殖业的矛盾，防止发生次生灾害。

第四节　气象安全

适合飞机防治的气象条件：风速：≤5m/；气温：>20℃；能见度：>5km；无浮尘、无扬沙，无沙尘暴；喷药后 3h 无降雨。航空防治飞行作业期间，必须密切关注短期气象预报，要求气象局每日 2 次为“飞防”指挥部提供滚动天气预报、作业天气适宜度分析、气象要素实况监测数据等信息。

第十三章　航空植保发展的方向

航空植保是未来植保发展的大趋势之一，其高效、便捷、全域作业、节省人工等优势突出，但其负效应也十分明显。航空植保负效应的成因主要是航空植保单一依赖化学农药产品所造成的，主要表现为：①造成了更多数量、更大比例的农药浪费，破坏了生物多样性，污染了环境；②航空施药与目标有害生物的对应性更差，使高效施工和优良防效相距越来越大，实质上降低了防效：③误伤蜜蜂、家蚕、蝗虫、蝴蝶等养殖昆虫；④污染水源、误伤鱼、虾等养殖水产品；⑤大大增加了避开飞防操作时期的社会成本，甚至引发了一些社会矛盾和冲突。

航空植保技术要在发展的过程中不断完善，主要发展方向表现为：①进一步提升航空飞行器的质量和性能；②进一步完善航空植保的有关管理制度和政策；③扩大航空植保应用领域，由少种类向多种类大范围拓展；④最重要的是大力推进生物防治产品在航空植保中的应用，研发航空植保领域施用生物防治产品的技术，尽快全面取代化学农药在航空植保中的应用。

参考文献

常杰，葛滢，等 . 2017. 生态文明中的生态原理［M］. 杭州：浙江大学出版社 .

陈建峰 . 2009. 21 世纪绿色植物保护的重要方向之一——生物防治技术［A］. 中国植物保护学会 . 粮食安全与植保科技创新［C］. 中国植物保护学会：3.

丁岩钦 . 1980. 昆虫种群生态学［M］. 北京：科学出版社.

高慰曾 . 1980. 夜蛾趋光特性的研究——向灯飞原因的进一步分析［J］. 昆虫学报，23（4）：369-373.

高喜荣 . 2005. 生草栽培对苹果园土壤及树体养分的影响［J］. 河南农业科学（7）：75-77.

顾国华，葛红，陈小波，等 . 2004. 几种夜出性昆虫夜间扑等节律研究及应用［J］. 湖北农学院学报，24（3）：174-177.

洪黎民 . 1996. 共生概念发展的历史、现状及展望［J］. 中国微生态学杂志，8（4）：50-54

刘玉升，程家安，牟吉元 . 1997. 桃小食心虫的研究概况［J］. 山东农业大学学报（2）：113-120.

刘玉升，郭建英，万方浩 . 2007. 果树害虫生物防治［M］. 北京：金盾出版社.

刘玉升 . 2000. 构建腐屑生态系统开辟农业生产新战场［J］. 农业系统科学与综合研究（1）：57-59.

刘玉升 . 2009. 苹果园绿色植保“三生”技术体系构建与实践［A］. 中国植物保护学会 . 粮食安全与植保科技创新［C］. 中国植物保护学会 .

刘玉升 . 2010. 果园生物质资源转化利用与果品有机生产［J］. 烟台果树（3）：1-2.

刘玉升 . 2010. 果园生物治理技术与果品有机生产［J］. 烟台果树（4）：1-3.

刘玉升 . 2010. 苹果园绿色植保“三生”技术体系［J］. 烟台果树（2）：5-7.

骆世明 . 2010. 农业生物多样性利用的原理与技术［M］. 北京：化学工业出版社.

穆洪雁，郝立武，孔丽娜，等 . 2012. LED 杀虫灯对鸡腿菇害虫的诱集效果［J］. 食用菌（3）：53-54.

彭世奖 . 1992. 我国传统农业中对生物间相生相克因素的利用［J］. 农业考古（1）：139-146.

王运兵，王连泉 . 1995. 农业害虫综合治理［M］. 郑州：河南科学技术出版社.

杨忠岐 . 2009. 生物防治我国重大林木害虫研究进展［A］. 中国植物保护学会 . 粮食安全与植保科技创新［C］. 中国植物保护学会：11.

赵建伟，何玉仙，翁启勇 . 2008. 诱虫灯在中国的应用研究概况［J］. 华东昆虫学报，17（1）：76-80.

Block，Ornati. 1987. Compensatinn corporate venture mananers［J］. Journal of Business Venturing，2：41-52.

Boyle CA，Baetz B W. 1997. A prototype knowledge-based decision support system for industrial waste management：II. Application to a Trinidadian industrial estate case study［J］. Waste Manage，17（7）：411-428.

Cook S M，Khan Z R，Pickett J A. 2007. The Use of Push-Pull Strategies in Integrated Pest Management [J]. Annual Review of Entomology, 52 (1): 375-400.

Douglas, A. E. 1994. "Symbiolic Interactions" [M]. Oxford University Press: 1-11.

Dowdall, Courtney, and Ryan Klotz. 2013. Pesticides and Global Health: Understanding Agrochemical Dependence and Investing in Sustainable Solutions [M]. Walnut Creek, CA: Left Coast Press.

Saito T, Brownbridge M. 2016. Compatibility of soil-dwelling predators and microbial agents and their efficacy in controlling soil-dwelling stages of western flower thrips Frankliniella occidentalis [J]. Biological control, 92: 92-100.

后　记

本书酝酿于2015年的“十三五”期间，在书稿初步完成之际，恰逢党的十九大召开，对于许多问题有了更加明确的认识，同时丰富了一些学习十九大精神的体会。

经过40年努力，在我国农业发展取得重大成就的同时，当前我国农业发展方式依然粗放、形式仍然单一，农业资源与生态环境保护仍面临诸多困难和问题，生态环境“紧箍咒”对农业的约束日益趋紧。一方面，农业资源长期透支、过度开发，大量开荒种地、围湖造田和开采地下水，资源利用的弦绷得越来越紧；另一方面，农业面源污染加重，土壤退化，生态环境的承载能力越来越接近极限，已经亮起“红灯”。

2017年中央一号文件提出，要推行绿色生产方式，增强农业可持续发展能力。绿色是农业的本色，绿色发展是农业供给侧结构性改革的基本要求。植保技术水平与农业绿色发展存在直接密切的关系。

党的十九大报告提出实施乡村振兴战略，这是党的“三农”工作一系列方针政策的继承和发展，是中国特色社会主义进入新时代做好“三农”工作的总抓手。2017年底召开的中央农村工作会议，明确了必须深化农业供给侧结构性改革，走质量兴农之路。质量兴农和绿色兴农是实施乡村振兴战略的重要举措，是我国农业强、农村美和农民富的必由之路，是2018年乃至今后一个时期农村重点工作。

从创新技术角度分析，生态植物保护与绿色兴农关系极为密切。绿色兴农，必须加快创立支撑绿色兴农的技术体系，不仅构成质量兴农的有机组成部分，而且关系到农村人居环境。农业投入和资源要素等是直接影响农产品质量的重要因素。农药化肥投入不当，土壤水体大气有害物质超标，不仅造成农产品品质下降，而且还会提升食品安全风险。大面积减少甚至特殊环境杜绝化学农药的施用，是解决农业面源污染的重要领域。大力推进生态植物保护，走绿色发展道路，为实现乡村产业兴旺，建设生态宜居乡村做出贡献。

如果我们继续沿循工业化农药植保的思维方式、生产方式和生活方式，势必对生态造成更加严重的破坏、对环境造成更加严重的污染、对食品安全造成更加严重的后果。我们必须跳离工业化农药植保的轨迹，独辟蹊径，选择不同于甚至于完全抛弃农药的植保技术和经济实践。生态植物保护学的发展恰逢其时，坚持“预防为主，综合防治”植保方针，以生态文明为指导，以预测预报为依据，以源头治理为基础，以全程管理为保障，以末端治理为应急，以绿色发展为目标。生态植物保护是一套病虫害防治的综合策略，既可达到控制病虫害的目的，又可以减少生态环境污染和保障农产品质量安全。

生态植物保护学应用前景广阔。我国耕地18亿亩，种植面积22亿亩，目前绿色防控面积5亿亩；我国农作物病虫草害发生面积70亿亩次，各种绿色防控技术应用面积累计15亿亩次；我国农药市场绿色防控技术产品仅占不到5%，其中生物农药类仅占2%。目前，绿色防控技术主要应用于高端农产品生产单位，如有机蔬菜采摘园等生产基地。目前认证机构10 116家，产品24 027个，基地696个，面积1.73亿亩。我国种植业生产中，粮食作物，特别是口粮作物水稻、小麦绿色防控技术覆盖率较蔬菜、果树低；而两种作物面积达8亿多亩，病虫草发生面积35亿亩次左右；果、菜、茶病虫发生面积10亿多亩次以上，全程多种病虫害混合重叠发生，需要多种技术配套使用；

其他如玉米、油料、棉花、马铃薯等作物，绿色防控技术应用潜力也十分巨大。

生态植物保护学是一个生态环境问题，其复杂性使其无法单独依靠一门学科实现完整解释，跨学科博物学式的研究对于生态植物保护学问题的解答具有重要意义。党的十九大报告包含的对于深化生态文明体制改革、建设美丽中国的战略部署，对于生态植物保护学既提出了重大的理论技术和实践创新要求，也提供了一个巨大的协同发展机遇。

刘玉升

2017. 10. 28